建筑工程项目设计管理手册

周子炯　编著

中国建筑工业出版社

图书在版编目（CIP）数据

建筑工程项目设计管理手册/周子炯编著. —北京：中国建筑工业出版社，2012.9（2022.1重印）
ISBN 978-7-112-14591-1

Ⅰ.①建… Ⅱ.①周… Ⅲ.①建筑工程-项目管理-手册 Ⅳ.①TU71-62

中国版本图书馆 CIP 数据核字（2012）第 190683 号

本书以建筑工程项目设计管理为对象，以现行《建设工程项目管理规范》为准则，对建筑工程项目设计管理的理论和实践作了全面系统的阐述，内容翔实、应用性强。旨在为项目业主（建设单位）和工程项目管理（工程咨询）机构及其设计管理者提供工作指南，也可供建筑工程项目各参与方、房地产开发企业、政府管理部门、相关专业院校及科研单位的人员使用。

* * *

责任编辑：徐明怡　徐　纺
责任设计：张　虹
责任校对：王誉欣　党　蕾

建筑工程项目设计管理手册
周子炯　编著
*
中国建筑工业出版社出版、发行（北京西郊百万庄）
各地新华书店、建筑书店经销
北京红光制版公司制版
北京建筑工业印刷厂印刷
*
开本：880×1230毫米　1/16　印张：31　字数：977千字
2013年1月第一版　2022年1月第二次印刷
定价：**88.00**元
ISBN 978-7-112-14591-1
（38333）

目　录

第1章 建筑工程项目及其管理

工程项目管理就是运用科学的理论和方法，对项目进行计划、组织、指挥、控制和协调，并对资源进行有效整合和优化配置的活动过程。其旨在使工程项目在其生命周期内得到全过程的动态管理，从而实现项目的既定目标。项目管理是伴随着社会进步和项目的日趋复杂而逐渐形成的管理方式和管理学科。

建筑工程项目设计管理是建筑工程项目管理体系中的分支。鉴于项目管理对提高项目实施、达成预定目标有着十分显著的作用，项目管理已越发被人们认知、接受和应用，并在理论和实践两个方面不断深入发展。发展无止境，实践无穷期，工程项目管理是特别讲究“系统”的，项目设计管理实践离不开工程项目管理理论的指导。让所管理的建筑工程项目成功地谱写并彰显历史是项目设计管理者的共同愿望和责任。

1.1 项目与项目管理

1.1.1 项目概述

1 项目的概念

(1) 项目的含义

目前，尽管国内外学界对“项目”含义的理解不尽相同。按项目的特征内涵，项目是指在一定的组织机构内，在限定的约束条件下，利用有限资源，按满足确定的性能、质量与数量等一组特定目标要求去完成的一次性专门任务。

项目来源于人类有组织活动的分化。伴随着人类与社会的发展，有组织的活动逐步分化为两种类型：一类是连续重复的活动，如工业产品的多批量生产，土地周而复始的耕作，这类活动表现了日常工作的属性，可称为“作业或运作”；另一类是一次性任务，如上海世博会筹办，中国大剧院工程建设，其表现为“独立的专门任务”，这类活动则被称为“项目”。

(2) 项目的实质

每个项目的设立都有其明确的特定目标，项目的实质是为完成特定目标任务而进行一系列活动的过程。具体而言，项目也可理解为是由一组有起止时间、相互协调的受控活动所组成的特定动态过程，该过程要达到符合规定要求的目标，包括严格的质量、时间、成本为核心的指标要求和限定的资源等约束条件。按此，项目也可谓是“一组将输入转化为输出的相互关联或相互作用的特定过程”。

(3) 项目的类型

项目的类型多种多样，且内容广泛，最常见的有：自然科学研究项目，如基础科学研究项目、应用科学研究项目、科技攻关项目等；社会科学项目，如社会公共管理项目、市场经济宏观调控项目、城市人口结构规划项目等；开发项目，如人力资源开发项目、新产品研制开发项目、高科技园区开发项目等；建设项目，如工业与民用建筑工程、交通工程、水利工程、环境保护工程、节能减排工程、工程技术改造项目等；投资项目，如银行的贷款项目、政府及其企业的各种投资和合资项目等；国防科技项目，如新型武器的研制、航空母舰的制造、航天器工程项目等；也有综合意义上的社会项目，如北京奥运会项目、上海世博会项目、地球气候变暖应对策略项目等。

2 项目的特征

(1) 项目的特定性。特定性也可称为单件性或一次性，是项目最重要的基本属性。每个项目都有自己的特定过程、起止时间、目标、内容和明确的终点，每个项目完成后，不会再有与其完全相同的项目出现，即不具重复性。项目的这一特征要求在项目实施过程中针对项目的具体特点和要求，根据项目运行的内在规律进行科学的管理，以保证项目一次成功。

(2) 项目的目标性。

1) 项目目标分类。项目目标可分为成果性目标和约束性目标。成果性目标指项目应达到项目管理主体预期的全部要求和目的；约束性目标是指项目的约束条件，凡是项目都有自己的约束条件，一般项目的约束条件包括限定的时间、限定的资源（包括人员、资金、设施、设备、技术、环境和信息等）和限定的质量标准等，项目只有满足约束条件才能成功，因而约束条件是项目目标完成的前提。

2) 项目目标的分解。项目目标的分解是指对项目目标进行分级管理。项目目标可分解为若干下级目标，各级目标既可正向联动，也可能相互混淆或扯滞；同级目标也会互为促进或制约。这就要求对项目目标进行分级管理时，一方面必须紧紧围绕总目标进行，另一方面必须注意协调各种下级目标之间的主从与互动关系。

(3) 项目的周期性。项目过程的一次性决定了每个项目都具有自己的生命期，任何项目都有一个确定的起始、实施和终结的过程，这就构成了项目的生命周期。项目的生命周期可分成若干阶段，每一阶段都包含不同的起止时间、工作内容，相互之间又有一定的程序性，各阶段对项目目标的影响不同，在项目实施的不同阶段，要投入的各种资源不一样，具体的管理要求也不相同。这就要求项目管理必须考虑项目的周期特性，结合每一阶段的内容，围绕项目目标，运用科学的方法进行管理。

(4) 项目的整体性。一个项目，是一个整体的管理对象。一般地，项目的各种要素之间都存在着某种联系，项目中的一切活动都是相关的，只有将它们有机地结合起来使之构成为一个整体，才能确保项目目标的有效实现。同时，在配置资源等项目要素时，必须以总体效益为最终目标，做到数量、质量、进度、成本和结构的总体优化。

(5) 项目的不可逆性。项目按照一定的程序进行，其过程不可逆转，这与批量重复的过程有着本质的差别。因而项目的风险很大，必须一次成功。否则，一旦项目管理工作出现较大失误或失败，必将付出沉重代价，其造成的损失也难以挽回。

1.1.2 项目管理概述

1 管理的概念

管理是一种客观的实践活动，它伴随着人类社会的产生而形成。无论是原始社会时期，还是信息社会时代，凡有人的地方便存在着管理。关于管理的概念，理论上各有不同的认识。归纳而简言之，管理是特定组织为了实现某个预定目标，通过计划、组织、指挥、协调和控制对资源进行优化配置的过程。从本质看，管理是对资源进行有效整合以达到组织既定目标与责任的动态创造性活动。管理本身涵盖的内容十分丰富，因而在不同的环境、背景下强调的内容，体现的特征并不相同，管理往往是一个由多环节构成的循环过程。一般而言，管理具有动态性、科学性、艺术性、创造性和经济性等特征。

2 项目管理的现代含义

(1) “项目管理”的原始的直观概念就是“对项目进行管理”。然而随着项目及其管理实践的发展深化，项目管理的内涵得到了较大的充实和优化。赋予其现代含义，即项目管理是指为达到项目目标，对项目的策划（规划、计划）、组织、控制、协调、监督等活动过程进行监控的总称。换言之，项目管理就是运用科学的理论和方法，对项目进行计划、组织、指挥、控制和协调，并对资源进行有效整合和优化配置的活动过程。其旨在使项目在其生命周期内得到全过程的动态管理，从而实现项目的既定目标。

(2) 项目管理是以项目为研究对象的一门学科。就学科而言，项目管理是以项目为研究对象的一门学科。作为一门学科，它是融决策、管理、效益为一体的组织、过程和方法的集合。

项目管理是伴随着社会进步和项目的日趋复杂而逐渐形成的管理方式和管理学科。鉴于项目管理对提高项目实施达成预定目标有着十分显著的作用，目前，项目管理已越来越被人们认知、接受和应用，并在理论和实践两个方面不断深入发展。

(3) 项目管理的目标是实现项目目标。项目管理的对象是项目，保证项目目标的顺利实现是项目管理的目标。项目管理的职能同所有管理的职能并无多大差异，但项目的特殊性带来了项目管理的复杂性和艰巨性，要求按照科学的理论、方法和手段进行管理，特别是要用系统工程的观念、理论和方法进行管理。

3 项目管理的特征

(1) 管理的方式是目标管理。每个项目都应有自己的特定目标，项目管理的方式是目标管理，项目管理的内容和方法要针对项目目标而定，每个项目各有自己的管理程序和步骤。就方法而言，“目标管理方法（MBO)”是最主要的科学的项目管理方法。它的精髓是“以目标指导行动”，即项目管理以实现目标为宗旨而开展科学化、程序化、制度化、责任明确化的活动。

(2) 每个项目的管理都有自己特定的管理程序和管理步骤。每个项目都有自己的特定目标，项目管理的内容和方法要针对项目目标而定，每个项目都有自己的管理程序和步骤。

(3) 管理使用现代管理方法和技术手段。现代项目大多数是先进科学的产物或是一种涉及多学科、多领域的系统工程。项目管理是高科技应用的广泛领域，要圆满地完成项目就必须综合运用现代管理方法和科学技术，如决策技术、预测技术、网络与信息技术、时间管理技术、质量管理技术、成本管理技术、价值工程、目标管理等。尤其是系统工程理论贯穿于项目管理的全过程。

(4) 项目实施过程采用动态管理。为了保证项目目标的实现，在项目实施过程中要采用动态管理，即在项目的生命周期内，不断进行资源的配置和协调，不断作出科学决策；阶段性地检查实际值与计划目标值的差异，采取措施，纠正偏差，制订新的计划目标值；使项目执行的全过程处于最佳运行状态，产生最佳效果，最终实现计划确定的目标。

(5) 项目管理的体制是基于团队管理的项目经理负责制。项目管理具有较大的责任和风险，其管理涉及人力、技术、设备、资金、信息、环境等多方面因素和多元化关系，为更好地进行项目策划、计划、组织、指挥、协调和控制，必须实施以项目经理为核心的项目管理质量安全保证责任体制。在项目管理过程中应授予项目经理必要的权力，以使其能及时处理项目实施过程中发生的各种问题。

1.2 建筑工程项目与管理

1.2.1 建筑工程项目概述

1 建筑工程项目的概念

(1) 释义

1) 建筑工程。《建设工程质量管理条例》对建筑工程做出的解释：建筑工程是指房屋建筑工程，即有顶盖、梁柱、墙壁、基础以及能够形成内部空间，满足人们生产、生活、公共活动的工程实体；线路、管道和设备安装工程；装修工程。

2) 建筑工程项目。建筑工程项目是指在一定的约束条件下（包括资源、质量、费用、时间等），具有完整的组织机构和特定的明确目标的一次性工程建设工作或任务。一般是指在一个总体设计或总投资范围内，由一个或几个互有内在联系的单项工程组成，建成后在经济上可以独立核算经营，在行政上又可以统一管理的建设工程单位。

从项目运作过程而言，建筑工程项目是一种融投资行为和建设活动为一体的项目决策与实施活动过程。所以，工程项目在建设实质上就是将人力、物力等投资要素转为实物资产的经济活动过程。具体而言，建筑工程项目是指为完成依法立项的新建、扩建、改建房屋建筑物、附属构筑物和设施而进行的有起止日期、达到规定要求的一组由相互关联的受控活动构成的特定过程。包括策划、分析、决策、勘察、设计、采购、施工、试运行、竣工验收、交付使用和后评估等过程。

(2) 在工程建设项目中，建筑工程项目是普遍而又典型的工程项目类型。其建设过程包括策划、分析、决策、勘察、设计、采购、施工、试运行、竣工验收、交付使用和后评估等，因此，建筑工程项目是工程项目管理的重点。

(3) 建筑工程项目的必备条件：

1) 有明确的建设目的；

2) 有确定的投资、安全、质量和进度等目标；

3) 有一定的任务或工程量；

4) 建设于某个固定地点；

5) 有完整的组成要素体系，例如，一个工厂的建设包含多种类型的建筑物和构筑物、公共设施以及道路等，各功能区分明确，又相辅相成互为联系，共同构成一个完整的建筑工程项目；

6) 项目实施是一次性的。每一个建筑工程项目的具体工作内容都不相同，最后建成的建筑工程项目也不可能是重复的。

2　建筑工程项目的建设特性

建筑工程项目除了“项目”的一般特征外，其在建设过程中还具有以下一些经济技术特征：

(1) 目标性。建筑工程项目实施以前都要进行周密的设想，规定明确的时间界限、空间界限以及人、财、物消耗限额和总工程量和其他工作量、质量等具体要求。一般地，项目的最终目标是综合效益目标；项目的工期、成本和质量目标是项目的二级目标，应服从于效益目标。项目的这一特征要求对项目进行管理时，一方面必须紧紧围绕目标进行，另一方面必须注意协调各种目标之间的关系，还必须注意对同级目标之间相互制约的协调。而且项目的目标是具体的、可检查的，实现目标的措施是明确的、可操作的。

(2) 综合性。综合性是对建筑工程项目的内在要求。现代城乡建设中的建筑工程项目在建设实施过程中必须坚持“全面规划、合理布局、综合开发、配套建设”的方针。首先，建筑工程项目建设必须接受城乡规划和基础设施等要素的控制，以实现土地资源的合理配置。其次，在工程项目建设过程中，不仅要对建筑地块或房屋建筑进行有目的的建设，而且要对建设项目所在地区必要的公用设施、公共建筑进行统一规划，协调建设。由此也导致建筑工程项目建设中所涉及的环节和部门众多且复杂，不仅涉及规划、设计、施工、供电、供水、电讯、交通、教育、卫生、消防、安全、环境、节能和园林等部门，而且还要完成征地、搬迁、安置等艰难工作。同时，每一个项目所涉及的诸多建设要素各不相同，须进行全方位综合分析，统筹策划安排，制订最佳建设方案。再者，建筑工程项目的综合性还体现在它作为一个基本的物质生产单位，其发展速度、投资规模、技术经济指标等必须与国家、地区、各城市乡镇和各产业部门的发展相协调。脱离了国情、区情，违反了建设法律法规及方针政策，都会给经济及社会发展带来不良影响，也会降低项目自身的综合效益。

(3) 地域性。建筑工程产品属于不动产，具有不可移动性（除特殊短途技术移位）。因此，工程项目的投资建设和效益的发挥具有强烈的地域性特征。工程项目的地域性主要表现在投资建设地区的社会经济特征等对项目的影响。各个地区或区域的城市性质、地位、社会政治与经济形态、文化特征、人力资源、地形地质、自然地理及物资供给等条件以及市场需求状况、消费水平、升值空间等投资环境均多显差异，这些都是项目建设的重要影响要素。因此，项目建设必须认真研究当地实际情况，在工程项目投资决策、建设实施等过程中，充分考虑工程项目所在地区和区域的各项影响要素，趋利避害，策划制订相应的项目建设方案。

(4) 长期性。由于工程建设项目投资、规模巨大，导致建设周期长。建筑工程项目的生命周期包括项目的决策阶段、实施阶段和使用阶段。其中决策阶段包括项目建议书、可行性研究环节；实施阶段包括设计工作、建设准备、工程施工、竣工验收和后评估等环节。尤其在建筑施工环节，需要集中和耗用多种资源要素连续建造才能形成最终产品，这一阶段与资金关系密切，并且占有较长的时间。一般来说，中小型项目需 2 年左右，大型综合性项目需要 3 年以上，而成片的或技术复杂的大型项目则需耗用更长的时间。因此，成功的项目管理必定是将项目作为一个整体系统，在较长时间内进行全过程管理和控制，即对整个项目生命周期的系统管理。

(5) 时序性。尽管建筑工程项目是一项涉及面广、较为复杂的经济活动，但是实施过程具有严格的操作程序。从决策立项到土地的获取、从资金的融通到项目实施以及后期的竣工使用及管理，虽然头绪繁多，但先后有序。因此，项目的实施必须要有周密的计划，使各个环节紧密衔接，协调有序，方能达到预期目标，并降低风险。

(6) 风险性。与一般项目相比，现代建筑工程项目的特点是规模大、技术新、结构复杂、参与单位众多，各方面责任界限的划分、权利和义务的定义异常复杂。由于工程实施时间长，涉及面广，受环境的影响大，如经济条件、社会条件、法律和自然条件的变化等。这些因素常常难以预测，不能控制，但都会妨碍正常实施，造成经济损失。现代建设项目科技含量高，是研究、开发、建设、运行的集合。项目投资管理、经营管理、资产管理的任务加重，难度加大，要求设计、供应、施工、运营一体化。新的融资方式、承包方式和管理模式不断出现，使建筑工程项目的组织关系、合同关系、实施和运行程序越来越复杂。项目所需资金、承包商、技术、设备、咨询服务的国际化，如国际工程承包、国际投资和合作，增加了项目的风险。再则建筑工程项目管理必须服从企业战略，满足用户和相关者的需求，投资者、业主、社会各方面对建设工程项目的期望、要求和干预越来越多。在我国许多由风险造成损失的工程案例触目惊心，而且产生的影响是难以在短期内消除的，特别在涉外或国际工程承包领域，人们已将风险的作用归结为项目失败的主要原因之一。因此，建筑工程项目建设是一项高风险的投资行为。

1.2.2 建筑工程项目的分类与组成

1 按建设性质划分

(1) 新建项目。是指从无到有、新开始建设的项目。即在原有固定资产为零的基础上投资建设的项目；新建也指从基础开始建造的建设项目，按照国家规定也包括原有基础很小，经扩大建设规模后，其新增固定资产价值超过原有固定资产价值三倍以上，并需要重新进行总体设计的建设项目；迁移厂址的建设工程（不包括留在原厂址的部分）；其他符合新建条件的建设项目。

(2) 扩建项目。是指以扩大生产能力或效益和为增加使用空间为主要目的的项目。扩建也指在原有基础上加以扩充的建设项目。对于建筑工程，扩建主要是指在原有基础上加高加层，包括扩大原有产品生产能力、增加新的产品生产能力以及为取得新的效益和使用功能而新建主要生产场所或工程的建设活动。

(3) 改建项目。是指不增加建筑物或建设项目体量，在原有基础上，以改变或改善建筑物使用功能、调整使用空间，或改变产品方向、平衡生产能力、改正安全技术、提高产品质量和生产效率，或节约资源、治理环境、装修装饰等为主要目的，对原有工程进行改造的建设项目。

(4) 迁建项目。是指由于各种原因，将原有企业、事业单位迁移到其他地区而进行建设的项目。不论其建设规模是否扩大，都属于迁建项目。

(5) 重建项目。是指因自然灾害、战争或人为因素，使已建成的固定资产的全部或部分报废，尔后又投资重新建设的项目。与迁建项目一样，不论建设规模是否扩大，都属于重建项目。但是尚未建成投产的项目，因自然灾害损坏再重建的，仍按原项目看待，不属于重建项目。

(6) 技术改造项目。是指企业采用先进的技术、工艺、设备和管理方法，为拓展或增加产品品种、提高产品质量、扩大生产能力、降低生产成本、改善工作条件而投资建设的改造工程项目。其中技术引进项目则是技术改造项目的一种，它是由国外引进专利、技术许可证和先进设备，再配合国内投资建设的工程项目。

(7) 设备更新项目。是指由于技术进步速度的加快和企业设备的不断旧化，用相同或较先进的新设备，即用技术更先进、结构更完善、效率更高、性能更好、耗费资源和原材料更少的新设备来更换那些技术上不能继续使用或经济上不宜继续使用的旧设备，以求节约资源、提高经济效益的投资项目。

2 按不同投资主体划分

国家行政管理部门依据相关法律法规和规定对不同投资主体建设的工程项目实行分类管理，将工程项目划分为审批制项目、核准制项目和备案制项目。对不同类型的工程项目，其相应的投资建设管理程序有所不同。按《国务院关于投资体制改革的决定》（国发［2004］20号）的规定：

(1) 审批制项目

审批制项目范围：对政府投资建设的项目实行审批制。政府投资主要用于关系国家安全和市场不能有效配置资源的经济和社会领域，包括加强公益性和公共基础设施建设，保护和改善生态环境，促进欠发达地区的经济和社会发展，推进科技进步和高新技术产业化。

政府投资项目按审批权限又可分为：

1)《国家发改委核报国务院核准或审批的固定资产投资项目名录（试行)》中明确须报请国务院审批的政府投资项目。

2) 国家发改委报请国务院审批或核准的政府投资项目。

(2) 核准制和备案制项目

对于企业不使用政府投资建设的项目，一律不再实行审批制，根据不同情况实行核准制和备案制。

1) 核准制项目范围：企业投资建设的重大和限制类项目，即由国务院批准后实施的《政府核准的投资项目目录》、国家发改委制定的《企业投资项目核准暂行办法》规定的企业不使用政府性资金投资建设的重大和限制类固定资产投资项目。

2) 备案制项目范围：《政府核准的投资项目目录》以外的企业投资项目，除国家法律法规和国务院专门规定禁止投资的项目以外，实行备案管理。

(具体的项目分类及其适用的行政管理程序详见第4章)

3 按项目规模划分

为适应对工程建设项目分级管理的需要，国家规定基本建设项目分为大型、中型、小型三类；更新改造项目分为限额以上和限额以下两类。不同等级标准的工程建设项目国家规定的审批机关和报建程序也不尽相同。划分项目等级的原则如下：

(1) 按批准的可行性研究报告（初步设计）所确定的总设计能力或投资总额的大小，依据国家颁布的《基本建设项目大中小型划分标准》进行分类。

(2) 凡生产单一产品的项目，一般按产品的设计生产能力划分；生产多种产品的项目，一般按其主要产品的设计生产能力划分；产品分类较多，不易分清主次、难以按产品的设计能力划分时，可按投资总额划分。

(3) 对国民经济和社会发展具有特殊意义的某些项目，虽然设计能力或全部投资不够大、中型项目标准，经国家批准已列入大、中型计划或国家重点建设工程的项目，也按大、中型项目管理。

(4) 更新改造项目一般只按投资额分为限额以上和限额以下项目，不再按生产能力或其他标准划分。

(5) 建设项目的大、中、小型和更新改造项目限额的具体划分标准，根据各个时期经济发展和实际工作中的需要而有所变化。现行国家的有关规定如下：

1) 按投资额划分的基本建设项目，属于生产性建设项目中的能源、交通、原材料部门的工程项目，投资额达到5000万元以上为大、中型项目；其他部门和非工业建设项目，投资额达到3000万元以上为大中型建设项目；按生产能力或使用效益划分的建设项目，以国家对各行各业的具体规定作为标准。

2) 更新改造项目只按投资额标准划分，能源、交通、原材料部门投资额达到5000万元及其以上的工程项目和其他部门投资额达到3000万元及其以上的项目为限额以上项目，否则为限额以下项目。

3）一部分工业、非工业建设项目，在国家统一下达的计划中，不作为大中型项目安排：

A 分散零星的江河治理、国营农场、植树造林、草原建设等；原有水库加固，并结合加高大坝、扩大溢洪道和增修灌区配套工程的项目，除国家指定者外，不作为大中型项目；

B 分段整治，施工期长，年度安排有较大伸缩性的航道整治疏浚工程；

C 科研、文教、卫生、广播、体育、出版、计量、标准、设计等事业的建设（包括工业、交通和其他部门所属的同类事业单位），新建工程按大、中型标准划分，改、扩建工程除国家指定者外，一律不作为大中型项目；

D 城市的排水管网、污水处理、道路、立交桥梁、防洪、环保等工程；城市的一般民用建筑包括集资统一建设的住宅群、办公和生活用房等；

E 名胜古迹、风景点、旅游区的恢复、修建工程；

F 施工队伍以及地质勘探单位等独立的后方基地建设（包括工矿业农副业基地建设）。

(6) 采取各种形式利用外资或国内资金兴建的旅游饭店、旅馆、贸易大楼、展览馆、科教馆等。

4 按项目的市场需求和经济与社会效益划分

根据工程建设项目的市场需求和经济与社会效益等基本特性，可将其划分为竞争性项目、基础性项目和公益性项目三种。

(1) 竞争性项目。主要是指投资效益比较高、竞争性比较强的一般性建设项目。这类建设项目应以企业作为基本投资主体，由企业自主决策、自担投资风险。

(2) 基础性项目。主要是指具有自然垄断性、建设周期长、投资额大而收益低的基础设施和需要政府重点扶持的一部分基础工业项目，以及直接增强国力的符合经济规模的支柱产业项目。对于这类项目，主要应由政府集中必要的财力、物力，通过经济实体进行投资。同时，还应广泛吸收地方、企业参与投资，还可吸收外商直接投资。

(3) 公益性项目。主要包括科技、文教、卫生、体育和环保等设施，公、检、法等政权机关以及政府机关、社会团体办公设施，国防建设等。公益性项目的投资主要由政府用财政资金安排的项目。

5 建筑工程项目的组成

项目可分为单位（子单位）工程、分部（子分部）工程和分项工程。

(1) 单位（子单位）工程。单位（子单位）工程是指具备独立施工条件并能形成独立使用功能的建筑物及构筑物。通常指一个单体建筑物或构筑物。可以是一栋以上同类设计、位置相邻、同时施工的房屋建筑工程，或一栋主体建筑及其附属建筑物或构筑物。对于建筑规模较大的单位工程，可将其形成独立使用功能的部分作为一个子单位工程。具有独立施工条件和能形成独立使用功能是单位工程划分的基本要素，在施工前应由建设单位、项目管理单位和施工单位商议确定。

(2) 分部（子分部）工程。分部（子分部）工程是单位工程的组成部分，可按专业性质、建筑部位进行划分。建筑工程的分部工程包括：地基与基础工程、主体结构工程、装饰装修工程、屋面工程、给排水工程、采暖通风与空调工程、电气工程、智能工程和电梯工程。当分部工程规模较大或较复杂时，可按材料种类、施工特点与程序、专业系统及类别等将其划分为若干子分部工程。

(3) 分项工程。分项工程是分部工程的组成部分，是建筑工程质量形成的直接过程，同时也是计量工程用工、用料和机械台班消耗的基本单元。分项工程应按主要工种、材料、施工工艺、设备类别等划分。

1.2.3 建筑工程项目周期

1 项目周期概念

工程项目周期在我国也称工程建设程序，是指工程项目建设全过程所经历的时间和工作秩序。项目周期是工程建设和客观规律的反映，是人们在工程建设实践过程中的技术与管理活动的经验总结，是建筑工程项目科学决策和顺利进行的重要保证。成功的项目管理是将项目作为一个整体系统，进行全过程的管理和控制，是对整个项目生命周期的系统管理。

2　项目建设阶段

按照项目建设的一般规律，投资建设一个项目都要经过几若干个阶段。据《建设工程项目管理规范实施手册》把它分为四个阶段，即分析决策阶段、规划设计阶段、施工实施阶段和竣工收尾阶段。这些阶段的划分是基于各阶段的工作内容、性质和作用不同，它们之间存在着严格的先后顺序，承前启后、紧密衔接和相互制约的关系。各阶段可以合理交叉，但不能随意颠倒。因此，在工程项目建设整个过程中，各阶段工作必须根据工程项目的特点和建设条件，谨慎稳妥地规划工程项目周期并自觉遵循建设程序。

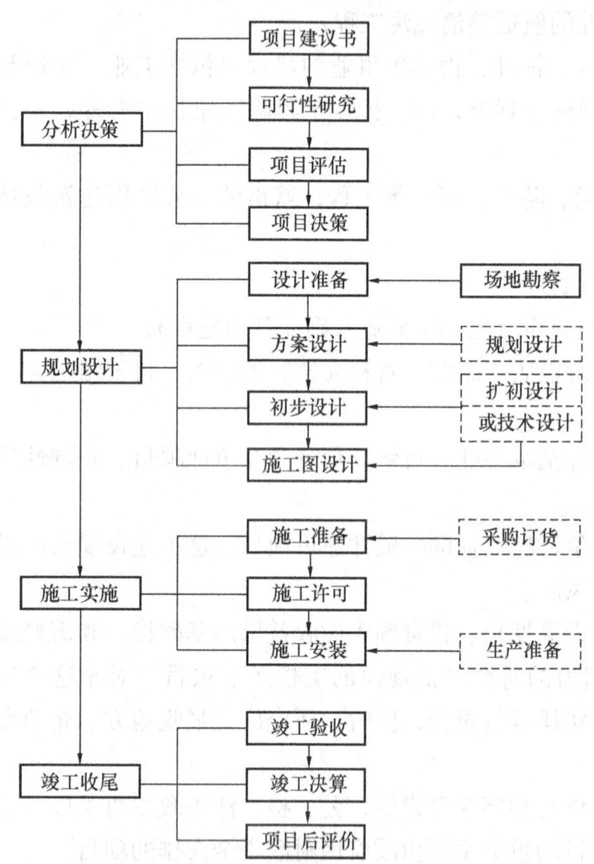

图 1-1　实行审批制管理程序的政府投资建设项目周期

实行审批制管理程序的政府投资建设项目周期如图 1-1 所示。

3　项目周期内各阶段主要工作

(1) 分析决策阶段

1) 根据国民经济和社会发展长远规划，结合行业和地区发展规划的要求提出项目建议书。

2) 在勘察、试验、调查研究及详细技术经济分析论证的基础上编制可行性研究报告。

3) 对建设进行项目评估。

4) 根据项目评估情况，对建设项目进行决策与审批。

(2) 设计阶段

1) 按规定要求进行适应各设计阶段需要的场地勘察、编制设计要求文件、设计方案招标（竞赛）等设计准备工作。

2) 根据批准的项目前期文件、规划条件等编制方案设计文件。按项目类型、规模、等级等要素，有必要时，在此之前还需要进行规划设计。

3) 根据批准的方案设计，进行初步设计并送审报批。对于技术复杂、需要进行技术论证的项目，在进行施工图设计之前可进行扩大初步设计或技术设计。

4) 根据批准的初步设计，进行施工图设计。施工图设计完成后送审报批。

(3) 施工实施阶段

1) 施工图设计文件经审查批准后，即可进行施工前的各项准备工作，包括：施工许可申请；组织招标，选择施工单位、监理单位及设备、材料供应商；着手进行设备等物资采购与订货工作；施工许可申请；完成场地平整；施工用水、电、通信、道路等接通等施工准备工作。

2) 办理施工许可证后，组织工程施工及机电设备安装。

3) 对于生产性项目，还需要根据施工进度安排，做好生产或动用前的各项准备工作。如试运行后方可正式投产。

(4) 竣工收尾阶段

1) 项目按批准的设计文件建成，进行竣工验收，验收合格后即可交付使用。

2) 竣工验收合格后，需要进行施工结算与竣工决算，并办理资产移交手续。

3）进行项目后评价（工业建筑项目生产运营一段时间后进行，一般为1年或一个生产周期）。

1.2.4 项目管理概述

1 项目管理概念

建筑工程项目管理是最具有普遍意义的典型的工程建设项目管理。建筑工程项目管理是指组织运用系统工程的理论和方法，对项目周期内的所有工作（包括项目建议书、可行性研究、评估论证、设计、采购、施工、验收、交付使用和后评价等）进行的计划、组织、指挥、协调和控制等专业化活动过程。

在项目管理所具有的计划、组织、指挥、协调和控制五大基本职能中，计划、控制和组织的理论与方法是建筑工程项目管理的核心内容。

1）计划是基础。计划是在项目执行期间进行有效管理的依据和前提。对于具体项目而言，只有利用科学的方法做好周密的计划，才能使整个项目的实施过程得到最佳安排，从而以最小的代价获得最大的效益。

2）组织是要件。建筑工程项目管理的过程，实际上就是项目管理团队根据计划目标，合理安排人力、物力和财力的过程。如果没有高效率的项目管理团队，没有良好的运行机制和优秀项目经理的运筹与协调，就难以实现项目管理的目标；同样，对有限的资源不进行合理的安排和整合，也难以实现项目管理的目标。

3）控制是基本内容。目标管理方法要求进行目标控制，即控制质量、投资（费用、成本）和进度三大目标。

项目控制主要是根据计划和目标，在项目建设周期全过程中，用动态控制项目的运行状态，将质量、费用和进度等的计划数据与实际完成情况进行对比，找出差距，实施采取纠偏措施，最大限度地实现项目目标。

2 项目管理特点

项目管理贯穿于项目建设的全过程，涉及开发建设领域、流通领域乃至消费领域，是一个综合性的系统管理过程，有其自身的特点：

(1) 项目管理是一门系统理论学科。项目管理作为一门系统理论学科，需要我们从对象、原理、规律及应用特点等现代项目管理方面的知识体系去研究。工程项目管理的理论基础主要涉及系统论、控制论、运筹学、组织学和行为学。系统论在工程项目管理中的运用，主要体现在工程项目管理的整体性、相关性、有序性和动态性四个方面。

(2) 项目管理是一种任务型的管理。对象和内容是一个具体的建筑工程项目，是一种任务型的管理，并非是对一个持续稳定的经济实体的经营管理，区别于一般意义上的企业管理。建筑工程项目的管理过程，贯穿于项目建设的全过程，实质上是一个对工程项目建设全寿命周期进行管理控制过程。

(3) 按系统对项目建设进行全方位管理。项目的特征决定了工程项目管理的系统性、复杂性、动态性、科学性、艺术性、创造性和经济性均较为明显。项目的运行规律是一次性动态活动过程，其以项目发展周期、项目内在规律和工程项目管理的基本制度为基础，要求按系统角度出发对项目建设进行全方位管理，运用的管理方法和手段也多样。

(4) 项目建设实施的参与方是项目管理的主体。项目建设的参与方众多，但就项目建设的全过程及其管理的范围和内容而言，主要集中在项目建设实施阶段的各参与方，即包括投资方、勘察设计方、施工方、供应方、监理方以及政府各相关部门等。

在项目周期中，由于各阶段的任务和实施主体不同，从而构成了不同的项目管理类型。正是这些参与方的诸多不同的项目管理，致使项目管理在组织、过程、范围、方法等方面有了具体的针对性的内容，构成了项目管理的丰富内涵和特征，也使这些参与方成为实施项目管理的主体。

(5) 项目管理具有很强的实践性和经营性。项目管理既有系统的理论观点，又有明显的实践特征；

它既要有运作时遵循相关法律、法规的规范化要求，也有在遵循规范化的原则下突出个案运作的特点；项目管理无论在理论研究和实践应用中都离不开市场要素的培育和与组合。随着经济全球化和建设项目生产方式的深层次变革，无论是政府投资项目，还是非政府投资项目，越来越多的业主需要具有综合实力的工程承包方承担建设工程项目管理。所以，它是当今世界上最为活跃、最热门的学科。

(6) 项目管理过程与行为的规范化。项目管理者是项目活动中各项活动的主体。我国工程建设已进入法制化轨道，管理主体开展工程项目管理时，既要在运作时遵循相关法律、法规及规范要求，又要在遵循规范化的原则下突出个案运作的特点。法制完善、主体健全、程序明确、管理规范是项目成功管理的保障。否则工程项目管理必然走向歧途。

(7) 项目管理采用严格的目标管理方法。目标管理方法主要体现在：

1) 在项目前期确定明确的目标。对项目目标必须进行精心设计，论证优化，确定明确的目标。通常在项目前期进行项目目标总体设计，建立项目目标系统的总体框架。

2) 项目目标设计必须按系统工作方法有步骤地进行。在项目的目标系统设计中首先设立项目总目标，再采用系统方法将总目标分解成子目标和可执行目标。目标系统必须包括项目实施和运行的所有主要方面。

3) 项目目标实行生命周期管理。现代工程项目建立的项目一体化目标管理系统，经分解后，落实到项目各阶段的目标。它可分别作为各阶段项目管理的尺度、依据与标准，从而实现有效的目标控制；进而又能保证项目在全生命期中目标、组织、过程、责任体系的连续性和整体性。

4) 项目目标实行动态管理。由于建筑工程项目是一个一次性的过程，造成项目实施过程容易受到干扰，项目的目标会随着项目的推进不断发生变化和调整。正因为项目本身会不断变化，才更需要项目的多次计划、并逐步细化、调整修订。引申到项目管理的哲学思想即：变是绝对的，不变是相对的；平衡是暂时的，不平衡是永恒的。

5) 将目标管理同职能管理高度结合。目标与组织结构、组织任务相联系，目标管理应建立由上而下，由整体到分部的目标控制体系，并将分解细化的项目目标落实到各责任人，使项目目标顺利实现。

(8) 项目管理手段必须实现信息化。现代化的工程项目管理是一个庞大的系统，各系统之间具有很强的关联性，管理工作十分复杂，大量的数据计算，各种复杂关系的处理，工程项目管理中使用的各种方法，如TQC方法、网络计划方法和核算方法等，都需要处理和存储大量信息，没有先进的信息处理手段是难以实现科学、高效管理的。因此，必须开发、运用先进的工程项目管理计算机软件，适应信息时代工程项目管理科学化的要求。

3　我国建设工程项目管理基本框架体系

我国建设工程项目管理结合我国国情和工程建设项目的特点，通过不断探索，努力实践，形成一套具有中国特色并能与国际接轨的、适应市场经济需求、操作性强且比较系统的工程项目管理基本框架体系。

(1) 我国项目管理基本框架体系走向。我国建设工程项目管理正在克服负面因素，继续深化推行建设工程项目管理工作，使之走向科学化、规范化、制度化和国际化。

1) 科学化。科学化指规范遵循了建设工程项目管理的规律，把它作为一门学科和一种知识体系。系统论、控制论、运筹学、社会学和组织行为学等既是工程项目管理的理论基础，也作为技术方法与工程项目管理有机结会，从而使工程项目管理向多学科介入的方向发展，有了更强的科学性与综合性，也使工程项目管理在理论和应用两个方面达到一个新的高度。

2) 规范化。规范化的实质是统一全国的建设工程项目管理行为规则。《建设工程项目管理规范》(GB/T 50326—2006）(以下简称《项目管理规范》）是我国现行的统一全国的建设工程项目管理行为规则。《项目管理规范》从框架构思、内容、观念更新等方面开创了我国建设工程领域用管理规范形式促进项目管理向科学化、法制化、制度化和规范化方向发展的先河，对于进一步深化和推进我国管理学科的研究应用及自主创新有深远的意义，对促进加快与国际惯例接轨具有重要的指导作用。

3）制度化。制度化是指把工程项目管理作为一项重要的建设制度，凡有条件的工程项目都必须进行项目管理，实行项目经理责任制。

4）国际化。国际化是指规范吸收参照了国际通用标准，其方法与模式在修订中注重学习国际惯例并与之接轨，成为我国建筑业国内或境外进行建设工程项目管理时，均应使用的示范文本。现行的《项目管理规范》是目前我国极有权威性的一部管理型工程项目管理规范。

在国际上，工程项目管理作为一门学科被广泛用来进行一次性任务（即特殊过程）的管理，已经形成国际惯例。欧洲的国际项目管理协会（IPMA）和美国项目管理学会（PMI）形成了两大项目管理体系。国际上的项目管理体系属于广义上的项目管理，有它的先进性和科学性。我国建设工程项目管理规范化标准不但吸收了国际项目管理的通用标准，具有国际通用性和先进性，而且最重要的一点是结合我国建设工程项目管理体制改革的经验，比较注重专业管理活动的实践性和系统性，与国际上有关项目管理比较，更加具体化、专业化，具有适用性和操作性。

（2）我国项目管理基本框架体系的特色。

1）主要特征："动态管理，优化配置，目标控制，节点考核"。

2）运行机制：总部宏观调控，项目委托管理，专业施工保障，社会力量协调。

3）组织结构："两层分离，三层关系"，即"管理层与作业层分离"，项目层次与企业层次的关系，项目经理与企业法人代表的关系，项目经理部与劳务作业层的关系。

4）推行主体："两制建设，三个升级"，即项目经理责任制和项目成本核算制；技术进步、科学管理升级，总承包管理能力升级，智力结构和资本运营升级。

5）基本内容："四控制，三管理，一协调"，即进度、质量、成本、安全控制，合同、生产要素、信息管理和组织协调。

6）管理目标："四个一"，即一套新方法，一支新队伍，一代新技术，一批好工程。

1.2.5 建筑工程项目管理类型

1 建筑市场体系构成

建筑市场体系主要由三方面构成，即：以发包人为主体的发包体系；以设计、供货方、施工方为主体的承建体系；以工程管理、咨询、监理、评估方为主体的专业技术服务体系。

在建筑市场中，项目发包人、项目承包人和专业技术服务机构都是市场主体，进行建设工程项目发包、承包和专业技术服务等活动。市场主体三方的不同关系构成不同的项目实施组织形式，对项目管理的方式和内容产生着不同的影响。

2 项目管理类型

由于项目建设各阶段的任务和实施主体不同，从而构成了不同的项目管理类型。按工程项目不同参与方的工作性质和组织特征划分，项目管理可分为：

（1）业主方的项目管理

业主方的项目管理是管理的核心。由于业主方是建设工程项目生产过程的总集成者——人力资源、物质资源和知识的集成，业主方也是建设工程项目生产过程的总组织者，因此对于一个建设工程项目而言，业主方的项目管理是管理的核心。

1）工程建设项目业主含义。工程建设项目业主是指具有进行某项工程项目建设的需求条件（资金、规划用地、建设手续等），建立起与承包（生产、供应）商及社会中介机构的委托合同关系，并最终得到建筑产品所有权的政府部门、企事业单位和个人。工程建设项目业主包括：各级政府、专业部门、政府委托的资产管理部门、企事业单位、个人等。

2）项目业主的职能。建设项目业主必须运用系统工程的观念、理论和方法进行决策，其主要职能如下：

A 决策职能。由于项目的建设过程是一个系统工程，因此每一建设阶段的启动都要依法决策。B 计划职能。围绕项目的全过程、总目标，将实施过程的全部活动都纳入计划轨道，用动态的计划系统协调与控制整个项目，保证建设活动协调有序地实现预期目标。C 组织职能。业主的组织职能既包括在内部建立项目操作的组织机构，也包括在外部选择可信的承包商，实施工程建设项目的不同阶段、不同内容的建设任务。D 控制职能。建设项目主要目标的实现是以控制职能为保证手段，不断通过决策、计划、协调、信息反馈等手段，采用科学的管理方法确保目标的实现。工程建设项目管理的主要任务就是对投资、进度和质量进行控制。E 协调职能。由于工程建设项目实施的各阶段在相关的层次、相关的部门之间，存在大量的结合节点，构成了复杂的关系和矛盾，应通过协调职能进行沟通，确保系统的正常运行。

3）建设项目业主的主要工作内容

业主方的项目管理是全过程的项目管理，包括项目决策与实施阶段的各个环节。业主在建设项目的全过程管理中，其工作内容主要包括以下几方面：

A 建设项目立项决策阶段的管理。B 建设项目的资金筹措的管理。C 建设项目工程（设备）监理的管理。D 建设项目技术咨询的管理。E 建设项目勘察、设计、施工的管理。F 建设项目竣工验收与试运行阶段的管理。G 建设项目各阶段档案管理。H 建设项目的财务、税收管理。J 建设项目的其他管理，如组织、安全、信息、沟通、资源、统计管理等。

4）业主方的项目管理需要专业化、社会化的项目管理（工程咨询）单位为其提供项目管理服务。

由于项目实施的综合性、目标性、一次性和复杂性等特征，使得业主方自行进行项目管理往往存在很大的局限性。首先，在技术和管理方面缺乏相应的配套力量，使之力不从心，困难重重，难以胜任整个工程建设项目的管理任务。其次，即使是配备健全的管理机构，如果没有持续不断的项目管理任务也是不经济的。为此，工程建设项目业主除有长期连续开发建设项目任务的业主往往需要专业化、社会化的项目管理（工程咨询）单位为其提供项目管理服务。

项目管理（工程咨询）单位既可以为业主提供全过程的项目管理服务，也可以根据业主需求提供分阶段的项目管理服务。这种变业主自行管理模式为委托项目管理模式，由项目管理咨询公司作为业主代表或业主的延伸，根据其自身的资质、人才和经验，以系统和组织运作的手段和方法对项目进行集成化管理。对于需要实施监理的建筑工程项目，可由具有工程监理资质的项目管理单位承担，也可由项目管理单位协助业主委托给其他具有工程监理资质的单位。项目管理单位可以为业主提供项目监理服务，但这通常需要业主在委托项目管理任务时一并考虑。

（2）设计方的项目管理

1）设计方是工程项目建设的一个重要参与方，其项目管理的目标包括项目工程设计的质量目标、设计的进度目标、设计的投资目标和设计方自身的成本目标。设计是从需求出发寻求顾客满意的产品的过程，设计必须加以管理。设计管理是对设计资源和设计活动进行计划、组织、领导、控制等一系列活动的总称，设计管理的基本出发点是提高设计开发的效率，创建竞争优势。

设计单位承揽到项目设计任务后，需要根据设计合同所界定的责任义务，引进先进技术和科研成果，在技术和经济上对项目的实施进行全面而详尽的安排，最终形成设计文件。设计方的项目管理不仅仅局限于项目设计阶段，而且要延伸到项目的施工和竣工验收等后续阶段。

2）工程设计项目内部管理是项目管理的核心，也是设计单位的核心工作。在现代的经济生活中，工程设计越来越成为一项有目的、有计划、与各学科、各部门相互协作的组织行为。在现代的企业行为中，不管是以设计为背景，还是以管理为背景去理解，设计管理的基本内涵已逐步走向一致。设计管理研究的目的是在各个层次整合、协调设计所需的资源和活动，并对一系列设计策略与设计活动进行管理，寻求最合适的解决方法，以达成企业的目标并创造出有效的产品。

3）设计方的项目管理应从计划、组织、指挥、监督和控制等管理基本职能诸方面对设计进行全方位管理。其内容包括设计目标管理、设计程序管理、设计组织的设置管理、知识产权的管理等。

4）设计企业必须具备自己的设计战略，并加以良好的管理。设计战略是企业经营战略的组成部分之一。

工程设计必须符合企业发展战略的要求，必须符合社会化大生产、市场规律及相应指导方针、设计准则的要求。另外，具体的设计工作，如设计理念、程序、方法等，都有必要结合设计企业自身的特点进行管理。缺乏系统、科学、有效的管理，必然造成盲目、低效的设计和没有生命力的产品，从而浪费大量的时间和宝贵的资源，给设计企业带来致命的打击，也使设计师的思想意图不可能得到充分的贯彻实施。而另一方面，设计作为一门综合性学科，它有着自身的特点和科学规律，并且与科研、生产、营销等行为的关系愈来愈紧密，在现代经济生产中发挥着越来越重要的作用。

目前设计企业竞争日趋激烈，加强设计队伍管理，创建研究学习型组织，整体提高设计人员的素质，建立现代工程设计管理制度，编制项目设计大纲，建立质量保证体系，正确划分各级技术管理的权限，坚持放权到位、管理到位、责任监督到位、充分发挥每一位工程技术人员的积极性和创造性等都将体现“管理出效益”的含义。

（3）施工方的项目管理

施工方作为项目建设的一个重要参与方，其项目管理工作主要在施工阶段及其后续阶段进行。在工程实践中，设计阶段和施工阶段往往是交叉的，因此施工方的项目管理工作也涉及设计阶段。

施工单位通过投标承揽到项目施工任务后，无论是施工总承包方还是分包方，均需要依据施工承包合同所界定的工程范围组织项目管理。施工方项目管理的目标体系包括项目安全、质量、成本、工期、现场标准化和环境保护等。显然，其项目目标既与建筑工程项目的目标相联系，又具有施工方项目管理的鲜明特征。

（4）供货方的项目管理

供货方作为项目建设的一个参与方，建筑材料和设备的供应工作也是实施建筑工程项目的一个子系统，该子系统有明确的约束条件以及与项目设计、施工等子系统的内在联系。供货方的项目管理工作在设计准备阶段、设计阶段、施工阶段及其后续阶段进行。项目管理的目标包括供货方的成本目标、供货的进度目标和供货的质量目标等。因此，设备制造厂、供应商同样需要根据生产制造和供应合同全所界定的任务进行项目管理，以适应建筑工程项目总目标的要求。

（5）工程总承包方项目管理

1）工程总承包企业受业主委托，按照合同约定对工程建设项目的设计、采购、施工、试运行（竣工验收）等实行全过程或若干阶段的承包。通常工程总承包企业在总价合同条件下，对所承包工程的质量、安全、费用和进度负责。

2）工程总承包适用于新建、扩建、改建等建设项目，在合同签订后，工程总承包企业负责实施对工程总承包项目的管理。

3）工程总承包的具体方式、工作内容和责任等，由业主与工程总承包企业在合同中约定。工程总承包主要有如下方式：

设计—施工总承包（D-B）：设计—施工总承包是指工程总承包企业按照合同约定，承担工程项目设计和施工，并对承包工程的质量、安全、工期、造价全面负责。根据工程项目的不同规模、类型和业主要求，工程总承包还可采用设计—采购总承包（E-P）、采购—施工总承包（P-C）等方式。

设计采购施工总承包（EPC）：即建设项目全过程的工程总承包，也称交钥匙工程总承包。交钥匙总承包是指工程总承包企业按照合同约定，承担工程项目的设计、采购、施工、试运行服务等工作。工程总承包企业应建立覆盖设计、采购、施工、试运行全过程的项目管理体系，并对承包工程的质量、安全、工期、造价全面负责，以保证项目产品和服务的质量、功能和特性，满足合同及相关方的要求，提高项目实施的效率和效益。

交钥匙工程总承包企业可依法将所承包工程中的部分工作，发包给具有相应资质的分包企业，分包企业按照分包合同的约定对总承包企业负责。

4）项目工程总承包管理的内容。《建设项目工程总承包管理规范》（GB/T50358－2005）对项目工程总承包管理的内容作出了明确规定。

5）工程总承包管理的程序特征。工程总承包项目管理的基本程序除应体现工程项目生命周期发展的规律外，其基本程序中的设计、采购、施工、试运行各阶段，应组织合理的交叉，以缩短建设周期，降低工程造价，获取最佳经济效益。

综上所述，不论是哪方的项目管理，项目管理所涵盖的规律性及其实施过程、方法和规范化则是共性的，都应按法律法规、建设标准、工程项目管理规范等规范性文件的有关规定、规则，约束自己的项目管理行为。按不同企业的管理运行机制制定相应的项目管理制度，以使各自的管理在组织、过程、范围、内容以及相关关系等方面有更全面、更具体、更有针对性的管理。

1.2.6　工程项目管理（工程咨询）企业的项目管理

1　工程项目管理企业（工程咨询）的项目管理概述

（1）工程项目管理基本概念

工程项目管理是指从事工程项目管理（工程咨询）的企业，受工程项目业主方委托，按合同约定，对工程建设全过程或分阶段进行专业化管理和服务活动。

工程项目管理企业不直接与该工程项目的总承包企业或勘察、设计、供货、施工等企业签订合同，而可以按合同约定，协助业主与工程项目的总承包企业或勘察、设计、供货、施工等企业签订合同，并受业主委托监督合同的履行。

原建设部制定发布《关于培育发展工程总承包和工程项目管理企业的指导意见》（建市［2003］30号）和《建设工程项目管理试行办法》（建市［2004］200号）（以下简称《办法》）作出了规范性规定。

（2）工程项目管理深远意义

1）工程项目管理是国际通行的工程建设项目组织实施方式。它是我国勘察、设计、施工、监理企业调整经营结构，增强综合实力，适应社会主义市场经济发展和加快与国际接轨的必然要求；是提高我国企业国际竞争力的有效途径。

2）推行工程项目管理，是深化我国工程建设项目组织实施方式改革，规范建筑市场秩序，提高工程建设管理水平，保证工程质量和投资效益的重要措施。

3）推行工程项目管理，确立了项目管理企业的法律地位，一改我国建设行业长期以来没有专门的项目管理企业，仅存在业主按照不同的服务要求和服务内容，分别去找不同类型的企业寻求相应的服务的落后状态，因此，项目管理企业应业主需求而生，十分有利于工程项目管理公司融入现行建设管理机制。

推广工程项目管理在我国任重而道远，在采用项目管理服务的管理方式下，工程项目管理企业与业主之间的关系不仅关系到能否达到“1＋1＞2”的效果，更是影响项目建设各参与方实现各阶段项目目标和满意度的关键因素。同时也关系到项目管理服务发展的市场动力来源的稳定长久。因此，工程项目管理公司融入现行建设管理机制对于促进我国建设项目管理健康发展，规范建设项目管理行为，不断提高建设投资效益和管理水平意义十分深远。

（3）工程项目管理资格管理

1）项目管理企业应当具有工程勘察、设计、施工、监理、造价咨询、招标代理等一项或多项资质。企业申请资质时，其原有工程业绩、技术人员、管理人员、注册资金和办公场所等资质条件可合并考核。

2）从事工程项目管理的专业技术人员，应当具有城市规划师、建筑师、工程师、建造师、监理工程师、造价工程师等一项或者多项执业资格。取得城市咨询工程师、规划师、建筑师、工程师、建造师、监理工程师、造价工程师等执业资格的专业技术人员，可在项目前期策划咨询、勘察、设计、施工、监理、造价、招标代理等任何一家企业单位申请注册并执业。取得上述多项执业资格的专业技术人员，可以在同一企业单位分别注册并执业。

(4) 工程项目管理服务范围及内容

项目管理企业应当改善组织结构，建立项目管理体系，充实项目管理（工程咨询）专业人员，按照现行有关企业资质管理规定，在其资质等级许可的范围内开展工程项目管理业务。

在建设工程项目管理服务中，工程项目管理企业按照合同约定，在工程项目决策阶段，为业主编制可行性研究报告，进行可行性分析和项目策划；在工程项目实施阶段，为业主提供招标代理、设计管理、采购管理、施工管理和试运行、竣工验收、后评估等服务，代表业主对工程项目进行质量、进度、费用控制、实施安全、合同、信息等管理和沟通协调。具体服务范围内容如下：

1) 协助业主方进行项目前期策划，经济分析、专项评估与投资确定，为业主进行可行性分析，编制可行性研究报告；

2) 协助业主方办理土地征用、规划许可等有关手续；

3) 协助业主方提出工程设计要求、组织评审工程设计方案、组织工程勘察设计招标、签订勘察设计合同并监督实施、组织设计单位进行工程设计优化、技术经济方案比选并进行投资控制；

4) 协助业主方组织工程监理、施工、设备材料采购招标；

5) 协助业主方与工程项目总承包企业或施工企业及建筑材料、设备、构配件供应等企业签订合同并监督实施；

6) 协助业主方提出工程实施用款计划，进行工程竣工结算和工程决算，处理工程索赔，组织竣工验收，向业主方移交竣工档案资料；

7) 生产试运行及工程保修期管理，组织项目后评估；

8) 项目管理合同约定的其他工作。

(5) 工程项目管理机构

项目管理企业应当根据委托项目管理合同约定，选派具有相应执业资格的专业人员担任项目经理，组建项目管理机构，建立与管理业务相适应的管理体系，配备满足工程项目管理需要的专业技术管理人员，制定各专业项目管理人员的岗位职责，履行委托项目管理合同。工程项目管理企业一般应按照合同约定承担相应的管理责任。

工程项目管理实行项目经理责任制。项目经理不得同时在两个及以上工程项目中从事项目管理工作。根据工程项目的不同规模、类型和业主要求，还可采用其他项目管理方式。

(6) 工程项目管理服务收费

工程项目管理服务收费应当根据受委托工程项目规模、范围、内容、深度和复杂程度等，由业主方与项目管理企业在委托项目管理合同中约定。工程项目管理服务收费应在工程概算中列支。业主方应当对项目管理企业提出并落实的合理化建议按照相应节省投资额的一定比例给予奖励。奖励比例由业主方与项目管理（咨询）企业在合同中约定。

(7) 工程项目管理禁止行为

1) 项目管理企业不得有下列行为：A 与受委托工程项目的施工以及建筑材料、构配件和设备供应企业有隶属关系或者其他利害关系；B 在受委托工程项目中同时承担工程施工业务；C 将其承接的业务全部转让给他人，或者将其承接的业务肢解以后分别转让给他人；D 以任何形式允许其他单位和个人以本企业名义承接工程项目管理业务；E 与有关单位串通，损害业主方利益，降低工程质量。

2) 项目管理人员不得有下列行为：A 取得一项或多项执业资格的专业技术人员，不得同时在两个及以上企业注册并执业；B 收受贿赂、索取回扣或者其他好处；C 明示或者暗示有关单位违反法律法规或工程建设强制性标准，降低工程质量。

(8) 工程项目管理监督管理与行业指导

1) 监督管理：国务院有关专业部门、省级政府建设行政主管部门应当加强对项目管理企业及其人员市场行为的监督管理，建立项目管理企业及其人员的信用评价体系，对违法违规等不良行为进行处罚。

2) 行业指导：各行业协会应当积极开展工程项目管理业务培训，培养工程项目管理专业人才，制定工程项目管理标准、行为规则，指导和规范建设工程项目管理活动，加强行业自律，推动建设工程项目管理业务健康发展。

2　工程咨询单位及其服务概述

(1) 工程咨询单位是指在中国境内设立的开展工程咨询业务并具有独立法人资格的企业、事业单位。工程咨询单位必须依法取得国家发改委颁发的《工程咨询资格证书》，凭《工程咨询资格证书》开展相应的工程咨询业务。

工程咨询是遵循独立、公正、科学的原则，运用多学科知识和经验、现代科学技术和管理方法，为政府部门、项目业主及其他各类客户提供社会经济建设和工程项目决策与实施的智力服务，以提高经济和社会效益，实现可持续发展。

(2) 工程咨询单位资质等级。

工程咨询单位资质等级分为甲级、乙级、丙级。各级工程咨询单位按照国家有关规定和业主要求依法开展业务。

(3) 工程咨询专业划分。

工程咨询单位专业资质，按照以下31个专业划分：公路；铁路；城市轨道交通；民航；水电；核电、核工业；火电；煤炭；石油天然气；石化；化工、医药；建筑材料；机械；电子；轻工；纺织、化纤；钢铁；有色冶金；农业；林业；通信信息；广播电影电视；水文地质、工程测量、岩土工程；水利工程；港口河海工程；生态建设和环境工程；市政公用工程；建筑；城市规划；综合经济（不受具体专业限制）；其他。

(4) 工程咨询单位服务范围。

1) 规划咨询：含行业、专项和区域发展规划编制、咨询；

2) 编制项目建议书（含投资机会研究、预可行性研究）；

3) 编制项目可行性研究报告、项目申请报告和资金申请报告；

4) 评估咨询：含项目建议书、可行性研究报告、项目申请报告与初步设计评估，以及项目后评价、概预决算审查等；

5) 工程设计；

6) 招标代理；

7) 工程监理、设备监理；

8) 工程项目管理：含工程项目的全过程或若干阶段的管理服务。

(5) 技术咨询合同。

技术咨询合同包括就特定技术项目提供可行性论证、技术预测、专题技术调查、分析评价报告等合同。

技术咨询合同的委托人应当按照约定阐明咨询的问题，提供技术背景材料及有关技术资料、数据；接受受托人的工作成果，支付报酬。技术咨询合同的受托人应当按照约定的期限完成咨询报告或者解答问题；提出的咨询报告应当达到约定的要求。

技术咨询合同的委托人未按照约定提供必要的资料和数据，影响工作进度和质量，不接受或者逾期接受工作成果的，支付的报酬不得追回，未支付的报酬应当支付。技术咨询合同的受托人未按期提出咨询报告或者提出的咨询报告不符合约定的，应当承担减收或者免收报酬等违约责任。技术咨询合同的委托人按照受托人符合约定要求的咨询报告和意见作出决策所造成的损失，由委托人承担，但当事人另有约定的除外。

3 项目管理（工程咨询）业务的委托

(1) 业务的委托方式

1) 工程项目业主方可以通过招标或委托等方式选择项目管理（工程咨询）企业，并与选定的项目管理（工程咨询）企业以书面形式签订委托项目管理（工程咨询）合同。合同中应当明确履约期限，工作范围，双方的权利、义务和责任，项目管理（咨询）酬金及支付方式，合同争议的解决办法等。

2) 工程勘察、设计、监理等企业同时承担同一工程项目管理和其资质范围内的工程勘察、设计、监理业务时，依法应当招标投标的通过招标投标方式确定。

3) 联合体投标：两个及以上项目管理（工程咨询）企业可以组成联合体以一个投标人身份共同投标。联合体中标的，联合体各方应当共同与业主方签订委托项目管理合同，对委托项目管理（工程咨询）合同的履行承担连带责任。联合体各方应签订联合体协议，明确各方权利、义务和责任，并确定一方作为联合体的主要责任方，项目经理由主要责任方选派。

4) 施工企业不得在同一工程从事项目管理（工程咨询）和工程承包业务。

(2) 合作管理。项目管理（工程咨询）企业经业主方同意，可以与其他项目管理（工程咨询）企业合作，并与合作方签订合作协议，明确各方权利、义务和责任。合作各方对委托项目管理（工程咨询）合同的履行承担连带责任。

4 项目管理（工程咨询）委托合同

(1) 项目管理（工程咨询）委托合同属于技术服务合同

技术服务合同是指当事人一方以技术知识为另一方解决特定技术问题所订立的合同。技术服务合同的委托人应当按照约定提供工作条件，完成配合事项，接受工作成果并支付报酬。技术服务合同的受托人应当按照约定完成服务项目，解决技术问题，保证工作质量，并传授解决技术问题的知识。

技术服务合同的委托人不履行合同义务或者履行合同义务不符合约定，影响工作进度和质量，不接受或者逾期接受工作成果的，支付的报酬不得追回，未支付的报酬应当支付。技术服务合同的受托人未按照合同约定完成服务工作的，应当承担免收报酬等违约责任。

技术服务合同履行过程中，受托人利用委托人提供的技术资料和工作条件完成的新的技术成果，属于受托人。委托人利用受托人的工作成果完成的新的技术成果，属于委托人。当事人另有约定的，按照其约定。法律、行政法规对技术中介合同、技术培训合同另有规定的，依照其规定。

(2) 项目管理（工程咨询）委托合同的签订

项目业主方可以通过招标或委托等方式选择项目管理（工程咨询）企业，并与选定的项目管理（工程咨询）企业以书面形式签订委托项目管理（工程咨询）合同。合同中应当明确履约期限，工作范围，双方的权利、义务和责任，项目管理（工程咨询）酬金及支付方式，合同争议的解决办法等。

5 项目管理（工程咨询）企业与业主之间的关系

(1) 委托与被委托，被服务与服务的关系

业主和项目管理（工程咨询）企业间是委托与被委托，被服务与服务的关系。业主之所以聘请项目管理（工程咨询）企业，出于业主希望借助项目管理（工程咨询）企业来实现对项目的专业化管理。在项目管理（工程咨询）服务模式下业主是项目的发包方，处于合同体系的最高层。业主应该是项目的决策者和宏观调控者，并非是具体的管理者。业主选择了项目管理（工程咨询）企业，按委托合同的约定，将项目管理的权力全部或部分授予项目管理（工程咨询）企业，接受项目管理（工程咨询）企业的专业化服务。而项目管理（工程咨询）企业受雇于业主，项目管理（工程咨询）企业应依法履职、按委托合同内容对项目管理诚信服务。这种管理服务的价值体现在服务内容的专业化“协助”质量和业主希望的结果。项目管理（工程咨询）企业的专业化服务应使业主满意，项目管理（工程咨询）服务业才能

得到长足的发展。

(2) 互信和谐的“伙伴关系”是双方理想的关系状态

业主和项目管理（工程咨询）企业之间是一种相互依赖，团结合作的关系。双方合作实践中，大致存在“和气模糊”、“摩擦对抗”、“互信和谐”等几种关系状态。只有在互信和谐的状态下，彼此间的信任机制得以建立，使合同履行成本的降低，沟通效率、管理（咨询）水平和对项目满意度的提高成为必然，双方的合作成效最大化亦成为可能。同时，保持合同关系的严肃性和双方主体的法律地位。但在业主和项目管理（工程咨询）企业合作实践中普遍存在诸如彼此不够信任，合同灰色地带多，责任界限不够清晰，资源没有充分共享，缺乏及时有效的沟通，双方信息的不对称，冲突的解决不够有效，管理混乱导致工作的成效低等问题。

面临诸多的挑战，如何解决问题，达到健康的互信和谐状态，是项目管理（工程咨询）企业和业主共同的课题。国际上较通行的“伙伴关系”的优点应该是一个很好的借鉴。美国建筑业协会（CII）对“伙伴关系”的定义是：为了达到一种特殊的商业目的，两个或更多的组织使各自的资源实现最大化效用的长期行为。这要求改变了传统关系，打破了组织界限，营造为一种共享的文化。这种关系是建立在信任、致力于共同目标、了解各自的期望和价值的基础之上的。它强调相互沟通、相互信任、资源共享、责任清晰、冲突及时解决，当项目管理企业和业主之间建立起真正的伙伴关系后，他们之间的关系就会趋向于和谐，就会出现项目管理企业和业主都希望看到的合作产出效果最大化。伙伴关系的成功建立最主要取决于以下因素：

1) 以互利共赢为指导思想。平等条件下的互利共赢思想是伙伴关系概念的精髓。各方要本着平等的原则进行合作互动，不能利用承发包上的优势地位来压制另一方。业主和项目管理企业都是平等的合同主体和项目参与方，为项目的成功共同努力，最终达到互利共赢的局面。

2) 明确定义双方职责。双方要在遵守合同的前提下划分责任，要兼顾结果最优原则。双方都应详熟项目的组织使命，并且知道跟自己工作的联系，在工作中随着工作不断展开，将责任矩阵不断深入和细化。

3) 充分的沟通交流。沟通交流对发现和解决问题发挥着很大的作用。双方要通过不同的渠道，不同层次的人员进行各种形式的全方位沟通，要改变采用单一的书面文件和凡事都要有双方领导参与才能沟通的状况。通过双方的充分沟通，建立起冲突解决的流程和步骤，使双方分歧能够得到及时的沟通统一。

4) 各参与方积极共享资源。双方要以项目整体的最优为目标，打破组织间的界限和壁垒，使用一切能够让项目获得最大成功的资源，使得双方的合作产生“1+1>2”的效果。

5) 伙伴关系建立过程的控制。双方工作的进展情况都要有可以衡量的标准，严格过程控制。定期对工作进行总结，发现偏离共同目标的行为，要及时纠正，确保伙伴关系的健康和稳定。

6　项目管理（工程咨询）企业项目管理的发展趋势

(1) 集成化。集成化主要体现在项目生命周期集成化管理（简称 LCIM）这一新型的管理模式。它将传统管理模式中相对独立的决策阶段的开发管理、实施阶段的项目管理、使用阶段的设施管理运用管理集成思想，在管理理念、管理目标、管理组织、管理方法、管理手段等各方面进行有机集成。项目参与各方运用公共的、统一的管理语言和规则及集成化的管理信息系统，实施项目生命周期目标。业主变自行管理模式为委托项目管理模式，由项目管理（工程咨询）公司作为业主代表或业主的延伸，根据其自身的资质、人才和经验，以系统和组织运作的手段和方法对项目进行集成化管理。

(2) 信息化。项目管理的信息化是网络时代和知识经济时代的必然趋势。现代项目管理的研究方向都是以高速发展的信息技术与网络技术为基础，是网络平台上的项目管理，因此被称为“E时代”的项目管理。项目管理（工程咨询）公司在项目管理中运用了计算机网络技术，实现项目管理网络化、虚拟化，许多项目管理（工程咨询）公司已大量使用项目管理软件进行项目管理，从事项目管理软件的开发研究工作。借助于有效的信息技术，与项目管理的核心内容（质量、费用、进度三大目标控制）相结合，建立基于 Internet 的工程项目管理信息系统，将成为提高工程项目管理水平和企业核心竞争力的有效手段。

(3) 国际化。随着经济全球化及我国经济的快速发展，在我国的跨国公司和跨国项目越来越多，我国的许多项目已通过国际招标、咨询等方式运作，我国企业走出国门在海外投资和经营的项目也在不断增加，特别是我国加入 WTO 后，我国的行业壁垒下降，国内市场国际化，内外市场全面融合，使得项目管理的国际化正成为趋势和潮流，从而为我国从事项目管理的企业带来机遇和挑战。

现代管理理念不仅注重项目质量、进度和造价三大目标的系统性，更加强调了项目目标的全生命周期管理。尤其是合同界面之间的协调管理，要确保各合同方之间的一致性和互动性，力求项目全生命周期内的最佳效益。因此，项目管理（工程咨询）企业应在国内外项目管理市场竞争中，尽快形成和完善一套具有中国特色并与国际惯例接轨的、比较系统的、具有可操作性的项目管理的理论和方法；培育和造就一支高素质、职业化的项目管理人才队伍；创新进取，以新的理念、新的方法适应新形势下工程项目管理科学发展的需要，从而在推动我国工程项目管理创新、推进项目经理职业化建设、全心全意为业主和项目经理服务三条主线上不断丰富内涵、创新形式，使管理水平有新的提高、服务质量有新的进步。

1.2.7 项目管理的基本制度——项目经理责任制

1 项目经理责任制概述

我国现行《项目管理规范》规定：建设工程项目管理应坚持以人为本和科学发展观，全面实行项目经理责任制，不断改进和提高项目管理水平，实现可持续发展。

(1) 项目经理责任制的定义。《项目管理规范》对“项目经理责任制”的定义：企业制定的、以项目经理为责任主体，确保项目管理目标实现的责任制度。即用制度规定项目经理在企业中的地位及为进行项目管理、完成目标，应拥有的责任、权限和利益。

(2) 项目经理责任制是我国在推行项目管理中的创新。项目经理责任制是项目管理目标实现的具体保障和基本条件，是项目经理的工作原则，也是评价项目经理管理绩效的依据和基础，还是区别于其他管理模式的一个显著特点。因此，项目管理工作的核心便是实施项目经理责任制。

(3) 项目经理责任制的核心是项目经理承担实现项目管理目标责任书确定的责任。项目经理责任制通过项目经理和项目经理部履行项目管理目标责任书，层层落实目标的责任权限和利益，从而实现项目管理的责任目标。项目经理与项目经理部在项目管理工作中应严格实行项目经理责任制，确保项目目标顺利实现。

2 项目经理责任制的构成

(1) 项目组织应在有关项目管理制度中对项目经理责任制的构成予以规定。

(2) 项目经理责任制的构成应包括下列各项：

1) 项目经理在企业中的地位；

2) 项目经理部在企业中的管理定位；

3) 项目经理应具备的条件；

4) 项目经理部的管理运作机制；

5) 项目经理的责任、权限和利益定位；

6) 项目管理目标责任书的内容及实施。

3 项目经理

(1) 项目经理是企业法定代表人在建设工程项目上的授权委托代理人。项目经理应由法定代表人任命，并根据法定代表人授权的范围、期限和内容，履行管理职责，并对项目实施全过程、全方位管理。项目经理是组织的法定代表人在项目上的一次性授权管理者和责任主体。项目经理通过实行项目经理责任制履行岗位职责，在授权范围内行使权力，并接受组织的监督考核。项目经理的聘用决定，是一种行业规范化管理的组织行为。

（2）建设单位、项目管理单位、设计单位等进行项目管理的组织，都可设立在现场的管理人员，在授权范围内行使法定代表人所委托的责任、权力，并称为项目经理。在项目运行正常的情况下，组织不应随意撤换项目经理。特殊原因需要撤换项目经理时，应进行审计并按有关合同规定报告相关方。

（3）项目经理的性质是工作岗位，既不是技术职称，也不是执业资格。对其素质的要求，主要是满足该项工作岗位。大中型项目的项目经理必须取得工程建设类相应专业注册执业资格证书。项目经理不应同时承担两个或两个以上未完项目领导岗位的工作。

（4）项目经理应具备下列素质：

1）符合项目管理要求的能力，善于进行组织协调与沟通；

2）相应的项目管理经验和业绩；

3）项目管理需要的专业技术、管理、经济、法律和法规知识；

4）良好的职业道德和团结协作精神，遵纪守法、爱岗敬业、诚信尽责；

5）身体健康。

4　项目经理部

项目经理部是由项目经理在企业法定代表人授权和职能部门的支持下按照企业的相关规定组建的、进行项目管理的一次性的组织机构。

（1）项目经理部是组织设置的项目管理机构，承担项目实施的管理任务和目标实现的全面责任。项目经理部是项目经理领导的工程项目管理组织机构，负责发包人或上级组织通过项目管理目标责任书规定的全过程管理工作，也是承包人履行工程合同的主体机构，由项目经理组建。

项目经理部是企业的项目管理层，主要负责人还需要企业按人事管理规定进行授权，项目经理在组建项目经理部时，要由法定代表人授权，并且需要职能部门支持，提供所需专业人员。

（2）项目经理部作为项目管理组织，应具有计划、组织、指挥、控制、协调等管理能力。项目经理部由项目经理领导，接受组织职能部门的指导、监督、检查、服务和考核，并负责对项目资源进行合理使用和动态管理。

（3）项目经理部应在项目启动前建立，并在项目竣工验收、审计完成后或按合同约定撤销。建立项目经理部应遵循下列步骤：

1）根据项目管理规划大纲确定项目经理部的管理任务和组织结构；

2）根据项目管理目标责任书进行目标分解与责任划分；

3）确定项目经理部的组织设置；

4）确定人员的职责、分工和权限；

5）确定工作制度、考核制度与奖惩制度。

（4）项目经理部的组织结构应根据项目的规模、结构、复杂程度、专业特点、人员素质和地域范围确定。项目经理部所制定的规章制度，应报上一级组织管理层批准。

5　项目管理目标责任书

（1）项目管理目标责任书是企业的管理层与项目经理部签订的明确项目经理部应达到的成本、质量、工期、安全和环境等管理目标及其承担的责任，并作为项目完成后考核评价依据的文件。因此，项目管理目标责任书也是考核项目经理部的主要依据。

（2）项目管理目标责任书是企业与项目经理部签订的，是一种明确责任的文件，是一种下级对上级的承诺。它是组织内部的管理活动，是管理与被管理之间的关系，不适用《合同法》，因此它不是合同。项目管理目标责任属于管理责任。管理责任不宜承包，承包则易使项目经理片面追求经济目标，滋生短期行为，乃至以包代管。

(3) 项目管理目标责任书是明确责任的文件，故还必须明确权限和利益，以保证或支持实现目标。

(4) 项目管理目标责任书应在项目实施之前，由法定代表人或其授权人与项目经理协商制定。

(5) 制项目管理目标责任书应依据下列资料：

1) 项目合同文件；

2) 组织的管理制度；

3) 项目管理规划大纲；

4) 组织的经营方针和目标。

(6) 项目管理目标责任书可包括下列内容：

1) 项目管理实施目标；

2) 组织与项目经理部之间的责任、权限和利益分配；

3) 项目设计、采购、施工、试运行等管理的内容和要求；

4) 项目需用资源的提供方式和核算办法；

5) 法定代表人向项目经理委托的特殊事项；

6) 项目经理部应承担的风险；

7) 项目管理目标评价的原则、内容和方法；

8) 对项目经理部进行奖惩的依据、标准和办法；

9) 项目经理解职和项目经理部解体的条件及办法。

1.3 项目管理的职能管理

1.3.1 项目职能管理概述

1 项目的职能管理的目的

项目管理的主要任务是在项目可行性研究、投资决策的基础上，对勘察设计、施工准备、施工、竣工验收和后评估等全过程的一系列活动进行规划、协调、监督、控制和总结评价。通过项目管理的各个职能管理，并进行全方位的组织协调、目标控制，保证建筑工程项目质量、进度、投资目标得到有效控制，最终实现项目规定的目标。

2 项目的职能管理的内容

项目管理的职能管理包括项目范围管理、项目管理规划、项目管理组织、项目合同管理、项目采购管理、项目质量管理、项目进度管理、项目费用（投资或成本）管理、项目安全管理、项目环境管理、项目资源管理、项目沟通管理、项目风险管理、项目信息管理和项目收尾管理等。

1.3.2 项目范围管理

1 项目范围管理的概述

(1) 项目范围管理概念

项目范围是指为了顺利实现项目的目标，完成项目可交付成果而必须完成的工作，即项目的行为系统的范围。项目范围就是完成一个确定规模的工程建设任务的所有活动的范围。

项目范围管理是指对合同中约定的项目工作范围进行的定义、计划、控制和变更等活动。在现代项目管理中，范围管理是项目管理的基础工作。项目范围管理应按照项目目标、用户及其他相关者要求确定应完成的工程活动，并详细定义、设计这些活动。

(2) 范围管理的目的和作用

1) 范围管理的目的是通过明确项目系统范围，保证实施过程和最终交付工程的完备性，进而保证项目目标的实现。在项目过程中，确保在预定的项目范围内有计划地进行项目的实施和管理工作；规定要做的全部工作，既不多余又不遗漏。确保项目的各项活动满足项目范围定义所描述的要求。

2）项目的范围是确定项目的费用、时间和资源计划的前提条件和基准。范围管理对组织管理、成本管理、进度管理、质量管理、采购管理等都有规定性，有助于分清项目责任，对项目任务的承担者进行考核和评价。

3）项目范围是项目实施控制的依据。确定项目的范围就是确定项目的系统界限，明确项目管理的对象。它们构成项目的实施过程，最终可交付工程是实现项目目标的物质条件，它是确定项目范围的核心。

（3）项目范围管理是一个动态的过程

在工程实施过程中，项目范围的变更是经常的。项目范围会随项目目标的调整、环境的改变、计划的调整而变更，项目范围应是动态的。项目范围的变更会导致工期、费用、质量、安全和资源供应的调整。在进行计划、报价风险分析时，应预测项目范围变更的可能性、程度和影响，并制定相应的对策。

2　项目范围管理的一般规定

（1）项目范围管理应以确定并完成项目目标为根本目的，通过明确项目有关各方的职责界限，以保证项目管理工作的充分性和有效性。

（2）项目范围管理的对象应包括为完成项目所必需的专业工作和管理工作。

（3）项目范围管理的过程应包括项目范围的确定、项目结构分析、项目范围控制等。

（4）项目范围管理应作为项目管理的基础工作，并贯穿于项目的全过程。组织应确定项目范围管理的工作职责和程序，并对范围的变更进行检查、分析和处置。

3　项目范围的确定

（1）项目范围确定的依据

法律法规规定、项目前期文件、项目规划文件、项目管理计划、环境调查资料、项目的限制条件和制约因素资料、设计任务书、设计文件、招标文件、合同文件等，以及其他项目的相关历史资料，特别是过去同类项目的经验教训，都为确定项目范围和项目实施提供了基础性依据。

（2）项目范围的确定是一个前后相继，不断细化和完善的过程

在项目前期应明确界定项目的范围，并提出项目范围说明文件，如批准的项目建议书，可行性研究报告，作为进行项目设计、计划、实施及成果评价的依据。项目在实施过程中，项目前期文件作为项目实施范围确定的依据。如起草招标文件，就是确定项目的范围（招标范围），它的依据是项目任务书和设计文件、计划文件；而项目任务书又是按照可行性研究报告和项目建议书确定的范围文件。

4　项目的结构分析

项目结构分析是在项目范围确定的基础上进行的，是对项目范围的系统分析。项目结构分析是对项目的结构进行分析，并提出相应的分析文件的工作。项目结构分析应包括项目分解、工作单元定义、工作界面分析。

（1）项目的结构分解的概念

项目是由许多互相联系、互相影响、互相依赖的活动组成的行为系统，它具有系统的层次性、集合性、相关性、整体性特点。项目的结构分解是指按项目系统工作程序，将项目范围规定的全部具体工作分解为便于管理的独立工作的活动。

项目结构分解的结果是工作分解结构（Work Breakdown Structure），简称为WBS，它是项目管理最得力的工具。通过工作分解结构，定义这些活动的费用、进度和质量，以及它们之间的内在联系，并将完成这些活动的责任赋予相应的部门和人员，对项目建立明确的责任体系，达到控制整个项目的目的。

（2）项目结构分解的必要性

项目结构分解是项目管理的基础工作。项目结构分解既定义了项目的全部工作范围，又描述了项目的系统结构。通常列入项目结构分解中的工作即属于本项目的工作范围，反之则不属于本项目的工作范

围。项目管理必须是分层次的，精细的目标管理。实践证明，没有科学的项目系统结构分解，或项目结构分解的结果得不到很好的利用，则不可能有高水平的项目管理。

项目的计划、设计和控制不能仅以整个笼统的项目为对象，而必须考虑各个部分，考虑具体的工程活动。在项目的计划阶段，人们常常难以透彻地分析各子系统的内部联系，容易遗忘或忽略项目所必需的工作，便会导致项目设计和计划的失误；项目实施过程中频繁变更，实施计划被虚化，项目功能不全和质量缺陷，激烈的合同争执，甚至可能导致整项目的失败。所以有必要在项目系统范围定义后进行详细的、周密的项目结构分解，系统地剖析整个项目。

(3) 项目结构分解的方法

1) 项目分解过程的基本思路。“逐层深入”是 WBS 的指导思想，也应是项目分解过程的基本思路。即以项目目标体系为主导，以工程技术系统范围项目的实施过程为依据，按照一定的规则由上而下，由粗到细地进行。先将项目成果框架确定下来，然后再把工作逐层分解，这种方式的优点是内容直观明了，时间性强，评审中容易发现遗漏或多出的部分，也更容易被大多数人理解。

2) 项目结构分解工作基本上是依靠项目管理者的经验和技能。项目结构分解是项目范围管理中一项较困难的工作，专业性很强，不同种类的项目的专业特点就显示在这方面。但目前尚无统一认可的通用的分解方法、规则和技术术语。它的科学性和实用性基本上是依靠项目管理者的经验和技能。分解结果的优劣是在项目的策划、计划和实施控制过程中体现出来的。

3) 项目结构分解文件。项目结构分解文件通常用图表形式表达。项目结构层次的命名（技术术语）各不相同，通常用“项目”、“子项目”、“任务”、“子任务”、“工作包”等表示项目结构图上不同层次的名称。

(4) 项目的结构分解类型

1) 技术系统的结构分解。即对拟建项目最终可交付成果——工程系统的分解。对工程技术系统的结构分解与我国过去常用的分解方法是相似的，即一个工程可以分为许多单项工程，单项工程分解为单位工程，单位工程又分解为分部工程，分部工程再为分项工程。

2) 按项目的实施过程分解。整个工程、每一个功能或要素作为一个相对独立的部分必然经过项目实施的全过程，则可以按照项目周期过程化的方法进行分解。只有按实施过程分解才能得到项目的实施活动。

常见工程项目按如下实施过程分解：

按照专业工作的内容分解。如项目工程设计可分为方案设计、初步设计、施工图设计和概预算等。对总承包工程，实施过程的范围由总承包合同限定。

按照项目的阶段流程和专业工作的内容分解。由于项目过程包括项目专业管理工作内容，所以将两者并列，作项目的综合分解。

(5) 项目分解结构编码设计

在项目初期，项目管理者应进行编码设计，建立整个项目统一的编码体系，确定编码规则和方法，并在整个项目中使用。这是项目管理规范化的基本要求，也是项目管理系统集成和现代化计算机数据处理的前提条件。

项目单元的编码一般按照结构分解图，采用“父码+子码”的方法编制。例如项目编码为 1，则隶属于本项目次层的子项目编码应在项目的编码后加子项目标码，即为 11、12、13、14，如此等等，而子项目 11 的分解单元分别用 111、112、113 等示。从一个编码中就可“读”出它所代表的信息，如 14223 表示项目 1 的第 4 个子项，第 2 个任务，第 2 个子任务，第 3 个工作包。通过编码给项目单元以标识，使它们互相区别。编码能够标识项目单元的特征，使人以及计算机可以方便地“读出”这个项目单元的信息，如属于哪个项目，或子项目，实施阶段，功能和要素等。（项目信息管理编码详见第 12 章）

(6) 项目结构分解的要求

项目应逐层分解至工作单元，形成项目结构图或项目工作任务表，进行编码，即分解到可管理的活动内容。项目结构分解的终端应是工作单元，即分解结果的最低单位，以便于落实职责、实施、核算和信息收集等工作。

项目分解应符合下列要求：

1) 内容完整，不重复，不遗漏；

2) 一个工作单元只能从属于一个上层单元；

3) 每个工作单元应有明确的工作内容和责任者，工作单元之间的界面应清晰；

4) 项目分解应有利于项目实施和管理，便于考核评价。

项目分解成果应全面审查工作范围的完备性、分解的科学性、定义的准确性，经过上级批准后作为项目实施的执行文件。

(7) 项目单元的系统描述

为了进行有效的计划和控制，必须从各个方面对项目单元进行详细而明确的定义，形成文件，作为分解项目目标、落实组织责任、安排工作计划和实施控制的依据。最低层次的项目单元即工作包是项目目标管理的具体体现。工作包是项目分解和项目费用核算和控制的最低单位。工作包相应的说明被称为工作包说明，工作包说明是项目的目标分解和责任落实文件。工作包说明包括各项目单元的名称、编码、负责人、功能性的描述、项目工作范围、工作特性及成果测量或评定指标等说明。它的格式、结构、粗细程度按项目管理的不同要求而异，但它的实质内容是相似的。

项目结构分析表既是项目的工作任务分配表，又是项目范围说明书。它的结构类似于计算机中文件的目录路径。项目工作任务表通常包括工作编码、工作名称、工作任务说明、工作范围、质量要求、费用预算、时间安排、资源要求和组织责任等内容。

(8) 项目结构分解的作用

项目结构分解是项目管理的基础工作，结构分解文件是项目管理的中心文件，被称为“项目管理最得力的有用的工具和方法”、“计划前的计划”或“设计前的设计”。项目规模越大越复杂，越显示出这项工作的重要性。项目结构分解的基本作用如下：

1) 保证项目结构的系统性和完整性；

2) 通过结构分解，使项目的形象透明，使人们对项目一目了然，使项目的概况和组成明确、清晰；

3) 是工程项目的工期计划、成本和费用估计，并进行资源分配的对象；

4) 用于建立项目目标保证体系。工作分解结构能将项目实施过程、项目成果和项目组织有机地结合在一起，是进行项目任务承发包，建立项目组织，落实组织责任的依据；

5) 项目质量、工期、费用目标分解到各项目单元，以对项目单元详细的设计，确定实施方案，作各种计划和风险分析，进行实施控制，对完成状况进行评价；

6) 作为项目报告系统的对象，是进行各部门、各专业的协调的手段；

7) 项目分解结构和编码在项目中充当一个共同的信息交换语言。

5　建设项目工作界面管理

(1) 工作界面管理概念

工作界面是指工作单元之间的结合部，更多地被称为“接口”，按照系统论的观点，界面是项目子系统之间既相互区别又相互联系的纽带，即工作单元之间的相互作用、相互联系、相互影响的复杂关系。它们既可以是有形的，也可以是无形的。

工作界面管理是指按照系统论的思想，对建设项目决策和实施过程中各子系统的界面进行识别、规划和控制，做好各子系统之间界面的协调，保证子系统之间的物资、能量、信息通畅地流动，并处理好系统与外部环境的关系，保证各子系统之间界面的契合，以使整个建设项目的组织管理系统始终处于有效率的状态的活动。项目管理的大量工作都需要解决界面问题，大量的矛盾、争执、损失也多发生在界面上。例如各种计划、组织设计、实施控制、召开项目相关职能会议、解决职责矛盾、项目变更、信息管理等。对于大型的复杂的项目，界面必须经过精心组织和设计，并纳入整个项目管理的范围，所以，界面与项目单元一样，作为项目管理的一个重要对象，随着项目管理集成化和综合化，在现代项目管理中，界面管理越来越重要。

(2) 工作界面分析

工作界面分析指对界面中的复杂关系进行分析。建设项目的组织管理需要对整个项目系统进行全面分析，实施建设项目目标集成化管理。界面是集成的组成要素，建设项目系统的集成化及其功能的有效发挥是通过界面来实现的。

1) 界面的类型。界面的类型很多，有目标系统的界面、技术系统的界面、行为系统的界面、组织系统的界面以及环境系统的界面等。对于大型复杂的项目，界面必须经过精心组织和设计。

2) 工作界面分析要求。工作界面分析应达到下列要求：A 工作单元之间的接口合理，必要时应对工作界面进行书面说明；B 项目的设计、计划和实施中，注意界面之间的联系和制约；C 在项目的实施中，应注意变更对界面的影响。

3) 工作界面管理。工作界面管理应达到下列要求：A 界面管理首先要保证系统界面之间的相容性，使项目系统单元之间有良好的接口，有相同的规格。这种良好的接口是项目经济、安全、稳定、高效率运行的基本保证。B 保证系统的完备性，不失掉任何工作、设备、信息等，防止发生工作内容、费用和质量责任归属的争执。C 对界面进行定义，并形成文件，在项目的实施中保持界面清楚，当工程发生变更时特别应注意变更对界面的影响。D 界面通常位于专业的接口处，项目生命期的阶段连接处。大量的管理工作（如检查、分析和决策）都集中在界面上，必须在界面处设置检查验收点、里程碑、决策点和控制点，应采用系统方法从组织、管理、技术、经济、合同各个方面主动地进行界面管理。E 在项目的设计、计划和施工中，必须注意界面之间的联系和制约，解决界面之间不协调、障碍和争执，主动地、积极地管理系统界面的关系，对相互影响的因素进行协调。

4) 项目系统界面的定义文件。对重要的界面应进行书面定义、说明和控制。项目系统界面定义文件应能够综合地表示界面的信息，如界面的位置、组织责任的划分、技术界限、界面工作的界限和归宿、工期界限、活动关系、资源、信息的交换时间安排、成本界限等。

在项目实施过程中，目标、工程设计、实施方案、组织责任的任何变更都可能引起上述内容的变更，则界面文件必须随着工程的变更而变更。

6 项目范围控制

(1) 项目范围控制的概念

项目范围控制是指保证在预定的项目范围内进行项目的实施（包括设计、施工、采购等），对项目范围的变更进行有效控制，保证项目系统的完备性和合理性。项目范围控制的目的是严格按照项目的范围和结构分析文件进行项目的控制，保证在预定的项目范围内按照规定的数量完成项目。项目范围控制作为工程项目实施控制的工作之一，应体现在项目的实施过程中。

(2) 项目范围控制的一般规定

1) 组织要保证严格按照项目范围文件实施（包括设计、施工和采购等），对项目范围的变更进行有效的控制，保证项目系统的完备性。

2) 在项目实施过程中应经常检查和记录项目实施状况，对项目任务的范围（如数量）、标准（如质量）和工作内容等的变化情况进行控制。

3) 项目范围变更涉及目标变更、设计变更、实施过程变更等。范围变更会导致费用、工期和组织责任的变化以及实施计划的调整、索赔和合同争执等问题发生。

4) 范围管理应有一定的审查和批准程序以及授权。特别要注重项目范围变更责任的落实和影响的处理程序。

5）在工程项目的结束阶段，或整个工程竣工时，在将项目最终交付成果（竣工工程）移交之前，应对项目的可交付成果进行审查，核实项目范围内规定的各项工作或活动是否经完成，可交付成果是否完备或令人满意。范围确认需要进行必要的测量、考察和试验活动，通常也是工程项目决算的依据。

6）通过对项目范围管理经验的总结以便于工程项目的范围管理工作持续改进。

（3）跟踪检查与变更管理

1）在项目实施过程中，项目管理人员应根据项目范围描述文件对设计、计划和施工过程进行经常性的跟踪检查，建立各种文档，记录实际检查结果，了解项目实施状况，控制项目范围。管理人员应通过项目实施状态报告了解项目实施的中间过程和动态，识别是否按项目范围定义实施，判断任务的范围和标准有无变化。通过定期或不定期进行现场访问观察，了解项目实施状况，控制项目范围。

2）工程项目的变更管理。项目变更管理是项目范围管理的一个方面，是指在项目实施期间项目工作范围发生的变化，如增加或删除某些工作，工程内容、质量要求的变化等。在项目过程中范围变更是十分频繁的，应从系统的角度分析预测项目范围的变更的原因及其可能性。项目范围变更会导致项目系统状态的变化，对项目实施影响很大。变更的次数、范围和影响的大小与该工程的完备性、技术设计的正确性以及实施方案和实施计划的科学性直接相关。

1.3.3 项目管理规划管理

1 项目管理规划概念

（1）释义：项目管理规划是指对项目全过程中的各种管理职能工作、各种管理过程以及各种管理要素进行完整的、全面的、整体的计划。因此，项目管理规划的目的是确定项目管理的目标、依据、内容、组织、资源、方法、程序和控制措施，以保证项目管理的正常进行和项目成功。

（2）参与项目建设的各参与方按目的和任务的不同都应编制项目管理规划。由于建设单位是建设工程项目管理的核心组织，故建设工程项目管理规划大纲应能对各相关单位的项目管理规划起指导作用。建设单位除了自己编制以外，也可委托项目管理（咨询）单位进行编制。

（3）局部项目管理规划和全面项目管理规划。按编制项目管理规划的范围分类，项目管理规划可分为局部项目管理规划和全面项目管理规划。局部项目管理规划是针对项目管理中的某个部分或某个专业进行规划。例如设计单位的项目工程设计或设计质量管理规划；项目管理（咨询）单位的组织管理规划或目标管理规划等。

（4）项目管理规划大纲和项目管理实施规划。项目管理规划应包括项目管理规划大纲和项目管理实施规划两类文件。

1）项目管理规划大纲。它是项目管理工作中具有战略性、全局性和宏观性的指导文件。它由组织的管理层或组织委托的项目管理（咨询）单位编制，目的是满足战略上、总体控制上的需要。如建设单位为了实现全过程的项目管理，需要编制建设工程项目管理规划；项目管理（咨询）单位为了取得项目管理（咨询）任务，设计单位为了投标揽取设计任务，施工单位为了投标揽取施工任务，都要编制项目管理规划大纲。

2）项目管理实施规划。项目管理实施规划与项目管理规划大纲不同，它编制在项目实施前，为指导项目实施而编制。因此，它是对项目管理规划大纲的具体化和细化。它以项目管理规划大纲的总体构想和决策意图为指导，具体规定各项管理业务的目标要求、职责划分管理方法，为履行合同和项目管理目标责任书的任务做出精细的安排。项目管理实施规划既可以整个项目为对象，也可以某一阶段或某一部分为对象。它作为项目管理的实施依据和执行规划应具有可操作性或可作业性。

2 项目管理规划的编制

（1）项目管理规划作为指导项目管理工作的纲领性文件，应对项目管理的目标、依据、内容、组织、资源、方法、程序和控制措施进行确定。

(2) 项目管理规划应包括项目管理规划大纲和项目管理实施规划两类文件。项目管理规划大纲应由组织的管理层或组织委托的项目管理单位编制。

(3) 项目管理实施规划应由项目经理组织编制。

(4) 大中型项目应单独编制项目管理实施规划；承包人的项目管理实施规划可以用施工组织设计或质量计划代替，但应能够满足项目管理实施规划的要求。

3 项目管理规划大纲

(1) 项目管理规划大纲是项目管理工作中具有战略性、全局性和宏观性的指导文件。编制项目管理规划大纲应遵循下列程序：

1) 明确项目目标；2) 分析项目环境和条件；3) 收集项目的有关资料和信息；4) 确定项目管理组织模式、结构和职责；5) 明确项目管理内容；6) 编制项目目标计划和资源计划；7) 汇总整理，报送审批。

(2) 项目管理规划大纲可依据下列资料编制：

1) 可行性研究报告；2) 设计文件、标准、规范与有关规定；3) 招标文件及有关合同文件；4) 相关市场信息与环境信息。

(3) 项目管理规划大纲可包括下列内容，组织应根据需要选定：

1) 项目概况；2) 项目范围管理规划；3) 项目管理目标规划；4) 项目管理组织规划；5) 项目投资（成本）管理规划；6) 项目进度管理规划；7) 项目质量管理规划；8) 项目职业健康安全与环境管理规划；9) 项目采购与资源管理规划；10) 项目信息管理规划；11) 项目沟通管理规划；12) 项目风险管理规划；13) 项目收尾管理规划。

4 项目管理实施规划

(1) 项目管理实施规划应对项目管理规划大纲进行细化，使其具有可操作性。

(2) 编制项目管理实施规划应遵循下列程序：

1) 了解项目相关各方的要求；2) 分析项目条件和环境；3) 熟悉相关的法规和文件；4) 组织编制；5) 履行报批手续。

(3) 项目管理实施规划可依据下列资料编制：

1) 项目管理规划大纲；2) 项目条件和环境分析资料；3) 工程合同及相关文件；4) 同类项目的相关资料。

(4) 项目管理实施规划应包括下列内容：

1) 项目概况；2) 总体工作计划；3) 组织方案；4) 技术方案；5) 进度计划；6) 质量计划；7) 职业健康安全与环境管理计划；8) 投资（成本）计划；9) 资源需求计划；10) 风险管理计划；11) 信息管理计划；12) 项目沟通管理计划；13) 项目收尾管理计划；14) 项目现场平面布置图；15) 项目目标控制措施；16) 技术经济指标。

(5) 项目管理实施规划应符合下列要求：

1) 项目经理签字后报组织管理层审批；2) 与各相关组织的工作协调一致；3) 进行跟踪检查和必要的调整；4) 项目结束后，形成总结文件。

1.3.4 项目管理组织管理

1 组织的概念与系统目标

(1) 组织的释义：组织是指进行或参与项目管理工作，有明确的职责、权限和相互关系的人及设施的集合。

(2) 组织是实现系统目标的决定性因素。项目作为一个系统，按照组织论基本理论，系统的目标决定了系统的组织，而组织是目标能否实现的决定性因素。项目的系统目标能否实现，往往取决于三大因素：

1）组织因素。包括管理的组织和生产的组织。

2）人的因素。包括管理人员和生产人员的数量和质量。

3）方法与工具因素。包括管理的方法与工具以及生产的方法与工具。

2 项目管理组织设计

(1) 项目管理组织的概念

项目管理组织（简称组织）泛指参与建设项目管理的各方组织，包括建设单位、设计单位、施工单位以及其他相关单位的项目管理组织，也包括工程总承包单位、项目管理单位等的项目管理组织。建设单位作为项目建设的投资者与组织者，其确定的项目组织模式对其他各方的项目管理组织起主导作用。

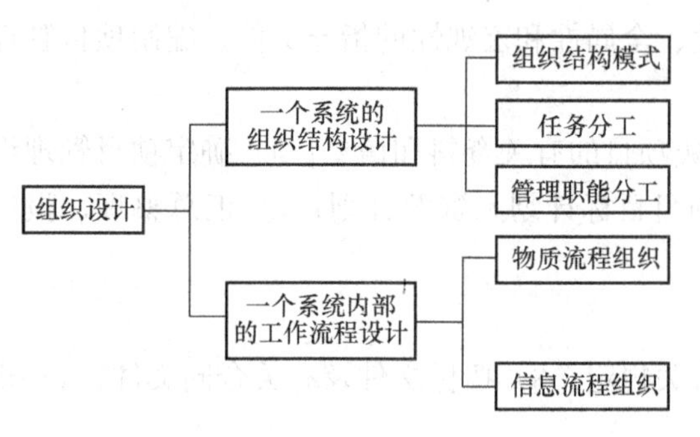

图1-2 组织设计的内容

(2) 项目管理组织设计的内容

组织设计可以分为组织结构设计和工作流程设计。组织设计的内容如图1-2所示。

1）组织结构设计。组织结构设计属于相对静态的组织设计，内容包括组织结构模式和组织分工（任务分工、管理职能分工等），它们都是一种相对静态的组织关系。组织设计的重点是明确组织的任务分工和明确工作部门之间的上下级之间的指令关系。指令关系可以通过组织结构模式体现出来。

2）工作流程设计。工作流程设计属于相对动态的组织设计，内容包括人流、物流、资金流、信息流程组织等。工作流程反映的是一个组织系统中各项工作之间的先后开展顺序关系。工作流程组织对于建设工程项目而言，指的是项目实施的工作流程组织，如设计的工作流程可以是方案设计、初步设计、施工图设计。

对建设工程项目而言，组织设计的内容包括项目实施组织结构设计和项目管理班子内部组织结构设计两个方面。

(3) 项目管理组织设计一般原则

进行项目组织设计时需要遵循以下几个原则：

1）目标至上原则；2）管理幅度原则；3）统一指挥原则；4）权责对等原则；5）因事设职与因人设职相结合原则；6）反馈原则；7）动态原则（弹性原则）；8）集权与分权相结合原则（适当的授权原则）；9）执行与监督权分离的原则。

(4) 项目管理组织的要求

1）项目管理组织构架科学合理，组织构架与其履行的职责相适应、能顺畅的运行集约化的工作流程。具体包含两层含义：一是参建各方项目管理组织自身内部构架应科学合理；二是指同一工程项目参建各方所形成的项目团队的整体构架也应科学合理。组织的目标和责任明确是高效工作的前提。项目管理组织管理工作人员的职业素质是高效工作的基础，而工作人员具备相应的从业、执业资格则是其职业素质的基本保证。

2）项目管理组织的高效运行和工程项目的成功实施，有赖于参建各方围绕工程建设的共同目标相互和谐配合及顺畅流通。这里所指的参建单位包括建设单位、项目管理（工程咨询）单位、工程勘察单位、设计单位、监理单位、总承包单位、分包单位以及设备材料供应单位等。为此，各相关单位之间应在公正、公平的原则下通过有效的合同关系合理分解项目目标、分担项目责任、分配项目利益，并承担相应风险。作为工程项目的发起者、投资者和组织者——建设单位的项目组织在各参与方的项目管理组织中发挥其核心作用。

3）组织管理层应分别站在组织和项目管理全局的角度对项目管理活动进行指导、监督、服务和管理。一方面履行组织职能、表达组织意图、规范项目管理行为；另一方面为项目经理部的正常运行提供技术、资源、政策、外协等保障。

4）组织管理层的项目管理活动主要应从建立项目管理规章制度、严格制订计划、有效实施计划、为项目管理提供技术服务和管理服务的角度进行综合性的项目管理活动。

3 项目组织结构基本模式

项目组织结构是组织运行的基础，正确选择合适的组织结构模式是组织高效运行的先决条件。组织结构设计的内容包括设置职能部门、明确工作岗位分工以及工作部门之间的指令关系。建立合理的组织结构，可以确保各个部门能够高效率工作，促使各种资源得到较充分利用，以便有效实现管理系统的目标。

（1）建立项目管理组织的原则。项目管理组织的建立应遵循下列原则：

1）组织结构科学合理；2）有明确的管理目标和责任制度；3）组织成员具备相应的职业资格；4）保持相对稳定，并根据实际需要进行调整。

（2）组织应确定各相关项目管理组织的职责、权限、利益和应承担的风险。

（3）组织管理层应按项目管理目标对项目进行协调和综合管理。

（4）组织管理层的项目管理活动应符合下列规定：

1）制定项目管理制度。2）实施计划管理，保证资源的合理配置和有序流动。3）对项目管理层的工作进行指导、监督、检查、考核和服务。

4 项目组织基本模式及其结构图

组织结构可以用组织结构图来描述，组织结构图是组织结构设计的成果，组织结构图是一个重要的组织工具，反映一个组织系统中各组成部门（组成元素）之间的组织关系。组织结构图应该清晰地反映出系统各单位相互之间的指令关系，而不是其他关系。从指令关系出发，一个系统组织结构基本模式有以下三种：线型组织结构、职能型组织结构、矩阵型组织结构。

（1）线型组织结构。线型组织结构是一种最简单的组织机构形式。在这种组织机构中，各种职位均按直线垂直排列，项目经理直接进行单线垂直领导，项目经理具有较大的独立性和对项目的绝对权力，项目经理对项目的总体负全责，如图 1-3 所示。

（2）职能型组织结构。职能型组织结构是一种传统的组织结构模式。它是按照职能组织形式设立的一个系统的组织，项目的管理班子并不做明确的组织界定，在职能型组织机构中，一个职能部门可根据它的管理职能对其直接和非直接的下属职能部门下达工作指令。每一个职能部门可能得到其直接和非直接的上级职能部门下达的多个工作指令。职能组或职能工作人员接受相应职能部门经理的领导，在职能组织形式中各职能部门在自己职能范围内独立于其他职能部门进行工作。在这种组织系统中实施一般总需要各个职能部门共同配合，共同完成，如图 1-4 所示。

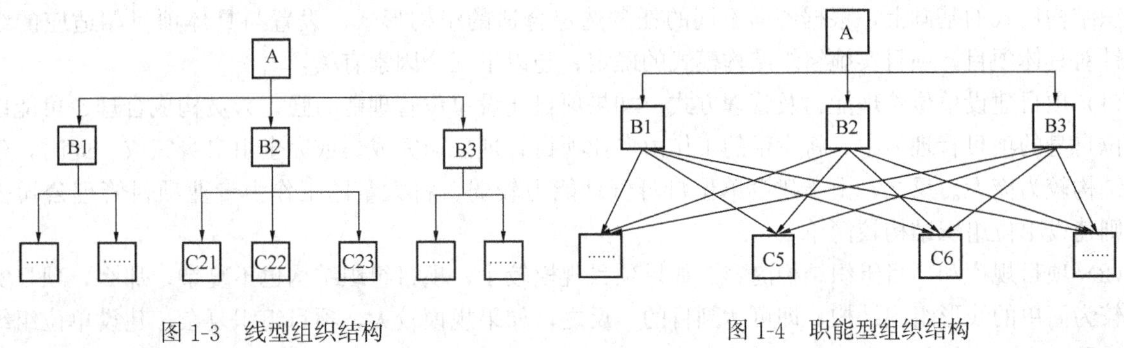

图 1-3 线型组织结构　　图 1-4 职能型组织结构

（3）矩阵型组织结构

矩阵型组织结构是把按职能划分的部分和按工程项目设立的管理机构，依照矩阵方式有机地结合起来的一种组织机构形式。矩阵型组织结构是为适应在一个组织内有几个项目，而每个项目又需要不同专长的人一起协作完成这一特定要求而产生的。它一种现代企业较为常用的组织结构模式。如图1-5所示。矩阵型组织结构中，每一项纵向和横向交汇的工作，指令来自于纵向和横向两个工作部门，因此，矩阵型组织结构的特点是每一个工作部门有两个指令源，在实施之前要约定是以纵向为主还是以横向为主。当纵向和横向工作部门的指生矛盾时，由该组织系统的最高指挥者（部门）进行协调或决策，如图1-5所示。

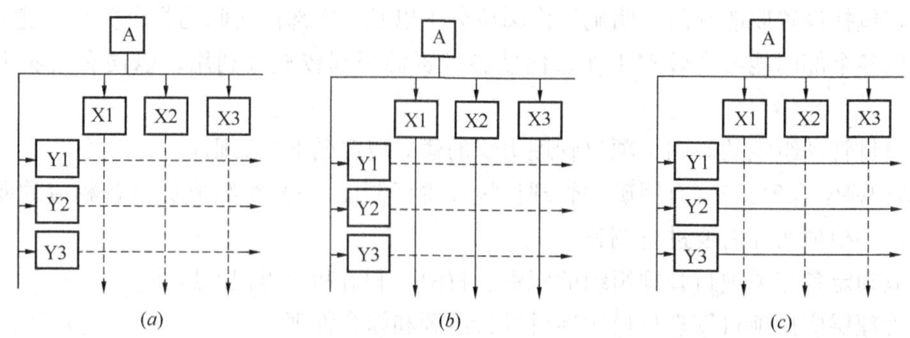

图1-5 矩阵型组织结构

（a）矩阵组织结构；

（b）以纵向工作部门指令为主的矩阵组织结构；

（c）以横向工作部门指令为主的矩阵组织结构。

（4）项目型组织结构

项目型组织结构是在职能型组织结构的基础上演化出来的一种组织结构，如图1-6所示。

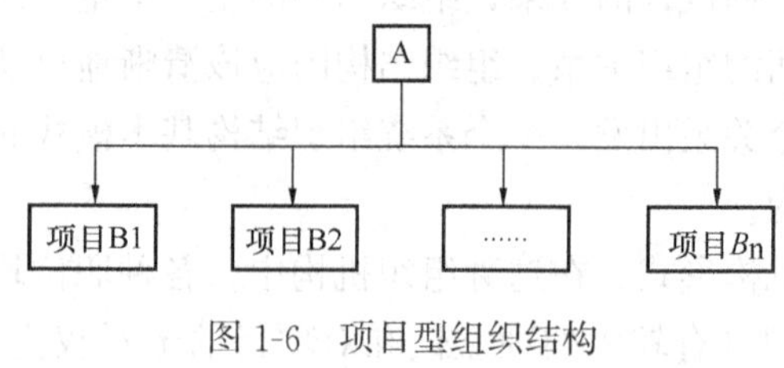

图1-6 项目型组织结构

在项目型组织里，企业完全没有职能部门，只有项目部，每个项目就如同一个微型公司那样运作。完成每个项目目标所需的所有资源完全分配给这个项目，专门为这个项目服务。专职的项目经理对项目团队拥有完全的项目权力和行政权力，每个项目团队严格致力于一个项目。

由于项目型组织结构是偏向横向项目的极端组织结构，更多项目在实际实施过中普遍采用矩阵型组织结构，实际上矩阵型组织结构是介于职能型组织结构和项目型组织结构之间的一种组织结构，因此其实际应用范围较广。

5 确定组织结构的方法

对于建设工程项目而言，应根据建设工程项目的总体目标、规模和复杂程度等各因素，在分析现有的组织结构模式的基础上，根据各项不同的任务选定合适的组构形式，设置与具体项目相适应的组织层。针对具体项目，项目实施组织结构模式的确定，与以下三个因素有关：

（1）项目建设单位管理能力及管理方式。如果项目建设单位管理能力强，人员构成合理，可能以建设单位自身的项目管理为主，将少量的工作由专业项目管理公司完成，或完全由自身完成。此时，建设组织结构较为庞大。反之，由于建设单位自身管理能力较弱，将大量的工作由专业项目管理公司去完成，则建设单位组织结构较简单。

（2）项目规模和项目组织结构内容。如果项目规模较小，项目组织结构也不复杂，那么，项目实施采用较为简单的线形组织结构，即可达到目的。反之，如果规模较大，项目组织复杂，建设单位组织上也应采取相应的对策加以保证，如采用矩阵型组织结构。

（3）项目实施进度规划现实工作中，由于建设工程项目的特点，既可以同时进行、全面展开，也可以根据投资规划而确定分期建设的进度规划，因此，项目建设单位组织结构也应与之相适应。如果项目同时实施，则需要组织结构强有力的保证，因而组织结构扩大；如果分期开发，则相当于将大的建设项目划分为几个小的项目组团，逐个进行，因而组织结构可以减少。

综上所述，项目的实际特点不同，组织结构会有一定的变化，所以不同的项目其采用的组织结构模式也不尽相同。建设工程项目组织结构模式的确定应根据主客观条件来综合考虑，不能一概而论。

1.3.5 项目目标管理

1 项目目标管理概述

项目管理的目标是实现项目目标，简单而言，建筑工程项目管理的最终目标是实现综合效益的最大化。而项目目标的实现需要质量、进度、费用目标的支撑。因此，项目目标管理主要是上述三大目标的管理。项目三大目标管理的实现受工期、投资限额以及其他资源条件的制约，为了达到预定目标并同时满足限制条件，必须运用系统的理论、观点、方法和措施对项目质量、进度、投资进行科学而有效的目标管理。

建筑工程项目管理的目标自成系统，包括功能目标、管理目标和影响目标等二级目标及其各下级目标，如图 1-7 所示。

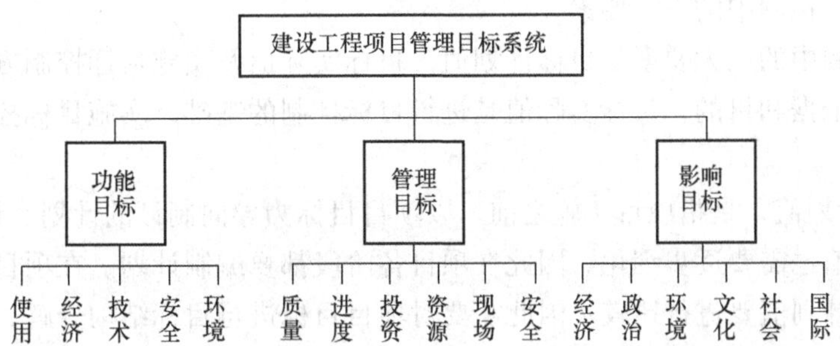

图 1-7 建设工程项目管理目标系统

就目标管理方法而言，“目标管理（MBO）”是最主要的科学的项目管理方法。它的精髓是“以目标指导行动”，即项目管理以实现目标为宗旨而开展科学化、程序化、制度化、责任明确化的活动，实施质量、进度和投资三大目标控制。

2 项目目标控制

项目目标控制主要是根据计划和目标监督工程项目的运行状态，将质量、工期和投资等计划数据与实际完成情况进行对比，找出差距，采取纠正措施。在管理实践中由于存在一些不确定因素，即使采用了先进的控制技术，也不一定能完全满足最初确定的管理目标。所以，建筑工程项目控制只是将各种变动限定在合法合理的范围之内，而不是一成不变。

(1) 动态控制基本原理

动态控制是指根据事物及周边变化情况，实时实地进行控制。中国的《易经》一书主要是讨论变易的过程，五行相生相克，也是不断变化的动态。“文化”一词其语根是“人文化成”，本身即是变化，而不是形态。太极图代表着进行中的变化，变化即是常态。这正是中国人思考方式的特色，其所折射的是人生态度和智慧：即是认识世事多变化，也准备面对变化。就哲学探讨而言，变是绝对的，不变是相对的；平衡是暂时的，不平衡是永恒的；有干扰是必然的，没有干扰是偶然的。因此，动态控制成为是项目管理领域里重要的哲学思想和行动指南：项目在实施过程中并非能够完全按照预定计划顺利地执行，必须随着情况的变化进行项目过程的动态控制；何况建设工程项目具有一次性的特点，项目产品的完成是渐进的，一旦失去控制就很难挽回，或者造成重大损失。所以，对项目过程的动态控制尤显重要，只有实施有效的控制，才能实现计划的预期目标和内容。

项目管理的核心是投资目标、进度目标和质量目标的三大目标控制，项目目标动态控制的最基本原理就是动态控制原理。动态控制是项目管理最基本的方法论，是控制论理论和方法在项目管理中的应用。

项目目标动态控制是一个动态循环过程。项目进展初期，随着人力、物力、财力的投入，项目按照计划有序开展。在这个过程中，各个阶段的动态实际数据经过收集、整理、加工、分析之后，与计划值进行比较，如果实际值与计划值没有偏差，则按照预先制订的计划继续执行，如果产生偏差，就要分析产生偏差原因，采取必要的控制措施，以确保项目按照计划正常进行。在下一阶段工作开展过程中，按照此工作程序动态循环跟踪。

建设项目目标动态控制的工作步骤划分如下：

1）在项目实施的各阶段正确确定计划值；

2）准确、完整、及时地收集实际数据；

3）作计划值与实际值的动态跟踪比较；

4）当发生偏离时，分析产生偏离的原因，采取纠偏措施；

5）如有必要（即原定的项目目标不合理，或原定的项目目标无法实现），进行项目目标的调整，目标调整后控制过程再回复到上述的第一步。

（2）项目目标动态控制中的三大要素

项目目标动态控制中的三大要素是目标计划值、目标实际值及实施目标控制方法和纠偏措施。项目计划值是目标控制的依据和目的，目标实际值是进行目标控制的基础，实施目标控制方法和纠偏措施是实现目标的途径。

1）项目目标的计划值，是指项目实施之前，以项目目标为导向制订的计划。计划值不是一次性的，随着项目的进展计划值也需要逐步细化，因此在项目各阶段都要编制计划。在项目实施的全过程中，不同阶段所制订的目标计划值要进行比较，因此需要对项目目标进行目标结构分解，以便于目标计划值的对比分析。

2）项目目标的实际值，是指项目进展中的实际情况反映，它取自项目实际数据的收集、整理和分析。量差对比项目目标控制过程中关键一环，是通过目标计划值和实际值的比较分析，以发现偏差，即项目目标的偏离趋势和大小。这种比较是动态的、多层次的。而计划值与实际值是相对的，如投资控制贯穿于项目实施全过程，概算相对于可行性研究报告中的投资估算是“实际值”，而相对于初步设计是“计划值”。

项目进展的实际情况，即真正的实际投资、实际进度和实际质量数据的获取须准确，如实际投资不能漏项，要完整反映真实投资情况。另外，实际值的获取必须及时，即增强项目实施的透明度，数据采集避免滞后。

要做到计划值与实际值的比较，前提条件是各阶段计划数据与实际值要有统一分解结构和编码体系，相互之间的比较应该是分层次、分项目的比较，而不是单纯总值之间的比较，只有各分项对应比较，才能找出偏差，分析偏差的原因所在，并及时采取纠偏措施。

3）实施目标控制方法和纠偏措施。项目三大目标分解。实施目标控制方法首先是将项目投资目标、进度目标、质量目标进行分解，以确定用于目标控制的计划值，然后收集目标实际值，如实际投资、实际施工进度和施工的质量状况等，定期进行项目目标的计划值和实际值的比较，如有偏差，则采取纠偏措施进行纠偏。在实施目标控制的过程中，应当注意到项目三大目标之间的关系是对立统一关系，如图1-8所示。例如加快进度可以早日建成投产，提高经济效益，加强质量控制可以减少返工、加快进度、避免浪费等，这是三大目标之间的统一关系的表现。反之，要加快进度和提高质量要求往往需要增加投资，过度的加快进度会影响量目标的实现等，这都表现了目标之间的对立关系。因此在目标控制过程中

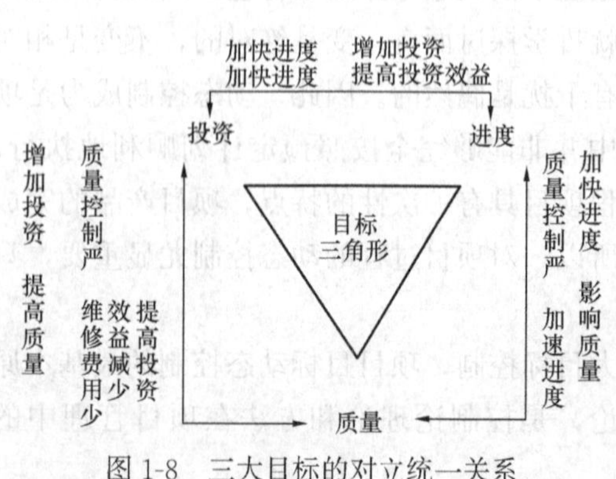

图1-8 三大目标的对立统一关系

要注意处理三大目标之间的对立统一关系。

控制中的纠偏措施：项目目标动态控制过程中，通过比较目标计划值与实际值，来确定有无产生偏差，一旦发现产生偏差，就要采取相应的纠偏措施，常用的纠偏措施可以归纳为管理措施、经济措施和技术措施等。当目标出现失控，需要采取纠偏措施时，应根据项目工程实际情况，分析采取对纠偏最有效的措施。组织是目标能否实现的决定性因素，应充分重视组织措施对项目目标控制的作用。

A 组织措施。组织措施是指分析由于组织的原因而影响项目目标实现的问题，并采取相应的措施，如调整项目组织结构、任务分工、管理职能分工、工作流程组织和项目管理班子人员等。

B 管理措施（包括合同措施）。管理措施分析是指由于管理的原因而影响项目目标实现的问题，并采取相应的措施，如调整设计进度管理的方法和手段，改变施工管理和强化合同管理等。

C 经济措施。经济措施是指分析由于经济的原因而影响项目目标实现的问题，并采取相应的措施，如落实加快工程施工进度所需的资金等。

D 技术措施。技术措施是指分析由于技术（包括设计和施工的技术等）的原因而影响项目目标实现的问题，并采取相应的措施，如调整设计进度、改进施工方法和改变施工机具等。

1.3.6 相关设计管理的项目职能管理

除本章的所述的职能管理外，相关设计管理的项目职能管理分别详见以下章节：

项目合同管理 第 5 章；

项目质量管理 第 7 章；

项目投资管理 第 8 章；

项目进度管理 第 9 章；

项目采购管理 第 11 章；

项目信息管理 第 12 章；

项目沟通管理 第 13 章；

项目收尾管理 第 14 章。

第2章　建筑工程设计与管理概论

项目设计管理的主要对象是建筑工程设计，对对象的认知是从事和胜任项目设计管理工作必备的专业技术能力条件。认知对象内涵，不仅仅是完善设计管理知识结构的需要，更是提高设计管理实务水平，提供技术服务质量的重要保证。

建筑工程项目管理实践和建筑史证明：成功的建筑作品是项目建设各参与方在项目生命周期各阶段中通力“孵化”和智慧“打磨”的结果，其中设计和设计管理更不能成为其“短板”。项目设计管理并非仅仅是“交给设计单位去做就是了”那么简单。

2.1 认知建筑

2.1.1 建筑及其基本属性

1　建筑尚无准确完整的定义

建筑在人类社会发展中已经历了一个非常漫长的历史，对于“建筑”的理解和认知存在诸多不同。《民用建筑设计术语标准》(GB/T 50504—2009) 对建筑的定义为：“既表示建筑工程的营造活动，又表示营造活动的成果——建筑物，同时可表示建筑类型和风格。”

就学术严谨而言，至今建筑学界对建筑尚无准确完整的定义。但对建筑内涵的理解思考，对其实质的探究，不仅仅是对建筑学的学术理论进行研究，更重要的是探索并掌握建筑与人、自然和社会的关系，从而进一步指正建筑设计的导向，提高建筑设计的水平。

2　建筑的基本属性

尽管建筑尚无准确完整定义，但建筑的内涵还是能够诠释的，可以用其基本属性的形式来勾勒。古罗马建筑家维特鲁威（Vitruvius）的《建筑十书》，第一次提出了“适用、坚固、美观”的建筑原则；又经过建筑学界长期的探索，形成了建筑的基本构成要素，即“建筑三要素”：功能、物质技术条件和艺术形象。随着时代与社会的不断迁延发展，学界对建筑的属性（或构成要素）的探究与诠释也与时俱进。

建筑的基本属性是多方面的，笔者就建筑学范畴试拟如下：

(1) 建筑的功能性

建筑功能是建筑基本要素中的第一要素。建筑的功能性是指建筑物在物质和精神及社会需求等层面的具体使用要求的综合体现。

由于各类建筑的用途不尽相同，因此就产生了不同功能的建筑，所谓“适用”与否一般即指其满足或者不能满足某种功能要求。因此，建筑功能既是建筑物最基本的要求，也是建造建筑物的目的所在。

建筑的不同功能要求产生了不同的建筑类型及其基本特征，例如居住建筑、公共建筑、各种生产性建筑等。建筑物的形式、平面空间构成、内部和外部空间的尺度、形象、风格等往往会对建筑功能产生直接的影响。由于不同类型的建筑具有不同的个性特点，因此建筑的形式也多种多样，并且不断变化创新。所以建筑功能是决定各种建筑物性质、类型和形式的主要因素。

中外建筑发展的历史表明，建筑功能在不同的历史阶段各具不同的侧重点。如在生产力低下的社会中，只能消极地适应服从自然，情感在落后的生产力条件下难以得到充分表达，建筑功能体现为朴素的物质使用性；在大工业产品时代，建筑成为“居住的机器”，理性主义达到前所未有的高度；在现代，建筑功能的内涵得以大大扩展，使其覆盖到人本主义、生态环境和社会形态等领域。随着人类社会的发展和文明的进步，对建筑的功能要求也越来越高，从简单到复杂，从单一到多样，建筑所承载的功能使命日益丰富沉重。

建筑的功能性是建筑设计的主导要素。建筑功能内涵的演化已成为建筑设计理念迁延变化的主要根据。

(2) 建筑的空间性

建筑的空间性是指建筑是以空间形式存在的——建筑是为满足人类物质和精神需要而创造的有组织的内部空间和外部空间。“空间是建筑的主角”这是建筑的时空性的核心含义。

人类建造建筑的目的，是为满足生产、生活和文化等各种社会活动的需要。建筑是以围合限定空间环境的方式来为人们服务的。没有适当的空间，一切社会活动和社会过程，要么是完全不能进行，要么只能在不完善的情况下进行。显然，这种空间环境是人们赖以生存和进行各种社会活动的场所。因此，建筑的本质在于营造活动所形成的有组织的空间环境，即建筑是人工创造的有组织的空间环境。

有组织的空间环境包括内部空间环境和外部空间环境。以四壁及屋顶围成的空间称为室内空间，外部空间可以通过覆盖、设立、肌理、图形等方式来形成。如体育场雨篷下的场地、住宅周边绿地、广场上纪念碑的周围以及道路上的斑马线区域等。因而一个建筑物它总是既包含各种不同的内部空间环境，又处于各种不同的外部空间环境之中的。

建筑不是能孤立存在的物体，建筑的形成和存在都不能脱离周边的场所与环境。场所与环境是以实体形态存在的，它包括了人的体验意识、归属与领域性等方面的因素，建筑是构筑场所与环境的要素。处于城市空间中的建筑与城市的关系也是如此，建筑是城市的组成部分，建筑附属于有层次的城市空间。在城市中，建筑自身的含义是确定的，但日常生活会带我们去感受广场、街道、居住区等场所氛围。因此，人们不会孤立地感受每一座建筑，进一步而言：建筑空间需要回应城市空间。

通过对建筑本质的还原，人们越来越深刻地理解到，建筑是一种人化的空间，其最根本的特征在于满足人的物质和精神需要，寓含人类活动的各种意义。

(3) 建筑的工程技术性

建筑的工程技术性是指建筑产品的工程技术内涵和建筑以工程技术条件为支撑的特性。工程技术是达到建筑目的条件与手段，只有在一定水平的工程技术条件保证下，建筑的物质功能和艺术审美要求才能充分实现。

另外，建筑的安全和耐久是建筑工程十分重要的性能要素，必须对建筑工程的项目选址、结构、抗震和防火设计等予以保证。

建筑的工程技术条件包括材料、构造、结构、设备、建筑生产技术和工程建设管理等重要内容。建筑物是由不同的建筑材料和建筑设备构成的，建筑材料及其配置又构成了不同的建筑构造和结构形式，构成了建筑空间环境的骨架。设备是保证建筑物达到某种使用要求的技术条件。建筑生产技术则是实现建筑生产的过程和方法。工程建设管理则属于“软技术”范畴，是特定意义上的工程技术条件，是建筑物形成过程中极其重要的因素。因此，建筑的工程技术条件是把设计图纸等技术文件变成建筑实物的要件或保证，也由此使建筑产品的工程技术内涵得以充分体现。

技术条件与建筑发展存在着互动关系，即技术条件在促进建筑发展的同时也制约着建筑发展的空间。技术条件是受社会经济、生产水平和科学技术水平制约的。例如，钢材、水泥和钢筋混凝土等高强度建筑材料的产生、结构设计理论的成熟与优化、现代工业化的施工工艺及安装技术、先进的设备，不但使建筑朝先进的生产方式发展，而且使功能先进、技术复杂的各种建筑得以实现。再如，各种新材料、新结构、新设备和新工艺的不断出现，给建筑功能和建筑形象带来新的变化。新的功能要求和新的建筑形象由于技术上的可能应运而生，例如超高层建筑、地下建筑，网架、薄壳、悬索、薄膜等空间结构，以及多彩纷呈的传统或时尚的室内外建筑装饰等。

建筑以工程技术条件为支撑，其发展也以依托于工程技术的不断发展。反之，伴随着时代步伐的前行，建筑也同样会对技术条件提出更新更高的要求。现代先进的科学与工程技术为人类的这些要求提供了实现的可能。

总之，科技进步是人类社会文明发展的趋势，创新精神则是建筑发展永远的主题。建筑工程技术一般包含建筑结构、建筑材料、建筑构造、建筑设备和建筑施工等。

1）建筑结构。建筑结构是建筑的骨架。它为建筑提供各类可能的空间，并服务于人类社会各种活动及审美的需求；充分发挥所采用材料的作用，承受建筑物的全部荷载，并抵御自然界各种作用力（如风雪、地震、地质沉降、温度变化等）和人为作用力（如碰撞、冲击、振动等）对建筑的破坏，确保建筑的整体性与使用的安全、稳定和坚固耐久。

2）建筑材料。建筑材料对于建筑结构、建筑构造和装饰装修的发展具有十分重大的意义。如19世纪70年代钢筋混凝土的出现，划时代地促进了各种高层钢筋混凝土结构和其他大空间结构的发展；新塑胶材料的出现又使大跨度的帐篷膜结构成为可能。各种层出不穷的新型建筑材料的出现和使用，使得设计者在设计建筑时有了更多材料上多的选择，也使建筑的功能、形式、造型、肌理和色彩等呈现出变化丰富、绚丽多彩的面貌和时代特征。与此同时对原有建筑材料的改造，如墙体材料改革等，对于节约紧缺自然资源也有重要意义。

3）建筑设备。建筑使用过程中的给水、排水、消防、采暖、通风、空调、电气（强电、弱电）等设施提供了建筑的基本使用条件。现代建筑的智能集成化系统、信息设施系统、公共安全系统、建筑设备监控系统等现代设备进一步优化了建筑的性能，提高了工作效率，改善了生活质量。建筑设备的不断改进与完善是现代建筑发展的必然趋势。

4）建筑施工。建筑施工是使建筑物由设计文件变为建筑产品的重要环节。在先进的工业化生产方式和管理手段替代了落后的手工业生产方式的今天，诸如生产工厂化、装配化、施工机械化、施工资源集约化和施工管理现代化等各种现代施工工艺或手段，对有效地降低人工消耗量，改善建筑工人的劳动强度，提高施工速度，缩短施工周期，提高建筑质量；减少投资、提高经济效益，节约施工场地，文明施工环境等方面起到十分重要的意义。

5）建筑构造。建筑构造是研究建筑的构造组成、各组成部分的构造原理和构造方法的科学。其任务是在构造原理的指导下，根据建筑的功能、材料性能、受力情况、施工工艺和建筑艺术等要求，选择合理的构造方案，选用不同的建筑材料形成各种构配件，并使其牢固结合成建筑整体。

在进行构造设计时，应综合考虑外力、自然气候和各种人为因素的影响，综合运用有关技术知识，设计出理想的构造方案和提出切实可行的构造措施，以满足建筑使用功能和建筑艺术形象等的需要；并确保安全可靠、经济适用；同时达到节约资源、保护环境的效能。

（4）建筑的艺术性

建筑的艺术性是指建筑通过功能空间组合和按美学规律及法则设计塑造的艺术形象满足了人们的精神活动和审美情感需求的性能。它是建筑构成中必不可少的要素。黑格尔美学理论把建筑列为排序仅次于雕塑的一种艺术形式，建筑形成的路径也决定了建筑物的设计和生产过程也是艺术创作的过程。成功的建筑以空间艺术的形式反映时代特征、社会形态、民族风格、地方特色、文化积淀和社会精神面貌，并与周围的建筑和环境有机融合，能经受时间的考验。因此也使建筑艺术区别于绘画、雕塑等纯艺术，即绘画是平面艺术、雕塑是立体艺术、而建筑是空间艺术，更具有艺术张力，在表现实体的同时，还表现着空间的魅力，有着相对的独立性。

建筑的艺术形象是以建筑群体和单体的平面空间组合、体形、立面、细部处理、材料的色彩和质感以及装饰刻画等来体现的。建筑形象的艺术设计是按美学规律，通过运用诸如尺度、比例、均衡、虚实对比、节奏感、质感和色彩等艺术手法来表现的。建筑作品的艺术形象处理得当，能产生良好的艺术效果给人以美的享受和巨大的感染力，诸如产生庄严雄伟、亲切大方、简洁明快、幽雅别致、肃穆端庄和生动活泼等为之共鸣的艺术感受。历史上创造的具有时代印记和特色的各种建筑艺术形象，往往是一个国家、一个民族文化传统宝库中的重要组成部分。

美是能够使人感到愉悦的一切事物，包括客观存在和主观存在。由于时代、地域、民族、人群的不同，其审美要求会有所差异，对建筑的艺术形象也会有不同的理解，但建筑形象仍然需要符合美学的一般规律和建筑形式的表现，才能展显其无穷的艺术魅力和创造性。因此，尽管古代建筑和现代建筑有很大的不同，世界各地的建筑形式各异，但它的形式美学法则却是共同的。当然，建筑形象并非是孤立的唯美表现，建筑的美在于空间的合理性和结构的逻辑性，单一地强调视觉冲击，可能会走向单纯的形式主义。

(5) 建筑的社会性

从人类社会意义看建筑，建筑及其活动折射了人类社会活动的特征，建筑在人类往往与社会性质、形制、形态、文化及意识形态等有着千丝万缕的联系，具有某些社会特征。不同的社会形态，不同的民族习俗，不同的地域环境，不同的历史时期形成了不同的建筑内容和风格。“建筑是社会制度和社会经济的自传”，它正是历史上建筑学学者对建筑的社会性的理解和写照。

建筑的社会性是指建筑的反映社会人文生态的特征。它是由建筑的民族与地域特征和历史与时代特征所构成。其中民族性与地域性是建筑在空间方面的属性，历史性与时代性则是建筑在时间方面的属性。

1) 建筑的民族性。建筑的民族性是指不同的民族，由于伦理、宗教、观念及形象的不同，使建筑形式上的表现明显差异。如我国汉族传的中式民居，是围合院落式布局，一般包含厅堂、卧房、书房三个主要区域空间。它在功能上多有宜人之处，房子的长、宽、高尺度比例恰到好处，冬暖夏凉得以实现。此外在整体上有礼制的特点，由五行八卦演发的阴阳平衡、气场圆通，都是中式空间的特色，所以，中国传统民居的建筑空间优点很符合当今“生态环保、节能低碳”的生活方式和设计理念。另如藏族的碉楼、傣族的吊脚竹楼、蒙古族的毡包等都各显其民族特性。

2) 建筑地域性。建筑地域性是指因为所处地域的自然环境、传统文脉、生活方式、风俗习惯、宗教信仰和经济与技术发展水平等的不同，反映于建筑形态方面的种种差异。建筑是构成各地域人居环境和城市及其景观的主体。

英国作家劳伦斯说：“每一个人都被某一特定的地域所吸引，这就是家乡和祖国”。“地域之灵是一种伟大的真实”，“地域之灵”就是对当地文化的挚爱和认同。最典型的是中华民族尊重热爱所处的地域文化，崇尚并顺应自然、喜爱家乡的山山水水。这种淳朴的亲切的自然情怀反映在建筑空间的塑造上，将地域自然要素尽量组织到内外空间中，因地制宜地营建富有地域特色的建筑体系。它充分体现了人与地域、与自然的和谐相融关系，也表达特定的情感意境，其实质是反映了一种生活方式和生活态度。如北京的四合院、上海的石库门、安徽的民居群、陕北的窑洞、苏州的园林、新疆的地窝等都无不体现着强烈的地域特性。

3) 建筑历史性。建筑的历史性是指建筑随着历史的沿革连续向前发展的规律。在漫长的历史岁月里，人类创造了无比灿烂的建筑文化。

建筑形式和内容来自社会文化生态，人们按照丰富的历史与传统经验加工存在的一切印象；社会形制和科学技术的变革总会使建筑的内容和形式也随之发生演变。古代建筑及以往历史建筑对当代建筑的影响将始终存在，历久弥新。建筑的内涵总是置身于历史的发展变迁中，建筑的发展离不开对传统的传承、借鉴和创新。承继过去，创新现在，才会有厚重辉煌的可持续发展的未来。建筑的发展在历史的长河中永不停息。

4) 建筑的时代性。古今中外，各个历史时期的建筑形态和技术无不印证着当代社会的政治、思想、经济、文化、意识、科技等形态的烙印；建筑文化和技术等总会充分体现时代变迁和发展的状态并与时俱进地体现着当代社会的时代物质文明和精神文明以及其他时代风貌特征。如在被丹尼尔．贝尔称为“后工业化”时代的今天，自然环境受人类文明影响越来越大。人们逐渐认识到环境重要性，建筑设计理念向“以环境为中心”的方向转变。建筑作为人工产物存其中也被赋予了新的历史使命。尤其在我国经济相当长时期发展增长的同时，也对环境和资源带来了巨大的挑战。绿色、生态、低碳、环保、可持续发展等正是后工业化时代建筑的集中展现。

（6）建筑的经济性

之所以把建筑经济性作为建筑的基本属性，是因为建筑行业化之后，特别是市场化之后，建筑是否经济合理成为衡量建筑经济性能的一个重要指标。建设资金投入是达到建筑目的主要条件之一，只有在一定的建设资金条件保证下，建筑的物质和社会功能要求才有充分实现的可能。反之，建筑工程建设运作过程及其技术方法与措施直接影响着投资和资源消耗。因此，建筑的经济性不仅要节省建设费用，更要将有限的社会资源综合、高效地加以利用。提高经济效益，这些构成了建筑设计经济属性的基本内涵。

建筑的经济性集中体现在工程设计中，设计的理念、内容、过程、技术无不涉及工程造价的高低和资源消耗的多少。因此，全面地分析建筑消耗、合理平衡建设成本和运行成本是提高建筑经济性的关键。协调建筑诸要素的经济内涵，合理高效利用和节约有限资源、降低投资（工程造价），减少投资费用，是体现建筑经济性，提高项目经济效益的正确有效途径。

3 建筑的基本属性的相互关系

建筑的各基本属性既相互联系，又相互制约而不可分割，是辩证统一的关系。如上述基本属性中，满足功能要求是建筑的主要目的；工程技术和经济是达到建筑目的条件与手段，只有在一定水平的工程技术条件和经济投入保证下，建筑的物质功能和艺术审美要求才有充分实现的可能；而建筑艺术则是建筑功能、技术和社会属性内容的综合体现；建筑的社会属性更反映了建筑与社会各属体之间的种种联系。建筑既是物质产品，又具有精神产品的特点，也是文化的一个形态，有着社会的普遍特征，文化需要开拓，开拓需要时空，它们是个错综复杂的综合体。所以，各个基本属性或构成要素不能偏废，也不能平均对待，应综合考虑，以求得科学的互动。历来优秀的建筑作品，无不是建筑基本属性的辩证统一。

综上所述，建筑作为人类最早的生产活动之一，它经历了几千年的发展演变，从原始时代构筑巢穴到成为集科学技术、艺术、经济、社会学和人文科学等综合形态的现代化社会产品。与此同时，建筑学也发展成为一门包括建筑力学、建筑物理、建筑材料、工程技术、建筑艺术、建筑经济、城乡规划、信息与智能技术、社会人文、环境保护、节能减排和可持续发展等许多领域的综合性科学，正如《华沙宣言》提出的“建筑学是为人类建立生活环境的综合艺术和科学”。建筑学也由此成为广义的建筑学。

2.1.2 建筑的分类与分级

1 建筑的分类与分级的目的

（1）便于分别遵循各类各级建筑物设计的规律，提高设计的针对性。

（2）便于研究由于社会生活和科学技术的发展而提出的新的功能等要求，了解建筑类型发展趋势和远景，以使设计更符合各类各级建筑的实际要求。

（3）便于掌握它的标准和相应的要求——根据不同类型的建筑特点、不同等级的建筑设计使用年限、规模、重要程度等提出明确的设计任务，正确应用规范、标准等。

（4）有利于指导和控制项目周期中各阶段的建设行为，实行对建设项目建设各参与方的有效管理。

（5）便于分析研究同类建筑的共性，以进行标准设计和推动建筑工业化生产体系的建立和实行。

2 建筑的分类

（1）建筑类型

《民用建筑设计术语标准》（GB/T 50504—2009）对建筑类型的定义：将建筑按照不同的分类方法

区分成不同的类型，以使相应的建筑标准对同一类型的建筑加以技术上或经济上的规定。

(2) 通常所说的建筑，是指建筑物和构筑物的统称。民用建筑设计术语标准（GB/T 50504—2009）对建筑物和构筑物的定义：

建筑物，是指用建筑材料构筑的空间和实体，供人们居住和进行各种活动的场所。本书对建筑物定义的理解：建筑物是为了满足人类生存和各种社会活动的需要，利用所掌握的物质技术条件，在科学规律、社会学和美学法则支配下，通过对空间的限定、组织而创造的人为的实体和内外空间环境。

构筑物，是指为其种使用目的而建造的，人们一般不直接在其内部进行生产和生活的工程实体或附属建筑设施。

(3) 建筑可以从不同的角度进行分类，我国常见的分类方式主要有：

1）按使用性质分。

工业建筑。工业建筑是指以工业性生产为主要使用功能的建筑。如各种厂房、车间与辅助用房以及各种原材料、半成品或成品仓库。

民用建筑。民用建筑是指供人们居住和进行各种公共活动的建筑的总称。包括居住建筑和公共建筑两大类。有些大型公共建筑内部功能比较复杂，可能同时具备上述两个或两个以上的功能，一般称为综合性建筑。

居住建筑。居住建筑是指供人们居住使用的建筑。如住宅、宿舍等。

公共建筑。公共建筑是指供人们进行各种公共活动的建筑。包括行政办公、经济管理、教育科研、文化演艺、医疗卫生、商业会展、交通电信、体育竞赛、旅游纪念活动及生活服务等公共福利事业用的房屋，诸如办公楼、学校、医院、商店超市、影剧院、宾馆、车站、航空港、体育场馆、会展中心、博物馆、园林、纪念堂等。

农业建筑。农业建筑是指以农业性生产为主要使用功能的建筑。如饲养牲畜，贮存粮食、农具和农副产品等的房屋以及农机站等各种农业用房。

2）民用建筑按地上层数或高度分类。

建筑高度是指自室外设计地面至建筑主体檐口顶部的垂直高度。

住宅建筑按层数分类：一层至三层为低层住宅；四层至六层为多层住宅；七层至九层为中高层住宅；十层及十层以上为高层住宅。除住宅建筑之外的民用建筑高度不大于 24m 者为单层和多层建筑，大于 24m 者为高层建筑的单层公共建筑；建筑高度大于 100m 的民用建筑为超高层建筑。

3）民用建筑按设计使用年限分类。建筑的设计使用年限是建筑主体结构耐久程度的一个重要指标，是建筑工程设计的重要依据。《建筑结构可靠度设计统一标准》（GB 50068—2001）和《民用建筑设计通则》（GB 50352—2005）将设计使用年限分为四类，如表 2-1 所示 。

民用建筑的设计使用年限 **表 2-1**

类　别	设计使用年限（年）	示　例
1	5	临时性建筑
2	25	易于替换结构构件的建筑
3	50	普通建筑和构筑物
4	100	纪念性建筑和特别重要的建筑

注：本条建筑层数和建筑高度计算应符合防火规范的有关规定。

4）工业建筑分类。工业生产的类别繁多，因生产工艺不同，分类亦随之而异，在建筑设计中常按厂房的用途、内部生产状况及层数进行分类。

按车间内部生产状况分类：A 热加工车间——指在生产过程中会产生灰尘、余热、有害气体的车间，如锻工、铸工车间等；B 冷加工车间——如金工车间；C 恒温恒湿车间——指要求稳定的温湿度条件的车间，如精密机械和纺织车间；D 洁净车间——指要求高度洁净的车间，如精密仪表和集成电路车间等。

按厂房层数分类：A单层厂房；B多层厂房；C混合层次厂房。

3　建筑的分级

(1) 按建筑工程类型和特征划分

国家对从事建设工程设计活动的单位，实行资质管理制度。国家标准《建筑工程设计资质分级标准》中的建筑工程设计是指民用建筑和一般工业建筑的总平面设计与单体设计。即建筑用地红线范围内的室外工程设计、建筑物构筑物设计、结合城市建设与民用建筑修建的地下工程设计及住宅小区、工厂厂前区、工厂生活区设计等，以及上述建筑工程所包含的所有相关专业的设计内容，如总平面布置、竖向设计、各类管网管线设计、园林绿化设计、室内外环境设计与装修、动力、煤气、道路、消防、保安、通信、防雷、建筑智能化设施等设计内容。

《建筑工程设计资质分级标准》规定如下：

1）根据民用建筑的类型和特征等因素将民用建筑分为特、一、二、三级四个等级，划分工程等级的类型及特征如表2-2所示。

民用建筑工程设计等级分类表　　表2-2

类型特征＼工程等级		特级	一级	二级	三级
一般公共建筑	单体建筑面积	8万m²以上	2万m²以上至8万m²	5000m²以上至2万m²	5000m²以下
	立项投资	2亿元以上	4000万元以上至2亿元	1000万元以上至4000万元	1000万元以上
	建筑高度	100m以上	50m以上至100m	24m以上至50m	24m及以下（其中砌体建筑不得超过抗震规范高度限值要求）
住宅宿舍	层数		20层以上	12层以上至20层	12米及以下（其中砌体建筑不得超过抗震规范高度限值要求）
住宅小区工厂生活区	总建筑面积		10万m²以上	10万m²及以下	
地下工程	地下空间（总建筑面积）	5万m²以上	1万m²以上至5万m²	1万m²以下	
	附建式人防（防护等级）		四级及以上	五级及以下	
特殊公共建筑	超限高层建抗震要求	抗震设防区特殊超限高层建筑	抗震设建筑高度100m及以下的一般超限高层建筑		
	技术复杂、有声、光、热、振动、视线等特殊要求	技术特别复杂	技术比较复杂		
	重要性	国家级经济、文化、历史、涉外等重点工程项目	省级经济、文化、历史、涉外等重点工程项目		

注：符合某工程等级特征之一的项目即可确认为该工程等级项目。

2）工业建筑及构筑物的等级分类和特征在“各级别资质承担任务范围”中表述，并如表2-3所示。

工业建筑工程等级分类表　　表 2-3

类型	特征	大型	中型	小型
单层工业厂房和仓库	吊车吨位	＞30t	10～30t	≤10t
	跨度	＞30m	24～30m	≤24m
多层工业厂房和仓库	层数	＞6层	6层以下	3层及以下（楼盖无动荷载）
	跨度	＞12m	6～12m	≤6m

3）各级别设计单位承担任务范围。

甲级：承担建筑工程设计项目的范围不受限制。

乙级：A 民用建筑——承担工程等级为二级及以下的民用建筑设计项目；B 工业建筑——跨度不超过 30m、吊车吨位不超过 30t 的单层厂房和仓库，跨度不超过 12m、6 层及以下的多层厂房和仓库；C 构筑物——高度低于 45m 的烟囱，容量小于 $100m^3$ 的水塔，容量小于 $2000m^3$ 的水池，直径小于 12m 或边长小于 9m 的料仓。

丙级：A 民用建筑——承担工程等级为三级的民用建筑设计项目；B 工业建筑——跨度不超过 24m、吊车吨位不超过 10t 的单层厂房和仓库，跨度不超过 6m、楼盖无动荷载的 3 层及以下的多层厂房和仓库；C 构筑物——高度低于 30m 的烟囱，容量小于 $80m^3$ 的水塔，容量小于 $500m^3$ 的水池，直径小于 9m 或边长小于 6m 的料仓。

说明：依据附表不能确定工程等级时，省、自治区、直辖市建设行政主管部门有权根据实际情况确定其工程等级。

(2) 按复杂程度划分

《民用建筑工程设计收费标准》的规定，我国目前将各类民用建筑工程按复杂程度划分为：特、一、三、四、五共六个等级。

民用建设等级划分的具体标准：

1）特级工程：A 列为国家重点项目或以国际活动为主的大型公建以及有全国性历史意义或技术要求特别复杂的中小型公建，如国宾馆、国家大会堂，国际会议中心、国际大型航空港、国际综合俱乐部，重要历史纪念建筑，国家级图书馆、博物馆、美术馆，三级以上的人防工程等；B 高大空间、有声、光等特殊要求的建筑，如剧院、音乐厅等；C 30 层以上建筑。

2）一级工程：A 高级大型公建以及有地区性历史意义或技术要求复杂的中小型公建，如高级宾馆、旅游宾馆、高级招待所、别墅，省级展览馆、博物馆、图书馆，高级会堂、俱乐部，科研试验楼（含高校），300 床以上的医院、疗养院、医技楼、大型门诊楼，大中型体育馆、室内游泳馆、室内滑冰馆、大城市火车站、航运站、候机楼，摄影棚、邮电通信楼，综合商业大楼、高级餐厅，四级人防、五级平战结合人防等；B 16～29 层或高度超过 50m 的公建。

3）二级工程：A 高级的大型公建以及技术要求较高的中小型公建，如大专院校教学楼，档案楼，礼堂、电影院，省部级机关办公楼，300 床以下医院、疗养院，地市级图书馆、文化馆、少年宫，俱乐部、排演厅、报告厅、风雨操场，大中城市汽车客运站，中等城市火车站、邮电局、多层综合商场、风味餐厅，高级小住宅等；B 16～29 层住宅。

4）三级工程：A 中级、中型公建。如重点中学及中专的教学楼、实验楼、电教楼，社会旅馆、饭馆、招待所、浴室、邮电所、门诊所、百货楼，托儿所、幼儿园，综合服务楼、2 层以下商场、多层食堂，小型车站等；B 7～15 层有电梯的住宅或框架结构建筑。

5）四级工程：A 一般中小型公建，如一般办公楼、中小学教学楼、单层食堂、单层汽车库、消防

车库、消防站、蔬菜门市部、粮站、杂货店、阅览室、理发室、水冲式公厕等；B 7层以下无电梯住宅、宿舍及砖混建筑。

6）五级工程：一二层、单功能、一般小跨度结构建筑。

说明：以上分级标准中，大型工程一般系指1万 m^2 以上的建筑；中型工程指 $3000m^2$ 到1万 m^2 的建筑；小型工程指 $3000m^2$ 以下的建筑。

2.2 建筑工程设计

2.2.1 建筑工程设计概述

1 建设工程设计概念

按《建设工程勘察设计管理条例》（国务院令第293号）规定：建设工程设计是指根据建设工程的要求，对建设工程所需的技术、经济、资源、环境等条件进行综合分析、论证，编制建设工程设计文件的活动。建设工程设计是针对设计对象而言的，建筑工程是具有普遍意义的重要的建设工程，因此，建筑工程设计的概念可以理解为是对项目设计任务主要部分的探讨性的图解（构思草图）和设计任务最后的图解（设计图纸）及其他设计文件。基于上述理解，也可以把建筑工程设计解释成为：为了满足一个建筑工程项目的要求，在建设基地现状条件和理解、贯彻执行相关的法规、标准、规范的基础上，协调设计项目各构成要素之间的关系，优选并尽可能实现各方面都能满足项目目标要求的编制设计文件的活动。

2 设计文件编制的原则

（1）建设工程设计应当与我国或所在地的社会、经济发展水平相适应，遵循安全、适用、经济、美观、环保、节能等原则。

（2）在满足当前需要的同时适当考虑将来提高和改造的可能；根据建筑的用途和目的，实现建筑经济效益、社会效益和环境效益相统一的综合效益。

（3）建筑设计必须服从当地城乡规划的总体安排，充分考虑城乡规划对建筑群体和个体的基本要求，使建筑成为城市乡镇的有机组成部分。

（4）合理利用土地和空间、注重节能减排、环境保护、生态平衡和可持续发展。

（5）在国家和地方公布的各级历史文化名城、历史文化保护区、文物保护单位和风景名胜区的各项建设，应遵照国家或地区的有关条例和保护规划进行。

（6）建设工程设计活动，应当先设计、再施工；建设工程设计单位必须依法进行建设工程设计，严格执行工程建设强制性标准，并对建设工程设计的质量负责。

（7）建筑和环境应综合考虑防火、抗震、防空和防洪等安全措施。

（8）建筑设计的标准化应与创造性结合。在建筑构配件标准化和单元设计标准化的前提下，建筑不仅应具备时代特征，还应该彰显有创意的个性。

（9）国家鼓励在建设工程勘察、设计活动中采用先进技术、先进工艺、先进设备、新型材料和现代管理方法。

（10）以人为本，体现对残疾人、老年人的关怀，为他们生活、工作和社会活动提供无障碍的室内外环境。

3 设计文件编制的依据

（1）《建设工程勘察设计管理条例》规定的设计文件编制依据：

1）项目批准文件；2）城乡规划；3）工程建设强制性标准；4）国家规定的建设工程勘察、设计深度要求。

（2）设计任务书是设计的主要直接依据。设计任务书是建筑策划的成果，其体现着业主方的项目目标指向和对项目设计提出的具体要求，是项目设计的主要直接依据。进行可行性研究的工程项目，可以用批准的可行性研究报告代替设计任务书。

4 建筑工程设计的特点

（1）法治性。建筑工程项目的建设特征决定了设计工作必然是一项法治性很强的工作。建设法律法规体系的建立就是为了规范建设领域内各参与主体的行为，从而保证建设工程质量，保障人民的生命、财产安全，维护社会公共利益。工程设计作为项目建设的重要环节，建设法律法规体系对设计执业许可、设计招标投标及合同、设计质量、设计程序、设计标准与规范、设计审查与政府主管部门审批和设计变更等方面都建立了相应法律制度、对设计行为和过程进行了全方位规范。因此，设计过程各阶段工作必须依法进行，否则将承担法律责任。设计之笔重千钧，设计只有沿着法治化的轨道前行才是正道。

（2）创造性。设计过程是综合运用科学、技术、艺术、社会人文和管理的手段，满足项目目标的创造性活动过程。在建筑工程设计中，设计的原始构思就是一种创造，是建筑师的综合逻辑思维和形象思维、思想与技术的集成；是一个由厚积薄发至灵感激发的过程。创意是设计的灵魂，最大限度地发挥建筑师的创造性思维是设计成功的关键。

设计是创造性的劳动，创新是设计长期研究和实践的一个永恒的课题。设计在创造新产品、新思维、新生活的同时，不可避免地要改变旧的思维方式、旧的生活方式、旧的生产方式。新的建筑物质技术条件，新的社会文化形态等都在无形之中影响着设计的发展趋势，主要表现在设计工作的方式和设计意识的变化。设计需要创作的多样性和文化的多元化，这便要求设计人员及其他参与人员要关心时代、科技、思潮、流行等不同方面的大量信息，从而把它们转化为设计元素，只有日积月累才能使建筑作品更加成熟。

突破现形式、创造新形式，设计则要把这种形式通过糅合应用到各种社会生活中，这就需要在现有知识中充分发挥我们的想象力和联想能力。联想是在有意识的形成和无意识的积累中产生的，由于意识与过去经验密切，以及受潜意识的心理影响，知识储备成为关键。在设计中，设计的主题和理念，是有意识的，而构思过程是在有意无意之间相互交替中完成的，每个建筑设计作品都有二者的思维轨迹。在设计过程中这些相互渗透，推动着我们的思维，这就是潜意识里的联想机制对于设计构思的影响，由其来完成最关键的构思过程。

在设计过程中我们不但要了解现阶段的流行趋势，而且要预测将来的流行趋势，人们对于旧事物的厌倦和对新事物的渴求，要去引导这个潮流。所以在对设计基本理论掌握的基础上，对于跨专业的知识和边缘学术要多多了解，善于把不相关的东西联系起来，从而找出共性和相似性，让合理与不合理的构成形式相互统一，创造出新的形式和内容，并产生出新的意义。

成功建筑师能设计出彰显于历史的作品，这得益于他们对新形式和新观念的不断研究，这种探索的精神和深层次的理解是尤为可贵的，所谓的“现代”是一种思想和认识方式，一种感觉和一种生活方式。设计中需要将这样的认识方式渗透到各个方面，形式上的完善和思想上的认识构成了设计的成熟。

建筑设计是不能简单复制的，建筑作品的创作是从概念到具体、从粗到细，逐层深化的渐进过程。因此每个阶段的设计都应当在上一阶段的设计成果及相关依据下进行，后阶段设计的重点应该是把设计的原始构思在优化的基础上进行细化，将既有的创意臻于极致。

（3）专业性。设计过程是一项高度专业化的工作，它是一项由各工程专业设计工种协作配合的综合性工作，这表现在以下三个方面：

1）我国对设计市场实行从业单位资质、个人执业资格准入管理制度，只有取得设计资质的单位和取得执业资格的个人才允许在规定范围内执业。目前，我国建筑行业的专业注册制度正在逐步完善，已实行了注册建筑师、注册结构工程师、注册设备工程师、注册咨询工程师、注册监理工程师和注册建造师等制度，系统化的专业注册管理制度已经基本建立，这将进一步推动我国建筑行业的专业化进程。

2）建筑工程设计工作是一项非常复杂的系统工作，一般不是某一个人就可以独立完成全部的设计文件编制，必须通过专业完备、分工合理且协调良好的团队来进行这项工作。通常，项目设计工作需要由一个设计总负责人主持，在他的统一主导下，组织建筑、结构、暖通空调、给排水、电气、智能化、概预算等多个专业协同工作、各司其职，共同完成设计任务。

3）随着社会经济的发展和技术的迅速进步，建设项目的规模越来越大，标准越来越高，越来越多的新技术、新工艺、新材料得到应用，设计领域的不断拓宽，导致专业设计的分工越来越细。主设计单位不可能承担数目如此繁多的专业设计，所以很多专业性更强的设计分项要由专业分包商来进行，对专业分包商的设计成果，主设计单位主要负责审查其是否符合总体设计要求，并对专业设计单位的图纸等设计文件进行确认。

（4）参与性。设计工作必须委托设计人承担。但设计是由业主、项目管理单位、设计单位、施工单位和材料设备供货商等多方共同参与的一个互动过程，其中，业主方的参与是非常重要的。尤其是在项目设计阶段，业主是项目全过程的最高决策者，也是项目设计任务书的提出者，往往还是最终使用者。业主方的设计项目管理对于今后项目的实施及投入使用起着重要的作用。业主也可通过项目管理（咨询）单位提供的专业化服务，代理或协助项目设计管理。

（5）经济性。设计过程的经济性主要体现在：

1）设计构思和评价的重要指标。在市场经济和建设管理制度日益成熟完善的今天，无论在设计构思还是在设计成果的评价中，都已把建筑的经济性列为重要指标。对经济条件进行客观分析评价，使得实际工程符合经济条件并遵循概、预、结算梯级制约关系；从而保证项目建设的顺利进行，并实现目标效益。

2）设计过程中的项目投资控制。将经济条件作为建筑设计的制约因素，把建筑的经济性理念融于建筑工程的设计过程之中，这样可以有效地控制工程造价和项目投资，使社会资源得到最充分合理的利用，既可以带来可观的经济效益，又可以促进国民经济的健康发展。

设计投资控制将设计金额控制在项目设计计划限额内，通常称为"限额设计"。项目在前期获批的立项文件中已确定了投资总额，在业主提供的设计任务书和设计委托合同中应有设计限额的条款内容。故设计人应重视设计的经济合理性研究，必须按设计限额要求进行设计，建筑工程设计的各阶段各环节中均应对项目投资予以充分控制。

3）建筑使用中的消费经济。建设项目不但在建设实施阶段而且在其全寿命过程中都要消耗各种资源，包括土地、能源、材料和设备等，建筑使用中的资源节约、能源低耗、低碳排放等高效性能能否具备，首先表现在设计环节中。因此，设计要充分考量将有限的社会资源综合高效利用，要全面分析建筑消耗，有机协调建筑诸要素，恰当选择技术设置，做到建筑节地、节能、节材等，从而实现在建筑全寿命中的设计低投入和使用低能耗、高效率的良性循环，获得最佳的综合效益。

4）设计工作价值经济。设计是项高智能的综合技术输出，其自身必然会体现应有的经济价值，这个价值的具体体现便是设计收费。业主与设计单位签署的设计委托合同中有关设计费的条款是其具体内容。

上述构成了设计的经济性的基本内涵，设计承担着重要的经济责任。

2.2.2　设计过程的阶段划分和专业构成

1　设计过程的阶段划分

建筑工程的设计过程，有狭义和广义两个层次：

（1）狭义的设计过程。狭义的设计过程是指从方案设计开始，到施工图设计结束为止的设计过程。按不同的建设项目可以划分为三阶段设计和二阶段设计。

1）三阶段设计。建筑工程一般应分为方案设计、初步设计和施工图设计三个阶段，适用于一些较大型、技术复杂的，采用新工艺和新技术的项目。

2）二阶段设计。二阶段的设计适用于技术要求相对简单的建设项目，经有关主管部门同意，且合同中没有做初步设计的约定，可在方案设计审批后直接进入施工图设计。

除了三阶段设计，在国内一些重大工程建设项目设计过程中，往往还会增加总体规划或总体设计、概念设计、扩初设计或技术设计阶段，就国家设计程序要求而言这些阶段不是国家法规强制要求的，所以通常是由建设单位或工程管理（咨询）公司和设计单位根据项目实际情况来决定。

（2）广义的设计过程。建设项目的设计工作除了上述涉及主要设计阶段的工作外，还涉及项目建设的策划选址、可行性研究、地质勘察、设计招标投标、设计准备、设备采购、施工、竣工验收、交付使用以及回访总结等，几乎贯穿于工程建设的全过程。尤其在设计文件政府主管部门审批和不同的工程承包模式及项目管理模式下的施工中，设计工作流程并非只是一个指向，而是往往会有多次反复来回，图纸等设计文件存在大量的优化或细化修改。因此，设计工作必须协调做好与上述相关建设环节的配合和衔接，设计单位和设计人员除编制设计文件外，还要参与解决大量的技术问题。作为项目设计管理者，应当从广义角度上来理解设计过程。

2 设计过程各阶段间的关系

工程设计过程虽然错综复杂，但总是由若干阶段、若干专业的若干工作任务流所组成。设计阶段有广义和狭义两个角度的区分，但无论怎样划分，每一个阶段的设计成果输出将成为下一阶段设计工作的输入，这个循环过程贯穿于设计过程的各个阶段，即设计过程各阶段之间逻辑关系逐步深化，从而使项目设计目标逐步明确和清晰，如图 2-1 所示。

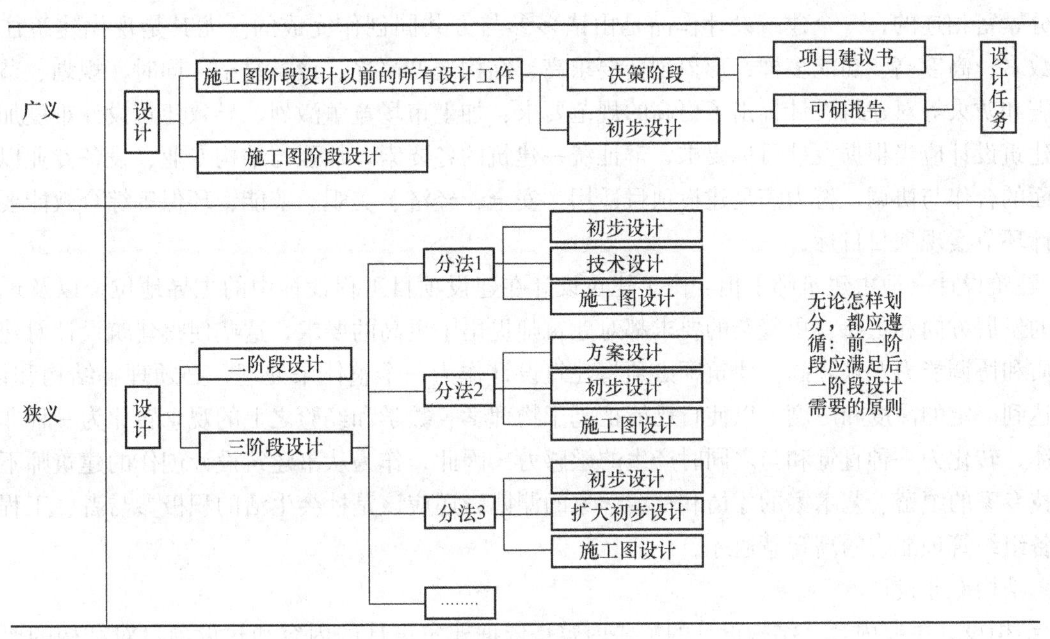

图 2-1 设计阶段的分类及其相互关系

设计主要阶段的设计文件应具备的关联要求：

（1）方案设计文件应当满足编制初步设计文件和概算的需要；

（2）初步设计文件应当满足编制施工图设计文件以及施工招标文件和主要设备材料订货的需要；

（3）施工图设计文件应当满足施工和设备材料采购、非标准设备制作和预算的需要。对于将项目分别发包给几个设计单位或实施设计分包的情况，设计文件相互关联处的深度应满足各承包或分包单位设计的需要。

3 建设工程设计的专业构成

建筑产品的综合属性决定了建设工程设计是由各专业设计构成，设计文件是各专业设计编制的设计文件的集合。它主要由建筑设计、结构设计、设备设计及其他相关设计文件组成。对于一些特殊的大型工程，必要时在可行性研究阶段或在建筑设计中增加场地设计，即总体（规划）设计，它既作为可行性研究的一个内容，也是初步设计的依据。

（1）场地设计

场地设计也称总体设计或建筑规划设计。场地设计是指为了满足建设项目（单一建筑物或小规模群体建筑物）的目标要求，充分了解城乡规划、土地、市政和环保等部门对拟建场地的具体要求，收集和分析必需的设计基础资料，从技术、经济、社会、文化、环保、节能、防灾等各方面对场地进行分析研究，结合拟建场地的地形、地貌、气象、地质、交通情况、周围建筑及空间特征等场地条件，依照法律法规和相关设计规范，对拟建项目场地中各构成要素进行协调配置并优化的设计活动。其目的是通过设计，使场地中的各要素，尤其是建筑物与其他要素能形成一个有机整体，以发挥效用，并使场地的利用能够达到最佳状态，获得最佳综合效益。设计单位和建筑师应当详细理解业主的建设意图以及对拟建项目场地的总体要求，进行场地设计，作为可行性研究的一个内容和初步设计的依据。

（2）建筑专业设计

1）建筑设计是建筑工程设计的主导和先行步骤。建筑设计根据建设法律法规、技术法规和规范及标准，按建设单位提供的项目批准文件、城市规划条件、设计任务书和建设基地情况等，对建筑的功能布局、室内外空间环境组合、建筑艺术形象、建筑构造、结构选型和概算等方面作出全面综合分析研究，作出概念创意，继而完成方案设计、初步设计和施工图设计等设计文件编制任务。

2）建筑设计是关系到整个建设项目的最终效果的关键。建筑不是孤立存在的，它是与建筑工程的其余部分紧密相连的，一个建筑设计作品是由诸多参与方共同创作完成的。尤其是现代建筑往往规模大、层数多、高度高、功能多样、形象创新要求高、结构选型严谨、设备复杂；同时，规划、节能、环保、抗震和防火等对建筑设计提出了更高的规范要求；加上市场竞争激烈，导致建筑设计难度加大。这就需要建筑设计应当根据设计目标要求，辩证统一建筑的各要素，加强与结构专业、设备专业以及建筑经济方面的合作与协调，努力满足建设项目适用、安全、经济、美观、节能、环保等综合效能要求，从而在设计环节实现项目目标。

3）建筑设计一般由建筑师承担。由于建筑设计在建设项目工程设计中的主导地位，以及现代建筑多元化的发展方向和更新、更复杂的要求都对建筑师提出了更高的要求，这些使得建筑设计对建筑师的综合素质和协调能力要求颇高。建筑师必须将建筑设计作为一个整体来处理，必须理解结构和设备等，而且应达到一定的深度和广度，以使自己能把基于物理学、数学和经验之上的观念转化为一种非同一般的综合体，转化为一种直觉和与之同时产生的敏感力。因此，作为从事建筑设计创作的建筑师不仅需要具有科技专家的缜密、艺术家的才情和社会学家的渊博，还应该是社会生活的积极参与者、工程技术专家，具备组织管理能力的高智慧通才。

（3）结构专业设计

1）结构设计主要内容。结构设计的主要内容是依据建筑设计的内容和建设项目对结构的要求，根据现行的结构设计规范，按照建筑使用年限类别，结合地质勘察报告，选择安全合理的结构类型与形式，拟定方案，尔后布置结构、选用材料、细化构件设计布置节点构造措施，并进行抗震设防设计等。

2）结构设计是工程设计的重要组成部分。结构设计不仅直接决定着结构自身的安全与经济，也会对建筑功能、建筑技术和建筑艺术带来莫大的影响。结构构思时要有效地选择结构体系，与建筑物的功能要求相互协调。

结构设计不但对建设项目的安全使用和成本负有重要的责任，而且伴随着建筑科技和社会经济的进一步发展，以及建筑创新对新结构形式的要求，结构创新不容滞后。目前，建筑的结构体系不仅呈现出多样化的特征，而且已经发展到概念设计的阶段。所谓概念设计是指在结构设计中不仅把安全可靠、效率及经济作为结构设计的目标，而且要把结构美也表现出来。同时，也要注意与建筑专业和设备专业以及造价方面的配合与协调。

3）结构设计由结构工程师承担。结构工程师是建筑工程作品的共同创造者之一。精益求精的治学态度、严谨科学的技术作风，是从事结构设计工程技术人员具备的基本素质。结构工程师的任务是研究建筑师提出的构思方案，努力保证构思方案具有可行性、安全可靠性和经济合理性，并及时反馈信息，使结构方案更趋于优化。结构设计既严密无疏又有创新，当今时代赋予结构工程师的责任和对其要求的日趋提高，使结构工程师只有与时俱进地改变设计理念和设计水平才能胜任这一时代重任。

(4) 设备专业设计

1) 建筑设备设计主要内容（设备设计工种）。建筑设备设计主要内容包括建筑给水排水、采暖通风与空气调节、电气（强电与弱电）。

2) 建筑设备在建筑中的应用前景广阔。现代建筑自身科技含量越来越高，尤其建筑节能和建筑智能化要求，对设备设计提出了前所未有的挑战。这也表明建筑设备在建筑中的应用前景广阔。

3) 设备设计由各设备设计工种的工程师承担。设备设计分别由上述设计工种的设备工程师承担。设备设计除了不断适应建设项目对设备的要求外，还要十分注意与建筑专业和结构专业以及造价方面的配合与协调。

(5) 其他设计文件

建筑工程设计文件除了一套含有上述三个专业设计的完整图纸之外，还包括工程概算书、设计说明书和计算书等文字资料。其中，概算是建筑工程设计任务之一，它是后续建设实施阶段在造价方面的依据，也是必须提供给设计文件审批部门的文件。

2.3 设 计 管 理

2.3.1 设计管理概述

1 设计管理的概念

设计管理是指应用项目管理理论与技术，为完成一个预定的建设工程项目设计目标，对设计任务和资源进行合理计划、组织、指挥、协调和控制的管理过程。

设计管理基于工程设计的特性，决定了设计管理具有自身特定的内涵。不同管理主体在项目建设中不同的角色和地位，赋予设计管理的内涵与侧重也有所不同。在工程建设实践中，除了相关参与方，设计管理的核心主体为业主方和设计方。因此，在工程项目管理中按照管理主体划分，设计管理可分为业主方的设计管理和设计方的设计管理。本手册的“设计管理”主要指向是业主方（建设单位）的建筑工程项目的设计管理。

(1) 业主方的设计管理

业主方的设计管理有它自身的规律与特征，包括其管理层面、特点、内容、要求和侧重面等。它是业主（建设单位及其委托的项目管理单位）项目管理结构框架中一个的重要的专业性工作单元，项目管理基本职能融贯于设计管理工作，设计管理在项目建设实施中居于先行的主导地位。业主方的设计管理不仅仅限于项目设计阶段的设计过程管理，而且贯穿于项目建设的全过程。因此，它更是业主（建设单位及其委托的项目管理单位）项目管理的“战略要地”之一。

(2) 设计方的设计管理

设计方的设计管理主要是指设计组织以管理学的理论和方法对团体设计活动的组织与管理，即设计管理是设计单位在设计范畴中所实施的管理活动。设计管理包括设计和管理两方面：设计需要管理，管理必须设计。因此，设计方的设计管理是设计与管理结合的产物。尤其在当今，国际化、社会化、市场化下的“设计”已不再含义单一，它包含了更多更全面的内容，提出了更高更科学的管理要求。设计要有价值，要有市场竞争力，那就必须引入现代化科学管理。有效的设计管理成为设计组织机构整个经营战略中必不可少的一个重要部分。

2 设计管理与项目管理的关系

(1) 项目管理系统理论与方法融贯于设计管理

工程设计的特性决定了设计管理具有自身的专业要素、特点、要求和侧重面。但就工程项目管理职能而言，项目管理目标、计划、控制等系统理论与方法同样适用于项目的设计管理，其投资控制、进度控制、质量控制、安全管理、合同管理、信息管理、沟通管理和组织协调等基本职能也融贯于设计管理之中。就组织机构而言，项目设计管理部门也只是项目管理组织中的一个专业性职能部门。

(2) 设计管理直接关系到项目整体目标的实现程度

尽管设计管理与项目管理之间是整体和局部、主和从的关系。但设计管理这个充满专业特性的工作包的核心是通过建立一套沟通协作的系统化管理制度，解决项目全过程中业主（建设单位）与设计单位、政府有关规划、建设等主管部门、施工单位、监理单位以及其他项目参与方的组织、协作和沟通问题，按建设项目整体目标达到项目的经济、技术和社会效益的平衡。因此，这个工作包的效能强弱、业绩优劣，直接关系到项目整体目标的实现程度。

(3) 设计管理贯穿于项目管理的全过程

项目的工程设计往往不能简单地划为项目实施的一个单纯阶段，而是贯穿于项目建设的全过程。设计管理有自身的规律，它不仅仅限于项目设计阶段的设计过程管理，更是践行于建设项目从立项选址，可行性研究，勘察设计，开工准备，施工，竣工验收，直至后评估阶段，即基本上贯穿于建设项目管理的全过程。

(4) 设计过程管理是项目管理的关键性环节

设计阶段在项目周期中是一个非常重要的阶段，设计阶段的设计管理主要是设计过程管理。设计过程是成就设计成果，实现项目策划、实施和运营衔接的关键性环节，也是项目实施阶段的“龙头”，它在一定程度上决定着建设项目目标的实现和整个项目管理的成功与否。因此，设计过程管理在项目管理整体中居于重要的地位。

3 设计管理的阶段划分

设计管理工作伴随着项目建设的始终，但按其规律和项目管理的实际需要，也应划分阶段，以利设计管理工作科学、合理、有序地进行。

按现行《建设工程项目管理规范》规定，项目设计管理按项目建设周期流程可依次分为以下四个阶段：

(1) 前期（分析决策）阶段。包括项目投资机会探究、意向形成、项目建议提出、建设选址、可行性研究、项目评估以及设计要求提出等分析决策过程。

(2) 设计阶段。主要是设计过程，包括设计准备、方案设计、初步设计、施工图设计以及会审、送审报批等。本阶段的设计过程管理是项目设计管理的重点。

(3) 施工阶段。包括设计交底、协助设备材料采购、现场设计配合服务、设计变更、修改设计等过程。

(4) 收尾阶段。包括参与竣工验收、竣工图纸等文件整理和归档、设计回访与总结评估等过程。

4 设计管理的核心任务和主体内容

(1) 设计管理的核心任务

建设项目管理的质量控制、投资控制和进度控制是设计管理的三项基本内容。因此，项目设计管理的核心任务是项目设计管理各阶段的目标控制。即以工程项目管理的基本职能，通过系统化管理制度与方法，对与项目设计相关的一系列活动进行全方位的计划、协调、监督、控制和总结评价，与业主、设计单位、政府有关主管部门、承包商以及其他项目参与方建立全面良好的协作关系，从而切实保证建设工程项目设计管理各阶段的质量、投资、进度目标得到有效控制，实现建设项目规定的目标。

（2）设计管理的主体内容

1）主体内容是项目计划和项目控制。项目管理是从项目开始至项目完成，项目计划和项目控制是项目管理的主体内容。项目计划指的是在项目前期明确项目定义，构建项目目标以及为实现项目目标而制订计划等一系列工作；项目控制指的是在项目目标建立以后，通过组织、管理、经济、技术等措施，保证项目目标得以实现的过程。

设计管理尽管有其自身的规律与特征，但作为项目管理的专业性局部管理，其主体内容同样是项目计划和项目控制。设计管理的项目计划和项目控制是使项目质量目标、费用目标和进度目标尽可能好地实现的过程。

2）主体内容的实施环绕项目管理的核心任务而展开。设计管理从根本上来说，是通过项目前期的策划和设计过程管理，以设计文件把项目定义和策划的主要内容予以具体化和明确化，并作为后续阶段建设的具体指导性依据，是为了保证建设项目目标的实现而进行的。因此，项目设计管理的主体内容在各阶段的实施是环绕建设项目管理的核心任务而展开的。

5 设计管理的类型

业主方设计管理的类型主要有以下三种形式：业主自行管理、委托管理（委托管理模式又分为完全委托式和部分委托式两种）和混合管理。

（1）业主自行管理

业主自行管理是指业主自己组织项目管理人员组成项目管理团队。其工作重点是：项目设计经理（或设计主管）选择；确定项目设计管理的深度和重点；确定经理部（或设计管理组）的规模结构。这种形式的项目管理组织工作比较容易，但要求业主自身有较强项目管理力量，适用于拥有足够丰富经验的项目管理人员的业主，我国以前大部分项目的设计过程项目管理都采用这种形式。

（2）委托管理

委托管理分为两种形式，即完全委托式和部分委托式。委托式管理适用于业主方缺少符合设计管理人才资源要求且经验丰富的设计管理人员，仅靠自己的力量难以完成设计项目管理任务的情况。

1）完全委托式。完全委托式是指业主把设计的项目管理完全委托给专业项目管理公司，代替业主进行设计管理。其工作重点是：项目设计经理（或设计主管）及若干助手的选择；拟委托的项目管理公司的选择及选定；签订委托合同；明确授权范围、程度和双方权利、义务、责任；审查并确认项目管理公司组建的经理部的组织结构。在这种形式中，业主依靠专业项目管理公司来完成项目设计阶段的项目管理，发挥其专业技能和实践经验的优势，提高设计项目管理的质量；业主方自己的项目管理团队可规模很小，管理费用很少。适用于重点建设工程项目、专业化要求程度高的项目等。

2）部分委托式。部分委托式是指业主自行完成部分设计项目管理，把其中对专业化要求比较高的部分委托给专业项目管理公司来完成。其工作重点是：项目设计经理（或设计主管）的选择；确定项目管理的深度和重点；确定项目管理的组织结构；选择项目管理公司；签订委托合同；审查并确认其经理部（或设计管理组）组织结构。在这种方式中，业主方管理深度、广度、管理班子规模和费用以及业主与项目管理公司的协调工作量都比较大。

（3）混合管理

混合管理是指业主自行项目管理与委托项目管理相结合的形式，即由业主方的部分项目管理人员与受聘的项目管理公司的专业化设计管理人员，混同组成项目设计管理团队。其工作重点是：项目组织形式与项目设计经理的选择；选择与选定项目管理单位；签订委托合同，明确双方的权利、义务、责任等；审查组织结构及职能分工的确定。这种形式聘请专业项目管理人员可以弥补业主方项目管理人员在技术和管理经验上的不足；与部分委托式项目管理相比，混合管理团队内部协调下作量会大大减少；业主项目管理的费用相对较少。这种形式适用于业主自身拥有一定数量的经验丰富的工程管理人员，但缺乏大中型工程项目的设计管理经验，不足以独立完成设计过程的项目管理工作和专业化程度较高的建设工程项目。

项目管理专业化、社会化的形式，在国内外都已非常普遍。随着我国建筑市场专业化的深入发展，并逐步与国际接轨，通过完全或部分委托专业项目管理公司来进行设计过程的项目管理将成为一种趋势。此外，对于国内大型公共建设工程项目的设计管理，采用混合式将更为适用。混合式是大型建设工程项目的最佳业主项目管理模式，十分适合发展中国家的情况，也是当前在发展中国家大型建设工程项目设计管理中较为通用的模式。

2.3.2 设计管理的特点与实施要领

1 设计管理的特点

(1) 对象和程序等交叉复杂而需要综合管理

项目设计管理的对象及各个环节不仅仅是设计单位及其设计人员，项目设计还牵涉到业主、项目管理（咨询）单位、政府主管部门和施工单位以及材料设备供货商等众多项目参与方的共同参与，需要跨越多个组织的合作；大量的组织部署、计划决策、目标控制、沟通协调等工作界面综合，交叉复杂。再者，建设项目生命周期存在多个阶段，阶段与阶段之间存在交叉，每个阶段各环节之间和专业要素之间又互相影响。因此，为保证项目建设能协调和连贯，必须对项目进行综合管理，以提高项目的效率和效益。

(2) 业主在设计管理中总揽全局

无论是哪种设计管理类型，业主作为项目法人、投资人或最终使用人，是项目的主持方和组织者，尤其在项目设计阶段设计过程管理中，业主处于主持、主导地位，总揽设计管理全局。

业主在设计过程管理活动中主要包括两方面内容：一是业主要明确提出项目的功能需求等各方面要求（主要体现在设计任务书上）；二是业主要及时确认有关的设计文件和需要业主解决的其他问题，承担及时决策的责任。业主应慎重选择并尊重设计单位，加强对设计过程的参与、决策、控制与协调。项目管理（咨询）单位应协助业主提供专业化的设计管理服务。

(3) 设计管理与建设行政管理关系密切

政府各主管部门或其委托机构依法对工程建设项目设计的各阶段实行设计审批、行政许可等监督管理制度，是一种代表国家意志，维护社会公众利益，依法规范建设活动行为的行政执法行为。其中，建设行政主管部门及其委托机构依法对工程建设项目设计过程各阶段设计文件的核准、审批、许可管理与项目设计管理工作关系尤为密切。政府对设计的监督管理制度已成为设计管理实务的流程引导和工作内容。因此，设计管理中必须遵循政府各主管部门对工程建设项目设计的管理。

(4) 设计过程管理是项目管理的关键性重点环节

各阶段设计文件在设计过程中产生，设计工作及其设计成果质量优劣、投资的效益、进度的及时等都直接影响并决定着项目设计后续阶段建设的实施，并关系到项目最终交付使用后的运营效果，即项目总体目标的实现。因此，无论在技术层面，还是经济层面，除项目前期的设计管理外，设计过程管理对项目建设具有决定性的主导作用，设计过程管理是项目管理的关键性重点环节。因此，必须深切认识其意义与内涵，并对项目设计阶段的设计过程管理工作予以高度的重视。

(5) 现代建筑工程设计对设计管理工作提出了新的时代要求

现代建筑工程项目设计工作本身牵涉的要素越来越多，面越来越广，综合性越来越强，全面而复杂的设计内容与任务，已使其发展成为一门综合性学科。与其对应的项目设计管理工作除了项目管理知识和经验外，还必然涉及建筑、结构、设备以及规划、工程造价等各部门的设计理论与技术，为了胜任现代建筑工程设计管理工作，设计管理工作者也应不同程度地了解、熟悉、掌握这些设计知识和技术的基本内容，并能针对性地结合工程项目实际自如应用于当今设计管理工作。

2 设计管理的实施要领

(1) 设计管理务必须融入社会化、市场化运行机制建筑工程设计是集社会、经济、技术和管理为一体的复杂的特殊的系统性生产过程。我国自改革开放以来，建筑市场社会化、市场化运行机制已经逐步形成，设计与市场密不可分。尤其是在我国设计单位完成企业化改革，国外设计团队及建筑师进入我国并与国内设计单位合作的背景下，不仅设计方要在市场供求关系中寻求项目设计任务，实现其设计生产赢利目的，设计师也希望通过市场来表达其设计理念，创作其作品，实现其设计价值。因此，当今的设计除了专业化技术属性外，还有综合的经营活动属性。

业主和设计方成为设计市场的主角。项目设计管理同样离不开社会化、市场化运作的理念、方法与手段。市场经济的核心是“竞争”，业主或项目管理（咨询）企业应把设计项目“市场营销管理”列入设计管理知识框架；把细分设计市场、设计方案竞赛、选择设计单位以及其他设计管理相关环节融入社会化、市场化运行机制之中；同时，要注意诸如不正当竞争等负面因素对设计市场和设计管理工作的干扰。从而得到优质的专业化设计服务，并使设计过程高效低耗，项目目标在设计环节得到有效控制。

(2) 设计管理必须是针对性和差别化的有效管理

建筑工程设计特点表明，设计项目类型及其要素的个性是十分具体的，设计管理应作出积极应对，照搬照抄、千篇一律的管理模式适应不了日新月异的设计发展与创新。由于工程承发包模式、业主方项目管理形式和设计委托形式的不同，要求设计管理也应按其不同而作出相应调整。因此，针对性和差别化的设计管理才是一种有效的管理。这种有效管理宜在设计管理的计划、组织工作中先行贯彻落实，以期在后续的设计目标控制、设计各参与方监督、沟通协调等工作中顺利展开。

(3) 设计管理中强调设计经理（或设计主管）在管理中所起的主导作用

1）设计管理由设计经理（或设计主管）负责，并适时组建项目设计管理职能部门（或组）。在项目实施过程中，设计经理（或设计主管）应接受项目经理领导，并对项目设计管理和项目经理负责。

在项目总承包形式下，在项目实施过程中，设计经理应接受项目经理和设计管理部门的双重领导。

2）设计经理负责组织、指导、协调项目的设计管理工作，确保设计管理工作按项目目标、合同要求组织实施，在设计管理实施各阶段对质量、进度、和投资进行有效控制，并做好组织内外的沟通协调和信息管理等工作。

3）在设计管理组织中设计主管（或设计经理）是一个十分显要的角色。设计主管应具备恪守职业操守和道德的信念；必须具备系统整体性管理理念；必须全面了解、深度理解所管项目在技术逻辑方面的复杂性。设计主管（或设计经理）应该是工程管理与技术的复合型通才，具有能整合各设计专业设计要素，深思熟虑地综合诸多不同观点或倾向性意见（包括其中复杂设计技术问题），根据项目设计在不同阶段所呈现的特点实施有效管理，处事精明理性，善于沟通协调的能力。设计经理（或设计主管）应使设计管理组织成为一个人员专业配置合理，具有高度责任性和团队合作精神，工作配合默契且高效的团队。

(4) 设计管理团队强调人力资源的专业配套

建设工程设计是由各专业设计构成，无论是项目前期的策划咨询，还是设计过程以及其后续阶段的设计计划与控制，都需要规划、建筑、结构、设备、造价及合同等专业的行家里手在职在位(有些可阶段性在职)，并尽可能是富有经验的技术与管理的复合型人才的集合。技术要求特殊的工程建设项目还需配备相应的专业人士参与，工业建筑项目的工艺专业人士断不可缺。大量案例表明，专业配套是设计管理组织的一个要素，也是胜任设计管理工作，实施设计管理的重要条件。尤其对于大型的技术复杂的工程建设项目，建筑、结构、设备设计以及节能、环境保护、防震、防火、智能化、装饰等专项设计之间的交叉融合要求日益提高，界面管理愈显重要。因此，设计管理团队十分强调人力资源的专业配套。

(5) 设计管理工作应特别强调管理的沟通协调职能

设计管理的主要职能是通过建立一系列策划、计划、组织、控制、沟通协调的系统化管理制度与方法，着重解决设计管理工作中业主与设计单位、与政府有关主管部门、承包商以及其他项目参与方的一系列组织和协作问题。其中，与各参与方良好的互动协作，使“共同机会”与“利益依赖”成为伙伴合作关系中的互动理念，共创互利共赢的局面成为设计管理效果的追求。尤其在国内项目中外合作设计模式下，设计经理更须直面中外双方的各种差异，注重双方的合作互动关系，加强双方沟通协调，及时化解工作方式或技术上的矛盾或分歧，凝聚信心与共识。因此，设计管理的合作互动性使设计管理应特别强调其沟通协调职能。

2.4 设计管理的职能管理

2.4.1 设计管理的范围管理

1 设计管理范围概念

(1) 释义：设计管理范围是指在项目管理中设计管理活动的范围，就是完成一个确定的工程建设项目设计管理任务的所有活动的范围，即项目设计管理的行为系统的范围。

(2) 设计管理范围确定。

设计管理范围确定就是明确项目设计目标和可交付成果，确定项目设计管理的系统范围并形成文件，以作为项目设计管理计划、实施和评价项目成果的依据。

大量建设项目设计管理实践证明：设计管理范围界定不清，对范围的定义不够明确，或对项目没能制定出清晰规范的范围变更控制过程等这些“管理范围模糊化”因素必然成为后续管理扯皮和低效的引发端。因此，设计管理的范围管理需要完善规范的项目管理体系来有效指导。

2 设计管理的范围管理要点

(1) 特征与要求

1) 作为项目管理中一个专业性的设计管理范围管理，应基于整体的项目管理范围，其范围的确定过程相对较为简捷，但更需严谨。

2) 设计管理的范围管理应以确定并完成项目设计目标为根本目的，通过明确项目有关各方的职责界限，以保证项目管理工作的充分性和有效性。

3) 项目设计管理的范围管理作为项目设计管理的基础工作，贯穿于设计管理项目的全过程。在项目初期，设计管理范围管理应参与明确界定项目的范围。

4) 项目设计管理的所有活动应满足项目范围定义所描述的要求。明确项目设计管理范围，按照项目目标、用户及其他相关者要求确定应完成的设计管理活动，并详细定义、计划这些活动。

5) 确定项目设计管理的系统界限，明确项目设计管理的对象。在项目设计管理过程中，确保在预定的范围内有计划地进行设计管理的实施工作，从而构成设计管理的实施过程。

6) 设计管理范围对项目设计进行相应的定义和控制，以确保项目设计管理组织及其干系人从设计管理角度对建设项目的目标成果及其产出或造就建设项目实现既定目标所应有的活动过程达成共识和理解，从而成为自觉的行动。

(2) 设计管理的范围确定过程。设计管理的范围确定应经过如下过程：

1) 项目初期参与项目目标、项目环境的调查与限制条件的分析。

2) 从设计管理角度，参与项目可交付成果的范围和项目范围确定的工作。

3) 分析项目设计管理主要影响因素和过去同类项目设计管理的经验教训。

4) 对所承担的项目设计管理工作进行结构分析，包括项目设计管理工作分解（WBS)、项目设计管理单元定义、项目设计管理工作界面分析工作。

5) 将项目设计管理目标和任务分解落实到具体的项目设计管理单元和团队人员上，从各个方面对它们作详细的定义。这个工作应与项目相应的计划、技术设计、组织安排等工作同步进行。

6）形成项目设计管理工作结构分析文件。

（3）设计管理的结构分析

1）项目设计管理的结构分解。项目设计管理作为项目管理的一个专业项目单元，按项目管理项目结构分析原理，同样也要对它进行结构分析工作。因此，项目设计管理的结构分析与项目设计管理的结构分析原理与规则基本一致。不过在管理层次、结构分析范围、内容、方法应用和细化程度上有些不同而已。

2）项目设计管理单元定义与描述。为了使设计管理工作被有效的计划和控制，必须从各个方面对项目单元进行详细而明确的定义，形成文件，作为分解项目目标、落实组织责任、安排工作计划和实施控制的依据。

A 设计管理项目单元——设计管理工作包。设计管理项目单元是设计计划和控制的最小单位，是设计目标管理具体体现。工作包一般具有预先定义的目标、可评价其结果的自我封闭的可交付成果（工作量），负责人（或单位）。作为计划、说明、控制和验收的对象，责任人即项目设计管理部门主要责任人，按项目经理授权由他完成这工作包；其他参加者即其他有合作和协调责任的项目设计管理参加者。

B 设计管理工作包说明。工作包说明是项目设计管理单元的目标分解和责任落实文件，它包括项目设计管理的计划、控制、组织、合同等各方面的基本信息。工作包说明应包含工作的具体内容和要求，应便于项目计划和控制。工作包说明应清楚，内容描述应包含：项目设计管理任务书或合同要求确定的该工作包的总体内容；活动描述由设计管理活动组成并确定了设计管理活动之间的联系。例如设计过程管理的方案设计管理工作，前导工作包括：设计任务书、规划条件提出、建设场地初步勘察、选择邀请设计单位并洽谈，应邀设计单位资格审查、发放方案竞赛文件等。做到详细且易于理解，能为设计管理的团队人员所接受，并确定了设计管理活动之间的联系。设计管理工作包说明包括费用和进度，包括：限额设计计划数和实际数、设计费；项目设计的计划开工期，结束期，实际工期和其他内容，如所需资源用量的估计等。

3）设计范围管理是一个动态的过程。设计管理项目单元的结构分解是随着项目过程逐步细化、深入的，而且合同、项目设计管理任务和设计的变更在所难免，必然会导致一些设计管理工作包内容的变化，同时导致实施计划、责任关系等的变化。

（4）设计管理单元界面管理要点

随着项目管理集成化和综合化，特别是传统的建筑工程设计与现代建筑设计理念以及建筑智能、抗震、节能、新型结构等设计内容的有机融合，设计管理单元界面管理越来越重要，对重要的界面要进行设计、计划、说明和控制。

1）界面管理首先要保证系统界面之间的相容性，使项目系统单元之间有良好的接口，有相同的规格。这种良好的接口是项目经济、安全、稳定、高效率运行的基本保证。

2）保证系统的完备性，不失掉任何工作、信息等，防止发生设计管理工作内容、质量、成本和进度责任归属的争执。在实际工程中人们特别容易遗忘界面上的工作。避免在项目设计管理实施中，参加者们常常推卸界面上的工作任务，引起组织之间的界面争执。

3）对界面进行定义，并形成文件，在项目设计管理的实施中保持界面清楚，当工程发生变更时特别应注意变更对界面的影响。

4）界面通常位于专业的接口处，项目生命期的阶段连接处。大量的设计管理工作（如检查、分析和决策）都集中在界面上，必须在界面处设置检查验收点、里程碑、决策点和控制点，应采用系统方法从组织、管理、技术、经济、合同各个方面主动地进行界面管理。

5）在项目设计管理的计划和施工中，必须注意界面之间的联系和制约，解决界面之间不协调、障碍和争执，主动地、积极地管理系统界面的关系，对相互影响的因素进行沟通协调。

（5）设计管理单元存在的主要界面分析

项目设计是一个有机的整体，是一个动态的过程，系统的功能常常是通过系统单元之间的互相作用，互相联系，互相影响实现的。项目设计管理单元之间存在着复杂的关系，即它们之间存在着界面——项目设计管理单元的目标系统、技术系统、行为系统、组织系统等，它们的系统单元之间，以及系统与环境之间存在界面。

项目系统单元之间界面的划分和联系分析是项目系统结构分解的内容。项目设计管理单元存在的主要界面分析如下：

1）目标系统的界面。项目设计管理单元目标因素之间在性质上、范围上互相区别，但它们之间又互相影响，有的相互依存，有的相互冲突。系统单元之间界面的划分和联系分析是项目系统分析的内容。如设计阶段的方案设计、初步设计和施工图设计中的各个技术经济目标之间既各有分别，又层层递进细化，环环相扣而不可分离。设计质量、进度、费用目标既相互关联，又相互制约的界面复杂关系。

2）技术系统的界面。设计管理项目单元在技术上的联系最明显的是设计专业上的依赖和制约关系，例如生产工艺和建筑之间、建筑与结构之间、建筑和水、电、暖、通风各个设备专业之间。

3）工程技术系统是在一定的空间上存在并起作用的，则完成这些任务的活动也必然是在空间上的联系。民用建筑各个功能面之间，工业厂房各个车间之间以及生产区域（分厂）之间都存在技术上的区别与复杂的联系，它们共同构成一个有序的工程技术系统。如工厂按产品生产工艺流程（生产线）科学安排各车间、仓库、动力、环保、安全、等生产运行用房，合理配置行政和后勤用房、道路（包括人流、货流）、绿地等的位置，使项目运行有序、效率高、费用省。又如综合医院门（急）诊部、辅助医疗部、住院部在医疗技术上各具不同功能，缺一不可，但又相互依存、配套、联系，形成一个完整有序的医疗功能链或流水线，医疗部分与科研、行政、生活后勤、道路交通、景观绿化等空间之间，又需配置成医院整体行为链和高效运行系统。

技术系统界面的划分对项目结构分解和合理分标的影响很大，同时又涉及合同界面划分及界面上工作责任的归属。

4）行为系统的界面。行为系统界面最主要的是工程活动之间的逻辑关系，通过项目单元之间联系的分析，将项目还原成一个整体，这样才能将静态的项目结构转化成一个动态的过程。逻辑关系的安排实质上是对项目实施过程的策划设计和定义，最终以网络的形式描述项目的过程。

项目设计管理单元行为系统中，里程碑事件都位于界面处。在项目阶段的界面上，各种设计管理工作中，数计划和控制最为活跃，也最重要。如项目设计管理单元由项目前期策划到设计准备、由设计方案征集到初步设计、由初步设计到施工图设计，设计阶段从设计质量、进度、费用的计划和控制，设计文件送审报批到设计交底，直到施工阶段和竣工验收及后评估等各种阶段管理活动的逻辑关系。

5）组织系统的界面。项目组织划分不同的单位和部门，它们各自有不同的任务、责任和权力，项目组织责任的分配、项目管理信息系统的设计、组织的协调主要就是解决组织界面问题。不同的组织有不同的目标、组织行为和处理问题的风格，它们之间有复杂的工作、资源、信息的交往。项目经理与协助本项目的职能经理之间、与业主之间以及与组织经理之间的界面是最重要的，组织责任的互相制衡是通过组织界面实现的。

项目设计管理单元的组织是整个项目组织的一个部门，其自身与项目组织以及隶属项目管理（工程咨询）单位或业主之间、自身所属的专业岗位人员之间的界面是主要的组织界面。设计管理的目标、岗位人员设置及其权、责、利的设定和团队内部的配合交往，与外部的相关组织，诸如业主、设计单位、政府主管部门、监理单位、设备材料供应单位、施工单位等的交往都是项目设计管理单元组织的界面活动。

6）项目设计管理与环境系统和上层组织系统之间存在着复杂的界面。从总体上，项目设计管理所需要的设计服务、设计成果、技术、资源、信息、资金等都是通过界面输入的，项目设计管理向外界提供的资料、信息、资金等也是通过界面输出的。

为了取得项目的成功，项目组织必须疏通与环境组织，如上层系统组织、设计单位、承包企业、供应单位的关系，特别要获得上层系统的授权与支持，把来自环境的外部干扰减至最少。环境对项目的影响是深远的，项目能否顺利达到预期的目标就在于项目与环境系统界面的契合程度。

(6) 设计管理系统界面的定义文件

对重要的设计管理系统界面应进行书面定义、说明和控制。项目设计管理系统界面定义文件应能够综合地表达界面的信息，如界面的位置、组织责任的划分、界面工作的界限和归宿、技术界限、工期界限、成本界限、活动关系、资源、信息的交换时间安排等。

在项目设计管理结构分解时，应注意界面，划清界限。在项目实施过程中通过图纸、规范、设计等进一步详细描述界面。在项目实施过程中，设计管理目标、实施方案、组织责任的任何变更都可能引起上述内容的变更，则界面文件必须随着工程的变更而变更。

3 设计管理范围控制

(1) 设计管理实施过程中的设计管理范围控制

设计管理范围控制的目的是严格按照项目设计管理的范围进行项目的计划和实施控制，通过项目设计管理实施过程中的范围控制，以保证项目设计管理范围的完整性；保证在预定的项目设计管理范围内按照规定的工作内容与指标完成项目。因此，设计管理范围控制作为工程项目实施控制的工作之一，应体现在项目设计管理的实施过程中。

1) 在制订项目设计管理实施计划，掌握项目实施动态，识别所确定计划的或分派的任务是否属于工作范围，是否遗漏或多余。

2) 在工程实施中，设备采购、设计现场服务、设计的缺陷纠正、设计变更、技术措施、竣工验收、工程造价管理都包含着范围管理的工作内容。范围管理要包括这些工作内容，审查工程项目设计管理范围的完备性。

3) 在项目实施过程中，项目设计管理人员应根据项目范围描述文件对计划与设计过程以及施工过程进行经常性的跟踪检查，建立各种文档，记录实际检查结果，了解与项目设计管理相关的实施状况，控制项目范围。

4) 设计管理也要关注项目实施状态报告。通过这些报告了解项目实施的中间过程和动态，识别是否按项目范围定义实施，任务的范围和标准有无变化。

(2) 设计管理范围变更管理的要求

项目变更管理是项目范围管理的一个方面，是指在项目实施期间项目工作范围发生的变化，如增加或删除某些工作、工程内容、质量和工期等要求的变化等。对项目的设计变更应制定出清晰规范的范围变更控制过程，有效地加以控制管理，以达到各方满意的结果。设计管理范围变更管理应符合下列要求：

1) 应按项目管理体系中的变更程序，严格执行，办理变更审批程序和手续。变更后应及时调整项目设计管理的实施计划，以及相应的成本、进度、质量和资源的跟进。

2) 项目范围变更的影响程度常常取决于作出变更的时间。对项目范围的可能变更应有预见性。控制晚期变更，减少对项目的影响。

3) 慎重审阅处理变更要求提出方的变更意见，防止不利于项目目标实现和不合理的变更，随意频繁的变更会导致项目的混乱和失控，应严控随意变更。

4) 分析项目设计管理范围的变更对目标和其他因素或方面的影响。重大变更决策前，应向有关方面提出影响报告。

5) 在项目的收尾阶段，应对项目的设计实施过程和最终竣工交付工程进行全面审核，对项目范围进行全面确认，检查项目范围内规定的各项工作是否已经完成，检查可交付成果是否完备。项目结束后，组织的相关责任人应对该项目范围管理的经验教训进行总结，并及时传递相关信息。

（3）设计管理范围控制是项目管理组织成员的职责

设计管理范围控制是项目设计管理职能内的管理工作，也是设计管理团队人员的职责。设计管理经理应负责项目范围控制管理，各专业主管应明确各自的设计管理工作范围和相应责任。在项目设计管理实施过程中，项目管理组织是否能控制把握各管理工作范围，对于避免"管理范围模糊化"，提高工作效率，顺利完成设计管理工作任务具有重要意义。

2.4.2　设计管理计划

1　设计管理计划的概念

（1）计划的两重含义

计划具有计划工作和计划形式两重含义：计划工作是指根据对组织外部环境与内部条件的分析，提出在未来一定时期内要达到的组织目标以及实现目标的方案途径。计划形式是指用文字和指标等形式表述组织以及组织内不同部门和不同成员，在未来一定时期内关于行动方向、内容和方式安排的管理事件。计划的实质是确定目标以及规定达到目标的途径和方法。

（2）设计管理计划释义

设计管理计划是指业主或其委托的项目管理（咨询）单位，针对建设项目的设计管理工作核心任务和特征要素，确定项目设计管理的目标、依据、内容、组织、资源、方法、程序和控制措施，以保证项目管理的正常进行和项目成功的指导性文件。

（3）设计管理计划其实就是设计策划

项目设计策划的主要任务是编制"设计实施计划"。"设计实施计划"应对设计输入、设计实施、设计输出、设计评审、设计验证、设计更改等设计重要过程及方法予以明确。应根据项目特点、用户的要求和实际需要，策划、编制建设项目设计过程所要的管理文件。应重点关注设计过程的接口管理策划的合理性。

2　设计管理计划与项目管理规划的关系

设计管理计划与项目管理规划的关系为：无论对于业主自编或项目管理（咨询）单位的设计管理计划都应属于专业性的局部管理规划；设计管理计划是项目管理规划（无论是项目管理规划大纲和项目管理实施规划）的重要组成部分。

3　项目设计管理计划的编制

（1）设计管理计划编制的目的

计划的根本目的在于保证管理目标的实现。编制项目设计管理计划的目的是以设计管理的任务和专业职能参与确定建设项目管理的目标、依据、内容、组织、资源、方法，以保证项目管理的正常进行和项目成功。

（2）设计管理计划的地位和作用

在项目管理实践中，计划是其他管理职能的前提和基础，并且还渗透到其他管理职能之中，计划在管理活动中具有特殊重要的地位和作用。

1）设计管理计划对于项目设计管理具有首位性。计划影响贯穿于组织、领导、协调和控制等各项管理职能当中。把计划放在管理职能的首位，即计划的首位性。计划具有首位性的原因，其一是从管理过程的角度看，计划先行于其他管理职能；其二是在某些场合，计划是付诸实施的唯一管理职能；其三在于计划影响和贯穿于组织、指挥、协调和控制等各项管理职能当中。

2）设计管理计划参与研究和制定项目管理目标。设计管理首要目的任务是确定项目管理的目标，项目设计管理采用目标管理方法，因此，目标对设计管理的各个阶段、环节和工作内容具有规定性的方向和追求结果。

3）设计管理计划是管理活动的行为准则和规范。A 设计管理计划作为确定目标以及规定达到目标的途径和方法，在不同空间、不同时间指导着管理团队中不同岗位的人员围绕既定的目标，秩序井然地去实现各自的分目标，最终实现组织目标。设计管理行为如果没有计划指导，被管理者必然表现为无目的的盲动，管理者则表现为决策朝令夕改、随心所欲、自相矛盾，结果必然是秩序混乱，事倍功半。B 设计管理计划可作为相应项目设计管理的规范，在项目管理过程中落实执行。设计管理计划落实主要管理人员的责任，包括设计经理（或设计主管）、各设计专业负责人以及各种专项管理人员的管理责任，使项目管理者明确任务和责任。C 设计管理计划制定后，成为项目经理及设计经理（或设计主管）进行组织指挥、管理人员按照它进行管理和人员考核的依据，在整个的项目管理过程中就要严格遵照执行，并予执行者以强有力的促进和激励作用。

4）设计管理计划实施项目目标管理的组织、程序和方法。A 按整体项目管理实施计划做好设计管理组织计划，为构建专业配套齐全的高效设计管理团队，提供了最基本的保证。B 程序详细列出必须完成某类活动的切实方式，并按时间顺序对必要的活动进行排列，在实践中程序往往表现为组织的政策或规则。因此，程序是制定处理未来活动的一种必需方法的计划。科学、合理、有效管理程序计划是使项目设计管理符合规律有序进行的保证。C 不同的项目管理专业任务，需要使用不同的适用专业管理方法。设计管理计划针对具体建设项目，从大量可用的管理方法中选用最适用的、最有效方法，应用于设计管理工作，关系着管理的实施和成败。

5）设计管理计划是可行的项目协调工具。A 设计管理计划既是对目标实现的方法、措施和过程的安排，又是目标的分解过程。它能将所有参加者的项目任务按照项目目标的要求进行系统的安排。B 设计管理计划能协调项目各参与方、各专业之间的关系，能充分利用时间和空间，可以保证有秩序地工作，业主和项目的参与者通过计划协调一致。C 设计管理计划是项目相关者联系和报告的渠道，使项目组织内部各职能部门间的沟通，合同之间的协调，不同层次的计划协调，形成一个上下协调的过程。

（3）设计管理计划编制的依据

1）国家或行业的有关规定和要求；2）本项目实施管理规划；3）设计合同及相关文件；4）项目已批准文件和相关资料；5）项目条件和环境分析资料；6）项目的具体特性；7）质量管理体系设计控制中的设计策划要求；8）包括设计管理部门与项目经理之间签订的项目管理目标责任书在内的项目管理组织中管理体系的有关要求；9）其他，包括设计管理部（或组）的自身条件及管理水平，各专业主要管理人员与个项目部及设计管理部的关系，工作职责的划分，掌握的新的其他信息等。

（4）编制设计管理计划的要求

1）追求科学性和有效性。设计管理计划作为专业性的局部实施管理规划，不同于全面项目管理规划，它应符合建设工程项目管理规划的要求，使计划建立在科学的基础之上，既富有创造性，又具备有效性，即项目针对性、实施可行性和可操作性强的特征。

追求科学性。无论做什么计划都必须遵循客观要求，符合事物本身发展的规律，不能脱离了现实条件任意杜撰，随意想象。计划工作是管理者的精心规划和主观能动作用的发挥，要做计划工作，一是必须要有求实的科学态度，一切从实际出发，量力而行；二是必须有可靠的科学依据，包括准确的信息，完整的数据资料等；三是必须有正确的科学方法，如科学预测、系统分析、综合平衡、方案优化等。

追求有效性。设计管理计划不仅要确保建设项目和组织目标的实现，而且要从众多的管理方案中选择最优的方案，以求得合理利用资源和提高效率。方案是一个综合的计划，它包括目标、政策、程序、规则、任务分配、要采取的步骤、要使用的资源以及为完成既定行动方针所需要的其他因素。在主要计划方案进行之前，必须要把支持方案的计划制订出来，并付诸实施。所有这些计划都必须加以协调和安排。如此，计划才有效，才具备项目针对性、实施可行性和可操作性强的特征。

2）用系统观点编制设计管理计划。编制项目管理规划的过程就是一个策划、创新、预测和决策的过程，因此编制设计管理计划应符合现代项目管理理论，采用新的管理方法、手段和工具。项目是个系统，项目设计管理也是个系统，必须用系统观点编制设计管理计划，采用系统的方法，取得系统的全面理想效果。

3）设计管理计划以设计过程管理为重点。设计管理计划应对设计输入、设计实施、设计输出、设计评审、设计验证、设计更改等设计重要过程的要求及方法予以明确。设计经理应根据项目特点、用户的要求和实际需要，策划、编制建设项目设计过程所需要的管理文件。应重点关注设计过程的接口管理策划的合理性。

4）应符合的共性要求：A 符合国家（和地方）的法律、法规、政策、规范、规程和标准；B 符合建设工程项目管理规划的要求；C 符合现代管理理论，采用新的管理方法、手段和工具；D 以相应的科学理论和科学方法作指导，并通过论证再做决策。

5）根据项目实施的具体情况，对设计管理计划进行修订或补充。在设计管理计划实施过程中，设计经理（或设计主管）应根据项目实施的具体情况，对设计管理计划进行修订或补充。

（5）设计管理计划编制的主体

1）建设项目业主项目部或项目管理（咨询）单位是编制业主方设计管理计划编制的主体。

2）建设项目的设计管理计划编制由设计经理（或设计主管）负责。设计经理应组织各设计专业负责人分别承担相应专业的部分计划，然后汇总。在设计过程中，设计经理可根据项目实施的具体情况，对计划进行修订或补充。

3）设计管理计划经有关职能部门评审后，由项目经理批准实施（总承包项目还须总承包单位的设计主管部门批准）。

（6）编制设计管理计划的程序

1）明确项目目标；2）分析项目环境和条件；3）收集项目的有关资料和信息；4）确定项目管理组织模式、结构和职责；5）确定项目管理范围和分解工作结构；6）明确项目设计管理内容；7）分配落实各设计专业编制任务和内容；8）编制项目设计管理目标计划和资源计划；9）汇总整理，报送项目经理和相关部门。

（7）编制设计管理计划的内容

1）编制设计管理计划的内容在项目实施前后有所不同。编制设计管理计划的内容在项目实施前后有所不同，主要表现在项目前期和项目实施阶段设计管理计划的内容与项目管理规划的规划大纲和实施规划的从属关系不同。

由于项目前期在拟建项目还未最终确立的情况下，设计管理的主要任务是参与拟建项目分析策划和决策评估工作，因此编制设计管理计划的内容一般从属于拟建项目管理规划大纲。而在项目实施阶段，拟建项目已确立，已批准的拟建项目前期文件资料等为编制设计管理计划提供了依据与条件，因此编制设计管理计划内容从属于拟建项目管理实施性规划。

2）编制设计管理计划的内容：下面以项目实施阶段的编制设计管理计划为例，介绍编制设计管理计划的内容。A 项目概况简要介绍。B 项目条件分析。C 项目设计管理总体工作计划：a 基本原则和方针；b 合同所规定的项目范围与设计管理责任；c 设计质量、安全、费用、进度目标；d 实施的组织形式；e 设计阶段的划分和阶段目标；f 工作分解结构；g 实施要点；h 沟通与协调程序；i 对项目各阶段的工作及其文件的要求。D 项目的设计管理模式和组织方案：a 设计管理模式确定与描述；b 应编制出项目的项目结构图、组织结构图、合同结构图、编码结构工作流程图、任务分工表、职能分工表，并进行必要的说明，各种图应按规则处理好相互之间的关系；c 合同所规定的项目范围与项目管理责任；d 设计管理部（或组）的人员安排（主要由项目的规模和管理任务决定）；e 项目设计管理总体工作流程；f 设计管理部（或组）的责任矩阵，责任矩阵的横向栏目为设计管理部（或组）的各个专业及其主要人员，竖向栏目为项目设计管理的工作分解（WBS）成果——工作包，项目设计管理的工作包可以按照项目设计管理的阶段分解或按管理的职能工作分解，在责任矩阵中应标明该工作的完成人、决策（批准）人、协调人等；g 设置制度一览表。E 设计质量计划。F 设计进度计划。G 项目目标控制措施：a 目标的控制措施均应从组织、经济、技术、合同、法规等方面考虑，务求有效；b 应针对工程的具体情况提出如下技术组织措施，包括保证质量目标、进度目标、费用目标、安全目标、保护环境、节地节能的措施等；c 技术经济指标一般都应包括表示技术、经济、管理、效益的内容。H 设计的资源配置，资源需求计划：用预算的办法得到资源需要量，列出资源计划表。J 项目设计风险分析与对策：应包括列出项目过程中可能出现的风险因素清单，对风险出现的可能性（概率）以及如果出现将会造成的损失作出估计和防范、规避、消除风险的对策。K 设计文件及信息管理计划：a 文件及信息需求种类、流程、来源和传递途径；b 信息管理人员的职责和工作程序。L 项目沟通管理计划：a 项目的沟通方式和途径；b 信息的使用权限规定；c 沟通障碍与冲突管理计划；d 项目协调方法。

3）编制设计管理计划注意事项：A 认真深入分析项目设计管理外部和内部条件与具体现实情况，这是制订计划的基础，而后确定设计管理工作原则、方针、任务、要求，再据此确定工作的具体办法和措施，确定工作的具体步骤，并环环紧扣，付诸实现。根据可能出现的偏差、缺点、障碍、困难，确定解决的办法和措施，以免发生问题时，陷于被动。B 计划草案制定后，应组织相关专业人员、管理者参与讨论：由于工程项目日趋复杂，所涉及的专业技术越来越多，各专业技术相互影响，所以在计划中应请相关专业的技术人员、管理者参与，充分听取意见，集思广益，以保证各种界面分析可靠，安排合理。吸收意见并甄别后，汇总整理成稿，使之臻于优化。同时，使设计管理人员了解项目设计管理的实施过程，获得对计划的认同，形成他们对项目计划的承诺，从而成为设计管理人员自觉为之努力的目标指向与行动纲领，有利于计划的执行。C 要符合一定的格式要求：计划要求简明扼要、严谨具体，用语准确达意，避免出现含糊其词、歧义或前后不一致等情况，以免产生误解和增加工作量，降低工作效率。D 表格和示意图设计要科学，内容要完整，表达逻辑性强，符合单位统一规定的格式要求；主计划和派生计划之间的相互联系也要在表格中得到一定程度的体现。E 数据共享是管理信息化的基本要求，在设计电子表格时，一定要设计好表格格式，并利用超级链接等手段，来实现各项数据之间的传输与共享。

4 设计管理计划的实施

（1）设计管理计划的实施就是控制的过程

1）设计管理计划实施要经过交底落实、检查、调整，也就是控制的过程。落实就是将计划落实到相关阶段、相关专业和责任人员，使之明确目标、指标、措施，承担起责任来，并在最终接受考核评价。

2）设计经理（或主管）负责组织、指导、协调项目设计管理计划的实施工作。应确保设计管理工作按计划要求组织实施，使项目设计管理的职能按既定计划在管现全过程中得以践行。尤其对设计管理进度、质量和费用进行有效的管理与控制。

（2）设计管理计划的实施要求

1）设计管理组织应严格执行已批准的设计计划，满足计划控制目标的要求。

2）设计管理计划批准后应分发给设计管理部（或组）人员、各相关部门，并予以交底，对其中的内容做出解释。应按目标分解和专业进行交底，落实执行责任，提出保证实现的措施，使整个团队对计划取得共识、明确方向、凝聚信心、落实任务和权责。

3）设计管理组织应建立设计管理协调机制，并按有关专业之间互提条件的规定，协调和控制各专业之间的接口关系。

4）设计管理组织应按设计计划与采购、施工等环节进行有序的衔接并处理好接口关系。

5）设计管理组织应建立设计评审程序，并按计划进行设计评审，保持评审记录。

6）制订计划检查办法、协调办法、考核办法、奖惩办法。

7）定期进行计划检查，将实际情况与计划要求进行对比，判断是否有偏差，是否要纠正偏差。当无法纠正偏差或原目标无法实现时，就要对计划进行调整，修正原目标、做法或措施，使之适应新的情况，继续发挥计划的作用。

（3）设计管理计划实施总结

设计管理计划实施完成以后，应就设计管理计划编制、实施中的技术和管理创新成果、经验和教训等方面进行总结，并形成文件，作为后续工作的参考和管理资源的储备。在以后的新项目管理中应有效地利用这些资料，使组织的项目设计管理工作能够持续改进。

2.4.3　设计管理组织

1　设计管理组织概述

（1）释义：项目设计管理组织是指实施或参与项目设计管理工作，且有明确的职责、权限和相互关系的人员及设施的集合。

无论哪种工程项目管理组织结构，其部门划分的实质是根据不同的标准，对项目管理活动或任务进行专化分工。从而将整个项目组织分解成若干个相互依存的基本管理单位，不同的管理人员安排在不同的管理岗位和部门中，通过他们在特定环境、特定相互关系中的管理作业使整目管理系统有机地运转起来。项目设计管理组织就是这种基本管理部门。

（2）项目设计管理组织形式和结构。设计管理组织作为项目管理组织的一个专业职能部门，其组织形式应随项目组织结构而定位。其自身构成应按上述设计管理的定义、特点、核心任务、主体工作和管理范围等要素，决定项目设计管理的组织构成。

设计管理组织是从属于业主或项目管理（咨询）单位项目组织的一个专事设计管理工作的职能部门，也可以作为项目组织的技术管理职能部门。工程项目设计管理组织对业主（投资方）或项目管理（咨询）单位的建设项目目标和项目部负责。

（3）项目设计管理组织设置应遵守下列原则。

1）组织与结构科学合理：有明确的管理目标和责任制度；组织成员具备相应的执业或专业技术任职资格；保持相对稳定并根据实际需要进行调整。2）组织应确定各相关项目管理组织的职责、权限、利益和应承担的风险。3）组织管理层应按项目管理目标对项目进行协调和综合管理。4）组织管理层的项目管理活动应符合规定：制定项目管理制度；实施项目计划管理，保证资源的合理配置和有序流动；对项目管理层的工作进行指导、监督、检查、考核和服务。

2　设计管理组织设置依据

项目设计管理组织设置的依据是指在特定项目环境和项目管理组织下建立组织的要求和条件。

（1）项目部的管理目标、组织原则、组织模式、职能部门设置和对于设计管理的范围及要求等。

（2）项目的内在联系。项目组成要素之间的相互依赖关系及由此引起的项目设计管理人员之间的内在联系，它包括技术联系、组织联系和个人间的联系。

（3）人员配备要求。通常是指以设计管理部门任务为前提，专业配套，人员的专业技能、合作精神等综合素质及需要的时间安排等方面的要求。

（4）制约和限制。即项目设计管理组织内外存在的、影响项目设计管理组织采用某些部门机构模式及获得某些资源的因素。

3　建立设计管理组织要点

一般而言，设计管理组织设计应注重以下要点：

（1）确定项目设计管理的目标。按组织设计一般原则，组织结构的设计和组织形式的选择必须有利于组织目标的实现。项目设计管理目标应同整个项目部管理目标一致，即项目目标确定，主要体现在设计管理的核心任务和工程设计工期、质量、成本三大目标之中。

项目设计管理的对象是工程项目，组织中的每一部分应该与既定的组织目标有关系，设计管理组织中的每一成员都了解自己目标实现中应完成的任务，从而成为实现目标的组织基础。

（2）明确项目设计管理部（或组）的责任、义务、权力。按责权对等原则，设计管理组织设计中，要规定每个岗位都必须完成的工作任务和职责，相应的取得和利用人、物、财以及信息等工作条件的权力。

项目设计管理部（或组）应按项目部、项目经理授权，划清权力界限；明确应承义务和责任所在，并加以说明。

设计经理负责组织、指导、协调项目的设计工作，确保设计工作按项目目标要求组织实施，对设计进度、质量和费用进行有效的管理与控制。

(3) 按管理层次与管理跨度适当原则，设计管理组织层次不宜多，由设计经理（或组长）和管理人员两层即可。

人员配备以各专业工程技术人员为主，辅以个别文秘人员，专业技术人员必须具备与岗位相适应的资质条件和工作能力。对于建筑工程项目设计管理工作，建筑、结构、设备、造价专业管理人员应属必配。

专业技术人员配套应适应项目各要素的需要和人员资源情况。可酌情采取一师多兼、阶段性上岗、柔性工作时间等方法，但必须保证以工作为中心，做到人与工作高度匹配，各阶段的设计管理工作不受影响。

(4) 确定各专业职能管理人员工作任务。设计管理经理（或组长、负责人）通过设计管理结构分析，详细确定职能管理工作任务，并按工作任务设立人员或小组，建立管理组织结构。将各种管理工作任务分工落实，向各专业职能人员授权，并制作管理工作任务分配明细表。

(5) 按分工协作原则，有分工就必须有协作，协作包括部门之间的和部门内部的，设计管理组织设计越能反映目标和管理范围所必需的各项分工以及彼此间的协作，委派的职务越能适合担任这一职务的人的能力与动机，其组织结构和形式就越有效。

(6) 确定项目设计管理流程。流程分析有利于构成一个动态的管理过程，管理流程的设计是一个重要环节，它确定了设计管理组织内部以及与外界的工作联系及界面，对设计管理系统的有序运行以及管理信息系统的形成有很大影响。

(7) 建立项目设计管理组织内部的规章制度。针对项目设计管理具体要求的一系列组织制度是进行项目设计管理工作的标准、依据和沟通准则，是规范项目设计管理行为，约束项目设计管理实施活动，保证项目目标实现的前提和基础。应根据项目部人员岗位责任制度对项目设计管理部门人员的责任目标完成情况进行检查、考核和奖惩。

(8) 建立管理信息系统。按照管理工作流程和管理职责，确定各专业之间的信息流通、处理过程，包括信息及其流程和信息处理过程设计等。

2.4.4 设计管理的项目控制

1 项目控制是项目设计管理的主体内容

设计管理的项目控制是指在项目目标建立以后，作为项目管理的专业性管理，设计管理以其自身的规律与职能，通过计划、组织、管理、经济、技术等措施，保证项目目标得以实现的过程。设计管理的项目控制在各阶段的实施是围绕建设项目管理的核心任务而展开的。

2 设计阶段的项目设计管理是项目设计控制的重点

设计阶段是影响建设工程项目成功与否的重要阶段，设计阶段的项目设计管理主要是设计过程管理。设计过程是影响建设工程项目实施效果的关键环节。

(1) 项目的设计质量不仅直接决定了项目最终所能达到的质量标准，而且决定了项目实施的进度水平和费用水平。尤其在当前，推行节能建筑、绿色生态建筑、智能建筑，坚持可持续发展，这对项目设计水平和设计质量的控制较以往面更广、度更深、要求更高。

(2) 设计进度的控制直接关系到设计文件能否按时完成，对项目设计文件审批、后续的采购、施工招投标及施工将产生重要影响。一般影响设计进度的因素除政府部门、业主方、设计单位外，来自各方面不可预见的因素会不时出现，设计进度的控制是个复杂而艰巨的工作。

(3) 设计过程的投资控制与设计质量要求，设备材料选用，设计标准选择，功能性要求，结构与艺术的合理等要素密切相关。无数大型建设工程的项目实践证明：加强设计过程的项目管理将节约项目投资，为业主带来极大的经济效益。因此设计过程项目管理对投资控制显得尤为重要。

3　项目的设计质量、投资和进度控制是设计管理的三项基本内容

(1) 建设项目的质量控制、投资控制和进度控制是项目管理的三项基本内容，也是项目建设各方主体的中心任务。

项目建设各方主体都是围绕着三大目标而开展工作，并以三大控制目标是否实现作为衡量其工作得失成败的依据。同样，项目设计管理的核心任务也是设计管理各阶段包括质量控制、投资控制和进度控制在内的目标控制，即根据工程项目管理的基本职能，通过系统化管理制度与方法，对与项目设计相关的一系列活动进行全方位的计划、协调、监督、控制和总结评价；并与业主、设计单位、政府有关主管部门、承包商以及其他项目参与方建立全面良好的协作关系，从而切实保证建设工程项目设计管理各阶段的质量、进度、造价目标得到有效控制，实现建设项目规定的目标。因此，项目设计的质量、投资和进度控制是设计管理的三项基本内容。

(2) 项目设计三大控制目标的辩证关系

1) 设计质量、投资、进度作为项目的三大控制目标，虽然有着各自的内涵及控制方法，但是它们之间也存在着对立统一的辩证关系。这种关系是客观存在的，是唯物辩证法对立统一规律在项目设计目标控制系统中的具体体现。建筑工程建设项目总是要有满足各建筑要素的要求和质量标准，并且都是在一定的投资额度内实现。同时，任何项目目标价值的实现，都受到时间的限制，都有着明确的进度和工期要求。三大目标相互统一、相互影响、相互对立、互为主次、共同作用，从而形成了项目目标控制系统，这就是三大目标的辩证关系。在项目设计控制目标计划和实施控制时，不能违背这种辩证关系，要充分利用这种关系，采取适当的控制措施，以实现项目设计的控制目标。

2) 三大目标之间的辩证关系对设计目标控制要求及控制手段有重要的指导作用。其一为统筹兼顾，目标统一——首先，在进行目标规划时，要统筹兼顾，合理确定质量、进度、投资三大目标的标准，要在需求与目标之间进行反复协调，力求做到三大目标的统一，在对项目设计实施动态控制时，要防止发生盲目追求单一目标而冲击或干扰其他目标，否则将会违背三大目标的辩证关系，从而达不到预期控制目标，或收效甚微，乃至失败；其次，还要求在对项目设计实行目标控制时，追求目标系统的整体效果，做到各目标的互补，例如：设计进度拖延了，能否在质量和投资方面得到比计划目标更好的结果。其二为分清主次，抓住重点——无论是项目设计目标规划，还是实施动态控制，都应分清项目控制系统中各目标的主次，抓住了重点，就能把握住项目设计控制的根本方向；同时，重点是全面之中的重点，全面是有重点的全面，在强调抓重点的同时，还要避免轻视居于次要地位的其他目标的控制，只有控制好处于次要地位的其他目标才能对主要目标进行有效地控制，从而有利于主要目标的实现，尤其在设计阶段，实行项目设计目标控制既要全面、又要善抓重点，在强调重点控制质量的同时，又要控制好进度和投资，只有这样，符合三大目标的主次要矛盾辩证关系。

(项目设计合同管理详见第5章，设计三大目标控制内容详见第7～9章)

2.5　工程设计和管理的法律法规

2.5.1　建设法规及其体系

1　建设法规及其体系概述

(1) 设计管理的法制化规范化要求

在我国工程建设已进入法制化轨道，在市场经济的社会环境下，作为项目设计管理主体的设计管理

组织及人员，在项目设计管理工作中，必须知法、依法和用法。

1）知法，即善于识别和熟悉相关法律法规及其规范要求；

2）依法，即遵循法制和相关法律法规下建立的各个制度与规定；

3）用法，即结合个案实际，在运作实践中以法律法规为依据，维护权益、履行义务、承担责任。

(2）遵循规范化的原则下突出个案运作的特点

设计管理主体开展项目设计管理，既要有运作时遵循相关法律法规的规范化要求，也要有在遵循规范化的原则下突出个案运作的特点。法制完善、主体健全、程序明确、管理规范是项目设计管理成功的保障。

2 法规体系构成

按我国现行立法权限，除国家宪法以外，法规体系由五个层次的法律文件构成：

(1）法律：由全国人民代表大会及其常务委员会通过，国家主席签署颁布。

(2）行政法规：由国务院依法制定，国务院总理签署颁布。

(3）部门规章：由国务院各部、各委员会依法制定颁布。

(4）地方性法规：由省、自治区、直辖市的人民代表大会及其常务委员会制定颁布。

(5）地方政府规章：由省、自治区、直辖市的人民政府，省、自治区人民政府所在地的市的人民政府和经国务院批准的较大的市的人民政府制定颁布。其中，地方性法规和地方政府规章是仅适用于本行政区域内的规范性法律文件。

3 建设法规及其体系

(1）建设法规

建设法规是国家权力机关或其授权的行政机关制定的，旨在调整国家及其有关机构、企业事业单位、社会团体、公民之间在建设活动或建设行政管理活动中发生的各种社会关系的法律、法规的统称。它直接体现了国家对城乡建设、工程建设、建筑业、房地产业、市政公用事业等建设业活动进行组织、管理、协调的方针、政策和基本原则。

(2）建设法规体系

建设法规体系是指把已经制定和需要制定的建设法律、建设行政法规和住房与城乡建设部以及相关部委发布的建设规章、地方性建设法规和政府规章、建设技术法规衔接起来，形成一个相互联系、相互补充、相互协调的完整统一的框架结构。

建设法规体系是国家法律体系的重要组成部分。建设法规体系覆盖建设活动的各个行业、各个领域以及工程建设的全过程，使建设活动的各个方面都有法可依。同时，它强调在纵向不同层次法规之间的相互衔接和横向同层次法规之间的配套和协调，防止不同法规之间出现重复、矛盾和抵触。

2.5.2 与工程设计和管理相关的法律法规

1 法律

(1）中华人民共和国建筑法

(2）中华人民共和国城乡规划法

(3）中华人民共和国招标投标法

(4）中华人民共和国合同法

(5）中华人民共和国环境保护法

(6）中华人民共和国环境影响评价法

(7）中华人民共和国循环经济促进法

(8）中华人民共和国节约能源法

(9）中华人民共和国城市房地产管理法

(10）中华人民共和国行政许可法

(11) 中华人民共和国产品质量法
(12) 中华人民共和国标准化法
(13) 中华人民共和国测绘法
(14) 中华人民共和国消防法
(15) 中华人民共和国人民防空法
(16) 中华人民共和国防震减灾法
(17) 中华人民共和国防洪法
(18) 中华人民共和国科学技术进步法
(19) 中华人民共和国民法通则
(20) 中华人民共和国仲裁法
(21) 中华人民共和国行政处罚法
(22) 中华人民共和国行政诉讼法
(23) 中华人民共和国刑法

2　行政法规

(1) 建设工程质量管理条例
(2) 建设工程安全生产管理条例
(3) 建设工程勘察设计管理条例
(4) 城市房地产开发经营管理条例
(5) 国有土地上房屋征收与补偿条例
(6) 国务院关于投资体制改革的决定
(7) 招标投标法实施条例
(8) 建设项目环境保护管理条例
(9) 规划环境影响评价条例
(10) 民用建筑节能条例
(11) 城市抗震防灾规划管理规定
(12) 地震安全性评价管理条例
(13) 城市绿化条例
(14) 风景名胜区管理条例
(15) 气象灾害防御条例
(16) 地质灾害防治条例
(17) 城市道路管理条例
(18) 城市地下空间开发利用管理规定
(19) 城市新建住宅小区管理办法
(20) 标准化法实施条例
(21) 注册建筑师条例
(22) 城市供水条例
(23) 城镇燃气管理条例
(24) 城市市容和环境卫生管理条例等

3　部门规章

与建设工程设计和管理相关的部门规章，有些是住房与城乡建设部（简称住建部，含原建设部）依法制定并以住建部（含原建设部）部长令发布的；有些是国务院有关部、委联合制定发布的规范性文件。部门规章数量众多，与设计管理相关的主要有：

(1) 建设工程项目管理试行办法
(2) 关于培育发展工程总承包和工程项目管理企业的指导意见
(3) 建筑工程施工许可管理办法
(4) 建筑工程设计招标投标管理办法
(5) 工程建设项目招标范围和规模标准规定
(6) 评标委员会和评标方法暂行规定
(7) 工程建设项目招标代理机构资格认定办法
(8) 工程建设项目自行招标试行办法
(9) 城市建筑方案设计竞选管理试行办法
(10) 建设工程勘察设计合同管理办法
(11) 城市规划编制单位资质管理规定
(12) 建设工程勘察设计资质管理规定
(13) 建筑工程设计事务所管理办法
(14) 建筑工程专业设计事务所资质标准
(15) 建筑装饰设计资质分级标准
(16) 轻型房屋钢结构工程设计专项资质管理暂行办法
(17) 建筑幕墙工程设计专项资质管理暂行办法
(18) 外商投资城市规划服务企业管理规定
(19) 外商投资建设工程设计企业管理规定
(20) 工程监理企业资质管理规定
(21) 建设工程监理范围和规模标准规定
(22) 注册城市规划师执业资格制度暂行规定
(23) 注册建筑师实施细则
(24) 注册结构工程师执业资格制度暂行规定
(25) 注册设备工程执业资格管理规定
(26) 注册监理工程师管理规定
(27) 造价工程师注册管理办法
(28) 工程勘察设计收费管理规定
(29) 工程勘察设计咨询业知识产权保护与管理导则
(30) 实施建设工程强制性标准监督规定
(31) 工程建设标准设计管理规定
(32) 工程建设国家标准管理办法
(33) 工程建设行业标准管理办法
(34) 建设工程勘察质量管理办法
(35) 建筑工程设计文件编制深度规定
(36) 房屋建筑和市政基础设施工程施工图设计文件审查管理办法
(37) 建筑工程施工图设计文件审查有关问题的指导意见
(38) 城市蓝线管理办法
(39) 城市紫线管理办法
(40) 城市黄线管理办法
(41) 城市排水许可管理办法
(42) 城市燃气安全管理规定

(43) 建设项目环境保护管理办法
(44) 建设项目环境保护分类管理规定
(45) 专项规划环境影响报告书审查办法
(46) 建设项目环境保护设施竣工验收管理规定
(47) 民用建筑节能管理规定
(48) 关于进一步推进可再生能源建筑应用的通知
(49) 民用建筑工程节能质量监督管理办法
(50) 建筑工程消防监督审核管理规定
(51) 建设工程抗御地震灾害管理规定
(52) 房屋建筑工程抗震设防管理规定
(53) 超限高层建筑工程抗震设防管理规定
(54) 地震安全性评价资质管理规定
(55) 防雷减灾管理办法
(56) 防雷装置设计审核和竣工验收规定
(57) 建筑智能化系统工程设计管理暂行规定
(58) 建筑装饰装修管理规定
(59) 住宅室内装饰装修管理办法
(60) 房屋建筑工程和市政基础设施工程竣工验收暂行规定
(61) 房屋建筑工程和市政基础设施工程竣工验收备案管理暂行办法
(62) 房屋建筑工程质量保修办法
(63) 建筑工程发包与承包计价管理办法
(64) 关于进一步加强工程造价（定额）管理工作的意见
(65) 建设工程价款结算暂行办法
(66) 建设领域推广应用新技术管理规定
(67) 建设部推广应用新技术管理细则
(68) 建筑安全生产监督管理规定
(69) 房屋建筑工程和市政基础设施工程质量监督管理规定
(70) 城市建设档案管理规定
(71) 城市地下管线工程档案管理办法

4 地方性法规与地方政府规章

建设地方性法规是指省、自治区、直辖市的人民代表大会及其常务委员会根据本行政区域的具体情况和实际需要，在不与宪法、法律、行政法规相抵触的前提下，制定颁布的仅适用于本行政区域内的有关建设工程的各项规范性法律文件。

建设地方政府规章是指省、自治区、直辖市的人民政府，省、自治区人民政府所在地的市的人民政府和经国务院批准的较大的市的人民政府，根据宪法、法律、行政法规和本行政区的地方性法规制定颁布的与建设工程有关的各项规范性法律文件。

地方性法规与地方政府规章的地位和效力低于法律、行政法规和部门规章，只在本行政区域内有效。长期以来各地方制定颁布了大量地方性建设法规与地方政府规章，很多与工程设计和管理相关。它推动和促进了本行政区域的建设发展，同时也为国家的建设立法提供了许多成功经验。

5 国际条约与国际惯例

国际条约属于国际法而不属于国内法的范畴，但是经过法定程序批准生效的国际条约具有同国内法同等的约束力，从这个意义上来说国际条约也属于国内法的范畴。我国《民法通则》第142条作出了明确规定："中华人民共和国缔结或者参加的国际条约，同中华人民共和国的民事法律有不同规定的，适用国际条约的规定，但中华人民共和国声明保留的条款除外。中华人民共和国法律和中华人民共和国缔结或者参加的国际条约没有规定的，可以适用国际惯例。"

我国参加或与外国缔结的调整建设业的国际条约和国际惯例，都是我们从事涉外建设业、涉外工程项目管理的法律依据。比如，涉外的建设工程承包合同，涉及有形贸易、无形贸易、信贷委托、技术规范、保险等诸多法律关系。对这些法律关系的调整必须要严格遵守我国加入和承认的国际条约、国际惯例。

6 建设技术法规

(1) 建设技术法规概念。

建设技术法规是国家制定或认可的，由国家强制力保证其实施的工程建设勘察、规划、设计、施工、安装、检测、验收等技术规程、规则、规范、条例、办法、定额、指标等规范性文件。

建设技术法规是建设法规常用的标准表达形式。它以建筑科学、技术和实践经验的综合成果为基础，经有关方面专家、学者、工程技术人员综合评价、科学论证而制定，由国务院及有关部委批准颁发，作为全国建设行业共同遵守的准则和依据。

建设技术法规是把那些涉及建设工程安全、人身安全、环境保护和公共利益的技术要求，用法规的形式规定下来，作为直接规范人们工程技术活动的重要依据，对合法的建设行为给予保护，对违法的建设行为给予必要的惩处，从而实现对建设行为主体所实施建设行为进行规范和指导的作用。因此，技术法规更具有法律性、权威性、强制性。

(2) 建立技术法规与技术标准相结合的管理体制。

目前，世界上大多数国家对建设市场的控制是通过技术法规与技术标准来实现的，许多发达国家都建立起了比较成熟的技术立法和管理体系，比较有代表性的是美国、英国和澳大利亚等。WTO 协定规定："'技术法规'是指强制执行的包括可适用的行政管理规定在内的文件；'标准'指被公认机构批准的，非强制性的，以通用或反复使用为目的的，为产品及其加工生产方法提供规则、导则或特性的文件"。其表明了两者严格的区别。

建设技术法规作为从事工程建设活动的基础法律，不仅能够满足建设市场运行管理的需要，也不会给工程建设的发展、技术的进步造成障碍。改革工程建设标准管理体制，实行技术法规制度，对于统一建设技术经济要求，提高建设工程项目管理水平，保证工程质量，加快工程建设速度，接轨国际惯例都会起到不可估量的作用。建筑技术法规体系的建立是建设技术领域立法的当务之急，建立起技术法规与技术标准相结合的管理体制是十分紧迫的任务。

(3) 我国现行的工程建设标准体制是强制性与推荐性相结合的体制。建设部令第 81 号文《实施工程建设强制性标准监督规定》强调了"在中华人民共和国境内从事新建、扩建、改建等工程建设活动必须执行工程建设强制性标准。"

工程建设强制性标准已经具备了技术法规的基本内容、形成了技术法规的雏形，作为技术法规的过渡必须要强制执行。它作为建设执法的重要依据和强制性指令，是按《建设工程质量管理条例》实行处罚的依据；是进一步加强房屋建筑工程质量的保证；是工程建设标准体制深化改革的起点。它的制定出台和贯彻实施，推动这项改革向前迈出了关键的一步。

2.6 工程建设标准与标准化

2.6.1 标准与标准化基本知识

1 标准及标准化

(1) 标准的定义：标准的定义和解释经历了一个较长的发展时期。国际标准化组织（ISO）对标准所作的定义为："标准是由各方根据科学技术成就与先进经验，共同合作起草、一致或基本上同意的技术规范或其他公开文件，其目的在于促进最佳的公众利益，并由标准化团体批准"。

目前，我国对标准的定义："标准是对重复性事物和概念所做的统一规定，它以科学、技术和实践经验的综合成果为基础，经有关方面协商一致，由主管机构批准，以特定形式发布，作为共同遵守的准则和依据"。

标准宜以科学、技术和实践经验的综合成果，以及经过验证正确的信息数据为基础，以促进最佳的共同经济效率和经济效益为目的。

（2）标准化的定义：标准化是指在经济、技术、科学及管理等社会实践中，对重复性事物和概念通过制定、发布和实施标准，达到统一，以获得最佳秩序和社会效益的活动。国际标准化组织（ISO）给标准化的定义为："标准化主要是给科学、技术与经济领域内应用的问题找出解决办法的活动，其目的在于获得最佳秩序。一般来说，包括制定、发布及实施标准的过程"。

（3）标准化的主要形式：标准化的主要形式有简化、统一化、系列化、通用化、组合化。

1）简化，是在一定范围内缩减对象事物的类型数目，使之在既定时间内足以满足一般性需要的标准化形式。

2）统一化，是把同类事物两种以上的表现形态归并为一种或限定在一定范围内的标准化形式。

3）系列化，是对同一类产品中的一组产品同时进行标准化的一种形式，是使某一类产品系统的结构优化、功能最佳的标准化形式。

4）通用化，是指在互相独立的系统中，选择和确定具有功能互换性或尺寸互换性的子系统或功能单元的标准化形式。

5）组合化，是按照标准化原则，设计并制造出若干组通用性较强的单元，根据需要拼合成不同用途的物品的标准化形式。

（4）标准的分类

1）按照标准化对象划分

A 技术标准。是指对标准化领域中需要协调统一的技术事项所制定的标准。技术标准包括基础技术标准、产品标准、工艺标准、检测试验方法标准，及安全、卫生、环保标准等。B 管理标准。是指对标准化领域中需要协调统一的管理事项所制定的标准。管理标准包括管理基础标准，技术管理标准，经济管理标准，行政管理标准，生产经营管理标准等。C 工作标准。是指对工作的责任、权利、范围、质量要求、程序、效果、检查方法、考核办法所制定的标准。工作标准一般包括部门工作标准和岗位（个人）工作标准。

2）标准按内容划分

A 基础标准。是指有关名词术语、符号、代号、标志和制图等方面的标准。B 产品标准。是指有关各类生产产品的尺寸、材料、质量、性能、要求、分类和公差等方面的标准。C 辅助产品标准。是指包括工具标准、原材料标准、方法标准（包括工艺要求、过程、要素、检验、分析和测定等）及技术条件之类的标准。

3）按使用范围划分

按使用范围划分标准可以分成国际标准、区域性标准、国家标准、专业标准和企业标准五种。

A 国际标准。是指经国际标准组织通过的标准和在一定情况下经从事标准化活动的国际组织所通过的技术规范。国际标准在世界范围内都具有适用性。常用的国际标准有 ISO 标准和 IEC 标准等。B 区域性标准。是指适用于世界某一区域的标准化组织通过的标准或在一定情况下经从事标准化活动的区域性组织通过的技术标准。C 国家标准。是指由国家标准化主管机构批准发布，对全国经济、技术发展有重大意义，且在全国范围内统一的标准。国家标准是在全国范围内统一的技术要求。D 专业标准。专业标准是指适用于某个国家的某个专业和相关专业的标准。E 企业标准。企业标准是指由企业批准的在企业内使用的标准。

4）按成熟程度划分

法定标准、推荐标准、试行标准、标准草案。

（5）标准的特性。标准具有前瞻性、科学性、民主性和权威性四种特性。

1）前瞻性。标准是“对活动或其结果规定共同的和重复使用的规则、导则或特性的文件”。这不仅反映了制定标准的前提，而且也反映了制定标准的目的，即：为了更好地去指导或规范未来的同一种实践活动等。

2）科学性。标准是“以科学、技术和实践经验的综合成果为基础”制定出来的，即：制定标准的基础是“综合成果”，没有经过比较、选择、分析其在实践活动中的可行性、合理性，或没有经过实践检验的科学技术成果，是不能纳入标准之中的；同样，没有总结其普遍性、规律性或经过科学论证的实践经验，也是不能纳入标准的。这一规定反映标准的严谨性和科学性。

3）民主性。标准要“经协商一致制定”，也就是说，在制定标准的过程中，标准涉及的各方要对标准中规定的内容，形成统一的各方均可接受的意见，保证了标准的全局观、社会观和公正性，反映了标准的民主性。标准的民主性越突出，标准就越有生命力。

4）权威性。标准要“经一个公认机构批准”。“公认机构”是社会公认的或由国家授权的、有特定任务的、法定的组织机构或管理机构。经过该机构对标准制定的过程、内容竞选审查，确认标准的科学性、民主性、可行性，以特定的形式批准，即保证了标准的严肃性，体现了标准发布后的权威性。

2 我国的标准体制构成

我国的标准体制由国家标准、行业标准、地方标准、企业标构成。国家标准、行业标准、地方标准和企业标准按照降序，其法律效力构成由高到低的阶梯。标准体制是指：与实现某一特定的标准化目的有关的标准，按其内在联系，根据一些要求形成的科学的有机整体。它是有关标准分级和标准属性的总体，反映了标准之间相互连接、相互依存、相互制约的内在联系。

（1）国家标准

1）国家标准是指对全国经济技术发展有重大意义，需要在全国范围内统一技术要求而制定的标准。国家标准在全国范围内适用，其他各级标准不得与之相抵触。国家标准是四级标准体系中的主体。

2）国家标准代号。我国国家标准的代号，用汉语拼音大写字母表示，编号由“标准代号＋顺序号＋批准年代”组成。例如“GB ××××-××”为强制性国家标准；“GB/T ××××-××”为推荐型国家标准；“GB/＊××××-××”是降为行业标准且尚未转化的原国家标准。

我国国家标准代号：GB 国家标准；JJF 国家计量技术规范；JJG 国家计量检定规程；GHZB 国家环境质量标准；GWPB 国家污染物排放标准；GWKB 国家污染物控制标准；GBn 国家内部标准；GBJ 工程建设国家标准；GJB 国家军用标准。

（2）行业标准

1）根据《标准化法》的规定：由我国各主管部、委（局）批准发布，在该部门范围内统一使用的标准，称为行业标准。行业标准是指对没有国家标准而又需要在全国某个行业范围内统一的技术要求所制定的标准。行业标准是对国家标准的补充，是专业性、技术性较强的标准。行业标准的制定不得与国家标准相抵触，国家标准公布实施后，相应的行业标准即行废止。

2）行业标准代号。行业标准的代号以该行业主管部门名称的汉语拼音字母表示。行业标准的编号由“标准代号＋顺序号＋批准年代”组成。

我国行业标准代号：ZY 中医药行业标准；YZ 邮政行业标准；YY 医药行业标准；YS 有色冶金行业标准；YD 通信行业标准；YC 烟草行业标准；YB 黑色冶金行业标准；XB 稀土行业标准；WS 卫生行业标准；WB 物资行业标准；WS 卫生行业标准；WM 外贸行业标准；WH 文化行业标准；TD 土地行业标准；TB 铁道行业标准；SY 石油行业标准；SN 商品检验行业标准；SL 水利行业标准；SJ 电子行业标准；

SH 石油化工行业标准；SC 水产行业标准；SB 商业行业标准；QX 气象行业标准；QJ 航天行业标准；QC 汽车行业标准；QB 轻工业行业标准；NY 农业行业标准；MZ 民政行业标准；MT 煤炭行业标准；MH 民用航空行业标准；GH 供销合作行业标准；LY 林业行业标准；LD 劳动行业标准；LB 旅游行业标准；JY 教育行业标准；JR 金融行业标准；JT 交通行业标准；JGJ 建筑行业工程建设规程；JG 建筑行业标准；JC 建材行业标准；JB 机械行业标准；HS 海关行业标准；HJ 环保行业标准；HY 海洋行业标准；HGJ 化工行业工程建设规程；HG 化工行业标准；HB 航空行业标准；GY 广播电影电视行业标准；GA 公安行业标准；FZ 纺织行业标准；EJ 核工业行业标准；DZ 地质行业标准；DL 电力行业标准；DB 地震行业标准；DA 档案行业标准；CY 新闻出版行业标准；CJJ 城建行业工程建设规程；CJ 城建行业标准；CECS 工程建设推荐性标准；CH 测绘行业标准；CB 船舶行业标准；BB 包装行业标准。

(3) 地方标准

1) 地方标准是指对没有国家标准和行业标准而又需要在省、自治区、直辖市范围内统一工业产品的安全、卫生要求所制定的标准，地方标准在本行政区域内适用，不得与国家标准和行业标准相抵触。国家标准、行业标准公布实施后，相应的地方标准即行废止。

2) 地方标准的代号：地方标准的代号以汉语拼音字母 DB 表示。地方标准的编号由“DB＋省、市编号＋专业类号（用字母表示）＋顺序号＋标准颁布年份”构成。

行政区划代码如下：

北京市	110000	天津市	120000	河北省	130000	山西省	140000
内蒙古自治区	150000	辽宁省	210000	吉林省	220000	黑龙江省	230000
上海市	310000	江苏省	320000	浙江省	330000	安徽省	340000
福建省	350000	江西省	360000	山东省	370000	河南省	410000
湖北省	420000	湖南省	430000	广东省	440000	广西壮族自治区	450000
海南省	460000	四川省	510000	贵州省	520000	云南省	530000
西藏自治区	540000	陕西省	610000	甘肃省	620000	青海省	630000
宁夏回族自治区	640000	新疆维吾尔自治区	650000	台湾省	710000		

(4) 企业标准

企业标准是指企业所制定的产品标准和在企业内需要协调、统一的技术要求和管理、工作要求所制定的标准。企业标准是企业组织生产，经营活动的依据。企业标准在企业内部适用。企业标准的制定见于两种情况：

1) 在没有国家标准、行业标准和地方标准的情况下应当制定；2) 已有国家标准、行业标准或地方标准的，可以制定严于国家标准、行业标准或地方标准的企业标准。

企业标准的代号：企业标准的代号以汉语拼音字母 Q 表示。地方标准的编号由代号 Q 前冠以省、市、自治区的简称汉字＋企业名称的代码＋标准颁布的年份组成。

(5) 强制性标准和推荐性标准

1) 强制性标准。强制性标准是指保障人体健康，人身与财产安全、环境保护、资源节约的标准和法律法规规定强制执行的标准。它包括强制性国家标准、行业标准和地方标准。其中，强制性地方标准是指省、自治区、直辖市标准化行政主管部门制定的工业产品的安全、卫生要求的地方标准，在本行政区域内是强制性标准。

强制性标准又可分为全文强制标准和标准的强制性条文。其中标准的强制性条文是指标准中要求必须强制执行，不允许以任何理由或方式违反和变更的条文。强制性条文在各标准中用黑体字标志，也可汇编成册，例如《工程建设标准强制性条文（房屋建筑部分）》。

2) 推荐性标准。推荐性标准是指国家鼓励自愿采用的具有指导作用而又不宜强制执行的标准，即强制性标准以外的标准是推荐性标准。推荐性标准所规定的技术内容和要求具有普遍的指导作用，可根据情况选用。国家标准、行业标准和地方标准中都可以有推荐性标准。

3 采用国际标准

(1) 采用国际标准概念。采用国际标准包括采用国外先进标准是指将国际标准的内容，经过分析研究和试验验证，等同或修改转化为我国标准（包括国家标准、行业标准、地方标准和企业标准，下同），并按我国标准审批发布程序审批发布。

(2) 采用国际标准管理。国家质检总局依据《标准化法》及其实施条例，参照世界贸易组织和国际标准化组织的有关规定，并结合我国的实际情况，制定了《采用国际标准管理办法》（国家质检总局令第 10 号）。在采用国际标准时，应遵循其规定。

(3) 国际标准分类。《标准化法》第四条明确规定：国家鼓励积极采用国际标准。《标准化法实施条例》第四条规定：国家鼓励采用国际标准和国外先进标准，积极参与制定国际标准。

1) 国际标准。国际标准是指国际标准化组织（ISO）、国际电工委员会（IEC）和国际电信联盟（ITU）制定的标准，以及国际标准化组织确认并公布的其他国际组织制定的标准。国际标准由国际标准化组织（ISO）理事会审查，ISO 理事会接纳国际标准并由中央秘书处颁布。

国际标准化组织（ISO）是制定国际标准的国际性机构，建立于 1946 年。ISO 的目的为促进各国标准化工作的发展，主要任务是制定国际标准，协调世界范围内的标准工作，组织其他国际组织进行合作。（ISO）是目前世界上最大的国际性标准化组织，负责除电气领域外的一切国际标准化工作。ISO 标准号的结构形式为：标准代号＋顺序号＋年份，例如：ISO 29955-1998。

2) 国外先进标准。国外先进标准是指国际上有影响的区域标准，世界主要经济发达国家制定的国家标准和其他国家某些具有世界先进水平的国家标准，国际上通行的团体标准以及先进的企业标准。

(4) 采用国际标准的原则

1) 采用国际标准，应当符合我国有关法律、法规，遵循国际惯例，做到技术先进、经济合理、安全可靠。制定（包括修订，下同）我国标准应当以相应国际标准（包括即将制定完成的国际标准）为基础。对于国际标准中通用的基础性标准、试验方法标准应当优先采用。

2) 采用国际标准中的安全标准、卫生标准、环保标准制定我国标准，应当以保障国家安全、防止欺骗、保护人体健康和人身财产安全、保护动植物的生命和健康、保护环境为正当目标，除非这些国际标准由于基本气候、地理因素或者基本的技术问题等原因而对我国无效或者不适用。

3) 采用国际标准时，应当尽可能等同采用国际标准。由于基本气候、地理因素或者基本的技术问题等原因对国际标准进行修改时，应当将与国际标准的差异控制在合理的、必要的并且是最小的范围之内。

4) 我国的一个标准应当尽可能采用一个国际标准。当我国一个标准必须采用几个国际标准时，应当说明该标准与所采用的国际标准的对应关系。

5) 采用国际标准制定我国标准，应当尽可能与相应国际标准的制定同步，并可以采用标准制定的快速程序。

6) 采用国际标准，应当同我国的技术引进、企业的技术改造、新产品开发、老产品改进相结合。

7) 采用国际标准的我国标准在制定、审批、编号、发布、出版、组织实施和监督时，同我国其他标准一样，按国家有关法律、法规和规章规定执行。

8) 企业为了提高产品质量和技术水平，提高产品在国际市场上的竞争力，对于贸易需要的产品标准，如果没有相应的国际标准或者国际标准不适用时，可以采用国外先进标准。

(5) 采用国际标准的基本方法。采用国际标准按其程度不同采用对应的编写方法。

1) 我国标准采用国际标准的程度，分为等同采用和修改采用，这也是采用国际标准的基本方法。我国标准与国际标准的对应关系除等同、修改外，还包括非等效，非等效不属于采用国际标准，只表明我国标准与相应国际标准有对应关系。

2）采用国际标准的我国标准，在编制说明中，应当详细地说明采用该标准的目的、意义，标准的水平，我国标准同被采用标准的主要差异及其原因等。

根据国际标准制定的我国标准应当在封面标明和前言中叙述该国际标准的编号、名称和采用程度；在标准中引用采用国际标准的我国标准，应当标明对应的国际标准编号和采用程度，标准名称不一致的，应当给出国际标准名称。

（6）等同采用国际标准。等同采用国际标准指与国际标准在技术内容和文本结构上相同，或者与国际标准在技术内容上相同，只存在少量编辑性修改。等同采用（identical）其程度代号为IDT或idt，可用图示符号“≡”表示。等同采用国际标准的我国标准采用双编号的表示方法。示例：GB ××××× -××××/ISO ×××××：××××。

（7）修改采用国际标准，指与国际标准之间存在技术性差异，并清楚地标明这些差异以及解释其产生的原因，允许包含编辑性修改。修改采用不包括只保留国际标准中少量或者不重要的条款的情况。修改采用时，我国标准与国际标准在文本结构上应当对应，只有在不影响与国际标准的内容和文本结构进行比较的情况下才允许改变文本结构。修改采用（modified）其程度代号为MOD或mod。修改采用国际标准的我国标准，只使用我国标准编号。

（8）非等效采用国际标准，是指与相应国际标准在技术内容和文本结构上不同，它们之间的差异没有被清楚地标明。非等效还包括在我国标准中只保留了少量或者不重要的国际标准条款的情况。非等效（not equivalent）采用的代号为NEQ或neq，可以用图示符号“≠”表示。

2.6.2　工程建设标准与标准化

1　工程建设标准概述

（1）工程建设标准与标准化概念

1）工程建设标准

工程建设标准是指在工程建设领域内对建设活动或其结果规定共同的和重复使用的规则、导则或特性的文件，该文件经协商一致制定，并经一个公认机构批准，以科学、技术和实践经验的综合成果为基础，以促进最佳社会效益为目的。

2）工程建设标准化。工程建设标准化是为在工程建设领域内获得最佳秩序，对实际的或潜在的问题制定共同的和重复使用的规则的活动。

（2）工程建设标准化的地位和作用。工程建设标准化是我国建设领域的一项重要基础工作和组织手段，是对建设实行科学管理的重要组成部分。推行工程建设标准化的作用：

1）促进城乡科学规划、城镇建设集约发展和适应城乡、区域协调互动发展的要求；2）引导贯彻落实国家经济结构调整、产业结构优化升级、技术经济政策和宏观调控的要求；3）改进企业管理，增强市场竞争力，提高建设项目的社会效益和经济效益和环境效益；4）发挥标准的技术法规性作用：为政府制定公共政策、提供公共服务、管理社会公共事务提供依据，促进科学、民主决策，增强政府的基本公共服务能力；5）发挥标准的保障性作用：维护社会公共利益，保护社会公众权益，确保工程质量和城市运行安全；6）强化标准的政府监管力度，行政监督管理的依据，规范建设市场行为，促进市场诚信体系建设、维持经济秩序，实现生产要素的合理配置、建立开放有序的现代市场体系，推进建设事业持续健康发展；7）推进管理创新，提高建设质量、效率，保证建设工程质量安全与合理的建设速度；8）促进执行项目建设标准，合理使用建设资金，提高项目投资效益；9）保护生态环境、维护人民群众的生命财产安全和人身健康权益、改善城乡人居环境；10）推动资源、能源的节约和合理利用，落实国家节能减排目标，建设资源节约型环境友好型社会；11）有利于推广应用新技术、新工艺、新材料和自主知识产权的新成果，促进建设工程技术进步、科研成果转化；12）统筹国内国外两种资源两个市场，结合国情采用国际标准和国外先进标准，推动开展国际贸易和国际交流合作，提升我国企业的核心竞争能力，适应扩大开放的要求。

2 工程建设标准化和标准管理

(1) 工程建设标准化管理的任务

《标准化法》规定："标准化工作的任务是制定标准、实施标准和对标准的实施进行监督"。对于工程建设的标准化工作，这三项任务多是分工完成的，工程建设标准化管理机构除制定工程建设标准化的法规和方针、政策和原则外，重点还在于制定标准，在于依据标准，通过宣传、培训、合格评定、检查等途径，监督标准的实施。

(2) 标准化管理部门的主要任务

标准化管理部门的主要任务是：负责贯彻执行国家有关标准化的方针、政策，组织制订和修订标准，督促检查标准的贯彻执行，负责管理产品质量和工程质量的监督、检验工作，负责检查、监督产品的设计和改进以及进口设备和技术方面的标准化工作等。

(3) 标准的制定原则

1) 符合法律和行政法规的规定。

2) 贯彻执行国家的技术、经济政策，密切结合自然条件，合理利用资源，做到技术先进、经济合理、安全适用。

3) 以行之有效的生产建设经验和科技综合成果为依据，推广科学技术成果。

4) 保障安全和人民身体健康，保护环境，保护消费者的利益。

5) 结合国情，积极采用国际标准和国外先进标准。

6) 有利于产品的通用互换，相关标准之间协调配套，避免重复或矛盾。

7) 与有关方面协商一致，共同确认。

8) 符合标准编写的统一规定。

(4) 标准的制定程序

计划立项⟶合同签订和决算⟶准备⟶征求意见⟶送审⟶批准发布⟶备案⟶出版发行(标准出版由标准批准部门负责，在指定的出版社出版)⟶复审修订。

(5) 工程建设标准管理

1) 工程建设标准化的管理体制。国务院建设行政主管部门：住房和城乡建设部履行全国工程建设标准化工作的综合管理职能。

政府管理机构：包括国家有关行政主管部门、住房与城乡建设部工业建设领域标准规范协调委员会，省级、地市、区县建设行政主管部门。非政府管理机构：包括中央和地方的标准化专业团体、行业标准化团体、行业协会、学会。

2) 工程建设标准管理。根据我国的标准体制由国家标准、行业标准、地方标准、企业标构成。国务院建设行政主管部门出台了一系列有关管理上述标准的部门规章，各省、市建设行政主管部门，对工程建设标准管理作出了明确规定和具体办法。

3 工程建设强制性标准和推荐性标准管理

工程建设标准分为强制性标准和推荐性标准，强制性标准以外的标准是推荐性标准。

(1) 工程建设强制性标准涉及的范围

1) 按照国家有关规定，保证结构完全和功能的标准大多数属强制性标准；

2) 工程建设勘察、规划、设计、施工(包括安装)及验收等通用的综合标准和重要的通用的质量标准；

3) 工程建设通用的有关安全、卫生和环境保护的标准；

4) 工程建设重要的通用术语、符号、代号、量与单位、建筑模数和制图方法标准；

5) 工程建设重要的通用试验、检验和评定方法等标准；

6) 工程建设重要的通用信息技术标准；

7）国家需要控制的其他工程建设通用的标准。

（2）工程建设强制性标准必须要强制执行

工程建设强制性标准直接涉及人民生命财产安全、人身健康、环境保护和其他公众利益的规定，同时也包括保护资源、节约投资、提高经济效益和社会效益等政策要求。我国的工程建设强制性标准已经具备了技术法规的基本内容，应作为技术法规的过渡。它既是加强建筑工程质量的保证，也是对《建设工程质量管理条例》中规定的各责任单位实施监督管理的依据。因此，作为建设执法的重要依据和强制性指令，必须要强制执行。

4　建筑标准化与标准化设计

（1）建筑标准化

建筑标准化要求建立完善的标准化体系，其中包括建筑构配件、零部件、制品、材料、工程和卫生技术设备以及建筑物和它的各部位的统一参数，从而实现产品的通用化、系列化。早期的建筑标准化主要反映在建筑尺寸的配合关系上，如采用模数尺寸。伴随着工业化时代，为推行建筑生产的工业化，建筑标准化工作得到很大发展。为促进国际间的建筑产品交流、技术合作和推动建筑标准化，国际标准化组织（ISO）在各国有关部门的配合下制定了一系列建筑标准、条例和规范。我国也编制制定了一系列基础技术标准，如《建筑统一模数制》、《建筑制图标准》和《建筑安装工程质量评定标准》以及众多的各专业建筑标准设计图集等，有力地推动了建筑标准化、工业化进程和城乡建设发展。

工业化建筑体系可分为通用体系和专用体系。通用体系是使某些建筑体系的构配件和节点构造等成为通用的、可以互换代替的商品化的建筑体系；专用体系采用标准化设计，其构配件和连接方法的规格、类型较少，只能适用于某类定型化建筑的一种成套建筑体的发展体系，专用体系与其他体系配合的通用和互换性较差。

（2）建筑标准化设计

建筑标准化设计是指面向通用产品，在一定时期内采用具有共性条件，适用范围比较广泛、技术上成熟、经济上合理、可以互换代替的商品化的建筑构配件和节点构造等设计。对于通用体系标准设计人员选用后可直接用于工程建设、具有产品标准的作用。

标准化设计是建筑标准化的重要标志和实施先导。它有利于减少重复劳动，加快设计速度，提高设计效率，节省设计投入，保证设计质量，提高工程质量；有利于采用和推广新技术；有利于节约资源，降低工程造价，提高经济效益；便于实行建筑构配件生产工厂化、装配化和施工机械化；便于使用和维修等。

建筑标准化工作还要求提高建筑多样化的水平，以满足各种功能的要求，随着建筑工业化水平的提高和建筑科学技术的发展，建筑标准化的重要性日益明显，所涉及的领域也日益扩大。许多国家以最终产品为目标，用系统工程方法对生产全过程制定成套的技术标准，组成相互协调的标准化系统。运用前沿科学理论和预测技术，制定超前标准等，已经成为实现建筑标准化的新形式和新方法。

5　标准文献分类法

中国标准文献分类法，简称中标分类法。中标分类法的类目设置以专业划分为主，适当结合科学分类。序列采取从总到分，从一般到具体的逻辑系统。

中标分类法采用二级分类。一级主类的设置主要以专业划分为主，二级类目设置采取非严格等级制的列类方法；一级分类由24个大类组成，每个大类有100个二级类目；一级分类由单个拉丁字母组成，二级分类由双数字组成。

中标分类中的通用标准与专用标准：通用标准是指两个以上专业共同使用的标准，而专用标准是指某一专业特殊用途的标准。在中国标准文献分类法中对这两类标准是采取通用标准相对集中，专用标准适当分散的原则处理的。

一级分类（24 个大类）：

A 综合、B 农业、林业、C 医药、卫生、劳动保护、D 矿业、E 石油、F 能源、核技术、G 化工、H 冶金、J 机械、K 电工、L 电子元器件与信息技术、M 通信、广播、N 仪器、仪表、P 工程建设、Q 建材、R 公路、水路运输、S 铁路、T 车辆、U 船舶、V 航空、航天、W 纺织、X 食品、Y 轻工、文化与生活用品、Z 环境保护。

1）一级分类 P 工程建设和 Q 建材的二级类目

P 工程建设的二级类目（16 个类目）：P00/09 工程建设综合；P10/14 工程勘察与岩土工程；P15/19 工程抗震、工程防火、人防工程；P20/29 工程结构；P30/39 工业与民用建筑工程；P40/44 给水、排水工程；P45/49 供热、供气、空调及制冷工程；P50/54 城乡规划与市政工程；P55/59 水利、水电工程；P60/64 电力、核工业工程；P65/69 交通运输工程；P70/79 原材料工业及通信、广播工程；P80/84 机电制造业工程；P85/89 农林业及轻纺工业工程；P90/94 工业设备安装工程；P95/99 施工机械设备。

P 工程建设的二级类目的分目：

P00/09 工程建设综合：P00 标准化、质量管理；P01 技术管理；P02 经济管理；P04 基础标准与通用方法；P07 电子计算机应用；P09 卫生、安全、劳动保护。P10/14 工程勘察与岩土工程：P10 工程勘察与岩土工程综合；P11 工程测量；P12 工程水文；P13 工程地质；水文地质勘察与岩土工程；P14 工程物探与遥感勘探。

P15/19 工程抗震、工程防火、人防工程：P15 工程抗震；P16 工程防火；P18 人防工程。

P20/29 工程结构：P20 工程结构综合；P21 土石方、隧道工程；P22 地基、基础工程；P23 木结构工程；P24 砌体结构工程；P25 混凝土结构工程；P26 金属结构工程；P27 组合结构工程；P28 桥涵工程。

P30/39 工业与民用建筑工程：P30 工业与名用建筑工程综合；P31 建筑物理；P32 建筑构造与装饰工程；P33 居住与公共建筑工程；P34 工业建筑工程；P35 农林牧渔业建筑工程；P36 建筑维修工程。

P40/44 给水、排水工程：P40 给水、排水工程综合；P41 室外给水、排水工程；P42 建筑给水、排水工程。

P45/49 供热、供气、空调及制冷工程：P45 供热、供气、空调及制冷工程综合；P46 供热、采暖工程；P47 供气工程；P48 通风、空调工程；P49 制冷工程。

P50/54 城乡规划与市政工程：P50 城乡规划；P51 城市交通工程；P52 索道工程；P53 园林绿化与市容卫生。

P55/59 水利、水电工程：P55 水利、水电工程综合；P56 流域规划与江河整治工程；P57 灌溉排水与水土保持工程；P58 防洪、排涝工程；P59 水电工程。

P60/64 电力、核工业工程：P60 电力工程综合；P61 发电站工程；P62 输、变电工程；P63 供、配电工程；P64 核工业工程。

P65/69 交通运输工程：P65 铁路工程；P66 公路工程；P67 港口与航道工程；P68 航空、航天工程。

P70/79 原材料工业及通信、广播工程：P70 矿山、煤炭工程；P71 石油工程；P72 石化、化工工程；P73 冶金工业工程；P74 建筑材料工业工程；P75 林产工业工程；P76 通信工程；P77 广播、电影、电视工程。

P80/84 机电制造业工程：P80 机械、仪表制造业工程；P82 电子制造业工程；P83 船舶工业工程；P84 炸药与火工品工业工程；P81 电工制造业工程。

P85/89 农林业及轻纺工业工程：P85 农牧、农垦工程；P86 林业工程；P87 水产与渔业工程；P88

轻工业工程；P89 纺织工业工程。

P90/94 工业设备安装工程：P90 工业设备安装工程综合；P91 电气设备安装工程；P92 电信设备安装工程；P93 机械设备安装工程；P94 金属设备与工艺管道安装工程。

P95/99 施工机械设备：P95 施工机械设备综合；P96 作业设备与仪器仪表；P97 建筑工程施工机械；P98 水利工程施工机械设备。

Q 建材的二级类目（9 个类目）：

Q00/09 建材综合；Q10/29 建材产品；Q30/39 陶瓷、玻璃；Q40/49 耐火材料；Q50/59 碳素材料；Q60/69 其他非金属矿制品；Q70/79 建筑构配件与设备；Q80/89 公用与市政建设器材设备；Q90/99 建材机械与设备。

2）行业标准代码

CJ 城镇建设行业标准；DL 电力行业标准；FZ 纺织行业标准；JG 建筑工业行业标准；JB 机械行业标准；YB 冶金行业标准；GY 广播电影电视；JC 建材行业标准；GA 公共安全行业标准；SH 石油化工行业标准；SY 石油天然气行业标准；CB 船舶行业标准；SJ 电子行业标准；QB 轻工行业标准；MT 煤炭行业标准；YS 有色金属行业标准；QC 汽车行业标准；BB 包装行业标准；DZ 地质矿产行业标准；XB 稀土行业标准；HJ 环境保护行业标准。

6　工程建设标准相关网站

（1）中国标准网 www. standardcn. com；

（2）中国标准咨询网 www. chinastandard. com. cn；

（3）中国标准服务网 www. cssn. net. cn；

（4）中国标准化研究院 www. cnis. gov. cn；

（5）中国国家标准咨询服务网 www. chinagb. org；

（6）中国标准下载网 www. biaozhunxiazai. cn；

（7）国家标准化管理委员会 www. sac. gov. cn；

（8）国家工程建设标准化信息网 www. ccsn. gov. cn；

（9）中国工程建设标准化网 www. cecs. org. cn；

（10）工标网 www. csres. com. cn；

（11）各级政府相关网站等。

第 3 章　项目前期的设计管理

项目前期是项目的孕育阶段，关系到拟建项目的“先天”条件的优劣，对整个项目系统有决定性的影响。项目前期的核心是项目分析策划、立项决策。在项目前期项目主持方构建项目意图，明确项目目标；制订项目管理实施方案，明确项目管理工作权责和流程。作为项目管理的专业性设计管理始终参与项目前期主体工作之中。其中，建筑策划嵌入项目前期策划与设计之间，作用于项目前期立项决策文件编制和项目设计的直接指导。因此，项目前期的设计管理可理解为设计管理前期工作或项目设计前工作阶段。

3.1 项目前期阶段

3.1.1 项目前期概述

1　项目前期概念

项目前期，按工程建设项目生命周期即为分析决策阶段，是指一个建设项目从提出建设的设想，提出项目建议，获批立项，继而进行分析研究论证并作出投资决策，最终报批获准确立的工作阶段。项目前期是项目主持方构建项目意图，明确项目目标的重要阶段。

项目前期的时间范畴涵盖从项目建设意向产生开始的项目决策阶段全过程至设计要求文件提出为止的项目实施阶段。它也是制订项目管理实施方案，明确项目管理工作任务、权责和流程的重要时期。因此，建设项目前期阶段也可理解为设计前期工作阶段。

2　项目前期的分析决策是业主实现项目建设目标的战略先导

建设项目的确立是一个极其复杂同时又是十分重要的过程。项目前期分析决策对工程质量的影响主要是通过项目可行性研究和项目评估，对项目的建设方案作出决策，确定工程项目应达到的质量目标和水平。

项目前期是项目的孕育阶段，关乎到拟建项目的“先天”条件的优劣。它对项目的整个生命期，对整个项目系统有决定性的影响。因此，项目前期的分析决策是业主实现项目建设目标的战略先导。要取得项目的成功，必须在项目前期策划阶段就进行严格的项目管理。

3　项目前期工作的责任人和承担者

项目前期工作的责任人是项目法人——业主。由于项目前期工作任务对建设法规、政策意识要求严，系统性强，技术含量高，所以，尽管目前项目前期的工作只能由项目主持方承担，但项目前期主要工作一般多由业主委托或聘请的工程项目管理（工程咨询）企业或专业人员来承担完成。

在这阶段，工程项目管理（工程咨询）企业或其专业人员的主要工作是代理或协助业主完成上述流程的工作。因此，设计前期工作的优劣，主要靠从事该专业，接受该工作任务的团队的精神和专业技术资源，以及从事项目咨询管理和设计工作经验的积累，从宏观的实践中，得到微观的建筑感知和能预见到成果的发展能力来完成前期工作。

目前，我国专业化工程项目管理（工程咨询）行业已进入建筑市场，并对外开放。同时，中国的注册工程管理咨询师和注册建筑师制度都要求我国执业注册师能全面掌握国内外的基本建设程序及内容，以便与国际建筑市场接轨。尽管各国的建筑体制及营造方式有所不同，但就其总体而言，在市场经济运行体制的国家中，其建筑营造方式（包括设计前期管理）又有通用的一些方面。因此，工程项目前期管理工作前景广阔。

4 项目前期设计管理的主要工作

（1）项目前期的主要工作是前期策划，包括环境调查分析和项目决策策划（含项目构思和实施策划）。项目前期的任务主要是落实能对拟建项目编制提供按国家法律法规及政策，可靠性高、各项指标完善、远近分期明确的项目前期文件。项目前期工作的优劣决定着项目建设目标成果的丰硕与否。所以项目管理者，特别是决策者对这个阶段的工作应有足够的重视。

（2）项目前期设计管理的主要任务是从系统的角度出发，以建设策划的方式参与其事。特别是项目的技术方案，应体现出较高的政策性、技术性，较实际的经济性，以达到较准确地控制拟建项目设计等后续实施阶段进程的目的。项目前期的设计管理一般有以下主要工作：

1）参与项目前期策划，包括环境调查分析和项目决策策划；

2）以建筑策划为主参与拟建项目项目构思和分析决策；

3）编制项目建议书，提出并报批；

4）参与拟建项目的建设地址选择、论证，编写选址报告，申请建设项目选址意见书；

5）参与拟建项目可行性研究，编制可行性研究报告并报批；

6）可行性研究报告批准，项目列入国家预备项目计划后，进一步做好年度建设计划工作；对于外商投资项目，需报国务院商务部外贸主管部门审批，批准后，办理相关登记手续；

7）参与组织项目评估，编制项目评估报告并报批；

8）检查项目建设外部条件的落实情况，包括环保、人防、消防、抗震、交通道路、安全、卫生等各专项和供水、排水、供电、供气、供热、通信、建筑智能化等配套项的征询、审批等前期手续的办理；

9）取得规划设计条件，参与申办建设用地规划许可证；

10）配合项目部做好前期合同管理、沟通协调和信息管理等工作。

3.1.2 项目前期策划

1 项目前期策划概述

（1）项目策划

所谓策划是指为完成某一任务或为达到预期的目标，根据现实的各种情况与信息，判断事物变化的趋势，围绕活动的任务或目标，对所采取的方法、途径、程序等进行周密而系统的全面构思、设计，选择合理可行的行为方式，形成正确的决策和高效的工作。

项目策划是指根据建设项目业主总体目标要求进行项目策划，通过对建设项目进行系统分析，对建设活动的整体战略进行运筹规划，对项目建设和管理活动过程作预先的考虑和设想，整合并集约利用资源和展开项目运作，为保证项目完成之后获得满意可靠的经济效益、环境效益和社会效益提供科学的依据。项目策划是为使项目主持方的工作有正确的方向和系统的目标，也能促使项目设计有明确的指向并充分体现项目主持方的项目意图。

建设项目策划可分为项目前期决策策划和项目实施策划。项目决策策划在项目分析决策阶段进行，为项目的决策服务；项目实施策划在项目实施阶段的早期进行，为项目的实施服务。项目策划必须以国家及地方的法律、法规和有关政策方针为依据，结合经济社会发展变化的环境和所在地的建设条件进行，还必须符合建设地区城乡规划的要求。

（2）项目前期策划

项目前期策划是指在项目前期，通过收集资料和调查研究，在充分占有信息的基础上，针对项目的决策和实施，进行组织、管理、经济和技术等方面的科学分析和论证。

项目前期策划是对拟实施项目的一种早期预测，因而也是整个项目策划工作的重要部分，应贯穿项目策划的全过程。项目前期策划是项目管理的一个重要的组成部分。国内外许多项目成败的经验教训证明：项目前期的策划是项目成功的前提。项目前期的策划提前为项目实施形成良好的工作基础、创造完善的条件，使项目实施在定位上完整清晰，在技术上趋于合理，在资金和经济方面安排周密，在组织管理方面有一定的柔性，从而保证项目具有充分的可行性，能适应现代化的项目管理的要求。因此，项目前期的策划是项目成功的前提。

根据策划目的、时间和内容的不同，项目前期策划分为项目决策策划和项目实施策划。项目决策策划和项目实施策划工作的首要任务都是项目的环境调查分析。

2　项目前期策划主要任务

项目前期策划主要任务是为使项目主持方工作有正确的方向和系统的目标，也能促使项目设计有明确的指向并充分体现项目主持方的项目意图。一般而言，项目策划的主要内容如下：

(1) 项目决策策划。项目决策策划最重要的任务是定义开发或者建设什么，其效益和意义如何。具体包括项目功能、规模和标准的明确，项目总投资和投资收益的估算，以及项目进度规划的制定。项目决策策划因项目的不同情况也有所不同。一般而言，项目决策策划的工作包括：

1) 项目产业策划。根据项目环境的分析，结合项目投资方的项目意图，对项目拟承载产业的方向、产业发展目标、产业功能和标准的确定和论证；

2) 项目功能策划。包括项目目的、宗旨和指导思想的明确，项目规模、组成、功能和标准的确定等；

3) 项目经济策划。包括分析项目建设的投资财务分析，所需费用（工程造价）和经济效益，编制投资估算，制订融资方案等；

4) 项目技术策划。包括技术方案分析和论证、关键技术分析和论证、技术标准和规范的应用和制定等。

(2) 项目实施策划。项目实施策划的核心任务是定义如何组织项目的实施。由于策划所处的时期不同，项目实施策划任务的重点和工作重心以及策划的深入程度与项目决策阶段策划任务有所不同。一般而言，项目实施策划的工作包括：

1) 项目组织结构策划。项目的组织策划包括两层含义，其一是指针对项目的实施方式以及实施过程建立系统化、科学化的工作流程组织模式；其二是指为了使项目达到既定的目标，使全体参加者经分工与协作以及设置不同层次的权利和责任制度而构成的一种人员的最佳组合体，它包括：项目的组织结构分析、选择合理的项目管理机构组织形式、制定实施阶段的工作流程、任务分工以及管理职能分工和项目的编码体系分析等。

2) 项目目标控制策划。工程项目的目标包括投资、质量和进度三大目标以及安全、环境保护等目标。工程项目的目标控制就是通过对工程项目实施过程中影响工程目标的各种因素进行分析，采取科学的方法和手段对工程目标进行有效控制，使工程目标达到预期的要求，保证项目在投资计划值（投资费用总额）下按时按质完成，并顺利运营。它包括：项目分析目标控制的过程和环节、调查目标控制的环境、确定目标控制的原则、制定总投资规划纲要、制定总进度规划纲要、制定质量规划纲要等。

3) 项目合同结构策划。现代工程项目是一个复杂的系统工程，项目参与方众多，涉及的合同种类和数量较多，合同履行出现问题，就会影响和殃及其他合同甚至整个项目的成功。因此，合同关系是项目管理中的重要关系。为了有效地对合同进行管理，需要对项目进行合同分解，建立合同分解结构，这包括合同类型、合同分项等。诸如确定项目管理委托的合同结构，确定设计合同结构方案、施工合同结构方案和物资采购合同结构方案，确定各种合同类型和文本的采用等。

4) 项目信息流程策划。信息协调关系是项目管理领域中的重要关系，项目实施过程中会产生巨大的信息量，信息内容及其来源也十分复杂，能否有效地做好信息交流与沟通方面的工作将直接影响项目管理工作的成败。该工作主要包括明确项目信息的分类与编码、项目信息流程图、制定项目信息流程制度和会议制度等。

5）项目实施技术策划。在工程项目建设周期中，无论处于哪个阶段，都离不开工程技术的支撑，尤其是现代大型复杂工程项目，新型技术含量高，约束条件多，故务必针对实施阶段的技术方案和关键技术进行深化分析和论证，明确技术标准和规范的应用与制定。

3　项目前期策划过程要点

（1）项目意向。项目意向是指业主出自本身或发展要求的需要，在经市场调研和投资机会研究的基础上，根据投资能力和资源等诸方面建设条件，选择建设项目，形成拟建项目投资建设的初步设想和意图。

（2）项目构思策划。项目构思策划过程是从项目最初构思方案的产生到最终构思方案形成的过程。即：构思的产生、项目定位、项目目标系统设计、项目定义并提出项目建议书的全过程。

项目构思策划的工作要点：明确项目的定位、做好细致周密的调查、做好项目的情况分析和问题定义、做好项目的目标系统设计和做好项目的定义。

1）项目的定位和定义。项目策划的首要任务是根据建设意图进行项目的定位和定义，全面构想一个拟建项目系统。项目定位是根据市场和需求，综合考虑投资能力和最有利的投资方案，决定项目的规格和档次。项目定义是指对项目的用途、性质做出明确的界定，即项目的类型并具体描述项目的主要或综合用途和目的。

项目环境调查与分析是项目的定义和定位的基础，建设工程项目环境调查任务既包括对项目所处的建设环境、建筑环境、市场环境、政策环境、当地的自然环境以及宏观经济环境等的客观调查，也包括对项目拟发展产业及其载体的概念、特征、现状与发展趋势、促进或制约其发展的优势或缺点的深入分析。

在明确项目定义和定位的基础上，进行以项目产业策划、项目功能策划和项目经济策划为主要内容的项目决策策划。

2）构建项目系统。在明确项目定义和定位的基础上，提出项目系统构建的框架，项目系统构建应描述系统在产业经济结构中的地位，总体功能，系统内部各单项工程、单位工程的构成，各自作用和相互联系，内部系统与外部系统的协调、协作和配套的策划思路及方案的可行性分析，从而使项目的基本设想变成具体而明确的建设内容和要求。

3）构设项目目标系统。项目目标系统构设是指对拟建项目的质量标准、投资估算、建设工期的论证分析，确定项目的质量、投资和进度目标。在分析论证时应充分考虑并权衡项目利益相关者对项目的期望和需求，做到项目投资、质量、和进度目标的对立统一关系，即在一定投资限额下，通过策划，寻求达到满足拟建项目使用功能等建筑性能要素要求的最佳质量规格，然后再通过项目实施策划，寻求投资和缩短项目建设周期的途径和措施，以实现项目三大目标的协调平衡和最佳匹配。

4　项目前期策划特点

（1）最主要的方法是重视项目环境和条件的调研。项目所处的社会、自然、人文、政策、经济和技术等环境是项目生存发展的基本要素，它既为项目活动提供必要的条件，也对项目活动起着制约的作用，因此，必须对项目环境和条件进行全面的、深入的调查和分析。同时，还要重视类同项目经验教训的分析，对国内、国外类同项目经验和教训全面、深入的分析，是环境调查和分析的重要方面。充分的环境调查与分析是避免形式主义、状不达意、纸上谈兵等弊端和可能获得一个实事求是、彰显实效的优秀策划方案的有效路径，也是项目策划最主要的方法。

（2）坚持社会化原则和开放型的管理方式。建筑工程项目前期策划需要整合多方面专家的知识，包括：组织知识、管理知识、经济知识、技术知识、设计经验、施工经验、项目管理经验和项目策划经验等。项目前期策划可以委托专业项目管理（咨询）单位进行，从事策划的专业咨询单位往往也是开放型组织。政府部门、教学科研单位、设计单位、供货单位和施工单位等往往都拥有某一方面的专家，策划组织者的任务是根据需要把这些专家招集组织起来。

(3) 项目策划是一个知识应用管理的过程。策划的实质就是对多元化知识的集成，即通过获取、组合和整理知识并将其应用于策划的过程。因此，项目策划也是一种集策划所需知识之大成的知识应用管理的过程——使具备应用专业知识于策划能力的专家人尽其才，才尽其用，并通过深入细致的分析和思考形成新的认知。

(4) 项目策划是一个创新求增值的过程。策划是“无中生有”的创造过程。项目策划是根据现实情况和以往经验，对事物变化趋势做出判断，并通过采取方法、寻求途径和程序等方法进行周密而系统的构思和谋划，是一种超前性的高智能活动。创新的目的是为了增值，通过创新带来综合效益。

(5) 项目策划是一个动态过程。策划工作往往主要在项目前期，但是策划成果不是一成不变的，策划工作也并非一次性的。一方面，项目前期策划所做的分析论证往往还是比较粗略的，随着项目的开展，项目策划的内容根据项目需要和实际情况将不断丰富和深入；另一方面，项目早期工作的假设条件往往随着项目进展不断变化，必须对原来的假设不断验证。所以策划结果需要根据环境和条件不断发生的变化，不断进行论证和调整，逐步提高准确性。

3.1.3 政府对多元化投资主体建设项目的管理

1 项目投资体制改革

(1) 建立新型项目投资体制

伴随着深化投资体制改革的实施，对我国新建立起来的多元化投资主体建设项目的行政管理，特别是政府对企业投资的管理制度产生了重大变革。《国务院关于投资体制改革的决定》(国发［2004］20号）的颁布就是为了进一步深化投资体制改革，落实企业的投资决策权，充分发挥市场配置资源的基础性作用，提高政府投资决策的科学化、民主化水平，增强投资宏观调控和监管的有效性；通过深化改革和扩大开放，最终建立起市场引导投资、企业自主决策、银行独立审贷、融资方式多样、中介服务规范、宏观调控有效的新型投资体制。

(2) 项目投资体制改革的内容

1) 改革政府对企业投资的管理制度，按照“谁投资、谁决策、谁收益、谁承担风险”的原则，落实企业投资自主权；2) 合理界定政府投资职能，提高投资决策的科学化、民主化水平，建立投资决策责任追究制度；3) 进一步拓宽项目融资渠道，发展多种融资方式；培育规范的投资中介服务组织，加强行业自律，促进公平竞争；4) 健全投资宏观调控体系，改进调控方式，完善调控手段；5) 加快投资领域的立法进程；6) 加强投资监管，维护规范的投资和建设市场秩序。

2 政府对项目审批制度

根据投资体制改革的有关规定，改革投资项目审批制度，彻底改革现行不分投资主体、不分资金来源、不分项目性质，一律按投资规模大小分别由各级政府及有关部门审批的企业投资管理办法。

在项目前期，有关建设项目的审批制度的规定如下：

(1) 对政府投资建设的项目实行审批制。政府投资主要用于关系国家安全和市场不能有效配置资源的经济和社会领域，包括：加强公益性和公共基础设施建设，保护和改善生态环境，促进欠发达地区的经济和社会发展，推进科技进步和高新技术产业化。

(2) 对于企业不使用政府投资建设的项目，一律不再实行审批制，区别不同情况实行核准制和备案制。

政府对企业投资的重大项目和限制类项目从维护社会公共利益角度进行核准，其他项目无论规模大小，均改为备案制。企业投资项目的市场前景、经济效益、资金来源和产品技术方案等均由企业自主决策、自担风险，并依法办理环境保护、土地使用、资源利用、安全生产、城乡规划等许可手续和减免税确认手续。对于企业使用政府补助、转贷、贴息投资建设的项目，政府只审批资金申请报告。

(3) 政府投资项目的审批。对于政府投资项目，采用直接投资和资本金注入方式的，从投资决策角度只审批项目建议书和可行性研究报告，除特殊情况外不再审批开工报告，同时应严格政府投资项目的初步设计、概算审批工作。采用投资补助、转贷和贷款贴息方式的，只审批资金申请报告。

1)《国家发改委核报国务院核准或审批的固定资产投资项目名录（试行）》中明确须报请国务院审批的政府投资项目：A 使用中央预算内投资、中央专项建设基金、中央统还国外贷款 5 亿元及以上项目；B 使用中央预算内投资、中央专项建设基金、中央统还国外贷款的总投资额 50 亿元及以上项目；C 国务院专项规定或经国务院批准的专项规定，按专项规定执行。

2) 国家发改委报请国务院审批或核准的政府投资项目。《国家发改委关于改进和完善报请国务院审批或核准的投资项目管理办法》中，对于《国家发改委核报国务院核准或审批的固定资产投资项目目录（试行）》内符合按照国家有关规定的行业和专项发展建设规划以及产业政策要求，有关方面意见一致的项目，由国家发改委有关部门审批或核准，报国务院备案。

报国务院备案时应附上国土资源部、环保总局等行业主管部门、其他有关部门、省级人民政府或其投资主管部门、银行等相关单位的意见和咨询机构的评估论证意见，以及国家发改委关于该项目符合发展建设规划和产业政策等情况的说明。对于《国家发改委核报国务院核准或审批的固定资产投资项目目录（试行）》内于下列情况之一的项目，由国家发改委同有关部门提出审批或核准的初步意见，报请国务院审批或核准：A 发展建设规划以外的项目；B 产业政策限制发展的项目；C 符合规定的条件，但性质特殊、影响重大的项目；D 有关方面意见不尽一致，但从经济和社会发展全局考虑仍有必要建设的项目；E 国务院明确要求报送国务院审批或核准的项目。

3)《国家发改委关于审批地方政府投资项目的有关规定（暂行）》中的相关规定。A 各级地方政府采用直接投资（含通过各类投资机构）或以资本金注入方式安排地方各类财政性资金，建设《政府核准的投资项目目录》范围内应由国务院或国务院投资主管部门管理的固定资产投资项目，需由省级投资主管部门报国家发改委会同有关部门审批或核报国务院审批；省级投资主管部门，是指省级发改委和具有投资管理职能的经委（经贸委）。具有投资管理职能的省级经委（经贸委）应与发改委联合报送有关文件。B 需上报审批的地方政府投资项目，只需报批项目建议书。国家发改委主要从发展建设规划、产业政策以及经济安全等方面进行审查。项目建议书经国家发改委批准后，项目单位应当按照国家法律法规和地方政府的有关规定履行其他报批程序。C 地方政府投资项目申请中央政府投资补助、贴息和转贷的，按照国家发改委发布的有关规定报批资金申请报告，也可在向国家发改委报批项目建议书时，一并提出申请。D 范围以外的地方政府投资项目，按照地方政府的有关规定审批。

(4) 核准制投资项目核准的规定

1) 项目范围。由国务院批准后实施的《政府核准的投资项目目录》、国家发改委制定的《企业投资项目核准暂行办法》规定的企业不使用政府性资金投资建设的重大和限制类固定资产投资项目。

2) 核准权限。A《政府核准的投资项目目录》由国务院投资主管部门会同有关部门研究提出，报国务院批准后实施。未经国务院批准，各地区、各部门不得擅自增减《目录》规定的范围。B 由地方政府投资主管部门核准的项目，由地方政府投资主管部门会同同级行业主管部门核准。省级政府可根据当地情况和项目性质，具体划分各级地方政府投资主管部门的核准权限，但《目录》明确规定“由省级政府投资主管部门核准”的，其核准权限不得下放。C 根据促进经济发展的需要和不同行业的实际情况，可对特大型企业的投资决策权限特别授权。

3) 核准程序：企业投资建设实行核准制的项目，不再经过批准项目建议书、可行性研究报告和开工报告的程序，应按国家有关要求编制项目申请报告，报送项目核准机关。

4) 核准准则：政府对企业提交的项目申请报告，主要从维护经济安全、合理开发利用资源、保护生态环境、优化重大布局、保障公共利益、防止出现垄断等方面进行核准。对于外商投资项目，政府还要从市场准入、资本项目管理等方面进行核准。

5）外商投资项目的核准：根据《国务院关于投资体制改革的决定》和《外商投资项目核准暂行管理办法》，中外合资、中外合作、外商独资、外商购并境内企业、外商投资企业增资等各类外商投资项目需按要求进行投资核准。核准机关及权限如下：

A 按照《外商投资产业指导目录》分类，总投资1亿美元及以上的鼓励类、允许类项目和总投资5000万美元及以上的限制类项目，由国家发改委核准项目申请报告，其中总投资5亿美元及以上的鼓励类、允许类项目和总投资1亿美元及以上的限制类项目由国家发改委对项目申请报告审核后报国务院核准。国家规定的限额以上、限制投资和涉及配额、许可证管理的外商投资企业的设立及其变更事项；大型外商投资项目的合同、章程及法律特别规定的重大变更（增资减资、转股、合并）事项，由商务部核准。

B 总投资1亿美元以下的鼓励类、允许类项目和总投资5000万美元以下的限制类项由地方发展改革部门核准，其中限制类项目由省级发展改革部门核准，地方政府按照有关规对上款所列项目的核准另有规定的，从其规定。

6）境外投资项目的核准

根据《国务院关于投资体制改革的决定》及《境外投资项目核准暂行管理办法》，境外投项目的核准具体指中国境内各类法人（或"投资主体"）及其通过在境外控股的企业或机构，在境外进行的投资（含新建、购并、参股、增资、再投资）项目的核准，同时也包括投资主体在香港特别行政区、澳门特别行政区和台湾地区进行的投资项目的核准。核准机关及权限如下：

A 国家对境外投资资源开发类和大额用汇项目实行核准管理。资源开发类项目指在境外投资勘探开发原油、矿山等资源的项目。此类项目中方投资额3000万美元及以上的，由国家发改委核准，其中中方投资额2亿美元及以上的，由国家发改委审核后报国务院核准。大额用汇类项目指在前款所列领域之外中方投资用汇额1000万美元及以上的境外投资项目，此类项目由国家发改委核准，其中中方投资用汇额5000万美元及以上的，由国家发改委审核后报国务院核准。国内企业对外投资开办企业（金融企业除外）由商务部核准。

B 中方投资额3000万美元以下的资源开发类和中方投资用汇额1000万美元以下的其他项目，由各省、自治区、直辖市及计划单列市和新疆生产建设兵团等省级发展改革部门核准，地方政府按照有关法规对上款所列项目的核准另有规定的，从其规定。中央管理企业投资中方投资额3000万美元以下的资源开发类境外投资项目和中方投资用汇额1000万美元以下的其他境外投资项目，由其自主决策并在决策后将相关文件报国家发改委备案。国家发改委在收到上述备案材料之日起7个工作日内出具备案证明。前往台湾地区投资的项目和前往未建交国家投资的项目，不分限额，由国家发改委核准或经国家发改委审核后报国务核准。

（5）备案制投资项目备案的规定

1）项目范围：对于《政府核准的投资项目目录》以外的企业投资项目，除国家法律法规和国务院专门规定禁止投资的项目以外，实行备案管理。备案制的具体实施办法由省级人民政府自行制定。

省级人民政府应当在备案制办法中对备案内容作出明确规定。除不符合法律法规的规定、产业政策禁止发展、需报政府核准或审批的项目外，应当予以备案。对于不予备案的项目，应当向提交备案的企业说明法规政策依据。环境保护、国土资源、城市规划、建设管理、行等部门（机构）应按照职能分工，对投资主管部门予以备案的项目依法独立进行审查和办理相关手续，对投资主管部门不予以备案的项目以及应备案而未备案的项目，不应办理相关手续。

2）备案办法：A 实行备案制项目由企业按照属地原则向地方政府投资主管部门备案。B 基本建立现代企业制度的特大型企业集团，投资建设《目录》内的项目，可以按项目单独申报核准，也可编制中长期发展建设规划，规划经国务院或国务院投资主管部门批准后，规划中属于《目录》内的项目不再另行申报核准，只需办理备案手续。C 企业集团要及时向国务院有关部门报告规划执行和项目建设情况。

3）备案内容："备案"是企业为投资项目所履行的"前置"性行政许可手续，备案机关应按前置性审查的要求制定需要备案内容。需要备案的内容如下：

A 项目法人基本信息；B 项目名称、项目性质、建设地点、建设规模、主要建设内容及技术标准；C 项目实施进度计划；D 投资估算、资金筹措方案及落实情况；E 劳动用工、安全生产等情况；F 拟建项目对区域经济、社会发展的影响；G 与区域规划、专项规划等相关规划的衔接情况；H 资源开发、行业准入等资质证明材料；J 其他相关专业性材料。

3 项目前期投资决策报批程序

为使城乡建设合理、有序和可持续发展，国家依法对工程建设项目实施投资立项管理制度。政府各主管部门代表国家依法对不同投资主体的建设项目前期分析决策文件分别实施审批、核准和备案管理。

项目前期的分析决策对后续项目实施阶段的设计管理工作关系十分密切，因此，要十分重视对拟建项目前期分析、策划、决策及其文件报批程序。

（1）实行审批制政府投资项目和核准、备案制企业投资项目投资决策程序一般如图3-1所示。

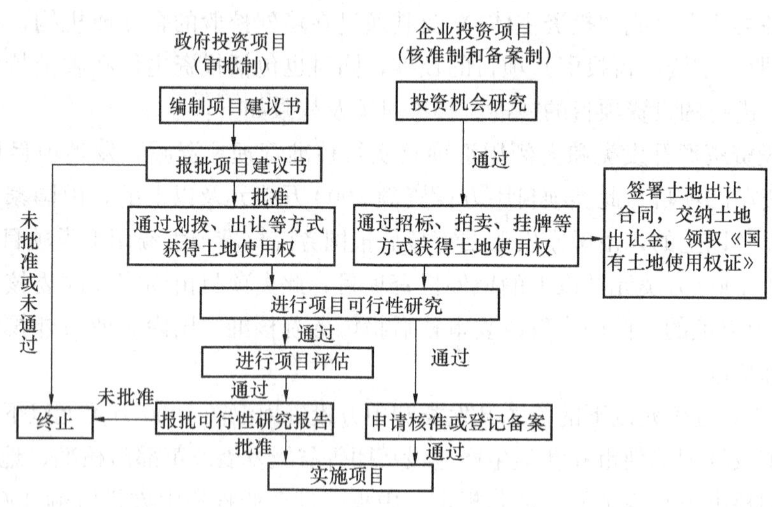

图3-1　审批制政府投资项目和核准和备案制企业投资项目投资决策程序

（2）项目审批需提供材料

1）项目建议书阶段：A 项目所在地或行业主管部门、计划单列企业要求审批项目建议书的申请文件；B 符合规定深度要求的项目建议书文本；C 重大政府投资项目专家评估意见；D 需要提供的其他材料。

2）可行性研究报告阶段：A 项目所在地或行业主管部门、计划单列企业要求审批可行性研究报告的申请文件；B 项目建议书批复文件；C 具备相应资质的工程咨询单位编制的可行性研究报告文本；D 规划部门出具的项目选址意见；E 环保部门出具的项目环境影响评价批准文件或手续；F 国土部门出具的项目用地的审查意见；G 资金筹措渠道落实情况的证明文件；H 项目建设其他外部条件（包括水、电、气、热等）落实意向；J 需要提供的其他材料。

3）初步设计阶段：A 项目所在地或行业主管部门、计划单列企业要求审批初步设计的申请文件；B 可行研究报告的批复文件；C 具备相应资质的设计单位编制的初步设计文本；D 经批准的建设地址报告；E 环保部门批准项目环境影响评价或相关环保手续；F 工程地质、水文地质勘察报告；G 项目建设其他外部条件（包括水、电、气、热等）落实协议文件；H 资金筹措落实的承诺文件；J 需要提供的其他材料。

3.1.4 建筑策划

1 建筑策划概述

项目前期策划的任务是针对项目决策和实施，进行组织、管理、经济和技术等多方面的分析和论证。对于建筑工程项目而言，对项目的建筑要素内涵进行构思研究和谋划设定工作量大面广，成为项目前期策划的重要组成部分，使承担这部分功能的建筑策划应运而生。在项目前期策划与设计之间嵌入建筑策划环节，建筑策划以不同于设计方的第三方存在，建筑策划对项目前期策划管理和建筑设计具有重要意义，对整个项目的效果影响显著。

(1) 建筑策划。建筑策划是指为了有效地实现建设项目目标，将建筑学的理论研究与近现代科技相结合，在目标设定工作中对建筑要素内涵进行构思研究和谋划设定，从而得出定性、定量的结果的行为过程。

(2) 建筑策划建立在项目相关范围的实态调查和分析的基础上，它的结论成果涵盖了社会人文环境、市场经济环境、自然地理环境等众多而必要的相关要素。其中适用性、社会性和经济技术要素又是项目建设所遵照的最根本依据，许多得到社会认可的建筑优势及创意也来源于此。

(3) 建筑策划是整个项目策划的重要组成部分，也是项目建设各阶段设计管理工作不可缺少的组成部分。建筑策划作用于项目周期的全过程，尤其是项目前期立项决策文件编制和项目设计的直接指导。

(4) 建筑策划可理解为把业主价值传递到设计价值的过程。对整个工程项目进行价值管理，可以把工程项目管理看成是价值的形成、传递和增值的管理过程。工程价值的实现是通过工程价值链来实现的。所谓价值链，就是指项目业主和各参与方各种活动的组合。而工程价值链就是指在工程实施过程中，为了使工程的价值得以实现而做的各种活动。它贯穿于工程整个实施过程中的每个阶段、每种活动内。建筑项目的价值链为业主价值——设计价值——施工价值——使用价值。

2 建筑策划的阶段性完整

完整的建筑策划概念应是项目前期建筑策划（也可称设计前期策划）、建筑设计策划和设计后续建筑策划三者的合一。

(1) 项目前期建筑策划。项目前期建筑策划是指根据项目建议书及设计基础资料，提出建筑工程项目构成及总体构想，包括场地规划、内外空间环境组织、功能空间要求、空间尺度、建筑形式、风格形象、结构选型、设备系统、环保节能、建筑面积、工程投资、建设周期等。项目前期建筑策划研究内容与结论成果既是项目前期立项决策文件的重要组成部分，也为下一步设计等项目实施程序提供科学而符合逻辑的依据和资料。因此，前期建筑策划至关重要，直接影响、控制、判断未来项目建设的宏观效益。

(2) 建筑设计策划。建筑设计策划是指建筑师以获得批准的项目前期文件为依据，在项目前期策划的基础上，根据设定的项目总体目标，运用建筑学的原理，进一步对项目设计要素进行全面研究，综合分析论证，得出定性、定量的结果。建筑设计策划重点强调设计任务书的重要性，以及量化分析的科学性。最终实现建筑设计策划的主要成果——设计任务书，并将其在设计过程中全面落实。

(3) 设计后续策划。设计后续策划是指在项目设计后续，以施工阶段为主的各实施阶段中的建筑策划延伸、拓展服务。

3 建筑策划的研究领域

建筑策划既不同于总体规划，也不同于建筑设计。建筑策划主要是介于项目前期总体规划、建筑设计直至后续施工之间的一个环节，承上启下的性质决定了其研究领域的双向渗透性。

建筑策划向上渗透于宏观的项目前期总体规划立项环节，研究社会、环境、经济等宏观因素与拟建项目的关系；分析拟建项目在社会环境中的层次、地位及其对项目的品质要求；分析项目对环境的积极和消极影响；进行经济损益的计算；确定和修正项目的规模，把握项目的性质和基调。

建筑策划向下渗透到建筑设计环节，分析研究项目功能空间组织、艺术形象、技术安全和造价经济等相关建筑要素，并依据实态调查的分析结果确定设计内容与目标要求。

因此，我们可以把总体规划和建筑策划之间的研究建筑、环境、人的课题作为建筑策划的第一领域；把建筑策划和建筑设计之间的研究建筑要素、设计内容课题作为第二领域；而把建筑策划和工程施工等之间的工作关系课题作为第三领域。

4 建筑策划的内容

建筑策划的研究领域的策划实践即为建筑策划内容，它几乎贯穿渗透于项目建设周期中。

（1）指导性内容。指导性内容包括以下几个部分：

1）项目目标的构思与设定。对项目目标的构思在于使项目在一定条件下，充分满足建筑各要素间协调统一，达到项目建设的社会效益、经济效益和环境效益的最大化的目标要求；同时环绕项目目标，具体设定各方面设计要求和条件，进而用建筑语言加以定性、定量的描述而予以确定。其研究的方法是从直观的设想到理性的推论，其意义的体现必须通过物质性载体来实现。

2）对构思结果、综合效益的预测与评价。对构思的结果进行预测是对构想可行性的最好检验。预测应按国家建设标准及设计规范，凭借自身的经验，模拟建筑的使用过程；也可借鉴同类项目和各种信息资料。预测的方法目前还只停留在经验模拟阶段，有待于向逻辑化、理想化方向发展。

基于预测的结果，按照预测模拟的项目目标的构思，对目标相关的性质、类型、等级、规模、目标、条件要素进行多方位的定性、定量综合评价。

3）设计任务书的拟定。通过目标构思、设定、预测、评价，建设项目策划的各项前提准备基本完成后，就可将这一过程用建筑语言加以准确到位的定性、定量的文字描述，并进行标准化处理，从而拟定建设项目的设计任务书。

（2）策略性内容。建筑策划接受项目既定目标系统的指导，并为达成项目既定目标准备条件，构想并确定项目的设计内涵，进而对其实现手段进行策略上的判定和探讨。归纳起来可以有以下五个内容：

1）对建设目标的明确；2）对建设项目外部条件的把握；3）对建设项目内部条件的把握；4）建设项目具体的构思和表现；5）建设项目运作方法和程序的研究。

5 建筑策划的程序

在具体的建设项目策划中，其目标确定、空间构想、预测和评价等内容是相互交叉进行，且互为依据和补充的，所以各个环节的逻辑顺序并非一成不变的。一般项目的建筑策划程序可以概括如下：

（1）目标的确定。根据总体规划立项，明确项目的用途，使用目的，确定项目的性质，规定项目的规模。

（2）外部条件的调查。查阅项目的有关各项立法、法规与规范上的制约条件，调查项目的社会人文环境，包括经济环境、投资环境、技术环境、人口构成、文化构成、生活方式等；还包括地理、地质、地形、水源、能源、气候、日照等自然物质环境以及城市各项基础设施、道路交通、地段开口、允许容积率、建筑限高、覆盖率和绿地面积指标等城乡规划所规定的建设条件。

（3）内部条件的调查。对建筑功能的要求、使用方式、设备系统的状态条件等进行调查，确定项目与规模相适应的预算、与用途相适应的性质以及与施工条件相适应的结构形式等。

（4）空间构思。空间构想又称“软构想”。它是通过对总项目的各个分项目进行规定，草拟空间功能目录，确定项目各功能空间面积的大小，对总平面布局、分区、容积率、建筑密度、绿化率、内外空间环境组织、建筑形式风格等建筑要素进行构想，并制定各空间的具体要求，来确定设计要求。同时对空间的感观环境等进行预测，从而导入空间形式并以此为前提对构思进行评价，以评价结果反馈修正、优化、细化初期的空间构思，以臻尽可能的完美。

（5）技术构思。技术构想又称为“硬构想”。它主要是对项目的建筑材料、构造方式、施工技术手段、设备标准等技术要素进行策划，研究建设项目设计和施工中各技术环节的条件和特征，协调其他技术部门的关系，为项目设计提供技术支持。

（6）经济策划。根据软构想和硬构想委托工程造价咨询机构或其他有关专业人员草拟分项投资估算，计算一次性投资总额，并根据现有的数据参考相关建筑，估算项目建成后运营费用以及土地使用费用等项可能的增值，计算项目的损益及可能的回报率，作出宏观的经济预测。经济预测将反过来修正软构想和硬构想。一般较小的项目可能无需这一环节，但大型项目，特别是商业性生产项目，其经济策划往往成为决策的关键。

(7) 报告拟定。报告拟定是将整个策划工作文件化、逻辑化、资料化和规范化的过程，它的结果是建筑策划全部工作的总结和表述，它将对下一步建筑设计工作起科学的指导作用，是项目进行具体建筑设计的科学的合乎逻辑的依据，也便于投资者作出正确选择和决策。

归纳建筑策划的形式和运作模式可抽象概括为以下表述：认识——限定条件——解决方案——实施。这不是一个单向线性过程，而是一个不断反馈、循环的多变量函数的系统运行过程。

6 建筑策划的作用

(1) 建筑策划是建筑价值目标管理的重要组成部分。建筑策划的实施处于项目实施和运营的全寿命过程中。建筑策划是建筑价值目标管理的重要组成部分，它揭示业主的价值目标并将其转译为建筑设计条件，它是保证实现业主价值目标的手段。所以，进行建筑策划对整个工程项目目标的实现和建设效果的体现影响极大，起着重要的作用。

(2) 为业主（建设单位）的决策和政府主管部门审批提供充实而科学的依据。项目前期的项目建议、可行性研究等多偏重于对投资活动的论证性研究。往往对建筑本身较少进行深入细致的研究和论证。而建筑策划以论证和确定项目的建筑各要素为内容，充实了项目前期文件内容和科学的依据，为业主（建设单位）的决策和政府主管部门审批提供充实而科学的理论依据。

(3) 促使实现业主的设计成效目标。建筑策划以建筑学的理论研究与近现代科技手段，为项目立项前后的建筑做定性及定量规划，使项目在设计前就能充分地体现项目总体规划的目标，在项目设计中有科学的设计依据，使建筑设计沿着项目总体目标的轨道前行，从而达到业主计划中的设计成效目标。

(4) 建筑策划的研究成果对建筑设计有直接的指导意义。建筑工程设计强调科学、合理设计，提高设计的科学性和实用性及经济效益。建筑策划的分析往往要依靠现代高科技手段，并与其他学科进行更广泛和深刻的交流、借鉴，其方法和过程都包含着客观性、合理性、逻辑性，因而具有科学性。建立在策划基础上的设计同样涵盖了上述要素，策划为设计提供了可以深入挖掘的适用性、社会性、科学性依据，使建筑创作不再是空中楼阁。

建筑策划结论的不同，使设计作品的空间内容可以完全不同，更有导致项目完成之后，引发区域内建筑、环境中人类使用方式、价值观念、经济模式的变更以及新文化创造的可能。建筑策划环节的引入，促进了建筑设计向合理、科学、实用及注重综合效益的方向发展，这也正是建筑策划理论及方法的意义所在。

7 建筑策划和建筑设计的互动关系

(1) 建筑策划为建筑设计设定目标指向。建筑策划首先考虑整个项目的价值目标，而这个价值目标将通过对这个项目价值要素的研究而得出，即人文、环境、文化、技术、时间、经济、美学、安全，几乎涵盖了所有建筑要素。建筑策划就是针对建设项目所有可能的要素进行深入细致的分析研究，得出并强化项目的主要要素，忽略或弱化某些无足轻重的内容，从而确定建设项目的目标并予以具体细化。在建筑设计中，建筑师将围绕着这个目标进行构思设计。

建筑策划中的概念设计。对于建筑策划来说要有具体的建筑构想和方案，这种探讨性的方案设计也就是我们通常所说的“概念设计”。但建筑策划的概念设计应属于建筑策划的范畴，而不是建设项目设计中的概念设计，它只是建筑策划的一部分，建筑师只是依据这种探讨性的设计方案来为建筑策划的其他内容提供参考。这一环节具有了建筑设计的某些特性，如此看来，建筑策划和建筑设计其实也非泾渭分明。

(2) 建筑策划提高建筑设计工作的效率。预测整个项目运行过程中可能遇到的问题，同时提出相应的解决方法也是建筑策划的内容。在分析上述价值要素的同时顾及项目可能会遇到的特殊情况，诸如基底地质、环境污染、资源限制、特别功能等问题。这些问题的提出就是建筑策划在对建筑设计的特别提示，这就为建筑设计解决这些问题提供了条件和方便，从而提高了设计工作效率。

(3) 建筑设计检验并完善建筑策划内容。主持或参加建筑设计的建筑师有着长期从事建筑设计的丰富经验，他们不仅仅把建筑策划成果当作设计依据，而且会对建筑策划中一些无法或难于实现的提案提出质疑并和策划组的成员一起探讨最佳的解决方案。这个纠偏过程就是检验策划内容合理性的过程，这样不仅完善优化了建筑策划，而且会使建筑设计做得更好，策划的目标要素在之后的建筑设计中得以充分实现。

(4) 建筑策划与建筑设计共同引导创新。建筑策划具有对时代的敏感性，它把先进的现代设计思想输出，用来指导建筑设计；而建筑设计自身也在不断完善和革旧创新，新的设计理念、建筑形式、结构形式等出现，为建筑策划拓宽了视野，提供了新的理念和方法。两者合力使产生符合时代演变和社会发展需求的优秀建筑原创作品成为可能。

8 建筑策划中的业主与设计方的互动

建筑策划工作目标是实现业主价值最大化。建筑策划用专业语言表达业主方对建设项目的设想，把符合业主要求的详尽的设计任务书传达给设计方。但在业主方不专业或知识错位的情况下，往往会产生业主与设计方信息不对称，业主的要求越多越具体，进行设计的障碍就越大。设计方大多不会主动为自己增加设计障碍，设计方有自己考虑问题的角度、价值观、职业操守和利益驱使，因此，有不会完全站在业主角度，以实现业主价值最大化为目标的可能。所以，业主或其委托的项目设计管理机构应是建筑策划的主导方和组织者。

业主或其委托的项目设计管理机构应始终认为双方之间的关系并非为一般的雇佣与被雇佣的关系，而是战略合作伙伴关系；而与业主的良好合作关系也是设计方的希望，因此，在实践中逐步改善与业主的沟通互动是双方共同的追求。业主方应与设计方建筑师、工程师加强交流，尽可能地实现策划与设计互动；目前建筑师的研究领域已从传统的功能空间组织、艺术造型等，拓展到对人类健康、社会文明、生态环境、节能减排和可持续发展等方面，简单地用传统语言很难实现与业主的沟通互动，要使用依据和专业含量充分、具体而详实量化的分析，让业主能理解并接受设计理念。项目设计团队，尤其是主创建筑师明确了这点，就会使共同参与研究策划成为可能。而在这种情况下建筑策划才能充分发挥其应有的效能，成为下一步建筑设计的可靠依据。客观的有依据的策划使项目主创建筑师及设计团队有了作好下一步建筑设计的可能，而且把设计结果交给下一设计阶段的任何设计师都将是可行的。

3.2 项目前期的分析决策管理

3.2.1 项目地址选择

1 项目选址的概念

项目建设地址选择简称项目选址。选址是指根据项目建议书的内容及业主的建设意图，收集、组织、整理、分析的设计基础资料，了解规划、土地、市政及环保有关部门的要求，从技术、经济、社会、文化、环境保护等方面，对场地开发作出比较和综合评价，在多个场地中选出投资省、建设快、运营成本低，并能很好地贯彻国家建设各项方针政策的，具有最佳经济效益、环境效益和社会效益的建设场地。

2 项目选址的基本原则

(1) 符合所在地域、城市、乡镇的总体规划，尤其是用地规划及其控制管理。

(2) 节约用地，不占良田及经济效益高的土地，并符合国家现行土地管理、水土保持等法规的有关规定。

(3) 符合现行环境保护法的有关规定，执行当地环保部门的规定和要求。有利于保护环境，维持生态平衡。

3 项目选址的基本要求

不同性质、类型的建筑对场地的要求既有共性，又有个性，项目选址应针对项目的具体要求，作场地选择分析。共性的场地选择基本要求如下：

(1) 充分利用自然资源条件。建设项目应尽可能充分利用自然资源条件，如：矿藏、森林、生物、土壤、地表及地下水资源。

(2) 场地面积。含建筑基底面积、广场道路和停车场面积、露天堆放场地面积，以及绿化面积等；不同类别用地所占面积应根据国家用地标准指标，经计算确定，同时还应考虑施工使用场地，并应根据施工的规模、进程作出相应的安排，或用临建用地代替；区域地形图比例宜为 1/5000，场址地形图比例选 1/500～1/1000。

(3) 地形与地貌。场地边界外形应因地制宜，经济合理；地貌要利于建筑布置，道路便捷顺畅；地形宜利于场地排水，一般自然地形坡度宜小于 0.3%；平坡（0.3%～5%）场地较理想，缓坡（5%～10%）场地要错落有致，中坡（10%～25%）场地需设台地，填挖土方量较大，陡坡（25%～100%）场地不宜建设；适宜建设的场地均考虑竖向设计，以减少土石方工程量。注意分析不同地貌的小气候特点和日照利用。

(4) 气象条件。气象条件因场地选择地域的不同，而有较大差异。气象资料各地均有数据可查，包括：气温、日照、降水量、风、云雾及雷击等资料。

(5) 水文条件。地表水体流量、流速、流向、水温、含沙等情况；河流、水库、湖泊及滨海的水位变化，最高洪水水位、频率，特别是五十年、百年及常年洪水淹没特征；场地排水径流、坡度，防洪、排涝的设施与措施；潜水、承压水的水量、水位变化、水的物理、化学和生物的性能、成分分析等。地下水质、水位线变化影响着基础深度及地基处理设计和施工方案的现实质量与安全。

(6) 工程地质。场地所处区域的地质构造，地层成因、形成年代等；对建筑指定性和适宜性评价；场址处土岩类别、性质、承载力、有无不良地质现象及人为破坏或修筑古墓等设计基础资料；当地基承载力低于 0.1MPa 时应注意地基的变形问题；滑坡、冲沟、崩塌、沉陷、断层、岩溶、泥石流、流沙、三级湿陷黄土、一级膨胀土、古墓、坑穴、采空区直接影响工程建筑安全、质量、速度与投资量的场地不能作为项目建设用地。

(7) 地震。场地地震基本烈度、历史地震资料、震速、震源和断裂构造；八度以下地震区建设要注意高度、密度、防火、防爆、疏散等措施，九度地震设计烈度地区不宜建设。

(8) 交通运输。公路、铁路和水运、空运便利的地区有利于开发建设的直接经济效益和社会效益，宜于作为建设场地。道路系统要符合市政交通规划的基本要求。

(9) 给水排水。靠近水源，保证供水的可靠性。水质、水量、水温要符合要求；城乡管网布局、管径、标高、压力保证及补救措施；雨水排除设置；污水系统现状与新建连接点管道埋深、管径、坡度和排入允许水量，粪便污水的处理方式，污水净化环保要达标。

(10) 能源供应。热力供给与可能，热源及热媒参数、热量、管网、价格；煤气供给与可能，供应量、压力、发热量、网络及价格；供电电源位置、距离、供电量、电源回路、输电线路进入场地的设计与分工、电计价方式与供电部门的供电文件与协议。

(11) 电信需求。电话、电视、电传、网络各种信号需要量与场地附近设备设施的供给可能性和敷线方式；截面调改等应与有关部门达成协议。

(12) 安全保护。建设项目场地与相邻环境的间距应满足安全、卫生、视觉、环保各项规定；符合人防、防水、安全用电要求；避免在洪泛地段、通信微波走廊、高压输电通廊与地下工程管道区域内建设。

(13) 景观与环境。对于场地上的文物古迹及自然景观，应按当地文物部门的要求采取相应的保护措施；动、植物自然保护区不能破坏；为此，应把握环境与建筑的整体效果，既应有合理的建筑功能，又应有先进的建筑技术。无论是工业还是民用建筑都应该创造优雅、得当而理想的环境；应做好协调工作，并能同相邻环境的建筑群体，在科技、信息、公用设施方面达成协作与综合利用的效果。

（14）施工条件。了解当地及外来建材供应、产量、价格；当地施工技术力量、水平、机械起重能力、数量以及施工期水、电、劳动力供应条件。

上述选址所要求考虑的内容，是拟建项目决策研究论证以及设计实施过程必不可少的基础条件或资料。组织、收集、整理项目必需的场地基础资料的过程既是为了选择基础条件比较好的场地，实际上也是组织积累设计基础资料的过程。

4　项目选址的审批管理

建设项目选址是一项需要综合分析、反复论证的工作，也是城乡规划行政主管部门实施城乡规划的首要环节。城乡规划行政主管部门通过对《建设项目选址意见书》的审批，对建设项目从规划上加以引导和控制，使建设项目符合规划、遵守法规并满足经济技术要求，从而保证城乡规划的实施。《建设项目选址意见书》作为对已确定的建设用地提出选址定点具体意见的法律文件，也为建设项目审批提供规划依据。

因此，无论是《建设项目选址意见书》中的规划设计要求，还是原址改建且不改变用地性质的建设项目单独申办的规划设计要求，都是对建设工程设计提出的规划控制或指导性意见，对于建设工程符合城乡规划至关重要，它们都是建设工程设计的重要依据。符合规划设计要求的建设工程设计方案会很容易获得规划审查通过，这有利于提高建设前期工作效率，所以对项目设计管理工作有着密切的关系，也是项目前期设计管理的重点环节。

3.2.2　项目建议书的编制与审批

1　项目建议书的概念

项目建议书是指建设筹建单位或项目法人在项目周期内的最初阶段，根据国民经济的发展、国家和地方中长期规划、产业政策、生产力布局、国内外市场、所在地的内外部条件和本单位的发展需要，经过调查、预测、分析，对拟建项目提出框架性的总体设想，并要求建设某一具体投资项目和作出初步选择的建议性文件。对于政府投资项目，项目建议书是项目筹建单位向国家提出的要求建设某一项目，以期取得立项的建议文件，故项目建议书又可称为立项申请。

2　项目建议书的作用

（1）作为政府主管部门选择与审批建设项目的依据。项目建议书初步说明项目建设的必要性，初步分析人力、物力和财力投入等建设条件的可能性与具备程度、预期取得综合效益的可能性，用来向政府主管部门推荐一个拟建项目，使政府主管部门能在宏观上考察拟建项目是否符合国家（或地区或企业）长远规划、宏观经济政策、产业结构和国民经济发展的要求，并选择、确定是否进行下一步工作，故其主要作用是作为政府主管部门选择与审批建设项目的依据。

（2）对于政府投资项目，项目建议书批准，投资项目则立项，即可列入项目前期工作计划，开展可行性研究工作。

（3）对于涉及利用外资的项目，项目建议书还应从宏观上论述合资、独资项目设立的必要性和可能性。在项目批准立项后，项目建设单位方可正式对外开展工作，编写可行性研究报告。

（4）最终结论，即通过市场预测研究项目产出物的市场前景，利用静态分析指标进行经济分析，以便做出对项目的评价。项目建议书的最终结论，可以是项目投资机会研究中有前途的肯定性推荐意见，也可以是项目投资机会研究中不成立的否定性意见。

3　项目建议书的编制内容

（1）投资项目建设的必要性和依据

包括阐明拟建项目提出的背景、拟建地点，提出（或出具）与项目有关的长远规划或行业、地区规划资料，说明项目建设的必要性。对改扩建项目要说明业主现有相关概况；对于引进技术和设备的项目，还应说明国内外技术的差距和概况以及进口的理由、工艺流程和生产条件的概要等。

(2) 项目实施的基础及有利条件

1) 产品方案及其工艺技术方案的设想。包括主要产品和副产品的规模、年产量、质量标准；产品的市场预测，销售方向和销售价格的初步分析等；产品的生产技术与工艺，主要专用设备来源；拟引进国外技术，应说明引进的国别以及国内技术与之相比存在的差距、技术来源、技术鉴定及转让等概况；拟采用国外设备，应说明引进理由以及拟引进设备的国外厂商的概况。

2) 拟建规模、建设选址初步设想论证。对拟建规模经济合理性的评价，一次建成规模和分期建设的设想（改扩建项目还须说明原有生产或使用情况及条件）；建设地点论证，分析项目拟建地点的自然条件和社会经济条件，论证建设地点是否符合地区布局的要求。

3) 资源情况、交通运输及其他建设条件和协作关系的初步分析。包括拟利用资源供应的可能性和可靠性；主要协作条件情况、项目拟建地点水电及其他公用设施、地方材料的供应情况分析；技术引进和设备进口项目应说明主要原材料、电力、燃料、交通运输及协作配套等方面的近期和远期要求，以及目前已具备的条件和资源落实情况。

(3) 项目的投资初步估算

投资初步估算是项目建议书的对拟建项目投资额的估计，初步估算可根据掌握数据的情况进行估算，也可按单位生产能力或类似项目情况进行估算。项目建议书阶段的初步投资估算相对可行性研究的投资估算要粗略，项目建议书阶段的投资估算误差一般在±20%。但其是项目立项决策的重要依据，并要为可行性研究的投资估算打下基础，应按规定要求进行编制。

(4) 项目的资金来源及筹措办法

资金筹措计划中应说明资金来源，利用贷款的需要附上贷款意向书，分析贷款条件及利率，说明偿还方式，测算偿还能力。对于技术引进和设备进口项目应估算项目的汇总用汇额及其用途，外汇的资金来源与偿还方式，以及国内费用的估算和来源。

(5) 项目的经济效果和社会效益的分析与初步估计

经济效果和社会效益的分析与初步估计（包括初步的财务评价和国民经济评价的内容）包括盈利能力、清偿能力的初步分析（计算项目全部投资的内部收益率、贷款偿还期等指标及其他必要的指标）；项目的社会效益和社会影响的初步分析。

(6) 项目的进度安排

包括建设前期工作的安排，含涉外项目的询价、考察、谈判、设计等；项目建设需要的时间和生产经营时间。

(7) 有关的初步结论和建议

初步结论可以是项目投资建设机会研究中有前途的肯定性推荐意见，也可以是尚不成立或具备的否定性意见。

(8) 项目建议书附件

项目建议书附件包括预可行性研究报告（包括辅助或职能研究报告）、技术引进和设备进口计划、邀请外国厂商来华进行技术交流的考察计划等附件。

4 项目建议书的审查

业主在正式报送有关主管部门审批前，对项目建议书的审查应包含以下方面：

(1) 项目是否符合国家的建设方针和长期规划，以及产业结构调整的方向和范围；

(2) 项目的产品符合市场需要的论证理由是否充分；

(3) 项目建设地点是否合适，有无不合理的布局或重复建设；

(4) 对项目的投资、财务设想，经济效益和还款要求的估算是否合理；

(5) 有无遗漏、论证不足、需作补充修改的内容。

5 项目建议书的报批与审查

项目建议书按要求编制、建设单位内审完成后，按审批权限规定报送政府主管部门审批。对于企业不使用政府资金投资建设的项目，政府不再进行投资决策性质的审批，工程项目实行核准制或登记备案制，企业不需要编制项目建议书而可直接委托项目管理单位或工程咨询单位编制可行性研究报告。

(1) 项目建议书提出报批主体

1) 项目建议书由政府部门、现有企事业单位或新组成的项目法人提出；

2) 跨地区、跨行业的工程项目以及对国计民生有重大影响的项目、国内合资项目，应由有关部门和地区联合提出；

3) 中外合资、合作经营项目，在中外投资者达成意向性协议书后，再根据国内有关投资政策、产业政策编制、提出项目建议书；

4) 大中型和限额以上拟建项目上报项目建议书时，应附初步可行性研究报告。初步可行性研究报告由具有相应资质的设计单位工程管理（咨询）单位或设计单位编制。

(2) 编报要求

建设项目是指一个总体设计或初步设计范围内，由一个或几个单位工程组成，经济上统一核算，行政上实行统一管理的建设单元。因此，凡在一个总体设计或初步设计范围内经济上统一核算的主体工程、配套工程及附属设施，应编制统一的项目建议书；在一个总体设计范围内，经济上独立核算的各工程项目，应分别编制项目建议书；在一个总体设计范围内的分期建设工程项目，也应分别编制项目建议书。

(3) 报批需提供材料

1) 项目所在地或行业主管部门、计划单列企业要求审批项目建议书的申请文件；

2) 符合规定深度要求的项目建议书文本；

3) 重大政府投资项目专家评估意见；需要提供的其他材料。

(4) 审批权限

目前，项目建议书要按现行的管理体制、隶属关系，分级审批。原则上按隶属关系，经主管部门提出意见，再由主观部门上报，或与综合部门联合上报，或分别上报。

1) 大、中型基本建设项目、限额以上更新改造项目，委托有资格的工程咨询、设计单位初评后，经省、自治区、直辖市、计划单列市计委及行业归口主管部门初审后，报国家发改委审批，其中特大型项目（总投资4亿元以上的交通、能源、原材料项目，2亿元以上的其他项目），由国家发改委委审核后报国务院审批。

总投资在限额以上的外商投资项目，项目建议书分别由省计委、行业主管部门初审后，报国家发改委会同外经贸部等有关部门审批；超过1亿美元的重大项目，上报国务院审批。

2) 小型基本建设项目，限额以下更新改造项目由地方或国务院有关部门审批。

小型项目中总投资1000万元以上的内资项目、总投资500万美元以上的生产性外资项目、300万美元以上的非生产性利用外资项目，项目建议书由地方或国务院有关部门审批。总投资1000万元以下的内资项目、总投资500万美元以下的非生产性利用外资项目，本着简化程序的原则，若项目建设内容比较简单，也可直接编报可行性研究报告。

3.2.3 项目可行性研究及其报告的编制与审批

1 可行性研究概述

(1) 可行性研究的概念

项目可行性研究是指在项目决策前，对工程建设项目进行全面的技术经济分析论证的科学方法和工作。它是固定资产投资建设活动的一项基础性工作，也是项目前期工作的核心和重点工作。项目可行性研究是保证建设项目以最少的投资耗费取得最佳经济效果的科学手段，也是实现建设项目在技术上先进、经济上合理和建设上可行的科学分析方法。

(2) 可行性研究的任务可行性研究是在对拟建项目的工程技术、经济等方面进行全面调查、研究、分析，在掌握比较详实确凿的数据与资料的基础上，进行深入细致的详细技术经济论证；制定多个项目建设比选方案并作比较论证，推荐最佳方案并预测建成后的经济、社会和环境效益；得出结论性意见和重大措施建议，作为最终决策的依据；编制可行性研究报告；报送政府主管部门审批。

一般而言，项目可行性研究是在项目决策前，项目法人委托有相应资质的项目管理（咨询）单位或设计（咨询）单位编制可行性研究报告。

(3) 可行性研究的目的与作用

可行性研究的目的包括：项目建设的必要性；研究项目的技术方案及其可行性；研究项目生产建设的条件和进行财务与经济评价，解决项目建设的经济合理性。

可行性研究的结果作为项目的一个中间研究和决策文件，在项目立项后应作为设计和计划的依据，在项目后评价中又作为项目实施成果评价的依据。在建设项目的整个寿命周期中，前期工作具有决定性意义，起着极其重要的作用。作为建设项目前期最重要的可行性研究报告，一经批准，在整个项目周期中，发挥着非常重要的作用。具体体现在：

1) 作为建设项目投资决策的依据

Ⓐ作为编制设计文件的依据；

Ⓑ作为向银行贷款的依据；

Ⓒ作为建设单位与各协作单位签订合同和有关协议的依据；

Ⓓ作为规划、环保、节能等有关部门审批项目的依据；

Ⓔ作为工程建设实施计划和施工准备、设备订货等实施前期工作的依据；

Ⓕ作为项目竣工验收、后评价的依据；

Ⓖ作为项目采用新技术、新设备研制计划和补充地形、地质工作和工业性试验的依据；

Ⓗ项目建成后，作为企业组织管理、机构设置、劳动定员、职工培训等企业管理工作的依据。

2) 对工程项目质量的形成起着极其重要的作用

通过项目的可行性研究，确定项目建设的可行性，并在可行的情况下，通过多方案比较从中选择出最佳建设方案，作为项目决策和设计的依据。在此阶段，需要确定工程项目的质量要求，并与投资目标相协调。因此，项目的可行性研究直接影响项目的决策质量和设计质量。

2 可行性研究的基本要求

(1) 注重调查研究，以详实的第一手资料为依据，客观地反映和分析问题，不应带任何主观观点和其他意图。

(2) 详细、全面，定性和定量分析相结合，用数据说话，多用图表表示分析依据和结果。

(3) 有比较才有选择，无论是项目的构思，还是市场战略、产品方案、项目规模、技术措施、场址的选择、时间的安排、筹资方案等，都要进行多方案比较。

(4) 在可行性研究中，许多考虑是基于对将来情况的预测上的，而预测结果中包含着很大的不确定性，所以要加强风险分析（敏感性分析）。

(5) 可行性研究的基本内容和研究深度应符合相关规定。应能满足作为项目投资决策的基础和可靠依据的要求。

3 可行性研究工作的阶段划分及其主要工作

可行性研究工作主要包括三个阶段：机会研究阶段、初步可行性研究阶段和详细可行性研究阶段。

(1) 机会研究阶段。机会研究又称投资机会论证。机会研究阶段是可行性研究的起点。这一阶段的主要任务是提出建设项目方向的建议，即在一个确定的地区和部门内，根据自然资源、市场需求、国家产业政策和国际贸易情况，通过调查、预测和分析研究，选择建设项目，寻找投资的有利机会。机会研究要解决两个方面的问题：一是社会是否需要；二是有没有可以开展项目的基本条件。

(2) 初步可行性研究阶段。初步可行性研究也称预可行性研究，它是详细可行性研究前的预备性研究。

在项目建议书被政府计划部门批准后，对于投资规模大、技术工艺又比较复杂的项目，需要先进行初步可行性研究。经过投资机会研究认为可行的建设项目，是否值得继续研究继而进行详细可行性研究时，就要做初步可行性研究，以进一步判断这个项目是否有实施的必要性，是否有较高的经济效益。经过初步可行性研究，认为该项目具有一定的可行性，便可转入详细可行性研究阶段。否则，就终止该项目。

初步可行性研究是投资项目机会研究和详细可行性研究的中间性或过渡性研究。其主要目的是：其一确定是否进行详细可行性研究；其二确定哪些关键问题需要进行辅助性专题研究。

(3) 详细可行性研究。详细可行性研究也称技术经济可行性研究或最终可行性研究，是可行性研究的主要环节。它为项目决策提供技术、经济、社会、市场方面的评价依据，为项目的实施提供科学依据，是建设项目投资决策的基础文件。其主要目标是提出项目建设方案；效益分析和最终方案选择；确定项目投资的最终可行性和选择依据标准。

4 可行性研究报告的编制内容

(1) 总论。综述项目名称、项目背景、工程概况、可行性研究报告编制依据、可行性研究的主要结论概要和存在的主要问题与建议。

(2) 市场预测与项目规模。调查国内外市场近期需求状况，并对未来趋势进行预测，对国内现有同类项目生产能力进行调查估计，进行产品销售预测、价格分析、判断产品的市场竞争能力及市场的前景，确定拟建项目的规模，对产品方案进行技术论证比较。

(3) 场址选择。场址选择包括建设区域的选择方案；推荐的场址方案；场址方案比选和场址具体现状（含场址地理位置图）。

(4) 资源、原材料、燃料及公用设施情况。资源储量、品位、成分以及开采、利用和供应条件的评述；所需原料、燃料的科类、数量、质量及其来源和供应的条件；有毒、有害及危险品的种类、数量和储运条件；材料试验情况；所需能源动力（水、电、气等）公用设施的数量、供应条件、外协作件，以及签订协议和合同的情况；还应有耗能指标分析；节能措施。

(5) 项目设计方案。在选定的建设场地内进行建筑设计方案（工业项目的总体设计、生产技术、工艺设备方案），进行多方案比较和选择，包括：确定项目的构成范围，主要单项工程的组成（主要建筑物与构筑物工程一览表），主体工程和辅助设施；项目工程量的估算；土建工程布置；场地平整等。工业项目包括：主要建筑和构筑物与厂外工程的规划；采用技术和工艺方案的论证，含技术来源、工艺路线和生产或使用方法，主要设备选型方案和性能（进口设备应提出供应方式）、工艺等要素的比较；引进技术、设备方案选择和比较。技术改造项目的原有建筑物与构筑物利用情况等。

(6) 环境保护评价及其他专项措施方案。对项目建设区域的环境状况进行调查，分析拟建项目“三废”（废气、废水、废渣）的种类、成分和数量，并预测其对环境的影响；提出治理方案的选择和回收利用情况，对环境影响进行评价；提出城乡规划、安全生产、劳动保护、防空、防震、防火、防洪、文物保护等要求及采取相应的措施方案，并评价该方案的可靠性和经济性。

(7) 节能篇（章）。固定资产投资工程项目可行性研究报告节能篇（章）应分析建设项目的建筑、设备、工艺的能耗水平和其生产的用能产品的效率或能耗指标。单位建筑面积能耗指标、工艺和设备的合理用能、主要产品能源单耗指标要以国内先进能耗水平或参照国际先进水平作为设计依据。工程项目应符合建设、技术标准和《中国节能技术政策大纲》中节能要求。

新建、改建、扩建和改造工程项目设计必须认真贯彻国家产业政策、国家和行业节能设计标准，不得采用国家已公布的限制（或停止）生产的产业序列、规模，或行业已公布限制（或停止）的旧工艺翻版扩产增容及选用淘汰产品。

可行性研究报告节能篇（章）的主要内容：第1节 能耗指标及分析；第2节 节施综述；第3节 单项节能工程；第4节 建筑节能。

（8）企业组织、劳动定员和人员培训。生产管理体制、机构的设置，对选择方案的论证；工程技术和管理人员的素质和数量的要求；劳动定员的配备方案；人员的培训规划和费用估算。

（9）项目施工计划和进度要求。根据勘察设计、设备制造采购、施工、安装、试生产所需时间与进度要求，选择项目实施方案和总进度，并对实施方案和进度计划进行优选，用横道图或网络图来表述实施方案。

（10）投资估算和资金筹措。投资估算包括项目总投资估算，主体工程及辅助、配套工程的估算，以及流动资金的估算。投资估算文件一般由编制说明、总投资估算表、单项工程综合估算表等内容组成。

总投资估算是业主投资决策的重要内容和项目主管部门审批项目的重要依据。经批准的投资估算是拟建项目实施阶段预控制项目总投资的基本依据。投资估算的完整性与准确性不仅影响到项目前期决策的成败得失，而且还关系到后续阶段项目投资管理。因此，应完整准确地计算拟建项目所需费用，确定高质量的投资估算。可行性研究阶段投资估算等误差一般在±10%左右。

资金筹措应说明资金来源、筹措方式、各种资金来源所占的比例、资金成本及贷款的偿付方式和期限等。

（11）项目的社会与经济评价。项目的社会评价包括：建设项目对社会的政治、经济、环境、文化等社会要素及其发展的作用与影响；项目与所在地互适性分析。经济评价包括：财务评价和国民经济评价，并通过有关指标的计算，进行项目盈利能力，偿还能力分析和敏感性分析，得出经济评价结论。

（12）项目风险分析。包括：项目主要风险识别；风险程度分析和风险防范对策。

（13）综合评价与结论、建议。推荐方案总体描述；运用各项数据，从技术、经济、社会、财务等各个方面综合论述项目的可行性；结论与建议。

5 项目可行性研究报告的报批与审批

（1）项目可行性研究报告的审批权限

1）按拟建项目投资来源划分：使用中央预算内投资的项目，其可行性研究报告视规模不同由国务院投资主管部门审批或审核后报国务院审批；使用中央专项建设基金的重大项目，其可行性研究报告由国家投资主管部门审批或审核后报国务院审批。

2）按拟建项目的级别划分：大、中型及限额以上的工程项目的可行性研究报告，需经过国务院行业归口主管部门和国家发改委审批。小型或限额以下的工程项目的可行性研究报告，按隶属关系，由各行业归口主管部门或省、自治区、直辖市的发改委审批。

（2）报批时需提交的材料

1）项目所在地或行业主管部门、计划单列企业要求审批可行性研究报告的申请文件；

2）项目建议书批复文件；

3）可行性研究报告文本（具备相应资质的工程咨询单位，按规定格式编制）；

4）规划部门出具的项目选址意见；

5）环境保护部门出具的项目环境影响评价批准文件或手续；

6）国土部门出具的项目用地的审查意见；

7）资金筹措渠道落实情况的证明文件；

8）其他外部条件（包括水、电、气、热等）落实意向性协议；

9）需要提供的其他材料。

（3）审批条件

1）符合法律法规及有关规定；

2）符合国民经济和社会发展规划、行业规划、产业政策、行业准入标准和土地利用总体规划；

3）符合国家宏观调控政策；

4）符合当地城乡规划和地区发展规划；

5）未影响经济安全；

6）合理有效利用土地、水、电、气等资源；

7）生态环境和自然文化遗产得到有效保护；

8）公众利益，特别是项目建设地的公众利益未产生重大不利影响；

9）符合项目建议书批复意见。

（4）办理时限

原则上自受理申请之日起20个工作日内给予答复。咨询评估、征求公众意见和进行专家评议所需时间不计算在规定的期限内。

3.2.4　项目评估及其报告

1　项目评估的概念

项目评估是指由投资决策部门组织和授权于有关银行、财务公司、工程管理（咨询）公司或有关专家，代表政府对建设项目可行性研究报告进行全面的审核和再评价。其主要任务是对拟建项目的可行性研究报告提出评价意见，最终决策该项目投资是否可行，确定最佳投资方案。

按照国家规定，对于需要审批的工程项目，必须经有审批权的单位委托有资质的工程咨询单位进行评估论证。未经评估的工程项目，任何单位不准审批，更不准组织建设。

2　对拟建项目评估论证原则

（1）项目必须建设符合国家和地区的有关政策、法令和规定；

（2）项目应符合国家和地区的宏观经济意图和国民经济发展的长远规划、行业规划和国土规划的要求，应符合城乡规划的要求；

（3）项目应在工程技术上适用，先进，在经济、社会和环境效益上统一有效。

3　项目评估框架构成

项目评估框架构成如下：

（1）全面审核可行性研究报告中反映的必要性、可行性情况是否真实、客观、确定；

（2）分析和判断可行性研究报告中各项指标是否客观正确，建设和生产条件与工艺技术是否可靠；

（3）从企业、国家和社会三方面，综合分析和判断工程项目的经济、社会和环境效益；

（4）作出项目总评估，对项目做出取舍的结论性意见和建投资限额规定的决策，按项目隶属关系，报送有审批权限的各级政府有关部门审批。

4　项目评估办法

（1）项目评估报告

建设项目的评估报告是项目决策的重要依据。建设项目的评估应论证建设项目是否符合国家有关政策、法令和规定；是否符合国家宏观经济要求，符合国民经济长远规划、行业规划和国土规划的要求，布局是否合理；在技术上、工程上是否合理可行；经济效益和社会效益是否良好。建设项目的评估工作应从宏观效益分析和微观效益分析相结合，定量分析和定性分析相结合，动态分析和静态分析相结合，主体工程和配套工程相结合等方面进行综合分析、论证，根据不同项目的特点，抓住关键问题，突出重点，提出评估意见。

（2）项目评估报告主要内容。一般而言，项目评估报告主要内容如下：

1）建设项目的必要性。从国民经济和社会发展等宏观角度论证项目建设的必要性。分析项目是否符合国家规定的投资方向，是否符合国家的产业政策、行业规划和地区规划，是否符合经济和社会发展需要。

2）建设规模和产品方案。分析市场预测是否准确，项目建设规模是否经济、合理，产品的性能、品种、规格构成和价格是否符合国内外市场需求的趋势和有无竞争能力。

3）项目环境影响评价。项目环境影响评价是在研究确定场址方案和技术方案中，调查研究环境条件，识别和分析拟建项目影响环境的因素，提出预防或减轻不良环境影响的对策和措施，比选和优化环境保护方案。国家根据工程项目对环境的影响程度，对工程项目的环境影响评价实行分类管理。项目环境影响评价文件分为环境影响报告书、环境影响报告表和环境影响登记表三类，统称为环境影响评价文件。(详见第10章)

4）建设条件与生产条件。项目所需资金能否落实，资金来源是否符合国家有关政策规定；选址是否合理，总体布置方案是否符合国土规划、城乡规划、土地管理和文物保护的要求和规定；项目建设过程中和建成投产后生产条件、技术、设备、原材料、燃料的供应条件，以及供电、供水、供气、供热、交通运输等要求能否落实。

5）工艺、技术、设备。A 分析项目采用的工艺、技术、设备是否符合国家的技术政策，是否先进、适用、可靠；采用的国内科技成果，是否经过工业试验和技术鉴定；引进的国外工艺、技术、设备，是否符合国家有关规定和国情，是否成熟，有无盲目、重复引进现象；引进的专利技术是否有失效的专利或不属于专利的技术。B 衡量技术水平的技术指标一般包括：劳动生产率、单位产品的原材料消耗、单位产品的能源消耗、产品质量指标、单位产品的占地面积、单位产品的运输量等通用指标及适用于各部门、各行业特点的具体指标，行业技术指标和参数另行制订。C 大型项目和对国民经济有重要作用的项目，所用技术指标应与国内外同类型企业的先进水平进行对比。D 有条件进行综合利用的项目，是否有利用的方案，方案是否合理、可行。

6）建筑工程的方案和标准。A 建筑工程有无不同方案的比选，分析推荐的方案是否经济、合理。B 论证工程地质、水文、气象、地震等自然条件对工程的影响和采取的治理措施。C 建筑工程采用的标准是否符合国家的有关规定，是否贯彻了节约资源的方针。

7）节能篇（章）评估。固定资产投资工程项目可行性研究报告节能篇（章）应经有资质的咨询机构评估；无节能篇（章）的可行性研究报告或未经评估，建设项目的主管部门不予受理。

8）基础经济数据的测算。A 投资估算的依据是否符合国家或地区的有关规定，工程内容和费用是否齐全，是否合理，有无高估冒算、任意提高标准、扩大规模以及有无漏项、少算、压低造价等情况。B 项目的资金来源是否可靠，是否符合国家规定。C 资金筹措方式是否可行，投资计划安排是否得当。D 分析报告中的各项成本费用计算是否正确，是否符合国家有关成本管理的标准和规定。E 分析产品销售价格的确定是否符合实际情况和预测变化趋势，各种税金的计算是否符国家规定的税种和税率。F 分析预测的计算期内各年获得的利润额。G 分析报告中确定的项目建设期、投产期、生产期等时间安排是否切实可行。

9）项目经济评价。项目的经济评价是项目可行性研究报告的重要内容之一，是进行投资项目决策的基本依据，核心内容是考察分析投资项目的经济效益。项目的经济评价包括财务评价和国民经济评价两部分。

A 财务评价。项目财务评价是立足于投资者或项目本身的微观经济效果分析。财务评价根据国家现行财税制度和市场价格体系，分析项目直接发生的项目投入财务费用，产出效益及外汇效益，项目的盈利能力、清偿能力以及外汇平衡等财务状况，进行计算和核实，包括：投资利润率、贷款偿还期、资产负债率、财务净现值、财务内部收益率、投资回收期、贷款偿还期、资产负债率、流动比率、速动比率等指标以及项目不确定性评价，以判断项目的财务可行性，衡量项目的经济效益。B 国民经济评价。国民经济评价是从国家、社会的角度，衡量建设项目需要国家付出的代价和给国民经济带来的效益。国民经济评价是按合理资源配置的原则，注重宏观经济效果分析，追求资源的配置在国家利益上的合理性，采用影子价格等国民经济评价参数，从国民经济的角度考察投资项目所耗费的社会资源和对社会的贡献，评价投资项目的经济合理性，从而确定项目的可行性。鉴于国民经济涉及的范围较广，有些经济参数国家有关部门正在制定，待颁发后，大型重点工程和由于产品价格不合理，严重扭曲经济效益的项目，必须进行国民经济评价，其他项目有条件的也要进行国民经济评价。

10）社会效益评价。社会评价主要内容包括项目的社会影响分析、项目与所在地区的互适性分析和社会风险分析三个方面。

社会评价旨在系统调查和预测拟建项目的建设、运营产生的社会影响与社会效益，分析项目所在地区的社会环境对项目的适应性和可接受程度。通过分析项目涉及的各社会因素，评价项目的社会可行性，提出项目与当地社会协调关系、规避社会风险、促进项目顺利实施、保持社会稳定的方案。社会效益包括生态平衡、科技发展、就业效果、社会进步等方面。应据项目的具体情况，分析可能产生的主要社会效益。

11）不确定性分析。在进行财务和国民经济评价时，都要作不确定性分析。一般应对报告中的盈亏平衡分析、敏感性进行分析，有条件时应进行概率分析，以确定项目在财务上、经济上的可靠性和抗风险能力。

12）项目的总评估。汇总各方面的分析、评价，进行综合研究，提出结论性的意见和建议。

3.3 政府投资项目其他制度

3.3.1 政府重大投资项目公示制度

1 建立公开透明的社会公示制度

建设部、发展和改革委员会、财政部、监察部、审计署于2007年1月5日发布建质［2007］1号《关于加强大型公共建筑工程建设管理的若干意见》（以下简称《意见》）的文件，规定：对大型公共建筑工程建立公开透明的社会公示制度。

大型公共建筑一般指建筑面积2万平方米以上的办公建筑、商业建筑、旅游建筑、科教文卫建筑、通信建筑以及交通运输用房。

2 政府重大投资项目可行性研究报告公示制度

以上海市政府重大投资项目可行性研究报告公示制度为例：

(1) 执行公示试点时，凡尚未批复可行性研究报告的项目，都可以进行公示。可以在重点审批项目建议书前，或在批复项目建议书后、上报可行性研究报告前进行公示，公示期限一般不应少于10个工作日。

(2) 公示项目时，应包括以下主要内容：项目名称，项目的申报单位和建设单位，建设地点，建设目标及功能，建设规模及内容，总投资及资金来源，审批单位及联系方式，以及其他要公示的内容。

(3) 公示结束后，要及时汇总整理征集到的意见和建议，并将有关情况在原公示网站或相关媒体上进行公布；要将主要意见和建议及时告知项目的申报单位和和建设单位，充分吸收和采纳；涉及环保、土地、城乡规划等方面的主要意见和建议，供相关部门在进行有关管理工作时参考；征求意见后要采取多种方式，对提出意见者进行反馈。

(4) 在公示项目的可行性研究报告中，应当说明对公示意见和建议的采纳情况，未予采纳的要说明理由；在对可行性研究报告进行委托评估时，应要求评估机构对主要意见和建议的采纳情况做出评议；在审批项目建议书或可行性研究报告时，应当充分研究分析主要意见和建议，以及单位的说明和评估机构的评议情况，并可要求申报单位依据公示意见和建议进行相应调整和修改。

(5) 在批复公示项目的项目建议书或可行性研究报告后，应当将主要意见和建议的采纳和未予采纳的理由在原公示网站或相关媒体上进行公布。

3.3.2 国家产业技术政策

1 国家产业技术政策概念

国家产业技术政策是指通过对技术的研究、开发及创新实施强有力的支援，实现产业在不断更新的技术支持下，取得持续发展这一战略目标的一种政策。产业技术政策以产业技术为直接的政策对象，是保障产业技术适度和有效发展的重要手段。

2 国家产业技术政策的基本原则

(1) 以推动产业结构优化升级为宗旨。发展高新技术及利用高新技术改造传统产业，淘汰落后生产技术与能力，其核心目的在于推动产业结构的优化与升级。要全面发展技术创新能力，不断提高高新技术产业在国民经济中的比重，加快传统产业更新改造步伐，从整体上提高国民经济素质。

(2) 市场机制与政府组织协调作用相结合。贯彻实施国家产业技术政策，要充分发挥市场机制基础性的作用，促使企业成为科技创新的主体，使社会资金成为科技进步的投资主体；在深入认识市场经济规律的基础上，要充分发挥政府的组织协调作用，运用财政、税收、金融等政策支持高新技术开发与传统产业改造升级，拟定国家产业技术发展方向，把握住后发优势，加快产业技术水平跨越式发展。

(3) 自主创新与引进技术相结合。要不断加大对战略性高技术产业领域的投入，及时跟踪国际高技术产业发展趋势，保持重要领域中的持续创新能力，确保国家政治、经济、军事的发展需要。军民结合，是推动高新技术发展、提高创新能力的重要途径。同时，要继续采取各种形式引进技术。在引进技术的过程中，要加强技术集成和创新，博采众长，形成有中国特色的自主知识产权体系，不断提高产业技术水平和竞争力。

3 重点产业技术发展方向

(1) 重点推进高新技术与产业化发展；用先进适用技术改造提升传统产业。

(2) 重点发展主导经济发展、关系国家实力以及国家经济和社会安全的战略性技术；关联性强、制约我国产业总体技术水平提高的关键技术；通用性强、应用领域广泛，在经济发展中发挥基础作用的共性技术。

(3) 抓住世界科技革命迅猛发展的机遇，有重点地发展高新技术及产业化，实现局部领域的突破和跨越式发展，逐步形成我国高新技术产业群体优势。

(4) 重点发展信息技术、生物工程技术、先进制造技术、新材料技术、航空航天技术、新能源技术、海洋技术等。

(5) 用高新技术改造传统产业，提升农业、能源与环保、交通运输业、原材料、加工制造业、建筑业、国防科技工业和其他产业的技术水平。

第4章 项目建设行政管理

依法对建设项目实施建设行政管理是建设法规的行政适用。建筑工程项目建设离不开接受政府相关主管部门对项目的许可管理。项目建设规划行政管理是建设项目实施阶段建设行政管理的主要内容，设计管理参与其中，成为其重要的实务之一。业主和项目管理（工程咨询）单位的设计管理组织及其人员务必熟悉并遵循政府各主管部门对工程建设项目实施阶段的管理指向，并切实履行，切勿寄望于执法疲软、制度空转和政策扭曲而轻心懈怠。

4.1 项目建设行政管理

1 建设行政管理概念

(1) 行政许可管理制度

行政许可是指行政机关根据公民、法人或者其他组织的申请，经依法审查，准予其从事特定活动的行为。

行政许可包括由具有行政许可权的行政机关在其法定职权范围内实施行政许可和法律、法规授权的具有管理公共事务职能的组织，在法定授权范围内，以自己的名义实施行政许可。

我国自2004年7月1日起施行《中华人民共和国行政许可法》，适用于行政许可的设定和实施。《行政许可法》的出台与实施是我国行政管理体制的重大改革。它将行政许可的设定权与实施权给予了严格分离，同时对政府实施行政许可的范围和方式提出了明确的要求。《行政许可法》对建设项目依法设定了行政许可事项，各省市根据《行政许可法》和其他有关法律、法规的规定，结合本省市实际，制定出台了适合地方的行政许可办理规定，并予以实施。

(2) 建设行政管理

建设行政管理是指国家机关或法律、法规授权的其他社会组织及其公职人员，依照法定职权和程序调整保护具体建设关系的活动，即建设法规的行政适用。政府对工程建设项目的管理是通过建设行政等相关主管部门及其授权机构依法对工程项目建设实行控制、引导和监督的行政管理活动来实现的。具体而言，是上述主管部门对工程项目建设依法设定和实施行政许可等监督管理制度的活动。因此，建筑工程项目建设及其管理离不开行政许可制度，“申请”、“审查”、“批准”将始终伴随着项目建设管理全过程。作为建设项目管理者必须熟悉这一重要行政管理制度。

2 项目建设行政管理的主要内容

与工程建设项目设计管理相关的建设行政管理主要内容有：

(1) 建设执业资格管理；

(2) 建设程序管理；

(3) 城乡规划管理；

(4) 工程勘察设计管理；

(5) 建设项目专项管理；

(6) 建设项目设施配套建设管理；

(7) 建设工程合同管理；

(8) 建设工程质量管理；

(9) 工程建设监理管理;

(10) 依法设定的建设其他事项管理。

3 建设项目实施阶段的行政许可主要事项

建设项目实施阶段的主要行政许可申办事项分类如下:

(1) 建设项目用地与规划许可。建设项目用地与规划许可包括下列“一书四证”的核发:

1) 建设项目选址意见书;

2) 建设用地规划许可证;

3) 建设工程规划许可证;

4) 乡村建设规划许可证。

(2) 建筑工程施工许可。建筑工程施工许可证(或报建许可)。

(3) 建设项目专项许可。建设项目专项管理主要是对建设项目专项送审、审查、许可管理,主要包括下列许可事项:建设项目环境保护、人民防空、消防、抗震设防、节能、绿化、日照、防雷、卫生防疫、市容环卫、安全、道路交通、河道、无障碍设施建设和深基坑管理。

(4) 建设项目设施配套事项包括供电、给水、排水、供热、供燃气、电信和建筑智能化。

4 建设行政管理改革

建设行政管理是城市管理的重要组成部分。为推广建设项目用地与规划许可、建设项目专项许可等各类管理审批制度数字化改革,充分发挥规划、土地和城建、专项管理职能的整合优势,进一步提高工作效率和服务水平,目前,许多试点城市对城市建设管理体制和机制进行了改革,各地在行政管理系统数字化建设过程中,既综合利用计算机、数据库、互联网、有线与无线通信、地理信息系统等技术,也对国土、规划、公安、交通和人防系统等各种行政资源进行整合,试行跨部门并联审批管理办法,从而实现了跨部门协调与合作,取得了良好的效果。

随着我国城镇化水平的不断提高,城市规模扩大和建设管理内容的增加,对建设行政数字化管理模式工作提出了更高要求。适应新形势,加强科技支撑作用,依托信息化技术,提高数字化行政管理系统的数据传输能力和处理速度,推进城市建设管理质量和水平的全面提升,已成为势在必行的目标任务。

4.2 城乡规划及其对建设项目的管理

4.2.1 城乡规划概述

1 城乡规划的概念

城乡规划是指对一定时期内城市的经济和社会发展、土地利用、空间布局以及各项建设的综合部署、具体安排和实施管理。城乡规划的目的是为了加强城乡规划管理,协调城乡空间布局,改善人居环境,促进城乡经济社会全面协调可持续发展。

我国历史上第一部《城乡规划法》2008年开始实施。《城乡规划法》中所称城乡规划,包括:城镇体系规划、城市规划、镇规划、乡规划和村庄规划,它标志着我国彻底改变城乡二元结构的规划制度,进入城乡一体化的规划管理时代。

2 城乡规划的原则及其内涵

(1) 城乡规划的原则

制定和实施城乡规划,应当遵循城乡统筹、合理布局、节约土地、集约发展和先规划后建设的原则,改善生态环境,促进资源、能源节约和综合利用,保护耕地等自然资源和历史文化遗产,保持地方特色、民族特色和传统风貌,防止污染和其他公害,并符合区域人口发展、国防建设、防灾减灾和公共卫生、公共安全的需要。

（2）城乡规划原则的内涵

1）统筹城乡建设，促进城乡经济社会全面发展。加强城乡规划管理，协调城乡空间布局，改善人居环境，促进城乡经济社会全面协调可持续发展。制定城乡规划要体现城乡、区域协调互动发展机制基本形成的目标要求；实施城乡规划时，要根据城乡特点，强化对乡村规划建设的管理，完善乡村规划许可制度，坚持便民利民和以人为本。

2）倡导资源节约，加强环境保护。制定和实施城乡规划，应当遵循节约土地、集约发展原则，改善生态环境，促进资源、能源节约和综合利用，保护耕地等自然资源，根据当地经济社会发展的实际合理确定城市、镇的发展规模、步骤和建设标准。

城市总体规划、镇总体规划、水源地和水系、基本农田和绿化用地、环境保护等内容，应当作为强制性内容。城市新区的开发和建设，应严格保护自然资源和生态环境，体现地方特色。

3）保持城乡特色，保障公共安全，改善人居环境。制定和实施城乡规划，应当保护历史文化遗产，保持地方特色、民族特色和传统风貌，并符合防灾减灾和公共卫生、公共安全的需要。

历史文化遗产保护以及防灾减灾等内容，应当作为城市总体规划、镇总体规划的强制性内容。乡规划、村庄规划体现地方和农村特色，以及对历史文化遗产保护、防灾减灾等的具体安排。

4）城乡规划领域公共利益的基本构成。制定和实施城乡规划，应当遵循城乡统筹、合理布局、节约土地、集约发展的原则，改善生态环境，促进资源、能源节约和综合利用，保护自然资源和历史文化遗产，保持地方特色、民族特色和传统风貌，防止污染和其他公害，符合国防建设、防灾减灾和公共安全的需要。

5）城乡规划领域公共利益的特殊载体。城乡规划确定的铁路、公路、港口、机场、道路、绿地、输配电设施及输电线路走廊，通信、广播电视、管道设施，河道、水库、水源地、自然保护区，消防通道、垃圾、污水处理和公共服务设施的用地以及其他需要依法保护的用地。

6）强调公共服务的统筹。城市的建设和发展，应当优先安排基础设施以及公共服务设施的建设，妥善处理新区开发与旧区改建的关系，统筹兼顾周边农村经济社会发展的需要。镇的建设和发展，应当结合农村经济社会发展和产业结构调整，优先安排供水、排水、供电、供气、道路等基础设施和学校、卫生院等公共服务设施的建设，为周边农村提供服务。

7）关注民生。统筹兼顾进城务工人员生活和周边农村经济社会发展、村民生产与生活的需要。

旧城区的改建，应当合理确定拆迁和建设规模，有计划地对危房集中、基础设施落后的地段进行改建。近期建设规划应当以重要基础设施、公共服务设施和中低收入居民住房建设以及生态环境保护为重点内容。

8）强调公众参与。乡村规划应从农村实际出发，尊重村民意愿。村庄规划在报送审批前，应当经村民会议或者村民代表会议讨论同意；应当充分考虑专家和公众的意见，并在报送审批的材料中附具意见采纳情况及理由；修改详细规划应征求地段内利害关系人意见。

9）建立并完善规划监督机制。包含了人大监督，上级对下级、公众对政府的监督和加强制约自由裁量权等内容。对相关责任进行详细分解，明确具体行为和岗位的责任。

3　城乡规划的构成

根据《城乡规划法》和《省域城镇体系规划编制审批办法》（城乡建设部令第3号）有关条文规定，城乡规划的编制构成如下：

（1）城乡规划包括城镇体系规划、城市规划、镇规划和乡规划、村庄规划；

（2）城镇体系规划分为全国城镇体系规划和省域城镇体系规划；

（3）城市规划、镇规划分为总体规划和详细规划；

（4）详细规划分为控制性详细规划和修建性详细规划。

4　城乡规划的层次与内容

编制城乡规划一般按城镇体系规划、总体规划和详细规划三个层次进行，内容如下：

（1）省域城镇体系规划

《城乡规划法》规定：省域城镇体系规划的规划期限一般为20年，还可以对资源生态环境保护和城乡空间布局等重大问题作出更长远的预测性安排。

《省域城镇体系规划编制审批办法》规定：限制建设区、禁止建设区的管制要求，重要资源和生态环境保护目标，省域内区域性重大基础设施布局等，应当作为省域城镇体系规划的强制性内容。

省域城镇体系规划一般分为编制省域城镇体系规划纲要和编制省域城镇体系规划成果两个阶段。

（2）城市总体规划、镇总体规划和乡规划、村庄规划

1）城市总体规划、镇总体规划的主要内容包括：城市、镇的发展布局，功能分区，用地布局，综合交通体系，禁止、限制和适宜建设的地域范围，各类专项规划等。

规划区范围、规划区内建设用地规模、基础设施和公共服务设施用地、水源地和水系、基本农田和绿化用地、环境保护、自然与历史文化遗产保护以及防灾减灾等内容，应当作为城市总体规划、镇总体规划的强制性内容。

城市总体规划、镇总体规划的规划期限一般为20年。城市总体规划还应当对城市更长远的发展作出预测性安排。

2）乡规划、村庄规划的内容应当包括：规划区范围内住宅、道路、供水、排水、供电、垃圾收集、畜禽养殖场所等农村生产、生活服务设施、公益事业等各项建设的用地布局、建设要求，以及对耕地等自然资源和历史文化遗产保护、防灾减灾等设施的具体安排。乡规划还应当包括本行政区域内的村庄发展布局。

3）总体规划的成果应包括文本、图纸和附件。图纸主要包括：市域城镇体系规划图、城市现状图、城市总体规划图、道路交通规划图、各项专业规划图及近期建设规划图；新建城市和城市新发展地区应绘制城市用地工程地质评价图。规划说明及基础资料收入附件。规划成果的表达应当清晰、规范，符合城乡规划有关的技术标准和技术规范，以书面和电子文件两种形式表达。

（3）城乡详细规划

城乡详细规划分为控制性详细规划和修建性详细规划；修建性详细规划应当符合控制性详细规划要求。详细规划的任务是以总体规划为依据，详细规定建设用地的各项控制指标和规划管理要求，或直接对建设项目作出具体的安排和规划设计。

1）控制性详细规划主要内容：A 详细确定规划地区各类用地的界线和适用范围；B 提出建筑高度、建筑密度、容积率的控制指标；C 规定各类用地内适建、不适建、有条件可建的建筑类型，规定交通出入口方位、建筑后退红线距离等；D 确定各级支路的红线位置、断面、控制点坐标和标高；E 根据规划容量，确定工程管线的走向、管径和工程设施的用地界线；F 制定相应的土地使用与建筑管理规定细则；G 控制性详细规划的文件和图纸：规划文件为规划说明书，主要图纸包括位置图、用地现状图、土地使用规划图、地块划分编号图和各地块控制性详细规划图，二者均以书面和电子文件两种形式表达。

2）修建性详细规划主要内容：A 建设条件分析和综合技术经济论证；B 建筑和绿地的空间布局、景观规划设计，布置总平面图；C 道路系统规划设计；D 绿地系统规划设计；E 工程管线规划设计；F 竖向规划设计；G 估算工程量、拆迁量和总造价，分析投资效益；H 修建性详细规划的文件和图纸：规划文件为规划说明书，主要图纸包括规划地段位置图、规划范围现状图、规划总平面图、各项专业规划图、竖向规划图、单项或综合工程管网规划图和反映规划设计意图的透视图。

4.2.2 城乡规划对建设项目的管理

1 城乡规划管理的概念

城乡规划管理是指组织编制和审批城乡规划，并依法对城乡土地的使用和各项建设的安排实施控制、引导和监督的行政管理活动。

《城乡规划法》规定：任何单位和个人都应当遵守经依法批准并公布的城乡规划，服从规划管理，并有权就涉及其利害关系的建设活动是否符合规划的要求向城乡规划主管部门查询；有权向城乡规划主管部门或者其他有关部门举报或者控告违反城乡规划的行为。城乡规划主管部门或者其他有关部门对举报或者控告，应当及时受理并组织核查、处理。

城乡规划编制所提供的城乡规划方案和文本，只有经过法定程序批准方才成为具有法律效力的城乡规划，才能成为城乡规划实施管理的依据。对于城乡规划管理概念的理解，需要把握两个方面：

(1) 城乡规划管理是城市政府的一项行政职能。城乡规划管理是城乡管理工作的一个重要组成部分，具有行政管理的性质，必须遵循行政管理的一般原则。

(2) 城乡规划管理的主要内容：

1) 城乡规划的组织编制和审批；

2) 城乡规划实施管理；

3) 城乡规划实施的监督检查。

2 城乡规划管理的对象

(1) 城乡规划管理对象。城乡规划管理对象主要有两类：

1) 城乡规划项目。属于政府内部管理行为，被管理者是政府部门。

2) 建设用地或建设工程。属于政府外部管理行为，被管理者是建设单位及设计单位等工程建设参与方。

(2) 城乡规划管理的对象除了涉及城市规划的要求外，因其区位和性质还会涉及土地利用、环境保护、卫生防疫、绿化景观、文物保护、自然区保护、国防、人防、消防、气象、抗震、防汛、交通、通信、公路、河港、铁路、航空、工程管线、地下工程、测量标志、农田水利等管理的要求。这就要求规划管理部门作为一个综合部门对管理对象进行系统分析，沟通协调，综合平衡。

(3) 城乡规划管理对象的被管理者都是管理对象的代表人，既是规划管理系统中受着某种控制的管理相对方，又是其所在单位代表。规划管理活动要通过各种方法与被管理者互动合作，发挥被管理者的主观能动作用，使每一个管理项目符合规划管理的目标要求。

(4) 在管理实践中，宏观上要把城乡的发展放到整个经济和社会发展的大范围内考察，加强区域意识、系统意识；微观上必须把规划或建设工程放在城乡的范围内分析考察，合理布局，综合配套，相互协调。

(5) 城乡规划管理具有一定的历史阶段性。通过城乡规划管理在一定历史条件下审批城乡规划项目或建设用地和建设工程，随着时间的推移和数量的积累，对城乡的未来发展会产生深远影响。因此，规划管理要增强政策观念和全局观念，正确处理局部与整体、近期与长远、需要与可能的辩证关系。

3 城乡规划对建设项目管理的主要内容

按《城乡规划法》规定，城乡规划对建设项目管理的主要内容是建设用地规划管理和建设工程规划管理，即核发“一书三证”：

(1) 选址意见书；

(2) 建设用地规划许可证；

(3) 建设工程规划许可证；

(4) 乡村建设规划许可证。

其中建设项目选址意见书、建设用地规划许可证的管理活动属于建设用地规划管理；对建设工程规划许可证、乡村建设规划许可证的管理活动属于建设工程规划管理。

4.2.3 建设用地规划管理

1 建设用地规划管理概念

(1) 建设用地。建设用地是指建造建筑物、构筑物的土地，包括城乡住宅和公共设施用地、工矿用地、交通水利设施用地、旅游用地、军事设施用地等。

(2) 建设用地规划管理。建设用地规划管理是指城乡规划行政主管部门根据法定程序制定的城乡规划和国家、地方的相关法律法规，通过法律的、行政的手段，按照一定的管理程序，对城市规划区范围内建设项目用地的区位、总体布局、用地性质、土地利用强度、建筑及设施布置等进行审查，并满足建设工程功能和利用要求，确定其建设地址，核定其用地范围及土地利用规划要求，节约、合理地利用城市土地，核发建设项目选址意见书和建设用地规划许可证的行政行为。

2 建设用地的规划原则与规定

(1)《城乡规划法》对建设用地的规划要求遵循节约土地，保护耕地，集约综合利用的原则。

(2)《城乡规划法》对建设用地规定：

1) 规划区范围、规划区内建设用地规模，应当作为城市、镇总体规划的强制性内容。

2) 城乡规划确定的铁路、公路、港口、机场、道路、绿地、输配电设施及输电线路走廊、通信设施、广播电视设施、管道设施、河道、水库、水源地、自然保护区、防汛通道、消防通道、核电站、垃圾填埋场及焚烧厂、污水处理厂和公共服务设施的用地以及其他需要依法保护的用地，禁止擅自改变用途。

3) 城市地下空间的开发和利用，应当与经济和技术发展水平相适应，遵循统筹安排、综合开发、合理利用的原则，充分考虑防灾减灾、人民防空和通信等需要，并符合城市规划，履行规划审批手续。

4) 在城市、镇规划区内进行建筑物、构筑物、道路、管线和其他工程建设的，建设单位或者个人应当申请办理建设工程规划许可证。

5) 县级以上地方人民政府城乡规划主管部门不得在城乡规划确定的建设用地范围以外作出规划许可。

3 土地使用权管理与建设用地规划管理的关系

土地使用权管理与建设用地规划管理既有区别又有联系。

(1) 区别在于管理的内涵。土地管理属于国土资源的全方位管理。土地使用权管理包括：依法实施受理土地使用权申请、审批建设用地的划拨和有偿出让及租赁、核发土地使用权证、制定土地使用费标准、收取土地出让金、土地使用权的登记；调解用地纠纷；处理非法占用、出租和转让土地等违规行为。而建设用地规划管理则是对建设工程所用土地，按照城乡规划进行选址，根据建设工程用地要求确定用地范围，协调有关矛盾，综合提出土地使用的规划要求，保证城乡各项建设用地按照城乡规划实施。

(2) 联系在于管理的过程。建设用地规划管理与土地管理的联系在于管理的过程，前者管理的成果是后者在城乡规划建设用地使用权审批中的重要依据。国有土地使用权的获得必须符合城乡规划的要求。建设用地规划要求是使建设用地地块的土地利用符合城乡规划的要求，也是土地使用权划拨、出让、转让和租赁等合同的重要组成部分。不含有城乡规划管理部门提出的规划要求的合同是无效合同。

为此，土地管理中的国有土地使用权出让必须按照城乡规划和规划管理技术规定的要求进行。规划部门参与国有土地使用权出让计划的制订，对出让地块的使用及早提出指导性意见，并及早拟定对确定出让地块的规划要求。

4 土地管理法律法规对建设用地的主要管理制度

(1) 我国土地管理的主要法律法规

土地管理法律法规建立了对建设用地主要管理制度，也是建设用地审批的依据。我国土地管理的主要法律法规如下：《土地管理法》、《土地管理法实施条例》、《城乡规划法》、《城市房地产管理法》、《国有土地上房屋征收与补偿条例》、《城镇国有土地使用权出让和转让暂行条例》、《招标拍卖挂牌出让国有土地使用权规定》、《建设项目用地预审管理办法》等。

(2) 土地的所有权和使用权

1) 属于全民所有即国家所有土地。下列土地属于全民所有即国家所有：

A 城市市区的土地；B 农村和城市郊区中已经依法没收、征收、征购为国有的土地；C 国家依法征用的土地；D 依法不属于集体所有的林地、草地、荒地、滩涂及其他土地；E 农村集体经济组织全部成员转为城镇居民的，原属于其成员集体所有的土地；F 因国家组织移民、自然灾害等原因，农民成建制地集体迁移后不再使用的原属于迁移农民集体所有的土地。

2）属于农民集体所有土地。农村和城市郊区的土地，除由法律规定属于国家所有的以外，属于农民集体所有；宅基地和自留地、自留山，属于农民集体所有。

农民集体所有的土地，由土地所有者向土地所在地的县级人民政府土地行政主管部门提出土地登记申请，由县级人民政府登记造册，核发集体土地所有权证书，确认所有权。农民集体所有的土地依法用于非农业建设的，由土地使用者向土地所在地的县级人民政府土地行政主管部门提出土地登记申请，由县级人民政府登记造册，核发集体土地使用权证书，确认建设用地使用权。

3）任何单位和个人进行建设，需要使用土地的，必须依法申请使用国有土地。国家依法实行土地登记发证制度。依法登记的土地所有权和土地使用权受法律保护，任何单位和个人不得侵犯。

（3）国家实行土地用途管制制度

依照《土地管理法》规定，土地利用总体规划应当将土地划分为农用地、建设用地和未利用地。土地分类和划定土地利用区的具体办法，由国务院土地行政主管部门会同国务院有关部门制定。

建设单位使用国有土地的，应当按照土地使用权出让等有偿使用合同的约定或者土地使用权划拨批准文件的规定使用土地；确需改变该幅土地建设用途的，应当经有关人民政府土地行政主管部门同意，报原批准用地的人民政府批准。其中，在城市规划区内改变土地用途的，在报批前，应当先经有关城市规划行政主管部门同意。依法改变土地权属和用途的，应当办理土地变更登记手续。

（4）土地利用总体规划

1）各级人民政府应当依据国民经济和社会发展规划、国土整治和资源环境保护的要求、土地供给能力以及各项建设对土地的需求，组织编制土地利用总体规划。

2）城市建设用地规模应当符合国家规定的标准，充分利用现有建设用地，不占或者尽量少占农用地。使用土地的单位和个人必须严格按照土地利用总体规划确定的用途使用土地。

3）具体建设项目需要占用土地利用总体规划确定的国有未利用地的，按照省、自治区、直辖市的规定办理；但是，国家重点建设项目、军事设施和跨省、自治区、直辖市行政区域的建设项目以及国务院规定的其他建设项目用地，应当报国务院批准。

4）各级人民政府应当加强土地利用年度计划管理，实行建设用地总量控制，土地利用年度计划一经批准下达，必须严格执行。土地利用年度计划应当包括下列内容：A 农用地转用计划指标；B 耕地保有量计划指标；C 土地开发整理计划指标。

（5）切实保护耕地是我国的基本国策之一

1）国家保护耕地，严格控制耕地转为非耕地。国家实行占用耕地补偿制度、基本农田保护制度。十分珍惜、合理利用土地和切实保护耕地是我国的基本国策，各级人民政府应当采取措施，全面规划，严格管理，保护、开发土地资源，制止非法占用土地的行为。

2）省、自治区、直辖市人民政府批准的道路、管线工程和大型基础设施建设项目、国务院批准的建设项目占用土地，涉及农用地转为建设用地的，由国务院批准。

3）在土地利用总体规划确定的城市和村庄、集镇建设用地规模范围内，为实施该规划而将农用地转为建设用地的，按土地利用年度计划分批次由原批准土地利用总体规划的机关批准。在已批准的农用地转用范围内，具体建设项目用地可以由市、县人民政府批准。

4）建设占用土地，涉及农用地转为建设用地的，应当办理农用地转用审批手续。

（6）国有土地上房屋征收与补偿

《国有土地上房屋征收与补偿条例》（国务院令第 590 号 2011 年 1 月 19 日起施行）规定：确需征收

房屋的各项建设活动，应当符合国民经济和社会发展规划、土地利用总体规划、城乡规划和专项规划。保障性安居工程建设、旧城区改建，应当纳入市、县级国民经济和社会发展年度计划。制定国民经济和社会发展规划、土地利用总体规划、城乡规划和专项规划，应当广泛征求社会公众意见，经过科学论证。

（7）土地使用权划拨制度

土地使用权划拨，是指县级以上人民政府依法批准，在土地使用者缴纳补偿、安置等费用后将该幅土地交付其使用，或者将土地使用权无偿交付给土地使用者使用的行为。依照规定以划拨方式取得土地使用权的，除法律、行政法规另有规定外，没有使用期限的限制。

下列建设用地，经县级以上人民政府依法批准，可以以划拨方式取得：

1）国家机关用地和军事用地；

2）城市基础设施用地和公益事业用地；

3）国家重点扶持的能源、交通、水利等基础设施用地；

4）法律、行政法规规定的其他用地。

（8）国有土地有偿、有限期使用制度

1）国有土地有偿使用的方式。建设单位使用国有土地，应当以出让等有偿使用方式取得。国有土地有偿使用的方式包括：A 国有土地使用权出让；B 国有土地租赁；C 国有土地使用权作价出资或者入股。

2）土地使用权出让。土地使用权出让，是指国家将国有土地使用权（以下简称土地使用权）在一定年限内出让给土地使用者，由土地使用者向国家支付土地使用权出让金的行为。A 城市规划区内的集体所有的土地，经依法征用转为国有土地后，该幅国有土地的使用权方可有偿出让。B 土地使用权出让，必须符合土地利用总体规划、城市规划和年度建设用地计划。C 土地使用权出让，可以采取拍卖、招标、挂牌或者双方协议的方式。商业、旅游、娱乐和豪华住宅用地，有条件的，必须采取拍卖、招标方式；没有条件，不能采取拍卖、招标方式的，可以采取双方协议的方式。《招标拍卖挂牌出让国有土地使用权规定》（国土资源部令第 11 号），提出商业、旅游、娱乐和商品住宅等各类经营性用地以及其他用途的同一宗地有两个以上意向用地者的，必须以招标、拍卖或者挂牌方式出让。D 采取双方协议方式出让土地使用权的出让金不得低于按国家规定所确定的最低价。E 土地使用权出让，应当签订书面出让合同。

3）农民集体所有的土地的使用权不得出让、转让或者出租用于非农业建设；但是，符合土地利用总体规划并依法取得建设用地的企业，因破产、兼并等情形致使土地使用权依法发生转移的除外。

4）以出让等有偿使用方式取得国有土地使用权的建设单位，按照国务院规定的标准和办法，缴纳土地使用权出让金等土地有偿使用费和其他费用后，方可使用土地。

5）土地使用权出让的最高期限。土地使用权出让的最高年限是指法律规定的土地使用者可以使用国有土地的最高年限。土地使用权出让的实际年限，只能在国家规定的最高年限内，由出让方和受让方签订出让合同时约定。

《城镇国有土地使用权出让和转让暂行条例》规定，根据土地的不同用途，土地使用权出让的最高年限为：A 居住用地 70 年；B 工业用地 50 年；C 教育科技、文化、卫生、体育用地 50 年；D 商业、旅游娱乐用地 40 年；E 综合或其他用地 50 年。土地使用权出让的年限从领取“国有土地使用权证”之日起计算。

（9）建设用地有关审批手续

1）具体建设项目需要使用土地的，建设单位应当根据建设项目的总体设计一次申请，办理建设用地审批手续；分期建设的项目，可以根据可行性研究报告确定的方案分期申请建设用地、分期办理建设用地有关审批手续。

2）具体建设项目需要占用土地利用总体规划确定的城市建设用地范围内的国有建设用地的，按照下列规定办理：A 建设项目可行性研究论证时，由土地行政主管部门对建设项目用地有关事项进行审查，提出建设项目用地预审报告；可行性研究报告报批时，必须附具土地行政主管部门出具的建设项目用地预审报告。B 建设单位持建设项目的有关批准文件，向市、县人民政府土地行政主管部门提出建设用地申请，由市、县人民政府土地行政主管部门审查，拟订供地方案，报市、县人民政府批准；需要上级人民政府批准的，应当报上级人民政府批准。C 供地方案经批准后，由市、县人民政府向建设单位颁发建设用地批准书。有偿使用国有土地的，由市、县人民政府土地行政主管部门与土地使用者签订国有土地有偿使用合同；划拨使用国有土地的，由市、县人民政府土地行政主管部门向土地使用者核发国有土地划拨决定书。

通过招标、拍卖方式提供国有建设用地使用权的，由市、县人民政府土地行政主管部门会同有关部门拟定方案，报市、县人民政府批准后，由市、县人民政府土地行政主管部门组织实施，并与土地使用者签订土地有偿使用合同。

3）建设项目确需使用土地利用总体规划确定的城市建设用地范围外的土地，涉及农民集体所有的未利用地的，只报批征用土地方案和供地方案。

4）土地使用者应当依法申请土地登记。

5）有区别的建设用地规划管理程序。由于项目获得土地使用权的方式和建设规模类型不同，项目建设用地的规划程序因此而有所区别。目前我国获得土地使用权的方式有行政划拨征用土地和国有土地使用权有偿出让两种主要方式。

建设规模类型有单项建设工程（如新建、改建、扩建单项工程）和成片开发建设工程（如居住区、工业开发区、旧城改造等）两种类型。

因此有区别的建设用地规划管理程序，是我国土地管理制度和城乡规划对建设项目管理制度的双重效应的产物。

（10）建设项目用地预审办法

建设项目用地预审，是指国土资源管理部门在建设项目审批、核准、备案阶段，依法对建设项目涉及的土地利用事项进行的审查。为保证土地利用总体规划的实施，充分发挥土地供应的宏观调控作用，控制建设用地总量，建设部修订公布了《建设项目用地预审管理办法》，有关规定如下：

1）建设项目用地实行分级预审。需人民政府或有批准权的人民政府发展和改革等部门审批的建设项目，由该人民政府的国土资源管理部门预审。需核准和备案的建设项目，由与核准、备案机关同级的国土资源管理部门预审。

2）需审批的建设项目在可行性研究阶段，由建设用地单位提出预审申请。需核准、备案的建设项目在申请核准、备案前，由建设用地单位提出预审申请。

3）建设用地单位申请预审，应当提交下列材料：A 建设项目用地预审申请表。B 预审的申请报告，内容包括拟建设项目基本情况、拟选址情况、拟用地总规模和拟用地类型、补充耕地初步方案。C 需审批的建设项目还应提供项目建议书批复文件和项目可行性研究报告。项目建议书批复与项目可行性研究报告合一的，只提供项目可行性研究报告。规定的预审申请表，由国土资源部统一规定。D 受国土资源部委托负责初审的国土资源管理部门在转报用地预审申请时，应当提供《办法》规定的材料。

4）符合规定的预审申请和初审转报件，国土资源管理部门应当受理和接收。不符合的，应当场或在5日内书面通知申请人和转报人，逾期不通知的，视为受理和接收。受国土资源部委托负责初审的国土资源管理部门应当自受理之日起20日内完成初审工作，并转报国土资源部。

5）受理预审申请、预审主要内容、预审时限、预审意见（结论性意见和对建设用地单位的具体要求）的规定。预审意见是建设项目批准、核准的必备文件，预审意见提出的用地标准和总规模等方面的要求，建设项目初步设计阶段应当充分考虑。建设用地单位应当认真落实预审意见，并在依法申请使用土地时出具落实预审意见的书面材料。

6）建设项目用地预审文件有效期为两年，自批准之日起计算。已经预审的项目，如需对土地用途、建设项目选址等进行重大调整的，应当重新申请预审。

7）核准或者批准建设项目前，应当依照本办法规定完成预审，未经预审或者预审未通过的，不得批准农用地转用、土地征收，不得办理供地手续。

5 建设用地规划管理的主要任务

建设用地规划管理主要任务是核发两个法律性文件：一是建设项目选址意见书，二是建设用地规划许可证。前者是建设项目前期阶段的建设用地规划管理，后者是实施阶段的建设用地规划管理。

建设项目前期阶段的建设用地规划管理主要是选择或认定建设项目的建设用地，通过对建设项目从规划上加以引导和控制，保证城乡规划的实施，同时也为决策审批提供了规划依据，这一过程将规划和决策审批有机地结合起来。项目实施阶段的建设用地规划管理主要是确定用地范围，提出土地使用规划管理要求，核发建设用地规划许可证，为建设用地符合城市规划提供法定依据。

6 建设用地规划管理的主要内容

（1）控制土地利用性质

土地利用性质控制是建设用地规划管理的核心。为保证各类建设工程都能遵循土地利用性质及相容性的原则安排，应按照批准的详细规划控制土地利用性质，并按照我国用地分类与规划建设用地标准进行管理。城乡规划对建设项目用地有严格的控制，这些控制通常是借助于几种特定的控制线来完成的。

1）征地界线用地红线。征地界线是土地使用者所征用土地的边界线，由城乡规划部门和国土资源管理部门划定。征地界限内的土地并不完全归土地使用者所有，而是包含着一部分公共设施用地，例如道路用地、公共绿地等。

2）用地红线。用地红线是各类建筑工程项目用地的使用权属范围的边界线，它是指在征地范围内实际可供土地使用者用于建设的区域的边界线。

3）道路红线。道路红线是规划的城市道路（含居住区级道路）用地的边界线，也是场地与城市道路的空间界限。道路红线由城乡规划管理部门划定，并在用地条件图中明确标注。一般情况下，道路红线之间的用地均为城市道路用地，不得随意占用，建筑物一般不得超出道路红线建造。

4）在用地红线范围内另行划定的建筑控制线。当地城乡规划行政主管部门在用地红线范围内另行划定建筑控制线时，建筑物的基底不应超出建筑控制线，突出建筑控制线的建筑突出物和附属设施应符合当地城乡规划的要求。

（2）核定土地开发强度（容积率、建筑密度的核定）

建设用地的开发强度即土地利用的强度。城市土地利用强度的控制，是保证城市土地合理利用的另一重要因素，建筑容积率和建筑密度是土地利用强度的两个重要指标，二者相互关联，其中容积率是核心指标。

（3）核定其他土地利用规划管理要求

城市规划对建设用地的要求是多方面的，应根据建设用地所在区位相应的规划予以确定。由于建设用地规划管理与建设工程规划管理是一个连续的过程，一般在核定建设用地利用要求时，同时提出建设工程规划设计要求，如果涉及建筑工程，应将建筑退让、建筑间距、建筑高度、绿地率、基底标高等规划控制要求和消防、环保等其他管理部门要求一并提出，这样有利于前后管理过程协调配合，提高工作效率。

（4）确定建设用地范围

一般通过审核建设工程总平面设计方案来确定建设用地范围。建设用地规划管理主要审核建设工程的性质、规模和总平面布置是否符合规划设计和相关要求，据此确定用地范围。对于规模较大的单项建设工程或成片开发的建设工程，此阶段主要审核项目总平面设计或修建性详细规划，建设工程规划管理阶段再审核建筑设计方案。为缩短时间，提高效率，对于规模较小的单项建设工程，可一并审定建筑设计方案，据此核发工程规划许可证，简化审批手续。

(5) 城乡用地调整

调整不合理的用地布局是建设用地规划管理的重要内容之一。规划管理部门会同其他有关部门，对一些矛盾突出，严重影响城乡市政设施容量、交通、生产、生活的用地进行调整，以优化用地布局，提高了土地利用效益。

4.2.4 建设项目选址的规划管理

1　建设项目选址是建设用地规划管理的首要环节

建设项目选址是建设用地和建设工程规划管理的前期工作，也是城乡规划行政主管部门实施城乡规划的首要环节。这是一项需要综合分析、反复论证的工作。通过对建设项目从规划上加以引导和控制，使建设项目符合规划、遵守法规和满足经济技术要求，从而保证城乡规划的实施；同时也为建设项目审批提供规划依据。健全社会主义市场经济条件下的建设项目的规划选址制度和规划选址意见书分级管理制度，是充分发挥政府宏观调控作用，适应国家投资体制改革要求的重要举措。

2　建设用地选址规划管理的依据

建设用地选址规划管理的主要依据包括：

1) 经批准的建设工程项目建议书；

2) 城乡规划要求；

3) 相关专业规划要求；

4) 公共服务设施配套要求；

5) 环境及景观要求；

6) 综合管理要求。

3　建设项目选址意见书的审批

建设项目选址意见书是指城乡规划管理部门根据城乡规划，在已确定的建设用地范围内，对建设用地提出选址定点的具体意见。它是由住建部制定的全国统一格式的具有法律效力的文件。

(1) 应申请选址意见书建设项目范围：按照国家规定需要有关部门批准或者核准的建设项目，以划拨方式提供国有土地使用权的，建设单位在报送有关部门批准或者核准前，应当向城乡规划主管部门申请核发选址意见书。应申请选址意见书的建设项目如下：

1) 新建、迁建单位需要使用土地的；

2) 原址扩建需要使用本单位以外的土地的；

3) 需要改变本单位土地使用性质的；

4) 前款规定以外的建设项目不需要申请选址意见书。

因此，凡是政府投资的建设项目，政府主管部门在审批其可行性研究报告时必须以建设项目选址意见书作为重要依据。在市场经济条件下，城乡建设投资主体多元化，即使通过市场运作投资的建设项目，也要以建设项目选址意见书作为决策的重要依据。

(2) 土地预审提交资料：

1) 行政事务审批申请表（原件）；

2) 建设用地预审申请表（原件）（基础设施和社会事业建设项目）。

(3) 申请办理建设项目选址意见书的程序：各省市规定不同，以上海市为例。上海市申请《建设项目选址意见书》的程序：

1) 提交资料：A《上海市建设项目选址意见书申请表》（纸质原件、电子报件各1份）；B 1/500或1/1000（郊区1/2000）地形图（4份，市局审批项目3份），其中一份地形图上应用红色虚线（铅笔）标明选址意向用地范围，注明用地户名和用地面积，市政管线和市政交通工程，应注明起讫点及经由点的位置和道路、管线等的走向及范围；C 市测绘院提供的电子地形图；D 批准的建设项目建议书或其他有关计划文件（原件及复印件各 1 份）；E 属原址改建需改变土地使用性质的，须加送土地、房产权属证件（原件及复印件 1 份）；F 需要使用其他单位土地的，须加送土地使用相关证明（原件 1 份）（市政工程视情况定）；G 如属大、中型建设项目的，须加送由相应资质的规范设计单位作出的规范选址论证（原件 1 份）；H 位于历史风貌保护区和保护建筑的保护范围及建筑控制范围内的建设项目，须加送反映风貌特色的照片或图片资料（1 套）；J 因建设项目的特殊性需要提交的其他相关材料；K 对于土地储备项目，规划和选址意见书和规划用地许可同时申请，除申请表外其他资料按规划用地许可送审要求提交。

2）领取资料：A《建设项目选址意见书》；B《建设项目选址意见书的通知》；C《建设项目选址意见书》的附图。

（4）建设项目选址意见书审核的主要内容

1）建设项目的基本情况；

2）建设项目与城乡规划布局的协调；

3）建设项目与城乡交通、通信、能源、市政、防灾规划和用地现状条件的衔接与协调；

4）建设项目配套的生活设施与城市居住区及公共服务设施规划的衔接与协调；

5）建设项目对于城市环境可能造成的污染或破坏，以及其与城乡环境保护规划和风景名胜、文物古迹保护规划、城乡历史风貌区保护规划等相协调；

6）交通和市政设施选址的特殊要求；

7）合理使用建设用地，节约土地资源；

8）综合有关管理部门对建设项目用地的意见和要求。

（5）审核规划管理部门受理申请后，应在法定工作日相应时间内，根据建设工程的性质、规模、使用要求和外部关系，综合研究其与周围环境的协调，现状条件的制约，地形和工程、水文地质状况，征用具体条件，以及市政、交通、园林绿化、环境保护、日照通风、防洪、消防、人防、抗震等方面的技术要求，提出建设用地方案，具体确定建设用地的位置和范围，划出规划红线等，并提供有关规划设计条件，作为进行场地设计的重要依据。

（6）审批完毕，经审核同意的，由规划管理部门发给建设单位《建设项目选址意见书》、《关于核发建设项目选址意见书的通知》、《关于建设项目用地预审的批复》或《关于建设项目用地预审的意见》。经审核不同意的，规划管理部门亦将予以书面答复。

4.2.5 建设用地规划许可管理制度

1 建设用地规划许可证的概念

建设用地规划管理实施建设用地规划许可制度，以审查核发建设用地规划许可证为主要内容。

（1）建设用地规划许可证是指规划行政主管部门应建设单位或个人的申请，经过审核颁发规划上许可的用地的法律凭证。其目的是为了保证建设用地按照城乡规划实施。

（2）建设用地规划许可证不能作为土地使用权属证明，而是土地行政主管部门在城乡规划区内审批建设用地的依据。

（3）建设用地规划许可证的核发既是建设项目选址定点的继续，又是依据规划设计条件编制建设项目规划方案进行深入分析的前提。

2 建设用地规划许可证的有关规定

（1）在城市、镇规划区内以划拨方式提供国有土地使用权的建设项目，经有关部门批准、核准、备案后，建设单位应当向城市、县人民政府城乡规划主管部门提出建设用地规划许可申请，由城市、县人民政府城乡规划主管部门依据控制性详细规划核定建设用地的位置、面积、允许建设的范围，核发建设用地规划许可证。

建设单位在取得建设用地规划许可证后，方可向县级以上地方人民政府土地主管部门申请用地，经县级以上人民政府审批后，由土地主管部门划拨土地。

（2）在城市、镇规划区内以出让方式提供国有土地使用权的，在国有土地使用权出让前，城市、县人民政府城乡规划主管部门应当依据控制性详细规划，提出出让地块的位置、使用性质、开发强度等规划条件，作为国有土地使用权出让合同的组成部分。未确定规划条件的地块，不得出让国有土地使用权。

以出让方式取得国有土地使用权的建设项目，在签订国有土地使用权出让合同后，建设单位应当持建设项目的批准、核准、备案文件和国有土地使用权出让合同，向城市、县人民政府城乡规划主管部门领取建设用地规划许可证。

城市、县人民政府城乡规划主管部门不得在建设用地规划许可证中，擅自改变作为国有土地使用权出让合同组成部分的规划条件。

（3）规划条件未纳入国有土地使用权出让合同的，该国有土地使用权出让合同无效；对未取得建设用地规划许可证的建设单位批准用地的，由县级以上人民政府撤销有关批准文件；占用土地的，应当及时退回；给当事人造成损失的，应当依法给予赔偿。

（4）在城市、镇规划区内进行建筑物、构筑物、道路、管线和其他工程建设的，建设单位或者个人应当向城市、县人民政府城乡规划主管部门或者省、自治区、直辖市人民政府确定的镇人民政府申请办理建设工程规划许可证。

申请办理建设工程规划许可证，应当提交使用土地的有关证明文件、建设工程设计方案等材料。需要建设单位编制修建性详细规划的建设项目，还应当提交修建性详细规划。对符合控制性详细规划和规划条件的，由城市、县人民政府城乡规划主管部门或者省、自治区、直辖市人民政府确定的镇人民政府核发建设工程规划许可证。

城市、县人民政府城乡规划主管部门或者省、自治区、直辖市人民政府确定的镇人民政府应当依法将经审定的修建性详细规划、建设工程设计方案的总平面图予以公布。

（5）在乡、村庄规划区内进行乡镇企业、乡村公共设施和公益事业建设的，建设单位或者个人应当向乡、镇人民政府提出申请，由乡、镇人民政府报城市、县人民政府城乡规划主管部门核发乡村建设规划许可证。

在乡、村庄规划区内使用原有宅基地进行农村村民住宅建设的规划管理办法，由省、自治区、直辖市制定。在乡、村庄规划区内进行乡镇企业、乡村公共设施和公益事业建设以及农村村民住宅建设，不得占用农用地；确需占用农用地的，应当依照《土地管理法》有关规定办理农用地转用审批手续后，由城市、县人民政府城乡规划主管部门核发乡村建设规划许可证。建设单位或者个人在取得乡村建设规划许可证后，方可办理用地审批手续。

（6）城乡规划主管部门不得在城乡规划确定的建设用地范围以外作出规划许可。

（7）建设单位应当按照规划条件进行建设；确需变更的，必须向城市、县人民政府城乡规划主管部门提出申请。变更内容不符合控制性详细规划的，城乡规划主管部门不得批准。城市、县人民政府城乡规划主管部门应当及时将依法变更后的规划条件通报同级土地主管部门并公示。建设单位应当及时将依法变更后的规划条件报有关人民政府土地主管部门备案。

（8）在城市、镇规划区内进行临时建设的，应当经城市、县人民政府城乡规划主管部门批准。临时建设影响近期建设规划或者控制性详细规划的实施以及交通、市容、安全等的，不得批准。临时建设应当在批准的使用期限内自行拆除。临时建设和临时用地规划管理的具体办法，由省、自治区、直辖市人民政府制定。

（9）县级以上地方人民政府城乡规划主管部门按照国务院规定对建设工程是否符合规划条件予以核实。未经核实或者经核实不符合规划条件的，建设单位不得组织竣工验收。建设单位应当在竣工验收后

6个月内向城乡规划主管部门报送有关竣工验收资料。

3 建设《用地规划许可证》的申请与核发

各省市规定不同，以上海市为例。

(1) 申请与核发的依据：

《城乡规划法》；《上海市城市规划条例》；《上海市城市规划管理技术规定》；《上海市历史文化风貌区和优秀历史建筑保护条例》；《上海市管线工程规划管理办法》；《上海市临时建设和临时建设用地规划管理规定》。

(2) 应申请的建设项目范围：

1) 新建、迁建单位需要使用土地的。

2) 原址扩建需要使用本单位以外的土地的。

3) 需要改变本单位土地使用性质的。

4) 已签订《国有土地使用权出让合同》的，应申请领取《建设用地规划许可证》；经市或区、县规划局批准变更《国有土地使用权出让（转让）合同》中各项规划要求的，应申请更换《建设用地规划许可证》。

5) 因建设需要临时使用土地的。

(3) 申请资料：

1)《上海市建设项目用地规划许可证申请表》(纸质原件、电子报件包各1份)；

2) 1/500或1/1000（郊区1/2000）地形图，地形图上应用红色实线标明用地位置地界（四份）；

3) 批准的建设项目可行性研究报告或有关计划批准文件（原件及复印件各1份）；

4)《建设项目选址意见书》的通知及附图或《国有土地使用权出让（转让）合同》文本及附图各1份（复印件1份、经原件核对无误）；

5) 方案已批复的，须加送《建设工程规划设计方案批复》及附图（复印件1份）；

6) 因建设项目的特殊性需要提交的其他相关材料；

7) 含上述内容的电子报备光盘一份。

(4) 审核规划管理部门受理申请后，应在申办审批时限（法定工作日40日）内审批完毕，经审核同意的，由规划管理部门发给建设单位下列批文。经审核不同意的，规划管理部门亦将予以书面答复。

1)《建设用地规划许可证》；

2)《建设用地规划许可证的通知》；

3)《建设用地规划许可证》附图2张（1份送房地管理部门）。

(5) 申办注意事项：

1) 申请单位（个人）应按规范格式填写申请表，字迹清晰、不得涂改。填写的内容应真实、完整，符合建设项目实际情况。如有不实，由申请单位（个人）承担相应的法律责任。

2) 送审的文件、资料中要求同时送原件及复印件的，原件经窗口审核后即退回。

3) 送审的地形图、地下管线等基础测绘成果，由上海市测绘管理办公室认可的测绘单位提供。

4) 申请单位（个人）报送申请表及有关文件、图纸等资料后，规划局出具收件回执。如需补正材料的，规划管理部门在5个工作日内一次告知需补正的材料。

5) 规划管理部门未在时限内告知补正材料的，自窗口受到申请材料之日起视为受理；规划管理部门告知补正材料的，自申请单位补齐材料之日起视为受理。受理后，规划管理部门出具受理回执，经在本机关网站上公示1周后视为送达。经告知后，申请单位报送的申请材料仍不齐全或不符合法定形式的，规划管理部门出具不予受理回执，经在本机关网站上公示1周后，视为送达。

4.2.6 建设用地性质的变更管理的规定

1 《城乡规划法》对建设用地性质变更的规定

城乡布局和经济或产业结构经常会发生变化，原有规划的用地性质也需要相应进行变更。变更的规定如下：

（1）根据城乡建设和经济发展的具体情况，在不违反城乡规划用地布局基本原则的前下，确需对局部地块使用性质进行调整，必须经城乡规划行政主管部门审核并报请城乡人民政府批准。

（2）城乡规划确定的铁路、公路、港口、机场、道路、绿地、输配电设施及输电线路走廊、通信设施、广播电视设施、管道设施、河道、水库、水源地、自然保护区、防汛通道、消防通道、核电站、垃圾填埋场及焚烧厂、污水处理厂和公共服务设施的用地以及其他需要依法保护的用地，禁止擅自改变用途。

2　建设用地性质变更必须遵循的原则

（1）必须符合城乡规划，包括城乡总体规划、分区规划、控制性详细规划、修建性详细规划。

（2）遵循合理用地、节约用地的原则。

3　建设用地性质变更的程序

（1）用地使用单位或开发建设单位向城乡规划行政主管部门提出申请。

（2）城乡规划行政主管部门依据城乡规划和有关法律、法规审查批准，报城乡人民政府备案。

（3）重点地区的建设项目报城乡人民政府审批。

（4）对城乡规划设计条件总体布局有重大影响的规划用地性质的变更，需报规划的原审批部门审批。

4.2.7　建设工程规划管理

1　建设工程规划管理的概念

建设工程规划管理是指城乡规划行政主管部门根据法定程序制定的城乡规划和国家、地方的相关法律法规，综合有关专业管理部门要求，对建设工程的性质、位置、规模、开发强度、设计方案等内容进行审核，核发建设工程规划许可证，从而保证城乡规划的顺利实施的行政行为。

建设工程规划管理是一项涉及面广，综合性、技术性强的行政管理工作，是城乡规划实施管理过程的重要环节，是落实城乡总体规划、详细规划及城市设计的具体行政行为。为了使城市建设工程规划管理规范化，《城乡规划法》将其统一为《建设工程规划许可证》，从而更确切地表达从城乡规划的角度对建设工程的认可。

2　建设工程规划管理的内容

（1）建设项目使用性质的控制

在用地规划管理阶段土地使用性质已做过审核，在建设工程规划管理阶段对建设工程项目使用性质进行控制，可进一步确保建设工程项目使用性质符合土地使用性质相容性的原则，保证城乡规划的合理布局。

（2）用地范围的控制

用地范围以用地红线控制。用地红线是指各类建筑工程项目用地的使用权属范围的边界线，其围合的面积是用地范围。如果征地范围内无公共设施用地，征地范围即为用地范围；征地范围内如有公共设施用地，如城市道路用地或城市绿化用地，则扣除城市公共设施用地后的范围就是用地范围。

当建设场地与其他场地毗邻时，建筑控制线可根据功能、防火、日照间距等要求，确定是否后退用地红线。

（3）建筑退让的控制

建筑退让是指建筑物、构筑物与毗邻规划控制线之间的距离。即由建筑控制线来界定建筑范围。建筑控制线（也称建筑红线）是有关法规或详细规划确定的建筑物、构筑物的基底位置不得超出的界线，是建设场地中允许建造建筑物的基线。建筑退让不仅是为保证有关设施的正常运营，而且也是维护公共安全、公共卫生、公共交通和有关单位、个人的合法权益的重要方面。建筑退让距离包括：

1）建筑后退用地红线距离。建筑后退用地红线距离是指建筑物外墙退让用地红线（边界）的最小距离，这一距离控制与建筑高度、性质、规模、日照条件、气象条件等有关。

2）建筑后退道路红线距离。道路红线（建筑红线）是道路用地和两侧建筑用地的分界线。沿道路建筑不得越过道路红线。道路红线是城市道路（含居住区级道路）用地的规划控制边界线，一般由城乡规划行政主管部门在用地条件图中标明。道路红线总是成对出现，两条红线之间的线性用地为城市道路用地，由城市市政和道路交通部门统一建设管理。

建筑后退道路红线距离是指建筑外墙后退道路红线最小距离。它取决于建筑工程性质、规模、特点和道路的等级、功能和管线敷设等因素。建筑后退道路红线不仅能够减少建筑物人流集散和车辆出入对道路交通的影响，而且能保证建筑基地内的地下管线敷设不挤占城市道路地下空间。为了使建筑地下基础或地下室的施工不影响城市管线的安全，有利于形成城市开敞空间，预留道路交叉口或立交用地等，沿道路建筑物应按规定后退道路红线。

工程实践中，一般建筑控制线都会从道路红线后退一定距离，用来安排台阶、建筑基础、道路、停车场、广场、绿化及地下管线和临时性建筑物、构筑物等设施。

3）建筑退让城市蓝线距离。城市蓝线是城乡规划管理部门确定的需要长期保留的城市河道规划线。为保证河道运输、防洪抢险及水利规划的正常实施，沿河道新建的建筑物均应按规定退让城市蓝线。

4）建筑退让城市绿线距离。城市绿线是指在城乡规划中确定的各种城市绿地的边界线。城乡规划管理部门对建设用地须有明确的退让绿线要求。用地位置不同，城乡规划对建设场地的绿线要求也不同，应按当地规划行政主管部门的要求执行。因建设或者其他特殊情况，需要临时占用城市绿线内用地的，必须依法办理相关审批手续。

5）城市紫线控制。城市紫线是指国家历史文化名城内的历史文化街区和省、自治区、直辖市人民政府公布的历史文化街区的保护范围界线，以及历史文化街区外经县级以上人民政府公布保护的历史建筑的保护范围界线。城乡规划管理部门对在城市紫线范围内进行建设的活动作出了规定。

6）城市黄线控制。城市黄线是指对城乡发展全局有影响的、城乡规划中确定的、必须控制的城市基础设施（例如公共交通设施、供水设施、环境卫生设施、供燃气设施、供热设施、供电设施、通信设施、消防设施、防洪设施、抗震防灾设施以及其他对城市发展全局有影响的城市基础设施等）用地的控制界线。

7）建筑后退铁路线的距离。为保证铁路运行安全，根据铁路管理部门的有关规定，建筑应按要求距离退让铁路线。

8）建筑后退高压电力线（架空线）距离。为保证高压电力线运营安全和建筑物的使用安全，建筑物应根据电力部门规定要求距离退让电力高压线，更不允许在高压电力线走廊内建设。

（4）建筑容积率和建筑密度的控制。建筑容积率和建筑密度是反映土地使用强度的主要指标。在建设工程规划管理阶段，对建设用地管理阶段所核定的建筑容积率和建筑密度必须实行进一步的控制。

1）建筑容积率。建筑容积率是指建筑基地内总建筑面积与总用地面积之比：

建筑容积率(%)＝总建筑面积(m^2)/总用地面积(m^2)

总用地面积是指可供场地建设使用的土地面积（单位为公顷 hm^2、亩、m^2）。

容积率与其他指标相配合，往往控制了场地的建筑形态和环境质量。

2）建筑密度（建筑覆盖率）。建筑密度（建筑覆盖率）是指建筑场地面积之和与总用地面积之比(单位：%)。

建筑密度＝各类建筑场地面积的总和(m^2)/场地用地面积(m^2)×100%，

式中，建筑场地面积是指建筑的占地面积，按建筑的底层建筑面积计算。

建筑密度反映了场地内土地被建筑占用的比例，即建筑物的疏密程度，从而反映了土地的使用效率和场地内开放空间的比例，是场地环境质量指标。场地的建筑密度受到建设项目的性质、建筑层数与形式、场地的位置与地价等诸多因素的制约，因此，应视具体情况使之有一个合理的取值。

(5) 绿地率的控制。绿地率是指建筑场地内，各类绿地面积的总和占总用地面积的百分比(单位：%)。

绿地率=各类绿地面积的总和（m^2）/总用地面积（m^2）×100%，式中绿地包括：公共绿地、专用绿地、宅旁绿地、防护绿地和道路绿地等，但不包括屋顶、晒台的人工绿地。

控制绿地率是为了改善城市的绿化环境质量。绿地率控制与用地性质、地段位置等因素有关，不同的地块应有不同的绿地率控制指标。

(6) 道路交通的控制。建设场地出入口、停车和交通组织应尽量减少对城市道路交通的影响，合理确定建设场地机动车、非机动车出入口方位，保持与交叉口有一定距离，组织好行人、机动车、非机动车的交通，并按照规定设置停车泊位。交通控制包括以下三方面：

1) 场地交通出入口方位。给定机动车出入口的方位、禁止机动车开口地段和主要人流出入口方位。

2) 停车泊位数。场地内应配置的机动车停泊车位数，包括室外停车场、室内停车库。另外，还包括场地内应配置的自行车车位数。

3) 道路控制。地块内各级支路的位置、红线宽度、断面形式、控制点坐标和标高等。

(7) 建筑高度的控制

建筑高度控制（建筑限高）是指场地内允许的建筑最大高度，也是确定建筑等级、防火与消防标准、建筑设备配置要求的重要参数。

建筑高度的控制是核定建筑规划设计要求和审核建筑设计方案的一项重要内容，它利于对城乡空间形态（环境空间、视觉景观）的整体控制。在已编制详细规划或城市设计区进行建设的，建筑高度应按已批准的详细规划或城市设计的要求控制；在尚未编制详细规划或城市设计的地区，建筑高度的核定应充分考虑视觉环境、文物保护、建筑保护、航空、微波通信、消防、抗震以及土地利用整体经济性等专业方面的制约因素与要求。

(8) 建筑极限高度

建筑极限高度是指建筑物的最大高度（单位：m）。控制建筑物对空间高度的占用，保护空中航线的安全及城市天际线控制等，应以城乡规划部门的具体规定为准。

(9) 建筑间距的控制

建筑间距是建筑物与建筑物之间的距离，包括正面间距和侧面间距。建筑之间因日照、消防、卫生防疫、交通、空间关系以及工程管线布置和施工安全等要求，必须控制一定的间距，以确保城市的公共安全、公共卫生、公共交通以及相关方面的合法权益；也受建筑基地内相关要素的控制。

(10) 场地标高的控制

建筑物的室外地面标高必须符合地区详细规划要求。尚未编制详细规划的地区，可参考该地区的城市排水设施情况和附近道路、建筑物的现状标高确定，不得妨碍相邻地段的排水。场地室外地面最低处高程宜高于相邻城市道路最低高程，否则应有排除地面水的措施。建设场地标高一般不低于相邻城市道路中心线标高 0.3m 以上。

(11) 建筑环境的协调管理

建筑工程规划管理除对建筑物本身是否符合城市规划及有关法规进行审核外，还必须考虑与周围环境的关系。它主要是对建筑形态的控制，建筑形态控制内容为建筑形体、艺术风格、群体组合、空间尺度、建筑色彩、装饰小品等。

已有城市设计的地区，应按城市设计的要求，对建筑物形态进行审核；在没有城市设计的地区，大型或重要建筑的设计方案应组织专家进行评审，控制好城乡环境景观；成片开发的建筑工程（如居住区等），应审核环境设计。

(12) 配套公共设施和无障碍设施的控制

成片开发的建设工程规划管理，要根据批准的详细规划和公共设施配套要求，对中小学、幼托及商业服务设施的用地指标进行审核，考虑发展需求，留有一定备用地，使其符合城乡规划和有关规定，保证开发建设地区的公共服务设施满足使用和发展的要求。

公共设施如办公、商业、文化娱乐等建筑方案，应按规定审核无障碍设计，成片开发建设工程，环境设计应满足无障碍要求。对于地区开发建设基地，还应对地区内的人行道是否设置残疾人轮椅坡道和盲人通道等设施进行审核，保障残疾人的权益。

(13) 综合有关专业管理部门的意见

建筑工程建设涉及有关的专业管理部门较多，在建筑工程规划管理阶段牵涉比较多的是需征求所在地区环境、消防、卫生防疫、交通、绿化等部门的意见。

以上各项审核内容，应根据建筑工程性质、规模特点和基地现状明确规划管理审核的侧重点。

3 城乡规划管理技术规定

城乡规划管理技术规定是指实施城乡规划管理的技术性控制规定。是在设计管理工作中经常涉及、应用的规划管理规范性技术文件。

为了加强城乡建设规划管理，保证城乡规划的实施，全国各省市政府根据《城乡规划法》、各省市城乡规划条例和城乡总体规划，制定有《城乡规划管理技术规定》，对各项建设工程的建设土地使用、建筑管理等实施城乡规划管理的工作环节作了具体技术规定。要求凡在适用范围内的各项建设工程的建设，应当按照经批准的详细规划执行；编制详细规划涉及建筑管理内容的，应当符合各省市《城乡规划管理技术规定》的要求。

4.2.8 规划设计要求的核定

1 规划设计要求的概念

规划设计要求（也可称规划设计条件）是指在建设工程项目可行性研究报告批准后规划主管部门按照城乡规划的要求，项目建设基地的周边环境状况，对该项目的建设提出的规划要求，作为各阶段设计的法定依据。

2 建筑工程规划要求的基本内容

(1) 地块位置、地块面积、用地规划性质；

(2) 建筑容积率与建筑密度；

(3) 建筑绿地率；

(4) 建筑物退让，包括建筑后退道路规划红线距离、建筑后退地块边界距离等；

(5) 建筑间距；

(6) 建筑物的高度控制；

(7) 基地出入口、停车和交通组织的控制；

(8) 建设基地标高控制；

(9) 建筑环境的控制；

(10) 建筑节能的控制；

(11) 历史建筑保护控制；

(12) 无障碍设施的控制；

(13) 其他规划要求：包括城乡规划和城市规划管理技术规定中的有关要求，涉及环保、消防、卫生防疫、交通等有关方面的管理要求等。

3 设计规划要求的控制要点

(1) 场地条件。提供齐备的建设用地相关手续。主要包括：需要供给设计单位现状地形图，图中应标出建筑用地范围。设计管理的要点：地形图、订桩图、其他土地文件。

(2) 市政条件。自来水条件、雨污水（市政）条件、热力、燃气、电力电讯条件等。主要包括：需提供给设计单位用地周围的市政条件及其接口方位置、标高等资料（含供水、污水、雨水、燃气、热力、电力、供电、电信等)。设计管理要点：是否具备与城市管网的接口条件、是否需要增容。

(3) 交通条件。在委托设计单位进行方案设计的同时，应同步进行交通影响评价报告的委托，应控制其结论与规划设计方案中的土地开发强度相一致，作为设计方案审查的主要依据。设计管理要点：与城市道路接口的落实。

(4) 地质条件。应将初堪地质报告提供给设计单位（可利用可行性研究时所作的初堪报告)。设计管理要点：可进行初堪。

(5) 防火要求。用地规划设计应充分考虑地震、滑坡、泥石流、洪水等自然条件及生活使用、军事预防等社会因素的影响情况，应当符合城市防火、防爆、抗震、防洪、防泥石流和治安、交通管理、人民防空等要求，对拟定用地的水文地质及环境条件等进行充分考察、论证，特殊情况下（超高层建筑、地震带、山区坡地、河岸区等)，应进行规划建筑及区域城市的防灾规划。

(6) 环保要求。用地规划设计应与城市环保规划协调，包括与水源保护区的关系，是否有特殊空气质量要求，废水、废气、废渣的排放方式和排放量及噪声与主导风向等。

大中型公建（建筑规模大于 $30000m^2$)、居住区（建设用地大于 $3hm^2$ 或建筑规模大于 $50000m^2$)、工业建筑、生活市政配套（集贸市场、变配电设施、供暖设施、环卫设施、供燃气设施、交通场站、加油站等）及特殊工程（医疗机构、科研试验等）在进行可行性研究过程时应委托具有相关资质的研究单位进行书面环保评价、并在申报规划手续时提供给城市规划行政部门。

(7) 安全保密要求。用地规划设计应符合安全保密要求。规划管理部门要征求有关安全保密部门意见的建设工程，设计单位应根据有关安全保密部门的意见进行规划设计。

(8) 风景名胜区保护要求。风景名胜区内的用地规划设计应符合《风景名胜区管理法规》(国务院13号文及九部委联合发文）的要求。

风景名胜区应进行总体规划；风景区内建设项目应符合风景名胜区总体规划要求，总体规划未经批准不得进行有关工程建设；风景区周围的建设控制地区的建设项目应与风景区协调，不得建设破坏景观、污染环境、妨碍游览、破坏生态植被等的设施；在游人集中的景区内不得建设宾馆、招待所及休养、疗养机构。

国家级风景名胜区的重大建设项目的规划须征求市园林主管部门意见后，报城市规划主管部门审查，报住房和建设部批准；市级风景名胜区的重大建设项目的规划须征得城市园林主管部门同意后，报城市规划行政部门审批。

(9) 文物保护和历史文化保护的要求。在文物保护单位的保护范围、建设控制地带以及历史文化保护区内进行规划设计应符合有关文物保护和历史文化保护的要求。

(10) 方案设计文件的深度是否满足有关规定和报审要求。

(11) 设计方案的技术经济指标，应符合规划意见书要求。

(12) 应组织设计单位进行现场踏勘，对现状地形图的准确性应进行核实，尤其是在新建建筑物遮挡范围内的现有建筑情况。

(13) 应核实市政是否具备与城市管网的接口条件、是否需要增容。

4　规划设计要求取得的途径

(1) 建设项目选自意见书。申请办法：同项目选址意见书的申请，在获得批准的项目意见书同时，取得了规划设计要求。

(2) 申请核发规划设计要求（条件)。

(3) 土地批租。申请办法：在批租过程中，由土地批租部门，事先征得规划部门设计要求，在土地出让合同文本中载明。

5　建设《工程规划设计要求》的申请与核发

各省市规定有所不同，以上海市为例。

(1) 下列建设项目申请《建设工程规划设计要求》:

1) 利用原址新建、改建、迁建且不改变土地使用性质的建筑工程;

2) 文物保护单位和优秀近代建筑的大修工程以及涉及原有外貌或者基本平面布局的装修工程;

3) 需要变动主体承重结构的建筑大修工程;

4) 沿道路或者在广场设置的城市雕塑工程;

5) 不需要申请用地的管线、道路工程。

(2) 提交申请提交资料:

1) 上海市建设工程规划设计要求申请表(纸质原件、电子报件包各1份);

2) 1/500或1/1000(郊区1/2000)地形图(2份),地形图上应用≤0.3mm的红或蓝色实线(铅笔)标明拟建工程用地位置、建设基地的用地边界;

3) 市测绘院或其指定代理点提供的电子地形图;

4) 批准的建设项目计划文件(原件及复印件各1份);

5) 房屋土地权属证明及附图(原件及复印件各1份)(市政工程视情况定);

6) 原有基地拆房的,须加送应拆房屋的权属证明及附图(原件及复印件各1份,文物保护单位和优秀近代建筑的大修工程以及涉及原有外貌或者基本平面布局的装修工程除外);

7) 涉及土地使用权属共有的,须加送土地使用权属共有人的同意证明(原件1份);

8) 涉及非自有产权房屋的,须加送产权单位(人)同意建设的书面意见(原件1份);

9) 属危房翻建的,须加送危房鉴定报告(原件1份);

10) 房屋加层的,须加送抗震鉴定报告(原件1份);

11) 涉及文物保护单位或优秀历史建筑的装修工程,须加送文管、房地等有关行政管理部门的批准文件(原件及复印件各1份),反映建筑及周围环境风貌特色的照片或图片资料(1套);

12) 因建设项目的特殊性需要提交的其他相关材料;

(3) 领取相关批准文件:《建设工程规划设计要求通知单》、《建设工程规划设计要求通知单》的附图。

6 建设工程规划设计方案送审

以上海市建设工程规划设计方案送审为例。

(1) 送审适用条件。根据《建设项目选址意见书》、《建设工程规划设计要求》或《国有土地使用权出让(转让)合同》提出的规划设计要求,申请单位委托设计单位进行建设工程设计或进行设计修改后,向城乡规划行政主管部门送审建设工程规划设计方案。

(2) 申请单位送审资料。《上海市建设工程规划设计方案申请表》;随申请表应按下列要求送审相关文件、图纸:

1) 1/500或1/1000(郊区1/2000)地形图(1份),地形图上应由设计单位用≤0.3mm的红或蓝色实线标明下列内容并盖章:A 建设基地用地界限;B 周边地形(包括现状和待建建筑位置);C 各项规划控制线;D 拟建建筑位置(包括地下和地上建筑)、建筑物角点轴线标号;E 基地内外的建筑间距、建筑退界距离、后退建筑控制线距离、建筑物层数、绿化、车位、道路交通等;(地形图划示要求参见《报送建设工程规划设计方案、建筑工程规划许可证地形图示意图》)。

2) 1/500或1/1000建筑设计方案总平面图(图纸2份,电子盘片1份;市局审批项目图纸3份)总平面图应标明的内容及要求同地形图,总平面图应符合国家和本市方案出图标准,并加盖建筑设计单位的建筑设计方案出图章和设计负责人、注册建筑师印章。

3) 建筑设计方案图(含平面、立面、剖面)及设计说明文本,图纸应符合国家和本市设计方案出图、文本制作标准,并加盖建筑设计方案出图章和设计负责人、注册建筑师印章(2套)。

4) 分层面积表(2份)。

5）属市政交通、市政管线工程的，除总平面图外，须加送横断面、纵断面图（各2套）。

6）属高层建筑项目，周边有文教卫生建筑的，须加送有相应资质部门编制的日照分析报告（原件2份）。

7）可行性研究报告或其他计划批准文件（原件及复印件各1份）。

8）《建设项目选址意见书的通知》或《建筑工程规划设计要求通知单》或《国有土地使用权出让（转让）合同》文本及附图（复印件各1件）。

9）《建设项目选址意见书的通知》或《建筑工程规划设计要求通知单》或《国有土地使用权有偿出让合同》等文件中，要求申请单位送审的其他相关文件、图纸。

10）设计方案修改后再次送审所需的文件、图纸以城市规划管理部门前次审核意见要求为准。

11）因建设项目的特殊性需要提交的其他相关材料。

（3）有关事项：可到“上海规划”网站查询并下载格式文本，“上海规划”网址：www.shghj.gov.cn。

4.2.9 建设工程规划许可证的申请与核发

1 《建设工程规划许可证》的概念

（1）建设工程规划许可证项目规划行政许可的法律凭证

建设工程规划许可证是指通过建设工程项目业主的申请，经过城乡规划行政主管部门和各专项规划管理部门对建设工程项目建筑设计方案等内容进行审核，核发的一项对建设工程项目规划行政许可的法律凭证。

（2）项目建设必须按照规划许可证要求进行

建设工程规划许可证确保了建设工程符合城乡规划和规划法规要求，确认了建设单位和个人有关建设活动的合法性和合法权益。建设单位依法取得建设工程规划许可证，项目建设必须按照许可证要求进行，不得擅自变更。

（3）建设工程规划许可证是申办施工许可证的前提条件

建设工程规划许可证的申办几乎经历整个设计过程；《城乡规划法》还规定：建设单位或者个人在取得建设工程规划许可证件和其他批准文件后，方可申请办理开工手续。因此，建设工程规划许可证是申请办理施工许可证的前提条件，未取得建设工程规划许可证，不得申请办理开工手续。因此，在项目设计阶段的设计管理中必须遵循城乡规划对建设工程规划许可证的管理制度。

2 《建设工程规划许可证》申办的三种程序

根据获得土地使用权的方式及建筑工程规模的不同，建筑工程规划管理的程序有所区别。

（1）行政划拨用地的建筑工程规划管理程序

以行政划拨取得用地的建筑工程分为以下三种情况：

1）在原址建设且不改变用地性质的单项建筑工程。在原址上建设且不改变用地性质的单项建筑工程审核，一般需经过下列三个管理程序：A 核定设计范围，提出规划设计要求。B 审核建筑设计方案。C 核发建设工程规划许可证。

2）需新征地或原址上改变用地性质的单项建筑工程。需要征地或原址上改变用地性质的单项建筑工程，应经过建设用地规划管理程序，即申请建设项目选址意见书、审核设计方案、申请建设用地划许可证，在此基础上申请建设工程规划许可证。由于此类建设工程项目需要较高工作效率，建设用地规划管理与建设工程规划管理往往结合起来，只不过建设用地管理重点放在确定用地范围、设计总平面布置审核方面；而在建设工程规划许可证阶段重点是审定建筑设计方案。因此，这类建筑工程规划管理程序分两步：A 审定建筑设计方案；B 核发建设工程规划许可证。

3）成片开发的建筑工程。成片开发的建筑工程如居住区、经济技术开发区、工业区、成片旧城改造地区的开发建设，已有详细规划按规划实施，没有详细规划应编制。成片开发的建筑工程应首先审定开发地区建设的修建性详细规划或城市设计，作为以后单项工程审核依据。然后，根据建设单位的项目安排或旧区改造的计划，审核单项工程建筑设计方案，核发建设工程规划许可证。即：A 审核详细规划或城市设计；B 审核单项工程设计方案；C 核发建设工程规划许可证。

(2) 有偿出让转让取得土地使用权的建设工程规划管理程序

1) 有偿出让或转让取得土地使用权的建筑工程，规划管理审核程序分两步：即审定建筑设计方案和核发建设工程规划许可证。在土地受让方签订土地出让转让合同，申请建设用地规划许可证并取得土地使用权后，方能向规划管理部门送审建筑设计方案，申请建设工程规划许可证。

2) 建筑设计方案由规划管理、建设管理、公安消防、交警、环保、卫生防疫等单位联合组织会审。审核后规划管理部门综合批复建筑设计方案，如设计方案需做较大改动，修改后应再送审方案，直至审定通过。

3) 建设单位在按审定的建筑设计方案完成施工图设计后，即可向规划管理部门申请建设工程规划许可证。

4) 成片开发的建筑工程设计方案审核，应先审核修建性详细规划，再按上述要求审核建筑计方案和施工图，然后申请建筑工程规划许可证。

3 《建设工程规划许可证》的申请与核发的规定

各地在建设工程规划许可证的申请与核发程序或方法上有所不同，以上海市为例。

(1)《上海市城乡规划条例》对申请与核发建设用地规划许可证的规定：

1) 以出让方式取得国有土地使用权的建设项目，在签订国有土地使用权出让合同后，建设单位应当向规划行政管理部门申请办理建设用地规划许可证。规划行政管理部门受理申请后，应当在5个工作日内作出决定。

2) 下列建设项目，建设单位或者个人应当按规定申请办理建设工程规划许可证或者乡村建设规划许可证：A 新建、改建、扩建建筑物、构筑物、道路或者管线工程；B 需要变动主体承重结构的建筑物或者构筑物的大修工程；C 市人民政府确定的区域内的房屋立面改造工程。

3) 在国有土地上进行建设的，建设单位或者个人应当向规划行政管理部门申请办理建设工程规划许可证。申请办理建设工程规划许可证，应当提交使用土地的有关证明文件、建设工程设计方案等材料；规划行政管理部门应当在30个工作日内提出建设工程设计方案审核意见。经审定的建设工程设计方案的总平面图，规划行政管理部门应当予以公布。

4) 建设单位或者个人应当根据经审定的建设工程设计方案编制建设项目施工图设计文件，并在建设工程设计方案审定后6个月内，将施工图设计文件的规划部分提交规划行政管理部门。符合经审定的建设工程设计方案的，规划行政管理部门应当在收到施工图设计文件规划部分后的20个工作日内，核发建设工程规划许可证。

5) 建设单位或者个人在建设工程规划许可证核发后满6个月仍未开工的，可以向规划行政管理部门申请延期，由规划行政管理部门决定是否准予延续。未申请延期的，建设工程规划许可证自行失效。国有土地使用权出让合同对开工时间另有约定的，从其约定。

6) 下列建设项目免予建设工程设计方案审核：

A 建筑面积500m^{2}以下建设项目，但可能严重影响居民生活的建设项目除外；B 工业园区内的标准厂房、普通仓库工程；C 变动主体承重结构的建筑物或者构筑物大修工程，但文物保护单位和优秀历史建筑除外；D 法律、法规、规章规定可以免予建设工程设计方案审核的其他建设项目。

免予建设工程设计方案审核的建设项目，规划行政管理部门应当在核发选址意见书或者核定规划条件时一并告知建设单位或者个人。

7) 需要临时使用国有建设用地进行建设的，建设单位应当申请临时建设用地规划许可证。规划行政管理部门受理申请后，应当在20个工作日内作出决定。经审核，建设用地不影响控制性详细规划和近期建设规划实施，以及公共卫生、公共安全、公共交通和市容景观的，核发临时建设用地规划许可证。

建设单位在申请临时建设用地规划许可证时，可按照规定同步申请办理临时建设用地批准手续。临时建设用地规划许可证的有效期与临时建设用地批准文件的期限一致。

8）进行临时建筑物、构筑物、道路或者管线建设的，建设单位或者个人应当申请临时建设工程规划许可证。规划行政管理部门受理申请后，应当在20个工作日内作出决定。经审核，临时建设不影响控制性详细规划和近期建设规划的实施，以及公共卫生、公共安全、公共交通和市容景观的，核发临时建设工程规划许可证。

临时建设工程规划许可证的有效期不超过两年，可以申请延期1次，但延期不超过1年。涉及临时建设用地的，临时建设工程规划许可证的有效期应当与临时建设用地批准文件的期限一致。建设单位或者个人应当在临时建设工程规划许可证有效期届满前自行拆除临时建筑。

9）设计单位必须按照城乡规划、规划管理技术规范和标准以及规划行政管理部门提出的规划条件进行建设工程设计。

（2）上海市《建设工程规划许可证（建［构］筑物工程)》审批办法

1）下列建设项目应申请《建设工程规划许可证（建［构］筑物工程)》：A 新建、改建、扩建的建筑工程；B 文物保护单位和优秀近代建筑的大修工程以及涉及原有外貌或者基本平面布局的装修工程；C 需要变动主体承重结构的建筑大修工程；D 沿道路或者在广场设置的城市雕塑工程。

2）提交资料：A《上海市建设工程规划许可证申请表（建［构］筑物工程)》（纸质原件、电子报件包各1份）。B 1/500或1/1000（郊区1/2000）地形图（4份，市局审批项目3份），地形图上应由设计单位用≤0.3mm的红色或蓝色实线标明下列内容并盖章：a 建设基地用地界线；b 地形图上现状（包括现状和待建建筑位置）；c 各项规划控制线；d 拟建建筑位置（包括地下和地上建筑）、建筑物角点轴线标号；e 基地内外的建筑外墙间距、建筑退界距离、后退建筑控制线距离、建筑物层数、绿化、车位、道路交通等；f 建筑外包尺寸；g 建筑外墙间的尺寸及退界尺寸；h 地形图划示要求参见《报送建设工程规划设计方案、建设工程规划许可证地形图示意图》。C 市测绘院或其指定代理点提供的电子地形图（如前一阶段已报送，则略）。D 1/500或1/1000建筑施工总平面图（图纸4份、CAD格式光盘1份，市局审批3份），总平面图上应标明的内容及要求同地形图，总平面图应符合国家和本市施工图出图标准，并加盖建筑设计单位“工程施工图设计出图”专用章和设计负责人、注册建筑师印章、审图公司审核章。E 建筑施工图（平、立、剖面图和图纸目录表）（纸质3套，CAD格式光盘1份），图纸须符合国家和本市施工图出图标准，并加盖设计单位“工程施工图设计出图”专用章和设计负责人、注册建筑师印章、审图公司审核章。F 基础施工平面图、基础详图及桩位平面布置图（各2套），图纸须加盖设计单位“工程施工图设计出图”专用章和设计负责人、注册结构工程师印章、审图公司审核章。G 用于项目公示的建设工程平面示意图（图纸2份，CAD格式光盘1份）。H 批准的建设项目初步设计文件或其他计划批准文件（原件及复印件各1份，文物保护单位和优秀近代建筑的大修工程以及涉及原有外貌或者基本平面布局的装修工程除外）。J 建设用地批准书及附图或房屋土地权属证明及附图（原件及复印件各1份，文物保护单位和优秀近代建筑的大修工程以及涉及原有外貌或者基本平面布局的装修工程视情况定）。K《建设工程规划设计方案批复》及附图（复印件1份），涉及文物保护单位和优秀近代建筑的大修工程以及涉及原有外貌或者基本平面布局的装修工程，应加送批准的反映建筑外立面的照片或图片资料（2套）。L 建筑工程概预算书（原件及复印件各1份）。M 涉及高层建筑或者周边有文教卫生建筑的，须按有关规定加送有相应资质部门编制的日照分析报告（原件2份）。N 属住宅建设项目的，须加送公建配套协议（原件1套）。P《建设工程规划设计方案批复》中要求征询的相关单位审核意见（消防、卫生、交通、绿化、环保、民防、地名等）（原件各1份）。Q 分层面积表（2份）。R 建设工程竣工档案编制报送合同回执（原件1份）。S 因建设项目的特殊性需要提交的其他相关材料。

3）领取相关批准文件：A《建设工程规划许可证》；B《建设工程规划许可证》的照片（大照）；C《建设工程规划许可证》的附图（地形图及总平面图各1份、施工图1套）；D《建设工程规划许可证》的项目表；E《建设工程规划许可证》的示意图；F 沿城市道路建设的项目，加发《订界通知单》。

4.2.10 乡村建设规划许可证的实施办法

1 乡村建设规划许可证的适用

适用于乡村村民在集体土地上进行农村村民个人住房建设。

2 乡村建设规划许可证的申办

(1) 村民应当向村民委员会提出个人建房申请。村民委员会受理后，应当在本村公示30日。村民委员会同意建设的，应当将建房申请报乡、镇人民政府，由区、县规划行政管理部门委托乡、镇人民政府核发乡村建设规划许可证。

(2) 在集体土地上进行前款规定外建设的，建设单位或者个人应当向乡、镇人民政府提出申请，由乡、镇人民政府报区、县规划行政管理部门核发乡村建设规划许可证。

4.3 建筑工程施工许可管理

4.3.1 建筑工程施工许可证的申领与核发

1 建筑工程施工许可的概念

建筑工程施工许可是指建设单位在工程建设项目开工前应当依法向工程所在地的县级以上人民政府建设行政主管部门（以下简称发证机关）申请领取施工许可证的行政许可事项。

2 申请领取施工许可证的规定

(1) 从事各类房屋建筑及其附属设施的建造、装修装饰和与其配套的线路、管道、设备的安装，以及城镇市政基础设施工程的施工，建设单位在开工前应当依法向工程所在地的县级以上人民政府建设行政主管部门申请领取施工许可证。

(2) 工程投资额在30万元以下或者建筑面积在300m^{2}以下的建筑工程，可以不申请办理施工许可证。省、自治区、直辖市人民政府建设行政主管部门可以根据当地的实际情况，对限额进行调整，并报国务院建设行政主管部门备案。

(3) 按照国务院规定的权限和程序批准开工报告的建筑工程，不再领取施工许可证。

(4) 抢险救灾工程、临时性建筑工程、农民自建两层以下（含两层）住宅工程，不适用本办法。

(5) 军事房屋建筑工程施工许可的管理，按国务院、中央军事委员会制定的办法执行。

(6) 规定必须申请领取施工许可证的建筑工程未取得施工许可证的，一律不得开工。任何单位和个人不得将应该申请领取施工许可证的工程项目分解为若干限额以下的工程项目，规避申请领取施工许可证。

3 建设单位申请领取施工许可证应当具备的条件

建设单位申请领取施工许可证应当具备下列条件，并提交相应的证明文件：

(1) 已经办理该建筑工程用地批准手续。

(2) 已经取得建设工程规划许可证。

(3) 施工场地已经基本具备施工条件，需要拆迁的，其拆迁进度符合施工要求。

(4) 已经确定施工企业。按照规定应该招标的工程没有招标，应该公开招标的工程没有公开招标，或者肢解发包工程，以及将工程发包给不具备相应资质条件的，所确定的施工企业无效。

(5) 有满足施工需要的施工图纸及技术资料，施工图设计文件已按规定进行了审查。

(6) 有保证工程质量和安全的具体措施。施工企业编制的施工组织设计中有根据建筑工程特点制定的相应质量、安全技术措施，专业性较强的工程项目编制的专项质量、安全施工组织设计，并按照规定办理了工程质量、安全监督手续。

(7) 按照规定应该委托监理的工程已委托监理。

(8) 建设资金已经落实。建设工期不足1年的，到位资金原则上不得少于工程合同价的50%，建设工期超过1年的，到位资金原则上不得少于工程合同价的30%。建设单位应当提供银行出具的到位资金证明，有条件的可以实行银行付款保函或者其他第三方担保。

(9) 法律、行政法规规定的其他条件。

4　申请办理施工许可证的程序

(1) 建设单位向发证机关领取《建筑工程施工许可证申请表》。

(2) 建设单位持加盖单位及法定代表人印鉴的《建筑工程施工许可证申请表》，并附证明文件，向发证机关提出申请。

(3) 发证机关在收到建设单位报送的《建筑工程施工许可证申请表》和所附证明文件后，对于符合条件的，应当自收到申请之日起15日内颁发施工许可证；对于证明文件不齐全或者失效的，应当限期要求建设单位补正，审批时间可以自证明文件补正齐全后作相应顺延；对于不符合条件的，应当自收到申请之日起15日内书面通知建设单位，并说明理由。

5　建筑工程施工许可证领取后的规定

(1) 建设单位应当自领取施工许可证之日起3个月内开工。因故不能按期开工的，应当在期满前向发证机关申请延期，并说明理由；延期以两次为限，每次不超过3个月。既不开工又不申请延期或者超过延期次数、时限的，施工许可证自行废止。

(2) 建筑工程在施工过程中，建设单位或者施工单位发生变更的，应当重新申请领取施工许可证。

(3) 在建的建筑工程因故中止施工的，建设单位应当自中止施工之日起二个月内向发证机关报告，报告内容包括中止施工的时间、原因、在施部位、维修管理措施等，并按照规定做好建筑工程的维护管理工作。

建筑工程恢复施工时，应当向发证机关报告；中止施工满一年的工程恢复施工前，建设单位应当报发证机关核验施工许可证。

6　建筑工程施工许可证申领办法

以上海市建筑工程施工许可证申领办法为例。

(1) 需具备的条件：

1) 该建筑工程用地批准手续办结；

2) 在城市规划区的建筑工程，已经取得建设工程规划许可证；

3) 施工场地已经基本具备施工条件，需要拆迁的，其拆迁进度符合施工要求；

4) 建设资金已经落实；

5) 建设工程项目报建办结；

6) 勘察、设计、监理、施工承发包（招投标）办结；

7) 施工图设计文件审查通过；

8) 勘察、设计、监理、施工合同登记备案办结；

9) 按规定需要进行设备监理的项目，已办理设备监理承发包手续；

10) 有保证工程质量和安全的具体措施并已办结安全质量报监手续；

11) 法律、行政法规规定的其他条件。

(2) 施工许可证办理方法

施工许可证申办采用计算机网上申报与书面材料受理相结合的方式进行。

1) 计算机网上申报。建设工程报建限额以上项目，建设单位具备建筑施工许可证申办条件后，凭

《上海市建设工程项目卡》上的报建编号和卡号，通过“上海建筑建材业”网站（www.ciac.sh.cn）进行建筑施工许可证申报。网上申报软件系统将进行数据比对，比对通过后，建设单位可以打印带有条形码的《施工许可证申请表》，完成施工许可证网上申报。

2）书面材料提交。施工许可证申领需提交以下材料：A《上海市建筑施工许可证申请表》（网上填报生成）；B“上海市建设工程项目 IC 卡”；C 建设工程规划许可证复印件（提供原件复核）；D 申办施工许可工程现场情况说明表；E 上海市建设工程安全质量报监办结单；F 通过工程项目专用账户支付给施工总包企业的工程款银行入账凭证复印件（提供原件复核），建设工期不足 1 年的，入账金额不得少于施工总包合同价款的 50%，建设工期超过 1 年的，入账金额不得少于施工总包合同价款的 30%（如按合同约定，且原则上合同约定的预付比例不低于合同金额的 10%，还需提供《上海市防范建设领域拖欠工程款企业承诺书》）；G 施工总包企业设立的外来从业者工资发放账户银行开户回执复印件（提供原件复核）；H 列入两年内出现违规用工、拖欠农民工工资企业名单的施工总包企业工资保证金入账凭证复印件（原件复核）；J 建设工程施工承发包合同副本（含廉洁协议）；K 施工中标通知书复印件。

3）施工许可证申请受理。建设单位材料准备完毕后，向原报建受理部门申领施工许可证。受理人员核对材料是否齐全及相关表格数据是否正确，核对无误后，打印受理凭证。

(3) 施工许可证信息变更

建设单位或发包人应在施工许可证信息发生变更后，网上下载并填写《上海市建筑施工许可证变更表》并签字盖章后，携带相关证明材料，向原施工许可证受理部门办理变更手续。

4.3.2 工程建设项目报建管理

原建设部的《工程建设项目报建管理办法》规定如下：

(1) 工程建设项目报建实行分级管理，分管的权限由各地自行规定。各省、自治区、直辖市可根据本办法制定实施办法或细则。

(2) 我国境内兴建的所有工程建设项目，以及外国独资、合资、合作的工程建设项目，凡在我国境内投资兴建的工程建设项目，都必须实行报建制度，接受当地建设行政主管部门或其授权机构的监督管理。

(3) 凡未报建的工程建设项目，不得办理招投标手续和发放施工许可证，设计、施工单位不得承接该项工程的设计和施工任务。

(4) 工程建设项目的投资和建设规模有变化时，建设单位应及时到建设行政主管部门或其授权机构进行补充登记。筹建负责人变更时，应重新登记。

(5) 工程建设项目由建设单位或其代理机构在工程项目可行性研究报告或其他立项文件被批准后，须向当地建设行政主管部门或其授权机构进行报建，交验工程项目立项的批准文件，包括银行出具的资信证明以及批准的建设用地等其他有关文件。

(6) 工程建设项目的报建内容主要包括：工程名称；建设地点；投资规模；资金来源；当年投资额；工程规模；开工、竣工日期；发包方式；工程筹建情况。

(7) 报建程序

1）建设单位到建设行政主管部门或其授权机构领取《工程建设项目报建表》；

2）按报建表的内容及要求认真填写；

3）向建设行政主管部门或其授权机构报送《工程建设项目报建表》，并按要求进行招标准备。

4.4 政府对建设项目审批的改革

为推进审批制度改革，充分发挥规划和土地管理职能的整合优势，进一步提高工作效率和服务水平，目前有些省市正在试行规划和土地的并联审批管理办法。

以上海市为例。上海市政府根据国务院推进行政审批制度改革的总体部署，结合本市建设工程管理的实际，以沪府办发［2010］46号文颁发了《上海市建设工程行政审批管理程序改革方案》（以下简称《改革方案》）。

1　并联审批管理改革的原则

（1）牢固树立建设服务型政府的基本理念。

（2）坚持转变政府职能，加强公共服务，实现公开、公平、公正、提高审批效率的基本要求。

（3）体现加强政府监管，确保建设工程安全质量的基本目标。

（4）与现行法律法规的规定相衔接，整合审批环节，优化审批流程。

（5）推进行政审批标准化管理，用统一的管理规范和强制性标准取代个案审批。

2　并联审批管理改革的主要方式

（1）可以完全由项目建设单位承担责任，或者可以在其他管理环节中解决的事项，取消审批。涉及互为前置审批的，原则上应实行告知承诺。对保留的审批事项，缩短审批时限。

（2）将建设工程审批管理流程整合归并为“土地使用权取得和核定规划条件、设计方案审核、设计文件审查、竣工验收”四个主要环节。

（3）每个环节实施并联审批，一家牵头、一口受理、抄告相关、同级征询、同步审批、限时办结。每一环节并联审批结束后，建设单位按照规定简化办理手续，领取相关审批文件。

（4）土地使用权取得和核定规划条件、设计方案审核环节由规划土地部门牵头组织，设计文件审查、竣工验收环节由建设管理部门牵头组织，相关部门协同配合，部分原由各部门直接对建设单位的外部程序改为内部程序操作，但法律主体关系不变，该出具审批意见的出具、该备案的备案。

（5）加强行政审批中部门之间协调和上下道流程的衔接，提高信息技术运用和资源共享水平。

（6）加快落实告知承诺制度，加强审批过程监督制约。根据《上海市行政审批告知承诺试行办法》，对符合规划且没有重大公共安全危害的项目，加快推进告知承诺制度。对审批申报和实施建设中不诚信的建设单位、设计单位，通报相关资质管理部门联合查处，列入不诚信名单向社会公布，限制其房地产或设计市场准入。

3　并联审批管理改革的适用范围

本方案与本市投资立项管理改革同步实施，主要在企业投资项目核准、备案制建设工程中施行。审批制项目建设工程有条件的，也可参照实施。

4　并联审批管理改革的主要流程

（1）土地使用权取得和核定规划条件

该环节重点明确建设用地和相关项目建设的基本条件，包括规划、土地、资金、环保、地质等各项参数。

1）以划拨方式取得土地使用权。属审批制项目的，在项目建议书批准后，规划土地管理部门可同步受理选址意见书、土地预审和地名审批的申请；在可行性研究报告批准后，规划土地管理部门可同步受理建设用地规划许可证、建设用地审批的申请。

属核准制项目的，规划土地管理部门可同步受理选址意见书、土地预审和地名审批的申请，并征询投资管理部门及其他相关管理部门意见；在项目核准后，规划土地管理部门可同步受理建设用地规划许可证、建设用地审批的申请。

属备案制项目的，在取得投资管理部门的备案意见后，规划土地管理部门可同步受理核定规划条件、土地预审和地名审批的申请；在核定规划条件和土地预审后，规划土地管理部门可同步受理建设用地规划许可证、建设用地审批的申请。

对同步办理事项，建设单位在同时递交不同事项的申请表时，相同的申请材料（如资质证明材料等）可只提交1份。办理结果可依照法定程序分别作出，也可待同步审批通过后，一并送达申请人。

2）以出让方式取得土地使用权。规划土地管理部门在土地出让前，按照“分部门、分步骤、同级询、格式化”的原则，市、区（县）招拍挂办公室或规划土地管理部门向同级相关管理部门征询出让条件，以及是否参与下一环节设计方案并联审批的意见。各部门在接到征询意见函后的10个工作日内书面反馈，逾期视作同意土地出让且不参加设计方案并联审批。但涉及公共安全、人身健康的特殊项目，可在10个工作日内告知规划土地管理部门延长反馈时间。

取得出让条件后，规划土地管理部门办理建设用地审批、公示等事务。程序完备后，组织土地招拍挂出让或协议出让。

签订出让合同后，受让人向投资管理部门办理项目备案。属核准类项目，在环保部门办理环评审批后，办理核准手续。项目核准或备案通过后，向规划土地管理部门领取建设用地规划许可证。

3）自有土地建设。属审批制和备案制项目的，在取得建设项目建议书或项目备案意见后，向规划土地管理部门申请核定规划条件。办理期间，由规划土地管理部门征询相关管理部门意见。

属核准制项目的，先由规划土地管理部门受理核定规划条件的申请，办理期间，征询投资管理部门和其他相关管理部门意见。

该环节完成后，如项目用地上有拆迁的，向住房保障房屋管理部门办理房屋拆迁许可手续，并开展工程报建、勘察设计招标、组织编制规划方案和项目环评等工作。

（2）设计方案审核

该环节在30个工作日内完成。

1）咨询。为提高设计成果质量，加强批前服务协调，建设单位在编制设计方案时，可向市或区（县）相关管理部门进行咨询，相关管理部门应及时提供指导意见。

2）受理。建设单位应按照住房城乡建设部《建筑工程设计文件编制深度规定（2008年版）》中“方案设计”的要求，编制建筑设计方案，并按照事先告知须后续审查的要求，将需相关管理部门审查的材料分袋包装，送规划土地管理部门。规划土地管理部门收到后，在5个工作日内完成征求相关管理部门预审意见工作，向申请人出具正式受理或者材料补正的通知。

3）审核意见。相关管理部门在正式受理后的10个工作日内，将各自专业审查意见书面反馈规划土地管理部门。规划土地管理部门在汇总各相关管理部门的审查意见后，可在15个工作日内组织建设管理等相关管理部门进行会审，综合协调，并根据协调情况，作出同意或者不同意的审核意见。相关部门的审批文件统一由规划土地管理部门转送建设单位。设计方案审核意见及相关管理部门提出需在设计文件阶段完善落实的意见抄送建设管理部门。

4）设计方案公示。规划土地管理部门在批准建设工程设计方案前，应按照有关规定将建设工程设计方案的相关内容向公众公开展示，听取公众意见。

5）简易建设项目免予设计方案审核。对建筑面积500m^{2}以下小型建（构）筑物项目（可能严重影响居民生活的建设项目除外）、工业区内标准厂房、普通仓库工程、变动主体承重结构的建筑物或构筑物大修工程（文物保护单位和优秀历史建筑除外）等，规划土地管理部门在土地出让或核发选址意见书、核定规划条件时，应告知建设单位规划条件、后续仍需审查的相关管理部门和其他应尽事项，并注明“本项目在签订告知承诺书后，免于设计方案审核”。建设单位签署承诺遵守的，免于审核设计方案，直接进入后续审批环节。

（3）设计文件审查。该环节在30个工作日内完成。

1）咨询。为确保设计文件编制质量，加强前期服务，根据设计方案审批中提出要在本阶段落实意见的，建设单位在施工图设计文件编制前，可向符合资质条件的专业咨询机构提出专业技术咨询，也可待完成施工图设计文件编制后直接向上海市建设工程设计文件审查管理事务中心或区（县）相应机构（以下统称审查部门）提出设计文件审查申请。

2）申报。项目符合受理范围要求且已通过规划土地管理部门设计方案审批，建设单位按照总体设计文件和施工图设计文件的分类，向审查部门提交设计文件审查申请。同时，建设单位当天在电子信息平台上从符合条件的审图公司中随机抽取两家，从中选取一家审图公司承担本项目施工图设计文件审查工作。

3）受理。审查部门一门式受理建设单位的送审资料，在5个工作日内完成征求相关管理部门意见工作，并向建设单位出具受理或者材料补正的通知。

4）设计文件审查。

征询：自正式受理之日起，审查部门组织投资、规划国土、卫生、交通、交警、消防、抗震、水务、民防、绿化市容、气象等相关管理部门在10个工作日内完成总体设计文件征询。需要时，可由审查部门召开相关征询协调会，征询意见通知审图公司，在施工图设计文件审查中落实。

施工图设计文件审查：审图公司、民防、气象部门接到审查部门审图通知和转送的施工图设计文件后，根据有关规定和相关部门征询意见，对施工图进行审查，在20个工作日内完成。审图公司完成施工图审查后，审查通过的，向建设单位出具通过施工图审查合格书，并向建设管理部门备案；审查未获通过，则向建设单位出具不通过施工图审查的意见，并报建设管理部门，同时终止审查。

5）备案管理。对通过施工图设计文件审查的项目，建设管理部门在5个工作日内完成备案管理，并出具备案意见。

6）领取相关批准文件和办理相关手续。施工图审查备案通过后，建设单位向规划土地管理部门办理建设工程规划许可证手续；向建设管理部门办理施工和监理招投标备案、建设工程安全质量监督申报、使用墙体材料核定和施工许可等手续。

（4）竣工验收。该环节在20个工作日内完成。

1）服务范围：建设工程中涉及质量、规划国土、环保、消防、交警、交通、水务、卫生、住房保障房屋管理、档案、绿化市容、民防、防雷竣工验收以及其他特定领域验收事项。

2）验收方式：建设单位依照国家法律法规规定组织竣工验收。建设工程项目具备法定竣工验收条件后，建设管理部门也可接受建设单位委托，组织相关管理部门，实施全部或者部分专业的竣工验收并联服务。

3）提供指导：建设单位需要征询竣工验收法定条件具体内容的，市或者区（县）相关管理部门应及时提供有针对性的指导意见。

4）服务流程：建设管理部门建立竣工验收并联服务工作平台，组织相关管理部门并联实施专业竣工验收。相关管理部门应根据建设单位的需求提供咨询服务。

5）竣工验收并联服务采用如下方式进行，自受理之日起20个工作日完成。

网上申请。建设工程具备法定的竣工验收条件后，建设单位根据建设工程验收需要，网上填写《建设工程竣工验收并联服务申请表》（以下简称《申请表》），向市安质监总站、特定地区管委会或者区（县）建设交通委指定的专门机构（以下统称受理机构）申请竣工验收并联服务。

现场踏勘。受理机构收到申请后，核对《申请表》内容，3个工作日内确定首次现场踏勘时间，随后组织专业验收部门进行现场踏勘，对竣工验收申请材料和工程实际完成情况进行预审。

一口受理。相关专业验收部门现场踏勘后，1个工作日内，向受理机构反馈同意受理、补正材料或者不予受理的意见。由受理机构根据相关专业验收部门反馈的意见，在1个工作日内，向建设单位出具《建设工程竣工验收并联服务申请受理单》或者补正材料的意见。

现场验收。受理机构向建设单位发出《建设工程竣工验收并联服务申请受理单》后，消防、绿化、环保、卫生、交警部门在13个工作日内完成竣工验收工作，并将验收结论意见反馈受理机构和规划土地管理部门。规划土地管理部门在之后的2个工作日内完成竣工验收结论意见，并将竣工验收结论意见反馈受理机构。其他参与并联验收部门在15个工作日内完成竣工验收工作，并将验收结论意见反馈受理机构。必要时，也可由受理机构组织会审。

统一反馈。受理机构汇总相关专业验收部门反馈意见，3个工作日内统一向建设单位出具《建设工程竣工验收意见汇总表》。对符合相关专业验收部门竣工验收要求的，建设单位凭受理机构的《建设工程竣工验收意见汇总表》领取审批意见以及相应的批准文件。不符合竣工验收标准的，相关专业验收部门在向受理机构反馈验收意见时，同时附上不通过验收的原因及整改要求。

建设单位整改完成后，直接向专业竣工验收部门提出申请复验，由专业竣工验收部门直接实施验收。

第5章 设计委托、招标和合同管理

建筑工程设计是集社会、经济、技术和管理为一体的复杂的特殊的系统性生产过程。在设计市场社会化的今天，设计除了专业化技术属性外，还有综合的经营活动属性。对设计行业的市场行为进行有效组织和监管成为设计市场管理中的重要内容。

设计委托、招标和合同管理的设计管理工作越是重要，越要有一定之规、一定之约，要放在社会的大系统中考量。在设计市场中，业主方和设计方作为设计市场的主角，双方都需要遵循公平、公正、客观、科学、独立、实事求是的办事原则，知法守法、省察观照、诚笃践行的契约精神，合法化、规范化、系统化的设计行为与规范有序、循规蹈矩、睿智严谨、多元创新的管理方式。当然，也离不开公正透明、承责务实、激浊扬清的行政监管。这一切都是实现项目设计目标，乃至项目全寿命周期目标的保证，也是促成设计管理工作有更好的社会与市场环境的不二法门。

5.1 设计任务的委托

5.1.1 设计市场管理

1 设计市场管理概述

(1) 设计市场要素

设计市场要素包含两个方面的内容：一是指设计活动的目标市场领域范围；二是指将设计当作一种产业，整个设计行业的经营与市场运作。因此，各级政府建设行政等有关设计管理部门和设计企业自身应围绕设计市场要素，不断推进设计及其管理创新，促进设计行业社会生产力水平的提高和持续发展。

(2) 设计市场管理的内容

在市场经济条件下，市场的作用越来越明显。我国改革开放以来，建筑市场社会化、市场化运行机制已逐步形成，设计市场已初具规模，成为建筑市场体系的重要构成部分。设计市场管理应包含两方面的内容：

1) 建立以市场为准绳，符合市场规律的设计管理机制。各级政府建设行政等有关设计管理部门和设计企业自身借助创新的管理制度和措施，将包括城乡规划设计、建筑工程设计、市政工程设计、环境景观设计、室内设计等多种类型的设计行为在设计市场中合法化、规范化、系统化，推动设计产业的正常运转，使设计业既充满活力，又健康有序地发展。

2) 对市场的设计行为实施合理、规范和具有创新的具体管理。我国改革开放以来，业主方（建设单位）和设计方成为设计市场的主角。设计企业以及其设计行为已成为社会发展中不可估量的动力，设计产业在社会经济中的比例随着第三产业的发展而提升，境外设计机构已在设计市场占有一席之地，设计市场在建筑市场体系中的地位已十分显要。因此，对设计行业的市场行为进行有效组织和监管成为设计市场管理中的重要内容。

(3) 业主方和设计方在设计市场中的经营活动

设计市场中，业主方和设计方的设计管理者都要把设计看成是一项综合性的经营活动，使设计活动围绕市场展开。业主方在选择能为建设项目提供优质技术服务的设计企业；设计方在设计市场中寻求项目设计任务，实现其企业目标；设计师也通过市场来表达其设计理念，实现其设计价值。

设计市场中，业主方和设计方的设计管理既要打破思想藩篱，实践设计及其管理创新，也要遵循设计法规，规范设计市场行为；既要尊重科学和专业精神，也要理顺利益格局和兼顾多元的价值取向。互动共赢，以优质设计实现各自的目标，并推进项目设计管理的社会化和市场化的持续发展。

5.1.2 设计发包与承包类型

1 设计任务委托的类型

在目前设计市场中，设计任务的委托通常有三种类型：

(1) 招标委托。招标委托是设计委托方对设计项目通过招标依法择优选择设计方的发包方式。凡符合《工程建设项目招标范围和规模标准规定》的各类工程建设项目，必须依法招标。招标委托又分为公开招标和邀请招标。

(2) 直接委托。对于依法经项目主管部门批准，可以不进行招标的建设项目，可以采取直接委托的方式进行设计任务的委托。选取一至数家具有相应资质和技术能力的设计单位，进行考察和比较，最终选定一家，委托其完成设计任务，双方进行合同谈判并签订设计合同。

(3) 设计竞赛。设计竞赛是指业主或委托专业项目管理（咨询）公司组织不同深度的规划和建筑设计竞赛，按一定竞选程序，由设计竞赛评审委员会对参赛设计进行评选，择优选出中选设计的活动。设计竞赛发起组织者可按赛前公布的规则确定一个竞赛优胜者，也可以综合几个中选设计，再进行设计优化组合。在设计进展过程中，可根据具体需要通过多轮设计竞赛不断地寻求设计优化的可能。

2 建设工程设计发包与承包规定

(1) 发包方不得将建设工程设计业务发包给不具有相应设计资质等级的建设工程设计单位。

(2) 发包方可以将整个建设工程的设计发包给一个设计单位；也可以将建设工程的设计分别发包给几个设计单位。

(3) 除建设工程主体部分的设计外，经发包方书面同意，承包方可以将建设工程其他部分的设计再分包给其他具有相应资质等级的建设工程设计单位。

(4) 建设工程设计单位不得将所承揽的建设工程设计转包。

(5) 承包方必须在建设工程设计资质证书规定的资质等级和业务范围内承揽建设工程的设计业务。

(6) 建设工程设计发包方与承包方应当执行国家有关建设工程设计费的管理规定。

3 设计委托方式及其合同结构

由于现代建设项目规模日益增大，功能和技术要求日趋复杂而导致设计工作本身的复杂性，设计任务的委托方式由过去直接委托一家设计单位转变为多种委托方式，主要有平行委托、总设计和设计联合体三种方式。

(1) 平行委托

又可称为分别委托，这种方式是业主将设计任务同时分别委托给多个设计单位，各设计单位之间的关系是平行的。其合同结构如图 5-1 所示。

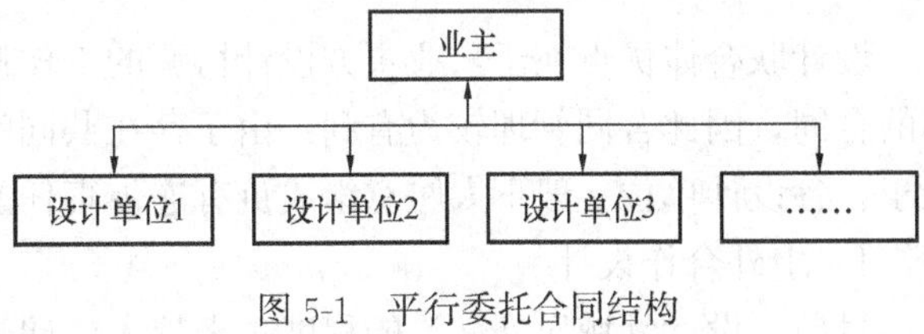

图 5-1 平行委托合同结构

采用平行委托时，设计任务的划分可以有多种方式，如按照项目划分、按照阶段划分、按照专业划分等，其相应的合同结构如图 5-2 所示。

平行委托的优点在于：可以加快设计进度；业主方可以直接对设计分包发出修改或变更的指令。其缺点在于：业主对于各家设计单位的协调工作量很大；分包合同较多，合同管理工作也较为复杂；由于各设计单位分别设计，因此较难进行总体的投资控制；参与单位众多也对整体设计进度控制造成相当的难度。因此，它适用于业主有设计项目管理经验和相关资源的情况。

(2) 设计总包

设计总包是指业主与设计总包单位签约，由设计总包单位与其他设计单位签订总分包的合同。按上述《办法》关于设计分包的规定，建设工程主体的设计必须由设计总包单位自主设计，不得分包给别的设计单位。设计总包的合同结构如图5-3所示。

设计总包优点在于：由于有设计总包单位的参与，业主方设计协调的工作量大大减少；由于业主方的设计合同只有一个和总包单位的合同，因此合同管理较为有利。其缺点在于：总包单位选取很重要，如果由主要承担施工图设计的单位承担，很难对方案设计单位进行有效控制，如果由承担方案设计的设计单位承担，对于后期控制也不利，必须慎重考虑；业主对设计分包单位的指令是间接的，直接指令必须通过总包单位，管理程序比较复杂。

（3）设计联合体

设计联合体是指业主与由两家以上设计单位组成的设计联合体签署一个设计委托合同，各家设计单位按照合作协议分别承担设计任务，通常是按照阶段分别承担的。在设计招标投标中，按《工程建设项目勘察设计招标投标办法》有关设计联合体的规定。合同结构如图5-4所示。

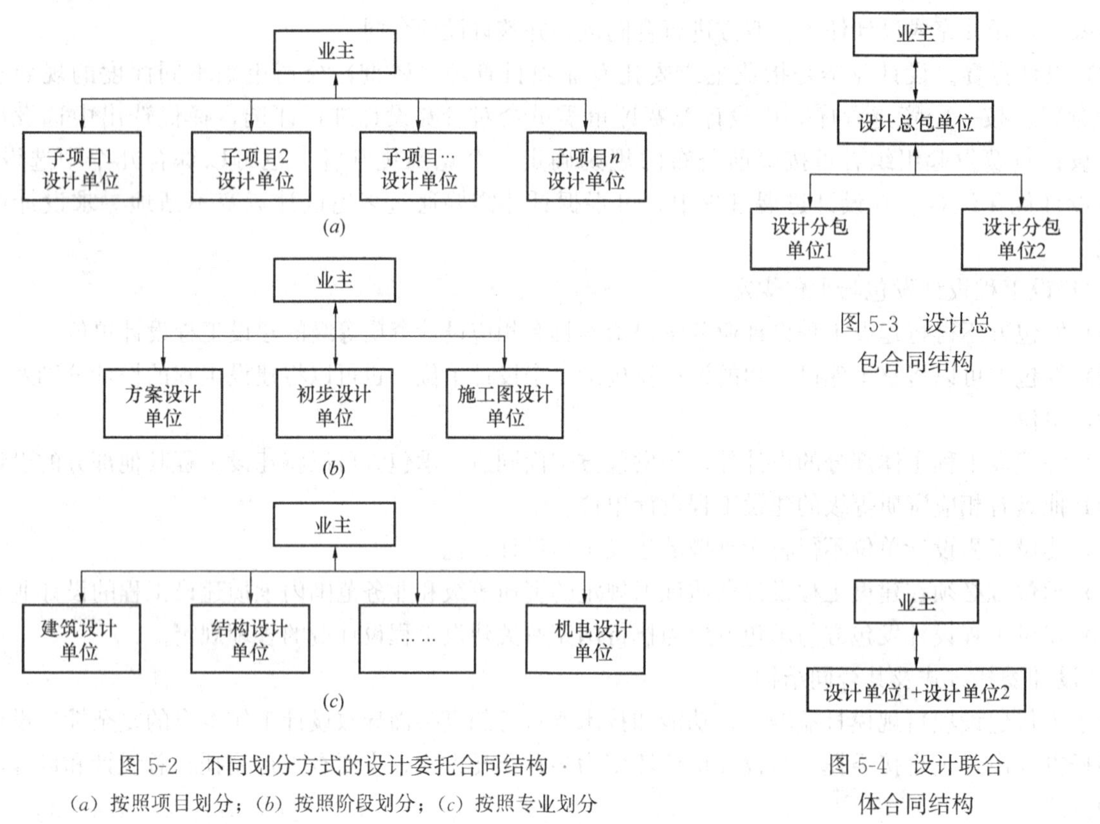

图5-2　不同划分方式的设计委托合同结构

(a) 按照项目划分；(b) 按照阶段划分；(c) 按照专业划分

图5-3　设计总包合同结构

图5-4　设计联合体合同结构

设计联合体优点在于：业主方设计协调的工作量较少；由于业主方的设计合同只有一个和设计联合体的合同，因此合同管理较为有利；由于存在共同的利益，各家设计单位交流和合作更为紧密。其缺点在于：各设计单位一般不太愿意组成负有连带责任的设计联合体，风险较大。

4　中外合作设计

目前，设计领域对外交流的程度越来越大，国外很多优秀的设计单位涌入了中国建筑市场，国外设计单位在我国承担项目设计，带来了先进的技术和优秀的文化。但由于国外设计单位往往不甚了解我国的规范、地质特征、常用构造、材料、施工工艺等，其思维习惯、工作方式也与我国的传统设计单位有很大区别；施工图设计深度也较我国浅，在施工过程中的配合会有困难。根据我国现行有关法规规定，境外设计机构不允许负责施工图设计，必须由国内设计公司承担。因此，境外设计机构有必要寻找中国当地的设计单位进行合作，中外合作设计正成为设计委托的一种主要趋势。

（1）中外合作设计委托方式的特征

在中外合作设计中，前所述主要有平行委托、设计总包和设计联合体三种形式，其合同结构如图5-5所示。

1）平行委托。平行委托是业主签订两份设计委托合同，把设计任务分别委托给外方和中方的设计单位，通常情况是外方设计单位承担方案设计，中方设计单位承担初步设计和施工图设计。这种方式的缺陷是中方和外方之间的设计衔接困难比较多，设计协调作量大，业主方成了设计总包，当中外双方产生矛盾时，要业主方来协调，外方出的图纸有时会不符合中国现行规范或深度不够，很有可能出现图纸多次返工、设计进度拖延、设计图纸不能满足深化设计等问题。

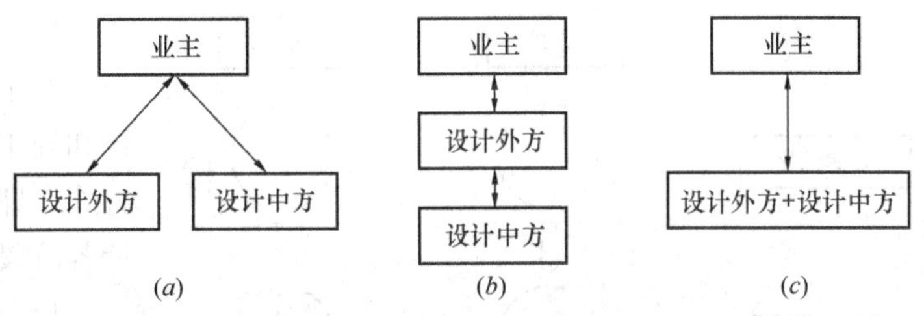

图 5-5 中外合作设计委托合同结构模式
(a) 平行委托；(b) 设计总包；(c) 设计联合体

2）设计总包。设计总包是业主把设计任务委托给中方或外方设计单位的其中一方，这一方再将设计任务的一部分分包给另一方，中外双方合作共同完成设计任务。在我国通常外方设计作为设计总包，中方设计单位作为设计分包，这样不但可以发挥中外双方各自的技术优势，而且设计参与各方的设计协调工作量相对业主平行托会大大减少。设计总包的缺点是由于业主方与中方设计没有直接的合同关系，在设计后期，特别是在施工配合阶段，业主方对中方设计单位的要求不能直接贯彻，中方往往需等待外方的认可，耽误工期。

3）设计联合体

A 设计联合体的含义：设计联合体是一种临时性的组织，是为承担某个建设项目的工程设计任务而成立的，项目工程结束后，联合体自动解散。设计联合体就是为承担某个建设项目的设计任务而成立的临时性联合组织。

B 联合体内部的管理，由联合体各方组成一个管理机构，负责联合体内部的管理，负责协调联合体各方的关系，协商确定项目设计经理的人选，并形成决策机制。项目设计经理负责建设项目的目标控制和日常管理工作，是对外的授权代表，业主对建设项目的各项指令均通过项目经理贯彻执行。

C 在设计联合体方式下，联合体成员签订设计合作协议。在联合体设计合作协议中阐明成员方的权利、责任、义务、工作分工以及投入与利益分配等。设计联合体成员按照合作协议分别承担设计任务，通常是按照设计阶段分别承担的。

D 设计联合体成员承担连带责任，因此每个单位参加联合体或选择合作单位时应慎重。

E 设计联合体的投入和利益分配。设计联合体各方的投入，可以根据各方的特点和优势决定，以互补的优势实现整体的竞争力。联合体的经济分配可以根据投入资源的价值进行分配，也可以协商确定百分比。

F 设计联合体的优势在于：a 由不同专业的设计机构组合，形成了专业齐全的联合体设计，可以拓宽业务渠道和项目来源；b 建设项目的规模、技术复杂程度、设计特殊等超出一个设计单位正常的设计承包能力，为集中优势和分散风险，采取联合形式；c 一个设计单位在当地有丰富经验，而另一个公司则有特殊的专业技术，或者一个境外设计机构寻找在当地有良好行业社会资源或与主管部门有密切关系的公司进行联合。

G 跨国设计机构为能在其本国和他国有机会承担大型工程，与本国或其他国家设计机构联合参与设计承包的做法，已被国际上认为是增强竞争力、分散风险最为有效的手段。在这种合同形式下，中方、外方的合作更加紧密。

H 业主方只与设计联合体签订一个设计合同，业主采用联合体委托设计方式有利于分散风险，联合体中任何一个成员违约、引起的责任由联合体中的其他成员承担连带责任。业主方在各个计阶段要抓的对象更加明确，组织协调与管理比较简单，对业主方和设计方都有利。

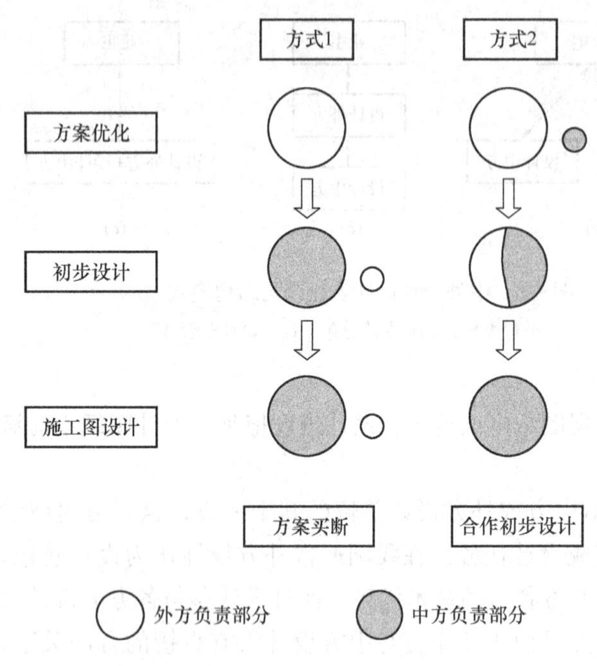

图 5-6　中外合作设计各阶段的分工方式

(2) 中外合作设计分工方式

在中外合作设计中，对于方案设计、初步设计和施工图设计的中外双方分工目前有两种分工方式，即方案买断和合作初步设计。中外合作设计各阶段的分工方式如图 5-6 所示。

1) 方案买断。外方只做方案设计，然后转交中方设计做初步设计和施工图设计。但是由于往往是概念性设计方案，创作意图表达有限，中方设计若对方案理解不够充分，会致使设计意图在后续设计中得不到充分的贯彻，在实践中也产生了诸多问题，削减了方案设计的价值。因此，采用这种方式，中方要努力充分理解和领会外方原始设计意图和构想，在后续设计中才能与方案设计一致或出入较少，以实现业主当初采用中外合作设计提高设计质量的初衷。

2) 合作初步设计。外方做方案，中方做方案的顾问；初步设计专业工种部分由中、外方分别承担，互为顾问；施图设计完全转由中方承担，外方为顾问。合作初步设计延长中外设计方的交接时间。经过工程实践的检验，该种方式基本适合国情，也能较好地发挥中外合作设计的长处。

5.2　设计招标投标管理

5.2.1　设计招标与投标概述

1　设计招标与投标概念

(1) 设计招标与投标是指设计委托方（招标人）依法以招标择优方式选择设计方，设计方以投标的形式获得设计任务的平等交易活动。

(2) 设计招标投标目的是为了规范建筑工程设计市场和工程建设项目勘察设计招标投标活动，优化建筑工程设计，促进提高设计质量和投资效益。

(3) 设计招标投标依据：《招标投标法》、《招标投标法实施条例》、《工程建设项目勘察设计招标投标办法》、《工程建设项目招标范围和规模标准规定》等。

(4) 国家鼓励利用信息网络进行电子招标投标。

2　必须进行招标的项目

必须进行招标的工程建设项目范围和规模标准。按《工程建设项目招标范围和规模标准规定》规定，必须进行招标的工程建设项目的具体范围和规模标准如下：

(1) 基础设施、公共事业等关系社会公共利益、公共安全的项目；

(2) 使用国有资金投资或者国家融资的项目；

(3) 使用国际组织或者外国政府资金的项目；

(4) 设计单项合同估算价在 50 万元人民币以上的；

(5) 项目总投资在 3000 万元人民币以上的；

(6) 全部或者部分使用政府投资或者国家融资的项目中，政府投资或者国家融资金额在 100 万元人民币以上的；

(7) 鼓励对政府投资或者国家融资金额在 100 万元人民币以下的项目进行招标。

省、自治区、直辖市人民政府根据实际情况，可以规定本地区必须进行招标的具体范围和规模标准，但不得缩小本规定确定的必须进行招标的范围。

3 可以不进行招标的项目

(1) 按照国家规定需要政府审批的项目，有下列情形之一的，经批准，项目的设计可以不进行招标：

1) 涉及国家安全、国家秘密的；

2) 抢险救灾的；

3) 主要工艺、技术采用特定专利或者专有技术的；

4) 技术复杂或专业性强，能够满足条件的勘察设计单位少于3家，不能形成有效竞争的；

5) 已建成项目需要改、扩建或者技术改造，由其他单位进行设计影响项目功能配套性的。

(2) 建筑工程的设计，采用特定专利技术、专有技术，或者建筑艺术造型有特殊要求的，经有关部门批准，可以直接发包。

5.2.2 设计招标

1 设计招标程序

(1) 招标人组织成立招标机构；

(2) 招标人编制招标文件并备案；

(3) 招标人发布招标公告或者投标邀请书；

(4) 对潜在投标人进行资质审查，并将审查结果通知各潜在投标人；

(5) 招标人发售招标文件；

(6) 投标人组织现场踏勘、召开投标预备会；

(7) 投标人提交投标文件；

(8) 开标、评标和决标；

(9) 签发中标通知书；

(10) 订立合同；

(11) 招标人提交招标投标情况的书面报告。

2 设计招标条件

依法必须进行勘察设计招标的工程建设项目，在招标时应当具备下列条件：

(1) 按照国家有关规定需要履行项目审批、核准手续的，已履行项目审批、核准手续，取得批准；

(2) 勘察设计所需资金已经落实；

(3) 所必需的勘察设计基础资料已经收集完成；

(4) 法律法规规定的其他条件。

3 设计招标方式

建筑工程设计招标依法可以公开招标或者邀请招标。

(1) 公开招标的建设项目：全部使用国有资金投资或者国有资金投资占控股或者主导地位的工程建设项目，以及国务院发展和改革部门确定的国家重点项目和省、自治区、直辖市人民政府确定的地方重点项目，除符合依法必须进行勘察设计招标的工程建设项目外，应当公开招标。

(2) 邀请招标的建设项目：依法必须进行勘察设计招标的工程建设项目，在下列情况下可以进行邀请招标：

1) 项目的技术性、专业性较强，或者环境资源条件特殊，符合条件的潜在投标人数量有限的；2) 如采用公开招标，所需费用占工程建设项目总投资的比例过大的；3) 建设条件受自然因素限制，如采用公开招标，将影响项目实施时机的；4) 招标人采用邀请招标方式的，应保证有3个以上具备承担招标项目勘察设计能力，并具有相应资质的特定法人或者其他组织参加投标。

4　招标人

（1）勘察设计招标工作由招标人负责。任何单位和个人不得以任何方式非法干涉招标投标活动。招标人可以依据工程建设项目的不同特点，实行勘察设计一次性总体招标；也可以在保证项目完整性、连续性的前提下，按照技术要求实行分段或分项招标。招标人不得利用前款规定将依法必须进行招标的项目化整为零，或者以其他任何方式规避招标。依法必须招标的工程建设项目，招标人可以对项目的勘察、设计、施工以及与工程建设有关的重要设备、材料的采购，实行总承包招标。

（2）招标人具备下列条件的，可以自行组织招标：有与招标项目工程规模及复杂程度相适应的工程技术、工程造价、财务和工程管理人员，具备组织编写招标文件的能力；有组织评标的能力。招标人不具备前款规定条件的，应当委托具有相应资格的招标代理机构进行招标。

5　招标代理

（1）工程建设项目招标代理是指工程招标代理机构接受招标人的委托，从事工程的勘察、设计、施工、监理以及与工程建设有关的重要设备（进口机电设备除外）、材料采购招标的代理业务。

（2）对工程建设项目招标代理机构规定。按《工程建设项目招标代理机构资格认定办法》（建设部令第154号），有关规定如下：

1）从事工程招标代理业务的机构，应当依法取得国务院建设主管部门或者省、自治区、直辖市人民政府建设主管部门认定的工程招标代理机构资格，并在其资格许可的范围内从事相应的工程招标代理业务。

2）工程招标代理机构资格分为甲级、乙级和暂定级。甲级工程招标代理机构可以承担各类工程的招标代理业务；乙级工程招标代理机构只能承担工程总投资1亿元人民币以下的工程招标代理业务；暂定级工程招标代理机构，只能承担工程总投资6000万元人民币以下的工程招标代理业务。

3）工程招标代理机构可以跨省、自治区、直辖市承担工程招标代理业务。任何单位和个人不得限制或者排斥工程招标代理机构依法开展工程招标代理业务。招标代理机构在其资格许可和招标人委托的范围内开展招标代理业务，任何单位和个人不得非法干涉。招标代理机构不得在所代理的招标项目中投标或者代理投标，也不得为所代理的招标项目的投标人提供咨询。

4）招标人应当与被委托的招标代理机构签订书面委托合同，合同约定的收费标准应当符合国家有关规定。

6　招标公告或者招标邀请书和资格预审公告

（1）招标公告或者招标邀请书、资格预审公告应当载明招标人名称和地址、招标项目的基本要求、投标人的资质要求以及获取招标文件的办法等事项。

（2）招标人应当按招标公告或者投标邀请书、资格预审公告规定的时间、地点发售资格预审文件或者招标文件。自招标文件或者资格预审文件出售之日起至停止出售之日止，最短不得少于5个工作日。

（3）招标人应当在资格预审公告、招标公告或者投标邀请书中载明是否接受联合体投标。

（4）招标人发售资格预审文件、招标文件收取的费用应当限于补偿印刷、邮寄的成本支出，不得以营利为目的。

（5）除不可抗力原因外，招标人在发布招标公告或者投标邀请书和资格预审公告后不得终止招标，也不得在出售资格预审文件或者招标文件后终止招标。

（6）招标人终止招标的，应当及时发布公告，或者以书面形式通知被邀请的或者已经获取资格预审文件、招标文件的潜在投标人。已经发售资格预审文件、招标文件或者已经收取投标保证金的，招标人应当及时退还所收取的资格预审文件、招标文件的费用，以及所收取的投标保证金及银行同期存款利息。

7　投标人资格预审

（1）招标人采用资格预审办法对潜在投标人进行资格审查的，应当编制资格预审文件。

(2) 招标人应当合理确定提交资格预审申请文件的时间。依法必须进行招标的项目提交资格预审申请文件的时间，自资格预审文件停止发售之日起不得少于5日。

(3) 资格预审应当按照资格预审文件载明的标准和方法进行。资格预审结束后，招标人应当及时向资格预审申请人发出资格预审结果通知书。

(4) 招标人只向资格预审合格的潜在投标人发售招标文件。

(5) 凡是资格预审合格的潜在投标人都应被允许参加投标。招标人不得以抽签、摇号等不合理条件限制或者排斥资格预审合格的潜在投标人参加投标。

8 招标文件

(1) 公开招标的项目应当依照规定编制招标文件。招标人应当根据招标项目的特点和需要编制招标文件。

(2) 设计招标文件应当包括下列内容：1) 投标须知；2) 投标文件格式及主要合同条款；3) 项目说明书，包括资金来源情况；4) 设计范围，对勘察设计进度、阶段和深度要求；5) 设计基础资料；6) 设计费用支付方式，对未中标人是否给予补偿及补偿标准；7) 投标报价要求；8) 对投标人资格审查的标准；9) 评标标准和方法；10) 投标有效期（投标有效期，是招标文件中规定的投标文件有效期，从提交投标文件截止日起计算）。

(3) 招标人负责提供与招标项目有关的基础资料，并保证所提供资料的真实性、完整性，涉及国家秘密的除外。

(4) 招标人可以对已发出的资格预审文件或者招标文件进行必要的澄清或者修改。澄清或者修改的内容可能影响资格预审申请文件或者投标文件编制的，招标人应当在提交资格预审申请文件截止时间至少3日前，或者投标截止时间至少15日前，以书面形式通知所有获取资格预审文件或者招标文件的潜在投标人；不足3日或者15日的，招标人应当顺延提交资格预审申请文件或者投标文件的截止时间。

(5) 潜在投标人或者其他利害关系人对资格预审文件有异议的，应当在提交资格预审申请文件截止时间2日前提出；对招标文件有异议的，应当在投标截止时间10日前提出。招标人应当自收到异议之日起3日内作出答复；作出答复前，应当暂停招标投标活动。

(6) 招标人不得组织单个或者部分潜在投标人踏勘项目现场。对于所有收受招标文件的潜在投标人在阅读招标文件和现场踏勘中提出的疑问，招标人可以书面形式或召开投标预备会的方式解答，但需同时将解答以书面方式通知所有招标文件收受人。该解答的内容为招标文件的组成部分。

(7) 招标人可以要求投标人在提交符合招标文件规定要求的投标文件外，提交备选投标文件，但应当在招标文件中做出说明，并提出相应的评审和比较办法。

(8) 招标人应当确定潜在投标人编制投标文件所需要的合理时间。依法必须进行勘察设计招标的项目，自招标文件开始发出之日起至投标人提交投标文件截止之日止，最短不得少于20日。

5.2.3 设计投标

1 投标人

(1) 投标人是响应招标、参加投标竞争的法人或者其他组织。在其本国注册登记，从事建筑、工程服务的国外设计企业参加投标的，必须符合中华人民共和国缔结或者参加的国际条约、协定中所作的市场准入承诺以及有关勘察设计市场准入的管理规定。

(2) 投标人应当符合国家规定的资质条件。

(3) 投标人依法参加投标活动，不受地区或者部门的限制，任何单位和个人不得非法干涉，不得对潜在投标人实行歧视待遇。

(4) 投标人不得以他人名义投标，也不得利用伪造、转让、无效或者租借的资质证书参加投标，或者以任何方式请其他单位在自己编制的投标文件代为签字盖章，损害国家利益、社会公共利益和招标人的合法权益。

（5）与招标人存在利害关系可能影响招标公正性的法人、其他组织或者个人，不得参加投标。

（6）禁止投标人相互串通投标。有下列情形之一的，属于投标人相互串通投标：1）投标人之间协商投标报价等投标文件的实质性内容；2）投标人之间约定中标人；3）投标人之间约定部分投标人放弃投标或者中标；4）属于同一集团、协会、商会等组织成员的投标人按照该组织要求协同投标；5）投标人之间为谋取中标或者排斥特定投标人而采取的其他联合行动。

有下列情形之一的，也应视为投标人相互串通投标：1）不同投标人的投标文件由同一单位或者个人编制；2）不同投标人委托同一单位或者个人办理投标事宜；3）不同投标人的投标文件载明的项目管理成员为同一人；4）不同投标人的投标文件异常一致或者投标报价呈规律性差异；5）不同投标人的投标文件相互混装；6）不同投标人的投标保证金从同一单位或者个人的账户转出。

（7）禁止招标人与投标人串通投标。

有下列情形之一的，属于招标人与投标人串通投标：1）招标人在开标前开启投标文件并将有关信息泄露给其他投标人；2）招标人直接或者间接向投标人泄露标底、评标委员会成员等信息；3）招标人明示或者暗示投标人压低或者抬高投标报价；4）招标人授意投标人撤换、修改投标文件；5）招标人明示或者暗示投标人为特定投标人中标提供方便；6）招标人与投标人为谋求特定投标人中标而采取的其他串通行为；7）使用通过受让或者租借等方式获取的资格、资质证书投标的，属于以他人名义投标。

2 投标文件及其提交

（1）投标人应当按照招标文件的要求编制投标文件。投标文件中的勘察设计收费报价，应当符合国务院价格主管部门制定的工程勘察设计收费标准。

（2）投标人在投标文件有关技术方案和要求中不得指定与工程建设项目有关的重要设备、材料的生产供应者，或者含有倾向或者排斥特定生产供应者的内容。

（3）招标文件要求投标人提交投标保证金的，保证金数额一般不超过勘察设计费投标报价的2%，最多不超过10万元人民币。

（4）未通过资格预审的申请人提交的投标文件，以及逾期送达或者不按照招标文件要求密封的投标文件，招标人应当拒收。招标人应当如实记载投标文件的送达时间和密封情况，并存档备查。

（5）在提交投标文件截止时间后到招标文件规定的投标有效期终止之前，投标人不得补充、修改或者撤回其投标文件。评标委员会要求对投标文件作必要澄清或者说明的除外。

（6）投标人在投标截止时间前提交的投标文件，补充、修改或撤回投标文件的通知，备选投标文件等，都必须加盖所在单位公章，并且由其法定代表人或授权代表签字。招标人在接收上述材料时，应检查其密封或签章是否完好，并向投标人出具标明签收人和签收时间的回执。

（7）投标人撤回已提交的投标文件，应当在投标截止时间前书面通知招标人。招标人已收取投标保证金的，应当自收到投标人书面撤回通知之日起5日内退还。投标截止后投标人撤销投标文件的，招标人可以不退还投标保证金。

3 联合体投标

（1）招标人接受联合体投标并进行资格预审的，联合体应当在提交资格预审申请文件前组成。资格预审后联合体增减、更换成员的，其投标无效。

（2）以联合体形式投标的，联合体各方应签订共同投标协议，连同投标文件一并提交招标人。

（3）联合体各方不得再单独以自己名义，或者参加另外的联合体投同一个标。相关投标均无效。

（4）参加联合体的各成员方均应具有与该工程相适应的设计资质，在同一专业的各成员最低资质为联合体的资质。

（5）联合体中标的，应指定牵头人或代表，授权其代表所有联合体成员与招标人签订合同，负责整个合同实施阶段的协调工作。但是，需要向招标人提交由所有联合体成员法定代表人签署的授权委托书。

5.2.4 开标、评标和中标

1 开标

开标应当在招标文件确定的提交投标文件截止时间的同一时间公开进行；除不可抗力原因外，招标人不得以任何理由拖延开标，或者拒绝开标。

2 评标

(1) 评标工作由评标委员会负责。除招标投标法规定的特殊招标项目外，依法必须进行招标的项目，其评标委员会的专家成员应当从评标专家库内相关专业的专家名单中以随机抽取方式确定。任何单位和个人不得以明示、暗示等任何方式指定或者变相指定参加评标委员会的专家成员。

特殊招标项目是指技术复杂、专业性强或者国家有特殊要求，采取随机抽取方式确定的专家难以保证胜任评标工作的项目。评标委员会成员与投标人有利害关系的，应当主动回避。行政监督部门的工作人员不得担任本部门负责监督项目的评标委员会成员。

(2) 招标人应当向评标委员会提供评标所必需的信息，但不得明示或者暗示其倾向或者排斥特定投标人。评标委员会可以要求投标人对其技术文件进行必要的说明或介绍，但不得提出带有暗示性或诱导性的问题，也不得明确指出其投标文件中的遗漏和错误。

(3) 评标委员会成员应当依照招标投标法和招标投标法实施条例的规定，按照招标文件规定的评标标准和方法，客观、公正地对投标文件提出评审意见。招标文件没有规定的评标标准和方法不得作为评标的依据。

(4) 勘察设计评标一般采取综合评估法进行。评标委员会应当按照招标文件确定的评标标准和方法，结合经批准的项目建议书、可行性研究报告或者上阶段设计批复文件，对投标人的业绩、信誉和勘察设计人员的能力以及勘察设计方案的优劣进行综合评定。

(5) 评标委员会成员不得私下接触投标人，不得收受投标人给予的财物或者其他好处，不得向招标人征询确定中标人的意向，不得接受任何单位或者个人明示或者暗示提出的倾向或者排斥特定投标人的要求，不得有其他不客观、不公正履行职务的行为。

(6) 招标人应当根据项目规模和技术复杂程度等因素合理确定评标时间。超过三分之一的评标委员会成员认为评标时间不够的，招标人应当适当延长。

评标过程中，评标委员会成员有回避事由、擅离职守或者因健康等原因不能继续评标的，应当及时更换。被更换的评标委员会成员作出的评审结论无效，由更换后的评标委员会成员重新进行评审。

(7) 根据招标文件的规定，允许投标人投备选标的，评标委员会可以对中标人所提交的备选标进行评审，以决定是否采纳备选标。不符合中标条件的投标人的备选标不予考虑。

(8) 招标项目设有标底的，招标人应当在开标时公布。标底只能作为评标的参考，不得以投标报价是否接近标底作为中标条件，也不得以投标报价超过标底上下浮动范围作为否决投标的条件。

(9) 有下列情形之一的，评标委员会应做废标处理或否决其投标：

1) 投标文件未按要求密封；未经投标单位盖章和单位负责人签字；

2) 投标联合体没有提交共同投标协议；联合体通过资格预审后在组成上发生变化，含有未经过资格预审或者资格预审不合格的法人或者其他组织；

3) 投标人不符合国家或者招标文件规定的资格条件；

4) 投标文件中标明的投标人与资格预审的申请人在名称和组织结构上存在实质性差别的；

5) 未按招标文件要求提供投标保证金；

6) 同一投标人提交两个以上不同的投标文件或者投标报价，但招标文件要求提交备选投标的除外；

7) 投标文件没有对招标文件的实质性要求和条件作出响应；

8) 投标报价不符合国家颁布的勘察设计取费标准，或者投标报价低于成本或者高于招标文件设定的最高投标限价；

9）投标人有串通投标、弄虚作假、行贿等违法行为。

（10）投标文件中有含义不明确的内容、明显文字或者计算错误，评标委员会认为需要投标人作出必要澄清、说明的，应当书面通知该投标人。投标人的澄清、说明应当采用书面形式，并不得超出投标文件的范围或者改变投标文件的实质性内容。评标委员会不得暗示或者诱导投标人作出澄清、说明，不得接受投标人主动提出的澄清、说明。

（11）评标完成后，评标委员会应当向招标人提交书面评标报告和中标候选人名单。评标委员会推荐的中标候选人应当限定在1至3人，并标明排列顺序。能够最大限度地满足招标文件中规定的各项综合评价标准的投标人，应当推荐为中标候选人；

评标报告的内容应当符合《评标委员会和评标方法暂行规定》的要求。但是，评标委员会决定否决所有投标的，应在评标报告中详细说明理由。评标报告应当由评标委员会全体成员签字。对评标结果有不同意见的评标委员会成员应当以书面形式说明其不同意见和理由，评标报告应当注明该不同意见。评标委员会成员拒绝在评标报告上签字又不书面说明其不同意见和理由的，视为同意评标结果。

（12）评标定标工作应当在投标有效期结束日30个工作日前完成，不能如期完成的，招标人应当通知所有投标人延长投标有效期。同意延长投标有效期的投标人应当相应延长其投标担保的有效期，但不得修改投标文件的实质性内容。拒绝延长投标有效期的投标人有权收回投标保证金。招标文件中规定给予未中标人补偿的，拒绝延长的投标人有权获得补偿。

3 中标

（1）国有资金占控股或者主导地位的依法必须进行招标的项目，招标人应当确定排名第一的中标候选人为中标人。排名第一的中标候选人放弃中标、因不可抗力不能履行合同、不按照招标文件要求提交履约保证金，或者被查实存在影响中标结果的违法行为等情形，不符合中标条件的，招标人可以按照评标委员会提出的中标候选人名单排序依次确定其他中标候选人为中标人，也可以重新招标。

（2）依法必须进行招标的项目，招标人应当自收到评标报告之日起3日内公示中标候选人，公示期不得少于3日。投标人或者其他利害关系人对依法必须进行招标的项目的评标结果有异议的，应当在中标候选人公示期间提出。招标人应当自收到异议之日起3日内作出答复；作出答复前，应当暂停招标投标活动。

（3）中标候选人的经营、财务状况发生较大变化或者存在违法行为，招标人认为可能影响其履约能力的，应当在发出中标通知书前由原评标委员会按照招标文件规定的标准和方法审查确认。

（4）招标人应在接到评标委员会的书面评标报告后15日内，根据评标委员会的推荐结果确定中标人，或者授权评标委员会直接确定中标人。

（5）招标人应当在将中标结果通知所有未中标人后7个工作日内，逐一返还未中标人的投标文件。招标人或者中标人采用其他未中标人投标文件中技术方案的，应当征得未中标人的书面同意，并支付合理的使用费。

4 订立合同

（1）招标人和中标人应当自中标通知书发出之日起30日内，按照招标文件和中标人的投标文件订立书面合同。

（2）合同的主要条款应当与招标文件和中标人的投标文件的内容一致。招标人不得以压低勘察设计费、增加工作量、缩短勘察设计周期等作为发出中标通知书的条件，也不得与中标人再行订立背离合同实质性内容的其他协议。

（3）招标人与中标人签订合同后5个工作日内，应当向中标人和未中标人一次性退还投标保证金及银行同期存款利息。招标文件中规定给予未中标人经济补偿的，也应在此期限内一并给付。

（4）招标文件要求中标人提交履约保证金的，中标人应当按照招标文件的要求提交。履约保证金不得超过中标合同金额的10％。

(5) 中标人应当按照合同约定履行义务，完成中标项目。中标人不得向他人转让中标项目。中标人应当就分包项目向招标人负责，接受分包的人就分包项目承担连带责任。

5 提交招标投标情况的书面报告

依法必须进行勘察设计招标的项目，招标人应当在确定中标人之日起 15 日内，向有关行政监督部门提交招标投标情况的书面报告。书面报告一般应包括以下内容：1）招标项目基本情况；2）投标人情况；3）评标委员会成员名单；4）开标情况；5）评标标准和方法；6）废标情况；7）评标委员会推荐的经排序的中标候选人名单；8）中标结果；9）未确定排名第一的中标候选人成为中标人的原因；10）其他需说明的问题。

6 重新招标

(1) 在下列情况下，招标人应当依照本办法重新招标：

1）资格预审合格的潜在投标人不足 3 个的；

2）在投标截止时间前提交投标文件的投标人少于 3 个的；

3）所有投标均被作废标处理或被否决的；

4）评标委员会否决不合格投标或者界定为废标后，因有效投标不足 3 个使得投标明显缺乏竞争，评标委员会决定否决全部投标的；

5）同意延长投标有效期的投标人少于 3 个的。

(2) 招标人重新招标后，发生重新招标情形之一的，可不再进行招标：属于按照国家规定需要政府审批的项目，报经原项目审批部门批准后可以不再进行招标；其他工程建设项目，招标人可自行决定不再进行招标。

5.3 方案设计招标投标管理

5.3.1 方案设计招标投标管理概述

1 方案设计招标投标管理概念

(1) 方案设计招标投标释义：建筑工程方案设计招标投标，是指在建筑工程方案设计阶段，按照有关招标投标法律、法规和规章等规定进行的方案设计招标投标活动。

(2)《建筑工程方案设计招标投标管理办法》(建市［2008］63 号)。为规范建筑工程方案设计招标投标活动，提高建筑工程方案设计质量，体现公平有序竞争，住房与城乡建设部制定了《建筑工程方案设计招标投标管理办法》(建市［2008］63 号)，适用于在中国境内从事建筑工程方案设计招标投标及其管理活动。学术性的项目方案设计竞赛或不对某工程项目下一步设计工作的承接具有直接因果关系的“创意征集”等活动，不适用本办法。建筑工程方案设计招标投标活动应遵循公开、公平、公正、择优和诚实信用的原则。

(3) 按照国家规定需要政府审批的建筑工程项目，有下列情形之一的，经有关部门批准，可以不进行招标。

1）涉及国家安全、国家秘密的；

2）涉及抢险救灾的；

3）主要工艺、技术采用特定专利、专有技术，或者建筑艺术造型有特殊要求的；

4）技术复杂或专业性强，能够满足条件的设计机构少于 3 家，不能形成有效竞争的；

5）项目的改、扩建或者技术改造，由其他设计机构设计影响项目功能配套性的；

6）法律、法规规定可以不进行设计招标的其他情形；

7）使用国际组织或者外国政府贷款、援助资金的建筑工程进行设计招标时，贷款方、资金提供方对招标投标的条件和程序另有规定的，可以适用其规定，但违背中华人民共和国社会公共利益的除外。

2　方案设计招标投标管理流程

建筑工程方案设计招标投标管理流程如图 5-7 所示。

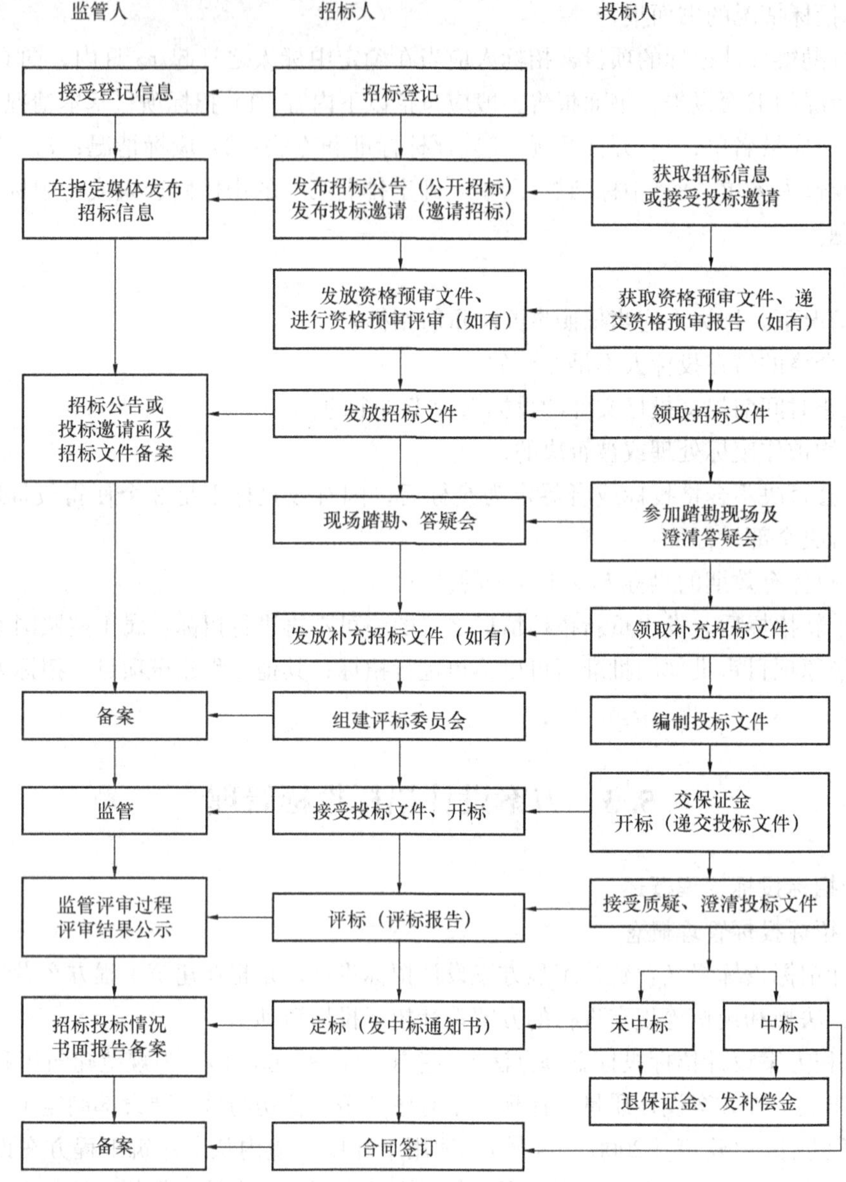

图 5-7　建筑工程方案设计招标管理流程

3　方案设计招标

(1) 方案设计招标条件

方案设计招标时应当具备下列条件：

1) 按照国家有关规定需要履行项目审批手续的，已履行审批手续，得到批准；

2) 设计所需要资金已经落实；

3) 设计基础资料已经收集完成；

4) 符合相关法律、法规规定的其他条件。

(2) 方案设计招标类型及其招标条件。按设计条件及设计深度分为概念性方案设计招标和实施性方案设计招标。招标人应在招标公告或者投标邀请函中明示采用何种招标类型。按方案设计招标的招标条件：

1) 概念性方案设计招标条件：具有经过审批机关同意的项目建议书批复或招标人已取得土地使用

证；具有规划管理部门确定的项目建设地点、规划控制条件和用地红线图。

2）实施性方案设计招标条件：A 政府投资的项目已取得政府有关审批机关对项目建议书或可行性研究报告的批复；企业（含外资、合资企业）投资的项目具有经核准或备案的项目确认书。B 具有规划管理部门确定的项目建设地点、规划控制条件和用地红线图。C 有符合要求的地形图，提供所需要的建设场地的工程地质、水文地质初勘资料，及水、电、燃气、供热、环保、通信、市政道路和交通等方面的基础资料。D 有符合规划控制条件、立项批复和充分体现招标人意愿的设计任务书。

（3）公开招标

1）公开招标项目范围。全部使用国有资金投资或者国有资金投资占控股或者主导地位的建筑工程项目，以及国务院发展和改革部门确定的国家重点项目和省、自治区、直辖市人民政府确定的地方重点项目，除符合《办法》规定“可以不进行招标”及“可以进行邀请招标”的项目条件并依法获得批准外，应当公开招标。

2）招标公告。公开招标的项目，招标人应当在指定的媒介发布招标公告。大型公共建筑工程的招标公告应当按照有关规定在指定的全国性媒介发布。大型公共建筑工程一般指建筑面积 2 万 m^2 以上的办公建筑、商业建筑、旅游建筑、科教文卫建筑、通信建筑以及交通运输用房等。

招标人填写的招标公告或投标邀请函应当内容真实、准确和完整。招标公告或投标邀请函的主要内容应当包括：工程概况、招标方式、招标类型、招标内容及范围、投标人承担设计任务范围、对投标人资质、经验及业绩的要求、投标人报名要求、招标文件工本费收费标准、投标报名时间、提交资格预审申请文件的截止时间、投标截止时间等。

建筑工程方案设计招标公告和投标邀请函样本详见表 5-1、表 5-2。

建筑工程方案设计公开招标公告样本 **表 5-1**

招标单位（章）			
招标代理机构（章）			
工程项目名称			
建设地点			
计划开工日期及建设周期			
建筑面积	（m^2）	投资规模	（万元）
招标类型	□ 概念性方案设计招标 □ 实施性方案设计招标		
招标内容及范围			
报名时间及地址			
报名资质条件			
报名时携带资料			
其他说明（是否采用资格预审、招标文件工本费保证金等事项）			
招标单位联系人电话		招标代理机构联系人电话	
管理部门			

建筑工程方案设计投标邀请函样本 **表5-2**

为建设（项目名称）工程，（招标单位名称）决定对（工程名称）工程设计进行招标。经资格预审合格，现邀请（投标单位名称）单位参加投标。相关事项如下表：

招标单位 （章）			
招标代理机构 （章）			
工程项目名称			
建设地点			
计划开工日期 及建设周期			
建筑面积	（m^2）	投资规模	（万元）
招标类型	□ 概念性方案设计招标 □ 实施性方案设计招标		
招标内容及范围			
领取招标文件 时间、地点			
踏勘、澄清会 时间、地点			
开标时间、地点			
其他说明（招标文件 工本费保证金等项）			
招标单位 联系人电话		招标代理机构 联系人电话	
管理部门			

3）投标人资格预审。大型公共建筑工程项目或投标人报名数量较多的建筑工程项目招标可以实行资格预审。采用资格预审的，招标人应在招标公告中明示，并发出资格预审文件。招标人不得通过资格预审排斥潜在投标人。

对于投标人数量过多，招标人实行资格预审的情形，招标人应在招标公告中明确进行资格预审所需达到的投标人报名数量。招标人未在招标公告中明确或实际投标人报名数量未达到招标公告中规定的数量时，招标人不得进行资格预审。

招标人应当按招标公告或者投标邀请函规定的时间、地点发出招标文件或者资格预审文件。自招标文件或者资格预审文件发出之日起至停止发出之日止，不得少于5个工作日。

资格预审必须由专业人员评审。资格预审不采用打分的方式评审，只有“通过”和“未通过”之分。如果通过资格预审投标人的数量不足3家，招标人应修订并公布新的资格预审条件，重新进行资格预审，直至3家或3家以上投标人通过资格预审为止。特殊情况下，招标人不能重新制定新的资格预审条件的，必须依据国家相关法律、法规规定执行。

4）建筑工程方案设计招标资格预审文件样本。对于需要进行资格预审的项目投标人应向招标人提交的资格预审文件包括以下内容：

A 投标申请函。投标申请函内容如下：a 授权代表人代表申请人愿意按照资格预审文件提出的项目方案设计的投标申请。b 已详细了解全部资格预审文件，接受资格预审文件对此次申请的全部要求和规定。c 项目方案设计的投标申请书包括的内容，所提交的声明和资料完整、真实、准确。d 承诺在提交申请日后的××个日历天内不改变申请内容。申请书将作为招标人与投标方之间具有法律约束力的文件。e 如以联合体形式投标，联合体成员各方均应签字盖章。

B 法定代表人授权委托书。授权委托书主要内容是致招标人的授权书宣告：a 在下面签字的×××××以法定代表人身份代表本单位授权；为本单位的合法授权代表，授权其在×××××项目方案设计招标活动中，以本单位的名义，并代表本人与你们进行磋商、签署文件和处理一切与此事有关的事务。b 授权代表的一切行为均代表本单位，与本人的行为具有同等法律效力，本单位将承担授权代表行为的全部法律责任和后果。c 委托书限期。d 授权代表无权转让委托权。e 如以联合体形式投标，联合体成员各方均应签字盖章。

C 投标申请人基本情况表。a 填表内容：投标申请人（全称），资质等级及业务范围，法定代表人名称、职务，投标申请人地址、邮政编码、电话、传真、成立日期、职工人数、管理体系认证证书、基本情况简介。b 以联合体形式投标的，联合体各方均应分别填表（以下表格同）。

D 近3年类似项目的设计业绩表。填表内容：建设单位（业主）全称、工程名称、建设规模（建筑面积及总投资额）、完成日期、主要设计人员情况。

E 拟投入本项目设计人员汇总表。填表内容：姓名、性别、出生日期、学历、专业、技术职称、在本项目拟任职务。

F 拟投入主要设计人员简历表。a 填表内容：姓名、性别、出生日期、毕业院校、专业、毕业时间；从事本专业时间、服务时间、执业注册、职称；在本项目拟任职务主要经历、时间、参加过的工程设计项目名称及规模、该项目中担任职务。b 投标申请人需随此表附上主要设计人员的职称证、执业资格证书等相关资料复印件。c 以联合体形式投标，联合体各方均应分别填写此表，并随此表附上主要设计人员的职称证、执业资格证书等相关资料复印件。d 境外投标人应提供相应资料的中文译本。e 其他必须交验的材料。f 投标人若以投标联合体名义参加投标时，则联合体各方必须提交上述相应的文件和证明书（副本），以供招标人进行资格预审。

5）招标文件。招标人应当根据建筑工程特点和需要编制招标文件。招标文件包括以下方面内容：

A 投标须知；B 投标技术文件要求；C 投标商务文件要求；D 评标、定标标准及方法说明；E 设计合同授予及投标补偿费用说明。

招标人应在招标文件中明确执行国家规定的设计收费标准或提供投标人设计收费的统一计算基价。

对政府或国有资金投资的大型公共建筑工程项目，招标人应当在招标文件中明确参与投标的设计方案必须包括有关使用功能、建筑节能、工程造价、运营成本等方面的专题报告。

6）投标须知内容

招标文件中的“设计投标须知”应包括以下内容：

A 项目概括简介：a 项目业主名称；b 招标编号；c 项目情况简介（项目名称、项目地点、建设规模）；d 项目批准单位及文号；e 工程造价；f 资金来源；g 投标周期（投标工作规定工作日限制）；h 被邀请人或自愿报名投标人员的资质要求；i 对联合体投标人的要求。

B 招标代理机构。招标代理机构名称、地址、邮政编码、联系人、联系电话、传真、邮箱地址等。

C 合格投标人要求：a 对境内投标人的资质要求；b 对境外投标人的要求；c 对联合体投标人的要求。

D 招标工作进程安排。发放招标文件、答疑、现场踏勘、书面回复质疑、提交投标文件终止时间与地点等。

E　招标文件说明：a 招标文件组成——介绍招标文件的组成部分，若投标人拿到的招标文件中有残缺部分，可向招标人要求补发等。b 招标文件的质疑和澄清——投标人对招标文件有不明之处或者对招标文件中某些地方提出质疑，要求招标人进行澄清的办法。c 招标文件修改和补充——提交投标文件截止日前若干天内，招标人可以对招标文件进行必需的修改，招标人必须以书面形式发送给投标人，在此种情况下，招标人应相应地推迟提交投标文件时间。

F　招标文件规定：a 投标文件所使用的语言；b 规定计量单位；c 若招标人要求投标人提交投标商务文件，应明确投标文件中关于投标商务文件和投标技术文件是否分册装订的规定；d 投标文件匿名、包装、密封等规定。

7）招标技术文件编写内容：

A　工程项目概要：项目名称、基本情况、使用性质、周边环境、交通情况、自然地理条件、气候及气象条件、抗震设防要求等。

B　设计目的和任务。

C　设计条件：主要经济技术指标要求（详见规划意见书）、用地及建设规模、建筑退红线、建筑高度、建筑密度、绿地率、交通规划条件、市政规划条件等要求。

D　项目功能要求：设计原则、指导思想、功能定位等。

E　各专业系统设计要求：根据招标类型及工程项目实际情况，对建筑、结构、采暖通风、给水排水、电气、人防、节能、环保、消防、安防等专业提出要求。

F　方案设计成果要求：文字说明、图纸、展板、电子文件、模型等。

G　招标技术文件编制深度，根据招标类型，招标人应按要求深度编制招标技术文件。

H　投标商务文件，建筑工程方案设计投标商务示范文件。投标商务文件包括以下内容：a 投标函；b 投标函附表；c 法定代表人资格证明；d 法定代表人授权委托书；e 商务、技术条款偏离表；f 联合体牵头人授权书；g 联合体协议书；h 设计费投标报价表；i 项目分项投资估算表；j 服务承诺；k 设计顾问服务计划书；m 投标人基本情况表；n 投标人近年来完成与该项目类似工程设计情况表；p 项目首席建筑师基本情况表；q 拟投入项目设计人员汇总表；r 拟投入主要设计人员简历表；s 投标人近年来主要工程设计获奖证书、奖状等。

对于大型公共建筑工程，招标人应要求投标人提交投标商务文件。对于一般建筑工程，招标人可根据实际情况提出要求。

8）招标人和招标代理机构应将加盖单位公章的招标公告或投标邀请函及招标文件，报项目所在地建设主管部门备案。各级建设主管部门对招标投标活动实施监督。

9）概念性方案设计招标或者实施性方案设计招标的中标人应按招标文件要求承担方案及后续阶段的设计和服务工作。但中标人为境外企业的，若承担后续阶段的设计和服务工作应按照《关于外国企业在中华人民共和国境内从事建设工程设计活动的管理暂行规定》（建市［2004］78号）执行。

如果招标人只要求中标人承担方案阶段设计，而不再委托中标人承接或参加后续阶段工程设计业务的，应在招标公告或投标邀请函中明示，并说明支付中标人的设计费用。采用建筑工程实施性方案设计招标的，招标人应按照国家规定方案阶段设计付费标准支付中标人；采用建筑工程概念性方案设计招标的，招标人应按照国家规定方案阶段设计付费标准的80%支付中标人。

（4）邀请招标

1）邀请招标项目范围：依法必须进行公开招标的建筑工程项目，在下列情形下可以进行邀请招标：A 项目的技术性、专业性强，或者环境资源条件特殊，符合条件的潜在投标人数量有限的；B 如采用公开招标，所需费用占建筑工程项目总投资额比例过大的；C 受自然因素限制，如采用公开招标，影响建筑工程项目实施时机的；D 法律、法规规定不宜公开招标的。

2）招标人采用邀请招标的方式，应保证有3个以上具备承担招标项目设计能力，并具有相应资质的机构参加投标。

4 方案设计投标

(1) 投标人主体资格

参加建筑工程项目方案设计的投标人应具备下列主体资格：

1) 在中华人民共和国境内注册的企业，应当具有建设主管部门颁发的建筑工程设计资质证书或建筑专业事务所资质证书，并按规定的等级和范围参加建筑工程项目方案设计投标活动。

2) 注册在中华人民共和国境外的企业，应当是其所在国或者所在地区的建筑设计行业协会或组织推荐的会员，其行业协会或组织的推荐名单应由建设单位确认。

3) 各种形式的投标联合体各方应符合上述要求。招标人不得强制投标人组成联合体共同投标，不得限制投标人组成联合体参与投标。

4) 招标人可以根据工程项目实际情况，在招标公告或投标邀请函中明确投标人其他资格条件。

5) 采用国际招标的，不应人为设置条件排斥境内投标人。

(2) 投标文件

1) 投标人应按照招标文件确定的内容和深度提交投标文件。2) 招标人要求投标人提交备选方案的，应当在招标文件中明确相应的评审和比选办法；凡招标文件中未明确规定允许提交备选方案的，投标人不得提交备选方案，如投标人擅自提交备选方案的，招标人应当拒绝该投标人提交的所有方案。3) 建筑工程概念性方案设计投标文件编制一般不少于20日，其中大型公共建筑工程概念性方案设计投标文件编制一般不少于40日；建筑工程实施性方案设计投标文件编制一般不少于45日。招标文件中规定的编制时间不符合上述要求的，建设主管部门对招标文件不予备案。

(3) 投标人资格预审文件

对于需要进行资格预审的项目，投标人应向招标人提交的资格预审文件包括以下内容：1) 投标申请函；2) 法定代表人授权委托书；3) 投标申请人基本情况表；4) 近3年类似项目的设计业绩表；5) 拟投入本项目设计人员汇总表；6) 拟投入主要设计人员简历表；7) 其他必须交验的材料；8) 投标人若以投标联合体名义参加投标时，则联合体各方必须提交上述相应的文件和证明书（副本），以供招标人进行资格预审。

5 方案设计开标

(1) 开标应在招标文件规定提交投标文件截止时间的同一时间公开进行，除不可抗力外，招标人不得以任何理由拖延开标，或者拒绝开标。

(2) 开标程序。依据《招标投标法》等相关法律法规，建筑工程方案设计招标工作开标程序应按下述顺序进行：

1) 招标人或招标代理机构主持开标会议；

2) 投标人身份核验：招标工作小组核验投标人代表出具的法定代表人授权委托书及有效身份证明的原件（同时递交上述证件的复印件1套），如上述交验的证件资料不全或不符合规定者，不得参加开标，其投标文件按无效标处理；

3) 在建设行政主管部门代表的监督下，由招标工作小组成员核验投标文件的密封情况；

4) 招标工作小组当众开启在投标截止期前收到的所有有效投标文件，并对暗标技术投标文件有无标记、投标文件是否按招标文件规定的份数及格式要求提交等进行检查；

5) 开标过程，招标人应指定相关人员作好开标记录、签字，并存档备查。投标人若有单独存放或在报价表之外另行填写或注明的设计费报价变更声明，则必须在招标工作小组开启第一份投标文件之前向主持人声明，否则，在评标时将一律不予考虑。

(3) 投标文件出现下列情形之一的，其投标文件作为无效标处理，招标人不予受理：逾期送达的或者未送达指定地点的；投标文件未按招标文件要求予以密封的；违反有关规定的其他情形。

6　方案设计评标

（1）招标人或招标代理机构根据招标建筑工程项目特点和需要组建评标委员会，其组成应当符合有关法律、法规和《办法》的规定。

（2）评标委员会的组成应包括招标人以及与建筑工程项目方案设计有关的建筑、规划、结构、经济、设备等专业专家，大型公共建筑工程项目应增加环境保护、节能、消防专家。评委应以建筑专业专家为主，其中技术、经济专家人数应占评委总数的三分之二以上。

（3）评标委员会人数为5人以上单数组成，其中大型公共建筑工程项目评标委员会人数不应少于9人。

（4）大型公共建筑工程或具有一定社会影响的建筑工程，以及技术特别复杂、专业性要求特别高的建筑工程，采取随机抽取确定的专家难以胜任的，经主管部门批准，招标人可以从设计类资深专家库中直接确定，必要时可以邀请外地或境外资深专家参加评标。

（5）评标委员会必须严格按照招标文件确定的评标标准和评标办法进行评审。评委应遵循公平、公正、客观、科学、独立、实事求是的评标原则。

评审标准主要包括以下方面：

1）对方案设计符合有关技术规范及标准规定的要求进行分析、评价；

2）对方案设计水平、设计质量高低及对招标目标的响应度进行综合评审；

3）对方案社会效益、经济效益及环境效益的高低进行分析、评价；

4）对方案结构设计的安全性、合理性进行分析、评价；

5）对方案投资估算的合理性进行分析、评价；

6）对方案规划及经济技术指标的准确度进行比较、分析；

7）对保证设计质量、配合工程实施，提供优质服务的措施进行分析、评价。

（6）对招标文件规定废标或被否决的投标文件进行评判。

评标方法主要包括记名投票法、排序法和百分制综合评估法等，招标人可根据项目实际情况确定评标方法。

（7）设计招标投标评审活动应当符合以下规定：

1）招标人应确保评标专家有足够时间审阅投标文件，评审时间安排应与工程的复杂程度、设计深度、提交有效标的投标人数量和投标人提交设计方案的数量相适应。

2）评审应由评标委员会负责人主持，负责人应从评标委员会中确定一名资深技术专家担任，并从技术评委中推荐一名评标会议纪要人。

3）评标应严格按照招标文件中规定的评标标准和办法进行，除了有关法律、法规以及国家标准中规定的强制性条文外，不得引用招标文件规定以外的标准和办法进行评审。

4）在评标过程中，当评标委员会对投标文件有疑问，需要向投标人质疑时，投标人可以到场解释或澄清投标文件有关内容。

5）在评标过程中，一旦发现投标人有对招标人、评标委员会成员或其他有关人员施加不正当影响的行为，评标委员会有权拒绝该投标人的投标。

6）投标人不得以任何形式干扰评标活动，否则评标委员会有权拒绝该投标人的投标。

7）对于国有资金投资或国家融资的有重大社会影响的标志性建筑，招标人可以邀请人大代表、政协委员和社会公众代表列席，接受社会监督。但列席人员不发表评审意见，也不得以任何方式干涉评标委员会独立开展评标工作。

（8）大型公共建筑工程项目如有下列情况之一的，招标人可以在评标过程中对其中有关规划、安全、技术、经济、结构、环保、节能等方面进行专项技术论证：对于重要地区主要景观道路沿线，设计方案是否适合周边地区环境条件进行兴建的；设计方案中出现的安全、技术、经济、结构、材料、环保、节能等有重大不确定因素的；有特殊要求，需要进行设计方案技术论证的。

一般建筑工程项目在必要时，招标人也可进行涉及安全、技术、经济、结构、材料、环保、节能中的一个或多个方面的专项技术论证，以确保建筑方案的安全性和合理性。

(9) 投标文件有下列情形之一的，经评标委员会评审后按废标处理或被否决：

1) 投标文件中的投标函无投标人公章（有效签署）、投标人的法定代表人有效签章及未有相应资格的注册建筑师有效签章，或者投标人的法定代表人授权委托人没有经有效签章的合法、有效授权委托书原件；

2) 以联合体形式投标，未向招标人提交共同签署的联合体协议书的；

3) 投标联合体通过资格预审后在组成上发生变化的；

4) 投标文件中标明的投标人与资格预审的申请人在名称和组织结构上存在实质性差别的；

5) 未按招标文件规定的格式填写，内容不全，未响应招标文件的实质性要求和条件的，经评标委员会评审未通过的；

6) 违反编制投标文件的相关规定，可能对评标工作产生实质性影响的；

7) 与其他投标人串通投标，或者与招标人串通投标的；

8) 以他人名义投标，或者以其他方式弄虚作假的；

9) 未按招标文件的要求提交投标保证金的；

10) 投标文件中承诺的投标有效期短于招标文件规定的；

11) 在投标过程中有商业贿赂行为的；

12) 其他违反招标文件规定实质性条款要求的。

评标委员会对投标文件确认为废标的，应当由三分之二以上评委签字确认。

(10) 有下列情形之一的，招标人应当依法重新招标：

1) 所有投标均做废标处理或被否决的；

2) 评标委员会界定为不合格标或废标后，因有效投标人不足 3 个使得投标明显缺乏竞争，评标委员会决定否决全部投标的；

3) 同意延长投标有效期的投标人少于 3 个的，符合前款第一种情形的，评标委员会应在评标纪要上详细说明所有投标均做废标处理或被否决的理由；

招标人依法重新招标的，应对有串标、欺诈、行贿、压价或弄虚作假等违法或严重违规行为的投标人取消其重新投标的资格。

(11) 评标委员会按如下规定向招标人推荐合格的中标候选人：

1) 采取公开和邀请招标方式的，推荐 1 至 3 名；

2) 招标人也可以委托评标委员会直接确定中标人；

3) 经评标委员会评审，认为各投标文件未最大程度响应招标文件要求，重新招标时间又不允许，经评标委员会同意，评委可以以记名投票方式，按自然多数票产生 3 名或 3 名以上投标人进行方案优化设计。评标委员会重新对优化设计方案评审后，推荐合格的中标候选人。

7 方案设计定标

(1) 各级建设主管部门应在评标结束后 15 天内在指定媒介上公开排名顺序，并对推荐中标方案、评标专家名单及各位专家评审意见进行公示，公示期为 5 个工作日。

(2) 推荐中标方案在公示期间没有异议、异议不成立、没有投诉或投诉处理后没有发现问题的，招标人应当根据招标文件中规定的定标方法从评标委员会推荐的中标候选方案中确定中标人。定标方法主要包括：

1) 招标人委托评标委员会直接确定中标人。

2) 招标人确定评标委员会推荐的排名第一的中标候选人为中标人。排名第一的中标候选人放弃中标、因不可抗力提出不能履行合同、招标文件规定应当提交履约保证金而在规定的期限内未提交的，或者存在违法行为被有关部门依法查处，且其违法行为影响中标结果的，招标人可以确定排名第二的中标候选人为中标人。如排名第二的中标候选人也发生上述问题，依次可确定排名第三的中标候选人为中标人。

3）招标人根据评标委员会的书面评标报告，组织审查评标委员会推荐的中标候选方案后，确定中标人。

（3）依法必须进行设计招标的项目，招标人应当在确定中标人之日起15日内，向有关建设主管部门提交招标投标情况的书面报告。

建筑工程方案设计招标投标情况书面报告一般包括以下内容：

1）建筑工程方案设计招标投标办事流程表；2）中标通知书；3）招标文件及补充文件；4）招标公告或投标邀请函；5）资格预审报告（如有）；6）投标人报名表；7）投标公函及附件；8）评标委员会成员名单；9）评标、定标标准和方法；10）评标委员会推荐的经排序的中标候选人名单、评标会议纪要、评委选票、专家评审意见表；11）废标情况说明；12）未确定排名第一的中标后选人为中标人的原因；13）招标代理合同（如有）；14）参加答疑、开标、评标会的人员签到表；15）中标人的投标文件；16）其他需要说明的情况。

以上4）至14）项内容，应装订成册，制作招标投标情况书面报告的封面；第3）项内容经备案的，不再提供。

8 方案设计其他规定

（1）招标人和中标人应当自中标通知书发出之日起30日内，依据《中华人民共和国合同法》及有关工程设计合同管理规定的要求，按照不违背招标文件和中标人的投标文件内容签订设计委托合同，并履行合同约定的各项内容。合同中确定的建设标准、建设内容应当控制在经审批的可行性报告规定范围内。

国家制定的设计收费标准上下浮动20%是签订建筑工程设计合同的依据。招标人不得以压低设计费、增加工作量、缩短设计周期等作为发出中标通知书的条件，也不得与中标人再订立背离合同实质性内容的其他协议。如招标人违反上述规定，其签订的合同效力按《合同法》有关规定执行，同时建设主管部门对设计合同不予备案，并依法予以处理。

招标人应在签订设计合同起7个工作日内，将设计合同报项目所在地建设或规划主管部门备案。

（2）对于达到设计招标文件要求但未中标的设计方案，招标人应给予不同程度的补偿。

1）采用公开招标，招标人应在招标文件中明确其补偿标准。若投标人数量过多，招标人可在招标文件中明确对一定数量的投标人进行补偿。

2）采用邀请招标，招标人应给予每个未中标的投标人经济补偿，并在投标邀请函中明确补偿标准。招标人可根据情况设置不同档次的补偿标准，以便对评标委员会评选出的优秀设计方案给予适当鼓励。

（3）境内外设计企业在中华人民共和国境内参加建筑工程设计招标的设计收费，应按照同等国民待遇原则，严格执行中华人民共和国的设计收费标准。

工程设计中采用投标人自有专利或者专有技术的，其专利和专有技术收费由招标人和投标人协商确定。

（4）招标人应保护投标人的知识产权。投标人拥有设计方案的著作权（版权）。未经投标人书面同意，招标人不得将交付的设计方案向第三方转让或用于本招标范围以外的其他建设项目。

招标人与中标人签署设计合同后，招标人在该建设项目中拥有中标方案的使用权。中标人应保护招标人一旦使用其设计方案不会受到来自第三方的侵权诉讼或索赔，否则中标人应承担由此而产生的一切责任。招标人或者中标人使用其他未中标人投标文件中的技术成果或技术方案的，应当事先征得该投标人的书面同意，并按规定支付使用费。未经相关投标人书面许可，招标人或者中标人不得擅自使用其他投标人投标文件中的技术成果或技术方案。

联合体投标人合作完成的设计方案，其知识产权由联合体成员共同所有。

（5）设计单位应对其提供的方案设计的安全性、可行性、经济性、合理性、真实性及合同履行承担相应的法律责任。

由于设计原因造成工程项目总投资超出预算的，建设单位有权依法对设计单位追究责任。但设计单位根据建设单位要求，仅承担方案设计，不承担后续阶段工程设计业务的情形除外。

（6）各级建设主管部门应加强对建设单位、招标代理机构、设计单位及取得执业资格注册人员的诚信管理。在设计招标投标活动中对招标代理机构、设计单位及取得执业资格注册人员的各种失信行为和违法违规行为记录在案，并建立招标代理机构、设计单位及取得执业资格注册人员的诚信档案。

（7）各级政府部门不得干预正常的招标投标活动和无故否决依法按规定程序评出的中标方案。

各级政府相关部门应加强监督国家和地方建设方针、政策、标准、规范的落实情况，查处不正当竞争行为。

5.3.2 大中型建筑工程项目方案设计招投标管理

1 概述

为规范大中型建筑工程项目方案设计招投标活动，确保建筑工程项目方案设计质量，体现公平有序竞争，节约社会资源，根据相关法律、法规规定，住房与城乡建设部制定了《大中型建筑工程项目方案设计招投标管理办法》，适用于在中华人民共和国境内依法从事大中型建筑工程项目方案设计招投标及其管理活动。其他建筑工程项目的方案设计招投标活动，可参照本办法执行。

（1）大中型建筑工程项目范围

凡符合下列条件之一的，属于《办法》所称的大中型建筑工程项目：

1）按建设项目分类标准规定的特、一级的建筑项目（一般和特殊公共建筑）；

2）按国家或地方政府规定的重要地区或重要风景区的主体建筑项目；

3）建筑面积10万m^2及其以上的住宅小区项目；

4）项目所在地省级建设行政主管部门规定范围的建筑工程项目。

（2）设计方针

建筑工程项目方案设计应符合科学发展观的要求，并与当地的经济发展水平相适应，遵循安全、适用、经济、美观、环保、节能等原则。

（3）招投标原则

设计招投标活动应遵循公开、公平、公正、择优和诚实信用的竞争原则。招标可分为公开招标和邀请招标。全部使用国有资金或者国有资金占控股主导地位的建设工程项目以及国家重点项目和省、自治区、直辖市人民政府确定的地方重点项目，应当实行公开招标。应实行设计招标而不进行设计招标的建筑工程项目，各级规划、建设行政审批部门不予审批。

（4）设计质量要求

建筑工程项目方案设计应严格执行国家强制性标准条文、满足现行的建筑工程建设标准、设计规范（规程）、制图标准和设计文件编制深度规定。

（5）招标

1）设计招标的类型：设计招标类型分为建筑方案设计招标和概念方案设计招标。招标人可根据项目的实际情况确定建筑方案设计招标或概念方案设计招标并在招标公告或者投标邀请书中明确招标类型。

2）建筑方案设计招标的条件：实行建筑方案设计招标的建筑工程项目应当具备下列条件：A 政府投资的项目具有经过审批机关同意的项目建议书或可行性研究报告批复，企业（含外资、合资）投资的项目具有经核准或备案的项目确认书；B 具有规划管理部门确定的项目建设地点、规划控制条件和用地红线图；C 有符合要求的地形图。有条件提供建设场地的工程地质、水文地质初勘资料。水、电、燃气、供热、环保、通信、市政道路和交通等方面的基础资料；D 有充分体现招标人意愿的设计任务书。

3）概念方案设计招标的条件。实行概念方案设计招标的建筑工程项目应当具备下列条件：A 具有经过审批机关同意的项目建议书批复或招标人已取得土地使用证；B 具有规划管理部门确定的项目建设地点、规划控制条件和用地红线图；C 项目处于可行性研究阶段，需要更多构思方案比选的，招标人可以根据招标项目的特点和条件提出申请，经批准的以及其他不宜进行方案设计招标的项目；D 特、大型公共建筑工程和有一定社会影响力的建筑工程为选择优质的方案和优良的设计单位，招标人可以对投标人采取资格预审和进行概念方案设计，经初步评审后比选出3家以上合格候选人再进行方案设计招标。

4）招标公告和投标邀请书。公开招标的项目，招标人应当在指定的媒介发布招标公告。发布招标公告之日起至接受投标人报名之日止，不少于5个工作日。邀请招标的项目，招标人应当向3个以上投标人发出投标邀请书。

招标公告和投标邀请书的主要内容：招标人填写的招标公告或投标邀请书应当内容真实、准确和完整。招标公告或投标邀请书的主要内容应当包括：工程概况、招标方式、招标类型、招标内容及范围、投标人承担设计任务范围、投标人要求、投标人报名要求、投标书要求、招标文件工本费收费标准等。

招标公告备案：招标人（或招标代理机构）填写的招标公告或投标邀请书，加盖单位公章后应当报项目所在地建设行政主管部门备案。建设行政主管部门对招标公告发布活动实施监督。

5）资格预审。建筑造型艺术要求高、技术难度复杂的建筑工程，可实行资格预审。采用资格预审的，应当在招标公告中明示，并发出资格预审文件，经专业人员评审后，确定投标人。招标人不得通过资格预审排斥潜在投标人。

6）设计招标文件。设计招标文件是进行设计招投标活动及承发包双方签订建筑工程设计合同的主要依据。

设计招标文件应当包括如下实质性条款以及拟签订合同的主要条款：A 投标须知；B 投标文件格式及主要合同条款；C 设计任务书编制的依据和要求；D 详细的评标标准和方法；E 设计费计算方式或总价；F 未中标人的补偿标准和方式；G 投标人资质审查的要求；H 投标有效期；J 投标保证金含息退还的条件和期限——招标人应当按国家规定的收费标准在招标文件中明确设计收费标准或提供投标人设计收费的统一计算基价。

（6）投标

1）投标主体资格：参加建筑工程项目方案设计的投标人应具备下列主体资格：

A 在中华人民共和国境内注册的企业，应当具有建设行政主管部门颁发的工程设计资质证书，并按规定的范围和等级参加建筑工程项目方案设计投标活动。

B 注册在中华人民共和国境外的设计企业，应当符合下列条件：a 是其所在国的全国性建筑设计行业协会或组织推荐的会员，行业协会或组织的推荐名单应由中华人民共和国建设行政主管部门确认；b 具有在中华人民共和国境内外从事过3项以上类似工程项目设计业绩的证明材料，且项目已竣工并投入使用。

C 各种形式的投标联合体各方应符合上述要求。招标人不得强制投标人组成联合体共同投标，不得限制投标人组成联合体参与竞争。

D 国际招标对投标人要求：经批准，采用国际邀请招标的，境内投标人不得低于投标人总数的1/3。

2）投标文件的深度及内容。设计投标方案应符合国家、地方及行业的有关法律法规的规定。投标文件主要包括技术标和商务标：

A 建筑方案设计投标文件的技术标：a 工程方案设计综合说明书；b 主要技术经济指标；c 方案设计图；d 工程投资估算和经济分析；e 设计效果图或建筑模型；f 招标文件要求提交的技术文件电子光盘或多媒体光盘。

B 概念方案设计投标文件的技术标：a 总体构思、建筑、结构及节能等简要设计说明；b 主要概念方案设计图；c 主要经济技术指标（估算）；d 主要设计效果图或工作模型；e 招标文件要求提交的技术文件电子光盘或多媒体光盘。

C 建筑方案设计（概念方案设计）投标文件的商务标：a 投标公函及其附件；b 投标人的资格和资信证明；c 联合体协议书、法定代表人授权委托书等；d 项目设计负责人、工种负责人、主要设计人的人员组成名单及资历和设计业绩；e 设计周期及其保证设计进度、配合施工等服务措施。

3）备选方案。招标人要求投标人提交备选投标文件的，应当在招标文件中提出相应的评审和比选办法，投标人应当按照招标文件的要求编制。评标委员会可以对中标人所提交的备选投标文件进行评审，以决定是否采纳。

4）投标文件编制时间。特、大型建筑工程概念方案设计投标文件编制不少于 30 日，建筑方案设计投标文件编制不少于 45 日。

（7）开标、评标、定标

1）开标。开标在支付招标文件规定提交投标文件截止时间的同一时间公开进行。开标时遵循下列主要程序和规定：

A 招标人（或招标代理机构）主持开标会议；

B 投标人身份核验：招标工作小组核验投标人出具的法定代表人授权委托书、身份证原件（同时递交上述证件的复印件 1 套）。如上述交验的证件资料不全或不符合规定者，不得参加开标，其投标文件按无效标处理；

C 在招标工作小组和有关行政主管部门监督下，核验投标文件的密封和印鉴加盖情况；

D 招标工作小组按投标文件送达时间的先后顺序当众开启，并对投标文件中投标公函印鉴加盖情况、暗标技术标有无标记、投标文件是否按招标文件规定的份数及格式要求提交等进行检查，并当众宣读各投标人设计服务内容及设计周期；

E 开标过程，招标人应指定相关人员作好开标记录、签字，并存档备查。

2）无效标。在开标时，投标文件出现下列情况之一的，其投标书作为无效标处理，招标人不予受理：

A 逾期送达的或者未送达指定地点的；B 投标文件未按招标文件的要求予以密封的；C 违反有关规定的其他情况。

3）废标。投标文件有下列情况之一的，经评标委员会对投标书进行符合性检查及评审后作废标处理或被否决：

A 投标文件中的投标公函未加盖投标人公章、企业法定代表人签章及未有相应资格的注册建筑师签章的，或者企业法定代表人委托的代理人没有合法、有效的委托书（原件）及委托代理印章的；

B 以联合体形式投标，未向招标人提交共同签署的联合体投标协议的；

C 投标联合体通过资格预审后在组成上发生变化，含有未经过资格预审或者资格预审不合格的法人和其他组织；

D 投标文件中标明的投标人与资格预审的申请人在名称和组织结构上存在实质性差别的；

E 未按招标文件规定的格式填写，内容不全，未响应招标文件的实质性要求和条件的，经评标委员会符合性评审未通过的；

F 暗标投标书中作了不应有的标记的；

G 与其他投标人串通投标，或者与招标人串通投标的；

H 以他人名义投标，或者以其他方式弄虚作假的；

J 未按招标文件的要求提交投标保证金的；

K 其他违反招标文件规定的实质性条款要求的。

有上述情形的投标书，评委在对其进行符合性检查或评审时，应当作出正确判断，不得采取回避方式不发表个人意见。因此影响评标结果的，将按有关规定处理。

4）评标委员会组成。评标委员会的组成应当符合有关法律、法规和本办法的规定：招标人根据招标工程项目特点和需要，选取与建筑工程项目方案设计有关的规划、建筑、结构、经济、设备等专业专家组成，其中技术、经济专家人数应占评委人数2/3以上，技术专家应从从事与设计招标项目相关的设计研究领域内产生。招标人应邀请规划部门技术专家参加评审，评标委员会人数为9人以上单数组成。

特、大型公共建筑工程项目和具有一定社会影响力的建筑工程，以及技术特别复杂、专业性要求特别高的建筑工程，采取随机抽取确定的专家难以胜任的，招标人可以从设计类资深专家库中直接确定，必要时可以邀请外地或境外资深专家参加评标。

5）评标标准和原则。评标委员会必须严格按照招标文件确定的评标标准和评标办法进行评审。评委应遵循公平、公正、客观、科学、实事求是的评标原则。评价标准主要包括以下方面：

A　对方案设计符合有关技术规范及标准规定的要求进行分析、评价；

B　对方案设计水平、设计质量高低、对招标目标的响应度进行综合评审；

C　对方案社会效益、经济效益及环境效益的高低进行分析、评价；

D　对方案结构设计的安全性、合理性进行分析、评价；

E　对方案的投资估算的合理性进行分析、评价；

F　对方案规划及经济技术指标及其准确度进行比较、分析；

G　对保证设计质量、配合工程实施、提供优质服务的措施进行分析、评价；

H　对招标文件规定废标或被否决的投标文件进行评判。

6）组织评审。评标委员会的组成应当符合有关法律、法规和本办法的规定。

招标人应确保评标专家有足够时间审阅投标文件，评审时间安排应与工程的复杂程度、设计深度、投标文件的数量相适应。

评审应有评标委员会负责人主持，负责人应从评标委员会中确定一名专业技术水平较高的技术专家担任，并从技术评委中推荐产生一名评标会议纪要人。

评标严格按照招标文件中评标标准和办法进行，不得引用招标文件规定以外的标准和办法进行评审。

评标委员会在评标阶段，在对投标文件的审查、澄清、评议过程中，一旦发现投标人有对招标人和评标委员会以及其他有关人员施加影响的任何行为，即取消该投标人的投标资格。投标人不得采用任何形式干扰评标活动，否则评委应取消该投标人的投标资格。

若投标文件事先送达评委的，每位评委应认真审阅投标书，并在参加评审会前，均应认真填写好《专家评审意见表》。

7）评标方法。评标方法主要包括记名投票法、排序法和百分制综合评估法等。建筑工程项目方案设计招标一般采用百分制综合评估法。

A　记名投标法：评标委员会对通过符合性评审的投标文件进行详细评审，各评委以记名方式投票，按招标文件要求推荐1至3名合格的中标候选方案，经投票汇总排序后，得票数最多的前1至3名投标人作为合格的中标候选人推荐给招标人。

B　排序法：评标委员会对通过符合性评审的投标文件进行详细评审，各评委按招标文件要求推荐1至3名合格的中标候选方案，并按第一名得3分、第二名得2分、第三名得1分的方式投票，经投票分数汇总排序后，得分最多的前1至3名投标人作为合格的中标候选人推荐给招标人。

C　百分制综合评估法的内容和程序：设计方案综合评估法以技术文件为主。招标人采用百分制综合评估法作为评标方法的，技术部分权重一般不低于85%；商务部分权重一般不大于15%，且应当按照以下程序操作：招标文件应当明确规定评标时的所有评价因素，需量化的评价因素及其权重应当在招标文件中明确规定和细化；评标委员会对投标文件中技术标进行评审。

技术标经评审、分数统计后进行商务标评审，商务标采取明标方式评审。技术标（暗标）编号所对应的投标人名单应在评标委员会对各投标人提交的技术标和商务标评审打分完毕、总分汇总后进行开启。

技术标和商务标分值汇总、标明排序并经评标委员会确认后，按招标文件要求确定1至3名合格的中标候选人推荐给招标人。

8）推荐中标候选人。评标委员会按如下规定向招标人推荐合格的中标候选人：采取公开和邀请招标方式的，推荐1至3名；招标人也可以委托评标委员会直接确定中标人。

9）技术论证要求。建筑工程项目有如下情况之一的，招标人可在招标文件中明确，在评标同时对其中有关安全、技术、经济、结构、美观、环保、节能等进行专项技术论证：

A 重要地区主要景观道路沿线的建筑工程，其他地区特、大型公共建筑项目和有一定社会影响力的建筑工程；

B 设计方案中出现的安全、技术、经济、结构、材料、环保、节能等有重大的不确定因素的；

C 有特殊要求，需要进行设计方案技术论证的。中标的建筑设计方案（包括概念设计方案）如有必要，也可进行专项技术论证，作为设计方案优化、调整的重要依据。

10）定标。招标人应当在评标委员会推荐的合格中标候选人中依法确定中标人。

政府或国有投资占控股地位的建筑工程，招标人一般应当确定排名第一的中标后选人为中标人。排名第一的中标候选人放弃中标、因不可抗原因提出不能履行合同，或者招标文件规定应当提交履约保证金而在规定的期限内未提交的，招标人可以确定排名第二的中标候选人为中标人，依次可确定排名第三的中标候选人为中标人。

经评标委员会评审，认为所有投标书都不符合招标文件要求的，可以否决所有投标，并在评标纪要上详细说明理由。招标人依法及按本办法规定重新招标，经评标委员会评审确定为废标的投标人取消重新投标资格。

11）重新招标的条件。有下列情形之一的，招标人应当依法重新招标：

A 资格预审合格的潜在投标人不足3个的；

B 在投标截止时间前提交投标文件的投标人少于3个的；

C 所有投标均被废标处理或被否决的；

D 评标委员会界定为不合格标或废标后，因有效投标不足3个使得投标明显缺乏竞争，评标委员会决定否决全部投标的；

E 同意延长投标有效期的投标人少于3个的。

经评标委员会评审，认为所有投标书都不符合招标文件要求的，可以否决所有投标，并在评标纪要上详细说明理由。招标人依法重新招标的，经评标委员会评审确定为废标的投标人取消重新投标资格。

经评标委员会评审，认为各投标文件未最大程度响应招标文件要求，重新招标时间又不允许的，经评标委员会同意，评委可以以记名投票方式，按自然多数票产生3名或3名以上投标人进行方案优化设计。评标委员会重新对优化设计方案评审后，确定合格的中标候选人。

12）情况书面报告：依法必须进行设计招标的项目，招标人应当在确定中标人之日起15个工作日内，向有关行政监督部门提交招标投标情况的书面报告。

书面报告一般包括以下内容：A 建设工程设计招投标办事流程表；B 中标通知书；C 招标文件及补充文件；D 招标公告或投标邀请书；E 投标人报名表；F 投标公函及附件；G 经备案的评标委员会成员名单；H 评标标准和方法；J 评标会议纪要、评委选票、专家评审意见表；K 废标情况说明；L 未确定排名第一的中标后选人为中标人的原因；M 招标代理合同（如有）；N 参加答疑、开标、评标会的人员签到表；P 中标人的投标文件；Q 其他需要说明的情况。

以上D至Q项内容，应装订成册，制作招标投标情况书面报告的封面；第C项内容经备案的，不再提供。

13）评审结果的公示。对于特、大型公共建筑项目和具有一定社会影响力的建筑工程，严格按法律、法规规定的程序进行招投标，接受社会监督。

负责项目管理的建设行政主管部门应在评标结束后30日内在招标信息网上公开排名顺序，并对专家评审意见和评分结果进行公示，同时收集与设计招标有关各方的公正度评价。

（8）其他

1）签订设计合同。如中标人具备相应设计资质，且接受招标文件中的设计收费标准，即可认定为工程设计的承担者。招标人和中标人应当自中标通知书发出之日起30日内，按照不违背招标文件和中标人的投标文件内容签订设计委托合同，并履行合同约定的各项内容。合同中确定的建设标准、建设内容应当控制在经审批的可行性报告规定范围内。

国家制定的设计收费标准±20%规定范围是签订建筑工程设计承发包合同的依据，招标人不得擅自更改。招标人不得以压低设计费、增加工作量、缩短设计周期等作为发出中标通知书的条件，也不得与中标人再订立背离合同实质性内容的其他协议。

2）投标文件补偿。招标人对已提交合格投标文件而未中标的投标人应当给予投标补偿，补偿费用由双方协商确定。招标人和中标人签订合同后5日内，招标人应根据招标文件的规定投标人投标书编制补偿费或方案优化设计补偿费，境内外投标人享受同等补偿标准。

3）设计收费规定。境外设计单位在境内参加建筑工程设计招标的设计收费，应按照国民同等待遇原则，严格执行国家的设计收费标准。

4）知识产权保护。设计方案的知识产权严格依据国家有关规定执行。招标人应当在中标结果通知所有未中标人后7日内，将未中标的投标文件全部退还给投标人。招标人或者中标人使用其他未中标人投标文件中的技术成果或技术方案的，应当事先征得该投标人的书面同意，并按规定支付使用费。联合体的投标人合作完成的设计方案，其知识产权由双方协商确定。

5）设计单位责任。设计单位应对其提供的方案设计的安全性、可行性、经济性、合理性、真实性及合同履行承担相应的法律责任。编制方案设计文件，应当满足编制初步设计文件和控制概算的需要。

5.4　设计竞赛管理

5.4.1　设计竞赛的优势和类型

1　设计竞赛的优势与特征

按照目前我国现行法规的要求，设计任务委托应该采用设计招标的方式。然而按照国际惯例，设计竞赛已作为一种设计委托的惯用方式。与设计招标相比，它的优势与特征在于：

（1）注重方案在项目工程设计中的显要作用，更有利于获得一个理想的好方案，从而有利于业主在设计过程初期就为设计质量奠定基础，从而提高项目工程设计整体质量。

（2）设计竞赛更有利于促进设计理念、设计技术的变革发展，对于繁荣建筑创作和提升建筑文化效果显著。

（3）设计竞赛参加者以设计单位名义参加，也可以以个人名义参加。

（4）设计竞赛只涉及设计内容，而不涉及设计费与设计进度，因此设计竞赛的参赛单位不需要对设计费用进行报价。而设计招标仅包括设计内容，即设计方案，也要求投标单位对设计费用和设计进度作为投标文件的内容。

（5）设计竞赛的评选结果仅限于对参选设计作品进行评选排名和是否中选，而不一定意味优胜者就中标，即对项目下一步设计工作的承接并非具有直接因果关系，因而也不涉及项目设计委托合同。

（6）设计竞赛参加者若未中选或中奖，也将得到一定的经济补偿。

(7) 设计竞赛费用占总造价的例很小，报价不成为比较的重点，对于业主而言，付出与得到的“性价比”高。

2 设计竞赛的类型

(1) 按设计竞赛按涉及的范围大小划分。常见的有区域规划设计竞赛、城乡建筑规划设计竞赛、总体方案设计竞赛、建筑设计方案设计竞赛、风景绿化规划设计竞赛、居住区景观设计竞赛、室内设计方案设计竞赛、构件设计的设计竞赛等。

(2) 按设计深度的不同划分。主要有概念性方案设计竞赛、实施性方案设计竞赛、意想性设计竞赛、主题性设计竞赛等。

5.4.2 设计竞赛的组织

1 设计竞赛的组织

(1) 设计竞赛的发起组织者主持评选工作。选择设计竞赛方式、邀请参加设计竞赛的设计单位或设计人员、设计竞赛流程及具体设计竞赛规则由竞赛发起组织者确定或制定。

(2) 设计竞赛就其参加者的范围可分为两种：

1) 开放式设计竞赛：凡符合要求的设计单位、设计人员均可参加。由于竞赛发起者有义务对非中选的竞赛参加者为参加竞赛而做的设计工作给予补偿，因此，开放式设计竞赛一般限于竞赛参加者工作量不太大的设计任务，否则经济补偿总额对竞赛发起者负担过重，以致无力承担。

2) 邀请式设计竞赛：由竞赛发起组织者邀请一些设计单位、设计人员参加竞赛。

3) 根据设计任务的规模和复杂程度，或根据设计任务的其他特点，设计竞赛可组织为单轮竞赛、多轮竞赛。

2 设计竞赛实施流程

以方案设计竞赛为例，设计竞赛实施一般流程如下：

1) 根据业主方对项目的要求，编制方案竞赛任务书等；

2) 选择邀请的设计单位，拟定邀请设计单位名单；

3) 拟定设计方案竞赛的日程安排；

4) 与应邀设计单位沟通；

5) 参赛设计单位资格预审、确定参赛单位；

6) 向参赛单位发出设计方案竞赛文件；

7) 组织设计单位现场踏勘；

8) 参赛设计单位进行方案设计；

9) 应设计单位提问，方案竞赛文件答疑（全体或分别进行）；

10) 参赛单位报送设计方案；

11) 聘请设计方案评审专家；

12) 设计方案评审比选；

13) 确定中选方案；

14) 发布设计方案评审结果通知书；

15) 发放设计方案竞赛酬或补偿金及退回保证金。

5.5 项目合同管理

1 合同的概念

合同是平等主体的自然人、法人、其他组织之间设立、变更、终止民事权利义务关系的协议。市场经济是契约经济，参与经营管理的各方活动实际上多是签订合同和履行合同的过程。因此，合同也是各方平等主体之间发生经济关系、明确经济行为、承担经济责任的法律文书。

2 项目合同管理概述

(1) 项目合同管理的概念。项目合同管理是指对项目合同的编制、签订、实施、变更、索赔和终止等的管理活动。合同作为工程项目任务委托和承接的法律依据，是工程过程中双方的行为准则。工程过程基本上就是履行合同的过程，合同双方的行为主要靠合同来约束。所以合同是工程项目各参加者之间经济关系的调节手段。

(2) 合同管理是项目管理的核心职能。项目合同管理目标是通过合同的签订、合同实施控制等工作，全面完成合同责任，保证建设工程项目目标和企业目标的实现。合同管理是综合性的、全面的、高层次的、高度准确、严密、精细的管理工作，在现代工程项目管理中合同管理具有十分重要的地位，已成为与进度管理、质量管理、成本（投资）管理、安全管理、信息管理等并列的一大管理职能。

(3) 项目合同管理六个环节。项目合同管理是对于项目参与方作为平等主体的自然人、法人、或组织之间设立、变更、终止有关双方所签订的有关权利、义务关系的协议的管理工作，包括编制、签订、实施、变更、索赔和终止六个环节。

(4) 建立合同管理制度。项目合同管理组织应建立合同管理制度，业主和承包商应设立专门机构或人员负责合同管理工作。使合同管理工作专门化和专业化，提高合同管理水平。

(5) 项目应有完整的合同体系。任何工程项目都有一个完整的合同体系。建筑工程勘察设计合同、施工合同、材料设备采购合同、委托项目管理合同、委托监理合同等均是业主和参与项目实施各主体之间明确权利义务关系的具有法律效力的协议文件，也是市场经济体制下组织项目实施的基本手段。

(6) 强化合同管理。从某种意义上讲，项目的实施过程就是合同订立和履行的过程。在合同活动过程中的各个环节，机会和风险共存，成功与失败同在，合同管理作为项目管理中各参与方之间活动的基础和前提，它承载着项目成败和合同主体兴衰存亡之重。因此，强化项目合同管理是项目管理的重点内容。

3 项目合同管理的一般规定

《项目管理规范》对项目合同管理的一般规定如下：

(1) 组织应建立合同管理制度，应设立专门机构或人员负责合同管理工作。

(2) 合同管理应包括合同的订立、实施、控制和综合评价等工作。

(3) 合同管理过程主要包括：1) 合同策划和合同评审（在工程项目的招标投标阶段的初期，业主的主要工作是合同策划，而承包商的主要合同管理工作是合同评审）；2) 合同签订；3) 合同实施计划；4) 合同实施控制和合同综合评价。

5.6 设计合同管理

5.6.1 设计合同管理概述

1 工程设计合同的概念

(1) 工程设计合同释义：工程设计合同是设计承包人进行工程设计，发包人支付价款的合同。建设工程合同包括工程勘察、设计、施工合同。设计合同是建设工程合同体系的组成之一，也是设计市场管理中的重要组成部分。

(2) 签订工程设计合同的目的：签订工程设计合同的目的是为了明确签订合同主体的权利和义务以及技术经济责任，并通过承担相关的法律责任制约合同主体的履约行为，从而保证合同的履行，保护合同当事人的合法权益，维护设计市场经济秩序。

(3) 凡在中华人民共和国境内的建设工程，包括新建、扩建、改建工程和涉外工程等，其设计活动应当按《合同法》、《建设工程勘察设计合同管理办法》签订合同。

2 设计合同管理的概念和重要性

(1) 设计合同管理的概念

设计合同管理是对建设项目设计合同的编制、签订、实施、变更、索赔和终止的管理活动。设计合同管理的内容应包括合同的订立、实施、控制和综合评价等工作。

(2) 设计合同管理的重要性

设计合同管理的目标是通过设计合同的订立、实施、控制等工作，全面完成合同责任，保证项目目标和项目建设参与方目标的实现。在现代工程项目管理中设计合同管理具有十分重要的地位，已成为与设计质量管理、进度管理、投资管理、安全管理、信息管理等并列的一项管理职能。因此，设计合同管理的成败不但决定着项目设计目标能否实现，而且是影响整个项目全寿命周期项目目标的关键因素之一。

设计合同管理的重要性主要因素主要如下：

1) 在项目管理中合同管理居于核心地位。合同管理程序应贯穿于建设工程项目管理的全过程，与项目职能管理联系紧密。同样，由于设计合同将质量、进度、投资目标统一起来，划分各方面的责任和权力，没有设计合同管理，项目设计管理目标不明，就形不成系统。

2) 设计管理要求有专业化的合同管理。现代工程项目中合同已越来越复杂：合同的文件多，条款越来越复杂；合同生命期长，实施过程复杂，签约与违约风险较大；合同过程中受到外部影响的因素较多，争执与纠纷时有可能发生。因此，设计合同管理作为项目合同管理的内容之一，同样是全面、准确、严密、精细的管理工作，要求有专业化的合同管理。

3) 严格的合同管理是国际工程管理惯例。主要体现在：严格的符合国际惯例的招标投标制度，项目管理技术服务制度，建设工程监理制度，国际通用的 FIDIC 合同条件等，这些都与设计合同管理有关。

4) 在招标条件、投标报价、合同谈判、合同控制等过程中，业主与设计承包方、设计分包方以及其他相关各方的经济关系，必须服从项目的总体目标和实施战略。

3 设计合同管理组织

合同管理任务必须由一定的组织机构和人员来完成。要提高合同管理水平，必须使合同管理工作专门化和专业化。业主和设计方应设立专门机构或人员负责合同管理工作。对不同的组织和工程项目组织形式，合同管理组织的形式不一样，通常有如下几种情况：

(1) 业主和设计方设置合同管理部门，专门负责包括设计合同在内的所有工程合同的总体的管理工作。

(2) 对于大型的工程项目，设计合同一般由该项目部设计管理部（组）设立项目的合同管理小组或人员，专门负责设计合同管理工作。

(3) 对于一般的项目，较小的工程，可设立合同管理员。在项目经理领导下进行包括设计合同在内的合同管理。

4 设计合同管理工作过程

设计合同管理的目标是通过合同的策划、签订、控制等工作，全面完成合同责任，保证建设工程项目目标和设计计划目标的实现。设计合同管理过程主要包括：

(1) 设计合同策划和合同评审。在工程项目的招标投标阶段的初期，业主的主要工作是设计合同策划；而设计方的主要设计合同管理工作是合同评审。

(2) 合同签订。

(3) 合同实施计划。

(4) 合同实施控制。在项目实施过程中通过合同控制确保设计方的工作满足设计合同要求，包括对设计合同的执行进行监督、跟踪、诊断、设计的变更管理和索赔管理等。

(5) 合同后评价。项目结束阶段后对设计合同管理工作进行总结和评价，以提高以新项目的设计合同管理水平。

5 设计合同管理办法

设计合同管理包括合同的策划、签订、履行和合同实施控制等工作，为全面完成合同责任，实现设计合同管理目标任务，业主及其委托的项目管理企业应以相关法律法规的规定和办法为依据，实施设计合同管理。下面以建设部制定的《建设工程勘察设计合同管理办法》为准则，介绍设计合同管理办法。

(1) 凡在我国境内的建设工程，对其进行勘察、设计的，应当按照《建设工程勘察设计合同管理办法》，接受建设行政主管部门和工商行政管理部门对建设工程项目勘察设计合同的管理与监督。各省、自治区、直辖市建设行政主管部门和工商行政管理部门可根据本办法制定实施细则。

(2) 设计合同主体资格。设计合同的发包人（以下简称甲方）应当是法人或者自然人，承接方（以下简称乙方）必须具有法人资格。甲方是建设单位或项目管理部门，乙方是持有建设行政主管部门颁发的工程勘察设计资质证书、工程勘察设计收费资格证书和工商行政管理部门核发的企业法人营业执照的工程勘察设计单位。

(3) 设计合同形式。签订勘察设计合同，应当采用书面形式，参照《建设工程勘察设计合同文本》的条款，明确约定双方的权利义务。对文本条款以外的其他事项，当事人认为需要约定的，也应采用书面形式，对可能发生的问题，要约定解决办法和处理原则。

双方协商同意的合同修改文件、补充协议均为合同的组成部分。书面形式是指合同书、信件和数据电文（包括电报、电传、传真、电子数据交换和电子邮件）等可以有形地表现所载内容的形式。

(4) 合同价款。双方应当依据国家和地方有关规定，确定勘察设计合同价款。

(5) 设计分包与禁止转包等行为。乙方经甲方同意，可以将自己承包的部分工作分包给具有相应资质条件的第三人，第三人就其完成的工作成果与乙方向甲方承担连带责任。禁止乙方将其承包的工作全部转包给第三人或者肢解以后以分包的名义转包给第三人；禁止第三人将其承包的工作再分包；严禁出卖图章、图签等行为。

(6) 合同文本备案。签订勘察设计合同的双方，应当将合同文本送所在地省级建设行政主管部门或其授权机构备案，也可以到工商行政管理部门办理合同鉴证。

(7) 违约、违法责任。合同依法成立，即具有法律效力，任何一方不得擅自变更或解除。单方擅自终止合同的，应当依法承担违约责任。在签订、履行合同过程中，有违反法律、法规，扰乱建设市场秩序行为的，建设行政主管部门和工商行政管理部门要依照各自职责，依法给予行政处罚。构成犯罪的，提请司法机关追究其刑事责任。

(8) 监督管理主管部门。建设行政主管部门和工商行政管理部门，应当加强对建设工程勘察设计合同的监督管理。

6 设计合同策划要点

设计合同策划是业主在项目设计招标投标阶段初期的主要工作。其要点如下：

(1) 设计合同策划目的是通过合同运作项目，保证项目目标的实现。业主要有理性思维，要有追求工程项目最终总体的综合效率的内在动力。作为理性的业主应认识到：合同策划不是为了自己，而是为了实现项目的总目标。

(2) 设计合同策划必须符合有关的法律和法规的规定；要符合合同基本原则，不仅要保证合法性、公正性，而且要促使各方面的互利合作，确保高效率地完成项目目标。

(3) 设计合同策划应在项目的合同体系框架之下进行。建设项目的合同体系是由工程项目的工作分解结构（WBS）和业主所采用的承发包模式决定的。在项目结构分解的基础上，业主首先必须决定对项目工作分解结构（WBS）图中的活动如何进行组合，以形成一个个合同包，进而形成项目的合同体系。

项目分解结构反映了一个项目的组成规模和技术复杂程度。项目分解结构中每个单元都可能是设计发包的合同对象，设计合同从属于建设项目的合同体系，设计合同策划应按对项目的分解和设计任务委托方式，选择、确定设计招标方式，合同种类、合同条件和合同风险分配等。保证设计合同结构与项目分解结构相协调。

(4) 设计任务的委托方式的选择是设计过程项目管理的首要工作。设计合同管理除了合同条款内容、合同签订之后的跟踪管理之外，设计任务的委托是设计过程项目管理的第一项工作，其直接影响到项目设计质量、工程造价和建设工期。因此，设计任务委托方式的选择是否得当，在很大程度上决定着项目工作的成败和项目目标实现的好坏。

(5) 注重分析设计条件和招标条件。大量工程实践表明，设计准备工作不充分，不具备相应设计招标或设计竞赛条件而进行设计发包，往往成为存在大量设计质量缺陷、超标投资和拖后进度的重要原因。

(6) 设计合同结构指业主与设计方之间的合同关系，其合同中必须有明确反映项目实施方组织关系的条款，形成参与项目实施各方和项目管理方之间的指令关系。业主通过合同条件保证对工程的控制权力，并形成一个完整的控制体系。

(7) 业主应该理性地处理质量、进度和投资的对立统一关系，追求三者的平衡，应该公平地分配项目的风险。在设计合同结构策划时应根据项目建设以主导目标控制为导向，正确处理质量、进度和投资的对立统一关系，并在项目实施过程中进行有效控制。

(8) 合同结构策划时应充分分析当前建筑市场中可能的设计单位的诸如能力、某方面优势和任务饱满度等情况，以保证每个实施项目都有合适的设计任务的承担者。

(9) 设计合同结构策划时应充分认识到项目设计实施各方利益所在。实践证明，项目实施参与各方利益的不一致是项目实施的最大风险来源。对业主来说，采用某种项目实施的组织模式有利于自身的目标控制，但是对于设计方来说，往往并不有利。尽管业主在项目的组织中占主动地位，但是设计合同结构策划时也需要注意平衡各方利益。

(10) 根据业主的项目实施策略，在项目设计阶段，应根据建设项目的特点明确将采用哪种设计过程的组织方式，可以是一种方式也可以是多种方式的组合。

5.6.2 设计合同文本

1 合同谈判

设计单位选定后，业主须与设计单位进行合同谈判，谈判的重要内容是合同条件。设计合同文本及其条款是合同双方签约和履约的依据和内容，也是项目设计管理的一个主要基础和依据，业主必须根据实际情况，选择合适的合同文本（合同条件），确定合同的主要条款和具体内容。

2 国内设计合同文本

国内大部分建设项目设计合同主要采用建设部和国家工商行政管理局联合发布的《建设工程设计合同(示范文本)》。示范文本有两种类型，分别为民用建设工程设计合同文本和专业建设工程设计合同文本。

(1) 民用建设工程设计合同（示范文本GF—2000—0209）有8部分内容组成，其内容如下：1) 合同签订依据；2) 合同设计项目的内容：名称、规模、阶段、投资及设计费等；3) 发包人应向设计人提交的有关资料及文件；4) 设计人应向发包人交付的设计资料及文件；5) 合同设计收费估算。设计费支付进度及其说明；6) 双方责任。

(2) 发包人责任

1) 发包人按合同规定的内容，在规定的时间内向设计人提交资料及文件，并对其完整性、正确性及时负责，发包人不得要求设计人违反国家有关标准进行设计。发包人提交上述资料及文件超过规定期限15天以内，设计人按合同第四条规定交付设计文件时间顺延；超过规定期限15天以上时，设计人员有权重新确定提交设计文件的时间。

2）发包人变更委托设计项目、规模、条件或因提交的资料错误，或所提交资料作较大修改，以致造成设计人设计需返工时，双方除需另行协商签订补充协议（或另订合同）、重新明确有关条款外，发包人应按设计人所耗工作量向设计人增付设计费。在未签合同前发包人已同意，设计人为发包人所做的各项设计工作，应按收费标准，相应支付设计费。

3）发包人要求设计人比合同规定时间提前交付设计资料及文件时，如果设计人能够做到，发包人应根据设计人提前投入的工作量，向设计人支付赶工费。

4）发包人应为派赴现场处理有关设计问题的工作人员，提供必要的工作生活及交通等方便条件。

5）发包人应保护设计人的投标书、设计方案、文件、资料图纸、数据、计算软件和专利技术。未经设计人同意，发包人对设计人交付的设计资料及文件不得擅自修改、复制、向第三人转让或用于合同外的项目，如发生以上情况，发包人应负法律责任，设计人有权向发包人提出索赔。

（3）设计人责任

1）设计人应按国家技术规范、标准、规程及发包人提出的设计要求，进行工程设计，按合同规定的进度要求提交质量合格的设计资料，并对其负责。

2）设计人按合同规定的内容、进度及份数向发包人交付资料及文件。

3）设计人交付设计资料及文件后，按规定参加有关的设计审查，并根据审查结论负责对不超出原定范围的内容做必要调整补充。设计人按合同规定时限交付设计资料及文件，本年内项目开始施工的，负责向发包人及施工单位进行设计交底、处理有关设计问题和参加竣工验收。在一年内项目尚未开始施工，设计人仍负责上述工作，但应按所需工作量向发包人适当收取咨询服务费，收费额由双方商定。

4）设计人应保护发包人的知识产权，不得向第三人泄露、转让发包人提交的产品图纸等技术经济资料。如发生以上情况并给发包人造成经济损失，发包人有权向设计人索赔。

（4）违约责任

1）在合同履行期间，发包人要求终止或解除合同，设计人未开始设计工作的，不退还发包人已付的定金；已开始设计工作的，发包人应根据设计人已进行的实际工作量，不足一半时，按该阶段设计费的一半支付；超过一半时，按该阶段设计费的全部支付。

2）发包人应按合同规定的金额和时间向设计人支付设计费，每逾期支付一天，应承担支付金额千分之二的逾期违约金。逾期超过30天以上时，设计人有权暂停履行下阶段工作，并书面通知发包人。发包人的上级或设计审批部门对设计文件不审批或合同项目停缓建，发包人均按合同规定支付设计费。

3）设计人对设计资料及文件出现的遗漏或错误负责修改或补充。由于设计人员错误造成工程质量事故损失，设计人除负责采取补救措施外，应免收直接受损失部分的设计费。损失严重的根据损失的程度和设计人责任大小向发包人支付赔偿金，赔偿金由双方商定。

4）由于设计人自身原因，延误了按合同规定的设计资料及设计文件的交付时间，每延误一天，应减收该项目应收设计费的2‰。

5）合同生效后，设计人要求终止或解除合同，设计人应双倍返还定金。

（5）其他

1）发包人要求设计人派专人留驻施工现场进行配合与解决有关问题时，双方应另行签订补充协议或技术咨询服务合同。

2）工程设计资料及文件中，建筑材料、建筑构配件和设备，应当注明其规格、型号、性能等技术指标，设计人不得指定生产厂、供应商；发包人需要设计人的设计人员配合加工订货时，所需要费用由发包人承担。

3）发包人委托设计配合引进项目的设计任务的各个阶段，应吸收承担有关设计任务的设计人参加。出国费用，除制装费外，其他费用由发包人支付。

4）发包人委托设计人承担合同内容之外的工作服务，另行支付费用。

5）合同经双方签章并在发包人向设计人支付订金后生效。

6）发生争议时解决办法。

3 专业建设工程设计委托合同内容

专业建设工程设计委托合同有 12 部分内容组成，其内容如下：合同签订依据；设计依据；合同文件的优先次序；合同项目的名称、规模、阶段、投资及设计内容；发包人向设计人提交的有关资料、文件及时间；设计人向发包人交付的设计文件、份数、地点及时间；费用；支付方式；双方责任；保密；仲裁；合同生效及其他。

各省、市、自治区根据相关规章，结合当地实际情况，自行制定地方性设计合同文本。可根据当地实际情况选择地方性设计合同文本或建设部和国家工商管理局联合制定的设计委托合同文本。

4 国际设计合同文本

在国际上，设计合同属于咨询合同的范畴。美国、德国、英国、日本、新加坡、中国香港等发达国家和地区，工程咨询合同标准文本一般由行业协会负责制定。目前国际上比较典型的、有影响的且应用广泛的设计合同文本主要有：

(1) 国际咨询工程师联合会（FIDIC）制订的 FIDIC 合同“业主/咨询工程师标准服务协议书”(the C1ient/Consultant Model Services Agreement，4th Edition 2006)。

(2) 美国建筑师协会（AIA）制订的（AIA）文件 B141—1997“业主与建筑师的标准协议书”(AIA Document B141，Standard Formof Agreement Between Owner and Architect-1997Edition)。

(3) 英国皇家建筑师协会、皇家测量师协会、咨询工程师联合会等机构组成的联合委员会（简称JCT）制订的“设计与施工总承包协议书”(JCT，Design and Build Contract 2005，3rd Edition)。

(4) 世界银行制订的“设计与施工总承包协议书：固定总价”(Standard Formof Contract，Consultants’ Services：Lump Sum Remuneration，the World Bank，WashingtonD. C.，June 1995)。

以上合同文本被广泛用于国际上大中型建设工程项目中。其中内容采用较多的是国际咨询工程师联合会（FIDIC）制订的 FIDIC 合同“业主/咨询工程师标准服务协议书”(the Client/Consultant Model Services Agreement，4th Edition 2006)。

5 设计合同条款要点

(1) 按照设计委托方式和管理模式，确定设计合同的主要条款内容，以通过合同保证对工程的控制权力，并形成一个完整的控制体系。使业主对设计成果质量、进度、投资等控制有一个严密的体系，形成一个连续的过程。

(2) 在设计合同条款中，标准条款一般参考选用的标准（或示范）合同文本即可。由于专用（特殊）条款是对标准条款的细化、补充、修改和说明，存在漏洞的可能性最大，也最容易引起合同争议和索赔，要根据项目设计具体情况，在策划和拟就设计合同条款时须特别谨慎，反复推敲。对于可能发生的问题予以充分的说明，以减少将来可能出现的纠纷和索赔，尤其是对于中外合作设计合同条款。

(3) 合同语言与遵守的法律。由于项目的特殊性，合同语言与遵守的法律也不尽相同。我国的建设项目，无论是本国设计，还是中外合作设计，建议尽可能首选为中文，参考法律体系为我国的法律体系，以利于双方的协商和对项目利益的保护。

(4) 双方的权利和义务。合同主体的权利和义务是合同的主要内容，明确规定双方的权利和义务以及服务内容分工，是合同双方理顺关系的前提，也利于各自尽责，规范履约。

(5) 双方的责任及其期限。设计委托合同中要明确规定双方的责任。

业主的责任一般包括应向设计单位提供设计资料及文件，并对其完整性、正确性及时限负责；不得要求设计人违反国家有关标准进行设计；及时确认设计成果等条款。

设计单位的责任一般包括：按国家法律法规、技术规范、标准、规程及发包人提出的设计要求，进行工程设计；按合同规定的进度要求提交质量合格的设计资料，并对其负责；随项目进展对设计资料及文件出现的遗漏或错误负责修改或补充；负责与合作设计单位的设计协调等条款。

设计委托合同还应该明确规定双方责任的期限，一般是从设计委托合同签订时起，到项目保修期结束时止。

(6) 设计转包与设计分包。《合同法》规定设计合同及其设计业务可依法分包，禁止转包。因此，在设计合同中应予明确约定禁止转包。业主可以同意外方设计单位聘请国外分包以及国内合作设计单位承担结构设计、设备设计、二次装修等工作，但这些单位必须经过业主审查同意，其资质和设计经验必须满足业主的要求。任何设计分包合同的签订、修改和终止，必须经业主书面确认才可，且不允许再行分包。

(7) 设计费计取及其支付。设计费的计取通常有两种方式：固定价格和可变价格。固定价格可以按项目投资额度的百分比计算，或按照建筑面积计算，也可以按照合同双方商定的固定价格计取；可变价格可以按成本加酬金计算，也可以按单位工作量的报酬乘以设计工作量计算。两种方式各有优缺点，可酌情采用。

目前国内大多采用固定价格合同，但当项目投资额或总建筑面积有较大变动时，如何对设计费进行调整应在合同中注明。对于业主要求计单位提供的服务超出设计委托合同规定的范围，则超出部分的酬金需另补偿。

(8) 设计方现场代表。设计委托合同中可以规定对设计方现场代表的要求。设计方现场代表的主要职责有：组织设计交底、参加有关工程会议、施工现场质量认可、参加隐蔽工程验收与工程竣工验收、处理工程质量事故及其他紧急情况、及时向设计方通报工程现场进展情况等。现场代表可由境外设计单位的人员担任，也可由国内合作设计单位担任。

5.6.3 设计合同管理用表

1 设计合同分析表

合同重要条款管理可采用设计合同分析表，如表5-3所示。

设计合同分析表 **表5-3**

文件编号：______ 文件共___页（含本页）

项目名称：______ 填表日期__________

序号	合同重要条款	管理要点	负责人

2 设计合同履行检查表

设计合同履行管理可采用设计合同履行检查表，如表5-4所示。

设计合同履行检查表 **表5-4**

文件编号：______ 文件共___页（含本页）

项目名称：______ 填表日期__________

合同名称：		合同号：	
序号	合同检查内容	检查结果	备注

3 合同变更审核表

设计合同变更管理可采用变更审核表，如表5-5所示。

设计合同变更审核表 **表 5-5**

文件编号：________ 文件共____页（含本页）

项目名称：________ 填表日期____________

变更项目名称		变更类型		合同号	
变更申请人		变更设计文件		申请表号	
设计变更说明（变更依据、原因、具体内容）：					
监理单位审查意见：					
设计单位审查意见：					
业主/项目管理单位审查意见：					

5.6.4 设计合同管理的主要任务

1 设计合同发包方管理任务的主体

设计合同发包方管理任务主体包括业主、项目经理部及其委托的项目管理公司的设计管理组织或合同管理职能部门（人员）。

2 设计合同管理主要任务

(1) 根据建设项目规模、类型、特点和资源条件设立专门机构或人员负责合同管理工作，并明确设计合同管理的职责任务。

(2) 分析、论证项目设计实施的特点、设计市场等外部环境条件，编制项目设计合同管理计划。

(3) 在项目建设项目合同体系策划框架下引进设计合同策划，其任务参见上文“设计合同策划要点”。

(4) 从目标控制的角度，着重研究确定设计合同结构，包括选择采用设计任务委托方式、招标方式、设计合同文本、确定设计合同条件及主要条款等。

(5) 分析设计过程和实施目标控制中可能出现的各方面风险，进行设计合同风险分配等，提出相应的合同措施。

(6) 起草合同协议书，确定设计单位后，进行设计合同的谈判。

(7) 按法律法规的规定办法、程序和设计任务委托方式，签订设计合同。

(8) 在设计管理部（组）及合同管理部中进行业主方“合同交底”，明确合同内容实施过程中的主要内容、控制目标与措施、合同责任、履约要点等；落实设计合同管理分工和职责。

(9) 从设计质量、进度和投资目标控制的角度，着重研究确定设计合同结构，包括选择采用设计任务委托方式、招标方式、设计合同文本、确定设计合同条件及主要条款等重要事项。

(10) 分析设计过程和实施目标控制中可能出现的各方面风险，进行设计合同风险分配等，提出相应的合同措施。

(11) 起草合同协议书，确定设计单位后，进行设计合同的谈判。

(12) 实施设计合同控制，进行设计合同履行期间的跟踪管理，包括设计合同履行情况检查，设计的阶段成果（初步设计、技术设计、施工图设计等设计文件）的会审和确认，以及设计及时纠偏修正等事宜。

(13) 实施设计进度管理时，正确处理设计进度控制与遵循合理设计周期的关系，妥善解决因各种原因引起的合同约定设计期限提前或延后问题。

(14) 严格设计合同的更改管理、负责签订补充协议等相关管理工作。

(15) 执行项目报告和行文制度。及时报告设计过程出现的问题特殊情况，并提出解决或处理建议。

(16) 同设计方保持经常联系，与设计方保持和谐的互动合作关系，进行设计合同沟通协调，处理设计合同纠纷。

(17) 按设计合同信息管理要求，编制设计合同管理的各种报告和报表；关注并及时收集设计合同履行过程中的各种信息，尤其是各设计阶段的设计进展信息；做好整理和保存工作。

(18) 保护设计方的知识产权，设计人交付的设计资料文件不得擅自修改、复制或向第三人转让或用于合同外的项目。

(19) 履行设计合同有关设计费及支付条款，做好设计过程各阶段设计费的支付与结算管理工作。

(20) 按设计合同约定的合同终止条款，有始有终地完成合同终止及后评价管理任务。

第 6 章　项目设计过程管理

项目设计阶段设计管理的核心任务是设计过程管理。项目设计阶段包括设计准备、方案设计、初步设计和施工图设计等设计过程。这阶段的设计管理工作专业性和递进性强，重心突出，集中紧凑，与政府规划等主管部门的审查许可管理关系紧密，其成效优劣直接关系到项目成败，可谓任重道远。项目管理的职能和设计管理经验会在这个重要阶段与关键环节中充分践行。

6.1　项目设计阶段的设计管理概述

6.1.1　项目设计阶段管理的概念和核心任务

1　项目设计阶段管理的概念

项目设计阶段上承项目前期，后接项目施工阶段，自此项目建设进入实施阶段。项目设计阶段包括设计准备、方案设计、初步设计和施工图设计等设计过程。项目设计阶段的启动标志着项目建设进入了实施阶段，在这阶段要完成全部设计文件的编制及其送审获批任务。

2　项目设计阶段管理的核心任务

建筑工程本身是一个大系统，在其形成的全寿命周期内，各个建设阶段、各个环节及其目标、过程、任务、影响因素等都是其子系统，形成相互联系、相互制约的有机整体。其中，项目建设总目标是个系统目标，质量、投资和进度是其子系统。而项目工程设计对整个项目工程建设目标、技术经济效益影响最大，设计是体现项目业主的建设意图，在技术和经济上对拟建工程项目的实施进行全面布置安排的环节，它以设计文件作为后续建设实施的主要依据，因此，设计阶段的项目管理的目的与意义在于通过对设计过程的质量、投资和进度目标的有效控制，如期取得业主期许满意的设计成果，完成符合项目目标要求的设计任务。所以，项目设计及其质量、投资和进度目标的有效控制是项目设计阶段管理的核心任务。

3　编制建筑工程设计文件的基本要求

(1) 建筑工程设计文件的编制，必须符合国家有关法律法规和现行工程建设标准规范的规定，其中工程建设强制性标准必须严格执行。

(2) 民用建筑工程一般应分为方案设计、初步设计和施工图设计三个阶段；对于技术要求相对简单的民用建筑工程，经有关主管部门同意，且合同中没有做初步设计的约定，可在方案设计审批后直接进入施工图设计。

(3) 编制方案设计文件，应当满足编制初步设计文件和控制概算的需要。编制初步设计文件，应当满足编制施工招标文件、主要设备材料订货和编制施工图设计文件的需要。编制施工图设计文件，应当满足设备材料采购、非标准设备制作和施工的需要，并注明建设工程合理使用年限。

(4) 建设工程设计文件编制深度规定

为加强对建筑工程设计文件编制工作的管理，保证各阶段设计文件的质量和完整性，住房和城市建设部制定了《建设工程设计文件编制深度规定》(2008 年版)，适用于境内和援外的民用建筑、工业厂房、仓库及其配套工程的新建、改建、扩建工程设计。

1) 规定各阶段设计文件编制应按以下原则进行：A 方案设计文件，应满足编制初步设计文件的需要。B初步设计文件，应满足编制施工图设计文件的需要。C施工图设计文件，应满足设备材料采购、非标准设备制作和施工的需要。对于项目分别发包给几个设计单位或实施设计分包的情况，设计文件相互关联处的深度应满足各承包或分包单位设计的需要。

2）设计合同对设计文件编制深度另有要求时，设计文件编制深度应同时满足本规定和设计合同的要求。

3）规定对设计文件编制深度的要求具有通用性。对于具体的工程项目设计，执行本规定时应根据项目的内容和设计范围对本规定的条文进行合理的取舍。

4）设计中宜因地制宜正确选用国家、行业和地方建筑标准，并在设计文件图纸目录或施工图设计说明中注明所应用图集的名称。重复利用其他工程的图纸时，应详细了解原图利用的条件和内容，并作必要的核算修改，以满足新设计项目的需要。

5）本规定不作为各专业设计分工的依据。某一专业的某项设计内容可由其他专业承担设计，但设计文件的深度应符合本规定的规定要求。

6.1.2　设计过程管理的地位、职能和主要工作

1　设计过程管理居于设计管理工作的重点地位

在设计阶段，设计管理的任务包括：设计准备、方案设计、初步设计和施工图设计等设计过程管理。不同工程类型、等级、规模、所处环境和建设条件的建筑工程项目，从内容、技术经济要求到外表形态都充满着各不相同的内涵。这种差异性，决定了建筑产品不同于一般工业产品，其形成过程并非是完全工业化、工厂化的生产过程。因而，也决定了建筑工程设计少有完全一样的设计对象和简单的重复。建筑要素是社会人文学、工程科学和艺术的多重结合，其设计成果——设计文件是创作构思加科学计算合成的结果。建筑工程设计的区别性决定了项目设计构思组合产生出全新的创作内容，少有固定的模式可套用。因此，项目设计是集社会、经济、技术和管理为一体的复杂的特殊的系统性生产过程，工程设计是随机性、创造性、综合性扱强的随机思维物化劳动。

项目工程设计不仅是设计单位的个体创造，更是业主、设计单位、政府主管部门和其他项目参与方共同参与和协作的成果。优质建筑设计作品是在优化取舍、至臻完美的设计过程中产生的，一项工程设计离不开全面的、科学缜密的有效的设计管理，这同社会化、专业化设计管理与业主请几位专家或设计单位的设计人员仅对已出的图纸或一些技术问题进行的设计咨询是全然不同的，设计阶段需要引入的是对设计全过程的设计质量、进度和投资的专业的、系统的、全面的有效监督、控制和协调管理。

项目设计阶段的设计管理对象除了设计单位、设计过程和设计成果外，还牵涉到规划等行政主管部门及其对项目设计文件的规划等管理，包括：各阶段主设计文件的送审报批，建设工程规划许可证的审批核发；专项审查、配套建设申请；同时还要交叉进行场地勘察、材料设备采购等工作。显而易见，设计过程的项目管理牵涉面广，工作量大，递进性强。

因此，项目设计是设计成果形成的关键环节，项目设计过程管理成为设计管理的重点所在。这也正是建设单位有必要引进具有相应资质的项目管理（工程咨询）公司进行设计管理的道理。

2　设计过程管理突出体现项目基本管理职能

由于设计过程自身的特性，决定了项目基本管理职能在设计过程中体现得最突出。项目设计管理的核心并非仅仅对设计单位工作进行监督，而是通过建立一系列策划、计划、组织、控制、沟通和协调的系统化管理制度与方法，使业主与设计单位、政府有关主管部门、承包商以及其他项目参与方在设计过程中保持良好的通力合作和互动共赢关系；以控制设计质量、投资和进度目标为工作重点，努力实现建设项目的技术、经济、艺术和社会效益的平衡和最佳综合效益。

3　设计阶段设计管理主要内容

项目设计阶段设计管理的任务是设计过程管理。主要内容概括如下：

(1) 按设计管理计划中的设计过程管理计划内容，对设计输入、设计实施、设计输出、设计评审、设计验证、设计更改等设计重要过程的要求及方法予以明确。

(2) 在项目总体构思和项目总体定位的基础上，充分研究分析已批准的项目前期文件和业主建设目标及意图，并以其为依据，策划和编制设计要求文件、设计招标书、设计竞赛文件等。

(3) 根据项目设计特点，策划项目设计质量、投资、进度目标，编制其控制计划及其实施措施，拟定控制要点等。

(4) 参与与设计相关的科研、勘察、外部协作、评价论证及谈判等管理工作。

(5) 确定建设项目设计委托方式。

(6) 组织设计方案招标或竞赛（征集），实施设计方案评选，确定中选方案并送审报批，落实设计方案修改优化。

(7) 组织初步设计及施工图设计招标、签订设计合同，实施设计合同管理。

(8) 向设计单位提交设计各阶段所需的依据性文件、政府批文、工程设计基础资料、外部协作单位的供应协议、技术条件等工程数据等。

(9) 设计过程的跟踪控制。在设计合同中或单独形成对设计单位的“设计管理配合要求”，在初步设计及施工图设计进行过程中，组织设计管理人员前往设计单位，及时对设计人员资格、专业配合、设计活动、设计输出文件（必要时，包括对计算书的核查）等进行跟踪检查。

(10) 实施设计过程设计质量控制。对设计进行有效的质量跟踪，及时发现不符合质量要求的设计质量缺陷，慎审各阶段设计文件，保证设计成果质量，实现设计质量控制目标。

(11) 审核概、预算，所含费用及其计算方法的合理性，实施各阶段设计投资控制。

(12) 控制设计进度，包括各设计阶段以及各专项设计的进度管理，满足工程项目报建、招标、采购和施工进度的要求。

(13) 做好设计过程的接口管理。包括各设计专业、各专项设计的技术协调；设计前期总体设计与后期的专业深化设计的协调配合；设计计划与采购、施工等的有序的衔接及其接口关系处理工作。

(14) 对参与设计的设计单位进行配合沟通协调管理，协调包括中、外设计机构的相关设计单位的协作关系。

(15) 根据满足功能要求、经济合理的原则，向各设计专业提供所掌握的主要设备、材料的有关信息，并参与选型工作；审核主要设备及材料清单，对设计采用的设备、材料提出反馈意见。

(16) 与外部环保、人防、消防、地震、节能、卫生以及供水、供电、供气、供热、通信等有关部门间的协调工作；配合设计单位按设计进度完成项目专项设计和设施配套。

(17) 向设计单位预付和结算设计费用。

6.2 项目勘察管理

6.2.1 建设工程勘察概述

1 工程勘察释义

建设工程勘察是指根据建设工程的要求，查明、分析、评价建设场地的地质、地理环境特征和岩土工程条件，编制建设工程勘察文件的活动。

2 工程勘察任务与作用

工程勘察应按工程建设各勘察阶段的要求，正确反映工程地质条件，查明不良地质作用和地质灾害，精心勘察、精心分析，从而提出资料完整、评价正确的勘察报告。

工程勘察主要业务是为工程建设的规划选址、可行性研究、设计、施工以及工程建成后的运营监测提供技术成果和技术服务。如工程的地质勘察是为建设场地的选择和工程的设计与施工提供地质资料依据。

随着我国岩土工程体制的推行和对工程建设要求的提高，从业单位的业务范围已经拓展到岩土工程勘察、设计、治理与监测的全过程。工程勘察的水平与质量直接影响整个工程建设的安全、质量、成本和周期，对国家建设和环境保护具有重要意义。

3　工程勘察阶段及其要求

工程勘察一般分三个阶段，即可行性研究勘察、初步勘察、详细勘察。工程地质条件复杂或有特殊施工要求的重要工程，应进行施工勘察。

各勘察阶段的工作要求如下：

（1）可行性研究勘察，又称选址勘察，其目的是要通过搜集、分析已有资料，进行现场踏勘。必要时，进行工程地质测绘和少量勘探工作，对拟选场址的稳定性和适宜性作出岩土工程评价，进行技术经济论证和方案比较，满足确定场地方案的要求。

（2）初步勘察是指在可行性研究勘察的基础上，对场地内建筑地段的稳定性做出岩土工程评价，并为确定建筑总平面布置、主要建筑物地基基础方案及对不良地质现象的防治工作方案进行论证，满足初步设计或扩大初步设计的要求。

（3）详细勘察应对地基基础处理与加固、不良地质现象的防治工程进行岩土工程计算与评价，满足施工图设计的要求。

4　工程勘察的程序

勘察方的工程勘察的程序一般是：承接勘察任务，搜集已有资料，现场踏勘，编制勘察纲要，出工前准备，野外调查，测绘，勘探，试验，分析资料，编制图件和报告等。对于大型工程或地质条件复杂的工程，工程勘察单位要做好施工阶段的勘察配合、地质编录和勘察资料验收等工作，如发现有影响设计的地形、地质问题，应进行补充勘察和过程监测。

6.2.2　项目勘察管理主要任务

1　勘察阶段项目管理的主要任务

（1）编制勘察任务书或勘察要求。在勘察业务发包前，广泛收集各种有关文件和资料，如选址意见书、规划条件（要求）、设计任务书、设计单位的要求、相邻建筑地质资料等。在进行分析整理的基础上提出与工程建设项目相适应的技术要求和质量标准。

（2）选择勘察单位。凡在国家建设工程设计资质分级标准规定范围内的建设项目，建设单位均应委托具有相应资质等级的工程勘察单位承担勘察业务工作，建设单位原则上应将建设项目的勘察业务委托给一个勘察单位，也可以根据勘察业务的专业特点和技术要求分别委托几个勘察单位。

对必须进行招标勘察的工程建设项目，必须依据《工程建设项目招标范围和规模标准规定》的要求行招标。

（3）签订勘察合同。按《建设工程勘察设计合同管理办法》、《建设工程勘察设计资质管理规定》的有关要求，选择合同文本，拟定主要条款，同工程勘察单位谈判，签订勘察合同。

（4）审查勘察方案。对工程勘察单位编制的勘察方案（勘察纲要），重点审核其可行性、精确性是否满足勘察任务书和相应设计阶段的要求，提出审核意见。

（5）监督实施和进行相应的控制。在勘察实施过程中，按《建设工程勘察质量管理办法》的有关规定，实施勘察质量控制；定期检查勘察工作的实施，控制其按勘察实施方案的程序和深度进行；设置报验点，必要时，应进行旁站监理；控制其按合同约定的期限完成；做好相关参与方的沟通协调工作。

（6）参与验收勘察成果。负责组织对勘察人交付的报告、成果、文件进行检查验收。对勘察单位提交的勘察成果，包括地形地物测量图、勘测标志、地质勘察报告等进行核查，重点检查其是否符合委托合同及有关技术规范标准的要求，验证其真实性、准确性、是否满足建设工程规划、选址、设计、岩土治理和施工的需要。

按有关规范要求检查勘察报告内容和成果，进行验收，提出书面验收报告。必要时，应组织专家对勘察成果进行评审。建设工程勘察报告、成果及文件应当真实、准确，满足建设工程规划、选址、设计、岩土治理和施工的需要。

(7) 勘察报告报批与提交。向地域行政部门指定的勘察部门或单位报批勘察报告，经审查合格后提交于设计单位使用。

(8) 组织勘察成果技术交底。

(9) 支付勘察费。按工程勘察费的收费标准和合同约定付费方式向勘察方支付勘察费。

(10) 负责勘察技术档案管理。项目工程勘察完成后，将全部资料分类编目，装订成册，归档保存。

(11) 对项目勘察管理工作作评价总结，提交总结报告。

2 项目勘察管理要点

(1) 工程勘察资质分类和分级。按《建设工程勘察设计资质管理规定》(建设部令第160号)的规定：

1) 资质范围：工程勘察资质范围包括建设工程项目的岩土工程、水文地质勘察和工程测量和工程物探四个专业。其中岩土工程是指岩土工程勘察、设计、测试监测检测、咨询监理和岩土工程治理。

2) 资质分类：A 工程勘察资质分综合类、专业类和劳务类。综合类包括工程勘察所有专业；专业类是指岩土工程、水文地质勘察、工程测量等专业中的某一项，其中岩土工程专业类可以是岩土工程勘察、设计、测试监测检测、咨询监理中的一项或全部；劳务类是指岩土工程治理、工程钻探、凿井等。B 工程勘察资质分为工程勘察综合资质、工程勘察专业资质、工程勘察劳务资质。

3) 资质分级：A 工程勘察资质分级标准是核定工程勘察单位工程勘察资质等级的依据。工程勘察资质分级标准和工程设计资质分级标准按单位资历和信誉、技术力量、技术水平、技术装备及应用水平、管理水平、业务成果等六个方面制定考核指标，其中业务成果项供资质考核时备用，不作硬性要求。B 工程勘察综合类资质只设甲级；工程勘察专业类资质原则上设甲、乙两个级别，确有必要设置丙级勘察资质的地区经建设部批准后方可设置专业类丙级；工程勘察劳务类资质不分级别。

4) 承担勘察业务范围：

综合类工程勘察单位承担工程勘察业务范围和地区不受限制；

专业类甲级工程勘察单位承担本专业工程勘察业务范围和地区不受限制；

专业类乙级工程勘察单位可承担本专业工程勘察中、小型工程项目，承担工程勘察业务的地区不受限制；

专业类丙级工程勘察单位可承担本专业工程勘察小型工程项目，承担工程勘察业务限定在省、自治区、直辖市所辖行政区范围内；

劳务类工程勘察单位只能承担岩土工程治理、工程钻探、凿井等工程勘察劳务工作，承担工程勘察劳务工作的地区不受限制。

(2) 国家实行注册岩土工程师执业制度。《勘察设计注册工程师管理规定》要求：注册岩土工程师，是指经考试取得国家注册工程师资格证书，并按照规定注册，取得注册岩土工程师注册执业证书和执业印章，从事建设工程勘察及有关业务活动的专业技术人员。未取得注册证书及执业印章的人员，不得以注册岩土工程师的名义从事建设工程勘察及有关业务活动。

(3) 勘察业务的委托方式。建设工程勘察任务的委托方式包括招标发包（分为公开招标和邀请招标）或者直接发包。

招标人可以依据工程建设项目的不同特点，实行勘察设计一次性总体招标；也可以在保证项目完整性、连续性的前提下，按照技术要求实行分段或分项招标。

依法必须招标的工程建设项目，招标人可以对项目的勘察、设计、施工以及与工程建设有关的重要设备、材料的采购，实行总承包招标。

（4）勘察招标

1）必须进行招标勘察的工程建设项目。A 工程建设项目符合《工程建设项目招标范围和规模标准规定》规定的范围和标准的，必须依据本办法进行招标。B 任何单位和个人不得将依法必须进行招标的项目化整为零或者以其他任何方式规避招标。C 依法必须进行勘察设计招标的工程建设项目，可以进行邀请招标的情况（同设计邀请招标）。

2）可以不进行招标勘察的工程建设项目（同设计招标）。

3）勘察招标具备的条件（同设计招标）。

4）勘察招标程序（同设计招标）。

5）勘察招标文件要求和内容：A 建设工程勘察文件，应当真实、准确，满足建设工程规划、选址、设计、岩土治理和施工的需要。B 勘察招标文件的内容（同设计招标）。C 勘察文件编制深度。应符合《房屋建筑和市政基础设施工程勘察文件编制深度规定》（2010 年版）的要求。

（5）勘察合同签订的规定。《建设工程勘察设计资质管理规定》对勘察合同签订作出如下列规定：

勘察招标人和中标人应当自中标通知书发出之日起 30 日内，按照招标文件和中标人的投标文件订立书面勘察合同。中标人履行合同应当遵守《合同法》以及《建设工程勘察设计管理条例》中勘察设计文件编制实施的有关规定。

招标人不得以压低勘察设计费、增加工作量、缩短勘察设计周期等作为发出中标通知书的条件，也不得与中标人再行订立背离合同实质性内容的其他协议。

招标人与中标人签合同后 5 个工作日内，应当向中标人和未中标人一次性退还投标保证金。招标文件中规定给予未中标人经济补偿的，也应在此期限内一并给付。招标文件要求中标人提交履约保证金的，中标人应当提交，经中标人同意，可将其投标保证金抵作履约保证金。

招标人应在将中标结果通知所有未中标人后 7 个工作日内，逐一返还未中标人的投标文件。

（6）建设工程勘察合同文本简介。勘察合同一般要求按照相关部门发布的合同范本进行签订。国家建设部与国家工商行政管理局 2000 年 3 月颁布了《建设工程勘察合同》文本，该文本有两个版本：

1）建设工程勘察合同（示范文本 GF—2000—0203），适用于岩土工程勘察、水文地质勘察（含凿井）、工程测量、工程物探。

2）建设工程勘察合同（示范文本 GF—2000—0204），适用于岩土工程设计、治理、监测。

（7）岩土工程勘察技术进步与技术政策。我国工程建设的项目多，规模大，地形、地质条件复杂，岩土工程勘察行业任务繁重，迫切需要先进技术。同时，岩土工程勘察面临着全球化环境，行业的结构、专业设置、技术标准等，将不可避免地有所调整。用高新技术和先进适用技术改造传统产业，是技术进步的重要途径。原建设部发布的《工程勘察技术进步与技术政策要点》提出了勘察行业技术进步与技术政策的要点。

1）岩土工程应遵守国家经济建设的方针、政策和法规，坚持先勘察、后设计、再施工的基本建设程序。勘察工作应严格按照技术标准，满足各勘察阶段对工作内容与深度要求。必须充分重视可行性研究、选址和初步勘察对工程安全、质量、效益和环境影响评价的重大作用。对于城市中按规划确定场址的重大工程，也必须留有足够的前期工作时间，投入必要的经费，论证场址的安全性和稳定性，预测和解决有关岩土工程的难题，为后续工作打好基础。

2）重视理论对工程实践的指导作用，提倡“理论导向，实测定量，经验判断，监测验证”的一整套工作方法，逐步做到技术与劳务的分离，改变行业和从业单位的技术结构和成品结构，提高勘察文件的技术含量，加快推行岩土工程咨询体制，使重大项目的勘察文件和技术服务达到国际先进水平。

3）加强岩土工程量化分析力度。发展天然地基、桩基和地基处理的评价方法，特别是考虑地基基础和上部结构相互作用的沉降控制分析方法。鼓励在重大工程中使用物理模型和数值分析，重视模型参数的测定、选用和验证工作，提供合理的分析结果，加强概率分析、工程经济分析和风险分析方法的应用研究，提供优化的工程方案与建议。

4）大力提倡和重视岩土工程的检验与监测。检验、监测与反分析数据，不仅对修正设计、指导施工、保证工程质量、积累工程经验有着极其重要的意义，同时也是发展岩土工程理论与方法的重要依据和基础，要逐步将规范规定必须进行的检验与检测纳入竣工验收程序。

5）重视岩土工程中的地下水问题，加强对地下水贮存、渗流、动态规律及其与工程相互作用的测试、研究与评价工作，提高对基坑降水、人工回灌影响，以及基础抗浮等工程问题的量化评价水平。鼓励在城市、开发区和重大建设项目中建立区域性的地下水位与水质的监测网和相应的信息系统。

6）重视对特殊地质条件和特殊性岩土的研究，鼓励各地区总结地区经验，制定相应的技术标准。

7）按照国家建设的需要和本行业的技术发展规律，扩大技术服务领域。着力发展环境岩土工程与地质灾害评价工作，开拓评价、防治和抵御地震与滑坡等突发自然灾害的工程手段和能力，积极参与地基处理、基坑工程、地下空间开发、城市固体废弃物处理、污染物运移控制等岩土工程评价、设计与治理工作。

8）鼓励开发和使用新技术、新方法和新手段。密切注意计算机技术、网络技术、数字技术以及航摄和卫星遥感技术的新发展，加强不同的高新科技平台在岩土工程有关专业的应用研究，加速实际生产力的形成。

9）改进和完善现行岩土工程计算机辅助设计系统，加强系统的分析计算和数据处理能力。同时，应提高系统的集成化程度，在企业内部网的基础上，以岩土工程勘察的生产流程为主线，实现原位测试、土工试验、统计、绘图、报告编制以及项目的投标、预算、结算等工作的资源共享，协调作业。

10）大力提高行业的技术装备水平，改变技术手段落后的面貌。着力提高钻探和原状土取样、室内试验和原位测试的技术与装备，逐步实现勘探取样设备、施工机具等产品的标准化、系列化。有计划地开发具有自主知识产权的大型岩土工程分析与设计软件。

11）改变我国岩土工程技术标准系列过于庞杂，规定过于具体的现状，建立整体性和统一性较强的技术法规与技术标准系列，对重要的技术标准，形成与国际接轨的、具有权威性的包括规范—说明—指南或手册在内的完整体系。

12）积极推动环境岩土工程的发展。在岩土工程勘察中，加强地质环境、地质灾害和地震工程评价，充分重视地质环境与工程之间的相互影响和相互作用。

6.3 项目设计过程的设计管理

6.3.1 设计要求文件的编制

1 设计要求文件的概念

设计要求文件是工程项目和编制设计文件的依据，是设计过程管理，尤其是设计质量控制的重要内容。编制并提出建设项目设计要求文件是一个建筑产品的目标、内容、功能、规模和标准的研究、分析过程，也是项目前期策划的继续细化过程和项目设计准备的重要环节。

2 设计要求文件的作用

设计管理实践证明，在设计过程管理中，应足够重视向设计单位提出设计要求文件。设计要求文件的作用主要表现在以下几个方面：

(1) 设计要求文件是项目工程设计和其他准备工作的依据和指导设计工作的大纲。各设计单位设计的主要依据之一是经批准的设计要求文件。否则建设工程项目设计工作会无章可循，无从着手；再者，项目建设过程中建设用地取得、工程招标、设备材料采购等工作也离不开设计要求文件。

(2) 设计要求文件是对拟建项目在规划、建筑、结构、设备等方面所达到的目标的系统描述，是业主对项目功能要求的集中体现。业主对建设工程项目的构成、规模、功能空间布局、建筑总体要求等需求都是以设计要求文件的形式体现出来的，否则设计单位设计出来的设计文件会偏离业主对拟建项目的预期，对实现项目目标影响极大。

3　设计要求文件的类型

建设工程项目的每一个设计阶段都应该有针对其阶段的设计要求文件，根据设计阶段或专业的不同，对设计起指导作用的设计要求文件也不同。诸如：设计任务书、概念性方案设计任务书、方案竞赛(征集)文件、设计方案优化要求文件、初步设计任务书、修改初步设计要求文件、施工图设计要求文件，以及景观设计要求文件、幕墙设计要求文件、建筑智能系统设计要求文件、建筑节能设计要求文件、新型空调设计要求文件、精装修等专项设计要求文件。

各类设计要求文件的作用、内容和侧重点也因建设工程项目设计阶段或专业而异。其中，设计任务书是业主向设计单位提出设计要求的主要形式。

4　设计任务书的编制

(1) 设计任务书的概念

设计任务书是项目前期策划成果的具体体现，是在总体构思和项目总体定位的基础上，结合对潜在最终用户的需求分析，将项目功能、项目内容、项目规模和项目标准等进行细化，反映业主建设意图，确定项目设计投资限额、质量和进度等设计要求的文件。

设计任务书作为签订设计合同的重要组成文件，是进行工程设计和审核设计的主要依据。设计任务书对项目工程设计及其后续工作的意义重要且深远，设计任务书的编制与提出是决定项目成败的关键环节。

(2) 编制设计任务书的要求

1) 设计要求必须以已批准的项目前期文件为依据

设计要求中的建设规模、投资额度、用地与规划条件和主要功能定位等应符合政府相关主管部门对拟建项目的批复意见，即政府对拟建项目的行政许可条件。否则一旦偏离，会造成项目后续各阶段实施工作的系统性失控。

因此，应对项目可行性报告、规划条件和各专业批复意见等项目前期文件进行充分的研究、分析，保证设计任务书的内容建立在物质资源和外部建设条件的可靠基础上。

2) 对项目的建设标准拟定、功能空间设置布局、土地等资源的节约合理利用、环保、节能、减排、智能化和工艺、技术、材料、设备的选用都应遵循国家的城乡规划和经济产业结构规划，符合国家规范、标准，并体现技术的先进性和可持续发展。

3) 设计任务书内容应充分、全面、明确表达业主对项目建设的要求。对建筑各要素的要求体现合理性和先进性。

4) 对建设工程项目的功能要求及其描述是设计要求文件的重点

项目功能要求及其描述是设计要求文件的重要组成部分，功能要求及其描述的质量在很大程度上决定了方案设计的质量、进度和工作效率。

对功能的要求要合理、适当、可行，使项目的投资能控制在业主既定的投资范围内；功能描述必须全面、准确、严谨，充分体现业主的意图；功能的描述要尽量具体明确，避免使用模糊语言。模糊语言导致模糊理解，不同的理解导致不同的方案，使方案失去可比性，还会增添反复答疑程序，影响工作效率。工业建筑项目，应以工艺要求为先导，并作为设计要求文件的重点内容。

5) 注重各阶段设计文件的质量，主要包括项目功能、技术经济指标、建筑创意、结构选型与安全可靠、设备先进和抗震、环保、节能、防火等专项设计的要求。严格掌控投资额度、限额设计，合理提出设计周期和各阶段设计的进度。

6）对方案设计、初步设计、施工图设计各阶段及其各专业的设计成果，包括设计说明、图纸、分析图、概、预算文件以及效果图、模型等，提出符合规范标准，尤其是强制性条文规定的明细要求。保证各阶段及其各专业的设计深度的要求。

(3) 设计任务书的内容

设计任务书的主要内容如下：

1）编制的依据：批准的可行性研究报告；选址报告与批准的选址意见书；规划设计条件（要求）；建设场地的工程地质勘察报告。

2）项目背景：业主单位名称、性质、项目投资、项目名称、建设用地、项目位置及周边环境。

3）项目定位：在国内外社会、行业、市场等方面的设计目标定位。

4）项目概况：使用功能、性质、类别、建设规模、建设周期、投资估算等。

5）设计原则：指导思想、设计总体原则要求、特定设计原则等。

6）设计条件：规划条件（要求）、地形图、有关立项批复或已批准的总平面图、行政和公共设施配套条件和其他所需的基础资料。

7）设计范围、设计周期、设计深度要求。

8）技术经济指标：建筑物的面积指标，总面积及组成部分的面积分配；设计投资限额及其分配；单位面积的造价控制。

9）城乡规划条件（要求）：A 建筑红线范围（四角坐标）及后退红线。B 建筑高度、层数及道路中心的仰角。C 容积率、建筑密度、绿化率等。D 防火间距及消防通道。E 日照、通风、朝向。F 主要及次要出入口与城市道路的关系。G 停车场及车库面积。H 对水污染、噪声、粉尘等环境保护。J 市政、给水、排水、电力、燃气、热力、电信等站点布局和管线的布置。

10）功能空间设计要求：A 功能组成及其比例。B 主要功能空间尺度、面积、形状和空间感。C 空间序列、导向和空间感。D 使用空间的合理利用的要求。

11）平面布局的要求：A 功能组成部分的面积比例及使用功能。B 各使用部分的联系与分隔。C 水平与垂直交通的布置与选型。D 出入口布置。E 防火、防烟、安全疏散及消防中心。F 人防设施。G 辅助用房的设置，如煤气、热力、给排水、电力、电信等专业机房及管井。H 居住建筑的户型设计要求、户室比、主要房间的开间、控制要求、层高等。

12）建筑的风格及造型：A 建筑立意、特色与创新。B 建筑群体与个性的体型组合。C 建筑立面构图、比例与尺度。D 建筑物视线焦点部位的重点处理。E 外装饰的材料质感与色彩。F 景观及环境。

13）建筑剖面的要求：A 建筑标准层的高度。B 有特殊使用要求层的高度。C 建筑地上、地下高度满足规划及防火。

14）室内装饰要求：A 一般用房的装饰。B 重点公共用房的装饰。C 有特殊使用要求房间的装饰。

15）结构设计要求：A 主体结构体系的选择。B 对地基基础的设计。C 抗震结构的设计。D 人防和特种结构的设计。E 结构设计主要参数的确定。

16）设备设计要求：A 给水系统（生活、生产、消防用水）管网、水量及设备。B 排水系统管网、污水处理及化粪池等。C 电气系统的电源、负荷、变配电房、高低压设备、自备电源、防雷等。D 空调、采暖、通风。E 煤气管线设置、调压站及管网。F 建筑智能化系统及其各子系统、集成系统。

17）建筑节能减排要求：A 建筑专业节能。B 节水、节电和空调采暖节能减排。

18）消防设计要求：A 消防等级。B 消防指挥中心。C 自动报警系统。D 防火及防烟分区。E 安全疏散口的数量、位置、距离和疏散时间。F 防火材料、设备及器材的要求。

6.3.2　方案设计阶段

1　方案设计概述

（1）方案设计释义

方案设计是指为了满足建设项目的目标要求，对拟建项目各构成要素进行协调配置并优化的设计活动。方案设计是建设项目目标的集中体现和形象表现，是建设项目设计过程中的先导和关键环节。

（2）方案设计形式

1）按建设项目场地用地规划要求、类型、规模等因素一般可分为两种方案设计形式：对于单一建筑物或小规模群体建筑物一般可做建筑方案设计；对于大型综合性项目或成片开发建设项目的方案设计往往是指规划方案设计或总体方案设计，也称场地方案设计。

大型综合性项目或成片开发建设项目往往是由若干个子项目所组成的，其包含了建设场地的市政、交通、环保、消防、人防、环境设计等相对完善的综合配套部分。其目的是通过设计，使场地中的各要素，尤其是建筑物与其他要素能形成一个有机整体，以发挥效用，并使建设基地的利用能够达到最佳状态，获得最佳综合效益。

2）按设计条件及设计深度可分为：概念性方案设计和实施性方案设计。相对于实施性方案设计，概念性方案设计的设计方法和设计程序，常用于大中型建设项目设计前期工作中项目初步研究、方案设计竞赛和假想题目的学术性探讨。

2　概念性方案设计

概念性方案设计是针对设计对象的总体布局、功能、形式等进行可能性的构想和分析，并提出设计概念及创意的设计活动。概念性方案设计的特征：

（1）概念性方案设计是以设计概念为主线并贯穿全部设计过程的设计方法。

设计概念是设计者针对设计所产生的诸多感性思维进行归纳与精炼所产生的思维总结，因此在设计前期阶段设计者必须对将要进行设计的方案作出周密的调查与策划，分析理解客户（业主）的设计意图、目标和具体要求，广泛搜集地域特征、文化内涵、资源条件等信息资料，再以设计师独有的思维素质产生一连串的设计想法，才能在诸多的想法与构思上提炼出最准确的设计概念。如果说概念方案设计是一篇文章，那么设计概念则是这篇文章的主题思想。概念设计围绕设计概念而展开，设计概念则联系着概念设计的方方面面。因此，概念设计是将客观的设计要求与限制同设计者的主观能动性统一到一个设计主题的方法。

（2）概念性方案设计的关键在于设计概念的提出与运用两个方面。

设计概念的提出主要体现于概念性方案设计的思维程序，包括：设计前期的策划准备；技术及可行性的论证；文化意义的思考；地域特征的研究；客户（业主）及市场调研；空间形式的理解；设计概念的提出与讨论；设计概念的扩大化；概念的表达；概念设计的评审等诸多步骤。

设计概念的运用过程是理性的将设计概念赋予设计的过程，它包括了对设计概念的演绎、推理、发散等思维过程，从而将概念有效的呈现在设计方案之上。如果说概念设计的得出是设计者的感性思维结论，那么概念的运用则需要设计者将概念理性地抽象出来加以设计细分化、形象化，以便能充分地利用到设计之中去。

（3）概念性方案设计更强调建筑师的设计理念和创意。从上述可见，相对于实施性方案设计，概念性方案设计并非是因“仅作为概念而尚不能实施”而简化的设计，而是完整而全面的设计过程。概念性方案设计的中心在于设计概念，整个方案设计是通过设计概念将设计者繁复的感性和瞬间思维上升到统一的理性思维来完成的。而富有创意的设计概念则来源于建筑师的先进设计理念、广博的知识结构、全面的敏捷的思维能力、丰富的设计创作经验积累和广泛而深刻的思考探索。建筑师设计概念的创新、提炼、诠释、扩展与运用是否准确完善决定了概念性方案设计的意义与价值。

3 方案设计的流程

方案设计阶段的流程如图 6-1 所示。

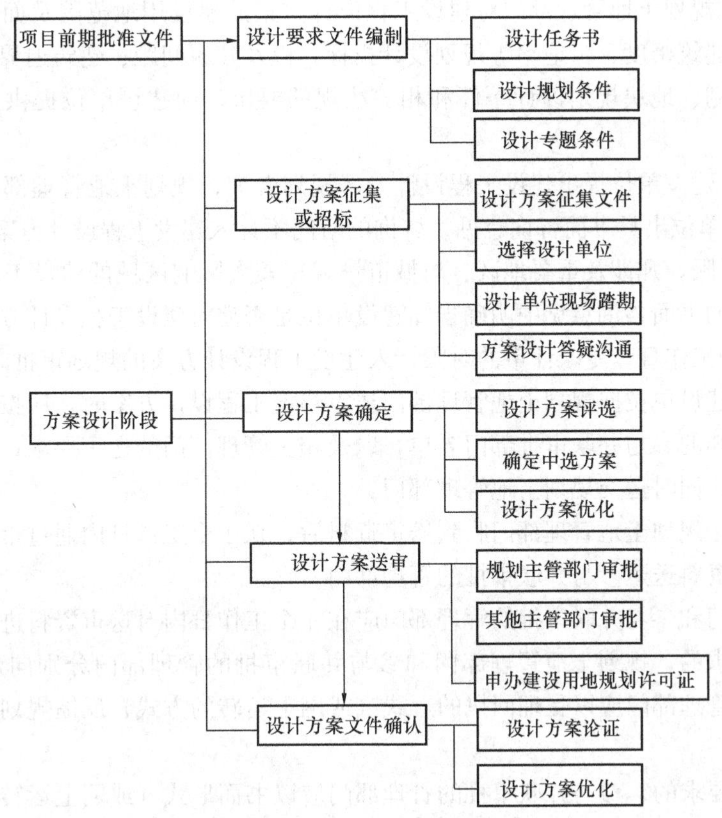

图 6-1 方案设计阶段的流程

4 设计方案的审批

在方案设计阶段，设计方案送审报批是业主获取建设用地规划许可证、建设工程规划许可证等的主要程序，也是规划部门及有关专业部门对建设项目管理的重要内容。因此，设计方案审批是方案设计阶段设计管理工作的重要内容。

以上海市建设工程设计方案规划审批改革实施办法为例。为推进建设工程行政审批管理改革，加强建设工程设计方案审批管理和服务，简化审批流程，提高审批效率，上海市出台了《上海市并联审批试行办法》和《上海市建设工程行政审批管理程序改革试行方案》，自 2010 年 4 月 1 日起施行。上海市建设工程设计方案规划审批改革结合规划管理要求，适用于本市行政区域内建设工程设计方案的规划审批管理。

(1) 管理部门。上海市规划和国土资源管理局（以下简称市规划土地管理部门）负责指导和监督本市建设工程设计方案的规划审批。市、区（县）规划土地管理部门按照规定权限负责本行政区域内建设工程设计方案的规划审批。

(2) 审批环节和编制要求。建设工程设计方案规划审批分为咨询、规划土地管理部门收件和分送、参与并联审批的管理部门受理、审理、规划土地管理部门对建设工程设计方案作出规划审批决定五个环节。

建设单位应按照建设部发布的《建筑工程设计文件编制深度规定》（2008 年版）中“方案设计”的要求，编制建筑设计方案。建设单位在建筑设计方案编制完成后，可以向规划土地管理部门进行报建咨询，规划土地管理部门应按规范服务要求提供指导意见，使建筑设计方案符合报送条件。

(3) 咨询服务的内容和时限。为提高设计成果质量，加强批前服务，建设单位在建筑设计方案编制完成后，可以向规划土地管理部门进行报建咨询，规划土地管理部门应按规范服务要求提供指导意见，使建筑设计方案符合报送条件。

1）咨询的内容：规划土地管理部门对建设工程设计方案的建设用地范围及面积、用地性质、建设工程性质、容积率、建筑密度、绿地率等规划设计指标，以及建筑间距、建筑退界、建筑日照、建筑高度等是否符合详细规划、地块规划设计条件和相关法规的要求，向建设单位提供指导，出具书面咨询意见。

2）咨询的时限：建设单位提出建设工程设计方案规划咨询，规划土地管理部门应登记收件后，在15个工作日内向建设单位出具书面咨询意见。咨询的时间不计入建设工程设计方案的规划审批时限。

3）专家评审的时限：凡涉及重要地区、对城市景观有较大影响区域的建设工程，规划土地管理部门应在咨询环节出具的书面咨询意见中明确告知建设单位是否需对建设工程设计方案组织专家评审。专家评审的时限为10个工作日，专家评审的时限计入建设工程设计方案的规划审批时限。

(4) 送审要求。建设单位向规划土地管理部门送审建设工程设计方案时，应按照土地出让合同或核定规划设计要求时告知的参与并联审批部门名单，以及相关管理部门的送审要求，分别填写申请表，并将送审资料分袋包装，同时送交规划土地管理部门。

(5) 分送和受理。规划土地管理部门收到送审资料后，在1个工作日内通过市政府公共审批平台运转申请表，并将送审资料送达参与并联审批的管理部门。

规划土地管理部门和参与并联审批的管理部门应在4个工作日内对送审资料进行收件预审。

送审资料符合要求的，规划土地管理部门和参与并联审批的管理部门分别向建设单位出具受理通知。参与并联审批的管理部门应以受理回执的形式（或网上运转的方式）反馈规划土地管理部门。到期未反馈的，视为受理。

送审资料不符合要求的，参与并联审批的管理部门应以书面形式（或网上运转的方式）向规划土地管理部门反馈补正材料通知，规划土地管理部门当日转送建设单位。

(6) 审理。

1）参与并联审批的管理部门应在受理后的10个工作日内，将并联审批格式意见表及各自专业审查意见书面一并反馈规划土地管理部门。

2）审理中的调整。参与并联审批的管理部门要求建设单位作局部调整后再予批准的，应在受理后10个工作日内书面反馈规划土地管理部门，规划土地管理部门当日转送建设单位。参与并联审批的管理部门在再次收到资料后，可相应延期10个工作日向规划土地管理部门反馈最终审批意见。

3）审理过程的中止。参与并联审批的管理部门明确要求建设单位对方案总平面设计布局作较大调整的，可以中止审批。中止审批应提供相关法规依据，明确方案调整意见。参与并联审批的管理部门提出中止审批，应在受理后10个工作日内书面反馈规划土地管理部门，规划土地管理部门当日转送建设单位。参与并联审批的管理部门应在中止情形结束后的5个工作日内将审查意见书面反馈规划土地管理部门。

(7) 方案公示。建设工程设计方案的规划公示，是指规划土地管理部门在批准建设工程设计方案前，将建设工程设计方案的相关内容向公众公开展示，听取公众意见的活动。按《上海市建设工程设计方案规划公示规定》（沪规土资法〔2010〕166号）的要求进行建设工程设计方案的规划公示。

1）公示的范围：本市范围内的新建、改建、扩建建设工程涉及以下情形之一的，应当按照本规定进行建设工程设计方案规划公示（涉及国家安全、保密等有特殊规定的除外）。

A 新建工程与现有居住建筑相邻的，对相邻居住环境可能产生影响的；

B 规划土地管理部门认为涉及公共利益需要公示的（涉及国家安全、保密等有特殊规定的除外）。

2）公示的专家评审。建设工程设计方案如需专家评审和设计方案规划公示，应先进行专家评审，再进行设计方案规划公示，规划土地管理部门应依据专家评审和设计方案规划公示情况作出对设计方案的审查意见。

3）公示的预公告。规划土地管理部门进行建设工程设计方案规划公示，应将建设工程设计方案公示的名称、公示地点、公示期限等相关信息提前3日在政府网站进行预公告。在政府网站上预公告信息应延至建设工程设计方案正式公示结束。

建设工程涉及以下情形之一的，除在政府网站进行预公告外，还应提前3日在主要报纸上预公告：

A 由政府组织实施的廉租房、经济适用房项目。

B 轨道交通车站。

C 市政公用设施。

D 公共服务设施。

E 建设工程位于历史文化风貌区的核心保护范围、建设控制范围内的，或者位于优秀历史建筑的保护范围、周边建设控制范围内的。

F 规划土地管理部门认为涉及公共利益需要在主要报纸上预公告的，在主要报纸上预公告至少一次，预公告的时间计入法定审批工作期限。规划土地管理部门应当在建设基地现场主要出入口一侧或周边醒目位置和政府网站上同时公示建设工程设计方案。

4）公示的内容。建设工程设计方案应当公示以下内容：

A 建设单位、建设工程的名称。

B 建设项目的地址、建设用地范围、用地面积、规划用地性质、建筑工程性质。

C 建筑面积、容积率、建筑密度、绿地率等规划设计指标。

D 各单体建筑的主要高度、层数，建筑物退界、与界外相邻建筑的间距。

E 居住区方案还应在总平面图上反映停车场（库）、绿化用地、交通出入口、公共厕所、垃圾房、泵房、变电房和调压站等公共建筑以及市政配套设施的布局。

F 建设工程设计方案现场公示的图纸（板）规格应不小于110cm×80cm，总平面图的比例应不小于1∶500。

G 建设工程设计方案的规划公示应当告知组织公示活动的单位名称、公示期限、反馈意见的截止期和途径等。

5）公示的时限规定。规划土地管理部门可以根据建设项目对地区或相邻环境的影响程度，确定建设工程设案规划公示的期限，但公示期限不得少于10日。

A 反馈意见的截止期不得少于公示后的7日。

B 对反馈意见的处理时限不超过7日。

C 公示的时间、反馈意见及其处理时间均不计入法定审批工作期限。

D 调整方案的公示时限：建设工程设计方案规划公示后进行修改的，应当按照本规定再行公示，公示时间不得少于5日；反馈意见的截止期不得少于公示后的7日。

6）审批决定。

A 规划土地管理部门汇总各参与并联审批的管理部门的审查意见，经参与并联审批的部门和本部门审查同意的，规划土地管理部门应当在15个工作日内（含专家评审的时限）作出审批决定，并同时附上各参与并联审批的部门的审查意见。

B 参与并联审批的部门审查意见不统一的，规划土地管理部门可在15个工作日内进行综合协调。综合协调时，可以邀请建设单位和审查不同意的相关管理部门一起参加，对建筑设计方案中分歧部分进行专题研究。

C 对建筑设计方案中的总平面布局无修改意见，但有关专业管理技术要求尚未达标的，相关管理部门应在向规划土地管理部门出具同意总平面布局的书面审批格式意见的同时，通过告知承诺的方式，在明确告知事项及要求后由建设单位承诺在下阶段审批中达标。

D　对建筑设计方案中的总平面布局不能达成一致意见的，审查不同意的相关管理部门依法作出不予批准决定。

6.3.3　初步设计阶段

1　初步设计的概念

初步设计是建筑工程设计的一个中间阶段。初步设计是根据项目设计的要求，在经政府相关部门确认的设计方案基础上，编制具体实施方案的设计文件的活动。

为了实现深入细化方案构想，初步设计要求结构、给水排水、暖通空调、强弱电等各专业工种都要加入，做出较详细的设计；并通过对工程项目所作出基本技术经济规定，编制项目概算。

有些大型复杂工程必要时可进行扩大的初步设计（简称扩初设计），扩初设计的内容和深度界于初步设计与施工图设计之间。

2　初步设计阶段的流程

初步设计阶段的流程如图6-2所示。

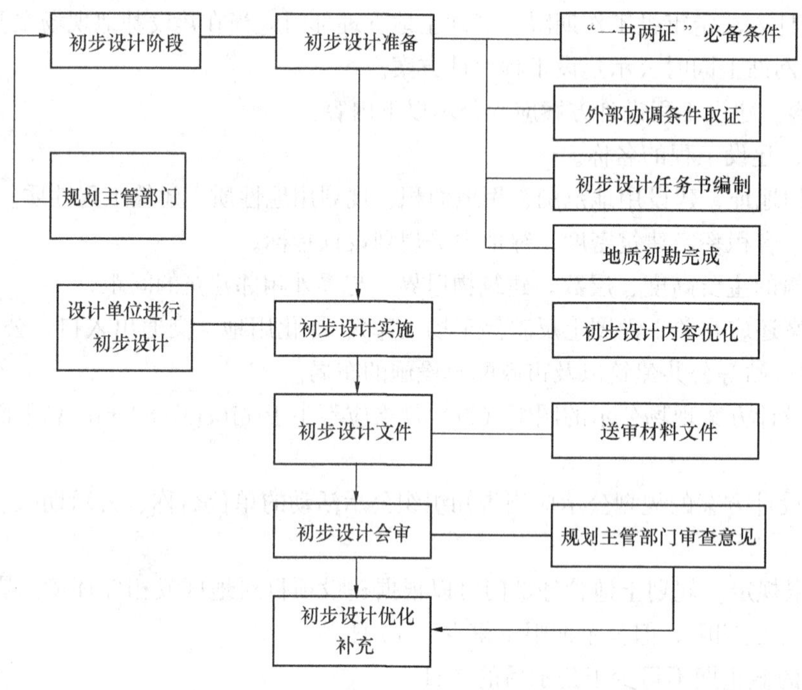

图6-2　初步设计流程图

3　初步设计审批

为了保证初步设计文件审查符合城乡规划要求，符合国家有关法规、技术标准、规范、规程及专项管理部门的管理规定，初步设计文件必须报经国家有关部门和地方建设等主管部门批准。

（1）审批范围。区域范围内新建、改建、扩建的工程建设项目。

（2）审批机关。工程建设项目的初步设计审批，实行分级管理。市级、区县建委和行业主管委办局是初步设计的审批机关。省级建委对市、区县、委办局的初步设计审查工作进行指导、监督和管理，对初步设计审批管理工作中的不规范行为有指正、否决权。

（3）审批权限划分。由国家发改委批准立项的大中型建设项目，其初步设计由省级建委和发改委委员会联合组织审查后，报国家发改委审批；由国家有关部、委、办或外省市批准在所属省投资建设的项目，由国家有关部、委、办或外省市会同所属省级建委、发改委、经委审批。

下列建设项目，其初步设计由省级建委组织市有关部门审批：1）由省级财政性资金（预算内资金、由政府担保的外国政府贷款、城建资金等）投资的市政公用基础设施项目及其他项目。2）由省级有关委办批准立项的工业、民用及其他建设项目。3）上级机关指定或有关单位委托省级建委审批的项目。

4）省级行业主管部门批准立项的建设项目，其初步设计由省级行业主管部门组织审，报省级建委、发改委、经委备案。5）由区、县批准立项的建设项目，其初步设计由区县建委（建设局）会同区（县）发改（经）委审批，并报省级建委及有关委办备案。

（4）审查内容。

1）设计是否符合国家及本省市有关技术标准、规范、规程、规定及综合管理部门的管理法规；

2）设计主要指标是否符合被批准的可行性研究报告或土地批租合同的内容要求；

3）总体布局是否合理及符合各项要求；

4）工艺设计是否成熟、可靠，选用设备是否先进、合理；

5）采用的新技术是否适用、可靠、先进；

6）建筑设计是否适用、安全、经济、美观，是否符合城乡规划和功能使用要求；

7）结构设计是否符合抗震要求，选型是否合理，基础处理是否安全、可靠、经济、合理；

8）市政、公用设施配套是否落实；

9）设计概算是否完整准确；

10）专业审查部门意见是否合理，相互之间是否协调。

（5）专业部门具体审查内容（见第10章）。

4　初步设计审批办法

以上海市对工程建设项目初步设计审批办法为例。

（1）送审条件。政府投资项目工程可行性研究报告经批准或非政府投资核准类项目的核准报告经批准，规划设计方案经批准、初步设计和概算编制完成。

（2）网上申请办法。

1）申请人填写相关信息，完成注册。系统将用户名和密码发送至用户注册填写的手机上。

2）申请人使用用户名和密码登录，进入申请窗口。

3）网上填写“对工程建设初步设计的审批申请表”，提交并获取网上申请编号。

4）打印上面填写完成的申请表，并携带办事指南中指明的其他材料，去指定受理点进行受理。

5）申请人上网查询申请事项办理情况，在办结完成后，拿回相关文书。

（3）窗口受理办法。

1）携带材料：项目初步设计报批申请（主要内容包括工程概况、所处阶段、申请要求，形式为正式公文要求）、可行性研究报告的批准文件或核准报告的批准文件、规划设计方案的批准文件、环境影响评价报告的批准文件、土地使用的证明文件、初步设计和概算、规划方案阶段其他相关部门的意见。

2）办理程序：A 网上申请（注册、填写审查表、提交）。B 审查受理：建设单位携带申报材料至管理部门窗口，管理部门对申报材料进行核对。管理部门确认符合办理条件，给予受理回执。C 过程查询：管理部门组织相关部门会审和相关技术及经济等专项评审，其中各专项评审时间不计入审批流程，流程会中止。

3）结果反馈：通过网上告知建设单位结果和领取批复文件（以上环节建设单位都可从网上查询，如已受理、正在办理、已办结、批复文件）。

4）办理时限：自受理之日起20个工作日。

5）回复文书：审批办理结束后，申请人可领取“上海市城乡建设和交通委员会关于××工程初步设计的批复”。

6）受理部门：上海市建筑建材业受理服务中心。

6.3.4 施工图设计阶段

1　施工图设计的概念

施工图设计完整地表现建筑物外形、内部空间分割、结构体系、构造状况以及建筑群的组成和周围环境的配合，具有详细的构造尺寸。它还包括各种运输、通信、管道系统、建筑设备的设计。在工艺方面，应具体确定各种设备的型号、规格及各种非标准设备的制造加工图。

2 进行施工图纸设计的条件。

（1）建设项目批准文件，包括业主已取得规划、建设和各专项主管部门对初步设计的审核批准书、批准的国民经济年度基本建设计划和规划主管部门核发的施工图设计条件通知书。

（2）初步设计审查时提出的重大问题和初步设计的遗留问题已经解决；施工图阶段勘察及地形测绘图已经完成。

（3）外部协作条件，征地补偿，水、电、气、热、电信、交通道路等市政公用配套的各种协议已经签订或基本落实。

（4）主要设备订货基本落实，设备总装图、基础图等资料已收集齐全，可满足施工图设计的要求。

3 施工图设计管理流程

施工图设计管理流程如图6-3所示。

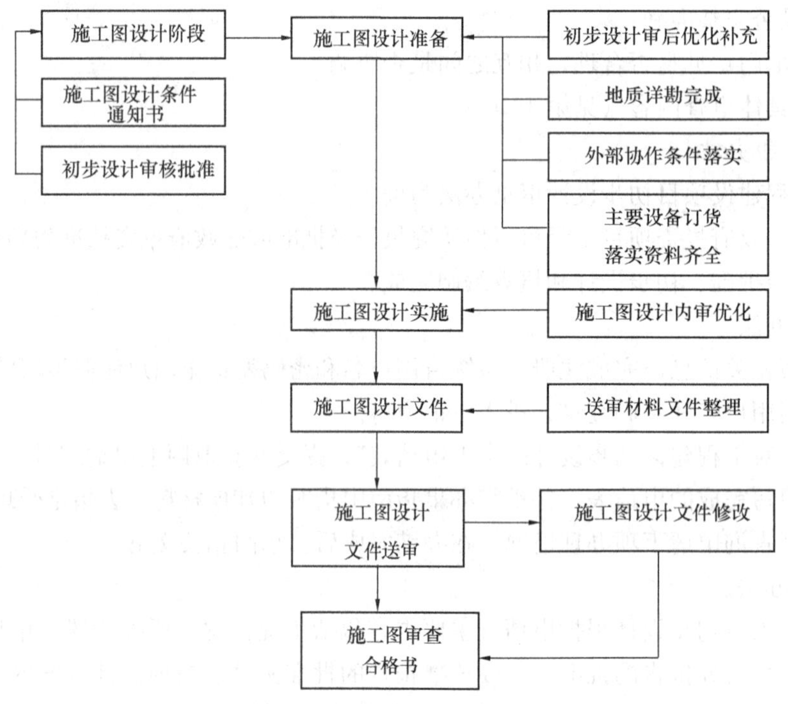

图6-3 施工图设计管理流程

4 施工图设计文件审查制度

（1）施工图设计文件审查制度的设立。根据行政法规《建设工程质量管理条例》，国家设立了施工图设计文件审查制度，把施工图审查作为工程建设管理一个必需的环节。建设部于2004年制定发布了《房屋建筑和市政基础设施工程施工图设计文件审查管理办法》，开始实施施工图审查制度。

（2）施工图审查。施工图审查是指为了加强对房屋建筑工程、市政基础设施工程施工图设计文件审查的管理，保护公共利益和公众安全。建设主管部门认定的施工图审查机构（以下简称审查机构）按照有关法律、法规，对施工图涉及公共利益、公众安全和工程建设强制性标准的内容进行的审查。

施工图设计文件审查制度是政府监管的一个有效手段。通过施工图审查，使得勘察设计单位和勘察设计人员贯彻工程建设强制性标准的自觉性逐步提高，有效地避免了安全隐患和质量事故的发生；促进了勘察设计技术质量水平和施工图质量的提高；约束了建设单位一些不规范的市场行为。

（3）施工图设计文件审查制度。施工图设计文件审查制度是指国务院建设行政主管部门和省、自治区、直辖市人民政府建设行政主管部门委托依法认定的设计审查机构，根据国家法律、法规、技术标准与规范，对施工图的结构安全和强制性标准、规范执行情况等进行的独立审查的制度。

(4) 施工图设计文件审查的性质。施工图审查是对施工图是否执行工程建设强制性标准和国家法律、法规进行的审查，属于复核性工作，它是政府监管勘察设计质量的重要手段，具有强制性；审查机构由建设主管部门认定，是不以营利为目的的独立法人。

(5) 施工图设计文件审查管理方式。施工图设计文件审查制度，明确了审查管理方式，取消了政府建设主管部门对施工图实施审查并对审查合格的施工图实施的批准，改为由建设主管部门认定的审查机构进行审查，审查后不需要再经过建设主管部门的批准，审查机构出具的审查合格书可作为政府颁发施工许可证的条件之一。

(6) 施工图设计文件审查机构。省、自治区、直辖市人民政府建设主管部门应当按照国家确定的审查机构条件，并结合本行政区域内的建设规模，认定相应数量的审查机构。审查机构是不以营利为目的的独立法人。

审查机构按承接业务范围分两类，一类机构承接房屋建筑、市政基础设施工程施工图审查，业务范围不受限制；二类机构可以承接二级及以下房屋建筑、市政基础设施工程的施工图审查。

(7) 建设单位施工图送审。建设单位应当将施工图送审查机构审查。建设单位可以自主选择审查机构，但是审查机构不得与所审查项目的建设单位、勘察设计企业有隶属关系或者其他利害关系。

1) 提供资料。建设单位应当向审查机构提供下列资料：A 作为勘察、设计依据的政府有关部门的批准文件及附件；B 全套施工图。

2) 审查内容。为保证公共利益和公众安全审及查原则的有效贯彻，审查机构应当对施工图审查下列内容：A 是否符合工程建设强制性标准；B 地基基础和主体结构的安全性；C 勘察设计企业和注册执业人员以及相关人员是否按规定在施工图上加盖相应的图章和签字；D 其他法律、法规、规章规定必须审查的内容。

3) 审查时限。施工图审查原则上不超过下列时限：一级以上建筑工程、大型市政工程为 15 个工作日，二级及以下建筑工程、中型及以下市政工程为 10 个工作日。工程勘察文件，甲级项目为 7 个工作日，乙级及以下项目为 5 个工作日。

4) 审后处理。审查机构对施工图进行审查后，应当根据下列情况分别作出处理：审查合格的，审查机构应当向建设单位出具审查合格书，并将经审查机构盖章的全套施工图交还建设单位。审查合格书应当有各专业的审查人员签字，经法定代表人签发，并加盖审查机构公章。审查机构应当在 5 个工作日内将审查情况报工程所在地县级以上地方人民政府建设主管部门备案。

施工图未经审查合格的，不得使用。审查不合格的，审查机构应当将施工图退建设单位并书面说明不合格原因。施工图退建设单位后，建设单位应当要求原勘察设计企业进行修改，并将修改后的施工图报原审查机构审查。

任何单位或者个人不得擅自修改审查合格的施工图。确需修改的，凡涉及《施工图审查管理办法》规定的审查机构对施工图审查内容的，建设单位应当将修改后的施工图送原审查机构审查。

按规定应当进行审查的施工图，未经审查合格的，建设主管部门不得颁发施工许可证。

5) 审查机构审查责任。审查机构对施工图审查工作负责，承担审查责任。

施工图经审查合格后，仍有违反法律、法规和工程建设强制性标准的问题，给建设单位造成损失的，审查机构依法承担相应的赔偿责任；建设主管部门对审查机构、审查机构的法定代表人和审查人员依法作出处理或者处罚。

审查机构应当建立、健全内部管理制度。施工图审查应当有经各专业审查人员签字的审查记录，审查记录、审查合格书等有关资料应当归档保存。

6) 政府建设主管部门监督检查。县级以上人民政府建设主管部门应当及时受理对施工图审查工作中违法、违规行为的检举、控告和投诉。县级以上人民政府建设主管部门应当加强对审查机构的监督检查，主要检查下列内容：A 是否符合规定的条件；B 是否超出认定的范围从事施工图审查；C 是否使用不符合条件的审查人员；D 是否按规定上报审查过程中发现的违法违规行为；E 是否按规定在审查合格书和施工图上签字盖章；F 施工图审查质量；G 审查人员的培训情况。建设主管部门实施监督检查时，有权要求被检查的审查机构提供有关施工图审查的文件和资料。

按规定应当进行审查的施工图，未经审查合格的，建设主管部门不得颁发施工许可证。

5　施工图设计文件审查管理实例

以上海市项目建设工程设计文件审查改革为例。

为推进落实上海市企业投资核准、备案项目建设工程行政审批管理改革方案，保证建设工程安全和质量，加强建设工程设计文件审查管理和服务，制定了《上海市企业投资核准、备案项目建设工程设计文件审查实施办法》，作为项目建设工程设计文件审查实施改革的主要文件。有关规定如下：

(1) 适用范围

1) 本市企业投资建设工程核准、备案类项目的设计文件审查。

2) 审批制项目建设工程行政审批管理流程中部分环节，有条件的，也可参照试行。

3) 涉及全市综合平衡、政府定价的基础设施和社会事业等领域的企业投资建设工程项目，按照有关规定执行。

(2) 管理部门

1) 市建设交通委是全市建设工程设计文件审查的行政管理部门，市建设工程设计文件审查管理事务中心（以下简称市审查中心）受市建设交通委委托，负责全市建设工程设计文件审查的监督管理工作。

2) 各区（县）建设交通委是本区（县）设计文件审查的行政管理部门，可以成立设计文件审查管理事务分中心，或者指定专门机构，按照市、区（县）项目分工，具体负责本区（县）设计文件审查的监督管理工作。

3) 市政府批准设立的机构以及国务院批准在上海设立的出口加工区管委会等特定地区管委会，依据相关法规、规章规定，由有关部门委托其负责管理所属区域内相关项目的设计文件审查工作。

(3) 项目分工。市建设交通委负责以下建设项目设计文件审查：

1) 投资立项属于市级管理部门备案、核准权限的项目。

2) 规划设计方案属于市级管理部门审批权限的项目。

3) 按照有关规定，工程安全质量需要重点监管的特殊建设项目，包括：A 超高（高度超过 100m）和单跨跨度超过 60m 的建设项目。B 单位工程建筑面积超过 $20000m^2$（含 $20000m^2$）的建设项目。C 轨道交通保护区内的建设项目。D 其他特殊建设项目。

4) 涉及文物、古树名木、危险化学品等专业的特殊建设项目，依照相关法律法规规定执行。

上述项目以外的建设项目由各区（县）和特定地区管委会按照法定的职责分工负责管理。上述项目管理分工，可根据事权下放改革进程进行调整。

(4) 审查程序。

1) 咨询。为确保设计文件编制质量，加强前期服务，根据设计方案审批中提出要在本阶段落实意见的，建设单位可以在施工图设计文件编制前，向符合资质条件的专业咨询机构提出专业技术咨询。也可直接向市审查中心或区（县）相应机构（以下统称审查部门）提出设计文件审查申请。

2) 申报。项目符合受理范围要求且已通过规划土地管理部门设计方案审批，建设单位向审查部门提交设计文件审查申请，并附送有关资料。

3) 建设单位送审资料：A 设计文件送审申请表。申请表应说明项目概况（工程地点、内容、规模、总投资、建安费等）、建设单位、设计单位、项目所处阶段、项目分期建设及设计文件分期送审要求、需要特别说明的问题，并列出送审文件清单。B 前期审批文件和相关部门本阶段需要审查的材料。

送审材料包括：项目报建文件、土地出让合同、规划设计方案的批准文件、项目核准或备案文件、环境影响评价的批准文件，以及其他相关管理部门要求送审的材料。C 项目设计文件。项目设计文件包括总体设计文件和施工图设计文件两类文件。a 总体设计文件——总体设计文件根据市建设交通委发布的《上海市建设工程总体设计文件编制深度规定》编制，其他相关部门有特殊规定的，从其规定。总体设计文件原则上应对应总用地面积一次送审。b 施工图设计文件——施工图设计文件编制深度按照住房城乡建设部《建筑工程设计文件编制深度规定》（2008 年版）相关要求执行。施工图可以按桩基、地下、地上部分等分批送审，并在申请表中说明；民防、气象、交通（轨道交通保护区作业方案审查）专业按相关部门规定提交对口施工图设计文件。D 按照规定已经完成的专项审查、专项技术评审等评估报告。a 含超限高层建筑的项目，应提供超限建筑抗震专项审查意见。b 基坑深度超过 7 米的，或深度未及 7 米但地质条件和周围环境较复杂及工程影响重大的，或内环线以内开挖深度超过 5 米的，应提供基坑设计、施工安全性评估报告的审查意见。c 高度超过 100 米或地下超过 3 层（含 3 层）或单位建筑面积超过 50000m^2 的项目，应提供技术评审报告。d 需要进行交通影响分析的大型建设项目，应提供专项评估论证意见。e 超出玻璃幕墙使用范围的建设项目，应提供玻璃幕墙设计的评估报告和审查意见。上述按照国家或本市规定进行专项审查和技术评审的建设项目，建设单位应委托具备相应资质的咨询机构完成咨询、评估报告。E 法律法规规定的其他相关文件。

4）确定审图公司。根据《上海建设工程施工图设计文件审图公司抽取选定管理暂行规定》，建设单位应在规定网站发布施工图设计文件审查业务信息，并于设计文件审查申报当日，在电子信息平台上从符合条件的审图公司中随机抽取两家，从中再选定一家审图公司承担本项目施工图设计文件审查工作。审图公司确定后，建设单位与审图公司签订施工图设计文件审查合同，并将合同向审查部门备案。

5）受理（5 个工作日）。建设单位将相关管理部门征询及施工图设计文件审查材料分袋包装，审查部门一门式受理建设单位的送审资料。

审查部门收件后，在 1 个工作日内向相关部门发出受理联系单及相关资料，相关部门在 3 个工作日内出具同意受理或补正材料意见。

对需要补正材料的，审查部门应一次告知建设单位补正材料。以上工作完成后，审查部门在 1 个工作日内向建设单位出具受理通知单，并通知所确定的审图公司。

6）设计文件审查（20 个工作日）。

A 征询（10 个工作日）：审查部门根据《上海市建设工程总体设计文件编制深度规定》，组织投资、规划国土、卫生、交通、交警、消防、抗震、水务、民防、绿化市容、气象等相关管理部门在 10 个工作日内完成总体设计文件征询。相关管理部门在前 7 个工作日内，将征询意见反馈审查部门，需要时可由审查部门召开相关征询协调会。审查部门在 3 个工作日内对相关部门反馈的意见进行协调和汇总，并通知审图公司，在施工图设计文件审查中落实。如征询不通过，审查部门通知建设单位和审图公司终止审查；经过整改后重新申请设计文件审查，审查时限重新计算，初次申请已提交的有效材料不需要重复提交。

B 施工图设计文件审查（20 个工作日）：施工图设计文件审查与征询工作同步进行。审图公司、民防、气象、交通（轨道交通保护区作业方案审查）部门接到审查部门审图通知和转送的施工图设计文件后，根据有关规定和相关部门征询意见，对施工图设计文件进行审查，在 20 个工作日内完成。审图公司完成施工图审查后，审查通过，向建设单位出具通过施工图审查合格书，并向审查部门备案；审查未通过，则向建设单位出具不通过施工图审查的意见，并报审查部门，同时终止审查。施工图审查未通过被终止审查的，整改完成后建设单位向原审图公司提交整改资料进行审查，审查时限重新计算。

7）备案管理。建设管理部门应加强施工图审查工作的监管。建设管理部门应进行施工图备案管理，在 5 个工作日内出具备案意见。

8）复审。施工图审查未通过，建设单位如对审查结果有疑义可向审查部门提交复审申请。审查部门会同有关部门组织相关专家完成复审。最终施工图审查意见需与复审意见一致。

(5) 领取相关批准文件和办理相关手续。施工图审查备案通过后，建设单位向规划土地管理部门办理建设工程规划许可证手续，向建设管理部门办理施工和监理招投标备案、建设工程安全质量监督申报、使用墙体材料核定和施工许可等手续。

(6) 其他。取得项目设计文件审查备案意见和审图合格书后，建设项目设计文件有重大变更的，建设单位应按照规定及时提出设计文件变更审查申请，由原设计文件审查机构完成变更审查。

(7) 网上施工图审查程序如图6-4所示。

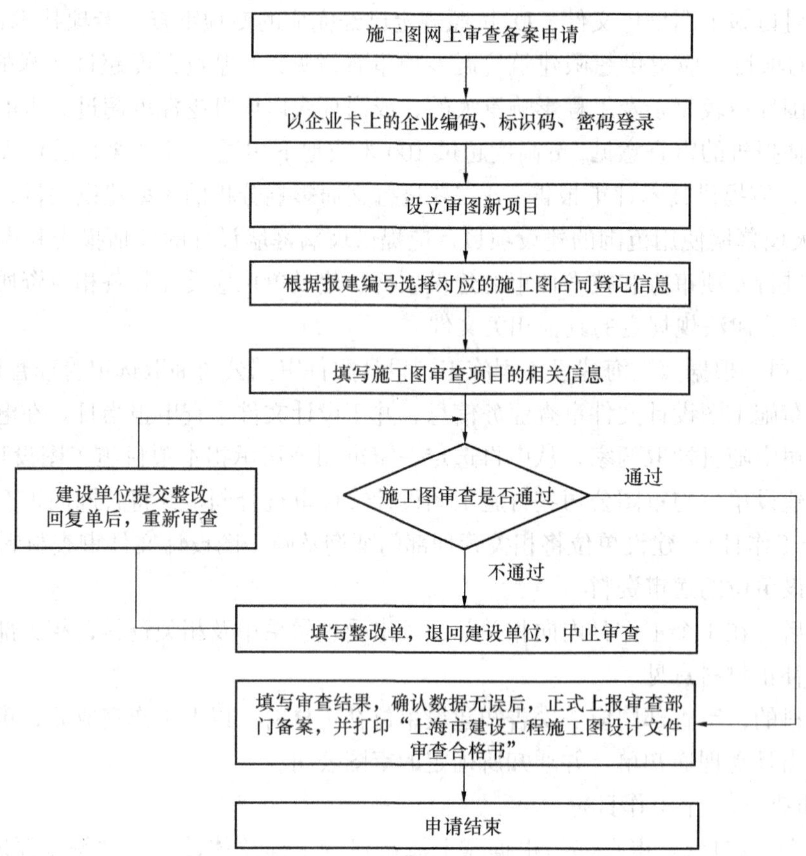

图6-4　网上施工图审查程序

第7章　项目设计质量控制

“质量”总是和“第一”相伴，建筑工程项目这一特殊产品比一般产品更具有独特的质量内涵。建筑工程项目质量是在项目质量管理活动体系的运行中形成的，项目设计过程则是项目质量形成的关键。

项目设计的质量包括设计实体质量特性和设计技术管理质量。设计质量管理重在对设计全过程的设计质量有效控制，提供符合国家法律法规、建设方针、设计原则、技术标准及设计合同规定的，满足业主设计要求的设计成果和项目建设全过程的设计技术服务。

质量为体，控制为用。项目设计质量控制作为设计管理的重要组成部分，致力于满足项目设计质量要求，是实现设计的质量目标的保障。在项目设计管理中，相关参与主体都依法承担设计质量责任。设计质量控制，对于建设单位及项目管理企业而言，主要是对设计方的设计服务活动及其编制的设计文件的控制，对于设计单位、工程总承包单位（EPC）而言，主要是其内部控制。对于项目设计质量，设计责任主体都需要踏实践行，持之以恒，不可须臾动摇。

7.1　项目质量管理概述

1　质量的概念

现行国家标准GB/T 19000—2008对质量的定义是：“一组固有特性满足要求的程度”。该定义可理解为：

(1) 质量不仅是指产品的质量，也可以是某项活动或过程工作质量，还可以是质量管理活动体系运行的质量。

(2) 质量特性是固有的特性，并通过产品、过程或体系设计和开发及其后的实现过程形成的属性。固有的意思是在某事或某物中本来就有的，尤其是那种永久的特性（包括定性或定量的）。质量的关注点是一组固有性，而不是赋予的需要特性。

(3) 质量是满足要求的程度，要求是指明示的、隐含的或必须行的需要和期望；质量要求是动态的、发展的和相对的。

从基本特性而言，明示的一般是指在合同环境中，用户明确提出的需要或要求，通常是通过规范、标准、技术文件、图纸所作出的明确规定；隐含需要则应加以识别和确定，指用户的期望和人们公认的、不言而喻的、不必作出规定的“需要”；必须履行的通常是指法律、法规、政府许可、行业规则、技术规程等的规范性要求。如住宅的居住功能是基本需要，而安全、舒适、方便和美观等属于必然的“隐含需要”；住宅建设标准、设计规范、质量保证等则是“必须履行”的。

(4) 质量要求是动态的、发展的和相对的。质量要求随着时间、地点、环境的变化而变化。如随着经济的发展、技术的进步，消费水平的提高，对产品的质量要求也不断提高。因此应定期评定质量要求、修订规范标准，不断开发产品，以满足已变化的质量要求。

另外，不同国家不同地区因自然环境条件不同、消费水平不同和民俗习惯等的不同会对产品提出不同的要求，产品有这种环境的适应性，对不同地区应提供不同性能的产品，以满足该地区用户的明示或隐含的要求。

2　项目质量的含义

(1) 项目质量的概念

建设项目从本质上说是一项拟建或在建的产品，它和一般产品具有同样的质量内涵，即一组固有特性满足需要的程度。因此，项目质量是指建设工程产品适合于某种规定的用途，满足人们要求所具有的质量特性的程度。

项目质量包括建设工程产品实体和服务这两类特殊产品的质量，这便是项目质量的基本特性。因此，服务质量同样是工程项目质量中的主要因素。

项目实体质量主要是指项目在满足业主需要的，符合国家法律法规、技术标准、合同规定及设计文件等的特性综合。它通常体现在项目的功能适用性、安全可靠性、经济合理性、环境协调性、资源节约性、文化艺术性以及环保、防灾、卫生等方面。

(2) 项目质量的形成

建设工程项目质量是按照建设项目建设程序，经过建设项目可行性研究、项目决策、工程设计、工程施工、工程验收等各个阶段而逐步形成的。以建设工程项目为例，建设工程项目质量包括建设要求、有关技术规范和标准等方面，其中还包含工序质量、分项工程质量、分部工程质量和单位工程质量。体现在设计、设备、材料、土建施工和设备安装及其他等多个环节。

(3) 项目质量影响因素

建设工程项目质量具有影响因素多、质量波动大、质量隐蔽性等特点。常见的质量影响因素如下：

1）人的因素。人的因素对建设工程项目质量形成的影响，包括两个方面的含义：一是指直接承担建设工程项目质量职能的决策者、管理者和作业者个人的质量意识及质量活动能力；二是指承担建设工程项目策划、决策或实施的建设单位、勘察设计单位、项目管理（工程咨询）服务机构、工程承包企业等实组织。从某种意义上讲，人的因素是一种根本性的影响因素。

2）管理因素。影响建设工程项目质量的管理因素，主要是决策因素和组织因素。其中，决策因素首先是业主方的建设工程项目决策，其次是建设工程项目实施过程中，实施主体的各项技术决策和管理决策。组织因素包括建设工程项目实施的管理组织和任务组织。

3）技术因素。影响建设工程项目质量的技术因素涉及的内容十分广泛，包括直接的工程技术和辅助的生产技术，前者如工程勘察技术、设计技术、施工技术、材料技术等。对于一个具体的建设工程项目，要通过技术的组织与管理，优化技术方案，发挥技术因素对建设工程项目质量的保证作用。

4）社会因素。影响建设工程项目质量的社会因素表现在：建设法律、法规的健全程度及其执法力度；建设工程项目法人或业主的理性化以及建设工程经营者的经营理念；建筑市场包括建设工程交易市场和建筑生产要素市场的发育程度及交易行为的规范程度；政府的工程质量监督及行业管理成熟度；建设项目管理（工程咨询）服务业的发展及其服务水准的提高；廉政建设及行风建设的状况等。

5）环境因素。在建设工程项目的建设过程中，会受到经济、政治、社会、技术以及自然、作业、管理条件等多方面因素的影响，这些都是建设项目可行性研究、分析决策、风险识别与管理必须考虑的环境因素。对这些环境条件的认识与把握，是保证建设工程项目质量的重要工作环节。

3 项目质量管理的概念

国家标准 GB/T 19000—2008 对质量管理的定义是：“指在质量方面指挥和控制组织的协调的活动”。这些相互协调的活动通常包括制定质量方针和质量目标以及质量策划、质量控制、质量保证和质量改进。

对建筑工程项目而言，项目质量管理是指为满足项目建筑工程产品的质量要求，而开展的策划、组织、计划、实施、检查和监督、审核等所有管理活动的总和。

项目质量管理的要素有以下三个：

(1) 质量方针。质量方针是指由组织最高管理者正式发布的关于质量方面的全部意图和方向。通常质量方针与组织的总方针相一致并为制定质量目标提供框架；提出的质量管理原则可以作为制定质量方针的基础。

(2) 质量目标。质量目标是指在质量方面所追求的目的。质量目标通常依据组织的质量方针制定，对组织的相关职能和层次分别规定质量目标。质量目标必须明确、尽量用定量化的语言进行描述，保证质量目标容易被沟通和理解。

(3) 质量策划、质量控制、质量保证、质量改进。它们都是质量管理的组成部分。都是以实现其质量目标为目，但致力所指各有不同。项目质量管理的质量计划、质量保证、质量控制和质量改进等管理要素贯穿项目始终，是满足承诺的项目质量要求的保证，直接影响到项目的成败。

4 项目质量管理过程

项目质量管理过程主要包括：进行质量策划，确定质量目标，编制质量计划；实施质量计划、质量控制、质量保证、质量改进，满足质量要求；总结项目质量管理工作。

(1) 质量策划。质量策划是在质量方面进行规划的活动。质量策划致力于设定质量目标并规定必要的作业过程和相关资源，以实现质量目标。

(2) 质量计划。对建设项目而言，项目质量计划是对于项目所规定的质量管理体系的过程和资源文件。项目质量计划的含义包括：

编制质量计划可以是质量策划的一部分。质量计划作为一种工具，在组织内部，通过建设项目的质量计划，使项目的质量要求能通过有效的措施得以满足，是质量管理的依据；在项目合同情况下，承建方可向发包方证明其如何满足合同的特定质量要求，并作为用户实施质量监督的依据。项目质量计划可以单独编制，也可以作为建设项目其他文件（如项目实施计划、设计实施计划等）的组成部分。

(3) 质量保证。质量保证致力于提供质量要求会得到满足的信任。质量保证措施是实现这种信任的手段，这种相关质量信任的活动贯穿项目的始终。

项目质量保证应建立项目质量保证体系。项目质量保证体系必须有明确的质量目标，并符合项目总目标的要求。以工程合同为基本依据，逐级分解目标以形成在合同环境下的项目质量保证体系的各级质量目标。项目质量目标的分解主要从时间和空间角度展开，实施全过程的控制，实现全方位和全员的质量目标管理。项目组织应定期评估项目整体绩效，以确信项目可以满足相关的质量标准。

(4) 质量控制。质量控制致力于满足质量要求。项目质量控制是在明确的项目质量目标和具体的条件下，通过行动方案和资源配置的计划、实施、检查和监督，进行质量目标的事前预控、事中控制和事后纠偏控制，实现预期质量目标的系统过程。

1) 项目质量控制主要管理工作为监控特定的项目结果，确定它们是否遵循相关质量标准，并找出消除不满意绩效的途径，是贯穿项目始终的活动。

2) 质量控制是一个动态的过程，应根据实际情况的变化，采取适当的措施。

3) 质量控制应注意有关过程的接口，例如项目前期立项决策与设计的接口、设计与施工的接口及总承包与分包的接口等。

4) 质量控制必须建立在真实可靠的数据基础上，包括采用适当的统计技术。

(5) 质量改进。质量改进致力于增强满足质量要求的能力。项目质量改进是在项目质量总目标不变的前提下，根据项目质量计划和实际情况进行分析，及时调整、适当改进项目的质量目标体系，并制定相应的技术保证措施，增强满足质量要求的能力。

项目组织可采取质量方针、目标、审核结果、数据分析、纠正预防措施以及管理评审等持续改进质量管理的有效性。项目经理部是质量控制的主要实施者。

5 项目质量管理体系概述

(1) 质量管理体系的定义

"体系"的含义是：若干有关事物互相联系、互相制约而构成的有机整体。国家标准 GB/T 19000—2008 对质量管理体系的定义："在质量方面指挥和控制组织的管理体系"。质量管理体系是实施质量方针和目标的管理系统，其内容要以满足质量目标的需要为准，各个组成部分是相互关联的，强调系统性和协调性。质量管理体系把影响质量的技术、管理、人员和资源等因素加以组合，在质量方针的指引下，为达到质量目标而发挥效能。

(2) 质量管理必须建立相应的管理体系

质量管理体系是组织的管理体系的一部分。为了实现质量管理的方针目标，有效地开展各项质量管理活动，必须建立相应的管理体系，即质量管理体系。

质量管理体系致力于实现组织的质量目标。一个组织的其他管理体系可以与质量管理体系整合成一个使用通用要素的综合管理体系。现行 GB/T 19000 族国家标准在编制时已与其他管理体系作了协调，为组织综合管理体系的建立提供了方便。这将有利于策划、资源配置、确定互补的目标以及评价组织的整体有效性。

建立、完善质量体系一般要经历质量体系的策划与设计，质量体系文件的编制、质量体系的试运行，质量体系审核和评审四个阶段。现行 GB/T 19000 族国家标准（2008 版）可帮助各种类型和规模的组织建立并运行有效的质量管理体系。

(3) 质量管理体系管理原则

1) 坚持"质量第一，用户至上"的方针；2) 坚持以人为控制核心；3) 坚持以预防为主；4) 坚持和提升质量标准；5) 持续的过程控制。

6 项目质量管理的主要内容

(1) 识别相关过程，确定管理及控制对象，例如工程设计、设备材料采购、施工安装、竣工验收等过程。

(2) 规定管理及控制标准，即详细说明控制对象应达到的质量要求。

(3) 确定具体的管理及控制方法，例如控制程序、管理规定、作业指导等。

(4) 提供相应的资源。

(5) 明确所采用的检查和检验方法。

(6) 按照规定的检查和检验方法进行实际检查和检验。

(7) 分析检查结果和实测数据，对照标准查找原因，采取措施实施改进。

7 工程质量责任体系

建设工程质量管理最基本的原则和方法就是建立健全质量责任制。法规《建设工程质量管理条例》建立了工程质量责任体系，明确了有关建设工程质量的责任主体及其相应的质量责任和义务。在工程项目建设中，参与工程建设的各方，应根据《条例》以及合同、协议及有关文件的规定承担相应的质量责任。

(1) 建设单位的质量责任和义务

建设单位作为建设工程的投资人，是建设工程的重要责任主体。建设单位有权选择承包单位，有权对建设过程检查、控制，对工程进行验收，支付工程款和费用，在工程建设各个环节负责综合管理工作，在整个建设活动中居于主导地位。因此，要确保建设工程的质量，首先就要对建设单位的行为进行规范，对其质量责任予以明确。

1) 建设单位应当将工程发包给具有相应资质等级的单位。建设单位不得将建设工程肢解发包。

2) 建设单位应当依法对工程建设项目的勘察、设计、施工、监理以及与工程建设有关的重要设备、材料等的采购进行招标。

3) 建设单位必须向有关的勘察、设计、施工、工程监理等单位提供与建设工程有关的原始资料，原始资料必须真实、准确、齐全。

4）建设工程发包单位不得迫使承包方以低于成本的价格竞标，不得任意压缩合理工期；建设单位不得明示或者暗示设计单位或者施工单位违反工程建设强制性标准，降低建设工程质量。

5）建设单位应当将施工图设计文件报县级以上人民政府建设行政主管部门或者其他有关部门审查。施工图设计文件审查的具体办法，由国务院建设行政主管部门会同国务院其他有关部门制定。施工图设计文件未经审查批准的，不得使用。

6）实行监理的建设工程，建设单位应当委托具有相应资质等级的工程监理单位进行监理，也可以委托具有工程监理相应资质等级并与被监理工程的施工承包单位没有隶属关系或者其他利害关系的该工程的设计单位进行监理。

7）建设单位在领取施工许可证或者开工报告前，应当按照国家有关规定办理工程质量监督手续。

8）按照合同约定，由建设单位采购建筑材料、建筑构配件和设备的，建设单位应当保证建筑材料、建筑构配件和设备符合设计文件和合同要求。建设单位不得明示或者暗示施工单位使用不合格的建筑材料、建筑构配件和设备。

9）涉及建筑主体和承重结构变动的装修工程，建设单位应当在施工前委托原设计单位或者具有相应资质等级的设计单位提出设计方案；没有设计方案的，不得施工。房屋建筑使用者在装修过程中，不得擅自变动房屋建筑主体和承重结构。

10）建设单位收到建设工程竣工报告后，应当组织设计、施工、工程监理等有关单位进行竣工验收。

11）建设单位应当严格按照国家有关档案管理的规定，及时收集、整理建设项目各环节的文件资料，建立、健全建设项目档案，并在建设工程竣工验收后，及时向建设行政主管部门或者其他有关部门移交建设项目档案。

(2) 勘察、设计单位的质量责任和义务

勘察、设计单位和执业注册人员是勘察设计质量的责任主体，承担勘察设计质量的法律责任和经济责任。

1）从事建设工程勘察、设计的单位应当依法取得相应等级的资质证书，并在其资质等级许可的范围内承揽工程。禁止勘察、设计单位超越其资质等级许可的范围或者以其他勘察、设计单位的名义承揽工程。禁止勘察、设计单位允许其他单位或者个人以本单位的名义承揽工程。勘察、设计单位不得转包或者违法分包所承揽的工程。

2）勘察、设计单位必须按照工程建设强制性标准进行勘察、没计，并对其勘察、设计的质量负责。注册建筑师、注册结构工程师等注册执业人员应当在设计文件上签字，对设计文件负责。

3）勘察单位提供的地质、测量、水文等勘察成果必须真实、准确。

4）设计单位应当根据勘察成果文件进行建设工程设计。设计文件应当符合国家规定的设计深度要求，注明工程合理使用年限。

5）设计单位在设计文件中选用的建筑材料、建筑构配件和设备，应当注明规格、型号、性能等技术指标，其质量要求必须符合国家规定的标准。除有特殊要求的建筑材料、专用设备、工艺生产线等外，设计单位不得指定生产厂、供应商。

6）设计单位应当就审查合格的施工图设计文件向施工单位作出详细说明。

7）设计单位应当参与建设工程质量事故分析，并对因设计造成的质量事故，提出相应的技术处理方案。

(3) 施工单位的质量责任和义务

1）施工单位应当依法取得相应等级的资质证书，并在其资质等级许可的范围内承揽工程。禁止施工单位超越本单位资质等级许可的业务范围或者以其他施工单位的名义承揽工程。禁止施工单位允许其他单位或者个人以本单位的名义承揽工程。施工单位不得转包或者违法分包工程。

2）施工单位对建设工程的施工质量负责。施工单位应当建立质量责任制，确定工程项目的项目经理、技术负责人和施工管理负责人。建设工程实行总承包的，总承包单位应当对全部建设工程质量负责；建设工程勘察、设计、施工、设备采购的一项或者多项实行总承包的，总承包单位应当对其承包的建设工程或者采购的设备的质量负责。

3）总承包单位依法将建设工程分包给其他单位的，分包单位应当按照分包合同的约定对其分包工程的质量向总承包单位负责，总承包单位与分包单位对分包工程的质量承担连带责任。

4）施工单位必须按照工程设计图纸和施工技术标准施工，不得擅自修改工程设计，不得偷工减料；施工单位在施工过程中发现设计文件和图纸有差错的，应当及时提出意见和建议。

5）施工单位必须按照工程设计要求、施工技术标准和合同约定，对建筑材料、建筑构配件、设备和商品混凝土进行检验，检验应当有书面记录和专人签字；未经检验或者检验不合格的，不得使用。

6）施工单位必须建立、健全施工质量的检验制度，严格工序管理，作好隐蔽工程的质量检查和记录。隐蔽工程在隐蔽前，施工单位应当通知建设单位和建设工程质量监督机构。

7）施工人员对涉及结构安全的试块、试件以及有关材料，应当在建设单位或者工程监理单位监督下现场取样，并送具有相应资质等级的质量检测单位进行检测。

8）施工单位对施工中出现质量问题的建设工程或者竣工验收不合格的建设工程，应当负责返修。

9）施工单位应当建立、健全教育培训制度，加强对职工的教育培训；未经教育培训或者考核不合格的人员，不得上岗作业。

（4）工程监理单位的质量责任和义务

1）工程监理单位应当依法取得相应等级的资质证书，并在其资质等级许可的范围内承担工程监理业务。禁止工程监理单位超越本单位资质等级许可的范围或者以其他工程监理单位的名义承担工程监理业务；禁止工程监理单位允许其他单位或者个人以本单位的名义承担工程监理业务；工程监理单位不得转让工程监理业务。

2）工程监理单位与被监理工程的施工承包单位以及建筑材料、建筑构配件和设备供应单位有隶属关系或者其他利害关系的，不得承担该项建设工程的监理业务。

3）工程监理单位应当依照法律、法规以及有关技术标准、设计文件和建设工程承包合同，代表建设单位对施工质量实施监理，并对施工质量承担监理责任。

4）工程监理单位应当选派具备相应资格的总监理工程师和监理工程师进驻施工现场。未经监理工程师签字，建筑材料、建筑构配件和设备不得在工程上使用或者安装，施工单位不得进行下一道工序的施工；未经总监理工程师签字，建设单位不拨付工程款，不进行竣工验收。

5）监理工程师应当按照工程监理规范的要求，采取旁站、巡视和平行检验等形式，对建设工程实施监理。

8　工程质量管理制度

国务院建设行政主管部门建立的建设工程质量管理制度主要有：

（1）施工图设计文件审查制度（详见第6章）

（2）工程质量监督管理制度

工程质量监督管理的主体是各级政府建设行政管理部门和其他有关部门。工程质量监督管理由建设行政主管部门或其他有关部门委托的工程质量监督机构具体实施。其主要监督管理职能如下：

1）建立和完善工程质量管理法规和工程技术规范标准。工程质量管理法律法规包括《建筑法》、《招标投标法》、《建筑工程质量管理条例》等；工程技术规范标准包括工程设计规范、建筑工程施工质量验收统一标准、工程施工质量验收规范等工程技术标准强制性条文。

2）建立和落实工程质量责任制。工程质量责任制包括工程质量行政部门的责任制、项目法定代表人的责任制、项目经理责任制、参建单位法定代表人的责任制和工程质量终身负责制等。

3）建设活动主体资格的管理。国家对从事建设活动的单位实行严格的从业许可证制度，对从事建设活动的专业技术员实行严格的执业资格制度。建设行政主管部门及有关专业部门按各自分工，负责各类资质标准的审查、从业单位的资质等级的最后认定、专业技术人员资格等级的核查和注册，并对资质等级和从业范围等实施动态管理。

4）工程承发包管理。工程承发包管理包括规定工程招投标承发包的范围、类型、条件，对招投标承发包活动的依法监督和工程合同管理。

5）工程建设程序控制。工程建设程序控制包括：建设项目立项决策审批、规划审批、工程勘察文件审查、设计方案审查、施工图设计文件审查、工程施工许可、工程材料和设备准用、工程质量监督、施工验收备案等管理。

6）设立建设工程质量监督机构。工程质量监督机构（工程质量监督站）是经省级以上建设行政主管部门或有关专业部门考核认定，具有独法人资格的单位，它受县级以上地方人民政府建设行政主管部门或有关专业部门的委托，依法对工程质量进行强制性监督，并对委托部门负责。

（3）工程质量检测制度

工程质量检测制度是指法定的工程质量检测机构对建设工程、建筑构件、制品及现场所用的有关建筑材料、设备质量进行检测，出具的检测报告的制度。

工程质量检测是对工程质量进行监督管理的重要手段之一。工程质量检测机构在建设行政主管部门和标准化管理部门指导下开展检测工作，其出具的检测报告具有法律效力，在国内为最终裁定，在国外具有代表国的性质。

7.2 项目设计质量控制

7.2.1 项目设计质量控制的基本要素

1 项目设计质量控制的目的

设计质量控制的目的是为了使项目设计过程及其成果的固有特性达到规定的要求，即提供满足业主需要的，符合国家法律法规、建设方针、设计原则、技术标准及设计合同约定的设计成果和服务，实现设计的质量目标。

项目的质量目标与水平，是通过设计使其具体化的。设计质量的优劣，直接影响项目的功能、使用价值和综合效益。设计质量控制，是项目质量的决定性环节，也是顺利实现项目建设“三大目标”重要组成部分。

2 设计质量控制的内容和过程环节

（1）设计质量控制的内容。设计质量控制的内容是指为达到项目设计质量要求所采取的专业技术和管理技术两个方面的作业活动。即在明确的、一定的条件下，通过计划、实施、检查和监督，进行项目设计质量目标的动态控制，从而达到项目业主的设计质量要求和设计依据文件规定的质量标准，进而实现预期质量目标的一系列专业化技术管理活动。

（2）设计质量控制的过程环节。设计质量控制贯穿于项目建筑产品形成和质量体系运行的全过程。设计质量控制每一过程都有设计输入、转换和输出等三个环节，通过对每一个过程三个环节实施动态的有效控制，使形成设计质量的各个过程处于受控状态，持续提供符合规定设计要求的设计成果和服务。

3 设计质量控制目标

（1）设计质量目标概念

设计质量目标在建设项目中表现形式为项目设计过程及其成果的固有特性达到规定的要求，即提供符合下列要求的各阶段设计文件成果和服务：

1）设计应首先满足业主所需的功能和使用价值，符合业主投资的意图。

2）符合国家法律法规、建设方针、设计原则、技术标准以及项目设计合同规定的设计要求。

3）能作为施工等后续建设阶段实施的依据和满足项目参与方在合同、技术、经济等多方面的需求。

（2）设计质量目标的特性

1）项目设计质量目标的特性通常体现在功能适用性、安全可靠性、经济合理性、资源节约性、文化艺术性和环境协调与保护性等方面。

2）设计质量目标要求必然要受到经济、资源、技术、环境等因素的制约，从而使项目的质量目标与水平受到一定限制。

3）设计质量控制目标与投资目标、进度目标的可行性的协调往往关系到设计状态、设计效率和设计成果质量水平。

4）由于建设工程项目本身的一次性、单件性、预约性以及投资额较大，建设工期较长，参与方众多等特点，项目质量目标的实现是一项十分复杂和艰巨的任务。

（3）项目设计质量目标的主要内容

1）能够反映建筑环境。建筑环境质量包括项目用地范围内的规划布局、道路交通组织、绿化景观，要求其与周边环境的协调或适宜，这点在生态、环境保护和可持续发展方面有充分体现。

2）能够反映使用功能。工程项目的功能性质量，主要是反映对建设工程使用功能需求的一系列特性指标，如：房屋建筑的平面空间布局、通风采光性能；工业建设工程项目的生产能力、工艺流程和职业健康安全；道路交通工程的路面等级及其通行能力等。

3）能够反映安全可靠。建筑产品不仅要满足使用功能和用途的要求，而且在正常的使用条件下应能达到安全可靠的要求。可靠性质量必须在满足功能性质量需求的基础上，结合技术标准、按照规范特别是强制性条文的要求进行确定与实施。

4）能够反映艺术文化。产品具有深刻的社会文化背景，其个性的艺术效果，包括：建筑造型、立面观、文化内涵、时代特征以及装修装饰、色彩视觉等，都是使用者以及社会关注点。建设工程项目艺术文化特性的质量来自设计者的设计理念、创意和创新，以及施工者对设计意图的领会与精益生产。

5）能够反映节约资源和减排。资源是人类社会赖以生存和发展的重要物质基础，节约资源是我国的基本国策。节约资源和减排是指加强资源使用管理，采取技术上可行、经济上合理以及环境和社会可以承受的措施，建设高能效、低能耗、低污染、低排放的建筑体系，有效、合理地利用资源。建筑节约资源包括节地、节能（煤、油、气、生物质能和电、热力等）、节水、节材等。

（4）项目设计目标的论证

大量项目工程设计实践证明，设计质量控制目标初步拟定后，在充分掌握和理解项目建设目标要求的前提下，应对项目设计的质量、投资、进度目标进行分析，论证其可行性和协调性，从而达到“三大目标”的辩证统一。

在确定的设计总投资数额限定下，分析论证项目的设计规模、建设标准、质量目标能否达到预期水平，进度目标能否实现；在设计进度目标限定下，要满足项目建设标准和质量要求，估算设计投资限额是否合理准确。论证时应以类似工程项目各种指标和条件为依据，与本项目进行差异分析比较，并分析项目建设中可能遭遇的风险。以初步确定的总建筑规模和质量要求为基础，将论证后所得总投资和总进度进行切块分析，确定投资和进度计划。

4 设计质量控制的原则

（1）建设工程设计应当按工程建设的基本程序，坚持先勘察，后设计，再施工的原则。

（2）设计质量控制应致力于使建设工程设计符合与社会、经济发展水平相适应，做到经济效益、社会效益和环境效益相统一。

（3）设计质量控制应遵循适用、安全、美观、经济、环保、节能等设计方针。

（4）设计质量控制应力求设计文件质量符合“技术先进、经济合理、安全实用、确保质量”的国家建设方针。

(5) 设计质量控制应致力于建设工程设计符合规范、规程等标准的有关规定，设计文件编制完整、准确、清晰，深度符合国家规定要求，避免“错、漏、碰、缺”等。

(6) 设计质量控制应遵循设计的标准化与创造性相结合原则。在建筑构配件标准化和单元设计标准化的前提下，建筑不仅应具备时代特征，还应该彰显有创意的个性。

(7) 设计质量控制应采用先进科学的管理方法，突出其在确保工程设计质量中的重要性。

(8) 设计质量控制应推广先进适用技术、积极采用新技术、新材料，促进技术进步和管理创新，有效提高建设工程质量。

在设计文件中规定采用的新技术、新材料，有可能影响建设工程质量安全，又没有国家技术标准的，应当由国家认可的检测机构进行试验、论证，出具检测报告，并经国务院、省、自治区、直辖市人民政府有关部门组织的建设工程技术专家委员会审定后，方可使用。

5 设计质量控制的基本方法

设计质量控制的基本方法为PDCA循环法。即应用质量管理PDCA的循环过程原理，将活动和相关的资源作为过程进行管理，以便高效地得到期望的结果。PDCA循环法把质量管理活动的全过程划分为计划（Plan）、执行（Do）、检查（Check）、处置（Action）四个阶段。计划—执行—检查—处置是使用资源将输入转化为输出的活动或一组活动的一个过程，必须形成闭环管理，四个环节缺一不可。PDCA循环中的处置是关键环节，如果没有此环节，已取得的成果无法巩固，也提不出上一个PDCA循环的遗留问题或新的问题。这四个阶段有先后、有联系、头尾相接，每执行一次为一个循环，并周而复始地不断循环下去，故称PDCA循环。

过程方法的目的是获得持续改进的动态循环，并使组织的总体业绩得到显著的提高。其通过识别组织内的关键过程，随后加以实施和管理并不断进行持续改进来达到质量目标。因此，PDCA循环法也称为质量控制过程方法。PDCA循环，其实质就是认识—实践—再认识—再实践的过程。PDCA循环的每个循环相对上一循环都有一个提高，所以PDCA循环过程是沿着不断提高的质量过程阶梯上升的。PDCA循环模式属于以过程为基础的全面质量管理方法，它是提高产品质量的一种科学管理工作方法，适用于对每一个过程的管理，是公认的现代管理方法。

PDCA循环是一个动态的循环，它可以在组织的每一个过程中展开，也可以在整个过程的系统中展开。它与产品实现过程质量管理及质量管理其他过程的策划、实施、控制和持续改进有密切的关系。

7.2.2 设计质量控制的基本内容

1 设计质量控制概述

在项目设计管理中，相关参与主体都依法承担设计质量责任。设计质量控制，对于建设单位及项目管理企业而言，主要是对设计方的设计服务活动及其编制的设计文件的控制；对于设计单位、工程总承包单位（EPC）而言，主要是其内部控制。

2 设计方的设计质量控制的基本内容

以下设计方的设计质量控制为例，介绍设计质量控制的基本内容。

(1) 设计策划

1) 建设项目的设计策划工作由设计经理负责，主要任务是编制“设计实施计划”。设计经理应组织各专业负责人实施建设项目的“设计实施计划”。在设计过程中，设计经理可根据项目实施的具体情况，对“设计实施计划”进行修订或补充。

2) 编制“设计实施计划”的主要依据是项目合同和组织质量管理体系设计控制中的设计策划要求，如果用户对设计有特殊要求，也应列入“设计实施计划”。“设计实施计划”应对设计输入、设计实施、设计输出、设计评审、设计验证、设计更改等设计重要过程的要求及方法予以明确。

3) 设计经理应根据项目特点、用户的要求和实际需要，策划、编制建设项目设计过程所需要的管理文件。应重点关注设计过程的接口管理策划的合理性。

(2) 设计输入

设计输入包括：建设项目合同、适用法律法规及标准规范、项目有关批文和纪要、项目可研报告、项目环境影响评价报告、历史项目信息、项目基础资料以及投标书评审结果等。

设计经理负责组织各专业确定建设项目的设计输入，并组织各专业对用户提供的设计基础资料进行评审和确认，各专业负责人还应对本专业适用的标准规范版本的有效性进行评审。

(3) 设计活动

1) 设计开工后，各专业负责人应根据“设计实施计划”编制各专业的设计工作规定。各专业负责人负责组织本专业设计人员按专业工作流程和企业标准进行本专业的设计工作。

2) 各专业负责人负责组织本专业设计人员拟定设计方案，按照设计质量管理要求，进行设计方案的比较和评审。

各专业负责人负责组织本专业设计人员按照专业设计技术要求，进行本专业的工程设计工作。

3) 各专业负责人负责相关专业设计条件的接受和确认，并由各专业负责人向相关专业发出设计条件。组织应建立建设项目文件和资料的发送规定，设计文件和资料的传递应按照此规定的要求执行。

(4) 设计输出

1) 设计输出基本要求：A 满足设计输入的要求；B 满足采购、施工、试运行的要求；C 满足施工、试运行过程的环境、职业健康安全要求；D 包含或引用制造、检验、试验和验收标准规范、规定；E 满足建设项目正常运行以及环境、职业健康安全要求。

2) 设计输出文件包括设计图纸和文件、采购技术文件和试运行技术文件。

3) 设计输出文件的内容和深度应按照建设项目各有关行业的内容和深度规定的要求执行。

4) 设计输出文件在提供用户前，应由责任人进行验证和评审。

(5) 设计评审

设计评审可包括设计方案评审、重要设计中间文件评审、环境和职业健康安全评审、可施工性评审和工程设计成品评审。评审的重点是：

1) 设计过程满足要求的能力；包括设计的人员、方法、参数等满足要求的程度。

2) 识别任何问题并确定相应的措施。包括：对设计和生产、使用过程可能出现的问题进行预测和分析，并及时制定相应的预防措施。

组织应建立设计文件评审的规定，并按照此规定的要求执行。

3) 设计方案评审可分为组织级评审和专业级评审两种。组织级设计方案是设计中的重要技术方案，评审工作由设计经理组织，组织技术主管或项目主管主持，有关专业技术管理人员和设计人员参加；专业级设计方案评审由专业负责人提出，专业技术管理人员组织并主持，设计和校审人员参加。评审可采用会议或其他评审方式进行。

4) 组织应根据建设项目的行业特点，确定重要设计中间文件和环境与职业健康安全文件的评审办法，建立评审管理规定，设计经理组织并主持有关专业参加评审，并按照此规定的要求执行。如：石油化工行业的“管道仪表流程图 R 版评审”等。

5) 设计经理负责组织设计阶段可施工性评审。设计阶段可施工性评审主要结合设计方案评审、重要设计中间文件评审进行。各专业工程设计成品由专业技术管理人员进行评审。

(6) 设计验证和设计确认

为确保设计输出文件满足设计输入的要求，应进行设计验证。

1) 设计验证的方式是设计文件的校审（校核、审核、审定），验证方法包括校对验算、变换方法计算、与已证实的类似设计进行比较等。

2) 设计验证由规定的、有工程设计职业资格的人员按照项目文件校审规定的要求进行。需要相关专业会签的设计成品在输出前应进行会签。

3）设计验证人员在对设计成品文件进行校审后，需设计人员进行修改时，修改后的设计文件应经设计验证人员重新校审，符合要求后，设计、校审人员方可在设计文件的签署栏中签署，并按国家有关部门规定，在设计成品文件上加盖注册工程师印章。

4）为保证设计输出文件在建筑产品的使用或预期条件下满足规定要求，相关人员应该用模拟使用条件下的方式对输出文件进行验证，或由业主或使用人在预期及使用情况下进行认可，发现问题及时予以改进。设计确认结果的好坏直接关系到组织对设计过程的管理能力，是组织设计质量水平的体现。

（7）设计变更控制

1）设计更改应按有关规定进行控制。

2）工程设计成品文件在提交用户报国家或地方等有关部门审查、审批后，如需修改，由设计经理组织相关专业按审查会纪要或审查书的要求修改更新原成品文件或编制补充文件。

3）在设备制造、施工和试运行过程中，因设计不当等原因需要对设计进行修改时，由设计工程师进行设计更改。

7.3 设计阶段的质量控制

7.3.1 设计准备阶段的质量控制

1 设计质量计划

（1）设计质量计划的概念

设计质量计划是针对特定的项目工程设计进行规划活动所编制的文件。设计实施计划是项目设计策划的成果，也是项目质量计划的组成部分，是非常重要的设计管理文件。设计质量计划是项目计划管理的重要环节，也是质量管理体系文件的组成内容。

（2）设计质量计划的作用

通过计划，确定项目设计在计划期的设计质量目标、保证和应达到的标准，以及实现它们的控制过程、措施和行动计划。

在设计管理组织内部，通过项目的设计质量计划，使项目的设计质量要求能通过有效的措施得以满足，因此，设计质量计划是设计质量管理的依据；在项目设计合同情况下，设计质量计划是设计合同双方主体满足设计合同的特定质量要求，并作为用户实施质量监督的依据。

（3）设计质量计划的内容

设计质量计划宜包括如下内容：

1）设计依据：包括项目批准文件、设计合同文件、设计任务书、设计基础资料、技术标准、设计规范、国家及行业规定的设计深度和格式要求等；

2）设计范围、设计原则、工程概况；

3）设计质量目标及其分解和要求；

4）设计质量管理组织机构的设置、各级人员的质量职责和奖罚规则；

5）设计质量控制程序（可用流程图等形式展示过程的各项活动）、要求、方法和实际运作所需的文件和资源；

6）项目设计的各个阶段质量控制主要环节，人员职责、权限和资源的具体分配，质量管理工作计划表等；

7）项目设计（或过程）所要求的评审、论证、审批和确认或许可活动；

8）随项目的进展而修改和完善质量计划的程序；

9）设计文件接收准则、记录的要求、所采取的措施；

10）为达到设计质量目标应采取的其他措施，例如需要补充制定的特定程序、方法、标准和其他文件等。

(4) 设计质量计划的编制

1）设计质量计划可以单独编制，也可以作为项目设计管理计划等的组成部分。

2）设计质量计划由设计经理（主管）负责组织编制，设计经理应组织各专业负责人参与设计质量计划的编制工作，重点关注设计过程的接口管理策划的合理性。

3）设计质量计划编制后，经建设单位有关职能部门评审后，由项目经理批准实施。在设计过程中，设计经理（主管）可根据实施的具体情况，进行修订或补充。

(5) 设计质量计划的实施

1）设计质量计划一旦批准生效，必须严格按计划实施。

2）设计经理负责组织、指导、协调项目的设计质量计划实施工作，应确保按相关法规、标准规范、设计合同、设计任务书等质量要求文件，对设计质量计划进行有效的实施管理与控制。

3）在设计质量计划实施过程中应进行监控，及时了解计划执行的情况及偏离的程度，制定实施纠偏措施，以确保计划的有效性。

4）在实施过程中如对质量计划有较大修改时需征得建设单位有关职能部门和项目经理同意。

5）如果项目要开展创优活动，则应把设计质量计划与创优计划整合在一起为宜，这样可以提高设计质量管理和创优活动的效率。

2 设计单位资质与人员执业资格控制

设计单位和设计人员承担建设工程项目设计的重任，在影响项目质量的诸因素中集中占有人、技术、管理、社会的综合因素，尤其对设计质量而言，设计单位和设计人员素质的优劣，更是一种根本性的影响因素。因此，对设计单位资质与人员资质的控制就是坚持以人为控制核心的原则把人的工作质量作为确保项目设计过程及其成果质量的关键控制点，也是设计质量事前控制的重点工作。

国家对从事建设活动的单位实行严格的从业许可证制度，对从事建设活动的专业技术员实行严格的执业资格制度。建设行政主管部门及有关专业部门按各自分工，负责各类资质标准的审查、从业单位的资质等级的最后认定、专业技术人员资格等级的核查和注册，并对资质等级和从业范围等实施动态管理。

(1) 工程设计单位资质管理制度

工程设计单位资质是建设行政主管部门对从事建筑活动单位的人员素质、专业配套和综合协调能力、业务能力与管理水平、资金数量与技术装备以及设计业绩等进行全面审查而确定其相应的资质和承担任务的范围。因此，设计企业资质是代表企业进行建设工程设计能力水平的一个重要标志。

工程设计单位资质认证制度是指建设行政主管部门对从事建筑活动单位的人员素质、管理水平、资金数量、业务能力等进行审查，以确定其承担任务的范围，并发给相应的资质证书。原建设部制定发布的《建设工程勘察设计资质管理规定》明确规定：从事建设工程设计活动的企业，应当按照其拥有的注册资本、专业技术人员、技术装备和勘察设计业绩等条件申请资质，经审查合格，取得建设工程工程设计资质证书后，方可在资质许可的范围内从事建设工程设计活动。

1）工程设计资质分类和分级。建设工程勘察、工程设计资质标准和各资质类别、级别企业承担工程的具体范围由国务院建设主管部门和国务院有关部门制定。

2）工程设计资质分为工程设计综合资质、工程设计行业资质、工程设计专业资质和工程设计专项资质。

工程设计综合资质：只设甲级；

工程设计行业资质：共有21个行业，一般只设甲、乙级，建筑、市政、公路等还可设丙级；

工程设计专业资质：一般只设甲、乙级，个别专业可设丙级，建筑可设丙、丁级；

工程设计专项资质：设甲级、乙级，根据工程性质和技术特点，个别行业、专业、专项资质可以设丙级，建筑工程专业资质可以设丁级。设计专项资质是指建筑装饰、建筑智能、幕墙、轻钢结构、风景园林、消防、环境工程、照明工程等设计专项的资质。

3）承担建设工程设计业务的范围。取得工程设计综合资质的企业，可以承接各行业、各等级的建设工程设计业务；取得工程设计行业资质的企业，可以承接相应行业相应等级的工程设计业务及本行业范围内同级别的相应专业、专项（设计施工一体化资质除外）工程设计业务；取得工程设计专业资质的企业，可以承接本专业相应等级的专业工程设计业务及同级别的相应专项工程设计业务（设计施工一体化资质除外）；取得工程设计专项资质的企业，可以承接本专项相应等级的专项工程设计业务。

4）工程设计资质证书。工程设计资质证书分为正本和副本，正本1份，副本6份，由国务院建设主管部门统一印制，正、副本具备同等法律效力。资质证书有效期为5年。

5）设计企业禁止行为。设计企业从事建设工程设计活动的禁止行为：企业相互串通投标或者与招标人串通投标承揽工程勘察、工程设计业务；将承揽的工程勘察、工程设计业务转包或违法分包；注册执业人员未按照规定在勘察设计文件上签字；违反国家工程建设强制性标准；因勘察设计原因造成过重大生产安全事故；设计单位未根据勘察成果文件进行工程设计；设计单位违反规定指定建筑材料、建筑构配件的生产厂、供应商；无工程勘察、工程设计资质或者超越资质等级范围承揽工程勘察、工程设计业务；涂改、倒卖、出租、出借或者以其他形式非法转让资质证书；允许其他单位、个人以本单位名义承揽建设工程勘察、设计业务；其他违反法律、法规行为。

（2）设计人员执业资格注册管理制度

工程设计人员是建筑工程设计的主体，其责任是把建设意图反映在图纸等设计文件上。设计人员素质与设计水平的高低是建筑设计质量优劣的决定性因素，其中建筑师的业务素质，设计创作能力更是建筑设计质量的直接决定因素。因此，工程设计专业技术人员的资质是设计能力水平的体现。同时，设计人员的个人资质也是确定其所在设计单位资质的首要条件，因此，对承担项目设计人员的资质控制也是确保工程设计质量、实施对人的控制的重要措施。

国家对从事建设工程设计活动的专业技术人员实行执业资格注册管理制度。建设工程设计活动的专业技术人员执业资格制度是指建设行政主管部门及有关部门对从事建筑活动的专业技术人员，依法进行考试和注册，并颁发执业资格证书，使其获得相应签字权。

1）注册建筑师和注册工程师。注册建筑师和注册工程师是指经考试取得中华人民共和国注册建筑师、注册工程师资格证书，并按照规定注册，取得中华人民共和国注册工程师注册执业证书和执业印章，从事建设工程勘察、设计及有关业务活动的专业技术人员。

建设工程设计专业技术人员执业资格分为注册建筑师和注册工程师执业资格，其中注册工程师设置有结构、设备、咨询、造价等专业类别。注册建筑师分为一级注册建筑师和二级注册建筑师。注册工程师除注册结构工程师分为一级和二级外，其他专业注册工程师不分级别。

注册建筑师、注册工程师注册制度规定，取得资格证书或者互认资格证书的人员，必须经过注册方能以注册建筑师、注册工程师的名义执业。未取得注册证书及执业印章的人员，不得以注册工程师的名义从事建设工程设计及有关业务活动。持注册资格证书并受聘于一个相关单位的人员，应当通过聘用单位向单位工商注册所在地的省、自治区、直辖市相应注册师管理委员会提出申请，按规定的程序经受理、初审、审批、公示后，在公众媒体上公布审批结果。外籍专业技术人员参加全国统一考试按照对等原则办理；申请建筑师注册的，其所在国应当已与中华人民共和国签署双方建筑师对等注册协议。

取得资格证书的人员，应当受聘于中华人民共和国境内的一个建设工程勘察、设计、施工、监理、招标代理、造价咨询、施工图审查或城乡规划编制类单位，经注册后方可从事相应的执业活动。从事建筑工程设计执业活动的，应当受聘并注册于中华人民共和国境内一个具有工程设计资质的单位。

建设工程设计活动中形成的设计文件由注册建筑师、相应专业注册工程师按照规定签字盖章后方可生效。设计文件种类及办法由国务院建设主管部门会同有关部门规定。

修改经注册建筑师、注册工程师签字盖章的设计文件，应当由该注册建筑师、注册工程师进行；因特殊情况，该注册建筑师、注册工程师不能进行修改的，应由同专业其他注册建筑师、注册工程师修改，并签字、加盖执业印章，对修改部分承担责任。

2）注册建筑师执业范围。A 建筑设计；B 建筑设计技术咨询，包括建筑工程技术咨询，建筑工程招标、采购咨询，建筑工程项目管理，建筑工程设计文件及施工图审查，工程质量评估，以及国务院建设主管部门规定的其他建筑技术咨询业务；C 建筑物调查和鉴定；D 对本人主持设计的项目进行施工指导和监督；E 国务院建设行政主管部门规定的其他业务。

3）注册建筑师执业其他规定。

一级注册建筑师的建筑设计范围不受建筑规模和工程复杂程度的限制，二级注册建筑师的建筑设计范围只限于承担国家规定的民用建筑等级三级（含三级）以下项目。注册建筑师的执业范围不得超越其所在的建筑设计单位的执业范围。注册建筑师所在单位承担民用建筑设计项目，应当由注册建筑师任工程项目主持人或设计总负责人；工业建筑设计项目，须由注册建筑师任工程项目建筑专业负责人。

凡属工程设计资质标准中建筑工程建设项目设计规模划分表规定的工程项目，在建筑工程设计的主要文件（图纸）中，须由主持该项设计的注册建筑师签字并加盖其执业印章，方为有效。否则设计审查部门不予审查，建设单位不得报建，施工单位不准施工。

4）注册工程师的执业范围。A 工程勘察或者本专业工程设计；B 本专业工程技术咨询；C 本专业工程招标、采购咨询；D 本专业工程的项目管理；E 对工程勘察或者本专业工程设计项目的施工进行指导和监督；F 国务院有关部门规定的其他业务。

（3）对外商投资建设工程设计企业的管理

为进一步扩大对外开放，规范对外商投资建设工程设计企业的管理，国务院有关部门制定了《外商投资建设工程设计企业管理规定》，适用在中国境内设立外商投资建设工程设计企业，申请建设工程设计企业资质，实施对外商投资建设工程设计企业监督管理。有关规定如下：

1）外商投资建设工程设计企业是指根据中国法律、法规的规定，在中国境内投资设立的外资建设工程设计企业、中外合资经营建设工程设计企业以及中外合作经营建设工程设计企业。

2）外商投资建设工程设计企业的设立。外国投资者在中国境内设立外商投资建设工程设计企业，并从事建设工程设计活动，应当依法取得对外贸易经济行政主管部门颁发的外商投资企业批准证书，在国家工商行政管理总局或者其授权的地方工商行政管理局注册登记，并取得建设行政主管部门颁发的建设工程设计企业资质证书。

3）外商投资建设工程设计企业的资质。外商投资建设工程设计企业资质分为建筑工程设计及其他建设工程设计甲、乙级和丙级及以下等级资质。外商投资建设工程设计企业的外方投资者应当是在其本国从事建设工程设计的企业或者注册建筑师、注册工程师。

外国服务提供者应当是在其所在国或地区从事建设工程设计的企业或取得相关注册执业资格的自然人。其中外国企业应当具有在其所在国或地区从事建设工程设计的企业业绩；自然人应当是在其所在国或地区从事建设工程设计的注册建筑师或注册工程师。同时要求其只能受聘于一个工程设计企业，并应取得中国政府有关部门发放的《中华人民共和国外国人就业证》，台湾、香港、澳门服务提供者应取得《台港澳人员就业证》。其外国的注册资格应经建设部执业资格注册中心核实。

4）外商投资建设工程设计企业的分级、分类管理。外商投资建设工程设计企业设立与资质的申请和审批，实行分级、分类管理。为实施《外商投资建设工程设计企业管理规定》建设部和商务部联合制定了《外商投资建设工程设计企业管理规定实施细则》，对外商投资建设工程设计企业资质申请、受理、审批程序、资质核定条件、资质申报材料作出了具体规定。

5）外商投资建设工程设计企业法律遵守与保护。外商投资建设工程设计企业在中华人民共和国境内从事建设工程设计活动，应当遵守中国的《建筑法》、《建设工程质量管理条例》、《建设工程勘察设计管理条例》、《建设工程勘察设计企业资质管理规定》等有关法律、法规、规章。其合法经营活动及合法权益受中国法律、法规、规章的保护。

3 设计输入控制概述

(1) 设计输入的概念

对工程建设项目而言，设计输入通常是指设计的项目所期望的投资、质量和进度要求及其相关说明；设计过程必须遵循的有关法律法规和社会要求以及必须贯彻的标准规范等。设计输入是确定所设计的项目目标和实施设计的依据，也是设计评审、验证和确认的依据。项目的各个阶段设计，均应确定与产品有关的设计输入要求，并形成文件。设计输入是设计的基础，好的输出来源于好的设计输入，对设计输入的控制必不可少。

(2) 设计输入的内容

1) 设计依据资料。设计依据是指整个设计过程应遵照执行并以此为据的法律性文件。设计依据是整个设计工作的基础和导则。作为项目设计依据的法律性文件有相关法规、政策文件；政府项目立项、可行性研究报告、环境影响评价报告批准文件和纪要、选址意见书、规划设计条件等有关部门的批文及审查意见；工程建设标准、设计合同、设计任务书、地质勘察报告及有关设计资料等。

2) 适用的类似项目设计提供的经验或改进等历史信息。

3) 项目适用的法律法规、包括有关安全、环境保护、人类健康等法规及社会要求。

4) 项目执行的强制性标准；适用设计规范和技术标准。

5) 设计原则、设计任务书及其描述、提出的设计要求及其相关资料。

6) 国家规定的设计各阶段输入的内容和设计深度要求。

7) 项目特殊的专业技术要求。

8) 限额设计指标和主要控制点。

9) 项目设计文件质量规定、质量保证程序要求和主要控制点。

10) 项目设计的设计人工时、进度计划和主要控制点。

11) 其他。

(3) 设计输入文件管理要点

1) 设计经理负责组织各专业确定建设项目的设计输入文件，并组织各专业负责人收集和熟悉项目设计输入文件。

2) 对设计输入文件的适宜性和有效性进行评审和确认，以确保输入信息的充分性和适宜性，防止出现不完整、模糊或矛盾的情况，以致影响了工程设计质量。

3) 分析研究整理出满足设计要求的基本条件，并充分掌握和理解项目建设的目标要求，以找出二者的最佳交会点，论证其可行性。

对于众多的设计输入内容及其文件的控制管理，本书以上章节已有涉及，以下就其尚需强调的要点予以阐述。

4 工程设计质量法律法规的控制

有关工程设计质量的法律法规是重要的法律性设计依据。按设计输入文件管理要点，相关法律法规文件的准备与控制必须做到适用、齐全、有效。才能规范设计质量管理活动，从而有效控制项目目标(与工程设计和管理相关的法律法规详见第2章)。

5 修改设计文件的规定

(1) 建设单位、施工单位、监理单位不得修改建设工程勘察、设计文件；确需修改建设工勘察、设计文件的，应当由原建设工程勘察、设计单位修改；经原建设工程勘察、设计单位书面同意，建设单位也可以委托其他具有相应资质的建设工程勘察、设计单位修改，修改单位对修改的勘察、设计文件承担相应责任。

(2) 施工单位、监理单位发现建设工程勘察、设计文件不符合工程建设强制性标准、合同约定的质量要求的，应当报告建设单位，建设单位有权要求建设工程勘察、设计单位对建设工程勘察、设计文件进行补充、修改。

(3) 建设工程勘察、设计文件内容需要作重大修改的，建设单位应当报经原审批机关批准后，方可修改。

6 建筑工程设计标准的控制

(1) 设计标准化与设计质量控制

建筑工程设计标准和实行设计标准化是工程建设标准化的重要组成部分。它对于规范设计活动行为，采用和推广先进设计理念和技术，采用国际先进标准，保证设计质量；减少重复劳动，提高劳动生产率，合理加快设计速度；节约资源和环境保护；控制、降低工程造价；推进构配件生产工厂化、装配化进程；保证工程项目质量，实现项目目标，达到经济效益、社会效益和环境效益的平衡等都有十分重要的意义。

我国的工程建设标准体制由国家标准、行业标准、地方标准、企业标构成，形成了科学的有机整体。建筑工程设计标准是设计输入文件的重要组成部分，其类别与数量十分众多。设计标准作为设计共同遵守的准则和依据，在设计管理中对相关建筑工程设计标准如何正确识别和使用，与设计质量干系重大。因此，设计标准控制是设计质量控制必不可缺的内容。

(2) 工程建设强制性标准的实施

我国的工程建设强制性标准具备技术法规的基本内容，是建设执法的重要依据和强制性指令；是对各建设工程质量责任单位实施监督管理的依据；是加强建筑工程质量的保证；必须要强制执行。关于工程建设强制性标准及其管理的概念、性质和涉及的范围等内容已在第2章综述，对项目设计质量控制而言，主要在于其实施控制。

为加强对工程建设强制性标准监督管理，原建设部颁布了《实施工程建设强制性标准监督规定》，有关规定如下：

1) 从事新建、扩建、改建等工程建设活动，必须执行工程建设强制性标准。

2) 工程建设中拟采用的新技术、新工艺、新材料，不符合现行强制性标准规定的，应当由拟采用单位提请建设单位组织专题技术论证，报批准标准的建设行政主管部门或者国务院有关主管部门审定。

3) 工程建设中采用国际标准或者国外标准，现行强制性标准未作规定的，建设单位应当向国务院建设行政主管部门或者国务院有关行政主管部门备案。

4) 建设项目规划审查机关、施工设计图设计文件审查单位、建筑安全监督管理机构、工程质量监督机构的技术人员必须熟悉、掌握工程建设强制性标准。应分别对工程建设规划阶段、勘察设计阶段、施工、监理、验收等阶段执行强制性标准的情况实施监督。

强制性标准监督检查的内容包括：A 有关工程技术人员是否熟悉、掌握强制性标准；B 工程项目的规划、勘察、设计、施工、验收等是否符合强制性标准的规定；C 工程项目采用的材料、设备是否符合强制性标准的规定；D 工程项目的安全、质量是否符合强制性标准的规定；E 工程中采用的导则、指南、手册、计算机软件的内容是否符合强制性标准的规定。

(3) 工程建设强制性标准和推荐性标准的识别

为利于正确和方便的识别和使用工程建设强制性标准和推荐性标准，对其构成及其内容介绍如下：

1) 工程建设国家标准的编号。GBJ 工程建设国家标准。例如：GBJ 2—86 建筑模数协调统一标准。

2) 强制性国家标准的编号。GB 50×××—××××，GB 50 是强制性国家标准的代号，×××是发布标准的顺序号，“—”后的××××是发布标准的年号。例如：GB 50016—2006《建筑设计防火规范》；GB 50099—2011《中小学校设计规范》；GB 50010—2010《混凝土结构设计规范》。

3）推荐性国家标准编号。GB/T 50×××—××××，GB/T 50是推荐性国家标准的代号，其后部编号同强制性国家标准。例如：GB/T 50001—2001《房屋建筑制图统一标准》；GB/T 50353—2005《建筑工程建筑面积计算规范》；GB/T 50336—2002《建筑中水设计规范》。

4）工程建设行业标准代号。涉及工程建设行业标准的代号较多，常用的如下：JG 建筑行业标准；JGJ 建筑行业工程建设规程；JC 建材行业标准；JB 机械行业标准；CJJ 城建行业工程建设规程；CJ 城建行业标准；CECS 工程建设推荐性标准。

5）强制性行业标准的编号。×××××—××××，××××××是强制性行业标准的代号和发布标准的顺序号，"—"后的×××是发布标准的年号。例如JGJ 50—2001《城市道路和建筑物无障碍设计规范》；CJGJ 142-2004《地面辐射供暖技术规程》；CJ 128—2007《热量表》。

6）推荐性行业标准的编号。××/T ×××—××××，××/T是推荐性行业标准的代号，其后部编号同强制性行业标准。例如JG/T 181—2005《工程建设地理信息系统软件通用标准》；JB/T 10718—2007《空调用机织空气过滤网》CJ/T 174—2003《居住区智能化系统配置与技术要求》。

7）标准中强制性条文的编写。标准中强制性条文的编写应符合下列规定：A强制性条文应为直接涉及人民生命财产安全、人身健康、环境保护、能源资源节约和其他公共利益，且必须严格执行的条文；B强制性条文应是完整的条，当特殊需要时可为完整的款；C强制性条文应采用黑体字标志。

（4）工程建设标准、规范、规程的区别与联系

在工程建设领域，标准、规范、规程是出现最多的三个基本术语。标准、规范、规程都是标准的一种表现形式，习惯上统称为标准，只有针对具体对象才加以区别。在我国工程建设标准化工作中，由于各主管部门在使用这三个术语时掌握的尺度、习惯不同，使用的随意性比较大，这是造成人们最难理解这三个术语的根本原因。随着我国与国际惯例的逐步接轨，标准、规范、规程在使用上都逐步发生着变化。

1）标准。标准的概念前已述及。当针对产品、方法、符号、概念等基础标准时，一般采用"标准"，如《公共建筑节能设计标准》、《土工试验方法标准》、《建筑抗震鉴定标准》等。

2）规范。规范的基本定义：对于某一工程作业或者行为进行定性的信息规定。主要是因为无法精准定量而形成的标准，所以，被称为规范。工程建设规范：在工程建设领域，规范是指在生产和工程建设中，对设计、施工、制造、检验等技术事项所做的一系列规定。当针对工程勘察、规划、设计、施工等通用的技术事项做出规定时，一般采用"规范"，如：《混凝土设计规范》、《建筑设计防火规范》、《住宅建筑设计规范》、《砌体工程施工及验收规范》、《屋面工程技术规范》等。

3）规程。规程，即规则章程，也可简言是"规则＋流程"。所谓流程即为实现特定目标而采取的一系列前后相继的行动组合，也即多个活动组成的工作程序。规则是工作的要求、规定、标准和制度等。因此，规程可以定义为：将工作程序贯穿一定的标准、要求和规定。即规程是对作业、安装、鉴定、安全、管理等技术要求和实施程序所做的统一规定。

当针对操作、工艺、管理等专用技术要求时，一般采用"规程"，如：《高层建筑混凝土结构技术规程》、《建筑室内吊顶工程技术规程》、《钢筋气压焊接规程》、《建筑安装工程工艺及操作规程》等。

7 建设工程勘察质量管理与控制

（1）建设工程勘察质量管理与控制是设计质量控制的重要环节

工程勘察应按工程建设各勘察阶段的要求，正确反映工程地质条件，查明不良地质作用和地质灾害，精心勘察、精细分析，提出资料完整、评价正确的勘察报告。工程勘察不仅要满足设计的需要，更要以科学求实的精神保证所提交勘察报告的准确性、及时性，为设计的安全、合理提供必要的条件。建设工程勘察为工程设计、施工提供依据，服务于工程建设的全过程，因此，工程勘察过程的质量直接影响着设计质量，尤其是工程结构设计。

（2）建设工程勘察质量管理办法

从事建设工程勘察活动的，必须遵守《建设工程勘察质量管理办法》(建设部令第163号)。有关规定如下：

1）建设单位质量义务和责任。建设单位应当为勘察工作提供必要的现场工作条件，保证合理的勘察工期，提供真实、可靠的原始资料。建设单位应当严格执行国家收费标准，不得迫使工程勘察企业以低于成本的价格承揽任务。

2）工程勘察企业质量义务。A工程勘察企业应当按照有关建设工程质量的法律、法规、工程建设强制性标准和勘察合同进行勘察工作，并对勘察质量负责。工程勘察企业应当健全勘察质量管理体系和质量责任制度。勘察文件应当符合国家规定的勘察深度要求，必须真实、准确。B工程勘察企业必须依法取得工程勘察资质证书，并在资质等级许可的范围内承揽勘察业务。工程勘察项目负责人、审核人、审定人及有关技术人员应当具有相应的技术职称或者注册资格。观测员、试验员、记录员、机长等现场作业人员应当接受专业培训，方可上岗。工程勘察企业不得超越其资质等级许可的业务范围或者以其他勘察企业的名义承揽勘察业务；不得允许其他企业或者个人以本企业的名义承揽勘察业务；不得转包或者违法分包所承揽的勘察业务。C工程勘察企业应当拒绝用户提出的违反国家有关规定的不合理要求，有权提出保证工程勘察质量所必需的现场工作条件和合理工期。D工程勘察企业应当参与施工验槽，及时解决工程设计和施工中与勘察工作有关的问题。工程勘察企业应当参与建设工程质量事故的分析，并对因勘察原因造成的质量事故，提出相应的技术处理方案。E项目负责人应当组织有关人员做好现场踏勘、调查，按照要求编写《勘察纲要》，并对勘察过程中各项作业资料验收和签字。工程勘察企业的法定代表人、项目负责人、审核人、审定人等相关人员，应当在勘察文件上签字或者盖章，并对勘察质量负责。工程勘察企业法定代表人对本企业勘察质量全面负责；项目负责人对项目的勘察文件负主要质量责任；项目审核人、审定人对其审核、审定项目的勘察文件负审核、审定的质量责任。F工程勘察工作的原始记录应当在勘察过程中及时整理、核对，确保取样、记录的真实和准确，严禁离开现场追记或者补记。G工程勘察企业应当确保仪器、设备的完好。钻探、取样的机具设备、原位测试、室内试验及测量仪器等应当符合有关规范、规程的要求。H工程勘察企业应当加强技术档案的管理工作。工程项目完成后，必须将全部资料分类编目，装订成册，归档保存。

3）发包人质量责任。发包人委托任务时，必须以书面形式向勘察人明确勘察任务及技术要求，并按规定提供文件资料。发包人推迟提供上述资料、文件，勘察人可按合同规定顺延交付报告、成果、文件的时间，规定期限超过一定天数之后，勘察人有权重新确定交付报告、成果、文件的时间。在勘察人进行勘察任务时，发包人应按合同规定向勘察人提供下列文件资料，并对其准确性、可靠性负责。

A提供本工程批准文件（复印件），以及用地（附红线范围）、施工、勘察许可等批件（复印件）。B提供工程勘察任务委托书、技术要求和工作范围的地形图、建筑总平面布置图。C提供勘察工作范围已有的技术资料及工程所需的坐标与标高资料。D提供勘察工作范围地下已有埋藏物的资料（如电力、电讯电缆、各种管道、人防设施、洞室等）及具体位置分布图。E发包人不能提供上述资料，由勘察人收集的，发包人需向勘察人支付相应费用。F在勘察工作范围内，没有资料、图纸的地区（段），发包人应负责查清地下埋藏物，若因未提供上述资料、图纸，或提供的资料图纸不可靠、地下埋藏物不清，致使勘察人在勘察工作过程中发生人身伤害或造成经济损失时，由发包人承担民事责任。G开工前，发包人应办理完毕开工许可，及时为勘察人提供并解决勘察现场的工作条件和出现的问题，并承担相应费用。H发包人应以书面形式向勘察人提供水准点和坐标控制点。J若勘察现场需要看守，特别是在有毒、有害等危险现场作业时，发包人应派人负责安全保卫工作，按国家有关规定，对从事危险作业的现场人员进行保健防护，并承担相应费用。K工程勘察前，若发包人负责提供材料的，应根据勘察人提出的工程用料计划，提供各种材料及其产品合格证明，并承担费用和运到现场，派人与勘察人的人员一起验收。L勘察过程中的任何变更，经办理正式变更手续后，发包人应按实际发生的工作量付勘察费。M为勘察人的工作人员提供必要的生产、生活条件，并承担费用；如不能提供时，一次性付给勘察人临时设施费。N 发包人应对工作现场周围建筑物、构筑物、古树名木和地下管道、线路的保护负责，对勘察人提出书面具体保护要求（措施），并承担费用。P 由于发包人原因造成勘察人停、窝工，除工期顺延外。发包人应支付停、窝工费；发包人若要求在合同规定时间内提前完工（或提交勘察成果资料）时，发包人应按每提前一天向勘察人支付加班费。Q 发包人应保护勘察人的投标书、勘察方案、报告书、文件、资料图纸、数据、特殊工艺（方法）、专利技术和合理化建议，未经勘察人同意，发包人不得复制、不得泄露、不得擅自修改、传送或向第三人转让或用于合同外的项目；如发生上述情况，发包人应负法律责任，勘察人有权索赔。

4）勘察人责任。A 勘察人应按国家技术规范、标准、规程和发包人的任务委托书及技术要求进行工程勘察。按合同规定的时间提交质量合格的勘察成果资料，并对其负责。B 由于勘察人提供的勘察成果资料质量不合格，勘察人应负责无偿给予补充完善，使之达到质量合格；若勘察人无力补充完善，需另委托其他单位时，勘察人应承担全部勘察用；或因勘察质量造成重大经济损失或工程事故时，勘察人除应负法律责任和免收直接受损失部分的勘察费外，还应根据损失程度向发包人支付赔偿金，赔偿金由发包人、勘察人商定为实际损失的一定百分比。C 在工程勘察前，提出勘察纲要或勘察组织设计，派人与发包人的人员一起验收发包人提供的材料。D 勘察过程中，根据工程的岩土工程条件（或工作现场地形地貌、地质和水文地质条件）及技术规范要求，向发包人提出增减工作量或修改勘察工作的意见。并办理正式变更手续。E 在现场工作的勘察人的人员，遵守国家及当地有关部门对工作现场的有关管理规定，做好工作现场保卫和环卫工作，承担其有关资料保密义务。并按发包人提出的保护要求（措施），保护好工作现场周围的建、构筑物，古树、名木和地下管线（管道）、文物等。

5）开工及工期。勘察工作有效期限以发包人下达的开工通知书或合同规定的时间为准，如遇特殊情况（设计变更、工作量变化、不可抗力影响以及非勘察人原因造成的停、窝工等）时，工期顺延。

6）勘察报告、成果及文件。建设工程勘察报告、成果及文件，应当真实、准确，满足建设工程规划、选址、设计、岩土治理和施工的需要。

7）勘察报告的主要内容：A 拟建场地的工程地质条件；B 拟建场地的水文地质条件；C 场地、地基的建筑抗震设计条件；D 地基基础方案分析评价及相关建议；E 地下室开挖和支护方案评价与相关建议；F 降水对周围环境的影响；G 桩基工程设计与施工建议；H 其他合理化建议；J 上述方案及建议的计算图表（计算书）及方案草图；K 附件内容。

8）勘察报告的具体要求。项目管理机构对勘察单位提交的勘察报告进行审核的具体要求包括：A 对建筑物范围内的地质构造、地层结构及其均匀性，以及各岩土层的物理力学性能和工程特性做出评价；B 有无影响建筑场地稳定性的不良地质作用，场地不良地质作用的成因、分布、规模、发展趋势，有无暗浜、暗塘、墓穴等，并对其危害程度、建筑场地稳定性做出评价，提出预防措施的建议；C 地下水埋藏情况、类型和水位幅度与规律，以及地下水和土对建筑材料的腐蚀性，设计抗渗水位及抗浮水位，提出施工降水方法的建议和有关技术参数；D 提供抗震设防烈度、分组及有关技术参数，场地土类型和场地类别，并对饱和砂和粉土进行液化判别，对场地和地基的地震效应、场地地震安全性做出初步评价；E 场地土的标准冻结深度；F 对可供采用的地基基础设计方案进行论证分析，建议适当的基础形式和基础持力层，并提出经济合理的地基和基础设计方案与建议；G 拟采用桩基方案时对成桩的可能性进行分析，施工对周围环境影响分析和评价；H 提供与设计要求相对应的地基承载力特征值及变形计算参数，预估基础沉降量，估算的期望差和总基础和桩沉降值，并对设计与施工应注意的问题提出建议；J 深基坑开挖的边坡稳定计算、支护设计及施工降水所需的岩土技术参数，论证其对周围已有建筑物和地下设施的影响。勘察报告需要经过地域行政部门指定的勘察部门或单位审查合格后方可以交于设计单位使用。同时业主（项目管理机构）还可根据拟建项目的使用功能、特点及地区的不同地质条件等由设计向勘察单位提出具体或特殊的勘察要求。

9）勘察报告、成果、文件的检查验收。业主（项目管理机构）负责组织对勘察人交付的报告、成果、文件进行检查验收。验收的程序为：A发包人收到勘察人交付的报告、成果、文件后在规定天数内检查验收完毕，并出具检查验收证明，逾期未检查验收的，视为接受勘察人的报告、成果、文件。B隐蔽工程工序质量检查，由勘察人自检后，书面通知发包人检查；发包人接通知后，当天组织质检，经检验合格，发包人、勘察人签字后方能进行下一道工序；检验不合格，勘察人在限定时间内修补后重新检验，直至合格；若发包人接通知后24小时内仍未到现场检验，勘察人可以顺延工程工期，发包人应赔偿停、窝工的损失。C工程完工，勘察人向发包人提交岩土治理工程的原始记录、竣工图及报告、成果文件，发包人应在规定天数内组织验收，如有不符合规定要求及存在质量问题，勘察人应采取有效补救措施。D工程未经验收，发包人提前使用和擅自动用，由此发生的质量、安全问题，由发包人承担责任，并以发包人开始使用日期为完工日期。E完工工程经验收符合合同要求和质量标准，自验收之日起规定天数内，勘察人向发包人移交完毕，如发包人不能按时接管，致使已验收工程发生损失，应由发包人承担，勘察人不能按时交付，应按逾期完工处理，发包人不得因此而拒付工程款。

10）审查机构职责。A监督检查工程勘察企业有关质量管理文件、文字报告、计算书、图纸图表和原始资料等是否符合有关规定和标准；B发现勘察质量问题，及时报告有关部门依法处理。工程勘察质量监督部门应当对工程勘察企业质量管理程序的实施、试验室是否符合标准等情况进行检查，并定期向社会公布检查和处理结果。

（3）工程勘察过程的质量控制要点

工程勘察过程质量控制要点如下：

1）优选勘察单位。工程勘察是一个技术性很强的工作，工程建设项目选择勘察单位的优劣，直接关系到工程勘察以及设计质量，因此，优选勘察单位是勘察设计目标控制的重要环节，它为项目工程设计和施工等后续工作打下了良好基础。优选勘察单位要从勘察单位营业执照、资质类别和等级、主要技术人员的执业资格、专职技术骨干比例、实际的建设业绩、技术装备等方面进行考察，对其适用业务范围与拟建项目工程类型、规模、地点、特性及要求的勘察任务是否相符进行调查，特别是对其近期完成的与拟建工程类型、规模、特点相似或相近的工程勘察、设计任务进行查访，了解其服务意识和工作质量，从而依法优选勘察单位。

2）认真细致审查勘察工作方案。工程勘察单位在实施勘察工作之前，应结合各勘察阶段的工作内容和深度要求，按照有关规范、规程的规定，结合工程的特点编制勘察工作方案（勘察纲要）。勘察工作方案要体现、设计意图，如实反映现场的地形和地质概况，满足任务书上深度和合同工期的要求，工程等级明确、勘察方案合理，人员、机具配备满足需要，项目技术管理制度健全，各项工作责任明确。勘察工作方案应由项目负责人主持编写，由勘察单位技术负责人审批、签盖公章。

勘察工作方案除应满足上述要求外，根据不同的勘察阶段及工作性质，尚应提出不同的审查要点，例如对初步勘察阶段，要按工程勘察等级确认勘探点、线、网布置的合理性：控制性勘探孔的位置、数量、孔位和取样数量是否满足规范要求等。建设单位应按上述要求对勘察工作方案进行认真细致审查。

3）勘察现场作业的质量控制。勘察期间，应重点检查控制：A现场作业人员应进行专业培训，重要岗位要实施持证上岗制度，如描述员、司钻员、安全员是否持证上岗。并严格按“勘察工作方案”及有关“操作规程”的要求开展现场工作并留下印证记录。B原始资料取得的方法、手段及使用的仪器设备应当正确、合理，勘察仪器、设备、试验室应有明确的管理程序，现场钻探、取样、机具应通过计量认证。C原始记录表格应按要求认真填写清楚，并经有关作业人员检查、签字。项目负责人应始终在作业现场进行指导、督促检查，并对各项作业资料检查验收签字。

4）勘察文件的质量控制。建设单位对勘察成果的审核与评定是勘察阶段质量控制最重要的工作。首先应检查勘察成果是否满足以下条件：A工程勘察资料、图表、报告等文件要依据工程类别按有关规定执行各级审核、审批程序，并由负责人签字。B工程勘察成果应齐全、可靠，满足国家有关法规及技术标准和合同规定的要求。C工程勘察成果必须严格按照质量管理有关程序进行检查和验收，质量合格方能提供使用。对工程勘察成果的检查验收和质量评定应当执行国家、行业和地方有关工程勘察成果检查验收评定的规定。D 对不同的勘察阶段的工程勘察报告的审查。a 对不同的勘察阶段详细审查工程勘察报告，应对其内容和深度进行检查，审查其是否满足勘察任务书和相应设计阶段的规定。b 工程勘察报告报告中不仅要提出勘察场地的工程地质条件和存在的地质问题，更重要的是结合工程设计、施工条件，以及地基处理、开挖、支护、降水等工程的具体要求，进行技术论证和评价，提出岩土工程问题及解决问题的决策性具体建议，并提出基础、边坡等工程的设计准则和岩土工程施工的指导性意见，为设计、施工提供依据，服务于工程建设的全过程。c 对工程勘察报告的内容和深度进行检查，主要是检查其是否满足勘察任务书和相应设计阶段的要求，如：在可行性研究勘察阶段，要得到建筑地选址的可行性分析报告，对拟建场地的稳定性和适宜性做出评价；在初步勘察阶段，要查明地层、构造、岩土物理力学性质、地下水埋藏条件及冻结深度，描绘出场地不良地质现象成因、分布及对场地稳定性的影响及其发展趋势，对抗震设防烈度等于或大于 7 度的场地，判定场地和地基的地震效应；在详细勘察阶段，要提供满足设计、施工所需的岩土技术参数，确定地基承载力，预测地基沉降及其均匀性，并且提出地基和基础设计方案建议。

5）后期服务质量保证。勘察文件交付后，建设单位应根据工程建设的进展情况，督促勘察单位做好施工阶段的勘察配合及验收工作，对施工过程中出现的地质问题要进行跟踪服务，做好监测、回访。特别是及时参加验槽、基础工程验收和工程竣工验收及与地基基础有关的工程事故处理工作，保证整个工程建设的总体目标得以实现。

(4) 岩土工程勘察规范及其强制性条文

《岩土工程勘察规范》(GB 50021—2001) 局部修订条文中的强制性条文如下：

1）各项建设工程在设计和施工之前，必须按基本建设程序进行岩土工程勘察。

2）详细勘察的勘探深度自基础底面算起，应符合下列规定：A 勘探孔深度应能控制地基主要受力层，当基础底面宽度不大于 5m 时，勘探孔的深度对条形基础不应小于基础底面宽度的 3 倍，对单独柱基不应小于 1.5 倍，且不应小于 5m。B 对高层建筑和需作变形验算的地基，控制性勘探孔的深度应超过地基变形计算深度；高层建筑的一般性勘探孔应达到基底下 0.5～1.0 倍的基础宽度，并深入稳定分布的地层。C 对仅有地下室的建筑或高层建筑的裙房，当不能满足抗浮设计要求，需设置抗浮桩或锚杆时，勘探孔深度应满足抗拔承载力评价的要求。D 当有大面积地面堆载或软弱下卧层时，应适当加深控制性勘探孔的深度。

3）详细勘察采土试样和进行原位测试应满足岩土工程评价要求，并符合下列要求：A 采土试样和进行原位测试的勘探孔的数量，应根据地层结构、地基土的均匀性和工程特点确定，且不应少于勘探孔总数的 1/2，钻探取土孔的数量不应少于勘探孔总数的 1/3。B 每个场地每一主要土层的原状土试样或原位测试数据不应少于 6 件（组），当采用连续记录的静力触探或动力触探为主要勘察手段时，每个场地不应少于 3 个孔。C 在地基主要受力层内，对厚度大于 0.5m 的夹层或透镜体，应采取土试样或进行原位测试。

4）当场地水文地质条件复杂，在基坑开挖过程中需要对地下水进行控制（降水或隔渗），且已有资料不能满足要求时，应进行专门的水文地质勘察。

5）在抗震设防烈度等于或大于 6 度的地区进行勘察时，应确定场地类别。当场地位于抗震危险地段时，应根据现行国家标准《建筑抗震设计规范》(GB 50011—2010) 的要求，提出专门研究的建议。

6）地下水位的量测应符合下列规定：遇地下水时应量测水位；对工程有影响的多层含水层的水位量测，应采取止水措施，将被测含水层与其他含水层隔开。

7.3.2 方案设计阶段的质量控制

1 方案设计阶段的质量控制概述

方案设计作为项目工程设计的开端，设计方案的质量对项目设计起着决定性作用，为保证项目设计质量，务必要十分注重在方案设计各环节的质量控制要点。从而在设计过程初期就为设计质量奠定基础。为实现项目设计的质量目标，获得一个理想的好方案，必须严格方案设计的质量控制。而作为方案设计质量控制的关键，一是要严谨优选方案，二是要寻求优化空间，二者缺一不可。方案设计招标投标和方案设计竞赛都是优选方案的规范良好的途径。

方案设计包括概念性方案设计和实施性方案设计。概念性方案设计是将设计概念赋予设计的过程，其设计的内容与文件较之实施性方案设计有所不同，在方案设计招标或征集、竞赛中也较为显见。

2　方案设计文件编制的深度

(1) 一般要求

1) 方案设计文件。A 设计说明书，包括各专业设计说明以及投资估算等内容；对于涉及建筑节能设计的专业，其设计说明应有建筑节能设计专门内容；B 设计图纸：总平面设计图纸、建筑设计图纸(平面图、立面图、剖面图)、热能动力设计图纸（当项目为城市区域供热或区域燃气调压站时提供)。C 设计委托或设计合同中规定的透视图、鸟瞰图、模型等。

2) 方案设计文件的编排顺序。A 封面：项目名称、编制单位、编制年月；B 扉页：编制单位法定代表人、技术总负责人、项目总负责人的姓名，并经上述人员签署或授权盖章；C 设计文件目录；D 设计说明书；E 设计图纸。

(2) 设计说明书

1) 设计依据、设计要求及主要技术经济指标。A 与工程设计有关的依据性文件的名称和文号，如选址及环境评价报告、用地红线图、项目可行性研究报告、政府有关主管部门对立项报告的批文、设计任务书或协议书等。B 设计所执行的主要法规和所采用的主要标准（包括标准的名称、编号、年号和版本号)。C 设计基础资料，如：气象、地形地貌、水文地质、地震基本烈度、区域位置等。D 简述政府有关主管部门对项目设计的要求，如对总平面布置、环境协调、建筑风格等方面的要求。当城市规划等部门对建筑高度有限制时，应说明建筑物、构筑物的控制高度（包括最高和最低高度限值)。E 简述建设单位委托设计的内容和范围，包括功能项目和设备、设施的配套情况。F 工程规模（如总建筑面积、总投资、容纳人数等)、项目设计规模等级和设计标准（包括结构的设计使用年限、建筑防火类别、耐火等级、装修标准等)。G 主要技术经济指标，如：总用地面积、总建筑面积及各分项建筑面积（还要分别列出地上部分和地下部分建筑面积)、建筑基底总面积、绿地总面积、容积率、建筑密度、绿地率、停车泊位数（分室内、室外和地上、地下)，以及主要建筑或核心建筑的层数、层高和总高度等项指标；根据不同的建筑功能，还应表述能反映工程规模的主要技术经济指标，如：住宅的套型、套数及每套的建筑面积、使用面积，旅馆建筑中的客房数和床位数，医院建筑中的门诊人次和病床数等指标。当工程项目（如城市居住区规划）另有相应的设计规范或标准时，技术经济指标应按其规定执行。

2) 总平面设计说明。A 概述场地现状特点和周边环境情况及地质地貌特征，详尽阐述总体方案的构思意图和布局特点，以及在竖向设计、交通组织、防火设计、景观绿化、环境保护等方面所采取的具体措施。B 说明关于一次规划、分期建设，以及原有建筑和古树名木保留、利用、改造（改建）方面的总体设想。

3) 建筑设计说明。A 建筑方案的设计构思和特点；B 建筑群体和单体的空间处理、平面和竖向构成、立面造型和环境营造、环境分析（如日照、通风、采光）等；C 建筑的功能布局和各种出入口，垂直交通运输设施（包括楼梯、电梯、自动扶梯）的布置；D 建筑内部交通组织、防火和安全疏散设计；E 关于无障碍和智能化设计方面的简要说明；F 当建筑在声学、建筑防护、电磁波屏蔽以及人防地下室等方面有特殊要求时，应作相应说明；G 建筑节能设计说明：a 设计依据；b 项目所在地的气候分区；c 概述建筑节能设计及围护结构节能措施。

4) 结构设计说明。A 工程概况：a 工程地点、工程分区、主要功能；b 各单体（或分区）建筑的长、宽、高，地上与地下层数，各层层高，主要结构跨度，特殊结构及造型，工业厂房的吊车吨位等。

B 设计依据：a 主体结构设计使用年限；b 自然条件：风荷载、雪荷载、抗震设防烈度等，有条件时简述工程地质概况；c 建设单位提出的与结构有关的符合有关法规、标准的书面要求；d 本专业设计所执行的主要法规和所采用的主要标准（包括标准的名称、编号、年号和版本号）。C 建筑分类等级：建筑结构安全等级、建筑抗震设防类别、钢筋混凝土结构的抗震等级、地下室防水等级、人防地下室的抗力等级，有条件时说明地基基础的设计等级。D 上部结构及地下室结构方案：a 结构缝（伸缩缝、沉降缝和防震缝）的设置；b 上部及地下室结构选型概述，上部及地下室结构布置说明（必要时附简图或结构方案比选）；c 阐述设计中拟采用的新结构、新材料及新工艺等，简要说明关键技术问题的解决方法，包括分析方法（必要时说明拟采用的进行结构分析的软件名称）及构造措施或试验方法；d 特殊结构宜进行方案可行性论述。E 基础方案。有条件时阐述基础选型及持力层，必要时说明对相邻既有建筑物的影响等。F 主要结构材料。混凝土强度等级、钢筋种类、钢绞线或高强钢丝种类、钢材牌号、砌体材料、其他特殊材料或产品（如成品拉索、铸钢件、成品支座、阻尼器等）的说明等。G 需要特别说明的其他问题，如：是否需进行风洞试验、振动台试验、节点试验等。对需要进行抗震设防专项审查或其他需要进行专项论证的项目应明确说明。

5）建筑电气设计说明。A 工程概况。B 本工程拟设置的建筑电气系统。C 变、配、发电系统：a 负荷级别以及总负荷估算容量；b 电源，城市电网提供电源的电压等级、回路数、容量；c 拟设置的变、配、发电站数量和位置；d 确定自备应急电源的形式、电压等级、容量。D 其他建筑电气系统对城市公用事业的需求。E 建筑电气节能措施。

6）给水排水设计说明。A 给水：a 水源情况简述（包括自备水源及市政给水管网）；b 用水量及耗热量估算——总用水量（最高日用水量、最大时用水量），热水供应设计小时耗热量和设计小时热水量，消防用水量（用水量标准、一次灭火用水量）；c 给水系统——简述系统供水方式；d 消防系统——简述消防系统种类、供水方式；e 热水系统——简述热源、供应范围及系统供应方式；f 中水系统——简述设计依据、处理水量及处理方法；g 循环冷却水——重复用水及采取的其他节水、节能减排措施；h 饮用净水系统——简述设计依据、处理方法等。B 排水：a 排水体制（室内污、废水的排水合流或分流，室外生活排水和雨水的合流或分流），污、废水及雨水的排放出路；b 估算污、废水排水量，雨水量及重现期参数等；c 排水系统说明及综合利用；d 污、废水的处理方法。C 需要说明的其他问题。

7）采暖通风与空气调节设计说明。A 工程概况及采暖通风和空气调节设计范围；B 采暖、空气调节的室内设计参数及设计标准；C 冷，热负荷的估算数据；D 采暖热源的选择及其参数；E 空气调节的冷源、热源选择及其参数；F 采暖、空气调节的系统形式，简述控制方式；G 通风系统简述；H 防、排烟系统及暖通空调系统的防火措施简述；J 节能设计要点；K 废气排放处理降噪、减振等环保措施；L 需要说明的其他问题。

8）热能动力设计说明。A 供热：a 简述热源概况及供热范围；b 锅炉房及场区面积、区域供热时换热站的面积；c 供热负荷估算；d 供热方式及供热参数；e 热力管道的布置及敷设方式；f 水源、水质、水压要求。B 燃料供应：a 燃料来源、种类及性能要求；b 燃料供应范围；c 燃料消耗量估算；d 燃料供应方式；e 废气排放，灰渣储存及运输方式；f 其他动力站房。C 站房内容、性质：a 站房的面积及位置；b 简述工艺系统形式；c 用量估算。D 节能、环保、消防及安全措施。

9）投资估算文件（详见第 8 章）。

（3）设计图纸

1）总平面设计图纸。A 场地的区域位置；B 场地的范围（用地和建筑物各角点的坐标或定位尺寸）；C 场地内及四邻环境的反映（四邻原有及规划的城市道路和建筑物、用地性质或建筑性质、层数等，场地内需保留的建筑物、构筑物、古树名木、历史文化遗存、现有地形与标高、水体、不良地质情况等）；D 场地内拟建道路、停车场、广场、绿地及建筑物的布置，并表示出主要建筑物与各类控制线（用地红线、道路红线、建筑控制线等）、相邻建筑物之间的距离及建筑物总尺寸，基地出入口与城市道路交叉口之间的距离；E 拟建主要建筑物的名称、出入口位置、层数、建筑高度、设计标高，以及地形复杂时主要道路、广场的控制标高；F 指北针或风玫瑰图、比例；G 根据需要绘制下列反映方案特性的分析图：功能分区、空间组合及景观分析、交通分析（人流及车流的组织、停车场的布置及停车泊位数量等）、消防分析、地形分析、绿地布置、日照分析、分期建设等。

2）建筑设计图纸。A 平面图：a 平面的总尺寸、开间、进深尺寸及结构受力体系中的柱网、承重墙位置和尺寸（也可用比例尺表示）；b 各主要使用房间的名称；c 各楼层地面标高、屋面标高；d 室内停车库的停车位和行车线路；e 底层平面图应标明剖切线位置和编号，并应标示指北针；f 必要时绘制主要用房的放大平面和室内布置；g 图纸名称、比例或比例尺。B 立面图：a 体现建筑造型的特点，选择绘制一、二个有代表性的立面；b 各主要部位和最高点的标高或主体建筑的总高度；c 当与相邻建筑（或原有建筑）有直接关系时，应绘制相邻或原有建筑的局部立面图；d 图纸名称、比例或比例尺。C 剖面图：a 剖面应剖在高度和层数不同、空间关系比较复杂的部位；b 各层标高及室外地面标高，建筑的总高度；c 若遇有高度控制时，还应标明最高点的标高。D 剖面编号、比例或比例尺。

3）热能动力设计图纸（当项目为城市区域供热或区域燃气调压站时提供）。A 主要设备平面布置图及主要设备表；B 工艺系统流程图；C 工艺管网平面布置图。

3 方案设计招标技术文件编制内容及深度要求

（1）工程项目概要：项目名称、基本情况、使用性质、周边环境、交通情况、自然地理条件、气候及气象条件、抗震设防要求等。

（2）设计目的和任务。

（3）设计条件：主要经济技术指标要求（详见规划意见书）、用地及建设规模、建筑退红线、建筑高度、建筑密度、绿地率、交通规划条件、市政规划条件等要求。

（4）项目功能要求：设计原则、指导思想、功能定位等。

（5）各专业系统设计要求：根据招标类型及工程项目实际情况，对建筑、结构、采暖通风、电气、给水排水、电气、人防、节能、环保、消防、安防等专业提出要求。

（6）方案设计成果要求：文字说明、图纸、展板、电子文件、模型等。

4 概念性方案设计招标文件编制深度

依据《建筑工程方案设计招标投标管理办法》，根据招标类型，招标人应按以下要求深度编制招标技术文件。

（1）设计总说明

1）总体说明。A 设计依据：列出设计依据性文件、任务书、规划条件、基础资料等；B 方案总体构思：设计方案总体构思理念、功能分区、交通组织、建筑总体与周边环境关系，主要建筑材料、建筑节能、环境保护措施、竖向设计原则。

2）设计说明。A 建筑物使用功能、交通组织、环境景观说明；B 单体、群体的空间构成特点；C 若采用新材料、新技术，说明主要技术、性能及造价估算；D 主要技术经济指标（见表 7-1）；E 结构、电气、暖通、给排水等专业设计简要说明；F 消防设计专篇说明；G 节能设计专篇说明；H 环境保护设计专篇说明。

3）工程造价估算（详见第 8 章）。

（2）图纸内容

1）总平面图纸。应明确表示建筑物位置及周边状况。

2）设计分析图纸。通常包括功能分析图、交通组织分析图、环境景观分析图等。

3）建筑设计图纸。A 主要单体主要楼层平面图，深度视项目而定；B 主要单体主要立面图，体现设计特点；C 主要单体主要剖面图，说明建筑空间关系。

4）建筑效果图纸。建筑效果图必须准确地反映设计意图及环境状况，不应制作虚假效果，欺骗评审。

(3) 其他要求

其他需求内容由招标人自行增补。

概念性方案设计主要技术经济指标表 表 7-1

序号	名称	单位	数量		备 注
1	总用地面积	m^2			
2	总建筑面积	m^2		地上：	地上、地下部分可分列
				地下：	
3	建筑基地总面积	m^2			
4	道路广场面积	m^2			
5	绿地面积	m^2			
6	容积率				
7	建筑密度	%			
8	绿地率	%			
9	汽车停车数量	辆		地上：	地上、地下部分可分列
				地下：	
10	自行车停车数量	辆		地上：	地上、地下部分可分列
				地下：	

注：1. 当工程项目（如城市居住区）有相应的规划设计规范时，技术经济指标的内容应按其执行。

2. 计算容积率时，按国家及地方要求计算。

5 建筑工程实施性方案设计招标文件深度

(1) 设计总说明

1) 总体说明。A 设计依据：a 招标人提供的有关文件名称及文号，如：政府有关审批机关对项目建议书的批复文件、政府有关审批机关对项目可行性研究报告的批复文件、经有关部门核准或备案的项目确认书、规划审批意见书等；b 招标人提供的设计基础资料，如：地形、区域位置、气象、水文地质、抗震设防资料等初勘资料，水、电、燃气、供热、环保、通信、市政道路和交通地下障碍物等基础资料；c 招标人或政府有关部门对项目的设计要求，如：总平面布置、建筑控制高度、建筑造型、建筑材料等，对周围环境需要保护的建筑、水体、树木等；d 设计采用的主要法规和标准，采用国外法规标准应予注明。B 方案总体构思：方案设计总体构思理念，外形特点，建筑功能，区域划分，环境景观，建筑总体与周边环境的关系。

2) 设计说明。A 总平面设计说明：a 场地现状和周边环境概况；b 项目若分期建设，说明分期划分；c 环境与绿化设计分析；d 道路和广场布置、交通分析、停车场地设置、总平面无障碍设施等；e 规划场地内原有建筑的利用和保护，古树、名木、植被保护措施；f 地形复杂时应作竖向设计。B 建筑方案设计说明：a 平面布局、功能分析、交通流线；b 空间构成及剖面设计；c 立面设计；d 采用的主要建筑材料及技术，若采用新材料、新技术，如实陈述其适用性、经济性，说明有无相应规范、标准，若采用国外规范，说明其名称及适用范围并履行审查批准程序；e 建筑声学、建筑热工、建筑防护、空气洁净、人防地下室等方面有特殊要求的建筑，应说明拟采用的相关技术。C 主要技术经济指标（见表 7-2）。D 关键建造技术问题说明（必要时）。E 建筑结构系统方案设计说明：a 建筑结构设计采用的规范和标准，风压雪荷载取值、地震情况及工程地质条件等；b 结构安全等级、设计使用年限和抗震设防类别；c 主体建筑结构体系、基础结构体系、屋盖结构体系、人防设计考虑；d 采用计算软件的名称。F 电气系统方案设计说明：应分别对供电电源、变压器及变电室、照明系统、动力电源系统、防雷与接地等予以说明。G 采暖通风系统方案设计说明：应分别对通风系统、防排烟系统、空调系统（如采用高新技术及高性能设备亦需简要说明）、供暖系统等予以说明。H 给水排水系统方案设计说明：应分别对给水系统、排水系统、雨水系统、污水系统、中水系统（如有必要）、节水措施等予以说明。J 消防控制设计专篇说明：应分别对火灾自动报警系统及消防控制室、灭火系统（喷淋或气体灭火系统）、防火分区、排烟系统、消防疏散设计考虑等内容予以说明。K 建筑节能设计专篇说明：说明采用的规范和标准，详述建筑节能技术要点及技术措施。L 环境保护措施专篇说明：进行建筑环境影响分析，说明采取的环境保护措施。M 楼宇智能化及通信系统方案设计说明：对项目设计中涉及的计算机网络系统、综合布线系统、电话通信系统、视频会议系统（包括同声传译系统）、卫星与有线电视系统、广播系统、楼宇自动化管理系统予以说明。N 安全防护系统方案设计说明：应对项目中涉及的门禁系统、电视监视系统、安防通信系统、安防供电系统、取证纪录系统予以说明。P 部分卫生防疫要求较高建筑（例如：医药卫生建筑、餐饮建筑等）应做卫生防疫、防射线、防磁、防毒等专项说明。

实施性方案设计主要技术经济指标表　　**表 7-2**

序号	名称	单位	数量		备注
1	总用地面积	m^2			
2	总建筑面积	m^2		地上：	地上、地下部分可分列
				地下：	
3	建筑基地总面积	m^2			
4	道路广场面积	m^2			
5	绿地面积	m^2			
6	容积率				
7	建筑密度	%			
8	绿地率	%			
9	汽车停车数量	辆		地上：	地上、地下部分可分列
				地下：	
10	自行车停车数量	辆		地上：	地上、地下部分可分列
				地下：	

注：1. 当工程项目（如城市居住区）有相应的规划设计规范时，技术经济指标的内容应按其执行。

2. 计算容积率时，按国家及地方要求计算。

3. 公共建筑应增加主要功能区分层面积表、旅馆建筑应增加客房构成、医院建筑增加门诊人次及病床数、图书馆增加建筑藏书册数、观演和体育建筑增加座位数、住宅小区方案应增加户型统计表。

3）工程造价估算（详见第8章）

（2）图纸内容

1）总平面图纸。A 区域位置图纸。B 场地现状地形图纸。C 总平面设计图纸：图中应标明用地范围、退界、建筑布置、周边道路、周边建筑物构造物、绿化环境、用地内道路宽度等；标明主要建筑物名称、编号、层数、出入口位置、标注建筑物距离、各主要建筑物相对标高、城市及用地区域内道路、广场标高等。

2）设计分析图纸。A 功能分析图纸：功能分区及空间组合。B 总平面交通分析图纸。交通分析图应包括：主要道路宽度、坡度，人行、车行系统，停车场地（包括无障碍停车场地）主要道路剖面及停车位，消防车通行道路、停靠场地及回转场地；各主要人流出入口、货物及垃圾出入口、地下车库出入口位置，自行车库出入口位置等。C 环境景观分析图纸：根据招标文件要求，说明景观性质、视线、形态或色彩设计理念与城市关系。D 日照分析图纸：按招标文件要求使用软件绘制符合当地规定的日照分析图并明确分析结果；日照条件应符合国家相关规定；医院、疗养院、学校、幼儿园、养老院、住宅等建筑的日照条件应严格执行国家相关标准；一般建筑应分析日照影响，确保环境效果和公共利益。E 招标文件要求的分析图纸：根据项目方案设计，需要可增加分期建设分析图、交通分析图、室外景观分析图、建筑声学分析图、视线分析图、特殊建筑内部交通流线分析图、采光通风分析图等。

3）建筑设计图纸。A 各层平面图纸；B 主要立面图纸；C 主要剖面图纸。

4）建筑效果图纸。根据建筑工程项目特点和招标人要求，提供如实反映建筑环境、建筑形态及空间关系的建筑效果图。

（3）其他要求

可依据招标人要求制作建筑模型，建筑模型应准确反映建筑设计及周边真实状况；其他需求内容由招标人自行增补。

（4）笔者增补

对于居住区、居住小区住宅项目概念性设计方案除以上所列外，还应包括：

1）总平面图纸。包括：表示分期建设规划、分区、组团和公共建筑、配套设施、绿地景观、道路交通组织等完整的分级配套体系布置。

2）居住空间环境分析图及其说明。包括适应居民的活动规律的日照、采光、通风、防灾、卫生、绿化、景观、公建配套、道路交通、物业管理等分析。

3）交通分析图及其说明。包括：主次入口的设置、规划道路结构，各级道路流线及停车分析、主要停车方式及配比（地面/地下/架空各种停车数量及比例）等。

4）公建配套图及其说明。表示配套公建的位置、层数、面积等，重点说明商业、幼儿园、中小学校、会所、主要广场等主要公建配套意向，配套设施功能、公共活动空间说明等。

5）绿化和景观分期图。

6）建筑产品比例表。

7）组团平面图及其说明。通常包括：表示组团构成与布置和面积、住宅单元组织、户数、户型配比及环境设计等说明。

8）户型组合平面总图。

9）户型配比表。

10）各类型住宅建筑设计图纸。A 平面图：a 住宅组合平面图；b 住宅主力户型平面图——户型为标准层平面，表示标准单元（栋/层/户）面积（户型应统计套内和建筑面积），结构柱及剪力墙、门窗、室外空调板、各功能房间名称、建筑面积标注，室内设备管井、家具、空调室内外机、厨房和卫生间设备布置等；c 地下室（人防、停车位）平面图。B 立面图：包括单体立面或组合立面图、主要立面的彩色立面图。C 剖面图：典型住宅剖面图。

11）房地产开发项目初步界定开盘示范区（含售楼处）范围和呈现状态图。

12）方案鸟瞰图和模型。

13）主力户型、特殊户型（如有）效果图或模型。

6 方案设计质量控制要点

（1）策划、编制方案设计要求文件

方案设计要求主要通过方案设计任务书来体现。策划和编制方案设计任务书是项目前期策划的继续细化过程和方案设计质量控制的重要内容。方案设计任务书必须以获批准的项目前期文件为依据，因此，应对项目可行性报告、规划条件和各专业批复意见等项目前期文件进行充分的研究、分析，保证方案设计任务书的内容建立在物质资源和外部建设条件的可靠基础上（方案设计任务书的编制可参照第5章）。

（2）方案设计的基本要求

1）方案设计应贯彻设计方针：建筑工程项目方案设计应符合科学发展观的要求，并与当地的经济发展水平相适应，遵循安全、适用、经济、美观、环保、节能等原则。

2）方案设计应严格执行《建设工程质量管理条例》、《建设工程勘察设计管理条例》和国家强制性标准条文。

3）方案设计应符合项目前期文件批复和任务书等依据性文件。

4）设计方案要与当地经济发展水平相适应，积极采用节地、节能、节水、节材、环保和安全防灾技术。

5）设计方案应体现先进的设计理念、创新的意识和正确高效的方法，在设计标准化的前提下，建筑不仅应具备时代特征，还应该彰显有创意的个性。

6）设计方案应严格执行国家强制性标准条文、满足现行的建筑工程建设标准、设计规范（规程）、制图标准和设计文件编制深度规定。

7）针对项目特征和建设需要，采用先进技术、先进工艺、先进设备、新型材料和现代先进设计方法，转化科技成果于设计方案。

(3) 方案设计评选的一般原则

1）遵循公开、公平、公正、择优和诚实信用的竞争原则。

2）遵守已拟定发布的设计竞赛文件中包括方案设计要求、评选流程、方式、方法、标准等内容的评选细则。

3）真实体现中选方案评选的质量水平。

(4) 方案设计评选的流程

1）聘请设计方案评审专家，确定评选机构及其人选；

2）准备和发放评选资料；

3）确定方案评选方式（单轮或多轮）、推选模式和评选议程；

4）实施评选议程，设计单位分别介绍方案并答疑；

5）设计方案评价讨论；

6）评选专家对各设计方案评比（体现于“设计方案评定表”）；

7）评选结果排序，总结分析评选意见；

8）确定中选方案，提出修改优化意见；

9）发布设计方案评审结果通知书；

10）发放设计方案竞赛酬金及退回保证金。

(5) 设计方案评选与决策过程的控制要点

在参赛单位报送设计方案后，按已拟定设计竞赛的实施流程和设计竞赛规则，由设计竞赛的发起组织者主持方案设计评选工作。方案设计评选是优选设计方案的重要步骤，也是设计方案竞赛组织流程中质量控制的关键环节。

1）设计方案评选与决策控制工作职责。设计方案评选与决策过程质量控制工作，除项目经理和项目工程技术负责人外，项目设计管理组织的设计经理（主管）应负责设计方案评选具体组织工作，有关专业设计管理人员应承担相应专业的设计方案评选质量控制工作。

2）必须充分重视设计方案竞赛的科学组织与周密安排。设计竞赛的直接目的是为了取得良好的竞赛效果，获得理想的设计方案，因此，方案设计评选应精心组织，周密安排，实事求是，严格评选，体现方案评选的真实质量水平，从而取得良好的竞赛效果，达到既定的优选目标，获得理想的设计方案。

3）保证方案设计评选人员的高素质要求。方案设计评选专家应选取与项目特征相关的德才双馨、设计经验丰富的规划、建筑、结构、经济、设备等专业资深专家担任。其中评选专家组技术、经济专家人数应占评委人数三分之二以上，人数为9人以上单数组成，技术专家应从与设计招标项目相关的设计研究领域从业人员中产生，以在评选时能遵循评选原则，公平、公正、诚信、严谨、认真地进行方案评价和评选。

4）应确保评选专家有足够时间审阅方案设计文件，评审时间安排应与工程的复杂程度、设计文件的数量、深度相适应。

5）采用科学合理的评选方法。方案设计评选方法可参照建筑工程项目方案设计招标的评标方法，主要包括记名投票法、排序法和百分制综合评估法等（详见第6章）。应当明确规定评标时的所有评价因素及其量化标准，并应当在相关文件中明确规定和细化。应注意需量化的评价因素是否全面及其权重是否分配合理。（评价标准主要包括的因素可参见第6章）。

6）方案设计评选标准应突出体现符合方案设计任务书的目标要求。方案设计任务书是项目目标和方案设计质量的具体体现，方案设计评选的主要内容和标准应主要包括评价各设计方案是否满足方案竞赛的条件、是否符合方案设计任务书的要求。

7）进行设计方案比较选择时，应处理好质量、投资与进度的关系，使其达到对立的统一。

8）重视各设计方案间的技术经济分析比较，应在技术经济分析的基础上进行评选和决策。

9）分析各设计方案的长短，重点比较设计方案之间的主要优劣差异，并提出设计方案整合或优化设计方案的建议。

10）组织评选专家认真审阅方案设计文件并填写《专家评审意见表》。

11）做好与各方案设计单位和设计师的充分沟通协调工作，造就良好的互动关系。

12）在设计方案运行中采取积极的优化动态管理。着重对中选方案征询各方面意见，按专业进行细化、量化评估，提出修改意见，并优化过程跟踪。

13）切实做好评选会议记录，编写会议纪要的工作。收集整理设计方案评选与决策全程信息文件，并按制度归档。

14）有始有终地做出设计方案评选总结，确切评估评选活动的利弊得失。

7 设计方案的规划公示

设计方案的规划公示，是指规划土地管理部门在批准建设工程设计方案前，将建设工程设计方案的相关内容向公众公开展示、听取公众意见的活动。

对设计质量控制而言，设计方案的规划公示既是规划管理部门对设计方案规划审批的程序之一，也是实施设计质量控制，利于保证设计方案质量的重要举措（设计方案的规划公示规定详见第4章）。

7.3.3 初步设计阶段的质量控制

1 初步设计质量控制概述

初步设计作为界于方案设计和施工图设计之间的一个中间阶段，其主要任务是根据项目设计的要求，在政府相关部门确认的设计方案基础上，深入细化设计方案，编制初步设计文件。

对于有些大型复杂项目必要时宜进行扩大性初步设计，即扩初设计。其设计要求与深度比初步设计更进一步，尤其要求解决各设计工种专业之间的技术问题和编制扩大的初步设计概算。

初步设计阶段成果标志应该是：各专业技术路线得到确定，并实现系统内外的整体统一。初步设计质量直接关系到后续的施工图设计质量，因此，初步设计质量控制应注重承前启后的过程要求特点和各设计专业的技术协调。应杜绝走过场，质控把关不严的情况发生。

2 初步设计质量控制要点

（1）策划拟定初步设计要求

进入初步设计阶级，应针对已获批准确认的设计方案，要重视设计方案评审和初步设计批复文件中提出的具体明确的意见，要与设计方进行有效的沟通和多方面论证，策划拟定初步设计要求，编制初步设计任务书，为设计方案的深化完善和初步设计实施创造良好的条件。

（2）初步设计的基本要求

1）初步设计应符合国家和地方相关法律法规、设计标准和规范，不得随意改变已批准确定的规划条件和各项经济技术控制指标；严格执行环保、消防、人防、抗震、节能、绿化和卫生防疫等专项要求和批复。

2）初步设计应符合已经主管部门审批确认的设计方案及其批复意见。

3）编制初步设计文件，应当满足主要设备材料订货、编制施工图设计文件和编制施工招标文件的需要。

4）建筑设计符合城乡规划和功能适用、富有创意、环境协调、节能环保、形象美观等要求；工业建筑的产品方案、生产规模、工艺设计、选用设备、“三废”治理环境保护方案和能源需求与节能减排成熟、可靠、先进、合理。

5）结构设计与民用建筑设备设计选型、布置与技术参数合理、安全、可靠、经济、环保、节能，并符合抗震、防火等要求。

6）初步设计应解决建筑与结构、建筑与设备、结构与设备之间的接口矛盾，做到各专业工种设计文件技术的充分协调。

7）初步设计文件编制深度应符合《建设工程设计文件编制深度规定》(2008年版）的要求。

8）初步设计概算完整、准确、合理，满足编制总投资概算的需要，并作为造价控制的主要依据。

9）采用的新技术、新工艺、新设备、新材料适用、可靠、先进，杜绝采用不符合现行技术产业政策和管理规定的落后淘汰技术、设备或材料等。

(3）初步设计的内审优化

初步设计文件的内审优化是初步设计管理、质量控制和初步设计流程中的一个重要环节，初步设计的内审优化内容主要有：

1）是否符合作为设计依据的政府有关部门的批准文件要求；设计单位是否严格执行有关行政主管部门的审批意见。

2）是否符合批准方案和设计任务书的项目规模与组成，以及设计原则、功能要求、主要指标等。

3）设计所执行的主要法规和采用的标准（尤其是强制性标准）是否恰当、有效。

4）是否符合规划、用地、环保、卫生、绿化、消防、人防、抗震等各专项管理规定和设计要求，是否符合社会公共利益。

5）设计文件是否满足现行国家和省市地方有关初步设计规定的深度要求。

6）采用的新技术、新材料、新设备和新结构是否适用、可靠、先进。

7）总体设计布局和建筑设计是否在方案设计基础上更合理、完善、优化，是否符合各项要求，是否有利于综合利用土地和资源节约，总体设计中所列项目有无漏项。

8）工艺设计是否成熟、可靠，选用设备是否先进、合理；能否达到预计的生产规模，“三废”治理和环境保护方案、节能减排是否满足国家和当地政府的有关要求。

9）所采用的技术方案是否可行可靠、经济合理，是否达到项目确定的质量标准，有关专业设计之间技术协调是否充分。

10）主要技术经济指标确定是否合理，是否符合规划条件、建设标准和设计任务书等。

11）结构选型、结构布置是否安全、可靠、经济、合理，是否符合抗震要求。

12）设计概算是否完整、合理、准确，总投资确定是否合理，若超出计划投资原因何在。

3 初步设计会审

(1）初步设计会审是初步设计审批的规定方式和主要程序内容。根据工程项目的规模、重要性以及复杂程度和所涉及需要审查的政府部门的不同，初步设计审查的方式有会审和审批两种方式，其中，初步设计会审是初步设计审批的规定方式和主要程序步骤。

(2）初步设计审查的责任人是政府主管部门。初步设计审查会议（也称评审会），一般由政府建设行政主管部门牵头主持，参会者包括主要专业评审主管部门、项目配套主管单位和评审专家组、项目业主（建设单位）、设计单位和其他应邀与会者。

(3）初步设计送审应符合法定条件。建设单位应当对申请资料的真实性和时效性负责。经审批行政主管部门审核受理的，才可予以初步设计会审。

(4) 组织高素质高水平的评审专家组是做好初步设计审查工作的关键。项目初步设计专业分工比较细，各个设计工种要求达到一定的专业深度。没有高素质高水平的各个专业的专家，专业审查就不能满足专业要求，也会因此使会审达不到专业深度，从而弱化会审的客观、科学与公正。

建设行政主管部门应当建立健全设计审查专家库，加强对其所建专家库及评审专家的管理；专家组一般由有关专业的专家组成，专家人数按初步设计文件审查涉及的专业要求确定（一般而言，中型项目5名及以上，大型项目7名及以上）。

初步设计审查是一项科学、严谨的工作，责任重大。在评审中，评审专家应以客观、公正、科学、务实、尽责的态度，提出明确的评审和咨询意见；评审会组织者不得以任何形式控制、干预或者影响评审专家的具体评审活动。

(5) 初步设计审查会议议程和应完成事项

1) 在召开初步设计评审会之前，将会议通知、各有关部门批复文件和建设单位的初步设计文件送至参加评审会的单位和专家组手中。

2) 项目初步设计负责人和各专业设计负责人向与会者汇报介绍设计内容。

3) 与会者审核初步设计成果文件。与业主方、设计方的评估意见交流，对初步设计文件评论审议，对各专业工种设计文件提出具体评估意见。

4) 形成初步设计会审书面意见。会审意见应论据充分、数据准确、文字简练、重点突出、结论明确，结论为：通过、修改后通过、不通过。

5) 对审查通过的初步设计由政府主管部门在规定期限内发布初步设计审查批文和评审会纪要；对应调整、修改或补充相关资料的初步设计，经审查符合要求后，在规定期限内发出初步设计批复。

6) 责成有关方对初步设计某些没有落实的问题进行沟通，在下一步设计中得以解决。

7) 设计单位应当对专家提出的修改意作出是否采纳的书面意见，并报组织审查的建设行政主管部门。

8) 对存在设计依据不正确或不充分、设计原则偏错、设计主要内容不合法不合理、设计文件编制深度欠缺、不符合技术产业政策和管理规定等严重缺陷的初步设计，应当作出不通过的批复意见，并责令改正。

(6) 初步设计会审主要评审内容

1) 设计是否符合建设法规、国家和地方的技术经济政策、工程建设标准强制性条文和现行国家、行业及地方的有关技术标准。

2) 包括各专业设计文件、主要经济技术指标、概算编制等设计文件是否符合项目设计依据文件要求。

3) 设计是否基于已批准确认的设计方案及其规划及各专项设计的审查批复意见，重点审查初步设计中牵涉建筑安全可靠、节能减排、环境保护、消防、抗震、无障碍建设标准等专项的执行情况。

4) 初步设计文件是否满足国家规定的有关初步设计阶段的深度要求，是否满足编制施工招标文件、主要设备材料订货和编制施工图设计文件的需要。

5) 各专业工种的设计是否协调，对有关专业的主要技术方案是否进行了技术经济分析比较，是否合理、安全、可靠。

6) 根据项目的行业属性，由其行业主管部门审查初步设计中生产工艺方案、技术水平是否先进可靠，设备选型（包括采用新工艺、新设备和新技术）等是否科学合理。

7) 初步设计概算是控制项目投资的重要依据，也是初步设计审查重点之一，其中，单位工程概算是项目总概算的基础，其造价是整个建设工程造价的重要组成部分，应作为审查的重点。要严格按照国家及地方政府有关部门的相关规定计算工程建设其他费用。

重点审查设计是否经济合理；概算编制是否符合国家和地方现行有关造价的规定；是否完整、准确、有无错漏碰缺，深度是否满足要求；单位工程概算中是否包括建筑节能所需费用；是否全面、客观、真实地反映工程实际；概算是否符合投资限额的要求。

8）是否对项目外部条件及其可能对项目的影响做充分的分析、论证、确定，并提出拟采取的相应措施。

9）市政公用设施等外部条件是否取证落实。

（7）初步设计一经批准，任何单位和个人不得擅自修改。按照审查意见或确需修改的，应当由原设计单位或建设单位委托具有相应设计资质等级的设计单位修改优化，并由建设单位将调整、修改、优化后的初步设计报请原审查部门重新审查批准。

4 初步设计文件的编制深度

（1）一般要求

1）初步设计文件。A 设计说明书；包括：设计总说明、各专业设计说明。对于涉及建筑节能设计的专业，其设计说明应有建筑节能设计的专项内容。B 有关专业的设计图纸。C 主要设备或材料表。D 工程概算书。E 有关专业计算书（计算书不属于必须交付的设计文件，但应按本规定相关条款的要求编制）。

2）初步设计文件的编排顺序。A 封面：项目名称、编制单位、编制年月。B 扉页：编制单位法定代表人、技术总负责人、项目总负责人和各专业负责人的姓名，并经上述人员签署或授权盖章。C 设计文件目录。D 设计说明书。E 设计图纸（可单独成册）。F 概算书（应单独成册）。

（2）设计总说明

1）工程设计依据。A 政府有关主管部门的批文，如：该项目的可行性研究报告、工程立项报告、方案设计文件等审批文件的文号和名称。B 设计所执行的主要法规和所采用的主要标准（包括标准的名称、编号、年号和版本号）。C 工程所在地区的气象、地理条件、建设场地的工程地质条件。D 公用设施和交通运输条件。E 规划、用地、环保、卫生、绿化、消防、人防、抗震等要求和依据资料。F 建设单位提供的有关使用要求或生产工艺等资料。

2）工程建设的规模和设计范围。A 工程的设计规模及项目组成；B 分期建设的情况；C 承担的设计范围与分工。

3）总指标。A 总用地面积、总建筑面积和反映建筑功能规模的技术指标；B 其他有关的技术经济指标。

4）设计特点。A 简述各专业的设计特点和系统组成；B 采用新技术、新材料、新设备和新结构的情况。

5）提请在设计审批时需解决或确定的主要问题。A 有关城市规划、红线、拆迁和水、电、蒸汽、燃料等能源供应的协作问题；B 总建筑面积、总概算（投资）存在的问题；C 设计选用标准方面的问题；D 主要设计基础资料和施工条件落实情况等影响设计进度的因素；E 明确需要进行专项研究的内容（注：总说明中已叙述的内容，在各专业说明中可不再重复）。

（3）总平面

1）在初步设计阶段，总平面专业设计文件应包括设计说明书、设计图纸。

2）设计说明书。A 设计依据及基础资料：a 摘述方案设计依据资料及批示中与本专业有关的主要内容；b 有关主管部门对本工程批示的规划许可技术条件（用地性质、道路红线、建筑控制线、城市绿线、用地红线、建筑物控制高度、建筑退让各类控制线距离、容积率、建筑密度、绿地率、日照标准、高压走廊、出入口位置、停车泊位数等），以及对总平面布局、周围环境、空间处理、交通组织、环境保护、文物保护、分期建设等方面的特殊要求；c 本工程地形图编制单位、日期，采用的坐标、高程系统；d 凡设计总说明中已阐述的内容可从略。B 场地概述：a 说明场地所在地的名称及其在城市中的位置（简述周围自然与人文环境、道路、市政基础设施与公共服务设施配套和供应情况，以及四邻原有和规划的重要建筑物与构筑物）；b 概述场地地形地貌（如山丘范围、高度，水域的位置、流向、水深，最高最低标高、总坡向、最大坡度和一般坡度等地貌特征）；c 描述场地内原有建筑物、构筑物，以及保留（包括名木、古迹、地形、植被等）、拆除的情况；d 摘述与总平面设计有关的自然因素，如地震、湿陷性或胀缩性土、地裂缝、岩溶、滑坡与其他地质灾害。C 总平面布置：a 说明总平面设计构思及指导思想，说明如何因地制宜，结合地域文化特点及气候、自然地形综合考虑地形、地质、日照、通风、防火、卫生、交通以及环境保护等要求布置建筑物、构筑物，使其满足使用功能、城市规划要求以及技术安全、经济合理性、节能、节地、节水、节材等要求；b 说明功能分区、远近期结合、预留发展用地的设想；c 说明建筑空间组织及其与四周环境的关系；d 说明环境景观和绿地布置及其功能性、观赏性等；e 说明无障碍设施的布置。D 竖向设计：a 说明竖向设计的依据（如城市道路和管道的标高、地形、排水、最高洪水位、最高潮水位、土方平衡等情况）；b 说明如何利用地形，综合考虑功能、安全、景观、排水等要求进行竖向布置，并说明竖向布置方式（平坡式或台阶式）、地表雨水的收集利用及排除方式（明沟或暗管）等，如采用明沟系统，还应阐述其排放地点的地形与高程等情况；c 根据需要注明初平土石方工程量；d 防灾措施，如针对洪水、滑坡、潮汐及特殊工程地质（湿陷性或膨胀性土）等的技术措施。E 交通组织：a 说明人流和车流的组织、路网结构、出入口、停车场（库）的布置及停车数量的确定；b 消防车道及高层建筑消防扑救场地的布置；c 说明道路主要的设计技术条件（如主干道和次干道的路面宽度、路面类型、最大及最小纵坡等）；d 主要技术经济指标表（表 7-3）。

民用建筑主要技术经济指标表 **表 7-3**

序　号	名　称	单　位	数　量	备　注
1	总用地面积	hm^2		
2	总建筑面积	m^2		地上、地下部分应分列，不同功能性质部分应分列
3	建筑基底总面积	m^2		
4	道路广场总面积	hm^2		含停车场面积
5	绿地总面积	hm^2		可加注公共绿地面积
6	容积率			（2）/（1）
7	建筑密度	%		（3）/（1）
8	绿地率	%		（5）/（1）
9	小汽车/大客车停车泊位数	辆		室内、外应分列
10	自行车停放数量	辆		

注：1　当工程项目（如城市居住区）有相应的规划设计规范时，技术经济指标的内容应按其执行。

2　计算容积率时，通常不包括±0.00 以下地下建筑面积。

3　设计图纸

1）区域位置图（根据需要绘制）。

2）总平面图。A 保留的地形和地物；B 测量坐标网、坐标值，场地范围的测量坐标（或定位尺寸），道路红线、建筑控制线、用地红线；C 场地四邻原有及规划的道路、绿化带等的位置（主要坐标或定位尺寸）和主要建筑物及构筑物的位置、名称、层数、间距；D 建筑物、构筑物的位置（人防工程、地下车库、油库、贮水池等隐蔽工程用虚线表示）与各类控制线的距离，其中主要建筑物、构筑物应标注坐标（或定位尺寸）、与相邻建筑物之间的距离及建筑物总尺寸、名称（或编号）、层数；E 道路、广场的主要坐标（或定位尺寸），停车场及停车位、消防车道及高层建筑消防扑救场地的布置，必要时加绘交通流线示意；F 绿化、景观及休闲设施的布置示意，并表示出护坡、挡土墙、排水沟等；G 指北针或风玫瑰图；H 主要技术经济指标表（表 7-3）；J 说明栏内注写：尺寸单位、比例、地形图的测绘单位、日期，坐标及高程系统名称（如为场地建筑坐标网时，应说明其与测量坐标网的换算关系），补充图例及其他必要的说明等。

3）竖向布置图。A 场地范围的测量坐标值（或定位尺寸）；B 场地四邻的道路、地面、水面，及关键性标高（如道路出入口）；C 保留的地形、地物；D 建筑物、构筑物的位置名称（或编号），主要建筑物和构筑物的室内外设计标高、层数，有严格限制的建筑物、构筑物高度；E 主要道路、广场的起点、变坡点、转折点和终点的设计标高，以及场地的控制性标高；F 用箭头或等高线表示地面坡向，并表示出护坡、挡土墙、排水沟等；G 指北针；H 注明：尺寸单位、比例、补充图例；J 本图可视工程的具体情况与总平面图合并；K 根据需要利用竖向布置图绘制土方图及计算初平土方工程量。

(4) 建筑

1) 在初步设计阶段，建筑专业设计文件应包括设计说明书和设计图纸。

2) 设计说明书。A 设计依据：a 摘述设计任务书和其他依据性资料中与建筑专业有关的主要内容；b 设计所执行的主要法规和所采用的主要标准（包括标准的名称、编号、年号和版本号）。B 设计概述：a 表述建筑的主要特征，如建筑总面积、建筑占地面积、建筑层数和总高；b 建筑防火类别、耐火等级、设计使用年限、地震基本烈度、主要结构选型、人防类别和防护等级、地下室防水等级、屋面防水等级等；c 概述建筑物使用功能和工艺要求；d 简述建筑的功能分区、平面布局、立面造型及与周围环境的关系；e 简述建筑的交通组织、垂直交通设施（楼梯、电梯、自动扶梯）的布局，以及所采用的电梯、自动扶梯的功能、数量和吨位、速度等参数；f 综述建筑防火设计；g 无障碍、智能化、人防等方面的设计要求和内容以及所采取的特殊技术措施；h 主要技术经济指标，包括能反映建筑规模的总建筑面积以及诸如住宅的套型和套数、旅馆的房间数和床位数、医院的门诊人次和住院部的病床数、车库的停车位数量等；i 简述建筑的外立面用料、屋面构造及用料、内部装修使用的主要或特殊建筑材料；j 对具有特殊防护要求的门窗有必要的说明。C 多子项工程中的简单子项可用建筑项目主要特征表（表7-4）作综合说明。D 对需分期建设的工程，说明分期建设内容和对续建、扩建的设想及相关措施。E 幕墙工程、特殊屋面工程及其他需要另行委托设计、加工的工程内容的必要说明。F 需提请审批时解决的问题或确定的事项以及其他需要说明的问题。G 建筑节能设计说明：a 设计依据；b 项目所在地的气候分区及围护结构的热工性能限值；c 简述建筑的节能设计，确定体型系数、窗墙比、天窗屋面比等主要参数；d 明确屋面、外墙（非透明幕墙）、外窗（透明幕墙）等围护结构的热工性能及节能构造措施。

建筑项目主要特征表　　**表7-4**

编　号	项　目　名　称	备　注
1	建筑总面积	地上、地下另外分列
2	建筑占地面积	
3	建筑层数、总高	地上、地下分列
4	建筑防火类别	
5	耐火等级	
6	设计使用年限	
7	地震基本烈度	
8	主要结构选型	
9	人防类别和防护等级	说明平时、战时功能
10	地下室防水等级	
11	屋面防水等级	
建筑构造及装修	墙　体	
	地　面	
	楼　面	
	屋　面	
	楼　梯	
	天　窗	
	门	
	窗	
	顶棚	
	内墙面	
	外墙面	

注：建筑构造及装修项目可随工程内容增减。

3）设计图纸。A平面图：a标明承重结构的轴线、轴线编号、定位尺寸和总尺寸，注明各空间的名称，住宅标注套型内卧室、起居室（厅）、厨房、卫生间等空间的使用面积；b绘出主要结构和建筑构配件，如非承重墙、壁柱、门窗（幕墙）、天窗、楼梯、电梯、自动扶梯、中庭（及其上空）、夹层、平台、阳台、雨篷、台阶、坡道、散水明沟等的位置；当围护结构为幕墙时，应标明幕墙与主体结构的定位关系；c表示主要建筑设备的位置，如水池、卫生器具等与设备专业有关的设备的位置；d表示建筑平面或空间的防火分区和防火分区分隔位置和面积，宜单独成图；e标明室内、外地面设计标高及地上、地下各楼层地面标高；f底层平面标注剖切线位置、编号及指北针；g绘出有特殊要求或标准的厅、室的室内布置，如家具的布置等；也可根据需要选择绘制标准层、标准单元或标准间的放大平面图及室内布置图；h图纸名称、比例。B立面图：应选择绘制主要立面，立面图上应标明：a两端的轴线和编号；b立面外轮廓及主要结构和建筑部件的可见部分，如门窗（幕墙）、雨篷、檐口（女儿墙）、屋顶、平台、栏杆、坡道、台阶和主要装饰线脚等；c平、剖面未能表示的屋顶、屋顶高耸物、檐口、室外地面等处主要标高或高度；d可见主要部位的饰面用料；e图纸名称、比例。C剖面图：剖面应剖在层高、层数不同、内外空间比较复杂的部位（如中庭与邻近的楼层或错层部位），剖面图应准确、清楚地绘示出剖到或看到的各相关部分内容，并应表示：a主要内、外承重墙、柱的轴线，轴线编号；b主要结构和建筑构造部件，如地面、楼板、屋顶、檐口、女儿墙、吊顶、梁、柱、内外门窗、天窗、楼梯、电梯、平台、雨篷、阳台、地沟、地坑、台阶、坡道等；c各楼层地面和室外标高，以及建筑的总高度，各楼层之间尺寸及其他必需的尺寸等；d图纸名称、比例。D对于贴邻的原有建筑，应绘出其局部的平、立、剖面。

（5）结构

在初步设计阶段，结构专业设计文件应包括设计说明书、设计图纸和计算书。

1）设计说明书。A工程概况：a工程地点、工程分区、主要功能；b各单体（或分区）建筑的长、宽、高，地上与地下层数，各层层高，主要结构跨度，特殊结构及造型，工业厂房的吊车吨位等。B设计依据：a主体结构设计使用年限；b自然条件—基本风压、基本雪压、气温（必要时提供）、抗震设防烈度等；c工程地质勘察报告或可靠的地质参考资料；d场地地震安全性评价报告（必要时提供）；e风洞试验报告（必要时提供）；f建设单位提出的与结构有关的符合有关标准、法规的书面要求；g批准的上一阶段的设计文件；h本专业设计所执行的主要法规和所采用的主要标准（包括标准的名称、编号、年号和版本号）。C建筑分类等级：应说明下列建筑分类等级及所依据的规范或批文：a建筑结构安全等级；b地基基础设计等级；c建筑抗震设防类别；d钢筋混凝土结构抗震等级；e地下室防水等级；f人防地下室的设计类别、防常规武器抗力级别和防核武器抗力级别；g建筑防火分类等级和耐火等级。D主要荷载（作用）取值：a楼（屋）面活荷载、特殊设备荷载；b风荷载（包括地面粗糙度，有条件时说明体型系数、风振系数等）；c雪荷载（必要时提供积雪分布系数等）；d地震作用（包括设计基本地震加速度、设计地震分组、场地类别、场地特征周期、结构阻尼比、地震影响系数等）；e温度作用及地下室水浮力的有关设计参数；f特殊的荷载（作用）工况组合，包括分项系数及组合系数。E上部及地下室结构设计：a结构缝（伸缩缝、沉降缝和防震缝）的设置；b上部及地下室结构选型及结构布置说明；c关键技术问题的解决方法，特殊技术的说明，结构重要节点、支座的说明或简图；d有抗浮要求的地下室应明确抗浮措施；e施工特殊要求及其他需要说明的内容。F地基基础设计：a工程地质和水文地质概况，应包括各主要土层的压缩模量和承载力特征值（或桩基设计参数）；地基液化判别，地基土冻胀性和融陷情况，特殊地质条件（如溶洞）等说明，土及地下水对钢筋、钢材和混凝土的腐蚀性；b基础选型说明；c采用天然地基时，应说明基础埋置深度和持力层情况，采用桩基时，应说明桩的类型、桩端持力层及进入持力层的深度，采用地基处理时，应说明地基处理要求；d关键技术问题的解决方法；e必要时应说明对相邻既有建筑物等的影响及保护措施；f施工特殊要求及其他需要说明的内容。G结构分析：a采用的结构分析程序名称、版本号、编制单位；复杂结构或重要建筑应至少采用两种不同的计算程序；b 结构分析所采用的计算模型、整体计算嵌固部位，结构分析输入的主要数，必要时附计算模型简图；c 列出主要控制性计算结果，可以采用图表方式表示，对计算结果进行必要的分析和说明。H 主要结构材料。包括混凝土强度等级、钢筋种类、砌体强度等级、砂浆强度等级、钢绞线或高强钢丝种类、钢材牌号、特殊材料或产品（如成品拉索、锚具、铸钢件、成品支座、阻尼器等）的说明等。J 其他需要说明的内容：a 必要时应提出的试验要求，如风洞试验、振动台试验、节点试验等；b 进一步的地质勘察要求、试桩要求等；c 尚需建设单位进一步明确的要求；d 对需要进行抗震设防专项审查和其他专项论证的项目应明确说明；e 提请在设计审批时需解决或确定的主要问题。

2）设计图纸。A 基础平面图及主要基础构件的截面尺寸。B 主要楼层结构平面布置图，注明主要的定位尺寸、主要构件的截面尺寸，结构平面图不能表示清楚的结构或构件，可采用立面图、剖面图、轴测图等方法表示。C 结构主要或关键性节点、支座示意图。D 伸缩缝、沉降缝、防震缝、施工后浇带的位置和宽度应在相应平面图中表示。E 计算书。计算书应包括荷载统计、结构整体计算、基础计算等必要的内容，计算书经校审后保存。

（6）建筑电气

1）在初步设计阶段，建筑电气专业设计文件应包括：设计说明书、设计图纸、主要电气设备表、计算书。

2）设计说明书。A 设计依据：a 工程概况——应说明建筑类别、性质、结构类型、面积、层数、高度等；b 相关专业提供给本专业的工程设计资料；c 建设单位提供的有关部门（如供电部门、消防部门、通信部门、公安部门等）认定的工程设计资料，建设单位设计任务书及设计要求；d 设计所执行的主要法规和所采用的主要标准（包括标准的名称、编号、年号 和版本号）；e 上一阶段设计文件的批复意见。B 设计范围：a 根据设计任务书和有关设计资料说明本专业的设计内容，以及与相关专业的设计分工与分工界面；b 拟设置的建筑电气系统。C 变、配、发电系统：a 确定负荷等级和各级别负荷容量；b 确定供电电源及电压等级，要求电源容量及回路数、专用线或非专用线、线路路由及敷设方式、近远期发展情况；c 备用电源和应急电源容量确定原则及性能要求；有自备发电机时，说明启动方式及与市电网关系；d 高、低压供电系统接线型式及运行方式，正常工作电源与备用电源之间的关系，母线联络开关运行和切换方式，变压器之间低压侧联络方式，重要负荷的供电方式；e 变、配、发电站的位置、数量、容量（包括设备安装容量，计算有功、无功、视在容量，变压器、发电机的台数、容量）及型式（户内、户外或混合），设备技术条件和选型要求，电气设备的环境特点；f 继电保护装置的设置；g 电能计量装置——采用高压或低压，专用柜或非专用柜（满足供电部门要求建设单位内部核算要求），监测仪表的配置情况；h 功率因数补偿方式——说明功率因数是否达到供用电规则的要求，应补偿容量和采取的补偿方式和补偿前后的结果；i 谐波——说明谐波治理措施；j 操作电源和信号——说明高、低压设备的操作电源、控制电源，以及运行信号装置配置情况；k 工程供电——高、低压进出线路的型号及敷设方式；m 选用导线、电缆、母干线的材质和型号，敷设方式；n 开关、插座、配电箱、控制箱等配电设备选型及安装方式；p 电动机启动及控制方式的选择。D 照明系统：a 照明种类及照度标准、主要场所照明功率密度值；b 光源、灯具及附件的选择，照明灯具的安装及控制方式；c 室外照明的种类（如路灯、庭园灯、草坪灯、地灯、泛光照明、水下照明等）、电压等级、光源选择及控制方法等；d 照明线路的选择及敷设方式（包括室外照明线路的选择和接地方式），若设置应急照明，应说明应急照明的照度值、电源型式、灯具配置、线路选择及敷设方式、控制方式、持续时间等。E 电气节能和环保：a 拟采用的节能和环保措施；b 表述节能产品的应用情况。F 防雷：a 确定建筑物防雷类别、建筑物电子信息系统雷电防护等级；b 防直接雷击、防侧击雷、防雷击电磁脉冲、防高电位侵入的措施；c 当利用建筑物、构筑物混凝土内钢筋做接闪器、引下线、接地装置时，应说明采取的措施和要求。G 接地及安全措施：a 各系统要求接地的种类及接地电阻要求；b 总等电位、局部等电位的设置要求；c 接地装置要求，当接地装置需做特殊处理时应说明采取的措施、方法等；d 安全接地及特殊接地的措施。H 火灾自动报警系统：a 按建筑性质确定保护等级及系统组成；b 确定消防控制室的位置；c 火灾探测器、报警控制器、手动报警按钮、控制台（柜）等设备的选择；d 火灾报警与消防联动控制要求，控制逻辑关系及控制显示要求；e 概述火灾应急广播、火灾警报装置及消防通信；f 概述电气火灾报警；g 消防主电源、备用电源供给方式，接地及接地电阻要求；h 传输、控制线缆选择及敷设要求；i 当有智能化系统集成要求时，应说明火灾自动报警系统与其他子系统的接口方式及联动关系；j 应急照明的联动控制方式等。J 安全技术防范系统：a 根据建设工程的性质、规模，确定风险等级、系统组成和功能；b 确定安全防范区域及防护区域的划分；c 确定视频监控、入侵报警、出入口管理设置地点、数量及监视范围；d 访客对讲、车库管理、电子巡查等系统的设置要求；e 确定机房位置、系统组成；f 传输线缆选择及敷设要求。K 有线电视和卫星电视接收系统：a 确定系统规模、网络组成、用户输出口电平值；b 节目源选择；c 确定机房位置、前端设备配置；d 用户分配网络、传输线缆选择及敷设方式，确定用户终端数量；e 若设置闭路应用电视，应说明电视制作系统组成及主要设备选择。L 广播、扩声与会议系统：a 系统组成及功能要求；b 会议扩声、投影、同声传译及视频会议系统传输方式；c 同声传译模式；d 确定机房位置、设备规格；e 传输线缆选择及敷设要求。M 呼应信号及信息显示系统：a 系统组成及功能要求（包括有线或无线）；b 显示装置、时钟等安装部位、种类；c 设备规格；d 传输线缆选择及敷设方式。N 建筑设备监控系统：a 系统组成及控制功能；b 确定机房位置、设备规格；c 传输线缆选择及敷设要求。P 计算机网络系统：a 系统组成及网络结构；b 确定机房位置、网络连接部件配置；c 网络操作系统，网络应用及安全；d 传输线缆选择及敷设要求。Q 通信网络系统：a 根据工程性质、功能和近远期用户需求，确定电话系统的组成、电话配线形式、配线设备的规格；b 当设置电话交换总机时，确定电话机房的位置、电话中继线数量及各专业技术要求；c 传输线缆选择及敷设要求；d 确定市话中继线路的设计分工、中继线路敷设和引入位置；e 防雷接地、工作接地方式及接地电阻要求。R 综合布线系统：a 根据建设工程项目的性质、功能和近期需求、远期发展，确定综合布线的组成以及设置标准；b 确定综合布线系统交换、配线设备规格；c 传输电缆的选择和敷设要求。S 智能化系统集成：a 集成形式及要求；b 设备选择。T 其他建筑电气系统：a 系统组成及功能要求；b 确定机房位置、设备规格；c 传输线缆选择及敷设要求。U 需提请在设计审批时解决或确定的主要问题。

3）设计图纸。A 电气总平面图（仅有单体设计时，可无此项内容）：a 标示建筑物、构筑物名称、容量，高低压线路及其他系统线路走向、回路编号，导线及电缆型号规格，架空线、路灯、庭园灯的杆位（路灯、庭园灯可不绘线路），重复接地点等；b 变、配、发电站位置、编号；c 比例、指北针。B 变、配电系统：a 高、低压供电系统图——注明开关柜编号、型号及回路编号、一次回路设备型号、设备容量、计算电流、补偿容量、导体型号规格、用户名称、二次回路方案编号；b 平面布置图——应包括高低压开关柜、变压器、母干线、发电机、控制屏、直流电源及信号屏等设备平面布置和主要尺寸，图纸应有比例；c 标示房间层高、地沟位置、标高（相对标高）。C 配电系统（一般只绘制内部作业草图，不对外出图）：包括主要干线平面布置图、竖向干线系统图（包括配电及照明干线、变配电站的配出回路及回路编号）。D 照明系统：对于特殊建筑，如大型体育场馆、大型影剧院等，应绘制照明平面图，该平面图应包括灯位（含应急照明灯）、灯具规格，配电箱（或控制箱）位置，不需连线。E 火灾自动报警系统：a 火灾自动报警系统图；b 消防控制室设备布置平面图。F 通信网络系统：a 电话系统图；b 电话机房设备布置图。G 防雷系统、接地系统：一般不出图纸，特殊工程只出顶视平面图、接地平面图。H 其他系统：a 各系统所属系统图；b 各控制室设备平面布置图（若在相应系统图中说明清楚时，可不出此图）。

4）主要电气设备表。注明设备名称、型号、规格、单位、数量。

5）计算书。A 用电设备负荷计算；B 变压器选型计算；C 电缆选型计算；D 系统短路电流计算；E 防雷类别的选取或计算，避雷针保护范围计算；F 照度值和照明功率密度值计算；G 各系统计算结果尚应标示在设计说明或相应图纸中；H 因条件不具备不能进行计算的内容，应在初步设计中说明，并应在设计时补算。

(7) 给水排水

1) 在初步设计阶段，建筑工程给水排水专业设计文件应包括：设计说明书、设计图纸、主要设备器材表、计算书。

2) 设计说明书。A 设计依据：a 摘录设计总说明所列批准文件和依据性资料中与本专业设计有关内容；b 本专业设计所执行的主要法规和所采用的主要标准（包括标准的名称、编号、年号和版本号）；c 设计依据的市政条件；d 建筑和有关专业提供的条件图和有关资料。B 工程概况：工程项目位置，建筑防火类别，建筑功能组成、建筑面积（或体积）、建筑层数、建筑高度以及能反映建筑规模的主要技术指标，如旅馆的床位数，剧院、体育馆等的座位数，医院的门诊人数和住院部的床位数等。C 设计范围：根据设计任务书和有关设计资料，说明用地红线（或建筑红线）内本专业设计的内容和由本专业技术审定的分包专业公司的专项设计内容；当有其他单位共同设计时，还应说明与本专业有关联的设计内容。D 建筑室外给水设计：a 水源——由市政或小区管网供水时，应说明供水干管方位、接管管径及根数、能提供的水压；当建自备水源时，应说明水源的水质、水温、水文地质及供水能力，取水方式及净化处理工艺；说明各构筑物的工艺设计参数、结构型式、基本尺寸、设备选型、数量、主要性能参数、运行要求等；b 用水量——说明或用表格列出生活用水定额及用水量、生产用水水量、其他项目用水定额及用水量（含循环冷却水系统补水量、游泳池和中水系统补水量，洗衣房、锅炉房、水景用水，道路浇洒、汽车库和停车场地面冲洗、绿化浇洒和未预见用水量及管网漏失水量等）、消防用水量标准及一次灭火用水量、总用水量（最高日用水量、平均时用水量、最大时用水量）；c 给水系统——说明给水系统的划分及组合情况、分质分压分区供水的情况及设备控制方法；当水量、水压不足时采取的措施，并说明调节设施的容量、材质、位置及加压设备选型；如系扩建工程，还应简介现有给水系统；d 消防系统——说明各类形式消防设施的设计依据、设计参数、供水方式、设备选型及控制方法等；e 中水系统——说明中水系统设计依据、水质要求、设计参数、工艺流程及处理设施、设备选型，并宜绘制水量平衡图；f 雨水利用系统——说明雨水用途、水质要求、设计重现期、日降雨量、日可回用雨水量、日用雨水量、系统选型、处理工艺及构筑物概况；g 循环冷却水系统——说明根据用水设备对水量和计量、水质、水温、水压的要求，以及当地的有关气象参数（如室外空气干、湿球温度和大气压力等）选择采取循环冷却水系统的组成、冷却构筑物和循环水泵的参数、稳定水质措施及设备控制方法等；h 当采用重复用水系统时，应概述系统流程、净化工艺并绘制水量平衡图；i 管材、接口及敷设方式。E 建筑室外排水设计：a 现有排水条件简介——当排入城市管渠时的尺寸大小、坡度、排入点的标高、位置或检查井编号，当排入水体（江、河、湖、海等）时，还应说明对排放的要求、水体水文情况（流量、水位）；b 说明设计采用的排水制度（污水、雨水的分流制或合流制）、排水出路，如需要提升，则说明提升位置、规模、提升设备选型及设计数据、构筑物形式、占地面积、紧急排放的措施等；c 说明或用表格列出生产、生活排水系统的排水量，当污水需要处理时，应说明污水水质、处理规模、处理方式、工艺流程、设备选型、构筑物概况以及处理后达到的标准等；d 说明雨水排水采用的暴雨强度公式（或采用的暴雨强度）、重现期、雨水排水量等；e 管材、接口及敷设方式。F 建筑室内给水排水设计：a 水源——由市政或小区管网供水时，应说明供水干管的方位、接管管径及根数、能提供的水压；b 说明或用表格列出各种用水量定额、用水单位数、使用时数、小时变化系数、最高日用水量、平均时用水量、最大时用水量；c 给水系统——说明给水系统的选择和给水方式，分质、分压、分区供水要求和采取的措施，计量方式，设备控制方法，水箱和水池的容量、设置位置、材质，设备选型、防水质污染、保温、防结露和防腐蚀等措施；d 消防系统——遵照各类防火设计规范的有关规定要求，分别对各类消防系统（如消火栓、自动喷水、水幕、雨淋喷水、水喷雾、泡沫、消防炮、细水雾、气体灭火等）的设计原则和依据、计算标准、设计参数、系统组成、控制方式、消防水池和水箱的容量、设置位置以及主要设备选择等予以叙述；e 热水系统——说明采取的热水供应方式、系统选择、水温、水质、热源、加热方式及最大小时热水量、耗热量、机组供热量等；说明设备选型、保温、防腐的技术措施等；当利用余热或太阳能时，尚应说明采用的依据、供应能力、系统形式、运行条件及技术措施等；f 对水质、水温、水压有特殊要求或设置饮用净水、开水系统者，应说明采用的特殊技术措施，并列出设计数据及工艺流程、设备选型等；g 中水系统——说明中水系统设计依据、水质要求、工艺流程、设计参数及处理设施、设备选型，并宜绘制水量平衡图；h 排水系统——说明排水系统选择、生活和生产污（废）水排水量、室外排放条件，有毒有害污水的局部处理工艺流程及设计数据，屋面雨水的排水系统选择及室外排放条件与采用的降雨强度和重现期；i 管材、接口及敷设方式。G 节水、节能减排措施：说明高效节水、节能减排器具和设备及系统设计中采用的技术措施等。H 对有隔振及防噪声要求的建筑物、构筑物，说明给排水设施所采取的技术措施。J 对特殊地区（地震、湿陷性或胀缩性土、冻土地区、软弱地基）的给水排水设施，说明所采取的相应技术措施。K 对分期建设的项目，应说明前期、近期和远期结合的设计原则和依据性资料。L 需提请在设计审批时解决或确定的主要问题。M 施工图设计阶段需要提供的技术资料等。

3）设计图纸（对于简单工程项目初步设计阶段一般可不出图）。A 建筑室外给水排水总平面图：a 全部建筑物和构筑物的平面位置、道路等，并标出主要定位尺寸或坐标、标高，指北针（或风玫瑰图）、比例等；b 给水排水管道平面位置，标注出干管的管径、排水方向，绘出闸门井、消火栓井、水表井、检查井、化粪池等和其他给排水构筑物位置；c 室外给水排水管道与城市管道系统连接点的控制标高和位置；d 消防系统、中水系统、冷却循环水系统、重复用水系统、雨水利用系统的管道平面位置，标注出干管的管径；e 中水系统、雨水利用系统构筑物位置、系统管道与构筑物连接点处的控制标高。B 建筑给水排水局部总平面图：a 取水构筑物平面布置图——如自建水源的取水构筑物，应单独绘出地表水或地下水取水构筑物的平面布置图，各平面图中应标注构筑物平面尺寸、相对位置（坐标）、标高、方位等，必要时还应绘出工艺流程断面图，并标注各构筑物之间的标高关系；b 水处理厂（站）总平面布置及工艺流程断面图——如工程设计项目有净化处理厂（站）时（包括给水、污水、中水等），应单独绘出水处理构筑物总平面布置图及工艺流程断面图，平面图中，应标注构筑物平面尺寸、相对位置（坐标）、方位等；工艺流程断面图应标注各构筑物水位标高关系，列出建筑物、构筑物一览表，表中内容包括建筑物、构筑物的结构形式、主要设计参数、主要设备及主要性能参数；各构筑物是否要绘制平、剖面图，可视工程的复杂程度而定。C 建筑室内给水排水平面图和系统原理图：a 应绘制给水排水底层（首层）、地下室底层、标准层、管道和设备复杂层的平面布置图，标出室内外引入管和排出管位置、管径等；b 应绘制机房（水池、水泵房、热交换站、水箱间、水处理间、游泳池、水景、冷却塔、热泵热水、太阳能和屋面雨水利用等）平面设备和管道布置图（在上款中已表示清楚的，可不另出图）；c 应绘制给水系统、排水系统、各类消防系统、循环水系统、热水系统、中水系统、热泵热水、太阳能和屋面雨水利用系统等系统原理图，标注干管管径、设备设置标高、水池（箱）底标高、建筑楼层编号及层面标高；d 应绘制水处理流程图（或方框图）。

4）主要设备器材表。列出主要设备器材的名称、性能参数、计数单位、数量、备注使用运转说明（宜按子项分别列出）。

5）计算书。A 各类用水量和排水量计算；B 中水水量平衡计算；C 有关的水力计算及热力计算；D 设备选型和构筑物尺寸计算。

(8) 采暖通风与空气调节

1）在初步设计阶段，采暖通风与空气调节设计文件应有设计说明书，除小型、简单工程外，初步设计还应包括设计图纸、设备表及计算书。

2）设计说明书。A 设计依据：a 与本专业有关的批准文件和建设单位提出的符合有关法规、标准的要求；b 本专业设计所执行的主要法规和所采用的主要标准（包括标准的名称、编号、年号和版本号)；c 其他专业提供的设计资料等。B 简述工程建设地点、规模、使用功能、层数、建筑高度等。C 设计范围：根据设计任务书和有关设计资料，说明本专业设计的内容、范围及与有关专业的设计分工。D 设计计算参数：a 室外空气计算参数；b 室内空气设计参数（表 7-5)。E 采暖：a 采暖热负荷；b 热源状况、热媒参数、室外管线及系统补水定压方式；c 采暖系统形式及管道敷设方式；d 采暖热计量及室温控制，系统平衡、调节手段；e 采暖设备、散热器类型、管道材料及保温材料的选择。F 空调：a 空调冷、热负荷；b 空调系统冷源及冷媒选择，冷水、冷却水参数；c 空调系统热源供给方式及参数；d 各空调区域的空调方式，空调风系统简述，必要的气流组织说明；e 空调水系统设备配置形式和水系统制式，系统平衡、调节手段；f 洁净空调注明净化级别；g 监测与控制简述；h 管道材料及保温材料的选择。G 通风：a 设置通风的区域及通风系统形式；b 通风量或换气次数；c 通风系统设备选择和风量平衡。H 防排烟及暖通空调系统的防火措施：a 简述设置防排烟的区域及方式；b 防排烟系统风量确定；c 防排烟系统及设施配置；d 控制方式简述；e 暖通空调系统的防火措施。J 节能设计。按节能设计要求采用的各项节能措施：a 节能措施包括计量、调节装置的设置、全空气空调系统加大新风比数据、热回收装置的设置、选用的制冷和供热设备的性能系数或热效率（不低于节能标准要求)、变风量或变水量设计等；b 节能设计除满足现行国家节能标准的要求外，还应满足工程所在省、市现行地方节能标准的要求。K 废气排放处理和降噪、减振等环保措施。L 需提请在设计审批时解决或确定的主要问题。

室内设计参数　　表 7-5

房间名称	夏季		冬季		新风量标准 [m³ (h. 人)]	噪声标准 [dB (A)]
	温度（℃）	相对湿度（%）	温度（℃）	相对湿度（%）		

注：温度、相对湿度采用基准值，如有设计精度要求时，按±℃、±%表示幅度。

3）设备表。列出主要设备的名称、性能参数、数量等（参见表 7-6)。

设备表　　表 7-6

设备编号	名称	性能参数	单位	数量	安装位置	服务区域	备注

注：1　性能参数栏应注明主要技术数据；
2　应注明制冷及制热机组有关节能的性能参数、水泵及风机的效率、热回收等；
3　安装位置栏注明主要设备的安装位置，设备数量较少的工程可不设此栏。

4）设计图纸。A 采暖通风与空气调节初步设计图纸一般包括图例、系统流程图、主要平面图，各种管道、风道可绘单线图。B 系统流程图包括冷热源系统、采暖系统、空调水系统、通风及空调风路系统、防排烟等系统的流程，应表示系统服务区域名称、设备和主要管道、风道所在区域和楼层，标注设备编号、主要风道尺寸和水管干管管径，表示系统主要附件、建筑楼层编号及标高（注：当通风及空调风道系统、防排烟等系统跨越楼层不多，系统简单，且在平面图中可较完整地表示系统时，可只绘制平面图，不绘制系统流程图)。C 采暖平面图：绘出散热器位置、采暖干管的人口、走向及系统编号。D 通风、空调、防排烟平面图：绘出设备位置、风道和管道走向、风口位置，大型复杂工程还应标注出主要干管控制标高和管径，管道交叉复杂处需绘制局部剖面。E 冷热源机房平面图：绘出主要设备位置、管道走向，标注设备编号等。

5）计算书。对于采暖通风与空调工程的热负荷、冷负荷、风量、空调冷热水量、冷却水量及主要设备的选择，应做初步计算。

（9）热能动力

1）在初步设计阶段，热能动力专业设计文件应有设计说明书，除小型、简单工程外，初步设计还应包括设计图纸、主要设备表、计算书。

2）设计说明书。A 设计依据：a 本专业设计所执行的主要法规和所采用的主要标准（包括标准的名称、编号、年号和版本号）；b 与本专业设计有关的批准文件和依据性资料（水质分析、地质情况、地下水位、冻土深度、燃料种类等）；c 其他专业提供的设计资料（如总平面布置图、供热分区、热负荷及介质参数、发展要求等）。B 设计范围：a 根据设计任务书和有关设计资料，说明本专业承担的设计范围和分工（当有其他单位共同设计时）；b 对今后发展或扩建的考虑；c 改建、扩建工程，应说明对原有建筑、结构、设备等的利用情况。C 锅炉房：a 热负荷的确定及锅炉形式的选择——确定计算热负荷，列出各热用户的热负荷表；确定供热介质及参数；确定锅炉形式、规格、台数，并说明备用情况及冬夏季运行台数；b 热力系统——应说明热力系统，包括热水循环系统、蒸汽及凝结水系统、水处理系统、给水系统、定压补水方式、排污系统、供热调节方式、各种水泵的台数及备用情况等；c 燃料系统——说明燃料种类、燃料低位发热量、燃料来源及烟气排放；当燃料为煤时，说明煤的种类，确定煤的处理设备、计量设备及输送设备，确定烟气的除尘、脱硫设备，确定除渣设备；当燃料为油时，说明油的种类，简介燃油系统，说明油罐位置、大小、数量、油的储存时间和运输方式；当燃料为燃气时，说明燃气种类，确定燃气压力，确定调压站位置；d 技术指标——列出建筑面积、供热量、供汽量、燃料消耗量、灰渣排放量、软化水消耗量、自来水消耗量及电容量等。D 其他动力站房：a 热交换站——说明加热、被加热介质及参数；确定供热负荷；简述热力系统，包括热水循环系统、蒸汽及凝结水系统、水处理系统、定压补水方式等；确定换热器及其他配套辅助设备；b 柴油发电机房——说明供油系统及排烟方式；c 燃气调压站——确定调压站位置，确定燃气用气量，简述调压站流程，确定调压器前后参数，选择调压器；d 气体站房——说明各种气体的用途、用量和参数，简述供气系统，选择主要设备；e 气体瓶组站——确定气体用途、用量，简述调压和供气方式，简述瓶组站流程，确定调压器前后参数，确定瓶组容量及数量。E 室内管道：确定各种介质负荷及其参数，说明管道及附件的选择，说明管道敷设方式，选择管道的保温及保护材料。F 室外管网：确定各种介质负荷及其参数，说明管道走向及敷设方式，选择管材及附件，说明防腐方式，选择管道的保温及保护材料。G 节能、环保、消防、安全措施等。H 需提请设计审批时解决或确定的主要问题。

3）设计图纸。A 锅炉房：a 热力系统图——表示出热水循环系统、蒸汽及凝结水系统、水处理系统、给水系统、定压补水方式、排污系统等内容，标明图例符号、主要管径、介质流向及设备编号（应与设备表中编号一致），标明就地安装测量仪表位置等；b 平面图——绘制锅炉房、辅助间及烟囱等的平面图，注明建筑轴线编号、尺寸、标高和房间名称，并布置主要设备，注明定位尺寸及设备编号（应与设备表中编号一致），对较大型锅炉房，根据情况绘制表示锅炉房及相关构筑物的尺寸及相对位置的区域布置图。B 其他动力站房：绘制平面布置图及系统原理图。C 室内外动力管道：室外动力管道根据需要绘制平面走向图。

4）主要设备表。列出主要设备名称、性能参数、单位和数量等，对锅炉设备应注明锅炉效率。

5）计算书。包括：负荷计算、主要设备选型计算、水电和燃料的消耗量计算、主要管道的水力计算等，并将主要计算结果列入设计说明书中有关部分。

（10）概算（详见第 8 章）。

7.3.4　施工图设计阶段的质量控制

1　施工图设计阶段的质量控制概述

施工图设计是设计的最后阶段。施工图设计工作量大、期限长、内容广，施工图设计文件作为项目设计的最终成果和项目后续阶段建设实施的直接依据，体现着设计过程的整体质量水平，设计文件编制深度以及完整准确程度等要求均甚于方案设计和初步设计。施工图设计文件要在一定投资限额和进度下，满足设计质量目标要求，并经受审图机构和政府相关主管部门的审查。因此，施工图设计阶段的质量控制工作任重道远。

施工图设计的内外条件源自之前各设计阶段的设计与管理成效，施工图设计阶段的质量控制是基于方案设计阶段和初步设计阶段质量控制之上展开的。设计管理组织及其人员应始终如一地凭借认真负责的工作态度、严谨科学的专业精神和积极务实的行动方案，在施工图设计全过程中，按项目质量计划，努力理顺施工图设计的内在逻辑关系，把握内部资源分配和外部约束条件的互济，强调系统性和协调性，注意有关过程的接口，致力于监控施工图设计质量，实现预期的设计质量目标。

2　施工图设计质量控制要点

(1) 施工图设计应根据批准的初步设计编制，不得违反初步设计的设计原则和方案。如确实事出有因，某种条件发生重要变化或有所改变，需修改初步设计时，须呈报原初步审批机构批准。

(2) 施工图设计文件，应满足设备材料采购、非标准设备制作和施工的需要；并应满足编制施工图预算的需要，并作为项目后续阶段建设实施的依据。

(3) 施工图设计的建筑与结构、建筑与设备、结构与设备等专业工种之间的冲突或矛盾已解决，各专业工种技术协调应已完成。

(4) 施工图设计文件是项目施工的依据，必须保证它的可施工性。否则在项目开展的过程中容易导致施工困难等问题，甚至影响项目的正常实施。

(5) 施工图设计文件编制深度应符合现行国家标准《建设工程设计文件编制深度规定》的要求。

(6) 施工图设计是设计的最后阶段，施工图设计阶段成果标志应该是设计文件编制已全部完成，并体现在一定投资限额和进度下设计的整体质量。施工图设计文件应能经受审图机构和政府相关主管部门的审查。

3　项目施工实施与设计可施工性要求

施工图设计文件作为项目设计的最终成果，经审查合格的施工图设计文件作为是项目施工实施的直接依据，必须保证它的可施工性，并满足项目施工实施各参与方在合同、技术、经济等多方面需求。否则在项目施工过程中容易导致施工困难等问题，甚至影响项目的正常实施。因此，项目施工实施十分强调对设计的可施工性要求。

一般而言，有经验的设计人员在设计过程中会综合考虑设计的可施工性的，但由于设计人员毕竟对施工过程、施工技术和施工组织缺乏直接感受，尤其是对新的施工工艺的了解可能相对滞后，因此，设计会有仅从大的原则上着意可施工性，却对特定项目工程施工实际需要缺乏强调或深究的可能。

因此，设计管理始终要重视设计的可施工性，应充分考虑设计对施工的影响，强调对设计过程中的技术施工进行可行性分析，满足项目施工实施对施工图设计文件的要求。例如：对于项目分别发包给几个设计单位或实施设计分包的情况，设计文件相互关联处的深度应满足各承包或分包单位设计的需要；施工图预算应符合相关规范要求并满足工程量计算和计价的需要；施工图设计各专业工种技术协调应已完成；建筑构造、结构构件设计的合理性，材料的施工适应性，构造详图齐全且表达深度满足施工需要；采用的单元设计和建筑构配件标准设计应按规定在设计文件中明细标注；采用先进适用新技术、新工艺、新材料，新方法，应作施工和采购指引说明等等。

4　施工图设计过程的跟踪控制

在上述施工图设计的特征表明，对施工图设计的质量控制务必进行设计质量跟踪控制。设计管理部(组) 有关工作如下：

(1) 根据项目设计特点，确定对设计过程的跟踪控制要求，并形成《设计管理配合要求》，发放至设计单位。

(2) 在设计单位开始设计施工图前，应将设计依据文件资料送至设计单位；要求设计单位提供该项目的施工图设计计划和设计输入文件，由设计管理部（组）指定的控制人员审查认可。

(3) 在施工图设计进行过程中，设计管理部（组）应按设计质量控制计划规定组织控制人员，前往设计单位进行跟踪检查，并记录于《设计过程质量跟踪表》或提出评估报告。

(4) 跟踪检查的依据是《委托设计合同书》、《设计管理配合要求》、设计单位编制的《设计计划》。

(5) 跟踪检查主要内容

跟踪检查主要内容一般为：

1) 是否符合设计任务书的要求；

2) 是否符合已批准确认的设计方案和初步设计，是否符合有关部门对初步设计的审批要求，是否对初步设计进行了全面、合理的优化；

3) 设计是否符合设计标准及主要技术参数；

4) 各专业设计间是否技术协调；

5) 各专业设计文件编制是否符合规定深度；

6) 各专项设计是否缺误；

7) 项目设计特殊要求，如工艺流程、防振、防腐蚀、防尘、防噪声、防辐射、防磁以及洁净恒温、恒湿等是否满足；

8) 施工图及预算是否超过设计限额和完整准确；

9) 其他需要专门检查的内容。

(6) 检查中发现不符合要求的问题，检查人员应及时与设计单位及设计人员沟通，要求设计单位整改，整改结果报建设单位设计管理部（组）备案。

5 施工图设计文件的编制深度

(1) 一般要求

1) 施工图设计文件。A 合同要求所涉及的所有专业的设计图纸（图纸目录、说明和必要的设备、材料表，见第 2 节至第 8 节）以及图纸总封面；对于涉及建筑节能设计的专业，其设计说明应有建筑节能设计的专项内容。B 合同要求的工程预算书（注：对于方案设计后直接进入施工图设计的项目，若合同未要求编制工程预算书，施工图设计文件应包括工程概算书）。C 各专业计算书：计算书不属于必须交付的设计文件，但应按本规定相关条款的要求编制并归档保存。

2) 总封面标识内容。A 项目名称；B 设计单位名称；C 项目的设计编号；D 设计阶段；E 编制单位法定代表人、技术总负责人和项目总负责人的姓名及其签字或授权盖章；F 设计日期（即设计文件交付日期）。

(2) 总平面

1) 在施工图设计阶段，总平面专业设计文件应包括图纸目录、设计说明、设计图纸、计算书。

2) 图纸目录。应先列新绘制的图纸，后列选用的标准图和重复利用图。

3) 设计说明。一般工程分别写在有关的图纸上，如重复利用某工程的施工图图纸及其说明时，应详细注明其编制单位、工程名称、设计编号和编制日期，列出主要技术经济指标表，说明地形图、初步设计批复文件等设计依据、基础资料。

4) 总平面图。A 保留的地形和地物；B 测量坐标网、坐标值；C 场地范围的测量坐标（或定位尺寸)、道路红线、建筑控制线、用地红线等的位置；D 场地四邻原有及规划的道路、绿化带等的位置（主要坐标或定位尺寸)，以及主要建筑物和构筑物及地下建筑物等的位置、名称、层数；E 建筑物、构筑物（人防工程、地下车库、油库、贮水池等隐蔽工程以虚线表示）的名称或编号、层数、定位（坐标或相互关系尺寸)；F 广场、停车场、运动场地、道路、围墙、无障碍设施、排水沟、挡土墙、护坡等的定位（坐标或相互关系尺寸)，如有消防车道和扑救场地，需注明；G 指北针或风玫瑰图；H 建筑物、构筑物使用编号时，应列出“建筑物和构筑物名称编号表”；J注明尺寸单位、比例、坐标及高程系统（如为场地建筑坐标网时，应注明与测量坐标网的相互关系）、补充图例等。

5）竖向布置图。A场地测量坐标网、坐标值；B场地四邻的道路、水面、地面的关键性标高；C建筑物和构筑物名称或编号、室内外地面设计标高、地下建筑的顶板面标高及覆土高度限制；D广场、停车场、运动场地的设计标高，以及景观设计中水景、地形、台地、院落的控制性标高；E道路、坡道、排水沟的起点、变坡点、转折点和终点的设计标高（路面中心和排水沟顶及沟底）、纵坡度、纵坡距、关键性坐标，道路表明横坡形式、立道牙或平道牙，必要时标明道路平曲线及竖曲线要素；F挡土墙、护坡或土坎顶部和底部的主要设计标高及护坡坡度；G用坡向箭头表明地面坡向，当对场地平整要求严格或地形起伏较大时，可用设计等高线表示，地形复杂时宜表示场地剖面图；H指北针或风玫瑰图；J注明尺寸单位、比例、补充图例等。

6）土石方图。A场地范围的测量坐标（或定位尺寸）；B建筑物、构筑物、挡墙、台地、下沉广场、水系、土丘等位置（用细虚线表示）；C 20m×20m或40m×40m方格网及其定位，各方格点的原地面标高、设计标高、填挖高度、填区和挖区的分界线，各方格土石方量、总土石方量；D土石方工程平衡表（见表7-7）。

土石方工程平衡表 **表7-7**

序号	项　　目	土石方量（m^3）		说　　明
		填　　方	挖　　方	
1	场地平整			
2	室内地坪填土和地下建筑物、构筑物挖土、房屋及构筑物基础			
3	道路、管线地沟、排水沟			包括路堤填土、路堑和路槽挖土
4	土方损益			指土壤经过挖填后的损益数
5	合　　计			

注：表列项目随工程内容增减。

7）管道综合图。A总平面布置；B场地范围的测量坐标（或定位尺寸），道路红线、建筑控制线、用地红线等的位置；C保留、新建的各管线（管沟）、检查井、化粪池、储罐等的平面位置，注明各管线、化粪池、储罐等与建筑物、构筑物的距离和管线间距；D场外管线接入点的位置；E管线密集的地段宜适当增加断面图，表明管线与建筑物、构筑物、绿化之间及管线之间的距离，并注明主要交叉点上下管线的标高或间距；F指北针；G注明尺寸单位、比例、图例、施工要求。

8）绿化及建筑小品布置图。A平面布置；B绿地（含水面）、人行步道及硬质铺地的定位；C建筑小品的位置（坐标或定位尺寸）、设计标高、详图索引；D指北针；E注明尺寸单位、比例、图例、施工要求等。

9）详图。包括道路横断面、路面结构、挡土墙、护坡、排水沟、池壁、广场、运动场地、活动场地、停车场地面、围墙等详图。

10）设计图纸的增减。A当工程设计内容简单时，竖向布置图可与总平面图合并；B当路网复杂时，可增绘道路平面图；C土石方图和管线综合图可根据设计需要确定是否出图；D当绿化或景观环境另行委托设计时，可根据需要绘制绿化及建筑小品的示意性和控制性布置图。

11）计算书。设计依据及基础资料、计算公式、计算过程、有关满足日照要求的分析资料及成果资料均作为技术文件归档。

（3）建筑

1）在施工图设计阶段，建筑专业设计文件应包括图纸目录、设计说明、设计图纸、计算书。

2）图纸目录。应先列新绘制图纸，后列选用的标准图或重复利用图。

3）设计说明。A 依据性文件名称和文号，如批文、本专业设计所执行的主要法规和所采用的主要标准（包括标准名称、编号、年号和版本号）及设计合同等。B 项目概况：内容一般应包括建筑名称、建设地点、建设单位、建筑面积、建筑基底面积、项目设计规模等级、设计使用年限、建筑层数和建筑高度、建筑防火分类和耐火等级、人防工程类别和防护等级、人防建筑面积、屋面防水等级、地下室防水等级、主要结构类型、抗震设防烈度等，以及能反映建筑规模的主要技术经济指标，如住宅的套型和套数（包括每套的建筑面积、使用面积）、旅馆的客房间数和床位数、医院的门诊人次和住院部的床位数、车库的停车泊位数等。C 设计标高：工程的相对标高与总图绝对标高的关系。D 用料说明和室内外装修：a 墙体、墙身防潮层、地下室防水、屋面、外墙面、勒脚、散水、台阶、坡道、油漆、涂料等处的材料和做法，可用文字说明或部分文字说明，部分直接在图上引注或加注索引号，其中应包括节能材料的说明；b 室内装修部分除用文字说明以外亦可用表格形式表达，在表上填写相应的做法或代号；较复杂或较高级的民用建筑应另行委托室内装修设计；凡属二次装修的部分，可不列装修做法表和进行室内施工图设计，但对原建筑设计、结构和设备设计有较大改动时，应征得原设计单位和设计人员的同意。E 对采用新技术、新材料的做法说明及对特殊建筑造型和必要的建筑构造的说明。F 门窗表（见表 7-8）及门窗性能（防火、隔声、防护、抗风压、保温、气密性、水密性等）、用料、颜色、玻璃、五金件等的设计要求。G 幕墙工程（玻璃、金属、石材等）及特殊屋面工程（金属、玻璃、膜结构等）的性能及制作要求（节能、防火、安全、隔声构造等）。H 电梯（自动扶梯）选择及性能说明（功能、载重量、速度、停站数、提升高度）、J 建筑防火设计说明。K 无障碍设计说明。L 建筑节能设计说明：a 设计依据；b 项目腹地的气候分区及围护结构的热工性能限值；c 建筑的节能设计概况、围护结构的屋面（包括天窗）、外墙（非透明幕墙）、外窗（透明幕墙）、架空或外挑楼板、分户墙和户间楼板（居住建筑）等构造组成和节能技术措施，明确外窗和透明幕墙的气密性等级；d 建筑体形系数计算、窗墙面积比（包括天窗屋面比）计算和围护结构热工性能计算，确定设计值。M 根据工程需要采取的安全防范和防盗要求及具体措施，隔声减振减噪、防污染、防射线等的要求和措施。N 需要专业公司进行深化设计的部分，对分包单位明确设计要求，确定技术接口的深度。P 其他需要说明的问题。

门 窗 表 **表 7-8**

类别	设计编号	洞口尺寸（mm）		樘 数	采用标准图集及编号		备 注
		宽	高		图集代号	编号	
门							
窗							

注：1 采用非标准图集的门窗应绘制门窗立面图及开启方式；
2 单独的门窗表应加注门窗的性能参数、型材类别、玻璃种类及热工性能。

4）平面图。A 承重墙、柱及其定位轴线和轴线编号，内外门窗位置、编号及定位尺寸，门的平启方向，注明房间名称或编号，库房（储藏）注明储存物品的火灾危险性类别。B 轴线总尺寸（或外包总尺寸）、轴线间尺寸（柱距、跨度）、门窗洞口尺寸、分段尺寸。C 墙身厚度（包括承重墙和非承重墙），柱与壁柱截面尺寸（必要时）及其与轴线关系尺寸；当围护结构为幕墙时，标明幕墙与主体结构的定位关系；玻璃幕墙部分标注立面分格间距的中心尺寸。D 变形缝位置、尺寸及做法索引。E 主要建筑设备和固定家具的位置及相关做法索引，如卫生器具、雨水管、水池、台、橱、柜、隔断等。F 电梯、自动扶梯及步道（注明规格）、楼梯（爬梯）位置和楼梯上下方向示意和编号索引。G 主要结构和建筑构造部件的位置、尺寸和做法索引，如中庭、天窗、地沟、地坑、重要设备或设备机座的位置尺寸、各种平台、夹层、人孔、阳台、雨篷、台阶、坡道、散水、明沟等。H 楼地面预留孔洞和通气管道、管线竖井、烟囱、垃圾道等位置、尺寸和做法索引，以及墙体（主要为填充墙、承重砌体墙）预留洞的位置、尺寸与标高或高度等。J 车库的停车位（无障碍车位）和通行路线。K 特殊工艺要求的土建配合尺寸及工业建筑中的地面荷载、起重设备的起重量、行车轨距和轨顶标高等。L 室外地面标高、底层地面标高、各楼层标高、地下室各层标高。M 底层平面标注剖切线位置、编号及指北针。N 有关平面节点详图或详图索引号。P 每层建筑平面中防火分区面积和防火分区分隔位置及安全出口位置示意（宜单独成图，如为一个防火分区，可不注防火分区面积），或以示意图（简图）形式在各层平面中表示。Q 住宅平面图中标注各房间使用面积、阳台面积。R 屋面平面应有女儿墙、檐口、天沟、坡度、坡向、雨水口、屋脊（分水线）、变形缝、楼梯间、水箱间、电梯机房、天窗及挡风板、屋面上人孔、检修梯、室外消防楼梯及其他构筑物，必要的详图索引号、标高等；表述内容单一的屋面可缩小比例绘制。S 根据工程性质及复杂程度，必要时可选择绘制局部放大平面图。T 建筑平面较长较大时，可分区绘制，但须在各分区平面图适当位置上绘出分区组合示意图，并明显表示本分区部位编号。U 图纸名称、比例。V 图纸的省略：如系对称平面，对称部分的内部尺寸可省略，对称轴部位用对称符号表示，但轴线号不得省略；楼层平面除轴线间等主要尺寸及轴线编号外，与底层相同的尺寸可省略；楼层标准层可共用同一平面，但需注明层次范围及各层的标高。

5）立面图。A 两端轴线编号，立面转折较复杂时可用展开立面表示，但应准确注明转角处的轴线编号。B 立面外轮廓及主要结构和建筑构造部件的位置，如女儿墙顶、檐柱、变形缝、室外楼梯和垂直爬梯、室外空调机搁板、外遮阳构件、阳台、栏杆、台阶、坡道、花台、雨篷、烟囱、勒脚、门窗、幕墙、洞口、门头、雨水管，以及其他装饰构件、线脚和粉刷分格线等。C 建筑的总高度、楼层位置辅助线、楼层数和标高以及关键控制标高的标注，如女儿墙或檐口标高等；外墙的留洞应标注尺寸与标高或高度尺寸（宽×高×深及定位关系尺寸）。D 平、剖面图未能表示出来的屋顶、檐口、窗台以及其他装饰构件、线脚等的标高或尺寸。E 在平面图上表达不清的门窗编号。F 各部分装饰用料名称或代号，剖面图上无法表达的构造节点详图索引。G 图纸名称、比例。H 各个方向的立面应绘齐全，但差异小、左右对称的立面或部分不难推定的立面可简略；内部院落或看不到的局部立面，可在相关剖面图上表示，若剖面图未能表示完全时，则需单独绘出。

6）剖面图。A 剖视位置应选在层高不同、层数不同、内外部空间比较复杂、具有代表性的部位；建筑空间局部不同处以及平面、立面均表达不清的部位，可绘制局部剖面。B 墙、柱、轴线和轴线编号。C 剖切到或可见的主要结构和建筑构造部件，如室外地面、底层地（楼）面、地坑、地沟、各层楼板、夹层、平台、吊顶、屋架、屋顶、出屋顶烟囱、天窗、挡风板、檐口、女儿墙、爬梯、门、窗、外遮阳构件、楼梯、台阶、坡道、散水、平台、阳台、雨篷、洞口及其他装修等可见的内容。D 高度尺寸：外部尺寸——门、窗、洞口高E酞层间高度、室内外高差、女儿墙高度、阳台栏杆高度、总高度；内部尺寸——地坑（沟）深度、隔断、内窗、洞口、平台、吊顶等。E 标高：主要结构和建筑构造部件的标高，如室内地面、楼面（含地下室）、平台、雨篷、吊顶、屋面板、屋面檐口、女儿墙顶、高出屋面的建筑物、构筑物及其他屋面特殊构件等的标高，室外地面标高。F 节点构造详图索引号。G 图纸名称、比例。

7）详图。A 内外墙、屋面等节点，绘出不同构造层次，表达节能设计内容，标注各材料名称及具体技术要求，注明细部和厚度尺寸等。B 楼梯、电梯、厨房、卫生间等局部平面放大和构造详图，注明相关的轴线和轴线编号以及细部尺寸、设施的布置和定位、相互的构造关系及具体技术要求等。C 室内外装饰方面的构造、线脚、图案等；标注材料及细部尺寸、与主体结构的连接构造等。D 门、窗、幕墙绘制立面图，对开启面积大小和开启方式，与主体结构的连接方式、用料材质、颜色等作出规定。E 对另行委托的幕墙、特殊门窗，应提出相应的技术要求。F 其他凡在平、立、剖面图或文字说明中无法交待或交待不清的建筑构配件和建筑构造。

8）对贴邻的原有建筑，应绘出其局部的平、立、剖面图，并索引新建筑与原有建筑结合处的详图号。

9）平面图、立面图、剖面图和详图有关节能构造及措施的表达应一致。

10）计算书。A 建筑节能计算书：a 严寒地区 A 区、严寒地区 B 区及寒冷地区需计算体形系数，夏热冬冷地区与夏热冬暖地区公共建筑不需计算体型系数；b 各单一朝向窗墙面积比计算（包括天窗屋面比），设计外窗包括玻璃幕墙的可视部分的热工性能满足规范的限制要求；c 设计外墙（包括玻璃幕墙的非可视部分）、屋面、与室外接触的架空楼板（或外挑楼板）、地面、地下室外墙、外门、采暖与非采暖房间的隔墙和楼板、分户墙等的热工性能计算；d 当规范允许的个别限值超过要求，通过围护结构热工性能的权衡判断，使围护结构总体热工性能满足节能要求。B 根据工程性质特点进行视线、声学、防护、防火、安全疏散等方面的计算。

（4）结构

1）在施工图设计阶段，结构专业设计文件应包括图纸目录、设计说明、设计图纸、计算书。

2）图纸目录。应按图纸序号排列，先列新绘制图纸，后列选用的重复利用图和标准图。

3）结构设计总说明。每一单项工程应编写一份结构设计总说明，对多子项工程应编写统一的结构设计总说明。当工程以钢结构为主或包含较多的钢结构时，应编制钢结构设计总说明。当工程较简单时，亦可将总说明的内容分散写在相关部分的图纸中。结构设计总说明应包括以下内容：A 工程概况——a 工程地点、工程分区、主要功能；b 各单体（或分区）建筑的长、宽、高，地上与地下层数，各层层高，主要结构跨度，特殊结构及造型，工业厂房的吊车吨位等。B 设计依据——a 主体结构设计使用年限；b 自然条件：基本风压、基本雪压、气温（必要时提供）、抗震设防烈度等；c 工程地质勘察报告；d 场地地震安全性评价报告（必要时提供）；e 风洞试验报告（必要时提供）；f 建设单位提出的与结构有关的符合有关标准、法规的书面要求；g 初步设计的审查、批复文件；h 对于超限高层建筑，应有超限高层建筑工程抗震设防专项审查意见；i 采用桩基础时，应有试桩报告或深层平板载荷试验报告或基岩载荷板试验报告（若试桩或试验尚未完成，应注明桩基础图不得用于实际施工）；j 本专业设计所执行的主要法规和所采用的主要标准（包括标准的名称、编号、年号和版本号）。C 图纸说明——a 图纸中标高、尺寸的单位；b 设计±0.000 标高所对应的绝对标高值；c 当图纸按工程分区编号时，应有图纸编号说明；d 常用构件代码及构件编号说明；e 各类钢筋代码说明，型钢代码及截面尺寸标记说明；f 混凝土结构采用平面整体表示方法时，应注明所采用的标准图名称及编号或提供标准图。D 建筑分类等级。应说明下列建筑分类等级及所依据的规范或批文——a 建筑结构安全等级；b 地基基础设计等级；c 建筑抗震设防类别；d 钢筋混凝土结构抗震等级；e 地下室防水等级；f 人防地下室的设计类别、防常规武器抗力级别和防核武器抗力级别；g 建筑防火分类等级和耐火等级；h 混凝土构件的环境类别。E 主要荷载（作用）取值——a 楼（屋）面荷载、吊挂（含吊顶）荷载；b 墙体荷载、特殊设备荷载；c 楼（屋）面活荷载；d 风荷载（包括地面粗糙度、体型系数、风振系数等）；e 雪荷载（包括积雪分布系数等）；f 地震作用（包括设计基本地震加速度、设计地震分组、场地类别、场地特征周期、结构阻尼比、地震影响系数等）；g 温度作用及地下室水浮力的有关设计参数。F 设计计算程序——a 结构整体计算及其他计算所采用的程序名称、版本号、编制单位；b 结构分析所采用的计算模型、高层建筑整体计算的嵌固部位等。G 主要结构材料——a 混凝土强度等级、防水混凝土的抗渗等级、轻骨料混凝土的密度等级；注明混凝土耐久性的基本要求；b 砌体的种类及其强度等级、干容重，砌筑砂浆的种类及等级，砌体结构施工质量控制等级；c 钢筋种类、钢绞线或高强钢丝种类及对应的产品标准，其他特殊要求（如强屈比等）；d 成品拉索、预应力结构的锚具、成品支座（如各类橡胶支座、钢支座、隔震支座等）、阻尼器等特殊产品的参考型号、主要参数及所对应的产品标准；e 结构所用的材料见本条第 10）款。H 基础及地下室工程——a 工程地质及水文地质概况，各主要土层的压缩模量及承载力特征值等；对不良地基的处理措施及技术要求，抗液化措施及要求，地基土的冰冻深度等；b 注明基础形式和基础持力层；采用桩基时应简述桩型、桩径、桩长、桩端持力层及桩进入持力层的深度要求，设计所采用的单桩承载力特征值（必要时尚应包括竖向抗拔承载力和水平承载力）等；c 地下室抗浮（防水）设计水位及抗浮措施，施工期间的降水要求及终止降水的条件等；d 基坑、承台坑回填要求；e 基础大体积混凝土的施工要求；f 当有人防地下室时，应图示人防部分与非人防部分的分界范围。J 钢筋混凝土工程——a 各类混凝土构件的环境类别及其受力钢筋的保护层最小厚度；b 钢筋锚固长度、搭接长度、连接方式及要求；各类构件的钢筋锚固要求；c 预应力构件采用后张法时的孔道做法及布置要求、灌浆要求等；预应力构件张拉端、固定端构造要求及做法，锚具防护要求等；d 预应力结构的张拉控制应力、张拉顺序、张拉条件（如张拉时的混凝土强度等）、必要的张拉测试要求等；e 梁、板的起拱要求及拆模条件；f 后浇带或后浇块的施工要求（包括补浇时间要求）；g 特殊构件施工缝的位置及处理要求；h 预留孔洞的统一要求（如补强加固要求），各类预埋件的统一要求；i 防雷接地要求。K 钢结构工程——a 概述采用钢结构的部位及结构形式、主要跨度等；b 结构用钢材的牌号和质量等级，及所对应的产品标准；必要时提出物理力学性能和化学成分要求；必要时提出其他要求，如强屈比、z 向性能、碳含量、耐候性能、交货状态等；c 各种钢材的焊接方法及对所采用焊材的要求；d 螺栓材料应注明螺栓种类、性能等级，高强螺栓的接触面处理方法、摩擦面抗滑移系数，以及各类螺栓所对应的产品标准；e 焊钉种类及对应的产品标准；f 应注明钢构件的成形方式（热轧、焊接、冷弯、冷压、热弯、铸造等），圆钢管种类（无缝管、直缝焊管等）；g 压型钢板的截面形式及产品标准；h 焊缝质量等级及焊缝质量检查要求；i 钢构件制作要求；j 钢结构安装要求，对跨度较大的钢构件必要时提出起拱要求；涂装要求：注明除锈方法及除锈等级以及对应的标准；注明防腐底漆的种类、干漆膜最小厚度和产品要求；当存在中间漆和面漆时，也应分别注明其种类、干漆膜最小厚度和要求；注明各类钢构件所要求的耐火极限、防火涂料类型及产品要求；注明防腐年限及定期维护要求；k 钢结构主体与围护结构的连接要求；m 必要时，应提出结构检测要求和特殊节点的试验要求。L 砌体工程——a 砌体墙的材料种类、厚度，填充墙成墙后的墙重限制；b 砌体填充墙与框架梁、柱、剪力墙的连接要求或注明所引用的标准图；c 砌体墙上门窗洞口过梁要求或注明所引用的标准图；d 需要设置的构造柱、圈梁（拉梁）要求及附图或注明所引用的标准图。M 检测（观测）要求——a 沉降观测要求；b 大跨度结构及特殊结构的检测或施工安装期间的监测要求；c 高层超高层结构应根据情况补充日照变形观测等特殊变形观测要求。N 施工需特别注意的问题。

4）基础平面图。A 绘出定位轴线、基础构件（包括承台、基础梁等）的位置、尺寸、底标高、构件编号；基础底标高不同时，应绘出放坡示意图；表示施工后浇带的位置及宽度。B 标明砌体结构墙与墙垛、柱的位置与尺寸、编号；混凝土结构可另绘结构墙、柱平面定位图，并注明截面变化关系尺寸。C 标明地沟、地坑和已定设备基础的平面位置、尺寸、标高，预留孔与预埋件的位置、尺寸、标高。D 需进行沉降观测时注明观测点位置（宜附测点构造详图）。E 基础设计说明应包括基础持力层及基础进入持力层的深度、地基的承载力特征值、持力层验槽要求、基底及基槽回填土的处理措施与要求，以及对施工的有关要求等。F 采用桩基时，应绘出桩位平面位置、定位尺寸及桩编号；先做试桩时，应单独绘制试桩定位平面图。G 当采用人工复合地基时，应绘出复合地基的处理范围和深度，置换桩的平面布置及其材料和性能要求、构造详图；注明复合地基的承载力特征值及变形控制值等有关参数和检测要求。当复合地基另由有设计资质的单位设计时，基础设计方应对经处理的地基提出承载力特征值和变形控制值的要求及相应的检测要求。

5）基础详图。A 砌体结构无筋扩展基础应绘出剖面、基础圈梁、防潮层位置，并标注总尺寸、分尺寸、标高及定位尺寸。B 扩展基础应绘出平、剖面及配筋、基础垫层，标注总尺寸、分尺寸、标高及定位尺寸等。C 桩基应绘出桩详图、承台详图及桩与承台的连接构造详图。桩详图包括桩顶标高、桩长、桩身截面尺寸、配筋、预制桩的接头详图，并说明地质概况、桩持力层及桩端进入持力层的深度、成桩的施工要求、桩基的检测要求，注明单桩的承载力特征值（必要时尚应包括竖向抗拔承载力及水平承载力）。先做试桩时，应单独绘制试桩详图并提出试桩要求。承台详图包括平面、剖面、垫层、配筋，标注总尺寸、分尺寸、标高及定位尺寸。D 筏基、箱基可参照现浇楼面梁、板详图的方法表示，但应绘出承重墙、柱的位置。当要求设后浇带时，应表示其平面位置并绘制构造详图。对箱基和地下室基础，应绘出钢筋混凝土墙的平面、剖面及其配筋。当预留孔洞、预埋件较多或复杂时，可另绘墙的模板图。E 基础梁可参照现浇楼面梁详图方法表示。（注：对形状简单、规则的无筋扩展基础、扩展基础、基础梁和承台板，也可用列表方法表示。）

6）结构平面图。A 一般建筑的结构平面图，均应有各层结构平面图及屋面结构平面图（钢结构平面图），具体内容为：a 绘出定位轴线及梁、柱、承重墙、抗震构造柱位置及必要的定位尺寸，并注明其编号和楼面结构标高；b 采用预制板时注明预制板的跨度方向、板号、数量及板底标高，标出预留洞大小及位置；预制梁、洞口过梁的位置和型号、梁底标高；c 现浇板应注明板厚、板面标高、配筋（亦可另绘放大的配筋图，必要时应将现浇楼面模板图和配筋图分别绘制），标高或板厚变化处绘局部剖面，有预留孔、埋件、已定设备基础时应示出规格与位置，洞边加强措施，当预留孔、埋件、设备基础复杂时亦可另绘详图；必要时尚应在平面图中表示施工后浇带的位置及宽度；电梯间机房尚应表示吊钩平面位置与详图；d 砌体结构有圈梁时应注明位置、编号、标高，可用小比例绘制单线平面示意图；e 楼梯间可绘斜线注明编号与所在详图号；f 屋面结构平面布置图内容与楼层平面类同，当结构找坡时应标注屋面板的坡度、坡向、坡向起终点处的板面标高；当屋面上有预留洞或其他设施时应绘出其位置、尺寸与详图，女儿墙或女儿墙构造柱的位置、编号及详图；g 当选用标准图中节点或另绘节点构造详图时，应在平面图中注明详图索引号。B 单层空旷房屋应绘制构件布置图及屋面结构布置图，应有以下内容：a 构件布置应表示定位轴线，墙、柱、天桥、过梁、门樘、雨篷、柱间支撑、连系梁等的布置、编号、构件标高及详图索引号，并加注有关说明等；必要时绘制剖面、立面结构布置图；b 屋面结构布置图应表示定位轴线、屋面结构构件的位置及编号、支撑系统布置及编号、预留孔洞的位置、尺寸、节点详图索引号，有关的说明等。

7）钢筋混凝土构件详图。A 现浇构件（现浇梁、板、柱及墙等详图）应绘出：a 纵剖面、长度、定位尺寸、标高及配筋，梁和板的支座（可利用标准图中纵剖面图）；现浇预应力混凝土构件尚应绘出预应力筋定位图，并提出锚固及张拉要求；b 横剖面、定位尺寸、断面尺寸、配筋（可利用标准图中的横剖面图）；c 必要时绘制墙体立面图；d 若钢筋较复杂不易表示清楚时，宜将钢筋分离绘出；e 对构件受力有影响的预留洞、预埋件，应注明其位置、尺寸、标高、洞边配筋及预埋件编号等；f 曲梁或平面折线梁宜绘制放大平面图，必要时可绘展开详图；g 一般的现浇结构的梁、柱、墙可采用“平面整体表示法”绘制，标注文字较密时，纵、横向梁宜分两幅平面绘制；h 除总说明已叙述外需特别说明的附加内容，尤其是与所选用标准图不同的要求（如钢筋锚固要求、构造要求等）；i 对建筑非结构构件及建筑附属机电设备与结构主体的连接应绘制连接或锚固详图（注：非结构构件自身的抗震设计，由相关专业人员分别负责进行）。B 预制构件应绘出：a 构件模板图——应表示模板尺寸、预留洞及预埋件位置、尺寸，预埋件编号、必要的标高等；后张预应力构件尚需表示预留孔道的定位尺寸、张拉端、锚固端等；b 构件配筋图——纵剖面表示钢筋形式、箍筋直径与间距，配筋复杂时宜将非预应力筋分离绘出；横剖面注明断面尺寸、钢筋规格、位置、数量等；c 需作补充说明的内容。（注：对形状简单、规则的现浇或预制构件，在满足上述规定前提下，可用列表法绘制。）

8）混凝土结构节点构造详图。A 对于现浇钢筋混凝土结构应绘制节点构造详图（可引用标准设计、通用图集的详图）。B 预制装配式结构的节点，梁、柱与墙体锚拉等详图应绘出平、剖面，注明相互定位关系、构件代号、连接材料、附加钢筋（或埋件）的规格、型号、性能、数量，并注明连接方法以及对施工安装、后浇混凝土的有关要求等。C 需作补充说明的内容。

9）其他图纸。A 楼梯图：应绘出每层楼梯结构平面布置及剖面图，注明尺寸、构件代号、标高；梯梁、梯板详图（可用列表法绘制）。B 预埋件。应绘出其平面、侧面或剖面，注明尺寸、钢材和锚筋的规格、型号、性能、焊接要求。C特种结构和构筑物：如水池、水箱、烟囱、烟道、管架、地沟、挡土墙、筒仓、大型或特殊要求的设备基础、工作平台等，均宜单独绘图；应绘出平面、特征部位剖面及配筋，注明定位关系、尺寸、标高、材料品种和规格、型号、性能。

10）钢结构设计施工图。其内容和深度应能满足进行钢结构制作详图设计的要求。钢结构制作详图一般应由具有钢结构专项设计资质的加工制作单位完成，也可由具该项资质的其他单位完成，其设计深度由制作单位确定。钢结构设计施工图不包括钢构制作详图的内容。

钢结构设计施工图应包括以下内容：A钢结构设计总说明：以钢结构为主或钢结构（包括钢骨结构）较多的工程，应单独编制钢结构（包括钢骨结构）设计总说明。B基础平面图及详图：应表达钢柱的平面位置及其与下部混凝土构件的构造详图。C结构平面（包括各层楼面、屋面）布置图：应注明定位关系、标高、构件（可用粗单线绘制）的位置、构件编号及截面型式和尺寸、节点详图索引号等；必要时应绘制檩条、墙梁布置图和关键剖面图；空间网架应绘制上、下弦杆及腹杆平面图和关键剖面图，剖面图中应有杆件编号及截面型式和尺寸、节点编号及型式和尺寸。D构件与节点详图：a简单的钢梁、柱可用统一详图和列表法表示，注明构件钢材牌号、必要的尺寸、规格，绘制各种类型连接节点详图（可引用标准图）；b格构式构件应绘出平面图、剖面图、立面图或立面展开图（对弧形构件），注明定位尺寸、总尺寸、分尺寸，注明单构件型号、规格，绘制节点详图和与其他构件的连接详图；c节点详图应包括连接板厚度及必要的尺寸、焊缝要求，螺栓的型号及其布置，焊钉布置等。

11）建筑幕墙的结构设计文件。A按有关规范规定，幕墙构件在竖向、水平荷载等作用下的设计计算书。B施工图纸，包括：a封面、目录（单另成册时）；b幕墙构件立面布置图，图中标注墙面材料、竖向和水平龙骨（或钢索）材料的品种、规格、型号、性能；c墙材与龙骨、各向龙骨间的连接、安装详图；d主龙骨与主体结构连接的构造详图及连接件的品种、规格、型号、性能。注：当建筑幕墙结构设计由有设计资质的幕墙公司按建筑设计要求承担时，主体结构设计人员应复核与幕墙相连的主体结构的安全性（幕墙本身及幕墙与主体结构间的连接件的安全性由建筑幕墙设计单位负责）。

12）计算书。A采用手算的结构计算书，应给出构件平面布置简图和计算简图、荷载取值的计算或说明；结构计算书内容宜完整、清楚，计算步骤要条理分明，引用数据有可靠依据，采用计算图表及不常用的计算公式，应注明其来源出处，构件编号、计算结果应与图纸一致。B当采用计算机程序计算时，应在计算书中注明所采用的计算程序名称、代号、版本及编制单位，计算程序必须经过有效审定（或鉴定），电算结果应经分析认可；总体输入信息、计算模型、几何简图、荷载简图和输出结果应整理成册。C采用结构标准图或重复利用时，宜根据图集的说明，结合工程进行必要的核算工作，且应作为结构计算书的内容。D所有计算书应校审，并由设计、校对、审核人（必要时包括审定人）在计算书封面上签字，作为技术文件归档。

（5）建筑电气

1）在施工图设计阶段，建筑电气专业设计文件应包括图纸目录、施工设计说明、设计图、主要设备表、计算书。

2）图纸目录。应按图纸序号排列，先列新绘制图纸，后列选用的重复利用图和标准图。

3）建筑电气设计说明。A工程概况：应将经初步（或方案）设计审批定案的主要指标录入；B设计依据［内容见初步设计第（2）条第1）款］、设计范围、设计内容，建筑电气系统主要指标；C各系统的施工要求和注意事项（包括布线、设备安装等）；D设备主要技术要求（亦可附在相应图纸上）；E防雷及接地保护等其他系统有关内容（亦可附在相应图纸上）；F电气节能及环保措施；G与相关专业的技术接口要求；H对承包商深化设计图纸的审核要求。

4）图例符号。

5）电气总平面图（仅有单体设计时，可无此项内容）。A标注建筑物、构筑物名称或编号、层数或标高、道路、地形等高线和用户的安装容量。B标注变、配电站位置、编号；变压器台数、容量；发电机台数、容量；室外配电箱的编号、型号；室外照明灯具的规格、型号、容量。C 架空线路应标注：线路规格及走向、回路编号、杆位编号，挡数、挡距、杆高、拉线、重复接地、避雷器等（附标准图集选择表）。D 电缆线路应标注：线路走向、回路编号、敷设方式、人（手）孔型号、位置。E 比例、指北针。F 图中未表达清楚的内容可附图作统一说明。

6）变、配电站设计图。A 高、低压配电系统图（一次线路图）：图中应标明母线的型号、规格，变压器、发电机的型号、规格，开关、断路器、互感器、继电器、电工仪表（包括计量仪表）等的型号、规格、整定值；图下方表格标注开关柜编号、开关柜型号、回路编号、设备容量、计算电流、导体型号及规格、敷设方法、用户名称、二次原理图方案号（当选用分格式开关柜时，可增加小室高度或模数等相应栏目）。B 平、剖面图：按比例绘制变压器、发电机、开关柜、控制柜、直流及信号柜、补偿柜、支架、地沟、接地装置等平面布置、安装尺寸等，以及变、配电站的典型剖面；当选用标准图时，应标注标准图编号、页次，进出线回路编号、敷设安装方法；图纸应有比例。C 继电保护及信号原理图：继电保护及信号二次原理方案号，宜选用标准图、通用图；当需要对所选用标准图或通用图进行修改时，只需绘制修改部分并说明修改要求；控制柜、直流电源及信号柜、操作电源均应选用企业标准产品，图中标示相关产品型号、规格和要求。D 竖向配电系统图：以建筑物、构筑物为单位，自电源点开始至终端配电箱止，按设备所处相应楼层绘制，应包括变、配电站变压器台数、容量、发电机台数、容量、各处终端配电箱编号，自电源点引出回路编号（与系统图一致）。E 相应图纸说明：图中表达不清楚的内容，可随图作相应说明。

7）配电、照明设计图。A 配电箱（或控制箱）系统图，应标注配电箱编号、型号，进线回路编号；标注元器件型号、规格、整定值；配出回路编号、导线型号规格、负荷名称等（对于单相负荷应标明相别）；对有控制要求的回路应提供控制原理图或控制要求；对重要负荷电回路宜标明用户名称。上述配电箱（或控制箱）系统内容在平面图上标注完整的，不单独出配电箱（或控制箱）系统图。B 配电平面图应包括建筑门窗、墙体、轴线、主要尺寸、工艺设备编号及容量；配电箱、控制箱，并注明编号；绘制线路始、终位置（包括控制线路），标注回路、编号、敷设方式；凡需专项设计场所，其配电和控制设计图随专项设计，但配电设计图需注明预留的配电箱，并标注预留容量；图纸应有比例。C 照明平面图应包括建筑门窗、墙体、轴线、主要尺寸、标注房间名称、绘制配电箱、灯具、开关、插座、线路等平面布置，标明配电箱编号，干线、分支线回路编号；凡需二次装修部位，其照明平面图由二次装修设计，但配电或照明平面图上应相应标注预留的照明配电箱，并标注预留容量；有代表性的场所的设计照度值和设计功率密度值；图纸应有比例。

8）火灾自动报警系统设计图。A 火灾自动报警及消防联动控制系统图、施工说明、报警及联动控制要求。B 各层平面图，应包括设备及器件布点、连线，线路型号、规格及敷设要求。C 电气火灾报警系统，应绘制系统图，以及各监测点名称、位置等。

9）建筑设备监控系统及系统集成设计图。A 监控系统方框图，绘至 DDC 站止。B 随图说明相关建筑设备监控（测）要求、点数，DDC 站位置。C 配合承包方了解建筑设备情况及要求，对承包方提供的深化设计图纸审查其内容。D 热工检测及自动调节系统：a 普通工程宜选定型产品，仅列出工艺要求；b 需专项设计的自控系统需绘制热工检测及自动调节原理系统图、自动调节方框图、仪表盘及台面布置图、端子排接线图、仪表盘配电系统图、仪表管路系统图、锅炉房仪表平面图、主要设备材料表、设计说明。

10）防雷、接地及安全设计图。A 绘制建筑物顶层平面，应有主要轴线号、尺寸、标高、标注避雷针、避雷带、引下线位置，注明材料型号规格、所涉及的标准图编号、页次，图纸应标注比例。B 绘制接地平面图（可与防雷顶层平面重合）；绘制接地线、接地极、测试点、断接卡等的平面位置，标明材料型号、规格、相对尺寸及涉及的标准图编号、页次（当利用自然接地装置时，可不出此图），图纸应标注比例。C 当利用建筑物（或构筑物）钢筋混凝土内的钢筋作为防雷接闪器、引下线、接地装置时，应标注连接点、接地电阻测试点、预埋件位置及敷设方式，注明所涉及的标图编号、页次。D 随图说明可包括：防雷类别和采取的防雷措施（包括防侧击雷、防雷击电磁脉冲、防高电位引入接地装置型式、接地极材料要求、敷设要求、接地电阻值要求）；当利用桩基、基础内钢筋作接地极时，应采取的措施。E 除防雷接地外的其他电气系统的工作或安全接地的要求（如电源接地型式，直流接地，局部等电位、总等电位接地等）；如果采用共用接地装置，应在接地平面图中叙述清楚，交待不清楚的应绘制相应图纸（如局部等电位平面图等）。

11）其他系统设计图。A 各系统的系统框图。B 说明各设备定位安装、线路型号规格及敷设要求。C 配合系统承包方了解相应系统的情况及要求，对承包方提供的深化设计图纸审查其内容。

12）主要设备表。注明主要设备名称、型号、规格、单位、数量。

13）计算书。施工图设计阶段的计算书，只补充初步设计阶段时应进行计算而未进行计算的部分，修改因初步设计文件审查变更后，需重新进行计算的部分。

《条文说明》："其他系统"是指除火灾自动报警系统以外的弱电及建筑智能化系统，这些系统以往的施工图设计文件的内容，各地情况差异较大，有的设计文件包含大量图纸，有的设计文件几乎没有图纸。而根据国际惯例，设计院在施工图设计阶段这部分的设计文件深度，以能满足编制投标书和审核承包商深化设计文件为原则。按照当前工程建设现状，设计院"弱电及建筑智能化"系统施工图设计文件的内容，还应满足结构施工预留、预埋的要求。

（6）给水排水

1）在施工图设计阶段，建筑工程给水排水专业设计文件应包括图纸目录、施工图设计说明、设计图纸、主要设备器材表、计算书。

2）图纸目录。先列新绘制图纸，后列选用的标准图或重复利用图。

3）设计总说明。A 设计总说明：a 设计依据简述——a）已批准的初步设计（或方案设计）文件（注明文号），b）建设单位提供的有关资料和设计任务书，c）本专业设计所采用的主要标准（包括标准的名称、编号、年号和版本号），d）工程可利用的市政条件或设计依据的市政条件，e）建筑和有关专业提供的条件图和有关资料；b 工程概况——内容同初步设计；c 设计范围——同初步设计；d 给排水系统概况——主要的技术指标（如最高日用水量、平均时用水量、最大时用水量、最高日排水量、设计小时热水用水量及耗热量、循环冷却水量，各消防系统的设计参数及消防总用水量等）、控制方法；有大型的净化处理厂（站）或复杂的工艺流程时，还应有运转和操作说明；e 说明主要设备、器材、管材、阀门等的选型；f 说明管道敷设、设备、管道基础，管道支吊架及支座（滑动、固定），管道支墩、管道伸缩器，管道、设备的防腐蚀、防冻和防结露、保温，系统工作压力，管道、设备的试压和冲洗等；g 说明节水、节能、减排等技术要求；h 凡不能用图示表达的施工要求，均应以设计说明表述；i 有特殊需要说明的可分列在有关图纸上。B 图例。

4）建筑室外给水排水总平面图。A 绘制各建筑物的外形、名称、位置、标高、道路及其主要控制点坐标、标高、坡向，指北针（或风玫瑰图）、比例。B 绘制全部给排水管网及构筑物的位置（或坐标、或定位尺寸）；构筑物的主要尺寸及详图索引号。C 对较复杂工程，应将给水、排水（雨水、污废水）总平面图分开绘制，以便于施工（简单工程可绘在一张图上）。D 给水管注明管径、埋设深度或敷设的标高，宜标注管道长度，并绘制节点图，注明节点结构、闸门井、消火栓井、消防水泵接合器井等尺寸、编号及引用详图（一般工程给水管线可不绘节点图）。E 排水管标注检查井编号和水流坡向，并标注管道接口处市政管网的位置、标高、管径、水流坡向。

5）室外排水管道高程表或纵断面图。A 排水管道绘制高程表，将排水管道的检查井编号、井距、管径、坡度、设计地面标高、管内底标高、管道埋深等写在表内。简单的工程，可将上述内容（管道埋深除外）直接标注在平面图上，不列表。B 对地形复杂的排水管道以及管道交叉较多的给排水管道，宜绘制管道纵断面图，图中应表示出检查井编号、井距、管径、坡度、设计地面标高、管道标高（给水管道标注管中心，排水管道标注管内底)、管道埋深、管材、接口型式、管道基础、管道平面示意，并标出交叉管的管径、位置、标高；纵断面图比例宜为竖向1∶100（或1∶50，1∶200)，横向1∶500（或与总平面图的比例一致)。

6）水源取水工程总平面图。绘出地表水或地下水取水工程区域内的地形等高线、取水头部、取水管井（渗渠)、吸水管线（自流管)、集水井、取水泵房、栈桥、转换闸门及相应的辅助建筑物、道路的平面位置、尺寸、坐标，管道的管径、长度、方位等，并列出建筑物、构筑物一览表。

7）水源取水工程工艺流程断面图（或剖面图)。一般工程可与总平面图合并绘在一张图上，较大且复杂的工程应单独绘制。图中标明工艺流程中各构筑物及其水位标高关系。

8）水源取水头部（取水口)、取水管井（渗渠）平、剖面及详图。A 绘制取水头部所在位置及相关河流、岸边的地形平面布置，图中标明河流、岸边与总体建筑物的坐标、标高、方位等。B 绘出取水管井（渗渠）所在位置及组成形式，图中标明各建筑物、构筑物坐标、标高、方位等。C 详图应详细标注各部分尺寸、构造、管径及引用详图等。

9）水源取水泵房平、剖面及详图。绘出各种设备基础尺寸（包括地脚螺栓孔位置、尺寸)，相应的管道、阀门、管件、附件、仪表、配电、起吊设备的相关位置、尺寸、标高等，列出主要设备器材表。

10）其他建筑物、构筑物平面、剖面及详图。内容包括集水井、计量设备、转换闸门井等。

11）输水管线图。在带状地形图（或其他地形图）上绘制出管线及附属设备、闸门等的平面位置、尺寸，图中注明管径、管长、标高及坐标、方位。是否需要另绘管道纵断面图，视工程地形复杂程度而定。

12）给水净化处理厂（站）总平面布置图及工艺流程断面图。A 绘出各建筑物、构筑物的平面位置、道路、标高、坐标，连接各建筑物、构筑物之间的各种管道、管径、闸门井、检查井、堆放药物、滤料等堆放场的平面位置、尺寸。B 工艺流程断面图，图中标明工艺流程中各构筑物及其水位标高关系。C 各净化建筑物、构筑物平、剖面及详图：分别绘制各建筑物、构筑物的平、剖面及详图，图中表示出工艺设备布置、各细部尺寸、标高、构造、管径及管道穿池壁预埋管管径或加套管的尺寸、位置、结构形式和引用详图。

13）泵房平面、剖面图（注：一般指利用城市给水管网供水压力不足时设计的加压泵房，净水处理后的二次升压泵房或地下水取水泵房)。A 平面图：应绘出水泵基础外框及编号、管道位置，列出主要设备器材表，标出管径、阀件、起吊设备、计量设备等位置、尺寸；如需设真空泵或其他引水设备时，要绘出有关的管道系统和平面位置及排水设备。B 剖面图：绘出水泵基础剖面尺寸、标高，水泵轴线、管道、阀门安装标高，防水套管位置及标高；简单的泵房，用系统轴测图能交待清楚时，可不绘剖面图。

14）水塔（箱)、水池配管及详图。分别绘出水塔（箱)、水池的形状、工艺尺寸、进水、出水、泄水、溢水、透气、水位计、水位信号传输器等平面、剖面图或系统轴测图及详图，标注管径、标高、最高水位、最低水位、消防储备水位等及贮水容积。

15）循环水构筑物的平面、剖面及系统图。有循环水系统时，应绘出循环冷却水系统的构筑物（包括用水设备、冷却塔等)、循环水泵房及各种循环管道的平面、剖面及系统图（或展开系统原理图）（当绘制系统轴测图时，可不绘制剖面图)，并标注相关设计参数。

16）污水处理。如有集中的污水处理或局部污水处理时，绘出污水处理站（间）平面、工艺流程断面图，并绘出各构筑物平、剖面及详图，其深度可参照给水部分的相应图纸内容。

17）建筑室内给水排水图纸。A 平面图：a 应绘出与给水排水、消防给水管道布置有关各层的平面，内容包括主要轴编号、房间名称、用水点位置，注明各种管道系统编号（或图例)；b 应绘出给水排水、消防给水管道平面布置、立管位置及编号，管道穿剪力墙处定位尺寸、标高、预留孔洞尺寸及其他必要的定位尺寸；c 当采用展开系统原理图时，应标注管道管径、标高；在给排水管道安装高度变化处，应在变化处用符号表示清楚，并分别标出标高（排水横管应标注管道坡度、起点或终点标高)；管道密集处应在该平面中画横断面图将管道布置定位表示清楚；d 底层（首层）平面应注明引入管、排出管、水泵接合器等管道与建筑物的定位尺寸、穿建筑外墙管道的管径、标高、防水套管形式等，还应绘出指北针；e 标出各楼层建筑平面标高（如卫生设备间平面标高有不同时，应另加注或用文字说明）和层数，灭火器放置地点（也可在总说明中交待清楚）；f 若管道种类较多，可分别绘制给排水平面图和消防给水平面图；g 对于给排水设备及管道较多处，如泵房、水池、水箱间、热交换器站、饮水间、卫生间、水处理间、游泳池、水景、冷却塔、热泵热水、太阳能和雨水利用设备间、报警阀组、管井、气体消防贮瓶间等，当上述平面不能交待清楚时，应绘出局部放大平面图；h 对气体灭火系统、压力（虹吸）流排水系统、游泳池循环系统、水处理系统、厨房、洗衣房等专项设计，需要再次深化设计时，应在平面图上注明位置、预留孔洞、设备与管道接口位置及技术参数。B 系统图：a 系统轴测图——对于给水排水系统和消防给水系统，一般宜按比例分别绘出各种管道系统轴测图，图中标明管道走向、管径、仪表及阀门、伸缩节、固定支架、控制点标高和管道坡度（设计说明中已交待者，图中可不标注管道坡度）各系统进出水管编号、各楼层卫生设备和工艺用水设备的连接点位置；如各层（或某几层）卫生设备及用水点接管（分支管段）情况完全相同时，在系统轴测图上可只绘一个有代表性楼层的接管图，其他各层注明同该层即可；复杂的连接点应局部放大绘制；在系统轴测图上，应注明建筑楼层标高、层数、室内外地面标高；引入管道应标注管道设计流量和水压值；b 展开系统原理图——对于用展开系统原理图将设计内容表达清楚的，可绘制展开系统原理图，图中标明立管和横管的管径、立管编号、楼层标高、层数、室内外地面标高、仪表及阀门、伸缩节、固定支架、各系统进出水管编号、各楼层卫生设备和工艺用水设备的连接，排水管还应标注立管检查口、通风帽等距地（板）高度及排水横管上的竖向转弯和清扫口等；如各层（或某几层）卫生设备及用水点接管（分支管段）情况完全相同时，在展开系统原理图上可只绘一个有代表性楼层的接管图，其他各层注明同该层即可；引入管还应标注管道设计流量和水压值；c 卫生间管道应绘制轴测图或展开系统原理图；d 当自动喷水灭火系统在平面图中已将管道管径、标高、喷头间距和位置标注清楚时，可简化绘制从水流指示器至末端试水装置（试水阀）等阀件之间的管道和喷头；e 简单管段在平面上注明管径、坡度、走向、进出水管位置及标高，引入管设计流量和水压值，可不绘制系统图。C 局部放大图：当建筑物内有水池、水泵房、热交换站、水箱间、水处理间、卫生间、游泳池、水景、冷却塔、热泵热水、太阳能、屋面雨水利用等设施时，可绘出其平面图、剖面图（或轴测图，卫生间管道也可绘制展开图），或注明引用的详图、标准图号。D 详图：特殊管件无定型产品又无标准图可利用时，应绘制详图。

18）主要设备器材表。主要设备、器材可在首页或相关图上列表表示，并标明名称、性能参数、计数单位、数量、备注使用运转说明。

19）计算书。根据初步设计审批意见进行施工图阶段设计计算。

20）当为合作设计时，应依据主设计方审批的初步设计文件，按所分工内容进行施工图设计。

（7）采暖通风与空气调节

1）在施工图设计阶段，采暖通风与空气调节专业设计文件应包括图纸目录、设计说明和施工说明、设备表、设计图纸、计算书。

2）图纸目录。应先列新绘图纸，后列选用的标准图或重复利用图。

3）设计说明和施工说明。A 设计说明：a 简述工程建设地点、规模、使用功能、层数、建筑高度等；b 列出设计依据，说明设计范围；c 暖通空调室内外设计参数；d 热源、冷源设置情况，热媒、冷媒及冷却水参数，采暖热负荷、折合热量指标及系统总阻力，空调冷热负荷、折合冷热量指标，系统水处理方式、补水定压方式、定压值（气压罐定压时注明工作压力值）等（注：气压罐定压时工作压力值指补水泵启泵压力、补水泵停泵压力、电磁阀开启压力和安全阀开启压力）；e 设置采暖的房间及采暖系统形式，热计量及室温控制，系统平衡、调节手段等；f 各空调区域的空调方式，空调风系统及必要的气流组织说明，空调水系统设备配置形式和水系统制式，系统平衡、调节手段，洁净空调净化级别，监测与控制要求；有自动监控时，确定各系统自动监控原则（就地或集中监控），说明系统的使用操作要点等；g 通风系统形式，通风量或换气次数，通风系统风量平衡等；h 设置防排烟的区域及其方式，防排烟系统及其设施配置、风量确定、控制方式，暖通空调系统的防火措施；i 设备降噪、减振要求，管道和风道减振做法要求，废气排放处理等环节措施；j 在节能设计条款中阐述设计采用的节能措施，包括有关节能标准、规范中强制性条文和以"必须"、"应"等规范用语规定的非强制性条文提出的要求。B 施工说明，施工说明应包括以下内容：a 设计中使用的管道、风道、保温等材料选型及做法；b 设备表和图例没有列出或没有标明性能参数的仪表、管道附件等的选型；c 系统工作压力和试压要求；d 图中尺寸、标高的标注方法；e 施工安装要求及注意事项，大型设备安装要求参照；f 采用的标准图集、施工及验收依据。C 图例。D 当本专业的设计内容分别由两个或两个以上的单位承担设计时，应明确交接配合的设计分工范围。

4）设备表（参见初步设计"设备表"），施工图阶段性能参数栏应注明详细的技术数据。

5）平面图。A 绘出建筑轮廓、主要轴线号、轴线尺寸、室内外地面标高、房间名称，底层平面图上绘出指北针。B 采暖平面绘出散热器位置，注明片数或长度，采暖干管及立管位置、编号，管道的阀门、放气、泄水、固定支架、伸缩器、入口装置、减压装置、疏水器、管沟及检查孔位置，注明管道管径及标高。C 二层以上的多层建筑，其建筑平面相同的采暖标准层平面可合用一张图纸，但应标注各层散热器数量。D 通风、空调、防排烟风道平面用双线绘出风道，标注风道尺寸（圆形风道注管径、矩形风道注宽×高）、主要风道定位尺寸、标高及风口尺寸，各种设备及风口安装的定位尺寸和编号，消声器、调节阀、防火阀等各种部件位置，标注风口设计风量（当区域内各风口设计风量相同时也可按区域标注设计风量）。E 风道平面应表示出防火分区，排烟风道平面还应表示出防烟分区。F 空调管道平面单线绘出空调冷热水、冷媒、冷凝水等管道，绘出立管位置和编号，绘出管道的阀门、放气、泄水、固定支架、伸缩器等，注明管道管径、标高及主要定位尺寸。G 需另做二次装修的房间或区域，可按常规进行设计，风道可绘制单线图，不标注详细定位尺寸，并注明按配合装修设计图施工。

6）通风、空调、制冷机房平面图和剖面图。A 机房图应根据需要增大比例，绘出通风、空调、制冷设备（如冷水机组、新风机组、空调器、冷热水泵、冷却水泵、通风机、消声器、水箱等）的轮廓位置及编号，注明设备外形尺寸和基础距离墙或轴线的尺寸。B 绘出连接设备的风道、管道及走向，注明尺寸和定位尺寸、管径、标高，并绘制管道附件（各种仪表、阀门、柔性短管、过滤器等）。C 当平面图不能表达复杂管道、风道相对关系及竖向位置时，应绘制剖面图。D 剖面图应绘出对应于机房平面图的设备、设备基础、管道和附件，注明设备和附件编号以及详图索引编号，标注竖向尺寸和标高；当平面图设备、风道、管道等尺寸和定位尺寸标注不清时，应在剖面图标注。

7）系统图、立管或竖风道图。A 分户热计量的户内采暖系统或小型采暖系统，当平面图不能表示清楚时应绘制系统透视图，比例宜与平面图一致，按 45°或 30°轴侧投影绘制；多层、高层建筑的集中采暖系统，应绘制采暖立管图并编号；上述图纸应注明管径、坡度、标高、散热器型号和数量。B 冷热源系统、空调水系统及复杂的或平面表达不清的风系统应绘制系统流程图，系统流程图应绘出设备、阀门、计量和现场观测仪表、配件，标注介质流向、管径及设备编号，流程图可不按比例绘制，但管路分支及与设备的连接顺序应与平面图相符。C 空调冷热水分支水路采用竖向输送时，应绘制立管图并编号，注明管径、标高及所接设备编号。D 采暖、空调冷热水立管图应标注伸缩器、固定支架的位置。E 空调、制冷系统有自动监控时，宜绘制控制原理图，图中以图例绘出设备、传感器及执行器位置；说明控制要求和必要的控制参数。F 对于层数较多、分段加压、分段排烟或中途竖井转换的防排烟系统，或平面表达不清竖向关系的风系统，应绘制系统示意或竖风道图。

8）通风、空调剖面图和详图。A 风道或管道与设备连接交叉复杂的部位，应绘剖面图或局部剖面。B 绘出风道、管道、风口、设备等与建筑梁、板、柱及地面的尺寸关系。C 注明风道、管道、风口等的尺寸和标高，气流方向及详图索引编号。D 采暖、通风、空调、制冷系统的各种设备及零部件施工安装，应注明采用的标准图、通用图的图名图号；凡无现成图纸可选，且需要交待设计意图的，均需绘制详图；简单的详图，可就图引出，绘制局部详图。

9）室外管网设计深度要求。

10）计算书。A 采用计算程序计算时，计算书应注明软件名称，打印出相应的简图、输入数据和计算结果。B 采暖设计计算应包括以下内容：a 每一采暖房间耗热量计算及建筑物采暖总耗热量计算；b 散热器等采暖设备的选择计算；c 采暖系统的管径及水力计算；d 采暖系统设备、附件选择计算，如系统热源设备、循环水泵、补水定压装置、伸缩器、疏水器等。C 通风、防排烟设计计算应包括以下内容：a 通风、防排烟风量计算；b 通风、防排烟系统阻力计算；c 通风、防排烟系统设备选型计算。D 空调设计计算应包括以下内容：a 空调冷热负荷计算（冷负荷按逐项逐时计算）；b 空调系统末端设备及附件（包括空气处理机组、新风机组、风机盘管、变制冷剂流量室内机、变风量末端装置、空气热回收装置、消声器等）的选择计算；c 空调冷热水、冷却水系统的水力计算；d 通风系统阻力计算；e 必要的气流组织设计与计算；f 空调系统的冷（热）水机组、冷（热）水泵、冷却水泵、定压补水设备、冷却塔、水箱、水池等设备的选择计算。E 必须有满足工程所在省、市有关部门要求的节能设计计算内容。

（8）热能动力

1）在施工图设计阶段，热能动力专业设计文件应包括图纸目录、设计说明和施工说明、设备及主要材料表、设计图纸、计算书。

2）图纸目录。先列新绘制的设计图纸，后列选用的标准图、通用图或重复利用图。

3）设计说明和施工说明。A 设计说明：a 列出设计依据（内容见初步设计第 9（2）条第 1）款），当施工图设计与初步设计（或方案设计）有较大变化时应说明原因与初步设计调整内容；b 概述系统设计，列出技术指标——技术指标包括各类供热负荷及各种气体用量、设计容量、运行介质参数、燃料消耗量、灰渣量、水电用量等，说明系统运行的特殊要求及维护管理需要特别注意的事项；c 设计所采用的图例符号；d 节能设计，在节能设计条款中阐述设计采用的节能措施，包括有关节能标准、规范中强制性条文和以“必须”、“应”等规范用语规定的非强制性条文提出的要求；e 环保、消防及安全措施——应明确排烟、除尘、除渣、排污、减噪等方面的各项环保措施，应明确有关锅炉房、可燃气体站房及可燃气、液体的安全措施，如防火、防爆、泄压、消防等措施；当设计条款中涉及法规、技术标准提出的强制性条文的内容时，以“必须”、“应”等规范用语表示其内容。B 施工说明：a 设备安装——设备安装应与土建施工配合及设备基础应与到货设备核对尺寸的要求；设备安装时，应避免设备或材料集中在楼板上，以防楼板超载；利用梁柱起吊设备时，必须复核梁柱强度的要求；b 管道安装——工艺管道、风、烟管道的管材及附件的选用，管道的连接方式，管道的安装坡度及坡向，管道弯头的选用，管道的滑动支吊架间距表，管道的补偿器和建筑物人口装置等，管道施工应与土建配合预留埋件、预留孔洞、预留套管等要求；c 系统的工作压力和试压要求；d 防腐、保温、保护、涂色——设备、管道的防腐、保温、保护、涂色要求；e 图中尺寸、标高的标注方法；f 本工程采用的施工及验收依据；g 图例。

4）锅炉房图。A 热力系统图：表示出热水循环系统、蒸汽及凝结水系统、水处理系统、给水系统、定压补水方式、排污系统等内容；标明图例符号（也可以在设计说明中加）、管径、介质流向及设备编号（应与设备表中编号一致）；标明就地安装测量仪表位置等。B 设备平面布置图：绘制锅炉房、辅助间的平面图，注明建筑轴线编号、尺寸、标高和房间名称，并绘出设备布置图，注明设备定位尺寸及设备编号（应与设备表中编号一致）；对较大型锅炉房根据情况绘制表示锅炉房、煤、渣、灰场（池）、室外油罐等的区域布置图。C 管道布置图：绘制工艺管道及风、烟等管道平面图，注明阀门、补偿器、固定支架的安装位置及就地安装一次测量仪表位置，注明各种管道尺寸；当管道系统不太复杂时，管道布置图可与设备平面布置图绘在一起。D 剖面图：绘制工艺管道、风、烟等管道布置及设备剖面图，注明阀门、补偿器、固定支架的安装位置及就地安装一次测量仪表位置，注明各种管道管径尺寸及安装标高、坡度及坡向，注明设备定位尺寸及设备编号（应与设备表中编号一致）。E 其他图纸：根据工程具体情况绘制机械化运输平、剖面布置图、设备安装详图、水箱及油箱开孔图、非标准设备制作图等。

5）其他动力站房图。A 管道系统图（或透视图）：对热交换站、气体站房、柴油发电机房等应绘制系统图，图纸内容和深度参照锅炉房部分；对燃气调压站和瓶组站绘制透视图，并注明标高。B 设备及管道平面图、剖面图：绘制设备及管道平面图，当管道系统较复杂时，还应绘制设备及管道布置剖面图，图纸内容和深度参照锅炉房部分。

6）室内管道图。A 管道系统图（或透视图）：应绘制管道系统图（或透视图），包括各种附件、就地测量仪表，注明管径、坡度及管道标高（透视图中）。B 平面图：绘制建筑物平面图，标出轴线编号、尺寸、标高和房间名称，并绘制有关用气（汽）设备外形轮廓尺寸及编号，绘制动力管道、入口装置及各种附件，注明管道管径；若有补偿器、固定支架，应绘制其安装位置及定位尺寸。C 安装详图（或局部放大图）：当管道安装采用标准图或通用图时可以不绘管道安装详图，但应在图纸目录中列出标准图、通用图图册名称及索引的图名、图号；其他情况应绘制安装详图。

7）室外管网图。A 平面图：绘制建筑红线范围内的总图平面，包括建筑物、构筑物、道路、坎坡、水系等，并标注名称、定位尺寸或坐标；标注指北针；标注设计建筑物室内±0.00 绝对标高和室外地面主要区域的绝对标高；绘制管道布置图，图中包括补偿器、固定支架、阀门、检查井、排水井等，标注管道、设备、设施的定位尺寸或坐标，标注管段编号（或节点编号）、管道规格、管线长度及管道介质代号，标注补偿器类型、补偿器的补偿量（使用方形补偿器时其尺寸）、固定支架编号等。B 纵断面图（比例：纵向为 1∶500 或 1∶1000，竖向为 1∶50）：地形较复杂的地区应绘制管道纵断面展开图，当地沟敷设时，标出管段编号（或节点编号）、设计地面标高、沟顶标高、沟底标高、管道标高、地沟断面尺寸、管段平面长度、坡度及坡向；当架空敷设时，标出管段编号（或节点编号）、设计地面标高、柱顶标高、管道标高、管段平面长度、坡度及坡向；当直埋敷设时，标出管段编号（或节点编号）、设计地面标高、管道标高、填砂沟底标高、管段平面长度、坡度及坡向；管道纵断面图中还应表示出关断阀、放气阀、泄水阀、疏水装置和就地安装测量仪表等；简单项目及地势平坦处，可不绘制管道纵断面图而在管道平面图主要控制点直接标注或列表说明上述各种数据。C 横断面图：当地沟敷设时，管道横断面图应表示出管道直径、保温层厚度、地沟断面尺寸、管中心间距、管壁与沟壁、沟底距离、支座尺寸及覆土深度等；当架空敷设时，管道横断面图应表示出管道直径、保温层厚度、管中心间距、支座尺寸等；当直埋敷设时，管道横断面图应表示出管道直径、保温层厚度、填砂沟槽尺寸、管中心间距、填砂层厚度及埋深等。采用标准图、通用图时可不绘管道横断面图，但应注明标准图、通用图名称及索引的图名、图号。D 节点详图：必要时应绘制检查井、分支节点、管道及附件的节点详图。

8）设备及主要材料表。应列出设备及主要材料的名称、性能参数、单位和数量、备用情况等，对锅炉设备应注明锅炉效率。

9）计算书。A 锅炉房的计算包括以下内容：a 热负荷计算；b 主要设备选型计算；c 管道的管径及水力计算；d 管道固定支架的推力计算；e 汽、水、电、燃料的消耗量计算；f 炉渣量的计算；g 煤、渣、油等的场地计算。（注：小型锅炉房可简化计算）。B 其他动力站房计算包括以下内容：a 各种介质的负荷计算；b 设备选型计算；c 管道的管径及水力计算。C 室内管道计算包括以下内容：a 绘制计算草图并作管径及水力计算；b 附件选型计算；c 高温介质时管道固定支架的推力计算。（注：当系统较简单时，可在计算草图上注明计算数据不另作计算书）。D 室外管网计算包括以下内容：a 绘计算草图，并作管径及水力计算；b 根据水力计算绘制水压图；c 调压装置的选型计算；d 架空敷设及地沟敷设管道的不平衡支架的受力计算；e 直埋敷设时管道对固定墩的推力计算；f 管道的热膨胀计算和补偿器的选择计算；g 直埋供热管道若作预处理时，预拉伸、预热等计算。（注：管网简单时可简化计算）。

(9) 预算（详见第8章）

6　施工图设计文件的内审与验收

(1) 在设计单位按规定对施工图设计文件进行审查，完成施工图设计后，设计管理部（组）应根据《设计质量控制计划》，组织项目部有关部门对有关设计文件进行建设单位内审。

(2) 施工图设计文件的内审应包括如下两个方面文件的审查：对设计结果文件的审查及对设计单位所进行设计评审、设计验证的记录的审查。内审内容按上述施工图设计的基本要求和施工图设计文件审查要点，并应特别注意过分设计、不足设计两种极端情况。

(3) 填写《设计文件审查表》，报项目部项目经理和建设单位有关技术部门、技术负责人等批准后，反馈给设计单位，设计单位据此修改完善设计文件。

(4) 此项工作反复进行，直至建设单位签署《设计文件验收单》为止。设计文件验收后方可送施工图审图机构。

(5) 对施工图审查机构的审查结果和具体意见，应要求原设计单位进行修改，并将修改后的施工图报原审查机构审查。修改完成的施工图作为项目设备、材料采购、施工招标投标等的依据。

7　施工图设计文件审查要点

为指导全国的施工图审查工作，引导审查人员抓住重点、规范操作，保证审查质量。建设部制定了《建筑工程施工图设计文件审查要点》（以下简称《要点》）供施工图审查机构进行民用建筑工程施工图技术性审查时参考使用。工业建筑工程的施工图，可根据工程的实际情况参照本要点进行审查。简要介绍如下：

《要点》主要由三部分组成，一是工程建设强制性条文，该部分内容以我部正式颁布的文件为准；二是条文以外的部分强制标准规范，这部分是从众多的一般强制性标准规范中筛选出来的，所涉及标准内容以现行规范规程内容为准；三是勘察设计文件的编制深度。各省、自治区、直辖市人民政府建设设计行政主管部门可根据本地区的实际适当增加有关内容，作出必要的补充规定。

施工图审查要点如下：

(1) 建设单位报请施工图技术性审查的资料

建设单位报请施工图技术性审查的资料应包括以下主要内容：

1) 作为设计依据的政府有关部门的批准文件及附件。

2) 审查合格的岩土工程勘察文件（详勘）。

3) 全套施工图（含计算书并注明计算软件的名称及版本）。

4) 审查需要提供的其他资料。

(2) 施工图技术性审查应包括以下主要内容：

1) 是否符合《工程建设标准强制性条文》和其他有关工程建设强制性标准。

2) 地基基础和结构设计等是否安全。

3) 是否符合公众利益。

4) 施工图是否达到规定的设计深度要求。

5) 是否符合作为设计依据的政府有关部门的批准文件要求。

(3) 建筑专业的审查要点

1) 编制依据：建设、规划、消防、人防等主管部门对本工程的审批文件是否得到落实，如人防工程平战结合用途及规模、室外出口等是否符合人防批件的规定；现行国家及地方有关本建筑设计的工程建设规范、规程是否齐全、正确，是否为有效版本。

2) 规划要求：建筑工程设计是否符合规划批准的建设用地位置，建筑面积及控制高度是否在规划的范围内。

3) 施工图深度：设计说明基本内容；图纸基本要求；建筑设计重要内容。

4）强制性条文：现行建筑专业设计规范强制性条文。

5）建筑设计重要内容：室内环境设计；防水设计；无障碍设计；托儿所、幼儿园；中、小学校；商店；饮食建筑；汽车库；医院；住宅。

6）建筑防火重要内容：多层建筑防火；高层建筑防火；内装修防火。

7）国家及地方法令、法规。

（4）结构专业的审查要点

1）强制性条文：现行工程建设标准强制性条文。

2）设计依据：工程建设标准；建筑抗震设防类别；建筑抗震设计参数；岩土工程勘察报告。

3）结构计算书：软件的适用性；计算书的完整性；计算分析；结构构件及节点。

4）结构设计总说明。

5）地基和基础：基础选型与地基处理；地基和基础设计。

6）混凝土结构：结构布置；结构计算；配筋与构造；钢筋锚固、连接；钢筋混凝土楼盖；预应力混凝土结构；耐久性。

7）多层砌体结构：结构布置；结构计算；构造。

8）底部框架砌体结构：结构布置；结构计算；构造。

（5）给水排水专业审查要点

1）强制性条文：《建筑给水排水设计规范》（GB 50015—2003）（2009年版）等设计规范的强制性条文。

2）设计依据：设计采用的设计标准、规范是否正确、是否为现行有效版本。

3）系统设计总体要求：给水、排水、热水等各系统设计是否合理，设计技术参数是否符合标准、规范要求；是否按消防规范的要求，设置了相应的消火栓、自动喷水、气体消防、水喷雾消防和灭火器等系统和设施，消防水量水压、蓄水池和高位水箱容积等技术参数是否合理；水泵、水处理设备、水加热设备、冷却塔、消防设施等选型是否安全，符合系统设计的需要。

4）给水系统。是否符合《建筑给水排水设计规范》（GB 50015—2003）（2009年版），第3.2.3A、3.2.4、3.2.4A、3.2.4C、3.2.5、3.2.5A、3.2.5B、3.2.5C、3. 2.6、3.2. 10、3.9.14、3.9.18A、3.9.20A、3.9.24条规定。

是否符合《二次供水设施卫生规范》（GB 17051—1997）第5.1条有关建筑物内的水箱或蓄水池设置、容积、材质的设计规定，以及《住宅设计规范》（GB 50096—2011）和《中小学校设计规范》（GB 50099—2011）的相关强制性规定。

5）排水系统。是否符合《建筑给水排水设计规范》（GB 50015—2003）（2009年版）第4.2.6、4.3.3A、4.3.4、4.3.6、4.3. 6A、4.5.10A条的规定。是否符合《住宅建筑规范》（GB 50368—2005）的第8.2.7、8.2.8、8.2.9、8.2.10、8.2.11条强制性条文规定，及《人民防空地下室设计规范》（GB 50038—2005）的第6.2.6、2.13（1、2、3）、6.5.9条（款）的强制性条文规定。

6）消防设计。是否符合《高层民用建筑设计防火规范》（GB 50045—95）（2005年版）的有关消防电梯的井底排水设施、室内消防给水管道、裙房内消防给水管道的阀门布置、室内消火栓、高压给水系统、高位消防水箱、消火栓静水压力、消防水泵房供水管、消防水泵、水泵接合器、锅炉房、电力变压器室，高压电容器、多油开关室，自备发电机房、灭火器配置等强制性条文的设计规定。

是否符合《建筑设计防火规范》（GB 50016—2006）的有关建筑物消防水箱或气压水罐、水塔设置、消防用水量、灭火器配置、消防水泵、水幕系统、防火门等的强制性条文的设计规定。

是否符合《汽车库、修车库、停车场设计防火规范》（GB 50067—97）第7.2.3条规定中对汽车库、修车库自动喷水灭火系统的设计规定。

7）高层建筑内明敷管道，当设计要求采取防止火灾贯穿措施时，应符合《建筑排水硬聚氯乙烯管道工程技术规程》(CJJ/T 29—98) 第 4.1.14 条的规定。

8) 施工图的设计深度是否符合《建筑工程设计文件编制深度的规定》(2008 年版)。

(6) 暖通专业的审查要点

1) 强制性条文:《工程建设标准强制性条文》(房屋建筑部分 2009 年版,具体条款略)。

2) 设计依据:设计采用的设计标准、规范是否正确,是否为有效版本。

3) 基础资料:室外气象资料——设计采用的室外气象参数等基础资料是否正确可靠,室内设计标准——设计采用的室内设计标准是否满足相应规范和使用要求;建筑热工计算——居住建筑(住宅、公寓、单宿、托幼、旅馆、医院病房等)的围护结构应满足《民用建筑节能设计标准(采暖居住建筑部分)》及《夏热冬冷地区建筑节能设计标准(居住建筑部分)》的要求和各地区相关细则。

4) 防排烟:高层建筑《高层民用建筑设计防火规范》(GB 50045—95)(2005 年版)的有关一类或二类高层建筑的内走廊、无窗房间、中庭等排烟设施、机械排烟的地下室送风系统、送风量等强制性规定;人防地下室《人民防空工程设计防火规范》(GB 50098—2009)的有关防烟楼梯间、前室或合用前室送风余压值、防烟楼梯间的机械加压送风量的规定,地下汽车库《汽车库、修车库、停车场设计防火规范》(GB 50067—97)第 8.2.1 条规定,面积超过 $2000m^2$ 的地下汽车库应设置机械排烟系统;第 8.2.4 条规定,风机排烟量应按换气次数不小于 6 次/h 计算确定;洁净厂房《洁净厂房设计规范》(GB 50073—2001)第 6.5.7 条规定,洁净厂房疏散走廊,应设置机械防排烟设施。

5) 通风、空调系统的防火措施:应满足《洁净厂房设计规范》(GB 50073—2001)第 6.6.2 条通风、净化空调系统的风管应设防火阀的情况规定;风管穿越防火分区的隔墙处,穿越变形缝的防火墙的两侧;风管穿越通风、空气调节机房的隔墙和楼板处;垂直风管与每层水平风管交接的水平管段上的规定;第 6.6.6 条风管、附件及辅助材料的选择应符合的要求规定。

6) 环保与卫生。地下汽车库换气应满足《汽车库建筑设计规范》(JGJ 100—98)第 6.3.4 条规定,地下汽车库宜设置独立的送、排风系统,其风量应按允许的废气标准量计算,且换气次数每小时不应小于 6 次。

饮食建筑油烟排放应符合《饮食业油烟排放标准(试行)》(GWPB5-2000)表 2 的饮食业单位的油烟最高允许排放浓度和油烟净化设施最低去除效率规定。

环境噪声控制应符合《城市区域环境噪声标准》(GB 3096—2008)各种区域的环境噪声不准超过 dB(昼间、夜间)的规定。

降低设备噪声的措施应符合《采暖通风与空气调节设计规范》(GB 50019—2003)的设置消声器或隔振器及采取其他消声措施、系统所需的消声量规定。

7) 安全设施。采暖通风系统应根据《采暖通风与空气调节设计规范》(GB 50019—2003)的要求对采暖管道采取预防由于建筑物下沉而损坏管道的措施、对闭式冷水系统应设置膨胀措施和排气、泄水装置;并符合本规范对空气调节系统的电加热器设置、事故排风设置的规定。

锅炉房应符合《锅炉房设计规范》(GB 50041—2008)中有关余热的自然通风、机械通风排除;燃油泵房和地下油库的机械通风装置;易燃油泵房和易燃油库的通风装置防爆;有爆炸危险的房间的换气量、事故通风防爆装置的规定。

人防地下室应符合《人民防空地下室设计规范》(GB 50038—2005)中有关医疗救护工程、专业队队员掩蔽部和人员掩蔽所的战时通风方式(包括清洁通风、滤毒通风和隔绝通风)、各类工程的战时人员新风量采用;防空地下室的进风系统防护通风设备组成;防空地下室的排风系统防护通风设备组成;战时主要出入口最小防毒通道的换气次数的规定。(注:人防地下室强制性条文见《工程建设强制性标准(人防工程部分)》。)

8) 施工图的设计深度是否符合《建筑工程设计文件编制深度的规定》(2008 年版)。

(7) 电气专业审查要点

1）深度要求。本要求适用于新建、改建、扩建的民用及一般工业建筑工程电气专业施工图设计文件；建筑电气专业施工图设计文件应包括图纸目录、施工设计说明、设计图纸、计算书（供内部使用及存档）、主要设备表；根据工程项目的规模，建筑电气专业设计文件可分为电施设计文件和弱电施设计文件，或统一并归为电施设计文件；设计文件中的图线、字体、比例、符号等应符合《房屋建筑制图统一标准》（GB/T 50001—2001）的要求。

2）总体工程电施设计文件。A 总则；图纸目录；施工设计说明、补充图例符号及主要设备表。B 供电总图；配电箱或控制箱系统图、控制原理图。C 配电平面图及照明平面图。D 详图；防雷及安全接地图；计算书（供内部使用及归档）。

3）单体工程电施设计文件。A 图纸目录；施工设计说明、补充图例符号及主要设备表；电气总平面图。B 变、配电站；低压配电干线系统图。C 配电箱或控制箱系统图、控制原理图。D 配电平面图及照明平面图。E 详图；防雷及安全接地图；防空地下室；计算书（供内部使用及归档）。

4）总体工程弱电施设计文件。A 图纸目录：先列新绘制图纸，后列选用的标准图或重复使用图；设计修改图、修改通知单应编入图纸目录；施工设计说明、补充图例符号及主要设备表；施工设计说明（详说明要求）；补充图例符号及主要设备表；主要设备表可按各弱电项目分类，注明主要设备名称、单位、数量。B 各弱电项目系统图：绘制与总平管网有关的各弱电项目总体系统框图，标示各系统在各建（构）筑物之间的对应关系，标明连线编号、线路型号、规格、敷设方式等。C 弱电总图：标示建（构）筑物名称或编号、层数或标高，标示道路、地形标高或等高线和规划红线，标示各系统总容量；标示与总平管网有关的各系统线路走向、系统名称、管线规格、敷设方式（可选用标准图集有关页次及选项）；标示与总平管网有关的系统前端总箱（总设备）的位置、编号；比例、指北针；图中不能表达清楚或需作统一说明项。D 详图：绘制主要线路段的排管敷设断面图等；绘制总平面图中附属用房的弱电（火灾自动报警系统、通信系统、有线电视系统等）平面布置图。

5）单体工程弱电施设计文件。A 图纸目录：先列新绘制图纸，后列选用的标准图或重复使用图；设计修改图、修改通知单应编入图纸目录。施工设计说明、补充图例符号及主要设备表（可组成首页，当补充图例符号及主要设备表内容较多时，此表可放置次页）；施工设计说明（详说明要求）；补充图例符号及主要设备表。B 弱电总平面图（也可表示在电气总平面图中）。C 各弱电项目系统图：火灾自动报警系统、通信系统、有线电视系统、楼寓防护门对讲系统、安全防范系统、闭路监视电视系统、综合布线系统、建筑设备监控系统及系统集成、车库管理系统、有线广播系统、扩声和同声传译系统、呼叫信号系统、公共显示系统、时钟系统、三表（多表）自动远传计量系统，绘制以上有关系统图，标示各设备位置、数量及管线敷设要求（建筑设备监控系统绘至 DDC 站止，附图说明各建筑设备监控要求、点数、位置以及系统集成要求）。D 平面图：火灾自动报警系统和住宅的通信系统、有线电视系统、楼寓对讲系统应绘各层平面图，应包括设备及器件布点、连线，线路型号、规格及敷设要求；其他系统视工程具体情况，绘制各层平面图；各平面图的图号排列宜从最底层开始，到建（构）筑物的最顶层终止。E 详图：各弱电项目控制室设备布置示意图；竖井大样图。F 审查系统集成商提供的深化设计图纸。

（8）总说明要求

1）工程概况及设计依据。建筑概况：建筑防火类别、面积、层数、性质、人防等级及工程类型、车库类别；厂房生产、仓库储存物品的火灾危险性分类；爆炸和火灾危险环境区域的划分；工厂、仓库、低层公共建筑的室外消防用水量；有关职能部门对工程设计的批复或建设方提出的要求。

2）设计范围。电气专业的设计内容；根据设计深度要求应同步设计的若有缺项，必须阐述原因；合作设计的工程明确分工范围。

3）负荷级别及电源。电力负荷的级别，应分别列出一级、二级负荷；外供电源的回路数、电压等级，专用线或非专用线，低压供电的是内部变电所还是公用变压器；自备发电机容量、启动方式。

4）变配电所。高、低压系统主结线形式及运行方式；继电保护装置种类及其选择原则、操作电源的配置情况；应急电源与正常电源防止并列运行的措施；计量方式：高供高量、高供低量、低供低量、集中电表，功率因数补偿方式。

5）线路敷设。配电线路敷设方式，导线穿管要求、根数与管径的选择；电线、电缆在金属线槽，电缆在桥架内敷设要求；配电线路穿越楼层、穿防火分区隔墙的防火封堵、防火隔断要求，高层建筑的电缆穿越变形缝敷设时的防火措施；消防配电线路的防火措施；爆炸和火灾危险环境线路的敷设要求。

6）设备安装。变配电所变压器、高低压柜的安装；照明控制开关、插座、灯具及配电箱的选型、安装方式、安装高度，特殊场所电气设备的防护等级要求；大型灯具的安装要求。

7）防雷。建筑物的防雷类别；建筑物防直击雷、防雷电波侵入、防雷击电磁脉冲的措施；第一类防雷建筑物和《建筑物防雷设计规范》（GB 50057—2010）第2.0.3条四、五、六款所规定的第二类防雷建筑物防雷电感应的措施；防雷接闪器、引下线、接地装置的材料和敷设要求；防雷接地电阻值要求。

8）接地。低压配电系统的接地型式（TN-S、TN-C、TN-C-S、TT、IT），接地装置电阻值要求；电源进线的PE、PEN线的重复接地要求；不间断电源输出端的中性线、金属电缆桥架、电缆沟内金属支架及灯具距地面高度小于2.4米的接地要求；弱电系统的接地要求；总等电位、局部等电位的设置要求。

9）人防。人防电力负荷等级，备用电源来源；配电线路敷设、穿越防护密闭墙的处理要求；人防区域电源的重复接地要求。

10）火灾自动报警系统。系统保护对象的等级，消防控制室位置；消防联动、监控要求；火灾应急广播的主、备用扩音机容量，与背景音乐广播的关系，或火灾警报装置的配置、安装方式；消防专用电话的设置要求；系统设备的安装位置，设备的安装高度；消防控制、通信和警报线路的选型、敷设方式及防火措施。

11）有线电视系统。用户终端配置标准、输出电平值；线路选型、敷设方式；设备安装方式、高度。

12）电话系统。用户终端配置标准、电讯机房位置；线路选型、敷设方式；设备安装方式、安装高度。

13）综合布线系统，综合布线系统设计标准；楼层配线间、总配线间位置；线缆选型、敷设方式；设备选型、安装方式、安装高度。

14）闭路监视电视系统。闭路监视电视系统的配置标准；线路选型、敷设方式；设备安装方式、安装高度。

15）保安对讲系统。对讲系统的配置标准；线路选型、敷设方式；设备安装方式、高度。

16）总体设计说明。总用电量、电讯容量、电视终端容量等；电气线路的敷设方式；电气线路、管沟与其他专业管线管沟并行、交叉时的最小间距要求；电气线路在车道下敷设的保护措施；室外水下照明、音乐喷泉水泵等配电安全保护接地要求；道路照明、庭院照明、泛光照明等室外照明的管线选择、敷设和接地要求；电力电缆沟内支架的接地要求。

17）其他。施工时应严格按国家有关施工质量验收规范、施工技术操作规程执行；其他需要说明的内容。（附注：说明要求适用于新建、改建、扩建的民用及一般工业建筑的电气设计施工图文件；说明要求可根据工程性质选用与工程相关的条款；说明要求7）、8）、9）条款若已在设计系统图、平面图中表达的，说明时可简述）。

第 8 章　项目设计投资控制

低耗高效永远是投资主体的追求目标。建设项目投资管理及其控制贯穿于项目设计阶段的全过程。通过对建设项目进行全生命周期的投资管理和经济分析审视，在项目前期投资决策后，设计阶段的投资控制最为关键，特别是在方案设计和初步设计阶段更为显见。

实现建设项目设计投资目标的愿景，无控制则不达。项目设计投资控制是为实现在设计阶段对项目投资首先加以控制而进行的预计、检查、分析、修编和修正等活动。其目标是：使项目设计形成的投资不超过计划投资。项目投资决策和设计阶段的控制是整个项目投资控制的重点，而在项目作出投资决策后，控制项目投资的关键在于设计。

设计投资基于建筑工程设计技术经济性理念的建立和动态控制原理的应用；其目标不仅要控制设计投资，而且要高效利用有限资源，提高建设项目投资技术与经济的双重效益。在设计的不同阶段实施的层层投资控制中，设计投资需历经多次“算”的计价过程，进行投资计划值和实际值动态跟踪比较，有偏即纠，将设计投资控制在项目计划总投资范围之内；还需分析评价项目的经济性，并寻求提高设计的经济性途径，从而优化设计；在保证设计技术质量的前提下，实现建设项目的投入最小化和效益最大化。

由此可见设计阶段的投资控制“权重”之大，过程之严，任务之艰，责任之重都为项目建设各阶段投资管理之最。因而，在政府对多元化投资主体建设项目的管理格局下，按照“谁投资、谁决策、谁收益、谁承担风险”的原则，各投资主体均应充分认识这一阶段投资控制的重要意义，并在设计管理中重点把握。

8.1　项目投资管理

8.1.1　项目投资管理的概述

1　项目投资管理概念

(1) 项目投资管理释义

项目投资管理是指为实现项目投资目标所进行的预测、计划、控制、核算、分析和考核等系统活动。一般情况下，项目投资管理属于是业主（投资人）的项目费用管理。

(2) 项目的成本管理、投资管理、工程造价管理的概念分析

1) 对建设项目费用的管理是其共性内涵。在建筑工程建设领域，建设资金投入是形成建筑产品的要件，建设费用是工程经济管理活动的共同指向，也是衡量建筑经济性的核心指标。因此，就项目管理而言，通常所称的项目造价管理、投资管理、成本管理都属于建设项目的费用管理范畴。即项目费用管理泛指项目的投资管理、造价管理或成本管理。

2) 三者的联系与区别。在工程建设领域，项目费用管理所指向的费用范围及其经济性质、控制主体和场合及针对的具体情况的不同使项目投资管理、造价管理、成本管理在概念上既有联系又有区别。

项目投资管理离不开工程造价。工程造价是指进行某项工程建设所花费的全部费用。工程造价有两重含义：一重是建设成本或称投资额，即完成一个建设项目（单项工程）所需费用的总和，也就是一项工程通过建设形成相应的固定资产、无形资产所需用一次性费用的总和。就其性质而言，工程造价的管

理就是对具体建设项目的投资管理，在某些情况下，投资额是价格的基本组成部分，因此，这一含义是从建设项目投资人——业主的角度来定义的。另一重是工程价格，通常是指工程承发包价格。它是在建筑市场通过标招投标，由需求主体投资者和供给主体建筑商共同认可的价格。工程价格的基础是价值，它的形成受到市场价值规律、供求规律以及竞争规律的支配和影响，因此，工程造价属于价格性质，通常是指生产领域的价格，它是从市场的角度来定义的。工程造价的双重含义分别从不同角度概括了同一事物的本质，因而，在工程造价管理中也就存在着工程投资管理与工程价格管理之分，二者有着密切联系，也有不同的特点。

项目业主（投资人）的费用管理——从工程造价管理的工程投资管理属性而言，项目业主（投资人）在工程建设各阶段所产生的各种费用包括项目的全部费用，是购买固定资产的价款，属于建设项目投资，其对项目的费用管理是指项目投资管理或项目造价管理。从工程造价管理的工程价格管理属性而言，项目业主（投资人）的项目费用管理上存在两种情况：一种是在项目业主（投资人）进行的项目建设并不作为交换商品的一般情况，此时其投资额不具有价格性质；另一种项目业主的建设项目要作为市场交换的商品，此时项目业主（投资人）成为建筑产品生产与经营的主体，如房地产开发商，其为项目建设所产生的费用构成了建筑产品成本（属于完全成本），项目投资额也成为工程价格的基本组成部分，项目业主（投资人）的费用管理有了价格管理属性，其费用管理也具有项目投资管理和项目成本管理的双重含义。

工程承建商的费用管理是指项目成本管理。项目承包方是建筑产品生产的主体，承包商为承建工程实施所产生的生产经营费用构成了工程项目成本，其管理属于项目的工程成本管理。因此，建筑企业项目管理组织的费用管理是指项目成本管理。

项目监理方、项目管理企业不是工程项目的生产者和经营者，是项目业主、建设单位委托的建设项目专业技术管理服务方，其项目费用管理的内涵除项目投资人外，还有自身的技术服务成本管理。

本书以业主方和项目管理企业的项目管理为对象，故以下统称为项目投资管理。

2　项目投资的特点

建设工程的特征决定了建设项目投资具有以下特点：

(1) 投资数额大，费用构成复杂。项目的投资额度通常都很大，动辄数百万、上千万人民币，尤其是大型、功能与技术复杂的建设项目，耗资可达百亿人民币之巨。从投资费用构成看，具有层次多，名目繁，费用广泛，计算复杂的特征。

(2) 投资差异明显，需单独计算。各个建设项目都有特定的建设地区、规模、标准、等级；其建筑功能、建筑造型、空间组合、结构选型、设备配置、内外装饰等技术要求也有所不同，由此形成建设工程实物形态的个别化，差异性。产品的差异性决定了工程造价的个别性差异，只能单独计算其投资。

(3) 投资确定需多次计价。由于项目建设过程复杂、周期长，影响项目造价的不确定因素多，受到各方面条件的制约，因此，项目的投资从一开始只能进行估算，随着建设的推进，实行多次计价，并形成由粗到细，由浅入深，逐步接近实际的工程造价，最后通过竣工决算，确定项目最终价款。

(4) 按项目构成的分部组合计价。项目的构成决定了其工程计价是一个逐步组合的过程——即从分解出来的最基本部分（一般为分部分项工程）开始计算，再按一定程序由下而上地逐层（一般有单位工程造价、单项工程造价或分期工程造价）组合汇总为建设项目总造价。

(5) 投资需动态跟踪并调整。项目的建设周期长，不确定影响因素多的特征会影响工程造价并使其在整个建设期处于不确定状态，直至竣工决算后才能最终确定工程的实际价款。工程造价的动态性要求投资也需动态跟踪并及时调整，即确定了投资控制目标之后，为了有效地进行投资控制，必须依据动态控制原理，实施定期或不定期的跟踪检查，不断进行投资计划值与实际值的比较，除发现偏差，分析原因，及时采取纠偏措施外，在必要时，还需根据偏差分析，调整计划值。

(6) 投资早期管理是重点。项目建设程序及其工作内容和大量工程实践都表明：项目早期的分析决策阶段和设计阶段对投资费用的影响最大，因此，投资管理成为项目早期目标管理的重点。应充分认识早期投资管理的重要意义，将项目前期和设计阶段作为投资控制的工作重点。

3 项目投资管理过程

《项目管理规范》对项目投资管理过程的要点有如下规定：

(1) 掌握生产要素的市场价格和变动状态；

(2) 确定项目投资管理目标；

(3) 编制项目投资管理与费用计划；

(4) 确定项目各个合同价；

(5) 按项目投资控制目标，实施费用动态控制；

(6) 进行项目费用核算和工程价款结算；

(7) 进行项目费用分析；

(8) 进行项目费用考核，编制费用报告；

(9) 积累项目投资管理与费用资料。

4 项目投资管理责任体系

(1) 项目投资管理责任体系的内容

1) 项目投资管理的组织应建立、健全项目投资管理责任体系，明确业务分工和职责关系，把管理目标分解到各项技术工作和管理工作中。

2) 项目投资管理责任体系应包括两个层次：A 组织管理层。负责项目投资管理的决策，确定项目投资目标和费用计划，确定项目管理层的费用目标。B 项目经理部。负责项目投资的管理，实施投资控制，实现项目管理目标责任书中的项目投资的费用目标。项目经理部的投资管理应包括项目投资限额内的投资规划、控制、核算、分析和考核。

(2) 项目投资管理责任体系的特征

1) 有完整的组织机构。项目投资管理责任体系必须有完整的组织机构，保证投资管理活动的有效运行。应当根据项目不同的特性，因地制宜建立项目投资管理责任体系的组织机构。组织机构的设计应包括管理层次、机构设置、职责范围、相互关系及工作接口等。

2) 有明晰的运行程序。项目投资管理责任体系必须有明晰的运行程序。程序设计要简洁、明晰，确保流程的连续性、程序可操作性。运行程序以投资管理文件的形式表达，信息载体和传输应尽可能采用现代化手段，利用计算机及计算机网络，提高程序的先进性。

3) 有明确的投资管理目标和岗位职责，投资管理目标旨在投资的节约和项目生命周期的经济性。项目投资管理责任体系对相关管理部门和项目的各管理岗位制定明确的投资管理目标和岗位职责，岗位职责和目标可包含在投资费用计划实施细则中，岗位职责一定要考虑全面、分工明确，防止出现管理盲区和结合部的推诿和扯皮。

4) 有完整的投资规划与控制过程并使责任到位。投资控制是投资管理的核心内容，投资控制的目标是使项目实际总投资小于投资目标值。项目投资管理责任体系应负责项目投资的规划过程与投资的控制过程。投资控制是一项综合性极强的工作，对投资控制人员的知识与能力结构有较高要求，落实投资控制责任是投资管理责任体系的重要组成部分，项目投资管理责任体系必须明确其项目建设各阶段任务，使之衔接紧密；落实管理层各岗位职责，使之各管理层面无一缺位。

5) 有规范的项目资金管理办法。以项目投资费用计划为对象，在区分财务收支类别和岗位责任的基础上，采用一定的财务管理办法，正确组织项目费用资金核算，将项目费用资金支出控制在项目投资管理目标计划范围内，并全面反映项目建设耗费的一个管理过程。

6) 有严格的考核制度。项目投资管理责任体系应包括严格的考核制度，考核包括项目投资费用考核和体系及其运行质量考核。项目投资管理考核应贯穿于项目建设全过程，考核制度应包含在投资管理文件内，一般通过财务报告反映。

8.1.2 项目工程计量与计价

1 工程计量

(1) 工程计量概述

工程量是指组成单位工程的各分项工程或结构构件及配件的物理量（长度、面积、体积、重量）和自然量（台、套、组、个）。工程计量是指按统一的工程量计算规则、项目划分和计量单位，根据设计文件及承包合同中关于工程量计算的约定，项目管理组织对项目工程名称和相应数量进行计算得出的工程量化过程。

工程计量是工程计价、招标控制计价、投标报价的基础，也是工程招标文件、工程承包合同的必不可少的内容。它不仅是规范工程造价计价活动，约束发、承包方履行合同义务与强化合同意识的手段，也是控制项目投资的关键环节。

计算工程量是一项十分细致、繁杂而艰巨的工作。工程量计算准确，既能保证预算的编制质量，正确确定工程造价，又能促进相关企业搞好计划、管理、核算等系列工作，保证工程建设顺利进行；反之，则工程造价失真，企业相关计划落空，造成浪费，影响工程进度和工程质量。因此，计算工程量必须依据一定规则，要求计算准确。

(2) 工程量计算的依据

1)《全国统一建筑工程基础定额》及《全国统一安装工程预算定额》。

2)《全国统一建筑工程预算工程量计算规则》。

3) 经审定的施工设计图纸及其说明。

4) 经审定的施工组织设计或施工技术措施方案。

5) 经审定的其他有关技术经济文件。

(3) 工程量的计算尺寸、计量单位及准确度取值

1) 工程量的计算尺寸。工程量的计算尺寸，以设计图纸表示的尺寸或设计图纸能读出的尺寸为准。

2) 工程量的计量单位。除另有规定外，工程量的计量单位应按下列规定计算：A 以体积计算的为立方米（m^3）；B 以面积计算的为平方米（m^2）；C 以长度计算的为米（m）；D 以重量计算的为吨或千克（t 或 kg）；E 以件（个或组）计算的为件（个或组）。

3) 工程量的准确度取值。汇总工程量时，其准确度取值为：A 以立方米（m^3）、平方米（m^2）、米（m）为单位的小数点后取两位；B 以吨（t）为单位的小数点后取三位；C 以千克（kg）、件、个、组、套为单位的取整数工程量计算时，应依据施工图纸顺序，分部、分项依次计算，并尽可能采用计算表格及计算机计算，简化计算过程。

(4) 工程量清单

工程量清单是指由建设工程招标人发出的，对招标工程的全部项目，按统一的工程量计算规则、项目划分和计量单位计算，并以表格形式列出的包括工程项目名称和相应数量等的明细清单。

工程量清单是工程量清单计价的基础，应作为编制招标控制价、投标报价、计算工程量、支付工程款、调整合同价款、办理竣工结算以及工程索赔等的依据之一。工程量清单是招标文件的重要组成部分。工程量清单反映了招标人需要投标人完成拟建工程项目的全部工程内容和为实现这些内容需要进行的一切工作。

工程量清单应按住房与城乡建设部制定的《建设工程工程量清单计价规范》(GB 50500—2008) 自2008年12月1日开始实施，(以下简称《计价规范》) 的规则统一编制。编制工程量清单有如下规定：

1) 工程量清单应由具有编制能力的招标人或受其委托，具有相应资质的工程造价咨询人编制。

2) 工程量清单应由分部分项工程清单、措施项目清单、其他项目清单、规费项目清单、和税金项目清单组成。

3）招标文件中标明的工程量是投标人投标报价的共同基础，投标人应按招标人提供的工程量清单填报价格。填写的项目编码、项目名称、项目特征、计量单位、工程量必须与招标人提供的一致。一经中标且签订合同，即成为合同的组成部分。

4）竣工结算的工程量按发、承包双方在合同中约定应予计量且实际完成的工程量确定。因此，无论招标人还是投标人都应该慎重对待。

2 工程计价

（1）建设项目总投资及其组成

建设项目总投资一般是指进行某项工程建设花费的全部费用，即该工程建设项目有计划地进行固定资产再生产和形成低量流动资金的一次性费用总和。按我国现行规定，主要由建设投资和流动资金组成。

生产性建设工程总投资包括建设投资、建设期利息和流动资金三部分；非生产性建设工程总投资包括建设投资和建设期利息两部分。

建设投资是建设项目总投资主要构成部分。建设期贷款利息是指项目借款在建设期内发生并计入固定资产的利息。流动资金是指为保证生产经营性项目生产和经营正常运行，按规定应列入建设项目总资金的铺底流动资金，它是在项目建成投产初期，为保证正常生产所必需的周转资金。

建设项目总投资又可分为静态投资和动态投资两部分。静态投资部分包括工程费用（设备及工器具购置费和建筑安装工程费）、工程建设其他费和基本预备费；动态投资部分包括价差预备费（即涨价预备费）、建设期利息。建设项目投资构成如图 8-1 所示。

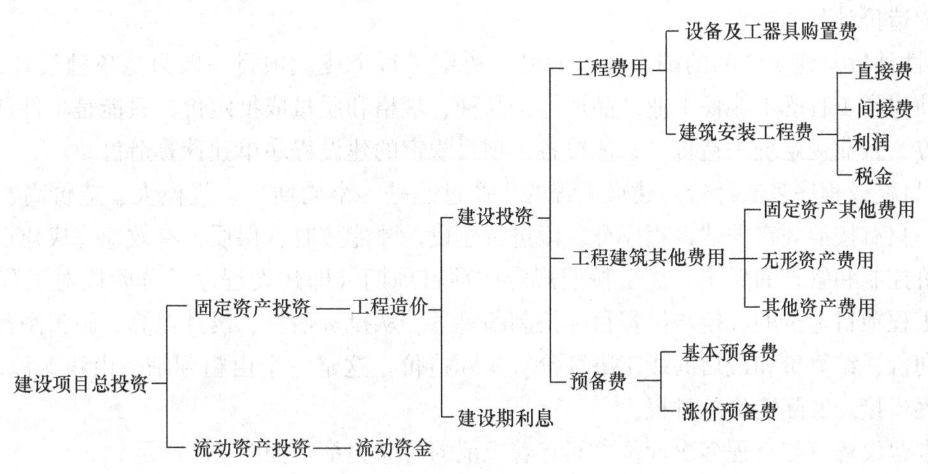

图 8-1 建设项目投资构成

（2）建设投资及其组成

建设投资是指进行一个工程项目的建造所需要花费的全部费用，即从建设项目确定建设意向直至建成竣工验收为止的整个建设期间所支出的总费用。这是保证工程项目建设活动正常进行的必要资金，是建设项目投资中的最主要部分。建设投资由工程费用、工程建设其他费用和预备费三部分组成。

1）工程费用，是指直接构成固定资产实体的各种费用，可以分为设备及工器具购置费和建筑安装工程费。

A 设备及工器具购置费，由设备购置费用和工具、器具及生产家具购置费构成。

设备购置费是指为建设工程项目购置或自制的达到固定资产标准的设备、工具、器具的费用。固定资产标准是指使用年限在 1 年以上，单位价值在国家或各主管部门规定的限额以上；没有达到固定资产标准者归属工器具及生产家具购置费。设备购置费包括设备原价和设备运杂费，国产设备原价、进口设备抵岸价是确定设备及工器具购置费的基础。

在生产性建设项目中，生产能力主要是通过设备及工器具购置费用实现的。设备及工器具购置费用与资本的有机构成相联系，设备及工器具购置费用投资比例的大小，意味着生产技术的进步和资本有机构成的程度。

B　建筑安装工程费，是指用于项目设计范围内的建筑工程施工和设备安装工程的费用，它由建筑工程费和安装工程费两部分组成。建筑安装工程费用作为建筑安装工程价值的货币表现，亦可称为建筑安装工程造价。我国现行建筑安装工程费用由直接费、间接费、利润和税金组成。

a　直接费，是指施工过程中耗费的构成工程实体和有助于工程形成的各项费用，包括直接工程费和措施费。直接工程费由人工费、材料费和施工机械使用费组成。

b　间接费，是指直接费以外的施工过程中发生的其他费用，包括规费和企业管理费。规费是指政府和有关权力部门规定必须缴纳的费用；企业管理费是指建安企业组织施工生产和经营管理所需费用。

c　利润，是指施工企业完成所承包工程获得的盈利。

d　税金，指按国家税法规定的应计入建安工程造价内的税金，它包括营业税、城市维护建设税及教育费附加等。

2）工程建设其他费用，是指应在建设项目的建设投资中开支的，为保证工程建设顺利完成和交付使用后能够正常发挥效用而发生的固定资产其他费用、无形资产费用和其他资产费用。工程建设其他费用由固定资产其他费用、无形资产费用、其他资产费用组成。

3）预备费，是为了保证工程项目的顺利实施，避免在难以预料的情况下造成投资不足而预先安排的费用。按我国现行规定，预备费分为基本预备费和涨价预备费。

（3）工程造价计价的特点

1）单件性计价。建筑产品的的个体差异性，决定了每个建设项目一般只能单独设计、单独建设。也决定了每项建设工程既不能像工业产品那样按品种、规格和质量成批定价，只能是单件计价；也不能按国家、地方、企业规定统一造价，只能按各个项目规定的建设程序单独计算造价。

2）按项目建设程序多次计价。建设工程的生产过程是一个周期长、规模大、造价高、物耗多的投资生产活动，只有按照规定的建设程序分阶段进行建设，才能按时、保质、有效地完成建设项目。为了适应工程造价控制和管理的要求，需要按照规定的项目周期（即建设程序）分阶段对工程进行多次计价，以保证工程项目造价的确定与投资目标控制的科学。从投资估算、设计概算、施工图预算等预期造价到承包合同价、结算价和最后的竣工决算价等实际造价，这是一个由粗到细，由浅人深，逐步深化、逐步细化和逐步接近实际造价的过程。

我国基本建设程序与工程多次计价之间有着规范的对应关系。如图8-2所示。

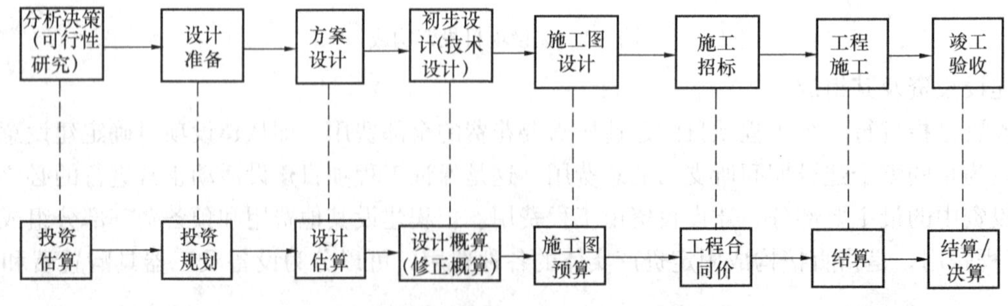

图8-2　建设程序与工程多次计价

具体而言，即在项目前期的可行性研究阶段提出投资估算；设计准备阶段编制总投资规划；方案设计阶段为设计估算；初步设计阶段进行设计概算；如有技术设计阶段进行修正概算；施工图设计阶段进行施工图预算；工程招标阶段确定标底/合同价；在工程施工阶段进行工程结算；在竣工验收阶段进行工程决算。这种规范的多次计价过程使建设项目投资费用的确定与工程建设阶段性的工作深度相适应，项目工程造价逐步得以清晰和准确，共同构成了建设项目投资控制的目标系统，成为实现项目投资目标的保障。

3）按项目工程构成的组合计价。工程建设项目的构成决定了其工程造价计价过程是一个逐步组合的过程，即在确定工程建设项目的设计概算和施工图预算时，需按工程构成的分部组合由下而上地计价。其计价过程和计算顺序是：分部分项工程单价⟶单位工程造价⟶单项工程造价⟶建设项目总造价。这就是采用对工程建设项目由大到小进行逐级分解，再按其构成的分部由小到大逐步组合计算出总项目工程造价的计价过程。

（4）工程量清单计价

1）工程量清单计价是指建设工程招标投标活动中，招标人按照国家统一的工程量算规则提供工程量清单，投标人依据工程量清单和拟建工程的施工方案，并结合建筑企业自身实际情况，在考虑风险后自主报价的工程造价计价模式。

工程量清单计价活动，包括招标人编制工程量清单的工程标底；投标人根据招标人提供的工程量清单进行自主报价；承发包双方确定工程量清单合同价款和调整工程竣工结算等。

2）住房与城乡建设部制定《计价规范》的目的是规范建设工程工程量清单计价行为，统一工程量清单的编制和计价方法，维护招标人和投标人的合法权益。工程量清单计价改变了过去以固定"量"、"价"、"费"定额为主导的工程计价静态管理模式，逐步转化为主要依据市场变化来指导工程计价动态管理模式。这是在我国工程造价管理领域内，促进建设市场有序竞争和建筑企业健康发展以及进一步深化工程造价改革的一项积极措施。

（5）建设工程定额

定额，即规定的额度，是指根据不同的需要，对某一事物规定的数量标准。定额反映的是社会平均消耗水平。

建设工程定额，是指按照国家有关的产品标准、设计规范和施工验收规范、质量评定标准，并参考行业、地方标准以及有代表性的工程设计、施工资料确定的工程建设过程中完成规定单位产品所耗费的人工、材料、机械等消耗量的标准。

1）建设工程定额在项目管理中的作用。A 建设工程定额是按建设工程的特征制定的，有其科学性、合理性和适用性。在工程建设中，国家统一制定的工程量计算规则、项目划分、计算单位的规定，是建设工程投资的形成、项目建设各参与方编制招标投标文件、工程计价文件等的特定依据和有效指导工具。B 定额是体现市场公平竞争和国家宏观调控与管理的依据和手段。C 促进项目建设节约资源和提高劳动生产效率。D 为建设市场供给主体参与公平竞争，加强竞争能力提供了有利条件。E 定额所提供的信息，有利于完善建设市场信息系统。

2）建设工程定额的分类。A 按照反映的物质消耗的内容，可将定额分为人工消耗定额，材料消耗定额和机械消耗定额。B 按照建设程序，可将定额分为基础定额或预算定额、概算定额（指标）、估算指标。C 按照建设工程的特点，可将定额分为建筑工程、安装工程、公路工程、水利工程等行业定额。D 按照定额的适用范围，可将定额分为国家定额、行业定额、地区定额和企业定额。E 按照构成工程的成本和费用，可将定额分为构成直接工程成本的定额、构成间接费的定额以及构成工程建设其他费用的定额。

8.1.3 项目投资控制

1 项目投资控制概述

项目投资控制是指以建设项目为对象，为在投资计划值内实现项目目标，对工程建设活动中的投资进行的控制活动。项目目标控制是在项目建设的全过程中，通过投资规划与动态控制，实施纠正投资偏差措施，将实际发生的投资额控制在投资计划值以内。

（1）投资控制的性质和特征

投资控制的目的是在项目生命周期全过程中，实现项目投资目标的控制，旨在投资的节约和项目生命周期的经济性。因此，项目投资控制的性质是项目目标控制的重要组成部分，是节约项目投资，提高项目经济性的工作。

投资控制从工作性质上讲，属于项目管理的工作范畴，投资控制工作从项目决策阶段开始，一直到与项目有关的全部合同终止为止，投资控制的目标是为项目总目标服务，使得实际总投资小于投资目标值；其从事的工作人员是投资控制专业人员；投资采用的工作方法是动态控制原理，需要技术、经济、合同等多方面的知识。投资控制是一项综合性极强的工作，涉及技术、经济、管理、法律诸方面的工作。对投资控制人员的知识结构有较高的要求，需要复合型的人才。

(2) 投资控制是项目投资管理的核心工作和主要内容之一

投资控制工作的成效直接影响建设项目投资的经济效益。建设项目投资及其控制贯穿于工程建设的全过程，涉及工程建设参与各方的利益。在项目进展的全过程中，应以动态控制原理为指导，通过控制的措施，充分利用有限的资源，使项目在满足质量和进度要求的前提下，投资得到有效控制，使项目的建设获得最佳综合效益。

(3) 投资控制工作构成

项目投资控制主要由两个并行且各有侧重又相互联系、相互重迭的工作过程构成，即建设项目投资的规划过程与建设项目投资的控制过程。在项目建设前期，以投资的规划为主；在项目建设实施的中后期，投资的控制占主要地位。

2　项目前期对投资的影响和策略先导作用

项目前期是拟建项目主持方分析策划和政府主管部门决策的过程。在这个阶段，项目主持方通过收集资料和环境调查与分析研究，在充分占有信息的基础上，按建设意图，对项目的策划和实施，进行组织、管理、经济和技术等方面的科学分析和论证，进行项目的定义和定位、项目目标系统设计、全面构建并提出拟建项目系统框架。

项目前期的分析和决策对项目的用途、性质、地位、构成等做出明确的界定；决定了项目的功能、规模、规格、标准并构建了目标系统，从而使项目的基本设想变成具体而明确的建设内容和要求。其中，通过对拟建项目经济策划，包括分析拟建项目建设的投资财务分析，所需费用和经济效益，编制投资估算，制定融资方案等工作，大致框定了拟建项目总投资额度，给出了拟建项目的投资定义。因此，项目前期分析决策对拟建项目的影响主要是通过项目可行性研究和项目评估。一旦拟建项目前期分析策划文件得以决策批准，项目主持方对项目建设的整体战略运筹规划和项目的建设及运营内容预先的考虑和设想均得到确定，项目主持方就有了正确的方向和系统的目标，工程建设实施就必然按照认定的规划内容及其项目总投资值来执行，这将直接主导建设项目的设计、施工和运营使用。

因此，项目前期分析决策无论对项目的整个生命期，还是对整个项目系统都有决定性的影响，更能直接促使项目设计有明确的指向并充分体现项目业主方的意图，也因此成为业主实现项目建设目标的策略先导。

3　投资估算

(1) 投资估算的概念

投资估算是指在项目前期投资分折策划和决策过程中，根据相关依据资料和一定的方法，对拟建项目的投资额进行估计的活动。投资估算书是拟建项目前期可行性研究报告的重要组成部分，是确定拟建项目所需费用数量的投资计算文件。

投资估算是项目主持方对拟建项目投资分折策划的重要内容和主管部门审批项目的重要依据。按照现行项目建议书和可行性研究报告审批要求，其中的投资估算一经批准，即为建设项目投资的最高限额，一般情况下不得随意突破。因此，投资估算准确性应达到规定的深度，否则，必将影响到拟建项目前期的投资决策，而且也直接关系到下一阶段初步设计概算、施工图预算的编制及项目建设期的投资管理和控制。

(2) 投资估算的主要依据

1) 拟建项目工程构成、建设内容及工程量。

2) 现行工程造价及费用构成、估算指标、计算方法，以及其他有关投资估算工程造价的依据、资料、规定。

3) 现行工程建设其他费用计算办法和费用标准，以及政府部门发布的物价指数。

4) 已建同类型工程项目的投资档案资料。

5) 影响拟建项目建设投资的动态因素，如利率、汇率、税率等。

(3) 投资估算的阶段划分及其编制要求

投资估算贯穿于整个建设项目投资决策过程之中，投资决策过程可划分为项目的投资机会研究或项目建议书阶段，初步可行性研究阶段及详细可行性研究阶段，因此投资估算工作也分为相应三个阶段。不同阶段所具备的条件和掌握的资料不同，对投资估算的要求也各不相同，因而投资估算的准确程度在不同阶段也不同，进而每个阶段投资估算所起的作用也不同。

不同阶段的投资估算可根据需要委托项目管理（工程咨询）机构、工程造价咨询机构或其他有关专业人员编制。同时应根据项目已明确的技术经济条件，编制和估算出精确度不同的投资额，我国建设项目的投资估算分为以下几个阶段：

1) 投资机会研究或项目建议书阶段。这一阶段主要是选择有利的投资机会，明确投资方向，提出概略的拟建项目投资建议，并编制项目建议书。该阶段工作比较粗略，故也称投资匡算，投资额的估计一般是通过与已建类似项目的对比得来的，因而投资估算的误差率可在30%左右。这一阶段的投资估算是多方案比选，优化设计，合理确定项目投资的基础；是项目主管部门审批项目建议书，初步选择投资项目的主要依据之一；并对初步可行性研究及投资估算起指导或参考作用，从经济上判断决定项目是否真正可行。

2) 初步可行性研究阶段的投资估算。初步可行性研究阶段的投资估算是在掌握了更详细、更深入的资料的条件下，估算拟建项目所需要的投资额，其对投资估算精度的要求为误差控制在±20% 以内。此阶段项目投资估算的意义是据以确定是否进行详细可行性研究。

3) 可行性研究阶段的投资估算。详细可行性研究阶段的投资估算至关重要。因为这个阶段的投资估算经审查批准之后，便是拟建项目的总投资限额，并可据此列入项目年度基本建设计划，其对投资估算精度要求为误差控制在±10%以内。

项目可行性研究阶段的投资估算是正确评价拟建项目投资合理性，分析投资效益，为项目决策提供依据的基础。当可行性研究报告被批准之后，其投资估算总额就作为建设项目投资的最高限额，由此成为项目资金筹措及制定建设贷款计划的依据，建设单位可根据批准的投资估算额进行资金筹措或向银行申请贷款。

(4) 投资估算的内容

投资估算是确定和控制建设项目全过程的各项投资总额，其估算范围是拟建项目建设全生命周期所需的全部费用。

根据国家规定，从满足建设项目投资计划和投资规模的角度，建设项目投资估算包括固定资产投资估算和流动资金估算。

1) 投资估算文件，一般应包括投资估算编制说明及总投资估算表。

投资估算编制说明，包括工程概况、编制原则、编制依据、编制方法、投资分析和主要技术经济指标。投资分析应列出按投资构成划分、按设计专业划分和按生产用途划分的三项投资百分比分析表。

总投资估算表——由按工程系统划分的工程费用估算与其他费用，工程建设其他费用、预备费，建设期贷款利息和铺底流动资金等构成。

2）按照费用的性质划分，投资估算的内容包括形成实体固定资产的工程费用和预备费。

工程建设其他费用可分别形成固定资产、无形资产及其他资产。建设期利息单独估算，以便对项目进行融资前和融资后财务分析。

流动资金是伴随着建设投资而发生的长期占用的流动资产投资。根据国家现行规定要求，新建、扩建和技术改造的生产经营性项目，必须将项目建成投资投产后所需的铺底流动资金列入投资计划，铺底流动资金不落实的，国家不予批准立项，银行不予贷款。

（5）投资估算方法

常用的投资估算方法有：单位生产能力估算法、生产能力指数法、比例估算法、综合指标投资估算法、资金周转率法等。

综上所述，对于投资控制而言，项目前期的经济策划的投资估算往往成为决策的关键，尤其对于大型生产性项目更为显见。投资估算的作用影响着项目建设全过程乃至其使用运行。

（6）投资估算的审查

投资估算审查要点如下：

1）投资估算编制依据的合法性、时效性、准确性。

2）拟建项目的经济合理性，资源节约性。

3）拟建项目的技术先进性及其要求提高所需增加资金额度的合适性。

4）投资估算的编制内容与拟建项目规划要求的一致性。

5）投资估算的费用项目、费用数额的真实性。

6）投资估算的完整准确性。

7）选用的投资估算方法的科学性、适用性。

8）环保影响措施、"三废"处理所需投资估算规范性。

9）市场和其他因素波动变化及其幅度对投资额的影响考量合适性等。

（7）投资估算的作用

1）投资估算是拟建项目经济评价的基础和判断项目可行性，进行项目决策的重要依据之一。投资估算是国家控制建设项目投资规模和工程造价的主要依据，经批复后作为建设项目投资的目标限额和财政部门拨款的依据。

2）为项目业主在项目实施阶段编制建设计划、资金筹措、申请贷款和确立投资控制目标和编制投资控制规划提供基础依据。

3）投资估算是方案设计竞赛文件、方案设计招标文件和方案设计要求文件内容的组成部分；也是评审优选设计方案和考核其经济合理性的重要依据。

4）为项目工程设计提供了经济和限额设计的依据，成为指导和控制设计的准则。在设计阶段，投资估算对初步设计概算、施工图预算起直接控制作用。

5）投资估算为项目发包招标和签订承包合同以及建设项目投资效果后评价等环节管理提供依据。

因此，投资估算不仅影响到项目前期投资策划的成败得失，而且还关系到后续阶段项目投资管理。只有完整准确地计算拟建项目所需费用，编制高质量的投资估算，才能充分发挥其作用于极至。

4 投资规划

（1）投资规划概念

投资的规划，主要是指在建设项目实施前期确定或计算项目的投资费用，拟定项目投资的目标，对项目投资费用进行计划和安排，以及制定建设项目实施期间投资控制工作方案的管理活动。

投资管理，规划先行。项目投资规划是项目投资控制的重要主导工作，编制好投资规划文件，对建设项目实施全过程中的投资控制工作具有重要影响。

（2）投资规划编制依据

投资规划的基本意义在于进行投资目标的分析和分解，指导建设项目的实施工作。投资规划编制依据是形成项目投资规划文件所必需的基础资料，主要包括：

1）相关的法规、政策和标准。相关的法规、政策和标准包括与进行项目策划相关的建设法规，国家产业政策，投资方向指引，城乡规划、环保、安全等社会要求以及与拟建项目定义有关的建设标准、技术要求等。这是把握拟建项目投资总体策划原则和正确编制投资规划的主要依据。

2）项目前期策划文件和技术资料。包括在项目分折决策阶段形成的项目意向、项目建议书和可行性研究等项目策划文件和技术资料。由于是在项目工程设计之前，投资规划只能依照拟建项目前期形成的功能定位、规模、建设标准、技术要求等项目定义内容以及已建同类建设项目的资料和数据来进行，项目投资规划的准确性，取决于掌握前期技术文件和资料的深度、完整性和可靠性。其中，投资估算作为项目前期可行性研究报告的重要组成部分，对控制项目投资等有着不可替代的作用，成为项目投资规划文件编制的重要依据。

3）工程建设要素市场价格信息。工程建设所需资源和要素的价格是影响建设项目投资的关键因素。投资规划时，选用的要素和资源价格来自市场，一般是按现行资源价格估计的，而不同时期市场价格是相对变化的，实际投资费用会受市场价格的影响而发生变化。因此必须随时掌握市场价格信息，了解市场价格行情，熟悉市场上各类资源的供求变化及价格动态。除按现行价格估算外，还需分析物价总水平的变化趋势、物价变化的方向和幅度等，并以此作为投资动态控制和管理的重要依据，这样，得出的投资规划费用才是能反映市场和反映工程建设所需的真实投资费用。

4）建设环境和条件。项目建设所处的环境和条件，也是影响投资规划的重要因素。环境和条件的差异或变化，会导致项目投资费用大小的变化。工程的环境和条件，包括建设项目所在地的政治、经济、人文与市场等社会条件；气象、水文地质、地形地貌、现场环境等自然条件；周边道路交通、市政设施条件、临近建筑物等施工条件；项目建设可能参与各方的情况；项目建设的实施方案、建设组织方案、建设技术方案等。只有在充分掌握了建设项目的环境和条件以后，才能合理且较准确地确定在如此环境与条件下工程项目建设所需要投资费用并进行投资目标的合理分解。

(3) 投资规划的主要内容与要求

形成的投资规划文件要能够适应项目投资多次计价过程，起到控制各阶段工程造价的作用。建设项目投资控制成败与否，很大程度上取决于投资规划的科学性和目标控制的有效性。按项目投资控制的需要，一般而言，建设项目投资规划文件主要包括以下主要内容与要求：

1）投资目标的分析与论证。建设项目投资目标是项目建设预计的投资限额，是项目实施全过程中投资控制最基本的依据。

投资目标的分析与论证主要是在项目前期的项目建议书阶段测算拟建项目所需费用，在可行性研究阶段进行投资估算，通过编制投资估算文件，预计和确定建设项目的投资额。经送审报批，将批准的投资估算作为拟建项目的投资限额，即项目投资目标值。

项目投资目标确定得是否合理与科学，将直接关系到投资控制工作能否有效进行和投资控制目标能否实现，投资目标应具有先进性、可实现性。分析投资目标、确定投资估算时，要充分分析运用上述投资规划编制依据要素，既要防止高估冒算产生投资冗余和浪费的现象，又要避免出现投资费用发生缺口的情况，使项目投资控制工作目标科学合理、切实可行。

2）投资目标的分解与编码。为了在建设项目的实施过程中能够真正有效地对项目投资进行控制，单有一个项目总投资目标是不够的，还需要进一步将总投资目标进行分解，并进行编码。投资目标分解是为了将建设项目及其投资分解成可以有效控制和管理的单元。明确项目范围及其实施各阶段或各单元之间的技术联系、组织联系和费用联系，能够更为容易也更为准确地确定这些单元的投资目标，从而对项目实施的所有工作进行有效的控制，以确保项目投资总目标顺利实现。因此投资目标进行切块分解并编码是投资规划最基本也是最主要的任务和工作。

投资目标分解的方式。对一个建设项目来说，通常存在多种投资目标分解的方式。投资目标的分解需要按照项目的特点和投资控制工作的要求，同时采用多种方式对投资目标进行分解，以满足投资控制工作的需要。

项目的投资目标一般需要按以下方式进行分解：A 按投资的费用组成分解；B 按年、季、月等时间进程分解；C 按项目划分的阶段分解；D 按项目组成分解；E 按资金来源分解；F 将几种方法综合起来分解等。

投资分解的原则。无论采用哪种投资分解方式，应做到分解逻辑性强，费用计算规范、分配合理可行，必要时有调整的可能。分解时遵循以下几个原则：

A 与项目管理组织具有一致性；B 有利于项目全过程的投资数据比较分析；C 有利于投资计划值与投资实际值的采集；D 有利于投资或费用数据的分解和综合；E 与标准编码相联系或对应；F 简明、清晰，易于掌握。

3）投资控制的工作流程。项目投资控制各工作环节和步骤之间存在一定的内在逻辑关系，项目投资规划的一项任务就是要对投资控制的工作环节和步骤进行科学合理的组织，制定投资控制的工作流程，以工作流程图作为描述工具，用以指导项目实施过程中的各项投资控制工作。

投资控制的工作流程可以根据需要按照不同的方式进行组织，通常需要按照项目实施的不同阶段进行组织，制定相应的工作流程图，如初步设计阶段的投资控制工作流程等；还需要根据投资控制工作的性质，按工作内容或专项制定控制的工作流程，如工程变更及费用处理的控制工作流程等。

4）投资目标的风险分析。建设项目实施过程中，随着建设的不断深入，在对建设项目的定义内容越来越清晰的同时，影响项目投资目标实现的不确定因素也可能出现。因此，编制投资规划时，需要对投资目标进行风险分析，对各种可能出现的干扰因素和不确定因素进行评估，分析实现投资目标的影响因素、影响程度和风险度等，进而制定相应的管理制度和控制方案，采取主动控制的措施降低风险量，以适应可能的变化和防范风险的不时之需，保证投资目标的实现。

5）投资控制工作制度。为提高项目投资控制的效率和有效性，在投资规划中，要制定一系列投资控制的工作制度，对投资控制工作进行系统、合理和有效的组织，指导建设项目实施过程中投资控制工作的开展。

投资控制的工作制度是投资控制实施方案的组成部分，包括投资控制的组织制度，任务分工和管理职能分工制度，投资计划工作制度，费用支付工作制度，有关投资报表数据的采集、审核处理制度等。制定的工作制度应严谨，项目针对性、可操作性强。

（4）投资规划的编制程序

投资规划主要是在对建设项目进行构思和描述的基础上，做出项目定义，投资目标，并进一步按照一定的方式将投资目标进行分解。编制投资规划需要根据建设项目的基本特点确定相应程序，一般的主要编制步骤如下：

1）项目总体构思和功能描述。进行项目的定义，编制建设项目的总体构思和功能描述报告。项目的总体构思和描述是投资规划的基础，它主要依据项目可行性研究报告、设计任务书的相关内容和要求以及相应的建设标准等进行编制。项目总体构思和功能描述是对可行性研究报告或设计任务书相关内容的细化、深化，对项目投资内容更需具体化。这是一项技术性较强的工作，涉及各个专业领域的协同配合。

2）计算和分配投资费用。根据项目总体构思和功能描述报告中的项目定义，列出项目各组成部分，按建筑工程造价构成和计算过程及其顺序，从各分部工程、分项工程开始，逐层计算和分配项目各组成部分的投资费用。

3）投资目标的分析和论证。根据所得到的项目各组成部分的投资费用，计算并做出建设项目总体投资费用的汇总，对项目各组成部分的投资费用、汇总的总体投资费用进行分析，进而结合建设项目的功能要求、使用要求和确定的建设标准等，对拟定的投资目标进行分析和论证。

4）投资方案的调整。据投资目标分析和论证的结果，对项目总体构思方案和项目功能要求等作合理的修正或对项目投资目标作适当的调整。

5）投资目标的分解。据重新认定的项目投资目标，重新计算和分配项目各组成部分的投资费用，完成对投资目标的分解。

5 项目分析决策阶段的投资控制任务

在项目的建设实施中，投资控制的任务是在对拟建项目建设全过程的经济分析基础上，以获批准的拟建项目投资估算为基础，即计划目标值，将建设全过程的投资费用控制在计划的目标值以内。项目分析决策阶段的投资控制任务如下：

在项目分析决策阶段，投资控制工作主要是对工程项目的建设环境以及各种技术、经济和社会因素进行调查、分析、研究、计算和论证，提出拟建项目的功能定义和投资定义，按照现行规定和审批要求，编制项目建议书和可行性研究报告等。

在项目建议书阶段，主要是提出概略的拟建项目投资建议，因此对投资额的估计（也称匡算）一般比较粗略（误差率在30%以内）。在可行性研究阶段，研究内容与深度全面、详细、深入，对拟建项目技术经济分析论证详尽，该阶段投资估算作为拟建项目所需投资数量的费用计算文件，是业主投资决策的重要内容和项目主管部门审批项目的重要依据，也是项目建设实施阶段预控制项目总投资和资金筹措的依据。

投资估算的完整性与精确性不仅影响到项目前期决策的成败得失，而且还关系到后续阶段项目投资管理，并直接关系到设计文件编制，初步设计概算的控制。因此编制投资估算应按科学的程序、方法，对拟建项目的投资进行详尽地技术经济分析论证和评价，选择最佳投资方案，完整精确地计算拟建项目所需总投资额（投资估算的误差率应控制在10%以内）。

投资估算一经批准，即为建设项目投资的最高限额，一般情况下不得随意突破。批准的投资估算将成为拟建工程项目实施阶段投资控制的目标值，所以，确定高质量的投资估算是项目分析决策阶段的重要工作。

6 项目投资控制要点

（1）遵循动态控制原理

投资控制作为一种紧围绕投资目标的控制，应遵循动态控制原理。在项目建设中，随着建设项目的不断进展，应不断地对项目进展和投资费用进行监控，以判断建设项目进展中投资的实际与计划值是否发生了偏离，如发生偏离，须及时分析偏差产生的原因，采取纠偏措施。必要的时候，还应对投资规划中的原定目标进行重新论证。投资目标控制贯穿于建设项目实施的始终，因此，建设项目实施中进行投资的动态控制就是上述过程的不断循环。这个控制流程应当定期或不定期的循环进行，应做好其中各项控制具体工作。

工程项目的建设过程是一个周期长、投资大且综合复杂的过程，对投资管理而言，投资控制目标的实现并非是一蹴而就的。项目建设过程特征决定了投资控制目标通常只是在项目建设分析决策阶段根据对拟建项目的定义内容，设置一个大致的比较粗略的投资控制目标，这就是投资估算。随着项目建设的不断深化，通过多次工程计价过程，即经历项目建设各阶段的多个“算”，得到相对各阶段而言的控制目标，它们之间相互联系、相互补充又相互制约，前者控制后者，后者细化深化前者，前一阶段目标控制的结果，就成后一阶段投资控制的目标，每一阶段投资控制的结果就成为更加准确的投资规划文件，并共同构成了建设项目投资控制的目标系统。由此可见，正如上所述的建设程序与工程多次计价过程（见图8-1），各建设阶段投资控制目标系统的形成过程是一个由低到高的不断完善的过程，经历这一过程才终使投资的控制目标逐步清晰和准确。因此，为保证项目投资控制目标的科学性，投资的控制目标需按建设程序分阶段设置。

(2) 投资计划值与实际值的比较

如上所述，在项目实施的各阶段，要不断地进行投资比较。投资比较是指投资计划值与实际值的比较，投资的计划值与实际值是两个相对的概念，投资计划亦是相对的。从与投资有关的各种投资计划形成的时间来看，在前者为计划值，在后者为实际值。例如概算相对于估算是实际值，概算相对于预算则是计划值，概算和预算相对于标底则都是计划值。

投资计划值和实际值的比较主要包括：初步设计概算和投资估算的比较；施工图预算和初步设计概算的比较；施工合同价和初步设计概算的比较；招标标底和初步设计概算的比较；施工合同价和招标标底的比较；工程结算价和施工合同价的比较；工程结算价和资金使用计划（月/季/年或资金切块）的比较；资金使用计划（月/季/年或资金切块）和初步设计概算的比较；工程竣工决算价和初步设计概算的比较。

(3) 注重积极能动的主动控制

基于动态控制原理的调查→分析→决策的偏离→纠偏→再偏离→再纠偏的循环控制方法，其对于发现投资偏离，揭示存在问题，实施纠偏有重要作用，但不能预防可能发生的投资偏差，因而这种控制是被动的。被动控制是建设项目投资控制最常用和最主要的方法，在整个建设过程中贯彻始终，对建设项目的投资控制具有重要意义。但是，当一个建设项目产生了投资偏差，或多或少会对项目建设产生影响，或造成一定的经济损失。因此，在进行建设项目投资控制时，不仅需要运用被动的投资控制方法，更需要主动积极的投资控制方法，也就是将投资控制立足于事先控制，注重前期决策与设计优化，时常分析投资发生偏离的可能，采取积极和主动的控制措施，防止投资发生偏差，尽可能地减少以至避免投资目标值与实际值的偏离。主动地控制建设项目投资，才能降低损失至最小，提高效益至最大。

(4) 立足全生命周期的控制

建设项目全生命周期投资管理的核心思想是将一个项目的建设期投资费用和项目运营期投资费用进行综合考虑，即建设项目全生命周期投资等于项目建设期的投资费用加上项目运营期的投资费用，通过科学的设计和计划，设法实现项目全生命周期投资费用最小，项目价值最大的目标。

建设项目全过程投资管理是现代项目管理的一个组成部分，也是我国提倡全过程投资管理的实质性内涵。控制投资（工程造价）的目的不仅在于控制项目投资不超过批准的投资限额，更积极的意义在于合理使用人力、物力、财力，以及取得最大的投资效益。为了有效地控制工程造价，必须建立健全投资主管单位及建设、设计、施工等各有关单位的全过程投资控制责任制。

建设项目投资控制，虽然主要是对建设阶段发生的一次性投资进行控制，但是更需要从建设项目全生命周期内产生费用的角度审视投资控制。投资控制，不仅仅是对工程项目建设直接投资的控制，只考虑一次投资的节约，还需要从项目建成以后使用和运行过程中可能发生的相关费用考虑，进行项目全生命的经济分析，使建设项目在整个生命周期内的总费用最小而价值最大。

(5) 采取多种有效控制措施

要有效地控制建设项目的投资，应从组织、技术、经济、合同与信息管理等多个方面采取措施，尤其是将技术措施与经济措施相结合，是控制建设项目投资最有效的手段。

投资控制虽然是与费用打交道，表面上看是单纯的经济问题，其实不然。建设项目的投资与技术有着密切的关系，建设项目的功能和使用要求、土地使用、建设标准、设计方案的优劣、结构体系的选择和材料设备的选用等，无不涉及建设项目的投资问题。因此，工程建设迫切需要解决的问题是以提高项目投资效益为目的，在工程建设过程中把技术与经济有机结合，要通过技术比较、经济分析和效果评价，正确处理技术先进与经济合理两者之间的关系，力求在技术先进条件下的经济合理，在经济合理基础上的技术先进，把建设项目投资控制的观念渗透到各项设计和施工技术措施之中。

8.2 项目设计投资控制概述

8.2.1 设计投资控制基本概念

1 设计投资控制的的释义

设计投资控制是指在设计阶段对项目投资的控制活动。即在设计阶段中进行的计划、跟踪、检查、比较、纠偏、修正、评估等动态控制活动，将实际发生的投资额控制在投资计划值以内，以实现项目投资目标。

2 设计投资控制的作用

设计阶段的投资控制是项目前期投资决策后最为关键的重点阶段，对项目后续阶段的投资控制工作具有主导作用，特别是方案设计和初步设计阶段更为显见。设计投资控制贯穿于项目设计阶段的全过程，项目投资控制目标的实现，关键在于在设计阶段实施项目投资管理的科学方略，通过投资计划设置设计过程各环节的设计投资控制目标和跟踪、检查、比较、纠偏、修正、评估等一系列动态控制活动，将建设项目设计的投资费用值（工程造价）控制在项目投资计划值以内。

在设计阶段，对项目投资要经历多次之“算”，从设计准备的投资规划，方案设计的设计估算，初步设计的概算，技术设计的修正概算直至施工图设计的预算与合同价格。尽管这些仅仅是对应项目建设程序形成的投资计价文件，并未发生实际费用支出，但正是这些“算”的过程，使投资计价逐层深化、细化，准确度由低到高，不断完善，形成项目设计的投资费用值（工程造价）。也正是这些对设计投资目标的层层控制，方使设计阶段乃至整个项目的投资控制目标的实现成为可能。因此，加强设计过程的投资控制，对于提高项目的经济性和经济效益，实现项目投资管理的目标乃至整个项目目标，具有十分重要的主导意义。

3 设计投资控制的基本原理

设计阶段是投资控制最为关键的阶段。设计阶段投资控制的基本工作原理是动态控制原理，即在项目设计的各个阶段，分析和审核投资计划值，并将不同阶段的投资计划值和实际值进行动态跟踪比较，当其发生偏离时，分析原因，采取纠偏措施，使项目设计在确保项目质量的前提下，充分考虑项目的经济性，使项目总投资控制在计划总投资范围之内。

8.2.2 设计阶段对投资的影响和主导意义

1 设计阶段对项目投资的影响最大

项目分析决策阶段和设计阶段对项目投资的影响重大，具有主导作用，其中设计阶段的影响程度最大。分析成因主要在于：建筑产品及其建设过程的特征、投资费用有独特的形成规律和制度管理手段，工程建设实践的客观规律起到主要决定因素。成因主要包括：

(1) 建筑产品及其建设过程特征

建筑这一特殊产品具有固定性、单件性（差异性）和投资数额大的不动产属性；其建设过程具有一次性、综合性、工期长、技术复杂、与社会关联度大、先定价后竣工使用的特征。在建设项目前期，项目业主在分折论证拟建项目的定义和定位，构建项目系统框架时就大致框定了建设项目的投资定义及其总投资额。建设管理法治化、社会化和市场化的决策机制，制度化的投资管理方式决定了其必须重视前期策划和设计才能实现既定目标，取得良好效益。

(2) 工程建设实践的客观规律

据国外相关数据统计，在一般情况下，建设项目各阶段对投资的影响程度分别是：设计准备阶段为最大，初步设计段为95%左右，技术设计阶段为75%左右，施工图设计阶段为25%～35%，施工阶段的影响仅为25%左右。由此可见，对项目投资影响最大的阶段是技术设计结束前的工作阶段，施工开始以前的整个设计阶段对项目投资的影响程度约为75%，而施工阶段对投资的影响程度较小。总的影响趋势是随着项目的开展，各项工作对投资影响程度逐步下降。这种规律的客观存在已被大量建设工程项目实践所验证。

(3) 建设投资形成规律

在设计过程中，由于方案设计阶段或初步设计阶段较为集中地明确了建设项目的建设内容、标准和各专业设计要素，相对而言，施工图设计是以初步设计为基础的详细设计，是初步设计的深化和细化。而建设项目的采购和施工，除了必要的设计变更，通常是严格按照施工图纸和设计说明来进行的。因此，拟建项目的初步设计完成之后，建设项目投资的80%左右也就被确定下来。

当建设项目进入施工阶段后，则需要真正的物质投入，大量的人力、物力和财力的消耗会导致工程实际费用支出的迅速增长，也就是建设项目的投资费用主要集中在施工阶段发生。然而“按图施工”的法则决定了施工阶段发生的费用主要是由设计所决定的。

综上所述，项目建设各阶段对项目投资影响的不平衡及项目前期及设计阶段对建设项目投资的重大影响，是投资费用在其建设周期内独特的发展规律决定的。其实，也正是工程项目独特的特征和建设投资形成规律，决定了项目建设程序的规范要求，产生了必须经过项目投资分析决策过程才能进入建设实施阶段，以及设计阶段从设计准备、方案设计、初步设计、技术设计（如有）直至施工图设计的这种由浅入深、由粗到细的设计过程，相应地也要求多次计价的制度化投资管理方式。

(4) 设计阶段的外部因素

外部因素在建设项目生命周期内对投资影响程度的变化特点也决定了项目前期和设计段管理和控制的主导性。特别是重大基础设施建设周边地区的社会、经济、资源和自然环境等多种因素，对建设项目投资的影响力有着明显的阶段性变化。尽管对拟建项目经过科学的论证、规划和设计，外部因素的不确定性会随着时间的推移而逐渐减小，但大量工程实践和分析推断表明：在项目前期和设计阶段外部因素对投资的影响程度最集中，可以占到80%左右。设计阶段的外部因素对投资的影响显然可见。

(5) 工程设计对项目使用和运营费用

工程设计不仅影响和主导工程项目建设的一次性投资，而且还影响拟建项目使用或运营阶段的经常性费用，如能源费用、设备保养与维修费用、物业管理服务费用等等。在项目建设完成投入使用或运营期间，由于项目使用和运营期一般都延续很长，这就使得相应的总费用支出量会很大。在通常的情况和条件下，在项目使用或运营阶段，前后各阶段的费用存在一定的关系，通常项目前期或设计阶段确定的项目投资费用的少量增加会使得项目运营和使用费用大量减少；反之，设计阶段确定的项目投资费用略有减少，则有可能会导致项目运营和使用费用的大量增加。建设项目一次性投资与经常性费用有一定的反比关系，但通过项目前期和设计阶段的工作可以寻求两者之间尽可能好的结合点，使建设项目全生命周期费用最低。

因此，相对而言，设计阶段对建设项目投资的影响程度远远大于施工阶段等的其他阶段，特别是方案设计和初步设计阶段更为显见。反之，也表明设计阶段调整项目工程造价和节约投资费用的可能性最大。研究表明：设计费虽然只占工程建设全生命周期费用的1%，但在决策正确的条件下，工程设计对投资的影响度为75%以上。这一结论反映了设计阶段在建设项目投资管理中的重要作用，也因此决定了其在项目全生命周期投资控制中的重要地位。

2　设计阶段是项目投资控制的关键性重点阶段

从对项目进行全生命周期的经济分析和投资管理审视可以发现：项目前期和设计阶段对建设项目投资有着重大影响，其决定了建设项目总投资费用的支出，也决定了设计阶段对投资控制的关键性重点作用。

(1) 方案设计阶段调节和节约投资的余地最大。方案设计的基本内容是确定建设项目的设计概念、功能、形式、规模、标准等，因此，设计方案是建设项目前期总体构思和项目总体定义的初始体现，是对拟建项目进行建筑设计创作的过程，也是业主方建设意图的具体反映。设计方案某一部分或某一方面的优化调整和完善将使投资数额产生较大变化，故在方案设计阶段调节和节约投资的余地也最大。因而，必须加强方案设计阶段的投资控制工作，通过设计方案竞赛、设计方案的评审论证，确定既能满足建设项目定义和目标定位，又可节约投资，经济合理的设计方案，并采用价值工程和其他技术经济方法调整优化设计方案。

(2) 初步设计阶段对节约和调节项目投资具有较大影响和可能。在初步设计阶段，相对方案设计来说节约和调节投资的余地会略小些，这是由于初步设计必须在方案设计确定的方案框架范围内进行设计，对投资的调节也限制在这一框架范围内，因此，节约投资的可能性就会略低于方案设计。但是，初步设计阶段的工作对建设项目投资还是具有较大的影响和可能，这就需要做好各专业设计和技术方案的分析和比选，精心编制并审核设计概算，控制与初步设计结果相对应的建设项目投资费用。

(3) 施工图设计阶段节约和调节项目投资的余地较小。进入施工图设计阶段以后，设计工作是以初步设计为基础的详细设计，在此阶段，节约和调节建设项目投资的余地相对就更小。而至设计完成，工程进入施工阶段开始施工以后，从严格按图施工的角度，除必要的设计变更外，节约投资的可能性就非常小了。

3 设计阶段实施投资控制的主导作用

工程设计是具体实现技术与经济对立统一的过程。就项目投资管理而言，设计成为项目建设和控制投资的关键。

(1) 有利于控制项目投资。项目投资控制贯穿于项目建设全过程，而设计阶段的投资控制成为整个项目投资控制的先导和关键。设计阶段工程造价的计价形式是编制设计概预算。方案设计、初步设计基本上确定了建设项目的基本要素内容，并形成了方案设计估算和设计概算，对于政府投资项目，确定了投资的最高限额；施工图设计完成后，编制出施工图预算，建设项目的工程造价基本形成，即设计过程基本形成建设项目投资。因此，从设计准备和设计伊始就实施投资控制，并贯穿于整个设计过程，则可在保证设计技术质量的同时，大大提高实现项目投资控制目标的可能性。

(2) 有利于投资控制的主动性和效率。设计阶段对项目投资的影响最大，因此，在设计阶段实施投资控制，能预先发现投资规划的偏差，主动采取控制措施纠偏，从而优化设计，提高其经济性，节约投资，减少损失。对于建设项目全生命周期的投资控制，这就是主动的控制活动。在设计阶段编制设计概预算并进行分析，可以了解建设项目工程各组成部分和各专业的投资比例。应将投资比例较大的部分为投资控制的重点，这样有利于协调投资费用，提高投资控制效率。

(3) 有利于提高资金利用效率。通过设计概预算可以了解项目投资（工程造价）的构成，分析资金分配的合理性，并可以利用价值工程理论分析项目各个组成部分功能与费用的匹配程度，调整建设项目设计要素与费用，使其更趋合理。

(4) 有利于技术与经济相结合。由于体制和传统习惯原因，在较长一段时期里，我国的建筑工程设计过程中往往较多关注建筑的功能，技术和形象要素，对于设计目标的实现，也是从建筑立意或设计概念及采用先进技术方面着力较多，而对建筑经济性的考量和追求相对较少，或有忽视可能。为此，在设计阶段造价工程师应共同参与全过程设计，使设计从一开始就建立在健全的经济基础之上，在做出重要决定时就能充分认识其经济后果。另外投资限额一旦确定，设计就只能在确定的限额内进行，这有利于建筑师发挥个人创造力，选择最经济的方式实现技术目标，从而确保设计方案能较好地体现技术与经济的结合。

综上所述，加强设计过程的投资控制，对提高项目的经济性和经济效益，实现项目投资管理的目标乃至整个项目目标，具有十分重要的主导意义。如果不通过设计阶段对投资进行层层控制，放任自流，不讲经济和效益，只是等到工程施工结束，竣工验收以后再来核定项目的实际投资，则或许没有一个投资者能够承担这种潜在的巨大投资风险。因而，应充分认识设计阶段，尤其是方案设计和初步设计阶段投资控制的重要意义，将设计阶段作为投资控制的工作重点。

8.2.3 设计阶段的投资计算文件

对应设计各阶段的投资控制文件为：设计准备的投资规划；方案设计的设计估算；初步设计的设计概算；技术设计的修正概算和施工图设计的预算。

1 方案设计投资估算

(1) 方案设计投资估算概念

方案设计投资估算是指在方案设计阶段对设计方案的费用数量进行估算的活动。方案设计投资估算书是方案设计文件的组成部分，也称方案设计估算（以下简称设计估算），它是在方案设计阶段确定设计方案所需费用数量的投资计算文件。设计估算受控于项目前期的投资估算。从工程造价角度而言，它是建设项目设计过程伊始所定的第一个造价控制目标和计价文件。

(2) 设计估算的作用

从上述分析，方案设计中投资估算对项目投资的影响最大。在设计阶段方案设计对建设项目设计的引领主导作用最显见，其主要作用有：

1) 设计估算计划值作为项目业主方案设计阶段投资控制的目标，是建设项目方案设计要求文件、方案设计竞赛或方案设计招标文件内容的组成部分，即项目业主方对设计方案的经济性要求的重要内容。

2) 设计估算是设计方案评审比选，衡量设计方案技术经济合理性的尺度，为优选和优化设计方案提供了重要依据。

3) 设计估算是主管部门审批设计方案的重要依据。方案设计文件一经批准，便是初步设计及设计概算编制的重要依据。

(3) 方案设计投资估算的编制内容及深度

按住房和城乡建设部《建筑工程设计文件编制深度规定》(2008年版)（以下简称《深度规定》）的要求，投资估算的内容和深度规定如下：

1) 投资估算文件一般由编制说明、总投资估算表、单项工程综合估算表等内容组成。编制内容可参照初步设计和施工图设计有关建筑工程概、预算文件的规定。

2) 投资估算编制说明。包括编制依据、编制方法、编制范围（包括和不包括的工程项目与费用）、主要技术经济指标和其他必要说明的问题。

3) 总投资估算表。由工程费用、其他费用、预备费（包括基本预备费、价差预备费）、建设期贷款利息、铺底流动资金、固定资产投资方向调节税组成。

4) 单项工程综合估算表。由各单位工程的建筑工程、装饰工程、机电设备及安装工程、室外工程等专业的工程费用估算内容组成。

(4) 概念性方案设计文件工程造价估算编制内容及深度

根据《建筑工程方案设计招标技术文件编制深度规定》(《深度规定》附录三）的概念性方案设计文件，工程造价估算编制内容及深度规定如下：

1) 工程造价估算作为技术经济评估依据，建筑工程概念性方案设计造价估算准确度在该阶段允许范围之内，可根据具体情况作适当调整。

2) 工程造价估算应依据项目所在地造价管理部门发布的有关造价文件和项目有关资料，如项目批文、方案设计图纸、市场价格信息和类似工程技术经济指标等。

3) 工程造价估算编制应以单位指标形式表达。

4) 编制说明。工程造价估算说明包括：编制依据、编制方法、编制范围（明确是否包括工程项目与费用)、主要技术经济指标和其他必要说明的问题。

5) 估算表。工程造价估算表应提供各单项工程的土建、设备安装的单位估价及总价，室外公共设施、环境工程的单位估价及总价。

(5) 实施性方案设计文件工程造价估算编制内容及深度

《建筑工程方案设计招标技术文件编制深度规定》(《深度规定》附录三)对实施性方案设计文件，工程造价估算编制内容及深度规定如下：

1) 工程造价估算作为技术经济评估依据，建筑工程实施性方案设计造价估算准确度应在该阶段允许范围之内。当准确度影响对方案的可行性判定时，应对该方案进行专项技术经济评估。

2) 工程造价估算应以项目所在地造价管理部门发布的有关造价文件和项目有关资料为依据，如项目批文、方案设计图纸、市场价格信息和类似工程技术经济指标等。

3) 工程造价估算编制应以单位指标形式表达。

4) 编制说明。工程造价估算说明包括编制依据、编制方法、编制范围(明确是否包括工程项目与费用)、主要技术经济指标、限额设计说明(如有)和其他必要说明的问题。

5) 估算表。工程造价估算表应以单个单项工程为编制单元，由土建、给排水、电气、暖通、空调、动力等单位工程的估算和土石方、道路、室外管线、绿化等室外工程估算两个部分内容组成。

若招标人提供工程建设其他费用，可将工程建设其他费用和按适当费率取定的预备费列入估算表，汇总成建设项目总投资。如采用新工艺、新技术、新材料或特殊结构时，应对该项技术进行专项评估，评估后纳入估算中。

2 设计概算

(1) 设计概算的概念

设计概算是指在初步设计阶段(或扩大初步设计阶段)，根据初步设计或技术设计文件及地方相关设计概算的工程计量计价依据资料，用科学的方法编制工程项目建设费用的概略计算，是初步设计文件的组成部分。

设计概算作为在投资估算的控制下，全面、完整地反映初步设计内容，建设项目的投资数量和投资构成的计算文件。设计概算是对投资估算的落实，设计概算在整个工程建设项目投资控制过程中有重要的地位。

(2) 设计概算的作用

1) 设计概算是确定和控制建设项目投资额的依据。对于政府投资项目，设计概算是控制投资规模和工程造价的主要依据，设计概算一经批准，将作为控制建设项目投资的最高限额和财政部门拨款的依据。经过批准的设计总概算是建设项目造价控制的最高限制(或修正总概算是建设项目修正总投资的最高限额)，不得超过已批准的可行性研究报告投资估算的10%，否则应重新报批。

2) 建设项目列入建设计划的必要条件。编制年度固定资产投资计划，确定计划投资总额及其构成数额，要以批准的初步设计概算为依据，没有批准的初步设计文件及其概算，建设工程就不能列入年度固定资产投资计划。

3) 签订建设项目总承包合同、分包合同和贷款合同、控制拨款的依据。国家规定，建设工程总承包合同价款是以设计概算价为依据，不得超过设计总概算的投资额。银行贷款或各单项工程的拨款累计总额不能超过设计概算，如果项目投资计划所列支投资额与贷款突破设计概算时，必须查明原因，之后由建设单位请上级主管部门调整或追加设计概算总投资，凡未批准之前，银行对其超支部分不予拨付。

4) 控制施工图预算和考核设计经济合理性及建设后续阶段投资控制的主要依据。设计概算比较全面、具体地反映了整个项目工程建设费用，建设项目在初步设计后续阶段中的一系列投资计价值都不能超过经批准的设计概算。

设计单位必须按照批准的初步设计和总概算进行施工图设计，施工图预算不得突破设计总概算，如确需突破总概算时，应按规定程序报批。建设项目的竣工结算不能突破施工图预算，如果由于设计变更等原因建设费用超过概算，必须重新审查批准。

5) 考核建设项目投资效果的依据和超支的标准。通过设计概算与竣工决算对比，可以确定是否超支和分析考核投资效果，同时还可以验证设计概算的准确性，有利于加强设计概算管理和项目投资管理。

(3) 设计概算的编制依据

1) 国家、行业和地方政府有关建设和投资、造价管理的法律法规。

2) 建设项目的可研报告批复文件（或批准的设计任务书）和主管部门的有关规定。

3) 初步设计项目一览表。满足编制设计概算的各专业设计图纸、文字说明和主要设备表。

4) 施工组织设计。

5) 资金筹措方式。

6) 国家和地方的现行工程量计算规则、建筑工程和专业安装工程的概算指标或概算定额、单位估价表、材料及构配件预算价格、工程费用定额和有关费用定额、指标和价格规定文件；有关设备原价及运杂费率等资料。

7) 建设地区的经济条件，建设场地的自然条件和施工条件。

8) 类似工程的概、预算及技术经济指标。

9) 有关合同、协议等其他资料。

(4) 设计概算的编制内容

设计概算应完整、准确、合理。为满足编制总投资概算的需要，设计概算是由单个到综合，局部到总体，分三级逐个编制，汇总而成的过程。设计概算由单位工程概算、单项工程综合概算和建设项目总概算组成。三级概算之间的相互关系如图8-3所示。

因此，单位工程概算书是最基本的计算文件。建设项目若为一个独立单项工程，则建设项目总概算书与单项工程综合概算书可合并编制。

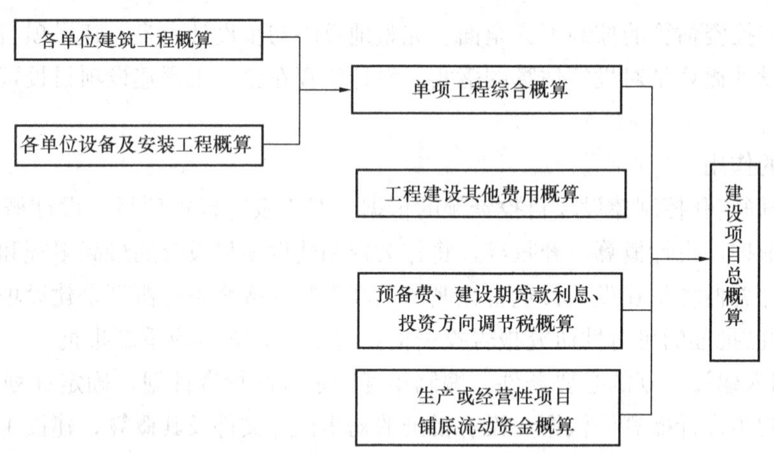

图8-3　设计概算的三级概算

1) 单位工程概算。单位工程概算是确定各单位工程建设费用的文件，是编制单项工程综合概算的依据，是单项工程综合概算的组成部分。单位工程概算按其工程性质分为建筑工程概算和设备及安装工程概两大类。

2) 单项工程概算。单项工程概算是确定一个单项工程所需建设费用的文件，它由单项工程中各单位工程概算汇总编制而成的，是建设项目总概算的组成部分。

3) 建设项目总概算是确定整个建设项目从筹建到竣工验收所需全部费用的文件，它是由各单项工程综合概算、工程建设其他费用概算、预备费概算、建设期贷款利息概算和生产或经营性项目铺底流动资金概算汇总编制而成的。

(5) 设计概算的编制深度

根据《深度规定》的要求，设计概算的深度规定如下：

1）建设项目设计概算是初步设计文件的重要组成部分。概算文件应单独成册。设计概算文件由封面、签署页（扉页）、编制说明、建设项目总概算表、其他费用表、单项工程综合概算表、单位工程概算书等内容组成。

2）封面、签署页（扉页）。

3）概算编制说明。A 工程概括：简述建设项目的建设地点、设计规模、建设性质（新建、扩建或改建）和项目主要特征等。B 编制依据：a 设计说明书及设计图纸；b 国家和地方政府有关建设和造价管理的法律、法规和规程；c 当地和主管部门现行的概算指标或定额（或预算定额、综合预算定额）、单位估价表、类似工程造价指标、材料及构配件预算价格、工程费用定额和有关费用规定的文件等；d 人工、设备及材料、机械台班价格依据；e 建设单位提供的有关概算的其他资料；f 工程建设其他费用计费依据；g 有关文件、合同、协议等。C 概算编制范围。D 其他特殊问题的说明。E 概算成果说明：a 说明概算的总金额、工程费用、其他费用、预备费及列入项目概算总投资中的相关费用；b 技术经济指标；c 主要材料消耗指标。

4）建设项目总概算表。由工程费用、其他费用、预备费及应列入项目概算总投资中的相关费用组成。

5）其他费用表。列明费用项目名称、费用计算基数、费率、金额及所依据的国家和地方政府有关文件、文号。

6）单项工程综合概算表。按每一个单项工程内各单位工程概算书汇总组成。表中要表明技术经济指标，经济指标包括计量指标单位、数量、单位造价。

7）单位工程概算书。由建筑（土建）工程、装饰工程、机电设备及安装工程、室外工程等专业的工程概算书组成。

A 建筑工程概算书根据本款第 3）-B 项的编制依据，由分部分项工程内容组成，并按规定计价。B 装饰工程概算书根据初步设计的编制依据，由分部分项工程内容组成，并按规定计价。C 机电设备及安装工程由建筑电气、给水排水、采暖通风与空气调节、热能动力等专业组成。各专业概算书根据初步设计的编制依据，由分部分项工程内容组成，并按规定计价。D 室外工程由土石方工程、道路工程、广场工程、围墙、大门、室外管线、园林绿化等项组成。

专业概算书根据初步设计的规定计价。初步设计阶段，单位工程概算书一般应考虑零星工程费。

(6) 设计概算的编制原则

1）严格执行国家的建设方针和经济政策的原则。设计概算是一项重要的技术经济工作，要严格按设计概算的编制依据资料计量计价，严格执行规定的设计标准，节约投资和资源。

2）完整、准确地反映设计内容的原则。编制设计概算时，要认真了解设计意图，根据初步设计文件，准确计算工程量，避免重算和漏算。设计修改后，要及时修正概算。

3）结合拟建工程的实际，反映工程所在地当时价格水平的原则，使概算尽可能地反映设计内容、施工条件和实际价格。

(7) 设计概算的编制方法

根据设计概算的三级关系，单位工程概算书是最基本的计算文件。因此，建设项目设计概算的编制，一般首先编制单位工程的设计概算，然后再逐级汇总，形成单项工程综合概算及项目工程总概算。设计概算编制方法的采用取决于设计深度、资料完备程度和对概算精确程度的要求。

1）单位建筑工程概算的编制方法。单位工程概算文件分为建筑工程概算书和设备及安装工程概算书。

建筑工程概算的编制方法有：概算定额法（扩大单价法或扩大结构定额法）、概算指标法（包括直接概算指标法和修正概算指标法）、类似工程预算法等；设备及安装工程概算的编制方法有：预算单价法、扩大单价法、设备价值百分比法和综合吨位指标法等。

2）设备及安装单位工程概算的编制方法。设备及安装单位工程概算包括设备购置费用概算和设备安装工程费用概算两大部分。

设备购置费概算。设备购置费是根据初步设计的设备清单计算出设备原价，并汇总求出设备总原价，然后按有关规定的设备运杂费率乘以设备总原价，两项相加即为设备购置费概算。

设备安装工程费概算的编制方法。设备安装工程费概算的编制方法应根据初步设计深度和要求所明确的程度而采用。其主要编制方法有：预算单价法、扩大单价法、设备价值百分比法和综合吨位指标法。

3）单项工程综合概算的编制方法

单项工程综合概算由该单项工程的各专业单位工程概算汇总而成，是建设项目总概算的组成部分。

单项工程综合概算文件一般包括编制说明（不编制总概算时列入）、综合概算表（含其所附工程概算表和建筑材料表）两大部分（当建设项目只有一个单项工程时，此时综合概算文件实为总概算）。

编制说明应列在综合概算表的前面，其内容包括工程概况和编制依据。综合概算表是根据单项工程所辖范围和各单位工程概算等基础资料，按照国家或部委所规定的统一表格进行编制。工业建设项目综合概算表由建筑工程和设备及安装工程两大部分组成；民用工程项目综合概算表仅建筑工程一项。

4）建设项目总概算的编制方法

项目总概算由各单项工程综合概算、工程建设其他费用、建设期贷、预备费和经营性项目的铺底流动资金概算所组成，按照主管部门规定的统一表格进行编制。

（8）设计概算的审查

设计概算是控制项目投资的重要依据，也是初步设计审查重点之一。设计概算应按建设项目的建设规模、隶属关系和审批程序报请审批。总概算按规定的程序经主管部门批准后，就成为国家控制该建设项目总投资额的主要依据，不得任意突破。

1）设计概算审查的意义

A 有利于合理分配投资资金、加强投资计划管理，有助于合理确定和有效控制建设项目投资（工程造价）。

B 有利于促进概算编制人员严格执行国家有关概算的编制规定和费用标准，提高概算的编制质量。

C 有利于促进设计的技术先进性与经济合理的统一。

D 有利于核定建设项目的投资规模，使建设项目总投资力求做到准确、完整，防止任意扩大投资规模或出现漏项，从而减少投资缺口或突破投资。

E 有利于缩小概算与预算之间的差距，使后续建设阶段投资控制目标更加科学合理，避免实际投资突破概算。

F 有利于为建设项目投资的落实提供可靠的依据，投资额满足项目建设需要，不留缺口，提高建设项目的投资效益。

2）设计概算审查的内容

A 编制依据的合法性、时效性和适用范围。采用的各种编制依据是否符合国家和地方现行规定，是否符合规定的适用范围，定额及其取费标准、材料预算价格是否适用地区、专业范围；是否以情况特殊为由，擅自提高概算定额、指标或费用标准。

B 设计的技术先进性与经济合理性。是否符合投资限额的要求；技术经济指标计算方法和程序是否正确；综合指标和单项指标与同类型工程指标相比，投资额的增减及其原因。

C 编制深度、完整性、准确性。是否有符合规定的“三级概算”，有无随意简化；编制范围及具体内容是否与主管部门批准的建设项目范围及具体工程内容一致，分期建设项目的建筑范围及具体工程内容有无重复交叉；有无错漏碰缺；其他费用应列的项目是否符合规定，静态投资、动态投资和经营性项目铺底流动资金是否分别列出；各级概算的编制、核对、审核是否按规定签署等。

D 建设规模（投资规模、生产能力等）、建设标准（用地指标、建筑标准等）、配套工程、设计定员等是否符合原批准的可行性研究报告或立项批文的标准。对总概算投资超过批准投资估算10%以上的，应查明原因，重新上报审批。

E 设计概算的完整性，准确性。是否有符合规定的“三级概算”，有无随意简化；编制范围及具体内容是否与主管部门批准的建设项目范围及具体工程内容一致，分期建设项目的建筑范围及具体工程内容有无重复交叉；有无错漏碰缺；其他费用应列的项目是否符合规定，静态投资、动态投资和经营性项目铺底流动资金是否分别列出；各级概算的编制、核对、审核是否按规定签署等。

F 编制方法、计价依据和程序是否符合国家和地方现行规定，包括定额或指标的适用范围和调整方法是否正确。进行定额或指标的补充时，要求补充定额或指标的项目划分、内容组成、编制原则等要与现行的规定相一致等。

G 单位工程概算是审查的重点。单位工程概算中是否包括建筑节能所需费用；是否全面、客观、真实地反映工程实际；是否按照国家及地方政府有关部门的相关规定计算工程建设其他费用。

H 工程量是否正确。工程量的计算是否是根据初步设计图纸、概算定额、工程量计算规则和施工组织设计的要求进行，有无多算、重算和漏算，尤其对工程量大，造价高的项目要重点审查。

J 材料用量和价格。主要材料（钢材、木材、水泥、砌体）的用量数据是否正确，材料预算价格是否符合工程所在地的价格水平，材料价差调整是否符合现行规定及其计算是否正确等。

K 设备规格、数量和配置是否符合设计要求，是否与设备清单相一致，设备预算价格是否真实，设备原价和运杂费的计算是否正确，非标准设备原价的计价方法是否符合规定，进口设备的各项费用的组成及其计算程序、方法是否符合国家主管部门的规定。

L 建筑安装工程的各项费用的计取是否符合国家或地方有关部门的现行规定，计算程序和取费标准是否正确。

M 综合概算、总概算的编制内容、方法是否符合现行规定和设计文件的要求，有无将非生产性项目以生产性项目列入；总概算是否完整地包括了建设项目从筹建到竣工投产为止的全部费用组成。

N 工程建设其他各项费用。这部分费用内容多、弹性大，其投资约占项目总投资25%以上，要按国家和地区规定逐项审查，不属于总概算范围的费用项目不能列入概算，具体费率或计取标准是否按国家、行业有关部门规定计算，有无随意列项、有无多列、交叉计列和漏项等。

P 项目的环保内容，“三废”（废水、废气、废渣）治理。拟建项目是否同时安排“三废”的治理方案和投资，对于未作安排或漏项或多算、重算的项目，要按国家有关规定核实投资，以满足“三废”排放达到国家标准。

Q 投资经济效果。设计概算是初步设计经济效果的反映，要按照生产规模、工艺流程、产品品种和质量，从企业的投资效益和投产后的运营效益全面分析，是否达到了先进可靠、经济合理的要求。

(9) 设计概算审查的方法

采用适当方法审查设计概算，是确保审查质量、提高审查效率的关键。较常用方法有：

1) 对比分析法。对比分析法主要通过建设规模、标准与立项批文对比；工程数量与设计文件对比；综合范围、内容和编制方法、规定对比；各项取费与规定标准对比；材料、人工单价与市场信息对比；引进设备、技术投资与报价要求对比；技术经济指标与同类工程对比等。通过以上对比，容易发现设计概算存在的主要问题和偏差。

2) 查询核实法。查询核实法是对一些关键设备和设施、重要装置、境外引进工程图纸不全、难以核算的较大投资进行多方查询核对，逐项落实的方法。

3) 联合会审法。联合会审有两种形式：一是多种形式预审，包括审计单位自审，主管、建设、承包单位初审，工程造价咨询公司评审，邀请同行专家预审，审批部门复审等，经层层审查把关后，由有关单位和专家进行联合会审。二是会议会审，由设计单位介绍概算编制情况及有关问题，各有关单位、专家汇报初审和预审意见。然后进行分析审议，结合对各专业技术方案的审查意见所产生投资增减，逐一核实原概算出现的问题。经过充分协商，听取设计单位意见后，实事求是地处理、调整。

通过以上会议复审后，按照工程的组成顺序，费用资金分类整理，汇总核增或核减的项目及其投资，相应调整所属项目投资合计数，再依次汇总审核后的总投资及增减投资额。对审查中发现的问题和偏差当差错较多、问题较大或不能满足要求时，责成按会审意见修改返工后，重新报批；对于无重大原则问题，深度基本满足要求，投资增减不多的，当场核定概算投资额，并提交审批部门复核后，正式下达批准文件。

(10) 修正概算

修正概算是指在技术设计（或扩大初步设计）阶段，由于设计内容与初步设计的差异，设计单位对初步设计概算进行修正而形成的投资计算文件。修正概算是在初步设计概算基础上的修正，因此，其编制内容、深度和方法及其审查与设计概算相同。

3　施工图预算

(1) 施工图预算的概念

施工图预算是指拟建工程在工图设计完成后，工程开工前，根据已获审查批准的施工图设计文件、施工组织设计和现行国家及地方相关施工图预算的工程计量计价依据资料，用科学的方法编制的工程项目建设费用的详细预算。

施工图预算是施工图设计文件的组成部分。施工图预算作为在设计概算的控制下，对项目工程建设的投资数量和投资构成作出较精确计算的技术经济文件，在整个工程建设项目投资控制过程中有重要的地位。

从工程造价而言，按以上施工图预算的概念，只要是按照工程施工图以及计价所需的各种依据，在工程实施前所计算的工程价格，均可以称为施工图预算价格。该施工图预算价格既可以是按照政府统一规定的预算单价、取费标准、计价程序计算而得到的属于计划或预期性质的施工图预算价格，也可以是通过招标投标法定程序后施工企业根据自身的实力即企业定额、资源市场单价以市场供求及竞争状况计算得到的反映市场性质的施工图预算价格。

(2) 施工图预算编制的方式。施工图预算编制的两种方式：

1）工程量清单计价方式是招标人按照国家统一的工程量清单计价规范中的工程量计算规则提供工程量清单和技术说明，由投标人依据企业自身的条件和市场价格对工程量清单自主报价的工程造价计价方式。工程量清单计价方式是与市场经济相适应的国际通行的计价方法。

2）传统定额计价方式和工程量清单计价方式。传统的定额计价方式是采用国家、部门或地区统一规定的预算定额、单位估价表、取费标准、计价程序进行工程造价计价的方式，通常也称为定额计价方式。它是我国长期使用的一种施工图预算的编制方法。

近年来，随着建筑市场的发展，为了使我国工程造价管理与国际接轨，工程建设管理法律法规在不断完善，住房和城乡建设部适时发布了《建设工程工程量清单计价规范》(GB 50500—2008)，自2008年12月1日起实施，传统定额计价方式已被工程量清单计价方式取代。

建设工程在施工招投标活动中，招投项目工程量清单是由招标人根据设计要求，按统一编码、统一名称、统一计量单位、统一工程量计算规则，在招标文件中提供的招投标项目分部分项工程数量。投标工程量清单报价是由投标人根据招标文件的要求、施工项目的工程数量，结合本企业的施工水平、技术及机械装备、管理水平、设备材料的进货渠道和所掌握的价格情况及对利润追求的程度来对招标文件中的工程量清单进行自主报价的一种计价行为。工程量清单报价遵循了“控制量、放开价”的原则，将定价权归属企业，最终由市场形成价格，从而能更充分地体现建筑产品的真实价值。

(3) 施工图预算对建设项目投资方的作用

施工图预算作为工程建设程序中一个重要的技术经济文件，在工程建设实施过程中有十分重要的作用，对建设项目投资方的作用可以归纳为以下几个方面：

1）强化投资控制及资金合理使用的依据。施工图预算确定的预算造价是建设项目的计划投资，投资方按施工图预算造价筹集建设资金，并控制资金的合理使用，有利于节省投资，提高建设项目的投资效益。

2）是实行招标的建设项目确定工程招标标底（控制价）的基础。在设置招标控制价的情况下，建筑安装工程的招标标底可按照施工图预算来确定。招标标底通常是在施工图预算的基础上考虑工程的特殊施工措施、工程质量要求、目标工期、招标工程范围以及自然条件等因素编制的。这阶段所预计和核定的建设工程预期造价称为预算造价。

3）是建设单位与施工单位确定施工合同价，实行建筑安装工程造价包干的依据。通过建设项目工程招标投标，建设单位与中标单位签订施工合同时，相关工程价款必须以施工图预算为依据。

4）是拨付工程款及办理建筑安装工程价款结算的依据。

(4) 施工图预算的编制依据

l）国家、行业和地方政府有关建设投资（工程造价）管理的法律法规和规定。

2）经审查批准后的施工图设计文件和有关标准图集。

3）经批准的拟建项目的设计概算文件。

4）工程地质勘察资料。

5）施工组织设计或施工方案。

6）现行建筑工程和安装工程预算定额和费用定额、单位计价表、有关费用规定，企业定额等文件。

7）材料与构配件预算价格。

8）工程承包合同或协议书。

9）建设场地中的自然条件和施工条件。

(5) 施工图预算的内容

施工图预算由单位工程预算、单项工程预算和建设项目工程预算三级逐级编制综合汇总而成。施工图预算是以单位工程为单位进行编制，按单项工程汇总而成，所以施工图预算编制的关键在于编制好单位工程施工图预算。

单位工程预算是根据施工图设计文件、现行预算定额、单位估价表、费用定额以及人工、材料、设备、机械台班等预算价资料，以一定方法，编制单位工程的施工图预算；然后汇总所有各单位工程施工图预算，成为单项工程施工图预算；再汇总所有单项工程施工图预算，形成最终的建设项目建筑安装工程的总预算。

单位工程预算包括建筑工程预算和设备安装工程预算。建筑工程预算按其工程性质分为土建工程预算、给排水工程预算、采暖通风工程预算、燃气工程预算、电气照明工程预算、弱电工程预算、特殊构筑物等工程预算和工业管道工程预算等。设备安装工程预算可分为机械设备安装工程预算、电气设备安装工程预算和热力设备安装工程预算等。

(6) 施工图预算的编制深度

1）施工图预算文件包括封面、签署页（扉页）、目录、编制说明、建设项目总预算表、单项工程综合预算表、单位工程预算书。

2）封面、签署页（扉页）。

3）预算编制说明。

A 工程概括。简述建设项目的建设地点、设计规模、建设性质（新建、扩建或改建）和项目主要特征等。

B 编制依据。a 设计图纸；b 国家和地方政府有关建设和造价管理的法律、法规和规程；c 当地和主管部门现行的预算定额（或综合预算定额）、单位估价表、材料及构配件预算价格和有关费用规定的文件等；d 人工、设备及材料、机械台班价格依据；e 建设单位提供的有关预算的其他资料；f 有关文件、合同、协议等；g 建设场地的自然条件和施工条件。

C　预算编制范围。

D　其他特殊问题的说明。

E　技术经济指标。

4）建设项目总预算表。由各单项工程综合预算表组成。

5）单项工程综合预算表。由各单位工程预算书汇总组成。

6）单位工程预算书。

(7) 施工图预算的编制方法

施工图预算的编制，以单位工程施工图预算的编制方法为代表，编制可以采用综合单价法。综合单价法是适应市场经济条件的工程量清单计价模式下的施工图预算编制方法。综合单价法是指分项工程单价综合了直接工程费及以外的多项费用，按照单价综合的内容不同，综合单价法可分为全费用综合单价和清单综合单价。

1）工程量清单综合单价。按照《建设工程工程量清单计价规范》（GB 50500—2008）的规定，工程量清单综合单价中综合了人工费、材料费、施工机械使用费、企业管理费、利润，并考虑了一定范围的风险费用，但并未包括措施费、规费和税金，因此它是一种不完全单价。以各分部分项工程量乘以该综合单价的合价汇总后，再加上措施项目费、规费和税金后，就是单位工程的造价。公式如下：

建筑安装工程预算造价＝Σ（分项工程量×分项工程不完全单价）＋措施项目不完全价格＋规费＋税金

2）全费用综合单价。全费用综合单价，即单价中综合分项工程人工费、材料费、机械费，管理费、利润、规费以有关文件规定的调价、税金以及一定范围的风险等全部费用。以各分项工程量乘以全费用单价的合价汇总后，再加上措施项目的完全价格，就生成了单位工程施工图造价。公式如下：

建筑安装工程预算造价＝Σ（分项工程量×分项工程全费用单价）＋措施项目完全价格。

(8) 施工图预算的审查

1）施工图预算审查的意义。A 有利于提高准确性，控制工程造价，防止预算超概算，加强投资管理，节约建设资金。B 有利于合理和控制确定施工承包合同价（是不宜招标工程的合同价款结算的基础）。C 有利于积累和分析各项技术经济指标，不断提高设计水平。

2）审查施工图预算的内容。

A　审查工程量。审查工程量是否按照规定的工程量计算规则计算工程量，编制预算时是否考虑了施工方案对工程量的影响，定额中要求扣除项或合并项是否按规定执行，工程计量单位的设定是否与要求的计量单位一致。

B　审查设备、材料的预算价格。设备、材料预算价格是施工图预算造价所占比重最大、变化最大的内容，应当重点审查。

C　审查预算单价的套用。审查预算单价套用是否正确，是审查预算工作的主要内容之一。审查时应注意以下几个方面：a 预算中所列各分项工程预算单价是否与现行预算定额的预算单价相符，其名称、规格、计量单位和所包括的工程内容是否与单位估价表一致。b 审查换算的单价，换算的分项工程是否是定额中允许换算的，换算是否正确。c 审查补充定额和单位估价表的编制是否符合编制原则，单位估价表计算是否正确。

D　审查有关费用项目及其计取。有关费用项目计取的审查，要注意以下几个方面：a 措施费的计算是否符合有关的规定标准，间接费和利润的计取基础是否符合现行规定，有无不能作为计费基础的费用列入计费的基础。b 预算外调增的材料差价是否计取了间接费。直接工程费或人工费增减后，有关费用是否相应做了调整。c 有无巧立名目乱计费、乱摊费用现象。

3）审查施工图预算的方法。审查施工图预算方法较多，主要有全面审查法、标准预算审查法、分组计算审查法、对比审查法、筛选审查法、重点抽查法、利用手册审查法和分解对比审查法等。

4）审查施工图预算的步骤。

A 审查准备工作。全面熟悉施工图设计文件，根据预算编制说明，了解预算包括的工程内容；根据工程性质，正确采用单价、定额资料和单位估价表。

B 选择审查方法。按工程规模、复杂程度、施工方法和施工企业等相应内容不同，选择适当的审查方法。

C 调整预算。综合整理审查资料，并与编制单位交换意见，定案后编制调整预算。审查后需要进行增加或核减的，经与编制单位协商，统一意见后进行相应的修正。

8.2.4 设计投资控制的技术方法

在建设项目工程设计这一重点阶段，设计投资控制对实现项目投资目标有着决定性的意义。可以应用价值工程和限额设计等管理技术和方法，对建设项目的投资实施有效的控制。一般来说，设计阶段投资主要有以下方法：

1 运用动态控制原理

建设项目设计投资控制贯穿于项目工程设计的全过程，设计投资控制是紧紧围绕投资目标的控制，这种目标控制是动态的，应遵循动态控制原理。

按照动态控制原理，建设项目实施中进行投资的动态控制过程，应做好以下几项控制工作：

(1) 对计划的投资目标值的分析和论证。由于主观和客观因素的制约，建设项目投资规划中计划的投资目标值有可能难以实现或不尽合理，需要在包括设计的项目实施过程中细化、精确化或合理调整。只有建设项目投资目标合理正确，设计投资控制方能有效。

(2) 设计过程投资发生的实际数据的收集。项目工程设计的过程中，收集有关投资发生或可能发生的实际数据，及时对设计进展做出评估。没有实际数据的收集，就无法了解和掌握建设项目设计过程投资的实际情况，更不能判断是否存在投资偏差。因此，设计过程投资实际数据的及时、完整和正确是确定有无投资偏差的基础。

(3) 设计过程投资目标值与实际值的比较。比较设计过程投资目标值与实际值，判断是否存在设计投资偏差。这种比较也要求在建设项目投资规划时就对比较的数据体系进行统一的设计，从而保证投资比较工作的有效性和效率。

设计过程投资比较是指投资计划值与实际值的比较，从与投资有关的各种投资计划形成的时间来看，在前者为计划值，在后者为实际值。例如设计概算相对于投资估算是实际值，设计概算相对于施工图预算则是计划值，设计概算和施工图预算相对于标底则都是计划值。在设计过程中，投资计划值和实际值的比较主要包括：方案设计估算和投资估算的比较；初步设计概算（技术设计修正概算）和投资估算的比较；施工图预算和初步设计概算的比较。

(4) 各类设计投资控制报告和报表的制定。获取有关项目设计过程中投资数据的信息，制定反映项目设计计划投资、实际投资、计划与实际投资比较等的各类投资控制报告和报表，提供作为进行设计投资数值分析和相关控制措施决策的重要依据。

(5) 设计投资偏差的分析。若发现设计过程中投资目标值与实际值之间存在偏差，则应分析造成偏差的可能原因，制定纠正偏差的多个可行方案，经方案评价后，确定投资纠偏方案。

(6) 设计投资偏差纠正措施的采取。按确定的控制方案，可以从组织、技术、经济、合同等各方面采取措施，纠正设计过程中的投资偏差，从而保证建设项目投资目标的实现。

2 设计招标和方案优选

对拟建的项目按设计依据的规定和指引，进行建筑设计创作的过程。方案设计对拟建项目的总体布局、功能安排、建筑造型等提出可能且可行的技术文件。

建筑工程设计的产品质量最终要表现在它产生的包括经济效益在内的综合效益上，一项设计自酝酿起就要考虑如何使投入的资金发挥最大的效益，如何在一定的投资计划中做出优秀达意的设计方案，这些正是投资人和决策人特别注重的。因此，在建设项目设计阶段的投资管理中，作为建筑工程设计最初阶段的方案设计必然首当其冲，起着决定性作用，于是如何优选设计方案成为项目投资控制的关键。

设计招标（或竞赛）有利于设计方案的选择和竞争。设计单位为使项目中标，努力完善设计方案，使设计方案在符合项目使用者功能要求、规模和标准的前提下，节约项目生命周期的投资费用。经评标（或评审比选），在投标（或参赛）的若干个设计方案中选出中标方案，由此达到优选设计方案的目的。

评选原则为：经济、适用、美观；技术先进、结构合理、满足建筑节能及环境等要求。所选方案基本确定了工程建设的规模、结构形式和建筑标准及使用功能；形成了方案设计投资估算和经济分析；方案设计文件满足编制初步设计文件和控制概算的需要。

设计方案优化基于中标（或中选）方案，通过技术经济分析和运用价值工程等最有效途径和方法，进行自身修改优化或把其他方案的优点加以吸收和综合，使设计趋于完善，成为功能完善、技术先进、经济合理、形象美观的最佳设计方案，形成该建设项目的厚重基石。

3　限额设计

（1）限额设计概述

1）限额设计概念。限额设计是指在设计阶段，按照建设项目的功能定义、投资定义和批准的投资限额等，通过投资规划对建设项目投资目标进行分解，在明确建设项目各组成部分和各个专业设计工种所分配的投资限额的基础上，把设计过程各阶段设计限定在计划投资额内的方法。

2）限额设计的实质。推行限额设计的关键是确定投资限额。限额设计的投资额一般是指静态的建筑安装工程费用，在设计过程中一般用投资估算来控制方案设计和初步设计，用初步设计概算控制技术设计和施工图设计。限额设计的理念是在项目设计全过程中，采用主动和事前控制的方法来控制项目投资目标。因此，限额设计的实质是在投资额度不变的情况下，实现建设项目效益最大化目标在设计中的应用，也是按照投资的限额进行满足建设项目整体目标要求的设计方法。

3）限额设计是指导设计和投资控制的关键方法和有效措施。工程设计是一项涉及面广和专业性强的技术工作，采用限额设计方法就是要用经济概念来指导设计工作，通过投资目标的分解与设计工作的结合，使设计人员在各个设计过程中确立经济理念，按相关的投资费用限额控制设计，在设计中以控制工程量为主要内容，并能动地加强设计投资管理，从而实现在设计段对建设项目投资进行有效的控制。

4）限额设计的内涵渗透于建设项目的后续实施阶段。另外，也应把限额设计的内涵渗透于建设项目的后续实施阶段。因此，在工程项目建设过程中采用限额设计，能使建设项目投资一直处于被监控状态之中，限额设计已成为我国工程建设领域控制投资支出、有效使用建设资金、保证总投资限额不被突破的有力措施和科学方法。

（2）限额设计的目标及其设置要点。限额设计目标分为两类：其一是投资（造价）指标——即为满足投资或造价的要求而限定的费用限制值，如建筑单方造价；其二是经济性技术指标——即为保证设计成果的经济性而制定的技术上不应突破的限制值，如容积率、建筑密度、绿化率等规划要求，环保减排、建筑节能、抗震设防、结构可靠度、建筑构造强制性标准或条文要求。除项目前期投资估算的合理与准确是关键要素外，设计阶段限额设计的目标设置要点如下：

1）正确处理技术与经济的对立统一关系。限额设计目标的设定既要把经济作为矛盾的主要方面，节约建设资金；又需要坚持实事求是的精神和采用科学的分析方法，遵循科学发展观的要求和安全、适用、经济、美观、环保、节能等设计原则，根据客观条件设定目标，并结合国情，做到与当地的社会经济与技术发展相适应。

2）目标与设计项目各构成要素相协调。确定高低合理的限额设计目标是十分重要的，目标过高难以实现，目标过低会失去限额设计的意义。限额设计目标的设定应与建设规模、建设标准、经济技术指标、技术复杂程度和环保节能、安全卫生等项目定义内容，以及设计项目各构成要素相协调，需要尊重科学，坚持实事求是精神并采用科学的分析方法。

3）准确合理分解投资目标。投资目标及其分解的准确与合理，是限额设计方法应用的前提，投资分解和工程量控制是实行限额设计的有效途径和方法。采用限额设计方法，在工程设计开始之前就需要进行投资目标的分解，确定拟分配至项目各组成部分和各专业设计工种的投资限额，否则，不仅无法指导设计和有效控制设计投资，设计人员也无法按照分配的限额进行设计。因此，在设计准备阶段需要科学合理的编制投资规划文件，并依据批准的可行性研究报告、拟定的建设项目定位、功能定义、投资定义描述和批准的投资限额等，制定出建设项目各专业和各组成部分的投资限额。

4）基于尊重科学的精神和设计投资管理的实践经验。工程设计是综合而复杂的活动，限额设计的投资目标分解和确定也不是简单地对投资进行裁剪，而应该是在保证各专业各组成部分达到设计要求和拟定标准的前提下，设定目标并合理分解，进行投资的合理分配。要做到投资目标的设定与分解的科学合理，离不开设计投资数据和资料，而掌握和积累丰富的投资数据和资料则源自工程设计和投资管理的实践经验，否则就易出偏差，留漏洞，影响工作成效。

5）坚持投资限额的严肃性。投资限额目标一旦确定，必须坚持投资限额的严肃性，不能随意进行变动。在设计过程动态跟踪投资控制中，如有必要调整必须通过分析论证，按规定程序调整。

(3) 限额设计的过程。限额设计的过程就是建设项目投资目标管理的过程，即目标分解与计划、目标实施、目标实施检查、信息反馈的控制循环过程。

限额设计贯穿于工程设计的全过程，从可行性研究报告开始，历经初步勘察、方案设计、初步设计、详细勘察、技术设计（如有）、施工图设计阶段。并且在每一个阶段中贯穿于各个专业的每一道工序。各专业限额设计的实现是限额设计目标得以实现的重要保证。

(4) 限额设计的内容。限额设计的内容主要包括限额设计纵向控制和限额设计横向控制两方面内容。

1）限额设计纵向控制。限额设计的纵向控制包括两方面内容：一方面是项目的下一阶段按照上一阶段的投资限额下达到设计技术要求；另一方面是对项目各组成部分按设定投资限额达到设计技术要求。

A 限额设计纵向控制实施过程。限额设计纵向控制实施过程是按批准的投资估算（并基于批准的中选设计方案设计估算）控制初步设计，按批准的初步设计总概算控制施工图设计，即将上阶段设计审定的投资额和工程量先行分解到各专业，然后再分解到各单位工程和分部工程，使各专业在保证达到设计质量要求的前提下，按分配的投资限额控制工程设计，严格控制设计过程中的不合理变更，通过层层控制和管理，克服“三超”，保证建设项目资金限额不被突破，最终实现设计阶段投资控制的目标。限额设计纵向控制实施过程一般如图 8-4 所示。

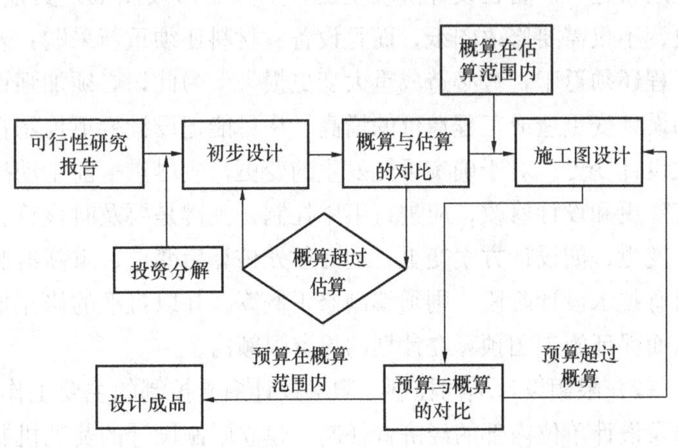

图 8-4 限额设计纵向控制实施过程

B 设计过程各阶段限额设计的控制工作内容如下：

a 方案设计阶段的工作内容——工程量控制是实行限额设计的主要途径，工程量的大小直接影响工程造价，但是工程量的控制应以设计方案的优选优化为手段。在进入设计阶段以后，业主方的设计管理组织应以投资限额为投资控制目标，将投资目标及其分配的限额在方案设计招标或竞赛文件中列出，并向设计方进行说明或解释，使其明确限额设计的基本要求，理解建设项目构成各工程和设计专业的投资费用分配，从而在方案设计时能注重项目的经济性要求，严格按照方案设计投资限额设计，合理选定经济指标。在设计方案评审比选时，通过多方案的经济性和设计估算分析，权衡利弊，优选设计方案，并作为优化设计方案的内容之一。如果设计方案的投资费用突破投资限额，则需要对相应专业或建设项目相应的工程组成部分或内容进行调整和优化。

b　初步设计阶段的工作内容——在初步设计阶段，设计方应严格按照限额设计所分配的投资限额，依照批准确定的设计方案开展初步设计的工作。在设计过程中，业主方要跟踪各专业设计部门的设计工作，与各专业的设计人员密切配合，对设计关键环节、主要工程、工艺流程、重要设备等及其相应各种费用指标进行分析和比较，研究实现投资额的可行方案。随着初步设计工作的进展，经常分析和计算各专业设计和各工程组成部分设计形成的可能的投资费用，并定期或不定期地将可能的投资费用与确定的投资限额进行比较，发现偏差，及时采取措施纠偏。若两者出现较大差异，需要研究调整办法和措施。

设计概算在投资管理中具有重要作用，居于显要地位。初步设计文件形成以后，业主方要仔细审核设计方编制的设计概算，分析比较设计概算与投资估算的关系，分析比较设计概算中各专业工程费用与投资限额的关系，发现和解决问题，必要时及时调整，按投资限额和设计概算对初步设计的各个专业设计文件做出确认。经审核批准后的设计概算，便是施工图设计阶段控制投资的目标。

c　施工图设计阶段的工作内容——施工图设计文件是设计的最终成果，施工图设计必须严格按初步设计确定的原则、范围、内容和投资限额进行设计。在施工图设计前，应在各专业设计的任务书中附上设定的投资限额和批准的设计概算文件，供设计人员设计中使用；在施工图设计过程中，应实施动态跟踪设计投资限额的执行情况，发现偏差，及时采取措施纠偏；施工图设计的设计文件形成以后，业主方应审核施工图预算文件，分析比较施工图预算中各专业工程费用与投资限额的关系，对照设计概算，核算结果并及时与设计方沟通协调，进行纠偏或调整无误后，按施工图预算对施工图设计文件做出最后确认，使施工图预算在设计概算的限额内，实现限额设计确定的投资限额目标。

d　加强对设计变更的管理——设计变更应以时间上尽量提前为上策，变更发生越早，损失越小，反之就越大。若在设计阶段变更，则只需修改图纸，其他费用尚未发生，损失有限；若在采购阶段变更，不仅需要修改图纸，而且设备、材料还须重新采购；若在施工阶段变更，除上述费用外，已施工的工程还须返工，势必造成重大变更损失。为此，必须加强设计变更管理和建立相应的制度，防止不合理的设计变更造成工程造价的增高，尽可能把设计变更控制在设计阶段初期，尤其是对影响工程造价的重大设计变更。对于确实可能发生的变更，应尽量事前主动控制，避免或减小可能的损失；对于正常的局部变更和设计修改，应进行事中控制，关键是要及时核算和调整；对于涉及影响建设项目投资的重大设计变更，如设计方案变更，则必须先核算后变更，重新编制或修改初步设计文件和设计概算，如建设项目有技术设计阶段，则须编制修正概算，并以批准的修正概算作为施工图设计阶段投资控制的目标值；从而保证施工图预算在计划的投资限额内。

2）限额设计横向控制。限额设计横向控制的主要工作就是促进、健全和加强设计单位对建设单位以及设计单位内部的经济责任制。建立限额设计的奖惩机制，实施各专业投资分配考核办法，以明确设计单位内部各专业有关人员对限额设计所负的责任和权利，使之加强专业间的配合，认真研究优化设计，进行技术经济比较，在保证设计质量的前提下实现限额设计的有效执行。

A　以控制投资为核心，以控制工程量为主要内容：在整个设计过程中，应努力增强设计人员的工程经济性、限额设计意识和责任性，设计管理和投资管理部门在设计过程中应及时中间跟踪检查，了解、掌握各专业的限额设计执行情况并及时调整限额设计控制数，控制主要工程量并进行投资核算，为设计人员提供有关信息和合理建议，以达到动态控制投资的目的。设计方必须与业主方的设计投资管理人员密切配合，进行多方案比较和优化设计，把技术设计与概预算形成有机的整体，克服相互脱节现象，做到技术与经济的统一。设计人员在设计过程中，务必时刻秉持“笔下缠万金”的理念和责任感，各自检查本专业的工程费用，改变设计过程不算账、设计完了见分晓的盲目状态，变“画了算”为“算着画”，切实做到按给定的投资限额进行科学的精心设计。

B 建立实施限额设计奖惩约束机制。在现行的管理体制下，设计单位主要负技术责任，基本不负经济责任，缺乏限额设计的严格规定。目前我国很多设计收费是按投资的百分比计算，造价越高，设计单位的设计费收入也越多，这显然不利于设计者主动去考虑投资的节约。因此，在设计阶段限额设计控制工作中，建设单位对设计单位要实行节约投资的奖励措施与盲目设计导致投资超支的处罚办法。首先应在设计合同的条款中明确设计方必须根据建设单位下达的投资限额进行设计，若因设计方的责任突破投资限额，设计必须修改、返工，并应承担由此带来的损失。鼓励通过精心优化设计，节省工程投资，并根据节约投资额度的大小对设计单位实行奖励。

C 注重新技术、新设备、新工艺、新材料应用的技术经济分析。由于科学技术的不断进步，在工程建设领域，新技术、新工艺和新材料也不断涌现，这对我国建筑业技术进步起到了强大的推动作用。但应注意对某些建筑新技术、新工艺、新材料的应用，也可能因为其本身的成熟度和风险，以及由于项目所在地、实施企业的原因带来消极的影响。因此，对新技术、新工艺和新材料应用方案的技术经济分析就显得尤其重要，要把握新技术、新工艺和新材料应用方案选择的原则，熟悉新技术、新工艺和新材料应用方案的技术经济分析方法。促使设计方要注重采用经鉴定在有效期内的新技术、新设备、新材料和新工艺，使设计真正做到技术可行、经济合理、节省工程投资和节约资源显著。如优化的建筑平面布置、功能空间组合，新结构型式、新墙体材料，先进的建筑节能和建筑智能化技术等。

3）设计单位限额设计的基本程序

A 将项目控制估算按照项目工作分解结构，对各专业的设计工程量和工程费用进行分解，编制“限额设计投资及工程量表”，确定控制基准。

B 设计专业负责人根据各专业特点编制“各设计专业投资核算点表”，确定各设计专业投资控制点的计划完成时间。

C 设计人员根据控制基准开展限额设计。在设计过程中，设计投资控制工程师应对各专业投资核算点进行跟踪核算，比较实际设计工程量与限额设计工程量、实际设计费用与限额设计费用的偏差，并分析偏差原因。如实际设计工程量超过限额设计的工程量，应尽量通过优化设计加以解决；如确要超过，设计专业负责人需编制详细的限额设计工程量变更报告，说明原因，设计投资控制工程师估算发生的费用并由设计投资控制经理审核确认。

D 编写限额设计费用分析报告

4 价值工程的应用

（1）价值工程的概念

价值工程是指通过有组织的创造性系统分析活动，旨在寻求用最低的生命周期费用（成本），可靠地实现使用者所需功能，以获得所研究对象最佳综合效益的一种思想方法和管理技术。

价值工程是运用智慧的有组织的活动，价值工程是一种把功能与成本、技术与经济结合起来进行技术经济评价的方法。它不仅广泛应用于产品设计和开发，而且适用于工程建设项目。

价值工程中所述的“价值”也是一个相对的概念，是指作为研究对象所具有的功能与获得该功能的全部费用的比值。它既不是研究对象的使用价值，也不是研究对象的交换价值，而是研究对象的比较价值，简单而言，即通常所说的“性价比”，是作为评价事物有效程度的一种衡量方法。价值工程表达式为：

$$V = F/C$$

式中 V——价值系数；

F——研究对象的功能；

C——费用（生命周期成本）。

对建筑产品而言，上述公式中的“功能”，应该是广义的“功能”，即是包括诸多数量和质量指标的建筑产品“品质”的全部内涵，也就是包括使用、技术、经济、社会和文化艺术等多方面效能及其产生的综合效益。费用，即为实现研究对象功能所耗费的全部费用（成本）。

（2）建筑领域应用价值工程的意义

价值工程以提高价值为目标，以功能分析为核心，以集体智慧为依托，以创造精神为支柱，以系统观点为指针，以建设单位要求为重点，实现技术分析与经济分析的结合。建筑产品生产周期长且错综复杂，其生产过程是通过不断变换的人力资源将物质有机地凝聚成产品，而最终产品则是需要符合一系列功能和安全可靠的统一体，所以建筑产品的生产是一个“多维”系统工程。建筑产品更新换代的最终价值体现在经济效益和社会效益中，价值工程基本原理深刻地反映出产品价值与产品功能和实现此功能所耗成本之间的关系，价值功能是研究寻求产品功能与成本的最佳匹配。大量的项目工程设计实践已在应用价值工程中大获其利：价值工程既保证了项目功能，又降低了项目投资，使项目取得了显著的投资效益。因此，在建筑领域应用价值工程，对增加建筑产品的科技含量和价值均具有深远的意义。

（3）价值工程应用的重点是在项目分析决策阶段和设计阶段

尽管在产品形成的各个阶段都可以应用价值工程提高产品的价值，但在不同的阶段进行价值工程活动，其经济效果的提高幅度却是大不相同的，一旦设计图纸已完成，产品的价值就基本决定了，因此，建设项目应用价值工程的重点是在项目分析决策阶段和设计阶段。

（4）在设计阶段价值工程作用主要体现在提高价值的基本途径

1）既提高工程的功能，又降低工程的造价，这是提高价值最为理想的途径。

2）在保证工程功能不变的情况下降低工程的造价。

3）在造价不变的情况下提高工程功能。

4）在工程功能略有下降的情况下使工程造价大幅度降低。

5）在工程造价略有上升的情况下使工程功能大幅度提高。

（5）运用价值工程应当注意的是：价值工程所强调的提高价值的目标是在一定资金条件下，项目系统功能水平的最佳状态，以满足投资方的综合效益为最优价值，并非单纯地追求投资越小越好或功能水平越高越好。因此，必须把握功能与费用之间对立统一的辩证关系，全面系统地进行目标分析，科学运用价值工程方法，寻求项目建设过程中合理投资，这样才无悖于投资方的整体目标要求。

（6）运用价值工程选择和优化设计方案

设计方案的选择和优化是工程设计乃至项目建设的决定性环节，也是投资控制的关键。运用价值工程进行设计方案的选择和优化是控制投资的最有效途径。即在设计方案阶段，通过技术分析和经济分析相结合，建立一种项目工程的必要功能和项目投资的良性协调控制机制，通过有组织的设计活动，着重对项目设计方案进行功能、投资和运营成本的分析，使之以较低的总投资和总运营本，可靠地实现项目产品的必要功能，从而提高项目设计产品的价值；通过严密的分析，从功能和投资两个角度综合考虑，根据不同工程的实际情况和类似工程的参考资料，确定功能及投资的单项及综合评价系数，根据评价系数的高低，对设计方案进行改进优化，以期获得价值系数最大的设计方案。

5 执行设计标准和推广标准设计

（1）执行设计标准。标准是以科学、技术和实践经验的综合成果为基础制定出来的，具有前瞻性、科学性和严谨性。工程建设标准作为在工程建设领域内对建设活动或其结果制定的共同的和重复使用的规则、导则或特性的文件，对于工程建设有十分重大意义。实行工程建设标准化是为在工程建设领域内获得最佳秩序。设计标准化，是工程建设标准化的重要组成部分。

建筑工程设计标准作为设计共同遵守的准则和依据，是设计输入文件的重要组成部分，执行设计标准是设计必须遵循的原则。优秀成功的设计都离不开执行和正确使用设计规范、规程等标准。正确地使标准有利于规范设计活动行为，控制项目工程建设规模、内容和建设标准，保证工程的安全和预期的质量要求；有利于减少设计工作量、提高设计效率；有利于推广先进设计理念和采用先进技术，为控制、降低投资提供方法和依据，为发挥投资效益发挥巨大作用。有的设计规范虽不直接降低项目投资，但能降低建筑物生命周期费用；或虽可能使项目投资增加，但对于生命财产安全，环境保护，增加社会效益却有不可缺少的保障作用。从宏观上讲，所有的规范和规程的制定无一不与投资有关，这些设计标准都直接或间接对降低造价起着应有的作用。

(2) 推广标准设计。推广标准设计是建筑标准化的主要内容。建筑标准化要求建立完善的标准化体系，从而实现产品的通用化、系列化。标准设计是指经批准的，在一定时期内采用具有共性条件，适用范围比较广泛、技术上成熟、经济上合理的、可以互换代替的通用系列产品的技术设计文件，包括建筑物单元和建筑构配件、节点构造和结构工程、材料、技术设备以及建筑物各部位的统一参数等设计图纸或规则。对于通用体系成熟的设计产品，具有产品标准的作用，可供设计人员直接选用、重复使用。

推广标准设计是建筑标准化的重要标志和实施先导。直接采用批量工业化生产的标准化构配件，不但促使成本大幅降低，还使施工准备和定制预制构件等工作提前，大大加快了施工速度；既有利于保证工程质量，又能降低建筑安装工程费用和运行维修费用。

因此，推行标准设计有利于减少重复劳动，节约设计投入，提高设计效率，缩短设计周期，有利于实行设计标准化、建筑构配件生产工厂化、装配化和施工机械化。更有利于节约资源，较大幅度降低投资，为建设项目提高投资效益提供了良好的条件。

8.2.5 设计阶段投资控制的任务

1 设计阶段投资控制概述

项目可行性研究阶段的投资估算，是建设项目投资决策阶段确定拟建项目所需投资数量的费用估算文件。也是正确分析评价建设项目投资合理性，投资经济效益和决策的重要依据。当可行性研究报告被批准之后，其投资估算额就作为建设项目投资的最高限额，不得随意突破。由此成为拟建项目实施阶段投资控制的目标。在建设项目设计阶段作为指导和控制设计的尺度或标准。

建设项目的设计阶段是投资控制的重点阶段，其投资控制的主要任务是根据批准的项目前期文件，按项目的定位和项目定义，总体构思和要求，在对拟建项目建设全过程的经济分析和投资定义基础上，以获批准的拟建项目投资估算为直接依据，展开设计阶段的投资控制工作。对工程项目的建设而言，预计的资金投放量主要取决于项目规划和设计的结果。

2 设计过程投资控制的任务与流程

(1) 设计过程投资控制的任务

设计过程投资控制的主要任务是在项目工程设计过程中实施投资控制。即以项目目标为纲，遵循建筑产品的特殊性、工程建设过程的综合复杂性和建设项目投资的多次计价等特点和规律，编制投资控制规划，在项目设计的全过程中，注重项目的经济性，以动态控制原理为指导，跟踪监控和审查对应的投资控制文件；采用各种科学方法和积极有效的措施，纠正投资偏差，控制设计过程各阶段所形成的项目投资费用。使设计在确保质量的前提下，将设计阶段形成的项目投资数值控制在设计投资计划值（设计限额）之内。在项目设计过程中，各设计阶段均有相对而言的投资控制目标，不同阶段投资控制的工作内容与侧重点各不相同。

(2) 设计过程投资控制的流程

1) 在设计准备阶段，基于项目可行性研究报告批复文件及其批准的项目投资估算，编制项目投资规划，对项目投资目标分析、论证，确定投资目标，并进行切块分解和编码。

2) 在方案设计招标或竞赛文件中提出方案设计限额，审核方案设计估算，基于价值工程方法采用优化方案对设计估算作出必要调整。

3）在初步设计阶段，推行“限额设计”，严格控制项目投资计划值，重点审核设计概算，对设计概算作出评价报告和建议，必要时作出调整，如有技术设计，编制修正概算，送审报批。

4）根据批准的设计概算和项目进度表，编制设计阶段资金使用计划，并控制其执行，必要时及时作出调整。

5）在施工图设计管理中，以初步设计概算为计划值，控制施工图预算，使其不超过设计概算，并在充分满足项目设计质量的条件下，进一步节约投资潜力。

6）在全过程设计中，进行投资计划值和实际值的动态跟踪比较，提交各种投资控制报表和报告；若发现设计可能突破投资目标的偏差，则及时分析原因，采取各种措施办法，纠正偏差。

7）在施工、材料设备采购等环节，关注建筑市场价格变化，作必要的调查分析和技术经济比较论证；严格设计变更管理，注意检查变更设计对项目建筑功能、结构、设备和形象的利弊影响，同时充分考量其经济性。

8）在项目结算、竣工决算等控制中，正确计算，严谨对待项目收尾管理工作。有始有终地完成投资控制任务，实现设计投资控制目标。

3　设计准备阶段投资控制的任务

在项目建设进入设计阶段，设计管理首先着手于项目设计的准备工作。投资控制主要任务是按项目的定位、项目功能定义和投资定义、总体构思和要求进一步对项目的建设环境以及各种技术、经济和社会因素进行调查、分析、研究、计算和论证，编制投资规划，深化投资估算，进行投资目标的分析、论证和分解，以作为建设项目实施阶段投资控制的重要依据，为设计的展开和设计过程的投资控制奠定坚实基础。此阶段的投资控制主要任务如下：

（1）进一步分析研究建设项目的定位、项目功能定义和投资定义。

（2）充分了解并掌握有关项目的各种技术、经济和社会因素，包括城乡规划、环境保护等对项目设计的要求；交通、水、电、气、通信等础设施状况等外部条件和建设场地客观环境情况，以及内部各种源资条件。

（3）分析总投资目标实现的风险，编制投资风险管理的初步方案。

（4）编制投资规划工作，着重做好投资目标的分析、论证和分解、编码工作。

（5）与投资控制部专业人员密切合作，编写设计要求文件、设计方案招标（竞赛）文件有关投资控制的内容。

（6）对某些专业或专项设计单独编制项目计划书及设计任务书有关投资控制的内容。如智能化专项、幕墙专项、空间结构专项、特殊装饰、基坑围护专项等。

（7）按项目投资规划确定的投资费用分配，结合项目质量和进度要求，确定项目方案设计限额。

（8）辨识设计阶段资金使用计划，并控制其执行。

（9）参与论证项目经济利益相关者的不同要求和可能影响设计的其他客观因素等。

（10）编制各种投资控制报表和报告。

4　方案设计阶段投资控制的任务

方案设计是建筑工程设计全过程的最初阶段。如上所述，方案设计的优劣对投资数额产生的变化很大，调节投资的余地也最大。方案设计阶段的投资计划目标一旦偏离，会造成项目后续各阶段的实施工作系统性失控。

在方案设计阶段，投资控制主要是在优选和优化设计方案中实施。此阶段投资控制的主要任务如下：

（1）以建设单位评标专家参与设计方案评标（或设计方案竞赛评审），对投标设计方案的技术经济分析和设计估算作出评议和定量评价。

（2）编制设计方案优化要求文件中有关投资控制的内容。

(3) 根据方案设计文件和估算书，对估算的依据、参数、过程和结论进行分析和审核。

(4) 对设计单位方案优化提出技术经济和投资评价建议。

(5) 采用价值工程等方法对设计方案优化提出建议。

(6) 根据优化设计方案，编制项目总投资修正估算。

(7) 编制设计方案优化阶段资金使用计划并控制其执行。

(8) 比较修正投资估算与投资估算，编制各种投资控制报表和报告。

(9) 编制初步设计要求文件中有关投资控制的内容。

(10) 根据项目总投资修正估算确定初步设计的设计限额。

5 初步设计阶段投资控制的任务

初步设计阶段较为集中地明确了建设项目的建设内容、标准和各专业设计要素，是设计要素基本形成的关键性阶段。在初步设计阶段需要明确建设项目规定期限内进行建设的技术可行性和经济合理性，设定主要技术方案、主要技术经济指标和编制初步设计总概算。初步设计对投资数额产生的变化和调节投资的余地很大。初步设计阶段投资控制的主要任务如下：

(1) 审核、评价扩初设计文件中有关技术经济分析的内容。

(2) 审核项目设计概算，提出评价建议。

(3) 比较设计概算与修正投资估算，并控制在总投资计划范围内。

(4) 采用价值工程方法，寻求节约投资的可能性。

(5) 编制本阶段资金使用计划并控制其执行。

(6) 编制本阶段投资控制报表和报告。

(7) 若项目需有技术设计阶段，则其相应任务为：

技术设计作为各专业技术的协调定案阶段，较之初步设计阶段，需要更详细的技术经济计算，加以补充修正初步设计文件。技术设计应能够确定建设项目建设材料设备采购清单。在这一阶段，要求根据技术设计文件及概算定额编制技术设计修正总概算。

(8) 根据批准的投资总概算（或技术设计修正总概算），修正总投资规划，提出施工图设计的投资控制目标。

6 施工图设计阶段投资控制的任务

(1) 施工图设计是初步设计的细化与优化。施工图设计阶段的投资控制重点是监控施工图设计按照初步设计进行，强化建设项目的经济性，严格控制设计限额，施工图预算比较设计概算并及时纠偏，必要时对施工图设计进行修改或调整，以使施工图预算控制在设计概算的范围以内。

(2) 在施工图设计阶段后续的施工阶段，还要承担施工招标与合同以及设计技术交底等环节中有关投资控制的任务。

1) 编制施工图设计要求文件中有关投资控制的内容。

2) 根据批准的设计总概算，确定施工图设计的设计限额。

3) 编制施工图设计阶段资金使用计划并控制其执行，必要时对上述计划提出调整建议。

4) 跟踪检查施工图设计，对设计各要素结合施工、材料、设备等方面作必要的市场调查和技术经济论证，并提出咨询报告，如发现设计可能会突破设计限额，则配合设计人员协同解决。

5) 控制设计变更，注意审核设计变更的结构安全性、经济性等。

6) 审核施工图预算，比较设计概算，提出纠偏或调整建议和投资控制报表和报告。

7) 审核各种特殊专业设计的预算，比较设计概算，提交投资控制报表和报告。

8) 采用价值工程等方法，在充分考虑满足项目功能的条件下进一步寻求节约投资的可能性，如有必要调整总投资计划。

9) 审核和处理设计过程中出现的索赔和与资金有关的事宜。

10）编制本阶段投资控制报表和报告。

11）编制施工图设计阶段投资控制总结报告。

8.2.6 设计投资控制的纠偏措施

1 设计投资控制的纠偏措施概述

在设计投资目标动态控制过程中，当投资计划值与实际值比较出现偏差，需要对偏差出现的原因进行分析，这是项目投资控制工作的核心，然后根据偏差分析的结果，采取适当的纠偏措施，这是实现建设项目投资目标最具实质性的工作。纠偏的措施包括组织措施、管理（合同）措施、经济措施、技术措施。对于业主方，在项目的不同阶段，有不同的纠偏措施。

2 设计准备阶段投资控制纠偏措施

（1）组织措施

1）选用合适的项目投资控制管理和设计管理组织结构。

2）明确投资控制管理职能分工和人员的职责、任务，检查落实情况。

3）检查设计方案竞赛、设计招标的组织准备情况。

（2）管理（合同）措施

1）分析比较各种承发包方式与投资控制的关系，采取合适的承发包方式。

2）引入竞争机制，大力推行工程设计招标，优选设计单位。

3）从投资控制角度考虑项目的合同结构，选择合适的合同结构。

4）策划拟定有关项目设计投资控制条款，参于设计合同谈判。

5）采用限额设计，明确项目及各设计阶段、专业、组成的各工程的限额设计目标。

6）在合同中设立设计投资控制奖罚条款，调动设计方的积极性和责任性，能动地影响设计的经济性和对限额设计的执行力。

（3）经济措施

1）对影响设计阶段投资目标实现的风险进行分析，并采取风险管理措施。

2）收集与控制投资有关的数据（包括类似项目的数据、市场信息等）。

3）保证设计要求文件中有关技术经济和投资控制内容建立在物质资源和外部建设条件的可靠基础上。

4）编制设计准备阶段详细的费用支出计划，并控制其执行。

（4）技术措施

1）对项目可行性报告、规划条件和各专业批复意见等项目前期文件进行充分的研究、分析，对可能的主要技术方案进行初步技术经济比较论证。

2）对设计要求文件中的技术要素和技术数据进行技术经济分析或审核。设计要求文件有关技术经济和投资控制内容应符合政府相关主管部门对拟建项目的批复意见，以免给项目的后续各阶段的实施工作带来系统性失控。

3）收集和识别有关工程计量计价依据资料和编制、审核工程造价文件的工具书册等。

3 设计过程投资控制纠偏措施

（1）组织措施

1）落实进行设计投资控制跟踪的人员、具体任务及管理职能分工，包括设计挖潜、设计审核；概、预算审核；计划值与实际值比较；付款复核（设计费复核）及投资控制报表数据处理等。

2）聘请专家作技术经济比较、设计挖潜。

（2）管理（合同）措施

1）向设计单位说明在给定的投资限范围内进行设计的要求。2）以合同措施鼓励设计单位在广泛调研和科学论证基础上优化设计。3）严格控制合同变更，加强索赔管理，公正地处理索赔等。

(3) 经济措施

1) 对设计的进展进行投资跟踪，进行设计费用进度综合检测和趋势预测，分析偏差原因，提出纠正措施，进行有效控制。

2) 促进设计的设备材料数量统计并及时提出请购文件，明确设备材料等级、规格和技术要求。

3) 编制设计阶段详细的费用计划，提出实施方案，确定费用控制措施与方法，严格控制投资费用支出。

4) 定期提供投资控制报表，以反映投资计划值和投资实际值的比较结果、投资计划值和已发生的资金支出值（实际值）的比较结果。

5) 对设计方实施投资控制限额设计奖罚约束措施。奖励技术与经济统一意识强，以技术创新节约工程投资的设计单位和设计人员；约束无视设计经济性要求，设计超过限额者。

(4) 技术措施

1) 进行设计多方案技术经济比较，寻求设计挖潜、节约投资的可能。

2) 通过评审和优化设计方案实现对项目费用的有效控制。

3) 严格控制设计变更，并评价其对费用和进度的影响。对投资有较大影响的设计变更必须通过论证程序。

4) 必要时组织富有经验的既懂技术、又懂经济的专家进行论证，并做出科学分析决策。

8.2.7 建筑的经济性与项目设计投资效益

1 建筑的经济性概述

(1) 建筑的经济性的概念

建筑经济性是建筑的基本属性之一。建筑的经济性是指建筑产品的经济内涵和以工程造价和资源消耗量为体现的特性。建筑是否经济合理成为衡量建筑性能评价的一个重要内容。建设资金投入是达到建筑目的主要条件之一，只有在一定的建设资金条件保证下，建筑的物质和社会功能要求才有充分实现的可能。反之，建筑工程建设运作过程及其技术方法与措施直接影响着投资（工程造价）和资源消耗。

(2) 建筑的经济性的含义指向

建筑的经济性的含义指向不仅是建设投资，更要将有限的社会资源综合高效地加以利用。即对建筑经济性的认识不能局限于建设投资费用的最小化，而忽视使用过程中能源、资源的消耗费用，以避免陷入建设低投入和使用高能耗、低效率的非良性循环。因此，建筑经济性的基本要求一般可归纳为：全面地分析建筑消耗、合理平衡项目建设一次性投资和使用消费成本，把技术先进性与经济可行性结合，从客观现实经济条件出发，优选技术方案和参数，有机协调建筑诸要素，从而提高项目建设综合效益。

2 建筑物经济学简介

(1) 概念和基本任务

建筑物经济学是指从建筑物的角度研究建筑物的经济技术和经济活动规律的科学，侧重于方法研究。建筑物经济学的基本任务是揭示建筑经济活动（决策管理，策划、设计、施工、运行技术，材料、设备、设施使用及其维护等）的内在联系及其运行规律，阐明经济规律（价值规律、供求规律等）在其中的作用与特点。对工程项目和各种新技术、新产品进行科学的技术经济论证分析，促进技术进步，达到有效地利用技术资源、资金和人力，从而获得最佳经济效益，促进经济增长的效果。

(2) 研究对象和应用性特点

建筑物经济学的研究对象就是建筑三要素，即建筑功能、物质技术条件和建筑形象。建筑物经济学的应用性特点：研究过程必须综合我国国情和各地区、各个建筑的特点，以保证研究结果的正确性，并加以实施；研究的主要任务是对技术路线作出评价，因此在经济科学中，它属于实用经济学；研究的问题和进行分析论证的大量数据、信息和各种资料来源于工程实践，是科学与实践的结合体，作出的理论判断也都要通过实践的检验。

3　建筑设计经济性原则

(1) 建设标准与当地的经济发展水平和业主的经济实力相适应的原则。建筑实践中对技术体系的恰当选择，首先要与现实的经济条件相结合。客观的设计理念其特征是设计与现实条件相适宜，注重研究经济高效，不能为了“眼球效应”而盲目追求“标新立异”、“追随国际时尚潮流”。

(2) 建设资金投入的经济回报和对社会资源的利用效率统一的原则。良好的经济回报是建筑发展得以不断延续的必要条件；而社会资源的优化和高效利用则是建筑真正走向可持续发展的必要条件。两者内涵是相辅相成的。

(3) 贯彻节约资源（节地、节能、节水、节材）和环保、减排、可持续发展的基本国策；遵循安全、适用、经济、美观的设计方针；项目投资建设符合城乡规划和建设行政管理要求的原则。

(4) 技术先进性与经济可行性有机结合的原则。在当代建筑创作中，既要消除低造价、低效益的传统发展思路影响，又要杜绝不顾经济条件片面追求高技术的做法，将技术的先进性与经济的可行性相结合，走适宜性技术的发展道路。

(5) 设计的经济性是提高项目投资效益的有效途径和原则。对项目投资的影响以工程设计为最。研究分析设计对项目经济性和投资的影响因素，寻求建筑工程设计经济效果的途径，科学运用技术经济评价和优化设计，对于高效利用和节约有限资源，提高建筑的经济性，合理降低项目投资起着极其重要的作用。因此，设计的经济性是提高项目投资效益的有效途径，也是项目投资控制的经济和技术措施之一。

4　设计的经济性是提高项目投资效益的有效途径

设计过程中的经济性体现出建筑设计是在一定的经济条件下进行的，只有技术上先进可靠，经济上合理可行的建筑产品才能被社会接受。在设计过程中，设计的理念、技术、方法、过程、内容无不涉及工程造价的高低和资源消耗的多少。因此，设计不但决定了最终产品能否得到市场认同，而且肩负着投资控制的重要使命。

据以上阐述，对项目投资的影响以工程设计为最，其中又以方案设计和初步设计为甚。因此，在设计过程中，只有全面地分析和协调平衡建筑诸要素，注重建筑工程设计的经济性，遵循其原理，掌握其方法，把技术经济内涵融入各专业设计之中，才能科学合理高效地利用和节约有限资源、降低项目投资费用，提高设计所产生的投资效益和项目的经济效益。

随着建筑领域科学技术的迅速发展，出现了诸多新的建筑设计理论（绿色建筑、人居环境、生态循环、可持续发展等）、结构形式、建筑材料以及建筑节能减排技术，这些科技因素都对建筑工程经济性带来大而深远的影响。探索和践行与可持续发展相符的设计经济性原则和措施、理论，是保障建筑发展步入集约高效轨道的重要环节。

8.2.8　提高建筑工程设计经济性的途径与评价指标

承上所述，设计方案或初步设计的技术经济评价和优化最为重要。设计方案的选择基于对设计技术经济性的评价，而评价和优化都需要权衡技术与经济双重效益；故以下结合建设项目设计方案的技术经济评价，探究设计对不同专业、不同类型建筑的投资影响因素和提高建筑经济性的途经。

1　场地设计

场地设计是对拟建项目场地中各构成要素进行协调配置并优化的设计活动。对于不同建筑工程类型及其规模，场地设计又可称建筑规划设计、总体设计。

建设项目本身是个大系统，场地设计要综合各相互联系相互制约的子系统构成有机整体。因此，必须以系统分析的思维能力，从总体出发，深入研究分析场地中的各要素，通过设计形成一个有机整体，并发挥效用，使场地的利用达到最佳状态，获得包括投资效益在内的最佳综合效益。场地设计经济性的途经和评价指标如下：

(1) 注重控制用地面积

我国土地资源紧缺，城市化的推进和城乡建设发展与土地资源总体供求矛盾突出，建设用地的使用成本很高，为此，应贯彻节约用地基本国策，通过控制项目用地面积，降低土地使用成本。

1）土地利用的集约化。项目建设应十分珍惜土地，节约用地，尽量少占用农田耕地。

2）在满足建设项目基本功能布局等的基础上，以全过程投资管理的理念，综合考虑项目工程造价和未来运营成本。

3）根据场地具体情况，分析用地面积指标与用地形状对场地使用和建设项目功能布置的影响。

4）注意立体开发用地空间，发掘城市地上及地下空间的利用效益。

5）分期建设时，必须综合分析，正确处理近期和远期的关系，近期集中布置，远期预留发展，分期征用，以保证建设项目使用、技术、经济上的合理性。

(2) 适宜和合理利用建设场地的条件

建设场地的条件包括自然条件和环境条件。包括地形、地貌、工程地质、水文、气象、周围建筑、交通情况及空间特征等。

建设场地现场条件是制约设计和影响利用的双重因素。现场条件对平面总体布局、建筑物布置、建筑层数、室外标高、基础形式、基础埋深、结构选型、设备管线排放、道路走向布置、土石方工程量、景观布局、整体艺术形象等均会产生影响。因此，要通过下列途径，达到减小工程结构投入、减小工程量、降低建筑能耗，增强工程安全、加快建设进度，便捷交通、节约运输成本的目的，从而降低建设项目工程造价、节省建设投资。

1）设计师法自然。场地设计应崇尚自然，设立与自然环境条件相统一的设计思路，在对自然环境因素进行全面分析和适宜性评价的基础上，采取与自然环境条件相统一的设计原则，适应并与自然环境相协调。

2）保护自然生态环境。设计应保持自然植被、自然水域、水系、自然景观；杜绝对矿藏、森林、生物、土壤、地上及地下水等各种自然资源的浪费。

3）充分、合理利用场地。根据国家对不同类别用地所制定的用地标准技术经济指标，结合当地的自然与地理环境特征，充分利用其有利自然资源条件，精心使用场地面积，提高土地利用合理性。

4）克服制约条件。根据场地的具体特点，寻求克服制约条件的工程措施和方法，或创新挖潜，采用行之有效的技术措施改造土地，化弊为利，使设计方案获得事半功倍的效果。如因地制宜地进行竖向规划，保持场地排水通畅，避免大挖大填，最大限度地减少土石方量和节约用地。

(3) 合理的功能分区

在场地设计中，建筑功能分区应按照不同建筑类型和功能要求，进行合理布局。工业建筑以生产工艺流程要求构成平面功能分区布局；民用建筑以图解的方式分析建设项目各组成部分之间的关系。

合理的功能分区设计其经济性意义在于使场地总体布局紧凑而不失空间环境质量，并与社会人文环境要素相融合，力求新意有特色，从而有效提高土地使用率、投资经济效益和社会与环境效益。

1）结合用地自然地形、周围环境、地域文脉、建筑环境，因地制宜地对建筑群体、竖向、道路、环境景观、管线设计进行综合考虑，统筹兼顾。

2）将性质相近的使用功能集中，以适应不同的场地。

3）从场地环境条件中，恰当地布置建筑或建筑群体的组合，即可以使建筑物相互联系、相互制约，充分发挥其作用。

4）从场地现有设施中，因势利导并经济合理地选定道路系统和确定地下管线位置，以达到合理的交通组织和管网布置。

5）合理组织公用场地和绿化布置，充分利用地下功能空间。

2　建筑设计

建筑作品的创作过程就是其价值基本形成的过程。在建设项目工程设计中，建筑设计是建设项目工程设计的先行步骤，对结构、设备等专业设计起主导作用，尤以建筑设计为主的方案设计最为显著。因而建筑设计应最大限度地实现效用最大化与投资最小化，从而满足建设项目投资目标的要求。

注重经济性的建筑设计包含广泛的内容，达到建筑设计经济性的途径如下：

(1) 注重优化设计中技术与经济双重效益的全面投资控制

选择和优化建筑方案时，应以价值工程的原理来进行设计方案分析，要以提高价值为目标，以功能分析为核心，以系统观念为指针，以总体效益为出发点，从而选择确定既能满足建设项目功能要求和使用要求，又可节约投资，经济合理的设计方案。

优化设计中应始终追求技术与经济双重目标。既要反对片面强调节约，忽视技术上的合理要求，导致项目达不到使用功能的倾向，又要反对重技术，轻经济、设计保守浪费的现象。在运用相对指标分析问题时，需要秉持全局的视野，防止片面追求过低的各项指标和造价，否则，非但不能带来真正的经济效果，还会致使建筑质量低下，这才是最大的不经济。

(2) 树立和运用建筑集成设计管理的思想，实践集成设计

集成设计是将可持续设计战略与设计对象的建设标准集成，实现集成设计的关键如下：

1) 要根据建设项目设计依据，通过各方专家对关键问题的集中研究，在设计早期决定关键问题，有针对性的提高技术经济效果。

2) 辩证统一建筑的各要素，并与结构、设备等专业设计工种配合。

3) 加强设计与建筑经济的密切协调，深入分析各建筑设计参数与造价的关系，多方面诠释“少费多用”原则，从而以较小成本实现较高性能并获得成倍效益的目的。

(3) 严格按照建筑节能标准进行建筑节能设计

1) 建筑节能是指在保证建筑使用功能和室内热环境质量的前提下，降低其使用过程中能源消耗的活动。按照建筑节能标准，对建筑物围护结构采取隔热保温措施，选用节能型用能系统、可再生能源利用系统等。

目前，国家对新建公共建筑和居住建筑节能标准目标值为50%，即通过采用增强建筑围护结构隔热保温性能和提高采暖、空调设备能效比的节能措施，在保证相同的室内环境参数条件下，与未采取节能措施前相比，全年采暖、空调的总能耗应减少50%。其中，建筑围护结构分担的节能率约为25%，用能设备分担的节能率约为25%。而从北方到南方，围护结构、空调采暖系统和照明设备之间分担的节能率又各有不同，国家要求通过进一步改进节能技术措施，提高能源利用效率，将建筑使用能耗从目前的50%进一步减少到65%的水平。

2) 在设计阶段，要求新建建筑在组织设计方案评选时，应当将建筑节能要求作为重要内容之一；初步设计文件应设建筑节能设计专篇，施工图设计文件必须符合民用建筑节能强制性标准。施工图设计文件须包括建筑节能热工计算书，大型公共建筑工程方案设计须同时报送有关建筑节能专题报告，明确建筑节能措施及目标等内容。

3) 建筑节能设计要严格执行建筑节能标准，按功能要求合理组合空间造型，充分考虑建筑体形、围护结构对建筑节能的影响，合理确定冷源、热源的形式和设备性能，选用成熟、可靠、先进、适用的节能技术、材料和产品。

4) 建筑热工设计规定性指标：A 外墙平均传热系数（包括非透明幕墙）；B 屋面传热系数；C 底层接触室外空气的架空或外挑楼板传热系数。

(4) 建筑空间组织的经济性途径

1) 合理的功能空间平面布置。建筑功能空间的平面布置必须基于对建筑功能的科学分析。只有深入分析设计对象的功能空间组成及其相互关系，区分主次、功效大小及与室外的联系，合理分区，并综合考虑场地条件，建筑造型，交通组织等因素，反复推敲，才能确定合适的建筑平面空间组合方式，作出科学合理的建筑功能空间平面布置。作为建筑经济性的重要体现，经济性平面布置还应着意以下几个要点：

A 主要功能空间和辅助与流通空间。在建筑功能空间布置时，一是要注重保证主要功能空间，二是要除了强调必要的交通功能和形象外，在满足建筑物使用要求的前提下，尽可能减少辅助与流通空间。其目的在于节约辅助与流通空间在采暖、采光、装饰、清洁等方面的大量能源耗用和费用支出，增加建筑有效面积，减少辅助面积，从而提高平面系数。当然，过小的辅助面积与交通面积，效果会恰如其反，带来负面影响。

B 建筑的单元组合。恰当确定单元组合数量，合理安排建筑的单元组合。单元组合数量可以影响山墙、基础、屋面等部位的造价，适当增加建筑物长度，采用多单元拼接，可降低造价，提高设计的经济效果。

C 平面形状。一般地说，建筑物平面形状简单规则，尺度与比例适当，它的单位面积造价就低；复杂而不规则、比例失调、尺寸无度的平面形状，必将增加建筑物周长和减少有效建筑面积，导致工程量增大，并使各专业工程实施复杂化，伴随而来的则是较高的单位造价。开间和进深是建筑设计的重要平面参数，在层数、层高一定的条件下，它们决定了建筑周长和建筑外墙等构件面积。单元周长系数和建筑周长系数越小，资源消耗就越少，造价就越低，经济效果就越好。适当合理地加大进深可减少建筑周长，即减少相关分部工程量，降低造价。

2）建筑竖向空间的充分利用和合理适当的参数。建筑竖向空间包括层高、层数、室内外高差、地下空间等。在建筑剖面设计时，充分利用建筑竖向空间，精心选择、合理确定竖向空间各参数，合理利用地下空间，可以有效降低工程造价并取得较好的空间经济效益。

A 适当降低层高。在建筑面积不变的情况下，建筑层高对工程造价的影响较为明显。主要在于降低层高会相应减少建筑结构、建筑材料、设备管线、垂直交通设施、装修装饰等的工程量和人力、材料等消耗以及采暖空调等运营能耗，从而减少各项费用，节约投资。由于确定层高涉及的因素较多，过低的层高也有不符合设计原理的可能。因此，在剖面设计时，要在满足房间必需空间要求（如空气容量、通风采光等要求）和空气容量前提下，选择确定适当的层高。层高应当根据房间的最小净高推算，我国一些建筑设计规范对建筑各类房间的最小净高均作出了明确的规定，设计时应遵照执行。

B 正确选择层数。增加建筑层数是提高建筑密度和容积率的有效手段，可以节约建设用地与市政工程投资，减小工程造价。但随着建筑层数的增加，建筑结构、材料和设备的要求也会随之提高，因此，应当对建筑层数和经济性进行认真的比较，作出正确的选择。建筑层数与工程造价的关系，可通过分析，作出建筑层数与工程造价的关系函数曲线图，求出与工程造价合理对应的建筑层数。一般而言，砖混结构的多层建筑5～6层是比较经济的层数；高层建筑和超高层建筑的层数涉及因素多而复杂，需根据项目的各方面情况分析和技术经济论证，慎重选择确定；在工业建筑中，多层厂房比单层厂房经济，但不宜超过4～5层。

C 充分利用地下空间。充分开发利用地下空间已是当今提高建设用地和建筑空间利用水平的有效手段。从建设项目的实际需要出发，更好地利用地下建筑空间，可以获得在一定投资或建筑面积的条件下、增加可利用空间的效果，显然具有良好的综合效益。

(5) 建筑体积与形体

1）有效控制建筑体积。在空间组合时尽量控制建筑体积，也是降低造价的有效途径。在设计实践中，通常采用建筑体积指标来控制建筑体积。在相同的面积控制下，如果对建筑体积未能加以控制，其体积系数可能很大。若对层高选择偏高，则因增大了建筑体积，而造成投资显著地增长。选择适宜的建筑层高和层数，控制必要的建筑体积，才能达到节约投资的目的。

2）建筑形体的经济适应。建筑形体是指建筑的平面和立面，即建筑三维造型。建筑造型设计是将一定的建筑功能空间平面组合和剖面、立面设计成形，并用比例和尺度、色彩和质感等构成表现建筑艺术形象。建筑形体与工程造价的关系是：建筑形体越简单，造价越低；反之越高。不同用途的建筑，在建筑艺术、形体风格上也各有所求，差别显然，因而需根据项目类型、性质、等级、建设规模与标准、城乡规划要求等实际情况做出具体的分析，并应与经济条件和投资额度相适应。

3 民用建筑工程主要技术经济评价指标

(1) 土地、规划和建设部门对建筑工程主要技术经济控制指标

1) 用地面积。用地面积是指可供场地建设使用的土地面积，即由场地四周道路红线所框定的土地总面积，单位为公顷（hm^2）或亩（$1hm^2=15$ 亩 $=10000m^2$）表示。用地面积是计算场地其他控制指标的基础。

2) 建筑面积。一般为建筑物（包括墙体）所形成的楼地面面积（m^2）。建筑面积是衡量建筑规模的一种指标，也是控制建筑设计经济性的一个重要数据。

3) 使用面积。建筑平面中减去交通面积、结构面积等，留下可供使用的面积（m^2）。在居住建筑中交通面积指套外的交通面积，套内使用面积则包括卧室、起居室、过厅、过道、厨房、卫生间、厕所、贮藏室、壁柜和不包含在结构面积内的烟囱、通风道、管道井以及内墙面装修的厚度，而跃层式住宅的户内楼梯则按自然层数的面积总和计算。

4) 使用面积系数。建筑物中使用面积与建筑面积之比，即使用面积/建筑面积（%）。使用面积系数常用在公共建筑与居住建筑设计的经济分析中，这个系数越大越好，说明面积利用率越高，也就越经济。在住宅建筑设计中，住宅标准层使用面积系数=标准层总套内使用面积/标准层总建筑面积（%）。

5) 建筑密度。建筑密度亦称建筑覆盖率。建筑密度是指建筑基地面积之和与总用地面积的百分比（%）。建筑密度表达了场地内土地被建筑占用的比例，即建筑物的密集程度，从而反映了土地的使用效率和场地内开放空间的比例，是场地环境质量指标。

6) 容积率。建筑容积率是指建筑基地内总建筑面积与总占地面积的百分比（%）。容积率与其他指标相配合，作为基地的建筑形态和环境质量控制评价指标。

7) 绿化指标：A 绿化用地面积：建筑基地内专以用作绿化的各类绿地面积之和（m^2）。B 绿化覆盖率：基地内所有乔灌木及多年生草本植物覆盖土地面积（m^2）（重叠部分不重复计）的总和占基地总用地面积的百分比（%），一般不包括屋顶绿化。C 绿地率：建筑基地内，各类绿地面积的总和占总用地面积的百分比（%），所指绿地包括公共绿地、专用绿地、宅旁绿地、防护绿地和道路绿地等，但不包括屋顶、晒台的人工绿地。

8) 建筑高度控制。场地内建筑物高度影响着场地空间形态，反映着土地利用情况。

9) 建筑限高。场地内建筑物最高高度的控制值，为建筑物室外地坪至建筑物顶部最高处之间的高差。

10) 极限高度（层数）。建筑物的最大高度（m），以控制建筑物对空间高度的占用，以保护空中航线的安全及城市天际线控制等，有时，也采用最高层数来控制。

(2) 居住建筑

1) 居住区规划设计。居住区（居住小区）设计的经济评价，主要是评价居住生活环境质量，使用土地和空间的平衡、经济、合理和有效性。居住区的主要综合技术经济指标如下：

A 居住区用地：包括住宅用地、公建用地、道路用地和公共绿地。居住区四项用地之间的比例关系及人均用地水平是反映土地使用的合理性与经济性必要的基本指标。

B 拆建比：拆除的原有建筑总面积与新建的建筑总面积的比值（%）。

C 住宅平均层数：住宅总建筑面积与住宅基底总面积的比值（层）。

D 高层住宅（大于等于10层）比例：高层住宅总建筑面积与住宅总建筑面积的比率（%）。

E 中高层住宅（7～9层）比例：中高层住宅总建筑面积与住宅总建筑面积的比率（%）。

F 人口毛密度：每公顷居住区用地上容纳的规划人口数量（人/hm^2）。

G 人口净密度：每公顷住宅用地上容纳的规划人口数量（人/hm^2）。

H 住宅建筑套密度（毛）：每公顷居住区用地上拥有的住宅建筑套数（套/hm^2）。

J 住宅建筑套密度（净）：每公顷住宅用地上拥有的住宅建筑套数（套/hm^2）。

K 住宅建筑面积毛密度：每公顷居住区用地上拥有的住宅建筑面积（m^2/hm^2）。

L 住宅建筑面积净密度：每公顷住宅用地上拥有的住宅建筑面积（m^2/hm^2）。

M 建筑面积毛密度：也称容积率，是每公顷居住区用地上拥有的各类建筑的建筑面积（m^2/hm^2）或以居住区总建筑面积（万 m^2）与居住区用地（m^2）的比值表示。

N 住宅建筑净密度：住宅建筑基底总面积与住宅用地面积的比率（%）。

P 建筑密度：居住区用地内，各类建筑的基底总面积与居住区用地的比率（%）。

Q 绿地率：居住区用地范围内各类绿地的总和占居住区用地的比率（%）。绿地应包括公共绿地、宅旁绿地、公共服务设施所属绿地和道路绿地（即道路红线内的绿地），其中包括满足当地植树绿化覆土要求、方便居民出入的地下或半地下建筑的屋顶绿地，不应包括屋顶、晒台的人工绿地。

R 停车率：指居住区内居民汽车的停车位数量与居住户数的比率（%）。

S 地面停车率：居民汽车的地面停车位数量与居住户数的比率（%）。

2）住宅建筑设计

A 住宅平面系数：平面指标用以评价平面布置的紧凑性和合理性。a 平面系数 K＝使用面积/建筑面积(%)，即使用面积系数，住宅标准层使用面积系数＝标准层总套内使用面积/标准层总建筑面积(%)；b 平面系数 K_1＝居住面积/有效面积(%)；c 平面系数 K_2＝辅助面积/有效面积(%)；d 平面系数 K_3＝结构面积/建筑面积(%)。以上指标中，有效面积指建筑平面中可供使用的面积，有效面积＝使用面积＋辅助面积；使用面积指有效面积减去交通面积；结构面积指建筑中结构所占的面积，有效面积＋结构面积＝建筑面积。对于民用建筑，应尽量减少结构面积，增加有效面积。B 建筑周长指标：这个指标是墙长与建筑面积之比。居住建筑进深加大，则单元周长缩小，可节约用地，减少墙体积，降低造价。单元周长指标＝单元周长/单元建筑面积(m/m^2)，建筑周长指标＝建筑周长/建筑占地面积(m/m^2)。C 建筑体积指标：该指标是建筑体积与建筑面积之比，是衡量层高的指标。建筑体积包括屋顶及地下室体积。建筑体积指标＝建筑体积/建筑面积(m^3/m^2)。D 户型比：指不同居室数的户数占总户数的比例，是评价户型结构是否合理的指标。E 面积定额指标：a 人均建筑面积＝建筑总面积/居住总人数(m^2/人)，一般应根据国民经济水平制定控制指标；b 人均居住面积＝居住总面积/居住总人数(m^2/人)；c 人均使用面积＝使用总面积/居住总人数(m^2/人)；d 人均有效面积＝有效总面积/居住总人数(m^2/人)；e 户均建筑面积＝建筑总面积/总户数(m^2/户)；f 户均居住面积＝居住总面积/总户数(m^2/户)；g 户均使用面积＝使用总面积/总户数(m^2/户)；h 户均有效面积＝有效总面积/总户数(m^2/户)。F 户均面宽＝建筑物长度/总户数(m/户)。G 人均、户均造价指标：总造价与总人数及总户数之比例。a 人均造价指标＝建筑总造价/居住总人数(元/人)；b 户均造价指标＝建筑总造价/总户数(元/户)。

(3) 公共建筑

除规划要求的建筑工程主要技术经济控制指标外，公共建筑设计技术经济评价指标如下：

1）建筑物用地面积（m^2）。

2）单位面积投资＝总投资/建筑面积（元/m^2）。

3）单位面积能源消耗（kW/m^2）。

4）平面指标：A 平面系数 K＝使用面积/建筑面积(%)；B 有效面积系数＝有效面积/建筑面积(%)；C 使用面积系数＝使用面积/建筑面积(%)；D 结构面积系数＝结构面积/建筑面积(%)。

5）体积指标：A 有效面积的体积系数＝建筑体积/有效面积(%)；B 单位体积的有效面积系数＝有效面积/建筑体积(%)。

6）平均单位指标：A 建筑面积 m^2/人(床、座)；B 使用面积 m^2/人(床、座)；C 有效面积 m^2/人(床、座)。

4 工业建筑工程设计提高经济性的途径与评价指标

由于工业建筑工程设计属于生产性项目设计，与民用建筑工程设计有所不同，其设计过程以工艺设计为先导，即厂房的建筑设计是在工艺设计的基础上进行的，因此对其提高经济性的途径与评价指标作专门阐述。

工业建筑设计是由总平面设计、工艺设计和建筑工程设计三部分组成。由于生产工艺流程复杂，生产环境要求高而多样，特殊构造及技术措施多，更需要各部分设计配合与专业接口。因此，与民用建筑相比，对工业建筑工程设计技术经济分析与评价的内容也有差异。

提高工业建筑设计经济性的途径与评价指标如下：

(1) 总平面设计（总图设计）

1) 总平面设计提高经济性的途径。工业项目总平面设计的目的是在保证生产、满足工艺要求的前提下，根据自然条件、运输要求及城市规划等具体条件，确定建筑物、构筑物、交通运输方式和线路、地上地下技术管线及环境绿化美化设施的配置，并创造符合该项目生产特性的统一建筑整体。

工业建筑项目总平面设计经济性的途径除上述1）项的内容外，还包括下列手段：A 必须满足生产工艺流程的要求；优化产品方案、工艺流程。B 主要厂房和动力、仓库等辅助建筑物以及环保、职业健康等设施合理紧凑布置。C 合理组织厂内外交通运输，选择便捷经济的运输方式和运输线路。D 结合地形地质科学布置生产、生活用管网。

2) 总平面设计技术经济评价指标。除8.2.8节2(1)所列指标外，工业建筑设计技术经济评价指标如下：

A 土地利用系数：土地利用系数是场地内直接使用的土地（指场地内所有建筑物、构筑物、露天设备、露天堆场及露天操作场地、铁路、道路、广场和工程管线用地等）占场地（厂区）总用地面积的百分比（%）。它比建筑密度更能全面反映厂区用地的经济合理性。

B 建筑系数：厂区内所有建筑物、构筑物、露天设备、露天堆场及露天操作场等用地面积与厂区总用地面积的比值（%）。建筑系数与建筑密度概念相似，并侧重于厂区内土地的直接使用经济性的考核评价。

C 绿化系数：绿化面积与厂区占地总面积的比值（%）。

D 单项工业建筑的技术经济指标。单项工业建筑设计的技术经济指标除占地（用地）面积、建筑面积、建筑体积外，还考虑以下指标：a 生产面积、辅助面积与服务面积的比值（%）；b 单位设备用地面积（m^2）；c 平均工人用生产面积（m^2）。

(2) 工艺设计

1) 工艺设计方案的评价、比选和优化。按照建设程序，建设项目的产品方案、工艺设计方案在可行性研究阶段已经确定。设计阶段的任务就是严格按照批准的可行性研究报告的内容进行工艺技术方案设计，确定具体工艺技术和工艺流程及生产技术。

工艺技术方案的评价、比选和优化的主要内容有：技术的先进适用性、安全可靠性、经济合理性、对原料和产品更新适应性、技术来源可得性和对环境的影响性程度，技术转让费或专利费等及其技术经济指标。

2) 工艺设计提高经济性的途径。工艺设计影响工程造价的主要因素包括：建设规模、标准和产品方案；工艺流程和主要设备的选型；主要原材料、燃料供应；"三废"治理及环保措施，此外还包括生产组织及生产过程中的劳动定员情况等。工艺设计提高经济性的途径主要有：

A 选择工艺技术方案时，从我国的实际出发，以提高建设项目投资的经济效益和投产后的运营效益为前提，积极而稳妥地采用先进的技术方案和成熟的新技术、新工艺。一般来讲，先进技术方案需要的投资较大（含软件和硬件），劳动生产率高，产品质量好。因此，要认真地进行经济分析，根据我国的国情和企业的经济与技术实力，确定先进适度，经济合理，切实可行的工艺方案。

B 设备选型适宜建设场地的实际情况和动力、运输、资源等具体条件；设备选型要做到标准化、通用化和系列化；采用高效率的先进设备符合技术先进、成熟可靠、经济合理的原则；选择国外生产的关键设备与工艺流程相适应，并与有关设备配套，避免重复引进。

3）工艺设计方案的评价指标。不同的工艺技术方案会产生不同的投资效果，工艺技术方案的评价指标有：净现值、净年值、差额内部收益率等。

（3）工业建筑设计

1）基本要求和提高经济性的途径

A 贯彻“坚固适用、技术先进、经济合理”的方针。

B 熟悉生产工艺资料，生产工艺特性及其对建筑的关系，采用各种切合实际的先进技术，建筑设计满足生产工艺对建筑设计的要求，并为有序生产和提高效率创造条件。

C 建筑形式、造型等符合建设项目的行业和产品特征和投资。

D 建筑空间设计：a 合理确定厂房建筑的平面布置——其中柱网选择对工程造价和对厂房面积的利用效率和工艺流程、生产线运行成效有较大的影响，一般宜扩大柱距，提高设备布置和使用的适应性，有利于降低投资；b 厂房层数尽量采用经济层数；c 合理确定厂房高度和层高；d 从节能要求出发尽量减少厂房的体积，提高围护结构热工性能；e 符合劳动卫生环境保护要求。

E 建筑结构与建筑材料的选择：a 结构选型、结构布置和基础设计符合工艺流程和设备布置以及场地地质条件等要求，并经济合理；b 设备基础设计符合设备安装的要求，不随意扩大经济投入；c 在满足工艺要求和厂房生产环境的前提下，合理选用先进轻质材料。

F 建筑设备设计结合生产设施合理布置管网，采用先进节能减排技术，不超过能耗指标并有显著节能成效。

2）技术经济评价指标。建筑设计的技术经济评价指标有：单位面积造价、建筑周长与建筑面积比、厂房展开面积、厂房有效面积与建筑面积比和工程全生命周期成本等。

5 结构设计

建筑空间永远需要结构的支撑，结构永远是建筑物的基本部分。结构设计的任务始终是按照建筑的需求，确定安全、合理的结构体系，进而依据建筑结构可靠度设计有关标准所确定的原则对结构作用效应与结构抗力进行符合结构实际工作条件（性能）的分析，做到在规定的结构设计使用年限内，在现行规范规定的各种荷载作用下，所设计的结构安全可靠、经济合理、技术先进。

结构工程与工程造价的关联度很大，一般说来，对建筑安装工程而言，结构工程部分占用的投资费用最多，这使得结构设计必须要考虑到经济性，并因此产生了结构的功利特性内涵。所以，结构设计不仅要架构建筑空间，决定建筑工程的安全可靠性和使用年限，而且还肩负着降低工程造价，节约建设项目投资的重要责任。

结构设计既严密无疏又有创新。当今，时代赋予结构工程师的责任和对其自身的要求日趋提高，只有与时俱进地完善设计理念和设计水平才能胜任这一时代重任。同样，设计管理也必须与此同步，尤其是在方案设计或初步设计阶段，为保证项目设计方案在结构方面的可行性，结构方案设计应与建筑方案设计及时互馈信息，使项目设计方案更趋优化。提高结构设计经济性的途径如下：

（1）强调结构体系全生命周期经济性分析

结构投资主要由结构体系所决定，所以在结构设计过程中，应首先通过适宜合理的结构体系来实现对结构经济性能的宏观控制，然后再通过结构布置优化、精确的结构计算和结构构件优化设计等手段来达到建设项目对结构设计经济性的高要求，使结构体系经济性分析与项目建筑功能分析居于同等重要的地位。

建设项目结构的投资是指其全生命周期费用，因此，结构体系经济性分析也应以全生命周期过程经济性理念，全面分析结构体系经济性。即对结构建造费用和结构的使用维护费用这两个方面的结构体系经济性进行分析。

1）结构建造费用分析。从结构体系的组成角度分析，结构的建造费用包括基础结构费用、主体结构费用、屋面结构费用和围护结构费用四部分。不同的结构体系用于不同的建筑和不同的建设条件，存在着很大的差异，因此，应在技术可行的前提下，提供与项目建筑诸要素和建设条件相适宜的结构方案。

2）结构的使用维护费用。建设项目使用周期长，在自然和人为的外力作用下，结构构件本身的性能会退化，发生诸如不均匀沉降、结构构件不同程度的损坏或强度刚度弱化等。因而有必要进行维修、加固，所投入的资金也会不菲。一般而言，减少初始建造费用往往会导致将来的使用维护费用增加，所以要综合分析结构的总投资费用。结构使用维护费用宜根据各种结构体系的特点和已有建筑的使用经验，按结构建造费用的一定比例计算。

（2）选择可靠、经济、适宜的结构形式。结构形式选择并确定于结构设计的方案阶段，结构形式的选择是影响项目设计经济性的一个重要因素。

1）结构设计与结构体系概述

A 结构的基本功能要求：结构在规定的设计年限内和规定的条件下必须具备相应的安全性、适用性和耐久性，即具有可靠性。结构可靠性的概率度量称为结构的可靠度。

B 结构设计的原则：经济、合理、安全、可靠的原则，并应注重概念设计，重视结构的选型和平、立面布置的规则性，择优选用抗震和抗风性能好且经济合理的结构体系，以及新结构形式、新结构材料。

C 建筑结构的分类：a 按承重结构的主要材料：包括钢筋混凝土结构、钢结构、砌体结构、砖木结构、木结构、薄膜结构。b 按结构的受力特点：平面结构体系和空间结构体系。c 按主体结构形式：包括砌体、框架、框架一剪力墙、剪力墙、筒体结构；大跨度建筑平面结构体系和空间结构体系，以及由这些结构组合而成的结构形式。

2）结构形式的适宜性选择。一般而言，结构形式的经济合理性基于其适宜性。即需要根据建筑构思方案、建筑的分类与等级、场地的类别、所在地的抗震设防烈度、工程地质条件和建筑的形体、高度及层数等技术要素，通过对不同结构形式的设计方案经济性比较分析和论证，选择既适用可行、安全可靠，又经济合理的结构形式。

3）高层建筑结构体系和选型。高层建筑是指 10 层及 10 层以上或房屋高度大于 28m 的建筑物。超高层建筑至今没有明确规定，一般定义 30 层以上，总高度超过 100m 的建筑为超高层建筑。我国通过现行行业标准《高层民用建筑钢结构技术规程》（以下简称《钢结构高规》）和《高层建筑混凝土结构技术规程》（以下简称为《混凝土结构高规》）（上述两规程以下简称为《结构高规》）来规范高层建筑结构设计，并对高层建筑结构体系选型作了如下规定：

A 《混凝土结构高规》规定：高层建筑钢筋混凝土结构可采用框架、剪力墙、框架-剪力墙、筒体和板柱-剪力墙结构体系。

B 《钢结构高规》规定：本规程适用于高层建筑钢结构的下列体系：框架体系、双重抗侧力体系（包括钢框架-支撑体系、钢框架-混凝土剪力墙体系、钢框架-混凝土核心筒体系）、筒体体系（包括单筒体体系、框筒体系 、筒中筒体系、桁架筒体系、束筒体系）。

C 高层建筑的规范适用高度：由于抗侧刚度的不同和承载力的不同，高层建筑结构各种体系的适用高度是不同的，现行《结构高规》给出了我国常用的各种钢筋混凝土高层结构（分为 A 级和 B 级）、钢结构和混合结构体系的适用最大高度。

D 高层建筑结构的高宽比：高层建筑结构的高宽比，是对结构刚度、整体稳定、承载能力和经济合理性的宏观控制，应谨慎对待。现行《结构高规》给出了我国高层建筑高宽比值（H/B）和限值。需按有关法规的规定进行抗震审查复核的超限高层建筑详见相关《结构高规》。

4）大跨度建筑结构体系与选型。大跨度建筑通常指跨度在 30m 以上的建筑，超过百米跨度建筑可称为超跨度建筑。大跨度建筑提供了一种既方便又经济的覆盖大面积空间的方法。大跨度建筑空间的覆盖和围合可采用大跨度建筑结构体系来实现。大跨度建筑结构体系分为平面结构和空间结构两个类型。

A 平面结构：是指承重构件采用平行布置方式，以承受平面内的荷载为主，平面外的荷载主要由附加的支撑体系承受，具有二维受力特性的结构。按承重构件的类型分，平面结构有三类：梁式结构（如实腹梁、平面桁架等）、拱式结构（如实腹拱和桁架拱、门式刚架等）和平行索式结构。

B 空间结构：是指其承重构件或杆件布置呈空间状，并在荷载作用下具有三维受力特性的结构。大跨度空间结构体系类型和形式十分丰富，包括网架、壳体、悬索、张弦梁、膜结构（索一膜结构）等，以及各种结构形式组合而成的组合空间结构。

随着建筑科技和社会经济等进一步发展，建筑创新层出不穷，新颖结构形式不断涌现，建筑的结构体系呈现出多样化的特征，而且已经发展到结构概念设计的阶段。所谓结构概念设计是指结构设计时不仅把结构的安全可靠、效率及经济作为结构设计的目标，而且要把结构美也表现出来。随着各种现代空间结构形式和钢结构的迅速发展、轻质高强结构材料的大量出现，它们在经济性能方面的优越性给结构形式选择提供了更多更好的余地，也对结构设计提出了更高的要求。

(3) 基础设计的经济优化

基础是建筑结构的重要组成部分。基础应能将上部结构传来的荷载可靠地传递到地基；地基应能可靠地承受基础传来的最大荷载等作用，而不产生影响建筑正常使用的变形和危及安全的失稳，以确保建筑安全。

地基基础设计内容包括：基础选型，确定基础埋置深度，基础底面面积、基础截面形状和高度，计算基础内力及配筋等。当天然地基不能满足变形、承载力或地基稳定性的要求时，应考虑进行地基处理，或者采用桩基础。

由于基础设计与建设场地的地质条件和建筑物上部结构密切相关，其造价在不同项目设计中占总造价的比例差别较大（一般约占总造价的 20%左右，不同的地基基础设计方案通常造成上千万元的造价差别），因此，从技术和经济两方面优化基础设计对项目投资效益有着重要意义。实现地基基础设计经济性的途径如下：

1）地基基础设计必须坚持因地制宜、就地取材、保护环境和节约资源的原则。

2）地基基础设计分为甲、乙、丙三个设计等级，应按相关建筑地基基础设计规范，选用适宜设计等级。

3）选择地基处理方案进行技术经济分析和对比，选择最合适的地基处理方法；在必须采用桩基的情况下，综合考虑对地基的技术效力和经济性，进行多种桩基类型比较，合理选择桩型、成桩工艺和承台形式，优化布桩，节约资源。

4）在确保地基的承载力、稳定性和耐久性，保证地基在防止建筑物整体破坏的前提下，注意安全储备的科学合理性。

5）根据地质勘察报告资料，综合分析基础设计诸因素，注重地基、基础与建筑上部结构的共同作用，正确选择技术可行、经济合理的基础形式。

6）基础设计安全等级，结构设计使用年限，结构重要性系数既应按有关规范的规定采用，保证结构性能要求；也要注意控制随意或刻意放大，避免浪费资源和资金。

7）控制基础的截面尺寸和选择合适经济的埋置深度，以保证基础的安全可靠，施工的方便和经济上的节约。

8）根据建筑专业对地下室的功能要求，地基基础设计结合并充分利用地下室结构，并实现地下室底顶板等的合理选型。

9）注重基坑开挖与支护体系的方案技术经济比较和选型。

(4) 促进建筑体形和结构总体布置的技术经济优化互动

建筑体形是指建筑的平面和立面；结构布置是根据不同结构形式的特点和要求来布置结构的承重体

系和受力构件。结构总体布置是指结构构件的平面布置和竖向布置。

建筑体形和结构总体布置的技术经济关系密切。上文已对建筑形体的经济性适应作过阐述，结构平面布置必须考虑有利于抵抗水平和竖向荷载，受力明确，传力直接，力争均匀对称，减少扭转的影响。尤其是高层建筑，在地震作用下，建筑平面要力求简单规则；风力作用下则适当放宽。明显不对称的结构须考虑扭转对结构受力的不利影响。除平面形状外，对平面各部分尺寸（如长宽比、经济跨度等）都有一定的要求。结构竖向布置力求使结构刚度自下而上逐渐均匀减小，体形均匀、不突变，结构的侧向刚度宜下大上小，逐渐均匀变化，不应采用竖向布置严重不规则的结构。结构刚度沿竖向突变、外形外挑或内收等，都会产生某些楼层的变形过分集中，出现严重震害甚至会倒塌。因此，在设计管理中要做好促进结构工程师和建筑师的专业接口协调工作，使之通力合作，力求建筑体形的结构性优化，并取得两者的统一平衡，从而达到技术可靠和经济节约的双重目的。

（5）审核结构计算数据和技术指标

对结构计算数据和技术指标的审核是结构设计投资控制的重要环节。结构计算包括荷载计算、构件计算、内力计算、复核或调整，直到满足结构设计规范规定要求为止。对结构计算数据的审核，包括根据现行相关结构设计规范规定，核对与上述各项计算相关的输入基本信息数据；检查输出信息中各项技术指标是否均衡，有无偏离规范限值或过度放大。从而控制结构计算的规范性与正确性，以避免对后续结构施工图设计产生系统性影响，从而控制其技术指标的经济性。

（6）优化结构构造设计与控制结构用材

在结构施工图设计阶段，需根据上述结构计算结果，确定结构构件布置、构件配筋以及构造措施，按设计深度要求绘制结构施工图。结构构件的构造设计和材料选用对工程结构的经济性有很大影响，尤其是基础、柱、墙、梁、板、框架、桁架、屋顶等基本构件的构造尺寸过大，构件配筋超配和主要建筑材料的选择不当，或过量使用等，都会造成项目资金“看不见”的浪费。因此，要从技术经济角度，优化结构构造设计，积极采用新型轻质高强材料，将钢材、混凝土等结构用材控制在经济合理的范围内，杜绝诸如“少动脑筋，多配钢筋”等现象发生，从而减少工程量，方便施工，降低费用，提高建筑结构的技术经济效果。

6　设备设计

建筑设备设计主要内容包括建筑给水排水、采暖通风与空气调节、电气（强电与弱电）设计。现代建筑自身科技含量越来越高，先进建筑设备技术在建筑中的应用领域越来越广泛，在建筑中起的作用也越来越显著，对设备设计提出了更高的要求，尤其建筑节能和建筑智能化要求。同时，也表明建筑设备在建设项目的投资比例有所提高，直接影响建筑产品在全生命周期内的投资费用。因此，寻求设备设计经济性途径，实施投资控制，对于优化建筑设备设计，充分发挥各专项设备效能，高效利用和节约资源，降低工程造价和建设高能效、低能耗、低污染、低排放的建筑体系意义深远，前景广阔。建筑设备设计经济性的途径如下：

（1）不断适应建设项目对设备的功能需求，综合各方面技术要素，经济合理地配置水、电、气、采暖空调和智能化等各个专业设备和设施。

（2）注重选用技术先进、适用可靠的各个专业新建筑设备产品，使设备设计做到技术可行、经济合理、节约工程投资和资源显著。

（3）建筑设备各个系统的设置和安装、使用维护对建筑空间（包括平面和高度以及设备层等）和结构都有一定的要求，存在相互联系与制约的关系，建筑设备各个系统设计要十分注意与建筑专业设计和结构专业设计的配合与协调，以免专业接口不善影响设计质量和导致不必要的费用追加。

（4）按照建筑节能的标准进行设备设计

1）严格建筑节能强制性标准。组织设计方案评选时，应有建筑设备节能要求；初步设计文件应将建筑设备节能设计作为重要内容之一，按照建筑节能指标对施工图设计文件进行审核。按照合同约定由建设单位采购的有关建筑材料和设备，建设单位应当保证其符合建筑节能指标。

2）选用节能型用能系统。建筑的用能系统包括设备和设施，民用建筑的用能设备主要是指采暖空调系统和照明系统两大类设备。设施一般是指与设备相配套的、为满足设备运行需要而设置的服务系统，如：空调热力管道系统、智能化系统和计量系统等。工业建筑主要是指生产工艺流程中的动力、热力、空调、通风、除尘等设备和设施。

3）暖通节能设计规定指标：A 采暖、空调系统冷负荷、热负荷面积指标；B 冷热源设备效率指标；C 风机的单位风量消耗功率限值；D 热水采暖系统耗电输热比；E 空调水系统输送能效比。

4）建筑给水排水设计中，注意结合废水净化、雨水收集，和分质用水系统，并选用先进的节水设备和设施，用建筑水耗总量指标（建筑的水耗总量与建筑内常驻人数的比值）控制建筑水耗，有效地控制用水量。积极设置中水利用系统，循环用水，以有效地提高水资源利用的集约化程度。

5）充分利用自然环境对能源节约的有利条件，选用可再生能源利用系统。可再生能源是指风能、太阳能、水能、生物质能、地热能、海洋能等非石化能源。推广应用与建筑结合的太阳能热水系统、太阳能供热采暖和制冷系统、太阳能光伏发电系统等太阳能利用系统，以及地热能等可再生能源利用系统的设备和设施等。

第 9 章 项目设计进度控制

无约束时间的设计会使建设项目目标成为“空中楼阁”。项目进度管理的目的就是为了实现预定的进度目标与最优工期下的项目总体目标。设计进度作为项目总进度的重要组成部分，设计进度控制目标便是项目建设进度目标的子目标之一。设计进度控制目标是设计合同中规定的提交设计文件的最终时间，即为设计进度控制的计划目标时间。

业主方设计进度控制的任务主要是按项目设计进度计划和设计合同要求，促使设计方按合同约定的设计工作进度，按时完成符合质量目标要求的各阶段设计文件编制和及时的设计服务等，满足施工及物资采购等后续工作的进度要求，以保证整个项目总进度目标的实现。

设计进度控制涉及多方面交叉的综合复杂因素，它是一个保证项目各要素相互协调和连贯一致的综合性设计管理过程。设计进度控制必须是一个动态的管理过程。即按设计过程各阶段的工作内容，制定相应的分阶段时间目标，形成各阶段设计在时间上环环相扣，有续无脱节的“设计进度链”。

“惟其艰难，更须坚持”，项目设计的步步推进，终究要靠积极的行动。设计管理者务必秉持职业精神，积极建言献策，紧抓关键节点，理顺利益格局，使设计进度控制不掉“链子”。

9.1 项目进度管理

9.1.1 项目进度管理概述

1 项目进度管理的概念

进度管理是指为实现预定的进度目标而进行的计划、组织、指挥、协调和控制等活动。项目进度管理的目的就是为了实现预定的进度目标与最优工期下的项目总体目标。

项目进度管理是根据工程项目的进度目标，编制经济合理的进度计划，并根据检查工程项目进度计划的执行情况，发现偏差，及时分析原因，并采取必要的措施纠偏或调整、修正进度计划的过程。

2 项目进度管理的责任体系

（1）项目进度管理组织应建立项目进度管理制度，制定进度管理目标。通过任务分工表和职能分工表明确各相关管理部门的责任。

（2）项目进度管理目标的制定应在项目分解的基础上确定。包括项目进度总目标、分阶段目标，也可根据需要确定年、季、月、旬（周）目标，里程碑事件目标等。里程碑事件目标指关键工作的开始时刻或完成时刻。

（3）项目经理部的进度管理体系以项目经理为首，包括计划人员、调度人员等专业人员，还包括子项目负责人、目标负责人、分目标责任人。

3 项目进度管理程序

建设项目是在动态条件下实施的，因此进度控制也就必须是一个动态的管理过程，它由以下环节组成：

（1）进度目标的论证和分解。论证进度目标的合理性和可行性，并视论证作必要调整；对进度目标按项目实施过程、专业、阶段或实施周期进行分解。

(2) 在收集资料和调查研究的基础上编制进度计划。

(3) 定期跟踪检查所编制的进度计划执行情况，若其执行有偏差，则采取纠偏措施，并视必要调整进度计划。

《项目管理规范》规定：项目经理部应按下列程序进行进度管理。

1) 制定进度计划；2) 进度计划交底，落实责任；3) 实施进度计划，跟踪检查，对存在的问题分析原因并纠正偏差，必要时对进度调整；4) 编制进度报告，报送组织管理部门。

4 项目进度管理各组成环节

(1) 项目进度目标及其分解与论证

1) 项目进度目标。进度目标就是时间目标。项目进度目标是在项目决策阶段项目定义时确定的。项目管理组织应制定项目总进度目标，项目进度管理的主要任务是在项目的实施阶段对项目的总进度目标进行控制。

2) 项目进度目标的分解。项目进度目标分解的目的在于由项目进度总目标和各层（级）进度目标构成项目进度目标体系。

项目进度管理组织应按项目实施过程、专业、阶段或实施周期，对项目进度管理目标进行分解。项目可按建设阶段分解的总进度目标包括：设计准备、招标投标及签行合同、工程设计、物资采购、施工准备、施工和设备安装、项目动用前的准备、竣工验收等阶段进度目标。

3) 项目总进度目标的论证。在进行项目总进度目标控制前，首先应分析论证进度目标是否合理，目标有无可能实现。项目总进度目标论证时，应分析和论证项目各实施阶段各工作进度，以及各项工作交叉进行的关系。在项目总进度目标论证时，往往还不掌握比较详细的设计资料，也缺乏比较全面的有关项目实施条件的资料。因此，总进度目标论证并不是单纯的总进度规划的编制工作，它涉及许多工程实施的条件分析和工程实施策划方面的问题。

项目总进度目标论证的工作步骤如下：A 调查研究和收集资料；B 进行项目结构分析；C 进行进度计划系统的结构分析；D 确定项目的工作编码；E 编制各层（各级）进度计划；F 协调各层（各级）进度计划的关系和编制总进度计划；G 若所编制的总进度计划不符合项目的进度目标，则设法调整；H 若经过多次调整，进度目标无法实现，则报告项目决策者审议。

(2) 项目进度计划的编制

1) 进度计划编制依据。按《项目管理规范》的规定，项目进度计划的编制依据有：合同文件，项目管理规划文件，资源条件，内部与外部约束条件。

项目管理规划文件是项目管理组织根据合同文件的要求，结合组织自身条件所作的安排，其目标规划便成为项目进度计划的编制依据。资源条件和内部与外部约束条件都是进度计划的约束条件，影响计划目标和指标的决策与执行效果。以上是编制进度计划的基本依据，具体到每个项目组织，编制进度计划还需要特殊的依据。

2) 进度计划的编制。《项目管理规范》对项目进度计划的编制的规定：

A 各种控制性进度计划依次细化且被上层计划所控制。控制性进度计划是对进度目标进行论证、分解，确定里程碑事件进度目标，作为编制实施性进度计划和动态控制的依据。

B 作业性进度计划是作业实施的依据，其作用是确定具体的作业安排和相应对象或资源需求。

C 各类进度计划以进度计划表为中心内容。

D 编制进度计划应严格程序，确保进度计划的总体质量。

E 编制进度计划应选择适用的方法。作业性进度计划必须采用网络计划法或横道计划法，以便于合理利用时间、空间从而有效节省时间。为了提高管理效率，需利用计算机处理和管理。

3) 项目进度计划编制步骤。A 确定进度计划的目标、性质和使用；B 进行工作分解；C 收集编制依据；D 确定工作的起止时间和里程碑；E 处理各工作之间的衔接关系；F 编制进度表；G 编制进度说明书；H 编制资源需要量及供应平衡表；J 报有关部门批准。

上述步骤的作用是确保进度计划的质量。前者是后者的目标或依据，后者是前者的工作继续或深化、落实，二者环环相扣，不可颠倒或遗漏。其中，第二步“工作结构分解”是至关重要的，它的作用是界定进度计划的范围，所使用的方法是 WBS。

5　项目业主方与承包方的进度管理任务

项目进度管理随组织任务的不同而有所区别。发包人（业主方）要对建设工程项目的整体进度进行管理，而承包方（设计方、施工方、供货方等）只负责其承包范围内工作的进度管理。

（1）业主方。业主方项目进度控制的任务是控制整个项目实施阶段的进度，包括控制设计进度、施工进度、设备和材料采购进度以及项目动用前准备阶段的工作进度等。

（2）设计方。在项目设计阶段，根据设计任务委托合同控制设计进度，并能与施工、招投标、物资采购进度相协调。

（3）施工方。在项目施工阶段，根据施工任务委托合同控制施工进度。

（4）供货方。在项目物资采购阶段，根据供货合同控制供货进度。

9.1.2　项目进度管理的基本原理

1　系统原理

项目是一个大系统，进度控制是其子系统之一。进度控制中计划进度的编制受许多因素影响，不能只考虑某一个因素或某几个因素。进度控制组织和进度实施组织也具有系统性，因此，项目进度控制具有系统性，应该综合考虑各种因素的影响。

2　动态控制原理

项目进度控制是一个不断变化的动态过程。在项目开始阶段，实际进度按照计划进度的规划进行运动，但由于外界因素的影响，实际进度在执行时往往会相对计划进度出现偏差，产生超前或滞后的现象，需要通过分析偏差产生的原因，采取相应的纠偏措施或调整原来的计划，使二者在新的起点上重合，并通过发挥组织管理作用，使实际进度继续按照计划进行，之后，又进入新一轮控制纠偏过程并循环往复直至项目结束。因此，项目进度控制的全过程是一个计划、实施、检查、比较分析、确定调整措施、再计划封闭的循环过程。

3　弹性原理

项目进度计划工期长，影响因素多，因此进度计划的编制应留出调整余地，使计划进度具有弹性。进行控制时应利用这些弹性，缩短有关工作的时间，或改变工作之间的接口关系，使计划进度和实际进度趋于一致。

4　信息反馈原理

信息反馈是项目进度控制的重要环节，实际进度通过信息反馈给基层进度控制工作人员，在分工的职责范围内，信息经过加工逐级反馈给上级主管部门，通过进度控制主管部门对各方面信息的整理统计、比较分析作出决策，调整进度计划。进度控制不断调整的过程实际上就是信息不断反馈的过程。

5　网络计划技术原理

网络计划技术原理是工程进度控制的计划管理和分析计算的理论基础。在进度控制中要利用网络计划技术编制进度计划，根据实际进度信息，比较和分析进度计划，又要利用网络计划的工期优化、工期与成本优化和资源优化的理论调整计划。

9.1.3　项目进度管理的内容

1　项目控制性进度计划的编制

项目进度计划包括项目的前期、设计、施工和使用前的准备等几个阶段的内容，项目进度计划的主要内容就是要制定各级项目进度计划，包括进行总控制的项目总进度计划、进行中间控制的项目分阶段进度计划和进行详细控制的各子项进度计划，并对这些进度计划进行优化，以达到对这些项目进度计划的有效控制。

(1) 前期工作计划

前期工作包括项目建议书、可行性研究两个阶段的工作。建设单位应编制进度控制计划，确定里程碑事件日期和工作持续时间，以有利于项目的时间决策。

(2) 项目总进度计划。项目总进度计划包括下列内容：

1) 文字说明：包括项目的概况和特点，安排建设项目总进度的原则和依据，投资来源，里程碑事件时间目标等。

2) 工程项目一览表。

3) 建设项目总进度表。

4) 投资计划按年度分配表。

5) 建设项目进度平衡表。

(3) 项目年度计划。项目年度计划包括文字部分和表格部分。文字部分包括年度计划编制依据和原则，进度指标，设备、材料、资金、技术、组织等技术经济条件落实情况、各项措施等。表格部分包括年度计划项目表，竣工投产交付使用计划表，年度建设资金平衡表，年度设备平衡表。

(4) 项目控制性进度计划的编制还包括设计控制性进度计划、采购控制性进度计划、施工控制性进度计划。

2 项目进度计划实施

项目进度实施就是在资金、技术、合同、管理信息等方面进度保证措施落实的前提下，使项目进度按照计划实施。项目进度管理组织应当根据所承担的工作任务，分阶段安排各种进度计划，并进行组织、指挥、协调和控制，即实施进度计划。由于实施过程中存在各种干扰因素，将使项目进度的实施偏离进度计划，项目进度实施的任务就是预测这些干扰因素，对其风险程度进行分析，并采取预控措施，以保证实际进度与计划进度一致。

(1) 进度计划实施方法。包括进行计划交底与实施责任和制定实施计划方案：

1) 进度计划交底与落实责任。进度计划交底与落实责任是计划编制者或领导者在计划实施前向执行者（包括组织和个人）进行交底。交底的内容包括：说明并解释计划，执行者的责任，计划时间要求；执行者相互间的配合要求，资源条件，环境条件，检查要求和考核要求等。计划交底的结果是执行者明确自己的责任、要求和条件。

2) 制定计划实施方案。制定计划实施方案是在执行者明确自己的责任后，为了履行责任所作的安排。实施计划的管理措施包括技术措施、组织措施、合同措施和经济措施。

(2) 项目进度监测。工程项目进度监测的目的就是要了解和掌握建筑工程项目进度计划在实施过程中的趋势和偏差程度。其主要内容有：跟踪检查、数据采集和偏差分析。

项目进度监测应依据进度计划做好进度计划的实施记录与检查。进度计划的实施记录包括实际进度图、表，情况说明，统计数据等。进度计划检查应按统计周期的规定进行定期检查；应根据需要进行不定期检查。进度计划检查后，应编制进度报告。

(3) 项目进度调整。项目进度计划的调整是在原进度计划目标已经失去作用或难以实现时方才进行。项目的进度调整是整个项目进度控制中最关键的内容，应根据项目的实际情况具体确定。一般包括：

1) 偏差分析。分析影响进度的各种因素和产生偏差的前因后果；

2) 动态调整。寻求进度调整的约束条件和可行方案；

3) 优化控制。调整目标是使进度、费用变化最小，能达到或接近进度计划的优化控制目标。

(4) 项目进度控制的程序

1）实施进度计划；

2）在实施进度计划的过程中收集实际进度数据，包括时间数据和造价数据；

3）将实际数据与计划数据进行对比；

4）判断是否产生偏差，如果有偏差，则采取措施纠正，没有偏差则仍按原计划实施；

5）如果纠正偏差不能奏效，则应对计划进行调整；

6）计划完成后，对进度控制进行总结，并编写进度控制报告。

9.2　项目设计进度控制

9.2.1　设计进度控制概述

1　设计进度控制的概念

设计进度是指设计活动的顺序和时间安排、活动之间的相互关系、活动持续时间和活动的总时间。设计进度控制是指在设计阶段对设计进度的控制活动，即在设计阶段为实现项目进度目标，进行的预测、跟踪、检查、比较、纠偏、修正、评估等控制活动。设计进度是建设项目进度的组成部分，也是设计合同的主要条款之一。设计进度控制是涉及多方面交叉因素的综合复杂的设计管理工作。

2　设计进度对项目总进度的影响

设计进度对项目建设后续设计文件报批送审、招投标、设备和材料采购、施工和其他环节的开展有直接影响，即设计进度直接关系到项目总进度目标的实现。影响项目总进度的成因通常有：

1）项目设计的各阶段设计出图时间超过计划时间；

2）设计文件存在完整性、准确度及深度等方面质量缺陷，不符合后续工作要求；

3）设计文件中的建筑、结构与设备各专业之间接口技术协调欠缺；

4）设计变更频繁，设计调整过程时间过长；

5）设计服务不及时等。

3　业主方和设计方的进度控制任务

参与项目的各方主体都有进度控制的任务，其控制的目标和时间范畴则是不相同的。在项目设计管理中，业主方和设计方是设计管理的主要角色，对于设计进度控制既有一致，也有差异。

业主方项目进度管理应对项目总进度和各阶段的进行管理，体现设计、采购、施工合理交叉，相互协调的原则。业主方设计进度控制是项目总进度控制的重要内容。设计进度控制是保证项目各要素相互协调与连贯一致所需要的综合管理过程。

业主方在设计阶段的设计进度控制任务主要是控制项目的设计进度。包括按项目设计合同和进度计划要求提供符合质量目标要求的各阶段设计文件和及时的设计服务等，满足施工和物资采购招标和实施等的进度要求，以保证整个项目总进度目标的实现。

设计方进度控制的任务是履行设计合同义务，按约控制该项目的设计工作进度，按时完成各阶段设计文件编制，保证设计工作进度和施工与物资采购等工作进度相协调。

4　设计进度控制的程序

建设项目是在动态条件下实施的，因此进度控制也就必须是一个动态的管理过程，它包括进度目标的分析和论证，在收集资料和调查研究的基础上编制进度计划和进度计划的跟踪检查与调整。

项目组织及其设计管理部门的设计进度控制程序如下：

1）分析和论证设计进度控制目标；

2）编制设计进度控制计划；

3）设计进度控制计划交底，落实责任；

4）实施设计进度控制计划，跟踪检查，对设计各阶段进度实施动态控制；

5）对存在的问题分析原因并纠正偏差，必要时调整进度计划；

6）编制设计进度报告，报送项目组织管理部门。

9.2.2 设计进度控制目标和计划

1 设计进度控制目标

设计进度控制目标是项目建设进度目标的分目标之一。设计合同中规定出提交设计文件的最终时间，即为设计进度控制的计划目标时间。

（1）拟定设计控制进度目标的依据

拟定设计控制进度目标的主要依据有：

1）项目建设总进度目标对设计周期的要求；

2）项目的技术复杂与先进程度；

3）设计工期定额；

4）类似工程项目的设计进度；

5）设计委托方式，参与设计单位情况等。

（2）设计进度控制目标分解

工程设计过程虽然错综复杂，但总是由若干阶段、若干专业的若干工作流所组成。设计过程是一个循环往复的过程，工作流的每个具体任务指向的工作成员，按照规定的职责，运用专业技术和其他工具，在规定的时间（周期），实施专业的技术操作，经过规定的校审后流入下一个任务环节。

为了有效地控制设计进度，需要将项目设计进度控制目标按设计阶段和专业进行分解，从而构成设计进度控制从总目标到分目标的完整目标体系。

1）设计进度控制分阶段目标。建筑工程设计主要包括：设计准备、初步设计（或扩初设计）、技术设计（如有）、施工图设计阶段，为了确保设计进度控制目标的实现，应明确每一阶段的进度控制目标。一般而言，设计阶段可按设计过程将项目目标分解为设计准备、方案设计、初步设计、施工图设计这些进度目标，即应用目标分解原理，按设计过程各阶段的工作内容，制定相应的设计阶段时间目标，成为设计进度控制分目标，使各阶段设计在时间上环环相扣，形成续不脱节的“设计进度链”。例如，施工图设计进度分目标应根据设计合同规定的施工图设计文件提交的时间为依据，编制施工图设计的进度计划，其中包括确定各项专业施工图设计的开始时间、持续时间、完成时间、提交图纸及审批时间，以此确定施工图设计各项任务的进度计划目标，作为控制施工图设计进度的分目标。

2）设计进度控制分专业目标。为了有效地控制设计进度，还可以将各阶段设计进度目标具体化，进行进一步分解，即分专业分解。一般可将项目标分解为场地（规划、总体）、建筑、结构、设备、市政、绿化景观等专业进度目标。例如，民用建筑施工图设计通常以建筑设计为先导，而后跟进结构设计、设备设计和施工图预算，由此，构成分专业设计时间目标。在设计实践中、有时为了合理缩短设计工期，也有配套专业设计交叉进行的安排，这样，业主方可按项总进度计划的需要，将设计分专业目标再细分，如结构专业可分解为基础设计时间目标、上部主体结构设计时间目标等。

（3）设计进度控制计划的内容

设计阶段的进度控制计划是在设计单位提交的设计进度计划基础上编制的。一般而言，设计单位中标后应编制的设计进度计划包括如下内容：设计总进度计划、设计准备工作计划、阶段性设计进度计划和设计分专业进度计划等。

由于设计委托方式、招标标的、项目类别、规模及技术复杂程度、投标人类别、设计单位的资质类型与等级等因素差异，其所承担的设计任务各不相同。如大型技术复杂项目的方案设计通常单独招标委托，有技术设计阶段；设计联合体的方案设计与施工图设计往往在体内分工；设计合作中常见的专业设计分包；设计方案优化任务纳入初步设计（或扩初设计）阶段。因此，所示的表 9-1 、表 9-2 和表 9-3 仅供参考，表格中的阶段或专业可随设计任务而予取舍。

设计总进度计划表　**表 9-1**

项目名称		
工程编码		
设计周期	共　月（或日历天）起至日期：	
设计阶段	进　度（周或日历天 起至日期）	负责人
设计准备		
方案设计		
初步设计		
技术设计		
施工图设计		
审查		
业主审查		

设计准备进度计划表　**表 9-2**

设计准备内容	进度（周或日历天 起至日期）	负责人
审查		
业主审查		

初步设计（扩初设计或技术设计、施工图设计）进度计划表　**表 9-3**

设计专业	进度（周或日历天 起至日期）	负责人
工艺		
场地（总体）		
建筑		
结构		
给水排水		
电气		
暖通空调		
概（预）算		
评审		
校对、审查		
业主审查		

设计进度计划内容除了以表格反映外，还应通过计划说明书明确设计依据、设计范围、设计原则和要求，组织机构及职责分工，设计标准，质量保证程序及要求，进度计划的主要控制点，技术经济要求，安全、职业健康及环境保护要求，与采购、施工和试运行的接口关系及要求，外部约束条件及风险等。

(4) 设计进度计划的编制依据

1）设计合同文件；2）设计法规及标准；3）项目的有关批准文件；4）项目进度计划；5）项目规模及特征；6）设计周期定额；7）组织的管理体系。

(5) 设计进度控制计划编制和实施要点

1）首先应认真审查设计单位所编制的设计进度计划以及进度控制体系和措施的合理性和可行性。

并根据设计合同规定进行监督检查。

设计进度计划应符合项目总进度计划的要求，并应充分考虑与工程勘察、采购、施工、试运行的进度协调。

2）应综合顾及上述可能影响设计进度的因素和设计工作的内部逻辑关系及资源分配与外部约束条件等对设计进度的制约，特别要充分兼顾采购时间较长的设备和材料在供货时间上的要求，以及政府主管部门对设计文件在审批时间上的需要。同时还应充分考虑与施工等后续阶段工作的进度衔接。

3）设计控制进度计划应当层层落实设计进度控制性目标，与设计单位协商确定各阶段设计的具体计划时间。例如编制初步设计进度计划：应根据设计合同规定的业主向设计单位提供基础资料的时间和设计单位向业主提供初步设计成果的时间，结合项目工程的实际情况，与设计单位协商确定合理的初步设计周期以及初步设计各项工作的开始时间、持续时间、完成时间及审批时间。以此作为初步设计的各项任务完成的进度计划。

4）编制进度计划应选择适用的方法。作业性进度计划应采用横道图或网络计划方法，以便于合理利用时间、空间并可有效节约时间。

5）项目组织及其设计管理经理应落实设计进度控制计划实施的人员职责，各专业负责人应明确任务和责任，包括任务的时间要求、配合要求、检查要求、考核要求和内外条件等。提出实施设计进度控制计划的办法和措施，以及必需的调整建议，以保证设计进度控制计划实施的成效。

6）进度控制是一个动态的管理过程，实施进度计划的核心是进度计划的动态跟踪控制。为了实现进度目标，设计进度控制应以动态管理的基本思想和原理，针对设计实际进展情况，及时对进度计划作出调整，并协助设计单位和设计人员解决出现的问题，进行妥善合理的安排。

9.2.3 设计进度控制要点

1 设计进度的影响因素和约束条件

在设计过程中，可能影响设计进度的因素和约束条件一般来自于政府部门、业主方、设计方以及一些不可预见性因素。主要包括：

（1）业主方可能影响设计进度的因素

业主方可能影响设计进度的因素通常有：

1）决策滞后；

2）设计委托方式选择不合适；

3）设计管理经验少，职能管理不到位，设计专业知识贫乏，以致与设计方之间缺失话语权，或对话不畅、语焉不详；

4）设计意图、设计要求表达不到位或逻辑性欠强，设计过程中多有反复答疑、补充和改变；

5）设计基础资料提供不及时，主要设备选型意向延迟，对设计文件确认不及时或时间过长和沟通协调不充分；

6）送审报批不及时等。

（2）设计方可能影响设计进度的因素

设计方可能影响设计进度的因素通常有：

1）设计任务饱满；

2）设计管理制度或责任约束机制缺失，管理水平较低；

3）设计方因与业主方市场地位、认知角度、设计理念的差异，对业主方的设计要求理解不一；

4）设计人员对设计任务的熟悉程度低；

5）设计人员职业操守坚守程度较低，责任意识不强；

6）设计程序失常，设计各专业之间协调配合状态不良，相互牵制；

7）设备选用、材料代用的失误；

8）项目特殊专业要求或新技术采用，技术谈判有矛盾等。

（3）政府部门可能影响设计进度的因素

政府部门可能影响设计进度的因素通常有：

1）施工图审图机构任务繁冗、专业人员实际配备失实，工作效率低，审查时间过长；

2）设计文件审查的程序或办法尚欠便捷流畅，管理职责不够清晰，服务意识淡薄或责任性弱化致使制度执行不力；

3）对设计文件批复延迟不决或设计文件送审报批反复等。

（4）内外部资源和项目配套、社会协作等约束条件。

（5）出现法规政策发生变化，设计各参与方人员变故，工程勘察因故遇阻等不可预见性情况。

2　对设计单位进度控制的要求

（1）进度控制的关键节点

1）初步设计及技术设计文件的提交时间。

2）关键设备和材料采购清单的提交时间。

3）施工图设计文件的提交时间。

4）各专业设计的进度协调。

5）设计进度与施工进度的协调。

6）设计总进度时间。

（2）设计进度控制的措施

1）按设计合同的设计进度的条款编制设计进度计划。在编制设计总进度计划、阶段性设计进度计划和设计进度作业计划时，加强与业主方及相关参与方的协作与配合，使设计进度计划切实可行、积极可靠。

2）及时提供设计进度计划给业主方，以利于业主方制定控制进度计划和项目进度总目标的协调。

3）设计单位应严格执行已经双方确认的项目设计进度计划，设置进度控制人员控制进度，实行设计人员设计的进度责任制，满足计划控制目标的要求。

4）组织对全部设计依据等设计基础资料及其数据进行检查和验证，必要时报项目业主确认后实施。

5）在设计过程中认真实施设计进度计划，定期检查计划的执行情况，力争设计工作有节奏、有秩序、合理搭接地进行。并及时采取有效的纠偏措施对设计进度进行调整，使设计工作始终处于可控状态。

6）建立正确的设计服务观念，接受建设单位和监理机构的监督。设计单位各专业负责人除按时完成全部设计文件编制任务外，还应满足业主对设计文件的需求评审、设计文件技术交底、采购过程中的技术指导、设计现场施工配合、试运行和竣工验收等工作的要求。与建设单位、施工单位搞好上述设计服务工作进度协调，确保项目计划进度目标的实现。

（3）设计进度报告

设计单位应当向业主方提交每月的设计进度报告。进度报告是设计单位对当月设计工作情况的小结，它应当包括以下内容：

1）设计所处阶段；

2）建筑、结构、水、暖、电等各专业当月设计内容和进展情况；

3）业主方设计变更对设计的影响；

4）设计中存在的需要业主方决策的问题；

5）需提供的其他参数和条件；

6）拟发出设计文件清单；

7）如出现进度延迟情况，需说明原因及拟采取的纠偏或加快进度措施；

8）对下个月进度的评估等。

3 设计过程的进度跟踪检查

（1）在设计过程中，实施设计进度跟踪检查与调整是设计进度动态控制的主要措施。

（2）设计过程的进度跟踪检查工作要点一般包括：

1）建立项目设计进度控制协调制度，明确与设计单位之间在设计进度管理方面的关系、联络方式和人员、设计相关专业之间的互提条件、设计进度报告提交与反馈等办法。

2）通过对设计方的各阶段设计进度定期和必要时的不定期检查，监控项目设计进展情况，跟踪检查设计进度计划执行力度，并与计划进度进行比较分析。一旦发现偏差，应协同设计方究其原因，采取纠正措施，必要时应对原进度计划进行调整或修订。

3）设计过程的进度跟踪检查与调整应依据进度计划的实施记录。进度计划的实施记录包括实际进度图、表，情况说明，统计数据。填写《设计跟踪检查记录表》，表格可自行设计，一般包括项目名称、项目编号、设计阶段、设计专业、图纸名称与编号、图纸版次、设计负责人、计划完成时间、实际完成时间、设计单位自审、偏差原因分析、措施及对策、制（填）表日期等款项。

4）应针对设计过程的进度跟踪检查情况，组织召集设计进度调度会议。评价阶段性设计进展情况和存在的问题，分析查清原因，研究纠偏措施，视必要程度调整设计进度计划，布置下期任务，协调各方关系，平衡资源调度等，以加强计划的执行力度。

5）应协调各设计单位的工作，使他们能一体化地开展工作，保证设计能按进度计划要求进行。还应与外部有关部门协调相关事宜，保障设计工作顺利进行。

6）坚持按建设程序办事，避免进行“边设计、边准备、边施工”的“三边”设计。

7）运用先进技术，应用进度管理计算机软件对设计进度计划的实施进行全过程的动态跟踪控制。建立科学合理的信息管理与采集制度，保证实际进度与目标进度的比较和分析。

8）不断分析总结设计进度控制工作经验，逐步提高设计进度控制工作水平。

9.2.4 设计进度控制的工作内容

各阶段设计进度控制的共性工作内容：主要是审核设计单位提出的设计进度计划，控制各阶段设计进度计划的执行，比较进度计划值与实际值，实施纠偏，编制阶段进度控制报表、报告。

各设计阶段设计进度控制的主要工作内容如下：

1 设计准备阶段

（1）按要求完成项目设计依据资料、相关法律法规、强制性标准、设计规范和技术标准等设计基础资料、输入文件的充分性、适用性和有效性评审和确认工作。

（2）按设计合同及时向设计单位提送包括政府项目立项、可行性研究报告批准文件、环境影响评价报告批准文件和选址意见书、规划设计条件、设计任务书、地质勘察报告等设计依据文件和其他必须提供的设计基础资料。

（3）除明确熟悉项目总进度控制目标、设计进度管理、进度控制原理、要求、内容和方法外，还应结合项目设计质量、投资控制目标及主要控制点，项目特殊的专业技术要求，做好胜任设计进度控制知识和能力准备。

（4）编制设计准备阶段进度控制总结报告。

2 方案设计阶段

（1）制定设计方案竞赛、招标的进度计划及其实施。其中进度包括策划时间、发布公告时间、方案设计时间、接收方案设计投标文件时间、组织设计方案评选或评标时间、确定中选或中标方案及其通知时间等。

（2）控制业主方内部对设计方案征求意见的时间，避免常见的因意见不一，迟缓决策，耽误后续方案修改和优化工作进度的情形。

（3）拟定设计方案优化进度时间并控制执行。

（4）控制设计方案送审报批和批后修改工作进度计划时间。

（5）编制方案设计阶段进度控制总结报告。

3　初步设计阶段

（1）实施初步设计进度计划并控制初步设计招标投标、确定设计单位的工作时间、策划和签订设计合同工作时间。

（2）完成初步设计开工前准备工作任务并控制其进度。

（3）设计接口（各专业之间、各设计单位之间、设计单位与供应商之间用于工程设计而需要交换的信息）的及时性、有效性、准确性、完整性、有序性等都会影响各专业的出图进度。在初步设计过程中应在保证设计接口质量的前提下，重点检查监控因设计接口引起的设计工期延误，应及时与设计方协调，共同拟定化解问题的积极有效措并施予以解决；未能解决时，必要情况下调整出图计划。

（4）控制初步设计文件送审报批和批后修改工作进度计划时间。

（5）编制初步设计阶段进度控制总结报告。

4　施工图设计阶段

施工图设计在批准的初步设计文件（或扩初、技术设计文件）基础上进行。经审查批准的施工图设计文件作为设计阶段的最终成果，是采购、施工等后续建设阶段工作的直接依据，承担着更大的责任。与方案设计和初步设计相比，施工图设计的完整性、准确性和深度要求高，工作量大、设计工期长，影响因素与潜在风险也较多。施工图设计的进度对后续工作的展开关系更直接，影响更明显。因此，对施工图设计的进度控制更应郑重其事，科学应对。

（1）实施施工图设计进度计划，初步设计文件批准后，抓紧展开施工图设计招标投标、确定设计单位、策划和签订设计合同工作，并按计划控制其时间，促使设计单位按计划时间启动施工图设计程序。

（2）熟记招标文件和合同文件中有关进度控制的条款，有理、有据、有节地处理设计过程中出现的延误进度的各种问题。

（3）按约及时提供施工图设计基础资料；编制业主方提供的材料和设备采购计划；编制进口材料、设备清单，以便报关。

（4）在施工图设计过程中，遵循建设周期规律，在清楚项目各分项、分部工程施工先后顺序的基础上，有条不紊，有所侧重地安排施工图设计进度控制工作。

（5）重点跟踪检查各专业施工图设计进度执行情况，监控各专业交叉设计时可能产生的无序情况和设计接口问题及其引起的设计工期延误；应及时与设计方协调，力促上下游专业间保持密切联系和有效沟通，避免因技术误解而造成资源和时间的浪费。

（6）协调主设计单位与分包设计单位的关系，协调主设计与特殊专业设计、基本设计图与详图的关系，从而保证各设计单位、各专业按进度计划高质量地完成所承担的设计任务。

（7）协同设计单位，及时审核设计文件，做出认可与否的决定；控制设计过程中的变更及其实施的时间；避免因业主方的违约而影响或延误设计进度。

（8）督促设计单位按约及时提交设计进度报告。

（9）控制设计文件设计单位内审时间，督促其按计划顺序及时出图并保证符合出图程序及提交规定。

（10）施工图设计文件经内部审核认可后，及时按规定送施工图审查机构，并做好与施工图审查机构的沟通协调工作，促其按时审毕，以便及时按其提出审查批复意见修改，并控制修改进度。

（11）编制施工图设计阶段进度控制总结报告。

第10章　项目专项设计和公共配套设施管理

建设项目专项设计管理和配套设施管理都是建设行政管理的重要内容。也是项目设计及设计管理必不可少的内容。

建设项目专项设计管理是建设行政等相关主管部门及其授权机构对工程建设项目专项建设依法设定和实施送审、审查、行政许可等监督管理制度的活动。建设项目专项主要包括建设项目环境保护、人民防空、消防、日照、绿化、抗震设防、节能、防雷、安全、道路交通、河道使用、卫生防疫、市容环卫、无障碍设施、深基坑等。

配套设施主要包括建设项目的电力、供水、排水、燃气、电信、智能化和垃圾收集等城市公共配套设施事项，由政府各主管部门或其委托机构统一管理、统筹实施。

10.1　建设项目专项管理

10.1.1　环境保护影响评价管理

1　环境影响评价概念

环境影响评价是指对规划和建设项目实施后可能造成的环境影响进行分析、预测和评估，提出预防或者减轻不良环境影响的对策和措施，进行跟踪监测的方法与制度。

2　规划和建设项目环境影响评价制度

为了实施可持续发展战略，预防因规划和建设项目实施后对环境造成不良影响，促进经济、社会和环境的协调发展，我国先后制定了《环境保护法》、《环境影响评价法》、《规划环境影响评价条例》、《建设项目环境保护管理条例》、《建设项目环境影响评价文件审批程序规定》等法律法规，实行规划和建设项目环境影响评价制度。明确规定在中国领域和中国管辖的其他海域内建设对环境有影响的规划和建设项目，应当依法进行环境影响评价。

环境影响评价工作，由取得相应资格证书的单位承担。国家对从事建设项目环境影响评价工作的单位实行资格管理制度。

3　实施核准制的建设项目环境影响评价程序

项目申报单位在向项目核准机关报送申请报告时，需根据国家法律法规的规定附送环境保护行政主管部门出具的环境影响评价文件的审批意见。实施核准制的建设项目必须在上报核准材料前完成环境影响评价。实施核准制的建设项目环境影响评价程序如下：

(1) 建设单位在明确投资意向，实施地点后应当委托有资质的环境影响评价机构进行环境影响评价，其中属于国家核准的项目必须委托具有甲级证书的环境影响评价机构进行评价。

(2) 环境影响评价机构按《环境影响评价法》、《建设项目环境保护条例》规定，完成项目环境影响评价文件，提交建设单位审核。建设项目环境影响报告书、环境影响报告表和环境影响登记表统称为建设项目环境影响评价文件。

(3) 建设单位应当对项目环境影响评价文件的结论和环保措施进行确认，并且书面提出采纳或不采纳意见，不采纳应附具理由。

(4) 建设单位向具有该项目审批权的环保行政主管部门报送项目环境影响评价文件，并按公布的要求附送相关材料。

(5) 环保行政主管部门受理材料后，在法定的期限内对环境影响评价文件组织审查，并作出审批意见。

4 建设项目环境保护分类管理

国家实行建设项目环境保护分类管理制度。国家环保总局制定发布了《建设项目环境保护分类管理名录》(以下简称《环保分类管理名录》)。国家根据建设项目对环境的影响程度，按照下列规定对建设项目实行环境保护分类管理。有关规定如下：

(1) 建设项目对环境可能造成重大影响的，应当编制环境影响报告书，对建设项目产生的污染和对环境的影响进行全面、详细的评价。

1) 原料、产品或生产过程中涉及的污染物种类多、数量大或毒性大、难以在环境中降解的建设项目。

2) 可能造成生态系统结构重大变化、重要生态功能改变或生物多样性明显减少的建设项目。

3) 可能对脆弱生态系统产生较大影响或可能引发和加剧自然灾害的建设项目。

4) 容易引起跨行政区环境影响纠纷的建设项目。

5) 所有流域开发、开发区建设、城市新区建设和旧区改建等区域性开发活动或建设项目。

(2) 建设项目对环境可能造成轻度影响的，应当编制环境影响报告表，对建设项目产生的污染和对环境的影响进行分析或者专项评价。

1) 污染因素单一，而且污染物种类少、产生量小或毒性较低的建设项目。

2) 对地形、地貌、水文、土壤、生物多样性等有一定影响，但不改变生态系统结构和功能的建设项目。

3) 基本不对环境敏感区造成影响的小型建设项目。

(3) 建设项目对环境影响很小，不需要进行环境影响评价的，应当填报环境影响登记表。

1) 基本不产生废水、废气、废渣、粉尘、恶臭、噪声、震动、热污染、放射性、电磁波等不利环境影响的建设项目。

2) 基本不改变地形、地貌、水文、土壤、生物多样性等，不改变生态系统结构和功能的建设项目。

3) 不对环境敏感区造成影响的小型建设项目。

(4) 未列入《环保分类管理名录》的建设项目，由省级环境保护行政主管部门根据上述原则，确定其环境保护管理类别，并报国家环境保护总局备案。

(5)《环保分类管理名录》所称环境敏感区，是指具有下列特征的区域：需特殊保护地区——国家法律、法规、行政规章及规划确定或经县级以上人民政府批准的需要特殊保护的地区；生态敏感与脆弱区；社会关注区。

位于环境敏感区的建设项目，如其环境影响特征(包括污染因子和生态因子)对该敏感区环境保护目标不造成主要环境影响的，该建设项目环境影响评价是否按敏感区要求管理，由有审批权的环境保护行政主管部门征求当地环境保护部门意见后确认。

(6) 以促进企业技术进步和调整产业结构为目标，用清洁生产工艺替代落后工艺，污染物排放总量明显减少，现有污染源排放符合国家和地方排放标准及总量控制要求的技术改造项目，经有审批权的环境保护行政主管部门同意后，环境影响评价工作可适当简化。

(7) 纳入区域性开发的建设项目，如编制区域开发规划时进行了环境影响评价，其环境影响报告书已经环境保护行政主管部门批准，且建设项目的性质、规模、地点或采用的生产工艺符合区域开发总体要求的，经有审批权的环境保护行政主管部门同意后，环境影响评价工作可适当简化。

(8) 跨行业复合型建设项目的环境保护管理类别按其中等级最严的确定。

(9) 国家法律、法规及产业政策明令禁止建设或投资，如列入《淘汰落后生产能力、工艺和产品的目录》和《工商领域禁止重复建设目录》的建设项目，不适用《环保分类管理名录》。各级环保行政主管部门不得批准此类建设项目环境影响报告书、环境影响报告表或者环境影响登记表。

5 建设项目环境影响评价文件分级审批

国家实行建设项目环境影响评价文件分级审批制度。环境保护部的《建设项目环境影响评价文件分级审批规定》有关规定如下：

(1) 建设对环境有影响的项目，不论投资主体、资金来源、项目性质和投资规模，其环境影响评价文件均应按照本规定确定分级审批权限。有关海洋工程和军事设施建设项目的环境影响评价文件的分级审批，依据有关法律和行政法规执行。

(2) 各级环境保护部门负责建设项目环境影响评价文件的审批工作。建设项目环境影响评价文件的分级审批权限，原则上按照建设项目的审批、核准和备案权限及建设项目对环境的影响性质和程度确定。

(3) 环境保护部负责审批下列类型的建设项目环境影响评价文件：核设施、绝密工程等特殊性质的建设项目；跨省、自治区、直辖市行政区域的建设项目；由国务院审批或核准的建设项目；由国务院授权有关部门审批或核准的建设项目；由国务院有关部门备案的对环境可能造成重大影响的特殊性质的建设项目。

(4) 环境保护部可以将法定由其负责审批的部分建设项目环境影响评价文件的审批权限，委托给该项目所在地的省级环境保护部门，并应当向社会公告。受委托的省级环境保护部门，应当在委托范围内，以环境保护部的名义审批环境影响评价文件。受委托的省级环境保护部门不得再委托其他组织或者个人。

(5) 环境保护部直接审批环境影响评价文件的建设项目目录、环境保护部委托省级环境保护部门审批环境影响评价文件的建设项目目录，由环境保护部制定、调整并发布。

(6) 规定以外的建设项目环境影响评价文件的审批权限，由省级环境保护部门按下述原则提出分级审批建议，报省级人民政府批准后实施，并抄报环境保护部。

1) 有色金属冶炼及矿山开发、钢铁加工、电石、铁合金、焦炭、垃圾焚烧及发电、制浆等对环境可能造成重大影响的建设项目环境影响评价文件由省级环境保护部门负责审批。

2) 化工、造纸、电镀、印染、酿造、味精、柠檬酸、酶制剂、酵母等污染较重的建设项目环境影响评价文件由省级或地级市环境保护部门负责审批。

3) 法律和法规关于建设项目环境影响评价文件分级审批管理另有规定的，按照有关规定执行。

(7) 建设项目可能造成跨行政区域的不良环境影响，有关环境保护部门对该项目的环境影响评价结论有争议的，其环境影响评价文件由共同的上一级环境保护部门审批。

(8) 下级环境保护部门超越法定职权、违反法定程序或者条件做出环境影响评价文件审批决定的，上级环境保护部门可以按照规定处理。

6 规划环境影响评价的基本要求

根据《环境影响评价法》、《规划环评条例》等法律法规，环境影响评价的基本要求规定如下：

(1) 规划编制过程中的环境影响评价

1) 国务院有关部门、设区的市级以上地方人民政府组织编制的土地利用的有关规划，区域、流域、海域的建设、开发利用规划，应当在规划编制过程中组织进行环境影响评价，编写该规划有关环境影响的篇章或者说明。

2) 规划有关环境影响的篇章或者说明，应当对规划实施后可能造成的环境影响作出分析、预测和评估，提出预防或者减轻不良环境影响的对策和措施，作为规划草案的组成部分一并报送规划审批机关。

3) 未编写有关环境影响的篇章或者说明的规划草案，审批机关不予审批。

（2）专项规划的环境影响评价

国务院有关部门、设区的市级以上地方人民政府组织编制的工业、农业、畜牧业、林业、能源、水利、交通、城市建设、旅游、自然资源开发的有关专项规划，应当在该专项规划草案上报审批前，组织进行环境影响评价，并向审批该专项规划的机关提出环境影响报告书。

7　专项规划环境影响报告书的编制

（1）专项规划的环境影响报告书的内容。

1）实施该规划对环境可能造成影响的分析、预测和评估；

2）预防或者减轻不良环境影响的对策和措施；

3）环境影响评价的结论。

（2）专项规划的编制机关对可能造成不良环境影响并直接涉及公众环境权益的规划，应当在该规划草案报送审批前，举行论证会、听证会，或者采取其他形式，征求有关单位、专家和公众对环境影响报告书草案的意见。但是，国家规定需要保密的情形除外。

8　专项规划的环境影响报告书的审查

国家环境保护总局制定发布的《专项规划环境影响报告书审查办法》有关规定如下：

（1）符合下列条件的专项规划的环境影响报告书应当按照本办法规定进行审查：列入国务院规定应进行环境影响评价范围的；依法由省级以上人民政府有关部门负责审批的。

（2）专项规划环境影响报告书的审查必须客观、公开、公正，从经济、社会和环境可持续发展的角度，综合考虑专项规划实施后对各种环境因素及其所构成的生态系统可能造成的影响。

（3）专项规划编制机关在报批专项规划草案时，应依法将环境影响报告书一并附送审批机关；专项规划的审批机关在作出审批专项规划草案的决定前，应当将专项规划环境影响报告书送同级环境保护行政主管部门，由同级环境保护行政主管部门会同专项规划的审批机关对环境影响报告书进行审查。

（4）环境保护行政主管部门应当自收到专项规划环境影响报告书之日起 30 日内，会同专项规划审批机关召集有关部门代表和专家组成审查小组，对专项规划环境影响报告书进行审查；审查小组应当提出书面审查意见。

（5）参加审查小组的专家，应当从国务院环境保护行政主管部门规定设立的环境影响评价审查专家库内的相关专业、行业专家名单中，以随机抽取的方式确定。专家人数应当不少于审查小组总人数的二分之一。

（6）审查意见应当包括下列内容：

1）实施该专项规划对环境可能造成影响的分析、预测的合理性和准确性；

2）预防或者减轻不良环境影响的对策和措施的可行性、有效性及调整建议；

3）对专项规划环境影响评价报告书和评价结论的基本评价；

4）从经济、社会和环境可持续发展的角度对专项规划的合理性、可行性的总体评价及改进建议。审查意见应当如实、客观地记录专家意见，并由专家签字。

（7）环境保护行政主管部门应在审查小组提出书面审查意见之日起 10 日内将审查意见提交专项规划审批机关。

专项规划审批机关应当将环境影响报告书结论及审查意见作为决策的重要依据。专项规划环境影响报告书未经审查，专项规划审批机关不得审批专项规划。在审批中未采纳审查意见的，应当作出说明，并存档备查。

（8）专项规划环境影响报告书审查所需费用，从专项规划环境影响报告书编制费用中列支。

（9）国家规定需要保密的专项规划环境影响报告书的审查，按有关规定执行。

（10）由省级以上人民政府有关部门负责审批的专项规划，其环境影响报告书的审查办法，由国务院环境保护行政主管部门会同国务院有关部门制定。

9 建设项目的环境影响评价的基本要求

根据《环境影响评价法》、《建设项目环保条例》等法律法规，环境影响评价的基本要求规定如下：

(1) 国家根据建设项目对环境的影响程度，对建设项目的环境影响评价实行分类管理。建设项目的环境影响评价分类管理名录，由国务院环境保护行政主管部门制定并公布。

(2) 建设单位应当按照下列规定组织编制环境影响报告书、环境影响报告表或者填报环境影响登记表（统称环境影响评价文件）。

(3) 可能造成重大环境影响的，应当编制环境影响报告书，对产生的环境影响进行全面评价。建设项目的环境影响报告书应当包括下列内容：

1) 建设项目概况；

2) 建设项目周围环境现状；

3) 建设项目对环境可能造成影响的分析、预测和评估；

4) 建设项目环境保护措施及其技术、经济论证；

5) 建设项目对环境影响的经济损益分析；

6) 对建设项目实施环境监测的建议；

7) 涉及水土保持的建设项目，还必须有经水行政主管部门审查同意的水土保持方案；

8) 环境影响评价的结论。

(4) 可能造成轻度环境影响的，应当编制环境影响报告表，对产生的环境影响进行分析或者专项评价；对环境影响很小、不需要进行环境影响评价的，应当填报环境影响登记表。环境影响报告表和环境影响登记表的内容和格式，由国务院环境保护行政主管部门制定。

(5) 建设项目的环境影响评价，应当避免与规划的环境影响评价相重复。作为一项整体建设项目的规划，应按照建设项目进行环境影响评价，不进行规划的环境影响评价。已经进行了环境影响评价的规划所包含的具体建设项目，其环境影响评价内容建设单位可以简化。

(6) 建设单位可以采取公开招标的方式，选择从事环境影响评价工作的单位，对建设项目进行环境影响评价。任何行政机关不得为建设单位指定从事环境影响评价工作的单位，进行环境影响评价。

(7) 接受委托为建设项目环境影响评价提供技术服务的机构，按照资质证书规定的等级和评价范围，从事环境影响评价服务，并对评价结论负责。不得与负责审批建设项目环境影响评价文件的环境保护行政主管部门或者其他有关审批部门存在任何利益关系。

(8) 除国家规定需要保密的情形外，对环境可能造成重大影响、应当编制环境影响报告书的建设项目，建设单位应当在报批建设项目环境影响报告书前，举行论证会、听证会，或者采取其他形式，征求有关单位、专家和公众的意见。

建设单位报批的环境影响报告书应当附具对有关单位、专家和公众的意见采纳或者不采纳的说明。

(9) 建设项目的环境影响评价文件，由建设单位按照国务院的规定报有审批权的环境保护行政主管部门审批；建设项目有行业主管部门的，其环境影响报告书或者环境影响报告表应当经行业主管部门预审后，报有审批权的环境保护行政主管部门审批。海洋工程建设项目的海洋环境影响报告书的审批，依照《中华人民共和国海洋环境保护法》的规定办理。

审批部门应当自收到环境影响报告书之日起 60 日内，收到环境影响报告表之日起 30 日内，收到环境影响登记表之日起 15 日内，分别作出审批决定并书面通知建设单位。预审、审核、审批建设项目环境影响评价文件，不得收取任何费用。

(10) 建设项目的环境影响评价文件经批准后，建设项目的性质、规模、地点、采用的生产工艺或者防治污染、防止生态破坏的措施发生重大变动的，建设单位应当重新报批建设项目的环境影响评价文件。

建设项目的环境影响评价文件自批准之日起超过 5 年，方决定该项目开工建设的，其环境影响评价文件应当报原审批部门重新审核；原审批部门应当自收到建设项目环境影响评价文件之日起10日内，将审核意见书面通知建设单位。

（11）建设项目的环境影响评价文件未经法律规定的审批部门审查或者审查后未予批准的，该项目审批部门不得批准其建设，建设单位不得开工建设。

（12）建设项目建设过程中，建设单位应当同时实施环境影响报告书、环境影响报告表以及环境影响评价文件审批部门审批意见中提出的环境保护对策措施。

（13）在项目建设、运行过程中产生不符合经审批的环境影响评价文件的情形的，建设单位应当组织环境影响的后评价，采取改进措施，并报原环境影响评价文件审批部门和建设项目审批部门备案；原环境影响评价文件审批部门也可以责成建设单位进行环境影响的后评价，采取改进措施。

（14）环境保护行政主管部门应当对建设项目投入生产或者使用后所产生的环境影响进行跟踪检查，对造成严重环境污染或者生态破坏的，应当查清原因、查明责任。对为建设项目环境影响评价提供技术服务的机构编制不实的环境影响评价文件的，审批部门工作人员失职、渎职，对依法不应批准的建设项目环境影响评价文件予以批准的，均依法追究其法律责任。

10　建设项目环境保护设施建设的规定

（1）建设项目需要配套建设的环境保护设施，必须与主体工程同时设计、同时施工、同时投产使用。环境保护设施必须经原审批环境影响报告书的环境保护行政主管部门验收合格后，该建设项目方可投入生产或者使用。

（2）建设项目的初步设计，应当按照环境保护设计规范的要求，编制环境保护篇章，并依据经批准的建设项目环境影响报告书或者环境影响报告表，在环境保护篇章中落实防治环境污染和生态破坏的措施以及环境保护设施投资概算。

（3）建设项目的主体工程完工后，需要进行试生产的，其配套建设的环境保护设施必须与主体工程同时投入试运行。

（4）建设项目试生产期间，建设单位应当对环境保护设施运行情况和建设项目对环境的影响进行监测。

（5）建设项目竣工后，建设单位应当向审批该建设项目环境影响报告书、环境影响报告表或者环境影响登记表的环境保护行政主管部门申请对该建设项目的环境保护配套设施进行竣工验收。

环境保护设施竣工验收，应当与主体工程竣工验收同时进行。对于需要进行试生产的建设项目，建设单位应当自建设项目投入试生产之日起3个月内，向审批该建设项目环境影响报告书、环境影响报告表或者环境影响登记表的环境保护行政主管部门申请对该建设项目的环境保护配套设施进行竣工验收。

（6）分期建设、分期投入生产或者使用的建设项目，其相应的环境保护设施应当分期验收。

（7）环境保护行政主管部门应当自收到环境保护设施竣工验收申请之日起30日内，完成验收。

（8）建设项目需要配套建设的环境保护设施经验收合格，该建设项目方可正式投入生产或者使用。

（9）流域开发、开发区建设、城市新区建设和旧区改建等区域性开发，编制建设规划时，应当进行环境影响评价。具体办法由国务院环境保护行政主管部门会同国务院有关部门另行规定。

11　国家环境保护总局对建设项目环境影响评价文件审批程序

国家环境保护总局制定颁布的《国家环境保护总局建设项目环境影响评价文件审批程序规定》适用于环保总局负责审批的建设项目环境影响评价文件的审批。有关规定如下：

（1）报批时段

1）按照国家规定实行审批制的建设项目，建设单位应当在报送可行性研究报告前报批环境影响评价文件。

2）按照国家规定实行核准制的建设项目，建设单位应当在提交项目申请报告前报批环境影响评价文件。

3）按照国家规定实行备案制的建设项目，建设单位应当在办理备案手续后和开工前报批环境影响评价文件。

（2）申请与受理

1）建设单位按照环保总局公布的《建设项目环境保护分类管理名录》的规定，组织编制环境影响报告书、环境影响报告表或者填报环境影响登记表。其中，对按规定编制环境影响报告书或者环境影响报告表的建设项目，建设单位应当委托具备甲级环境影响评价资质的机构编制。

2）建设项目环境影响报告书主要包括下列内容：A 项目概况；B 周围环境现状；C 对环境可能造成影响的分析、预测和评估；D 环境保护措施及其技术、经济论证；E 对环境影响的经济损益分析；F 实施环境监测的建议；G 评价结论。建设项目环境影响报告表和环境影响登记表，分别按照环保总局公布的内容、格式编制或填报。

3）依法需要环保总局审批的建设项目环境影响评价文件，建设单位应当向环保总局提出申请，提交下列材料，并对所有申报材料内容的真实性负责：A 建设项目环境影响评价文件报批申请书 1 份；B 建设项目环境影响评价文件文字版一式 8 份，电子版一式 2 份；C 建设项目建议书批准文件（审批制项目）或备案准予文件（备案制项目）1 份；D 依据有关法律法规规章应提交的其他文件。

4）环保总局对建设单位提出的申请和提交的材料，根据情况分别作出下列处理：A 申请材料齐全、符合法定形式的，予以受理，并出具受理回执；B 申请材料不齐全或不符合法定形式的，当场或在 5 日内一次告知建设单位需要补正的内容；C 按照审批权限规定不属于环保总局审批的申请事项，不予受理，并告知建设单位向有关机关申请。

5）环保总局在政府网站公布受理的建设项目信息。国家规定需要保密的除外。

（3）审查

1）环保总局受理建设项目环境影响报告书后，认为需要进行技术评估的，由环境影响评估机构对环境影响报告书进行技术评估，组织专家评审。评估机构一般应在 30 日内提交评估报告，并对评估结论负责。

2）环保总局主要从下列方面对建设项目环境影响评价文件进行审查：

A 是否符合环境保护相关法律法规。建设项目涉及依法划定的自然保护区、风景名胜区、生活饮用水水源保护区及其他需要特别保护的区域的，应当符合国家有关法律法规对该区域内建设项目环境管理的规定；依法需要征得有关机关同意的，建设单位应当事先取得该机关同意。

B 是否符合国家产业政策和清洁生产标准或者要求。

C 建设项目选址、选线、布局是否符合区域、流域规划和城市总体规划。

D 项目所在区域环境质量是否满足相应环境功能区划和生态功能区划标准或要求。

E 拟采取的污染防治措施能否确保污染物排放达到国家和地方规定的排放标准，满足污染物总量控制要求；涉及可能产生放射性污染的，拟采取的防治措施能否有效预防和控制放射性污染。

F 拟采取的生态保护措施能否有效预防和控制生态破坏。

3）对环境可能造成重大影响、应当编制环境影响报告书的建设项目，可能严重影响项目所在地居民生活环境质量的建设项目，以及存在重大意见分歧的建设项目，环保总局可以举行听证会，听取有关单位、专家和公众的意见，并公开听证结果，说明对有关意见采纳或不采纳的理由。

（4）批准

1）符合《国家环境保护总局建设项目环境影响评价文件审批程序规定》第十二条所列条件，经审查通过的建设项目，环保总局作出予以批准的决定，并书面通知建设单位。对不符合条件的建设项目，环保总局作出不予批准的决定，书面通知建设单位，并说明理由。

2）环保总局在作出批准的决定前，在政府网站公示拟批准的建设项目目录，公示时间为 5 天。作出批准决定后，在政府网站公告建设项目审批结果。

3）建设项目的环境影响评价文件自批准之日起超过5年，方决定该项目开工建设的，其环境影响评价文件应当报环保总局重新审核。环保总局从下列方面对环境影响评价文件进行重新审核：A 建设项目所在区域环境质量状况有无变化；B 原审批中适用的法律、法规、规章、标准有无变化。

若上述两方面均未发生变化，环保总局作出予以核准的决定，并书面通知建设单位。建设单位对审批或重新审核决定有异议的，可依法申请行政复议或提起行政诉讼。

（5）期限

1）环保总局应当自收到环境影响报告书之日起60日内，收到环境影响报告表之日起30日内，收到环境影响登记表之日起15日内，根据审查结果，分别作出相应的审批决定并书面通知建设单位。

2）新审核的建设项目，环保总局应当自收到环境影响评价文件之日起10日内，将审核意见书面通知建设单位。

3）需要进行听证、专家评审和技术评估的，所需时间不计算在本章规定的期限内。

12　省市环境保护主管部门对建设项目环境影响评价文件的审批

以上海市《建设项目环境影响评价文件的审批》为例。

（1）管理权限

根据《建设项目环境影响评价文件分级审批规定》和《上海市建设项目环境影响评价分级管理规定》，属市环保局审批权限的，列入《建设项目环境保护分类管理名录》内的建设项目。市环保局负责行政许可的受理、审查、决定、监督检查工作。市建设项目环保受理中心、市固体废物管理中心、市辐射环境监督站承担行政许可的有关技术服务工作。

（2）基本条件

1）环境影响评价文件编制必须符合《环境影响评价技术导则》以及相关标准、技术规范的要求；

2）建设项目必须符合区域开发建设规划和环境功能区划的要求；

3）建设项目必须符合国家和本市产业政策；

4）建设项目产生的二氧化硫、烟尘、粉尘、COD、氨氮、石油类等主要污染物排放量必须控制在本市污染物排放总量控制指标之内；

5）建设项目向环境排放污染物必须达到国家、行业和本市的污染物排放标准；

6）建设项目应当符合《清洁生产促进法》有关规定，优先采用原材料消耗低、污染物产生量少的清洁生产工艺，合理、节约利用自然资源，从源头上控制污染；

7）改建、扩建项目的环境影响评价文件必须反映项目原有的环境状况，采取“以新带老”等措施，治理原有的污染源；

8）建设项目必须符合法律、法规、规章、标准规定的各项环境保护要求。

（3）办理程序（市环保局）

1）申请单位向市环保局行政许可受理窗口申报资料；

2）市环保局审查；

3）市环保局作出决定。

审查阶段需进行公众参与和听证的，要求和程序参见相关规定。

（4）申请材料

1）建设项目环境影响评价审批申请表（格式文本，原件，一式2份）。

2）环境影响评价文件（原件及PDF格式电子文档，环境影响登记表无需递交电子文档）。除国家涉密项目外，编制环境影响报告书的建设项目提交环评时应同时提交专家意见（原件）和征求有关单位、专家和公众的意见采纳或不采纳的情况说明（加盖建设单位公章的原件）；对周围环境可能造成较大影响或在环境敏感区建设的，应参照环境影响报告书的相关规定征求有关单位、专家和公众的意见，提交环评时应同时提交专家意见（原件）和征求有关单位、专家和公众的意见采纳或不采纳的情况说明

（加盖建设单位公章的原件）等。开展公众参与的建设项目，因涉及商业秘密、个人隐私不同意环评文件全文公开的，提交环评时应同时提交环评文件可公开版本（加盖建设单位和环评单位公章的原件，PDF格式电子文档）。

3）营业执照或法人证书；尚未取得营业执照或法人证书的建设单位，应提交工商部门颁发的《企业名称预先核准通知书》；申请人为个人的，应提交个人身份证明材料。

4）列入审批制的政府投资项目，应报送项目建议书批文；列入核准制的企业投资项目，应明确核准机关及相关证明材料；列入备案制的企业投资项目，应报送备案意见。

5）建设项目用地为划拨的，应提供规划选址意见；用地为招拍挂、协议出让的，应提供土地中标通知书（原件）；用地为自有土地且新增建筑面积的，应提供建设工程规划设计要求；用地用房为租赁的，应提供租赁合同。

6）纳入本市建设项目污染物总量控制实施范围的建设项目，应提供总量来源证明（原件）。

7）地形图（原件）。

8）总平面图（原件）。

9）建设单位有行业主管部门的，应提供其预审意见（原件）；建设项目位于工业区内的，应提供工业区管委会出具的证明材料（原件）。

10）排水许可证，或基地污水纳管证明（可通过向水务局申请信息公开获得）。

11）法律、法规、规章规定的其他证明材料。

（5）办理时限

1）环境影响登记表：自受理之日起15日内做出行政许可决定；2）环境影响报告表：自受理之日起30日内做出行政许可决定；3）环境影响报告书：自受理之日起60日内做出行政许可决定。

（6）有效期限

建设项目的环境影响评价文件自批准之日起超过5年，方决定该项目开工建设的，其环境影响评价文件应当报原审批部门重新审核。建设项目环境影响评价文件自批准之日起超过3年方决定开工建设，如周边环境有重大变化，或者法律、法规、规章、环境标准有重大调整的，建设单位应当重新编制、报批环境影响评价文件。

（7）调整变更

建设项目环境影响评价批准之后，项目内容、性质、规模、地点、采用的生产工艺或防治污染、防止生态破坏的措施发生重大变化的，应重新进行报批环境影响评价文件。

1）申请材料：建设项目环境影响评价审批申请表（格式文本，原件，一式2份）；原环境影响评价的批准文件；重新申报的环境影响评价文件（原件及PDF格式电子文档，环境影响登记表无需递交电子文档）；变更情况说明；与变更相关的图纸；营业执照或法人证书或个人身份证明材料；法律、法规、规章规定的其他证明材料。

2）办理时限：与首次申报环境影响评价文件的办理时限规定相同。

（8）延续

建设项目的环境影响评价文件超过有效期限的，应当办理延续手续。

申请材料：建设项目环境影响评价审批申请表（格式文本，原件，一式二份）；延续情况说明；原环境影响评价文件；原环境影响评价的批准文件；营业执照或法人证书或个人身份证明材料。

办理时限：自收到建设项目环境影响评价文件之日起10日内，将审核意见书面通知建设单位。

（9）说明

1）地形图：地形图应为由上海市测绘院绘制的最新版原件。地形图上标注项目轮廓。项目涉及多张地形图时，应按实际位置将其拼接成一张。

2）环境影响评价文件：建设单位应依法按照建设项目的性质、规模以及可能对环境影响的程度，确定环评形式。建设项目环境影响报告书和建设项目环境影响报告表由建设单位委托有资质的环评单位编制，封面加盖建设单位公章；建设项目环境影响登记表由建设单位填写。

3）环境影响评价文件的内容应符合相关法律法规和《环境影响评价技术导则》。除国家规定需要保密的情形外，对环境可能造成重大影响的应当编制环境影响报告书的建设项目，建设单位应当在报批建设项目环境影响报告书前，举行论证会、听证会，或者采取其他形式，征求有关单位、专家和公众的意见。

4）环评可公开文本：该文本内容设置可参照《关于进一步完善环评公众参与中信息发布工作的通知》（沪环保评［2010］38号），并加盖建设单位和环评单位公章。

13　建设项目不同阶段环境保护影响管理的主要内容

（1）项目建议书阶段

1）根据建设项目的性质、规模、建设地区的环境现状等，在建设项目建议书中对拟建项目建成后可能造成的环境影响做出简要说明。

2）持规定的申请材料向环保主管部门送审。申请材料：建设项目建议书、规划选址意向、项目所在地的地形图等。

3）按拟建项目可能造成环境影响的程度，环保主管部门的批复意见，确定编制《环境影响报告书（表）》或填写《环境影响报告登记表》，取得立项环境影响初步意见。

4）在项目建议书批准后，向环保主管部门申报项目建议书批文。并根据环保主管部门提出的环境影响评价意见，委托具有建设项目环境影响评价资质的环境影响评价单位，组织编制环境影响评价文件。

环境影响评价文件编制必须符合《环境影响评价技术导则》以及相关标准、技术规范的要求。建设项目环境影响报告书编制分大纲和报告书两个阶段，即先编制工作大纲，经环保主管部门审查批准后，再编制环境影响报告书。

（2）可行性研究阶段

1）依法需要环保总局审批的建设项目环境影响评价文件，向环保主管部门提出申请，按审批规定提交规定的材料。列入审批制的政府投资项目，应报送项目建议书批文；列入核准制的企业投资项目，应明确核准机关及相关证明材料；列入备案制的企业投资项目，应报送备案意见。

2）在可行性研究报告书中，应有环境保护的专门论述，主要内容按国家或建设项目所在省市有关规定编写，包括：主要污染源和主要污染物；设计采用的环境保护标准；控制污染的对策措施；环境保护投资估算；存在的问题及建议等。改建、扩建项目的环境影响评价文件必须反映项目原有的环境状况，治理原有的污染源拟采取的措施等。

3）环保主管部门对环境影响文件进行审查，审查阶段需进行公众参与和听证的，按相关规定的要求和程序进行；对可行性研究报告中环境保护内容进行审查并做出决定意见。

（3）方案设计阶段

1）落实环保主管部门对可行性研究报告（设计任务书）中环境保护内容的决定意见。2）方案设计环境保护影响评价送审报批。3）环保主管部门审查方案设计环境保护影响评价，并出具审查意见。

（4）初步设计阶段

1）具体落实环境影响报告文件及其审批意见所确定的各项环境保护措施。在建设项目的初步设计中编制环境保护篇（章），主要内容与要求应符合相关设计规范规定。

2）初步设计中编制环境保护篇（章）送审报批。

3）环保主管部门审查初步设计环境保护篇（章），并出具审查意见。

（5）施工图设计阶段

1）建设项目环境保护设施的施工图设计，必须按已批准的初步设计文件及其环境保护篇（章）所确定的各种措施和要求进行。

2）按不同项目类型，持初步设计审批文件、有关环保设施的施工图设计文件和规定的其他申报材料，向环保主管部门送审有关环保设施的施工图设计。

3）环保主管部门审查建设项目施工图设计中的环保设施、措施落实情况；核发施工图设计有关环保设施审核批文。

（6）施工阶段

在施工时，应按照“三同时”要求，将各种环保设施与主体工程同时施工建设。项目施工期间，环保主管部门将委托环境监理部门到现场进行环境监理。检查、监督工程施工中环保设施的施工情况。

（7）试生产阶段

1）在建设项目需配套的环境保护设施已建成；环评文件和环保主管部门审批意见中所提其他环境保护措施已经落实。即达到“建设项目试生产（运行）环境保护审批”的试生产基本条件后，建设单位向环保主管部门提出试生产（运行）报告，申办试生产（运行）环境保护审批手续。

2）环保主管部门现场查验试生产（运行）应具备的条件，审批建设项目试生产（运行）申请报告，核发试生产（运行）审核批文。

（8）竣工验收阶段

1）按“建设项目环境保护设施竣工验收”规定，建设单位向环保主管部门提出建设项目验收环境保护竣工申请报告，申办环境保护设施竣工验收审批手续。

2）环保主管部门审查竣工验收报告，审查确认建设项目达到验收条件后，正式签署竣工验收许可批文。

10.1.2 人民防空设施管理

1 人民防空工程概述

为了加强民防工程的维护管理和开发利用，国家和各省市有关部门对人民防空工程（以下简称民防工程）实施监督管理，制定了《中华人民共和国人民防空法》（以下简称《人民防空法》）等法律法规，将建设项目民防工程纳入人民防空设施行政许可管理。明确了建设单位在建设项目建筑设计方案、初步设计、施工图设计及竣工验收各阶段对民防工程的要求及管理程序。《人民防空法》规定：

（1）人民防空工程包括为保障战时人员与物资掩蔽、人民防空指挥、医疗救护等而单独修建的地下防护建筑，以及结合地面建筑修建的战时可用于防空的地下室。

（2）国家根据国防建设的需要，结合城市建设和经济发展水平，制定人民防空工程建设规划。

（3）国家对人民防空工程建设，按照不同的防护要求，实行分类指导。

（4）建设人民防空工程，应当在保证战时使用效能的前提下，有利于平时的经济建设、群众的生产生活和工程的开发利用。

（5）人民防空指挥工程、公用的人员掩蔽工程和疏散干道工程由人民防空主管部门负责组织修建；医疗救护、物资储备等专用工程由其他有关部门负责组织修建。有关单位负责修建本单位的人员与物资掩蔽工程。

（6）城市新建民用建筑，按照国家有关规定修建战时可用于防空的地下室。

（7）人民防空工程建设的设计、施工、质量必须符合国家规定的防护标准和质量标准。人民防空工程专用设备的定型、生产必须符合国家规定的标准。

（8）县级以上地方各级人民政府人民防空主管部门管理本行政区域的人民防空工作。县级以上人民政府有关部门对人民防空工程所需的建设用地应当依法予以保障；对人民防空工程连接城市的道路、供电、供热、供水、排水、通信等系统的设施建设，应当提供必要的条件。

2 民防工程建设和使用管理办法

以《上海市民防工程建设和使用管理办法》为例。根据《人民防空法》和《上海市民防条例》等法律法规，上海市政府制定了《上海市民防工程建设和使用管理办法》和《上海市地下空间安全使用管理办法》等地方法规，对本市行政区域内民防工程实施规划、建设、使用、维护及其相关管理。

(1) 管理范围。本市行政区域内的民防工程，包括为保障战时人员与物资掩蔽、防空指挥、医疗救护等单独修建的地下防护建筑，以及结合地面建筑修建的战时可用于防空的地下室。地下空间，包括民防工程、普通地下室和轨道交通地下车站。普通地下室是指结合地面建筑或者单独修建的，未达到人民防空工程防护标准的地下建筑；轨道交通地下车站是指位于地面以下的轨道交通出入口、通道、站厅层和站台层等。

(2) 民防工程的建设要求。民防工程的建设，应当符合市和区、县的民防工程建设规划，并按照国家和本市规定的基本建设程序进行。

1) 规划要求。地铁、隧道等地下交通干线以及地下的电站、水库、车库等地下公共基础设施的建设，应当兼顾防空需要，市或者区、县民防办应当参与规划审查。规划建设公共绿地、交通枢纽以及其他市政公用基础设施时，应当注重开发利用城市地下空间，优先规划建设民防工程或者兼顾防空需要的地下工程。

2) 用地要求。民防工程和与其配套的进出道路、出入口、孔口、口部管理房等设施的地面用地，市和区、县规划、土地等管理部门应当依法予以保障。

3) 连通要求。规划建设民防工程时，应当同时规划建设民防工程与其他地下工程连接的通道或者预留连通口。规划确定的民防工程与其他地下工程连接的通道修建时，不得对被连接的地下工程造成损坏；被连接的地下工程的所有权人不得拒绝将民防工程与该地下工程连通。已建民防工程与其他地下工程之间的连通，由市或者区、县民防办会同同级规划、计划、土地、建设等有关部门制定计划，分步实施，逐步修建连接通道。

(3) 结合民用建筑民防工程。城市新建民用建筑，应当按照国家有关规定，结合修建战时可以用于防空的地下室（以下简称结建民防工程）。

有下列情形之一，不宜修建结合民用建筑民防工程的，建设单位应当按照建设项目的规划审批权限，在建设工程初步设计阶段向市或者区、县民防办提出申请：

1) 桩基承台顶面埋置深度小于3米，或者地下室空间净高达不到规定的标准的。

2) 按照规定应当修建结合民用建筑民防工程的面积只占地面建筑底层的局部，且结构和基础处理困难的。

3) 在建设用地范围内有流砂、暗河，或者基岩埋置深度较浅，地质条件不适于修建的。

4) 建设用地周围的房屋或者地下管线密集，结合民用建筑民防工程无法施工或者难以采取措施保证施工安全的。

市或者区、县民防办应当自收到申请之日起10个工作日内向申请人作出书面答复。

(4) 民防工程建设费。经认定不宜修建结合民用建筑民防工程的，建设单位应当在领取建设工程规划许可证前，向市或者区、县民防办缴纳民防工程建设费。符合规定的新建民用建筑，可以按照规定减免民防工程建设费。

(5) 民防工程质量要求及其监督。

1) 民防工程建设的设计、施工必须符合国家规定的防护标准和质量标准，并满足民防工程平时使用对环境、安全、设施运行等方面的要求。民防工程应当由具备相应资质的设计单位、施工单位、监理单位按照国家和本市有关规定，进行工程的设计、施工和监理。

2) 市民防办应当按照国家和本市有关规定，参与民防工程施工图设计文件的审查。

3) 民防工程的建设单位应当按照国家和本市有关规定，办理工程质量监督手续，接受对民防工程质量的监督管理。

(6) 竣工验收备案和档案移交（详见第14章）。

(7) 民防工程改建。任何单位或者个人不得擅自改建民防工程；但为了保证民防工程的使用确需改建的，应当报市或者区、县民防办批准。民防工程的改建不得降低民防工程原有的防护能力，不得违反国家有关规定改变民防工程的主体结构，并按照本办法的规定执行。

(8) 民防工程拆除。任何单位或者个人不得擅自拆除民防工程，确因市政建设、旧城改造等需要拆除民防工程的，应当按照下列规定办理审批手续，经批准后方可拆除：

1) 拆除等级民防工程或者建筑面积在 500m² 以上的非等级民防工程的，应当向市民防办提出申请，由市民防办按照规定审批或者报国家民防管理部门审批。

2) 拆除第 1) 项规定以外民防工程的，应当向区、县民防办提出申请，由区、县民防办按照规定审批，并报市民防办备案。注：民防工程包括等级民防工程和非等级民防工程，等级民防工程是指按照国家规定的防护要求修建，并达到国家规定防护标准的民防工程。

3) 拆除公用民防工程或者国家投资修建的其他民防工程的，拆除单位应当按照规定负责补建。经市或者区（县）民防办认定无法按照规定补建的，拆除单位应当向市或者区（县）民防办缴纳民防工程拆除补偿费。

3 结合民用建筑民防工程审批管理

以《上海市结合民用建筑民防工程审批管理实施细则》为例。有关规定如下：

(1) 审批权限划分：结合民用建筑民防工程的审批按照建设项目的规划审批权限分级实施。按市、区（县）规划部门核发建设工程规划许可证的项目，分别由市、区（县）民防办审批。

(2) 建设范围：根据上海市总体规划，本市中心城区和郊区城镇新建（含扩建、改建）民用建筑，应当按照国家有关规定配建民防工程。

(3) 按规划方案阶段、初步设计阶段、申领建设工程规划许可证阶段的要求办理结建民防工程审批手续。

(4) 方案阶段审批

1) 申办材料：A《民防工程建设（方案阶段）申请表》。B 项目建议书、可研报告批文，土地出让（转让）合同（复印件）。C 设计方案总平面图（加盖设计出图章）。要求标明建设基地界限、地上和地下拟建建筑位置、建筑层数、技术经济指标。D 设计方案文本（加盖设计出图章）。E 建筑分层面积表（加盖设计单位和建设单位公章）。要求将不同性质的建筑面积在表中分别列出。F 因项目特殊性需要增加的其他报审资料。

2) 办理程序：A 建设单位填写《民防工程建设（方案阶段）审核意见单》后，将相关材料报送总窗口。B 总窗口受理。对材料进行初审，符合办理条件的予以受理，并转交相关经办人；不符合办理条件的中止办理直到建设项目达到受理条件。C 民防办审查。在 10 个工作日内，对材料进行审查，提出民防工程建设意见，并签发《民防工程建设（方案阶段）意见单》。D 建设单位到总窗口领取《民防工程建设（方案阶段）审核意见单》。明确结合民用建筑民防工程的初步内容。

(5) 初步设计阶段

1) 申办材料：A《民防工程建设（初步设计阶段）申请表》。B 规划部门的建设工程设计方案批复（复印件）。C 初步设计总平面图（加盖设计出图章）。要求标明建设基地界限、地上和地下拟建建筑位置、建筑层数、技术经济指标。D 初步设计文本（加盖设计出图章）。要求应包含民防工程设计内容。E 建筑分层面积表（加盖设计单位和建设单位公章），要求将不同性质的建筑面积在表中分别列出。F 因项目特殊性需要增加的其他报审资料。

2) 办理程序：A 建设单位填写《民防工程建设（初步设计阶段）审核意见单》后，将相关材料报送总窗口。B 总窗口受理。对材料进行初审，符合办理条件的予以受理，并转交相关经办人；不符合办理条件的中止办理直到建设项目达到受理条件。C 民防办审查。在 10 个工作日内，对材料进行审查，明确民防工程建设的相关要求，并签发《民防工程建设（初步设计阶段）审核意见单》。D 建设单位到总窗口领取《民防工程建设（初步设计阶段）审核意见单》。明确结合民用建筑民防工程的建筑面积、抗力等级、战时用途、平战转换设计要求等内容。《民防工程建设（初步设计阶段）审核意见单》是结合民用建筑民防工程施工图审查、质量监督、竣工验收备案的依据。

（6）申领建设工程规划许可证阶段

1）申办材料：A《民防工程建设（建设工程规划许可证阶段）申请表》。B 建设交通部门的初步设计批复文件（复印件）。C 上海市民防办公室关于该项目通过审图的意见（复印件）。D 建筑施工总平面图（加盖设计出图章）。要求标明建设基地界限、地上和地下拟建建筑位置、建筑层数、技术经济指标。E 民防工程建筑平面施工图。F 建筑分层面积表（加盖设计单位和建设单位公章）。要求将不同性质的建筑面积在表中分别列出。G 因项目特殊性需要增加的其他报审资料。

2）办理程序：A 建设单位填写《民防工程建设（建设工程规划许可证阶段）核定单》后，将相关材料报送总窗口。B 总窗口受理。总窗口对材料进行初审，符合办理条件的予以受理，并转交相关经办人；不符合办理条件的中止办理直到建设项目达到受理条件。C 民防办审查。在10个工作日内，对材料进行审查后签发《民防工程建设（建设工程规划许可证阶段）核定单》。D 建设单位到总窗口领取《民防工程建设（建设工程规划许可证阶段）核定单》。核定结合民用建筑民防工程的建筑面积或应缴纳的民防工程建设费。

（7）办理时限：自受理之日起10个工作日内办理完毕。

（8）结合民用建筑民防工程审批应贯彻"以建为主"的方针，按照国家有关规定，地面建筑面积在7000m^2以上的民用建筑建设项目应按规定或规划要求配建抗力等级为五级或六级的民防工程。

结合民用建筑民防工程的建筑面积应按下列标准计算：A 10层（含）以上的民用建筑按首层建筑面积配建；B 9层以下的民用建筑，基础埋深大于3m（含）的按首层建筑面积配建；基础埋深小于3m的按地上总建筑面积的2%配建。结合民用建筑民防工程战时用途应以人员掩蔽部为主，也可以根据民防工程规划要求，结合民用建筑民防工程修建医疗救护、防空专业队等民防骨干工程。

（9）旧区改造项目结建民防工程的审批要求

旧区改造项目的结建民防工程审批同样应按规定配建民防工程。对符合《建管办法》规定、不宜配建民防工程的项目，应按《上海市结建民防工程审批管理实施细则》第五和第六条的规定收取结建费。

（10）分期建设项目的审批要求

对一次规划、分期实施的建设项目，原则上应先安排结建民防工程建设，多建的民防工程面积可以在同一项目的后期建设中抵扣。确实无法先期建造的，应同时符合以下条件才可以同意后期集中建造民防工程。

1）该项目的后续建设已通过立项审批（应提供立项批文）；

2）该项目的总体规划中已经为民防工程的建设落实了足够的位置（应提供相关的规划图纸和批文）；

3）建设单位书面申请并承诺在限期（不超过2年）内落实民防工程建设，同时明确表示愿意承担违约不建民防工程的法律责任；

4）审批部门对此类项目应建立管理台账，落实后续监管。区（县）民防办还应及时向市民防办备案。

（11）工业园区内民用建筑项目的结建审批要求

工业园区（含各类开发区）内属于或含有民用建筑的建设项目，同样应按照《建管办法》的有关规定落实结建民防工程，各区（县）无权另行制定建设审批办法和优惠政策。对工业园区愿意集中建造民防工程的，必须先完成民防工程的集中建设，然后才可以根据已建民防工程总面积，对园区内的后续建设项目按应建民防工程的面积指标实行抵扣。

（12）结合民用建筑民防工程审批的项目编号

结合民用建筑民防工程实行项目编号管理，市或区（县）民防办应在方案阶段给予项目编号，并填写在《方案意见单》中。项目编号作为结合民用建筑民防工程审批过程的识别信息，每个工程必须是唯一的，民防工程施工图审查、质量监督、竣工验收备案等环节都使用相同的项目编号。

(13) 结合民用建筑民防工程审批资料管理要求

结合民用建筑民防工程审批的审批资料应按下列要求及时整理、归档，并由专人负责保管。审批部门可以根据实际情况需要增补审核资料。

1) 配建民防工程的项目须保存下列审批资料：A《民防工程建设（初步设计阶段）审核意见单》和《民防工程建设（建设工程规划许可证阶段）核定单》；B 建设主管部门的初步设计批复或规划管理部门的方案设计批复（复印件）；C 建筑分层面积表（加盖设计单位和建设单位公章）；D 标有技术经济指标的建筑总平面图（加盖设计出图章）；E《结合民用建筑民防工程内部审批表》；F 市民防办通过审图的审图意见（复印件）。

2) 收取结建费的项目须保存下列审批资料：A《核定单》和《缴纳民防工程建设费申请表》及相关的证明材料；B 建设主管部门的初步设计批复或规划管理部门的方案设计批复（复印件）；C 标有技术经济指标的建筑总平面图（加盖设计出图章）；D 建筑分层面积表（不同性质的建筑面积应分别列出，并加盖设计单位和建设单位公章）；E《结合民用建筑民防工程内部审批表》；F 减免项目应有市民防办审核同意的《民防工程建设费减免申请表》。

各区（县）民防办应按年度编制民防结合民用建筑项目审批清单，并随统计年报一起上报市民防办。

4 结合民用建筑修建防空地下室施工图审查

(1) 办理依据：《建设工程质量管理条例》、《上海市民防工程建设和使用管理办法》。

(2) 办理机构：上海市民防办公室。

(3) 申办对象：本市范围内进行新建、扩建、改建各类民防工程的建设单位。

(4) 申办材料：

1) 新建工程应报送的材料：

A 《上海市民防工程施工图报审表》一式 1 联（用计算机 Word 程序填写后用 A4 纸打印，请勿折叠并请保持背面的空白、清洁）。

B 《设计单位设计资质证书》1 份（复印件，并由设计单位加盖公章）。

C 《民防工程（初步设计阶段）审核意见单》（或批复文件）1 份（复印件）。

D 民防工程施工图 2 套（包括建筑总平面图及建筑、结构、通风、给排水、电气专业）及 5 个专业战时平面图（包括建筑专业的地下室战时建筑平面图、结构专业的地下室人防墙体布置图、通风专业的地下室战时通风总平面图、给排水专业的地下室人防给排水平面图及消防平面图、电气专业的地下室战时照明平面图）、建设单位和设计单位共同出具 2 套施工图纸和 5 个专业战时平面图内容均一致的书面承诺。

E 有平战转换工作内容的民防工程还需提供：a《民防工程平战转换工作量概况表》一式 3 份（用计算机 Word 程序填写后 A4 纸正反双面打印）；b 各类临战封堵（平时使用的出入口、通风口和防护单元隔墙连通口、风管穿墙孔以及上下防护单元相邻楼板孔洞等）的详图及材料表（不得仅标注参照某图集）。

F 附建式民防工程还需提供如下图纸：a 地面建筑底层平面图 1 份；b 地面建筑立面图、剖面图和与民防工程竖井、出入口有关的剖面图 1 份；c 地面建筑底层给排水平面布置图及相应的透视图 1 份。

G 民防工程战时、平时使用分由两家设计单位设计的，应提供民防工程平时使用设计的全部图纸 1 套。

H CAD电子文档1份（光盘形式，光盘上应盖有设计出图章）。CAD电子文档中需表达民防工程所在层地下室建筑平面图，设计单位需在图中以Pline或Bhatch命令勾画出或填充人民防工程外轮廓、各防护单元之间分隔线以及计人民防建筑面积的口部外通道外轮廓，并注明每个外轮廓所包含的民防建筑面积数值（计入民防建筑面积的口部外通道面积需单独列出，位于民防工程外轮廓内，但不计人民防建筑面积的通道以负值表示）。

J 如建设单位委托其他单位代为进行施工图设计文件报审，报送时必须出具相关书面委托材料。

2）改建工程应报送的材料：

A 《上海市民防工程施工图报审表》一式一联（用计算机Word程序填写后用A4纸打印，请勿折叠并请保持背面的空白、清洁）。

B 《设计单位设计资质证书》1份（复印件，并由设计单位加盖公章）。

C 民防工程原竣工图纸1套，民防工程改建图纸2套及5个专业战时平面图（包括建筑专业的地下室战时建筑平面图、结构专业的地下室人防墙体布置图、通风专业的地下室战时通风总平面图、给排水专业的地下室人防给排水平面图及消防平面图、电气专业的地下室战时照明平面图）、建设单位和设计单位共同出具2套施工图纸和5个专业战时平面图内容均一致的书面承诺、民防工程改建内容说明书。

D 改建设计含有平战转换工作内容的还需提供：a《民防工程平战转换工作量概况表》一式3份(用计算机Word程序填写后A4纸正反双面打印，只需填报改建部分平战转换工作量)；b改建部分各类临战封堵（平时使用的出入口、通风口和防护单元隔墙连通口、风管穿墙孔以及上下防护单元相邻楼板孔洞等）的详图及材料表（不得仅标注参照某图集）。如建设单位委托其他单位代为进行施工图设计文件报审，报送时必须出具相关书面委托材料。

（5）办理程序：

1）建设单位提出申请。申请人将《上海市民防工程施工图审查表》等有关材料报送上海市民防办公室行政受理总窗口。

2）总窗口受理。行政受理总窗口受理申办材料。

3）市民防办内部审查并提出书面审查意见。

4）申请人至行政受理总窗口领取审查意见。

（6）办理期限：受理之日起15个工作日内办理完毕。

10.1.3 日照分析管理

1 建筑日照要求与日照分析概述

（1）建筑日照。阳光直接照射到建筑地段和建筑物表面及其房间内部的现象，称为建筑日照。建筑日照设计的主要目的是根据建筑的不同使用要求，采取措施使房间内部获得适当的日照。建筑对日照的要求视建筑的不同使用性质而定，可概括为争取日照和避免日照。如果建筑物体形、朝向和间距不能满足日照要求，须进行日照调整。日照调整主要是解决室内过热和直射眩光，并可保持较高的采光效率。

（2）日照间距。日照间距指前后两排南向房屋之间，为保证后排房屋在冬至日底层获得不低于2小时的满窗日照而保持的最小间隔距离。即日照间距$D=(H-H_1)/\tan h$，式中：h—太阳高度角；H—前排房屋北檐口至地面的高度；H_1—后排房屋底层窗台至地面的高度。

（3）日照标准。日照标准是指为保证室内环境的卫生条件，根据建筑物所处的气候区、城市大小和建筑物的使用性质确定的，在规定的日照标准日（冬至日或大寒日）的有效日照时间范围内，建筑外窗获得满窗日照的时间。我国不同地区有不同的日照标准。

建筑日照量包括日照时间和日照质量两个指标。日照时间是以该房间在规定的某一日内受到的日照时数为计算标准。北纬地区常以太阳高度角最低的冬至日作规定日；有些地区由于气候特点，也采用其他日子作规定日。日照质量是指每小时室内地面和墙面阳光照射面积累计的大小以及阳光中紫外线的效用高低。一般情况下，为保证必要的日照质量，日照时间应在上午9时至下午3时之间，因为冬季在这段时间的阳光中，紫外线辐射强度较高；此外，射入室内的阳光应保证具有一定的照射面积，达到满窗或半窗日照。这些要求要通过合理的规划和精心的建筑设计来实现。

(4) 设计规范对建筑日照标准的规定。综合《民用建筑设计通则》(GB 50352—2005)、《城市居住区规划设计规范》(GB 50180—1993)(2002年版)、《住宅建筑规范》(GB 50368—2005)和《住宅设计规范》(GB 50096—2011)的相关规定如下：

1) 住宅间距应以满足日照要求为基础，综合考虑采光、通风、消防、防灾、管线埋设、视觉卫生等要求确定。住宅日照标准应符合表10-1的规定；

2) 每套住宅至少应有一个居住空间获得冬季日照；

3) 旧区改建的项目内新建住宅日照标准可酌情降低，但不应低于大寒日日照1h的标准；

4) 在原设计建筑外增加任何设施不应使相邻住宅原有日照标准降低；

住宅建筑日照标准 **表 10-1**

建筑气候区划	Ⅰ、Ⅱ、Ⅲ、Ⅶ气候区		Ⅳ气候区		Ⅴ、Ⅵ气候区
	大城市	中小城市	大城市	中小城市	
日照标准日	大寒日			冬至日	
日照时数（小时）	≥2	≥3		≥1	
有效日照时间带（当地真太阳时）	8～16			9～15	
计算起点	底层窗台面				

注：底层窗台面是指距室内地坪0.9m高的外墙位置。

5) 老年人住宅，残疾人住宅的卧室、起居室，医院、疗养院半数以上的病房和疗养室，中小学半数以上的教室应能获得冬至日不小于2h的日照标准；

6) 托儿所、幼儿园的主要生活用房，应能获得冬至日不小于3h的日照标准。

(5) 日照间距系数。日照间距系数是根据日照标准确定的房屋间距与遮挡房屋檐高的比值。日照间距系数$=D/H$。日照间距系数表是规范中的推荐指标，采用日照间距系数表，有一定的局限性，只能用于建筑布置严格符合日照间距系数表的测算条件的场合。日照间距系数表不能用于其他复杂的布置场合，故日照间距系数的计算方法已经改进为计算机日照分析。应该利用经过建设部认证的程序来模拟日照状况。

(6) 日照分析。日照分析是指建设单位委托设计单位或具相关资质的专业技术部门采用计算机分析软件，对拟建高层建筑的建设项目模拟计算分析得出可能产生的日照影响的技术分析行为。

需做日照分析的建筑工程项目应编制《日照分析报告》。《日照分析报告》由建设单位委托具有各省市地方规定资质的规划或建筑设计单位或专业咨询机构编制以及复核，作为规划管理部门审核建设工程规划设计方案、初步设计，核发建设工程规划许可证依据之一，由规划管理部门审核确定。

2 日照分析管理办法

以上海市为例。上海市《日照分析规划管理暂行办法》要求：

(1) 管理依据。日照分析是指建设单位委托设计单位对拟建高层建筑的建设项目可能产生的日照影响进行分析，编制《日照分析报告》，作为规划管理部门审核建设工程规划设计方案的依据之一。为规范日照分析工作，根据《上海市城市规划条例》和《上海市城市规划管理技术规定》(以下简称《技术规定》)，结合本市规划管理实际情况，制定《日照分析规划管理暂行办法》。建设工程规划设计方案除符合《技术规定》的日照要求以外，还应符合《技术规定》的其他规定。

(2) 适用范围。市或区（县）规划管理部门核定的规划设计条件中，建筑高度大于36m、且建设基地面积小于等于1hm²的，如建设工程规划设计方案中的拟建建筑与界外建筑的间距小于《建设项目日照分析预评估报告》确定的建筑间距的，应对界外建筑进行日照分析，随建设工程规划设计方案一并报送规划管理部门。建设基地内建筑间距部分或全部按《技术规定》第二十七条规定控制的，应进行日照分析，随建设工程规划设计方案一并报送规划管理部门。

(3) 设计方案调整。建筑设计方案调整导致建筑位置、外轮廓、户型、窗户等改变的，应随调整方案重新报送《日照分析报告》。

(4) 日照分析资质。《日照分析报告》由具备乙级以上（含乙级）规划设计或建筑设计资质的设计单位或咨询机构编制。

(5) 软件使用要求。日照分析应采用建设部或本市有关部门鉴定通过的分析软件。

(6) 日照分析的对象。日照分析适用于《技术规定》第二十七条规定的居住建筑和第三十条规定的医院病房楼、休（疗）养院住宿楼、幼儿园、托儿所和大中小学教学楼等建筑（以下简称文教卫生建筑)。《技术规定》第二十七条中的居室，是指卧室、起居室（也称厅)。第三十条中的休（疗）养院住宿楼，是指病房、疗养室；幼儿园、托儿所和大中小学教学楼，是指幼儿园、托儿所的活动室、卧室和大中小学的教室。

(7) 朝向和有效窗户。日照分析应保证受遮挡建筑主要朝向的窗户的日照有效时间，次要朝向按规定的建筑间距控制，不作日照分析。

1) 条式建筑以垂直长边的方向为主要朝向，点式建筑以南北向为主要朝向［南北向指正南北向和南偏东（西）45°以内（含45°)，东西向指正东西向和东（西）偏南45°内（不含45°)]。

2) 居住建筑一户住宅的主要朝向有两个以上居室受遮挡的，最少应有一个居室满足日照有效时间规定；一个居室有几个朝向的窗户的，其主要朝向的窗户应满足日照有效时间规定，其他朝向的窗户不作日照分析。

3) 休（疗）养院住宿楼的病房、疗养室和幼儿园、托儿所的活动室、卧室以及大中小学的教室，保证日照时间的窗户是指主要朝向的窗户，日照的有效时间是指累计日照时间。

(8) 居住建筑满窗日照计算规则。居住建筑满窗日照的计算，已经确认的日照分析计算基准面左右两个端点为计算点。窗户（或阳台）的宽度小于等于2.4m的，按实际宽度的左右两个端点为计算点。宽度大于2.4m的，按2.4m计算，以窗户（或阳台）的中点两侧各延伸1.2m为计算范围。计算基准面按以下规则确定：

1) 一般窗户以外墙窗台面为计算基准面；

2) 转角直角窗户、转角弧形窗户、凸窗等，一般以居室窗洞开口为计算基准面；

3) 两侧均无隔板遮挡也未封窗的凸阳台，以居室窗户的外墙窗台面为计算基准面，对阳台顶板所产生的遮挡影响可忽略不计；

4) 两侧或一侧有分户隔板的凸阳台，凹阳台以及半凹半凸阳台，以阳台栏杆面与外墙相交的墙洞口为计算基准面；

5) 设计封窗的阳台，以封窗的阳台栏杆面为计算基准面。满窗日照的窗户计算高度（含落地门窗、组合门窗、阳台封窗等门窗形式）按离室内地坪0.9m的高度计算。

(9) 客体建筑范围和对象的确定。日照分析客体建筑指在拟建建筑遮挡范围内，需做日照分析的居住或文教卫生建筑。日照分析客体建筑范围和对象的确定应符合以下规则：

1) 浦西内环线以内地区，按拟建高层建筑高度1.0倍的扇形阴影范围确定；

2) 其他地区，按拟建高层建筑高度1.2倍的扇形阴影范围确定；

3) 北侧有《技术规定》第二十六条所规定的低层独立式住宅建筑的，按拟建高层建筑高度1.4倍的扇形阴影范围确定；

4) 依据上述规定计算的范围最大不超过拟建建筑北侧240m半径扇形阴影范围；

5) 在上述阴影范围内，确定须进行日照分析的客体建筑具体对象（指日照标准所规定的居住建筑和文教卫生建筑）并进行编号；

6）上述范围内，设计方案经规划管理部门审定、或经批准尚未建设以及正在建设的居住建筑和文教卫生建筑也应确认为客体建筑；

7）客体建筑范围以外的建筑不进行日照分析。

（10）主体建筑范围和对象的确定。日照分析主体建筑指对客体建筑产生日照遮挡的建筑。日照分析主体建筑范围和对象的确定应符合以下规则：

1）以已经确定的客体建筑为中心，调查了解周围可能对其产生遮挡的建筑。应以240m为半径作出扇形图，在此范围内进行调查；

2）在上述范围内，采用《日照分析规划管理暂行办法》第十条提出的规则，排除对客体建筑不形成遮挡的建筑，明确主体建筑的具体对象；

3）在上述范围内，设计方案已经规划管理部门审定的高层建筑也必须纳入主体建筑范围。该项目设计方案，应由规划管理部门提供；

4）除高度大于等于4m的旧里建筑（石库门）的围墙作为日照分析主体外，其他围墙一般不作为日照分析的主体。

（11）主要日照分析资料。主要日照分析资料应符合以下规定：

1）覆盖所有主客体建筑范围的测绘院电子地形图。

2）拟建建筑的总平面图、屋顶平面图和平立剖面图的电子盘片（附有建筑坐标和屋顶标高）。

3）已确定的客体建筑的平立剖面图（附有详细的窗位尺寸）。

4）已确定的主体建筑的总平面图和屋顶平面图（附有各屋顶详细标高）。

5）根据《日照分析规划管理暂行办法》规定，已确定纳入主客体建筑范围的正在建或已批未建的建筑的资料。

6）本款第3）、4）项规定的主客体建筑资料可按有关规定向市、区城建档案管理部门收集或请具备规定资质的测绘单位测绘；本条第5）项规定中的主客体建筑资料可按有关规定向市、区规划管理部门收集。

7）资料来源及提供资料的单位应在日照分析报告中注明。

（12）日照分析次序。日照分析时，应先分析客体建筑的现状日照状况，再分析拟建高层建筑建设后的日照状况，以便作出对比，明确遮挡影响，并由规划管理部门审核确定。现状已不满足日照规定的窗户，无须再分析拟建建筑建设后的日照状况。日照分析时，应对拟建高层建筑和拟建项目周围原有建筑（含设计方案经规划管理部门审定的、或经批准尚未建设以及正在建设的）产生的日照遮挡影响进行叠加分析，叠加分析的先后次序以设计方案的批准日期为准。

（13）成果要求。《日照分析报告》应当包括以下内容：

1）委托方名称、地址、法定代表人、联系方式。

2）受托方名称、资质证书编号、地址、法定代表人、联系方式。

3）日照分析项目情况：

A 建设项目名称、地点、用地范围；

B 本基地拟建主体建筑的基本情况（编号、使用性质、层数、高度、位置等）；

C 根据本基地主体建筑的阴影覆盖范围确定的客体建筑的基本情况（编号、使用性质、层数、高度、位置、窗位编号、窗台高度等）；

D 参与叠加分析的本基地外主体建筑的基本情况（编号、名称、层数、高度、位置等）；

E 以上资料的来源说明；

F 进行日照分析所采用的分析软件。

4）日照分析结论：

A　计算出客体建筑每一分析窗位在拟建建筑建设前和建设后的日照时间段和有效日照时数，并列出每幢客体建筑的日照时间表，注明不满足日照要求的窗位。

B　明确在拟建建筑建设前后不符合日照要求的客体建筑的窗户数及户数。

5）附图：A 客体建筑范围图（日照阴影覆盖范围图）（1：1000～1：2000）；B 主体建筑范围图（1：1000～1：2000）；C 日照分析计算图（1：500～1：1000）。

（14）报送要求。报送《日照分析报告》应附送以下材料：

1）《日照分析报告》全文1份（含附图）；

2）进行日照分析的主要原始材料及其清单1份。

（15）日照分析报告的审理。城市规划管理部门对《日照分析报告》进行如下审核：编制《日照分析报告》的规划设计、建筑设计单位或咨询机构资质是否符合本办法规定；《日照分析报告》的报送材料是否符合本办法规定。

（16）责任。建设单位应对报送的《日照分析报告》及其附送材料的真实性负责，并应如实按照规划管理部门的要求提供或补充有关材料。报送材料不实，或隐瞒有关情况而产生后果的，应承担相应的责任。

规划设计、建筑设计单位或咨询机构应对编制的《日照分析报告》的质量和正确性负责，并以此作为其资质年检的内容之一。由于《日照分析报告》不真实、不正确而产生后果的，规划设计、建筑设计单位或咨询机构应承担相应的责任。

10.1.4　消防管理

1　建设项目消防管理概述

为了加强建设工程消防监督管理，落实建设工程消防设计、施工质量和安全责任，规范消防监督管理行为，公安部制定发布了《建设工程消防监督管理规定》，适用于新建、扩建、改建（含室内装修、用途变更）等建设工程的消防监督管理。不适用住宅室内装修、村民自建住宅、救灾和其他临时性建筑的建设活动。

有关建设项目的规定如下：

（1）建设工程的消防设计、施工必须符合国家工程建设消防技术标准。

县级以上地方人民政府公安机关消防机构承担辖区建设工程的消防设计审核、消防验收和备案抽查工作。公安机关消防机构及其工作人员应当按照法定的职权和程序进行消防设计审核、消防验收和消防安全检查，做到公正、严格、文明、高效。

（2）建设、设计、施工、工程监理等单位应当遵守消防法规、国家消防技术标准，对建设工程消防设计、施工质量和安全负责。

（3）建设单位的消防设计和施工质量责任。建设单位应当承担下列消防设计的质量责任：

1）建设单位不得要求设计、施工、工程监理等有关单位和人员违反消防法规和国家工程建设消防技术标准，降低建设工程消防设计、施工质量；

2）依法申请建设工程消防设计审核、消防验收，依法办理消防设计和竣工验收备案手续并接受抽查；建设工程内设置的公众聚集场所未经消防安全检查或者经检查不符合消防安全要求的，不得投入使用、营业；

3）实行工程监理的建设工程，应当将消防施工质量一并委托监理；

4）选用具有国家规定资质等级的消防设计、施工单位；

5）选用合格的消防产品和满足防火性能要求的建筑构件、建筑材料及室内装修装饰材料；

6）依法应当经消防设计审核、消防验收的建设工程，未经审核或者审核不合格的，不得组织施工；未经验收或者验收不合格的，不得交付使用。

（4）设计单位的消防设计质量责任。设计单位应当承担下列消防设计的质量责任：

1）设计单位应当根据消防法规和国家工程建设消防技术标准进行消防设计，编制符合要求的消防设计文件，不得违反国家工程建设消防技术标准强制性要求进行设计；

2）在设计中选用的消防产品和有防火性能要求的建筑构件、建筑材料、室内装修装饰材料，应当注明规格、性能等技术指标，其质量要求必须符合国家标准或者行业标准；

3）参加建设单位组织的建设工程竣工验收，对建设工程消防设计实施情况签字确认。

（5）施工单位的消防施工质量责任。施工单位应当承担下列消防施工的质量和安全责任：

1）按照国家工程建设消防技术标准和经消防设计审核合格或者备案的消防设计文件组织施工，不得擅自改变消防设计进行施工，降低消防施工质量；

2）查验消防产品和有防火性能要求的建筑构件、建筑材料及室内装修装饰材料的质量，使用合格产品，保证消防施工质量；

3）建立施工现场消防安全责任制度，确定消防安全负责人。加强对施工人员的消防教育培训，落实动火、用电、易燃可燃材料等消防管理制度和操作规程。保证在建工程竣工验收前消防通道、消防水源、消防设施和器材、消防安全标志等完好有效。

（6）工程监理单位的消防施工质量监理责任。工程监理单位应当承担下列消防施工的质量监理责任：

1）按照国家工程建设消防技术标准和经消防设计审核合格或者备案的消防设计文件实施工程监理；

2）在消防产品和有防火性能要求的建筑构件、建筑材料、室内装修装饰材料施工、安装前，核查产品质量证明文件，不得同意使用或者安装不合格的消防产品和防火性能不符合要求的建筑构件、建筑材料、室内装修装饰材料；

3）参加建设单位组织的建设工程竣工验收，对建设工程消防施工质量签字确认。

（7）为建设工程消防设计、竣工验收提供图纸审查、安全评估、检测等消防技术服务的机构和人员，应当依法取得相应的资质、资格，按照法律、行政法规、国家标准、行业标准和执业标准提供消防技术服务，并对出具的审查、评估、检验、检测意见负责。

2 消防设计审核

（1）人员密集场所的消防设计审核。对具有下列情形之一的人员密集场所，建设单位应当向公安机关消防机构申请消防设计审核，并在建设工程竣工后向出具消防设计审核意见的公安机关消防机构申请消防验收：

1）建筑总面积大于 20000m^2 的体育场馆、会堂，公共展览馆、博物馆的展示厅；

2）建筑总面积大于 15000m^2 的民用机场航站楼、客运车站候车室、客运码头候船厅；

3）建筑总面积大于 10000m^2 的宾馆、饭店、商场、市场；

4）建筑总面积大于 2500m^2 的影剧院，公共图书馆的阅览室，营业性室内健身、休闲场馆，医院的门诊楼，大学的教学楼、图书馆、食堂，劳动密集型企业的生产加工车间，寺庙、教堂；

5）建筑总面积大于 1000m^2 的托儿所、幼儿园的儿童用房，儿童游乐厅等室内儿童活动场所，养老院、福利院，医院、疗养院的病房楼，中小学校的教学楼、图书馆、食堂，学校的集体宿舍，劳动密集型企业的员工集体宿舍；

6）建筑总面积大于 500m^2 的歌舞厅、录像厅、放映厅、卡拉 OK 厅、夜总会、游艺厅、桑拿浴室、网吧、酒吧，具有娱乐功能的餐馆、茶馆、咖啡厅。

（2）特殊建设工程的消防设计审核。对具有下列情形之一的特殊建设工程，建设单位应当向公安机关消防机构申请消防设计审核，并在建设工程竣工后向出具消防设计审核意见的公安机关消防机构申请消防验收：

1）设有本规定上款所列的人员密集场所的建设工程；

2）国家机关办公楼、电力调度楼、电信楼、邮政楼、防灾指挥调度楼、广播电视楼、档案楼；

3）单体建筑面积大于40000m^2或者建筑高度超过50m的其他公共建筑；

4）城市轨道交通、隧道工程，大型发电、变配电工程；

5）生产、储存、装卸易燃易爆危险物品的工厂、仓库和专用车站、码头，易燃易爆气体和液体的充装站、供应站、调压站。

（3）建设单位申请消防设计审核应当提供下列材料：

1）建设工程消防设计审核申报表。

2）建设单位的工商营业执照等合法身份证明文件。

3）新建、扩建工程的建设工程规划许可证明文件。

4）设计单位资质证明文件。

5）消防设计文件。

6）具有下列情形之一的，建设单位除提供本款所列材料外，应当同时提供特殊消防设计的技术方案及说明，或者设计采用的国际标准、境外消防技术标准的中文文本，以及其他有关消防设计的应用实例、产品说明等技术资料：A国家工程建设消防技术标准没有规定的；B消防设计文件拟采用的新技术、新工艺、新材料可能影响建设工程消防安全，不符合国家标准规定的；C拟采用国际标准或者境外消防技术标准的。

（4）消防设计审核受理期限。公安机关消防机构应当自受理消防设计审核申请之日起20日内出具书面审核意见。但是依照本规定需要组织专家评审的，专家评审时间不计算在审核时间内。

（5）消防设计文件审核意见。公安机关消防机构应当依照消防法规和国家工程建设消防技术标准强制性要求对申报的消防设计文件进行审核。对符合下列条件的，公安机关消防机构应当出具消防设计审核合格意见；对不符合条件的，应当出具消防设计审核不合格意见，并说明理由。

（6）消防设计文件审核合格条件。审核合格应符合下列条件：

1）新建、扩建工程已经取得建设工程规划许可证；

2）设计单位具备相应的资质条件；

3）消防设计文件的编制符合公安部规定的消防设计文件申报要求；

4）建筑的总平面布局和平面布置、耐火等级、建筑构造、安全疏散、消防给水、消防电源及配电、消防设施等的设计符合国家工程建设消防技术标准强制性要求；

5）选用的消防产品和有防火性能要求的建筑材料符合国家工程建设消防技术标准和有关管理规定。

（7）对具有本条第(3)－6)项情形之一的建设工程，公安机关消防机构应当在受理消防设计审核申请之日起5日内将申请材料报送省级人民政府公安机关消防机构组织专家评审。

省级人民政府公安机关消防机构应当在收到申请材料之日起30内会同同级住房和城乡建设行政主管部门召开专家评审会，对建设单位提交的消防技术方案进行评审。参加评审的专家应当具有相关专业高级技术职称，总数不应少于7人，并应当出具专家评审意见。评审专家有不同意见的，应当注明。

省级人民政府公安机关消防机构应当在专家评审会后5日内将专家评审意见书面通知报送申请材料的公安机关消防机构，同时报公安部消防局备案。对三分之二以上评审专家同意的消防技术方案，受理消防设计审核申请的公安机关消防机构应当出具消防设计审核合格意见。

（8）消防设计的修改

建设、设计、施工单位不得擅自修改经公安机关消防机构审核合格的建设工程消防设计。确需修改的，建设单位应当向出具消防设计审核意见的公安机关消防机构重新申请消防设计审核。

3　建设工程消防设计审核申报办理

以上海市《办理建设工程消防设计审核申报手续》为例。

（1）办理依据：《消防法》第十一条。

（2）办理条件：

1）应报市消防局审核扩初设计的建设工程。下列新建、扩建建设工程的扩初设计应报市消防局审核：

A 高度超过100m的建设工程；

B 设有建筑面积大于10000m^{2}的商场或建筑面积大于20000m^{2}的其他人员密集场所的建设工程；

C 单幢建筑面积大于20000m^{2}的国家机关办公楼、电力调度楼、电信楼、邮政楼、防灾指挥调度楼、广播电视楼、档案楼等建设工程；

D 除本项第A段、第B段规定以外的单幢建筑面积大于40000m^{2}的其他公共建筑的建设工程；

E 总投资超过5000万元的甲、乙类厂房、装置、储罐；单栋建筑面积大于750m^{2}的甲类仓库和建筑面积大于2000m^{2}的乙类仓库；单栋占地面积大于12000m^{2}的丙类仓库；

F 易燃易爆气体和液体的充装站、供应站、调压站；

G 城市轨道交通、隧道工程，大型发电、变配电工程等重大市政工程；

H 消防设计经专家评审的特殊建设工程；

J 市建设行政主管部门认为需公安机关消防机构审核的其他重大项目或重要工程。

2）施工图设计阶段消防设计资料送审的建设工程。下列新建、扩建建设工程，市消防局委托具有资质的审图公司在施工图阶段进行审查，建设单位应当在工程施工图设计阶段将相关消防设计资料送审图公司审查：

A 建筑面积大于15000m^{2}且小于等于20000m^{2}的民用机场航站楼、客运车站候车室、客运码头候船厅；

B 建筑面积大于10000m^{2}且小于等于20000m^{2}的宾馆、饭店、市场；

C 建筑面积大于2500m^{2}且小于等于20000m^{2}的影剧院，公共图书馆的阅览室，营业性室内健身、休闲场馆，医院的门诊楼，大学的教学楼、图书馆、食堂，劳动密集型企业的生产加工车间，寺庙、教堂；

D 建筑面积大于1000m^{2}且小于等于20000m^{2}的托儿所、幼儿园的儿童用房，儿童游乐厅等室内儿童活动场所，养老院、福利院，医院、疗养院的病房楼，中小学校的教学楼、图书馆、食堂，学校的集体宿舍，劳动密集型企业的员工集体宿舍；

E 建筑面积大于500m^{2}且小于等于20000m^{2}的歌舞厅、录像厅、放映厅、卡拉OK厅、夜总会、游艺厅、桑拿浴室、网吧、酒吧，具有娱乐功能的餐馆、茶馆、咖啡厅；

F 建筑面积小于等于20000m^{2}的国家机关办公楼、电力调度楼、电信楼、邮政楼、防灾指挥调度楼、广播电视楼、档案楼；

G 除上海市消防局审核范围外的单幢建筑高度超过50m但小于等于100m，且建筑面积小于等于40000m^{2}的公共建筑的建设工程；

H 除上海市消防局审核范围外的生产、储存、装卸易燃易爆危险物品的工厂、仓库和专用车站、码头。

上述范围内的建设工程经审图公司审查合格，审图公司出具《上海市建设工程施工图设计文件审查合格书》。此类范围内的建设工程不应再办理消防设计备案。

3）应当向工程所属辖区支队申请消防设计审核的建设工程。对下列情形之一的改建（含用途变更、室内装修）工程，建设单位应当向工程所属辖区支队申请消防设计审核（属于市级消防安全重点单位的建设工程和上海化学工业区一体化管理范围内的建设工程应当向市消防局申请）：

A 建筑面积大于500m^{2}的歌舞厅、录像厅、放映厅、卡拉OK厅、夜总会、游艺厅、桑拿浴室、网吧、酒吧，具有娱乐功能的餐馆、茶馆、咖啡厅；

B 建筑面积大于1000m^{2}的托儿所、幼儿园的儿童用房，儿童游乐厅等室内儿童活动场所，养老院、福利院，医院、疗养院的病房楼，中小学校的教学楼、图书馆、食堂，学校的集体宿舍，劳动密集型企业的员工集体宿舍；

C　建筑面积大于 2500m² 的影剧院，公共图书馆的阅览室，营业性室内健身、休闲场馆，医院的门诊楼，大学的教学楼、图书馆、食堂，劳动密集型企业的生产加工车间，寺庙、教堂；

D　建筑面积大于 10000m² 的宾馆、饭店、商场、市场；

E　建筑面积大于 15000m² 的民用机场航站楼、客运车站候车室、客运码头候船厅；

F　建筑面积大于 20000m² 的体育场馆、会堂，公共展览馆、博物馆的展示厅；

G　设有本项前 6 段所列人员密集场所的建筑内的其他建设工程（建筑面积小于等于 5000m² 的办公场所除外）；

H　国家机关办公楼、电力调度楼、电信楼、邮政楼、防灾指挥调度楼、广播电视楼、档案楼；

J　单幢建筑面积大于 40000m² 或者建筑高度超过 50m 的公共建筑内的建设工程（建筑面积小于等于 5000 m² 的办公场所除外）；

K　生产、储存、装卸易燃易爆危险物品的工厂、仓库和专用车站、码头，易燃易爆气体和液体的充装站、供应站、调压站；单栋占地面积大于 12000m² 的丙类仓库；

L　上述民用建筑中，建筑面积小于等于 300m² 的改建建设工程（公共娱乐场所除外），按规定办理备案手续。

4）对审图公司不予审查的处理。对审图公司不予审查且取得规划许可的临时建筑或总投资不超过 5000 万元的甲、乙类装置、储罐，建设单位应当在施工图阶段向工程所属辖区支队申请消防设计审核，并在工程竣工后向负责审核的机构申请验收。

5）对室内装修工程的消防审核。本条第 3）项范围内的室内装修工程可委托上海市消防协会资质认可的消防技术咨询机构进行消防设计咨询，经咨询机构审查通过并出具《建设工程内装修设计咨询报告》后，到建设工程所辖公安机关消防机构办理消防设计当场审核手续。涉及用途变更的建设工程改建项目，不得按照室内装修工程办理消防审核，不得当场办理。

6）"单幢"建筑面积的认定。"单幢"建筑面积，是指建筑内的建筑面积，其计算规则应严格按照国家标准《建筑工程建筑面积计算规范》（GB/T50353－2005）执行。对于地下室连通的地上多栋建筑，其建筑面积应将地下室和地上多栋建筑的建筑面积叠加计为"单幢"建筑的建筑面积。

7）"建设工程"的核定。上述范围内提及的"建设工程"的核定，原则上按照规划许可证明文件（工程设计方案批复）为一个完整的建设工程进行申报。

（3）申报材料

1）申请单位（建设单位）办理新建、扩建工程消防申报需提供的材料：A《建设工程消防设计审核申报表》（由建设单位盖公章确认）；B 建设单位的工商营业执照等合法身份证明文件；C 建设工程规划许可证明文件；D 设计单位资质证明文件；E 建设工程消防设计文件（工程扩初文本、图纸和勘查地形图）和光盘；F 其他因项目特殊性依法需要提供的材料。

2）申请单位（建设单位）办理改建（包括用途变更、室内装修）工程消防申报需提供的材料：A《建设工程消防设计审核申报表》（由建设单位盖公章确认）；B 建设单位的工商营业执照等合法身份证明文件；C 设计单位资质证明文件；D 原建筑的《建设工程消防设计审核意见书》或《建设工程消防验收意见书》；E 消防设计文件（包括相关的原始建筑、消防设备等图纸）；F 其他因项目特殊性依法需要提供的材料。

3）申请单位（建设单位）办理当场审核需提供的材料：A《上海市建设工程内部装修消防设计当场审核申报表》（由建设单位盖公章确认）；B 建设单位的工商营业执照等合法身份证明文件；C 设计单位资质证明文件；D 消防技术服务机构资质证书；E 原建筑的《建设工程消防设计审核意见书》或《建设工程消防验收意见书》；F《建设工程内装修设计咨询报告》。

4）特殊消防设计的审核。具有下列情形之一的建设工程，建设单位除提供上述所列材料外，应当同时提供特殊消防设计的技术方案及说明，或者设计采用的国际标准、境外消防技术标准的中文文本，以及其他有关消防设计的应用实例、产品说明等技术资料：A 国家工程建设消防技术标准没有规定的；B 消防设计文件拟采用的新技术、新工艺、新材料可能影响建设工程消防安全，不符合国家标准规定的；C 拟采用国际标准或者境外消防技术标准的。

5）对文化娱乐场所的规定。文化娱乐场所需提供《上海市设立文化娱乐场所预先通知书》，根据沪文广影视［2009］33号文规定，包括以下场所：营业性舞厅、卡拉OK厅（餐厅卡拉OK厅）、卡拉OK包房（餐厅卡拉OK包房）、音乐茶座（音乐餐厅）、台球室、游艺机房、文化游乐场所。

（4）办结时间。审核期限为20个工作日（需要消防设计专家评审的建设工程，专家评审时间不计算在审核时间内）。

4 建设工程消防设计备案的申报办理实例

以上海市《办理建设工程消防设计备案手续》为例。

（1）办理依据：《消防法》第十条。

（2）办理条件：除审核范围外的新建、扩建、改建建设工程，建设单位在工程竣工后应报项目所属公安机关消防机构办理消防设计备案手续。对重大市政管线工程中涉及易燃易爆的管线工程应到市消防局窗口进行备案。

（3）备案程序

1）建设工程消防备案采用两种方式：A 建设单位将备案所需的相关材料，报工程所属公安机关消防机构窗口，由窗口受理人员录入网上“消防办事大厅系统”，出具备案凭证。B 建设单位可通过上海市消防局网站（www.fire.sh.cn）的“消防办事大厅系统”进行消防竣工验收网上备案，自行打印备案凭证。

2）申请单位（建设单位）需提供的材料：

A 新建、扩建工程项目：a《建设工程消防设计备案表》（建设单位加盖公章）；b 建设单位的施工许可证复印件（对未取得施工许可的不予办理建设工程消防设计备案）；c 属于文化娱乐场所的项目，提供《上海市设立文化娱乐场所预先通知书》。

B 改建工程项目（含用途变更和室内装修工程）：a《建设工程消防设计备案表》（建设单位加盖公章）；b 建设单位的施工许可证复印件（对未取得施工许可的不予备案）；c《改建建设工程消防备案确认单》（主要是为确认其属于备案范围，应加盖建筑建设单位和工程建设单位公章）；d 属于文化娱乐场所的项目，应提供《上海市设立文化娱乐场所预先通知书》，根据沪文广影视［2009］33号文规定，上述项目内容包括营业性舞厅、卡拉OK厅（餐厅卡拉OK厅）、卡拉OK包房（餐厅卡拉OK包房）、音乐茶座（音乐餐厅）、台球室、游艺机房、文化游乐场。

3）其他。A 对依法不需办理施工许可的建设工程，不进行消防设计备案，但必须办理竣工验收备案。B 如该工程被确定为抽查对象，请于5个工作日内按《建设工程消防设计备案受理凭证》所需提供的材料到所管辖的公安机关消防机构窗口进行申报，窗口人员应当场审核建设单位送审资料，若所送资料齐全，窗口人员应当场出具《建设工程消防设计备案检查材料受理凭证》。消防设计备案抽查抽中后所需提供资料：a 建设单位的工商营业执照等合法身份证明文件；b 新建、扩建工程的建设工程规划许可证明文件；c 设计单位资质证明文件；d 消防设计文件；e 其他因项目特殊性需要增加的其他报审材料。C 公安机关消防机构对被抽查建设单位送审的工程进行审查，审查结果发布网上公告。

4）办结时间。

A 公安机关消防机构对备案申请应当场办结。

B 公安机关消防机构应当在收到建设工程消防设计备案抽查材料之日起15个工作日内审查完毕。

10.1.5 工程抗震设防管理

1 工程抗震设防概述

（1）工程抗震设防概念

工程抗震设防，是指为达到抗震效果，在工程建设时对建筑物确定抗震设防要求（即确定建筑物必须达到的抗御地震灾害的能力），进行抗震设计并采取抗震设施，并严格按照抗震设计施工，保证建筑质量；使建筑物达到抗御地震灾害的能力。抗震措施是指除地震作用计算和抗力计算以外的抗震设计内容，包括抗震构造措施。

（2）建筑物有效的抗震设防是防震减灾的关键性工作

我国处于环太平洋地震带和亚欧地震带之间，是世界上地震灾害最严重的国家之一，地震强度大，分布广，频率高，损失重，1976年唐山和2008年汶川的强烈地震，震害之至，令人警醒。因此政府高度重视城乡建设抗震防灾工作，并以最大限度减轻地震灾害带来的损失。地震具有突发性强、难以预测、作用时间短和破坏性大的特点，而目前地震监测预报科学水平有限，发布准确的临震预报仍是世界性难题，并且即使做到了震前预报，如果建筑工程自身的抗震能力薄弱，也难以避免破坏程度大的损失。基于以往的经验和沉重的教训，防患于未然才是正道，必须继续执行预防为主的方针，做好建筑工程的抗震设防工作。

2　建筑工程抗震设防管理规定

原建设部制定的《房屋建筑工程抗震设防管理规定》适用于在抗震设防区从事房屋建筑工程抗震设防的有关活动，实施对房屋建筑工程抗震设防的监督管理。有关规定如下：

（1）建设单位、勘察单位、设计单位、施工单位、工程监理单位，应当遵守有关房屋建筑工程抗震设防的法律、法规和工程建设强制性标准的规定，保证房屋建筑工程的抗震设防质量，依法承担相应责任。

（2）从事抗震鉴定的单位，应当遵守有关房屋建筑工程抗震设防的法律、法规和工程建设强制性标准的规定，保证房屋建筑工程的抗震鉴定质量，依法承担相应责任。

（3）城市房屋建筑工程的选址，应当符合城市总体规划中城市抗震防灾专业规划的要求；村庄、集镇建设的工程选址，应当符合村庄与集镇防灾专项规划和村庄与集镇建设规划中有关抗震防灾的要求。

（4）抗震设防烈度为6度及以上地区的建筑，必须进行抗震设计。抗震设防区，是指地震基本烈度6度及6度以上地区（地震动峰值加速度≥0.05g的地区）。新建、扩建、改建的房屋建筑工程，应当按照国家有关规定和工程建设强制性标准进行抗震设防。任何单位和个人不得降低抗震设防标准。

（5）抗震设防的所有建筑应按现行国家标准《建筑工程抗震设防分类标准》（GB 50223—2008）确定其抗震设防类别及其抗震设防标准。

（6）已建成的下列房屋建筑工程，未采取抗震设防措施且未列入近期拆除改造计划的，应当委托具有相应设计资质的单位按现行抗震鉴定标准进行抗震鉴定：

1）《建筑工程抗震设防分类标准》中甲类和乙类建筑工程；

2）有重大文物价值和纪念意义的房屋建筑工程；

3）地震重点监视防御区的房屋建筑工程。

（7）国家鼓励采用先进的科学技术进行房屋建筑工程的抗震设防。制定、修订工程建设标准时，应当及时将先进适用的抗震新技术、新材料和新结构体系纳入标准、规范，在房屋建筑工程中推广使用。

（8）采用可能影响房屋建筑工程抗震安全，又没有国家技术标准的新技术、新材料的，应当按照有关规定申请核准。申请时，应当说明是否适用于抗震设防区以及适用的抗震设防烈度范围。

（9）对经鉴定需抗震加固的房屋建筑工程，产权人应当委托具有相应资质的设计、施工单位进行抗震加固设计与施工，并按国家规定办理相关手续。抗震加固应当与城市近期建设规划、产权人的房屋维修计划相结合。经鉴定需抗震加固的房屋建筑工程在进行装修改造时，应当同时进行抗震加固。有重大文物价值和纪念意义的房屋建筑工程的抗震加固，应当注意保持其原有风貌。

（10）已按工程建设标准进行抗震设计或抗震加固的房屋建筑工程在合理使用年限内，因各种人为因素使房屋建筑工程抗震能力受损的，或者因改变原设计使用性质，导致荷载增加或需提高抗震设防类别的，产权人应当委托有相应资质的单位进行抗震验算、修复或加固。需要进行工程检测的，应由委托具有相应资质的单位进行检测。

(11) 当发生地震的实际烈度大于现行地震动参数区划图对应的地震基本烈度时，震后修复或者建设的房屋建筑工程，应当以国家地震部门审定、发布的地震动参数复核结果，作为抗震设防的依据。

3 执行建筑工程抗震设防标准规范

(1) 国内外的地震经验教训表明，地震造成的损失主要来自于工程震害及其次生灾害。执行建筑工程抗震设防标准规范是最大限度减轻地震灾害损失，保证工程抗震设防质量的关键。根据国家有关抗震防灾法律法规和汶川地震灾后恢复重建要求，住房和城乡建设部组织对国家标准《建筑工程抗震设防分类标准》和《建筑抗震设计规范》进行了修订，并已正式发布实施。

(2) 现行国家标准《建筑抗震设计规范》(GB 50011—2010)(以下简称《抗震规范》)自2010年12月1日施行。修订工作遵从"依据我国国情，适当调整提高抗震设防标准"的原则。对在危险地段建造房屋建筑的要求，作了局部的调整，适度并有针对性地加强了山区房屋的抗震设计；对建筑方案的各种不规则性，分别给出处理对策，以提高建筑设计和结构设计的协调性；补充了钢筋混凝土、砌体和钢结构房屋的抗震措施、改进了隔震和减震设计的规定；将构造要求等具体化，以加强对施工质量的监督和控制，实现预期的抗震设防目标等。

为了适应我国建筑市场经济发展，同时保证地震时房屋建筑的安全使用，明确本规范所提出的抗震设防要求是基本安全要求，各有关地方标准、行业标准可根据具体情况提出不低于本规范的设防要求。

4 建筑工程抗震设防分类标准

(1) 抗震设防分类和标准的概念

抗震设防分类是根据建筑遭遇地震破坏后，可能造成人员伤亡、直接和间接经济损失、社会影响的程度及其在抗震救灾中的作用等因素，对各类建筑所做的设防类别划分。抗震设防标准是衡量抗震设防要求高低的尺度，由抗震设防烈度或设计地震动参数及建筑抗震设防类别确定。

按照遭受地震破坏后可能造成的人员伤亡、经济损失和社会影响的程度及建筑功能在抗震救灾中的作用，将建筑工程划分为不同的类别，区别对待，采取不同的设计要求，是根据我国现有技术和经济条件的实际情况，达到减轻地震灾害又合理控制建设投资的重要对策之一。

(2)《建筑工程抗震设防分类标准》(GB 50223—2008) 简介

现行国家标准《建筑工程抗震设防分类标准》(GB 50223—2008)(以下简称《抗震设防分类标准》)是在《抗震设防分类标准》(GB 50223—2004) 标准的基础上修订而成。现行《抗震设防分类标准》明确规定了建筑工程抗震设计的设防类别和相应的抗震设防标准，任何建筑的抗震设防标准均不得低于应符合的要求，以达到有效减轻地震灾害的目的；阐述了建筑工程抗震设防类别划分的基本原则，是从抗震设防的角度进行分类；通过对建筑遭受地震损坏的各方面影响因素和后果严重性的综合分析来划分抗震设防类别；鉴于所有建筑均要求达到"大震不倒"的设防目标，将需要比普通建筑提高抗震设防要求的建筑控制在较小的范围内，并主要采取提高抗倒塌变形能力的措施，提高了学校、医院、体育场馆、博物馆、文化馆、图书馆、影剧院、商场、交通枢纽等人员密集的建筑和公共服务设施的抗震设防类别。对若干行业的建筑如何按上述原则进行划分，给出了较为具体的方法和示例。

(3) 建筑工程抗震设防类别和抗震设防标准

在抗震设计中，建筑工程应分为以下四个抗震设防类别（强制性条文），进一步突出了设防类别划分是侧重于使用功能和灾害后果的区分，并更强调体现对人员安全的保障。各抗震设防类别建筑的抗震设防标准应符合下列要求（强制性条文）：

1) 特殊设防类（简称甲类）：指使用上有特殊设施，涉及国家公共安全的重大建筑工程和地震时可能发生严重次生灾害等特别重大灾害后果，需要进行特殊设防的建筑。特殊设防类应按高于本地区抗震设防烈度提高1度的要求加强其抗震措施；但抗震设防烈度为9度时应按比9度更高的要求采取抗震措施。同时，应根据批准的地震安全性评价的结果按高于本地区抗震设防烈度的要求确定其地震作用。

2）重点设防类（简称乙类）：指地震时使用功能不能中断或需尽快恢复的生命线相关建筑，以及地震时可能导致大量人员伤亡等重大灾害后果，需要提高设防标准的建筑。重点设防类应按高于本地区抗震设防烈度1度的要求加强其抗震措施；但抗震设防烈度为9度时应按比9度更高的要求采取抗震措施；地基基础的抗震措施，应符合有关规定。同时，应按本地区抗震设防烈度确定其地震作用。

3）标准设防类（简称丙类）：指大量的除本款1）、2）、4）项以外按标准要求进行设防的建筑。标准设防类应按本地区抗震设防烈度确定其抗震措施和地震作用，达到在遭遇高于当地抗震设防烈度的预估罕遇地震影响时不致倒塌或发生危及生命安全的严重破坏的抗震设防目标。

4）适度设防类（简称丁类）：指使用上人员稀少且震损不致产生次生灾害，允许在一定条件下适度降低要求的建筑。适度设防类允许比本地区抗震设防烈度的要求适当降低其抗震措施，但抗震设防烈度为6度时不应降低。一般情况下，仍应按本地区抗震设防烈度确定其地震作用。注：对于划为重点设防类而规模很小的工业建筑，当改用抗震性能较好的材料且符合抗震设计规范对结构体系的要求时，允许按标准设防类设防。

5 地震安全性评价

（1）地震安全性评价概念

地震安全性评价是根据对建设工程场址和场址周围的地震与地震地质环境进行的调查，对场地地震工程地质条件进行的勘测，通过地震地质、地球物理、地震工程等多学科资料的综合评价和分析计算，按照工程类型、性质、重要性，科学合理地给出与工程抗震设防要求相应的地震动参数，以及场址地震地质灾害预测的结果。

（2）地震安全性评价主要规定

根据《防震减灾法》和《地震安全性评价管理条例》的规定，地震安全性评价主要规定如下：

1）新建、扩建、改建建设工程，需要进行地震安全性评价的，必须严格执行国家地震安全性评价的技术规范，确保地震安全性评价的质量。

2）国家对从事地震安全性评价的单位实行资质管理制度。从事地震安全性评价的单位必须取得地震安全性评价资质证书，方可进行地震安全性评价。

3）地震安全性评价的范围和要求。必须进行地震安全性评价的建设工程有：

A 《建筑抗震设防分类标准》中的甲类工程；

B 国家地震、铁路、交通、广电、水利和其他有关专业主管部门发布或者有关专业主管部门与国家地震部门联合发布，必须进行地震安全性评价的建设工程；

C 《建筑抗震设防分类标准》中部分乙类工程以及其他重大建设工程，必须进行地震安全性评价的，由省市地震工作主管部门提出，报人民政府批准。

4）建设单位应当将建设工程的地震安全性评价业务委托给具有相应资质的地震安全性评价单位。建设单位应当与地震安全性评价单位订立书面合同，明确双方的权利和义务。

5）地震安全性评价单位对建设工程进行地震安全性评价后，应当编制该建设工程的地震安全性评价报告。

6）地震安全性评价报告的内容。

A 工程概况和地震安全性评价的技术要求；

B 地震活动环境评价；

C 地震地质构造评价；

D 设防烈度或者设计地震动参数；

E 地震地质灾害评价；

F 其他有关技术资料。

7）建设单位应当将地震安全性评价报告报送国务院地震工作主管部门或者省、自治区、直辖市人民政府负责管理地震工作的部门或者机构审定。

国家重大建设工程、跨行政区域的建设工程、核电站和核设施工程的地震安全性评价报告，由国务院地震工作主管部门评审并确定抗震设防要求。

6 超限高层建筑工程抗震设防审查

为做好全国及各省、自治区、直辖市超限高层建筑工程抗震设防专家委员会的专项审查工作，住房和城乡建设部制定了《超限高层建筑工程抗震设防专项审查技术要点》(建质［2010］109号)。有关规定如下：

(1) 超限高层建筑工程范围

1）房屋高度超过规定，包括超过《建筑抗震设计规范》(以下简称《抗震规范》) 中钢筋混凝土结构和钢结构最大适用高度、超过《高层建筑混凝土结构技术规程》(以下简称《高层混凝土结构规程》) 中有较多短肢墙的剪力墙结构、错层结构和混合结构最大适用高度的高层建筑工程。

2）房屋高度不超过规定，但建筑结构布置属于《抗震规范》、《高层混凝土结构规程》规定的特别不规则的高层建筑工程。

3）房屋高度大于24m且屋盖结构超出《网架结构设计与施工规程》和《网壳结构技术规程》规定的常用形式的大型公共建筑工程（暂不含轻型的膜结构）。

(2) 建议委托进行抗震设防专项审查的情况。超限高层建筑工程中，属于下列情况的，建议委托全国超限高层建筑工程抗震设防审查专家委员会进行抗震设防专项审查：

1）高度超过《高层混凝土结构规程》B级高度的混凝土结构，高度超过《高层混凝土结构规程》最大适用高度的混合结构；

2）高度超过规定的错层结构，塔体显著不同或跨度大于24m的连体结构，同时具有转换层、加强层、错层、连体四种类型中三种的复杂结构，高度超过《抗震规范》规定且转换层位置超过《高层混凝土结构规程》规定层数的混凝土结构，高度超过《抗震规范》规定且水平和竖向均特别不规则的建筑结构；

3）超过《抗震规范》适用范围的钢结构；

4）各地认为审查难度较大的其他超限高层建筑工程。

(3) 主体结构总高度超过350m的超限高层建筑工程的抗震设防专项审查的要求。对主体结构总高度超过350m的超限高层建筑工程的抗震设防专项审查，应满足以下要求：

1）从严把握抗震设防的各项技术性指标；

2）全国超限高层建筑工程抗震设防审查专家委员会进行的抗震设防专项审查，应会同工程所在地省级超限高层建筑工程抗震设防审查专家委员会共同开展，或在当地超限高层建筑工程抗震设防审查专家委员会工作的基础上开展；

3）审查后及时将审查信息录入全国重要超限高层建筑数据库，审查信息包括超限高层建筑工程抗震设防专项审查申报表项目和超限高层建筑工程抗震设防专项审查情况表。

(4) 申报材料的基本内容。建设单位申报抗震设防专项审查时，应提供以下资料：

1）超限高层建筑工程抗震设防专项审查申报表（至少5份）；

2）建筑结构工程超限设计的可行性论证报告（至少5份）；

3）建设项目的岩土工程勘察报告；

4）结构工程初步设计计算书（主要结果，至少5份）；

5）初步设计文件（建筑和结构工程部分，至少5份）；

6）当参考使用国外有关抗震设计标准、工程实例和震害资料及计算机程序时，应提供理由和相应的说明；

7）进行模型抗震性能试验研究的结构工程，应提交抗震试验研究报告。

（5）申报抗震设防专项审查时提供资料的要求。申报抗震设防专项审查时提供的资料，应符合下列具体要求：

1）高层建筑工程超限设计可行性论证报告应说明其超限的类型（如高度、转换层形式和位置、多塔、连体、错层、加强层、竖向不规则、平面不规则、超限大跨空间结构等）和程度，并提出有效控制安全的技术措施，包括抗震技术措施的适用性、可靠性，整体结构及其薄弱部位的加强措施和预期的性能目标。

2）岩土工程勘察报告应包括岩土特性参数、地基承载力、场地类别、液化评价、剪切波速测试成果及地基方案。当设计有要求时，应按规范规定提供结构工程时程分析所需的资料。处于抗震不利地段时，应有相应的边坡稳定性评价、断裂影响和地形影响等抗震性能评价内容。

3）结构设计计算书应包括：软件名称和版本，力学模型，电算的原始参数（是否考虑扭转耦连、周期折减系数、地震作用修正系数、内力调整系数、输入地震时程记录的时间、台站名称和峰值加速度等），结构自振特性（周期，扭转周期比，对多塔、连体类含必要的振型）、位移、扭转位移比、结构总重力和地震剪力系数、楼层刚度比、墙体（或筒体）和框架承担的地震作用分配等整体计算结果，主要构件的轴压比、剪压比和应力比控制等。

对计算结果应进行分析。采用时程分析时，其结果应与振型分解反应谱法计算结果进行总剪力和层剪力沿高度分布等的比较。对多个软件的计算结果应加以比较，按规范的要求确认其合理、有效性。

4）初步设计文件的深度应符合《建筑工程设计文件编制深度的规定》的要求，设计说明要有建筑抗震设防分类、设防烈度、设计基本地震加速度、设计地震分组、结构的抗震等级等内容。

5）抗震试验数据和研究成果，要有明确的适用范围和结论。

（6）专项审查的控制条件。抗震设防专项审查的重点是结构抗震安全性和预期的性能目标。为此，超限工程的抗震设计应符合下列最低要求：

1）严格执行规范、规程的强制性条文，并注意系统掌握、全面理解其准确内涵和相关条文。

2）不应同时具有转换层、加强层、错层、连体和多塔等五种类型中的四种及以上的复杂类型。

3）房屋高度在《高层混凝土结构规程》B级高度范围内且比较规则的高层建筑应按《高层混凝土结构规程》执行。其余超限工程，应根据不规则项的多少、程度和薄弱部位，明确提出为达到安全而比现行规范、规程的规定更严格的针对性强的抗震措施或预期性能目标。其中，房屋高度超过《高层混凝土结构规程》的B级高度以及房屋高度、平面和竖向规则性等三方面均不满足规定时，应提供达到预期性能目标的充分依据，如试验研究成果、所采用的抗震新技术和新措施以及不同结构体系的对比分析等的详细论证。

4）在现有技术和经济条件下，当结构安全与建筑形体等方面出现矛盾时，应以安全为重；建筑方案（包括局部方案）设计应服从结构安全的需要。

5）对超高很多或结构体系特别复杂、结构类型特殊的工程，当没有可借鉴的设计依据时，应选择整体结构模型、结构构件、部件或节点模型进行必要的抗震性能试验研究。

（7）专项审查的内容。专项审查的内容主要包括：

1）建筑抗震设防依据；

2）场地勘察成果；

3）地基和基础的设计方案；

4）建筑结构的抗震概念设计和性能目标；

5）总体计算和关键部位计算的工程判断；

6）薄弱部位的抗震措施；

7）可能存在的其他问题。

对于特殊体型或风洞试验结果与荷载规范规定相差较大的风荷载取值以及特殊超限高层建筑工程（规模大、高宽比大等）的隔震、减震技术，宜由相关专业的专家在抗震设防专项审查前进行专门论证。

（8）关于建筑结构抗震概念设计

1）各种类型的结构应有其合适的使用高度、单位面积自重和墙体厚度。结构的总体刚度应适当（含两个主轴方向的刚度协调符合规范的要求），变形特征应合理；楼层最大层间位移和扭转位移比符合规范、规程的要求。

2）应明确多道防线的要求。框架与墙体、筒体共同抗侧力的各类结构中，框架部分地震剪力的调整应依据其超限程度比规范的规定适当增加。主要抗侧力构件中沿全高不开洞的单肢墙，应针对其延性不足采取相应措施。

3）超高时应从严掌握建筑结构规则性的要求，明确竖向不规则和水平向不规则的程度，应注意楼板局部开大洞导致较多数量的长短柱共用和细腰形平面可能造成的不利影响，避免过大的地震扭转效应。对不规则建筑的抗震设计要求，可依据抗震设防烈度和高度的不同有所区别。主楼与裙房间设置防震缝时，缝宽应适当加大或采取其他措施。

4）应避免软弱层和薄弱层出现在同一楼层。

5）转换层应严格控制上下刚度比；墙体通过次梁转换和柱顶墙体开洞，应有针对性的加强措施。水平加强层的设置数量、位置、结构形式，应认真分析比较；伸臂的构件内力计算宜采用弹性膜楼板假定，上下弦杆应贯通核心筒的墙体，墙体在伸臂斜腹杆的节点处应采取措施避免应力集中导致破坏。

6）多塔、连体、错层等复杂体型的结构，应尽量减少不规则的类型和不规则的程度；应注意分析局部区域或沿某个地震作用方向上可能存在的问题，分别采取相应加强措施。

7）当几部分结构的连接薄弱时，应考虑连接部位各构件的实际构造和连接的可靠程度，必要时可取结构整体模型和分开模型计算不利情况，或要求某部分结构在设防烈度下保持弹性工作状态。

8）注意加强楼板的整体性，避免楼板的削弱部位在大震下受剪破坏；当楼板在板面或板厚内开洞较大时，宜进行截面受剪承载力验算。

9）出屋面结构和装饰构架自身较高或体型相对复杂时，应参与整体结构分析，材料不同时还需适当考虑阻尼比不同的影响，应特别加强其与主体结构的连接部位。

10）高宽比较大时，应注意复核地震下地基基础的承载力和稳定。

（9）关于结构抗震性能目标

1）根据结构超限情况、震后损失、修复难易程度和大震不倒等确定抗震性能目标，即在预期水准（如中震、大震或某些重现期的地震）的地震作用下结构、部位或结构构件的承载力、变形、损坏程度及延性的要求。

2）选择预期水准的地震作用设计参数时，中震和大震可仍按规范的设计参数采用。

3）结构提高抗震承载力目标举例：水平转换构件在大震下受弯、受剪极限承载力复核；竖向构件和关键部位构件在中震下偏压、偏拉、受剪屈服承载力复核，同时受剪截面满足大震下的截面控制条件；竖向构件和关键部位构件中震下偏压、偏拉、受剪承载力设计值复核。

4）确定所需的延性构造等级。中震时出现小偏心受拉的混凝土构件应采用《高层混凝土结构规程》中规定的特一级构造，拉应力超过混凝土抗拉强度标准值时宜设置型钢。

5）按抗震性能目标论证抗震措施（如内力增大系数、配筋率、配箍率和含钢率）的合理可行性。

（10）关于结构计算分析模型和计算结果

1）正确判断计算结果的合理性和可靠性，注意计算假定与实际受力的差异（包括刚性板、弹性膜、分块刚性板的区别），通过结构各部分受力分布的变化，以及最大层间位移的位置和分布特征，判断结构受力特征的不利情况。

2）结构总地震剪力以及各层的地震剪力与其以上各层总重力荷载代表值的比值，应符合抗震规范的要求，Ⅲ、Ⅳ类场地时宜适当增加（如10%左右）。当结构底部的总地震剪力偏小需调整时，其以上各层的剪力也均应适当调整。

3）结构时程分析的嵌固端应与反应谱分析一致，所用的水平、竖向地震时程曲线应符合规范要求，持续时间一般不小于结构基本周期的5倍（即结构屋面对应于基本周期的位移反应不少于5次往复）；弹性时程分析的结果也应符合规范的要求，即采用三组时程时宜取包络值，采用七组时程时可取平均值。

4）软弱层地震剪力和不落地构件传给水平转换构件的地震内力的调整系数取值，应依据超限的具体情况大于规范的规定值；楼层刚度比值的控制值仍需符合规范的要求。

5）上部墙体开设边门洞等的水平转换构件，应根据具体情况加强；必要时，宜采用重力荷载下不考虑墙体共同工作的手算复核。

6）跨度大于24m的连体计算竖向地震作用时，宜参照竖向时程分析结果确定。

7）错层结构各分块楼盖的扭转位移比，应利用电算结果进行手算复核。

8）对于结构的弹塑性分析，高度超过200m应采用动力弹塑性分析；高度超过300m应做两个独立的动力弹塑性分析。计算应以构件的实际承载力为基础，着重于发现薄弱部位和提出相应加强措施。

9）必要时（如特别复杂的结构、高度超过200m的混合结构、大跨空间结构、静载下构件竖向压缩变形差异较大的结构等），应有重力荷载下的结构施工模拟分析，当施工方案与施工模拟计算分析不同时，应重新调整相应的计算。

10）当计算结果有明显疑问时，应另行专项复核。

（11）关于结构抗震加强措施

1）对抗震等级、内力调整、轴压比、剪压比、钢材的材质选取等方面的加强，应根据烈度、超限程度和构件在结构中所处部位及其破坏影响的不同，区别对待、综合考虑。

2）根据结构的实际情况，采用增设芯柱、约束边缘构件、型钢混凝土或钢管混凝土构件，以及减震耗能部件等提高延性的措施。

3）抗震薄弱部位应在承载力和细部构造两方面有相应的综合措施。

（12）关于岩土工程勘察成果

1）波速测试孔数量和布置应符合规范要求；测量数据的数量应符合规定。

2）液化判别孔和砂土、粉土层的标准贯入锤击数据以及粘粒含量分析的数量应符合要求；水位的确定应合理。

3）场地类别划分、液化判别和液化等级评定应准确、可靠；脉动测试结果仅作为参考。

4）处于不同场地类别的分界附近时，应要求用内插法确定计算地震作用的特征周期。

（13）关于地基和基础的设计方案

1）地基基础类型合理，地基持力层选择可靠。

2）主楼和裙房设置沉降缝的利弊分析正确。

3）建筑物总沉降量和差异沉降量控制在允许的范围内。

（14）关于试验研究成果和工程实例、震害经验

1）对按规定需进行抗震试验研究的项目，要明确试验模型与实际结构工程相符的程度以及试验结果可利用的部分。

2）借鉴国外经验时，应区分抗震设计和非抗震设计，了解是否经过地震考验，并判断是否与该工程项目的具体条件相似。

3）对超高很多或结构体系特别复杂、结构类型特殊的工程，宜要求进行实际结构工程的动力特性测试。

（15）超限大跨空间结构的审查

1）关于可行性论证报告。

A 明确所采用的大跨屋盖的结构形式和具体的结构安全控制荷载和控制目标。

B 列出所采用的屋盖结构形式与常用结构形式在振型、内力分布、位移分布特征等方面的不同。

C 明确关键杆件和薄弱部位，提出有效控制屋盖构件承载力和稳定的具体措施，详细论证其技术可行性。

2）关于结构计算分析。

A 作用和作用效应组合：设防烈度为 7 度（0.15g）及以上时，屋盖的竖向地震作用应参照时程分析结果按支承结构的高度确定。基本风压和基本雪压应按 100 年一遇采用；屋盖体型复杂时，屋面积雪分布系数、风载体型系数和风振系数，应比规范要求增大或经风洞试验等方法确定；屋盖坡度较大时尚宜考虑积雪融化可能产生的滑落冲击荷载；尚可依据当地气象资料考虑可能超出荷载规范的风力。温度作用应按合理的温差值确定，应分别考虑施工、合拢和使用三个不同时期各自的不利温差。除有关规范、规程规定的作用效应组合外，应增加考虑竖向地震为主的地震作用效应组合。

B 计算模型和设计参数：屋盖结构与支承结构的主要连接部位的构造应与计算模型相符。计算模型应计入屋盖结构与下部结构的协同作用。整体结构计算分析时，应考虑支承结构与屋盖结构不同阻尼比的影响。若各支承结构单元动力特性不同且彼此连接薄弱，应采用整体模型与分开单独模型进行静载、地震、风力和温度作用下各部位相互影响的计算分析比较，合理取值。应进行施工安装过程中的内力分析。地震作用及使用阶段的结构内力组合，应以施工全过程完成后的静载内力为初始状态。除进行重力荷载下几何非线性稳定分析外，必要时应进行罕遇地震下考虑几何和材料非线性的弹塑性分析。超长结构（如大于 400m）应按《抗震规范》的要求考虑行波效应的多点和多方向地震输入的分析比较。

3）关于屋盖构件的抗震措施。

A 明确主要传力结构杆件，采取加强措施。B 从严控制关键杆件应力比及稳定要求。在重力和中震组合下以及重力与风力组合下，关键杆件的应力比控制应比规范的规定适当加严。C 特殊连接构造及其支座在罕遇地震下安全可靠，并确保屋盖的地震作用直接传递到下部支承结构。D 对某些复杂结构形式，应考虑个别关键构件失效导致屋盖整体连续倒塌的可能。

4）关于屋盖的支承结构。

A 支座（支承结构）差异沉降应严格控制。B 支承结构应确保抗震安全，不应先于屋盖破坏；当其不规则性属于超限专项审查范围时，应符合本技术要点的有关要求。C 支座采用隔震、滑移或减震等技术时，应有可行性论证。

（16）专项审查意见。抗震设防专项审查意见主要包括下列三方面内容：

1）总评。对抗震设防标准、建筑体型规则性、结构体系、场地评价、构造措施、计算结果等做简要评定。

2）问题。对影响结构抗震安全的问题，应进行讨论、研究，主要安全问题应写入书面审查意见中，并提出便于施工图设计文件审查机构审查的主要控制指标（含性能目标）。

3）结论。分为“通过”、“修改”、“复审”三种。

A 审查结论“通过”，指抗震设防标准正确，抗震措施和性能设计目标基本符合要求；对专项审查所列举的问题和修改意见，勘察设计单位应明确其落实方法。依法办理行政许可手续后，在施工图审查时由施工图审查机构检查落实情况。

B 审查结论“修改”，指抗震设防标准正确，建筑和结构的布置、计算和构造不尽合理、存在明显缺陷；对专项审查所列举的问题和修改意见，勘察设计单位落实后所能达到的具体指标尚需经原专项审查专家组再次检查。

因此，补充修改后提出的书面报告需经原专项审查专家组确认已达到“通过”的要求，依法办理行政许可手续后，方可进行施工图设计并由施工图审查机构检查落实。

C　审查结论“复审”，指存在明显的抗震安全问题、不符合抗震设防要求、建筑和结构的工程方案均需大调整。修改后提出修改内容的详细报告，由建设单位按申报程序重新申报审查。

7　建设项目不同阶段抗震设防管理的主要内容

以上海市为例。

（1）项目前期阶段

1）建设项目选址

A　建设单位在进行项目选址时、城市房屋建筑工程的选址，应当符合城市总体规划中城市抗震防灾专业规划的要求；村庄、集镇建设的工程选址，应当符合村庄与集镇防灾专项规划和村庄与集镇建设规划中有关抗震防灾的要求。

B　建设项目场址的选择应当进行地震安全性评价。应根据地震地质、地震活动、工程地质、地形地貌等资料，从安全、经济、环境、工程等角度进行评价，最终选择对抗震设防有利的地段，避开不利的地段，提出必须采取的抗震设防措施。对地震安全性评价报告的审查，主要依据《地震安全性评价管理条例》、《工程场地地震安全性评价》和《地震安全评价报告编写格式》等法规和规范性文件要求，审查地震安全性评价报告的技术思路和方法、现场工作量及工作深度、基础资料的完备性、分析论证的可靠性、结论的合理性等内容。

C　市政公用设施选址和建设的各项专业规划应当符合城乡规划以及防灾专项规划和有关工程建设标准的要求；位于抗震设防区、洪涝易发区或者地质灾害易发区内的，还应当符合城市抗震防灾、洪涝防治和地质灾害防治等专项规划的要求。

2）可行性研究

A　规定必须进行地震安全性评价的建设项目，建设单位在进行项目可行性研究时，应当进行地震安全性评价，并且将抗震设防要求纳入建设工程可行性研究报告。

B　进行可行性研究时，建设单位应当组织专家对重大市政公用设施和可能发生严重次生灾害的市政公用设施工程选址和设计方案进行抗灾设防专项论证。政府有关部门在审核建设项目可行性研究报告时，对未包含抗震设防要求的，不予批准。

（2）初步设计阶段

建设工程的抗震设防纳入初步设计审查程序，抗震办、建设行政主管部门应当参与审查工作，并有权根据建设项目的情况组织专题抗震审查。未经抗震审查，设计单位不得进行施工图设计。

1）按抗震设防分类的建设工程项目的审查。特殊设防类（甲类）和重点设防类（乙类）建筑工程的初步设计文件应当有抗震设防专项内容。初步设计（扩初设计）审查应包括建筑的抗震设防分类、抗震设防烈度（或设计地震参数）、场地抗震安全性能评价、抗震概念设计、主要结构布置、建筑与结构的协调、使用的计算程序、结构计算结果、地基基础和上部结构抗震性能评估等。

2）超限高层建筑工程的审查。超限高层建筑工程，是指超出国家现行规范、规程所规定的适用高度和适用结构类型的高层建筑工程，体型特别不规则的高层建筑工程，以及有关规范、规程规定应当进行抗震专项审查的高层建筑工程。

A　设计单位应对超限高层建筑予以判定，在初步设计阶段由初步设计主审部门征询上海市工程抗震办公室意见，上海市工程抗震办公室负责超限高层建筑初步设计抗震设防专项审查。

B　初步设计文件的设计说明要有建筑抗震设防分类、设防烈度、设计基本地震加速度、设计地震分组、结构的抗震等级等内容。

C　建设单位申报超限高层建筑工程的抗震设防审查时，应提供下列材料：a 设计的主要内容、技术依据、可行性论证及主要抗震措施；b 建筑工程的地质勘察报告（含场地抗震性能评价报告）；c 结构设计计算的主要结果；d 结构抗震薄弱部位的分析和相应措施；e 初步设计和施工图（建筑和结构部分）文件；f 设计时参照使用的国外有关抗震设计标准、工程和震害资料及计算机程序；g 对规定要求进行模型抗震性能试验研究的，应提出抗震试验研究报告。

D 超限高层建筑初步设计抗震设防专项审查送审文件要求：a 工程项目的基本情况——包括建设单位、工程名称、建设地点、建筑面积、勘察单位及资质、设计单位及资质、联系人和联系方式。b 设计依据——包括采用的规范、规程及其版本。c 岩土工程勘察报告基本数据：包括场地类别、液化指数和判别、土层剖面、土层主要物理力学指标及结构时程分析的地震动参数等。d 抗震设防标准——包括抗震设防类别、抗震设防烈度或设计地震动参数。e 各主要部位设计使用荷载的选用。f 地基基础设计概况——包括基础类型、持力层、基础埋深、地下室底板和顶板的主要截面、桩型和单桩承载力，承台或底板的主要截面、地基的沉降计算量。g 建筑结构布置和选型——包括主楼高度和层数、出屋面高度和层数、裙房高度和层数、结构高宽比、防震缝的设置（类型、位置和净宽）；结构体系的选择。h 建筑超限情况的判别——包括建筑高度超限，结构平面和竖向不规则程度，以及复杂结构情况等。i 结构分析输入和输出数据——包括两个以上计算软件及其版本、结构分析输入的地震动参数（抗震设防烈度、设计基本地震加速度、建设场地设计特征周期）、结构阻尼比、结构构件材料强度、混凝土结构抗震等级、周期折减系数、地震作用修正系数、内力调整系数、输入地震动时程曲线名称和频谱特征曲线、楼层质量、各楼层质量中心与刚度中心的偏心率、裙房与塔楼质心的偏心、结构总重力和总地震作用、各楼层侧向刚度与其相邻上部楼层侧向刚度及与其相邻上部三层平均侧向刚度之比、结构分析采用的振型数、质量参与比、各振型特征的判断及以扭转为主振型周期与以平动为主振型周期的比值、各楼层最大层间位移与层高的比值、各楼层最大水平位移（层间位移）与该楼层平均水平位移（层间位移）的比值、计算简图、计算单元划分及弹性楼板区域的选定、墙体承担的倾覆力矩比、柱和剪力墙最大轴压比、梁最大剪压比。j 计算结果的分析，时程分析与反应谱法的结果比较，结构抗震薄弱部位的分析和相应措施。k 初步设计文件及基本抗震构造，包括建筑平面（含总平面）、立面、剖面图，基础平面图和结构布置图，混凝土和钢材的强度等级（品种），楼、屋面板厚度，关键部位梁柱的截面尺寸、配筋率和配箍率，墙体和筒体的厚度，边缘构件配筋，短柱分布范围和数量，错层、连体、转换构件和加强层的主要构造。m 设计参照使用的国外有关抗震设计标准、工程实例与震害资料及计算程序。n 送审设计文件和资料均应由设计人员签章，并加盖设计单位初步设计出图章和一级注册结构工程师注册章。p 按规定要求进行抗震试验研究的，应提供抗震试验研究报告。

E 上海市建设工程抗震设防审查专家委员会组织专家进行审查，提出书面审查意见，上海市工程抗震办公室应当自接受超限高层建筑初步设计抗震设防专项审查全部申报材料之日起 20 个工作日内，将审查意见提交初步设计主审部门。

F 审查难度大或审查意见难以统一的超限高层建筑工程，可由上海市工程抗震办公室邀请有关专家参加审查，或委托全国超限高层建筑工程抗震设防审查专家委员会进行审查，提出专项审查意见，并报国务院建设行政主管部门备案。

G 根据《市政公用设施抗灾设防管理规定》和《市政公用设施抗震设防专项论证技术要点（室外给水、排水、燃气、热力和生活垃圾处理工程篇）》的规定。建设单位应当在初步设计阶段组织专家对抗震设防区的市政公用设施进行抗震专项论证。

(3) 施工图设计阶段

新建、扩建、改建房屋建筑工程的抗震设计应当作为施工图审查的重要内容。

1) 施工图审查首先应检查对初步（扩初设计）审查意见的执行情况，并对结构抗震构造和抗震能力进行综合审查和评定。

2) 具体审查工作由施工图审查机构进行审查，审查中有争议上报市抗震办。

3）建设工程的抗震设计未经审查，或者发现未按抗震设防要求和抗震设计规范、规程进行抗震设计的，有关部门不得发放建设工程规划许可证和施工许可证。

4）建设单位在报送抗震设计审查的同时，应当将建设工程设计计算书中有关抗震设计的材料，报市地震局备案。

5）建设单位对应当进行抗灾设防专项论证、抗震专项论证、抗风专项论证的市政公用设施，在提交施工图的同时，将专项工程论证意见送施工图审查机构。

施工图审查机构在进行施工图审查时，应当根据《市政公用设施抗灾设防管理规定》和《市政公用设施抗震设防专项论证技术要点（各专项工程篇）》的有关规定，将市政公用设施抗灾设防审查纳入施工图审查内容。

（4）已建工程的抗震设防管理

《房屋建筑工程抗震设防管理规定》中规定的已经建成的房屋建筑工程未采取抗震设防措施且未列入近期拆除改造计划的，产权人（业主）应当委托具有相应设计资质的单位按现行抗震鉴定标准进行抗震鉴定；对经鉴定需抗震加固的房屋建筑工程，产权人应当委托具有相应资质的设计、施工单位进行抗震加固设计与施工，并按国家规定办理相关手续。

10.1.6　防雷管理

1　防雷装置概述

（1）防雷装置概念

防雷装置是具有防御直击雷、雷电感应和雷电波侵入性能的接闪器、引下线、接地装置、过电压保护器以及其他接连导体的总称，由接闪器、引下线、接地装置及其他连接导体总和而成。避雷针、避雷线、避雷网、避雷带、避雷器都是经常采用的防雷装置，避雷器是一种专门的防雷装置。

（2）防雷装置组成

1）接闪器：避雷针、避雷线、避雷网和避雷带都是接闪器，它们都是利用其高出被保护物的突出地位，把雷电引向自身，然后通过引下线和接地装置，把雷电流泄入大地，以此保护被保护物免受雷击。

2）避雷器：避雷器并联在被保护设备或设施上，正常时装置与地绝缘，当出现雷击过电压时，装置与地由绝缘变成导通，并击穿放电，将雷电流或过电压引入大地，起到保护作用，过电压终止后，避雷器重新恢复绝缘状态。避雷器主要用来保护电力设备和电力线路，也用作防止高电压侵入室内的安全措施。避雷器有保护间隙避雷器、管型避雷器和阀型避雷器和氧化锌避雷器。

3）引下线：防雷装置的引下线应满足机械强度、耐腐蚀和热稳定的要求。

4）防雷接地装置：接地装置是防雷装置的重要组成部分。接地装置向大地泄放雷电流，限制防雷装置对地电压不致过高。除独立避雷针外，在接地电阻满足要求的前提下，防雷接地装置可以和其他接地装置共用。

2　防雷装置设计审核和竣工验收制度

国家实行防雷装置设计审核和竣工验收制度。中国气象局依据有关法律法规，制定发布了《防雷装置设计审核和竣工验收规定》，明确规定各类建（构）筑物、场所和设施安装雷电防护装置应当符合国家有关防雷标准的规定：

（1）防雷装置设计未经审核同意的，不得交付施工。防雷装置竣工未经验收合格的，不得投入使用。新建、改建、扩建工程的防雷装置必须与主体工程同时设计、同时施工、同时投入使用。

（2）县级以上地方气象主管机构负责本行政区域内防雷装置的设计审核和竣工验收工作。

（3）防雷装置设计审核和竣工验收的程序、文书等应当依法予以公示。

（4）应当经过防雷装置设计审核和竣工验收的建（构）筑物或者设施：

1）《建筑物防雷设计规范》规定的一、二、三类防雷建（构）筑物；

2）油库、气库、加油加气站、液化天然气、油（气）管道站场、阀室等爆炸危险环境设施；

3）邮电通信、交通运输、广播电视、医疗卫生、金融证券，文化教育、文物保护单位和其他不可移动文物、体育、旅游、游乐场所以及信息系统等社会公共服务设施；

4）按照有关规定应当安装防雷装置的其他场所和设施。

（5）各省、自治区、直辖市气象主管机构可以根据本规定制定实施细则，并报国务院气象主管机构备案。

（6）专门从事雷电防护装置设计、施工、检测的单位应当取得国务院气象主管机构或者省、自治区、直辖市气象主管机构颁发的资质证书。

3 防雷装置设计申请与审核

（1）初步设计防雷装置设计审核应提交的申请材料

1）《防雷装置设计审核申请书》；

2）总规划平面图；

3）防雷工程专业设计单位和人员的资质证和资格证书；

4）防雷装置初步设计说明书、初步设计图纸及相关资料；

5）需要进行雷击风险评估的项目，要提交雷击风险评估报告。

（2）施工图设计防雷装置设计审核应提交的申请材料

1）《防雷装置设计审核申请书》；

2）防雷工程专业设计单位和人员的资质证和资格证书；

3）防雷装置施工图设计说明书、施工图设计图纸及相关资料；

4）设计中所采用的防雷产品相关资料；

5）防雷装置未经过初步设计的，应当提交总规划平面图；经过初步设计的，应当提交《防雷装置初步设计核准书》；

6）经当地气象主管机构认可的防雷专业技术机构出具的有关技术评价意见。

（3）申请条件

1）防雷工程专业设计单位和人员取得国家规定的资质、资格；

2）申请单位提交的申请材料齐全且符合法定形式；

3）需要进行雷击风险评估的项目，提交了雷击风险评估报告。

（4）申请受理

防雷装置设计审核申请材料不齐全或者不符合法定形式的，许可机构应当在收到申请材料之日起5个工作日内一次告知申请单位需要补正的全部内容，并出具《防雷装置设计审核资料补正通知》。逾期不告知的，收到申请材料之日起即视为受理。许可机构应当在收到全部申请材料之日起5个工作日内，按照《行政许可法》的规定，根据本规定的受理条件做出受理或者不予受理的书面决定，并对决定受理的申请出具《防雷装置设计审核受理回执》。对不予受理的，应当书面说明理由。

（5）审核内容：申请材料的合法性和内容的真实性；防雷装置设计是否符合国务院气象主管机构规定的使用要求和国家有关技术规范标准。

（6）审核期限：许可机构应当在受理之日起20个工作日内作出审核决定。

（7）核发证书：防雷装置设计经审核合格的，许可机构应当办结有关审核手续，颁发《防雷装置设计核准书》。施工单位应当按照经核准的设计图纸进行施工。在施工中需要变更和修改防雷设计的，必须按照原程序报审。防雷装置设计经审核不合格的，许可机构出具《防雷装置设计修改意见书》。申请单位进行设计修改后，按照原程序报审。

4 建设项目防雷设计审核、验收实施办法

以上海市为例。《上海市建（构）筑物防雷工程设计审核、验收实施办法》，适用于在本市行政区域内从事的建（构）筑物雷电防御活动。

（1）上海市气象局雷电防护管理办公室（以下简称市气象局防雷办）具体负责本市雷电防护日常管理工作，上海市防雷中心（以下简称市防雷中心）负责本市防雷工程的设计审核、检测验收等专业技术工作，并对其他从事防雷工程设计审核和检测的机构进行业务指导。

（2）雷电防护的建设项目按性能分类：根据《上海市雷电防护管理办法》有关规定，雷电防护的建设项目按性能分类如下：

1）直击雷防护工程：由接闪器（包括避雷针、带、线、网）、引下线、接地装置以及其他接连导体组成，具有防御直击雷性能的系统装置建设项目。

2）雷电电磁脉冲防护工程：由电磁屏蔽、等电位连接、共用接地网、过电压保护器以及其他接连导体线组成，具有防御雷电电磁脉冲（包括雷电感应和雷电波侵入）性能的系统装置建设项目。

3）防雷装置：具有防御直击雷、雷电感应和雷电波侵入性能的接闪器、引下线、接地装置、过电压保护器以及其他接连导体的总称。

（3）防雷装置审核要求：

1）防雷装置设计未经审核同意的，不得交付施工。防雷装置竣工未经验收合格的，不得投入使用。新建、改建、扩建工程的防雷装置设计审核和竣工验收的程序、文书等应当依法予以公示。

2）下列建设项目的防雷装置设计须经审核和竣工验收：

A 《建筑物防雷设计规范》规定的一、二、三类防雷建（构）筑物；

B 石油、化工生产或者贮存场所；

C 电力生产设施和输配电系统；

D 邮电通信、交通运输、广播电视、医疗卫生、金融证券、计算机信息等社会公共服务系统的主要设施；

E 按照法律、法规、规章和有关技术规范，应当安装防雷装置的其他场所和设施。

（4）防雷装置设计审核：防雷装置设计实行审核制度。申请单位应当向规定单位提出申请，填写《防雷装置设计审核申报表》。

1）申请防雷装置初步设计审核应当提交以下材料：

A 《防雷装置设计审核申请书》；

B 总规划平面图；

C 防雷工程专业设计单位和人员的资质证和资格证书；

D 防雷装置初步设计说明书、初步设计图纸及相关资料，需要进行雷击风险评估的项目，要提交雷击风险评估报告。

2）申请防雷装置施工图设计审核应当提交以下材料：

A 《防雷装置设计审核申请书》；

B 防雷工程专业设计单位和人员的资质证和资格证书；

C 防雷装置施工图设计说明书、施工图设计图纸及相关资料；

D 设计中所采用的防雷产品相关资料；

E 经当地气象主管机构认可的防雷专业技术机构出具的有关技术评价意见；

F 防雷装置未经过初步设计的，应当提交总规划平面图；经过初步设计的，应当提交《防雷装置初步设计核准书》。

3）受理条件：防雷装置设计审核申请符合以下条件的，应当受理：

A 防雷工程专业设计单位和人员取得国家规定的资质、资格；

B 申请单位提交的申请材料齐全且符合法定形式；

C 需要进行雷击风险评估的项目，提交了雷击风险评估报告。

防雷装置设计审核申请材料不齐全或者不符合法定形式的，许可机构应当在收到申请材料之日起5个工作日内一次告知申请单位需要补正的全部内容，并出具《防雷装置设计审核资料补正通知》。逾期不告知的，收到申请材料之日起即视为受理。

许可机构应当在收到全部申请材料之日起5个工作日内，根据本规定的受理条件作出受理或者不予受理的书面决定，并对决定受理的申请出具《防雷装置设计审核受理回执》。对不予受理的，应当书面说明理由。

4）审核内容：申请材料的合法性和内容的真实性；防雷装置设计是否符合国务院气象主管机构规定的使用要求和国家有关技术规范标准。

5）办结期限和审核决定：许可机构应当在受理之日起20个工作日内作出审核决定。防雷装置设计经审核合格的，许可机构应当办结有关审核手续，颁发《防雷装置设计核准书》。

6）设计修改报审：施工单位应当按照经核准的设计图纸进行施工。在施工中需要变更和修改防雷设计的，必须按照原程序报审。防雷装置设计经审核不合格的，许可机构出具《防雷装置设计修改意见书》。申请单位进行设修改后，按照原程序报审。

（5）建设项目防雷工程设计

建设项目的防雷工程应当与主体工程同时设计、同时施工、同时投入使用。建设项目防雷工程设计应当根据当地雷电活动的规律和地理、地质、土壤、环境等条件，结合雷电防护对象的防护范围和目的，严格按照国家、行业和本市规定的防雷设计规范进行设计。

（6）防雷工程设计初步设计的内容：

1）设计说明（包括设计依据、防雷分类等）；

2）防雷系统示意图；

3）拟采用防雷装置的规格及型号；

4）根据特殊情况的相关图纸及说明。

（7）防雷工程施工图设计的内容：

1）设计说明（包括设计依据、防雷分类等）；

2）接地装置、引下线、接闪器、电气设备及信息系统防雷接地设计图；

3）等电位连接预留件、均压环、等电位连接及屏蔽设计图；

4）电气设备及信息系统电涌保护器布置设计图；

5）根据特殊情况的相关图纸及说明。

（8）建设项目防雷工程设计审核

1）申请条件：A防雷装置设计单位和人员取得国家规定的资质、资格；B申请人提交的申请材料齐全；C按照规定需要进行雷电灾害风险环境评价的项目，提交了雷电灾害风险险环境评价报告；D其他法律法规要求的条件。

2）申请防雷工程初步设计审核应提交的材料：

A《上海市建设项目防雷初步设计审核申请表（回执）》（一式2份，加盖公章）；B项目批复文件；C总体规划平面图及初步设计文本；D设计单位和设计人员的资质和资格证书。

3）申请防雷工程施工图审核应提交的材料：A《上海市建设项目防雷施工图审核申请表（回执）》（一式2份，加盖公章）；B《上海市建设项目防雷装置设计审核意见书》复印件（扩初）；C设计单位和设计人员的资质和资格证书（初步设计单位和施工图设计单位为同一单位时，可不重复提供）；D由上海市气象局认可的防雷专业技术机构出具的有关技术评价意见。

4）办理程序：A申请人向上海市气象局行政审批办公室提交材料；B对符合申请条件、申报材料齐全的，上海市气象局予以受理；C核发《上海市建设项目防雷装置设计审核意见书》。

5）办理时限：法定时限为20个工作日；承诺时限为10个工作日。

6）具体受理单位：上海市气象局行政审批办公室（负责行政许可事项的审批）。

10.1.7 建筑节能管理

1 能源与节约能源释义

能源是指煤炭、石油、天然气、生物质能和电力、热力以及其他直接或者通过加工、转换而取得有用能的各种资源。能源是人类社会赖以生存和发展的重要物质基础。节约能源（以下简称节能）是指加强用能管理，采取技术上可行、经济上合理以及环境和社会可以承受的措施，从能源生产到消费的各个环节，降低消耗、减少损失和污染物排放、制止浪费，有效、合理地利用能源。

2 节约资源是我国的基本国策

（1）国家实施节约与开发并举、把节约放在首位的能源发展战略。大力推进节能降耗，提高能源利用效率。节能是缓解能源约束，减轻环境压力，保障经济安全，实现建设目标和可持续发展的必然选择，体现了科学发展观的本质要求。节约资源是我国的基本国策和长期的战略任务。

（2）建设高能效、低能耗、低污染、低排放的建筑体系

国家和政府制定了《节约能源法》、《国务院关于加强节能工作的决定》、《民用建筑节能条例》、《民用建筑节能管理规定》、《固定资产投资项目节能评估和审查暂行办法》等法律法规，并已实施。我国正在加快建设高能效、低能耗、低污染、低排放的建筑体系。用城乡统筹和循环经济的理念，从关注单体建筑节能向关注整个城乡建筑节能转变，从关注建设施工阶段节能向两端延伸，即涵盖从土地获取、规划布局阶段到建筑报废阶段的节能。

3 建筑节能管理

（1）建筑节能概念

建筑节能是指在保证建筑使用功能和室内热环境质量的前提下，降低其使用过程中能源消耗的活动。广义上的建筑节能是指在建筑物以及城乡基础设施的建设、改造的设计、施工、安装和使用过程中，按照有关法律、法规、建筑节能技术标准的要求，采取有效措施，降低能源消耗，提高能源利用效率的活动。如对建筑物围护结构采取隔热保温措施，选用节能型用能系统、可再生能源利用系统及其维护保养等活动。

（2）建筑用能系统

建筑用能系统是指与建筑物同步设计、同步安装的用能设备和设施。民用建筑的用能设备主要是指采暖空调系统和照明两大类设备。设施一般是指与设备相配套的、为满足设备运行需要而设置的服务系统，如：空调热力管道系统、智能化系统和计量系统等。

（3）可再生能源，是指风能、太阳能、水能、生物质能、地热能、海洋能等非化石能源。随着《可再生能源法》正式施行，国家鼓励和推广应用与建筑结合的太阳能热水系统、太阳能供热采暖和制冷系统、太阳能光伏发电系统等太阳能利用系统，以及地热能等可再生能源利用系统的设备和设施等。

（4）建筑节能标准目标值

1）《民用建筑节能条例》所称民用建筑，是指居住建筑、国家机关办公建筑和商业、服务业、教育、卫生等其他公共建筑。其中，单体建筑面积20000m^{2}以上的公共建筑为大型公共建筑。

2）按照国家现行的居住建筑和公共建筑强制性节能标准规定，其建筑节能标准目标值均为50%，其中：

A 居住建筑节能标准目标值为50%，即通过采用增强建筑围护结构隔热保温性能和提高采暖、空调设备能效比的节能措施，在保证相同的室内环境参数条件下，与未采取节能措施前相比，全年采暖、空调的总能耗应减少50%，其中，建筑围护结构分担的节能率约为25%，用能设备分担的节能率约为25%。

B 公共建筑节能标准目标值为50%，即按照现行的国家标准进行建筑节能设计，在保证相同的室内环境参数条件下，与未采取节能措施前相比，全年采暖、通风、空调和照明的总能耗应减少50%，

其中，从北方到南方，围护结构、空调采暖系统和照明设备之间分担的节能率又各有所不同。

C 建筑节能 65%是指通过进一步改进节能技术措施，提高能源利用效率，将建筑节约能耗从目前的 50%进一步增加到 65%的水平。

(5) 国务院建设主管部门负责全国建筑节能的监督管理工作。县级以上地方各级人民政府建设主管部门负责本行政区域内建筑节能的监督管理工作。

(6) 国家实行固定资产投资项目节能评估和审查制度。不符合强制性节能标准的项目，依法负责项目审批或者核准的机关不得批准或者核准建设；建设单位不得开工建设；已经建成的，不得投入生产、使用。

(7) 国家对落后的耗能过高的用能产品、设备和生产工艺实行淘汰制度。

(8) 建筑节能国家标准、行业标准由国务院建设主管部门组织制定，并依照法定程序发布。省、自治区、直辖市制定严于强制性国家标准、行业标准的地方节能标准，由省、自治区、直辖市人民政府报经国务院批准；并报国务院标准化主管部门和国务院建设主管部门备案。

(9) 建筑工程的建设、设计、施工和监理单位应当遵守建筑节能标准；建设主管部门应当加强对在建建筑工程执行建筑节能标准情况的监督检查。

(10) 对新建建筑节能实施全过程的监管

1) 在规划许可阶段，要求城乡规划主管部门在进行规划审查时，应当就设计方案是否符合民用建筑节能强制性标准征求同级建设主管部门的意见；对于不符合民用建筑节能强制性标准的，不予颁发建设工程规划许可证。

2) 在设计阶段，要求新建建筑的施工图设计文件必须符合民用建筑节能强制性标准。施工图设计文件审查机构应当按照民用建筑节能强制性标准对施工图设计文件进行审查；经审查不符合民用建筑节能强制性标准的，建设主管部门不得颁发施工许可证。

3) 在建设阶段，建设单位不得要求设计单位、施工单位违反民用建筑节能强制性标准进行设计、施工；设计单位、施工单位、工程监理单位及其注册执业人员必须严格执行民用建筑节能强制性标准；工程监理单位对施工单位不执行民用建筑节能强制性标准的，有权要求其改正，并及时报告。

4) 在竣工验收阶段，建设单位应当将民用建筑是否符合民用建筑节能强制性标准作为查验的重要内容；对不符合民用建筑节能强制性标准的，不得出具竣工验收合格报告。

5) 在商品房销售阶段，要求房地产开发企业向购买人明示所售商品房的能源消耗指标、节能措施和保护要求、保温工程保修期等信息。

6) 在使用保修阶段，明确规定施工单位在保修范围和保修期内，对发生质量问题的保温工程负有保修义务，并对造成的损失依法承担赔偿责任。

(11) 既有建筑节能改造

1) 既有建筑节能改造，是指对不符合民用建筑节能强制性标准的既有建筑的围护结构、供热系统、采暖制冷系统、照明设备和热水供应设施等实施节能改造的活动。

2) 县级以上地方人民政府建设主管部门应当对本行政区域内既有建筑的建设年代、结构形式、用能系统、能源消耗指标、寿命周期等组织调查统计和分析，制定既有建筑节能改造计划，明确节能改造的目标、范围和要求，报本级人民政府批准后组织实施。

3) 既有建筑节能改造的标准和要求。实施既有建筑节能改造，应当符合民用建筑节能强制性标准，优先采用遮阳、改善通风等低成本改造措施。既有建筑围护结构的改造和供热系统的改造，应当同步进行。

4) 确立既有建筑节能改造费用的负担方式。国家机关办公建筑的节能改造费用，由县级以上人民政府财政负担；居住建筑和公益事业使用的公共建筑的节能改造费用，由政府、建筑所有权人共同负担。

4 民用建筑工程节能质量监督管理

为进一步做好民用建筑工程节能质量的监督管理工作，保证建筑节能法律法规和技术标准的贯彻落实，原建设部制定了《民用建筑工程节能质量监督管理办法》（建质［2006］192号）。凡在我国境内从事民用建筑工程的新建、改建、扩建等有关活动及对民用建筑工程质量实施监督管理的，必须遵守本办法。有关规定如下：

（1）建设单位、设计单位、施工单位、监理单位、施工图审查机构、工程质量检测机构等单位，应当遵守国家有关建筑节能的法律法规和技术标准，履行合同约定义务，并依法对民用建筑工程节能质量负责。各地建设主管部门及其委托的工程质量监督机构依法实施建筑节能质量监督管理。

（2）建设单位应当履行以下质量责任和义务

1）组织设计方案评选时，应当将建筑节能要求作为重要内容之一。

2）不得擅自修改设计文件。当建筑设计修改涉及建筑节能强制性标准时，必须将修改后的设计文件送原施工图审查机构重新审查。

3）不得明示或者暗示设计单位、施工单位降低建筑节能标准。

4）不得明示或者暗示施工单位使用不符合建筑节能性能要求的墙体材料、保温材料、门窗部品、采暖空调系统、照明设备等。按照合同约定由建设单位采购的有关建筑材料和设备，建设单位应当保证其符合建筑节能指标。

5）不得明示或者暗示检测机构出具虚假检测报告，不得篡改或者伪造检测报告。

6）在组织建筑工程竣工验收时，应当同时验收建筑节能实施情况，在工程竣工验收报告中，应当注明建筑节能的实施内容。

7）大型公共建筑工程竣工验收时，对采暖空调、通风、电气等系统，应当进行调试。

（3）设计单位应当履行以下质量责任和义务

1）建立健全质量保证体系，严格执行建筑节能标准。

2）民用建筑工程设计要按功能要求合理组合空间造型，充分考虑建筑体形、围护结构对建筑节能的影响，合理确定冷源、热源的形式和设备性能，选用成熟、可靠、先进、适用的节能技术、材料和产品。

3）初步设计文件应设建筑节能设计专篇，施工图设计文件须包括建筑节能热工计算书，大型公共建筑工程方案设计须同时报送有关建筑节能专题报告，明确建筑节能措施及目标等内容。

（4）施工图审查机构应当履行以下质量责任和义务

1）严格按照建筑节能强制性标准对送审的施工图设计文件进行审查，对不符合建筑节能强制性标准的施工图设计文件，不得出具审查合格书。

2）向建设主管部门报送的施工图设计文件审查备案材料中应包括建筑节能强制性标准的执行情况。

3）审查机构应将审查过程中发现的设计单位和注册人员违反建筑节能强制性标准的情况，及时上报当地建设主管部门。

（5）施工单位应当履行以下质量责任和义务

1）严格按照审查合格的设计文件和建筑节能标准的要求进行施工，不得擅自修改设计文件。

2）对进入施工现场的墙体材料、保温材料、门窗等进行检验。对采暖空调系统、照明设备等进行检验，保证产品说明书和产品标识上注明的性能指标符合建筑节能要求。

3）应当编制建筑节能专项施工技术方案，并由施工单位专业技术人员及监理单位专业监理工程师进行审核，审核合格，由施工单位技术负责人及监理单位总监理工程师签字。

4）应当加强施工过程质量控制，特别应当加强对易产生热桥和热工缺陷等重要部位的质量控制，保证符合设计要求和有关节能标准规定。

5）对大型公共建筑工程采暖空调、通风、电气等系统的调试，应当符合设计等要求。

6）保温工程等在保修范围和保修期限内发生质量问题的，施工单位应当履行保修义务，并对造成的损失承担赔偿责任。

（6）监理单位应当履行以下质量责任和义务

1）严格按照审查合格的设计文件和建筑节能标准的要求实施监理，针对工程的特点制定符合建筑节能要求的监理规划及监理实施细则。

2）总监理工程师应当对建筑节能专项施工技术方案审查并签字认可。专业监理工程师应当对工程使用的墙体材料、保温材料、门窗、采暖空调系统、照明设备，以及涉及建筑节能功能的重要部位施工质量检查验收并签字认可。

3）对易产生热桥和热工缺陷部位的施工，以及墙体、屋面等保温工程隐蔽前的施工，专业监理工程师应当采取旁站形式实施监理。

4）应当在《工程质量评估报告》中明确建筑节能标准的实施情况。

（7）工程质量检测机构应当将检测过程中发现建设单位、监理单位、施工单位违反建筑节能强制性标准的情况，及时上报当地建设主管部门或者工程质量监督机构。

（8）建设主管部门及其委托的工程质量监督机构应当加强对施工过程建筑节能标准执行情况的监督检查，发现未按施工图设计文件进行施工和违反建筑节能标准的，应当责令改正。

（9）建设、勘察、设计、施工、监理单位，以及施工图审查和工程质量检测机构违反建筑节能有关法律法规的，建设主管部门依法给予处罚。

（10）达不到节能要求的工程项目，不得参加各类评奖活动。

5 民用建筑建设项目施工图设计建筑节能审查要点

（1）基本要求：受委托的设计文件审图机构，在审查建设项目施工图设计文件时，应当将建筑节能设计内容列入审查范围，未经审查或审查不合格的施工图，设计文件不得使用。建设行政管理部门不发施工许可证。

（2）审查要点

1）审查依据：现行国家、地方相关建筑节能设计技术标准和规程：

《民用建筑节能设计标准》（采暖居住建筑部分，JGJ 26—95）；

《夏热冬冷地区居住建筑节能设计标准》（JGJ 134—2010）；

《严寒和寒冷地区居住建筑节能设计标准》（JGJ 26—2010）；

《公共建筑节能设计标准》（GB 50189—2005）；

《建筑照明设计标准》（GB 50034—2004）；

《民用建筑热工设计规范》（GB 50176—93）；

《建筑外窗气密性能分级及其检测方法》（GB 7107—2002）；

《建筑幕墙物理性能分级》（GB/T 15225）。

2）建筑热工设计

建筑热工设计规定性指标：A 外墙平均传热系数（包括非透明幕墙）；B 屋面传热系数；C 底层接触室外空气的架空或外挑楼板传热系数；D 外窗（包括透明幕墙）——a 各朝向外窗（包括透明幕墙）窗墙面积比；b 传热系数；c 遮阳系数（包括外遮阳）；d 可见光透射比；e 气密性；f 可开启面积；g 透明幕墙的通风措施；E 屋面透明部分面积百分比；F 外窗（包括透明幕墙）——a 各朝向外窗（包括透明幕墙）窗墙面积比；b 传热系数；c 公共建筑外窗遮阳系数（包括外遮阳）；d 公共建筑外窗可见光透射比；e 气密性等级；f 外窗可开启部分面积；g 公共建筑透明幕墙的通风措施；G 公共建筑地下室外墙（与土壤接触的墙）热阻限值；H 寒冷地区周边与非周边地面热阻限值，夏热冬冷地区公共建筑应查地面热阻限值；J 居住建筑分户墙和楼板的传热系数；K 居住建筑户门传热系数；L 设计中如有关指标不能满足节能设计标准中的规定性指标（均为强制性条文）要求，应提供围护结构热工性能的权衡判断结果。不同地区居住建筑、公共建筑审查项目详见“节能设计审查项目简表”（见附件 1～4）。

3）暖通节能设计

暖通节能设计规定指标：A 采暖、空调系统冷负荷、热负荷面积指标；B 冷热源设备效率指标；C 风机的单位风量消耗功率限值；D 热水采暖系统耗电输热比；E 空调水系统输送能效比。

暖通设计、设备选用及节能技术措施说明：A 空调与采暖系统的冷、热源选择及系统设备配置的节能技术措施说明；B 空调区域合理划分的技术说明；C 空气调节系统形式选择的技术说明；D 新风及排风能量回收技术措施说明；E 空气调节冷、热水系统节能设计技术措施说明；F 冷却水系统节能设计技术措施说明；G 风机、水泵选用技术措施说明；H 冷热水管和空调风管绝热层节能设计技术措施说明；J 可再生能源、余热利用等技术措施说明；K 有条件时，需提供水冷式电动蒸气压缩循环冷水（热泵）机组的综合部分符合性能系数 IPLV；L 采暖系统分户计量、分空调温技术措施说明。

通风设计：A 中庭夏季通风、排风技术措施说明；B 透明幕墙的通风措施；C 通风系统节能控制技术措施。

6 实例：上海市建筑节能管理办法

《上海市建筑节能管理办法》（以下简称《管理办法》）、《实施〈上海市建筑节能管理办法〉有关问题说明》和《进一步加强上海民用建筑工程项目建筑节能管理若干意见》有关规定与说明统编如下：

（1）适用范围。本市行政区域内新建、改建和扩建的民用建筑工程项目的建筑节能及其管理活动。

（2）管理部门。上海市建设和交通委员会（以下简称市建设交通委）是本市民用建筑工程项目建筑节能审查工作的行政管理部门，上海市建筑业管理办公室（以下简称市建管办）负责本市建筑节能审查工作的监督、协调和管理工作。

各区（县）建设行政管理部门负责本辖区内民用建筑工程项目建筑节能审查监督管理工作。

（3）标准的实施和制定。建设单位、设计单位、施工单位和监理单位应当按照建筑节能强制性标准执行。鼓励采用建筑节能推荐性标准。对国家尚未制定节能标准的建筑领域，市建设交通委应当根据国家和本市建筑节能发展状况和技术先进、经济合理的原则，组织制定本市节能标准以及与实施标准相配套的技术规范。

1）现行的建筑节能标准体系。为便于建筑节能标准的实施，本市已编制相应的建筑节能标准体系表，其中包括：基础标准、实施标准和专项标准。国家和本市现行的主要建筑节能标准主要涉及“现行建筑节能主要基础标准”、“现行建筑节能主要实施标准”和“现行建筑节能本市工程建设规范”等内容。

2）建筑节能标准制定。本市拟组织制定的建筑节能标准主要包括：依据现有的建筑结构体系，根据实际应用需求配套制定相应的设计标准、应用规范、节点图集、设计软件、检测评估、施工验收、产品体系和工程造价与配套定额等建筑节能系列化标准体系；从管理范围需求配套制定围护结构、用能设备、照明系统和太阳能等再生能源利用与建筑一体化的设计应用标准体系。

（4）建筑节能管理流程。将建筑节能纳入建设项目管理流程。即将建筑节能管理纳入到设计文件招投标要求、初步设计方案审查、施工图设计文件审查和竣工验收备案等管理环节。同时，对纳入建设项目管理流程的新建、改建、扩建建筑工程项目，要求办理建筑节能告知性备案手续。

（5）设计招投标阶段建筑节能管理。建设单位在编制的设计任务书和招投标设计文件中，应当具有相应的建筑节能内容。招投标管理部门在查验建设单位编制的设计任务书和招投标设计文件时，应当将建筑节能内容作为设计文件的实质性要求。

市区两级招标投标管理部门在受理项目报建时发放《上海市民用建筑工程办理建筑节能审查备案登记告知单》，并在报建项目的信息管理程序中予以标识；在设计招投标文件备案时，查验建筑节能内容的专篇说明；在施工项目发包受理时，查验初步设计方案中必备的建筑节能审查意见；在施工许可受理时，查验施工图设计文件审查的建筑节能备案表内容。

(6) 初步设计方案阶段建筑节能管理。在进行民用建筑项目初步设计方案审查时，审查单位应加强对建筑节能篇章的审查。对居住建筑具体依据《建设项目初步设计方案建筑节能审查要点》进行审查。对公共建筑具体依据《上海市公共建筑建设项目初步设计方案建筑节能审查要点》进行审查。对不符合要求的，审查不予通过。

(7) 上海市公共建筑建设项目初步设计方案建筑节能审查要点。

1）基本要求。市或者区（县）建设行政管理部门在对公共建筑建设项目初步设计方案审查时，应当将获批的规划设计方案中是否包含建筑节能内容，以及在建设项目的工程概算中是否包括建筑节能所需费用列入审查范围。

2）审查依据。A《公共建筑节能设计标准》（GB 50189—2005）；B《建筑照明设计标准》（GB 50034—2004）；C《民用建筑热工设计规范》（GB 50176—93）；D《建筑外窗气密性能分级及其检测方法》（GB/T 7107—2002）；E《建筑幕墙物理性能分级》（GB/T 15225—94）；F 国家、本市现行的相关建筑节能标准和规程。

3）建筑热工设计。建筑热工设计规定指标：A 屋面传热系数；B 外墙（包括非透明幕墙）平均传热系数；C 底面接触室外空气的架空或外挑楼板传热系数；D 外窗（包括透明幕墙）——包括各朝向外窗（包括透明幕墙）的窗墙面积比，传热系数，遮阳系数（包括外遮阳），可见光透射比，气密性，可开启面积，透明幕墙的通风措施；E 屋顶透明部分的传热系数、遮阳系数和面积百分比；F 地下室外墙（与土壤接触的墙）热阻限值；G 地面热阻限值；H 当建筑热工设计不能满足上述规定指标要求时，应当承诺在施工图设计文件阶段对围护结构热工性能进行权衡判断。

4）建筑围护结构节能技术措施说明。A 屋面形式（坡屋面、平屋面）及保温构造的节能技术措施说明；B 外墙（包括非透明幕墙）保温类型（外保温、内保温、自保温等）的节能技术措施说明；C 透明幕墙保温、通风的节能技术措施说明；D 底面接触室外空气的架空或外挑楼板的节能技术措施说明；E 外窗（包括透明幕墙）的型材、玻璃、遮阳等的节能技术措施说明；F 外门的节能技术措施说明；G 外墙与屋面的热桥部位节能技术措施说明；H 建筑中庭夏季利用通风、排风等降温的节能技术措施说明。

5）暖通节能设计。A 暖通节能设计规定指标：a 冷热源设备效率指标；b 风机的单位风量耗功率限值；c 空调水系统输送能效比。B 暖通设计、设备选用及节能技术措施说明：a 空调与采暖系统的冷、热源选择及其系统设备配置的节能技术措施说明；b 空调区域合理划分的节能技术措施说明；c 空气调节系统形式选择的节能技术措施说明；d 新风及排风能量回收节能技术措施说明；e 空气调节冷、热水系统节能设计技术措施说明；f 冷却水系统节能设计技术措施说明；g 风机、水泵选用节能技术措施说明；h 冷热水管和空调风管绝热层节能设计技术措施说明；i 可再生能源、余热利用等节能技术措施说明；j 有条件时，需提供水冷式电动蒸气压缩循环冷水（热泵）机组的综合部分符合性能系数 IPLV。

6）建筑照明节能设计。A 建筑照明节能设计规定指标。B 建筑照明功率密度值。C 照明设备选用及节能技术措施说明：a 照明光源设备选用的节能技术措施说明；b 高效率节能灯具和附件选用的节能技术措施说明；c 照度标准值选用的节能技术措施说明。D 照明方式选用的节能技术措施说明。E 能源系统运行与管理控制：a 各种能源的独立计量功能节能技术措施说明；b 集中空调与通风系统的自动控制设计节能技术措施说明；c 公共照明的自动控制设计节能技术措施说明。

(8) 施工图设计文件审查阶段建筑节能管理。施工图设计文件审查机构按照国家和本市现行的建筑节能标准、规范及相关规定。同时，居住建筑具体依据《建设项目施工图设计文件建筑节能审查要点》（沪建建［2003］658 号）进行审查。公共建筑具体依据《上海市公共建筑建设项目施工图设计文件建筑节能审查要点》（沪建建管［2005］第 076 号）进行审查。施工图设计文件审查合格的工程项目，建设单位应当在施工图审查合格后 30 日内向市或者区（县）建筑节能部门办理备案手续。

《上海市民用建筑节能审查备案登记表》分为建筑专业、暖通空调及动力专业、电气专业和民用建筑节能审查备案情况四种，未经审查或者经审查不符合强制性建筑节能标准的施工图设计文件不得使用，市或者区（县）建设行政管理部门不得颁发施工许可证。

（9）公共建筑建设项目施工图设计文件建筑节能审查要点

1）基本要求。受建委委托的审图机构在审查建设项目施工图设计文件时，应当将建筑节能内容列入审查范围。未经审查或者审查不合格的施工图设计文件不得使用，市、区（县）建设行政管理部门不得颁发施工许可证。

2）审查依据。除同初步设计方案建筑节能审查依据外，还包括原建设部《民用建筑节能管理规定》、《实施工程建设强制性标准监督规定》，以及《上海市建筑节能管理办法》、《进一步加强上海民用建筑工程项目建筑节能管理若干意见》。

3）审查内容。A 核查初步设计方案中涉及建筑节能的审查意见；B 建筑节能设计所选用的围护结构热工性能、用能设备和再生能源利用等符合标准和规程规定的情况；C 建筑节能设计所选择的围护结构材料及其计算书的符合情况；D 建筑节能计算书的计算结果情况。

10.1.8　卫生防疫管理

1　建设项目职业病危害分类管理

为了预防、控制和消除建设项目可能产生的职业病危害，根据《职业病防治法》，卫生部制定了《建设项目职业病危害分类管理办法》。适用于可能产生职业病危害的新建、扩建、改建建设项目和技术改造、技术引进的建设项目。有关规定如下：

（1）可能产生职业病危害项目

可能产生职业病危害项目是指存在或产生《职业病危害因素分类目录》所列职业病危害因素的项目。可能产生严重职业病危害的因素包括下列内容：

1）《高毒物品目录》所列化学因素；

2）石棉纤维粉尘、含游离二氧化硅10%以上粉尘；

3）放射性因素：核设施、辐照加工设备、加速器、放射治疗装置、工业探伤机、油田测井装置、甲级开放型放射性同位素工作场所和放射性物质贮存库等装置或场所；

4）卫生部规定的其他应列入严重职业病危害因素范围的。

（2）建设项目的备案、审核、审查和竣工验收实行分级管理

卫生部负责下列建设项目的备案、审核、审查和竣工验收：由国务院投资主管部门和国务院授权的有关部门审批、核准或备案，总投资在50亿人民币以上的建设项目；核设施、绝密工程等特殊性质的建设项目；跨省、自治区、直辖市行政区域的建设项目。其他建设项目的备案、审核、审查和竣工验收，由省级卫生行政部门根据本地区的实际情况确定。

（3）上级卫生行政部门可以委托下级卫生行政部门负责有关职业病危害建设项目的备案、审核、审查和竣工验收。

（4）国家对职业病危害建设项目实行分类管理。对可能产生职业病危害的建设项目分为职业病危害轻微、职业病危害一般和职业病危害严重三类。

1）职业病危害轻微的建设项目，其职业病危害预评价报告、控制效果评价报告应当向卫生行政部门备案；

2）职业病危害一般的建设项目，其职业病危害预评价、控制效果评价应当进行审核、竣工验收；

3）职业病危害严重的建设项目，除进行前项规定的卫生审核和竣工验收外，还应当进行设计阶段的职业病防护设施设计的卫生审查。

（5）对存在或可能产生职业病危害因素的建设项目的职业病危害评价报告实行专家审查制度。卫生部和省级卫生行政部门应当分别建立国家和省级专家库，专家库按职业卫生、辐射防护、卫生工程、检测检验等专业分类，并指定机构负责管理。

(6) 职业病危害预评价、职业病危害控制效果评价应当由依法取得资质的职业卫生技术服务机构承担。由卫生部负责备案、审核、审查和验收的建设项目，其职业病危害预评价和职业病危害控制效果评价应当由取得甲级资质的职业卫生技术服务机构承担。

(7) 职业卫生技术服务机构应当依据建设项目的可行性论证报告或设计文件，按照职业卫生有关技术规范、标准进行职业病危害预评价和职业病危害控制效果评价，并出具评价报告，评价报告应当公正、客观。评价报告的形式根据建设项目规模和职业病危害因素的复杂程度确定。投资规模较大、职业病危害因素复杂的应当编制评价报告书，其他项目可编制评价报告表。

(8) 职业卫生服务机构应当根据建设项目是否存在严重职业病危害因素，工作场所可能存在职业病危害因素的毒理学特征、浓度（强度）、潜在危险性、接触人数、频度、时间、职业病危害防护措施和发生职业病的危（风）险程度等进行综合分析后，对建设项目的职业病危害进行分类。建设项目职业病危害的分类标准另行规定。

(9) 职业卫生技术服务机构应当组织5名以上专家，对评价报告进行技术审查。审查专家应当具有与所评价的建设项目相关的专业背景，一般由相关专业的专家和相关行业专家组成，其中从专家库抽取的专家数不少于参加审查专家总数的五分之三。

卫生部审批的项目，从国家专家库抽取专家。审查专家实行回避制度，参加评价报告编制、审核人员不得作为审查专家。

职业卫生技术服务机构应当如实、客观地记录专家审查意见。审查意见应当由专家组全体人员签字。专家审查意见、意见采纳情况及审查专家名单应当作为评价报告的附件。

对建设项目有管辖权的卫生行政部门必要时可以指派人员参加审查会并监督审查过程。职业卫生技术服务机构对其作出的评价报告负责。

(10) 建设单位应当在建设项目可行性论证阶段，根据《职业病危害因素分类目录》和《建设项目职业卫生专篇编制规范》编写职业卫生专篇，并委托具有相应资质的职业卫生技术服务机构进行职业病危害预评价。

(11) 建设单位在可行性论证阶段完成建设项目职业病危害预评价报告后，应当按规定填写《建设项目职业病危害预评价报告审核（备案）申请书》，向有管辖权的卫生行政部门提出申请并提交申报材料。按照国家有关规定，不需要进行可行性论证的建设项目，建设单位应当在建设项目开工前提出职业病危害预评价报告的卫生审核或备案。

(12) 卫生行政部门收到《建设项目职业病危害预评价报告审核（备案）申请书》和有关资料后，属于审核管理的项目，应当对申请资料是否齐全进行核对，并在5个工作日内作出是否受理申请的决定或出具申请材料补正通知书。属于备案管理的项目，应当对申请资料完整性和合法性进行核对，符合要求的予以备案，并出具备案通知书；不符合要求的不予备案。

(13) 卫生行政部门应当对建设项目职业病危害预评价报告进行审核，审核的内容包括：职业卫生技术服务机构资质、服务范围，评价报告的规范性，技术审查专家组成及审查意见处理情况等。卫生行政部门对职业病危害预评价报告审核同意的，应当在受理之日起20个工作日内予以批复；不同意的，应当书面通知建设单位并说明理由。

(14) 建设项目未经卫生行政部门审核同意或备案的，有关部门不得批准该建设项目。

(15) 建设项目职业病危害预评价报告经卫生行政部门审核或备案后，建设项目的生产规模、工艺或者职业病危害因素的种类、防护设施等发生变更时，应当对变更内容重新进行职业病危害预评价和卫生审核或备案。

(16) 职业病危害严重的建设项目，在初步设计阶段，建设单位应当委托具有资质的设计单位对该项目编制职业病防护设施设计专篇。

(17) 职业病危害严重的建设项目，建设单位应当向原审批职业病危害预评价报告的卫生行政部门提出建设项目职业病防护设施设计卫生审查申请，填写《建设项目职业病防护设施设计审查申请书》，并按规定提交申报材料。中、高能加速器、进口放射治疗装置、γ辐照加工装置等大型辐射装置建设项目还应当提交卫生部指定的放射防护技术机构出具的职业病防护设施设计技术审查意见。

（18）卫生行政部门收到《建设项目职业病防护设施设计审查申请书》和有关资料后，应当对申请资料是否齐全进行核对，并在5个工作日内作出是否受理申请的决定或出具申请材料补正通知书。

（19）卫生行政部门可以指定机构或组织专家对建设项目职业病防护设施设计进行技术审查，并根据技术审查结论进行行政审查。审查同意的，应当在受理之日起20个工作日内予以批复；不同意的，应当书面通知建设单位并说明理由。

（20）职业病危害严重的建设项目，其职业病防护设施设计未经审查或审查不合格的，不得施工。

（21）建设单位在竣工验收前，应当委托具有资质的职业卫生技术服务机构进行职业病危害控制效果评价，职业病危害控制效果评价应当尽可能由原编制职业病危害预评价报告的技术机构承担。

建设项目的主体工程完工后，需要进行试生产的，其配套建设的职业病防护设施必须与主体工程同时投入试运行，在试运行期间应当对职业病防护设施运行情况和工作场所职业病危害因素进行监测，并在试运行12个月内进行职业病危害控制效果评价。

（22）职业病危害轻微的建设项目，建设单位应当将职业病危害控制效果评价报告报原预评价备案卫生行政部门备案。卫生行政部门收到《建设项目职业病防护设施竣工验收（备案）申请书》和有关资料后，应当对申请资料是否齐全、程序是否合法进行审查，符合要求的进行备案，不符合要求的不予备案。

（23）职业病危害一般和职业病危害严重的建设项目，建设单位应当向原审批职业病危害预评价报告的卫生行政部门提出竣工验收申请，填写《建设项目职业病防护设施竣工验收（备案）申请书》，并按规定提交申报材料。中、高能加速器、进口放射治疗装置、γ辐照加工装置等大型辐射装置建设项目还应当提交卫生部指定的放射防护技术机构出具的职业病危害控制效果评价报告技术审查意见。

（24）卫生行政部门收到《建设项目职业病防护设施竣工验收（备案）申请书》和有关资料后，应当对申请资料是否齐全进行核对，并在5个工作日内作出是否受理申请的决定或出具申请材料补正通知书。

（25）卫生行政部门可以指定机构或组织专家对控制效果评价报告进行技术审查，并根据审查结论进行现场验收。通过验收的，应当在现场验收后20个工作日内予以批复；未通过的，应当书面通知建设单位并说明理由。

（26）分期建设、分期投入生产或者使用的建设项目，其相应的职业病防护设施应当同步进行卫生验收。

（27）职业病危害一般和职业病危害严重的建设项目未经卫生验收或验收不合格的，不得投入生产或使用。

（28）在建设项目卫生评价、备案、审核、审查和竣工验收过程中，建设单位应当按规定向卫生行政部门或者职业卫生技术服务机构提供有关资料。对建设单位提供的资料中涉及技术秘密的，卫生行政部门及职业卫生技术服务机构负有保密义务。

2　建设项目实施卫生防疫审核管理

卫生行政主管部门依法对范围内建设项目实行卫生防疫许可制度，对建设项目实施卫生防疫进行审核管理。有关规定如下：

（1）审核依据：《职业病防治法》、《公共场所卫生管理条例》。

（2）主管机构：市、区卫生行政部门。

（3）受理范围：除通用厂房、通用仓库、纯住宅、纯办公以外新建、改建、扩建以及技术引进、改造的建设项目。

(4) 项目建设各阶段应提供申请审核资料。以下资料均用A4纸打印，并按下列顺序排列，所附材料必须加盖公章，需提供电子文本。

1) 选址阶段（项目建议书）：A建设项目预防性卫生审核申请表；B项目建议书；C主管部门批准文件（复印件）；D地形图、总平面图、工艺流程等资料。

2) 方案设计阶段（项目可行性）：A建设项目预防性卫生审核申请表；B选址卫生审核批件（复印件）；C可行性报告或方案设计文件（地形图、日照分析、建筑平、立、剖图、工艺设计、设备布置）；D涉及职业病危害的项目，应提供职业病危害预评价报告；E涉及对人群健康有影响或受周围环境质量影响的公共场所项目，应在此阶段开展卫生评价报告，施工设计送审前提交；F主管部门项目批准文件、规划部门方案设计审核意见书（复印件）。

3) 扩大初步设计阶段：A建设项目预防性卫生审核申请表；B方案设计卫生审核批件（复印件）；C扩大初步设计文件；D主管部门可行性批准文件（复印件）。

4) 施工设计阶段：A建设项目预防性卫生申请表；B扩初设计卫生审核批件（复印件）；C主管部门扩初批准文件（复印件）；D施工设计文件；E涉及对人群健康有影响或受周围环境质量影响的公共场所项目，应提供卫生评价报告。

5) 竣工验收阶段：A建设项目竣工验收申请书；B职业病危害控制效果评价报告；C竣工设计卫生审核决定（复印件）；D经卫生部门资质认定的检测单位出具的检测报告（水、微小气候、空气、噪声、工频磁场以及有毒有害物质浓度等）。

(5) 办理时限。受理后20个工作日内作出审核决定。

10.1.9 安全设施管理

国家安全生产监督管理总局制定公布的《建设项目安全设施“三同时”监督管理暂行办法》，自2011年2月1日起施行。有关规定如下：

(1) 适用范围。经县级以上人民政府及其有关主管部门依法审批、核准或者备案的生产经营单位新建、改建、扩建工程项目（以下统称建设项目）的安全设施的建设及其监督管理。建设项目安全设施，是指生产经营单位在生产经营活动中用于预防生产安全事故的设备、设施、装置、构（建）筑物和其他技术措施的总称。法律、行政法规及国务院对建设项目安全设施建设及其监督管理另有规定的，依照其规定。

(2) 责任主体。生产经营单位是建设项目安全设施建设的责任主体。建设项目安全设施必须与主体工程同时设计、同时施工、同时投入生产和使用（以下简称“三同时”）。安全设施投资应当纳入建设项目概算。

(3) 监督管理部门。安全生产监督管理部门应当加强建设项目安全设施建设的日常安全监管，落实有关行政许可及其监管责任，督促生产经营单位落实安全设施建设责任。

(4) 建设项目安全条件论证与安全预评价

下列建设项目在进行可行性研究时，生产经营单位应当分别对其安全生产条件进行论证和安全预评价：A非煤矿矿山建设项目；B生产、储存危险化学品（包括使用长输管道输送危险化学品，下同）的建设项目；C生产、储存烟花爆竹的建设项目；D化工、冶金、有色、建材、机械、轻工、纺织、烟草、商贸、军工、公路、水运、轨道交通、电力等行业的国家和省级重点建设项目；E法律、行政法规和国务院规定的其他建设项目。

(5) 生产经营单位对上款规定的建设项目进行安全条件论证时，应当编制安全条件论证报告。

1) 安全条件论证报告应当包括下列内容：A建设项目内在的危险和有害因素及对安全生产的影响；B建设项目与周边设施（单位）生产、经营活动和居民生活在安全方面的相互影响；C当地自然条件对建设项目安全生产的影响；D其他需要论证的内容。

2) 生产经营单位应当委托具有相应资质的安全评价机构，对其建设项目进行安全预评价，并编制安全预评价报告。建设项目安全预评价报告应当符合国家标准或者行业标准的规定。生产、储存危险化学品的建设项目安全预评价报告除符合上述的规定外，还应当符合有关危险化学品建设项目的规定。

3）本条第（4）款规定以外的其他建设项目，生产经营单位应当对其安全生产条件和设施进行综合分析，形成书面报告，并按照《建设项目安全设施“三同时”监督管理暂行办法》第五条的规定报安全生产监督管理部门备案。

（6）建设项目安全设施设计审查

1）生产经营单位在建设项目初步设计时，应当委托有相应资质的设计单位对建设项目安全设施进行设计，编制安全专篇。

安全设施设计必须符合有关法律、法规、规章和国家标准或者行业标准、技术规范的规定，并尽可能采用先进适用的工艺、技术和可靠的设备、设施。本条第（4）款规定的建设项目安全设施设计还应当充分考虑建设项目安全预评价报告提出的安全对策措施。安全设施设计单位、设计人应当对其编制的设计文件负责。

2）建设项目安全专篇应当包括下列内容：

A设计依据；B建设项目概述；C建设项目涉及的危险、有害因素和危险、有害程度及周边环境安全分析；D建筑及场地布置；E重大危险源分析及检测监控；F安全设施设计采取的防范措施；G安全生产管理机构设置或者安全生产管理人员配备情况；H从业人员教育培训情况；J工艺、技术和设备、设施的先进性和可靠性分析；K安全设施专项投资概算；L安全预评价报告中的安全对策及建议采纳情况；M预期效果以及存在的问题与建议；N可能出现的事故预防及应急救援措施；P法律、法规、规章、标准规定需要说明的其他事项。

3）本条第（4）款第A段、第B段、第C段规定的建设项目安全设施设计完成后，生产经营单位应当按照《建设项目安全设施“三同时”监督管理暂行办法》第五条的规定向安全生产监督管理部门提出审查申请，并提交下列文件资料：A建设项目审批、核准或者备案的文件；B建设项目安全设施设计审查申请；C设计单位的设计资质证明文件；D建设项目初步设计报告及安全专篇；E建设项目安全预评价报告及相关文件资料；F法律、行政法规、规章规定的其他文件资料。

安全生产监督管理部门收到申请后，对属于本部门职责范围内的，应当及时进行审查，并在收到申请后5个工作日内作出受理或者不予受理的决定，书面告知申请人；对不属于本部门职责范围内的，应当将有关文件资料转送有审查权的安全生产监督管理部门，并书面告知申请人。

4）本条第（4）款第D项规定的建设项目安全设施设计完成后，生产经营单位应当按照《建设项目安全设施“三同时”监督管理暂行办法》第五条的规定向安全生产监督管理部门备案，并提交下列文件资料：A建设项目审批、核准或者备案的文件；B建设项目初步设计报告及安全专篇；C建设项目安全预评价报告及相关文件资料。

对已经受理的建设项目安全设施设计审查申请，安全生产监督管理部门应当自受理之日起20个工作日内作出是否批准的决定，并书面告知申请人。20个工作日内不能作出决定的，经本部门负责人批准，可以延长10个工作日，并应当将延长期限的理由书面告知申请人。

5）建设项目安全设施设计有下列情形之一的，不予批准，并不得开工建设：A无建设项目审批、核准或者备案文件的；B未委托具有相应资质的设计单位进行设计的；C安全预评价报告由未取得相应资质的安全评价机构编制的；D未按照有关安全生产的法律、法规、规章和国家标准或者行业标准、技术规范的规定进行设计的；E未采纳安全预评价报告中的安全对策和建议，且未作充分论证说明的；F不符合法律、行政法规规定的其他条件的。

建设项目安全设施设计审查未予批准的，生产经营单位经过整改后可以向原审查部门申请再审。

6）已经批准的建设项目及其安全设施设计有下列情形之一的，生产经营单位应当报原批准部门审查同意；未经审查同意的，不得开工建设：A 建设项目的规模、生产工艺、原料、设备发生重大变更的；B 改变安全设施设计且可能降低安全性能的；C 在施工期间重新设计的。

7）本条第（4）款规定以外的建设项目安全设施设计，由生产经营单位组织审查，形成书面报告，并按照《建设项目安全设施“三同时”监督管理暂行办法》第五条的规定报安全生产监督管理部门备案。

（7）建设项目安全设施竣工或者试运行完成后，生产经营单位应当委托具有相应资质的安全评价机构对安全设施进行验收评价，并编制建设项目安全验收评价报告。建设项目安全验收评价报告应当符合国家标准或者行业标准的规定。

生产、储存危险化学品的建设项目安全验收评价报告除符合本条的规定外，还应当符合有关危险化学品建设项目的规定。

（8）生产经营单位应当按照档案管理的规定，建立建设项目安全设施“三同时”文件资料档案，并妥善保存。

（9）建设项目安全设施未与主体工程同时设计、同时施工或者同时投入使用的，安全生产监督管理部门对与此有关的行政许可一律不予审批，同时责令生产经营单位立即停止施工、限期改正违法行为，对有关生产经营单位和人员依法给予行政处罚。

10.1.10 绿化管理

1 绿化概述

（1）绿化释义。绿化泛指栽种植物以改善环境（包括改善生态环境和一定程度的美化环境）的活动，如增加植物，改善环境的种植栽培，园林工程等行为。绿化可改善环境卫生并在维持生态平衡方面起多种作用，诸如补充空气中的氧气、吸收大气中的有害气体、防尘、防风、减噪、灭菌、改善微小气候、净化水质、防止水土流失等。绿化包括国土绿化、城乡绿化、道路绿化等，进而又可划分出园林绿化、公园绿化、居住区绿化、景观绿化、立体绿化等。

（2）城乡绿地分类。城乡绿地是指以自然植被和人工植被为主要存在形态的城市用地。主要内容为：城乡建设用地范围内用于绿化的土地；城乡建设用地之外，对城乡生态、景观和居民休息起作用，绿化环境好的区域。

1）公共绿地：市区县各级公园、植物园、动物园、陵园、小游园、街道广场绿地等。

2）居住区绿地：居住区内除居住区公园以外的其他绿地。

3）单位附属绿地：机关、团体、部队、企业、事业单位所属绿地。

4）防护绿地：用于城市环境、卫生安全、防灾目的的绿带绿地。

5）生产绿地：为城市提供苗木、花草、种子的苗圃、花圃等。

6）风景林地：具有一定景观价值，在城市整个风景环境中起一定作用的林地。其中：1）～5）项绿地参加城市用地平衡。

（3）绿化指标

1）人均公园绿地面积是指一个城市的公园绿地总面积与总人口之比。

2）城市绿地率是城市绿地的总和与城市总用地面积之比。

3）城市绿化覆盖率是指城市绿化覆盖总面积与城市总用地面积之比。

4）居住区绿地率是指居住区用地范围内各类绿地的总和与居住区用地的比率。

2 绿化行政许可审核

以上海市绿化行政许可审核为例。根据《上海市绿化行政许可审核若干规定》（沪绿容〔2010〕384号）。有关规定如下：

（1）适用范围及内容。适用于市、区（县）绿化管理部门对以下内容的审核：迁移、砍伐树木；临时使用绿地；占用已建成绿地；调整已建成公共绿地内部布局；公园内商业服务设施设置；建设项目配套绿化比例审核。

（2）古树名木及古树后续资源的迁移

1）古树名木和古树后续资源的定义：古树是指树龄在100年以上的树木；名木是指下列树木：A树种珍贵、稀有的。B具有重要历史价值或者纪念意义的；具有重要科研价值的。古树后续资源是指树龄在80年以上100年以下的树木。

2）对古树名木和古树后续资源的分级保护。本市对古树名木和古树后续资源按下列规定实施分级保护：A名木以及树龄在300年以上的古树为一级保护。B树龄在100年以上300年以下的古树为二级保护。C古树后续资源为三级保护。

3）禁止移植树龄在300年以上的一级保护古树，以及树龄在100年以上的名木。

4）古树名木或者古树后续资源涉及以下情形确需移植的，应当编制实施方案并就近移植。A因轨道交通、隧道、高速公路、跨江跨海大桥等城市重大基础设施建设，确需移植树龄在100年以上300年以下的二级保护的古树、或者树龄在100年以下的名木；B因市重大工程项目或者城市基础设施建设，需要移植树龄在80年以上100年以下的古树后续资源。

5）胸径25cm以上树木的迁移。除杨树、构树、泡桐等速生树种外，树龄在80年以下且胸径在25cm以上树木的迁移，按照以下要求审核：A因建设项目的主体结构无法避让而确需迁移的，应当就近迁移；B位于居住区内的绿化迁移，依照《上海市居住区绿化调整实施办法》（沪绿〔2007〕0201号）规定；C属于行道树的，道路拓宽时，应尽可能予以避让，确实无法避让的，位于规划车行道上的行道树，可以迁移；在人行道上开设宽度不超过6m的单向车行通道，应当避让，确实无法避让的，可以迁移一株；在人行道上开设宽度在6m以上10m以内的双向车行通道，可以迁移两株以下；开设与人行道交叉的人行通道时，应当避让；D对因通透交通指示标识、建筑立面、商店招牌等需要提出的树木迁移申请，不予批准，以疏枝、修剪为主；E对人身安全或者其他设施构成威胁的，可以迁移。

6）胸径25cm以下树木的迁移。对杨树、泡桐等速生树种，以及胸径在25cm以下的树木，按照以下要求审核：A位于建筑物、构筑物建设范围内，且无法避让的，可以迁移；B位于新建道路红线范围内的，可以迁移；C位于居住区内的绿化迁移，依照《上海市居住区绿化调整实施办法》（沪绿〔2007〕0201号）规定；D属于行道树的，道路拓宽时，位于规划车行道上的行道树，可以迁移；位于道路红线范围内但可辟为绿化隔离带的行道树，应当保留；在人行道上开设车行通道，可以迁移；开设与人行道交叉的人行通道时，应当避让；E对因通透交通指示标识、建筑立面、商店招牌等需要提出的树木迁移申请，不予批准，以疏枝、修剪为主。但位于道路弯道处、交叉道口以及衔接道路的各种出入口，且严重影响交通信号灯与交通标志视线的，可以迁移；F对人身安全或者其他设施构成威胁的，可以迁移。

（3）树木砍伐。砍伐树木的审核应符合下列情形：

1）树木严重影响居民采光、通风和居住安全，且无迁移价值的；

2）树木对人身安全或者其他设施构成威胁，且无迁移价值的；

3）树木发生检疫性病虫害的；

4）因树木生长抚育需要，且无迁移价值的。

（4）占用已建成绿地的审核要求

建成的绿地不得擅自占用。因城乡规划调整或者城市基础设施建设确需占用的，应当向绿化管理部门提出申请，并提交占用绿地面积、补偿措施、地形图、权属人意见、相关用地批文、扩初设计批复等材料。其中，道路拓宽占用绿地的，还应当提供道路红线图、综合管线剖面图。占用绿地的审核应符合下列情形：

1）市政道路拓宽；

2）公共设施建设；

3）人行道、机非隔离带上开设通道；

4）其他因城乡规划调整或者城乡基础设施建设确需占用绿地的。其中符合前款第三项情形的，占用绿地面积应符合：单向车行通道，占用绿地宽度不得大于 6m；双向车行通道，占用绿地宽度不得大于 10m；人行通道，占用绿地宽度不得大于 5m。

（5）建设项目配套绿化比例规定

建设项目配套绿化面积占用地总面积的比例，应当按照以下标准进行审核：

1）新建居住区内绿地面积占居住区用地总面积的比例不得低于 35%，其中用于建设集中绿地的面积不得低于居住区用地总面积的 10%；按照规划成片改建、扩建居住区的绿地面积不得低于居住区用地总面积的 25%。

2）新建学校、医院、疗休养院所、公共文化设施，其附属绿地面积不得低于单位用地总面积的 35%；其中，传染病医院还应当建设宽度不少于 50m 的防护绿地。

3）新建工业园区附属绿地总面积不得低于工业园区用地总面积的 20%，工业园区内各项目的具体绿地比例，由工业园区管理机构确定；工业园区外新建工业项目以及交通枢纽、仓储等项目的附属绿地，不得低于项目用地总面积的 20%；新建产生有毒有害气体的项目的附属绿地面积不得低于工业项目用地总面积的 30%，并应当建设宽度不少于 50m 米的防护绿地。

4）新建地面主干道路红线内的绿地面积不得低于道路用地总面积的 20%；新建其他地面道路红线内的绿地面积不得低于道路用地总面积的 15%。

5）新建铁路两侧防护绿地宽度按照国家有关规定执行。

6）在历史文化风貌保护区和优秀历史建筑保护范围内进行建设活动，不得减少原有的绿地面积。

7）新建其他建设项目的绿地面积占用地总面积的比例不得低于 30%。其中机关团体、部队、体育类建设项目的在外环线以外不得低于 35%，在外环线以内不得低于 30%；交通设施、邮电设施、环卫设施、消防、防汛等市政类建设项目、宾馆类建设项目，在外环线以外不得低于 30%，在外环线以内不得低于 25%；商业、商办类建设项目，不得低于 20%。

8）属于旧城区改建的非住宅项目，确实无法达到绿地率指标的，允许规定的配套绿化比例降低 5 个百分点，但不得少于原有的绿化面积。

确因条件限制而绿地面积达不到前款规定的建设项目，应当征求绿化管理部门的意见，并按所缺的绿地面积缴纳绿化补建费。绿地内应以植物造景为主，绿化种植面积应当不少于绿地总面积的 70%。构筑物的占地面积不得超过绿地总面积的 2%。有技术规范的，按照有关技术规范执行。绿化种植的地下空间顶板标高应当低于地块周边道路地坪最高点标高 1.0m 以下，地下空间顶板上覆土厚度应当不低于 1.5m，确保符合植物种植条件。

（6）建筑基地内的集中绿地

建筑基地内的集中绿地面积，在居住用地中应不少于用地总面积的 10%，在体育、医疗卫生和教育科研设计用地中应符合有关专业规定，在其他类别用地中应不小于 5%。集中绿地应当按照下列要求建设：

1）重要地区和主要景观道路两侧建设项目的集中绿地，应当沿道路一侧设置；

2）居住区内每块集中绿地的面积不小于 $400m^2$，且至少有 1/3 的绿地面积在规定的建筑间距范围之外；

3）沿城市道路两侧的公共绿地或绿化隔离带，不在建筑基地范围内的，不得作为居住区集中绿地计算；

4）一个街区内的集中绿地可按规定的指标进行统一规划、统一设计、统一建设、综合平衡。在符合整个集中绿地指标的前提下，可不在每块建筑基地内平均分布。

（7）特殊情况下绿地面积的计算

建筑用地内的水体，按以下标准计算绿地面积：

1）非硬质材料铺装水底的，水体不通航、岸边可以种植水生植物的，水体计入绿地面积；

2）非硬质材料铺装水底的，水体通航的，水体不计入绿地面积。以植草砖铺设的用地，不计入绿地面积。大型购物（娱乐）中心、宾馆、商住等附属经营性停车场地内，种植胸径在8cm以上树木的，按每株$1m^2$计入绿地面积。

3　绿化管理行政许可工作程序

以上海市为例。《上海市绿化管理局行政许可工作程序》适用于法律、法规规定由上海市绿化管理局行使许可权限范围内的许可项目。

（1）管理部门。上海市绿化管理局设立行政许可受理中心（以下简称受理中心），集中受理、审查申请人提交的材料。受理中心应当做好接待、咨询、收发材料、受理、审查、核实、踏勘、拟稿、催办、归档等工作。受理中心的管理工作由办公室负责。

（2）公开告示。受理中心应当将法律、法规规定的有关行政许可的事项、依据、条件、数量、程序、期限以及需要提交的全部材料的目录和申请书示范文本等在办公场所公示。

（3）许可期限。受理中心自收到申请人提交材料之日起15个工作日内许可完毕，逾期不答复视作同意。其中，移植古树后续资源的批准许可期限为5个工作日，移植古树名木的审核许可期限为10个工作日，新建公园规划的审批、新建大型绿地建设设计图的审核的许可期限为20个工作日。在前款规定许可期限内不能作出决定的，经局长批准，可以延长10个工作日，受理中心应当将延长期限的理由书面告知申请人。

行政许可过程中依法需要采取听证、招标、鉴定和专家评审等方式的，所需时间不计算在本条规定的许可期限内。受理中心应当将所需时间书面告知申请人。

（4）申请。申请人可以通过信函、传真、电子邮件等方式提出行政许可申请，也可以委托代理人提出行政许可申请。但是，依法应当由申请人到受理中心提出行政许可申请的除外。申请人需提交的材料，详见各行政许可项目申请告知单。受理中心不得要求申请人提交与其申请的行政许可事项无关的技术资料和其他材料。

申请书需要采用格式文本的，受理中心应当向申请人提供行政许可申请书格式文本。申请书格式文本中不得包含与申请行政许可事项没有直接关系的内容。

（5）受理。受理中心对申请人提出的行政许可申请，应当根据下列情况分别作出处理：

1）申请事项依法不需要取得行政许可的，应当即时告知申请人不受理；

2）申请事项依法不属于本局职权范围的，应当即时作出不予受理的决定，并告知申请人向有关行政机关申请；

3）申请材料存在错误，但是可以当场更正的，应当允许申请人当场更正；

4）申请材料不齐全或者不符合法定形式的，应当当场或者在3个工作日内一次书面告知申请人需要补正的全部内容，逾期不告知的，自收到申请材料之日起即为受理；

5）申请事项属于本局职权范围，申请材料齐全、符合法定形式，或者申请人按照本局行政许可事项告知单的要求提交全部补正申请材料的，应当受理行政许可申请。对于申请人的行政许可申请，受理或者不予受理的，应当场出具加盖局行政许可专用印章和注明日期的书面凭证。受理中心应当在1个工作日内完成行政许可受理工作。

（6）审查与决定。对于行政许可项目的审查与决定，按照项目分类的程序进行：

1）对迁移树木的审批、砍伐树木的审批、临时借用绿地的审批、建成绿地规划调整审批、移植古树后续资源的批准、公园停闭、举办全园性活动的批准、公园内商业服务设施设置的批准、古树、名木死亡注销的核实的审批项目。

受理中心应当对申请人提交的申请材料进行审查，需要对申请材料的实质内容进行现场核实的，受理中心应当指派两名以上工作人员进行核查。

受理中心应当在8个工作日内提出预审意见，并拟定市绿化局行政许可批复，报受理中心负责人；受理中心负责人根据许可经办人员的预审意见，应当在2个工作日内提出审核意见后，报分管局长审定，并同时书面告知相关业务处室。

分管局长根据受理中心负责人的审核意见，在3个工作日内，做出审批意见，签发市绿化局行政许可批复。重点区域的行政许可项目则还应经局长审定。

2）对新建公园规划的审批、新建大型绿地建设设计图的审核这两个审批项目，由受理中心统一受理后，在1个工作日内转至计划建设处；由计划建设处对申请人提交的申请材料进行审查，并牵头召集科技教育处、养护管理处等相关业务处室征求书面意见。

计划建设处应当在13个工作日内完成审查工作，并根据相关处室的意见，结合实际情况，提出审核意见后，交受理中心；受理中心应当在2个工作日内拟定市绿化局行政许可批复，报分管局长审定。分管局长根据计划建设处负责人的审核意见，在3个工作日内，做出审批意见，签发市绿化局批复文件。重要项目则还应经局长审定。

3）占用已建成绿地的审核、移植古树名木的审核、审批项目，按照本条第（6）款第1）项规定的程序，由局作出审核意见后，报市政府审批。分管局长根据受理中心负责人的审核意见，在3个工作日内，做出审批初审意见后，由受理中心报市建委。

4）并联审批项目。建设项目配套绿化设计方案的审核、建设项目配套绿化的竣工验收的并联审批项目，按照市政府有关规定由市规划管理部门牵头组织审批，内部征求我局意见。在市规划管理部门并联审批程序正式出台前，此两项并联审批项目，仍按照本条第（6）款第1）项规定的程序执行。

5）备案项目。公园建设项目设计方案的备案、公共绿地内设置临时商业、服务业摊点的备案、古树后续资源死亡注销核实的备案3项备案项目，由申请人依法向受理中心予以备案。

（7）行政许可批复。申请人的申请符合法定条件、标准的，依法作出准予行政许可的书面决定；依法作出不予行政许可的书面决定的，予以说明理由。局作出的行政许可决定，应予以公开，便于公众查阅。

（8）告知。受理中心应当在1个工作日内将行政许可批复和公示告知单告知申请人。

（9）抄送与抄告。经局许可的项目，受理中心应当在批准后5个工作日内，将行政许可批复抄送许可项目所在地的区（县）绿化管理部门和城市管理综合执法部门，并抄告相关业务处室。

（10）公示制度。受理中心应当要求申请人在施工前，于施工现场醒目的位置，对许可事项进行公开告示，告示的内容主要包括经局准予许可的批文号（许可证号），迁移、砍伐树木的数量、规格，临时借用、占用绿地的面积，施工期限，投诉途径等。

（11）督促催办。受理中心应当根据本条第6款规定的许可期限，做好审理过程中的督促催办工作。

（12）监督检查。局通过核查反映申请人从事行政许可事项活动情况的有关材料，履行监督责任，建立健全监督制度。

1）行政许可事后监管应当按照“谁许可，谁监管”的原则，由许可经办人员负责对已许可的项目进行跟踪、监管、检查，并将监督检查的情况和处理结果予以记录，由许可经办人员签字后归档。

2）局政策法规处、监察室应当根据行政许可批复对许可事项进行抽查，及时纠正行政许可实施中的违法行为。监察室应当制定相关工作要求与纪律，对行政许可过程中出现的违纪违规行为进行监管。

（13）统计与归档。受理中心应当做好相关行政许可数据、材料的统计工作，并根据局档案管理的有关规定，将行政许可的有关资料予以立卷、分类归档。

4 绿化工程设计方案审查

以上海市绿化和市容管理局《绿化工程设计方案审查》为例。

（1）审批依据。《城市绿化条例》。

（2）办理程序。受理→勘察→审查→（上报）→决定。

（3）申报材料。1）申请表1份；2）大型项目需可行性报告；3）规划局批准的建设项目详细规划方案1套（原件及复印件）；4）绿化工程设计方案文本及施工图两套（附CAD光盘一张），城市重要地段须报送效果图；5）园林绿化工程概算1份；6）其他材料。

（4）办理时限。法定20个工作日，承诺15个工作日（不含会议时间）。

10.1.11　道路交通管理

1　道路交通管理概述

国家和地方对城乡道路工程建设和建设项目的道路交通部分实施管理。有关道路交通管理的规定主要有：

（1）道路工程（包括桥梁、隧道等）、停车场和道路配套设施的规划、设计、建设，应当符合道路交通安全、畅通的要求，并根据交通需求及时调整。

（2）新建、改建、扩建的火车站、码头、航空港等交通集散地和地铁、轻轨等客流量大的站点以及公共建筑、住宅楼等建设项目必须按规定配建或增建停车场（库），停车场（库）应当与主体工程同时设计同时施工、同时使用。未经验收或者验收不合格的，不得交付使用。

（3）对道路交通设计、建设项目的道路交通内容实行审查管理。因工程建设需要占用、挖掘道路，或者跨越、穿越道路架设、增设管线设施，应当向道路交通主管部门、公安机关交通管理部门申请办理行政许可手续。

2　道路与地下管线施工，占道、挖掘道路行政许可制度

为了合理组织城市道路、地下管线的施工，提高工程质量，缩短施工周期，避免管线损坏，明确市政工程建设部门、建设业主与各施工单位之间在施工项目计划、施工工期、施工质量、地下管线（包括连管）的保护中的职责及经济责任，政府道路管线主管部门对工程的道路与地下管线占道、挖掘施工实行行政许可制度。

以上海市道路与地下管线施工，占道、挖掘城市道路许可为例。

（1）设置依据：《道路交通安全法》、《上海市城市道路管理条例》

（2）申请受理条件或范围

1）因工程建设或者设置相关设施需要挖掘城市道路；

2）该申请未超出市建设交通委公布的掘路控制总量；

3）已列入上海市综合掘路计划；

4）申请单位提供的施工组织设计方案和经公安交通管理部门同意的交通组织方案均符合要求；

5）掘路申请符合掘路技术规范和规程；

6）该掘路行为可能影响交通安全的，应当经公安交通管理部门同意。

（3）申请材料

1）办理硬线长度50m以上或者软线长度100m以上的大型掘路工程许可手续时，需要备有下列文件：

A申请人营业执照或者法人代码证；B填妥的“上海市城市道路掘路申请表”；C市城市规划管理部门核发的1：500《建设工程规划许可证》；D施工组织设计方案（包括施工图、施工配合会议纪要）；E最大限度减少对交通影响、保障通行安全的交通组织方案；F掘路工程修复方案。

2）办理硬线长度50m（含50m）以下或者软线长度100m（含100m）以下的小型掘路工程许可手续时，需要备有下列文件：

A申请人营业执照或者法人代码证；B填妥的“上海市城市道路掘路申请表”；C施工组织设计方案（包括施工图、施工配合会议纪要）；D最大限度减少对交通影响、保障通行安全的交通组织方案；E掘路工程修复方案。

(4) 办理程序

1) 网上申请。

2) 审查受理。申请人需携带网上申请确认单以及申请材料至上海市建筑建材业受理服务中心。申请文件、资料齐全的，予以受理，并将有关文明施工、安全与质量、保修要求等承诺内容书面告知当事人，并由当事人签收。

3) 过程查询。申请人可通过网上办事系统对许可事项进行过程查询，其主要环节包括已受理、现场踏勘中、听取相关部门意见中、审批完成。

4) 结果反馈。审批事项办理完成后，办理结果也将及时在网站上公布。

5) 领取（回复）文书。审批办理结束，申请人领取“挖掘城市道路许可意见书”。

(5) 办理时限。自受理申请之日起 20 个工作日内。

(6) 紧急抢修掘路补办许可手续要求。发生管线事故需要紧急掘路进行抢修的，当事人应当自掘路之时起 24 小时内，到市市政工程管理处或者事故发生地的区、县市政工程管理部门按照规定补办申请掘路手续。

(7) 新路掘路特别许可程序。确需在新建、改建、扩建的城市道路交付使用后 5 年内或者大修的城市道路竣工后 3 年内挖掘道路施工的，除应当符合一般掘路申请许可条件、向许可部门提供所需资料外，还应当符合以下条件：

1) 补充说明确需挖掘的事由报告；

2) 专家论证确需挖掘道路的书面意见；

3) 新路挖掘的办理时限和许可程序：市市政工程管理处或者区、县市政工程管理部门自受理之日起 20 个工作日内完成初审，认为符合许可条件的，报市市政工程管理局审核。经上级行政机关批准后，市市政工程管理处或者区、县市政工程管理部门方可核发掘路执照。

(8) 工程建设占用、挖掘道路许可审批规范

1) 严格按照《道路交通安全法》进行审批。

2) 工程建设占用、挖掘道路许可受理窗口的民警在受理业务时，对资料齐全并符合规定的，应当在规定期限内办理许可决定。对资料不齐全或者不符合规定的，办理窗口应当场或者在5日内一次告知申办人需要补齐的全部内容。受理或不予受理行政许可申请，应当出具加盖本行政机关印章和注明日期的书面凭证。

3) 经办人员在受理过程中，应仔细核查申办单位所提供的《市政掘路执照》、《管线工程执照》等文件资料，属新、改、扩建的道路工程、管线工程或公建管线配套的，还应验审《道路（桥、隧）交通设计审核意见书》或《建筑工程交通设计审核通知书》等资料，涉及需要其他部门配合的，要核验相关部门的意见。

4) 列入市（区）市政重大工程项目和市（区）新建、改建主要道路并对周边道路会产生较大影响的工程项目，以及铺设地下各类市政重要管线等大型综合性工程项目的审批，经办人员应当审核申办单位委托专业交通研究咨询部门编制的项目施工期间交通组织方案和交通咨询专家在评估会中形成的意见。

5) 经办人员审核申办单位提供的工程建设占用、挖掘道路期间配套交通管理方案时，应对施工现场及周边道路的交通流量、流向、公交站位以及影响道路交通安全、畅通、有序的各种因素环节，以“拆一建一”的原则进行考量，以确保道路交通安全、畅通、有序。

6) 工程建设需占用、挖掘道路涉及范围较大、对交通有一定影响的，经办人员须进行现场踏勘分析，必要时对申办单位提出的方案进行调整或改进，并报上级领导审批。

7) 申办单位提出方案需作进一步调整、改进的，经办人员应说明情况，并协助申办单位改进相关交通组织措施。

8）对申办单位提供的文件资料齐全、配套交通组织方案合理的，应当场予以办结。需进行现场踏勘研究并对方案进行改进调整的，各区（县）公安分局交警支（大）队应在5个工作日内作出初审意见并上报总队，上海市公安局交警总队应在10个工作日内做出行政许可决定。

3 轨道交通安全保护区管理

以上海市轨道交通安全保护区管理为例。为了加强本市轨道交通安全保护区管理，保障轨道交通安全运营，根据《上海市轨道交通管理条例》，结合本市实际情况，制定了《上海市轨道交通安全保护区暂行管理规定》，适用于本市轨道交通安全保护区内作业项目的审批、监护及相关的管理活动。

（1）管理机构。上海市城市交通管理局是本市轨道交通安全保护区管理的主管部门，其所属的上海市城市交通运输管理处负责轨道交通安全保护区的具体管理和监督工作，其所属的上海市城市交通行政执法总队负责轨道交通安全保护区的监督检查，并受市交通局委托实施行政处罚。当轨道交通项目进入建设阶段时，市运输管理处负责将该建设项目告知市和相关区、县规划行政管理部门及其他有关部门。

（2）轨道交通安全保护区范围

1）地下车站与隧道外边线外侧50m内；

2）地面车站和高架车站以及线路轨道外边线外侧30m内；

3）出入口、通风亭、变电站等建筑物、构筑物外边线外侧10m内。

（3）作业方案管理。在轨道交通安全保护区内进行下列作业的，其作业方案应当征得市运输管理处同意，并采取相应的安全防护措施：

1）建造或者拆除建筑物、构筑物；

2）从事打桩、挖掘、地下顶进、爆破、架设、降水、地基加固等施工作业；

3）其他大面积增加或者减少载荷的活动。

（4）申请资料。作业项目建设单位在轨道交通安全保护区内作业的，应当向市运输管理处提出书面申请，并提交下列资料：

1）有关部门对项目的立项批准文件；

2）建设基地的土地使用权属证件（复印件）或建设用地批准书（复印件）；

3）项目全称、用途和计划开竣工日期；

4）建筑物、构筑物的基础形式、层次高度、结构形式和其他作业项目的基本情况；

5）项目所在的地理位置与轨道交通的相对位置关系；

6）轨道交通项目建设单位或者线路运营单位在进行技术审查时，可根据工程实际情况，要求作业项目建设单位一次或分次提交下列资料：

A 总平面图（1∶500地形图上标出与轨道交通的位置关系）；B 初步设计、扩初设计文本；C 建筑图、结构图各一套；D 桩基资料及围护设计资料各一套；E 地质勘探报告；F 作业对轨道交通设施或对将来轨道交通工程施工产生影响的相关资料；G 基坑开挖及支撑的施工组织设计，包括作业时采取的安全保护措施计划，为满足轨道交通设施的水平位移和垂直沉降的控制指标所采取的设计方案和施工措施；H 其他相关资料。

（5）受理审核。市运输管理处收到作业项目建设单位的书面申请后，应当对上述资料进行审核，在两个工作日内作出是否同意受理的决定，并通知作业项目建设单位。市运输管理处同意受理的，应当出具技术审查通知，并告知作业项目建设单位在技术审查时所需提交的资料；同时将技术审查通知和受理的资料送相关单位进行技术审查。轨道交通工程正在建设的，送轨道交通项目建设单位作技术审查；轨道交通工程竣工交付运营（含试运营，下同）的，送轨道交通线路运营单位作技术审查。

（6）审查

1）轨道交通项目建设单位或者线路运营单位应当在15个工作日内作出技术审查意见，工程较大的项目，可分项进行技术审查，并将作出的技术审查意见报市运输管理处。

2）市运输管理处根据技术审查意见，在5个工作日内作出是否同意作业方案的决定，并告知作业项目建设单位和轨道交通项目建设单位或者线路运营单位。

10.1.12 河道管理

1 河道管理概述

（1）河道管理释义：河道管理是指为保障河流的防洪安全，维护河流健康生命，确保水资源可持续利用，发挥河流综合效益，运用技术、经济、行政等管理手段，对河道进行整治、利用、保护的相关管理活动。

（2）河道的管理范围

1）河道包括河滩地、湖泊、水库、人工水道、行洪区、蓄洪区、滞洪区。

2）河道的管理范围包括水域和陆域两部分。水域是指河道两岸河口线之间的全部区域；陆域是指沿河口线两侧各外延不小于6m的区域，包括堤防、防汛墙、防汛通道、护堤地（青坎）等。

3）涉及河道的航道，河道两侧管理范围的城乡道路。

（3）河道管理范围内的建设项目。新建、扩建、改建的建设项目，包括开发水利（水电）、防治水害、整治河道的各类工程，跨河、穿河、穿堤、临河的桥梁、码头、道路、渡口、管道、缆线、取水口、排污口等建筑物，厂房、仓库、工业和民用建筑以及其他公共设施（以下简称建设项目）。

（4）河道管理范围内的建设项目必须符合国家规定的防洪排涝标准、河道专业规划和其他技术要求，并能够维护堤防安全、保持河势稳定和确保行洪、航运通畅。蓄滞洪区、行洪区内建设项目还应符合相关安全与建设标准的规定。

（5）河道管理范围内的建设项目，建设单位应当在河道主管机关审核同意后，方可按照基本建设程序履行审批手续。

经批准在河道管理范围内的建设项目施工前，建设单位应当将施工方案报河道行政主管部门审核，并在规定的界限内进行施工。河道管理范围内的建设项目，按照国家有关法律法规，进行竣工验收。未经验收或者验收不合格的建设项目，不得投入使用。

（6）河道管理范围内建设项目管理流域机构和各级水行政主管部门必须加强对河道、湖泊水域和岸线的管理，加强河道管理范围内各类建设项目管理，加强涉河工程的社会管理，保障河流的防洪安全，维护河流健康生命，保障水资源可持续利用。

2 河道管理范围内建设项目的行政许可审核

以上海市河道管理范围内建设项目的审核为例。

（1）许可条件

1）基本条件：A 符合本市防汛和河道专业规划要求；B 维护河道堤防安全，保持河势稳定，不影响河道行洪、输水通畅和河道水质。

2）涉及设置或者扩大排水（污）口的，除符合基本条件外还应当符合以下条件：A 排水（污）口的设置符合防汛安全、水功能区划的要求；B 排入河道的污水符合规定的排放标准。

3）涉及黄浦江防汛墙保护范围内工程的，除符合基本条件外还应当符合以下条件：A 有防汛及抢险措施；B 落实防汛墙维修养护责任。

（2）申请材料目录

1）河道管理范围内建设项目申请表。

2）申请人法定身份证明材料。

3）建设项目所依据的文件。

4）建设项目涉及河道部分的初步方案（包括平面布置图、结构图、河道蓝线等）（一式3份）。

5）建设项目对河势稳定、堤防和护岸等水利工程安全、河道行洪排涝、排水和水质的影响以及拟采取的补救措施。

6）其他有关资料。注：涉及黄浦江防汛墙保护范围内工程的，还应当提交建设单位与防汛墙养护责任单位签订的施工期间防汛责任协议书。

7）涉及设置或者扩大排水（污）口的，还应当提交以下材料：A 河道管理范围内建设项目申请表（设置或者扩大排水（污）口）；B 涉及的河道、具体所在的地点、规模、范围等资料；C 排水（污）口设置论证报告或者简要分析材料。

（3）防汛安全措施。设置或者扩大排水（污）口对水功能区影响明显轻微的，经同意可不编制排水（污）口设置论证报告，只提交对水功能区影响的简要分析材料。

（4）办理程序

1）申请。申请人填写上海市水务业务受理中心（以下简称受理中心）提供的河道管理范围内建设项目申请表，向上海市水务局（受理中心）提出申请并提交相关材料。

2）受理。受理中心受理申请，并进行形式审查。材料齐全且符合法定形式的，予以受理，并发出受理通知书；需要补正材料的，发出补正材料通知书；不予受理的，发出不予受理决定书。

3）预审。受理中心根据国家和本市有关规定，对申请项目进行预审并提出初步意见报市水务局。如需要实地踏勘和征求有关部门、单位意见的，由受理中心组织实施。市水利管理处（市堤防（泵闸）设施管理处）协同办理。

4）审查。局防汛和安全监督处对河道管理范围内不涉及设置或者扩大排水（污）口的申请项目进行审查并拟办行政许可批件，局综合规划处协同办理；局水资源处对涉及设置或者扩大排水（污）口并且需提交排水（污）口设置论证报告的申请项目进行审查，审查同意的，交由局防汛和安全监督处进行审查并拟办行政许可批件，局综合规划处协同办理；局水资源处审查不同意的，由局水资源处直接拟办行政许可批件；申请项目仅涉及扩大排水（污）量的，由局水资源处进行审查并拟办行政许可批件。

受理中心对涉及设置或者扩大排水（污）口并且经同意只需提交简要分析材料的申请项目进行审查，审查同意的，交由局防汛和安全监督处进行审查并拟办行政许可批件，局综合规划处协同办理；受理中心审查不同意的由受理中心直接代局拟办行政许可批件；申请项目仅涉及扩大排水（污）量的，由受理中心进行审查并代局拟办行政许可批件。

5）许可决定。市水务局对符合条件的，作出准予行政许可的书面决定；不符合条件的，作出不予行政许可的书面决定。

6）许可送达。受理中心将批件寄往申请人，或通知申请人到受理中心领取。

（5）办理期限。自受理之日起20个工作日内作出行政许可决定；河道管理范围内仅涉及设置或者扩大排水（污）口并且经同意只需提交简要分析材料的申请项目15个工作日内作出行政许可决定。因特殊原因，经上海市水务局负责人批准，可以延长10个工作日。

（6）备注

1）本行政许可事项适用于市管河道管理范围。2）在市管河道管理范围内建设项目是指实施跨河、穿河、穿堤、临河的桥梁、码头、道路、渡口、管道、缆线、排（取）水等工程。在建设项目施工前其施工方案还需报请审核。3）在河道管理范围内建设项目涉及设置或者扩大排水（污）口需要同时办理取水许可申请的，申请人提交的建设项目水资源论证报告中应当包含排水（污）口设置论证报告的有关内容，不再单独提交排水（污）口设置论证报告。4）根据沪水务［2009］335号文，对于涉及浦东新区黄浦江防汛墙保护范围内工程及堆物的许可，在作出行政许可决定前由受理中心征求浦东新区水务局意见。

10.1.13 市容环境卫生管理

1 环境卫生设施释义

（1）环境卫生设施。具备从整体上改善环境卫生、限制或消除生活废弃物危害功能的设备、容器、构筑物、建筑物及场地等的统称。

（2）环境卫生公共设施。设置在公共场所等处，为社会公众提供直接服务的环境卫生设施。

（3）环境卫生工程设施。具有生活废弃物转运、处理及处置功能的较大规模的环境卫生设施称为环境卫生工程设施。

2 城市环境卫生设施专项规划的规定

现行《城市环境卫生设施规划规范》（GB 50337—2003）适用于城乡总体规划、分区规划、详细规划及城乡环境卫生设施专业（专项）规划。市（区、县）域城镇体系规划及乡村、独立工矿区、风景名胜区及经济技术开发区的相应规划可参照执行。有关城市环境卫生专项规划的规定如下：

（1）城市环境卫生设施专业（专项）规划

1）城市环境卫生设施专业（专项）规划的期限和范围应与城市总体规划相一致，与城镇体系规划相协调。在城乡环境卫生设施专业（专项）规划中，除满足上述要求外，尚应给出环境卫生公共设施的设置原则、类型、等级、数量和用地面积等指标，提出工艺、技术、建设等要求。对其他环境卫生设施的规划要求，可根据其特点分别按对环境卫生公共设施或环境卫生工程设施的要求执行。

2）城市环境卫生设施的规划设置必须从总体上满足城市生活垃圾收集、运输、处理等功能，贯彻生活垃圾处理无害化、减量化和资源化原则，实现生活垃圾的分类收集、分类运输、分类处理和分类处置。

3）城市环境卫生设施的设置应满足城市用地布局、环境保护、环境卫生和城市景观等要求。

（2）环境卫生公共设施

1）环境卫生公共设施应方便社会公众使用，满足卫生环境和城市景观环境要求；其中生活垃圾收集点、废物箱的设置还应满足分类收集的要求。

2）公共厕所。

（3）环境卫生工程设施

1）城市生活垃圾以外的固体废弃物的收集、运输、处理和处置应符合国家现行有关标准的规定。在城市总体规划阶段应根据此类固体废弃物的产生情况及城市诸方面条件，提出相应规划控制要求。

2）重大环境卫生工程设施的规划设置宜做到区域共享、城乡共享，实现环境卫生重大基础设施的优化配置。

3 环境卫生设施建设管理

以上海市为例。为加强本市建设项目的环境卫生配套设施审批管理，上海市市容环卫管理局制定印发了《上海市环境卫生设施建设管理办法》（沪容环发建［2002］217号），有关规定如下：

（1）适用范围：适用于本市中心城、新城、中心镇以及独立工业区，经济开发区等城市化地区内环境卫生设施的规划、建设以及相关的管理活动。

（2）环卫设施分为以下几类：1）环境卫生公共设施；2）环境卫生工程设施；3）基层环境卫生机构和工作场所等。

（3）管理部门：上海市市容环境卫生管理局（以下简称市容环卫局）是本市环卫设施的主管机关，区、县市容环境卫生管理部门（以下简称区、县市容环卫管理部门）负责所辖区域内环卫设施的管理工作。

（4）市容环境卫生管理局行政执法事项

1）配套建设的环境卫生设施规划方案、设计方案审批；

2）配套建设的环境卫生设施竣工验收；

3）关闭、闲置、拆除或者迁移、改建环境卫生设施的审批；

4）搭建（修建）非永久性建筑物、构筑物或者其他设施的审批；

5）建筑垃圾和工程渣土处置（分批排放、回填）申报审核；

6）设立生活垃圾处理场或者设置处理设施的审批；

7）单独设置环境卫生设施设计和建设方案备案；

8）单独设置环境卫生设施竣工验收结果备案。

（5）配建要求

1）从事地区性综合开发建设的，以及本市机场、车站、码头等交通集散点和大型商场、文化体育设施、旅游景点和其他人流集散场所，应当按照环境卫生设施设置规定和设置标准配套建设环卫设施。

2）环卫设施建设应当与主体工程同时设计，同时施工，同时投入使用。市或者区、县市容环卫管理部门应当对建设项目配套建设的环卫设施规划、初步设计方案提出意见，并参与建设项目的竣工验收。

4　配套建设的环境卫生设施规划、设计征求意见

以上海市为例。

（1）征求意见条件

1）符合规划部门的有关规定；2）符合土地使用权出让、招标、拍卖有关规定；3）符合上海市城镇环境卫生设施设置规定；4）符合城市容貌标准。

（2）征求意见程序。接受申请→受理→审核→决定。

（3）征求意见期限

1）提出征求意见期限：设施建设前。

2）审批期限：接受征求意见申请后10日内反馈意见。

（4）征求意见需要提交的材料

1）项目规划方案阶段应当报送下列资料：A申请书（一式3份）和建设项目批准文件（复印件）1份；B建设项目设计方案总平面图（复印件）1份，比例1∶500或1∶1000，用红笔标示环卫设施位置、建筑面积及其相关道路交通，并加盖建设单位章；C土地使用权出让招标、拍卖地块征询函或有关批准文件；D拟出让地块地形图（复印件）1份，比例1∶500或1∶1000并用红笔划示出让地块范围；E土地使用权出让合同及其附图（复印件）1份。

2）项目初步设计阶段应当报送下列资料：A初步设计文本或文本的节录，说明配置的具体内容，并加盖建设单位章；B初步设计总平面图（复印件）1份，与环卫设施相关的分层平面图（复印件）1份，并用红笔划示环卫设施设置的建筑面积。

3）项目施工设计阶段应当报送下列资料：A设计总平面图（复印件）1份，与环卫设施相关的分层平面图（复印件）1份，并用红笔划示环卫设施设置的建筑面积；B配套建设的环境卫生设施施工图1套。

（5）征求意见示范文本：《上海市配套建设的环境卫生设施征求意见表》（表格下载）。

（6）受理部门：市受理部门——上海市市容环境卫生管理局；经办部门——环卫（装备）管理处，区、县市容环卫管理局。

10.1.14　无障碍设施建设管理

1　我国的无障碍设施建设概况

目前，国际社会残疾人已达到6.5亿，我国有8300多万残疾人，涉及2.6亿个家庭，老年人口已达1.8亿，是世界上残疾人和老年人最多的国家。

无障碍设施，是指为保障残疾人、老年人等特殊群体的安全通行和使用便利，在建设项目中配套建设的服务设施。无障碍建设是一项系统工程，是残疾人平等参与社会和经济活动的基本条件，也为老年人、妇女、儿童等提供生活的便利。关心残疾人和老年人是社会文明进步的重要标志，加快无障碍建设，进一步改善残疾人参与社会生活的环境和条件，让每一个人都能平等地融入社会，自尊自信地生活，是政府和全社会的共同使命和法律责任。

为了保持将无障碍设施建设深入到道路和建筑物，有关部门根据《残疾人保障法》“无障碍环境”

编章，加快配套法规的建设并进一步完善标准规范。《城市道路和建筑物无障碍设计规范》、《残疾人综合服务设施建设标准》、《无障碍施工维护管理标准》、《无障碍建设指南》和《创建全国无障碍建设城市工作标准》等相继出台。这些标准规范和指南，共同构成了较为完善的技术标准和技术文件体系，使得无障碍建设基本做到从规划、设计、施工、工程竣工验收到使用运行维护和物业管理均法可依、有规可循，确保无障碍建设的持续健康发展。

2 无障碍设施建设管理概述

(1) 无障碍环境建设内涵与原则

1) 无障碍环境建设，包括无障碍设施、无障碍信息交流和服务等方面的建设。

2) 无障碍环境建设应当与经济和社会发展水平相适应的原则。

(2) 无障碍环境建设管理体制

1) 县级以上人民政府对无障碍环境建设工作实行统一领导，编制无障碍环境建设发展规划，并将其纳入国民经济和社会发展规划以及城乡建设规划；

2) 国务院住房和城乡建设行政部门主管全国的无障碍设施建设工作；

3) 国务院信息化、广播电视等行政部门主管全国的无障碍信息交流服务工作；

4) 有关部门在各自职责范围内，做好无障碍环境建设工作。

(3) 无障碍设施建设要求

进一步加强和规范无障碍设施的建设，无障碍设施建设重在新建，改造需分步实施。无障碍设施的新建和改造的要求如下：

新建、改建、扩建建筑物和道路，应当按照工程建设标准建设无障碍设施。

1)《城市道路和建筑物无障碍设计规范》(以下简称《规范》)是强制性标准，其中24个条款为强制性条文，必须严格执行。各地新建、改建城市道路和建筑物必须严格按《规范》要求建设无障碍设施。

2) 规划行政主管部门审查规划时，应按《规范》提出的无障碍要求严格把关，对不符合要求的建设项目一律不予批准，不核发建设工程规划许可证。要加强对规划实施的监督检查，及时纠正和查处不按规划建设无障碍设施的行为。

3) 设计单位要严格按照《规范》强制性条文的要求，对城市道路和建筑物进行无障碍设计。施工图设计文件审查机构审查设计文件时，要把无障碍设施建设作为一项重要内容进行审查，对违反《规范》设计要求的，不予通过。

4) 施工单位必须按照无障碍设施的设计要求进行施工。有关部门要对无障碍设施的范围和质量严格把关，不符合设计要求的不得进行竣工验收，备案主管部门不予备案。市政管理部门应对接收设施中无障碍设施的位置、规格、质量认真检查，不符合要求的不予接收。

5) 住宅小区和小城镇的建设中，无障碍设施要与其他设施同时规划、同时设计、同时建设。

6) 人行天桥和地下通道、公共交通工具、无障碍停车位、供残疾人乘坐出租车等的无障碍设施的设置按有关规定建设。

7) 严格按照《建设工程质量管理条例》和《实施工程建设强制性标准监督规定》等有关法规、切实加强对在建项目规划、设计、施工、监理、验收等各环节的监督检查。

3 无障碍设施建设和使用管理办法

以上海市无障碍设施建设和使用管理办法为例。《上海市无障碍设施建设和使用管理办法》有关规定如下：

(1) 适用于本市行政区域内新建、改建、扩建公共建筑、城市道路、居住建筑、居住区等建设工程(以下统称建设项目)，配套建设无障碍设施及相关管理活动。公共建筑的具体范围，按照建设部、民政部和中国残疾人联合会制定的《城市道路和建筑无障碍设计规范》(以下简称《设计规范》)及本市的有关规定执行。

(2) 管理部门。上海市建设和管理委员会负责本市无障碍设施建设和使用的监督管理。区（县）建设行政管理部门依照本办法，负责辖区内无障碍设施建设和使用的监督管理。本市发展计划、规划、财政、房地、市政、民政、公安、交通、旅游、住宅、绿化等行政管理部门按照各自职责，协同实施。

(3) 专业规划。市建委应当会同规划、民政、残联、老龄委等部门按照本市社会经济发展状况，编制无障碍设施建设专业规划，报市政府批准后实施。

(4) 配套建设无障碍设施。新建、改建、扩建建设项目的建设单位应当按照规定的标准和要求配套建设无障碍设施，并须与建设工程同步设计、同步施工、同步交付使用。

(5) 设计要求。设计单位在设计建设项目时，应当按照《设计规范》以及本市无障碍设施建设标准的规定，配套设计无障碍设施。设计单位在设计无障碍设施中的盲道时，应当与建设项目周边已有的无障碍设施相衔接。

(6) 建设项目的审查。市、区（县）规划行政管理部门和建设行政管理部门按照规定在核发《建设工程规划许可证》和《建设工程施工许可证》前，应当将配套建设无障碍设施的内容列入审查范围；对不按规定设计、建造无障碍设施的，不予审查通过。

(7) 施工和图形标志的设置。施工单位应当按照经批准的设计文件，配套建造无障碍设施。对已建成的无障碍设施，建设单位应当按照国家和本市的有关规定，设置指导和提示人们正确使用无障碍设施的图形标志。

(8) 竣工验收和备案。建设项目竣工后，建设单位在组织验收时，应当同时验收配套建设的无障碍设施，并将含有无障碍设施建设内容的工程竣工验收报告报市或者区（县）建设行政管理部门备案。

受市或者区（县）建设行政管理部门委托的建设工程质量监督机构，在提交的建设工程质量监督报告中，应当含有无障碍设施建设的内容。市或者区（县）建设行政管理部门发现建设单位在竣工验收过程中有违反本办法规定行为的，应当责令其限期改正。

(9) 临时占用的审核。因城市建设或者重大社会公益活动，需要临时占用城市道路的，应当避免占用无障碍设施；确需占用无障碍设施的，应当经有关部门依法批准同意，并设置警示标志或者信号设施。临时占用期满，占用单位应当恢复无障碍设施的原状。

10.1.15 建设项目深基坑管理

以上海市深基坑工程管理为例。《上海市深基坑工程管理规定》（沪建交〔2006〕105号），适用于市行政区域内深基坑工程前期准备、勘察、设计、施工、监理和监测及其相关的管理活动。

(1) 深基坑工程管理

1) 深基坑是指开挖深度超过5m的基坑或深度虽未超过5m，但地质情况和周围环境较复杂的基坑。

2) 深基坑工程，包括基坑支护、基底加固、降水、土方开挖等内容。

3) 上海市建设和交通委员会（以下简称市建设交通委）是本市深基坑工程的行政主管部门。上海市建筑业管理办公室（以下简称市建管办）负责本市深基坑工程的日常管理工作。区、县建设行政管理部门在其职权范围内，负责所辖区域内深基坑工程的日常管理工作。各级建设工程安全、质量监督机构具体负责深基坑工程的日常管理监督工作。

4) 相关职能部门在审核发放施工许可证时，应当对深基坑工程是否具有安全施工措施进行审查，对不符合本规定要求的，不得颁发施工许可证。

5) 未在本市范围内应用过的深基坑设计、施工技术，应结合上海具体地质情况，进一步研究、试点并通过评审后，方可使用。

6) 鼓励深基坑项目建设单位或工程总承包单位参加建设工程保险。

(2) 前期准备

1）在初步设计阶段，深基坑工程预计发生以下情况时，建设单位或工程总承包单位应制定深基坑设计、施工安全性报告：A 开挖深度超过 7m 或者地下室二层以上（含二层）的深基坑工程；B 深度虽未超过 7m 但地质条件和周围环境较复杂及工程影响重大的深基坑工程；C 内环线以内开挖深度超过 5m 的深基坑工程；D 深基坑设计、施工安全性报告应当通过专家评审，评审内容包括深基坑施工自身的安全性和对环境的影响。设计、施工安全性报告经论证在技术、安全方面切实可行后方可施行。

2）建设单位或者工程总承包单位应当在勘察前对深基坑附近的建筑物、构筑物、道路、地下管线等现状，以及同期建设的相邻建设工程施工情况进行调查，调查资料应及时提供给勘察、设计、施工、监理、监测单位。前期的调查范围从基坑边线起，向外至少延展到基坑开挖深度 3 倍的范围止。邻近地铁、隧道或有特殊要求的建设工程，按相关规定执行。

3）建设单位或者工程总承包单位应当按承发包管理有关规定，择优选择具有相关资质和经验的深基坑工程的勘察、设计、施工、监理和监测单位，不得肢解发包工程。

4）建设单位或工程总承包单位在施工前，应当邀集设计、施工、监理、市政、公用、供电、通讯、监测等有关单位，介绍设计、施工安全性报告内容及施工可能产生的影响，征询相关单位意见。对可能受影响的相邻建筑物、构筑物、道路、地下管线等应作进一步检查；对可能发生争议的部位应拍照或摄像，布设记号，并做好记录；对受影响可能发生争议的相邻建筑物、构筑物，建设单位或工程总承包单位应当委托房屋质量检测单位进行检测，检测单位应当提出建筑物、构筑物可承受外界影响的程度。

5）深基坑工程相邻有多项建设工程相继施工时，各建设单位要采取措施，共同做好协调、配合工作，避免对相邻建设工程造成不良影响。后施工工程的建设单位或者工程总承包单位应当制定安全技术措施，并组织相邻建设工程的建设、设计、施工、监理等有关单位、专家共同参加审定。

6）各级建设工程招投标管理机构应及时向同级建设工程安全、质量监督机构通报深基坑工程项目情况。

（3）深基坑工程勘察

1）勘察单位应当根据规范、设计要求和工程实际制定勘察方案，并经单位技术负责人审核后进行勘察工作。勘察报告应当按技术规范和经审定后的勘察方案编写。

2）勘察单位应当对深基坑工程建设地域进行勘察，了解工程建设地域及周边环境的地质情况，为深基坑工程设计和施工提供地质资料。

3）勘察单位应当做好勘察报告提交后的服务工作。深基坑工程施工中出现异常情况时，勘察单位应当作好配合工作。

（4）深基坑工程设计

1）深基坑工程设计单位应当根据地质情况、基坑周围环境、管线情况、主体结构设计要求、施工条件及深基坑设计、施工安全性评审意见等制定设计方案。深基坑工程设计方案应当包括支护结构、挖土、降水、环境和管线保护、监测等内容。

2）深基坑工程的设计必须按照国家和本市有关规范、标准、规定进行，并提出预防和降低对邻近建筑物、构筑物、道路、管线等周围环境造成损害的技术要求和措施。

3）采用与主体地下结构相结合的基坑支护设计，应当与主体工程设计密切配合，依据工程建筑设计和结构设计文件资料进行设计，并考虑围护结构和主体结构基础沉降的适应性。

4）深基坑工程设计应当按照设计文件编制深度要求、设计程序和技术责任制进行设计，提交设计图纸、有关设计文件和基坑围护结构的控制变形值，并提出施工技术要求、现场试验和监测要求。

5）深基坑工程设计单位应当做好技术交底和工程施工跟踪服务工作，及时掌握施工现场情况。发现实际情况与勘察报告不符或者出现异常情况时，应当及时会同建设、勘察、施工、监理、监测等单位研究解决，必要时应当提出补充勘察要求和修改设计文件。

6）建设工程设计位置发生较大变更的，建设单位必须通知原勘察单位按有关规定实施补勘，并出具补勘报告。设计单位和施工总承包单位应建立施工图设计文件变更管理档案。审图通过的设计文件发生重大变更的，须报原审图机构重新审查认可。重大变更包括基础形式、层数、结构体系、主要结构材料、重要使用功能、建筑节能设计等改变，以及荷载变化、防火分区重新划分、建筑物位置改变等修改。

(5) 深基坑工程施工

1) 深基坑工程施工单位应当根据设计文件和设计技术要求，结合工程实际编制施工方案。施工方案除应当具备常规的内容外，还应当包括环境保护措施、监控措施和应急预案等内容。

2) 确定满足本节第 (2) —1) 项三个条件之一的深基坑工程，其设计方案和施工方案应当经专家评审。评审专家从深基坑工程评审专家库中抽取产生。评审专家组应当对设计、施工方案作出明确的结论意见（书面评审报告），并及时将评审意见送交市级安全、质量监督机构。

评审内容包括审查深基坑施工自身的安全性和对环境的影响，同时审查初步设计阶段制定的深基坑设计、施工安全性报告中的各项技术、安全措施是否落实到位。设计、施工方案经论证在技术、安全方面切实可行后方可施行。

3) 市级建设工程安全、质量监督机构负责将评审通过的深基坑设计方案和施工方案分送相关建设工程安全、质量监督机构。各级建设工程安全、质量监督机构应根据深基坑工程的具体情况制定相应的监督计划，委派专人对深基坑工程进行日常监督检查。各级建设工程安全、质量监督机构应加强对深基坑监督人员的业务培训。

4) 经评审通过的设计方案和施工方案不得随意变动。确需修改时，应当经过原评审专家组同意。其中，需修改设计方案的，应当先征得原设计单位认可。必要时应重新组织专家评审。

5) 建设单位应当组织勘察、设计、施工、监理和监测单位进行基坑开挖条件验收，未经验收通过的，基坑不得开挖。深基坑工程开挖必须由项目总监发布开挖令。

6) 建设单位或者工程总承包单位应当加强深基坑工程施工的质量和安全管理，施工现场应当按应急预案的要求配备抢险人员和器材。发生深基坑工程安全质量事故，事故发生单位必须按有关规定向市建设交通委或区、县建设行政管理部门报告，并迅速启动应急预案，有效组织抢险，防止事故及事故后果的扩大。

7) 深基坑工程施工单位应当加强施工现场的安全质量管理，履行技术管理程序，按评审通过的设计方案和施工方案进行施工，并对施工现场的周围环境进行监控。严禁违章作业和盲目施工。深基坑工程施工单位应当严格执行安全生产责任制，施工现场必须采取有效的防爆、防火、保护环境等防范措施，防止安全事故的发生。

8) 基坑开挖后，施工单位应当及时进行地下结构工程施工，严禁基坑长时间暴露。

(6) 监理和监测

1) 监理单位应根据规范、设计文件、评审意见、设计方案、施工方案等有关资料文件，编制深基坑施工监理大纲和实施细则，并对深基坑工程进行全过程安全、质量监理。

2) 监理单位在监理深基坑工程中，应当履行以下义务：A 检查建设、勘察、设计、施工、监测等单位提供的技术资料，并发布开挖令；B 检查和督促设计、施工、监测方案的实施；C 检查和督促现场施工安全、质量保证体系和各项技术措施的落实；D 检查和督促各项观察、监测记录的履行；E 深基坑开挖后暴露时间较长的，应及时制止。

3) 深基坑支护监测和相邻建筑物、构筑物、道路、地下管线、地下水位的监测应当委托有资质的工程监测单位承担。

监测单位应当根据勘察报告、设计文件和施工组织设计等有关监测要求，制定监测方案，提出各项报警限值，并经委托方审核后实施。监测单位应当作好深基坑工程施工期间基坑安全和周围环境的全过程监测工作。监测数据应当真实，监测记录应当规范，监测数据和记录经审核后报建设、设计、施工、监理等有关单位。当监测数据达到报警限值时，应及时通知建设、设计、施工、监理等有关单位，并停止施工，待迅速查明原因并制定解决方案后，方可复工。工程结束后，监测单位应当及时向委托方和评审专家组提交监测报告。

在台风、暴雨期间及遇到地下水位涨落大、地质情况复杂等情形时，监测单位应当加强对深基坑和周围环境的沉降、变形、地下水位变化等的观察工作，有异常情况应当及时通知施工单位采取有效措施，并加大监测频率。

10.2 建设项目公共配套设施管理

10.2.1 建设项目公共配套设施管理概述

1 建设项目公共配套设施

项目建设必须严格执行城乡规划，按照经济效益、社会效益、环境效益相统一的原则，实行全面规划、合理布局、综合开发、配套建设。因此，投资建设主体应承担并同步实施建设项目自身必不可少的电力、供水、排水、燃气、电信、智能化和垃圾收集等城乡公共配套设施。

2 公共配套设施建设管理

公共配套设施建设管理是建设项目行政管理的内容之一，也是项目设计及设计管理工作范围内的事项。

由于城乡公共配套设施绝大部分由政府各主管部门或其委托机构统一管理，统筹实施，故建设单位在项目配套设施建设前须向各相关主管部门或其委托机构申请办理许可手续。

10.2.2 建设项目供电与用电配套管理

1 国家供电营业规则

根据我国《电力供应与使用条例》和国家有关规定，国家制定了《供电营业规则》，供电企业和用户在进行电力供应与使用活动中，应遵守本规则的规定，服从电网统一调度，严格按指标供电和使用。

(1) 用电的管理原则

为了保障和促进电力建设事业的发展，建立正常的供用电秩序，维护电力投资者、经营者的合法权益，保障电力安全运行，国家对电力供应和使用，实行安全用电、节约用电、计划用电的管理原则。

(2) 供电的额定频率与额定电压

1) 供电企业供电的额定频率为交流 50Hz。供电企业供电的额定电压：低压供电：单相为 220V，三相为 380V；高压供电：为 10、35（63）、110、220kV。除发电厂直配电压可采用 3kV 或 6kV 外，其他等级的电压逐步过渡到上列额定电压。

2) 用户需要的电压等级不在上列范围时，应自行采取变压措施解决。用户需要的电压等级在 110kV 及以上时，其受电装置应作为终端变电站设计，方案需经省电网经营企业审批。

3) 用户用电设备容量在 100kW 以下或需用变压器容量在 50kV·A 及以下者，可采用低压三相四线制供电，特殊情况也可采用高压供电。用电负荷密度较高的地区，经过技术经济比较，采用低压供电的技术经济性明显优于高压供电时，低压供电的容量界限可适当提高。具体容量界限由省电网经营企业作出规定。

(3) 供电企业对申请用电的用户提供的供电方式，应从供用电的安全、经济、合理和便于管理出发，依据国家的有关政策和规定、电网的规划、用电需求以及当地供电条件等因素，进行技术经济比较，与用户协商确定。

(4) 为保障用电安全，便于管理，用户应将重要负荷与非重要负荷、生产用电与生活区用电分开配电。

新装或增加用电的用户应按上述规定确定内部的配电方式，对目前尚未达到上述要求的用户应逐步进行改造。

(5) 供电企业向有重要负荷的用户提供的保安电源，应符合独立电源的条件。有重要负荷的用户在取得供电企业供给的保安电源的同时，还应有非电性质的应急措施，以满足安全的需要。

(6) 建设单位需新装用电或增加用电容量、变更用电都必须按《供电营业规则》规定，事先到供电企业用电营业场所提出申请，办理手续。供电企业应在用电营业场所公告办理各项用电业务的程序、制度和收费标准。

(7) 供电企业的用电营业机构统一归口办理用户的用电申请和报装接电工作，包括用电申请书的发放及审核、供电条件勘查、供电方案确定及批复、有关费用收取、受电工程设计的审核、施工中间检查、竣工检验、供用电合同（协议）签约、装表接电等项业务。

(8) 用户申请新装或增加用电时，应向供电企业提供用电工程项目批准的文件及有关的用电资料，包括用电地点、电力用途、用电性质、用电设备清单、用电负荷、保安电力、用电规划等，并依照供电企业规定的格式如实填写用电申请书及办理所需手续。

(9) 新建受电工程项目在立项阶段，用户应与供电企业联系，就工程供电的可能性、用电容量和供电条件等达成意向性协议，方可定址，确定项目。

未按前款规定办理的，供电企业有权拒绝受理其用电申请。如因供电企业供电能力不足或政府规定限制的用电项目，供电企业可通知用户暂缓办理。

(10) 供电企业对已受理的用电申请，应尽速确定供电方案，在下列期限内正式书面通知用户：居民用户最长不超过 5 天；低压电力用户最长不超过 10 天；高压单电源用户最长不超过 1 个月；高压双电源用户最长不超过两个月。若不能如期确定供电方案时，供电企业应向用户说明原因。用户对供电企业答复的供电方案有不同意见时，应在 1 个月内提出意见，双方可再行协商确定。用户应根据确定的供电方案进行受电工程设计。

(11) 用户新装、增装或改装受电工程的设计安装、试验与运行应符合国家有关标准；国家尚未制定标准的，应符合电力行业标准；国家和电力行业尚未制定标准的，应符合省（自治区、直辖市）电力管理部门的规定和规程。

(12) 用户受电工程设计文件和有关资料应一式两份送交供电企业审核。高压供电的用户应提供：

1) 受电工程设计及说明书；2) 用电负荷分布图；3) 负荷组成、性质及保安负荷；4) 影响电能质量的用电设备清单；5) 主要电气设备一览表；6) 节能篇及主要生产设备、生产工艺耗电以及允许中断供电时间；7) 高压受电装置一、二次接线图与平面布置图；8) 用电功率因数计算及无功补偿方式；9) 继电保护、过电压保护及电能计量装置的方式；10) 隐蔽工程设计资料；11) 配电网络布置图；12) 自备电源及接线方式；13) 供电企业认为必须提供的其他资料。低压供电的用户应提供负荷组成和用电设备清单。

(13) 供电企业对用户送审的受电工程设计文件和有关资料，应根据本规则的有关规定进行审核。审核的时间，对高压供电的用户最长不超过 1 个月；对低压供电的用户最长不超过 10 天。

供电企业对用户的受电工程设计文件和有关资料的审核意见应以书面形式连同审核过的 1 份受电工程设计文件和有关资料一并退还用户，以便用户据以施工。用户若更改审核后的设计文件时，应将变更后的设计再送供电企业复核。

受电工程的设计文件，未经供电企业审核同意，用户不得据以施工，否则，供电企业将不予检验和接电。

(14) 无功电力应就地平衡。用户应在提高用电自然功率因数的基础上，按有关标准设计和安装无功补偿设备，并做到随其负荷和电压变动及时投入或切除，防止无功电力倒送。除电网有特殊要求的用户外，用户在当地供电企业规定的电网高峰负荷时的功率因数，应达到下列规定：

1) 100kV・A 及以上高压供电的用户功率因数为 0.90 以上。

2）其他电力用户和大、中型电力排灌站、趸购转售电企业，功率因数为 0.85 以上。

3）农业用电，功率因数为 0.80 以上。

凡功率因数不能达到上述规定的新用户，供电企业可拒绝接电。对已送电的用户，供电企业应督促和帮助用户采取措施，提高功率因数。对在规定期限内仍未采取措施达到上述要求的用户，供电企业可中止或限制供电。功率因数调整电费办法按国家规定执行。

(15) 供用电合同

供电企业和用户应当在正式供电前，根据用户用电需求和供电企业的供电能力以及办理用电申请时双方已认可或协商一致的下列文件，签订供用电合同：

1）用户的用电申请报告或用电申请书；

2）新建项目立项前双方签订的供电意向性协议；

3）供电企业批复的供电方案；

4）用户受电装置施工竣工检验报告；

5）用电计量装置安装完工报告；

6）供电设施运行维护管理协议；

7）其他双方事先约定的有关文件。

对用电量大的用户或供电有特殊要求的用户，在签订供用电合同时，可单独签订电费结算协议和电力调度协议等。

供用电合同应采取书面形式。供用电合同书面形式可分为标准格式和非标准格式两类。标准格式合同适用于供电方式简单、一般性用电需求的用户；非标准格式合同适用于供用电方式特殊的用户。

省电网经营企业可根据用电类别、用电容量、电压等级的不同，分类制定出适应不同类型用户需要的标准格式的供用电合同。

2 省市电力公司供电营业细则

以上海市电力公司供电营业细则为例。《上海市电力公司供电营业细则》有关规定如下：

(1) 客户新装、增容或改装，其受电工程的设计、安装、试验与运行应符合国家、电力行业及地方有关标准、规范的规定。

(2) 电力设施是建设项目的重要配套条件，建设项目的用电，从可行性研究、设计、施包工、验收、使用各阶段均需按有关规定程序办理相关的手续。

(3) 上海市电力公司参与对客户受电装置设计图纸的审阅。客户受电工程设计文件及有关资料应一式两份送交本公司审阅。

1）高压客户提供的文件和资料。高压客户提供的文件和资料必须包括下列内容：

A 高压受电装置一、二次接线图与平面布置图；B 负荷的组成性质及保安负荷；C 影响电网电能质量的特殊用电设备清单及相应的限制措施；D 生产工艺及设备允许中断供电时间；E 继电保护、过电压保护及用电计量装置的方式；F 用电功率因数计算及无功补偿方式；G 自备电源及接线方式。

2）低压供电的客户应提供负荷组成、特殊用电设备清单和用电计量装置的方式等有关资料。

3）对于高压供电的客户，上海市电力公司在收到文件和资料后的 25 个工作日内，对客户的受电工程设计文件和有关资料的审阅意见以书面形式答复客户，审阅过的 1 份受电工程设计文件和有关资料同时退还客户；对低压供电客户的审阅意见在 10 个工作日内答复。

(4) 客户的下列设备或技术条件因素与电网安全有关，应征得本公司同意后，方可实施：

1）客户受电进线总开关的定型及其技术参数；

2）客户对用电负荷中可能导致供电电压严重波动、不平衡或波形严重恶化的冲击性负荷、非线性负荷或大容量单相负荷，相应采取的限制措施及达到的效果；

3）客户内部不并网运行的自备发电机与电网电源的联锁方式；

4）经国家批准，要求并网运行的客户自备发电机，应在并网前与本公司达成协议。

(5) 客户对电能质量、供电连续性有特殊要求的负荷布置情况，供用电双方应本着安全、经济、合理的原则取得一致意见。

3　建设项目新装、增容用电申请程序

以上海市为例。上海市建设项目新装、增容用电申请程序：

1）用电征询：按用电容量，供电电条件、配电站站址的选择等方面，涉及电网的规划、建设改造，在用户确定项目之前，应向项目所在地的供电部门书面提出用电征询申请。供电部门就供电条件答复用户，征询答复是建设项目的立项根据之一。

2）用电申请：建设项目正式立项后，用户应及时向项目所在地的供电部门办理正式用电申请手续。包括建设单位提供资料，供电部门在受理用户申请后的服务。

3）受电装置设计图纸审核。

4）受送电工程施工与验收。

10.2.3　建设项目供水与排水配套管理

1　建设项目供水办理

建设项目在设计、施工、交付使用和生产时，都要涉及自来水供水系统供应生产用水和生活用水，进行配套建设。建设单位在申请水供应时，应向当地水务局提供接水业务申请。供水企业与用户应当签订供用水合同。

消防供水设施实行专用。因特殊情况确需通过消防专用供水设施用水的，应当征得供水企业的同意，并报公安消防部门批准。

各省市地方实施法规和办理手续有所不同，以上海市水务局的企事业单位接水项目用水申请为例。

上海市水务局、区（县）供水行政主管部门负责本区（县）供水范围内的供水管理。

(1) 企事业单位接水项目

包括一般企事业单位接水项目、部队接水项目、消防站点接水项目、民政非营利福利性接水项目、新建、改扩建公立学校、公建配套学校接水项目。

(2) 基本条件

1）申请新装自来水的用户必须是用水设施所依附的物业产权合法所有人或产权所有人的委托人，自来水企业应直接与物业产权合法所有人签订国家认定的供用水合同。

2）上述物业的用水设施设计必须符合相关法律规范，并经自来水企业审核符合该地区的实际供水条件。

3）上述物业如有消防设施，其设施设计必须符合相关法律规范，有审图认可并经自来水企业审核符合该地区的实际供水条件。

(3) 办理申请所需资料

1）申请报告；2）项目批文；3）1/500 地下管线图；4）1/500 地形图；5）征询用水批复；6）接水前期业务办理记录卡；7）规划许可证及施工许可证；8）咨询报告（征询报告上注明转办）；9）1/500 给排水总平面图；10）项目各类建筑给排水（含消防）分层平面图和系统透视图；11）泵房给排水平面图、系统透视图；12）现势地形修测图即实测成果图（电子图）及成果报告书；13）门牌批复；14）消防给水批文或审图公司通过证书；15）二次供水设施施工委托意向书或供水设施质量保证承诺书；16）民政非营利福利性接水项目需由市民政局出具相关证明。

(4) 业务办理流程

1）接交申请报告及有关资料；2）通知用户补交资料及提出设计图纸审核修改意见（3个工作日）；3）按要求修改图纸、交全资料；4）审批完毕、告知用户（30个工作日）；5）通知付费；6）付费；7）根据合同施工。

2 建设项目排水许可管理

为了加强城市排水管理，保障城市排水设施安全正常运行，防治城市水环境污染，排水户需要向城市排水管网及其附属设施排放污水的，应当按照《城市排水许可管理办法》（建设部令第 152 号）的规定，持有关材料向所在地排水管理部门申请办理城市排水许可证书。

(1) 建设项目在建成投产、使用后的工业废水、生活污水和大气降水无论是纳入公共排水系统，还是自建排水设施（工程项目规划红线范围内的排水设施，一般由建设单位投资建设），均为城市排水的体系。

(2) 建设单位在可行性研究时，及时向排水行政主管部门征询意见，提出申请，报告排放的污水、废水的质量和数量，建设区外排水管线设计图，化粪池、泵站和各种污水、废水处理装置，建设区域内排水管线设计图。

(3) 排水行政主管部门按照国家关于污水排放的标准和城市排水系统的接纳能力，规定建设工程投产、使用后排放污水的质量和数量，规定建设区域内与城市排水系统的衔接的出口。

(4) 建设项目排水申请程序。排水户应当向排水行政主管部门提出排水许可申请。排水行政主管部门进行试排水监测后对符合排水标准的，核发《排水许可证》。

1）排水（方案）许可申请。建设单位填写《排水（方案）许可申请表》，并及时提供如下资料：

A 建设项目可行性研究报告及批文；B 建设项目平面布置图；C 生产产品种类和用水量；D 排放污水的水质、水量；E 污水的处理工艺、有关专用检测井、污水排放口位置和口径的图纸及说明材料、按规定建设污水处理设施的有关材料；F 建设项目排水（方案）许可申请报告：包括建设项目概况介绍，建设项目性质和用途（生产性项目提供产品名称、材料和工艺），规划用水量证明，生活污水排放量（t/日），污理工艺及排水水质情况，申请排水去向（路名）；G 建设项目周边地下综合管线图；H 地形图。

排水行政主管部门对建设项目地址进行现场踏勘，按规定进行审核，20 日内，给建单位书面答复，同意的，核发“排水许可初审批准文件”。

2）排水接管许可证明申请。建设单位完成施工图设计，填写“排水接管许可证明”，并提供如下资料送审：A 建设项目雨、污水管道施工图，图中应标明雨、污水管道管位、排水流向、雨污水管道管径、标高、污水治理设施位置、专用检测井位置和接管路名、接口位置；B 建设项目给排水总平面图。排水行政主管部门对图纸进行审核，同意的，签发《排水接管许可意见》，设单位可以委托有资质单位进行施工。

3）排水许可证申请。建设单位凭“接管单位的排水接管复函”，向排水管理部门提出城市排水许可证申请，并如实填写《市排水许可申请表》。

排水许可申请受理之日前 1 个月内由具有计量认证资格的排水监测机构出具排水水质、水量检测报告；按规定进行审核。符合以下条件的，予以核发“城市排水许可证书”，不符合条件的，视情况整改或核发《临时排水许可证》。

A 污水排放口的设置符合城市排水规划的要求；

B 排放的污水符合《污水排入城市下水道水质标准》（CJ 343—2010）等有关标准和规定，其中，经由城市排水管网及其附属设施后不进入污水处理厂、直接排入水体的污水，还应当符合《污水综合排放标准》（GB 8978—1996）或者有关行业标准；

C 已按规定建设相应的污水处理设施；

D 已在排放口设置专用检测井；

E 排放污水易对城市排水管网及其附属设施正常运行造成危害的重点排污工业企业，已在排放口安装能够对水量、pH、CODcr（或 TOC）进行检测的在线检测装置；其他重点排污工业企业和重点排水户，具备对水量、pH、CODcr、SS 和氨氮等进行检测的能力和相应的水量、水质检测制度；

F　对各类施工作业临时排水中有沉淀物，足以造成排水管网及其附属设施堵塞或者损坏的，排水户已设计修建预沉设施，且排放污水符合本款第3）—B段规定的标准。重点排污工业企业和重点排水户，由排水管理部门会同有关部门确定并向社会公布；

G　排放污水易对城市排水管网及其附属设施正常运行造成危害的重点排污工业企业，应当提供已在排放口安装能够对水量、pH、CODcr（或TOC）进行检测的在线检测装置的有关材料；其他重点排污工业企业和重点排水户，应当提供具备检测水量、pH、CODcr、SS和氨氮能力及检测制度的材料。

（5）需要变更排水许可内容的，排水户应当按照本办法规定，向所在地排水管理部门重新申请办理城市排水许可证书。

（6）道路和排水设施配套工程竣工后，建设单位应组织设计、施工和排水行政主管部门进行工程验收，办理设备养护、维护的交接手续。

（7）在汛期或者发生其他特殊情况时，排水户应当服从排水管理部门的统一调度，按照要求排放污水。

3　建设项目《排水许可证》的申请与核发

以上海市为例。《上海市排水管理条例》规定：排水户应当向市水务局或者区（县）排水行政主管部门提出排水许可申请。《排水许可证》有效期为5年。排水户应当在《排水许可证》期满3个月前，申请续期。

（1）实施依据。《上海市排水管理条例》、《上海市河流污水治理设施管理办法》。

（2）许可条件。1）符合排水专业规划的要求；2）符合排水水质要求；3）已按规定建设相应的污水处理设施；4）已在排放口设置专用检测井。

（3）申请材料目录

1）初审应当提交下列材料：A 排水许可申请表；B 申请人法定身份证明材料；C 建设项目批准文件（立项、规划选址意见书、扩初设计批复、环保部门意见等）；D 初步设计文本节选（设计依据、项目概况、给排水篇、环保篇，项目总平面图和给排水总平面图）；E 排水接纳方案；F 地形图（1/500）；G 地下综合管线图（1/500）。（注：自设污水处理装置须提供污水处理设施设计文本。）

2）审批应当提交下列材料：A 初审批准文件；B 建设项目排水许可接管流转单；C 给排水总平面图（竣工图）；D 排水专用检测井竣工验收单；E 试排水检测水质化验报告（连续）；F 地名使用批准文件。（注：若污水自行处理的，需提交处理设施竣工验收报告；若工程项目排放纯生活污水的，则不需要试排水检测水质化验报告。）

3）“申请人法定身份证明材料”的内容为：A 申请人为单位的：营业执照或者组织机构代码证复印件、法定代表人或负责人身份证明原件；B 申请人为个人的：申请人身份证复印件；C 如单位或个人委托他人代理的，还需提供委托书原件及委托代理人个人身份证复印件。

（4）期限。自受理之日起15个工作日内作出行政许可初审决定［日排水量1000m^3以上（含1000m^3）的20个工作日内作出行政许可初审决定］；自受理试排水申请之日起15个工作日内作出行政许可决定［日排水量1000m^3以上（含1000m^3）的20个工作日内作出行政许可决定］。因特殊原因，经上海市水务局负责人批准，可以延长10个工作日。

（5）初审

1）申请：申请人填写上海市水务业务受理中心（以下简称受理中心）提供的排水许可申请表，向上海市水务局（受理中心）提出申请并提交相关材料。

2）受理：受理中心受理申请，并进行形式审查。材料齐全且符合法定形式的，予以受理，并发出受理通知书；需要补正材料的，发出补正材料通知书；不予受理的，发出不予受理决定书。

3）审查：受理中心根据国家和本市有关规定，对申请项目（日排水量1000m^3以下）进行审查并代局拟办行政许可批件。如需要实地踏勘、现场监督和征求养护维修责任单位等有关部门、单位意见的，由受理中心组织实施。市排水管理处协同办理。

日排水量 1000m^3 以上（含 1000m^3）的申请项目，由受理中心预审并提出初步意见报市水务局，局水资源处对申请项目进行审查并拟办行政许可批件，市排水管理处协同办理。

4）许可决定：市水务局对符合条件的，核发初审批准文件；不符合条件的，作出不予行政许可的书面决定。

5）许可送达：受理中心将批件寄往申请人，或通知申请人到受理中心领取。

（6）审批

1）申请。申请人根据排水许可初审批准文件，办理排水接管后向上海市水务局（受理中心）提出申请并提交相关材料。

2）受理。受理中心受理申请，并进行形式审查。材料齐全且符合法定形式的，予以受理，并发出受理通知书；需要补正材料的，发出补正材料通知书；不予受理的，发出不予受理决定书。

3）审查。受理中心根据国家和本市有关规定，对申请项目（日排水量 1000m^3 以下）进行审查并代局拟办行政许可批件。如需要实地踏勘、技术评审和征求有关部门、单位意见的，由受理中心组织实施。市排水管理处协同办理。

日排水量 1000m^3 以上（含 1000m^3）的申请项目，由受理中心预审并提出初步意见报市水务局，局水资源处对申请项目进行审查并拟办行政许可批件，市排水管理处协同办理。

4）许可决定。市水务局对符合条件的，作出准予行政许可的书面决定并颁发《排水许可证》；不符合条件的，作出不予行政许可的书面决定。经试排水检测不符合排水标准但对排水设施不致造成严重损害，经治理可以符合排水标准的核发《临时排水许可证》，并且限期治理。

5）许可送达。受理中心将批件寄往申请人，或通知申请人到受理中心领取。

（7）申请表文书样式。点击 http：//www.shanghaiwater.gov.cn 在“表格下载”处下载或到受理中心领取。

（8）审批流程图

1）申请人（排水户）提交书面申请等材料；

2）市水务局排水管理处（受理中心）1 日内形式审查；

3）市水务局排水管理处审查（14 日内）；

4）出行政许可决定（14 日内）；

5）受理中心 2 日内发证。

备注：日排水量 1000m^3 以上（含 1000m^3）的申请项目，由受理中心于 10 日内预审并提出初步意见报市水务局；局水资源处于 10 日内对申请项目进行审查并拟办行政许可批件；市排水管理处协同办理的范围是指非居住类新建项目排水许可事项。

10.2.4 建设项目供热与用热配套管理

1 供热采暖概述

供热是指利用热电联产、区域锅炉等所产生的蒸汽、热水和工业余热、地热等热源，通过管网为热用户有偿提供生产和生活用热的行为。

供热采暖是城乡居民的基本生活需求，供热事业是直接关系公众利益的基础性公共事业。供热管理遵循统一规划、属地管理、保障安全、规范服务、促进节能环保和优化资源配置的原则。

我国北方的供热面积建筑量占了全国的 10%，但是消耗的能量占了 40%。近年来我国许多省市为规范本行政区域内供热采暖行为，加强供、用热管理，保障本市城乡居民冬季采暖，合理利用资源，推动节能减排，促进供热事业可持续发展，根据有关法律、法规，结合本省市实际情况，制定出台了省市供热条例（或办法），对规划与建设、供热与用热、供热设施管理、供热安全、热费管理、法律责任等诸方面作了规定。

2　省市供热与用热管理

以山东省为例。山东省制定的《山东省供热管理办法》有关规定如下：

(1) 在本省行政区域内从事供热规划、建设、经营、使用、设施保护及相关管理活动，应当遵守本办法。

(2) 发展供热事业应当遵循统一规划、配套建设、市场运作、政府监管的原则。县级以上人民政府应当贯彻节约资源的基本国策，将供热事业纳入国民经济和社会发展规划，并采取措施发展集中供热。

(3) 鼓励开发和应用节能、高效、环保、安全的供热新技术、新工艺、新设备，支持热、电、冷联供，逐步淘汰分散燃煤锅炉和供热煤耗超标的小火电机组。鼓励利用风能、太阳能、地热能、海洋能、生物质能等清洁能源及工业余热、煤矸石、垃圾等发展供热。

电网企业应当优先保障符合有关规定的热电联产和综合利用工业余热、煤矸石、垃圾等发电的机组与电网并网运行，上网电价执行国家有关规定。

(4) 从事供热工程勘察、设计、施工、监理等活动，应当依法取得相应等级的资质证书，并遵守国家和省有关技术标准和规范。

(5) 各级人民政府应当加强对供热事业的管理和监督，鼓励研究、推广、采用建筑节能技术以及先进的供热方式、技术和设备，提高供热的科学技术水平和供热质量。

(6) 城市新区建设和旧区改建，应当按照城市总体规划和供热规划的要求，配套建设供热设施，或者预留供热设施配套建设用地。预留的供热设施配套建设用地，任何单位和个人不得擅自占用。

(7) 新建居住建筑和公共建筑供热系统，应当安装温度调控装置和热计量装置；既有居住建筑和公共建筑供热系统，应当逐步进行改造，并安装温度调控装置和热计量装置。

(8) 居住建筑和公共建筑具备分户热计量条件的，应当安装分户热计量装置；不具备分户热计量条件的，可以采取单元计量、楼宇计量等方式安装热计量装置。既有居住建筑和公共建筑在围护结构节能改造中，应当同步进行供热系统节能改造。县级以上人民政府应当采取措施，鼓励对既有公共建筑供热系统先行改造，促进供热系统节能。

(9) 在集中供热管网覆盖的区域，不得新建分散燃煤锅炉；集中供热管网覆盖前已建成使用的分散燃煤锅炉，应当按照规定限期停止使用，并将供热系统接入集中供热管网。

(10) 从事工程建设，不得影响供热设施安全。在开工前，建设单位或者施工单位应当向城建档案管理机构或者供热企业查明有关地下供热管线的情况。城建档案管理机构和供热企业应当及时提供相关资料。

建设工程施工可能影响供热设施安全的，建设单位或者施工单位应当与供热企业协商采取相应的安全保护措施。

(11) 供热工程竣工后，建设单位应当依法组织竣工验收；未经验收或者验收不合格的，不得交付使用。建设单位应当自供热工程竣工验收合格之日起15日内，按照国家有关规定向供热主管部门备案。

供热工程竣工验收合格后，建设单位应当及时向城建档案管理机构和其他有关部门移交供热工程项目档案。

(12) 居住建筑和公共建筑的建设单位，应当依法承担供热系统保修期内的维修、调试等保修责任。供热系统的保修期不得低于两个采暖期；保修责任未履行或者拖延履行的，供热系统的保修期不受两个采暖期的限制。供热系统的保修期，自居住建筑或者公共建筑竣工验收合格之日起计算。

(13) 用热管理

1) 从事供热经营活动，应当依法取得供热经营许可证。未取得供热经营许可证的，不得从事供热经营活动。县级以上人民政府可以根据国家和省有关规定，采取招标投标方式，确定符合条件的供热企业，并与其签订供热特许经营协议，授予其在一定期限和范围内的供热特许经营权。

2) 需要用热的单位和居民，应当向供热企业办理用热手续。单位用户变更用热面积、用热量以及其他用热登记事项的，应当向供热企业办理变更手续；居民用户终止用热或者恢复用热的，应当向供热企业提出并办理相关手续。

3）供用热双方应当签订供用热合同。A 供用热合同的主要内容应当包括供热时间、供热参数、收费标准、缴费时间、结算方式、供热设施维护管理界限、违约责任以及当事人约定的其他事项。B 供热企业应当按照供用热合同约定，连续、保质、保量供热。C 用户应当按照价格主管部门核定的热价或者供用热合同约定的热价，按时向供热企业缴纳热费。居民采暖热价实行政府定价；其他热价实行政府指导价，由供用热双方按照政府指导价协商确定。逐步实行基本热价和计量热价相结合的制度，实现按照用热量计量收费。具体办法由省价格主管部门会同省供热主管部门制定。

4）任何用热单位和个人不得实施下列行为：A 在室内供热设施上安装放水阀、排气阀、换热装置等；B 未经供热企业同意，擅自改动供热管道、增设散热器或者改变用热性质；C 在供热管道上安装管道泵等改变供热运行方式；D 其他妨碍供热设施正常运行的行为。

（14）设施管理

1）供热设施的更新、改造、维修和养护，由产权人负责。用户可以委托供热企业对其所有的供热设施进行更新、改造、维修和养护。居住建筑和公共建筑的建设单位，应当依法承担供热系统保修期内的维修、调试等保修责任。

2）供热企业应当按照规定对其维护管理的重要供热设施，设置明显的安全警示标志。

3）任何单位和个人不得擅自改装、拆除、迁移供热管网、标志、井盖、阀门和仪表等供热设施。

4）从事工程建设，不得影响供热设施安全。建设单位在开工前，建设单位或者施工单位应当向城建档案管理机构或者供热企业查明有关地下供热管线的情况。城建档案管理机构和供热企业应当及时提供相关资料。

建设工程施工可能影响供热设施安全的，建设单位或者施工单位应当与供热企业协商采取相应的安全保护措施。

5）在供热管道及其附属设施安全保护距离范围内，任何单位和个人不得实施下列行为：A 修建建筑物、构筑物或者敷设管线；B 挖坑、掘土或者打桩；C 爆破作业；D 堆放垃圾、杂物或者危险废物；E 排放污水、腐蚀性液体或者气体；F 其他影响供热设施安全的行为。

6）供热企业应当建立健全安全生产责任制，并对其维护管理的供热设施进行定期检查、维护，确保供热设施正常运行。

7）供热企业应当制定供热事故抢险抢修应急预案，公布维修、抢险和供热服务电话，并实行 24 小时值班制度。供热企业发现供热事故或者接到供热事故报告后，应当在规定时间内到达现场组织抢险抢修，并按照规定及时报告有关部门。

3 建设项目供热配套申请与许可

建设项目的集中供热工程，建设单位（热用户）应当按照项目所在地有关规定，申办建设项目供热配套许可手续。以山东省《济南市城市集中供热管理条例实施细则》的规定为例。

（1）新用户（业主）申请用热手续办理程序

1）热用户在每年规定时间向供热单位（市热力公司）提出书面用热申请。说明用热用途（商业、民用、办公等）、计划用热面积或用热量，同时提交建筑设计图纸、室内采暖系统图纸等。

A 蒸汽用户用热申请应载明热负荷性质（生产、生活、采暖、制冷等）、用热参数、用热量、用热时间、地形标高、建筑物位置、特殊要求等有关资料。

B 采暖用户用热申请应载明建筑物面积、建筑层高、建筑平面图、室内设计温度、内部系统最大阻力、地形标高、建筑物位置、特殊要求等有关资料。

2）供热单位（热力公司）接到用户申请后，安排技术部门进行现场勘察，确定是否在供热范围内，审核室内采暖系统是否合乎要求，并提出是否符合集中供热条件的意见。

3）经供热单位审核同意后，填写《济南市集中供热开户审批表》。热用户持表到市供热主管部门办理审批手续。

4）符合供热条件的，由供、用热单位双方确定实际供热面积，用热单位交纳供热管网建设费。

5）经市供热主管部门批准后，由供用热双方按规定签订《济南市集中供热供用热合同》。供用热合同的主要内容应当包括供热时间、供热参数、收费标准、缴费时间、结算方式、供热设施维护管理界限、违约责任以及当事人约定的其他事项。

6）供热方应按照供用热合同约定，将用户管网接入供热管网。应连续、保质、保量供热。

A　用户内设管网和专用支管线由用户自行铺设，也可委托供热方设计施工，由用户方投资，产权归投资人所有。

B　采暖期内用户室内供热温度，在正常条件下不得低于16℃；低于16℃的，供热企业应当减收或者免收热费；因用户原因导致室内供热温度低于16℃的，由用户承担责任。

C　供热企业进行年度供热设施检修，应当避开采暖期，并提前15日通知相关用户。在采暖期内，因特殊原因需要连续停止供热超过24小时的，供热企业应当提前两天通知用户；因突发事故不能正常供热的，供热企业应当及时组织抢修，并通知受影响区域的用户。

（2）变更用热的办理程序

1）热用户需要更名过户的，新用户需持双方同意的更名过户协议书到供热单位办理更名过户手续。

2）热用户需要变更用热地址的，应当依照前条规定程序办理用热手续，变更用热地址在同一热源单位供热范围内的，只承担供热工程建设直接发生费用，不再缴纳供热工程建设资金，但须缴纳增容部分建设资金。

3）报停：热用户（业主）确定停止使用集中供热，由用户管理单位在每年规定期间向热力公司提出书面申请，并办理相关手续。

报停户（单位）在批准报停后3日内，在不影响他人用热的情况下，自行拆除采暖设施，经热力公司行政执法人员核实验收合格，并缴纳所欠热费和变更供用热合同后，方可完成报停业务。停止使用集中供热的用户数量不得超过该幢宿舍总户数的10%；报停户应配合热力公司监察部门的核查；报停户不得私自接入采暖设施，否则将负法律责任；报停户自报停之日起保留两年档案，两年后仍不复用，进行销户；未改造的单管顺流式集中供热系统用户，不予报停。

4）恢复使用：停止使用集中供热的用户恢复用热时，应在供暖前1个月，向热力公司提出书面申请，经热力公司核验供热合同，用户缴纳相关费用后，按照要求接入供热系统，方可使用。

5）变更用热：热用户必须按计划用热，不得擅自增减供热设施、改变用热参数和供热形式，确需变更的须在每年规定日前到热力公司办理变更手续，变更用热相关费用由用户承担。

（3）终止用热的办理程序

热用户因房屋改造、拆除需终止用热的，须报请热力公司同意后自行拆除供热设施，待验收合格后方可终止用热。

10.2.5　建设项目燃气配套管理

1　城镇燃气管理概述

（1）燃气，是指作为燃料使用并符合一定要求的气体燃料，包括天然气（含煤层气）、液化石油气和人工煤气等。

（2）国务院制定的《城镇燃气管理条例》，适用于城镇燃气发展规划与应急保障、燃气经营与服务、燃气使用、燃气设施保护、燃气安全事故预防与处理及相关管理活动。

（3）燃气工作应当坚持统筹规划、保障安全、确保供应、规范服务、节能高效的原则。

（4）管道燃气经营者对其供气范围内的市政燃气设施、建筑区划内业主专有部分以外的燃气设施，承担运行、维护、抢修和更新改造的责任。管道燃气经营者应当按照供气、用气合同的约定，对单位燃气用户的燃气设施承担相应的管理责任。燃气经营者应当建立健全燃气质量检测制度，确保所供应的燃气质量符合国家标准。

(5) 在燃气设施保护范围内，有关单位从事敷设管道、打桩、顶进、挖掘、钻探等可能影响燃气设施安全活动的，应当与燃气经营者共同制定燃气设施保护方案，并采取相应的安全保护措施。

(6) 新建、扩建、改建建设工程，不得影响燃气设施安全。建设单位在开工前，应当查明建设工程施工范围内地下燃气管线的相关情况；燃气管理部门以及其他有关部门和单位应当及时提供相关资料。

建设工程施工范围内有地下燃气管线等重要燃气设施的，建设单位应当会同施工单位与管道燃气经营者共同制定燃气设施保护方案。建设单位、施工单位应当采取相应的安全保护措施，确保燃气设施运行安全；管道燃气经营者应当派专业人员进行现场指导。法律、法规另有规定的，依照有关法律、法规的规定执行。

2 省市燃气管理

以上海市为例。上海市政府制定的《上海市燃气管理条例》适用于本市行政区域内燃气（包括人工煤气、天然气和液化石油气等气体燃料）的规划与建设、配置与调度、供应与使用、设施保护以及相关的管理和服务活动。有关规定如下：

(1) 上海市市政工程管理局是本市燃气的行政主管部门，负责组织实施本条例。市市政局所属的上海市燃气管理处负责具体实施本市燃气行业的日常管理工作，按照本条例的授权实施行政许可和行政处罚。

(2) 新建、改建、扩建住宅项目、工业园区项目或者其他建设项目涉及使用燃气的，应当同时配套建设相应的燃气设施或者预留燃气设施建设用地。新建燃气设施，需要按照国家和本市建设项目的审批程序报批的，规划管理部门在进行规划审查时，应当征求市市政局的意见。

(3) 年度用气量在 100 万 m^3 以上的大型用气建设项目，在其可行性研究报告审批时，本市审批部门应当征求市市政局的意见。

(4) 民用建筑的燃气设施，应当与主体工程同时设计、同时施工、同时验收。

(5) 工程项目中的燃气设施建设，应征得燃气公司的同意。有关室内燃气管道管径、走向、出户点及燃气设施布局设计必须符合设计、施工检验技术规范，与室外燃气管道正确衔接。

(6) 燃气设施配套建设按单位（工业、营业、事业、团体）、住宅、民用客户的不同对象，可分别向燃气销售公司提出燃气配套申请。

3 燃气配套申请办理

以上海市为例。

(1) 单位（工业、营业、事业、团体）客户新装业务燃气配套申请办理

1) 提供申请资料。A 加盖申请单位公章的申请报告；B 当年地形图；C 当年地下综合管线图；D 客户工程项目总平面图（包括给排水图）；E 房屋单体平面图；F 房屋建筑设计图（电子版）。

2) 单位用户业务受理，安装流程：客户申请，业务受理→现场踏勘→压力征询→逐级报批→客户付款（增容费具、表具、配套设备费）→设计图纸和预算审核→签订合同→工程复核→委托施工→施工→验收→决算→竣工通气→用户管理。

3) 管道工程业务流程。立项（拨款项目根据扩初批复，贷款项目根据评审结论，客户项目根据客户委托书。）→设计→审核→签订合同，收取工程款→委托施工→施工→竣工验收→决算。

(2) 住宅燃气配套业务燃气配套申请办理

1) 提供申请资料：A 住宅建设配套费专用收据复印件；B 当年城建局地形图；C 当年地下综合管线图；D 1∶500 给排水总平面图（标明门号或号房）；E 1∶100 建筑、结构、给排水图；F 1∶100 燃气施工图。

2）住宅新装业务受理流程。申请资料审核→业务受理→室内管检验→按燃气施工图施工→竣工验收→决算→发通气计划→用户管理。

3）适用范围：A城市化地区进行住宅开发建设的项目。B居住小区（街坊）内燃气管道施工以道路红线至建筑物进口为界，不包括道路规划红线内的道路排管及建筑物室内排管。

（3）建设项目燃气工程合同。燃气企业对其供气范围内具备用气条件的单位和个人有提供普遍供气服务的义务，并应当按照法律、行政法规的规定与用户签订供用气合同，明确双方的权利和义务。建设项目燃气工程合同包括：1）燃气工程预收款协议书；2）住宅燃气外管预排工程协议书；3）燃气工程合同书。

10.2.6 建设项目电信配套管理

1 建设项目电信业务分类

（1）基础电信业务

1）固定网络国内长途及本地电话业务；

2）移动网络电话和数据业务；

3）卫星通信及卫星移动通信业务；

4）联网及其他公共数据传送业务；

5）带宽、波长、光纤、光缆、管道及其他网络元素出租、出售业务；

6）网络承载、接入及网络外包等业务；

7）国际通信基础设施、国际电信业务；

8）其他基础电信业务。

（2）增值电信业务

1）电子邮件；2）语音信箱；3）在线信息库存储和检索；4）电子数据交换；5）线数据处理与交易处理；6）增值传真；7）联网接入服务；8）互联网信息服务；9）可视电话（会议）服务。

2 建设项目电信配套管理

国家和地方有关部门依法对电信业务经营按照电信业务分类，实行许可制度。

（1）建筑物内的电信管线和配线设施以及建设项目用地范围内的电信管道，应当纳入建设项目的设计文件，并随建设项目同时施工与验收。所需经费应当纳入建设项目概算。

（2）电信配套建设程序

1）电信规划征询；2）电信征询回复；3）初步设场阶段电信配套征询；4）电信配套申请；5）电信配套实施（设计、施工及验收）；6）核发交付使用配套建设验收合格证明。

（3）电信配套建设申请与许可

1）前期规划阶段。根据建设项目特点，由建设单位根据需求量向有关部门提出《通信配套征询报告》，电信部门做出《通信配套征询答复书》。

2）扩初设计阶段。根据不同的建筑类型和住宅项目分别向电信大客户服务中心和电信住宅配套室提出申请（电信用户通信工程项目需求表、住宅配套申请表、住宅宽频网络有限公司住宅配套申请单）。

3）项目实施阶段。经电信部门核验后，与业主签订合同(《电话通信工程承包合同书》)。

4）电信配套验收阶段。一般项目由电信部门实施电信配套的设计、施工及验收工作。住宅项目则由业主提出通信配套验收合格证明申请（“通信配套验收合格证明申请单”），并由电信部门在新建住宅交付“新建住宅交付使用配套建设验收合格证明”，加盖住宅配套竣工章。

10.2.7 建设项目智能化配套管理

1 建设项目的智能化概述

（1）智能建筑概念

建筑智能（IB）是指具备通信自动化、办公自动化、建筑设备自动化等功能，并对这些系统实行集成管理的建筑物或建筑群。现行《智能建筑设计标准》(GB/T 50314) 把智能建筑释义为：是以建筑为平台，兼备建筑设备、办公自动化及通信网络系统，结构、系统、服务、管理及他们之间的最优化组合，向人们提供一个安全、高效、舒适、便利的建筑环境。建筑智能化的概念适合当前智能建筑的发展情况，科学技术的进步（如智能材料和智能结构技术等）必将使智能建筑的概念发生新的变化。

(2) 智能建筑的技术基础

智能建筑的技术基础是以建筑环境为支持平台，以现代计算机技术（Computer)、信息技术（Communication）和自动控制技术（Control）为基本组成要素，即3C技术。构成一个既相对独立，又相互联系的有机的综合性的整体建筑功能系统。3C技术的核心是基于计算机及网络的信息技术。

(3) 智能建筑的系统构成

1) 建筑设备自动化系统（BAS)。建筑设备自动化系统将建筑物或建筑群的电力、照明、空调与通风、给排水、热源与热交换、防火、保安、电梯和自动扶梯及车库管理等设备或系统，以集中监视、控制和管理为目的构成综合系统。

2) 通信网络系统（CNS)。通信网络系统是建筑物内语音、数据、图像传输的基础设施。通过通信网络系统，可实现与外部通信网络（如公用电话网、综合业务数字网、互联网、数据通信网及卫星通信网等）相联，确保信息畅通和实现信息共享。

3) 办公自动化系统（OAS)。办公自动化系统是应用计算机技术、通信技术、多媒体技术和行为科学等先进技术，使人们的部分办公业务借助各种办公设备完成，并由这些办公设备与办公人员构成服务于某种办公目标的人机信息系统。

4) 综合布线系统（GCS)。综合布线系统是建筑物或建筑群内部之间的传输网络。它能使建筑物或建筑群内部的语音、数据通信设备、信息交换设备、建筑物物业管理及建筑物自动化管理设备等系统之间彼此相联，也能使建筑物内通信网络设备与外部的通信网络相联。

5) 智能化系统集成（ISI)。智能化系统集成（ISI）是在智能建筑各子系统工程的基础上，实现建筑物管理系统（BMS）集成。智能建筑通过系统集成（SI)，将智能建筑内不同功能的智能化子系统在物理上、逻辑上和功能上连接在一起，以满足建筑物的监控功能、管理功能和实现信息综合、资源共享的需求。通过对建筑物和建筑设备的自动检测与优化控制，实现信息资源的优化管理和为使用者提供最佳的信息服务，使智能建筑达到投资合理、适应信息社会需要的目标，并具有安全、舒适、高效和环保的特点。从技术角度看，智能建筑与传统建筑最大的区别就是智能建筑各智能化系统的系统集成，即智能建筑是通过集成化的智能化系统得以实现的。

6) 住宅（小区）智能化（CI)。住宅（小区）智能化（CI）是以住宅小区为平台，兼备安全防范系统、火灾自动报警及消防联动系统、信息网络系统和物业管理系统等功能系统并将这些系统集成的智能化系统，具有集建筑系统、服务和管理于一体，向用户提供节能、高效、舒适、便利、安全的人居环境等特点。

(4) 建筑智能化工程

建筑智能化工程是指新建或已建成的建筑群中，增加通信网络、办公自动化、建筑设备自动化等功能，并对这些系统集成化管理。建筑智能化系统工程除了必须遵循有关建设法规、标准之外，尚需遵循通信、广播电视、公安、环保等有关行业的相应标准。国家、地方或行业尚无相应标准的，可以参照国际有关标准执行。

2 智能建筑工程建设管理

(1) 智能建筑工程行政管理机构

国务院住房与城乡建设委员会和各地方县级以上城乡建设行政管理部门是智能建筑工程建设的行政主管部门；建筑业管理部门具体负责智能建筑工程建设的管理工作。各城乡建设行政管理部门按照其职责权限，负责所辖行政区域内智能建筑工程建设的管理。

(2) 项目前期阶段

1) 建设单位应对智能化系统进行专项的咨询和可行性研究；

2) 建设单位在前期分析决策文件中，说明拟建项目中的建筑智能化系统工程的内容，拟达到的功能要求及标准，投资及能耗以及解决的措施，经有关部门批准后，方可委托设计；

3) 建设单位应对智能化系统的设计要求和设备选型，列入项目设计任务书内容。

(3) 项目设计阶段

1) 建设单位应对系统集成商所做的深化系统设计进行指导、协调和监督；

2) 建筑智能化系统工程的设计方案应纳入整个建筑工程初步设计审批的范围；

3) 设计报批前，建设单位应委托由智能建筑工程建设的行政主管部门认定的机构对设计方案进行技术评审。

(4) 项目施工阶段

建设单位应对智能化系统提出工程施工的要求；建筑工程或建筑智能化系统开工前，建设单位应就智能化系统的施工向建设工程质量监督站报监并接受监督检查；建设过程中，项目建设法人如无充分理由，未经申报批准，不得提高或降低标准或撤销此方面的功能。

(5) 项目竣工阶段

1) 建筑工程的新建、扩建、改建工程中的智能建筑工程质量验收，应按现行国家标准《智能建筑工程质量验收规范》(GB 50339—2006) 的规定进行。建设单位组织、参与建筑智能化系统的试运行和质量验收。智能建筑工程质量验收应包括工程实施及质量控制，系统检测和竣工验收。

2) 建设单位申请系统竣工验收时应向质监总站提交经由智能建筑工程建设行政主管部门认定的检测机构出具的各智能化系统检测报告；并提供工程实施及质量控制记录和竣工验收技术文件。

3) 建筑智能化系统竣工资料完整存档备案。

3　建筑智能化工程设计要素

《智能建筑设计标准》(GB/T 50314—2006) 适用于智能办公楼、综合楼、住宅楼的新建扩建、改建工程，其他工程项目也可参照使用。智能建筑工程设计，除应执行本标准外，尚应符合国家现行有关标准的规定。

建筑智能化工程系统设计的设计要素如下：

(1) 通信网络系统

1) 应将公用通信网上光缆、铜缆线路系统或光缆数字传输系统引入建筑物内，并可根据建筑物内使用者的需求，将光缆延伸至用户的工作区。

2) 应设置数字化、宽带化、综合化、智能化的用户接入网设备。

3) 建筑物内宜在底层和地下一层（当建筑物有地下多层时）设置通信设备间。

4) 应根据建筑物自身的类型和用户接入公用通信网的条件，适度超前的配置相应的通信系统，其接口应符合通信行业的有关规定。

5) 建筑物内或建筑群区域内可设置小蜂窝数字区域无绳电话系统，在系统覆盖的范围内提供双向通信。

6) 建筑物的下层及上部其他区域由于屏蔽效应出现移动通信盲区时，在行业主管部门的同意下，设置移动通信中继系统。

7) 建筑物相关对应部门应设置或预留 VSAT 卫星系统天线与室外单元设备安装的空间及通信设备机房的位置。

8) 建筑物内应设置有线电视系统（含闭路电视系统）及广播电视系统。电视系统的设计应按电视图像双向传输的方式进行，并可采用光纤和同轴电缆混合网（HFC）组网。

9) 建筑物应根据实际需求预留会议电视室，可配置双向传输的会议电视系统，并提供与公用或专用会议电视网连接的通信路由。

10）根据实际需求，建筑物内可设置多功能会议室。可选择配置多语种同声传译扩音系统或桌面会议型扩声系统，并配置带有计算机互连接口的大屏幕投影电视系统。

11）建筑物内设置的公共广播系统，应与大楼紧急广播系统相连。

12）建筑物底层大厅及公共部位应设置多部公用的直线电话和内部电话。

13）建筑物内应设置综合布线系统，向使用者提供宽带信息传输的物理链路。

14）建筑物内所设置的通信设备，除能向用户提供模拟话机 Z 接口外，还应提供传送速率为 64Kbit/s、n×64Kbit/s、2048Kbit/s 以及 2048Kbit/s 以上的传输信道。

（2）办公自动化系统

1）根据各类建筑物的使用功能需求，建立通用办公自动化系统和专用办公自动化系统。通用办公自动化系统应具有以下功能：建筑物的物业管理营运信息、电子账务、电子邮件、信息发布、信息检索、导引、电子会议以及文字、文档等的管理。对于专业型办公建筑，其办公自动化系统除具有上述功能外，还应按其特定的业务需求，建立专用办公自动化系统。对于智能建筑办公自动化系统的设计，将以既满足通用办公自动化要求，又能为专用办公自动化系统打下基础作为设计主旨。

2）办公自动化系统应建立在计算机网络基础上，实现信息资源共享。同时应具有广域网连接的能力，实现与国际互联网的连接。

3）办公自动化系统，应具有良好的系统安全防范措施。

4）办公自动化系统应实现以下主要功能：A 物业管理营运信息子系统，应能对建筑物内各类设施的资料管理、运行状况及维护进行管理；B 办公和服务管理子系统应具有进行文字处理、文档管理、各类公共服务的计费管理、电子账务、人员管理等功能；C 信息服务子系统应具有公用信息库，向建筑物内公众提供信息采集、装库、检索、查询、发布、引导等功能；D 智能卡管理子系统应能识别身份、门钥、信息系统密钥等，并进行各类计费。

5）应设立计算机网络管理系统，对计算机网络进行维护和监控，及时排除网络故障。

6）办公自动化系统的基础设施的信息环境条件应符合本条第（1）款的要求。

（3）建筑设备监控系统

1）对空调系统设备、通风设备及环境与监测系统等运行工况的监视、控制、测量、记录。

2）对供配电系统、变配电设备、应急（备用）电源设备、直流电源设备、大容量不停电电源设备监视、测量、记录。

3）对动力设备和照明设备进行监视和控制。

4）对给排水系统的给排水设备、饮水设备及污水处理设备等运行工况的监视、控制、测量、记录。

5）对热力系统的热源设备等运行工况的监视、控制、测量、记录。

6）对公共安全防范系统、火灾自动报警与消防联动控制系统运行工况进行必要的监视及联动控制。

7）对电梯及自动扶梯的运行监视和对建筑物内各类设备的监视、控制、测量，应做到运行安全、可靠、节省能源、节省人力。

（4）火灾自动报警系统

1）智能建筑火灾自动报警系统的设置，应按现行《高层民用建筑设计防火规范》（GB 50045—95（2005 年版））、《建筑设计防火规范》（GB 50016—2006）等的有关规定执行。

2）智能建筑火灾自动报警系统及消防联动系统的设计，应按现行《火灾自动报警系设计规范》（GB 50116—2008）的有关规定执行。

3）消防控制室的照明灯具宜采用无眩光荧光灯具，照明线路应接在应急电源回路上，室内环境应按智能建筑环境要求设计。

4）消防控制室可单独设置，当与 BA、SA 系统合用控制室时，有关设备在室内应占有独立的区域，且相互间不会产生干扰。火灾报警控制系统主机及控制盘应设在消防控制室内。

5）智能建筑的重要场所宜选择智能型火灾探测器。在采用单一型火灾探测器不能有效探测火灾的场所，可采用复合型火灾探测器。

6）火灾自动报警系统应设置带有汉化操作的界面，可利用汉化的CRT软件和中文屏幕菜单直接对消防联动设备进行操作。

7）消防控制室在确认火灾后，宜向BAS系统及时传输、显示火灾报警信息，且能接收必要的其他信息。

8）火灾自动报警系统应具有电磁兼容性保护。

（5）安全防范系统

1）安全防范系统的设计应根据被保护对象的风险等级，确定相应的防护级别，满足整体纵深防护和局部纵深防护的设计要求，以达到所要求的安全防范水平。

2）安全防范系统的结构模式有：A集成式安全防范系统；B综合式安全防范系统；C组合式安全防范系统。上述各种模式构成的安全防范系统，均应设置紧急报警装置，并留有与外部公安110报警中心联网的通信接口。

3）安全防范系统的主要子系统有：A入侵报警系统；B电视监控系统；C出入口控制系统；D巡更系统；E汽车库（场）管理系统；F其他子系统。根据各类建筑物不同的安全防范管理要求和建筑物内特殊部位的防护要求，设置其他安全防范子系统。

（6）综合布线系统

1）综合布线系统可划分为以下子系统：A建筑群主干布线子系统；B建筑物主干布线子系统；C水平布线子系统；D工作区布线（一般属非永久性的）。

2）在布线系统中，所有信息插座上信息插口个数的总和，构成布线系统总的信息点数。

3）综合布线系统中各子系统的相互连接应能支持通信网络和计算机网络的应用。

4）综合布线系统的网络结构通过现行的有关标准进行设计。

5）水平布线子系统中，布线电缆可采用4对（8芯）非屏蔽对绞电缆，或采用4对（8芯）屏蔽对绞电缆，也可采用多模或单模光缆以及对绞电缆与光缆组合的混合型线缆。楼层配线架与信息插座之间水平对绞电缆或水平光缆的长度不应超过90m。当能保证链路能时，水平光缆距离可适当延长。

6）水平布线子系统中，每根4对（8芯）非屏蔽或屏蔽对绞电缆必须终接在一个非屏蔽或屏蔽的8位模块式通用插座上，每根光缆应终接在光缆连接插座上。

7）水平布线子系统中对绞电缆、光缆一般直接连接到信息插座的信息插口上。必要时，子系统中楼层配线架和信息插座之间允许有一个转接点，该转接点具有1：1配置的通信特性，应为永久性连接，不作配线用。对大开间办公室内有多个办公工作区，且工作区划分有可能调整时，允许在大开间内适当部位设置集合点（CP）或设置多用户信息插座。

8）工作区布线应提供工作区线缆适配器及相关接插器件，使用户终端设备连接到水平布线子系统中信息插座的信息插口上。工作区布线一般属于非永久性。

9）综合布线系统的设计可分别按综合配置、基本配置、最低配置方式进行设计，或可根据用户的实际需求，对不同的配置加以组合。

10）综合布线系统采用铜芯对绞电缆，其布线链路的类别支持不同等级传输频率的应用。3类对绞电缆布线链路支持C级（16MHz），5类对绞电缆布线链路支持D级（100MHz）。

11）综合布线系统的设计，应根据语音、数据以及图像等弱电信号的传输速率和传输标准要求适度超前地进行综合考虑，并应以语音、数据信号传输为主。

12）综合布线系统中同一布线链路所配置的线缆、连接硬件、接插软线或跳线等应选择相同类别的器件。如同一布线链路中使用了不同类别的器件时，该链路的传输性能等级由最低类别的器件所决定。

13）综合布线系统中一条布线链路内，不应混用标称特性阻抗不同的对绞电缆，也不应混用不同芯径的光缆。

14）综合布线系统应根据周边环境条件进行合理的设计，并可根据用户的需求选用相对应的布线线缆和配线设备或采取抗电磁干扰防护措施。

15）当设计屏蔽的布线系统时，应符合下列要求：A 屏蔽布线系统中，各个布线链路的屏蔽层在整个布线链路上必须是连续的，不应有间断；B 屏蔽布线系统中所选用的信息插座、对绞电缆、连接硬件、接插软线或跳线等布线器件应具有良好的屏蔽特性，无明显的电磁泄漏；C 工作区布线中连接用户终端设备的线缆以及用户终端设备上接口的接插器件也应有良好的屏蔽特性，并满足屏蔽连续的要求。

16）综合布线系统应有良好的接地。

17）应根据建筑物的防火等级和对布线系统材料的耐火要求，采用相对应的护套线缆阻燃型配线设备。

18）综合布线系统的总配线间宜处于建筑物或建筑群的中心位置，楼层配线间亦宜处于建筑平面的中心位置。总配线间和楼层配线间（弱电间）的所在位置应避开附近电磁源干扰，并应在各配线间内预留日后敷设网络设备专用电源线的安装管道和良好的接地装置。

19）综合布线系统应设置完整的文档管理系统，应能表示出包括所有硬件及其位置和楼层配线间（弱电间）的平面图，并应表示出水平布线子系统和主干布线子系统元件位置。

20）建筑物内语音、数据以及图像业务与外部通信的连接是在公用通信网络接口界面处实现的。布线系统应与建筑物内当地信息通信部门的公用通信网络接口相连，如建筑物公用通信网络接口未能直接连到综合布线系统的接口，设计时应将这段对绞电缆或光缆以及连接器件的特性考虑在内，同时应考虑在接口处采取过压、过流的保护措施。

（7）智能化系统集成

1）系统集成应汇集建筑物内外各种信息；2）系统应能对建筑物内的各个智能化子系统进行综合管理；3）信息管理系统应具有相应的信息处理能力；4）对智能化系统的集成，设备的通信协议和接口应符合国家现行有关标准的规定；5）系统集成管理系统应具有可靠性、容错性和可维护性。

（8）电源与接地

1）应对智能化系统设备进行分类，根据分类配置相应的电源设备。

2）为满足将来扩容的需要，电源设备机房应留有余量。

3）供电电源质量应符合国家现行有关规范和产品使用技术条件的规定。

4）根据智能化系统的规模大小、设备分布及对电源需求等因素，采取 UPS 分散供电方式或 UPS 集中供电方式。

5）电力系统与弱电系统的线路应分开敷设。

6）应采用总等电位连接，各楼层的智能化系统设备机房、楼层弱电间、楼层配电间等的接地应采用局部等电位联结。接地当采用联合接地体时，接地电阻不应大于 1Ω；当采用单独接地体时，接地电阻不应大于 4Ω。

7）智能化系统设备的供电系统应采取过电压保护等保护措施。

8）在智能化系统设备和电气设备的选择及线路敷设时应考虑电磁兼容问题。

（9）环境

1）建筑物的空间应有高度的适应性、灵活性及空间的开敞性。

2）可视环境中的建筑造型、色彩、室内装饰及家具等应协调，不可视环境中的声、温度、湿度及心理环境应舒适。

3）室内空调应能符合环境舒适性要求。

4）视觉照明应能满足人们的美感，确保人们生理和心理舒适和保护视力的要求。

4 住宅智能化

(1) 住宅(小区)智能化系统

根据《智能建筑工程质量验收规范》(GB 50339—2003)有关规定,住宅(小区)智能化应包括:

1)火灾自动报警及消防联动系统;2)安全防范系统;3)通信网络系统:应包括通信系统、卫星数字电视及有线电视系统等;4)信息网络系统:应包括计算机网络系统、控制网络系统等;5)监控与管理系统:应包括表具数据自动抄收及远传系统、建筑设备监控系统、公共广播与紧急广播系统、住宅(小区)物业管理系统等;6)家庭控制器:功能应包括家庭报警、家庭紧急求助、家用电器监控、表具数据采集及处理、通信网络和信息网络接口等;7)综合布线系统、电源和接地、环境、室外设备及管网等。

(2) 基本要求

1)住宅智能化系统设计和设备的选用,应考虑技术的先进性、设备的标准化、网络的开放性、系统的可扩展性及安全可靠性。

2)住宅楼的消防设计应符合国家现行有关标准、规范的规定。

3)住户。A 应在卧室、客厅等房间设置有线电视插座;B 应在卧室、书房、客厅等房间设置信息插座;C 应设置访客对讲和大楼出入口门锁控制装置;D 应在厨房内设置燃气报警装置;E 宜设置紧急呼叫求救按钮;F 宜设置水表、电表、燃气表、暖气(有采暖地区)的自动计量远传装置。

4)小区。A 根据住宅小区的规模、档次及管理要求,可选设下列安全防范系统:a 小区周边防范报警系统;b 小区访客对讲系统。c 110 报警装置;d 电视监控系统;e 门禁及小区巡更系统。B 根据小区服务要求,可选设下列信息服务系统:a 有线电视系统;b 卫星接收系统;c 语音和数据传输网络;d 网上电子信息服务系统。C 根据小区管理要求,可选设下列物业管理系统:a 水表、电表、燃气表、暖气(有采暖地区)的远程自动计量系统;b 停车库管理系统;c 小区的背景音乐系统;d 电梯运行状态监视系统;e 小区公共照明、给排水等设备的自动控制系统;f 住户管理、设备维护管理等物业管理系统。

5 视频安防监控系统(VSCS)工程设计简介

(1) 视频安防监控系统(VSCS)释义:利用视频探测技术、监视设防区域并实时显示、记录现场图像的电子系统或网络。

(2) 视频安防监控系统工程的建设要求:应与建筑及其强弱电系统的设计统一规划,根据实际情况,可一次建成,也可分步实施;视频安防监控系统应具有安全性、可靠性、开放性、可扩充性和使用灵活性,做到技术先进,经济合理,实用可靠。

(3) 视频安防监控系统工程设计:综合应用视频探测、图像处理/控制/显示/记录、多媒体、有线/无线通信、计算机网络、系统集成等先进而成熟的技术,配置可靠而适用的设备,构成先进、可靠、经济、适用、配套的视频监控应用系统。

(4) 国家标准《视频安防监控系统工程设计规范》(GB 50395—2007),是《安全防范工程技术规范》(GB 50348—2004)的配套标准,是对 GB 50348—2004 中关于视频安防监控系统工程通用性设计的补充和细化,适用于以安全防范为目的的新建、改建、扩建各类建筑物(构筑物)及其群体的视频安防监控系统工程的设计,其中,第 3.0.3、5.0.4(3)、5.0.5、5.0.7(3)条(款)为强制性条文,必须严格执行。视频安防监控系统工程的设计,除应执行本规范外,尚应符合国家现行有关技术标准、规范的规定。如《视频安防监控系统技术要求》(GA/T 367—2001)的相关规定。

(5) 视频安防监控系统工程设计基本规定

1)视频安防监控系统中使用的设备必须符合国家法律法规和现行强制性标准的要求,并经法定机构检验或认证合格。

2)系统的制式应与我国的电视制式一致。

3）系统兼容性应满足设备互换性要求，系统可扩展性应满足简单扩容和集成的要求。

4）视频安防监控系统工程的设计应满足以下要求：

A 不同防范对象、防范区域对防范需求（包括风险等级和管理要求）的确认；B 风险等级、安全防护级别对视频探测设备数量和视频显示/记录设备数量的要求；对图像显示及记录和回放的图像质量要求；C 监视目标的环境条件和建筑格局分布对视频探测设备选型及其设置位置的要求；D 对控制终端设置的要求；E 对系统构成和视频切换、控制功能的要求；F 对与其他安防子系统集成的要求；G 视频（音频）和控制信号传输的条件以及对传输方式的要求；H 视频安防监控系统工程的设计流程与深度应符合附录 A 的规定。设计文件应准确、完整、规范。

（6）系统构成

1）视频安防监控系统包括前端设备、传输设备、处理/控制设备和记录/显示设备四部分。

2）根据对视频图像信号处理/控制方式的不同，视频安防监控系统结构宜分为以下模式：A 简单对应模式——监视器和摄像机简单对应；B 时序切换模式——视频输出中至少有一路可进行视频图像的时序切换；C 矩阵切换模式——可以通过任一控制键盘，将任意一路前端视频输入信号切换到任意一路输出的监视器上，并可编制各种时序切换程序；D 数字视频网络虚拟交换/切换模式——模拟摄像机增加数字编码功能，被称作网络摄像机，数字视频前端也可以是别的数字摄像机。数字交换传输网络可以是以太网和 DDN、SDH 等传输网络。数字编码设备可采用具有记录功能的 DVR 或视频服务器，数字视频的处理、控制和记录措施可以在前端、传输和显示的任何环节实施。

（7）设计流程

1）设计流程。视频安防监控系统工程的设计应按照"设计任务书的编制→现场勘察→初步设计→方案论证→施工图设计文件编制（正式设计）"的流程进行。

2）对于新建建筑的视频安防监控系统工程，建设单位应向视频安防监控系统设计单位提供有关建筑概况、电气和管槽路由等设计资料。

3）设计任务书的编制。设计任务书是工程设计的依据，在视频安防监控系统工程建设之初通常由建设单位规划视频安防监控系统工程的规模、资金来源和实施计划，并编制设计任务书，也可委托具有编制能力的单位代为编制。

4）现场勘察。在进行工程设计前，设计者对被防护对象的现场进行与系统设计相关的各方面情况的了解、调查和考察。对于不同的建筑体（群），现场勘察的侧重点是有所区别的。

5）初步设计。初步设计文件应包括设计说明、设计图纸、主要设备材料清单和工程概算书。设计说明应包括工程项目概述、布防策略、系统配置及其他必要的说明。设计图纸应包括系统图、平面图、监控中心布局示意图及必要说明。

6）方案论证。方案论证是建设方组织的对设计方（或承建方）编制的初步设计文件进行质量评价的一种评定活动。它是保证工程设计质量的一项重要措施。方案论证的评价意见是进行工程项目正式设计的重要依据之一。工程项目签订合同、完成初步设计后，宜由建设单位组织相关人员对包括视频安防监控系统在内的安防工程初步设计进行方案论证。风险等级较高或建设规模较大的安防工程项目应进行方案论证。

方案论证应提交以下资料：A 设计任务书；B 现场勘察报告；C 初步设计文件；D 主要设备材料的型号、生产厂家、检验报告或认证证书。

方案论证的结论可分为通过、基本通过、不通过，对初步设计的整改措施须由建设单位和设计单位确认。

7）施工图设计文件编制。A 施工图设计文件编制的依据应包括以下内容：初步设计文件、方案论证中提出的整改意见和设计单位所做出的并经建设单位确认的整改措施；B 施工图设计文件应包括设计说明、设计图纸、主要设备材料清单和工程预算书。

8）按照施工图内容。根据《安全防范工程费用预算编制办法》GA/T 70等国家现行相关标准的规定，编制工程预算书。

6 智能化系统分级设计标准

智能建筑中各智能化系统应根据使用功能、管理要求和建设投资等划分为甲、乙、丙三级（住宅除外），且各级均有扩展性、开放性和灵活性。智能建筑的等级按有关评定标准确定。

以上海市标准《智能建筑设计标准》为例。上海市标准《智能建筑设计标准》适用于各类智能建筑工程项目，其他工程项目也可参照使用。根据各类工程的使用功能、管理要求以及工程建设的投资标准，对智能建筑划分为甲、乙、丙三级，其中甲级适用于配置智能化系统标准高且齐全的建筑；乙级适用于配置基本智能化系统且综合型较强的建筑；丙级适用于配置部分主要智能化系统，并有发展和扩充需要的建筑中。各智能化系统分级设计标准如下：

（1）信息通信

1）甲级标准

A 全数字式程控交换机系统，应设置电脑话务员服务、分租用户服务等一系列服务功能以及各类通信接口；B 应设置话音信箱、电子信箱、语音应答和可视图文系统；C 微小区域（建筑物内）无绳通信（电话）系统，应在建筑物内各层设置一定数量的收发基站，供各层用户进行双向通信；D 可视电话、电视会议系统，应设置相关设备，进行远距离的双向图像通信；E 卫星通信系统，应设置多颗卫星通信接收站，向收看用户提供多路的图像节目，并可通过卫星接收和发送的相关设备，进行多路数据双向传输；F 共用天线电视系统（含闭路电视系统）应向收看用户提供当地多套开路电视以及建筑物内多套闭路（自制）电视节目；G 公共广播传呼系统应设置1套独立的多音源的开、闭路播音柜，向建筑物内公共场所提供音乐节目和公共传呼信息，并可和紧急广播系统结合一起，进行紧急播音传呼；H 建筑物内信息管理系统应具有物业管理子系统、综合服务管理子系统、共同信息库管理子系统；I 建筑物内办公自动化系统应根据用户要求，进行不同的设置；J 建筑物内、外各信息传输网络管理系统应设置连接附近电话交换局的高质量的线缆、建筑物内的信息传输网以及设置网络管理设备。

2）乙级标准

A 全数字式程控交换机系统应设置相关的功能和数据通信接口；B 应设置话音信箱系统；C 卫星通信系统应设置1颗以上的卫星通信接收站，向收看用户提供多路的电视节目；D 共用无线电视系统（含闭路电视系统）应向收看用户提供多套开路电视节目和1套或多套闭路（自制）节目；E 公共广播传呼系统可设置1套独立的开、闭路播音柜，向建筑物内公共场所提供音乐节目和公共传呼信息，并可和紧急广播系统结合一起，进行紧急播音传呼；F 建筑物内信息管理系统应设置物业管理子系统、综合服务管理子系统等；G 建筑物内、外各信息传输网管理系统应设置连接附近电话交换局的高质量的线缆、建筑物内的信息传输网。

3）丙级标准

A 卫星通信系统应至少设置1颗卫星通信接收站，向收看用户提供多路的电视节目；B 共用无线电视系统应向收看用户提供当地多套开路电视节目；C 应设公共广播传呼系统（即为紧急广播传呼系统）；D 建筑物内信息管理系统应设置物业管理子系统等；E 建筑物内、外各信息传输网管理系统应设置连接至附近电话交换局的高质量的线缆以及建筑物内的信息传输网。

（2）建筑设备监控

1）甲级标准

A 空调系统监控应具有以下功能：a 冷、热源机组运行控制；b 空调设备的工况优化控制；c 空调用受电设备的监视；d 空调房间的有关参数的监测；e 温、湿度应能分区控制；f 新风系统应能控制。B 电力系统应能对电流、电压、频率、有功、无功、电度量、功率因数等进行测量、记录。C 给水系统应能对流量、压力、液位进行监视、控制、测量、记录；排水系统应能对流量进行测量、记录；阻塞的显示等。D 冷、热源系统应能对流量、温度、压力进行监视、控制、测量记录等。E 必须具有管理系统的功能。F 对垂直升降电梯、自动扶梯设有运行监视。

2）乙级标准

A 空调系统监控应具有以下功能：a 冷、热源机组运行控制；b 空调设备的工况优化控制；c 空调用受电设备的监视；d 温度、湿度的监视、控制；e 空调间的有关参数的监测。B 电力系统应能对电流、电压、有功、无功、电度量、功率因数等进行测量、记录。C 给水系统应能对流量、压力、液位进行监视、控制测量记录等。D 冷、热源系统应能对流量、温度、压力进行监视、控制、测量记录等。E 宜具有设备管理系统的功能。F 对垂直升降电梯、自动扶梯设有运行监视。

3）丙级标准

A 空调系统监控应具有以下功能：a 冷热源机组运行控制；b 空调设备的工况优化控制；c 温度、湿度的监视、控制；d 空调房间的有关参数的监测。B 电力系统应能对电流、电压、有功、无功、电度量进行测量记录等。C 给水系统应能对液位控制、流量进行测量记录等。D 冷、热源系统应能对流量、温度进行测量记录等。

（3）火灾报警与消防联动控制

1）甲级标准

A 火灾报警系统应是以设置烟、温或光电及可燃气体探测器为主体；B 系统应能显示各报警区域、报警点的状态信号平面位置及所有消防装置的状态情况且担负总体灭火的联络与调度职能；C 系统应与 BAS 合用或作为其一个子系统，实现自动报警、灭火、消防联动等的各项功能，当管理体制上有困难时，可单独组成系统，但应留有接口，使其与 BAS 系统联网；D 各区域楼层中应设置识别火灾部位的声光显示装置及区域联动装置；E 系统中应设置整个监控范围中的人工报警及消防灭火设备监控；F 应设置火灾时电梯运行管制；G 应设置火灾警铃、紧急疏散广播系统；H 应设置消防专用通话；I 应设置防火（卷帘）门监控；J 应设置建筑物内的防烟排烟监控，联动系统；K 设置火灾时的应急照明及有选择性地对火灾时非消防电源进行切除，并采用声响附加型诱导灯；L 建筑物中应设消防控制中心，系统主机、监控主机、火灾事故广播设备的控制装置及消防专用通信设备应设在消防中心内；M 所有配电设备应采用阻燃或难燃型产品，对重要负荷之电源、控制线应采用耐燃型号或其他防火措施；N 在发电机房等可燃机房及信息通信机房等重要场所中应设置自动灭火装置。

2）乙级标准

A 火灾报警系统应是以烟、温及可燃气体探测器为主体；B 系统应能显示各报警区域，报警点的状态信号及所有消防装置的状态情况且担负总体灭火的联络与调度职能；C 系统宜与 BAS 合用或作为其一个子系统，实现自动报警灭火、消防联动等各项功能，当管理体制上有困难时，可单独组成系统，但应留有接口，以便能与 BAS 系统联网；D 各区域或楼层中应设置识别火灾部位的声光显示装置或区域联动装置；E 系统中应设置整个监控范围中的人工报警及消防灭火设备监控；F 应设置火灾时电梯运行管制；G 应设置火灾警铃，紧急疏散广播系统；H 应设置消防专用通话；J 应设置防火（卷帘）门控制；K 应设置建筑物内的防烟排烟监控系统；L 应设置火灾时的应急照明及火灾时对非消防电源的切除；M 建筑物中应设消防控制中心；N 对所有配电设备宜采用难燃或阻燃型产品；P 在可燃机房中设自动灭火装置。

3）丙级标准

A 火灾报警系统应是以烟、温及可燃气体等探测器为主体；B 系统应能显示各报警区域，报警点的状态信号及基本消防设施的状态情况；C 各区域或楼层中宜设置识别火灾部位的声光显示装置或区域联动装置；D 系统中应设置整个监控范围中的人工报警及消防灭火设备监控；E 应设置火灾时电梯运行管制；F 应设置火灾警铃，紧急疏散广播系统；G 应设置电动防火（卷帘）门控制；H 应设置火灾时的应急用明及火灾时对非消防电源的切除；J 应设置建筑内的防烟排烟控制系统；K 建筑中应设消防控制中心；L 主要配电设备宜采用难燃或阻燃型产品。

(4) 公共安全

1) 甲级标准

A 计算机安全综合管理系统：a 系统应能通过系统通信网络，连接安全管理中央控制设备及子系统设备，实现由中央监控室对全系统进行集中的自动化管理；b 系统应能对各子系统运行状态进行监测和控制，对现场监测报警进行自动检测，能提供可靠的监测数据和报警信息；c 系统应能记录系统运行状况和报警信息数据等。B 监视电视系统：a 根据各类建筑安全防范管理的需要，必须对主要公共活动场所、通道以及重要部位再现画面进行有效监视和记录；b 系统的画面显示应能够任意编程，能自动或手动切换，在画面上应有摄像机的编号，摄像机的部位地址和时间、日期等；c 监视系统应能与报警系统、出入口控制系统联动，能根据需要自动把现场图像切换到指定的监视器上显示，并自动录像；d 系统应能对重要或要害部门和设施的特殊部位进行长时间的录像；e 系统应能与计算机安全综合管理系统联网，计算机系统能对电视监视系统集中管理和控制。C 防盗报警系统：a 应根据各类建筑公共安全防范部位的具体要求，安装红外或微波等各种类型报警探测器；b 系统应能按时间、区域部位任意编程设防或撤防；c 系统应能对运行状态和信号传输线路进行检测，能及时发出故障报警和指示故障位置；d 系统应能显示报警部位和有关报警数据，并能记录及提供联动控制接口信号；e 系统对重要区域和重要部位报警时，应能有现场声音与现场摄像机图像进行复合；f 系统应能与计算机安全综合管理系统联网，计算机系统能对防盗报警系统进行集中管理和控制。D 出入口控制系统；a 根据各类建筑的公共安全防范管理的需要，应对楼内部分区域的通行门、出入口通道、电梯等设出入口控制系统；b 系统应能对设防区域的位置，通行对象及通行时间等进行实时控制或设定程序控制；c 系统必须与消防系统联动，在火灾报警时能及时封锁有关通道和灯、并迅速启动消防通道和安全门；d 系统应能与计算机安全综合管理系统联网，计算机系统能对出入口控制系统进行集中管理和控制。E 访客和报答系统：a 系统应能使来访客人与楼内居住的人员双向通话并使画面图像可视；b 系统应具有能使楼内居住的人员进行遥控开启或关闭大楼入口门的控制装置；c 系统应能提供楼内居住的人员向中央保安值班室直接报警；d 系统应与计算机安全综合管理系统联网，计算机系统能对访客报警系统进行集中管理和控制。F 汽车库综合管理系统：a 系统应具有包括汽车库进出口及车库内通道的行车信号指示、车位状态显示、车库出入口自动检索、自动计费、栅栏门自动控制、车辆和车牌号的自动识别装置等功能；b 系统应与计算机安全综合管理系统联网，计算机系统能对汽车管理系统进行统一管理和控制。

2) 乙级标准

A 计算机安全综合管理系统：a 系统应通过系统的通信网络，连接安全管理中央控制设备及子系统设备，实现由中控室对系统的集中统一管理；b 系统应能对各子系统运行状态进行监测和控制，对现场监测报警进行自动检测，能提供可靠的监测数据和报警信息；c 系统应能记录系统运行状况和报警信息数据等。B 监视电视系统：a 根据各类建筑公共安全防范管理的需要，应对主要公共活动场所、通道以及主要部位再现图像画面进行有效监视和记录；b 系统的画面显示应能任意编程，能自动或手动切换，在画面上应有摄像机的编号、摄像机的部位地址和时间、日期等；c 监视系统应能与报答系统联动，能根据需要自动把现场图像切换到指定的监视器上显示，并自动录像；d 系统应对重要或要害部门和设施的特殊部位进行长时间的录像；e 系统应能与计算机安全综合管理系统联网，计算机系统能对电视监视系统进行集中管理和控制。C 防盗报警系统：a 应根据各类建筑公共安全防范部位的具体要求，安装红外或微波等各种类型报警探测器；b 系统应能按时间、按区域或部位任意编程设防或撤防；c 系统应能显示报警部位和有关报警数据，并能记录及提供联动控制接口信号；d 系统应能与计算机安全综合管理系统联网，计算机系统能对防盗报警系统进行集中管理和控制。D 安保人员巡逻系统：a 系统应能在各类建筑预先设定的巡逻图中，应用通行卡读出器点或状态点对安保人员巡逻的运动状态情况（是否准时、遵守顺序）进行监督，做好记录，并能对意外情况及时告警；b 系统应能与计算机安全综合管理系统联网，计算机系统能对安保人员巡逻系统进行集中管理和控制。E 访客和报警系统：a 系统应具有能使来访客人与楼内居住的人员双向通话的功能和具有预留可扩充画面图像可视的能力；b 系统应具有能使楼内居住的人员进行遥控开启或关闭大楼入口门的控制装置；c 系统应能使楼内居住的人员向中央保安值班室直接报警；d 系统应与计算机安全综合管理系统联网，计算机系统能对访客报警系统进行集中管理和控制。F 汽车库综合管理系统：a 系统应具有汽车库进出口及车库内通道的行车信号指示、车库出入口自动检索、自动计费、栅栏门自动控制等功能；b 系统应与计算机安全综合管理系统联网，计算机系统对汽车库管理系统进行统一管理和控制。

3）丙级标准

A 组合式安全管理系统：a 根据各类建筑公共安全管理的要求，各系统分别单独设置；b 各子系统应能单独对运行状况进行监测和控制，并能分别提供可靠的监测数据和报警信息；c 各子系统应能分别对系统运行状况和重要报警信息记录，并为值班人员提供决策依据。B 监视电视系统：a 根据各类建筑的公共安全防范管理的需要，应对主要公共活动场所、通道以及主要位置再现图像画面进行有效监视和记录；b 系统的画面显示应能自动或手动切换，在画面上应有摄像机的编号，摄像机的部位地址和时间、日期等；c 系统应能对重要或要害部门和设施的特殊部位进行长时间的录像。C 防盗报警系统：a 应根据各类建筑公共安全防范部位的具体要求，安装红外或微波等各种类型报警探测器；b 系统应能按时间、区域或部位任意编程设防或撤防。D 安保人员巡逻系统：系统能在各类建筑预先设定的巡逻图中，应用通行卡读出器点或状态点对安保人员巡逻的运动状态情况（是否准时、遵守顺序）进行监视，做好记录，并能对意外情况及时告警。E 访客和报警系统：a 系统应能使来访客人与楼内居住的人员双向通话；b 系统应能使楼内居住的人员进行遥控开启或关闭大楼入口门的控制装置；c 系统应能使楼内居住的人员向中央保安值班室直接报警。F 汽车库管理系统应具有汽车库进出口及车库内通道的行车信号指示、车库出入口自动检索、自动计费、栅栏门自动控制等功能。

10.2.8 居住区和住宅项目的专业配套设施建设

1 居住区和住宅项目的专业配套概念

(1) 居住区和住宅项目是指政府组织对某一区域统一建设配套设施，使其成为成熟居住区的综合开发建设工程项目。

(2) 居住区和住宅项目的专业配套是指保障居民基本生活需要的设施，包括市政配套设施和配套公共建筑。

市政配套设施，主要包括城乡道路、公共交通、供水、排水、燃气、供电、通信、绿化、环卫、污水处理、防汛等设施。

公共建筑配套设施，主要包括行政管理、社区教育、医疗卫生、文化体育、商业、邮政、养老、环卫、物业管理服务等设施。

2 居住区住宅项目的专业配套设施建设是城乡建设的重要事项

为改善人居环境，保障居民的基本生活条件，加强对新建居住区（居住小区）住宅配套建设及交付使用的管理，维护业主和开发建设单位的合法权益，我国各地方省、市根据有关建设和房地产开发管理法律法规，结合本省、市实际，制定了“居住区住宅项目配套设施建设管理条例”，适用于项目所在行政区域内新建居住区住宅项目配套设施的建设管理。居住区住宅项目的专业配套设施建设是城乡建设的重要事项，也是全社会持续发展的重大举措。

为推进城市大型居住社区建设，优化房地产市场结构，加快旧区改造、改善市民群众居住条件，促进居住区配套设施建设，在统一规划、组织实施大型居住社区以及经市政府认定的其他住房建设大基地的建设中，也加强了大型居住社区建设基地市政公建的配套建设和管理。如上海市政府发文《推进本市大型居住社区市政公建配套设施建设和管理若干意见》（沪府发〔2009〕44 号），用来加强规范和加快切实推进大型居住社区，以及经市政府认定的其他住房建设大基地市政公建配套设施的建设，确保与住宅同步竣工、交付。

3　居住区和住宅项目的专业配套设施建设基本原则

(1) 以人为本、确保基本需求、改善人居环境、符合城乡规划、节能省地、实现社会效益、经济效益和环境效益相协调。

(2) 坚持综合开发、配套建设的社会化大生产方式。“谁开发，谁配套”，新建住宅应与市政设施及公共服务设施建设相配套。根据项目建设所在地居住区公共服务设施配置标准、相关设置规范和规划要求，建设市政公建配套设施的实际需求，合理布局，因地制宜，不断完善配套设施配置标准，不断提高居住社区宜居水平。

(3) 建立居住区及住宅的给水、排水、供暖、燃气、电气、电信等各种管网系统统一设计、统一施工的管理制度。按照规划设计要求和住宅建设投资、施工、竣工配套计划，确保同步配套建设，按规定交付使用。住宅建设项目分期开发的，建设行政主管部门应当根据项目建设进度明确其配套设施的建设内容、建设期限。

(4) 完善原有开发机制，积极探索政府主导、市场化运作，国有企业集团对口建设的新机制；实行目标责任制，强化配套工作协调机制。

(5) 执行各专业（项）设施配套政策；对于大型居住区配套设施建设加大政府投入力度，各项政策向建设基地聚焦，并适当倾斜。

4　居住区和住宅项目的专业配套设施建设行政管理主体与工作职责

(1) 居住区和住宅项目建设所在地的省（市）、区、县（市）政府建设行政、规划主管部门是本辖区居住区配套设施建设的行政主管部门，并具体负责辖区范围内居住区配套设施建设的管理工作。组织编制市政公建配套设施专业规划，对市政公建配套设施专业规划进行综合平衡与协调，并承担建设基地市政公建配套设施的建设推进工作。

(2) 省（市）、区、县（市）的发展改革、土地、房管、城管、教育、公安、文化、体育、卫生、商贸、金融、民政等行业主管部门，按照各自职责依法做好专业规划审核，制定相关管理实施细则，并协调推进建设基地内外的配套建设、运营管理等工作。

(3) 相关企业集团可受区政府委托，编制建设基地市政公建专业规划，并根据市、区政府确定的建设计划以及配套规定，具体实施建设基地内市政公建配套设施建设。供水、排水、供电、供热、燃气、信息、通信等管线和设施配套单位根据建设基地专业规划和建设计划，及时编制和落实实施计划，确保同步配套。

5　居住区和住宅项目配套建设标准概述

以上海市为例。上海市工程建设规范《城市居住地区和居住区公共服务设施设置标准》(DGJ 08—55—2006)，适用于本市行政区域内城市化地区新建的居住地区和居住区公共服务设施的规划、设计、建设和管理。改造的居住地区和居住区公共服务设施可以参照本标准进行差别配置。相关规定如下：

(1) 公共服务设施设置标准内容

1) 公共服务设施布局原则与设置要求；

2) 公共服务设施设置指标；

3) 旧区改造公共服务设施差别配置原则；

4) 公益性设施实施原则（公益性设施指公共服务设施中的行政管理、教育、文化、体育、医疗卫生、社会福利、市政、绿地等设施）。

(2) 居住地区和居住区人口规模和用地规模，应依据中心城分区规划、新城总体规划、新市镇总体规划确定。居住地区人口规模一般为20万人左右，居住区人口规模一般为5万人左右，居住小区人口规模一般为5万人左右，街坊人口规模一般为0.4万人左右。居住区一般分为居住区、居住小区、街坊三级。

(3) 居住地区和居住区公共服务设施的指标，应与居住人口规模相对应。其配建设施的面积总指标，可根据规划布局统一安排（强制性条文）。

(4) 居住地区级公共服务设施包括：文化、体育、教育、医疗、商业、金融、福利、绿地、市政和其他等11类设施。标准增加了居住区小汽车停车率和绿地指标，调整了教育设施、商业设施和老年设施等指标。

(5) 居住地区和居住区公共服务设施的建筑面积指标分为控制性指标和指导性指标。公共服务设施的用地指标均为控制性指标，经营性设施用地指标列入指导性指标。

(6) 居住区公共服务设施用地（不计公共绿地）占居住区总用地的百分比为15%～22%。人均用地（不计公共绿地）为$4m^2$，加上停车面积，人均公共服务设施用地面积共约$4.8m^2$。

(7) 居住地区和居住区在规划、建设时，应预留公共服务设施发展备用地。规划确定的居住地区中心或居住区中心用地不得随意挪作他用（强制性条文）。

(8) 居住区公共服务设施设置标准应考虑社区建设和网格化管理的需要。居住地区和居住区公共服务设施应按照住宅建设规模和本标准，统一规划、设计和建设，并与住宅同步建设。

(9) 居住地区和居住区公共服务设施的设置除符合本标准外，尚应符合国家和本市现行的有关法律、法规和强制性标准的规定。

6 居住区和住宅项目的专业配套建设管理

(1) 住宅建设竣工配套计划

1) 基本原则：住宅建设必须与配套设施建设相协调，按“先规划、后建设，先地下、后地上”的建设程序进行建设。市政、公用、公建配套设施必须与住宅同步建设、配套交付使用。

2) 适用范围：凡在范围内从事新建（含改、扩建）住宅项目（包括批租）开发建设的单位，其建设的住宅项目及按规划要求配建的公建项目都必须列入《竣工配套计划》。

3) 编制审核流程

建设单位填报“住宅综合配套项目登记卡”，随表应提交规定的文本资料→报市住宅发展主管部门汇总→踏勘现场→会同各配套单位平衡审定→审批、编制下达（资料不备齐，退回建设单位）。

4) 申报《竣工配套计划》应具备的条件：

A 申报《竣工配套计划》的单位必须是住宅建设项目的立项单位或建设单位。

B 申报《竣工配套计划》的项目各类批准手续及有关资料完备：a 已列入住宅建设施工计划；b 有住宅基地的详细规划说明及经批准的基地施工总平面图；c 有各类配套设施的专业规划或工程可行性研究报告（对小基地而言有配套方案或咨、征询报告）及批复文件；d 住宅公建项目和配套设施建设的总体实施计划、时间安排表，资金投入计划；e 住宅建设配套费缴纳证明；f 有配套手续办理（进展）情况的证明材料。

C 在要求配套建设前，住宅单体土建和街坊内配套设施（如水泵房、配电站、燃气调压站等）的土建竣工，且周边有一定配套条件。

D 如有红线外市政、公用配套工程项目，该项目已列入《住宅市政公用建设计划》。

E 规划的公建已列入《住宅配套（公建）建设计划》并同步开工建设。

F 《竣工配套计划》申报的时间：住宅建设单位一般应在多层（高层）住宅项目土建竣工前规定月内，向项目所在地住宅发展主管部门送交书面申请，并随附相关申报资料。

G 《住宅竣工配套计划申请表》、《新建住宅市政设施建设项目计划申请表》（住宅建设配套费返还单项建设工程）、《新建住宅市政设施建设项目计划申请表》（住宅建设配套投资市政设施综合工程）。

(2)《竣工配套计划》的实施

住宅公建建设项目在列入《竣工配套计划》后，住宅建设主管部门、各住宅建设单位、各专业配套单位，均按照各自的职责分工，组织落实配套工程。

1）住宅建设主管部门主要是加强《竣工配套计划》执行情况的跟踪检查，督促住宅建设单位的配套工程资金按时到位，及时协调配套建设中的各种矛盾和问题，确保计划按期完成。

2）各专业配套单位按《竣工配套计划》进行配套建设，制定自身相应的实施方案，并按照市有关文件的规定合理收取配套工程费用。

3）各住宅建设单位一旦列入《竣工配套计划》后，要抓紧住宅单体工程进度，以及水、燃气调压站，配电房的土建进度，确保在“竣工配套计划”实施前土建竣工，为配套单位进场施工创造条件，并抓紧办妥各类配套手续，按规定的时限和价格付清相关工程费用。

第 11 章　项目施工与采购实施中的设计管理

建设单位是建设项目建设过程的总负责方，在工程建设各个环节负责综合管理工作。建设单位的设计管理是对整个项目生命周期的系统管理，设计管理的职能、义务与责任应是符合建设程序逻辑的管理活动和始终规范的行为取向。因此，在项目施工实施阶段以及和材料设备采购实施中同样需要持续进行设计管理，其管理工作同样是以项目目标管理为核心任务而展开的，只是工作内容与侧重点有所不同，而且更需要面对多主体、覆盖多方面的综合交叉管理。

11.1　项目施工实施阶段的设计管理

11.1.1　项目施工实施阶段的设计管理概述

1　建设单位的主要工作环节

按照项目建设程序，在完成施工图设计并审查合格后，项目建设进入施工实施阶段。建设单位在项目施工实施阶段主要工作环节如下：

（1）取得施工许可证。

（2）招标选择施工单位、监理单位及材料设备供应商并签订合同。

（3）场地平整、施工用水、电、通信、道路接通等。

（4）材料设备等货物采购。

（5）土建工程施工和设备安装实施。

（6）项目竣工收尾准备。

2　施工实施阶段设计管理的综合交叉特征

在项目施工实施阶段，设计与施工、采购管理之间存在着互相交叉的工作关系，形成了施工实施阶段设计管理的综合交叉特征。

与项目其他实施阶段相比，施工实施阶段是形成工程实体、工期最长的阶段。在该阶段，参与主体为建设单位、施工单位、监理单位、设计单位和材料设备供货单位等。施工、采购与设计管理工作之间互相交叉，这种交叉工作状态，反映的是该阶段项目建设的实际需要，体现的是符合建设程序逻辑的客观规律。合理紧凑有序的交叉，是缩短建设周期、降低工程费用的机会，也是可能带来影响工程质量等风险的威胁。因此，对设计管理而言，面对该阶段多方面多环节的综合交叉管理工作，需要设计管理工作覆盖施工实施和材料设备采购等全过程。需要管理者在错综复杂的工作关系中，坚持“办法比困难多”的信念，把握机会大于威胁的和专业分工与协作相统一原则，分析理清设计与工程土建施工、设备安装和采购等工作界面的接口关系，并善于应对处理，趋利避害，解决问题和积累经验。该阶段的设计管理工作只有始终如一地以实现建设项目目标为己任，环绕“三控制”核心任务，妥善处置设计与施工和采购等的接口关系，提高工作效率，才能在施工实施阶段的设计管理工作中游刃有余，富有成效。

3　项目施工实施阶段设计管理的主要工作

从上述项目施工实施阶段设计管理的特征可知：项目施工实施阶段的设计管理应覆盖设计、采购、施工全过程。建设单位是建设项目建设过程的总负责方，在建设项目工程施工阶段设计管理的主要工作如下：

(1) 参与组织施工、监理和设备材料采购招标投标及相关合同策划与签订工作。

(2) 参与对施工单位施工组织设计的审查，对实现设计意图的主要施工技术方案、质量、进度及费用保证措施做必要的论证。

(3) 准确、齐全地向施工单位、监理单位等有关单位提供施工图设计文件和有关工程施工的资料。

(4) 组织设计、监理、施工单位进行施工图设计会审和设计交底。

(5) 协同施工管理部门做好施工过程中的相关设计接口工作，处理设计与施工质量、进度、费用之间的接口关系。

(6) 参与现场质量控制工作，参与工程重点部位及主要设备安装的质量监督等。

(7) 督促设计单位配合施工，协同设计单位，参加施工中主要技术问题的设计校核与处理等。

(8) 进行有关设计的施工质量跟踪检查，发现偏差时，及时与设计、施工和监理等单位沟通，处理并解决现场问题。

(9) 参与或协助材料设备等货物采购工作，协同采购部门做好采购过程中的设计接口工作。

(10) 严格控制工程变更，及时处理设计变更（包括设备材料的变更），修改设计文件。工程变更造成合同工程的工程量发生变化，施工进度和费用亦随之发生变化，故应包括因变更而引起的施工进度和费用控制工作。

(11) 参与有关施工过程中的投资控制工作，协助合理确定工程结算价款，控制工程款支付的条件，工程进度款的支付以及索赔等。

(12) 参与处理工程质量事故，包括事故分析，提出处理的技术措施，或对处理措施组织技术鉴定等。

(13) 参与重要隐蔽工程、单位、单项工程的中间验收，整理工程技术档案等。协同有关部门做好项目竣工收尾准备的相关管理工作。

(14) 明确与政府相关管理部门、施工、采购和有直接关系的市政配套单位之间在设计工作方面的关系，全面及时地做好设计沟通协调工作。

(15) 按信息管理规定要求，负责做好设计管理职责内的包括项目文件资料管理的信息管理工作。

4　设计单位的主要技术支持和服务

建设项目工程施工阶段，设计单位的主要义务与责任是及时提供技术支持和服务。其主要内容如下：

(1) 施工前，参加设计会审和设计交底。包括向施工单位等参与单位详细说明设计意图，解释设计文件，明确设计要求；解决提出的设计与施工及材料设备采购接口关系中的问题等。

(2) 施工与设备安装过程中的现场技术支持和服务。设计单位应根据施工需要组织设计专业人员到施工现场，并及时提供技术支持和服务。包括负责施工中主要技术问题的设计校核与处理，协同做好施工、采购过程中的设计接口工作，工程重点部位及主要设备安装的质量监控等，并提出相应技术措施，解决相关技术问题等。

(3) 根据项目需要或建设单位的要求，组织相关人员按规定程序处理施工（包括设备材料）的设计变更。包括及时审核提出变更的意见与理由，办理设计变更手续，签发设计变更通知书，并负责修改设计文件等。

(4) 参与建设工程质量事故分析，提出处理的技术措施以及技术鉴定；主持处理因设计造成的质量事故，并提出相应的技术处理方案。

(5) 配合材料设备采购，完成设计在材料设备采购过程中的工作，承担规定的质量责任和义务。

(6) 参加工程施工安装、材料设备采购例会和重大技术方案研讨等。

11.1.2　施工过程设计管理的主要控制环节

在项目施工过程中，设计管理覆盖土建施工、设备安装、试运行全过程。其工作内容同样是以项目管理的核心任务“三控制”、“三管理”、和“一协调”而展开的。主要有以下控制环节及其内容：

1 招标选择施工单位

在施工准备中，项目业主必须严格依法选择施工单位。相关法律法规明确规定：工程建设项目符合《工程建设项目招标范围和规模标准规定》中的范围和标准的，必须通过招标选择施工单位。任何单位和个人不得将依法必须进行招标的项目化整为零或者以其他任何方式规避招标。因此，除了规定经建设项目审批部门批准，可以不进行施工招标的以外，必须招标择选择施工单位。

(1) 施工招标条件

依法必须招标的房屋建筑工程项目，应当具备下列条件才能进行施工招标：

1) 按照国家有关规定需要履行项目审批手续的，已经履行审批手续；

2) 工程资金或者资金来源已经落实；

3) 有满足施工招标需要的设计文件及其他技术资料；

4) 法律、法规、规章规定的其他条件。

(2) 施工招标的主要工作

招标人或其委托的招标代理机构可以在其资格等级范围内承担下列招标事宜：

1) 拟定招标方案，编制和出售招标文件、资格预审文件；2) 审查投标人资格；3) 编制标底；4) 组织投标人踏勘现场；5) 组织开标、评标，协助招标人定标；6) 草拟合同；7) 招标人委托的其他事项。

(3) 施工招标办理能力要求

依法必须进行施工招标的工程，业主方自行办理施工招标事宜的，应当具有编制招标文件和组织评标的能力：

1) 专门的施工招标组织机构；

2) 有与招标工程相适应的工程经济、技术、管理的专业人员；

3) 组织编制招标文件的能力；

4) 有审查投标单位资质的能力；

5) 有组织开标、评标、定标的能力。

不具备上述条件的，业主方应当委托具有相应资格的工程招标代理机构代理施工招标。业主方自行办理施工招标事宜的，应当在规定日期前，向工程所在地县级以上地方人民政府建设行政主管部门备案。

(4) 施工招标方式

建筑工程施工招标分为公开招标和邀请招标。

1) 公开招标

国务院发展计划部门确定的国家重点建设项目和各省、自治区、直辖市人民政府确定的地方重点建设项目，全部使用国有资金投资或者国有资金投资占控股或者主导地位的工程建设项目，应当公开招标；依法必须进行施工招标的工程项目，应当进入有形建筑市场进行招标投标活动。政府有关管理机关可以在有形建筑市场集中办理有关手续，并依法实施监督。

采用公开招标方式的，招标人应当发布招标公告，邀请不特定的法人或者其他组织投标。依法必须进行施工招标项目的招标公告，应当在国家或者地方指定报刊、信息网络或者其他媒介上发布招标公告，并同时在中国工程建设和建筑业信息网上发布招标公告。招标公告应标明招标人的名称和地址，招标工程的性质、规模、地点以及获取招标文件的办法等事项。

2) 邀请招标

有下列情形之一的，经批准可以进行邀请招标：A 项目技术复杂或有特殊要求，只有少量几家潜在投标人可供选择的；B 受自然地域环境限制的；C 涉及国家安全、国家秘密或者抢险救灾，适宜招标但不宜公开招标的；D拟公开招标的费用与项目的价值相比，不值得的；E法律、法规规定不宜公开招标的。

国家重点建设项目的邀请招标，应当经国务院发展计划部门批准；地方重点建设项目的邀请招标，应当经各省、自治区、直辖市人民政府批准。

全部使用国有资金投资或者国有资金投资占控股或者主导地位并需要审批的工程建设项目的邀请招标，应当经项目审批部门批准，但项目审批部门只审批立项的，由有关行政监督部门批准。

招标人采用邀请招标方式的，应当向3个以上符合资质条件的施工企业发出投标邀请书。投标邀请书应当载明的事项同招标公告。

（5）招标文件的编制

招标文件的编制是施工招标工作重要的环节。

1）招标文件内容

招标人根据施工招标项目的特点和需要，自行或者委托工程招标代理机构编制招标文件。招标文件应当包括下列内容：A投标须知，包括工程概况，招标范围，资格审查条件，工程资金来源或者落实情况（包括银行出具的资金证明），标段划分，工期要求，质量标准，现场踏勘和答疑安排，投标文件编制、提交、修改、撤回的要求，投标报价要求，投标有效期，开标的时间和地点，评标的方法和标准等；B招标工程的技术要求和设计文件；C采用工程量清单招标的，应当提供工程量清单；D投标函的格式及附录；E签订合同的主要条款；F评标标准和方法；G要求投标人提交的其他材料。

2）对招标文件的要求

A招标人应当在招标文件中规定实质性要求和条件，并用醒目的方式标明。B招标文件规定的各项技术标准应符合国家强制性标准。C施工招标项目需要划分标段、确定工期的，招标人应当合理划分标段、确定工期，并在招标文件中载明；对工程技术上紧密相连、不可分割的单位工程不得分割标段；招标人不得以不合理的标段或工期限制或者排斥潜在投标人。D招标文件应当明确规定评标时除价格以外的所有评标因素，以及如何将这些因素量化或者据以进行评估。在评标过程中，不得改变招标文件中规定的评标标准、方法和中标条件。E招标文件应当规定一个适当的投标有效期，以保证招标人有足够的时间完成评标和与中标人签订合同。投标有效期从投标人提交投标文件截止之日起计算。F施工招标项目工期超过十二个月的，招标文件中可以规定工程造价指数体系、价格调整因素和调整方法。G招标文件编制后应送招标投标管理机构审批。

2　项目工程发承包计价控制

建筑工程施工发承包计价包括编制施工图预算、招标标底、投标报价、工程结算和签订合同价等活动。建筑工程施工发包与承包计价管理应按《建筑工程施工发包与承包计价管理办法》（建设部令第107号）及有关规定执行。

建筑工程施工发包与承包价在政府宏观调控下，由市场竞争形成。建筑工程发承包计价控制是项目投资控制的重要内容。在项目施工实施阶段建设单位主要是对招标标底、合同价和工程结算进行控制。

（1）招标标底控制

招标投标工程可以采用工程量清单方法编制招标标底和投标报价。招标标底控制是建设单位在施工、采购等招标环节投资控制的重要工作内容。

1）标底的概念

标底是指招标人根据招标工程的具体情况，按照国家规定的计价依据和计价办法编制的完成招标项目所需的全部费用。标底既是招标人对招标工程的期望价格，也是评标的依据，还可以作为招标效果的检验标准。因此标底应完整准确、科学合理，且能反映出预期参与竞争投标人较为先进的水平。

2）编制标底的规定

根据我国有关建筑工程施工招标投标和发包与承包计价管理法规，对标底的编制规定如下：

A 招标人可根据项目特点决定是否编制标底。招标项目编制标底的，一个工程只能编制一个标底。B 招标项目可以不设标底，进行无标底招标。C 编制标底的，标底由招标人自行编制或委托具有相应资质的工程造价咨询机构、招标代理机构编制。D 任何单位和个人不得强制招标人编制或报审标底，或干预其确定标底。E 标底编制过程和标底必须保密。F 招标标底编制的依据为：国务院和省、自治区、直辖市人民政府建设行政主管部门制定的工程造价计价办法以及其他有关规定；市场价格信息。G 标底由成本（直接费、间接费）、利润和税金构成。其编制可以采用以下计价方法：a 工料单价法——分部分项工程量的单价为直接费，直接费以人工、材料、机械的消耗量及其相应价格确定，间接费、利润、税金按照有关规定另行计算；b 综合单价法——分部分项工程量的单价为全费用单价，全费用单价综合计算完成分部分项工程所发生的直接费、间接费、利润、税金。H 招标标底应当由造价工程师签字，并加盖造价工程师执业专用章。

3）编制标底的要点

通常采用总价合同的在招标准备阶段应该编制标底。目前，我国工程施工、采购等任务发包绝大部分采用这种形式。编制标底时应注重以下要点：

A 编制依据完整有效。编制标底依据有批准的初步设计、投资概算，有关工程计价办法、工程技术经济标准定额及规范等。B 基于正确的工程量，综合考虑投资、工期和质量等方面的因素，合理确定标底。标底一般应控制在批准的总概算（或修正概算）及投资包干的限额内。C 标底价格作为建设单位的期望计划价，应结合市场供求状况，力求与市场的实际变化相对应。D 要有利于市场公平竞争、保证工程质量和控制投资。标底编制过低或过高，都可能难以选择到合适工程承包企业，导致招标失利，也有损于投标人利益；或引发建设项目投资失控，浪费资金和资源。E 在招标开标之前应做好标底的严格保密工作。所有参与编制标底的人员都负有保密责任。

4）标底编制完毕，应该报送招标投标管理机构审核。如果贷款项目，则还应报送贷款的银行审核。

（2）施工承包合同环节的合同价控制

1）施工承包合同价是指建设工程发包方与承发包双方共同议定和认可的成交价格。合同价用以支付给承包方完成合同规定的全部工程内容的价款总额，并作为双方结算的基础。

2）合同价可以采用以下方式：

招标投标工程的招标人与中标人应当根据中标价订立合同。不实行招标投标的工程，在承包方编制的施工图预算的基础上，由发、承包双方协商订立合同。合同价控制也是合同管理的重要内容。在建设项目的施工阶段，施工承包合同价格作为投资控制目标，控制工程实际费用的支出。

A 固定价。合同总价或者单价在合同约定的风险范围内不可调整。

B 可调价。合同总价或者单价在合同实施期内，根据合同约定的办法调整。

C 成本加酬金。

3）施工承包合同的计价方式及其适用条件如下：按施工承包合同的合同计价方式，通常可分为总价合同、单价合同和成本加酬金合同。

4）总价合同。总价合同是指支付给承包方的工程款项在承包合同中是一个规定的金额，即总价。总价合同一般由招标人（发包方）以设计文件为依据，事先基本确定实施项目工程内容和工程量，要求投标人（承包方）按照招标文件承包全部工程任务所报的总价。显然，总价合同对发承包双方都具有一定的风险。

总价合同的主要特征：A 发包单位可以在报价竞争状态下确定项目的总造价，可以较早确定或预测工程费用；B 承包人将承担较多的风险；C 评标时易于迅速确定最低报价的投标人；D 施工进度上能极大地调动承包人的积极性；E 须完整而明确地规定承包人的工作；F 必须将设计和施工方面的变化控制在最小限度。

因此，通常采用这种合同时，必须明确工程承包合同标的物的详细内容及其各种技术经济指标，另一方面承包方在投标报价时要仔细分析风险因素，需在报价中考虑一定的风险费；另一方面发包方也应考虑到承包方承担的风险必须是可以承受的，以获得合格而又有竞争力的中标人。

总价合同一般在能够完全详细确定工程任务的情况下采用。但在实践中，合同标的物往往包括可确定的工程量部分和不可确定的工程量部分，由此会使承包工程中出现工程量变更。对此，一般情况下，签订合同时都在合同的专用条款中约定工程量变化导致总价变更的极限，超过这个极限，就必须签订附加条款或另行签订合同。

总价合同分为固定总价合同和可调总价合同两种。

A 固定总价合同。固定总价合同的价格计算是以设计图纸、工程量及规范等为依据，发承包双方就承包工程协商一个固定的总价，即承包方按投标时发包方接受的合同价格实施工程，并一笔包死，除在设计和工程范围有所变更的情况下才能随之作相应的变动外，合同总价不能变动。因此，采用固定总价合同，承包方要承担合同履行过程的主要风险，要承担实物工程量、工程单价等变化而造成可能损失的双重风险。在合同执行过程，发承包双方均不能以工程量、设备和材料价格、工资等变动为理由，提出对合同总价调值的要求。因此，承包方为规避价格风险，往往会加大不可预见费用，致使这种合同的投标提高。固定总价合同的适用条件一般为：a 招标时的设计深度已达到施工图设计要求，工程设计图纸完整齐全，项目范围及工程量计算依据确切，合同履行过程中不会出现较大的设计变更，承包方依据的报价工程量与实际完成的工程量不会有较大的差异；b 工程规模较小，技术不太复杂的中小型工程，承包方一般在报价时可以合理地预见到实施过程中可能遇到的各种风险；c 合同工期较短，一般为工期在1年之内的工程。

B 可调总价合同。可调总价是一个相对固定的价格。当合同执行过程中由于物上涨而引起工程工料成本增加时，可按合同条款中约定的调价条款，对合同总价作相应的调整。这种合同与固定总价合同的不同之处在于它对合同实施中出现的风险做了分摊，发包方承担了不可预见的通货膨胀费用因素风险，而承包方承担合同实施中实物工程量、成本和工期因素等风险。可调总价合同较适用于工程内容和技术经济指标规定很明确的项目，工期在1年以上的工程项目。

5）单价合同。单价合同是指承包方按发包方提供的工程量清单内的分部分项工程内容填报单价，并据此签订承包合同，而实际总价则是按实际完成的工程量与合同单价计算确定，合同履行过程中无特殊情况，一般不得变更单价。

单价合同的执行原则是对工程量清单中的分部分项工程量，在合同实施过程中允许有上下的浮动变化，但分部分项工程的合同单价不变，结算支付时以实际完成工程量为依据。因此，采用单价合同时按招标文件工程量清单中的预计工程量乘以所报单价计算得到的合同价格，并不一定就是承包方圆满实施合同规定的任务后所获得的全部工程款项，实际工程价格可能大于原合同价格，也可能小于它。单价合同的工程量清单内所列出的分部分项工程的工程量为估计工程量，而非准确工程量。

单价合同分为固定单价合同和可调单价合同两种。

A 固定单价合同。在施工图不完整或当准备发包的工程项目内容、技术经济指标一时尚不能明确具体予以规定时，往往采用固定单价合同形式。避免因工程量不能准确计算致使发包或承包任何一方承担过大的风险。固定单价合同分为以下两种形式：a 估算工程量单价合同；b 纯单价合同。

B 可调单价合同。可调价是指合同总价或者单价，在合同实施过程中可以按照约定，随资源价格等因素的变化而调整价格。可调单价合同的单价是可调的，按合同条款的约定，在工程实施过程中，如物价发生变化等，可对合同中签订的单价作调值。在工程结算时，再根据实际情况和合同约定对合同单价进行调整，确定实际结算单价。

6）成本加酬金。成本加酬金合同是指直接成本费按承包人的实际支出由发包人支付，发包人按事先约定的方式向承包人支付商定酬金的合同。成本加酬金合同主要适用于：

A 工程内容及技术经济指标尚未全面确定，投标报价的依据不充分，发包方因工期要求紧迫，必须发包的工程。B发包方与承包方之间有着高度的信任，承包方在某些方面具有独特的技术、特长或经验。以这种计价方式签订的工程承包合同，有两个明显缺点：一是发包方对工程总价不能实施有效的控制；二是承包方缺乏降低成本的意识。因此，采用这种合同计价方式，其条款必须非常严格。按照酬金的计算方式不同，成本加酬金合同又分为以下几种形式：a简单成本加酬金合同；b目标成本奖罚合同；c最高限额成本加固定最大酬金。

(3) 合同价格类型要素选择

在项目投资控制实践中，选择合适的合同计价类型与方式是项目投资控制的重要内容。以采用何种计价方式的合同没有一成不变的定式，在一个项目中各个不同的工程构成部分或不同阶段，可以采用不同形式的合同。设计管理组织参与其中，应针对建设项目实际情况，综合分析下列影响合同计价方式选择的因素，权衡各种利弊，反复斟酌后再做出决策。

1) 项目的复杂程度。规模大且技术复杂的工程项目，承包风险较大，各项费用不易估算准确，不宜采用固定总价合同。宜将有把握的部分采用固定价合同，估算不准的部分采用单价合同或成本加酬金合同。在同一工程中适当采用不同的合同形式，是业主和承包商合理分担工程实施中不确定风险因素的有效办法。

2) 项目的设计深度。招标工程范围的明确程度和预计完成工程量的准确程度，通常是投标人合理报价的基本条件，而它又取决于招标设计文件的设计深度。因此，招标工程的设计深度成为施工招标时选择合同计价方式的重要因素

3) 对施工技术的新要求。当招标工程有较大部分需要在施工中采用新技术和新工艺，发包方和承包方对此又都缺乏经验，且无可作为依据的有效标准时，为了避免投标人盲目地提高承包合同价格或由于对施工难度估计不足而导致承包亏损，不宜采用固定总价合同，较为稳妥的做法是选用成本加酬金合同。

4) 工程进度要求的紧迫程度。招标过程中，对一些紧急工程，如灾后恢复工程、要求尽快开工且工期较紧的工程等，可能仅有实施方案，还没有施工图纸，因此不可能让承包商报出合理的价格。此时，采用成本加酬金合合同比较适宜，可以邀请招标的方式选择有信誉、有能力的承包商及早开工。

(4) 工程款结算控制

《建筑工程施工发包与承包计价管理办法》对工程款结算规定：

建筑工程的发承包双方应当根据建设行政主管部门的规定，结合工程款、建设工期和包工包料情况在合同中约定预付工程款的具体事宜。建筑工程发承包双方应当按照合同约定定期或者按照工程进度分段进行工程款结算。

建设单位在设计与施工的接口关系中应对工程款结算实施控制。在项目工程施工期间，设计管理应包括配合投资控制部门，参与有关施工过程中的工程款结算控制工作。

在设计与施工的接口关系中，应对下列接口的投资实施重点控制：

1) 在施工承包合同实施阶段，严格控制工程变更，设计变更。

2) 根据实际发生的设备和材料价差，以及设计变更，工程量的增减，按照合同规定的调整范围和调价方法，协助合同管理、投资控制部门对合同价进行必要的修正。

3) 以合同价格作为投资控制目标，协助控制工程进度款的支付。

4) 协助合理确定工程结算价款以及索赔等。

3 设计会审和设计交底

(1) 设计会审和设计交底的概念

设计会审和设计交底是指建设项目业主方在施工前，旨在保证建设项目工程设计与施工实施的全面接口和项目施工目标的实现，组织设计单位、施工单位和监理单位及其他相关参建单位进行施工图设计会审，以及由设计单位向施工单位作设计技术交底的活动。

设计会审和设计交底是法律法规规定的相关各方的义务和责任所在，是项目施工前的一项重要准备工作，也是保证工程顺利施工的必要步骤，更是参建主体在项目施工实施中有效控制施工质量、进度、费用目标的重要环节。

（2）设计会审和设计技术交底的目的

1）使建设项目施工的各参与主体全面熟悉施工图设计文件、充分了解工程特点、融会贯通设计意图和技术要求，尤其是关键部位的质量要求。

2）及时发现和减少设计文件存在的差错，提出改进意见，并进行纠正修改；对需要解决的技术难题，解决于项目施工之前。

3）使设计施工图纸更符合施工现场的具体要求，尽可能在施工之前消灭设计质量隐患，避免影响工期和浪费资源、资金。

（3）设计会审和设计交底的组织

1）设计会审和设计交底应在施工开始前完成。一般由建设单位或其委托的项目管理单位负责组织，以会议形式进行。对于复杂的大型工程项目，建设单位、施工单位的项目管理机构应先组织内部各专业技术人员进行设计预审，汇总所发现的问题并提出初步处理意见，做到在会审前对设计已基本了然。

设计交底是设计单位的质量责任之一。设计单位必须依据国家设计技术管理的有关规定，对提交的施工图纸，进行系统的设计技术交底，应当就审查合格的施工图设计文件向施工单位和承担施工阶段监理任务的监理单位等相关参建单位作出详细说明。参加设计会审和设计交底的各方都应郑重其事，认真处之。

2）设计会审和设计交底的流程。A 施工安装单位及时组织专业技术人员对设计文件进行自审，并对照现场逐一核实，在熟知设计文件内容和现场实际情况的前提下，参加设计会审和设计交底会议；并与设计单位沟通，提出设计技术交底的有关需求。B 由建设单位主持会议并介绍准备情况和会议议程等。C 由设计单位介绍工程概况与特点、设计依据、设计意图、各设计专业接口关系和技术要求，以及土建施工与设备安装注意事项等。D 由施工单位提出施工图设计文件中存在的或有异议的问题，需要解决的施工技术难题，通过研讨协商拟定解决方案；对不清楚或交底不明确的问题，商请设计单位再次答疑。E 设计会审、技术交底内容和对有关事项的处理意见以会议纪要形式记录在案，与会各方会签。

（4）设计会审和设计交底的主要内容

1）设计是否符合现行国家和行业有关法规和规定；施工图纸是否经过设计单位各级人员签署；有无续图供应，有无分期供图的时间表。

2）对照合同技术条款，审查工作范围有无差异，检查技术标准和要求有无变化。

3）检查设计项目的工程量计算是否规范、正确。

4）施工设计说明、图纸内容是否齐全、表达深度是否满足施工需要。

5）地质勘察资料与外部资料是否齐全，抗震、防火、防灾、安全、卫生、环保是否满足要求。

6）场地设计建筑设计是否与建设基地自然条件和社会环境一致。

7）结构设计是否与工程地质条件紧密结合，是否符合抗震设计要求。

8）设备说明书是否详细，与规范、规程是否一致；施工图与设备、特殊材料的技术要求是否一致。

9）各专业设计详图是否齐全，标注有无遗漏，表示方法是否规范。

10）主要材料来源有无保证，能否代换；新技术、新材料的应用是否落实。

11）多个设计单位设计的施工图之间有无相互矛盾。

12）建筑、结构、设备等专业设计接口是否协调一致，各工程组成部分设计接口是否有误。

13）总图与专业图之间；基本图与详图之间；平、立、剖面图之间；坐标轴线，平面位置、尺寸与竖向位置、标高之间；管线、道路交叉连接，或与建筑物之间有无矛盾，是否做到严丝密缝。

14）选用的建筑材料、建筑构配件和设备是否详细注明规格、型号、数量、性能等技术指标。

15）地基处理方法是否合理；建筑与结构构造是否存在不能施工或不便施工以及影响工程质量、安全、工期及导致工程费用增加等问题；能否保证施工单位装备和技术能力适应设计要求等。

16）结构构件的预埋件、预留孔洞等设置是否正确；钢筋明细表及钢筋的构造图是否表示清楚；混凝土柱、梁接头的钢筋布置是否清楚，是否有节点图；钢构件安装的连接节点图是否齐全。

17）引用标准设计以及重复使用的图纸是否确切，有无错漏；施工中所列各种标准图册是否已经具备。

18）各类管沟、支吊架（墩）等专业间是否协调统一；工艺、水、消防、采暖、强弱电、通风等综合管线及设备装置布设是否相碰。

19）设计是否满足生产要求和检修需要等。

4 设计变更管理

（1）施工实施阶段的设计变更概念

施工实施阶段设计变更是指在项目施工实施期间由于其种原因致使项目工作范围发生变化，需要重新设计、或编制补充设计文件、或修改原设计的活动。设计变更可能导致项目目标和其他方面发生系统性变化，对项目施工实施影响很大。在设计与施工的接口关系中，设计变更是质量控制的重点内容。因此，必须对设计变更进行严格的管理。

（2）设计变更的原因

施工实施阶段的设计变更一般有下列原因：

1）业主方对项目规模、工程内容、质量要求、工程量的改动，或投资规模的增减等，对已交付的设计文件提出新的设计要求；2）设计与施工的接口关系中发生施工的可行性矛盾；3）施工承包方提出修改设计的合理化建议；4）发生不可抗力或施工承包合同双方主体事先未能预料而无法防止的事件等。

（3）设计变更的程序控制

设计变更须经建设、设计、监理、施工单位各方同意，共同签署设计变更洽商记录，由设计单位负责修改，并向建设、监理、施工单位签发设计变更通知书。对施工过程中发生的设计变更应严格按上述程序实施审批程序和手续办理。另外，根据不同变更情形，还应按如下程序进行：

1）由于设计不当原因需要对设计进行修改时，经设计单位签认后进行设计更改，并签发设计变更通知书。

2）由于非设计原因提出的设计变更，由提出单位出具体意见与理由，须先征得设计单位的同意。

3）对涉及改变项目功能特性、建设规模、投资方案、工程结构变化较大的重大设计变更，变更决策前应向原批准初步设计的主管部门提出影响项目目标和其他方面的影响报告。经同意后，方可进行修改。

4）对重大设计变更，变更过的设计应送审图机构，按施工图设计审查程序对主要内容进行审查。

（4）设计变更控制要点

1）从系统的角度提高项目工程的完备性、技术设计的正确性以及实施方案和实施计划的科学性。

2）事先分析预测项目范围的变更原因及其可能性，事先控制能够引起工程变更的因素和条件，按合同约定细化设计变更管理办法。

3）通过定期或不定期现场观察访问，了解项目实施的中间过程和动态，识别、判断按项目范围定义实施，查看任务的数量和标准范围有无变化等。

4）施工过程设计管理中，应慎重审阅处理设计变更要求提出方的变更意见，按规定及时报告项目经理部，以防止出现不利于项目目标实现和不合理的变更，避免随意频繁变更导致项目施工实施的混乱和失控。

5）协同项目设计责任人识别提出的设计变更的必要性、适用性及可行性，分析评审执行设计变更对工程设计质量特征、工期和费用的影响。包括对已经施工安装部分或其他设计输出的影响及采取相应的措施。

6）变更后应及时合理调整项目设计管理的实施计划，并进行相应的工程进度、质量、价款和资源的跟进。

7）加强设计变更的文档管理。所有的设计变更都必须有书面文件和记录，并有相关方代表签字。

5 设计与施工接口关系中的质量控制

在项目工程施工期间，设计管理应包括配合质量控制部门，参与有关施工过程中的质量控制工作。在设计与施工的接口关系中，应对下列接口的质量实施重点控制：

1）施工方向设计方提出的要求与可施工性分析的协调一致性。设计方应满足施工方提出的要求，以确保工程质量和施工的顺利进行。施工经理在对现场进行调查的基础上，向设计经理提出重大施工方案设想，保证设计与施工的协调一致。

2）设计交底或图纸会审的组织与成效。设计人员负责设计交底，必要时由施工经理组织图纸会审。交底或会审的组织与成效，对工程的质量和施工的顺利进行有很大影响。

3）现场提出的有关设计问题的处理和对施工质量的影响。无论是否在现场派驻设计代表，设计人员均应负责及时处理现场提出的有关设计问题并参加施工过程中的质量事故处理工作。

4）设计变更对施工质量的影响。所有设计变更，均应按变更控制程序办理，设计和施工应分别归档。

11.2 项目采购的设计管理

11.2.1 项目采购管理概述

1 项目采购管理的概念

广义的项目采购包括货物、工程和服务的整个采办过程。本手册中的项目采购主要是指采用各种采购方式从项目系统外部对建设项目实施所需的材料和设备等进行的采购活动过程。其中以选择合格供货商及其产品为主要内容。项目采购管理就是针对项目采购过程而实施的管理，因此项目采购管理可定义为：项目采购管理是指对项目的勘察、设计、施工、资源供应、咨询服务等采购工作进行的计划、组织、指挥、协调与控制等活动。

2 项目采购管理的直接参与主体

由于在社会化市场化的经济体制下，建筑工程项目采购管理模式已呈多样化状态。建设项目采购的参与主体一般按选择的采购方式和对材料设备采购分工而成为该建设项目的采购当事人。项目采购的直接参与主体一般包括采购人、供应商和采购代理机构等。

（1）项目采购人。项目采购人是指依法进行项目采购的法人、其他组织或者自然人。如项目业主、施工单位、受业主委托的项目管理（咨询）单位、采购承包商及工程设计、咨询人员等。

（2）项目采购供应商。项目采购供应商是指向采购人提供货物、工程或者服务的法人、其他组织或者自然人。如建筑材料、产品和设备制造厂商、经销商等。

（3）项目采购代理机构。项目采购代理机构是指接受项目采购人的委托，在其委托范围内依法行使其代理权限的组织机构。如工程建设货物采购招标代理机构、项目管理（咨询）企业、专业物资采购公司等。

3 项目采购管理的程序

（1）设置采购部门，采购分工及职责，明确采购产品或服务的基本要求。

（2）制定采购管理制度、进行采购策划，编制采购计划。

（3）进行市场调查、选择合格供货商及其产品和服务，建立供货商名录。

（4）选择并确定采购方式，实施既定采购方式程序工作，对供货商进行评审，确定供货商，签订采购合同。

(5) 催货、验证、运输与交付采购产品。

(6) 实施现场服务的管理：包括采购技术服务、供货商专家服务的联络和协调，处理供货质量或不符合要求的服务问题等。

(7) 采购结束工作：包括订单关闭、采购资料归档、供货商评定、采购完工报告编制以及项目采购工作总结等。

11.2.2 建设单位对项目采购的控制

1 项目采购的控制概述

采购管理是项目管理的职能之一。《建设工程质量管理条例》建设单位在工程建设各个环节负责综合管理工作，在整个建设活动中居于主导地位。因此，对项目采购管理工作也不例外。

(1) 项目采购活动贯穿于项目实施的全过程。项目建设离不开材料设备这一物质条件。在项目全生命周期中，除项目前期的相关分析决策活动外，在建设项目的设计、施工实施、竣工验收及收尾阶段的各个环节中无不涉及材料设备采购，而且与设计、施工、试运行等环节交叉进行。因此，建设项目材料设备采购活动贯穿于项目实施的全过程。

(2) 项目采购管理的要求。《项目管理规范》对项目采购管理的要求规定如下：

1) 项目采购管理组织应设置采购部门，制定采购管理制度、工作程序和采购计划。

2) 项目采购工作应符合有关合同、设计文件所规定的数量、技术要求和质量标准，符合进度、安全、环境和成本管理等要求。

3) 产品供应和服务单位应通过合格评定。采购过程中应按规定对产品或服务进行检验，对不符合或不合格品应按规定处置。采购资料应真实、有效、完整，具有可追溯性。

(3) 建设单位应对项目采购过程进行有效控制

由于项目采购活动要占用大量的资源，包括人力、财力等来获取项目实施的货物与服务等，因此对这一过程的管理不仅关系到工程项目的质量、进度等，且也关系到工程项目投入与产出的关系，从而直接影响到项目投资收益，影响到各参与方的经济利益。因此，为全面满足建设项目对材料设备的需求，实现项目采购管理目标，建设单位应对项目采购过程进行有效控制。

2 项目采购方式的选择

建筑工程实施阶段，由建设单位负责供应的项目所需材料设备等，可依据项目合同和项目设计文件，选择采用以下方式进行采购，以满足采购质量和进度要求，降低项目采购成本。

(1) 招标方式。《建设工程质量管理条例》在条文中对建设单位的质量责任和义务有明确规定：与工程建设有关的重要设备、材料等的采购要进行招标。《工程建设项目货物招标投标办法》规定：货物招标分为公开招标和邀请招标。

1) 公开招标。公开招标采购是指招标人以招标公告的方式邀请不特定的投标人参加投标的采购方式。

公开招标是项目采购的主要采购方式。招标人不得将应当以公开招标方式采购的工程、货物或服务化整为零或以其他任何方式规避公开招标采购。公开招标适用于除规定中邀请招标外的建设项目重要设备、材料的采购活动，如标的金额较大的货物、主要永久设备等。

国务院发展改革部门确定的国家重点建设项目和各省、自治区、直辖市人民政府确定的地方重点建设项目，其货物采购应当公开招标。

依法必须进行招标的工程建设项目，按国家有关投资项目审批管理规定，凡应报送项目审批部门审批的，招标人应当在报送的可行性研究报告中将货物招标范围、招标方式（公开招标或邀招标）、招标组织形式（自行招标或委托招标）等有关招标内容报项目审批部门核准。项目审批部门应当将核准招标内容的意见抄送有关行政监督部门。

企业投资项目申请政府安排财政性资金的，上述招标内容由资金申请报告审批部门依法批复确定。

2）邀请招标。邀请招标采购是指招标人以投标邀请书的方式邀请规定人数以上的供应商参加投标的采购方式。

下列情形之一的，经批准可以进行邀请招标：A 货物技术复杂或有特殊要求，只有少量几家潜在投标人可供选择的；B 涉及国家安全、国家秘密或者抢险救灾，适宜招标但不宜公开招标的；C 拟公开招标的费用与拟公开招标的节资相比，得不偿失的；D 法律、行政法规规定不宜公开招标的。

国家重点建设项目货物的邀请招标，应当经国务院发展改革部门批准；地方重点建设项目货物的招标，应当经省、自治区、直辖市人民政府批准。

采用邀请招标方式的，招标人应当向三家以上具备货物供应能力、资信良好的特定法人或者其他组织发出投标邀请书。

（2）竞争性谈判。竞争性谈判采购是指采购人直接邀请规定人数（政府采购规定 3 人）以上的供应商就采购事宜进行谈判的采购方式。

例如《政府采购法》规定符合下列情形之一的货物或服务，可以采用竞争性谈判方式进行采购：A 招标后没有供应商投标或没有合格标的或者重新招标未能成立的；B 技术复杂或者性质特殊，不能确定详细规格或者具体要求的；C 采用招标方式所需时间不能满足用户紧急需要的；D 不能事先计算出价格总额的。

（3）单一来源采购。单一来源采购是指采购人向供应商直接购买的采购方式。例如《政府采购法》规定符合下列情形之一的货物或服务，可以采用单一来源方式进行采购：

1）只能从唯一供应商处采购的。

2）发生了不可预见的紧急情况，不能从其他供应商处采购的。

3）必须保证原有采购项目一致性或者服务配套的要求，需要继续从原供应商处添购，且添购资金总额不超过原合同采购金额 10%的。

（4）询价采购。询价采购是指采用对三家以上的供货商就采购的标的物进行询价，比较其报价后，选择其中一家与其签订供货合同的采购方式。这种方式也称之为“货比三家”。询价采购方式实际上是一种议标的方式，不需采用复杂的招标程序，又可以保证价格有一定的竞争性。这种方式适用于小型、简单的土建工程或采购现货建筑材料或价值较小的标准规格设备产品。

（5）直接采购。直接采购是指不通过竞争而直接签订合同的方式，也称直接订购。由于这种方式不能进行产品的质量和价格比较，因此是一种非竞争性采购方式。一般适用于以下几种情况：

1）已按照世界银行同意的程序授标并签约，而且正在实施中的工程或货物合同，在需要增加类似的工程量或货物量的情况下，可通过这种方式延续合同。

2）为了使现有设备的配套设备或设备及其零配件做到标准化，以便满足现有设备的要求，可采用此方式向原来的供货厂家增购货物。但原合同货物应是适应要求的，增加购买的数量应少于现有货物的数量，价格应当合理。

3）所需设备具有专营性，只能从一家厂商购买。

4）负责工艺设计的承包单位要求从指定供货商处采购关键性部件，并以此作为保证设计性能或质量的条件。

5）在特殊情况下，如抵御自然灾害，或需要某些特定货物早日交货，可采用直接签订合同的方式进行采购，以免由于延误而花费更多。

11.2.3　项目采购中的设计管理及其要领

1　设计单位在项目采购中的工作及其要求

材料设备采购是设计工作的组成部分，设计在材料设备采购过程中须完成一定的工作，承担规定的质量责任和义务。通常设计在设备材料采购过程中的工作及其要求如下：

(1)《建设工程质量管理条例》在条文中对设计单位的质量责任和义务有明确规定：设计文件选用的建筑材料、建筑构配件和设备，应当注明其规格、型号、性能等技术指标，其质量要求必须符合国家规定的标准。

(2) 设计工作应与采购、施工等进行有序的衔接并处理好接口关系。

(3) 按设备材料控制程序，严格设备材料数量统计，及时提出请购文件及询价技术文件，明确设备材料等级、规格和技术要求。请购文件应包括请购单、设备材料规格书和数据表、设计图纸、采购说明书、适用的标准、规范和其他有关的资料、文件。

(4) 负责对制造厂商的报价提出技术评价意见，并进行可施工性分析，供采购选择、确定供货厂商。

(5) 参加厂商协调会，参与技术澄清和协商。

(6) 审查确认制造厂商返回的先期确认图纸及最终确认图纸。

(7) 在设备制造过程中，协助采购处理有关设计、技术问题。

(8) 必要时参与关键设备和材料的质量检验工作。

2 项目采购过程中的设计管理及其要领

在项目采购过程中，设计管理工作及其要领主要有：

(1) 在设计阶段将项目采购工作纳入设计管理，包括：

1) 设计过程中以项目采购管理制度、采购计划和合同为依据，对设计应在材料设备采购过程中的工作实施控制。

2) 加强动态跟踪检查、发现问题及时与相关管理部门和设计人员沟通，采取措施予以纠正，为采购工作创造良好设计条件，包括控制下列设计内容规范、准确程度；对选用的建筑材料、建筑构配件和设备的设计规范表达；设备材料请购文件及询价技术文件；供货商图纸、资料的审查和确认等。

(2) 在施工前的设计会审和设计交底前的设计预审中，汇总相关材料设备采购的问题并提出初步处理意见，并与设计单位沟通，提出设计技术交底的有关材料设备采购方面的需求。

(3) 参与或协助编制项目采购计划、选择采购方式、招标或其他方式的实施、供货商报价（询）技术评审和技术谈判、确认来自供货商的相关技术资料、明确设备材料等级、规格和技术要求等工作。负责与设计单位保持联系和互动，促进设计单位及时有效完成相关项目采购的工作。

(4) 在设计与采购的接口关系中，应对下列接口的质量和进度实施重点控制：

1) 设计向采购提交的请购文件；

2) 设计对报价技术的评审与结论；

3) 采购向设计提交的关键设备资料；

4) 设计对制造厂图纸（先期确认图及最终确认图）的审查、确认和返回。

(5) 参与或协助对合格供应商的选择与管理，包括：

1) 按照采购产品的要求，组织对产品供应商的评价、选择和管理。项目合格供应商应符合如下基本条件：A 有能力满足产品质量要求；B 有完整并已付诸实施的质量管理体系；C 有良好的信誉和财务状况；D 有能力保证按合同要求准时交货，有良好的售后服务；E 具有类似产品成功的供货及使用业绩。

2) 对供应商的调查应包括：营业执照、管理体系认证、产品认证、产品加工造能力、检验能力、技术力量、履约能力、售后服务和经营业绩等。

3) 选择管理规范、质量可靠、交货及时，安全环境管理能力强，财务状况和履约信誉好，有良好售后服务的产品供货人，并根据其质量保证能力进行分级、分类管理，建立合格供应商名录，对其实行动态管理，定期或不定期对其进行再评价，并根据评定结果适时调整。

(6) 参与采购合同的策划与签订。采购合同应完整、准确、严密、合法。通常包括（但不限于）下列内容：

1）完整的询价文件及其修订补充文件；

2）满足询价文件的全部报价文件；

3）供货商协调会会议纪要（如有）；

4）定标之前任何涉及询价、报价内容变更所形成的其他书面形式文件。

（7）参与采购变更管理，包括：

1）负责与设计有关的材料设备变更，协助建立采购变更管理程序和规定；

2）了解变更的范围、内容、理由及处理措施、变更的性质和责任承担方、对采购的要求和对项目进度与费用的影响；

3）协助制定变更实施计划并按计划实施，负责与设计有关的材料设备变更。

（8）参与材料设备的检验。应检查供货商提交的图纸、资料是否符合采购合同要求，包括：

1）应熟悉采购合同及附件，督促供货商按计划提交有效的图纸、资料，以供设计审查和确认，并确保图纸、资料按时返回供货商。

2）应根据采购合同的规定制定检验计划，组织具备相应资格的检验人员根据设计文件和标准规范的要求进行设备、材料制造过程中的检验以及出厂前的最终检验。

3）对于有特殊要求的设备材料，应委托有相应资格和能力的单位进行第三方检验并签订检验合同。

4）根据采购合同检查交付的产品和质量证明资料，填写产品交验记录并按规定编制检验报告。检验报告一般包括以下内容：A 合同号、受检设备材料的名称、规格、数量；B 供货商的名称、检验场所、起止时间；C 各方参加人员的姓名、职务；D 供货商使用的检验、测量和试验设备的控制状态并附有关记录；E 检验记录；F 检验结论。

（9）参与采购不合格品的控制工作。采购不合格是指采购产品在验收、施工、试车和保质期内发现的不合格品。采购过程中经评审确认的不合格品，必须严格按规定处置。当产品验收、施工、试车和保质期内发现产品不符合求时，必须对不合格的产品进行记录和标识，并区别不同情况，按合同和相关技术标准采用返工、返修、让步接收、降级使用、拒收等方式进行处置。

（10）参与目采购管理资料和产品质量见证资料的管理。

1）产品质量见证资料应包括：装箱清单、说明书、合格证、质量检验证明、检验试验报告、试车记录。

2）产品质量证明资料必须真实、有效、完整，具有可追溯性。经验证合格后方可作为产品入库验收和使用的依据，并妥善登记保管。

3）完成采购过程，应分析、总结项目采购管理工作，编制项目采购报告，并将采购产品的资料归档保存。

第 12 章　项目设计信息管理

现代项目建设及其管理过程错综复杂，需要对项目信息进行有效地收集、处理、储存和有组织地沟通使用。因此，项目信息管理已成为现代工程项目管理的重要组成部分。

项目设计信息管理是对建设项目设计阶段及其后续阶段的设计信息的收集、整理、处理、存储、传递和应用等活动的总称。项目设计信息管理通过建立一套科学的管理方法，实现及时、动态的信息处理和有组织的信息流通，为项目组织内部及时提供全面、可靠、准确的设计动态信息，并与设计单位及相关外部组织保持充分、畅通、有效的信息沟通，从而确保设计信息管理系统安全、可靠地为项目设计管理服务，并使项目设计目标得以顺利实现。

项目设计信息管理需要建立项目设计管理资料文档管理制度，以实现在项目组织内部和外部组织之间进行规范化和科学化管理。对需要归档保存的项目设计管理资料档案，其管理应符合现行国家标准、规范和相关文件的规定。

12.1 项目信息管理

12.1.1 信息管理基本知识

1 信息概述

(1) 数据是反映客观的记录符号

数据是人们用来反映客观世界而记录下来的、可以鉴别的一种物理符号序列，是语言、文字、图形、图像、音频、视频等有意义的组合，这种组合具体地对事物进行了描述，代表客观真实世界的、单纯的、没有经过加工处理的原始事实组成，它的价值仅在于其本身。因此，数据是信息的存在形式，数据是信息的载体。从广义理解，数据是人类社会信息活动中积累起来的信息资源的基本要素。

(2) 信息是潜在于数据中的意义

信息是对数据加以处理而产生的、按一定的规则组合在一起的数据的集合，其具有超出原数据本身价值以外的附加价值。因此，《质量管理体系基础和术语》(GB/T 19000—2000) 把信息定义为："信息是有意义的数据"。数据处理是指从大量的、杂乱无章的甚至是难于理解的数据中，提炼、抽取人们所需要的有价值有意义的数据，即信息。因此，所有的信息都是数据；而数据只有经过了加工处理，具有使用价值时才能成为信息，为人们所用。信息以数据为载体表现，同一信息可以有不同的数据表示方式。

(3) 信息的属性

1) 信息量。信息量是指信息的种数和每种信息在一定时间阶段发生的数量。信息量的大小对确定信息管理人员的配备及计算机信息管理系统的软件和硬件有直接影响，是信息管理系统的重要指标。

2) 信息的结构化程度。结构化程度的高低取决于对信息的组织是否有严格的规定。使用计算机自动处理信息，要求较高的信息结构化程度，否则难以处理或不能取得完整的信息，甚至无法进行处理。

3) 信息的准确程度。这里是指对某一事物根据需要和可能合理安排信息的准确要求，以提高信息处理的效率，减少资源占用。不同类型的信息，要求有不同的准确程度。

4) 信息的时间性。所谓时间性，就是把信息从时间上进行分类。一般可分成历史信息、当前信息和未来信息三类。

5）信息的来源。根据信息的来源不同，可把信息分为系统内部信息和系统外部信息。对于来自外部的信息，其格式和内容都不是本组织系统所能左右的，因此，必须作适当加工后才能进入项目信息管理系统处理。由本组织系统内部获得的信息，可对其收集、整理、格式、内容等提出要求。

6）信息的使用频率。这里是指单位时间内使用信息的平均次数。应该准确分析信息使用频率的高低，对使用频率不同的信息，采取不同的组织和处理方法。

7）信息的重要程度。这有两方面的含义，一方面是指对校验功能的要求，另一方面是指对保密程度的要求。按不同的要求，应对信息采取不同的校验方法和保密手段。

2　信息化的基本内容

（1）信息化概念

信息化是指信息资源与信息技术的开发和应用，即信息产业和信息应用这两大方面。

（2）信息化的基本内容

1）一定的信息技术水平；

2）信息基础设施；

3）信息产业水平；

4）社会信息基础支持的环境；

5）社会、经济、文化等方面允许信息化发展的自由度；

6）信息活动的不断提升和丰富的过程等。

（3）信息技术的开发和应用

广义的信息技术是用于处理和管理信息所采用的各种技术的总称，是指有关信息的收集、识别、提取、变换、存贮、传递、处理、检索、检测、分析和利用等技术。信息技术主要包括传感技术、通信技术、计算机技术和缩微技术。其中，计算机技术与通信技术一起构成了现代信息技术的核心内容。

信息技术的应用包括计算机硬件和软件、网络和通信技术、应用软件开发工具等。信息技术的开发和应用涉及自然科学、技术、工程以及管理学等学科，以及上述学科在信息管理和处理中的应用，相关的软件和设备等。信息技术为人们提供了新的、更有效的信息获取、传输、处理和控制的手段和工具，极大地提高了人类信息活动的能力，扩展了人类信息活动的范围，加速了现代社会的信息化进程，并导致社会结构的变化。因此，信息技术的开发和应用是信息化建设的加速器。

12.1.2　项目信息管理概述

1　项目信息管理的概念

（1）释义：项目信息管理是指对项目信息进行收集、整理、分析、处置、储存和使用等活动。

（2）对象：项目信息管理的对象应包括各类工程资料和工程实际进展的动态信息。工程资料的档案管理应符合有关标准的规定，并形成电子工程档案。项目动态信息应使用有关计算机软件实现及时、快速处理，以满足项目动态管理的需要。

（3）目的：项目信息管理的目的是通过有组织的信息流通，使建设项目决策者和管理人员能及时、完整、准确地获得相应的信息，了解项目实际进展情况，为进行科学决策提供可靠的依据，并对项目进行有效的控制。

（4）现代项目管理离不开信息管理。现代项目建设及其管理过程错综复杂，专业分工细化，涉及的组织众多，会产生海量的数据和信息，并要求对项目信息进行有效地收集、处理、储存和有组织的沟通使用；同时，日益繁重复杂的项目管理工作任务对信息及其管理提出了更高的要求。因此，项目信息管理已成为现代工程项目管理中不可缺少的重要组成部分。实践表明，信息是各项管理工作的基础和依据，只有切实做好建设项目的信息管理工作，才能满足建设项目的内外组织及其有关人员对信息的需求，才能在此基础上有效地保证项目管理起到计划、组织、控制和协调的作用。因此，项目组织只有实施有效的项目信息管理，才能适应现代项目管理的要求和实现建设项目目标。

(5) 建立项目信息管理系统。为了更好地进行项目信息管理，应利用计算机技术，项目经理部应设项目信息管理部门或专职人员，负责建立项目信息管理系统，并用项目信息管理系统收集、处理、运用、管理本项目范围的信息。

2 项目信息管理的程序

项目信息管理应遵循以下程序：

(1) 确定项目信息管理目标。

(2) 进行项目信息管理策划与编制计划。

(3) 建立项目信息管理系统。

(4) 建立项目信息分类与编码系统。

(5) 项目信息收集、处理、运用。

(6) 项目信息管理评价。

3 项目信息过程管理的内容

项目信息过程管理一般包括信息的收集、加工、传输、存储、检索和输出与反馈等内容。

(1) 收集。项目信息收集就是收集原始数据。这是很重要的基础工作，信息处理的质量好坏，在很大程度上取决于原始数据的全面性和可靠性。项目信息收集应建立完整严密的信息收集制度和合理高效的信息收集系统，保证原始数据及时、全面、准确地按统一格式输入信息系统。

(2) 加工。这是信息处理的基本内容。原始数据收集后，需要将其进行加工，以使其成为有用的信息。一般的加工整理操作步骤如下：

1) 依据一定的标准将数据进行排序或分组。

2) 将两个或多个简单有序数据集按一定顺序连接、合并。

3) 按照不同的目的计算求和或求平均值等。

4) 为快速查找建立索引或目录文件等。

根据不同管理层次和对信息的不同需求，信息的加工从浅到深一般分为三个层次：

1) 初级加工。如筛选、校核和整理等。

2) 综合分析。将基础数据综合成决策信息，供有关管理人员决策使用。

3) 借助于数学模型统计分析和推断。根据具体信息或数据内容，借助已有的数学模型进行统计计算和预测，为工程项目管理工作提供辅助决策。

(3) 传输。信息传输就是指信息借助于一定的介质，在参与工程项目管理工作的各部门、各单位之间进行传送。通过传输，形成各种信息流，根据需要不断地将有关信息传送给项目管理部门及其人员。

1) 项目管理信息流。为了保证项目管理工作的顺利进行，必须使信息在项目管理的上下级之间、有关单位之间和外部环境之间畅通流动，这称为“信息流”。信息流不是信息，而是信息流通的渠道。

在工程项目管理中，通常接触到的信息流有以下几个方面：A 管理系统的纵向信息流——包括由上层下达到基层，或由基层反映到上层的各种信息，既可以是命令、指示、通知等，也可以是报表、原始记录数据、统计资料和情况报告等；B 管理系统的横向信息流——包括同一层次、各工作部门之间的信息关系；C 外部系统的信息流——包括与建设项目外部有关组织及外部环境之间的信息关系。

上述三种信息流都应有明晰的流线，并都要保持畅通。否则，工程项目管理人员将无法得到必要的信息，就会失去控制的基础、决策的依据和协调的媒介。

2) 信息传输的分级管理制度。信息传输的原则信息和数据的传输要建立必要的分级管理制度，一般由使用软件来保证实现数据和信息的传输，对信息进行传输时应遵循：A 需要的部门和使用人，有权在需要的第一时间，方便地得到所需要的、以规定形式提供的一切信息和数据；B 保证不向不该知道的部门（人）提供任何信息和数据。

3) 信息传输设计的内容。信息传输设计的内容主要包括：A 了解使用部门（人）的使用目的、使用周期、使用频率、得到时间、数据的安全要求；B决定分发的项目、内容、分发量、范围、数据来源；C决定分发信息和数据的数据结构、类型、精度和如何组合成规定的格式；D决定采用的传输方法或技术，提供的信息和数据介质（纸张、计算机网络、显示器、磁盘或其他形式），采用的传输方法或技术（包括例会、在线交流、Email、备忘录、会议纪要、正式报告等形式）。

（4）存储。信息的储存是将处理后的信息保留起来以备将来应用。对有价值的原始资料、数据及经过加工整理的信息要长期积累以备查阅或作参考。信息的存储一般需要建立统一的数据库，各类数据以文件的形式组织在一起，组织的方法一般由单位自定，但要考虑规范化，建立档案，妥善保管。

（5）检索。信息的检索是指对某个或某些要用的信息进行查找的方法和手段。项目管理工作中存储有大量的信息，为了查找方便，就需要建立一套科学、迅速的检索方法，以便项目管理人员能全面、及时、准确地获得所需要的信息。

进行信息检索设计时应考虑以下内容：

1）允许检索的范围、检索的密级划分、密码的管理。

2）检索的信息和数据能否及时、快速地提供，采用什么手段实现（网络、通信、计算机系统）。

3）提供检索需要的数据和信息输出形式能否根据关键字实现智能检索。

（6）输出。信息的输出就是将处理好的信息按各管理层次的不同要求编制打印成各种报表和文件，或者以电子邮件、Web网页等电子形式加以发布。在确定项目信息输出需求时，一般需考虑下列代表性信息：

1）项目组织结构图、项目分解结构图；

2）项目组织部门职责及人员分工和报告关系；

3）项目组织内部对信息的要求；

4）合同结构图和信息流程图；

5）项目涉及的外部组织及其对信息的要求；

6）参与项目相关人员的人数及地点。

（7）反馈。信息反馈是将输出信息的作用结果再返送回来的一种过程，也就是施控系统将信息输出，输出的信息对受控系统作用的结果又返回施控系统，并对施控系统的信息再输出发生影响的过程。

1）信息反馈的基本原则。信息反馈必须遵守以下几项基本原则：A真实、准确的原则。科学正确的决策只能建立在真实、准确的信息反馈基础之上。反馈客观实际情况要尽量做到真实、准确，不能任意夸大事实，脱离实际。B全面、完整的原则。只有全面、完整、系统地反馈各种信息，才能有利于建立科学、正确的决策。因此，反馈的信息一定要有深度和广度，尽可能使系统完整。C及时的原则。反馈各种相关信息要以最快的速度进行，以纠正决策过程中出现的偏差。D集中和分流相结合的原则。决策者在运用反馈方法时需要掌握信息资源的流向，一方面要把某类事物的各个方面集中反馈给决策系统，使管理者能够掌握全局的情况；另一方面要把反馈信息根据内容的不同分别流向不同的方向。E适量的原则。在决策实施过程中要合理控制信息正负两方面的反馈量，过量的负反馈会助长消极情绪，怀疑决策的正确性，影响决策的顺利实施，而过量的正反馈会助长盲目乐观，忽视存在的问题和困难，阻碍决策的完善和发展。F反复的原则。反馈过程中，经过一次反馈后，制定出纠偏措施；纠偏措施实施之后的效果需要再次反馈给决策系统，使实施效果与决策预期目标基本吻合。

2）信息反馈的方法。在项目信息过程管理中，经常用到的反馈方法主要有以下几种：A跟踪反馈法。它主要是指在决策实施过程中，对特定主题内容进行全面跟踪，有计划、分步骤地组织连续反馈，形成反馈系列。跟踪反馈法具有较强的针对性和计划性，能够围绕决策实施主线，比较系统地反映决策实施的全过程，便于决策机构随时掌握相关情况，控制工作进度，及时发现问题，实行分类领导；B典型反馈法。它主要是指通过某些典型组织机构的情况、某些典型事例、某些代表性人物的观点言行，将其实施决策的情况以及对决策的反映反馈给决策者；C组合反馈法。它主要是指在某一时期将不同阶层、不同行业和单位对决策的反映，通过一组信息分别进行反馈。由于每一反馈信息着重突出一个方面、一类问题，故将所有反馈信息组合在一起，便可以构成一个完整的面貌；D综合反馈法。它主要是指将不同地区、阶层和单位对某项决策的反映汇集在一起，通过分析归纳，找出其内在联系，形成一套比较完整、系统的观点与材料，并加以集中反馈。项目管理人员使用信息后提出意见、建议等，有助于检查信息管理计划的落实情况、实施效果以及信息的有效性、信息成本等，以便及时采取处置措施，从而不断提高信息管理工作水平。

4 项目信息管理的基本要求

为了能够全面、及时、准确、适当地向项目管理人员提供有关信息，项目信息管理宜采用电子数据管理技术和计算机网络技术，建立项目信息管理系统。实现充分共享组织信息资源，项目组织内部和外部组织间的快速信息交换。项目信息管理应满足下列要求：时效性和针对性；有必要的精度；综合考虑信息成本及信息收益，实现信息效益最大化。

(1) 严格保证信息的时效性，做到适时提供信息。信息的价值往往体现在时间效能上，适时提供信息对指导项目工程开展十分有利，甚至可以取得很大的经济效益，否则信息的价值就会随之消失。因此，项目信息管理应随工程的进展，及时收集、整理、处理、传递、存储、输出有关信息，要严格保证信息的时效性，应注意解决以下的问题：

1) 当信息分散于不同地区时，如何能够迅速而有效地进行收集和传递工作。

2) 当各项信息的口径不一、参差不齐时，如何处理。

3) 采取何种方法、何种手段能在很短的时间内将各项信息加工整理成符合目的和要求的信息。

4) 使用计算机进行自动化信息处理的可能性和处理方式。

(2) 提供针对性强、适用性高的信息。为使项目信息管理起到应有的作用，项目决策者得到决策所需要的信息，提高项目管理决策效率，避免提供并不重要或作用不大的细琐信息，根据项目管理需要，提供针对性强、适用性高的有效信息是信息管理的重要任务之一。为此，需要在信息管理中采取如下措施：

1) 可通过数理统计等方法，对初始数据和信息加以筛选、整理、分类、编辑、计算等手段，将其变换为可以利用的形式，并力求给予定性和定量的描述。

2) 将过去和现在、内部和外部、计划与实施等信息加以对比分析，使之能明确看出当前的情况和发展的趋势。

3) 要有适当的预测和决策支持信息，使之更好地为决策服务，以取得应有的效益。

4) 要与工程项目组织机构中的各级管理工作相联系。

(3) 提供的信息要有必要的精度。要使信息具有必要的精度，信息必须完整、准确。需要对原始数据进行认真的审查和必要的校核，避免分类和计算的错误，即使是加工整理后的资料，也需要作细致的复核。这样，才能使信息有效可靠，避免导致决策控制的失误。但信息的精度应以满足使用要求为限，并不一定是越精确越好，因为不必要的精度，需耗用更多的精力、费用和时间，容易造成浪费。

(4) 综合考虑信息成本及信息收益，实现信息效益最大化。项目信息资料的收集和处理所需要的费用直接与信息收集量、难易程度等因素有关，如果需求愈细、愈完整，则费用将愈高，势必会使信息的成本显著提高。因此，在项目信息管理时，必须综合考虑信息成本及信息所产生的收益，寻求最佳的切入点。

5 项目信息管理的原则

为了便于信息的收集、处理、存储、检索和传递，项目信息管理应遵循以下基本原则：

(1) 标准化原则。在工程项目的实施过程中要求对有关信息的分类进行统一，对信息流程进行规范，产生控制报表则力求做到格式化和标准化，通过建立健全的信息管理制度，从组织上保证信息生产过程的效率。

(2) 定量化原则。项目工程产生的信息不应是项目实施过程中产生数据的简单记录，应该经过信息处理人员的比较与分析。所以采用定量工具对有关数据进行分析和比较是十分必要的。

(3) 有效性原则。项目信息管理者所提供的信息应针对不同层次管理者的要求进行适当加工，针对不同管理层提供不同要求和浓缩程度的信息，以满足管理者能适时作出决策和控制。例如对于项目的高层管理者而言，提供的决策信息应力求精练、直观，尽量采用形象的图表来表达，以满足其战略决策的信息需要。

(4) 时效性原则。建设项目的信息都有一定的生产周期，如月报表、季度报表、年度报表等，这都是为了保证信息产品能够及时服务于决策。所以，建设项目的工程成果也应具有相应的时效性。

(5) 可预见原则。建设项目产生的信息作为项目实施的历史数据，可以用于预测未来的情况，管理者应通过采用先进的方法和工具为决策者制定未来目标和行动规划提供必要的信息。如通过对以往投资执行情况的分析，对未来可能发生的投资进行预测，并作为采取事先控制措施的依据。

12.1.3 项目信息的分类和编码

1 项目信息的分类

由于项目管理中的信息面广量大，为了便于管理和应用，有必要将种类繁多的大信息进行分类。通过按照一定的标准将工程项目管理中的信息予以分类，以满足项目管理工作的不同需求；提供适当的信息，从而保障项目管理工作的顺利进行。项目信息分类可以从多个角度进行：

(1) 按信息来源划分：包括项目各个参与方生成的信息以及围绕各个参与方可以系统性地组织起来的信息。项目业主方的信息、项目设计方的信息、项目管理方的信息、项目施工方的信息、设备和材料供应方的信息、项目监理方信息、政府主管部门的信息等。

(2) 按项目的构成划分：如子项目以及2级子项目等对信息进行分类。

(3) 按信息管理职能划分：合同管理信息、投资控制信息、质量控制信息、进度控制信息、设计管理信息、施工管理信息、采购管理信息等。

(4) 按信息性质划分：组织类信息、管理类信息、经济类信息、技术类、法规类信息等。

(5) 按项目建设程序划分：如项目分析决策阶段、设计阶段、招标投标、施工阶段、竣工验收、动用前准备信息等。

(6) 按信息工作流程划分：计划信息、执行信息、检查信息、反馈信息。

(7) 按信息稳定性划分：固定信息、流动信息。

(8) 按信息层次划分：战略性信息、管理性信息、业务性信息。

2 项目信息编码概述

(1) 信息编码的概念

信息编码是指对信息赋予一组能反映其主要特征的代码，用以表征信息的实体或属性，以便利用计算机和网络技术进行管理。信息编码是进行信息交换和实现信息资源共享的重要前提，是实现项目管理现代化的必要条件。项目信息的编码是项目信息管理的基础，也是信息管理计划的重要内容。

(2) 项目信息编码系统可以作为组织信息编码系统的子系统，其编码结构应与组织信息编码一致，从而保证组织管理层和项目经理部信息共享。

(3) 项目信息编码系统能够在所有的项目参与方之间建立所谓的“项目共同语言”。用先进的信息技术，项目参与方可以在同一个信息平台使用这一共同的“项目语言”达到项目信息的统一管理与自主管理。

(4) 项目分解与项目编码相依。项目分解以后，就要对项目分解进行编码，项目分解结构图是项目分解的工具。项目的分解与编码贯穿项目实施的全过程。

3 项目信息编码的原则

信息分类编码工作的核心是在对项目信息内容分析的基础上建立项目的信息分类体系，而项目信息分类编码的设计则是信息分类体系的具体实现。设计合理的编码系统是关系信息管理系统生命力的重要因素。项目信息编码体系与信息处理方式相联系，也反映了项目管理信息系统的功能，因而在编码中应遵循以下原则：

(1) 唯一性与精练性。唯一性是指信息代码的唯一确定性，每一个代码仅表示唯一的实体属性或状态。精练性要求适当压缩信息代码的长度。一般来说，信息代码越短，计算机进行分类、存贮和传递的时间就越短；信息代码越长，对数据检索、统计分析和满足信息处理多样化的要求就越好。但代码的过长不仅会影响所占据的存储空间和信息处理的速度，而且也会影响代码输入时出错的概率及输入输出的速度，因而要适当压缩代码的长度。

(2) 适用性与合理性。信息编码的适用性要求项目信息分类编码应从系统工程的角度出发，反映项目的特点和需要，将信息编码方式放在不同建设项目具体的应用环境中进行整体考虑。在信息分类的标准与编码方法的选择上，应当综合考虑项目的实施环境和信息技术工具。避免对通用信息分类体系的生搬硬套，充分体现编码体系对管理工作的作用。

信息编码的合理性要求与项目分解的原则和体系相一致。在范围上，要包括所有的项目内容；在深度上，要达到项目分解的最低层次；编码的方法必须是合理的，项目信息编码结构应与项目信息分类体系相适应；能够适合使用者和信息处理的需要。

(3) 可扩充性与稳定性。扩充性是指在不需调整和修改原有代码系基本结构的前提下增加代码列表条目的能力。为了保证适当的可扩充性，在代码系统适当的层次和位置对每一代码位要留有可扩充的余地，而不是仅在系统整个范围内的某一部分留有余地。即代码设计应留出适当的扩充位置，以便当增加新的内容时，可直接利用原代码扩充，而无需更改代码系统。

稳定性是指信息分类应当选择分类对象最稳定的本质属性或特征作为信息分类的基础和标准。信息分类体系应当建立在对基本概念和划分对象的透彻理解基础上。

(4) 标准化与通用性。标准化是指国家有关编码标准是代码设计的重要依据，要严格遵照国家标准及行业标准进行代码设计。

通用性是指信息分类编码的兼容性。为了使信息分类编码标准能最大限度地满足各级自动化管理系统的需要，在系统内部，允许截取或延拓使用上级信息分类编码标准，也可制定内部标准，并做到与相关的上级标准兼容。因此，信息分类编码必须与有关国际、国内标准相一致；同时应兼顾不同项目参与方所应用的编码体系的情况，项目信息类体系应能满足不同项目参与方高效信息交换的需要。

为了加快信息管理系统的建设步伐，建成我国信息分类编码标准体系，中国标准化与信息分类编码研究所制定了《信息分类编码标准化管理办法》。相关规定如下：

1) 企业、事业单位信息分类编码标准化工作的任务。A 负责信息分类编码国家标准、专业标准、地方标准和本单位发布的企业标准在本单位的正确实施，并检查贯彻、落实情况；B 制定、修订在本单位适用的信息分类编码企业标准；C 对所属的有关单位和人员进行信息分类编码标准化业务指导；D 负责组织信息分类编码标准化情报资料交换和人员培训工作。

2) 信息交换的代码保证形式。A 统一采用信息分类编码国家标准。国家、专业（部门）、地方以及企业自动化管理系统统一采用信息分类编码国家标准。信息分类编码国家标准不仅适用于上述各系统之间的信息交换，而且适用于各自动化管理系统内部的信息采集和信息处理。B 将某些信息分类编码国家标准作为交换代码使用。专业（部门）、地方以及企业自动化管理系统分别使用相应的专业、地方以及企业信息分类编码标准或上级的信息分类编码标准采集与处理信息。当系统之间进行信息交换时，要一律转换成由国家统一制定的交换代码，方可进行信息交换。C 采用上级信息分类编码标准。专业（部门）、地方以及企业自动化管理系统分别使用相应的专业、地方、企业信息分类编码标准采集和处理信息。当与外界进行信息交换时，采用上级的信息分类编码标准。D 建立系统间的代码对照表。专业（部门）、地方以及企业自动化管理系统分别使用各自的信息分类编码标准采集和处理信息。当与外部系统交换信息时应建立系统间的代码对照表，以便实现彼此之间的信息交换。

3）选择信息交换代码保证形式必须遵循的原则。A 国家、专业（部门）、地方以及企业、事业自动化管理系统必须优先采用信息分类编码国家标准。B 当没有相应的国家标准时，各单位的自动化信息管理系统应采用上级的信息分类编码标准进行系统间的信息交换。C 只有在既无相应的国家标准，又没有上级的信息分类编码标准时，各自动化管理系统才可以考虑通过建立系统间代码对照表的办法来实现彼此之间的信息交换。

4）信息分类编码标准的贯彻执行。A 信息分类编码标准一经发布，各部门、各单位都必须贯彻执行，不得擅自更改、删除或插入代码。B 在自动化管理系统投入使用之前，必须进行分类编码标准化审查，经审查合格后方可投入运行。C 凡参加自动化管理系统信息交换的单位，都必须贯彻执行系统规定使用的信息分类编码标准。只有遵守系统有关规定的单位，才可以参加系统，并共享信息资源，凡不遵守系统有关规定的单位，一律不得进入系统，并无权共享系统的信息资源。

（5）逻辑性与直观性。项目信息类目的设置应具有逻辑性。信息代码要具有一定的逻辑含义，以便于查询、检索和统计总汇；信息代码要简明直观，便于使用者识别和记忆项目信息代码所对应的项目内容。

4　信息编码设计的方法

信息编码的目的在于提高信息处理的效率。信息编码必须标准、系统化。信息编码的方法主要有：

（1）信息编码的代码。信息编码的代码一般有两类，一类是有意义的代码，即赋予代码一定的实际意义，便于分类处理；另一类是无意义的代码，仅仅是赋予信息元素唯一的代号，便于对信息的操作。

代码系统采用的符号，根据信息系统编码的需要通常可使用数字进行编码，也可使用缩写字母（汉字拼音或英文）进行编码，或者同时使用数字和字母。常用的代码类型有：

1）顺序码，即按信息元素的顺序依次编码；

2）区间码，即用一代码区间代表某一信息组；

3）多面码。即为信息的多个属性各编一个代码；

4）记忆码，即能帮助联想记忆的代码。

编码由一系列符号和数字组成。

（2）顺序编码。顺序编码是一种按对象出现顺序进行排列的编码方法。顺序编码法是一种较为简单的编码方法，它仅仅按排列的先后顺序对每一项进行编号，尽管简单明了、代码短，但是没有逻辑基础，本身不能说明任何信息特征。这种方法可以很方便地对条目表进行编码，而不需对条目的内涵有专门的了解，并且具有几乎无限的可扩充性。此外，新数据只能追加到最后，删除数据又会产生空码，因此，此法一般在建立编码系统时，对未来系统的发展不清楚并且也无法作出恰当估计的情况下使用；或只用来作为其他分类编码法的详细分类后缀。

（3）分组编码。分组编码法是在顺序编码的基础上发展起来的，它先将信息进行分组，然后对每组内的信息进行顺序编码。

（4）十进制编码。是先把编码对象分成若干大类，编以若干位十进制代码，然后将每一大类再分成若干小类，编以若干位十进制码，依次下去，直至不再分类为止。如先把对象分成十大类，编以 0～9 的号码，每类中再分成十小类，编以第二个 0～9 的号码，依次下去。这种方法便于确定各信息项的分类及特性，直观性也较好；信息项可以无限扩充添加；逻辑意义清楚，便于进行信息项的排序、检索及分类统计。

（5）缩写编码。也称表意式编码法，是把人们惯用的缩写字母（汉字拼音或英文）直接用作代码。这样在没有说明详细的总条目表的情形下也可以通过联想回忆起其含义或特征。但在信息项较多的情况下，使用此法进行编码受到缩写字母的限制。

（6）完整信息完整编码的一般编法。编码的过程实际上是逐个把一个或一组符号指定给信息条目列表中的每一个条目，以便被编码的条目可以绝对地区别于列表中的其他条目。所采用的编码系统都应根据信息不同的类型和用途分类编码，并且在系统内部能够进行处理。

例如图 12-1 所示的由四部分组成的项目信息编码便是完整的示例。

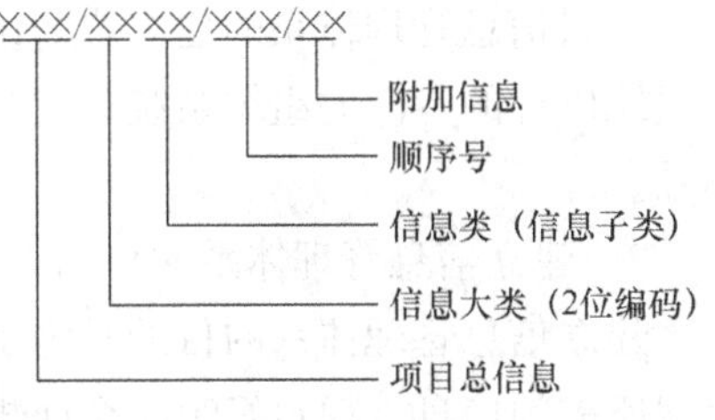

图 12-1 四部分组成的项目信息编码

1）表示项目的总信息，包括项目年份、项目名称等；

2）信息类别是项目信息编码的主体内容，根据项目实际情况可以有所不同，以图 12-1 为例，可以前两位表示信息大类，后两位表示信息类。信息大类第一位表示信息总分类，第二位表示子分类；信息类由两位组成，第四位表示信息子类。随着项目进展可适当增加信息大类以及信息类编码以适应项目的变化；

3）顺序号，即流水号，按 001，002 等顺序编号；

4）附加信息，即根据项目需求补充说明的信息，如签发人代号等。

5 建设项目信息分类和编码的主要方法

项目信息编码应根据有关项目档案的规定、项目的特点和项目实施单位的需求而建立，其形式不完全相同，其中信息类别和信息号是项目编码的必要内容，其余编码可根据实际情况增减。建设项目信息分类和编码的主要方法如下：

(1) 一般而言，建设项目完成分解结构之后，需要对项目分解结构的各层次的每一个组成部分进行编码。项目分解结构图、项目组织结构图和信息流程图及其编码是编制项目目标控制、合同管理信息和其他信息编码的基础。

(2) 建设项目的结构编码依据项目结构图，对项目结构的每一层的每一个组成部分进行编码。项目管理组织结构编码依据项目管理的组织结构图，对每一个工作部门进行编码。

(3) 建设项目的各参与单位和政府主管部门的编码。

(4) 在进行建设项目信息分类和编码时，建设项目实施的工作项目编码应覆盖项目决策和实施的工作任务目录的全部内容。

(5) 建设项目的投资项编码应综合考虑概算、预算、标底、合同价和工程款的支付等因素，建立统一的编码，以服务于项目投资目标的动态控制。

(6) 建设项目成本项编码应综合考虑预算、投标价估算、合同价、施工成本分析和工程款的支付等因素，建立统一的编码，以服务于项目成本目标的动态控制。

(7) 建设项目的进度项编码应综合考虑不同层次、不同深度和不同用途的进度计划工作项的需要，建立统一的编码，服务于建设项目进度目标的动态控制。

(8) 建设项目进展报告和各类报表编码应包括建设项目管理形成的各种报告和报表的编码。

(9) 建设项目合同编码应参考项目合同结构和合同分类，应反映合同的类型、相应的项目结构和合同签订的时间等特征。

(10) 建设项目函件编码应反映发函者、收函者、函件内容所涉及的分类和时间等，以便函件的查询和整理。

(11) 工程档案的编码应根据有关工程档案的规定、建设项目的特点和建设项目实施单位的需求而建立。

12.1.4 项目信息管理体系

1 项目信息管理体系概念

项目信息管理体系是指项目管理组织（项目部）的信息管理系统。即项目管理组织为实施承担项目的信息管理和目标控制，以现有的项目组织架构为基础，通过信息管理目标的确定和分解、信息管理计划的制订和实施、信息管理的任务分工和管理职能分工、所需人员和资源的配置及信息处理平台的建立和维护，以及信息管理制度和信息管理工作流的建立和运行，形成具有为各项管理工作提供信息支持和保证能力的工作系统。

项目信息管理体系的建立应与组织的信息管理体系协调一致。项目信息管理体系并非独立于项目管理组织以外的专门的组织系统，它是一种为各项管理工作提供信息支持和保证的制度性和程序性的文件体系。

2 建立信息管理体系的目的

建立信息管理体系的目的是为了及时、准确、安全地获得项目所需要的信息和快捷、安全、可靠地使用所需的信息。项目组织应全面规划项目信息管理体系，进行项目管理体系设计时，应同时考虑项目组织和项目启动的需要，包括信息的准备、收集、标识、分类、编目、分发、更新、归档和检索等。未经验证的口头信息不能作为项目管理中的有效信息。

3 建立项目信息管理制度

建立项目信息管理制度是指在项目实施过程中，将例行的日常项目信息管理方式通过制度的形式确定下来，用以规范工作方式、规定工作流程，使管理工作趋于标准化、程序化，达到良好控制与交流的目的。在项目信息管理系统的实施中，必须采取相应的组织措施，建立相应的项目信息管理制度，这是项目信息管理体系的基本内容和要求，也是保证信息管理系统正常、高效运行的基础条件。

建立健全的信息管理制度应建立一套科学的管理方法，进行以下几个方面的工作：

(1) 对所有项目信息进行编码设计，建立统一的项目信息编码体系，这是建立项目信息管理系统的基础工作。

(2) 对项目信息系统的输入/输出文档、报表文件格式进行标准化规范和统一，并以信息目录表的形式确定。

(3) 建立完善的项目信息流程，使项目各参加单位之间的信息关系明确化，同时结合项目的实施情况，对项目信息流程进行不断的优化和调整，以适应项目信息系统运行的需要。

(4) 注重基础数据的收集和传递，建立一套完整、严密的信息收集制度、基础数据管理制度和一个合理、高效的信息收集系统，能保证基础数据及时、全面、准确地按统一格式输入信息系统。

(5) 对项目信息系统中的专职管理人员进行任务分工；划分各相关部门的职能；明确有关人员数据收集和处理过程中的职责。

(6) 建立项目的数据保护制度，保证数据的安全性、完整性和一致性。

4 项目信息管理部门的主要工作任务

项目信息管理任务就是收集→储存→加工整理→释放成信息。项目管理组织各组织单元经过该步骤形成各自的信息进行交流。项目管理组织（项目部）可按项目规模大小、复杂程度等实际情况，设置项目信息管理部门或单设专职信息管理员，专门履行信息管理的职能。其主要工作任务通常包括：

(1) 编制信息管理计划，督促其执行。信息管理计划一般包括信息需求分析、信息的分类及编码、信息管理任务分工和职能分工、信息管理工作流程、信息处理要求及方式、各种报表和报告的内容和格式、各项信息管理制度（包括信息收集制度、文档管理制度等）等主要内容。

(2) 建立和维护计算机信息处理平台。信息处理的方式一般有三种，即手工处理方式、机械处理方式和计算机处理方式。在项目实施过程的管理实务中，特别是进行项目目标控制时，需要对建设项目发生的大量动态信息及时进行快速、准确的处理，电子计算机不仅可以接受、存储大量的信息资料，而且可以按照人们事先编制好的程序（如电子表格软件、项目管理软件等），自动、快速地对信息进行深度处理和综合加工，并能够输出多种满足不同管理层次需要的处理结果，同时也可以根据需要对信息进行快速检索和传输。因此，要做好项目管理工作中的信息处理工作，必须借助电子计算机这一现代化平台。

1）计算机信息处理平台项目管理信息系统（PMIS）。项目管理信息系统是基于计算机的项目管理信息系统，主要用于项目的目标控制，为项目目标的实现提供了强有力的支持。项目管理信息系统功能主要包括投资控制、进度控制、质量控制、合同控制模块；每一个功能模块由一个子系统完成，因此项目管理信息系统又相应分成投资控制子系统、进度控制子系统、质量控制子系统、合同控制子系统。项目管理信息系统是项目进展的跟踪和控制系统，也是信息流的跟踪系统。

2）建立和维护计算机信息处理平台，需要一支熟悉计算机应用和数据处理的高素质信息系统专业技术队伍，项目信息管理员必须经有资质的培训单位培训并审核合格，以满足系统运行的效率和建设项目信息管理的要求。

3）计算机信息处理平台要求的电子计算机硬件应能满足软件正常运行的需要，保证有关设备性能的可靠性，这是系统正常运行的基础。信息管理系统软件是信息系统的核心，结合建设项目的实际情况，选择合适的有利现代项目管理理论支撑的软件，这是充分发挥计算机信息处理平台作用的重要环节。

（3）协调项目管理中其他职能部门的信息收集、处理及有关报表和报告的编制等。项目信息管理部门是项目组织设置的专门从事信息管理的部门，但项目部中其他各职能部门的管理工作都与信息管理相关，也都要承担一定的信息管理任务。

项目信息管理部门应组织项目基本情况的信息并使其系统化，即按照项目实施、项目组织、项目管理工作过程，协调项目管理中其他职能部门的信息收集、处理及有关报表和报告的编制项目的任务，确定项目管理中的信息和信息流的基本要求与特征，规定项目报告及各种资料的格式、内容、数据结构要求，建立项目管理信息系统流程等，并保证在实施过程中系统正常运行，保持项目信息流的通畅和控制。

（4）管理项目工程档案资料（详见本书第11.1.5节）。

5 项目信息安全管理

（1）信息安全是指对信息的保密性、完整性和可用性的保持

1）信息的保密性。可定义为保障信息仅仅为那些被授权使用的人获取。信息的保密性根据信息被允许访问对象的多少而不同，所有人员都可以访问的信息为公开信息，需要限制访问的信息一般为敏感信息或秘密，秘密又可以根据信息的重要性及保密要求分为不同的密级。

2）信息的完整性。一方面是指信息在传输、储存、利用等过程中不发生篡改、丢失、缺损等，另一方面是指信息处理方法的正确性，不正确的操作（如误删文件）有可能造成重要文件的丢失。

3）信息的可用性。是指信息及相关的信息资产在被授权使用的人需要的时候，可以立即提供。例如，计算机网络故障会造成信息在一段时间内不可用，进而影响正常的项目运作。

（2）项目信息安全要求

1）项目信息管理工作应严格遵循国家有关信息技术和知识产权的法律、法规和地方主管部门的管理规定。

2）项目信息管理工作应采取必要的安全保密措施，包括：信息的分级、分类管理方式。防止和处理在信息传递与处理过程中的失误与失密，确保项目信息的安全、合理、有效使用。保证信息管理系统安全、可靠地为项目服务。

3）建立完善的信息管理制度和安全责任制度，坚持全过程管理的原则，并做好信息传递、利用和控制的不断改进。

（3）项目信息安全控制

为对项目组织所面临的信息安全风险实施有效的控制，要针对具体的威胁和薄弱点采取适当的控制措施，包括各种各样的管理手段和技术方法。信息安全技术是信息安全控制的重要技术手段，但单独依

靠技术手段来实现信息安全的能力是有限的。信息安全技术应当由适当的管理制度、程序等来支持。实践证明，信息安全来自“三分技术，七分管理”，必须注重信息安全管理。

项目组织在进行项目信息安全控制之前应明确项目信息安全要求，主要来自三个方面：

1）法律法规与合同的相关要求。有关信息安全方面的法律法规是对项目信息安全的强制性要求，项目组织应对现有的法律法规进行识别，将其中适用的规定转化为项目信息安全要求。另一方面，还要考虑项目相关各方提出的具体信息安全要求，经确认后予以落实。

2）信息安全风险评估的结果。项目信息安全要求应针对每一项信息资产所面临的威胁、存在的薄弱环节、产生的潜在影响及其发生的可能性等因素来综合分析确定，这也是信息安全管理的基础。

3）信息安全的目标、原则和要求。项目组织应根据已有的信息安全方针、目标、标准、要求以及信息处理原则等来确定项目信息安全要求，以确保项目信息处理活动的安全。

项目信息安全控制可根据项目具体情况采取下列措施中的一种或多种：

A 明确信息安全目标，并定期对其进行评审与评价，根据结果保持原目标或进行整理。

B 建立系统完善的信息安全管理制度、信息保密制度和信息安全教育制度，严格信息管理程序。

C 建立信息安全组织机构和内部协调机制，明确规定有关部门、人员的职责，建立信息处理设施使用授权程序，对第三方访问及信息处理外包进行有效控制。

D 根据信息的价值大小落实保管责任和措施，并根据信息的敏感性和重要程度将信息划分为不同的保护等级，确定信息标注和管理程序，明确保护要求和措施，确保信息安全。

E 实行信息传递的分级管理制度，保密要求高的信息应按高级别保密要求进行防泄密管理。一般性信息可以采用相应的适宜方式进行管理。重要信息按最高等级进行传递管理，一般信息按规定方式进行传递管理。

F 对员工进行考察、培训，明确其安全角色和职责，与之签订保密协议，并对出现的信息安全事故、故障进行正确处理。

G 通过信息安全技术措施，实施信息安全控制。包括：a 安全区域控制、设备安全控制及媒介安全控制，保护信息系统基础设施、设备、媒介免受非法的物理访问、自然灾害和环境危害，保障实物与环境安全；b 控制恶意软件，对网络进行安全控制，对各种信息媒介进行安全处置，保证信息交换安全，避免泄密；c 定期对重要的数据与软件进行备份以及系统维护，对故障进行记录并纠正，减少信息故障、灾难等对关键业务过程的影响。

12.1.5　项目工程资料文档管理

1　项目工程资料文档管理概述

项目建设工程资料文档是在工程建设过程中形成的，这些资料文档几乎覆盖了项目管理所要提供的各方面信息。建设项目信息许多是以资料文档为载体进行收集、加工、传输、存储、检索、输出和反馈的。项目建设工程资料文档既是项目建设活动必需的信息来源，也是项目信息管理的对象。项目工程资料文档管理是项目信息管理的重要组成部分。

2　项目文档资料管理的基本要求

(1) 组织设置与人员配备。根据项目信息管理组织结构体系设置项目文档管理的部门或专职人员。将文件的形成、收集、积累、整理、存储和归档纳入工程建设管理的各个环节和项目文档管理部门（人员）的职责范围。

(2) 文档资料格式标准化。文档的标准化是项目管理工作和成果规范化的体现。为了便于查询和管理，对来自不同途径、不同形成过程、不同类型、不同管理要求的一系列项目文件、资料、档案应采用标准化格式，按照统一方式编排。

(3) 对规模较大的工程项目，应选用先进合适的计算机工程资料管理系统来进行工程资料的管理，实现资料管理标准化、规范化和科学化。

(4) 项目工程文档资料应随工程进度及时收集、整理，并根据文档类型在系统中进行信息编码，同时对相应的纸质文档原件进行对应的手工信息编码，并按项目的统一规定进行标识。

(5) 项目管理中包括函件、日报、周报、月报和季报等形式的报表，系统项目齐全、准确、真实、格式统一。

(6) 纸质书写文档资料应书写认真、字迹工整、图样清晰，采用耐久性强的碳素墨水书写材料，不得使用易褪色的红色墨水、圆珠笔、铅笔等，以利长期保存。

(7) 在采用计算机信息管理时，应采用资料数据打印输出加手写签名和全部数据采用计算机数据库管理并行的方式进行，格式应符合有关规范标准的规定。

(8) 明确定义归档文件的范围以及这些文档的收集方式，对需要作为建设项目档案保存的资料文档，其管理应符合现行的《建设工程文件归档整理规范》(GB/T50328—2001) 的规定。

(9) 加强建设电子文件的管理与归档，建立真实、准确、完整、有效的建设电子档案，不得对项目档案资料进行伪造、篡改和随意抽撤。其管理应符合现行《建设电子文件与电子档案管理规范》(CJJ/T 117—2007)(2008 年版) 等国家标准、规范、规程和相关文件的规定。

(10) 建立项目文档资料管理收发、查询、借阅、复制、移交以及权限分配制度；提供项目文档资料内外服务，并建立服务规定办法。

3 项目工程文件的归档范围

根据《建设工程文件归档整理规范》(GB/T 50328—2001) 的规定：

(1) 建设工程文件与建设工程档案。建设工程文件是指在工程建设过程中形成的各种形式的信息记录，包括工程准备阶段文件、工段文件、监理文件、施工文件、竣工图和竣工验收文件，也可简称为工程文件。建设工程档案是在工程建设活动中直接形成的具有归档保存价值的文字、图表、声像等各种形式的历史记录，也可简称工程档案。

(2) 工程文件的归档范围。对与工程建设有关的重要活动、记载工程建设主要过程和现状、具有保存价值的各种载体的文件，均应收集齐全，整理立卷后归档。包括工程准备阶段文件、监理文件、施工文件、竣工图、竣工验收文件。工程文件的具体归档范围应符合本规范附录 A 的要求。

对《建设工程项目文件归档范围和保管期限表》中所列城建档案馆接收范围，各城市可根据本地情况适当拓宽和缩减。

4 项目工程归档文件的分类

项目工程归档文件的分类是按照文件的来源、类别、形成的先后顺序以及收集和整理单位的不同，来进行分类的，以便资料的收集、整理、立卷归档。工程归档文件分类如下：

(1) 建设单位的工程归档文件

1) 工程准备阶段文件。A 立项文件；B 建设用地、征地、拆迁文件；C 勘察设计文件（编制单位一般为工程的勘察、设计单位)；D 招投标及合同文件；E 开工审批文件；F 财务文件；G 建设、施工、监理机构及负责人文件；

2) 监理文件（编制单位一般为监理单位)；

3) 施工文件（编制单位一般为施工单位)；

4) 竣工图；

5) 竣工验收文件：A 工程竣工总结；B 竣工验收记录；C 财务文件；D 声像、缩微、电子档案。

(2) 监理单位的工程文档文件

1) 监理规划；2) 监理月报中的有关质量问题；3) 监理会议纪要中的有关质量问题；4) 进度控制；5) 质量控制；6) 造价控制；7) 分包资质；8) 监理通知；9) 合同与其他事项管理；10) 监理工作总结。

(3) 施工单位的工程文档资料

1）建筑安装工程。A土建（建筑与结构）工程。包括施工技术准备文件、施工现场准备文件、地基处理记录、工程图纸变更记录、施工材料预制构件质量证明文件及复试试验报告、施工试验记录、隐蔽工程检查记录、施工记录、施工新技术文件、工程质量事故处理记录、工程质量检验记录。B电气、给排水、消防、采暖、通风、空调、燃气、建筑智能化、电梯工程。包括一般施工记录、图纸变更记录、设备、产品质量检查、安装记录、预检记录、隐蔽工程检查记录、施工试验记录、质量事故处理记录、工程质量检验记录。C室外工程。包括室外安装（给水、雨水、污水、热力、燃气、电讯、电力、照明、电视、消防）、室外建筑环境（建筑小品、水景、道路园林绿化）等施工文件。

2）市政基础设施工程。A施工技术准备文件；B施工现场准备文件；C设计变更、洽商记录；D原材料、成品、半成品、构配件、设备出厂质量合格证及试验报告；E施工试验记录；F施工记录；G预检记录、隐蔽工程检查（验收）记录；H工程质量检查评定记录、功能性试验记录；J质量事故及处理记录；K竣工测量资料。

（4）竣工图资料

1）建筑安装工程竣工图；2）专业竣工图；3）市政基础设施工程竣工图。

5　建设项目工程文件归档整理基本规定

对需要作为建设项目归档保存的工程文件和档案，其管理应符合现行的《建设工程文件归挡整理规范》(GB/T 50328—2001)、《建设电子文件与电子档案管理规范》(CJJ/T 117—2007)（2008年版）等国家标准、规范、规程和相关文件的规定。工程文件归档整理基本规定如下：

（1）建设、勘察、设计、施工、监理等单位应将工程文件的形成和积累纳入工程建设管理的各个环节和有关人员的职责范围。

（2）在工程文件与档案的整理立卷、验收移交工作中，建设单位应履行下列职责：

1）在工程招标及勘察、设计、施工、监理等单位签订协议、合同时，应对工程文件的套数、费用、质量、移交时间等提出明确要求；

2）收集和整理工程准备阶段、竣工验收阶段形成的文件，并应进行立卷归档；

3）负责组织、监督和检查勘察、设计、施工、监理等单位的工程文件的形成、积累和立卷归档工作；也可委托监理单位监督、检查工程文件的形成、积累和立卷归档工作；

4）收集和汇总勘察、设计、施工、监理等单位立卷归档的工程档案；

5）在组织工程竣工验收前，应提请当地的城建档案管理机构对工程档案进行预验收；未取得工程档案验收认可文件，不得组织工程竣工验收；

6）对列入城建档案馆（室）接收范围的工程，工程竣工验收后3个月内，向当地城建档案馆（室）移交一套符合规定的工程档案。

（3）勘察、设计、施工、监理等单位应将本单位形成的工程文件立卷后向建设单位移交。

（4）建设工程项目实行总承包的，总包单位负责收集、汇总各分包单位形成的工程档案，并应及时向建设单位移交；各分包单位应将本单位形成的工程文件整理、立卷后及时移交总包单位。建设工程项目由几个单位承包的，各承包单位负责收集、整理立卷其承包项目的工程文件，并应及时向建设单位移交。

（5）城建档案管理机构应对工程文件的立卷归档工作进行监督、检查、指导。在工程竣工验收前，应对工程档案进行预验收，验收合格后，须出具工程档案认可文件。

6　工程文件的质量要求

（1）归档的工程文件一般应为原件。

（2）工程文件的内容及其深度必须符合国家有关工程勘察、设计的技术规范、标准和规程。

（3）工程文件的内容必须真实、准确，与工程实际相符合。

(4) 施工、监理等方面工程文件应采用耐久性强的书写材料，如碳素墨水、蓝黑墨水，不得使用易褪色的书写材料。

(5) 工程文件应字迹清楚、图样清晰、图表整洁，签字盖章手续完备。

(6) 工程文件中文字材料幅面尺寸规格宜为 A4 幅面，图纸宜采用国家标准图幅。

(7) 工程文件的纸张应采用能够长期保存的韧力大、耐久性强的纸张。图纸一般采用蓝晒图，竣工图应是新蓝图。计算机出图必须清晰，不得使用计算机所出图纸的复印件。

(8) 所有竣工图均应加盖竣工图章。

(9) 利用施工图改绘竣工图，必须标明变更修改依据；凡施工图结构、工艺、平面布置等有重大改变，或变更部分超过图面 1/3 的，应当重新绘制竣工图。

(10) 不同幅面的工程图纸，应统一折叠成 A4 幅面，图标栏露在外面。

(11) 工程档案资料的照片（含底片）及声像档案，要求图像清晰、声音清楚，说明或内容准确。

(12) 工程文件应采用打印的形式，并使用档案规定用笔，手工签字，在不能够使用原件时，应在复印件或钞件上加盖公章并注明原件保存处。

(13) 不同幅面的工程图纸应按《技术制图复制图的折叠方法》(GB/T 10609.3—2009) 统一折叠成 A4 幅面 (297mm×210mm)，图标栏露在外面。

7 工程文件的归档规定

(1) 归档应符合下列规定：

1) 归档文件必须完整、准确、系统，能够反映工程建设活动的全过程。文件材料归档范围详见《建设工程文件归档整理规范》(GB/T 50328—2001) 附表 A。文件材料的质量符合《建设工程文件归档整理规范》(GB/T 50328—2001) 的要求。

2) 归档的文件必须经过分类整理，并应组成符合要求的案卷。

(2) 归档时间应符合下列规定：

1) 根据建设程序和工程特点，归档可以分阶段分期进行，也可以在单位或分部工程通过竣工验收后进行。

2) 勘察、设计单位应当在任务完成时，施工、监理单位应当在工程竣工验收前，将各自形成的有关工程档案向建设单位归档。

3) 勘察、设计、施工单位在收齐工程文件并整理立卷后，建设单位、监理单位应根据城建档案管理机构的要求对档案文件的完整、准确、系统情况和案卷质量进行审查。审查合格后向建设单位移交。

4) 工程档案一般不少于两套，一套由建设单位保存，一套（原件）移交当地城建档案馆（室）。

5) 勘察、设计、施工、监理等单位向建设单位移交档案时，应编制移交清单，双方签字、盖章后方可交接。

6) 凡设计、施工及监理单位需要向本单位归档的文件，应按国家有关规定和《建设工程文件归档整理规范》(GB/T 50328—2001) 附录 A 的要求单独立卷归档。

8 建设电子文件与电子档案管理规范

建设行业标准《建设电子文件与电子档案管理规范》(CJJ/T 117—2007) 适用于建设系统业务管理电子文件和建设工程电子文件的归档和管理。建设电子文件归档与电子档案管理除执行本规范外，尚应执行国家现行有关标准的规定。

(1) 电子文件与建设电子档案

1) 电子文件。指在数字设备及环境中生成，以数码形式存储于磁带、磁盘、光盘等载体，依赖计算机等数字设备阅读、处理，并可在通信网络上传送的文件。

从逻辑上说，电子文件是“数字信息”和“文件”两个概念的交集，它是具有文件特征的数字信息，又是以数字信息为特征的文件。电子文件是文件的一种类型，应该具有文件的各种属性，特别是要有特定的用途和效力。这是电子文件与其他数字信息的基本区别，也是电子文件与其他形式文件的共同点。

电子文件主要包括建设系统业务管理电子文件和建设工程电子文件两大类。

A 建设系统业务管理电子文件。指建设系统各行业、专业管理部门（包括城乡规划、城市建设、村镇建设、建筑业、住宅房地产、勘察设计咨询业、市政公用事业等行政管理部门，以及供水、排水、燃气、热力、园林、绿化、市政、公用、市容、环卫、公共客运、规划、勘察、设计、抗震、人防等专业管理单位）在业务管理和业务技术活动中通过数字设备及环境生成的，以数码形式存储于磁带、磁盘或光盘等载体，依赖计算机等数字设备阅读、处理，并可在通信网络上传送的业务及技术文件。

B 建设工程电子文件。指在工程建设过程中通过数字设备及环境生成，以数码形式存储于磁带、磁盘或光盘等载体，依赖计算机等数字设备阅读、处理，并可在通信网络上传送的文件。建设工程电子文件主要包括工程准备阶段电子文件、监理电子文件、施工电子文件、竣工图电子文件和竣工验收电子文件。建设工程电子文件可简称为工程电子文件。

2）建设电子档案。指具有参考和利用价值并作为档案保存的建设电子文件及相应的支持软件、参数和其他相关数据。主要包括建设系统业务管理电子档案和建设工程电子档案。

（2）建设电子文件归档与管理系统

对建设电子文件进行整理归档及管理的信息系统，具有确定归档范围与保管期限、登记、分类、著录、存储、保管、利用及数据交换等功能。该系统包括两个类型，即建设系统业务管理电子文件归档与管理系统和建设工程电子文件归档与管理系统。

9 建设电子文件与电子档案管理基本规定

对需要作为建设电子文件与电子档案归档保存的资料文档，其管理应符合《建设电子文件与电子档案管理规范》（CJJ/T 117—2007）的要求，基本要求如下：

（1）建设系统业务管理电子文件形成单位和建设工程电子文件形成单位应加强对电子文件归档的管理，将电子文件的形成、收集、积累、整理和归档纳入文件管理工作程序，明确责任岗位，指定专人管理。

（2）建设系统业务管理电子文件形成单位的档案部门负责监督和指导本单位建设系统业务管理电子文件的收集、整理和归档，并定期向当地城建档案馆（室）移交建设系统业务管理电子档案。

（3）建设单位在建设工程电子文件的整理归档与电子档案的验收移交工作中应履行下列职责：

1）在建设工程招标及与勘察、设计、施工、监理等单位签订协议、合同时，对工程电子文件的套数、质量、移交时间等提出明确要求；

2）收集和积累工程准备阶段、竣工验收阶段形成的电子文件，并进行整理归档；

3）组织、监督和检查勘察、设计、施工、监理等单位工程电子文件的形成、积累和整理归档工作；

4）收集和汇总勘察、设计、施工、监理等单位形成的工程电子档案；

5）在组织工程竣工验收前，提请当地建设（城建）档案管理机构对工程纸质档案进行预验收时，应同时提请对工程电子档案进行预验收；

6）对列入城建档案馆（室）接收范围的工程，按规定向当地城建档案馆（室）移交工程电子档案。

（4）勘察、设计、施工、监理及测量等单位应将本单位形成的工程电子文件整理归档后向建设单位移交。建设（城建）档案管理机构应对建设工程电子文件的整理归档工作进行监督、检查、指导和预验收。

（5）对具有永久保存价值的可输出打印型电子文件，建设电子文件形成单位必须将其制成纸质文件或缩微品等。归档时，应同时保存文件的电子版本、纸质版本或缩微品，并在内容、格式、相关说明及描述上保持一致，且二者之间必须建立关联。

(6) 建设电子文件形成单位应建立建设电子文件归档与管理系统，实现建设电子文件自形成到归档、保管、利用过程中电子文件及其著录数据、元数据的连续管理。

(7) 建设电子文件形成单位和建设电子档案保管单位应采取措施，保证建设电子文件的真实性、完整性、有效性和安全性，并应符合以下规定：

1) 应建立规范的制度和工作程序并结合相应的技术措施，从建设电子文件形成开始不间断地对有关处理操作进行管理登记，保证建设电子文件的产生、处理过程符合规范。

2) 应采取安全防护技术措施，保证建设电子文件的真实性。

3) 应建立建设电子文件完整性管理制度并采取相应的技术措施采集背景信息和元数据。背景信息指描述生成电子文件的职能活动、电子文件的作用、办理过程、结果、上下文关系以及对其产生影响的历史环境等信息。元数据指描述电子文件数据属性的数据，包括文件的格式、编排结构、硬件和软件环境、文件处理软件、字处理和图形工具软件、字符集等数据。

4) 应建立建设电子文件有效性管理制度并采取相应的技术保证措施。

5) 建设电子文件的处理和保存应符合国家的安全保密规定，针对自然灾害、非法访问、非法操作、病毒等采取与系统安全和保密等级要求相符的防范对策。

(8) 建设电子文件形成单位与建设（城建）档案管理机构应对建设电子文件加强前端控制，实行全过程的管理与监控，保证管理工作的连续性。

(9) 建设（城建）档案管理机构应根据建设行业信息化现状，及时提出建设电子文件归档的技术性指导意见。建设电子文件形成单位据此明确规定各类建设电子文件归档的具体要求，保证归档质量。

10 建设电子档案的管理

(1) 脱机保管

1) 建设电子档案的保管单位应配备必要的计算机及软、硬件系统，实现建设电子档案的在线管理与集成管理。并将建设电子档案的转存和迁移结合起来，定期将在线建设电子档案按要求转存为一套脱机保管的建设电子档案，以保障建设电子档案的安全保存。

2) 脱机建设电子档案（载体）应在符合保管条件的环境中存放，一式3套，一套封存保管，一套异地保存，一套提供利用。

3) 脱机建设电子档案的保管，应符合下列条件：A 归档载体应作防写处理。不得擦、划、触摸记录涂层；B 环境温度应保持在17～20℃之间；相对湿度应保持在35%～45%之间；C 存放时应注意远离强磁场，并与有害气体隔离；D 存放地点必须做到防火、防虫、防鼠、防盗、防尘、防湿、防高温、防光；E 单片载体应装盒，竖立存放，且避免挤压。

4) 建设电子档案在形成单位的保管，应按照《建设电子文件与电子档案管理规范》（CJJ/T 117—2007）第8.1.3条的要求执行。

(2) 有效存储

1) 建设电子档案保管单位应每年对电子档案读取、处理设备的更新情况进行一次检查登记。设备环境更新时应确认库存载体与新设备的兼容性，如不兼容，必须进行载体转换。

2) 对所保存的电子档案载体，必须进行定期检测及抽样机读检验，如发现问题应及时采取恢复措施。

3) 应根据载体的寿命，定期对磁性载体、光盘载体等载体的建设电子档案进行转存。转存时必须进行登记，登记内容应按《建设电子文件与电子档案管理规范》（CJJ/T 117—2007）附录F的要求填写。

4) 在采取各种有效存储措施后，原载体必须保留3个月以上。

(3) 迁移

1) 建设电子档案保管单位必须在计算机软、硬件系统更新前或电子文件格式淘汰前，将建设电子档案迁移到新的系统中或进行格式转换，保证其在新环境中完全兼容。

2）建设电子档案迁移时必须进行数据校验，保证迁移前后数据的完全一致。

3）建设电子档案迁移时必须进行迁移登记，登记内容应按《建设电子文件与电子档案管理规范》（CJJ/T 117—2007）附录G的要求填写。

4）建设电子档案迁移后，原格式电子档案必须同时保留的时间不少于3年，但对于一些较为特殊必须以原始格式进行还原显示的电子档案，可采用保存原始档案的电子图像。

（4）利用

1）建设电子档案保管单位应编制各种检索工具，提供在线利用和信息服务。

2）利用时必须严格遵守国家保密法规和规定。凡利用互联网发布或在线利用建设电子档案时，应报请有关部门审核批准。

3）对具有保密要求的建设电子档案采用联网的方式利用时，必须按照国家、地方及部门有关计算机和网络保密安全管理的规定，采取必要的安全保密措施，报经国家或地方保密管理部门审批，确保国家利益和国家安全。

4）利用时应采取在线利用或使用拷贝件，电子档案的封存载体不得外借。脱机建设电子档案（载体）不得外借，未经批准，任何单位或人员不得擅自复制、拷贝、修改、转送他人。

5）利用者对电子档案的使用应在权限规定范围之内。

（5）鉴定销毁。建设电子档案的鉴定销毁，应按照国家关于档案鉴定销毁的有关规定执行。销毁建设电子档案必须在办理审批手续后实施，并按《建设电子文件与电子档案管理规范》（CJJ/T 117—2007）附录H的要求，填写《建设电子档案销毁登记表》。

（6）统计。建设电子档案保管单位应及时按年度对建设电子档案的接收、保管、利用及鉴定销毁等情况进行统计。

11　建设电子文件与电子归档管理

（1）电子文件的代码标识、格式与载体

电子文件的代码应包括稿本代码和类别代码。

1）稿本代码应按表12-1标识。

稿本代码　　**表12-1**

稿　本	代　码	稿　本	代　码
草稿性电子文件	M	正式电子文件	F
非正式电子文件	U		

2）类别代码应按表12-2标识。

类别代码　　**表12-2**

文件类别	代　码	文件类别	代　码
文本文件（Text）	T	声音文件（Audio）	A
图像文件（Image）	I	程序文件（Program）	P
图形文件（Graphics）	G	数据文件（Data）	D
影像文件（Video）	V		

3）各种不同类别电子文件的存储应采用通用格式。通用格式应符合表12-3的规定。

各类电子文件的通用格式 **表 12-3**

文件类别	通用格式	文件类别	通用格式
文本文件	XML、DOC、TXT、RTF	图形文件	DWG
表格文件	XLS、ET	影像文件	MPEG、AVI
图像文件	JPEG、TIFF	声音文件	WAV、MP3

各种不同类别电子文件的存储亦可采用国务院建设行政主管部门和信息化主管部门认可的，能兼容各种电子文件的通用文档格式。

4）脱机存储电子档案的载体应采用一次写光盘、磁带、可擦写光盘、硬磁盘等。移动硬盘、优盘、软磁盘等不宜作为电子档案长期保存的载体。

（2）建设电子文件的收集与积累

1）收集积累的范围。A 凡是在城乡规划、建设及其管理等活动中形成的具有重要凭证、依据和参考价值的电子文件和数据等都应属于建设系统业务管理电子文件的收集范围。B 凡是记录与工程建设有关的重要活动、记载工程建设主要过程和现状的具有重要凭证、依据和参考价值的电子文件和相关数据等都应属于建设工程电子文件的收集范围。各类建设工程电子文件的具体收集范围应按照《建设工程文件归档整理规范》（GB/T 50328—2001）规定的收集范围进行。

2）收集积累的要求。A 建设电子文件形成单位必须做好电子文件的收集积累工作。B 建设电子文件的内容必须真实、准确。工程电子文件内容必须与工程实际相符合，且内容及其深度必须符合国家有关工程勘察、设计、施工、监理、测量等方面的技术规范、标准和规程。C 记录了重要文件的主要修改过程和办理情况，有参考价值的建设电子文件的不同稿本均应保留。D 凡是属于收集积累范围的建设电子文件，收集积累时均应进行登记。登记时必须按照规范的要求，填写建设电子文件（档案）的案卷级和文件级登记表。E 应采取严密的安全措施，保证建设电子文件在形成和处理过程中不被非正常改动。积累过程中更改建设系统业务管理电子文件或建设工程电子文件应按《建设电子文件与电档案管理规范》（CJJ/T 117—2007）附录 C 的要求，填写《建设电子文件更改记录表》。F 应定期备份建设电子文件，并存储于能够脱机保存的载体上。对于多年才能完成的项目，应实行分段积累，宜一年拷贝一次。G 对通用软件产生的建设电子文件，应同时收集其软件型号、名称、版本号和相关参数手册、说明资料等。专用软件产生的建设电子文件应转换成通用型建设电子文件。H 对内容信息是由多个子电子文件或数据链接组合而成的建设电子文件，链接的电子文件或数据必须一并归档，并保证其可准确还原；当难以保证归档建设电子文件的完整性与稳定性时，可采取固化的方式将其转换为一种相对稳定的通用文件格式。J 与建设电子文件的真实性、完整性、有效性、安全性等有关的管理控制信息（如电子签章等）必须与建设电子文件一同收集。K 对采用统一套用格式的建设电子文件，在保证能恢复原格式形态的情况下，其内容信息可不按原格式存储。L 计算机系统运行和信息处理等过程中涉及与建设电子文件处理有关的著录数据、元数据等必须与建设电子文件一同收集。

3）收集积累的程序。A 收集积累建设电子文件，均需进行登记，并应符合以下规定：a——工作人员应按本单位文件归档和保管期限的规定，从电子文件生成之日起对需归档的电子文件性质、类别、期限等进行标记；b——应运用建设电子文件归档与管理系统对每份建设电子文件进行登记，电子文件登记表应与电子文件同时保存。B 对已登记的建设电子文件必须进行初步鉴定，并将鉴定结果录入建设电子文件归档与管理系统。C 对经过初步鉴定的建设电子文件应进行著录，并将结果录入建设电子文件归档与管理系统。D 对已收集积累的建设电子文件，应按业务案件或工程项目来组织存储。E 对存储的建设电子文件的命名，宜由三位阿拉伯数字或三位阿拉伯数字加汉字组成，数字是本文件保管单元内电子文件编排顺序号，汉字部分则体现本电子文件的内容及特征或图纸的专业名称和编号。建设电子文件保管单元的命名规则可按照建设电子文件的命名规则进行。F 建设电子文件与相应的纸质文件应建立关联，在内容、相关说明及描述上应保持一致。

(3) 建设电子文件的整理、鉴定与归档

1) 整理。A 建设电子文件的形成单位应做好电子文件的整理工作。B 对于建设系统业务管理电子文件或建设工程电子文件，业务案件办理完结或工程项目完成后，应在收集积累的基础上，对该案件或项目的电子文件进行整理。C 整理应遵循建设系统业务管理电子文件或建设工程电子文件的自然形成规律，保持案件或项目内建设电子文件间的有机联系，便于建设电子档案的保管和利用。D 同一个保管单元内建设电子文件的组织和排序可按相应的建设纸质文件整理要求进行。E 建设电子文件的分类应按照《城建档案分类大纲》进行。F 建设电子文件的著录应按照《城建档案著录规范》(GB/T 50323—2001) 进行，同时应按照保证其真实性、完整性、有效性的要求补充建设电子文件特有的著录项目和其他标识信息与数据。

2) 鉴定。A 鉴定工作应贯穿于建设电子文件归档与电子档案管理的全过程。电子文件的鉴定工作，应包括对电子文件的真实性、完整性、有效性的鉴定及确定归档范围和划定保管期限。B 归档前，建设电子文件形成单位应按照规定的项目，对建设电子文件的真实性、完整性和有效性进行鉴定。C 建设电子文件的归档范围、保管期限应按照国家关于建设纸质文件材料归档范围、保管期限的有关规定执行。建设电子文件元数据的保管期限应与内容信息的保管期限一致。

3) 归档。A 建设电子文件形成单位应定期把经过鉴定合格的电子文件向本单位档案部门归档移交。B 归档的建设电子文件应符合下列要求：a 已按电子档案管理要求的格式将其存储到符合保管要求的脱机载体上；b 必须完整、准确、系统，能够反映建设活动的全过程。C 建设电子文件的归档方式包括在线式归档和离线式归档。可根据实际情况选择其中的一种或两种方式进行电子文件的归档。建设系统业务管理电子文件的在线式归档可实时进行；离线式归档应与相应的建设系统业务管理纸质或其他载体形式文件归档同时进行。工程电子文件应与相应的工程纸质或其他载体形式的文件同时归档。D 建设电子文件形成单位在实施在线式归档时，应将建设电子文件的管理权从网络上转移至本单位档案部门，并将建设电子文件及其元数据等通过网络提交给档案部门。E 建设电子文件形成单位在实施离线式归档时，应按下列步骤进行：a 将已整理好的建设电子文件及其著录数据、元数据、各种管理登记数据等分案件（或项目）按要求从原系统中导出；b 将导出的建设电子文件及其著录数据、元数据、各种管理登记数据等按照要求存储到耐久性好的载体上，同一案件（或项目）的电子文件及其著录数据、元数据、各种管理登记数据等必须存储在同一载体上；c 对存储的建设电子文件进行检验；d 在存储建设电子文件的载体或装具上编制封面，封面内容的填写应符合《建设电子文件与电子档案管理规范》(CJJ/T 117—2007) 附录 D 的要求，同时存储载体应设置成禁止写操作的状态；e 将存储建设电子文件并贴好封面的载体移交给本单位档案部门；f 归档移交时，交接双方必须办理归档移交手续。档案部门必须对归档的建设电子文件进行检验，并按照《建设电子文件与电子档案管理规范》(CJJ/T 117—2007) 附录 E 的要求，填写《建设电子档案移交、接收登记表》。交接双方负责人必须签署审核意见。当文件形成单位采用了某些技术方法保证电子文件的真实性、完整性和有效性时，则应把其技术方法和相关软件一同移交给接收单位。

4) 检验。A 建设系统业务管理电子文件形成部门在向本单位档案部门移交电子文件之前，以及本单位档案部门在接收电子文件之前，均应对移交的载体及其技术环境进行检验，检验合格后方可进行交接。B 勘察、设计、施工、监理、测量等单位形成的工程电子档案应由建设单位进行检验。检验审查合格后向建设单位移交。C 在对建设电子档案进行检验时，应重点检查以下内容：a 建设电子档案的真实性、完整性、有效性；b 建设电子档案与纸质档案是否一致、是否已建立关联；c 载体有无病毒、有无划痕；d 登记表、著录数据、软件、说明资料等是否齐全。

5) 汇总。建设单位应将勘察、设计、施工、监理、测量等单位移交的工程电子档案及相关数据与本单位形成的工程前期电子档案及验收电子档案一起按项目进行汇总，并对汇总后的工程电子档案按本规范的要求进行检验。

12.2 项目设计信息管理

12.2.1 项目设计信息管理概述

1 项目设计信息管理概念

项目设计信息管理是整个建设项目管理不可缺少的一个组成部分。项目设计信息管理是对建设项目设计阶段及其后续阶段的设计信息的收集、整理、处理、存储、传递和应用等活动的总称。

2 项目设计信息管理的主要作用

项目设计信息管理作为项目信息管理的组成部分。其主要作用是通过及时、动态的信息处理和有组织的信息流通，为项目组织内部各级项目管理人员及时提供全面、可靠、准确的设计动态信息，作为正确的设计管理等项目管理活动的科学依据。与设计单位及相关外部组织保持充分、畅通、有效的信息沟通，以及时采取相应的组织协调措施，避免或减少矛盾或冲突，保证设计信息管理系统安全、可靠地为项目设计管理服务和保证项目设计目标的顺利实现。

3 设计阶段信息管理任务

(1) 制定项目设计信息管理制度，并按项目进展有计划地控制其执行，满足项目设计的需要。

(2) 运用计算机和网络系统作为项目设计信息管理的手段，使用统一、规范的形式或格式，按项目部的工程信息编码体系，建立项目设计信息数据库系统。

(3) 及时收集、整理项目设计阶段及其后续阶段的各类项目设计信息，并采用适宜载体方式表示和分类存档。

(4) 对项目设计信息进行分析与评估，确保信息的真实、准确、完整和安全，并具有可追溯性。

(5) 建立适应设计沟通管理需要的项目设计信息记录、整理、分析、传递、和反馈的项目设计信息交流机制。

(6) 按项目设计管理需要，填写项目设计管理记录，编制设计管理工作报表和报告，按时向项目组织内部提供项目设计及其管理的各类信息。

(7) 及时、准确、完整地向设计单位及相关外部组织提供有关项目设计需要的基础与依据资料以及设计管理、设计沟通管理需要的各种相关信息，并取得反馈信息。

(8) 督促监控设计单位提供设计合同约定的项目各阶段设计文件及相关工程设计技术、经济资料和设计进度、质量、投资目标控制等信息；整理提供相关文件资料、档案。

(9) 建立项目设计管理资料文档管理制度。规范、科学地管理设计文件及其管理资料文档（包括CAD电子文件与电子档案）以及设计文件的分发管理。

(10) 建立有关会议制度并整理会议记录；收集、整理设计后续阶段设计服务中的相关原始记录，提供修改设计、变更设计和竣工图等相关文件资料。

(11) 按国家建设工程文件归档整理（包括建设电子文件与电子档案管理）规范有关规定，完成所有项目设计文档的整理和归档，确保真实、有效和完整。

12.2.2 项目设计信息管理系统

1 项目设计管理信息系统概念

项目设计管理信息系统是指按照项目信息管理制度、信息管理技术、项目设计管理职责和工作流程、内容，建立具有项目设计信息收集、处理、流通和信息管理流程等功能的系统。

2 项目设计信息管理系统要求

项目设计信息管理系统应满足下列要求：

(1) 项目设计信息管理系统应符合项目信息管理制度。

(2) 项目设计信息管理系统应与信息管理技术相匹配。

(3) 设计信息管理软件应与项目工程设计、设计管理和项目管理所使用的相关软件有良好的适应性。

(4) 项目设计信息分类和编码应遵循项目部的信息分类和编码规则与结构。

(5) 设计信息管理系统应便于信息的输入、整理、分析和存储；便于信息发布、传递及搜索。

(6) 设计信息管理系统应使用统一、规范的形式或格式提供信息；使用数据库系统提供数据。

(7) 设计信息管理系统有严格的数据安全保证措施。

通过信息技术在项目设计管理信息管理中的开发和应用能实现以下功能：

1) 设计管理信息存储数字化和存储相对集中。设计管理信息存储数字化和存储相对集中有利于项目信息的检索和查询，有利于数据和文件版本的统一，并有利于项目设计管理文档的管理。

2) 设计管理信息处理和变换的程序化。设计管理信息处理和变换的程序化有利于提高设计管理数据处理的准确性，并可提高数据处理的效率。

3) 设计管理信息传输的数字化和电子化。设计管理信息传输的数字化和电子化可提高设计管理数据传输的抗干扰能力，使设计管理数据传输不受距离限制并可提高设计管理数据传输的保真度和保密性。

4) 设计管理信息获取便捷，信息透明度提高，信息流扁平化。设计管理信息获取便捷，信息透明度提高以及信息流扁平化有利于建设项目参与方之间的信息交流和协同工作。

3 设计管理信息的分类与编码概述

对项目设计管理信息建立进行分类和编码体系是进行有效信息管理的基础。项目设计管理信息的分类和编码应由项目设计管理部门负责编制，纳入项目信息管理系统。建设项目设计管理部门应从建设项目各参与方对设计管理信息的需求以及项目各个阶段设计信息的特点出发，建立一套兼顾建设项目管理及其设计管理各种信息分类与编码的体系，用以满足建设项目设计管理工作的需求。

随着互联网、多媒体数据库及电子商务等以计算机和通信技术为核心的现代信息管理科技的迅猛发展，为项目（特别是大型建设工程项目）信息管理系统的建立和实施提供了全新的“E时代”信息管理理念、技术支撑平台和全面解决方案。

项目部应根据项目设计管理需要配备设计管理信息管理人员。项目信息管理人员须经过严格的设计管理信息管理知识和技能培训，并充分掌握设计管理信息管理的技术和技能。

项目设计管理信息可以数据、表格、文字、图纸、音像、电子文件等载体方式表示，保证项目信息能及时地收集、整理、共享与传输。

4 设计管理信息的基本内容

(1) 国家和地方法律法规、建设法规和规定、规划、建设以及专项设计行政管理、行政许可文件等信息。

(2) 国家和地方规定的产业政策、建设标准、设计标准、有关的技术经济指标和定额等信息。

(3) 设计方针、设计原则、先进设计理论、方法；国内外设计单位、专业配套能力信息；新技术、新设备、新工艺、新材料等信息。

(4) 项目管理组织结构及其职能，设计管理部门及其人员专业分工、职责；项目管理制度、设计管理制度、项目各系统管理和项目目标控制图表、报表、报告、文档信息及其编码等。

(5) 项目前期信息

1) 项目建议书、项目建议书审批意见及前期工作通知书。

2) 可行性研究报告及附件、可行性研究报告审批意见。

3) 建设用地申请预审材料、土地行政主管部门的建设项目用地预审的批复。

4) 与立项有关的会议纪要。

5) 调查资料及项目评估研究材料。

6）专家建议文件。

7）建设选址报告等申请选址意见书材料、城乡规划部门的选址意见书及相关批文。

8）建设用地申请报告等建设用地申请材料。

9）国有土地上房屋征收与补偿意见、协议、方案等。

10）建设用地规划许可证申请材料，建设用地规划许可证及其附件。

11）县级以上人民政府城乡建设用地批准书。

12）国有土地划拨决定书。

13）土地有偿使用合同、国有土地使用权证。

14）建设用地利用要求。

15）申报规划设计要求（条件）材料、规划设计要求（条件）通知书、相关专业规划要求及有关批复文件资料。

16）建设工程规划审批申报表及送审的设计文件（规划设计方案）。

17）建设工程规划许可证及其附件、乡村建设规划许可证及其附件。

18）建筑工程施工许可证申请材料、建筑工程施工许可证。

19）建设项目列入年度计划的申报文件、建设项目列入年度计划的批复文件或年度计划项目表。

20）投资许可证、审计证明等证明等。

（6）勘察、测绘、设计文件

1）工程地质勘察报告、水文地质勘察报告。

2）地形测量和拨地测量成果报告、地域图。

3）气象和地震烈度等自然条件资料、矿藏资源报告。

4）工程设计基础资料、技术条件等工程数据。

5）设计任务书等设计要求文件。

6）设计方案征集（竞赛）文件。

7）各阶段及其各专业的设计深度要求文件。

8）场地（规划）方案设计图及设计说明文本。

9）场地（规划）设计方案批复文件。

10）建筑设计方案图及设计说明文本。

11）设计方案专家评审和设计方案公示意见。

12）设计方案批复文件或审查意见（注：方案设计文件分为报批方案设计文件和招标方案设计文件、招标方案设计文件分为概念性方案设计文件和实施性方案设计文件。）

13）初步设计（扩初设计）图纸和说明。

14）初步设计批复文件或审查意见。

15）技术设计图纸和说明（如有）。

16）施工图及其说明、设计计算书、各种设备和材料的明细表、向审查机构提供的送审资料。

17）施工图审图机构对施工图设计文件的审批意见、审查合格书。

18）建设项目专项设计送审材料、行政许可批准文件或取得的有关协议，包括：环境保护、绿化、人防、消防、抗震、节能、防雷、卫生防疫、市容环卫、安全、道路交通、河道管理。

19）建设项目设施配套事项材料、取得外部协作单位的有关协议，包括供电、排水、供热、供燃气、电信、建筑智能化、道路与管线。

（7）招投标和合同信息

1）招标代理机构委托协议。

2）勘察招标文件及其附件、勘察投标单位投标书及其附件。

3）勘察合同。

4）设计方案竞赛文件，包括方案设计竞赛任务书、邀请设计单位名单、参赛单位资格预审文件、参赛单位的设计方案、设计方案评审专家名单、设计方案评审比选文件、设计方案评审结果通知书。

5）招标方案设计（概念性方案设计招标或实施性方案设计招标）分为概念性方案设计文件和实施性方案设计文件，概念性方案设计招标或实施性方案设计招标、初步设计、施工图设计招标公告或者招标邀请书、投标人资格预审、招标文件及其附件；设计投标单位投标书及其附件；联合体投标共同投标协议；中标通知书、招标投标情况的书面报告；方案设计投标文件补偿文件等。

6）招标代理合同，包括设计合同策划文件、设计合同文本（包括国际设计合同文本），方案设计、初步设计、施工图设计设计委托合同，合同双方在洽商合同时共同签字的补充文件，合同实施计划、设计合同管理用表、合同后评价等。

7）施工招投标文件及其附件。

8）施工承包合同及其附件。

9）监理招投标文件及其附件。

10）监理委托合同及其附件。

11）工程质量监督手续文件。

（8）设计过程管理信息

1）设计投资控制信息

A　设计准备阶段：投资估算指标、已建同类型工程项目的投资档案资料、民用建筑工程、工业建筑设计经济性评价指标、建筑节能设计标准、标准设计资料；项目投资规划（包括投资目标的分析与论证、投资目标的分解与编码、投资控制的工作流程、投资目标的风险分析）、项目投资估算（投资估算编制说明及投资估算表）、项目投资管理与费用计划等信息。

B　项目设计各阶段的投资控制。设计投资控制文件的编制依据资料；采用限额设计方法的投资目标分解、分配至项目各组成部分和各专业设计工种的投资限额、各设计专业投资核算点表、限额设计费用分析报告、限额设计工程量变更报告、限额设计经济责任制；设计合同价、建筑市场价格和变动状态；设计投资控制文件的送审与批复文件；项目设计投资的动态控制过程、设计变更、各类设计投资控制报表和报告、总结报告。

C　方案设计限额、方案设计估算文件、对设计方案的技术经济评价和优化、运用价值工程选择和优化设计方案、审核方案设计估算和调整；初步设计的设计概算文件（单位工程概算、单项工程综合概算和建设项目总概算组成）、设计概算的技术经济评价报告、技术设计的修正概算书、设计阶段资金使用计划；施工图设计的预算文件（单位工程预算书、单项工程综合预算表、建设项目总预算表）、项目工程量清单、施工招标标底、合同价文件等。

2）设计质量控制信息

A　国家工程质量管理法规和工程冀缩质量标准、工程质量责任制度（建设单位、勘察、设计单位、施工单位、工程监理单位的资量责任和义务）、施工图设计文件审查制度、工程质量监督制度、工程质量检测制度、施工验收备案制度、工程材料和设备准用规定、质量管理体系文件。

B　项目质量目标及其分解结果、项目质量手册、项目质量计划、阐明质量要求的文件、项目质量控制工作制度、项目质量控制工作流程及控制方法、项目质量控制的风险分析、项目质量管理及控制标准、项目质量检查结果和实测数据、各类项目质量验审单、项目质量管理工作总结等。

C　项目设计质量目标、设计质量要求和设计依据文件规定的质量标准、设计强制性标准、适用设计规范和技术标准、工程设计单位资质管理制度、设计人员执业资格注册管理制度、外商投资建设工程设计企业管理规定、设计依据资料、类似项目设计提供的经验或改进等历史信息。

D　设计质量计划、设计质量管理组织机构的设置、各级人员的质量职责和奖罚规则、设计质量控制流程图、项目设计（或过程）所要求的评审、论证、审批或许可文件、设计文件评审规定、修改设计文件的规定、设计文件接收准则与记录；质量目标的动态控制、设计单位的设计实施计划。

E 工程勘察过程的质量控制：工程勘察规范及其强制性条文、审查勘察工作方案、勘察现场作业的质量控制、勘察文件的质量控制、工程勘察报告等。

F 方案设计任务书、方案设计文件编制的深度规定、设计方案评选与决策全程文件（方案设计评选的流程、方案设计评选标准、专家评审意见表、设计方案评审结果通知书、评选会议记录、会议纪要、设计方案评选总结等）；设计方案规划公示信息文件（设计方案规划公示规定、公示公告、规划土地管理部门根据方案公示的结果进一步审核后提出的修改方案意见）。

G 初步设计任务书、初步设计文件的编制深度规定、初步设计设计文件验收单、初步设计的内审优化文件设计文件审查表、初步设计会审文件（主要评审内容、初步设计审查批文和评审会纪要等）、初步设计送审报批材料、初步设计批复等。

H 施工图设计的基本要求、施工图设计文件编制深度规定、设备材料采购技术文件和试运行技术文件、建筑工程施工图设计文件审查要点、对设计过程的跟踪控制要求，与设计单位设计管理配合要求，设计单位提供的施工图设计计划和设计输入文件、设计过程质量跟踪表或评估报告；施工图设计文件的内审（包括对设计结果文件的审查及对设计单位所进行设计评审、设计验证的记录的审查、设计文件审查表）、施工图设计文件验收单、施工图审查机构的审查结果和具体意见、施工图设计验证和设计确认文件等。

J 设计变更控制规定、修改更新原成品文件或编制补充文件。

3）设计进度控制信息

进度控制信息包括工期定额、进度计划编制依据文件、项目总进度规划、项目总进度计划（工程项目一览表、项目总进度表、投资计划按年度分配表、项目进度平衡表、进度说明书）、进度管理目标及其分解、项目进度目标体系（项目进度总目标、各层级进度计划表、分阶段或实施周期目标、年、季、月、周目标、里程碑事件目标、各专业目标、项目经理、各相关管理部门任务分工表和职能分工表、子项目负责人、目标负责人、分目标责任人、项目的工作编码）资源需要量及供应平衡表。

进度计划实施方案、项目进度监测（进度计划的实施记录）、进度控制总结报告、进度控制制度、进度控制工作流程、进度控制的风险分析、跟踪检查进度记录、进度报告等。项目控制性进度计划（设计控制性进度计划、采购控制性进度计划、施工控制性进度计划、项目动用前准备阶段的工作进度）、进度控制主管部门进度信息统计、进度计划分析与调整、进度控制总结报告。

(9) 项目施工、采购管理设计管理信息

1）项目施工过程设计管理信息

A 设计交底设计会审会议纪要、有关设计的施工质量跟踪检查（包括设计与施工质量、进度、费用之间的接口关系处理、事故分析，提出处理的技术措施或对处理措施组织技术鉴定、重要隐蔽工程、单位、单项工程的中间验收、工程技术档案等）、施工与设备安装过程中的设计现场技术支持和服务记录、施工中主要技术问题的设计校核与处理文件、因设计造成的质量事故分析和相应的技术处理方案以及技术鉴定文件、工程施工安装例会记录、重大技术方案研讨会记录等。

B 施工实施阶段设计变更书面文件和记录：包括设计变更手续，设计单位签发设计变更通知书，修改的或重新设计的设计文件、补充设计文件，经建设、设计、监理、施工单位各方共同签署的设计变更洽商记录、设计变更后项目工程进度、质量、价款和资源的跟进调整的实施计划等。

C 施工单位提供的施工组织设计、施工技术方案、各种计划文件、工程分包申请、工程实施进度表、材料设备报验、工程结算、工程款支付申请书、月支付申请表、工料价格调整申请表、索赔申请表、各种工程项目自检报告、质量事故（问题）报告、现场签证等。

2）材料设备采购过程设计管理信息

A　设计文件选用的建筑材料、建筑构配件和设备的等级、规格、型号、性能等技术指标、国家规定的质量标准；设计向采购提交的请购文件（包括请购单、设备材料规格书和数据表、设计图纸、采购说明书、适用的标准、规范和其他有关的资料、文件）、设计对报价技术的评审与结论、采购向设计提交的关键设备资料、设计对制造厂图纸（先期确认图及最终确认图）的审查、确认、返回文件等。

B　项目采购的直接参与主体资料（包括采购人、供应商和采购代理机构）、项目采购管理制度、采购计划、采购合同及附件、特殊要求的设备材料第三方检验合同、采购检验计划、设备材料控制程序、设备材料数量统计、询价技术文件及其修订补充文件、满足询价文件的全部报价文件、对制造厂商报价的技术评价意见、产品供应和服务单位应提供的合格评定、从国外引进新技术或成套设备的项目签订的合同和国外提供的设计文件等资料等；供货商报（询）价技术评审和技术谈判文件、制造厂商返回的先期确认图纸及最终确认图纸审查确认、关键设备和材料的质量检验文件、来自供货商的相关技术资料、产品和质量证明资料、产品交验记录、检验报告、合格产品保管登记、现场服务的管理资料（包括协同采购部门的设计接口技术服务、供货商专家服务的联络和协调，处理供货质量或不符合要求的服务问题等）。材料设备采购例会记录、供货商协调会会议纪要、厂商协调会议纪要、项目采购报告、项目采购工作总结等。

C　与设计有关的材料设备变更管理文件，包括采购变更管理程序和规定、变更的范围、内容、理由及处理措施、变更的性质和责任承担方、对采购的要求和对项目进度和费用的影响等。

（10）项目收尾设计管理信息

1）项目竣工验收信息

A　国家现行施工技术验收规范、竣工验收标准、建筑工程施工质量验收强制性条文、项目竣工验收的依据资料、项目竣工验收条件（包括项目竣工实体收尾、竣工资料的整理）、生产性项目竣工验收的基本条件、竣工结算办理规定、竣工决算的依据资料、竣工质量验收程序规定、工程竣工资料管理制度、工程档案资料管理标准、竣工图的基本要求等。

B　建设单位项目竣工计划、竣工预验收资料、竣工验收方案、竣工验收委员会或竣工验收组名单、项目竣工收尾检查结果记录文件、工程款支付证明、建设单位向工程质量监督机构提交的建筑工程竣工验收报告及其附件、工程竣工图资料、建设工程竣工验收和项目移交备案表等。施工单位项目竣工计划、项目竣工验收报告及其附件、工程施工质量的检查报告（包括工程竣工资料明细、分类目录及汇总表）、地基与勘察、主体结构分部工程及单位工程质量验收记录、有关质量检测和功能性试验资料、施工管理资料和技术档案、工程质量保修书、住宅质量保证书和住宅使用说明书等。勘察、设计单位的工程质量检查报告、设计单位参加签署的更改原设计的资料；监理单位工程质量评估报告；规划行政主管部门出具的规划设计认可文件、由公安消防、环保等部门出具的认可文件或者准许使用文件；工程质量监督报告、建设行政主管部门、质量监督机构责令整改的结果报告、验收人员签署的工程竣工验收意见、竣工验收遗留问题处理结果报告等。

C　项目竣工结算书及其相关资料：各单项工程竣工综合结算书、发包人的指令文件、商品混凝土供应记录、隐蔽工程记录及施工日志、技术核定、现场签证和工程量核定单、项目竣工结算书审查文件等。

D　项目竣工决算及其相关资料：单项工程综合概算书、项目总概算、项目竣工决算报告、项目竣工财务决算说明书、项目竣工财务决算报表和项目工程造价对比分析资料表、各种设计变更、经济签证、设备材料调价文件及记录、竣工档案资料、项目竣工决算送审报批报告文件、建设项目竣工财务决算审批表、主管部门审批意见文件等。

E　项目验收合格文件、项目交付使用资产明细表、工程移交交接记录等。

2）项目回访保修信息

国家工程质量保修制度、房屋建筑工程质量保修办法、工程质量保修组织和人员的职责、工程质量保修书中约定保修范围、保修期限、保修责任、保修费用处理、保修管理程序和服务工作计划、生产性项目试运行生产系统、配套系统和辅助系统的施工安装及调试、设计单位提供试运行过程中的技术支持和服务记录等。

3）项目考核评价信息

A 考核评价组织、考核评价办法、考核评价方案、项目管理总结内容、项目考核评价依据、项目考核评价的定量指标（包括工程质量指标、工期及工期提前率、工程成本降低额及降低率、安全控制目标、环境保护目标及指标等）、项目考核评价的定性指标（包括经营管理理念，项目管理策划，管理制度及新方法，新工艺、新技术的推广，社会效益及其社会评价等）。

B 项目考核评价指标分析报告、接受项目管理考核评价的责任主体（建设单位、设计单位、施工单位、总包单位、专业管理（咨询）单位项目经理部以及其他单位项目经理部等）、项目立项决策评价、勘察设计评价、设备材料采购评价、施工评价、生产运营评价、项目效益评价；项目贯彻节约资源（节地、节能、节水、节材）和环保、减排，可持续发展的基本国策评价等。

C 项目管理总结、项目设计管理工作总结、设计单位设计回访、设计后评价和设计总结、供业主改善建设项目使用的建议与意见等。

5 设计管理信息的编码要点

设计管理信息编码是指对设计管理信息赋予一组能反映其主要特征的代码，用以表征信息的属性。设计管理信息编码是进行设计管理信息交换和实现信息资源共享的重要前提和必要条件，是项目信息管理的重要组成部分，也是设计管理计划的重要内容。

（1）项目设计管理部门经理及专职人员负责设计管理信息编码工作。项目设计管理信息编码应利用计算机信息技术进行管理。以便于用计算机和网络技术建立设计管理信息处理和项目参与方信息共享平台。

（2）设计管理信息编码方式和规则有多种方式，一般应按照建设项目信息分类和编码体系统的编码结构统一编制，以保证组织管理层和项目经理部信息共享。

（3）设计管理信息编码规则要求能充分反映设计管理信息的属性，按建设项目的特点和项目设计管理的需求编制。由于工程设计文件多采用 CAD 电子文件等形式，故设计管理信息软件应适应现代设计信息管理的需求。

（4）遵守国家现行《信息分类编码标准化管理办法》的信息分类编码标准体制中有关国家标准、专业标准、地方标准和企业标准的工程建设各类标准编码规定和形式进行编制。

（5）设计管理信息分类编码工作的核心是建立在对项目设计管理信息内容加以分析的基础上的，设计管理信息编码应覆盖项目建设全过程有关设计管理的内容。下列设计管理的重点信息，其编码应作为重点考虑内容：

1）国家和地方有关规划、建设以及专项设计法律法规和建设标准、设计方针、设计原则、设计标准、有关的技术经济指标和定额等信息。

2）建设单位项目管理各系统管理和项目目标控制图表、报表、报告、文档信息。

3）设计管理制度、项目前期信息、设计委托合同、设计阶段的设计文件及其目标控制信息、各专项设计信息。

4）设计单位提供的信息。

5）施工阶段设计服务、设计变更、与设计管理有关的材料设备采购信息。

6）竣工图等竣工验收资料信息等。

6 项目设计管理资料文档管理

（1）建立项目设计管理资料文档管理制度

项目设计管理资料文档是在项目工程建设过程中形成的、建设项目前期、设计阶段更是其大量集中形成产生的重点时段。项目设计管理资料文档既是项目建设活动必需的信息，也是项目设计信息管理的对象。作为项目建设工程资料文档的重要组成部分，它与建设项目其他信息一样，同样需要建立项目设计管理资料文档管理制度，以实现在项目组织内部和设计单位、施工单位、建设监理单位、政府主管部门等外部组织之间进行收集、加工、传输、存储、检索、输出和反馈的功能，以便进行规范化和科学化管理。

（2）CAD电子文件与电子档案管理。在设计管理信息的设计文件及其管理资料文档中，有较多的CAD电子文件与档案资料，需要对建设电子文件与电子档案的管理加以规范要求并进行合适的重点管理。

1）CAD电子文件。CAD电子文件是指在数字设备及环境中，由CAD系统生成的，以数码形式存储于磁带、磁盘、光盘等载体，依赖计算机等数字设备阅读、处理，并可在通信网络上传送的文件。

2）CAD电子档案。CAD电子档案是指具有参考和利用价值并作为档案保存的建设CAD电子文件及相应的支持软件、参数和其他相关数据。主要包括CAD工程电子档案和CAD业务管理电子档案。

3）CAD电子文件与档案的类型。A图像文件：由图纸扫描或其他方式产生的二维点阵图文件；B图形文件：由CAD系统生成的二维、三维图形文件；C数据文件：各种类型的分析、计算、测试、设计参数及管理等数据文件；D文本文件：一般用字处理技术处理形成的文字文件、表格文件，以及各种管理活动中形成的公文、报表和软件说明等；E计算机程序：计算机使用的或在某一软件平台上自行开发设计的系统软件、支撑软件和应用软件的程序及其配套纸质文件。

4）CAD电子文件与档案的代码标识、格式与载体。CAD电子文件与档案的代码应包括稿本代码和类别代码。

5）建设CAD电子文件与档案管理应纳入建设电子文件与电子档案管理信息系统。由CAD电子文件形成单位、业务管理部门和档案管理部门负责，指定专人管理。CAD电子文件管理应符合建设行业标准《建设电子文件与电子档案管理规范》（CJJ/T 117—2007）的规定。对电子文件的形成、收集、积累、整理、归档应实施全过程管理，以保证电子档案质量。

6）CAD电子文件与档案的归档。对需要作为建设项目档案保存的CAD电子文件与档案，其管理应符合现行的《建设工程文件归档整理规范》（GB/T 50328—2001）和《建设电子文件与电子档案管理规范》（CJJ/T 117—2007）的基本规定。

（3）建筑工程设计文件的管理

建筑工程设计文件（以下简称设计文件）是指在建设项目工程设计过程中形成，并经审查批准的各阶段设计文件和项目工程竣工图。对建筑工程设计文件管理有其专门的规定和专业要求。

1）批准的各阶段设计文件。批准的各阶段设计文件包括：A方案设计文件，按不同项目可分为场地方案设计文件、报批方案设计文件和招标方案设计文件，招标方案设计文件分为概念性方案设计文件和实施性方案设计文件；B初步设计文件（或扩初设计文件），包括技术设计文件；C施工图设计图文件；D竣工图。

2）设计文件的质量要求

A　建筑工程设计文件（以下简称设计文件）的内容及其深度必须符合现行国家标准《建筑工程设计文件编制深度规定》和其他有关设计标准的规定；应字迹清楚、图样清晰、图表整洁，签字盖章手续完备。

B　设计文件包括纸质文件和电子文件。纸质设计图纸应采用国家标准图幅，不同幅面的工程图纸应按《技术制图复制图的折叠方法》（GB/T 10609.3—2009）统一折叠成A4幅面（297mm×210mm），图标栏露在外面；纸质设计文字材料幅面尺寸规格宜为A4幅面；应采用能够长期保存的韧力大、耐久性强的纸张；书写应采用耐久性强的书写材料，如碳素墨水、蓝黑墨水，不得使用易褪色的书写材料；设计文件一般采用蓝晒图，竣工图应是新蓝图；计算机出图必须清晰，不得使用计算机所出图纸的复印件；方案设计文件可采用图册文本及展板、模型等。

C 竣工图内容必须真实、准确，与工程实际相符合，所有竣工图均应加盖竣工图章。利用施工图改绘竣工图，必须标明变更修改依据；凡施工图结构、工艺、平面布置等有重大改变，或变更部分超过图面 1/3 的，应当重新绘制竣工图。

D 归档的设计文件必须经过分类整理，并应组成符合要求的案卷。设计文件一般不少于两套，一套由建设单位保存，一套（原件）移交当地城建档案馆（室）。

归档的设计文件应符合现行的《建设工程文件归档整理规范》（GB/T 50328—2001）和《建设电子文件与电子档案管理规范》（CJJ/T 117—2007）的规定，保证设计文件档案质量。

3）设计文件的分发管理

A 方案设计文件、初步设计文件、施工图设计文件由设计单位发出，建设单位设计管理部门负责管理。

B 设计单位每次发出设计文件时，应致函建设单位设计管理部门，说明发出设计文件的用途、内容，并附上设计文件清单。

C 建设单位设计管理部门进行验收、整理、归类和登记，并分发到项目管理组织有关部门、人员；准备方案设计评审比选、初步设计会审、施工图设计审查的设计文件；经优化修改后，提供规划、建设及各专项设计主管部门、施工图审图机构审批需要的设计文件；根据批复意见，建设单位设计管理部门送原设计单位修改或补充设计，必要时提供重新审批需要的设计文件。

D 批准的各阶段设计文件（包括纸质和电子文件）应及时按规定存储备用。

E 建设单位设计管理部门提供施工招标、监理招标、采购招标等用的施工图设计文件。

F 按合同约定，建设单位设计管理部门按时向监理单位、施工单位、供货单位等交付施工图设计文件。分发时做好分发单位名称、施工图设计文件份数和目录清单、收件单位验收后签署收件单等登记工作。

G 建设单位设计管理部门应及时、真实、准确、完整收集、整理需要归档的设计文件，并应组成符合要求的案卷，作为设计文件档案归档。一套设计文件档案移交当地城建档案馆（室），收集时应根据城建档案管理机构的要求对设计文件档案质量进行审查；移交设计文件档案时应编制移交清单，双方签字、盖章后方可交接。

第13章 项目设计沟通管理

项目建设离不开协作，协作离不开沟通和协调，项目沟通与协调贯穿于建设工程项目实施的全过程。项目沟通管理是指对项目内、外部关系的协调及信息交流所进行的策划、组织和控制等活动。项目组织应对建设项目进行全过程、全方位的有效沟通管理，以期成为进行项目各方面有效管理的纽带。

设计沟通管理是项目沟通管理的重要组成部分，设计沟通管理已经成为现代设计管理不可缺少的一个基本职能，贯穿于整个设计管理实践的全过程。所有的设计管理活动无不借助于有效的沟通才得以顺利进行，只有通过有效设计沟通管理才能协调组织内部和外部各种不同角色的关系，推动设计和后续服务的正常运作使其走向既定目标。

设计沟通管理是一个复杂的互动过程。项目业主居于总揽设计管理全局的主导地位并确定设计管理的任务特征。设计过程中的沟通管理是设计沟通管理的重点。建设单位与设计单位及其成员之间保持良好的沟通与协调关系，是确保项目设计顺利进行并达到项目目标的保证。

13.1 项目沟通管理

13.1.1 沟通的基本内涵

1 沟通的概念

简言之，沟通的含义就是两个或两个以上的人或实体之间信息的双向交流过程。也可以理解为“传递思想，使别人理解自己的过程”。

沟通有三个基本要素：沟通者、内容、接受者。这三个沟通要素被认为会对信息的效果产生重要影响。

2 沟通方式及其特征

沟通方式是多种多样的，可以从很多角度进行分类。

(1) 按照沟通信息的传递媒介，可以分为语言沟通与非语言沟通

1）语言沟通。语言沟通是利用口头语言、书面语言和电子语言等形式进行的信息传递和交流。语言沟通又分听觉语言沟通和视觉语言沟通。

A 口头语言沟通。口头沟通是使用口头语言面对面的沟通，即言谈式沟通。口头沟通是一种高度个人化的交流思想、内容和情感的方式。口头沟通与文字沟通相比，人们可以通过沟通信息的内容培育相互之间的理解，为沟通双方提供了更多的平等交换意见的可能性。因此，口头沟通是运用最为广泛的沟通方式。但口头沟通有其局限性：其一是不同的语义对不同的人有不同的意义；其二是语音语调使意思的传递变得复杂。通常听众从沟通者的角度出发聆听信息，意思会因人的态度、意愿和感知而有所差异。另外，在口头语言沟通的时候，同样一句话，用不同的语气或者不同的表达方式，可以获得不同的效果。因此，实现有效的口头沟通，要求信息简洁清楚，内容和语境解释充分，沟通者具备较佳的口头表达能力与语言艺术，沟通者和听者的语言境界必须一致，沟通者要通过反馈测试听者对该信息是不是正确理解。如果可能，快捷、简单的口头沟通应该成为沟通交流的主要方式。

B 书面语言沟通。书面语言是视觉语言之一。书面语言沟通是指以文字、图片为基础的沟通方式。书面语言沟通包括书面和屏幕形式。在缺乏面对面的接触或远程通信设施的情况下，书面语言沟通可能

是最方便的沟通途径。沟通者可以精确地表达他所想传递的信息，并有机会在给接受者发送之前充分地准备、组织这一信息。人们也放心于白纸黑字或电子文档作为行动的依据，特别是在大型组织中，面对很多人传递同一信息而且还需要当作资料永久存档时，这种沟通方式是不可缺少的、非常有价值的传递信息途径。这也是书面沟通成为沟通管理工作核心的原因。

C 电子语言沟通。人类共通的电子语言包括声音和可视化语言，通常指电子通信、音频、视频沟通，即视觉语言沟通。现代高度普及的高效的互联网技术为增强沟通效果发挥了重要的作用。电子通信技术的出现又增添了一条新的途径。根据个人需要剪裁的信息几乎可以即时发送和反馈。所以，现代电子通信技术可作为一个极好的工具用来支持和强化其他形式的沟通。视觉感知是影响思想的一个很有潜力的工具。视觉印象更易于理解，且在人脑中保留的时间较长，现代高度发达的音频、视频辅助设备使沟通变得更为有效。

2）非语言沟通。非语言沟通即是通过人的各种器官和某些非语言性媒介而进行的沟通。包括暗示性语言沟通、物品语言沟通、环境语言沟通。非语言沟通通常利用动作、表情、体态、声光信号等非语言方式进行信息的传递和交流。沟通者可以凭借经验直觉、知能直觉来、抒情直觉来传递信息。有时，非语言沟通与其他沟通方法同等重要甚至更为重要。如在人们面对面交流时，眼神手势等都是同样重要的沟通方法；在某些公开场合，一个人的仪表、体姿、衣着和携带的标志物也可能有更重要的意义。

（2）按照沟通严肃性程度，可以分为正式沟通和非正式沟通

1）正式沟通。正式沟通是通过正式的组织过程来实现或形成的，是通过组织明文规定的渠道进行信息传递和交流的方式，由组织结构图、管理流程、信息流程和运行规则所构成，这种正式的沟通方式和过程必须经过专门的设计，有固定的沟通方式、方法和过程，被规定成为一系列的行为准则，并且作为组织的规则，以保证组织成员行动的一致。通常，这种正式沟通的结果具有法律效力。正式沟通的优点在于沟通效果好，有较强的约束力，缺点在于沟通速度慢。

2）非正式沟通。非正式沟通是在正式沟通之外进行的信息传递和交流。沟通参与者既是正式组织的成员，又是各种非正式团体中的一个角色。在非正式团体中，人们建立起关系来沟通信息，了解情况，影响人们的行为。非正式沟通的优点是沟通方便，沟通快，并且能够提供一些正式沟通中难以获得的小道消息，但是缺点是信息容易失真。

（3）按照沟通信息的流向，可以分为上行沟通、下行沟通和平行沟通

1）上行沟通。上行沟通是指将下级的意见向上级反映，即自下而上的沟通。组织应该鼓励下级积极向上级反应情况，只有上行沟通的渠道畅通，组织负责人才能全面掌握情况，作出符合实际的决策。上行沟通通常有两种：一种是层层传递，即根据一定的组织原则和组织程序逐级向上级反映；另外就是减少中间的层次，直接由员工向最高决策者进行情况的反映。

2）下行沟通。下行沟通是上级将命令信息传达给下级，即由上而下的沟通。

3）平行沟通。平行沟通通常应用于组织中各个平行部门之间的信息交流。平行沟通有助于增加各个部门之间的了解，使各个部门保证信息的畅通，减少各个平行部门之间的矛盾和冲突。

（4）按照是否需要反馈信息，可以分为单向沟通和双向沟通

1）单向沟通。当信息发送者与信息接收者之间没有相应的信息反馈的时候，所进行的沟通即为单向沟通。单向沟通过程中，一方只接收信息，另一方只发送信息。双方无论是在情感还是在语言上都不需要信息反馈。单向沟通适用于几种情况：一是问题较简单，但时间较紧；二是对方易于接受解决问题的方案；再者就是对方没有了解问题的足够信息，反馈不仅无助解决问题反而有可能混淆视听。单向沟通信息传递速度快，但是准确性较差，有时又容易使接收者产生抗拒心理。

2）双向沟通。双向沟通中，信息发送者和信息的接收者不断进行信息的交换，信息的发送者在信息发送后及时听取反馈意见，必要时可以进行多次重复商谈，直到双方达到共同明确和满意止。双向沟通比较适合于时间充裕，但问题棘手的情况。双向沟通的优点使沟通信息准确性较高，接收者有信息反

馈的机会，有助于双方信息的有效交流，但是信息传递速度慢。

3　沟通的渠道

沟通的渠道是指沟通对象在进行信息交流时所选择和组建的信息沟通网络。组建的信息沟通网络是组织在建立管理沟通体系时的核心内容之一。沟通作为管理的主要活动，沟通的网络应与组织结构模式和管理模式相适配。通常，在一定的组织结构和管理模式下，就会设置或不自觉地形成有对应特色的管理沟通网络。然而，在管理实践中还需要结合实际，创新沟通渠道，构建更灵活，更有效的管理沟通网络。

沟通渠道分为正式沟通渠道和非正式沟通渠道两种。正式沟通渠道是指在信息的传递过程中，信息并非由发出信息的人直接传递给所需要这个信息的人，中间要经过一些人或组织的转达。非正式设计沟通就是私下进行的沟通。在沟通当中，一部分信息是通过非正式通渠道进行传播的，也就是通常所说的小道消息。用这种方式得到或获取的信息往来不完整、内容随意、欠缺完整系统的说明，有时具有负面影响。

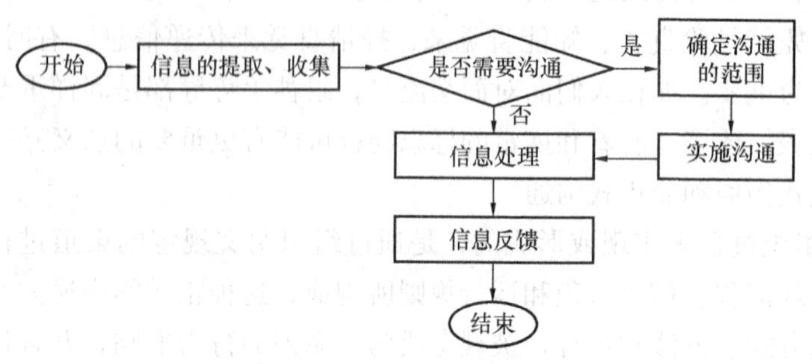

图 13-1　沟通的基本流程

4　沟通的基本流程

沟通的基本流程如图 13-1 所示。

13.1.2　项目沟通管理

1　项目沟通管理的概念

项目沟通管理是指对项目的管理沟通实施的管理活动。即是指对项目内、外部关系的协调及信息交流所进行的策划、组织和控制等活动。项目沟通管理研究领域涉及项目管理中的组织和行为方面，如项目组织设计和领导类型及项目经理人选；项目组织内部、近外层及远外层组织的关系；项目管理中信息的沟通；人际关系技巧和冲突的管理等。进而形成了项目沟通管理的理论与实践。

项目沟通管理的目的是要保证项目信息及时、准确地提取、收集、分发、存储、处理，保证项目组织内外信息的畅通。因此，项目的沟通管理应从整体利益出发，系统全面地使参与项目的人员与信息之间建立联系，成为进行项目各方面有效管理的纽带。

2　项目沟通的对象

《项目管理规范》规定：项目沟通的对象应是项目所涉及的内部和外部有关组织及个人。

（1）项目内部组织是指项目内部各部门、项目经理部、企业和班组；项目内部个人是指项目组织成员、企业管理人员、职能部门成员和班组人员。

（2）项目外部组织和个人是指建设单位及有关人员、勘察设计单位及有关人员、监理单位及有关人员、咨询服务单位及有关人员、政府监督管理部门及有关人员等。

3　项目沟通的目的

（1）使项目的目标明确，项目的参与者对项目的总目标达成共识。沟通为总目标服务，以总目标作为群体目标，作为项目的参与者的行动指南。沟通的目的就是要化解组织之间的矛盾和争执，使在行动上协调一致，共同完成项目的总目标。

（2）建立和保持良好的团队精神。沟通使各方面、各种人互相理解，消除项目组织成员之间因目标不同而产生的矛盾和障碍，使各方面的行为一致，减少摩擦、对抗，化解矛盾，建立其良好的团队组织，从而达到较高的组织效率。

（3）保持项目的目标、结构、计划、设计、实施状况的透明性和时效性。通过沟通使成员有信心有准备地应对项目实施过中，出现的问题和困难，并能在第一时间掌握变化，有效提出解决方案，顺利执行新的变动。

(4) 体现良好的社会责任形象。推行内外沟通和交流可以使社会的不同层次都能理解和认同组织履行社会责任的业绩，树立组织在社会责任方面的市场形象，更好地改善项目的各种管理业绩，全面提高组织的整体管理水平。

4 项目沟通管理体系的组成

《项目管理规范》规定：组织应建立项目沟通管理体系，健全管理制度，采用适当的方法和手段与相关各方进行有效沟通与协调。

项目沟通管理体系分为以下四大部分：沟通计划编制；信息分发与沟通计划的实施；检查评价；调整和沟通管理计划结果。

在项目实施过程中，沟通管理包括人际沟通和组织沟通与协调。项目沟通与协调管理应贯穿于建设工程项目实施的全过程。项目组织应从整体利益出发，运用系统分析的思想和方法，建立项目沟通管理体系，建立健全各项管理制度，对建设项目进行全过程、全方位的有效沟通管理。

5 项目沟通管理的程序

《项目管理规范》对项目沟通程序的规定如下：

(1) 组织应根据项目的实际需要，预见可能出现的矛盾和问题，制定沟通与协调计划，明确原则、内容、对象、方式、途径、手段和所要达到的目标。

(2) 组织应针对不同阶段出现的矛盾和问题，调整沟通计划。组织为了做好项目每个阶段的工作，以达到预期的标准和效果，应在项目部门内部、部门与部门之间，以及项目与外界之间建立沟通渠道，快速、准确地传递信息和沟通，以使项目内各部门协调一致，并且使项目成员明确自己的职责，了解自己的工作对组织目标的贡献，找出项目实施的不同阶段出现的矛盾和管理问题，调整和修正沟通计划控制评价结果。

(3) 组织应运用计算机信息处理技术，进行项目信息收集、汇总、处理、传输与应用，进行信息沟通与协调，形成档案资料。

6 项目沟通管理计划

(1) 项目沟通管理计划编制人。项目沟通计划是项目管理工作中各组织和人员之间关系能否顺利协调、管理目标能否实现的关键，组织应重视计划的编制工作。编制项目沟通管理计划应由项目经理组织编制。

(2) 项目沟通计划的编制依据。编制项目沟通管理计划包括确定项目关系人的信息和沟通需求，应主要依据下列资料：

1) 建设、设计、监理单位等的沟通要求和规定；

2) 已签订的合同文件；

3) 项目管理企业的相关制度；

4) 国家法律法规和当地政府的有关规定；

5) 工程的具体情况；

6) 项目采用的组织结构；

7) 与沟通方案相适用的沟通技术约束条件和假设前提。

(3) 项目沟通计划的内容。项目沟通计计划主要指项目的沟通管理计划，应包括以下内容：

1) 信息沟通方式和途径。主要说明在项目的不同实施阶段，针对不同的项目相关组织及不同的沟通要求，拟采用的信息沟通方式和沟通途径。即说明信息（包括状态报告、数据、进度计划、技术文件等）流向何人；将采用什么方式（包括书面报告、文件、会议）分发不同类别的信息。

2) 信息收集归档格式。用于详细说明收集和储存不同类别信息的方法。应包括对先收集和分发材料、信息的更新和纠正。

3) 信息的发布和使用权限。

4）发布信息说明。包括格式、内容、详细程度以及应采用的准则或定义。

5）信息发布时间。即用于说明每一类沟通将发生的时间，确定提供信息更新依据或修改程序，以及确定在每一类沟通之前应提供的现时信息。

6）更新和修改沟通管理计划的方法。

7）约束条件和假设。

（4）项目沟通计划的执行。组织应根据项目沟通管理计划规定沟通的具体内容、对象、方式、目标、责任人、完成时间、奖罚措施等，采用定期或不定期的形式对沟通管理计划的执行情况进行检查、考核和评价，并结合实施结果进行调整，确保沟通管理计划的落实和实施。

7　项目组织沟通的内容

项目组织沟通的内容包括组织内部、外部的人际沟通和组织沟通。人际沟通就是个体人之间的信息传递，组织沟通是指组织之间的信息传递。

《项目管理规范》对项目沟通内容的规定：沟通与协调的内容应涉及与项目实施有关的所有信息，包括项目各相关方共享的核心信息、项目内部和项目相关组织产生的有关信息。

建设项目都有其特定的项目周期。要做好项目各个阶段的工作，达到预期的标准和效果，就必须在项目内部的各部门、部门与部门之间、项目内部与外部之间建立起一种有效的沟通渠道，使各种信息快速、准确、有效地进行传递，从而使各部门、项目内外能达到协调一致；使项目成员明确各自职责；并通过这种信息传递，找出项目管理中存在的问题。所以，项目沟通管理要确保项目信息及时、正确地提取、收集、传播、存储，以及最终进行处置所需实施的一系列过程，最终保证项目组织信息的畅通。

（1）核心信息。包括法律法规和部门规章、强制性标准、建设场地自然条件、合同、地质勘探资料、项目工程设计文件、设备的技术文件、施工规范、与项目有关的生产计划及统计资料、工程进度、投资、质量、设计变更、工程事故报告、材料价格和材料供应商、机械设备供应商和价格信息、新技术、新材料竣工验收等信息。

（2）取得政府主管部门的建设批准文件。包括取得政府主管部门对该项建设任务的批准文件、建设用地规划许可证、土地使用权证、建设用地建设规划许可证、施工许可证、施工现场附近区域内的其他许可证等信息。

（3）项目内部信息。主要有工程概况、项目组织及其职能、人力资源、财务、商务、招标投标、设计控制过程、施工控制过程、施工记录、施工技术资料、工程协作、资源需要与供给计划、安全文明施工及行政管理信息等信息。

（4）监理方信息。主要有项目的监理规划、监理大纲、监理实施细则等。

（5）相关方，包括社区居民、分承包方、媒体等提出的重要意见或观点等。

8　项目沟通障碍与冲突管理

（1）项目沟通的障碍的形成与消除

造成项目组织内部之间、项目组织与外部组织、人与人之间沟通障碍的因素很多。项目沟通过程中主要存在语义理解、知识能力、经验经历的限制，知觉选择、组织结构、心理因素、沟通渠道选择的影响和信息数量不适和质量差等障碍。在项目的沟通与协调管理中，应采取一切可能的方法消除这些障碍，使项目组织能够准确、迅速、及时地交流信息，同时保证信息的真实性。消除沟通障碍可采用下列方法：

1）重视双向沟通与协调方法，尽量保持多种沟通渠道的利用、正确运用文字语言等。

2）信息沟通后必须同时设法取得反馈，以弄清沟通方是否已经了解，是否愿意遵循并采取了相应的行动等。

3）项目经理部应自觉以法律、法规和社会公德约束自身行为，在出现矛盾和问题时，先应取得政府部门的支持、社会各界的理解，按程序沟通解决；必要时借助社会中介组织力量，调节矛盾、解决问题。

4）为了消除沟通障碍，应熟悉各种沟通方式的特点，确定统一的沟通语言文字，以便在进行沟通时能够采用恰当的交流方式。常用的沟通方式有口头沟通、书面沟通和媒体沟通等。

（2）项目冲突的类型与解决。项目冲突是组织冲突的一种特定表现形态，是项目内部或外部某些关系难以协调而导致的矛盾激化和行为对抗。冲突是双方感知到矛盾与对立，是一方感觉到另一方对自己关心的事情产生或将要产生消极影响，因而与另一方产生互动的过程。项目管理中，冲突无时不在，按项目发生的层次和特征的不同，项目冲突可以分为以下几种类型：

1）人际冲突。人际冲突是指群体内的个人之间的冲突，主要指群体内两个或两个以个体由于意见、情感不一致而相互作用时导致的冲突。

2）群体或部门冲突。群体或部门冲突是指项目中的部门与部门、团体与团体之间，由于各种原因发生的冲突。

3）个人与群体或部门之间的冲突。这种冲突不仅包括个人与正式组织部门的规则、制度、要求及目标取向等方面的不一致，也包括个人与非正式组织团体之间的利害冲突。

4）项目与外部环境之间的冲突。项目与外部环境之间的冲突主要表现在项目与社会公众、政府部门、消费者之间的冲突。如社会公众希望项目承担更多的社会责任和义务，项目的组织行为与政府部门约束性的政策法规之间的不一致和抵触，项目与消费者之间发生的纠纷等。

项目实施各阶段出现的冲突，项目经理部应根据沟通的进展情况和结果，按程序要求灵活地采用协商、让步、缓和、强制和退出等方式，及时将信息反馈给相关各方，实现共享，使项目的相关方了解项目计划，明确项目目标。以便提高沟通与协调效果，及早解决障碍与冲突。

13.2 设计沟通管理

13.2.1 设计沟通管理概述

1 设计沟通管理概念

（1）设计沟通管理释义：设计沟通管理是项目沟通管理的重要组成部分。设计沟通管理是指在有关设计的各环节中通过人际和组织之间信息交流和沟通，以达到参与群体全面通力合作，设计顺利协调运行的目的，从而使设计管理目标得以实现。

（2）设计沟通管理是设计管理的一个重要职能。设计管理是由诸多环节构建和组织起来的一个系统，只要是与设计相关的组织，其设计管理活动无不借助于有效的沟通才得以顺利进行。设计沟通是实施各项管理职能的主要方式和途径。也是设计管理取得成功的至关重要环节。

设计沟通管理作为实施设计管理职能的重要组成部分，贯穿整个设计管理实践的全过程。实施设计沟通管理，需要构建有效的设计沟通体系，规范设计相关方（人）之间的多向沟通行为，与设计相关组织及其成员之间建立良好的沟通与协调关系。设计过程中的沟通管理是设计沟通管理的重点。建设单位与设计单位之间保持良好的沟通与协调关系，是确保项目设计顺利进行并达到项目目标的关键。

2 不同主体的设计沟通管理概述

按照设计沟通主体区分，可分为建设单位、设计单位、项目工程总承包单位等相关组织的设计沟通。按项目沟通的对象划分，设计沟通管理分为内部沟通和外部沟通。

（1）建设单位的设计沟通管理

建设单位的设计沟通管理是业主方的项目设计管理职能之一。对于项目工程设计，项目业主作为建设项目的投资人或最终使用人和责任主体，承担着落实项目前期所确定的项目定义全部目标内容和设计决策、主持、组织、监控与沟通协调等工作的责任。无论采用哪种设计管理类型，业主始终居于总揽设计管理全局的主导地位。设计管理的任务特征，决定了建设单位特别需要与设计单位和其他参与单位以及政府有关主管部门等建立良好的协作关系，并必须具有内、外部设计沟通与协调的设计管理效能。（建设单位的内部、外部设计沟通管理详见本章第13.2.2节和第13.2.3节）

（2）设计单位的设计沟通管理

设计单位的设计沟通是指为达到设计价值最大化目标，在设计组织内部对设计及其管理过程中的信息沟通和处理内、外部组织间协调互动关系的管理活动。设计管理是推动企业获得竞争优势的重要因素，而有效的设计沟通是设计管理正常运作的重要手段，设计沟通管理是使设计单位的设计管理目标得以实现的必不可少的职能。（设计单位的内部、外部设计沟通管理详见本章第13.2.3节）

（3）工程总承包单位的设计沟通管理的特征

建设项目工程总承包单位受业主委托，按照合同约定对工程建设项目实行全过程或若干阶段的承包。工程总承包项目的前期分析决策、设计、采购、施工、竣工验收、试运行等各阶段的运作具有合理交叉的特征。这一特征也决定了工程总承包单位需要遵循特定的合理有序的建设过程设计沟通管理。

3　设计沟通管理的原则

设计沟通管理已经成为现代设计管理不可缺少的组成部分。在设计沟通管理中，为使沟通有效和提高其效能，需要遵循以下原则：

（1）公开原则。现代社会管理日趋走向公开透明，这是法治的要求，也是取信于民的举措。处于当今社会的设计的相关组织及其人员都已有接受和反馈信息的权利自觉，设计管理自然不能例外。因此，设计沟通管理要切实做到信息公开透明，坚持以公开为原则、以不公开为例外，深入推进重点领域的信息公开。

（2）目标原则。设计沟通的管理专业涉及面广，沟通对象较多，沟通的渠道、方法以沟通的目标和效率而选取。简言之，设计沟通的管理的目标就是设计价值最大化。通过设计沟通的管理应使组织内外上下都围绕共同的设计目标，在一个沟通氛围良好的环境下工作，设计管理相关人都有一套完整顺畅的沟通程序和沟通行为规范，使得沟通效率化，最终达到设计价值最大化目标。

（3）互动原则。所谓互动，是一种互相作用的过程，可以是协商、也可以是博弈，但绝不是单向的施予和被动地接受，需要一个观点交流、来回磋商、凝聚共识、排除分歧的过程。设计运作流程及其管理过程是建设单位内部和与设计单位内部以及与外部相关单位以及社会环境协作互动的结果。设计沟通过程其实是沟通主体的互动过程，设计沟通活动具有明显的互动关系。设计沟通需要沟通双方对设计信息的选择、分析、处理，进而转化成为便于设计沟通的符号，进入传输、接受与反馈活动的互动过程。通过互动过程的设计沟通才有成为有效沟通的可能。

（4）双向原则。无论是设计管理组织的内部沟通还是外部沟通都应该是双向的、多层面的。单向沟通往往忽略了某一方的发言权或信息流，不仅不利于组织内各部门之间、上下级之间的沟通，也会使被忽略方产生失落感，进而打击其自信性和积极性。双向互动沟通提倡让所有相关个体都拥有话语权。平等、民主、广达的互相沟通使组织内外上下人员身同心受，主人翁感与责任感的提升十分有利于信息交流的深化和理解的透彻，对于扫清沟通障碍、组织的良好发展意义深远。

（5）角色原则。设计沟通的双方在进行沟通的时候，一定要正确地进行角色定位，把握角色的地位与转换，适时化解角色冲突与失衡，防止角色的错位。

（6）诚信原则。在设计沟通中诚信是最重要的，也是最为需要的。设计者需要了解委托者对设计的要求与接受能力，委托者需要相信设计者传递信息的真实性和解决问题的足够能力，进而建立相互之间的信任，消除沟通的距离。

（7）素质原则。设计沟通内容对设计专业知识要求很高，而且要求设计沟通的双方的设计专业共通点越多越好。因此，沟通双方必须具备相互沟通所要求的基本素质和良好的设计相关专业知识以及良好的沟通技巧。

（8）理解原则。设计沟通要在双方理解能力范围内进行，如此方可消除各种设计沟通的障碍，以达到沟通的目的，对设计的理解有助于持续不断和良好的进行沟通。

(9) 准确原则。设计管理沟通需通过精心准备、认真反复推敲、以达到逻辑清晰，表达清楚的程度。信息传递失真或者信息模糊，容易造成理解错误或失信，使沟通趋于无效或转向负面；简练又清晰的信息传递可以提高设计沟通和设计工作的效率，确保设计目标、设计过程、设计创意、设计定位、设计标准、设计特征、设计控制、设计审批、设计协作等沟通表达的准确性和可信度。

(10) 持续原则。在设计管理中保持设计沟通的持续性、连贯性，使得设计活动持续，设计沟通不止，通过不断的设计优化与修正，反复的沟通，使双方设计管理者不断地接受设计信息的传播。

4 项目设计沟通的内容

在所有的设计管理过程中，只有通过有效设计沟通管理才能协调组织内部和外部各种不同角色的关系，推动设计和后续服务的正常运作并使其走向既定目标。无论是业主方、还是设计方或其他相关方的设计沟通其内容都应该是以设计目标为中心，围绕设计和设计相关人员的需要而生成。一般而言，除组织外部沟通特有的内容外，有以下几个方面的沟通内容：

(1) 设计情感沟通。设计沟通网络是由设计及其管理的相关人员所构成，需要彼此表达情感或感受。这些情感或感受来源于相关人员的个性、思维、经历和行为等，它们都对所传递的设计信息有一定的影响。正面优良的情感，如信任感、愉快感、自信心等，有助于发挥相关人员的最大潜能；而负面的破坏性情绪和情感极有可能干扰正常的积极性和能力的发挥。设计沟通提供了一个满足这类需要的机会，如依靠设计沟通，设计者可以向设计管理者倾诉其挫折感和满足感；设计管理者之间可以缓和与消释工作中各角色之间的冲突。因此，设计管理中的情感沟通是最基本和最重要的沟通内容之一。

(2) 设计决策沟通。相关项目设计各参与组织的重要决策是高层管理者管理能力的最高综合体现，也是组织的重大信息。它左右着组织的战略思想和发展方向，事关组织上下的成败得失；它对设计管理有很高的关联度，涉及设计管理工作的目标指向与价值取向。因此，不仅在决策前需要大量的沟通，而且在决策后，需要有充分的说明或进而分解并传达贯彻，以深入组织成员的内心。

(3) 设计业务信息沟通。设计业务信息沟通主要表现为一种技术取向，对于设计理念、态度、目标、价值、技术进步取向和工作范围等。在日常工作中，组织的各层级管理者和一般员工通常都会关注自己专业业务或工作层面上的基本信息，并通过计划、指令、办法、规定、要求、意见、建议、评价和各种相关设计的业务资料等信息传递工具，运用合适的沟通方式或渠道，予以充分表达和沟通。通常这样就可满足业务或工作层面上的信息沟通需求。

(4) 设计管理制度沟通。设计管理制度是设计控制活动的重要准则与保证，仅仅挂在墙上的制度信息宣示牌其实效性很小。借助正式沟通路径进行设计管理制度沟通是设计组织宣贯和执行制度的有效控制办法。对于设计管理制度沟通，制定前的沟通，可保证制度的针对性和可操作性，即现实性；制定中的沟通，可保证制度的全面与完整及与其他制度的配套性，即制度的科学性；制定后的沟通，可保证制度的准确理解，及时执行，效果监测，即制度的实效性。进而还需要实施制度沟通的动态管理，当制度发生修订等变化时，及时进行深入的说明沟通，从而达到设计制度沟通人人知所当知，并为所当为的最终目标。

(5) 设计权、责、利沟通。设计合同主体的义务、权利、责任已在设计合同中约定。设计任务委托方建设单位和受托方设计单位及其人员之间涉及这方面的沟通应以合同约定的具体条款为内容。需要沟通的是签约前的合同决策沟通、合同履行中的履约控制沟通和变更沟通等。组织内部成员在劳动关系中的义务、权利、责任，一般在劳动合同中已有书面约定。但随着其在组织中的发展、工作岗位、级别等的变化，相应的权利、责任和利益也将随之调整，尤其是组织地位和经济利益作为激励成员为组织目标服务的必要条件和关键因素时，需要及时明确。责任不清、权利不适、利益分享结构不明都会对工作积极性和效率产生影响，而激励、指导、控制、评价组织成员的绩效是设计沟通的功能之一。这就需要组织管理者把岗位聘用、工作内容与职责、待遇和绩效考核、经济利益分配等作为沟通内容，采用最利于达到激励控制功能的沟通方式、渠道进行有效的沟通。

(6) 企业文化沟通。企业文化是指以企业价值观为核心的企业意识形态。企业文化的形成发展，既是沟通的手段、目标和结果，又是沟通的人文环境和条件背景。只有沟通才有理解，只有理解才有认同。在企业先进文化熏陶之下，个体的个性、情感、认知、态度和行为会受到某些同化和改进。企业精神的形成需要漫长的过程，坚持不懈和卓有成效的沟通在企业精神的形成和传播中发挥着重要作用，其目的也是为了更和谐持续地提高人力资源效率和效益。

5 设计沟通的重要作用

设计沟通是设计管理中的一个最基础的环节，设计沟通管理作为项目设计管理的一个基本职能，虽然都不能为设计带来直接的效益，但它的重要作用却不能小觑。设计沟通对于改善参与者之间协调关系，推进项目设计的进展，保证项目设计计划、组织、控制管理有效性，实现项目设计目标乃至整个项目目标都有重要意义。有效设计沟通在设计管理工作中具有以下几个方面的重要作用。

(1) 有利于保证项目设计顺利实施和实现项目目标。项目工程设计过程是一个由多环节、多方面、多单位（部门）和众多人员共同参与的复杂的特殊生产过程，在这个过程中有建设单位、勘察设计单位、项目管理（咨询）单位、监理单位以及与设计有关的材料设备供应单位、审图机构、行政审批部门等众多单位参与，形成了非常复杂的设计组织系统。在项目工程设计运作过程中，各参与组织及其人员形成的互为关系，组成了一个有待沟通的网络结构。由于各参与主体都具有不同的任务、目标、职业规范和利益，在项目实施过程中都可能出于自身利益最大化的需要，干预项目的实施。同样，在项目工程设计合同的主体建设单位与设计单位的内部，组织及其成员之间存在多层面的关系矛盾或工作障碍，成为项目管理的制约因素，需要实施有效的信息传递，组织协调，建立良好的关系。这就特别需要沟通这一润滑剂来协调设计管理的各个要素——彼此进行沟通、互通信息、互相理解、互动合作。促使设计相关组织关系融洽，建立具有持续稳定性的良好合作伙伴关系，并充分发挥设计管理的职能功效。因此，环绕项目工程设计这一复杂系统，参与组织及其成员之间良好的合作互动关系，成为项目设计顺利有序实施的前提和基础，有效的沟通成为实现项目设计目标的重要保证。

(2) 有利于传达与表现情感内涵，构建良好人际关系。设计沟通是设计相关人员在一定的文化背景下相互之间进行思想和意识双向传递的过程。通过正式与非正式的设计沟通可以互相传达与表现情感内涵。如平等、尊重、坦诚、友好、自信、乐观的心态；倾诉其满足感或挫折感；缓和与消释人际矛盾；从而构建正常的沟通氛围，协调内部成员个体之间的关系，实现有效沟通。

(3) 有利于凝聚设计管理团队合作精神，提升工作效率和绩效。设计过程和后续设计服务都需要建立项目设计管理组织内部的规章制度，而管理制度的实施执行离不开对团队人员岗位职责的宣贯、指导、检查、培训、考核和奖惩。设计沟通为之架起了联系的桥梁，沟通管理职能作为组织的凝聚剂渗透其中，可以规范设计及其管理行为、倡导敬业精神、发挥主观能动性、激励工作积极性、解决内外部矛盾、协调组织成员关系，促使设计管理团队成为具有高度团队合作精神的坚实有力的整体。

(4) 有利于优化设计运作环境。设计沟通涉及设计管理的所有领域，几乎贯穿于项目建设实施的始终，设计沟通的成效直接关系到整个设计环境的好坏。设计环境包括设计决策环境、设计过程工作环境、设计管理制度环境、设计价值取向环境、设计技术进步环境、设计情感交流环境、设计意识文化环境等。设计环境作为设计运作及其管理的一个基本条件因素，关系到设计运作及其管理的成败得失。显然，有效的设计沟通管理营造的优质设计环境十分有利于设计目标的实现。

(5) 有效沟通为项目设计决策提供依据。有效的沟通是良好决策的必要前提。项目的决策者要作出正确的决策，就必须有准确、完整、及时的大量信息作为决策依据。沟通不力，信息不畅，阻碍了决策者获取最及时有效的信息，依据滞后的信息作出的决策必然是不符合项目实际情况的决策，将可能导致项目的失败。通过项目内外环境之间的有效的沟通，为项目决策提供了及时、准确、有效的信息依据。

(6) 有效沟通为项目设计计划的实施提供保证。许多项目设计计划的失败或部分完成，都是由于缺乏项目组织内部的沟通，没有很好地传达项目设计目标的内涵，让各成员知晓设计计划的具体内容，以及实施原则、程序、要求、责任等；同时又缺乏与组织外部的沟通，管理活动协调的程度低下，时常与外部组织产生矛盾与对立，甚至关系紧张，使项目设计计划难以在和谐的状况下顺利实施。通过有效的沟通，使设计计划信息深入人心，为项目设计计划的顺利实施提供了保证。

(7) 有利于提高设计协调的程度和设计效率。项目设计参与组织之间协调的程度和效果往往依赖于设计参加者之间沟通的程度。通过沟通，不但可以解决各种协调的问题，如过程、逻辑、管理方法中的不一致，而且还可以解决设计参加者心理和行为的障碍和争执，使复杂的项目设计组织系统中的矛盾或冲突的各方面处于统一平和，设计参加者之间关系趋于高度协调，从而有效提高设计效率，达到实现项目目标的共赢目的。

(8) 有利于设计信息反馈机制的建立。在项目设计过程中，需要随设计进程对设计质量、进度、投资等进行动态，跟踪检查和评价，并将评价信息反馈给相对人和设计管理层。设计管理层通过收集、过滤、合并、引导信息流以确定适宜的行动举措。倘若缺失这种设计监控信息反馈沟通机制，无疑将可能失去纠偏的机会而留下设计缺陷。

6 建立项目设计沟通管理体系

对于项目工程设计，项目业主作为建设项目的投资人或最终使用人和责任主体，承担着落实项目前期确定的项目定义所有目标内容和设计决策、主持、组织、监控与沟通协调等责任。正是业主居于总揽设计管理全局的主导地位和设计管理的任务特征，决定了建设单位特别需要与设计单位和其他参与单位以及政府有关主管部门等建立良好的协作关系，并必须具有内、外部设计沟通与协调的设计管理效能。为满足项目设计管理的需要，项目管理组织需要从管理的宽度、深度出发，建立覆盖设计管理全过程、全方位、合理高效、且具有一定战略高度的设计沟通管理体系。

(1) 根据建设项目设计管理的实际需要制定设计沟通管理目标、制度和程序等，保证工程项目目标的顺利实现。

(2) 在项目实施全过程中，形成科学、规范、有针对性地设计沟通方式，选择采用体现对应特色的设计沟通方式。

(3) 在项目实施全过程中，充分利用各种沟通工具及方法，进行充分、准确、及时的信息沟通，及时采取相应的组织协调措施，以消除障碍、减少冲突。

(4) 确保有关项目设计沟通管理内容的所有信息及时、正确地提取、收集、整理、存储，使之畅通传递。包括设计的法规和标准；工程概况信息；政府主管部门的项目建设批准文件；项目规划、工程进度、质量、投资控制计划信息；地质勘探资料；设计招标与合同信息；各阶段设计文件；材料、设备的技术文件、价格和供应商信息；新技术及自然、社会条件信息；施工技术与组织信息、监理方等相关参与方信息；工程资源计划与利用信息、竣工验收信息及行政管理等信息。

(5) 以计算机等数字化工具和互联网为技术支撑，强化数字化信息管理技术，建立现代信息沟通网络。对项目全过程所产生的有关设计的信息及时、快速、准确、高效地进行传递，为项目实施提供高质量的设计信息服务。

(6) 创新设计沟通渠道，在项目设计管理组织内部、部门与部门之间、内部与外部之间，构建与管理模式相适应的灵活有效的管理沟通渠道。从而使项目设计管理部门内外能达到协调一致。

13.2.2 项目设计内部沟通管理

1 项目设计内部沟通管理概述

(1) 项目设计内部沟通管理概念

建设单位的设计沟通管理是业主方项目设计管理的职能之一。建设单位的项目设计内部沟通管理是指建设单位项目组织内部设计管理部门及其人员通过整合有关项目设计内部系统和外部系统信息，协调设计管理所需各种资源，在项目组织内部进行沟通与协调的活动。

(2) 项目设计内部沟通管理的目标

设计沟通的成效与实现设计管理目标密不可分，而建设单位的设计沟通管理又是设计管理取得成功的至关重要环节。项目内部设计沟通的目标主要是通过项目组织内部有效的设计沟通，实现项目组织内部设计管理的高度协同，从而对建设项目设计过程及其后续阶段实施全面有效的设计管理。

(3) 项目设计内部沟通管理的对象

在项目组织内部，沟通是自上而下或者自下而上的一种信息传递过程。在这个过程当中，关系到项目组织团队的目标、功能和组织机构各个方面。建设单位的项目内部设计沟通对象包括项目设计管理部门及其人员、项目业主管理层、项目经理及其他职能部门、各专业技术管理人员之间的沟通。建设单位的项目内部设计沟通还应包括与之委托的项目管理（咨询）公司和监理单位的沟通。

(4) 项目内部沟通管理的依据与形式

1) 项目内部沟通应依据项目沟通计划、规章制度、项目管理目标责任书和控制目标等进行。

2) 项目内部沟通按沟通对象的依据与形式分为：A 项目经理部与业主项目组织管理层之间的沟通，主要依据《项目管理目标责任书》，组织管理层下达责任目标、指标，并实施考核、奖惩；B 项目经理部各职能部门之间的沟通与协调，重点解决业务环节之间的矛盾，应按照各自的职责和分工，顾全大局、统筹考虑、相互支持、协调工作。特别是对人力资源、技术、材料、设备、资金等重大问题，可通过工程例会的方式研究解决；C 项目经理部与内部作业层之间的沟通与协调，主要依据《劳务承包合同》和项目实施规划来实施；D 项目经理部人员之间的沟通与协调，通过做好思想政治工作，召开正式沟通的会议等，加强教育培训，提高整体素质来实现。

3) 项目进展报告。项目经理部应编写项目进展报告。项目进展报告应包括下列内容：A 项目的进展情况。应包括项目目前所处的位置、进度完成情况、投资完成情况等。B 项目实施过程中存在的主要问题以及解决情况，计划采取的措施。C 项目的变更。应包括项目变更申请、变更原因、变更范围及变更前后的情况、变更的批复等。D 项目进展预期目标。预期项目未来的状况和进度。

2　项目设计管理部门及其人员与项目业主管理层的沟通

业主管理层及其职能部门与建设项目之间有高度的依存性。因此，建设项目设计管理部门经理及其人员需要通过沟通，深切理解业主或最高管理层对项目目标的预期要求，对项目设计的意图，需要完整了解业主对项目设计关注的焦点和项目构思、设计决策背景、有关设计的项目建设依据文件以及任务实施状况等。在设计管理过程中，应随时向业主管理层通报设计进展情况。在业主管理层做决策时，提供充分的信息，使其了解项目设计实施的全貌、利弊得失及对目标的影响。业主在委托项目管理任务后，应将项目前期策划和决策过程向项目经理部有关设计管理的部门及其人员提供相关详细资料以及说明和解释。众多的国内外项目管理经验证明，在项目过程中，项目设计管理越早介入到项目中，项目设计实施越顺利。最好是让项目设计管理者参与项目目标分析策划和决策过程，以在整个项目过程中保持项目设计目标的连续性。

3　项目设计管理部门及其人员与项目经理以及其他职能部门之间的沟通

业主授权项目经理管理项目，实行项目经理责任制。项目经理负责建设项目授权的范围、时间和“项目管理目标责任书”中规定内容的综合管理工作，项目经理的最重要的职责是确保项目的成功。

项目经理所领导的项目经理部是项目组织的核心。项目经理既接受业主及其职能部门的决策、指令、检查、考核和对建设项目的干预，同时也获得支持和指导。通常项目经理部直接控制建设项目授权范围的资源，由项目经理部中的职能部门及其人员具体编制和执行建设项目规章制度、实施项目目标控制。项目经理和职能部门及其人员之间存在着共同的责任。但在建设项目管理实践中项目设计管理部门难免与项目经理及其他职能部门及其人员产生矛盾，如项目经理不甚了解设计管理重要性和专业性；项目经理和项目职能经理之间缺乏明确快捷的信息沟通渠道，发出相互矛盾的工作指令。又如其他职能部门不了解或不同情设计管理经理的工作紧迫性，扩大自己的作用和价值，以自己固有的观念来配合设计管理，不愿意承担责任等。如果处理不好而使矛盾激化，可能使设计管理经理陷入困境而直接影响项目的成败。在这种情况下，双方均应缓解他们之间的矛盾，让事情朝有利的方向发展。

设计管理部门负责有关项目设计的有效管理，包括设计沟通和协调工作。在项目经理部内部的沟通中，设计管理经理与项目经理之间应该具有良好的工作关系，应当经常进行沟通和协调。

(1) 设计管理经理应服从项目经理对项目整体实施的计划、组织、控制、监督和对项目设计的干预。设计管理经理应了解项目经理对项目的期望、关注点、价值观念和工作习惯，按项目部的各种沟通渠道、方式通报设计管理情况，不仅仅是给他一个结果，而应是可作决策参考的建议或措施，必要时作出耐心的解释和说明，以取得项目经理的支持。

(2) 设计管理部门及其人员与项目经理部各职能部门，尤其与合同、目标控制以及施工、采购、信息、外部协调等职能部门之间存在多方面的交叉接口关系，在这些关系处理中，应认真听取或交换相关方的意见和建议，使对方深入了解设计及其管理的内涵和对复杂或困难程度的认识，并在协同参与设计管理过程中，产生互动合作状态，积极为项目设计管理提供支持和帮助，从而促进设计管理的科学有序和协调各方面各要素的不同目标要求。

(3) 重要的信息沟通工具是设计管理计划。设计管理经理制定项目设计管理计划后应取得项目经理部各职能部门支持的承诺。并以职权说明通报给各个职能部门，避免可能在目标配置、资源支持或及时提供工作配合等方面的持续摩擦或冲突。

(4) 在沟通活动中，要减少非程序干预和越级指挥。特别应防止项目组织其他部门的人员随便干预和指令项目设计管理，或将组织内部的矛盾、冲突带到项目设计中来。

4 项目设计管理部门及其人员与各专业技术管理人员的沟通

设计管理部门是专业技术管理人员相对集中的职能部门。设计管理离不开专业技术人员，尤其是既通晓设计内涵又熟悉设计实施的富有工程实践经验的资深技术专家，他们在设计全程管理中起十分重要的作用。

由于项目设计管理部门的成员多是来自不同专业的技术人员，有着不同的学历、工作经历、技术能力、专业目标、职业素养和行事方式或习惯，并且项目经理部是临时性的组织，特别是在矩阵制的组织中，项目技术专家往往在原职能部门仍然保持其专业职位，同时又为该建设项目服务，这就要求技术专家对双重身份都具有相当的责任性与忠诚度。

因此，建设项目的设计管理部门内部存在着许多内在的矛盾或沟通障碍。要使建设项目设计管理部门的专业技术管理人员和衷共济、配合共事，就特别需要其内部的沟通和协调，这是保证项目设计管理工作效率和取得成效的关键。通常的沟通和协调方法有：

(1) 尽可能形成比较稳定的项目设计管理团队，尽管项目是一次性的，但作为项目设计管理团队应保持相对的稳定。使各个成员之间彼此了解，能够大大减少矛盾或摩擦。

(2) 鉴于设计管理经理的重要作用，设计管理经理本身应具有相关设计知识与技术储备、丰富的管理实践经验和高度的敬业精神、较高的个人素养以及较强的组织协调能力。设计经理应能从组织学、心理学、行为学等角度，通过有效的沟通，采取一系列的有效措施，激励、调动各个成员的所有积极因素。

(3) 人是项目管理最基本的因素，而人品则是有效设计沟通最基本的前置条件。现代项目管理对人品提出了新的更高要求，面对变化，需要开启变革和自省。设计沟通管理需要倡导公正、包容、责任、诚信的价值取向，并大力弘扬和培育团队精神，敬业精神、契约精神、高度负责精神和职业操守。

(4) 人尽其才、才尽其用，设计管理经理应从项目全局出发，尊重专业技术管理人员之所能，以自己的人格品质、敬业精神、民主作风、管理能力和热情友善来影响成员。

(5) 在部门内明确划分技术管理人员的岗位职责，按技术管理岗位等级放权到位、管理到位、责任监督到位。让成员独立工作，充分发挥专业技术管理人员的积极性和创造性，使之产生工作成就感。最关键的是高度负责，精益求精，一丝不苟。面对变化，要开启的是变革和自省。

(6) 建立完备的项目设计管理规则系统，设计切实可行的设计管理工作流程，明确规定沟通的方式、渠道和时间，使团队能够按程序、按规则办事。同时，避免过细、僵化与过于程序化带来的摩擦和低效率，以便灵活从容地应对不确定因素带来的实际情况变化，降低管理成本。

(7) 上情下达快速明确，下情上报真实具体；分配工作合理有度、业绩考核奖罚透明；责任面前坦然担当；检查问题客观无饰；接纳意见大度谦恭；以公开、公正、公平增强团队的凝聚力和保护工作积极性。

13.2.3 项目设计外部沟通管理

1 项目设计外部沟通管理概述

建设单位项目设计外部沟通是指项目建设单位与项目建设外部相关参与方以及政府有关主管部门等各种设计管理人之间在设计管理各环节中的沟通。外部相关方包括勘察、设计、施工单位以及与设计有关的材料设备供应单位、审图机构、政府监督管理部门及有关人员等。项目设计外部沟通的重点是作为建设项目设计合同主体的建设单位与设计单位的设计管理组织及其人员之间在设计运作流程及其管理中进行的沟通。

建设单位和设计单位管理层都必须建立有效的设计沟通管理的体系，把设计沟通管理当作实现设计管理目标的必不可少的工作方式。因此，设计管理的一个重要的职能就是加强与设计单位等相关方(人)的有效沟通与协调，取得对方的认同、配合和支持，及时化解各种矛盾或分歧，达成共识、排除障碍、凝聚信心，形成合力、共创互利共赢的工作局面，并确保项目设计目标的实现。

在项目设计沟通管理中，信息是管理的手段，协调是管理的主要方法。建设单位项目经理部设计管理部门和相关部门应根据建设项目的进展情况和结果，就设计事宜及时沟通与协调。通过各种方式准确、迅速、及时地交流有关设计的信息，同时保证信息的真实性、共享性，提高沟通与协调的效果，以便减少或避免设计沟通中的障碍，解决矛盾与冲突，并与设计单位等外部组织保持良好的关系，在协调互动的设计环境中把项目工程设计向既定目标推进。

2 有效的设计外部沟通的基本要求

建设单位设计外部沟通必须是有效的沟通。有效的设计沟通是指项目设计管理组织在与设计相关的影响因素进行信息交流时，能够准确、及时、高效的达到沟通目的，起到与设计外部组织及其人员协调关系的应有作用。有效的设计外部沟通是项目设计管理的保证。有效的设计外部沟通的基本要求如下：

(1) 有共向力，有一个共同的目标，项目设计的参与者明确项目总目标，对项目的设计目标达成共识。

(2) 信息发送和接收及时、准确、完整，信息传递渠道畅通合理，成为设计相关信息畅通的重要途径。

(3) 信息对称，保持项目设计过程实施状况的透明性和实效性。

(4) 有凝聚力，促进发挥设计相关人的主观能动性、创造性和责任性。

(5) 消除或减少沟通障碍，解决与设计单位和其他参与组织及其人员的矛盾与冲突，并与之建立良好的协调互动关系。

(6) 达到设计管理工作目的，各阶段设计持续优化，有效控制了项目设计质量、进度和投资目标。

(7) 项目总体设计与单体设计、设计各专业、设计与施工、材料设备接口关系协调充分。

(8) 与政府设计主管部门关系协调正常，设计审批环节进展顺利。

(9) 消除设计管理制约因素的不良影响，为设计后续阶段的设计管理打下坚实基础。

(10) 节约资源、使建设项目高效使用或运行。

3 知己知彼，了解设计单位设计的沟通管理

建设单位与设计单位的设计管理组织及其人员之间在设计运作流程及其管理中的沟通是建设项目设计外部沟通管理的重点。建设单位设计管理组织及其人员应注重了解设计单位设计沟通管理的体系，设计程序沟通、沟通内容等，以做到知己知彼。

(1) 设计单位的设计沟通管理概述

工程设计过程是一个由多环节、多方面、多部门和众多人员共同参与的复杂的特殊生产过程，形成了非常复杂的设计协作系统。设计单位必须对这个复杂系统进行有效的设计管理，而设计管理需要借助于有效的沟通才能使这个复杂系统中的所有参与元素有机结合、顺利运作。设计沟通贯穿整个设计管理实践过程和设计管理相关领域。设计沟通的好坏体现了交流设计价值的高低，从某种意义上讲它是关系到设计管理成败的一个重要因素。为了实现设计目标和长期稳定发展，优秀的设计企业一般十分重视设计沟通，并且建立了设计沟通体系，对工程设计进行全过程、全方位的有效沟通管理。因此，设计单位的设计管理正常运作需要有效的设计沟通，设计沟通是设计管理中的一个最基础的环节。

(2) 设计单位的设计沟通障碍

在设计沟通管理过程中，存在着许多不同程度、不同形式、不同特点的沟通障碍，干扰和影响着正常的设计沟通，使得沟通不能有效顺利地进行，并且影响到设计程序与设计绩效，甚至会使设计企业发生经营危机。因此，减少或避免设计沟通中的障碍显得日益重要。设计单位的设计沟通障碍具体表现在：

1) 管理障碍。设计管理者以自我为中心，对有效设计沟通的作用不重视。过于迷信自身的思维方法，缺乏客观、公正的心态。虽然，设计管理者的愿望是提高组织绩效，但是在有关组织决策的重大事项上与下属、员工不进行沟通，也不提供有关工作绩效的反馈信息，或者设计管理者在分派任务时不考虑设计师的个人设计偏好和设计特长，也不耐心听取下属的意见，这些均阻碍了有效沟通。有的设计管理者习惯于简单地下达指令，只重视在物质方面奖惩，认识不到情感沟通的作用和价值，忘了和其他“设计人”在感情上做交流，往往只注重把信息传递出去，却忽视了通道的选择和信息接受者的感受，造成了不好的沟通效果。

2) 表达障碍。可分为设计师的表达障碍和其他“设计人”的表达障碍。A 设计师的表达障碍，设计者由于坚持固有的设计意识，设计生活形态，设计价值观等，如建筑师与结构设计师、设备设计师、工程造价师对各专业设计的价值理解与坚持影响了有效的设计沟通。尤其是忽视设计沟通的互动性——多数的设计师在沟通的过程中，往往忽视倾听的重要性，进而造成非理性的设计沟通屏障。B 其他“设计人”的表达障碍，设计是多数人相互合作的结果，在设计程序与设计管理过程中，尤其进行设计沟通的时候，容易出现设计认知的差异，导致沟通障碍，如设计师的设计理想追求与管理者经营效益追求的差异，设计师与模型制作人追求构造合理性差异以及对设计认知程度的差异是造成设计沟通障碍的主因。

3) 文化障碍。对于设计机构组织，最重要的是思想观念和心理因素的差异。有的设计管理者或者资深设计师对其他不同文化背景设计师的设计风格和理念存在着偏见或心理歧视，对异质文化的沟通方产生抵触情绪，并由此导致沟通障碍。这种问题最容易发生在跨国企业的设计沟通中，主要因为沟通双方文化背景的差异，如语言、价值观、宗教信仰、道德意识、生活习惯、政治社会、教育学习、民族优越感与差异性等各个方面。

4) 组织障碍。A 在设计组织内部的正式沟通管道中，有两方面因素影响着设计沟通的有效性；a 随着企业内设计组织的发展扩张，设计沟通管道的覆盖范围越来越大，并随之难以沟通；b 设计组织的层次越来越多，致使信息在各层次之间难以通达。B 设计组织的权力机构，影响并决定设计组织成员间的权利，造成利益、地位的差异，这种差异表现在沟通的顺畅与否。C 设计信息所有权，设计组织的成员拥有与工作有关的独一无二的设计信息、技巧、电脑专业技术、设计知识而拥有这种设计信息的成员

不愿意共享或与别人分享设计信息资源，最后导致设计组织内部沟通困难。

5）专业障碍。由于工程项目日趋复杂，所涉及的专业技术越来越多，各专业技术相互影响。设计专业协调从方案设计或初步设计开始到施工图设计无不需要设计专业协调，设计过程和设计成果的质量、进度等离不开专业设计部门之间的联系沟通；专业设计部门的沟通不连贯无形中还会减弱设计单位的市场竞争力。

6）心理障碍。A 挫败感，设计者因遭受挫折而产生的心理障碍，如在设计沟通的过程中遭受失败导致挫折感，设计者要求不再修正或者放弃设计方案，而无法进行设计沟通；又如在设计评审的过程中，遇到不能处理的设计内容，导致失去沟通的能力，致使沟通失败。B 心理距离疏远，设计沟通如果产生心理距离，容易产生自我干扰，进而阻挠沟通过程，心理距离的产生主要因为缺乏设计认知、理解能力、感悟能力、对设计的敏锐观察力，以及对同一设计作品分析评判的角度、位置、出发点的不同。心理距离越疏远，设计沟通的难度越高。

7）反馈障碍。反馈是指信息接受者接收到信息后，根据自己的理解作出一定的反应，将自己的意见编码，向原来发出者传送过去，从而构成一个循环。

在复杂的社会环境下，设计组织内部多样化程度越来越高，相互之间的依赖也越来越强，各种对目标、职责、利害关系等认识的分歧也越来越大，因此，对管理者来说，信息反馈尤为必要。而专制风格的管理者会漠视信息接受者的反应，使得沟通变成自上而下的单向沟通，但自下而上的沟通才是信息反馈的主要来源。有时，面对那种具有较强等级观念的专制型风格的管理者，下属或员工出于自身利益的考虑，向管理者传递的信息更倾向于附和，于是管理者陷于信息传递失实这样一种恶性循环之中，也遏制了好的设计产生。

8）渠道障碍。沟通必须借助于一定的媒介渠道，不同的信息需要通过不同的沟通渠道进行传递，如果选择不当，势必造成沟通障碍。如使用电话进行信息传递时，双方因语言表达方式等原因会造成信息失真，尤其在领导者电话较多，有时要同时处理几个电话的时候，使用这样的沟通方式难免出现差错；另外，电话沟通查无对证。所以，有的设计公司规定，员工凡在外地出差，所有的请示都要使用传真。

9）其他障碍。包括经费不足、技术条件不成熟导致沟通条件欠缺等障碍。

（3）设计单位的设计管理的理论构架及其沟通

设计单位的设计管理的理论构架有横向框架和竖向框架。

1）横向框架中，设计创新始终渗透于设计管理活动，它是设计管理的最终目标；设计决策是人们为了实现某种目标而制定的行动方针，是执行设计决策的基础和保证；设计项目管理就是针对某个具体的设计项目进行管理；设计的管理可视为对整个设计过程的管理。

2）竖向框架中，设计咨询是设计管理的起始程序，是让设计者和设计管理者甚至设计企业成员都充分了解企业既定的目标和策略；设计策略是对设计企业外部环境和内部环境各个因素进行分析后而对设计做出的策略制定、选择和实施；设计组织是由设计人、设计结构、设计目标、设计技术、设计环境等因素构成的一个立方体。构成设计管理理论框架的要素之间是相辅相联的，框架内任何管理活动都离不开沟通。设计沟通则是为了满足实现对设计的有效管理。

设计单位的设计沟通管理包括设计单位的内部设计沟通管理和外部设计沟通管理。

（4）设计单位的内部设计沟通管理

设计需要管理，管理必须沟通。设计单位的内部设计沟通有其自身的独特性。它主要是通过建立有效的设计沟通体系，有效处理“设计人”与设计之间的关系，“设计人”即设计单位的组织系统及其所有参加设计或者设计相关环节的人员。

1）设计单位的设计程序沟通。设计程序是设计组织结构中多数人参与的流程。在市场经济体制中，设计单位的设计过程涵盖了从挖掘市场中的潜在需求因素到市场目标定位，从开始抽象的设计概念到具体的设计形成的整个过程，这是一个需要细化分工且合作复杂的过程，其中部门与部门的衔接、部门内部工作的衔接等诸多相关细节需要协调，只有这样才能避免和解决思维、技术冲突矛盾。而设计程序各设计阶段流程中活动的主体是和这些设计相关的各方面人员，包括设计者、设计管理人员、经营人员、行政管理人员、机构工程人员和模型制造商等。不少设计企业并没有形成上下一致的管理理念和风格，因此，设计管理层正在转变过去传统的思维模式和行为模式，根据设计目标的要求部署设计程序中的沟通方式并对其进行管理。

通过设计程序与管理过程中的沟通，使从设计管理人至每个设计相关人都有一套完整顺畅的沟通程序和沟通行为规范，围绕共同的设计目标在一个沟通氛围良好的环境下工作，从而实现设计队伍设计协同和运作管理的高效化，达到设计价值最大化的目标。

2）设计单位的内部设计关系沟通。设计单位的内部设计关系沟通包括设计者人际关系沟通；设计者与设计部门之间、设计部门之间、设计部门与设计组织管理层之间的关系沟通；设计组织管理层内部沟通；设计公共沟通以及其他各个方面沟通。

设计组织可视为影响设计沟通的主要因素。设计相关人之间的信息传递交流是最基本设计沟通，并且贯穿于设计单位的设计管理中。A 设计单位的设计管理层负责设计决策、经营管理，承担设计管理责任。设计部门的项目设计经理统领项目设计及其运作管理。B 设计师之间、设计者与设计部门之间的沟通是设计沟通的首要因素。设计师之间缺少交流是常见的现象，特别是在前期创意的时候，很多设计师都不赞成以集体开会的形式进行设计创意激发，唯恐别人盗用他的设计创意。倘若设计师不能统一步调，各自向不同方向用力，那么设计团队或组织具有的优势就可能丧失，走向弱化。又如由于缺少沟通，倘若设计师在构思设计方案阶段就没有意识或顾及后续设计，将导致与后面设计师之间衔接不顺畅而走弯路。因此，设计师之间也必须有效地进行沟通。C 专业设计部门之间本来就有设计专业协作关系，要使各设计工种进行相互协调和配合，比如建筑、结构、设备等，因此，在设计方内部之间必须进行良好的协调。通常做法是以建筑设计为龙头，结构设计和设备设计要在建筑设计的基础上配合进行，如果确实因为建筑设计而导致结构设计或设备设计无法进行，则需考虑调整建筑设计方案。因此，灵活、主动、充分地利用所有专业资源，协调解决所属专业或专业接口间的问题，是完善设计管理和沟通的重要途径或措施。D 设计部门与设计组织管理层之间的沟通中，项目设计经理是设计组织管理层和设计师之间的桥梁。如项目设计经理对所有下属设计师的设计能力、表现、绩效考核、项目设计的各专业设计进展、设计质量、设计师需求等须及时汇总后报告给设计单位的设计管理层；设计单位设计管理层的目标决策、计划实施、设计管理制度等也需项目设计经理身体力行，调动职员的主观能动性，予以贯彻落实。E 设计管理人员与设计师之间的沟通是设计管理者作为信息发送者向下属设计师布置设计工作任务，进行激励和授权等沟通的一种形式。设计管理者与设计师最易产生矛盾的根源之一是设计师的设计追求、责任与管理人员的管理职责、目标的角度差异；再者就是有些管理人员缺乏设计知识背景和经验，会从非专业的角度去分析设计需求，预测设计走向，未做好充分准备就评判设计方案，加之不能有效判断或过于关注利益。因此，两者之间的沟通化解对整个设计目标的实现显得尤为重要，只有通过沟通交流设计管理者才会发现设计师拥有的敏锐判断能力，可以借此评估生活形态的趋势及社会消费者喜好的改变等，而设计管理者则是联系各单位的重要角色，而且承担重要责任。

3）设计单位的内部设计沟通方式。设计单位的内部设计沟通方式可以细分出各种式样，设计部门例会、内部通告、设计探讨、设计评估、内部竞赛活动、节庆活动、总结表彰会都是沟通的方式。对不同的沟通活动应该采取具体的沟通方式，方法应科学规范，需要针对不同沟通内容而选择采用。

（5）设计单位的外部设计沟通管理

设计单位的外部设计沟通管理包括与建设单位、项目管理（咨询）单位、勘察单位、合作设计单位以及与设计有关的监理单位、施工单位、材料设备供应单位、审图机构、行政审批部门之间等进行沟通管理。由此构成设计外部沟通管理网络。其中设计单位最需要与委托设计任务的建设单位项目管理组织的设计管理部门及其人员做好有效的设计沟通（详见本章13.2.3节）。

设计单位需要与设计外部组织信息交流畅通、关系协调。设计信息的传递与整合、设计的顺利有序进行、设计过程的监控实施、设计效率与效果的保证、设计所需条件的提供和设计过程中出现困难的协调解决等都离不开和谐协调的关系和良好的设计管理。总之要尽可能地消除设计运作中障碍、矛盾等制约设计单位自身目标实现的负面因素。

1）主设计单位与其他参与设计单位之间的沟通

现代工程设计专业分工呈现出越来越细化的趋势，同时建筑材料和建造技术发展也日新月异。所有设计工作很难由一家设计单位来完成，需要有其他设计单位参与其专业或专项以及细部设计，这些设计还可能涉及到材料设备供应单位、加工制作单位和施工安装单位等。由于大量其他设计单位的参与，主设计单位与其他参与设计单位之间容易产生设计合作方面的矛盾，矛盾的解决一方面有赖于主设计单位的项目设计管理能力，另一方面需要双方建立起沟通协调机制。当主设计单位方缺乏这方面的经验和能力时，建设单位也应当参与其中，或由设计单位或者建设单位聘请第三方设计管理公司来协调解决。

2）设计单位与施工单位之间的沟通

设计与施工的沟通协调是项目实施永恒的话题。在设计阶段中，要充分考虑设计的可建造性，以及施工单位的实力和技术特点。在施工过程中，设计单位要负责解决可能出现的各种技术问题，配合施工以确保工期和质量。所以，必须做好双方的沟通协调工作，建立起良好的沟通机制，必要时增加沟通机会和频度，建议由第三方参与，以保证沟通的有效性和实施效果，实现设计和施工的顺利衔接。

在处理双方的沟通协调工作时，要注重下列要点：A 在设计前，设计单位编制设计计划要有一定的预见性和前瞻性，使进度计划符合变化后的实施条件，设计进度按照设计计划执行，以确保后续的施工单位选择以及工程施工的正常进行。B 在设计过程中，要充分考虑设计的可施工性，尤其是对于一些关键的实施性强的节点要求、关键设备安装和工艺设计，尽早让施工技术专家参与设计，听取可施工性分析意见，以保障设计的可实施性。C 在施工图设计文件交付验收、设计交底环节中，设计单位及其相关人员应编制交底大纲，及时进行认真的技术交底，作详细说明、清楚解释，存在问题的要及时反馈，让施工单位充分理解设计内容与技术要求。同时，编制交底会议纪要并签署存档。D 项目实施过程中，设计变更经常发生，无论是何方提出有的设计变更，一经提出就应组织项目各主要参与单位进行讨论协商，综合考虑设计单位的可设计性与施工单位的可施工性，进而确定变更与否，同意变更的办理变更手续。E 项目施工中，技术和质量标准存在异议时的沟通；材料代用、新材料、新技术应用的沟通与协商。

3）设计单位与材料设备供应单位之间的沟通

A 在设计阶段，材料和设备订货周期以及部分关键专业设备的采购，必须要求设计提供材料设备采购清单，并制定采购计划，根据工程实施的需要，安排设计和材料设备供应的沟通和协调，以保障工程的顺利实施。B 在采购之前，设计单位要参与设备材料的询价；提供询价技术文件，由采购加上商务文件后，汇集成完整的询价文件，由采购发出询价。C 在采购过程中，要参与技术谈判，提出采购清单和技术要求，制定技术规格说明书，以有利于材料设备供应方透彻理解项目所需材料设备的标准要求，保证材料设备采购顺利进行；对制造厂商的报价提出技术评价意见；在确定设备选型后，审查制造厂商先期确认图纸及最终确认图纸。D 在设备制造过程中，设计单位应协助采购处理有关设计、技术问题；必要时设计单位参与关键设备材料的检验。

4　建设单位与设计单位设计沟通障碍与矛盾的成因

在设计外部沟通管理中，建设单位与设计单位设计沟通障碍与矛盾既有建设单位引发的，也有设计单位引发的，以下列举其例。但无论是哪方引发的障碍与矛盾，消除的办法在于项目实施各个阶段中，双方都应以互利共赢为指导思想，本着平等的原则和详熟的项目组织使命进行合作互动；双方要积极地通过不同的渠道、方式，充分利用各种沟通工具及方法，对不同层次的人员进行充分、准确、及时的全方位沟通，共享资源，及时采取相应的组织协调措施，以消除障碍、减少矛盾，满足项目建设各个阶段设计管理的需要。

（1）建设单位引发的障碍与矛盾的成因举例

建设单位引发的外部沟通障碍与矛盾的因素主要是决策选择、设计认知、设计评价、组织结构、角色地位、职责范围、管理经验、技术经历、信息数量与质量、心理互动、语义理解、沟通渠道等。设计沟通障碍及引发矛盾的成因举例如下：

1）设计决策迟缓，滞后于设计。

2）合同主体的平等地位意识淡薄，以雇主自居，出言不逊，双方话语权明显失衡。

3）对设计沟通的作用不重视。以自我为中心，缺乏客观公正的心态，忽视信息接受者的感受。

4）设计要求文件不够详尽，表达不够明确，在设计过程中需求多变。

5）设计合同的权利、义务、责任条款不够明确详尽，履约基础较薄弱。

6）设计依据资料识别不够准确，提供与项目工程设计有关的原始资料不够及时、准确、齐全。

7）设计管理者缺乏设计认知，对设计规律认识肤浅，设计管理专业化程度与项目设计要求不匹配，设计管理工作适应性欠缺。

8）设计管理者设计理解感悟能力较弱，设计观察力不敏锐，导致与设计单位及其设计师沟通信息不对称。

9）对设计成果分析评判的出发点、角度错位，标准含糊，思维失敏、逻辑混乱，增大设计沟通难度。

10）与跨国设计机构及其设计师因为文化背景（如语言、价值观、法律意识、道德伦理、宗教信仰、风俗习惯、民族优越感等）和建筑文化和设计理念等的差异，形成沟通障碍，进而引发碰撞后的冲突。

11）设计管理者与自身岗位或设计管理工作心理距离疏远，产生自我干扰，进而阻挠沟通过程。

12）沟通渠道选择不当。重要信息使用电话传递时，双方因语言表达方式方法等原因造成信息失真，且追溯性差。

13）对工程设计规范、强制性标准要求等缺乏透彻的了解和理解，或从自身经济经利益出发，明示或者暗示违反工程建设强制性标准的设计要求。

14）随意压缩合理设计工期，或提出其他不符合国家法规政策的非分要求。

15）责任担当缺失，设计跟踪检查时发现设计问题未及时提出，或“眼不见为净”，存下隐患或事后纠结。

16）设计服务范围约定含糊，在设计后续建设阶段未建立设计协调程序或不够严谨。

17）对设计变更控制、手续办理等不够熟练，设计变更信息传递迟滞。

18）在和供货商的沟通中，由于未配备相应的管理人或对设备技术性能及其规格选用等不甚了解，影响了双方在需求讨论阶段的沟通。

19）建设单位采购的建筑材料、建筑构配件和设备不符合设计文件和合同要求。

20）不善于处理设计与施工、材料设备采购的接口关系，影响项目系统运行。

21）虎头蛇尾，项目收尾阶段设计管理疲软，对设计评价失当等。

（2）设计单位引发的障碍与矛盾的成因举例

设计管理过程中，设计单位与建设单位和他相关单位及其人员之间始终存在不同程度、不同形式的障碍。造成设计沟通障碍的因素很多，既有沟通双方的主观因素，也有沟通双方的客观因素，还有信息渠道方面的因素影响等，这些因素相互交织。有障碍就会产生矛盾，并不同程度地影响干扰正常设计沟通，使得沟通不能有效顺利地进行，并且直接影响设计的成效。

设计单位引发的外部沟通矛盾与冲突的因素主要是设计认知、协作互动、组织机构、设计技术专长、设计信息资源、文化背景、设计评判、设计服务和沟通理解能力等。引发矛盾与冲突的成因举例如下：

1）设计法规信息沟通欠缺，为揽设计任务，采用不规范、不正当竞争等市场行为，引起设计任务委托的冲突或干扰。

2）随着设计机构的发展扩张，设计组织的层次越来越多，设计沟通管道的覆盖范围变大，致使各层次之间信息通达程度降低，增加了沟通难度；或经费不足、技术条件不成熟导致沟通条件欠缺。

3）设计管理制度缺失或不够严谨，执行不力。设计过程疏于内部和外部沟通管理，影响各设计者之间、设计者与管理部门之间、设计专业之间、设计合作单位之间，与设计委托方及其相关单位之间的信息交流与配合协调。导致设计过程管理不规范，进而影响设计目标的实现。

4）设计师在沟通的过程中，忽视设计沟通的互动性，设计理念、价值观、偏好等与委托单位分歧较大的情况下，不屑倾听对方有关设计意向、建议或要求的陈述，坚持固有的设计理念、设计意识、设计态度和设计价值观，进而造成非理性的设计沟通屏障。

5）设计合同评审走过场，异议条款未彻底解决或未书面确认，留下履约困难。

6）设计依据资料研究不够深入，对设计任务书内容未了然，理解不够充分，有疑点未及时要求业主方析疑。

7）设计过程管理不够规范。设计责任人职责范围不清，设计人员间的地位、权利、利益的不合理配置，导致内部沟通困难，进而影响外部沟通。

8）由于对设计认知的差异，建筑、结构、设备、造价各专业设计师对设计的理解与追求的不同等，引起设计协作矛盾，影响设计专业协调。

9）设计信息资源所有权过于集中在少数人手中，而拥有者不愿意共享或与别人分享，不仅导致设计单位内部设计资源利用效率低下，而且影响其在项目设计中的合理输出。

10）设计管理者或者资深设计师对其他不同文化背景的设计师设计理念和风格等存在着偏见或心里歧视对方，对异质文化的沟通方产生抵触情绪，导致沟通障碍，引发文化差异的冲突。

11）设计管理者过于迷信自身思维方法，缺乏客观的心态，不注重信息传递，习惯于简单地下达指令，忽视了通道的选择和信息接受者的感受，造成不好的沟通效果。

12）设计管理层重视提高组织设计产值绩效，但有关组织设计决策等重大事项上与组织成员少有沟通，也不重视提供组织成员有关工作绩效的反馈信息，影响了信息需求传导和心理平衡。

13）设计管理层在分派任务时不考虑或少顾及设计师的个人设计偏好和设计特长，也不耐心听取设计师的意见，阻碍了有效沟通。

14）设计管理层对情感沟通的作用和价值认识欠缺，只重视在物质方面奖惩，忽视情感交流，拉大了与设计者的心理距离。

15）具有较强等级观念的专制型风格管理者漠视信息接受者的反应，缺乏信息反馈或信息接受者屈服于利益，倾向于信息附和，使得沟通变成自上而下的单向沟通，导致信息迁就性失实，也遏制了设计互动。

16）设计组织内部管理人员与设计人员关系不够和谐或有对立情绪倾向，加上苦乐不均、分配失当、心理失衡、设计人员于外部“多方位开源”，不仅自损社会形象，而且导致组织内部矛盾延伸至外部，影响与外部组织的关系。

17）编制设计进度计划时未留有必要的余地，调整设计进度不够及时；不为业主之急而动或未有紧迫感，部分设计人员存在通过拖设计进度，钓“赶工费”的意图；为省力图快，设计人员随便采用不适用的“放之四海而皆准”的设计企业标准图。

18）拥有设计专业技术专长、设计信息资源的设计人员重设计产值，轻设计质量；重设计技术要素，轻设计经济效果；眼高手低的设计人员，不屑于相关设计的协调会议等沟通方式。

19）设计人违背职业操守，向建设单位提出非分要求；在设计时，违反国家规定指定材料设备生产厂、供应商。

20）在设计评审的过程中，设计者因遭受失败或遇到难以处理的设计内容，导致挫折感与挫折行为，如设计者要求不再修正或者放弃设计方案，导致沟通无效，进而影响设计推进。

21）设计校对审核形同虚设，没有坚持“三校两审制度”（每道设计工序完成，首先由设计人员自校，再由具有相应资质的有关人员逐级校对、校核、审核、审定），只签字少看图；不重视设计接口审核，出现问题施工中再补图。

22）设计交底时，对施工图设计作出的说明不够详细，造成误解；视施工现场设计服务为分外之事，遇事推诿或需久催才至。

23）设计变更管理程序执行不够规范，设计修改迟缓，影响工程进度和施工结算。

24）忽视设计与施工、材料设备采购接口关系处理，导致项目系统运行不畅。

25）自我感觉良好，草率于项目收尾阶段绘制竣工图、设计回访等工作，责任性明显欠缺等。

5 建设单位项目设计外部沟通管理要点

建设单位项目设计外部沟通管理实质是与设计单位等有关外部单位以及社会的协作管理。沟通行为系统中的各个环节是互相影响，互相制约的统一体。项目设计外部沟通管理有下列要点：

(1) 加强对项目经理及项目部的设计管理部门管理是建设单位项目设计管理工作的重中之重。建设单位项目工程设计内部管理是项目管理的核心工作，只有充分有效的内部设计沟通管理才有良好的设计外部沟通。

(2) 对于较为复杂或较大的项目，可以选择委托专业项目管理公司来承担设计管理与沟通协调工作。专业项目管理公司应提供必要技术支持，对建设单位未能深刻理解的知识和技能问题应予以解释和说明，并提供专业的咨询意见，以便业主方管理层的决策，并针对其具体建议，进行必要的设计修改。

(3) 按照项目设计沟通管理体系、项目设计沟通管理计划，根据项目的特点，以及项目相关方不同的需求和目标，制定设计外部沟通管理制度和程序，并根据项目运行中出现的情况做相应调整。

(4) 以项目工程设计为中心的设计方和所有相关设计的外部组织以及社会环境构成日常的设计沟通管理网络，这种网络必须有一种保证设计各方面最大限度交流和直截了当联系的机制，避免互不通气带来的负面影响。应将设计沟通管理的内涵落实到设计相关方的方方面面。

(5) 建立项目设计信息管理系统。按照设计管理工作流程和管理职责，确定各沟通对象、专业之间的信息流通及处理过程，包括信息及其流程和信息处理过程设计等。强化数字化信息管理技术，建立现代信息沟通网络。确保有关设计外部沟通需要的所有项目设计管理信息内容能够及时、正确地提取、收集、整理、存储，使之快速、准确、高效地传递，为项目实施提供高质量的设计信息服务。

(6) 建立设计外部沟通与协调程序的内容。设计沟通程序是项目沟通管理程序中的一个组成部分，是指在合同约定的基础上进一步明确建设单位与设计单位之间在项目设计工作方面的关系、联络方式、报告审批制度等。包括下列设计沟通与协调程序的内容：

1）设计管理联络方式和双方对口负责人。

2）建设单位提供项目设计所需的设计依据资料和现场基础资料，并明确提供时间和方式。

3）设计合同及其履行过程中出现的需解释甄别的内容。

4）双方设计过程的设计质量控制，确保设计符合设计合同要求且完整、准确和专业设计协调等。

5）双方设计进度计划的一致性，并及时调整。

6）双方设计过程的设计投资控制和项目经济性信息。

7）设计中建设单位需要审查、认可或批准的内容。

8）设计过程中出现困难需要协调解决的问题。

9）设计中采用非常规做法的内容。

10）各阶段设计文件评审、报批等配合。

11）采用的项目设计变更程序，包括变更的类型、变更申请以及审批规定，及时进行设计修改，满足施工要求等。

12）项目施工阶段、设计文件交底、会审、设计对施工要求、质量事故分析与解决、竣工验收等的设计技术服务。

13）设计单位协助和参与材料、设备采购，设备、材料请购单的审查范围和审批程序。

14）有关专业之间互提条件的规定，协调和控制各专业之间的接口关系。

15）如有必要，进行现场设计，及时提供施工所需图纸。

16）如有必要，成立现场工作组，及时解决施工中出现的问题。

(7) 选择采用体现对应特色的设计外部沟通方式。沟通的形式和方式是多种多样的，采用不同的沟通方式会取得不同的效果。应根据建设项目设计外部沟通的实际需要，选择采用体现对应特色的设计外部沟通方式。选择何种沟通方式才会取得良好的效果，关键在于沟通的时机与策略的选择。

各种外部沟通方式和内容的变更，应按照项目沟通计划的要求进行管理，并协调相关事宜。设计外部沟通的方式主要包括四种方式：

1）项目管理函件，包括纸质函件，传真、电子邮件、手机短信等电子函件。

2）设计协调会议制度，包括交底会、协商会、协调会、例会、专题会、联合检查会等。

3）设计报告制度，项目进展报告、定期目标控制报告、跟踪检查报告、评审或评估报告、总结报告等。

4）日常工作中的交流沟通，主要是通过交谈的方式进行，增进相互了解，充分获取沟通对象的相关信息，提供工作依据，认同工作效果。

(8) 选择合适的外部沟通媒介渠道。针对不同的沟通对象、不同的信息需要，通过不同的沟通渠道进行传递，以起到有效的沟通作用，以避免选择不当而造成沟通障碍。按沟通外部单位及其运作规律和特点，构建与管理模式相适应的灵活有效的管理沟通渠道，并创新设计外部沟通渠道，从而使项目设计管理部门与外部单位协调一致。

(9) 随着市场经济体制下社会环境的复杂化，设计管理中相关方之间对各种目标、职责、利害关系等认识的分歧也越来越大。故而应努力改善设计管理方式及行为，加强开放式的设计沟通，形成良好的工作环境与氛围。

(10) 建设单位在设计前，尽可能全面详细地明确设计要求，减少设计变更的可能性；在设计过程中，对设计应及时予以确认，及时决策，并尽可能减少决策时间。通过良好设计沟通，要求设计单位、设计师充分了解市场的需求，了解设计概念在转化成实施设计时的过程、针对项目建设外部条件启动设计作业。

(11) 从设计到建筑产品的成功，其关键在于亲身体会建筑产品的实际存在。因此，在项目设计评审或优化活动中，要求设计人使用效果最佳的视觉沟通图面、模型展示，将其作为设计项目管理人和设计师的沟通工具，便于同业主管理层和非专业人员沟通。建设单位及其聘请的专家给予相关的设计咨询并提出相关的设计策略建议，以使设计师逐步深入地全面认知项目定义内容，从而提高设计成功可能。

(12) 注重项目设计信息反馈。对于来自设计方或其他相关方的有关设计的信息沟通，建设单位应根据自己的理解作出及时反应和反馈，从而构成信息沟通循环；按规定凡涉及设计的工作计划应抄报设计单位，与设计单位的收、发设计文件、标准规范、标准图集、计算机应用软件的有效版本等应按项目信息管理规定互签验收单。

（13）项目部经理应重视与总设计师的沟通；由设计管理经理负责外部设计沟通协调，各专业工程师负责相应设计专业的沟通协调，编制沟通管理岗位工作任务分配明细表；委派合适的外部设计沟通人员，担任外部设计沟通专职联络人，并向联络人授权，确定岗位责任。

（14）设计合同谈判是签订合同的基础。在设计合同谈判前应作好充分准备，对设计内容与要求、设计周期与付费的关系、违约责任等主要条款，合作设计的分工界定与技术接口的确认词语都应再三推敲；在设计合同谈判中做到知己知彼，对设计方的片面的乃至不合理要求，应通过有理、有利、有节的解释、沟通和适当谦让，使之心悦诚服，达成共识。

（15）对重大或关键过程的设计、设计创新，新技术、新材料在工程设计中的应用等方面的沟通，除了按质量标准、强制性标准执行情况重点检查、复核外，还应通过专题论证会、征求专家意见等方式沟通，以避免设计质量风险，同时提高工程设计的新技术含量。

（16）设计技术接口过程涉及面广、情况复杂、技术接口的提交与接收应是十分严格和慎重的，尤其是主体专业提出的条件。所以建设单位设计管理人员应经常主动深入专业设计工作现场，随时仔细了解、掌握各专业设计动态，参加重要专业的技术研讨，如方案性问题、主要技术参数，基础资料的不足和弥补等，在技术接口审核中，特别要关注不同专业间互提条件的漏项或重项，不同专业采用同一条件是否有误。一旦发现技术接口的专业矛盾时，妥善加以解决、做到公正平和，避免专业间闹矛盾。熟能通心，通过专业设计沟通不仅能掌握工作的主动权，同时融洽了关系。

（17）项目设计沟通管理贯穿建设项目的全过程。建设项目的合同、质量、投资、进度之间的联系非常紧密，项目设计管理部门经理及其人员应对设计单位、施工单位、材料设备供货单位进行项目目标综合控制沟通，任何一个环节出现疏忽，都会影响整个工程设计项目的成效。

（18）项目经理、项目部设计管理经理应主动联系设计单位，督促设计方始终与建设单位保持密切的信息沟通，促使双方及时做出反应和处理。促使各专业设计人员做好现场动态设计服务沟通，现场沟通的越多，争执就越少，协调处理和解决的问题就越多，要与施工、安装、监理、采购、各专业工程节点等做好有序的衔接，并处理好接口关系。

（19）管理者必须发挥良好的沟通技能。管理工作的功效与沟通技能直接相关，这对所有管理者都是很关键的，良好的沟通需要有很多沟通的技能。管理者最基本的技能就是能以书面或口头的形式组织和表达思想，包括面谈技能、笔头沟通技能、倾听技能以及会议组织、演讲与谈判技巧等。成功的沟通依赖于能通过口头和书面文字对别人产生影响，这种将自己思想表达清楚的能力就是管理者应该拥有的最为重要的技能。现代互联网技术已经普及，即时发送的电子通信技术可作为一个极好的工具用来支持和强化其他形式的沟通。

项目组织建立的信息沟通网络，是管理者实施有效沟通的条件。对不同的沟通活动所应该采取的具体沟通方式是有规则可循的。逐步形成科学、规范、有针对性的沟通方式，也是构筑项目沟通管理体系的要素之一，对现代高层管理者而言更显重要。

（20）设计有效沟通的技巧要领

1）明确设计沟通协调的目的；

2）明晰沟通的方向，实施沟通前澄清概念；

3）区分沟通的对象，针对性和差别化的进行设计沟通；

4）采用适当的沟通方式，注意表达方法；

5）只对必要的信息进行沟通；

6）沟通时顾及环境情况；

7）必须进行设计及其管理信息的反馈；

8）学会尊重设计异见，并放之四海而皆准；

9）少说、会问，尽可能聆听他人意见；

10）回避矛盾并非优选项，及时对话胜于对峙；

11）自我的省察观照，言行一致，言必信、行必果；

12）理性表达，不走极端，消除“偏激共振”；

13）在群情激奋时保持理性，在乱象纷呈中发掘真伪；

14）多元价值里呵护良知，多元利益中追求互利共赢；

15）注重整体设计沟通协调效果。

第 14 章　项目收尾阶段的设计管理

按照项目建设程序，项目收尾阶段是项目生命周期的最后阶段。项目收尾阶段覆盖建筑工程的竣工收尾、竣工验收、竣工结算、竣工决算、考核评价和回访保修多个环节。项目收尾管理是对项目收尾工作的综合性管理；各项管理工作内涵的一般界定含有项目管理结束过程控制的连续性和系统性。项目各当事人只有履行合同的全部义务和责任，完成这个阶段的所有工作，建设项目才能交付使用，有效实现项目目标效益。同样，项目收尾阶段的设计管理工作内容综合，涵盖面广，更需要项目管理的基本原理的系统指导。制定面对各环节管理的科学行动方案，实施协调有序、切实有效的管理，才能始终如一地履行职能，实现既定目标。

14.1　项目收尾阶段管理概述

1　项目收尾管理概念

(1) 项目收尾管理定义

按照项目建设程序，在完成施工后，项目建设进入收尾阶段。建筑工程项目收尾管理是指对项目的竣工收尾、竣工验收、竣工结算、竣工决算、考核评价和回访保修等进行的计划、组织、协调和控制等活动。

收尾阶段是项目生命周期的最后阶段，项目各当事人只有履行合同的全部义务和责任，完成这个阶段的所有工作，建设项目才能交付使用，有效实现目标效益。

(2) 项目收尾管理是综合性管理

项目收尾管理不同于前述各项管理，它既不是单项的目标管理，也不是要素的管理，而是对项目收尾阶段的综合性管理。

不同的项目有不同的收尾内容和收尾管理，同一类项目中不同的管理组织又有不同收尾内容和收尾管理。项目收尾管理工作内容包含了多个方面的管理，且是各项专业管理内容、方法、要求的总和；各项管理工作内涵的一般界定含有项目管理结束过程控制的连续性和系统性，始终需要项目管理基本原理的系统指导；项目收尾管理各项管理工作涉及建设、规划行政主管部门，勘察、设计、施工、监理、咨询单位等项目当事人。因此，项目收尾管理是综合性管理，应按照项目管理系统论和专业化中对项目的要求，强调工作的计划性，科学制定收尾阶段的行动方案，切实加强项目收尾阶段各项工作的有序有效管理。

2　项目收尾管理内容及其要求

项目收尾管理是项目收尾阶段各项管理工作的总称。项目收尾管理包括竣工收尾、竣工验收、竣工结算、竣工决算、回访保修和管理考核评价等环节的管理。项目收尾管理工作的具体内容如图 14-1 所示。

项目收尾阶段的工作内容综合，涵盖面广，项目收尾管理各参与方涉及的管理工作内容和承担的责任有所不同。按项目管理规范规定，项目收尾阶段各项管理工作应符合以下要求：

(1) 项目竣工收尾。项目竣工验收前，项目承包方应检查合同约定的哪些工作内容已经完成，或完成到什么程度，并将检查结果记录并形成文件；总分包之间还有哪些连带工作需要收尾接口，项目近外

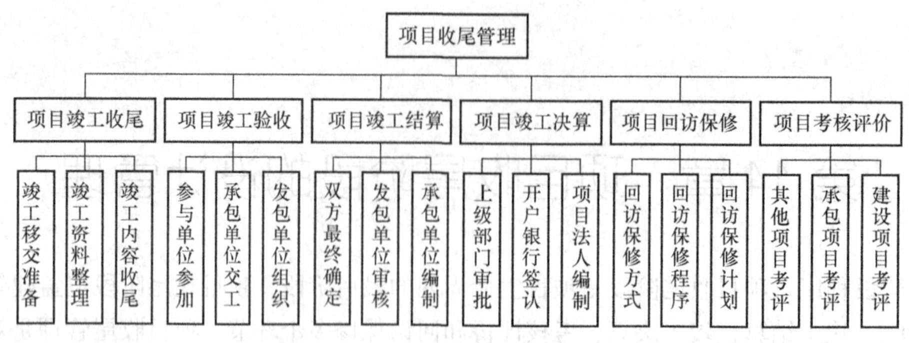

图 14-1 项目收尾管理工作内容

层和远外层关系还有哪些工作需要沟通协调等，以保证竣工收尾顺利完成。

（2）项目竣工验收。项目竣工收尾工作按计划完成后，除了承包人的自检评定合格外，还须经监理人组织竣工预验收，签署工程竣工审查意见后，向发包人递交竣工工程验收申请报告。发包人收到报告后，应当组织设计、施工、工程监理等有关单位进行竣工验收。项目竣工验收包括各专项的竣工验收。

（3）项目竣工结算。项目竣工验收条件具备后，承包人应按合同约定和工程价款结算规定，及时编制并向发包人递交项目竣工结算报告及完整的结算资料，经双方确认后，按有关规定办理项目竣工结算。办完竣工结算，承包人应履约按时移交工程成品，并建立交接记录，完善交工手续。

（4）项目竣工决算。项目竣工决算是由项目发包人（业主）编制的项目从筹建到竣工投产（或使用）全过程的全部实际支出费用的经济文件。竣工决算综合反映竣工项目建设成果和财务情况，是竣工验收报告的重要组成部分，按国家有关规定，所有新建、扩建、改建的项目竣工后都要编制竣工决算。

（5）项目回访保修。项目竣工验收后，承包人应按工程建设法律、法规的规定，履行工程质量保修义务，并采取适宜的回访方式提供售后服务。项目回访与质量保修制度应纳入承包人的质量管理体系，明确组织和人员的职责，提出服务工作计划，按管理程序进行控制。

（6）项目考核评价。项目结束后，应对项目管理的运行情况进行全面评价。项目考核评价是项目当事人对项目实施效果从不同角度进行的评价总结。通过定量指标和定性指标的分析、比较，从不同的管理范围总结项目管理经验，找出差距，提出改进处理意见。

3 项目收尾阶段设计管理的主要工作

在项目收尾阶段，设计管理部门主要参与项目竣工收尾、竣工验收、试运行、竣工结算、竣工决算、回访保修、考核评价过程中相关设计管理工作。主要工作如下：

（1）协助施工单位制定项目竣工计划，提供必要的计划目标实施支持，参与检查项目竣工计划，按有关规定提供必要的计划目标实施支持，协助创造项目竣工计划实施条件。

（2）协同施工、监理、设计单位，参与项目竣工资料的整理工作，按照项目竣工资料的整理规定要求，保证竣工资料真实、完整、准确、系统和规范，符合归档备案的管理要求。

（3）根据国家对编制竣工图的基本要求和分工规定，对设计单位重新绘制、施工单位修改补充、建设单位自行绘制的竣工图实施分别管理，参加对竣工图的编制、整理、审核、交接、验收活动。

（4）参加竣工验收申请报告和项目竣工验收条件（包括项目竣工实体收尾、竣工资料的整理）的检查核实工作；实地查验工程质量，检查已完工程是否符合设计要求。督促设计单位提供竣工验收技术支持和服务。

（5）识别整理竣工验收的依据资料，督促设计单位提供竣工验收技术支持和服务。

（6）参加各阶段各项竣工验收的组织、审阅竣工资料、评价验收、项目移交和竣工验收备案等工作。

（7）参与项目竣工结算、竣工决算、保修的投资控制，包括竣工结算报告审核确认、编制项目竣工决算编制与送审报批、投资控制评价总结、工程质量保修费用处理等工作。

(8) 按国家现行标准规定，参与完成项目竣工验收文件资料的整改、整理、交接、归档等工作。

(9) 工程竣工验收合格后，参与项目竣工验收报告编制和附件整理工作。

(10) 参与检查生产性项目试运行前的准备工作，按设计文件及相关标准检查已完成项目范围内的生产系统、配套系统和辅助系统的施工安装及调试工作。督促设计单位提供试运行过程中的技术支持和服务，处理出现的有关设计的问题。

(11) 参与项目考核评价中的制定考核评价办法、确定考核评价方案、实施考核评价、提出考核评价报告工作；编制项目的设计管理工作总结。

(12) 回访设计单位，请设计单位对设计进行总结，设计回访和后评价，提出供业主改善建设项目使用的建议与意见。

14.2 项目收尾阶段的设计管理

14.2.1 项目竣工收尾环节的设计管理

1 项目竣工计划的检查与支持

项目竣工收尾工作中，计划管理仍然是涵盖面最广，综合性最强的管理。编制项目竣工计划是项目收尾阶段管理工作的关键环节和重要的基础工作，旨在保证项目竣工目标有周密细致安排的预期行动方案。项目施工承包方应编制涵盖各项工作的项目竣工收尾工作计划，并提出要求将其纳入项目管理体系进行运行控制。

由于项目竣工计划涉及到项目的每个参与组织和管理人员，其控制性渗透到项目竣工收尾的整个过程和各个方面。为了保证建设项目竣工收尾任务完成，施工单位项目经理部应及时组织项目竣工收尾工作，并与项目相关方联系，按有关规定协助验收。项目其他相关组织应为项目竣工计划目标的实施提供支持。建设单位也应关注并检查项目竣工计划，为必要的计划目标提供实施支持。设计管理组织应参与其中，控制要点如下：

(1) 项目竣工计划内容

项目竣工收尾的工程内容，应列出详细清单，做到安排的竣工计划有切实可靠的依据。项目竣工计划内容应表格化，编制、审批、执行、验证的程序应清楚。

项目竣工计划内容应包括下列内容：1) 工程项目名称；2) 竣工项目收尾具体内容；3) 竣工项目质量要求；4) 竣工项目进度计划安排；5) 竣工项目文件档案资料整理要求。

项目竣工计划内容可分成两条线编制。一是项目现场施工收尾，主要工作为工程实体的收尾组织；二是项目竣工资料整理，主要工作为工程软件的收集归档。在编制项目竣工计划时，两条线内容应分开安排，并有明确要求。

(2) 项目竣工计划目标要求

项目竣工计划目标必须按法律、行政法规、部门规章和强制性标准的规定执行。检查中发现的问题要强制执行整改，及时处理。项目竣工计划目标应满足以下要求：

1) 全部收尾项目施工完毕，工程符合竣工验收条件的要求；

2) 工程的施工质量自检合格，各种检查记录齐全；

3) 设备安装经过试车、调试，具备单机试运行要求；

4) 工程经过安全和功能检验，各种测试、运行记录完整；

5) 建筑物四周规定距离以内的工地达到工完、料净、场清；

6) 项目竣工资料收集、整理齐全，符合工程文件归档整理规定；

7) 项目竣工分目标要求：包括建筑收尾落实到位；安装调试检验到位；工程质量验收到位；总包分包交接到位；文件收集整理到位；竣工验收准备到位；竣工结算编制到位；项目管理小结到位等。

2　创造项目竣工计划实施的条件

项目竣工计划的实施是确保项目竣工收尾的关键。为了保证项目竣工计划的有效实施，需创造下列条件：

（1）制定项目竣工收尾标准

竣工收尾标准是根据项目竣工目标和内容的要求而制定的，具有某一特定项目的属性并为这个特定项目服务。如质量验收、进度要求、安装调试、成品保护、现场清理、竣工资料标准等，并将这些标准的要求纳入竣工计划管理。

（2）反馈项目竣工收尾信息

竣工收尾信息的反馈，是在计划执行中通过现场检查、巡视和资料收集等途径获取的。比如工程质量的控制，是通过验收记录和控制资料的采集，取得实测、观感和功能检验等是否合格的信息。

（3）采取项目竣工收尾措施

项目竣工收尾措施是针对竣工收尾发生的不同偏差及其对竣工目标实现带来的影响，而专门制定的处理对策与纠正偏差的管理行为。

3　项目竣工收尾组织与验收

项目施工承包方的项目经理全面负责施工过程中的现场管理，并根据工程规模、技术复杂程度和施工现场的具体情况，建立施工现场管理责任制，并组织实施。项目经理应及时组织项目竣工收尾工作，并与项目相关方联系，按有关规定协助验收。项目竣工收尾的组织与验收应从项目竣工实体收尾和项目竣工资料整理两个方面展开工作。

（1）项目竣工实体收尾

项目竣工实体收尾是项目现场性的组织与管理，是塑造建设工程产品实体的结尾工作。通过建立竣立收尾班子；策划竣工收尾工作；坚持竣工自查程序；组织竣工质量验收；按照规定的程序，经建设、施工、监理、设计等有关方面确认，确保竣工收尾各项工程内容的全面完成。

（2）项目竣工资料的整理要求

项目竣工资料是记录和反映项目实施全过程工程技术与管理档案资料的总称。建设工程承包人负责整理所承包工程范围内的竣工资料。建设工程承包人根据国家和有关部门发布的工程档案资料管理和标准的规定，制定行之有效的工程竣工资料形成、收集、整理、交接、立卷、归档的管理制度。按竣工资料的整理程序，实行统一领导、分级管理、按时交接、归口立卷的原则，保证竣工资料完整、准确、系统和规范，符合竣工验收后移交发包人汇总归档备案的管理要求。

项目竣工资料必须真实记录和反映项目管理全过程的实际情况，应符合资料形成的规律性和规定性。根据建设工程的特点，整理工程竣工资料要达到下列基本要求：

1）竣工资料的管理：工程竣工资料的管理应符合基本建设项目档案资料管理和城市档案管理的有关规定，确保竣工资料齐全完整。竣工资料的整理应执行现行《建设工程文件归档整理规范》（GB/T 50328—2001）的规定。

2）竣工资料的收集：收集工程竣工资料要建立岗位责任制，遵循施工的程序和内在规律，保持资料的内在联系，不得遗漏、丢失和损毁。

3）竣工资料的手续：工程竣工资料的整理，应做到图物相符、数据准确，填写、审签章手续要完备，不得擅自修改、伪造和后补。

4）竣工资料的构成：一个建设工程由多个单位工程组成时，竣工资料应以单位工程为对象整理组卷，案卷构成应符合现行《科学技术档案案卷构成的一般要求》（GB/T 11822—2008）的规定。

（3）竣工图的基本要求

竣工图是真实、准确、完整反映和记录各种地下和地上建筑物、构筑物等详细情况的技术文件，是项目竣工验收、投产或交付使用后进行维修、扩建、改建的依据，是使用（生产）单位必须长期妥善保存和进行竣工备案的重要工程档案资料。《基本建设项目档案资料管理暂行规定》规定：竣工图是工程的实际反映，是工程的重要档案。工程承发包合同或施工协议要根据国家编制竣工图的要求，对竣工图的编制、整理、审核、交接、验收作出规定，施工单位不按时提交合格竣工图的，不算完成施工任务，并应承担责任。为确保竣工图质量，必须在施工过程中及时做好隐蔽工程检查记录，整理好设计变更文件。竣工图编制的基本要求：

1）按图竣工没有变动的，由施工单位（包括总包和分包）在原施工图上加盖"竣工图"章标志，即作为竣工图。

2）在施工中，虽有一般设计变更，但能将原施工图加以修改补充作为竣工图的，可不再重新绘制，由施工单位负责在原施工图（必须是新蓝图）上注明修改的部分，并附设计变更通知单和施工说明，加盖"竣工图"章标志后，即可作为竣工图。

3）结构形式改变、工艺改变、平面布置改变、项目改变以及其他重大的改变，不宜在原施工图上修改、补充的，应重新绘制改变后的竣工图。因设计原因造成的，由设计单位负责重新绘制；因施工原因造成的，由施工单位重新绘制；因其他原因造成的，由建设单位自行绘制或委托设计单位绘制。施工单位在新图上加盖"竣工图"章标志，并附有关记录和说明，作为竣工图。重大的改建、扩建工程涉及原有工程项目变更时，应将相关项目的竣工图资料统一整理归档，并在原案卷内增补必要的说明。

4）为了满足竣工验收和竣工决算需要，应绘制能反映竣工工程全部内容的工程总平面图。

5）各种建设工程的隐蔽部位都应绘制竣工图。各种竣工图的绘制，应在施工过程中着手准备，由项目技术负责人和现场施工管理人员负总责，在施工中做好隐蔽工程检查验收记录，整理好设计变更文件，确保竣工图的编制质量。在编制竣工图前，对工程的全部变更文件应逐一进行审查核对，并分别盖上"已执行"或"未执行"章。如整份变更文件已执行，则在该变更文件标题处盖"已执行"章，未执行则盖"未执行"章；如一份变更文件中有部分条款未执行，则分别在已执行或未执行条款的条号处盖"已执行"或"未执行"章。

6）竣工图必须与实际情况和竣工资料相符，要保证图纸质量，做到规格统一，图面整洁、字迹清楚，不得用圆珠笔或其他易褪色的墨水绘制，并要经项目技术负责人审核签认。按照现行《建设工程监理规范》规定，竣工图还要提交监理人审查签认，作为竣工资料备案方为有效。竣工图的编制一般不得少于两套，有特殊要求的，如全国性特别重要的项目等，按约定或规定，可另增加编制一套，并按规定的初步验收和竣工验收程序移交，作为工程档案长期保存。竣工图章的内容和规格尺寸，应符合国家和地方档案主管部门或备案部门的规定。"已执行"和"未执行"章式样，已有规定的应按规定办理。

14.2.2 项目竣工验收环节的设计管理

1 项目竣工验收概念

项目竣工验收是指承包人按施工合同完成了项目全部任务，经检验合格，由项目业主组织项目参与各方对项目工程进行验收的过程。

项目竣工验收是我国建设工程的一项基本法律制度。实行竣工验收制度，是全面考核建设工程，检查工程是否符合设计文件要求和工程质量是否符合验收标准，能否交付使用、投产，发挥投资效益的重要环节。

项目竣工验收是项目管理的重要内容和终结阶段的重要工作；是建设单位会同设计、施工单位向国家（或投资者）汇报建设成果和交付新增固定资产的过程。项目竣工验收主体应是合同当事人的发包主体，即项目竣工验收工作由建设单位负责组织实施。项目的交工主体是合同当事人的承包单位，其他项目参与人则是项目竣工验收的相关组织。项目竣工验收的客体，应是设计文件规定、施工合同约定的特定工程对象。县级以上地方人民政府建设行政主管部门应当委托工程质量监督机构对工程竣工验收实施监督。

2 项目竣工验收的范围和依据

（1）所有按规定列入竣工验收范围的建设工程必须实施项目竣工验收。建筑工程项目竣工验收的范围如下：

1）凡列入固定资产投资计划的新建、扩建、改建和迁建的建筑工程项目或单项工程按批准的设计文件规定内容和施工图纸要求全部建成且符合验收标准的，必须及时组织验收，办理固定资产移交手续。

2）使用更新改造资金进行的基本建设或属于基本建设性质的技术改造工程项目，也按国家关于建设项目竣工验收规定，办理竣工验收手续。

3）小型基本建筑和技术改造项目的竣工验收，可根据有关部门（地区）的规定适当简化手续，但必须按规定办理竣工验收和固定资产交付生产手续。

4）建筑工程项目环保、民防、消防、绿化、防雷、安全设施、智能建筑等专项竣工验收以及其他特定领域验收事项。

（2）竣工验收的依据

建设项目工程验收，除了必须符合国家规定的竣工验收标准外应以下列文件为依据：

1）国家现行施工技术验收规范和建筑安装施工的统一规定。

2）工程项目经批准的可行性研究报告、初步设计或扩大初步设计、施工图、设备技术说明书。

3）上级主管部门有关工程竣工的文件和规定等。

4）业主与承包商签订的工程承包合同（包括合同条款、规范、工程量清单、设计图纸、设计变更、会议纪要等）。

5）从国外引进新技术或成套设备的项目，还应按照签订的合同和国外提供的设计文件等资料进行验收。

3　项目竣工验收的条件

（1）项目竣工验收应依据有关法规，必须符合国家规定的竣工条件和竣工验收要求。项目工程符合下列基本条件方可进行竣工验收：

1）完成工程设计和合同约定的各项内容。

2）施工单位在工程完工后，对工程质量进行了全面检查，确认工程质量符合有关法律、法规和工程建设强制性标准，符合设计文件及合同要求，并提出工程竣工报告。工程竣工报告应经项目经理和施工单位有关负责人审核签字。

3）勘察、设计单位对勘察、设计文件及施工过程中由设计单位参加签署的更改原设计的资料进行检查，确认勘察、设计符合国家规范、标准要求，施工单位的工程质量达到设计要求，并提出工程质量检查报告。

4）对于委托监理的工程项目，监理单位在施工单位自评合格，勘察、设计单位认可的基础上，对竣工工程质量进行检查并核定质量等级，出具完整的监理资料，并提出工程质量评估报告。

5）有完整的技术档案和施工管理资料。

6）有工程使用权的主要建筑材料、建筑构配件和设备的进场试验报告。

7）建设单位已按合同约定支付工程款，有工程款支付证明。

8）有施工单位签署的工程质量保修书。

9）规划行政主管部门对工程是否符合规划设计要求进行了检查，并出具认可文件。

10）由公安消防、环保等部门出具的认可文件或者准许使用文件。

11）建设行政主管部门及其委托的建设工程质量监督机构等有关部门要求整改的质量问题全部整改完毕。

（2）生产性项目竣工验收的基本条件

对试运行、试生产的建设项目，建设单位在试运行、试生产期满后，符合下列基本条件可向相关主管部门申请验收：

1）生产性项目和辅助性公用设施，已按设计要求建成，能满足生产使用要求。

2）主要工艺设备和配套设施联动负荷试车合格，形成生产能力，能够生产出设计中所规定的产品。

3）必需的生产设施，已按设计要求建成合格。

4）生产准备工作能适应投产的需要。

5）环境保护设施、劳动安全卫生设施和消防设施已按设计要求与主体工程同时建成使用。

6）设计和施工质量已经质量监督都门检验并作出评定。

7）工程结算和竣工决算通过有关部门审查和审计。

4 项目竣工验收程序

（1）项目竣工验收是一个相互关联、多家交叉、具体细致的科学管理过程，项目发包人、承包人以及其他有关组织，应当加强协商、沟通，并按竣工验收的规定程序进行。项目规模较小且比较简单的项目，可进行一次性项目竣工验收；规模较大且比较复杂的项目，可以分阶段验收。

（2）工程竣工验收应当按以下程序进行：

1）项目工程完工后，施工单位应自行组织有关人员进行检查评定，合格后向建设单位提交工程竣工报告，申请工程竣工验收。实行监理的工程竣工报告须经总监理工程师签署意见。

2）建设单位收到工程竣工报告，勘察、设计单位的工程质量检查报告，监理单位的工程质量评估报告后，对符合竣工验收要求的工程，组织勘察、设计、施工、监理等单位和其他有关方面的专家组成验收组，制定验收方案。

3）建设单位应当在工程竣工验收之前，向建设工程质量监督机构申请《建设工程竣工验收备案表》和《建筑工程竣工验收报告》，并同时将竣工验收时间、地点及验收组名单书面通知建设工程质量监督机构。

5 建筑工程施工质量验收强制性条文

建设、勘察、设计、施工、监理各方主体应全面执行《建筑工程施工质量验收统一标准》及相应的专业质量验收规范，各级建设行政主管部门和质量监督机构应实施有效监督管理。

《建筑工程施工质量验收统一标准》中强制性条文如下：

1）建筑工程施工质量应符合本标准和相关专业验收规范的规定。

2）建筑工程施工应符合工程勘察、设计文件的要求。

3）参加工程施工质量验收的各方人员应具备规定的资格。

4）工程质量的验收均应在施工单位自行检查评定的基础上进行。

5）隐蔽工程在隐蔽前应由施工单位通知有关单位进行验收，并应形成验收文件。

6）涉及结构安全的试块、试件以及有关材料，应按规定进行见证取样检测。

7）检验批的质量应按主控项目和一般项目验收。

8）对涉及结构安全和使用功能的重要分部工程应进行抽样检测。

9）承担见证取样检测及有关结构安全检测的单位应具有相应资质。

10）工程的观感质量应由验收人员通过现场检查，并应共同确认。

6 建设单位组织工程竣工验收的要求

（1）建设、勘察、设计、施工、监理单位分别汇报工程合同履约情况和在工程建设各个环节执行法律、法规和工程建设强制性标准的情况。

（2）验收组人员审阅建设、勘察、设计、施工、监理单位的工程档案资料；实地查验工程质量。

（3）对工程勘察、设计、施工、设备安装质量和各管理环节等方面作出全面评价，形成经验收组人员签署的工程竣工验收意见。

（4）参与工程竣工验收的建设、勘察、设计、施工、监理等各方不能形成一致意见时，应当协商提出解决的方法，等意见一致后，重新组织工程竣工验收。不能协商解决时，由建设行政主管部门或者其委托的建设工程质量监督机构裁决。

(5) 对验收合格的项目，验收组签发项目验收合格文件。对于投资性项目，当项目验收合格后，应立即办理项目移交，对形成的固定资产和增列办理固定资产手续。

7 单位（子单位）工程质量验收合格的规定

(1) 单位（子单位）工程质量验收合格应符合下列规定：

1) 单位（子单位）工程所含分部（子分部）工程的质量均应验收合格。

2) 质量控制资料应完整。

3) 单位（子单位）工程所含分部工程有关安全和功能的检测资料应完整。

4) 主要功能项目的抽查结果应符合相关专业质量验收规范的规定。

5) 观感质量验收应符合要求。

6) 通过返修或加固处理仍不能满足安全使用要求的分部工程、单位（子单位）工程，严禁验收。

7) 单位工程完工后，施工单位应自行组织有关人员进行检查评定，并向建设单位提交工程验收报告。

8) 建设单位收到工程验收报告后，应由建设单位（项目）负责人组织施工（含分包单位）、设计、监理等单位（项目）负责人进行单位（子单位）工程验收。

9) 单位工程质量验收合格后，建设单位应在规定时间内将工程竣工验收报告和有关文件，报建设行政管理部门备案。

8 项目竣工验收报告内容

(1) 项目工程竣工验收合格后，建设单位应当及时提出工程竣工验收报告。工程竣工验收报告主要包括：

1) 工程概况。

2) 竣工验收组织情况：竣工验收委员会、竣工验收小组、验收组织单位和代表。

3) 质量验收情况：包括土建工程、给水排水、采暖空调工程、建筑电气安装工程、通信工程、电梯安装工程、建筑智能化工程和其他专业工程质量；工程竣工资料审查结论等。

4) 竣工验收时间、程序、内容和组织形式。

5) 验收阶段：按工程规模大小划分；按工程项目竣工先后组织；按施工合同约定的程序进行。

6) 竣工验收意见：建设单位执行基本建设程序情况；对工程勘察、设计、施工、监理等方面的评价；对整个建设工程竣工验收的综合评估。

7) 签名盖章确认：有竣工验收各单位代表签名；加盖竣工验收各单位公章。

(2) 工程竣工验收报告还应附有下列文件：

1) 施工许可证：工程报建日期，施工许可证号；

2) 施工图设计文件审查意见；

3) 勘察单位对工程勘察文件的质量检查报告；

4) 设计单位对工程设计文件的质量检查报告；

5) 施工单位对工程施工质量的检查报告，包括工程竣工资料明细、分类目录及汇总表；

6) 监理单位对工程质量的评估报告；

7) 地基与勘察、主体结构分部工程的单位工程质量验收记录；

8) 工程有关质量检测和功能性试验资料；

9) 建设行政主管部门、质量监督机构责令整改的结果报告；

10) 验收人员签署的工程竣工验收意见；

11) 竣工验收遗留问题处理结果报告；

12) 施工单位签署的工程质量保修书；

13）法律、行政法规、规章规定必须提供的其他文件。

9 竣工验收的监督

负责监督该工程的工程质量监督机构应当对工程竣工验收的组织形式、验收程序、执行验收标准等情况进行现场监督，发现有违反建设工程质量管理规定行为的，责令改正，并将对工程竣工验收的监督情况作为工程质量监督报告的重要内容。

10 项目竣工验收文件的归档整理

工程文件的归档整理应按国家发布的现行标准、规定执行，《建设工程文件归档整理规范》（GB/T 50328—2001）、《科学技术档案案卷构成的一般要求》（GB/T 11822—2008）等。承包人向发包人移交工程文件档案应与编制的清单目录保持一致，须有交接签认手续，并符合移交规定。

11 项目竣工验收备案管理办法

建设单位应当自工程竣工验收合格之日起的15日内，依照《房屋建筑工程和市政基础设施工程竣工验收备案管理暂行办法》的规定，向工程所在地的县级以上地方人民政府建设行政主管部门备案。

住房和城乡建设部《房屋建筑工程和市政基础设施工程竣工验收备案管理暂行办法》适用于我国境内新建、扩建、改建各类房屋建筑和市政基础设施工程的竣工验收备案。项目竣工验收备案管理办法有关规定如下：

（1）国务院住房和城乡建设主管部门负责全国房屋建筑和市政基础设施工程（以下统称工程）的竣工验收备案管理工作。县级以上地方人民政府建设主管部门负责本行政区域内工程的竣工验收备案管理工作。

（2）建设单位应当自工程竣工验收合格之日起15日内，依照本办法规定，向工程所在地的县级以上地方人民政府建设主管部门（以下简称备案机关）备案。未按规定日期办理工程竣工验收备案的，备案机关责令限期改正，处20万元以上50万元以下罚款。

（3）建设单位办理工程竣工验收备案应当提交下列文件：

1）工程竣工验收备案表。工程竣工验收备案表一式两份，一份由建设单位保存，一份留备案机关存档。

2）工程竣工验收报告。竣工验收报告应当包括工程报建日期，施工许可证号，施工图设计文件审查意见，勘察、设计、施工、工程监理等单位分别签署的质量合格文件及验收人员签署的竣工验收原始文件，市政基础设施的有关质量检测和功能性试验资料以及备案机关认为需要提供的有关资料。

3）法律、行政法规规定应当由规划、环保等部门出具的认可文件或者准许使用文件。

4）法律规定应当由公安消防部门出具的对大型的人员密集场所和其他特殊建设工程验收合格的证明文件。

5）施工单位签署的工程质量保修书。

6）法规、规章规定必须提供的其他文件。住宅工程还应当提交《住宅质量保证书》和《住宅使用说明书》。

（4）备案机关收到建设单位报送的竣工验收备案文件，验证文件齐全后，应当在工程竣工验收备案表上签署文件收讫。

（5）工程质量监督机构应当在工程竣工验收之日起5日内，向备案机关提交工程质量监督报告。

（6）备案机关发现建设单位在竣工验收过程中有违反国家有关建设工程质量管理规定行为的，应当在收讫竣工验收备案文件15日内，责令停止使用，重新组织竣工验收。

（7）建设单位将备案机关决定重新组织竣工验收的工程，在重新组织竣工验收前，擅自使用的，备案机关责令停止使用，处工程合同价款2%以上4%以下罚款。

14.2.3 项目竣工结算环节的管理

1 项目竣工结算概念

工程结算是施工承包方对所承包的工程按合同完成后编制的确定应得到工程价款的文件。项目竣工结算应由承包人编制，发包人审查，双方最终确定。工程竣工结算文件经发包方与承包方确认后，建设单位就应按此向施工单位支付工程价款，即应当将其作为工程决算的依据。因此，结算价是该结算工程的实际价格。工程结算价款对建设单位而言是实际费用的支出，是建设项目实际投资的重要部分。

2　编制项目竣工结算的依据

编制项目竣工结算可依据下列资料：

（1）合同文件。

（2）竣工图纸和工程变更文件。

（3）有关技术核准资料和材料代用核准资料。

（4）工程计价文件、工程量清单、取费标准及有关调价规定。

（5）双方确认的有关签证和工程索赔资料。

3　项目竣工结算编制的方法

项目竣工结算的编制是在原工程投标报价或合同价的基础上进行的。项目承包方建立完整的竣工结算资料保证制度，除了根据上述项目竣工结算依据资料外，还应收集、整理其他相关的结算资料，如发包人的指令文件、商品混凝土供应记录、隐蔽工程记录及施工日志、技术核定、现场签证和工程量核定单等；经充分核实工程量后，进行直接的增减调整计算；按合同约定计价，并按取费标准的规定计算各项费用，最后汇总为工程结算造价。

4　竣工结算办理规定

（1）项目竣工验收后，承包人应在约定的期限内向发包人递交项目竣工结算报告及完整的结算资料，经双方确认并按规定进行竣工结算。发承包双方在合同中对上述事项的期限没有明确约定的，可认为其约定期限均为 28 日。

（2）工程竣工验收合格，应当按照下列规定进行竣工结算：

1）承包方应当在工程竣工验收合格后的约定期限内提交竣工结算文件。

2）发包方应当在收到竣工结算文件后的约定期限内予以答复。逾期未答复的，竣工结算文件视为已被认可。

3）发包方对竣工结算文件有异议的，应当在答复期内向承包方提出，并可以在提出之日起的约定期限内与承包方协商。

4）发包方在协商期内未与承包方协商或者经协商未能与承包方达成协议的，应当委托工程造价咨询单位进行竣工结算审核。

5）发包方应当在协商期满后的约定期限内向承包方提出工程造价咨询单位出具的竣工结算审核意见。工程结算审核和工程造价鉴定文件应当由造价工程师签字，并加盖造价工程师执业专用章。

6）发承包双方对工程造价咨询单位出具的竣工结算审核意见仍有异议的，在接到该审核意见后 1 个月内可以向县级以上地方人民政府建设行政主管部门申请调解，调解不成的，可以依法申请仲裁或者向人民法院提起诉讼。

7）工程竣工结算文件经发包方与承包方确认后，承包方应按照项目竣工验收程序办理项目竣工结算，发包方在合同约定的期限内支付工程结算价款。

8）承包方在收到工程竣工结算价款后，应按照合同约定的交工方式，在约定的期限内将竣工项目移交发包方。并及时转移撤出施工现场，解除施工现场全部管理责任。

5　项目竣工结算办理原则

项目竣工结算的办理应遵循以下原则：

（1）以单位工程或施工合同约定为基础，对工程量清单报价的主要内容，包括项目名称、工程量、单价及计算结果，进行认真的检查和核对，若是根据中标价订立合同的应对报价单的主要内容进行检查和核对。

(2) 在检查和核对中若发现有不符合有关规定，单位工程结算书与单项工程综合结算有不相符的地方，有多算、漏算或计算误差等情况时，均应及时进行纠正调整。

(3) 项目由多个单位工程构成的，应按建设项目划分标准的规定，将各单位工程竣工结算书汇总，编制单项工程竣工综合结算书。

(4) 若建筑工程项目是由多个单项工程构成，实行分段结算并办理了分段验收计价手续的，应将各单项工程竣工综合结算书汇总编制成建设项目总结算书，并撰写编制说明。

6 项目竣工结算的审查

(1) 工程竣工结算审查是竣工结算的一项重要工作。

由于施工过程中通常会发生使工程造价或合同价款变化的情况，施工单位在编制项目竣工结算时需要对原来的工程造价或合同价款进行调整。建设单位对施工单位递交的项目竣工结算报告须在规定期限内审核，一旦确认，则应按照项目竣工验收程序办理项目竣工结算，支付工程结算价款。因此，工程竣工结算审查是竣工结算的一项重要工作。建设单位、工程管理（咨询）单位、监理单位以及审计部门等，都十分关注竣工结算的审核把关，以控制竣工结算资金支出。

(2) 经审查核定的工程竣工结算是工程项目造价的依据，也是建设项目验收后编制竣工决算和核定新增固定资产价值的依据。

建设单位项目管理有关部门应切实做好竣工结算的各项基础工作。在办理项目竣工结算时，应按项目工程规模、特点及施工单位的情况，要求的繁简程度，选择适当的审核方法，安排专职人员对竣工结算书的内容进行检查核实。确保审核的正确与高效。审查项目竣工结算书一般包括以下内容：

1) 核对施工合同条款、计价规范；检查各项费用计取、价格指数或换算系数正确与否；价格调整是否符合要求。

2) 检查实际施工与施工图设计文件要求有无不相符的情况。

3) 检查设计与施工变更通知、记录等变更资料，落实设计变更签证、工程量核定单等，按规定的计算规则核算工程变更后的工程量。

4) 依据竣工图检查实际施工工程量有无重复、多算、漏算或计算失误等，按合同约定的相关条款核算工程价款。

5) 核对加工或订购的设备清单，与实际安装的规格、数量、单价是否相符。

6) 检查特殊工程中使用的特殊材料的单价有无变化。

7) 核对分包工程费用支出与收入是否相符。

8) 检查工程索赔文件资料，核对索赔事项，核实索赔费用等。

14.2.4 项目竣工决算环节的管理

1 项目竣工决算的概念

项目竣工决算是指建设工程项目竣工后，由建设单位编制的工程项目从筹建到竣工投产或使用全过程的包括全部实际支出费用的经济文件。它是竣工验收报告的重要组成部分。项目竣工决算综合反映了项目从筹建开始到项目建成后交付使用为止的全部工程建设费用，所以，项目竣工决算又是反映项目实际造价和投资效果的综合性文件。所有建设工程项目竣工后建设项目发包人应依据工程建设资料按国家有关规定编制项目竣工决算。

2 项目竣工决算的依据

进行项目竣工决算编制的主要依据：

(1) 项目计划任务书和有关文件。

(2) 项目总概算和单项工程综合概算书。

(3) 项目设计图纸及说明书。

(4) 设计交底、图纸会审资料。

(5) 合同文件。

(6) 项目竣工结算书。

(7) 各种设计变更、经济签证。

(8) 设备、材料调价文件及记录。

(9) 竣工档案资料。

(10) 相关的项目资料、财务决算及批复文件。

3　项目竣工决算的编制内容

项目竣工决算的内容应符合国家财政部的规定。项目竣工决算的内容包括项目竣工财务决算说明书、项目竣工财务决算报表和项目工程造价对比分析三个部分，前两个部分为项目竣工财务决算，是竣工决算的核心内容。建设项目竣工决算包括下列内容：

(1) 项目竣工财务决算说明书。项目竣工财务决算说明书是综合归纳项目竣工情况的报告性文件，主要反映项目建设成果，各项技术经济指标完成情况，亦是全面考核评价工程建设投资和工程造价控制的文字总结说明。

1) 建设项目概况，主要是对项目的建设工期、工程质量、投资效果，以及设计、施工等各方面的情况进行概括分析和说明。

2) 建设项目投资来源、会计财务处理、财产物资情况，以及对项目债务的清偿情况等作出的分析说明。

3) 建设项目资金节超、竣工项目资金结余、上交分配等说明。

4) 建设项目各项主要技术经济指标的完成比较、分析评价等。

5) 建设项目管理及竣工决算中存在的问题和处理意见。

6) 建设项目竣工决算中需要说明的其他事项等。

(2) 项目竣工财务决算报表。为正确反映建设项目的建设规模，适应项目分级管理的需要，按照国家规定的标准，建设项目划分为大型、中型和小型三类。具体依据《基本建设项目大中小型划分标准》进行划分。项目竣工财务决算报表的编制要求也应按此原则执行。

根据财政部的规定，项目竣工财务决算报表分为两种情况编制，其财务决算报表的内容要求如下：

1) 大、中型建设项目竣工财务决算报表内容：A 建设项目竣工财务决算审批表；B 大、中型建设项目概况表；C 大、中型建设项目竣工财务决算表；D 大、中型建设项目交付使用资产总表；E 建设项目交付使用资产明细表。

2) 小型建设项目竣工财务决算报表内容：A 建设项目竣工财务决算审批表；B 小型建设项目竣工财务决算总表；C 建设项目交付使用资产明细表。

小型建设项目不单独编制“建设项目概况表”，其项目概况纳入“小型建设项目竣工财务决算总表”中，小型建设项目不编制“交付使用资产总表”，只编制“建设项目交付使用资产明细表”。

(3) 项目造价分析资料表。项目竣工图和工程造价比较分析资料，是编制项目竣工决算的重要技术档案和工程结算依据。编制项目竣工决算应对工程造价控制中所采取的措施和效果进行比较分析。经批准的概、预算是考核实际工程造价的依据，在分析时可将决算报表中所提供的实际数据和相关资料与批准的概预算指标进行对比，以反映竣工项目总造价和单方造价是节约还是超支，在比较的基础上，总结建设项目节约工程造价，提高投资效益的经验，或找出超支的原因，提出改进的意见。工程造价比较分析应视项目的具体情况选择分析考核的重点内容。工程造价比较分析资料的主要内容应涵盖主要实物工程量、主要材料消耗量和工程造价构成的主要费用等。

4　编制项目竣工决算的程序

编制项目竣工决算应遵循下列程序：

(1) 收集、整理有关项目竣工决算依据。项目竣工决算的编制依据是各种研究报告、投资估算、设计文件、设计概算、批复文件、变更记录、招标标底、投标报价、工程合同、工程结算、调价文件、基建计划和竣工档案等各种工程文件资料。项目竣工决算编制之前，应认真收集、整理各种有关的项目竣工决算依据，做好各项基础工作，保证项目竣工决算编制的完整性。

(2) 清理项目账务、债务和结算物资。项目账务、债务和结算物资的清理核对是保证项目竣工决算编制工作准确有效的重要环节。要认真核实项目交付使用资产的成本，做好各种账务、债务和结余物资的清理工作，做到及时清偿、及时回收。清理的具体工作要做到逐项清点、核实账目、整理汇总和妥善管理。

(3) 填写项目竣工决算报告。项目竣工决算报告的内容是项目建设成果的综合反映。项目竣工决算报告中各种财务决算表格中的内容应依据编制资料进行计算和统计，并符合有关规定。

(4) 编写项目竣工决算说明书。项目竣工决算说明书具有建设项目竣工决算系统性的特点，综合反映项目从筹建开始到竣工交付使用为止全过程的建设情况，包括项目建设成果和主要技术经济指标的完成情况。力求内容全面、简明扼要、文字流畅、说明问题。

(5) 填报竣工财务决算报表。项目竣工财务决算报表应按照《基本建设项目大中小型划分标准》分类填报。建设项目投资支出各项费用在归类后分别计入各报表内：计入固定资产价值内的费用有建筑工程费、安装工程费、设备工器具购置费（单位价值在规定标准以上，使用期超过1年的）及待摊投资支出；计入无形资产的费用有土地费用（以出让方式取得土地使用权的）、国内外的专有技术和专利及商标使用费及技术保密费等；计入其他资产的费用等。

(6) 报上级审查。项目竣工决算编制完毕，应将编写的文字说明和填写的各种报表，经过反复认真校验核对，无误后装帧成册，形成完整的项目竣工决算文件报告，及时上报审批。

5　项目竣工决算的审批

按照国家有关部门对建设项目分类、分级管理的规定，建设单位应在项目竣工验收移交使用后的1个月内编制完成项目竣工决算。在自查的基础上，按规定程序及时上报主管部门并抄送有关部门审查，必要时，应经有关权力机关批准的社会审计机构组织外部审查。中型建筑项目的竣工决算，必须报该建筑项目的批准机关审查，并抄送省、自治区、直辖市财政厅、局和财政部审查。

(1) 项目竣工决算审查的内容。建筑工程项目竣工决算一般由建设主管部门会同银行进行会审。重点审查以下内容：

1) 根据批准的设计文件，审查有无计划外的工程项目。

2) 根据批准的概（预）算或包干指标，审查建筑成本是否超标，并查明超标原因。

3) 根据财务制度，审查各项费用开支是否符合规定，应收、应付的每笔款项是否全部结清，有无乱挤建设成本、扩大开支范围和提高开支标准的问题。

4) 历年建设资金投入和结余资金是否真实准确。财务收支是否与开户银行账户收支额相符。

5) 工程建设拨款、借贷款，交付使用财产应核销投资、转出投资，应核销其他支出等项的金额是否与历年财务决算中有关项目的合计数额相符。

6) 报废工程和应核销的其他支出中，各项损失是否经过有关机构的审批同意。

7) 工程建设有无结余资金和剩余物资，数额是否真实，处理是否符合有关规定等。

8) 审查和分析投资效果。

(2) 项目竣工财务决算的审批程序。《建设项目竣工财务决算审批表》的审批程序：

1) 建设项目开户银行应签署意见并盖章。

2) 建设项目所在地财政监察专员办事机构应签署审批意见并盖章。

3) 最后由主管部门或地方财政部门签署审批意见。

14.2.5　项目回访保修的管理

1　项目回访保修概述

回访保修制度要求施工单位在项目竣工验收交付使用后，自签署工程质量保修书起的一定期限内，对发包人和使用人进行工程回访，并对建筑工程在保修范围和保修期限内出现的质量缺陷履行保修义务。质量缺陷是指房屋建筑工程的质量不符合工程建设强制性标准以及合同的约定。

《建筑法》规定，建筑工程实行质量保修制度。工程保修就是施工单位按照国家或行业现行的有关技术标准、设计文件以及合同中对质量的要求，对已竣验收的建设工程在规定的保修期限内，进行维修、返工等工作。《建设工程质量管理条例》规定，建设工程实行质量保修制度。实行工程质量保修制度，对于促进承包人加强工程质量管理，保护用户及消费者的合法权益可以起到重要的保障作用。因此，项目保修是我国工程建设的一项基本法律制度。

2 项目回访保修管理规定

《项目管理规范》对项目回访保修管理规定如下：

（1）项目回访和保修应纳入质量管理体系。没有建立质量管理体系的承包人，也应进行项目回访，并按法律、法规的规定履行质量保修义务。

（2）回访和保修工作计划应形成文件，每次回访结束应填写回访记录，并对质量保修进行验证。回访应关注发包人及其他相关方对竣工项目质量的反馈意见，并及时根据情况实施改进措施。

（3）回访工作方式应根据回访计划的要求，由承包人自主灵活组织。回访可采取电话询问、登门座谈、例行回访等方式。回访应以业主对竣工项目质量的反馈及特殊工程采用的新技术、新材料、新设备、新工艺等的应用情况为重点，并根据需要及时采取改进措施。

（4）承包人签署工程质量保修书，其主要内容必须符合法律、行政法规和部门规章已有的规定。没有规定的，应由承包人与发包人约定，并在工程质量保修书中提示。

3 项目工程质量保修办法

《建设工程质量管理条例》规定，建设工程承包单位在向建设单位提交工程竣工验收报告时，应当向建设单位出具质量保修书。质量保修书中应当明确建设工程的保修范围、保修期限和保修责任等。《房屋建筑工程质量保修办法》（建设部令第80号）对我国境内新建、扩建、改建各类房屋建筑工程（包括装修工程）的质量保修办法作出了规定，明确规定房屋建筑工程在保修范围和保修期限内出现质量缺陷，施工单位应当履行保修义务。

建设单位和施工单位应当在工程质量保修书中约定保修范围、保修期限和保修责任等，且双方约定的保修范围、保修期限必须符合国家有关规定。

（1）质量保修范围。建筑工程的质量保修范围应当包括地基基础工程、主体结构工程、屋面防水工程、有防水要求的卫生间、房间和外墙面的防渗漏、供热与供冷系统、电气管线、给排水管道、设备安装和装修工程等，以及在《房屋建筑工程质量保修书》中约定的保修项目。下列情况不属于本办法规定的保修范围：

1）因使用不当或者第三方造成的质量缺陷；

2）不可抗力造成的质量缺陷。

（2）最低保修期限。在正常使用下，房屋建筑工程的最低保修期限为：

1）地基基础工程和主体结构工程，为设计文件规定的该工程的合理使用年限；

2）屋面防水工程、有防水要求的卫生间、房间和外墙面的防渗漏，为5年；

3）供热与供冷系统，为2个采暖期、供冷期；

4）电气管线、给排水管道、设备安装为2年；

5）装修工程为2年。其他项目的保修期限由建设单位和施工单位约定。房屋建筑工程保修期从工程竣工验收合格之日起计算。

（3）质量保修责任

1）房屋建筑工程在保修期限内出现质量缺陷，建设单位或者房屋建筑所有人应当向施工单位发出保修通知。

2）施工单位接到保修通知后，应当到现场核查情况，在保修书约定的时间内予以保修。发生涉及结构安全或者严重影响使用功能的紧急抢修事故，施工单位接到保修通知后，应当立即到达现场抢修。

3）发生涉及结构安全的质量缺陷，建设单位或者房屋建筑所有人应当立即向当地建设行政主管部门报告，采取安全防范措施；由原设计单位或者具有相应资质等级的设计单位提出保修方案，施工单位实施保修，原工程质量监督机构负责监督。

4）保修完成后，由建设单位或者房屋建筑所有人组织验收。涉及结构安全的，应当报当地建设行政主管部门备案。

5）保修费用由质量缺陷的责任方承担。

6）施工单位不按工程质量保修书约定保修的，建设单位可以另行委托其他单位保修，由原施工单位承担相应责任。

7）在保修期内，因房屋建筑工程质量缺陷造成房屋所有人、使用人或者第三方人身、财产损害的，房屋所有人、使用人或者第三方可以向建设单位提出赔偿要求。建设单位向造成房屋建筑工程质量缺陷的责任方追偿。

8）因保修不及时造成新的人身、财产损害，由造成拖延的责任方承担赔偿责任。

9）房地产开发企业售出的商品房保修，还应当执行《城市房地产开发经营管理条例》和其他有关规定。

4 保修费用与经济责任划分

保修费用是指对建设工程在保修期限和保修范围内所发生的维修、返工等各项费用支出。保修费用按合同和有关规定合理确定和控制。保修费用的计算一般可参照建筑安装工程造价的确定程序和方法计算，也可以按照建筑工程造价或承包工程合同价的一定比例计算。目前，按建筑安装合同规定取3%～5%。

根据有关法律、行政法规和部门规章的规定，由不同原因造成的质量缺陷，应由责任方负责修理并承担经济责任。

(1) 设计原因。因设计原因造成的工程质量缺陷，可由施工承包人进行修理，但设计人应承担经济责任，其费用可按合同约定，通过发包人向设计人索赔，不足部分由发包人补偿。

(2) 施工原因。因施工承包人未严格按照国家现行施工及验收规范、工程质量验收标准、设计文件要求以及施工合同约定组织施工，造成工程质量缺陷，并由此导致的工程保修，应由施工承包人负责修理并承担经济责任。

(3) 设备、材料、构配件原因。因设备、建筑材料、建筑构配件等质量不合格引起的质量缺陷，属于施工承包人采购的或经其验收认同的，由施工承包人承担经济责任。属于发包人采购的，或明示或暗示施工承包人使用造成工程质量缺陷的，或使用人竣工验收后自行改建造成的工程质量缺陷，应由发包人或使用人自行承担经济责任。施工承包人、发包人与设备、材料、构配件供应单位或部门之间的经济责任，按其设备、材料、构配件的采购供应合同处理。

(4) 使用原因。建设工程竣工验收后，因发包人或使用人使用不当造成的损坏，应由发包人或使用人自行承担经济责任。

(5) 不可抗力原因。因地震、洪水、台风等不可抗力造成的质量缺陷，施工单位和设计单位都不承担经济责任，由建设单位负责处理。

14.2.6 项目考核评价管理

1 项目考核评价概念

项目考核评价是指对已经完成项目的管理主体行为与项目实施效果的客观分析、检验和评估总结。项目考核评价是项目收尾阶段的一个重要环节。项目考核评价的目的是规范项目管理行为，鉴定项目管理水平，评价项目管理成果。

项目考核评价可以在工程项目全部完成后进行，也可以在实施过程中间进行。因此，项目考核评价分为中间考核评价和终结考核评价。中间考核评价的方法比较灵活，可以根据项目的需要来组织，如过程考核、年度考核等，主要对象是建设工期较长的大中型项目，考核的要求是控制和确保建设工目标的实现。终结考核评价则是在项目收尾、竣工验收完成，且办完项目竣工结算，完成项目竣工决算编制并报批备案后，由组织进行的项目终结性考核评价。

2　项目考核评价的载体

项目考核评价的载体应包括项目考核评价的管理主体、责任主体和工程客体三个面。

(1) 项目考核评价的管理主体。项目考核评价的管理主体应是派出项目管理机构的主管单位。

1) 建设工程项目的发包人，是指具有发包主体资格的建设单位或项目法人。

2) 建设工程项目的承包人，是指具有承包主体资格的当事人，可以是勘察、设计、施工等在内的项目承包单位或项目承包人。

3) 其他方式建设工程项目考评组织。

(2) 项目考核评价的责任主体。项目考核评价的责任主体是派驻项目现场的一次性管理组织机构，通常为项目经理部。因项目范围管理的不同，接受项目考核评价的责任主体，可以分别是：建设单位、设计单位、施工单位、总包单位项目经理部以及其他单位项目经理部等。

(3) 项目考核评价的工程客体。项目考核评价的工程客体是指实行建设工程项目管理的工程项目。工程客体可以分别是：

1) 大、中、小型建设工程项目；2) 群体工程项目；3) 单项工程项目；4) 单位工程项目；5) 其他工程项目等。

3　项目考核评价的方式及其主要内容

项目考核评价的方式是项目考评组织运用科学的评价办法对项目管理是否有效、管理结果是否达到预期目标，做出的系统、综合的考核、鉴定、评估和咨询。《项目管理规范》规定，根据项目范围管理和组织实施方式的不同，应分别采取不同的项目考核评价方式。组织应在项目结束后对项目的总体和各专业进行考核评价。随着建设工程项目组织实施方式改革，对项目进行考核评价所选择的方式也不尽相同。鉴于我国建设工程项目管理的现状，可供选择的项目考核评价方式及其主要内容如下：

(1) 按考核评价对象，考核评价包括以下方式和内容：

1) 业主方项目考核评价。亦称建设项目管理考核评价，主要考核评价项目管理的目标实现情况。包括项目的投资目标、进度目标和质量目标等。其中：投资目标是指项目的总投资目标；进度目标是指项目交付使用的时间目标或工期目标；质量目标包括设计、施工、材料、设备、环境的质量目标。

2) 设计方项目考核评价。亦称设计项目管理考核评价，其项目管理的目标主要在设计阶段。考核评价的内容，包括设计质量、投资（造价）进度的控制和设计合同、信息管理以及与设计工作有关的沟通管理等。

3) 施工方项目考核评价。亦称施工项目管理考核评价，其项目管理的目标主要在施工承包阶段。其考核评价的容应包括施工成本、进度、质量、安全控制和施工合同、采购、资源、信息、环境、风险、收尾管理以及与项目施工交叉有关的组织协调等沟通管理。

4) 总承包项目考核评价。亦称总承包项目管理考核评价，其项目管理目标涉及项目实施全过程，包括设计、施工、采购、试运行、交工验收的全部实施阶段。考核评价的内容涵盖了与总承包项目管理有关的投资（成本）、进度、质量、安全控制和合同、信息、环境、采购、风险、沟通、收尾管理等。

5) 其他的项目考核评价。其他如监理方、专业管理（咨询）方、供货方项目管理的考核评价，应根据各自的管理特点和项目实施的内在规律，灵活进行具有自身特性的项目考核评价工作和管理。

(2) 按建设过程，考核评价包括以下方式及其主要内容：

1）立项决策评价。包括决策依据分析；投资方向分析；建设方案分析；技术水平分析；引进效果分析；协作条件分析；土地使用分析；咨询意见评价和决策程序评价。

2）勘察设计评价。包括选择勘察设计单位评价；勘察工作质量评价；设计方案评价；设计水平评价和设计服务评价。

3）设备材料采购评价。包括设备采购依据评价；设备材料采购方式评价；设备材料性能评价；引进的国外设备和技术评价；采购合同履行评价和设备的运行情况评价。

4）施工评价。包括施工准备工作评价；施工管理工作评价；施工质量目标评价；施工工期目标评价和施工造价目标评价。

5）生产运营评价。包括生产运行准备工作评价；生产管理系统评价和项目使用功能评价。

6）项目效益评价。包括项目投资和执行情况评价；项目经营达产和实际效益评价；项目财务效益评价；项目国民经济效益评价；项目社会效益后评价；项目技术进步和规模效益评价和项目可行性研究深度的评价。

4 项目考核评价依据

项目考核评价依据是指对项目考核评价起到评估作用的目标性、管理性、法规性、标准性文件的总称。

（1）目标性文件。目标性文件是项目考核评价的目标性基本依据。目标性文件是指领导与被领导、委托与被委托之间签订的《项目管理目标责任书》，实行了项目经理责任制，用以明确项目经理部应达到的项目管理复合目标及承担的责任，并作为项目完成后考核评价项目管理成果的目标性文件。

（2）管理性文件。管理性文件是项目考核评价的管理性行为依据。管理性文件是指为规范项目管理行为，由项目组织的管理层制定的各项管理制度、管理办法、管理程序、管理方案等文件，如质量、进度、费用、安全、技术、合同、劳资等方面管理工作的规定。

（3）法规性文件。法规性文件是项目考核评价的法规性约束依据。法规性文件是指对项目进行考核评价具有强制约束力的文件，包括国家发布的法律、行政法规、部门规章和地方法规等与工程建设有关的规范性文件。

（4）标准性文件。标准性文件是项目考核评价的标准性规范依据。标准性文件包括国家标准、行业标准、地方标准以及国际标准等工程技术与管理的标准化文件。

5 项目考核评价的指标

项目考核评价的指标分为定量指标和定性指标。

（1）项目考核评价的定量指标。项目考核评价的定量指标是指反映项目实施成果，并可作量化比较分析的专业技术经济指标。定量指标可包括工期、质量、成本、职业健康安全、环境保护等。定量指标的内容应按项目评价的要求确定。考核评价定量指标的主要内容有：

1）工程质量指标。工程质量是项目考核评价的关键性指标，它是依据工程建设强制性标准的规定，对工程质量合格与否作出的鉴定。评价工程质量的依据是工程勘察质量检查报告、工程设计质量检查报告、工程施工质量检查报告以及工程监理质量评估报告等。

在进行工程质量验收评价时，均应按照现行的各专业质量验收标准规定进行检查，并作出结论。国家或地方评选的优质工程奖，应是评价质量管理水平的复合性指标及优质工程成果。

2）工期及工期提前率。建设工程的工期长短是综合反映工程项目管理水平、项目组织协调能力、施工技术能力、各种资源配置能力等方面情况的指标。在评价项目管理效果时，一般都把工期作一个重要指标来考核。工期提前率是用实际工期与计划工期或合同工期进行对比，按公式计算，即得出工期提前率或提前量的效果指标。

3）工程成本降低额及降低率。工程成本降低指标是直接反映工程项目管理经济效果的重要指标。工程成本降低通常用成本降低额和成本降低率来表示。工程成本降低额是实际成本额低于计划成本额的绝对指标。工程成本降低率是实际成本低于计划成本的绝对额与计划成本额的相对比率。在项目考核评价中通常用成本降低率这一相对评价指标，以便直观反映工程项目的成本管理水平。

4）安全控制目标。控制目标是工程项目管理的重要目标之一。按照现行行业标准《建筑施工安全检查标准》的规定，项目施工安全标准分为优良、合格、不合格三个等级。建设工程职业健康安全事故的分类，应按照现行国家标准《企业伤亡事故分类》（GB 6441—1986）的规定执行。

安全控制目标包括杜绝重大伤亡事故、杜绝重大机械事故、杜绝重大火灾事故和工伤频率控制等。贯彻“安全第一，预防为主”的方针，坚持安全控制程序，消除、减少安全事故，确保人员健康安全和财产免受损失，是实现安全控制目标的重要保证。

5）环境保护目标及指标。环境保护是按照法律、法规、标准的规定，以及各级行政主管部门和企业的要求，保护和改善项目现场的环境，控制现场的各种粉尘、废水、废气、固体废弃物、噪声、振动等对环境的污染和危害。

环境保护目标的指标内容主要有：A 项目现场噪声限值；B 现场土方、粉状材料管理覆盖率、道路硬化率；C 项目资源能源节约率等；D 其他与项目考核有关的量化指标。

（2）项目考核评价的定性指标

项目考核评价的定性指标是指综合评价或单项评价项目管理水平的非量化指标，定性指标要有可靠的论证依据和办法，且能对项目实施效果作出科学评价。定性指标可包括经营管理理念，项目管理策划，管理制度及方法，新工艺、新技术推广，社会效益及其社会评价等。

1）经营管理理念。评价项目经营管理理念，主要是审视项目实施者是否实现了围绕项目运行的管理、机制、组织和技术的创新，关键体现在如下方面：潜移默化的内在功能和高超绝伦的管理水平；各类人才的素质集聚和综合优势的充分发挥；组织内部的高效体制和适应市场的经营机制。

2）项目管理策划。评价项目管理策划，主要是审视项目实施者是否遵循了项目管理规范，建立起精干高效、目标明确、自我约束、协调运行的管理模式。策划构思要从科学的思维创造开始，以良好的管理效果结尾，尽量做到：项目管理组织是精干高效的；项目目标要求是奋进现实的；项目运行机制是规范有效的；项目协调沟通是灵活互动的。

3）管理基础工作。项目的管理基础工作，包括项目管理制度、规定、标准、资料、信息等多方面的基础工作。

评价项目管理基础工作，主要是审视项目实施中各项基础工作是否及时、准确、严格、持续的贯彻执行。具体工作应包括：项目管理有关的标准、规范的执行情况；项目管理有关的制度、办法的贯彻情况；项目管理有关的文件、档案的整理情况。

4）项目管理方法。评价项目管理方法主要是审视项目管理过程中有无采用创新的方法，是否能把创新的方法通过加工提炼，融入到项目管理之中，体现项目管理创新的特点，为项目管理注入新的内容，使其产生组合效应，形成自己的管理模式。

5）新技术的推广。项目技术创新应以科技为先导，在项目实施中积极推广新技术、新工艺、新材料、新设备的应用，把先进适用的科技成果转化为项目生产力。评价项目新技术的推广应用，主要是审视项目管理中是否用追求创新的理念，以先进的技术成果、质量水平组织项目实施。

6）项目社会评价。最具有说服力的项目实施效果是市场和社会对项目的认同，即用户或使用单位、中介机构、当地政府和媒体等社会成员的评价。项目社会评价取决于管理机制、管理水平、管理信用和管理传媒的整合，在此基础上形成的项目社会评价才是巩固的和适应市场竞争的。

6 项目考核评价指标分析

(1) 选择确定的指标体系，对项目的最终效果和过程效果进行考核验证。

项目考核评价需要在综合考虑项目实施的内、外部因素和主、客观条件的基础上，对项目管理的效果进行考核验证。项目考核评价的结论是进行项目管理总结的基础。项目考核评价的基本手段是应用项目选择确定的指标体系，对项目的最终效果和过程效果进行定量和定性的分析、论证、评估。

(2) 项目考核评价指标分析的作用

1) 通过项目考核评价指标的分析评价，肯定项目管理目标的实现水平。如项目的建设工期、工程质量、投资效果、成本降低、安全管理、环境保护等各方面的管理水平。

2) 通过项目考核评价指标的计算比较，用数据说话，分析项目各项可比指标的状况，掌握合格率、差异率、完成率、降低率、利润率等，确认项目管理目标实现的准确性。

3) 通过项目考核评价指标的鉴定论证，识别客观因素和主观因素对项目管理目标实现的影响，以及这些因素对项目影响的程度、客观、公正地评价项目管理成果，并为项目的审计、考核提供依据。

4) 通过项目考核评价指标的综合分析，真实反映项目管理主体的业绩，避免考核评价失真，在考核中找出成绩、问题或差距，总结工程项目管理经验，为以后的工程项目管理提供借鉴参考。

7 项目考核评价基本程序

项目考核评价是一项科学的评估方法。按照项目管理的共性规律，在进行考核评价时，必须坚持既定的基本程序，做到项目考核评价有办法、有组织、有方案、有实施、有报告。

《项目管理规范》规定，项目考核评价应按下列程序进行：

1) 制定考核评价办法；2) 建立考核评价组织；3) 确定考核评价方案；4) 实施考核评价工作；5) 提出考核评价报告。

8 项目管理总结

项目管理总结是全面、系统反映项目管理实施情况的综合性文件。项目管理结束后，项目管理各实施责任主体或项目经理部应进行项目管理总结。项目管理总结应在项目考核评价工作完成后编制。

(1) 项目管理总结内容

《项目管理规范》规定，项目管理结束后，组织应按照下列内容编制项目管理总结。

1) 项目概况；

2) 组织机构、管理体系、管理控制程序；

3) 项目经济技术指标完成情况及考核评价；

4) 主要经验及问题处理；

5) 其他需要提供的资料。

(2) 项目管理总结撰写与保存要求

项目管理总结应形成文件。撰写项目管理总结文件是在资料收集、效果分析的基础上，按照编写提纲的要求，进行的文字总结。项目管理总结应实事求是、概括性强、条理清晰，全面系统地反映项目实施效果。

项目管理总结文件编撰完毕后，须经项目管理总负责人即项目经理审核同意，然后上报备案。

项目管理总结是工程文件归档整理的重要资料之一。对项目管理中形成的所有总结及相关资料应按照工程文件归档整理的规定，及时存入建设工程文件档案和各参与单位档案，予以妥善保存，以便必要时追溯。

参 考 文 献

[1] 吴涛，丛培经主编《建设工程项目管理规范》编写委员会编写．建设工程项目管理规范实施手册[M]．第二版．北京：中国建筑工业出版社，2006.

[2] 邓淑文．建筑工程项目管理(应用新规范)：建设项目管理应用丛书[M]．北京：机械工业出版社，2009.

[3] 乐云．项目管理概论[M]．北京：中国建筑工业出版社，2008.

[4] 丁士昭．工程项目管理[M]．北京：中国建筑工业出版社，2006.

[5] 泛华建设集团．建筑工程项目管理服务指南[M]．北京：中国建筑工业出版社，2006.

[6] 姚玲珍．工程项目管理学[M]．上海：上海财经大学出版社，2003.

[7] 曹纬浚主编．注册建筑师考试辅导教材编委会编．一级注册建筑师考试辅导教材：第一分册设计前期场地与建筑设计[M]．第二分册建筑结构[M]．第三分册建筑物理与建筑设备[M]．第五分册建筑经济施工与设计业务管理[M] 北京：中国建筑工业出版社，2010.

[8] 张毅．建设项目审查备案指南．上海：同济大学出版社，2011.

[9] 李德华．城市规划原理[M]．第三版．北京：中国建筑工业出版社，2001.

[10] 中国建设监理协会．2010 全国监理工程师培训考试教材：建设工程质量控制[M]，北京：中国建筑工业出版社，2003.

[11] 施骞，胡文发．工程质量管理教程[M]．上海：同济大学出版社，2010.

[12] 徐蓉，吴芸．工程造价管理[M]．第 2 版．上海：同济大学出版社，2010.

[13] 陈建国，高显义．工程计量与造价管理[M]．第 3 版．上海：同济大学出版社，2010.

[14] 邱磊，陈存恩，范文龙．论结构方案优化设计对工程造价的影响[J]．工程造价管理，2007，5，28-29.

[15] 沈瑞珠．楼宇智能化技术[M]．北京：中国建筑工业出版社，2004.

[16] 万艳萍．设计沟通管理的体系与模式研究[D]．南昌大学．2008.